Herbert Bruderer

Meilensteine der Rechentechnik

Weitere empfehlenswerte Titel

Meilensteine der Rechentechnik, Band 2
Bruderer, Herbert, 2020
ISBN 978-3-11-066962-6, e-ISBN 978-3-11-066967-1,
e-ISBN (EPUB) 978-3-11-066973-2, Set-ISBN 978-3-11-070295-8

Grundlagen der Informatik
Gumm, Heinz-Peter / Sommer, Manfred
SET-ISBN 978-3-11-067389-0

Band 1: Programmierung, Algorithmen und Datenstrukturen
ISBN 978-3-11-044227-4, e-ISBN 978-3-11-044226-7,
e-ISBN (EPUB) 978-3-11-044231-1

Band 2: Rechnerarchitektur, Betriebssysteme, Rechnernetze
ISBN 978-3-11-044235-9, e-ISBN 978-3-11-044236-6,
e-ISBN (EPUB) 978-3-11-043442-2

Band 3: Formale Sprachen, Compilerbau, Berechenbarkeit und Komplexität
ISBN 978-3-11-044238-0, e-ISBN 978-3-11-044239-7,
e-ISBN (EPUB) 978-3-11-043405-7

Analog and Hybrid Computer Programming
Ulmann, Bernd, 2020
ISBN 978-3-11-066207-8, e-ISBN 978-3-11-066220-7,
e-ISBN (EPUB) 978-3-11-066224-5

Maschinelles Lernen
Alpaydin, Ethem, 2019
ISBN 978-3-11-061788-7, e-ISBN 978-3-11-061789-4,
e-ISBN (EPUB) 978-3-11-061794-8

Herbert Bruderer

Meilensteine der Rechentechnik

Band 1:
Analog- und Digitalrechner, Automaten und Roboter, wissenschaftliche Instrumente, Schritt-für-Schritt-Anleitungen

3., völlig neu bearbeitete und stark erweiterte Auflage

DE GRUYTER
OLDENBOURG

Autor
Herbert Bruderer
Seehaldenstraße 26
Postfach 47
CH-9401 Rorschach
Schweiz
Telefon +41 71 855 77 11
herbert.bruderer@bluewin.ch
bruderer@retired.ethz.ch

ISBN 978-3-11-066933-6
e-ISBN (PDF) 978-3-11-066966-4
e-ISBN (EPUB) 978-3-11-066972-5
Set-ISBN 978-3-11-070295-8

Library of Congress Control Number: 2020936585

Bibliografische Information der Deutschen Nationalbibliothek
Die Deutsche Nationalbibliothek verzeichnet diese Publikation in der Deutschen Nationalbibliografie; detaillierte bibliografische Daten sind im Internet über http://dnb.dnb.de abrufbar.

Umschlagabbildung: Mechanische Sprossenradrechenmaschine (1727) von Anton Braun,

Druck und Bindung: CPI books GmbH, Leck

www.degruyter.com

Vorwort

Wie aus dem Titel des Buchs hervorgeht, werden in dieser Schrift *ausgewählte Meisterwerke* der Rechentechnik und verwandter Gebiete vorgestellt. Es geht um Beiträge *zur* Geschichte der Mathematik, um Aufsätze *aus* der Geschichte der Informatik. Ziel ist also nicht eine lückenlose Darstellung der historischen Entwicklung. Im Mittelpunkt stehen die *technischen* Errungenschaften, nicht aber ihre Auswirkungen auf Wirtschaft und Gesellschaft. Es wurden zudem keine Lebensläufe aufgenommen. Die Geschichte der Mathematik und der Informatik ist eine *kulturgeschichtliche Zeitreise*, eine Reise in die Vergangenheit.

Zwei Bände
Wegen des Umfangs erscheint dieses Werk in zwei Bänden. Einige ausgewählte Schlagworte zum jeweiligen Inhalt:

Band 1
Schwerpunkt: Grundlagen, Mechanische Rechengeräte und Automaten
- Grundlagen (mechanische und elektronische Rechner, digitaler Wandel)
- weltweite Übersicht über frühe Digitalrechner
- Entwicklung der Rechenkunst
- mechanische Rechenmaschinen
- Einteilung der Rechenhilfsmittel
- Museen und ihre Sammlungen
- Berühmte Nachbauten (Babbage, Pascal, Leibniz, Hollerith)
- Rechenschieber (Rechenstab, Rechenscheibe, Rechenwalze, Rechenuhr)
- römischer Handabakus
- historische Automaten und Roboter (Figurenautomaten, Musikautomaten, Leonardo da Vincis Roboter)
- Automatenuhren
- wissenschaftliche Instrumente (Mathematik, Astronomie, Vermessung, Zeitmessung)
- Zeittafeln
- Technik-, Wirtschafts-, Sozial- und Kulturgeschichte
- Schritt-für-Schritt-Anleitungen.

Band 2
Schwerpunkt: Elektronische Rechengeräte, Wörterbuch und Bibliografie
- Erfindung des Computers (Babbage, Turing, Zuse, von Neumann)
- Entwicklung in Deutschland (Zuse, Telefunken, Siemens)
- Entwicklung in Großbritannien (Enigma, Turing-Welchman-Bombe, Colossus, Bletchley Park)
- Entwicklung in der Schweiz (Zuse Z4, Ermeth)

https://doi.org/10.1515/9783110669664-201

- Originaldokumente zur Zuse Z4 und zur Ermeth
- Weltweite Entwicklung der Rechentechnik
- Fachwortverzeichnis Deutsch-Englisch
- Fachwortverzeichnis Englisch-Deutsch
- Weltweite Bibliografie.

Es gibt Mischformen zwischen Analog- und Digitalrechnern. Die Nutzung mechanischer und elektronischer Rechenmaschinen überschneidet sich. Daher ist die Grenze zwischen den beiden Bänden unscharf. Das Kapitel „Grundlagen" deckt beispielsweise ältere und neuere Rechengeräte ab. Das deutsch-englische und das englisch-deutsche Fachwortverzeichnis und die Bibliografie enthalten Einträge für die gesamte Geschichte der Rechentechnik. Die 20 Schritt-für-Schritt-Anleitungen (mit dem römischem Handabakus und dem Pantografen) beziehen sich auf analoge und digitale Rechengeräte.

Das Buch in Zahlen

Die beiden Bände umfassen zusammen rund 2000 Seiten und haben über 150 Tabellen und mehr als 700 Abbildungen. Die beiden Fachwörterbücher Deutsch-Englisch und Englisch-Deutsch zählen je weit über 5000 Einträge. Die Bibliografie enthält mehr als 6000 Schriften.

Was ist neu?

Im Vergleich zur preisgekrönten ersten Auflage wurde die zweite Ausgabe von Grund auf überarbeitet und stark erweitert. Für die englische Fassung wurde das ganze Werk neu bearbeitet und ergänzt, Fehler wurden berichtigt. Hier die wichtigsten Änderungen der zweiten und dritten Auflage:

- neue Funde: Mehrfach-Curta (kleinster mechanischer Parallelrechner der Welt), webersche Rechenscheibe und Scheibenaddierer Summus,
- zusätzliche Schritt-für-Schritt-Gebrauchsanweisungen für besonders lehrreiche mechanische Rechengeräte: Millionär, Madas, Simex, Summus, Brunsviga, Original-Odhner,
- stark erweiterte weltweite Übersicht über die in den bedeutendsten Museen vorhandenen Bestände an wertvollen historischen Objekten,
- rund 280 neue Abbildungen (im Vergleich zur zweiten Auflage) von seltenen analogen und digitalen Rechenhilfsmitteln und weiteren wissenschaftlichen Instrumenten (vor allem aus der Zeitmessung und der Astronomie), bedeutenden Figuren- und Musikautomaten, römischen Kugelrechnern, Leonardos Robotern sowie berühmten Nachbauten von Rechenmaschinen
- vertiefte Erläuterung zum Jahrhundertfund des Räderwerks von Antikythera (weltweit erste bekannte astronomische Rechenmaschine), verbunden mit einer Umfrage unter den international führenden Forscherinnen und Forschern,

- rund 50 neue Tabellen (im Vergleich zur zweiten Auflage) zu unterschiedlichen Themen,
- umfangreiches Fachwortverzeichnis Deutsch-Englisch und Englisch-Deutsch zur Geschichte der Rechentechnik und angrenzenden Bereichen mit je über 5000 Einträgen,
- stark erweiterte und nachgeführte Bibliografie mit über 6000 Einträgen, zusätzlich mit ausgewählten Veröffentlichungen zu Rechenmeistern, zur Technikgeschichte, Naturwissenschaftsgeschichte sowie zur Geschichte von Astronomie, Vermessung, Uhren und Automaten, ferner zum digitalen Wandel,
- allgemein stärkere Berücksichtigung von verwandten Gebieten, u.a. wissenschaftliche Instrumente (Mathematik, Himmelskunde, Vermessung, Zeitmessung), Schreibmaschinen, lochbandgesteuerte Webstühle und Automaten: Figurenautomaten (Androiden und Tierfiguren), Musikautomaten (mechanische Musikinstrumente), Bilderuhren, Automatenuhren, Schach-, Schreib- und Zeichenautomaten sowie historische Roboter,
- Auseinandersetzung mit Grundfragen zur Naturwissenschafts- und Technikgeschichte sowie mit der Erhaltung des technischen Kulturerbes,
- zusätzliche Begriffsbestimmungen wie Algorithmus, Logarithmus, numerisches und grafisches Rechnen,
- zahlreiche neue Begriffserklärungen zu mechanischen Rechenmaschinen, Buchungsmaschinen und Lochkartenmaschinen,
- ergänzende Darstellung zum Gegensatz zwischen analog und digital,
- Angaben zur Entstehung des Dualsystems vor Leibniz,
- Übersicht zu aktuellen Entwicklungen wie Digitalisierung, digitaler Wandel, künstliche Intelligenz, maschinelles Lernen, industrielle Revolutionen, Robotik, Drohnen, soziale Netze, Internethandel, Schutz der Privatsphäre, Dateneigentum,
- Hinweise zu DNA- und Quantenrechnern,
- ausführliche Erläuterung von Streitfragen: Ada Lovelace (angeblich erste Programmiererin), Alan Turing (Universalrechner, Speicherprogramm, Einfluss auf den Rechnerbau), Thales von Milet (Messung der Pyramidenhöhe, Strahlensatz), Heron von Alexandria (Erfindung des Pantografen), Anfänge der künstlichen Intelligenz (internationale Rechenmaschinenkonferenz 1951 in Paris),
- weitere Schriftstücke zur ersten Weltausstellung 1851 in London,
- Auswertung von Messekatalogen (u.a. Mustermesse Basel, Bürofachmesse Zürich) und kaufmännischen Zeitschriften,
- Altersbestimmung von schweizerischen Rechenmitteln anhand von Messekatalogen und Handelsregistereinträgen,
- Datierung der weltberühmten Einmaleinskörperrechenmaschine „Millionär" aufgrund der Seriennummern (dank neuer Funde von Dokumenten der Herstellerfirma, verbunden mit einer weltweiten Umfrage bei Museen, Sammlern, Vermessungsämtern usw.),

- Gedanken zum Eigenbau analoger Geräte (Pantograf, Proportionalwinkel, Reduktionszirkel),
- sehr ausführliches Personen-, Orts- und Sachverzeichnis.

Ausgewählte Marksteine
In diesem Werk werden einige aufsehenerregende Leuchttürme und überraschende Funde vorgestellt:
- erste (mechanische) astronomische Rechenmaschine der Welt,
- größte und genaueste gewerbliche Rechenwalzen der Welt,
- erste (wirtschaftlich) erfolgreiche Rechenmaschine der Welt,
- älteste erhaltene Tastenaddiermaschine der Welt,
- erster (mechanischer) „Prozessrechner" der Welt,
- kleinste mechanische Rechenmaschine der Welt,
- kleinster mechanischer Parallelrechner der Welt.

Weltweite Übersichten
Diese Abhandlung enthält zahlreiche weltweite Übersichten, etwa über die ersten (elektromechanischen) Relais- und (elektronischen) Röhrenrechner, die Pionierinnen und Pioniere der Rechentechnik und ihre Erfindungen sowie zu Museumsbeständen. Sie vermittelt ferner einen Überblick über die mechanischen Rechenmaschinen der Schweiz. Das erleichtert in Verbindung mit dem ausführlichen Personen-, Orts- und Sachverzeichnis die Verwendung als *Nachschlagewerk*.

Schritt-für-Schritt-Anweisungen
Die in Geschichtsbüchern eher unüblichen Bedienungsanleitungen für historische Analog- und Digitalrechner sollen den *Nutzwert* dieser Schrift erhöhen. Sie machen deutlich, wie umständlich das Rechnen einst war.

Erhaltung des technischen Kulturerbes
Vielleicht gelingt es mit dem vorliegenden Buch, die Leserinnen und Leser für das technische Kulturerbe zu begeistern und für die Erhaltung solcher Schätze zu gewinnen. Vielleicht vermag dieser Veröffentlichung einige herausragende Errungenschaften der Rechentechnik der Vergessenheit zu entreißen. Schön wäre, wenn es Jugendliche zu einer technischen Ausbildung anregt und so den Nachwuchsmangel etwas mildert. Ein weiteres wichtiges Anliegen ist die Förderung der Technikgeschichte.

Digitaler Wandel
Wegweisende Erfindungen wie das Rad, die Dampfmaschine, der Buchdruck, der Stromgenerator, die Zahl 0, der Computer, der Transistor, das Internet, das World Wide Web und der Roboter haben zu einer tiefgreifenden Umgestaltung der Welt geführt. Dem Wechsel von der *Mechanik* zur *Elektronik* sind viele Unternehmen zum Opfer gefallen. Sie hatten die Zeichen der Zeit nicht erkannt und die Entwicklung ver-

schlafen. Eine ähnliche, schnelle Umwälzung lässt sich auch beim Übergang von der *Analogtechnik* zur *Digitaltechnik* feststellen. In diesem Zusammenhang sind ebenfalls viele Betriebe untergegangen. Der Aufschwung des weltumspannenden Internets hat einschneidende, vielfältige und schwer abschätzbare Auswirkungen auf Politik, Gesellschaft, Wirtschaft, Technik und Wissenschaft. Die allgegenwärtige Informatik durchdringt fast alle Lebensbereiche. Der derzeitige digitale Wandel wird oft als vierte industrielle Revolution bezeichnet.

Vor 50 Jahren hat niemand diesen grundlegenden technischen Umbruch erahnt. Die unaufhaltsamen Veränderungen überfordern viele Menschen. Wer erinnert sich heute noch daran, wie beschwerlich der Umgang mit Rechenstab und Logarithmentafel und mit der Schreibmaschine war? Wie wird die Welt in 50 Jahren aussehen? Werden unsere elektronischen Dokumente dann noch lesbar sein? Wie hoch ist die Lebensdauer von digitalen Nachschlagewerken oder etwa von Webseiten? Bücher und Zeitschriften überdauern Jahrhunderte. – Zur Erinnerung: Albert Einstein hat seine bahnbrechenden Erkenntnisse mit Papier und Bleistift gewonnen, ohne elektronische Hilfsmittel.

Zur Entstehung dieses Buchs

Bei der Arbeit für dieses mit einem ungeheuren Aufwand verbundene Werk habe ich neben vielen positiven auch negative Erfahrungen gemacht.

Hindernisse

Die vieljährigen – ausschließlich ehrenamtlichen – Nachforschungen wurden durch den Umstand erschwert, dass die Bereitschaft zur Unterstützung leider häufig dürftig war, manchmal verursacht durch engstirnigen Futterneid. Die Arbeit wurde zuweilen gar bewusst behindert.

Was für bedeutsame historische Rechengeräte sind an bestimmten Orten vorhanden? Die maßgeblichen Museen wurden gebeten, die Listen auf Richtigkeit und Vollständigkeit zu überprüfen. Leider blieben manche (wiederholte) Anfragen unbeantwortet. Eine große Zurückhaltung war auch bei der Lieferung von schwer zugänglichen Schriftstücken festzustellen.

Weitere Hürden traten bei der Eintragung des Werks in Wikipedia auf.

Diebstahl geistigen Eigentums

Deckt man einen Diebstahl geistigen Eigentums oder eine Fälschung auf, wird oft nicht der Täter, sondern das Opfer bestraft. Fast noch schlimmer als die Fehlleistungen ist das Verhalten der Beteiligten, wenn der Schwindel auffliegt: von eisernem Schweigen bis zur Einschüchterung mit der Androhung rechtlicher Schritte. Statt Plagiate und Fälschungen vom Markt zu nehmen, werden sie tatkräftig weiter verkauft.

Fremde Werke werden allzu oft totgeschwiegen, um den Wettbewerb auszuschalten.

Beschaffung von hochwertigen Bildern

Die Beschaffung von hoch auflösenden Bildern historischer Rechenhilfsmittel war äußerst zeitraubend und teilweise sehr teuer. Zunächst galt es, die Ansprechpartnerinnen und -partner ausfindig zu machen. In manchen Fällen musste ich zunächst ein Konto bei der entsprechenden Bilddatenbank eröffnen und die Sammlungen stundenlang durchsehen. Für den Bezug und die Nutzung der Aufnahmen sind überdies jeweils Verträge zu schließen, die man in Einzelfällen nur mit der Briefpost zustellen darf.

Viele Museen fordern selbst für wissenschaftliche Werke, die erfahrungsgemäß bloß kleine Auflagen erreichen, abschreckend hohe Gebühren. Eine einzige Aufnahme kostet, außer einem oder mehreren Belegexemplaren, nicht selten mehr als ein 1000-seitiges Buch. Dies obwohl man für die betreffende Institution grenzüberschreitend kostenfrei Werbung macht. Aus finanziellen Gründen wurde in mehreren Fällen auf Abbildungen verzichtet. Mitunter werden Fotos wie Staatsgeheimnisse gehütet.

Aus urheberrechtlichen und qualitativen Gründen wurden *keine Illustrationen aus dem Internet* bezogen. In einem einzigen Fall, bei der Aufnahme vom Wettspiel zwischen dem amerikanischen Kybernetiker Norbert Wiener und dem Schachautomaten des Spaniers Leonardo Torres Quevedo (1951), ist unbekannt, wem das Urheberrecht zusteht. Hier handelt es sich wohl um eine Pressefotografie. Die Bilder wurden aus den folgenden Ländern bezogen: Australien, Belgien, China, Deutschland, Frankreich, Griechenland, Großbritannien, Italien, Kanada, Liechtenstein, Niederlande, Österreich, Schweden, Schweiz, Spanien und USA.

Keine finanziellen Zuwendungen

Die gesamte Arbeit wurde ausschließlich vom Verfasser finanziert. Es standen keinerlei Drittmittel zur Verfügung. Somit bestehen auch keine Verpflichtungen und Abhängigkeiten. Die Arbeit entstand im Alleingang.

Kunterbunte Mischung

Dieses Werk ist eine praxisbezogene Mischung aus Geschichtsbuch, Informatikbuch, Lehrbuch, Museumsführer, Gebrauchsanleitung, Wörterbuch, Bibliografie und Nachschlagewerk. Es werden manche Glanzleistungen vorgestellt, Streitfragen angeschnitten und Schwerpunkte gesetzt. Digital- wie auch Analogrechner sind berücksichtigt. Einbezogen werden auch kunstvolle Automaten. Dieser Aufbau mag verständlicherweise etwas verwirren. Es ist natürlich nicht einfach, eine solche Vielfalt unter einen Hut zu bringen. Man kann der Schrift ankreiden, dass sie „weder Fisch noch Vogel“ ist, dass sich der rote Faden nicht immer auf Anhieb erkennen lässt.

Ergänzungen und Verbesserungen

Soweit möglich wurden alle Aussagen anhand der Urschriften auf ihre Richtigkeit überprüft. Trotz großer Sorgfalt lassen sich Irrtümer leider nicht ausschließen. Der

Verfasser ist dankbar für Verbesserungsvorschläge – Hinweise auf Fehler sowie Ergänzungen.

Suche von Gegenständen und Schriftstücken
Ich freue mich über Hinweise zu seltenen und unbekannten historischen Rechengeräten – mechanische Rechenmaschinen, Rechenschieber aller Art – und zu unbekannten Dokumenten.

Englische Ausgabe
Die langwierige internationale Suche nach Geldgebern für die umfangreiche Übersetzung ins Englische blieb ohne Erfolg. Daher übernahm der Verfasser die Kosten für die Übertragung. Sehr zeitraubend war es überdies, geeignete muttersprachliche Übersetzerinnen und Übersetzer zu finden. Die Ermittlungen wurden vor allem in Nordamerika, Großbritannien, Deutschland und der Schweiz durchgeführt. Besonders hilfreich war dabei die Datenbank des deutschen Bundesverbandes der Dolmetscher und Übersetzer. Schließlich ergab sich eine gute Lösung.

Es ist nicht selbstverständlich, dass sich ein Verlag bereit erklärt, ein so großes, durchgehend vierfarbiges Werk zu veröffentlichen.

Umweltschutz
Obwohl weltumspannende Untersuchungen durchgeführt wurden, war für das Werk kein einziger Flug erforderlich. Für alle In- und Auslandreisen zu europäischen Museen, Bibliotheken, Archiven, Tagungen usw. wurde der öffentliche Verkehr (Bahn und Bus) benutzt.

Hervorhebung
Durch Kursivschrift werden gewisse Textstellen hervorgehoben.

Herbert Bruderer August 2020

Bruderer Informatik, Seehaldenstraße 26, Postfach 47, CH-9401 Rorschach, Schweiz,
Telefon +41 71 855 77 11,
elektronische Post: herbert.bruderer@bluewin.ch und bruderer@retired.ethz.ch.
http://orcid.org/0000-0001-9862-1910

Danksagung

An der Entstehung dieses Buchs waren unzählige Personen beteiligt. Ohne ihre liebenswürdige Hilfe wäre dieses Werk nicht zustande gekommen. Allen, die mich während der rund zehnjährigen Arbeit unterstützt haben, ein herzliches Dankeschön! Ich möchte, von wenigen Ausnahmen abgesehen, auf eine namentliche Erwähnung verzichten. Denn die Gefahr wäre zu groß, dass manche Mitwirkende vergessen gingen.

Bibliotheken

An erster Stelle möchte ich die Bibliothek der Eidgenössischen Technischen Hochschule Zürich (ETH Zürich) nennen. Ich bin den Mitarbeiterinnen und Mitarbeitern der verschiedenen Bereiche wie Ausleihe, Fernleihe, alte und seltene Drucke, Hochschularchiv, Bildarchiv, Sammlung Sternwarte, Publikationsplattform Research collection zu großem Dank verpflichtet. Beatrice Ackermann, Ursula Albrecht, Manuela Christen, Aristidis Harissiadis und Patricia Robertson haben für mich unzählige, oft schwer zugängliche Schriften im In- und Ausland beschafft.

Museen und Archive

Unzählige technische, naturwissenschaftliche und historische Museen aus vielen Ländern haben bei den Nachforschungen mitgewirkt. Von manchen privaten und öffentlichen Archiven habe ich wertvolle Auskünfte erhalten.

Voll funktionsfähige prachtvolle Androiden aus dem 18. Jahrhundert

Die drei erstmals 1774 vorgestellten Figurenautomaten der Jaquet-Droz, die „Musikerin“, der „Schriftsteller“ und der „Zeichner“ gelten als die weltweit schönsten und ausgereiftesten Androiden. Sie stehen im Musée d'art et d'histoire in Neuenburg. Im Zusammenhang mit einem Film für die amerikanische Zeitschrift „Communications of the ACM“ hat Thierry Amstutz uns die mechanischen Wunderwerke vorgeführt.

Bereitstellung mechanischer Rechenmaschinen und Rechenwalzen

Einige Sammler förderten die Erhebungen durch die Bereitstellung historisch bedeutender analoger und digitaler Geräte: Heiri Hefti, Fritz Menzi, Niklaus Ragaz und Urs Rüfenacht.

Wissenschaftliche Zeitschriften und Tagungsbände

Die Ergebnisse der zeitraubenden Bemühungen haben international Anklang gefunden, nicht zuletzt durch die Veröffentlichungen im Flaggschiffmagazin der Association for Computing Machinery (ACM), New York. Eine besondere Anerkennung gebührt der Redaktion der auflagenstarken Communications of the ACM (Moshe Y. Vardi, Andrew A. Chien, Diane Crawford, Andrew Rosenbloom, David Roman und

https://doi.org/10.1515/9783110669664-202

Lawrence Fisher). Die ACM vergibt den Turingpreis, der als Nobelpreis für Informatik gilt.

Weitere Aufsätze (Vorträge in London und New York) sind in den Tagungsbänden der International Federation for Information Processing (Ifip, Laxenburg, Österreich) erschienen, der weltumspannenden Dachorganisation der nationalen wissenschaftlichen Informatikgesellschaften.

Zu erwähnen sind ferner die IEEE Annals of the History of Computing (New York), die führende Zeitschrift für Informatikgeschichte, ferner das Journal of the Oughtred Society (Kalifornien), der CBI Newsletter (Charles Babbage Institute, Universität von Minnesota, Minneapolis) und Resurrection, das Mitteilungsblatt der britischen Computer Conservation Society (London).

Abbildungen

Viele Institutionen haben mir verdienstvollerweise hoch auflösende Schwarzweiß- und Farbfotos von geschichtsträchtigen Geräten, Maschinen und Dokumenten zur Verfügung gestellt und die Abdruckbewilligung erteilt. Nähere Angaben sind jeweils bei den einzelnen Abbildungen zu finden.

Preisgekröntes Buch

Die Oughtred Society hat die 1. Auflage dieses Werks im Jahr 2016 ausgezeichnet. Diese in den USA ansässige internationale Vereinigung befasst sich mit der Geschichte des Rechenschiebers und weiterer mathematischer Instrumente. Der Brite William Oughtred hat den Rechenschieber erfunden.

Buchbesprechungen

Hervorragende Buchbesprechungen zur 1. Auflage sind Thomas Sonar (Technische Universität Braunschweig), Steven Deckelman (Universität Wisconsin Stout, Menomonie, Wisconsin), Rainer Gebhardt (Adam-Ries-Bund, Annaberg-Buchholz) und Maik Schmidt sowie Peter Schmitz (Magazin für Computertechnik c't, Hannover) zu verdanken. Sie sind u.a. bei der Mathematical Association of America und in den Mathematischen Semesterberichten (Springer-Verlag) erschienen und wurden vom Newsletter der European Mathematical Society sowie von der Deutschen Mathematiker-Vereinigung übernommen.

Der Verlag

Eine besondere Anerkennung für die Betreuung und Herausgabe dieses Buchs gilt schließlich allen am Buch beteiligten Mitarbeiterinnen und Mitarbeitern des Verlags De Gruyter, Berlin.

Inhalt

1 Einführung

Zusammenfassung: Das Kapitel „Einführung" beschreibt die Zielsetzung des Buchs und den von der Darstellung abgedeckten Zeitraum. Es vermittelt einen Überblick über neue und aufsehenerregende Funde von Objekten (vor allem Rechenmaschinen) und Dokumenten und gibt Einblicke in die Entstehung des Werks. Im Mittelpunkt stehen die Vor- und die Frühgeschichte der analogen und digitalen Rechentechnik, des Automatenbaus (Figuren- und Musikautomaten) und ausgewählter wissenschaftlicher Instrumente aus Himmelskunde, Vermessungswesen und Zeitmessung. Dem nichtenglischen Sprachraum wird eine besondere Bedeutung eingeräumt. Es wird keine lückenlose geschichtliche Abhandlung angestrebt. Im Vordergrund stehen vielmehr Höhepunkte, herausragende Errungenschaften. Tabellarische Übersichten sollen den Einstieg erleichtern. Mithilfe von Entwicklungslinien lassen sich Zusammenhänge erkennen. Die neueste Zeit wird durch grundsätzliche Gedanken zum digitalen Wandel und zur künstlichen Intelligenz mit einbezogen. Zahlreiche Schritt-für-Schritt-Anleitungen für analoge und digitale Rechenhilfsmittel runden den Band ab.

Schlüsselwörter: Analogtechnik, Automatenbau, digitaler Wandel, Digitaltechnik, Figurenautomaten, Fund historischer Rechengeräte, historische Roboter, künstliche Intelligenz, Musikautomaten, Rechentechnik, wissenschaftliche Instrumente

1.1 Zielsetzung

Diese Schrift stellt einige herausragende *Meisterleistungen* aus der Geschichte der Rechentechnik und benachbarter Bereiche vor. Ziel ist nicht eine lückenlose, umfassende Abhandlung zur Entwicklung der Informatik, sondern eine möglichst *allgemein verständliche Vermittlung neuer Erkenntnisse*. Die Meilensteine sollen in einen weltweiten Zusammenhang eingebettet werden, damit sie sich einordnen lassen und ihre Bedeutung sichtbar wird. Im Mittelpunkt stehen spannende Funde von seltenen analogen und digitalen Rechengeräten sowie von bedeutenden Text- und Bilddokumenten.

Maßgebend für die Themenauswahl waren insbesondere die *überraschenden Funde*. Räumlich gibt es in diesem Werk keine Einschränkungen; wegweisende Errungenschaften sind nicht an Grenzen gebunden. Es wurde aber versucht, das nichtenglische Sprachgebiet, das in angelsächsischen Veröffentlichungen meist vernachlässigt wird, in besonderem Maß zu berücksichtigen.

Gesamtdarstellungen eignen sich zur Einführung. Sie sorgen für einen Überblick, vermögen aber naturgemäß nur einen Ausschnitt aus der Geschichte wiederzugeben. Eine inhaltliche Gewichtung ist deshalb unerlässlich. Manche Sachverhalte werden in diesem Buch von unterschiedlichen Gesichtspunkten aus behandelt. Das hat zwangsläufig Wiederholungen zur Folge. Eingeflochten werden auch Beweg-

https://doi.org/10.1515/9783110669664-001

gründe für den Rechnerbau. Zur Sprache kommt ferner der Einfluss von Wegbereiterinnen und Wegbereitern auf das weitere Geschehen. *Entwicklungslinien* sollen die geschichtliche Abfolge darlegen. Dabei gibt es natürlich nicht nur Erfolge, sondern auch Rückschläge. Auf die Begeisterung folgt oft die Ernüchterung. Die Angaben zur *Lebensdauer* der Rechenhilfsmittel offenbaren, dass ihre Nachhaltigkeit im Lauf der Zeit rasch sinkt. Ein Rechenbrett hält viel länger als ein Mobiltelefon.

Diese Arbeit strebt einen möglichst hohen *Nutzwert* an, u.a. mit einer Fülle alfabetisch oder zeitlich geordneter *Listen*, *tabellarischen Übersichten*, einer sehr umfangreichen *Bibliografie* und einem ausführlichen Personen-, Orts- und Sachverzeichnis. Damit soll es auch als *Nachschlagewerk* verwendbar sein. Das vorliegende Buch möchte eine Brücke schlagen zwischen der *analogen* und der *digitalen* Rechnerwelt, eine Klammer bilden für Abakus, Rechenschieber, mathematische Zeichen- und Messgeräte, Rechentische, mechanische Rechenmaschinen, Integrieranlagen, Lochkartenmaschinen sowie für analoge und (frühe) digitale Elektronenrechner. Diese Schrift möchte die Leserschaft über den neuesten Forschungsstand ins Bild setzen. Für eine vertiefte Auseinandersetzung mit den einzelnen Bereichen wird auf die weiterführende Literatur verwiesen.

Zu mechanischen Rechengeräten aus Deutschland und den USA gibt es verschiedene Zusammenstellungen. Vergleichbare Verzeichnisse über ähnliche Erzeugnisse aus der Schweiz (und Österreich) liegen nicht vor. Es wurde versucht, eine möglichst vollständige Liste helvetischer Marken zu erstellen.

Vielleicht gelingt es, Laien und Fachleute für das Bewahren oder gar Sammeln von technischem Kulturgut wie Rechenhilfsmitteln und den dazugehörigen Bedienungsanweisungen zu begeistern und zur Beschäftigung mit diesen geistreichen und verblüffenden Konstruktionen anzuregen. Womöglich spüren Sie mal geschichtlich wertvolle Gegenstände auf Ihrem Dachboden oder im Keller auf.

1.2 Zielgruppen

Diese Arbeit richtet sich an alle, die mehr über die Geschichte der Rechentechnik, der Mathematik, der Informatik und des Automatenbaus erfahren möchten. Sie ist bestimmt für Laien und Fachleute sowie für Liebhaberinnen und Liebhaber. Zu den Zielgruppen gehören beispielsweise Universitäten, Fachhochschulen, pädagogische Hochschulen, Gymnasien, Berufsschulen, Bibliotheken, Archive, Museen, Sammlerinnen und Sammler historischer Rechengeräte, Informatikerinnen und Informatiker, Mathematikerinnen und Mathematiker, Ingenieurinnen und Ingenieure, Historikerinnen und Historiker, Archäologinnen und Archäologen sowie Vertreterinnen und Vertreter der Kunstgeschichte.

1.3 Zeitraum

Gestreift werden Ereignisse aus der weltweiten *Vor- und Frühgeschichte* der Informatik. Sie erstrecken sich von den Anfängen der Rechentechnik im *Altertum* über das *Mittelalter* bis in die *Neuzeit*. Eine besondere Glanzleistung war das über 2000 Jahre alte Räderwerk von Antikythera. Der Schwerpunkt liegt auf Rechenschiebern, mechanischen Rechenmaschinen, Relais- und Röhrenrechnern sowie Lochkartenmaschinen. Der Zeitraum erstreckt sich daher vorwiegend vom 17. Jahrhundert bis in die zweite Hälfte des 20. Jahrhunderts. Ein markanter Einschnitt ist die Ablösung mechanischer Rechenhilfsmittel durch die Elektronenrechner in den 1970er Jahren.

Dieses Werk deckt vor allem die Pionierzeit ab. Archive haben übrigens eine mehrere Jahrzehnte lange Schutzfrist, so dass die neuesten Schriftstücke in der Regel nicht zugänglich sind.

Die neueste Zeit wird mit einbezogen durch grundsätzliche Erwägungen zur Technik- und Naturwissenschaftsgeschichte, durch Überlegungen zur Erhaltung des technisch-wissenschaftlichen Kulturguts, der Langzeitarchivierung und durch Betrachtungen zum digitalen Wandel, zu der künstlichen Intelligenz, dem maschinellen Lernen, der Robotik und den Drohnen. Die beiden Fachwortverzeichnisse und die Bibliografie berücksichtigen die Entwicklung hingegen bis in die neuste Zeit.
Aus verschiedenen Gründen wäre eine „lückenlose" Darstellung der Informatikgeschichte in der hier vorliegenden Form bis heute nicht sinnvoll:

- Dieses Werk möchte vor allem über neue, unbekannte Erscheinungen berichten, die in den bisherigen Veröffentlichungen nicht behandelt wurden. Solche Ereignisse sind jedoch selten und weder planbar noch vorhersehbar.
- Seit dem Ende des 20. Jahrhunderts hat die Anzahl von Geräten, Programmen, Programmiersprachen, Techniken, Vorgängen, Vorkommnissen, Errungenschaften, Firmen usw. ungeheuer stark zugenommen, so dass sie mit dem vorliegenden Ansatz nicht beschrieben werden können. Das würde ein vielbändiges Werk bedingen, für das man kaum einen Verlag finden würde und das sich kaum verkaufen ließe.
- Es gibt bereits (besonders aus den USA) zahlreiche neuere Einzeldarstellungen zur neueren Informatikgeschichte. Es scheint nicht zweckmäßig, den Inhalt solcher Schriften zu wiederholen.
- Ein Werk über die neueste, sehr kurzlebige Zeit ist schon vor der Veröffentlichung veraltet.
- Im Unterschied zu historischen mechanischen Rechengeräten gibt es nur wenig (geeignetes) Bildmaterial zu den neueren elektronischen Digitalrechnern. Noch karger wird es z.B. bei Programmiersprachen. Die kunstvollen Rechenmaschinen waren oft Einzelstücke, heutige Mobiltelefone sind Massenware.
- Die Bedienung und die Vorführung alter geheimnisvoller Rechenmittel machen viel Spaß und sind eine Herausförderung. Denn nur noch wenige Fachleute können damit umgehen.

1.4 Was ist Rechentechnik?

Unter *Rechentechnik* wird hier das Fachgebiet verstanden, das sich mit Rechenhilfsmitteln befasst. Es gibt eine Fülle von Rechenmitteln: Finger, Hand, Kieselstein, Kerbholz, Kerbknochen, Muschel, Knotenschnur, Rechentafel, Rechenbrett, Rechentisch, Rechentuch, Rechenleder, Rechenpfennig, Rechenbuch, Feder, Stift (Griffel), Papier, Kreide, Schiefertafel, Rechenstab, Rechenscheibe, Rechenwalze, Rechenuhr, Zahlenschieber, Lochkartenmaschinen, mechanische, elektrische, elektronische Rechenmaschine, Mobiltelefon, Quantenrechner usw. Die Rechentechnik ist demnach Gegenstand von Technik und Mathematik, von Informatik, Elektrotechnik, Maschinenbau, Physik und besonders auch von Uhrmacherkunst, Goldschmiedekunst, Feinmechanik, Automatenbau und Mikroelektronik.

Mit „Rechentechnik" meint man außer den Geräten auch das Rechenverfahren, das Vorgehen beim manuellen und maschinellen, beim mündlichen wie beim schriftlichen Rechnen. In dieser Abhandlung geht es um die maschinelle (mechanische und elektronische) Rechentechnik.

1.5 Aufsehenerregende Funde von Geräten und Dokumenten

In den über zehnjährigen Erkundigungen (seit 2009) kamen seltene historische Rechenhilfsmittel – analoge (stetige) und digitale (ziffernmäßige) Rechengeräte – sowie bisher unbekannte Schriftstücke, Zeichnungen und Bilder zum Vorschein. Die Funde wurden in der Schweiz – Kantone Aargau (AG), Basel-Stadt (BS), Bern (BE), St. Gallen (SG), Waadt (VD), Wallis (VS) und Zürich (ZH) – in Frankreich (Straßburg) sowie in England (Birmingham) gemacht.

Aufbau der Beschreibungen
Die einzelnen Funde (vgl. Kasten) werden wie folgt beschrieben:
- Jahr des Fundes,
- Name des Geräts (Analog- oder Digitalrechner, Baujahr),
- Kurzbeschreibung (Vorkommen),
- Hersteller/in und
- Standort (Museum).

Neue Funde von historischen Rechengeräten
2010
Zuse M9 (Digitalrechner, Baujahr etwa 1953)
programmgesteuerter Rechenlocher (weltweit einziges überlebendes Exemplar)
erster serienmäßig hergestellter Rechner des deutschen Computererfinders Konrad Zuse (Zuse KG, Neukirchen)
Museum für Kommunikation, Bern

2011
Cora (Digitalrechner, Baujahr 1963)
erster Schweizer Transistorrechner (Cora 1, weltweit einziges überlebendes Exemplar)
erster elektronischer Digitalrechner der Contraves AG, Zürich
ETH Lausanne, Musée Bolo (Fund durch ETH Lausanne)

2013
24-Meter-Loga-Rechenwalze (Analogrechner, Baujahr unbekannt)
weltweit größte und genaueste gewerbliche Rechenwalze mit einer Skalenlänge von 24 m (bisher bekannt: 9 erhaltene Exemplare)
Loga-Calculator, Zürich
ETH Zürich, Departement für Informatik

24-Meter-Loga-Rechenwalze (Analogrechner, Baujahr unbekannt)
weltweit größte und genaueste gewerbliche Rechenwalze mit einer Skalenlänge von 24 m (bisher bekannt: 9 erhaltene Exemplare)
Loga-Calculator, Zürich
UBS Basel, Konzernarchiv (UBS = Schweizer Großbank)

2014
schwilguésche Tastenaddiermaschine (Digitalrechner, Baujahr 1851, Patent 1844)
besterhaltenes Exemplar der weltweit ältesten überlieferten Tastenaddiermaschine
Jean-Baptiste Schwilgué, Schöpfer der letzten (derzeitigen) astronomischen Uhr des Straßburger Münsters
ETH Zürich, Sammlung Sternwarte

Thomas-Arithmometer (Digitalrechner, Baujahr etwa 1863)
weltweit erste erfolgreiche gewerbsmäßig gefertigte Rechenmaschine (zahlreiche Exemplare erhalten)
Charles-Xavier Thomas aus Colmar, Versicherungsunternehmer in Paris
ETH Zürich, Sammlung Sternwarte

Volksrechner (Digitalrechner, Baujahr 1930)
seltene Stellradgriffeladdiermaschine mit (indirekter) Subtraktion (bisher bekannt: 2 erhaltene Exemplare)
Hersteller unbekannt (vermutlich Maschinen- und Werkzeugfabrik Paul Brüning, Berlin)
Flohmarkt in Rorschach SG, Schweiz (Fundort)

schwilguésche Tastenaddiermaschine (Digitalrechner, Baujahr 1846)
weltweit älteste erhaltene Tastenaddiermaschine (nicht mehr betriebsfähiges Exemplar) sowie zwei Vormodelle
Jean-Baptiste Schwilgué, Schöpfer der letzten (derzeitigen) astronomischen Uhr des Straßburger Münsters
Musée historique (Historisches Museum), Straßburg

schwilguésche Zählwerke (Digitalzähler, Baujahr unbekannt, Patent 1844)
mehrere Exemplare
Jean-Baptiste Schwilgué, Schöpfer der letzten (derzeitigen) astronomischen Uhr des Straßburger Münsters
Musée historique, Straßburg

Scheibenrechenmaschine Summus (Analogrechner, Baujahr etwa 1906)
sehr seltene kreisförmige Zahnscheiben-Additionsmaschine (nur wenige erhaltene Exemplare)
Max Eckelmann, Dresden
Schreibmaschinemuseum Beck, Pfäffikon ZH

schwilguéscher „Prozessrechner" (Digitalrechner, Baujahr 1830er Jahre)
erster (mechanischer) „Prozessrechner" der Welt (numerische Steuerung einer Zahnradfräsmaschine über einen Papierstreifen, einziges bekanntes Exemplar)
Jean-Baptiste Schwilgué, Schöpfer der letzten (derzeitigen) astronomischen Uhr des Straßburger Münsters
Musée historique, Straßburg
(Fund: Dezember 2014, Bestimmung als Prozessrechner: Januar 2015

24-Meter-Loga-Rechenwalze (Analogrechner, Baujahr unbekannt)
weltweit größte und genaueste gewerbliche Rechenwalze mit einer Skalenlänge von 24 m (bisher bekannt: 9 erhaltene Exemplare)
Loga-Calculator, Zürich
Privatsammlung Windisch AG

2015
Mehrfach-Curta (Digitalrechner, Patent 1958)
kleinster mechanischer Parallelrechner der Welt (Fund der Konstruktionszeichnungen und der Patentdokumentation)
Curt Herzstark, Contina AG, Mauren FL
Schreibmaschinemuseum Beck, Pfäffikon ZH

2016
grundersches Rechengerät (Digitalrechner, Baujahr 1945)
mechanischer Addierer aus Holz (Einzelanfertigung, nicht mehr betriebsfähig)
Johannes Gottfried Grunder, Brienz BE
Museum für Kommunikation, Bern

24-Meter-Loga-Rechenwalze (Analogrechner, Baujahr unbekannt)
weltweit größte und genaueste gewerbliche Rechenwalze mit einer Skalenlänge von 24 m (bisher bekannt: 9 erhaltene Exemplare)
Loga-Calculator, Zürich
Komturei Tobel TG (Schweiz)

2017
webersche Rechenscheibe (Analogrechner, Baujahr unbekannt, um 1900)
sehr seltene dreidimensionale logarithmische Rechenscheibe (einziges erhaltenes Exemplar)
Georg Wilhelm Weber, Zürich
ETH Zürich, Bibliothek

Zwölffach-Curta (Digitalrechner, Baujahr 1953)
kleinster mechanischer Parallelrechner der Welt (Matrixrechner)
James Christie Robb, Universität Birmingham
Universität Birmingham, Fakultät für Chemie (Gerät verschollen).

2018
Millionär: Nachbau von Roberto Guatelli (Mischrechner, Einmaleinskörperrechenmaschine)
schneller mechanischer Direktmultiplizierer (einziges bekanntes Exemplar)
Roberto Guatelli, New York
Carnegie-Mellon-Universität, Pittsburgh, Pennsylvania

2019
Nachbauten von Roberto Guatelli: Rechenmaschinen von Pascal, Leibniz, Webb und Pallweber
mechanische Rechenmaschinen (einzige bekannte Exemplare)
Roberto Guatelli, New York
Carnegie-Mellon-Universität, Pittsburgh, Pennsylvania

24-Meter-Loga-Rechenwalze (Analogrechner, Baujahr unbekannt)
weltweit größte und genaueste gewerbliche Rechenwalze mit einer Skalenlänge von 24 m (bisher bekannt: 9 erhaltene Exemplare)
Loga-Calculator, Zürich
Museum für Kommunikation, Bern

Thomas-Arithmometer (Digitalrechner, Baujahr etwa 1863)
weltweit erste erfolgreiche gewerbsmäßig gefertigte Rechenmaschine (zahlreiche Exemplare erhalten)
Charles-Xavier Thomas aus Colmar, Versicherungsunternehmer in Paris
Schulmuseum Bern, Köniz BE

2020
24-Meter-Loga-Rechenwalze (Analogrechner, Baujahr unbekannt)
weltweit größte und genaueste gewerbliche Rechenwalze mit einer Skalenlänge von 24 m (bisher bekannt: 9 erhaltene Exemplare)
Loga-Calculator, Zürich
Sammlung Brüngger, Bremgarten BE

Anmerkungen
ETH bzw. ETHZ sind Kürzel für die Eidgenössische Technische Hochschule bzw. die Eidgenössische Technische Hochschule (Zürich), EPFL steht für Ecole polytechnique fédérale de Lausanne, die deutschsprachige Kurzform lautet ETHL. Auf Englisch nennen sich die beiden Universitäten ab und zu auch) Swiss Federal Institute of Technology.

Dokumente
- Schriftstücke (Verträge, Briefe, Jahresberichte, Prüfberichte, Protokolle, Gesuche, Preislisten, Rechnungen, Anzeigen, Projektbeschreibungen, Verfügungen, Patentdokumentation usw.) zu den folgenden Geräten: Cora, Curta, Ermeth, Loga-Calculator, Madas, Millionär, Thomas-Arithmometer, Zuse M9 (=Z9), Zuse Z4, Schwilgué-„Prozessrechner“ und Mehrfach-Curta,
- Zeichnungen und Fotos zu den folgenden Maschinen: Ermeth, Zuse M9, Thomas-Arithmometer sowie Schwilgué-Zahnradfräsmaschine und Mehrfach-Curta.

Im Frühjahr 2020 erhielt das Hochschularchiv der ETH Zürich eine Schenkung aus privater Hand (Hs 1517). Ein Dossier (mit Aufzeichnungen zu Rechenaufgaben, die vom

Institut für Flugzeugstatik und Flugzeugbau für das Schweizer Strahlflugzeug P-16 auf der Zuse Z4 durchgeführt wurden) enthielt ein maschinenschriftliches Exemplar der seit vielen Jahren verschollenen Gebrauchsanweisung zur Z 4. Auf 16 Seiten erläutert die Bedienungsanleitung, verfasst 1952 am Institut für angewandte Mathematik, beschriftet als Nr. 19, die Organisation der Maschine, die Befehle und ihre Wirkungen, die Anfertigung des Rechenprogramms und verbotene Befehlsfolgen sowie deren Abhilfe.

Ans Licht kamen neben bisher unbekannten Verträgen zwischen der Zuse KG und der ETH Zürich auch ein Protokoll zur *Flucht* von Curt Herzstark aus Sömmerda (1945) und ein Brief des Schweizerischen Schulratspräsidenten an die Grenzbehörden (1949) mit der Bitte, bei Gefahr Konrad Zuse die Flucht in die Schweiz zu ermöglichen. Aufschlussreich sind auch Berichte zum Thomas-Arithmometer im *Bulletin de la société d'encouragement pour l'industrie nationale*. Die Maschine von Thomas und ein Nachbau des schwilguéschen Addierers durch Schilt wurden, wie aus dem Katalog *Great exhibition of the works of industry of all nations* hervorgeht, 1851 auf der ersten Weltausstellung im Londoner Kristallpalast gezeigt.

Die wichtigsten Fundorte waren Zürich (ETH: Bibliothek, Hochschularchiv und Sammlung Sternwarte, Departement für Informatik; Schweizerisches Sozialarchiv), Pfäffikon ZH (Schreibmaschinenmuseum Beck), Winterthur ZH (Swiss Science Center Technorama), Bern (Museum für Kommunikation, mit Depot in Schwarzenburg BE), Köniz BE (Historisches Archiv und Bibliothek PTT), Dietfurt SG (Standort der ehemaligen Spinnerei & Weberei), Basel (Historisches Archiv und Museum der UBS sowie Schweizerisches Wirtschaftsarchiv), ferner mehrere liechtensteinische Gemeinden sowie Feldkirch (Zeitzeugen der ehemaligen Contina AG), Straßburg (Depot des Historischen Museums) und die Universität Birmingham.

Erste Ergebnisse wurden auf den internationalen Konferenzen „Making the history of computing relevant" und „International communities of invention and innovation" der *International Federation for Information Processing* (Ifip) im Londoner Science Museum (Juni 2013) und an der Universität New York (Mai 2016) vorgestellt, mehr dazu erfahren Sie in den von Arthur Tatnall (Universität Melbourne) u.a. herausgegebenen Tagungsbänden.

Die Funde werden in den entsprechenden Kapiteln beschrieben.

1.6 Häufigste Fragen zu unbekannten Rechengeräten

Wenn unbekannte Rechenhilfsmittel zum Vorschein kommen, stellen sich etwa die folgenden Fragen:

- Was ist das für ein Gerät (Zuordnung)?
- Woher kommt das Gerät (Herkunft)?
- Wer hat das Gerät erfunden (Erfinder/in)?
- Wer hat das Gerät gefertigt (Hersteller/in)?
- Wie alt ist das Gerät (Alter)?

- Wie bedient man das Gerät (Handhabung)?
- Wie funktioniert das Gerät (Technik)?
- Wer hat das Gerät benutzt (Nutzer/in)?
- Wofür wurde das Gerät genutzt (Verwendungszweck)?
- Wie und wann wurde das Gerät gefunden (Entdeckung)?

Für das geheimnisvolle Räderwerk von Antikythera würden die Antworten beispielsweise so aussehen:
- astronomische Rechenmaschine,
- unbekannt (vielleicht von der Insel Rhodos),
- unbekannt (vielleicht von Poseidonios),
- unbekannt (vielleicht aus der Schule von Poseidonios),
- über 2000 Jahre (3. bis 1. Jahrhundert v. Chr.),
- Drehung eines Knopfs oder einer Kurbel,
- äußerst komplexes Zahnradgetriebe mit mehreren Zifferblättern und Zeigern,
- unbekannt,
- Verwendung vermutlich für Lehrzwecke,
- Zufallsfund aus Schiffswrack dank Schwammtauchern (1901).

Ist ein Markenname (und zusätzlich noch das Modell) bekannt, helfen Nachschlagewerke wie das elektronische Rechnerlexikon (http://www.rechnerlexikon.de) bei den Ermittlungen zu Bauart und Ursprung häufig weiter. Die Altersbestimmung ist hingegen oft schwierig. Anleitungen sind ab und zu im Internet zu finden, vielfach bleibt nur das Ausprobieren. Um die Arbeitsweise der Maschinen zu verstehen, sind meist vertiefte technische Kenntnisse nötig, ggf. müssen die Geräte zerlegt werden. Manchmal ist gar ein Nachbau erforderlich.

Funde lassen sich nicht planen. Oft sind sie zufällig. Man kann aber systematisch in Büchern, Zeitschriften, Archiven und Museen nachforschen. Fündig wird man mit viel Glück auf Flohmärkten, im Antiquitätenhandel, an Versteigerungen, bei der Müllentsorgung, an Sammlertreffen (Tauschmöglichkeit), in privaten Kollektionen, in Museen und ihren Lagern (Depots). Auch im Internet werden immer wieder Geräte angeboten. Vorsicht vor Schwindeleien! Die Wiederentdeckung von Geräten und der Aufbau einer Sammlung mit seltenen oder kostbaren Objekten verschlingen viele Jahre.

1.7 Gebrauchsanweisungen für historische Rechenhilfsmittel

Geräte werden oft achtlos vernichtet. Gebrauchsanweisungen und weitere Schriftstücke landen meist im Altpapier. Leider gibt es in den Objektsammlungen kaum Unterlagen zu den Rechenhilfsmitteln. Weil Angaben zur Handhabung Mangelware sind, wurden durch Ausprobieren kurze nachvollziehbare *Schritt-für-Schritt-Anleitungen* für wichtige analoge und digitale Rechenhilfsmittel verfasst:

Analoge Rechenhilfsmittel
- Rechenstab (beliebiger Rechenschieber),
- Rechenscheibe (Loga-Scheibe),
- Rechenwalze (Loga-Walze),
- Proportionalwinkel (allgemein),
- Scheibenaddierer (Summus).

Digitale Rechenhilfsmittel
- Kugelrechner (Rechenrahmen) mit *manuellem* Zehnerübertrag (chinesischer Abakus);
  für die Bedienung *chinesischer, japanischer* und *russischer* Rechenrahmen und die Handhabung der vom russischen Zählrahmen abgeleiteten *Schulrechenbretter* und *Kinderrechenbretter* gelten grundsätzlich die gleichen Regeln;
- Rechentisch;
  die Regeln für die Rechenrahmen sind größtenteils auch auf die *Rechentische* und Rechentücher anwendbar;
- nepersche Rechenstäbchen (napiersche Rechenstäbchen);
- Zahlenschieber mit *halbautomatischem* Zehnerübertrag (Trebla);
- Einspeziesrechenmaschine (Kolonnenaddierer von Schwilgué);
- Einspeziesrechenmaschine (Simex von Arvai);
- Zweispeziesrechenmaschinen („Registrierkasse" Brüning);
- Dreispeziesrechenmaschinen (Zahnstangenmaschine Stima);
- Vierspeziesrechenmaschinen (Staffelwalzenmaschinen Thomas-Arithmometer, Madas und Curta);
- Vierspeziesrechenmaschinen (Sprossenradmaschinen Odhner und Brunsviga);
- Einmaleinskörperrechenmaschine (Direktmultiplizierer Millionär).

Die in diesem Werk enthaltenen Schritt-für-Schritt-Anleitungen lassen sich für die folgenden Rechengeräte verwenden (Herkunft; Rechenarten):
- chinesischer Rechenrahmen (China; Kugelrechner, Abakus; Addition, Subtraktion, Multiplikation, Division),
- russischer Rechenrahmen und Schulrechenbrett,
- Neperstäbchen (Schottland: Multiplikation, Division),
- Rechentisch,
- Proportionalwinkel (Italien; Addition, Subtraktion, Multiplikation, Division),
- Loga-Rechen*scheibe* von Daemen-Schmid (Schweiz; Multiplikation, Division),
- Loga-Rechen*walze* von Daemen-Schmid (Schweiz; Multiplikation, Division),
- schwilguésche Tastenaddiermaschine (Frankreich; Addition),
- thomassches Arithmometer (Frankreich; Addition, Subtraktion, Multiplikation, Division),
- Zahlenschieber (mit Hakenzehnerübertrag) Trebla von Steinmann (Schweiz; Addition, Subtraktion),

- Dreispeziesmaschine (mit automatischem Zehnerübertrag) Stima von Steinmann (Schweiz; Addition, Subtraktion, Multiplikation),
- Stellradmaschine namens Volksrechner von Rutishauser bzw. Brüning (Schweiz bzw. Deutschland; Addition und Subtraktion),
- Tischrechenmaschine Simex (Schweiz; Addition),
- Scheibenrechenmaschine Summus (Deutschland; Addition),
- Taschenrechenmaschine Curta von der Contina (Liechtenstein; Addition, Subtraktion, Multiplikation, Division),
- Staffelwalzenmaschine Madas von Egli (Schweiz; Addition, Subtraktion, Multiplikation, Division),
- Sprossenradmaschine Odhner (Schweden, Addition, Subtraktion, Multiplikation, Division),
- Sprossenradmaschine Brunsviga (Deutschland; Addition, Subtraktion, Multiplikation, Division),
- Einmaleinskörpermaschine Millionär von Egli (Schweiz; Addition, Subtraktion, Multiplikation, Division).

Anmerkungen

Im Gegensatz zum französischen und italienischen Sprachgebrauch wird der Rechenrahmen (Kugelrechner) im Deutschen und Englischen meist als *Abakus* bzw. *abacus* bezeichnet. Dazu mehr im Abschnitt 2.25.

Die Ein-, Zwei-, Drei- und Vierspeziesmaschinen sind mit *automatischer Zehnerübertragung* versehen. Bei den hier ausgewählten Beispielen wird die Subtraktion teils mit, teils ohne Ergänzungszahlen (Komplementärzahlen) – *indirekte bzw. direkte Subtraktion* – ausgeführt. Die Multiplikation wird stets als *wiederholte Addition* (indirekte Multiplikation) aufgefasst. Man gibt die Zahlen mit *Tasten, Schiebern, Stiften (Griffeln)* oder *Rädern* ein.

Die Anleitungen decken nur *mechanische*, nicht aber elektrische (elektromechanische) oder elektronische Rechenmaschinen ab.

Die Bedienungsanweisungen beschreiben in manchen Fällen nur einen *Bruchteil* der vielfältigen Anwendungsmöglichkeiten. Sie sind für den *Einstieg* gedacht und sollen einen Einblick in die Arbeitsweise der Geräte gewähren. Vielleicht tragen sie auch zur *Erhaltung* von Rechenhilfsmitteln bei. Die Anleitungen möchten nämlich auch technikscheue Kuratorinnen und Kuratoren anregen, die lehrreichen Maschinen in Bewegung zu setzen. Um der *Verharzung* vorzubeugen, müssen sie ab und zu vorsichtig in Betrieb genommen werden. Mithilfe der Anweisungen können Sie wahrscheinlich viele ähnliche Rechenmittel bedienen.

Auf mathematische Werkzeuge wie Pantografen, Planimeter, Koordinatografen usw. wird nur am Rande eingegangen, sie stehen nicht im Mittelpunkt dieser Arbeit.

Logarithmische Rechenschieber sind analoge Instrumente, die mechanischen Rechenmaschinen sind digital. Es gibt auch Mischformen (z.B. Scheibenrechner mit regelmäßigen Skalen, Einmaleinskörpermaschinen). Der Zahlenschieber hat meist einen halbautomatischen Zehnerübertrag (Hakenzehnerübertrag), die mechanischen Rechenmaschinen sind mit einem automatischen Zehnerübertrag ausgestattet.

Die thomassche Maschine, die Madas, die Curta sowie die Millionär sind Vierspeziesmaschinen (Spezies = Grundrechenart), desgleichen die Odhner und die Brunsviga. Sie beherrschen die vier Grundrechenarten Addition (Zusammenzählen), Subtraktion (Abziehen), Multiplikation (Vervielfachen) und Division (Teilen). Die „Addierer" bieten eine bis zwei Grundrechenarten an. Vierspeziesmaschinen eignen sich grundsätzlich auch fürs Potenzieren (wiederholte Multiplikation) und teilweise fürs Wurzelziehen.

In diesem Buch werden Additions-/Subtraktionsmaschinen als *Zwei*speziesmaschinen bezeichnet, unabhängig davon, ob das Abziehen direkt oder *indirekt* (mit Ergänzungszahlen) abläuft. Das gilt gleichermaßen für Vierspeziesmaschinen. Lässt man die Komplementaddition (indirekte Subtraktion) nicht als vollwertige Rechenart gelten, so wäre beispielsweise die Curta eine Dreispeziesmaschine. Aus Sicht der Anwendung ist das Rechenverfahren aber eher belanglos. Alle Grundrechenarten können auf die Addition zurückgeführt werden, was auch moderne programmgesteuerte Rechenautomaten ausnutzen. Die Multiplikation wird üblicherweise als wiederholte Addition, die Division als wiederholte Subtraktion durchgeführt.

1.8 Zur Entstehung dieses Buchs

Meine Nachforschungen zur Informatikgeschichte begannen 2009 im Hinblick auf den 100. Geburtstag von Konrad Zuse.

100 Jahre Konrad Zuse (Miterfinder des Computers, vgl. Abb. 1.1)
Welches waren die Beweggründe für dieses Buch, wie kam dieses Werk zustande? 2010 wurde der 100. Geburtstag des deutschen Informatikpioniers *Konrad Zuse* gefeiert. Der deutsche Bauingenieur gilt als *Schöpfer der weltersten Programmiersprache* (Plankalkül) und als einer der *Erfinder des Computers* (programmgesteuerter Digitalrechner Z3). Ein Jahr vor dem Jubiläum wies das deutsche „Magazin für Computertechnik" c't in einer kurzen Mitteilung auf dieses Ereignis hin. Ich war damals Dozent am Departement für Informatik der Eidgenössischen Technischen Hochschule (ETH) Zürich. Mir war bekannt, dass es seinerzeit enge Beziehungen zwischen Zuse und dem „Poly" (Polytechnikum) gab. Heute bin ich Ruhestand, aber nach wie vor als Technikhistoriker tätig.

Von 1950 bis 1955 stand Zuses Relaismaschine Z4 (ursprünglich V4 genannt, V für Versuchsgerät) in der Limmatstadt. Die ETH war 1950 die *erste Universität in Mitteleuropa* mit einem betriebsfähigen programmierbaren Rechenautomaten, einem „Computer". Dieser Ausdruck war zu dieser Zeit im deutschsprachigen Raum allerdings noch nicht gebräuchlich. Mit der Gründung des Instituts für angewandte Mathematik (1948) an der ETH Zürich und der Nutzung von Zuses Ziffernrechenmaschine fing die Informatik in der Schweiz an, ein Anlass für eine Festschrift. Sie erschien ab dem Gedenkjahr in vier immer umfangreicheren Ausgaben, die ersten zwei unter dem Titel „Konrad Zuse und die ETH Zürich" (Dezember 2010, 25 Seiten; Februar 2011, 40 Seiten), anschließend als „Konrad Zuse und die Schweiz" (Juli 2011, 92 Seiten, und 2012 in Buchform).

Abb. 1.1: Konrad Zuse. Dieses Acrylgemälde zeigt einen der bedeutendsten Erfinder des programmgesteuerten Digitalrechners. Die Z3 (1941) war eine programmierbare, lochstreifengesteuerte Relaismaschine, die mit Dualzahlen und Gleitkommadarstellung arbeitete. Der deutsche Bauingenieur schuf zudem den Plankalkül, der als erste Programmiersprache gilt. Die bis heute erhaltene Z4 (1945) war weltweit der erste erwerbbare Computer. Die ETH Zürich nutzte das gemietete und erweiterte Gerät von 1950 bis 1955 (© Ingrid Zámečniková, Bratislava 2011).

Die Nachforschungen zeigten, dass der deutsche Wegbereiter noch ein weiteres Standbein in der Schweiz hatte. Denn die in Zürich ansässige *Remington Rand* hatte ihn mit der Entwicklung einer programmgesteuerten Lochkartenrechenmaschine (M9) und mit der Fertigung von über zwanzig solchen *Rechenlochern* beauftragt. Das war die erste in Serie hergestellte Zusemaschine. Weil neben der ETH auch „Rem Rand" die Geschehnisse prägte, wurde die Überschrift der Abhandlung angepasst. Die Bemühungen führten schließlich zur Veröffentlichung des Werks *Konrad Zuse und die Schweiz. Wer hat den Computer erfunden?* (Oldenbourg Verlag, München/De Gruyter Oldenbourg, Berlin/Boston 2012, XXVI, 224 Seiten). Diese Schrift wird im Folgenden als „Zuse-Buch" bezeichnet.

100 Jahre Alan Turing (Mitbegründer der Informatik, vgl. Abb. 1.2)
2012 gab es rund um die Erde eine Flut von Veranstaltungen zum 100. Geburtstag von *Alan Turing*, dem wohl bedeutendsten Begründer der theoretischen Informatik. Der nach ihm benannte, alljährlich von der amerikanischen *Association for computing machinery* (ACM) verliehene Turingpreis („Nobelpreis" für Informatik) gilt als die bedeutendste Auszeichnung in diesem Wissenschaftszweig. Der Verfasser war Mitorganisator der internationalen Konferenz *Turing under discussion* an der ETH Zürich (26./27. Oktober 2012). Die bahnbrechenden Verdienste des britischen Mathematikers werden im Zuse-Buch und im vorliegenden Werk ausführlich gewürdigt.

Turing hat die *Turingmaschine* (mathematisches Modell einer universellen Rechenmaschine, 1936) erdacht. Er hatte im zweiten Weltkrieg im englischen Bletchley Park (Buckinghamshire, Südengland) entscheidend zur Entzifferung der Funksprüche der deutschen Wehrmacht beigetragen (u.a. Entwurf der Turingbombe, gemeinsam mit Gordon Welchman, aufbauend auf der polnischen „bomba"). Die von der *Enigma* verschlüsselten Meldungen galten lange Zeit als unknackbar. Um die Nachrichten der Lorenz-Schlüsselmaschine (SZ 42) zu enträtseln, wurden die bis 1975 hochgeheimen elektronischen Colossi verwendet.

Abb. 1.2: Alan Turing. Das Acrylgemälde erinnert an Alan Turing. Er hat 1936 in einer bahnbrechenden Abhandlung die universelle Turingmaschine vorgestellt. Dieses mathematische Gedankenmodell eines programmgesteuerten Digitalrechners hatte ein unendliches Speicherband. Der britische Mathematiker entwarf zudem zu Beginn des zweiten Weltkriegs mit Gordon Welchman eine Relaismaschine, mit der die Geheimmeldungen des deutschen Verschlüsselungsgeräts Enigma geknackt werden konnten (© Ingrid Zámečniková, Bratislava 2011).

Neues Werk statt zweite, verbesserte Auflage des Zuse-Buchs
Ursprünglich bestand die Absicht, eine 2., völlig überarbeitete und stark erweiterte Auflage des Zuse-Buchs herauszugeben. Wegen der unerwarteten Ergebnisse der mehrjährigen Nachforschungen reifte der Entscheid, eine von Grund auf neue Abhandlung („Meilensteine der Rechentechnik", 2015) zu verfassen. Beide Werke sind voneinander unabhängig zu lesen. Falls sinnvoll werden hier Abschnitte aus dem Zuse-Buch in nachgeführter Form übernommen, in gewissen Fällen wird auf die frühere Arbeit verwiesen.

Zweite Auflage der „Meilensteine"
Die erste Auflage der „Meilensteine der Rechentechnik" hat großen Anklang gefunden, so dass das Werk bereits kurz nach dem Erscheinen nachgedruckt werden musste. Die Buchbesprechungen im deutschen und englischen Sprachraum (z.B. von Thomas Sonar und Steven Deckelman) fielen äußerst positiv aus. Neue Erkenntnisse und weitere überraschende Funde führten zur Herausgabe einer vollständig neu bearbeiteten und stark erweiterten zweiten Auflage („Meilensteine der Rechentechnik", 2018). Beide Bände sind eigenständig und ohne Rückgriff auf den anderen Band nutzbar.

Dritte Auflage und englische Ausgabe der „Meilensteine"
Aufgrund unzähliger Anfragen aus dem nichtdeutschsprachigen Raum nach einer englischen Ausgabe drängte sich eine Übersetzung auf (Milestones in Analog and Digital Computing, 2020). Das vorliegende Werk ist eine überarbeitete und erweiterte Fassung der zweiten Auflage der deutschsprachigen „Meilensteine". Neben der Berichtigung von Irrtümern wurden rund 280 zusätzliche hoch auflösende Abbildungen aufgenommen. Die Verbesserungen und Ergänzungen betreffen vorwiegend die Kapitel „Grundlagen" (Digitalisierung und künstliche Intelligenz), „Entwicklung der Rechenkunst" (römischer Handabakus), „Museen und ihre Sammlungen", „Räderwerk von Antikythera", „Rechenschieber" (Loga-Rechenwalzen), „Historische Automaten", „Mechanische Rechenmittel" (Rechenmaschine „Millionär), die Wörterverzeichnisse und die Bibliografie, ferner das Personen-, Orts- und Sachverzeichnis.

Überblick über die verschiedenen Ausgaben
2015 Meilensteine der Rechentechnik, 1. Auflage (1 Band, 850 Seiten),
2018 Meilensteine der Rechentechnik, 2. Auflage (2 Bände, 1600 Seiten),
2020 Milestones in Analog and Digital Computing, 3. Auflage (2 Bände, rund 2000 Seiten),
2020 Meilensteine der Rechentechnik, 3. Auflage (2 Bände, rund 2000 Seiten).

1.9 Zur Sprache

Gepflegte Sprache

Beim Durchkämmen älterer Werke zur Technikgeschichte fällt der Gebrauch einer bescheidenen, verständlichen und gepflegten Sprache auf. Vor wenigen Jahrzehnten redete niemand vom „Computer". Gängige Bezeichnungen waren *Rechner, Rechengerät, Rechenmaschine, Rechenanlage, Rechenautomat, Datenverarbeitungsanlage,* bei Bedarf ergänzt durch *programmgesteuert, elektronisch, analog, digital*. Digitalrechner hießen einst *Ziffernrechner*. Ihr Gegenstück waren die Analogiemaschinen. Auf dem Markt waren Tischrechenmaschinen, Taschenrechenmaschinen / Taschenrechner, Elektronenrechner. Damals nutzte man den Ausdruck *Übersetzer* für den derzeitigen Compiler. Während die Benennung *Rechenzentrum* nach wie vor üblich ist, ist die *elektronische Datenverarbeitung* (EDV) weitgehend verschwunden. *Rechenplan* stand für Programm, *Formelsprache* für Programmiersprache, *Formelübersetzer* für Compiler.

Zweifelsfälle: Der oder die Eniac?

Heißt es „richtig" *der* oder *das* Planimeter, der oder die Z3, der oder die Harvard mark, der oder die Eniac, der oder die Univac, der oder die Edsac? Die Auffassungen gehen auseinander. Kaum bestritten dürften Namen wie die Pascaline, die Enigma, der Colossus, der Whirlwind, das Mailüfterl und die Curta sein. In anderen Fällen schwankt der Artikel je nach Urheber/in. In diesem Werk kommt, soweit bekannt, die Form zum Zug, welche der Erfinder verwendet hat, z.B. *die* (Zuse) Z4.

- *Friedrich Bauer* sprach von der Bark, der Besk, der Besm, der Binac, dem Complex number computer, dem CPC, der Edsac, dem Edvac, dem oder der Eniac, der G1, dem IBM SSEC, der IBM 650, der Perm, dem Seac, der Siemens 2002, dem Swac, dem Telefunken TR4, der Univac.
- *Heinz Zemanek* hat für Binac, Edsac, Edvac, Eniac, Harvard mark, Univac, 701 (IBM 701) die weibliche, für ARC, SSEC die männliche Form verwendet.
- *Konrad Zuse* schrieb über die Dera, die G1, die Oprema, die Perm, aber den Eniac.
- *Friedrich Willers* erwähnte den Eniac, den ASSC, den SSEC, den Edvac, den Binac, den Univac, den Seac, den Swac, den ARC, den Ace und die Bark.
- *Wilfried de Beauclair* kannte den ASCC, den Binac, den Dera, den Eniac, den Edsac, den IBM 650, den Seac, den SSEC, den Univac, den Whirlwind.
- Eduard Stiefel, *Heinz Rutishauser* und Ambros Speiser bevorzugten die Binac, die Edvac, die Eniac, die IBM SSEC und verzichteten bei Harvard mark auf einen Artikel.

Erklärung von Rechnernamen

Das Wort „Mark" in englischsprachigen Rechnernamen entspricht dem deutschen *Modell*.

ASCC: Automatic sequence controlled calculator. „Sequence" entspricht Befehl, Ablauf. „Sequence controlled" lässt sich mit *befehlsgesteuert*, programmgesteuert übersetzen (programmgesteuerter Rechenautomat);

CPC: Card programmed electronic calculator. Unter „card programmed" versteht man *lochkartengesteuert*. Die Programmanweisungen wurden nicht auf Stecktafeln, sondern auf Lochkarten festgehalten (kartenprogrammierter Elektronenrechner);

Edsac: Electronic delay storage automatic calculator. „Delay storage" bedeutet Verzögerungsleitung, Laufzeitspeicher, *Quecksilberspeicher*. Andere Geräte nutzten für den Hauptspeicher elektrostatische Williamsröhren (elektronischer Rechenautomat mit Quecksilberspeicher);

Edvac: Electronic discrete variable computer. „Discrete" drückt einen Gegensatz zu analogen Maschinen (z.B. Integrieranlagen) aus und meint *digital*. „Variable" bezieht sich wohl auf die veränderlichen Speicheradressen oder die veränderbaren Anweisungen und damit die vielseitige Verwendbarkeit (elektronischer digitaler Universalrechner);

Eniac: Electronic numerical integrator and computer: „Numerical" (ziffernmäßig, digital) weist auf einen *Ziffernrechner* (im Unterschied zu Analogieanlagen) hin. Zu „integrator": geplant war eine digitale Integrieranlage. Eniac ist gleichsam der Nachfolger einer ebenfalls in Philadelphia gebauten analogen Integrieranlage (elektronischer Ziffernrechner, elektronischer Digitalrechner);

PSRC: Pluggable sequence relay calculator. Mit „pluggable sequence" ist hier *stecktafelgesteuert* (also nicht lochstreifengesteuert) gemeint (schalttafelgesteuerter Relaisrechner);

SSEC: Selective sequence electronic calculator. „Selective" steht für wahlweise, ausgewählt. „Selective sequence" deutet auf die *bedingte Abfolge*, die *bedingten Befehle* hin (Elektronenrechner mit bedingten Befehlen).

Aus den obigen Benennungen geht hervor, dass „calculator" (Edsac) und „computer" (Edvac) damals in gleichem Sinn gebraucht wurden.

Deutsche Namen amerikanischer Universitäten

Im deutschsprachigen Raum und im Vereinigten Königreich werden Hochschulen üblicherweise nach dem Standort benannt, z-B. Universität Heidelberg, Universität Wien, Universität Zürich. Die Cambridge University/University of Cambridge und die Oxford University/University of Oxford werden in diesem Buch als Universität Cambridge bzw. Universität Oxford bezeichnet In den Vereinigten Staaten wird dies unterschiedlich gehandhabt. Die Princeton University und die Standford University heißen hier *Universität Princeton* und *Universität Stanford*. Die Harvard University befindet sich in Cambridge, Massachusetts, die Yale University in New Haven, Connecticut. Harvard und Yale sind *Personennamen*. Daher wird hier von der *Harvard-Universität* und der Yale-Universität gesprochen (in Anlehnung an Humboldt-Universität zu

Berlin, Leibniz-Universität Hannover). Das gilt auch für die Carnegie-Mellon-Universität (Pittsburgh, Pennsylvania), die Cornell-Universität (Ithaca, New York) und die Johns-Hopkins-Universität (Baltimore, Maryland). Andere Hochschulen wurden nach dem jeweiligen Bundesstaat getauft: Universität von Kalifornien in Berkeley (oder kürzer Universität Berkeley), Universität von Pennsylvania in Philadelphia.

Abkürzungen

In dieser Arbeit werden Abkürzungensoweit möglich vermieden. Die Erfahrung zeigt, dass Kürzel schon im deutschsprachigen Ausland oft nicht verstanden werden, ganz zu schweigen von fremdsprachigen Staaten. Sie führen auch bei Übersetzungen schnell zu Missverständnissen, etwa bei Datumsangaben (12.05. = 5. Dezember!). Fehlende Vornamen oder bloße Anfangsbuchstaben von Vornamen erschweren Nachforschungen besonders bei häufig vorkommenden Nachnamen.

Kürzel von Markennamen werden oft ausschließlich in großen Buchstaben gesetzt. In diesem Buch wird die weniger aufdringliche, weniger werbewirksame Schreibweise Csirac, Edsac, Edvac, Eniac, Leo, Sage, Univac, desgleichen Ermeth, benutzt, wenn die Abkürzung *silbenweise* (als Wort) gesprochen wird (wie Uno). Wenn das Kürzel *buchstabenweise* gesprochen wird (wie EU), werden lauter Großbuchstaben verwendet: ABC, ASCC, HP, IAS, IBM.

Die Zweibuchstabenkürzel hinter den Schweizer Ortsnamen geben Auskunft über die Kantonszugehörigkeit (vgl. Tab. 1.1).

Tab. 1.1: Abkürzungen für die Schweizer Kantone

Schweizer Kantone			
Kürzel	**voller Name**	**Kürzel**	**voller Name**
AG	Aargau	NW	Nidwalden
AI	Appenzell Innerrhoden	OW	Obwalden
AR	Appenzell Außerrhoden	SG	St. Gallen
BE	Bern	SH	Schaffhausen
BL	Basel-Landschaft	SO	Solothurn
BS	Basel-Stadt	SZ	Schwyz
FR	Freiburg	TG	Thurgau
GE	Genf	TI	Tessin
GL	Glarus	UR	Uri
GR	Graubünden	VD	Waadt
JU	Jura	VS	Wallis
LU	Luzern	ZG	Zug
NE	Neuenburg	ZH	Zürich

Quelle
Style guide. English. A handbook for authors and translators in the Federal Administration, Federal Chancellery, English language service, Bern 2016, 101 Seiten

FL steht für Fürstentum Liechtenstein.

Zitate
Fremdsprachige Zitate werden jeweils in der Ursprache (meist Englisch) angeführt mit anschließender deutscher Übersetzung (ohne Anführungszeichen). Sie enthalten stets vollständige Quellenangaben. Weiterführende Hinweise sind in der Bibliografie zu finden.

1.10 Zum Inhalt

Die Wiege der programmgesteuerten mechanischen und elektronischen Digitalrechner befindet sich in *Deutschland* (Konrad Zuse), *England* (Charles Babbage, Alan Turing, Max Newman, Thomas Flowers, Maurice Wilkes, Frederic Williams, John Pinkerton, Andrew Booth) und in den *Vereinigten Staaten von Amerika* (John Atanasoff, George Stibitz, Howard Aiken, Clair Lake, Presper Eckert, John Mauchly, John von Neumann). Wegweisende Maschinen wurden aber auch in der *Ukraine* (Sergej Lebedjew) und *Australien* (Trevor Pearcey, Maston Beard) gebaut. Aus Österreich kommt der Transistorrechner Mailüfterl von Heinz Zemanek.

Geburtsstätten der *mechanischen* Rechenmaschinen sind vor allem *Deutschland* (Wilhelm Schickard, Gottfried Wilhelm Leibniz, Jacob Leupold), *Frankreich* (Blaise Pascal, Charles-Xavier Thomas, Jean-Baptiste Schwilgué) und *Italien* (Giovanni Poleni). Zu nennen ist zudem Willgodt Theophil Odhner (Schweden). Führende Hersteller gab es auch in der Schweiz (Hans W. Egli, Ernst Jost, Albert Steinmann). Den krönenden Abschluss bildet die kleinste mechanische Vierspeziestaschenrechenmaschine *Curta* von Curt Herzstark (Österreich/Liechtenstein).

Die Heimat des *Rechenschiebers* ist Großbritannien (Skala von Edmund Gunter, 1620; William Oughtred, Rechenstab und Rechenscheibe um 1622). Die Entstehung der *Logarithmen* um 1600 ist John Napier (Schottland) und Jost Bürgi (Schweiz) zu verdanken. Der Engländer Henry Briggs hat Logarithmen zur Basis 10 eingeführt (1617).

Bedeutende Erfindungen waren ferner der *Pantograf* (Storchschnabel) von Christoph Scheiner (Deutschland, 1603) und das *Polarplanimeter* von Jakob Amsler (Schweiz, 1854). Hinzu kommen der *Proportionalwinkel* und der verstellbare *Reduktionszirkel*, die mit Galileo Galilei (Italien) bzw. Bürgi in Verbindung gebracht werden, und schließlich der elektronische Analogrechner (u.a. Helmut Hoelzer, Deutschland). Deutscher Abstammung ist Herman Hollerith (Lochkartenmaschinen). Schweizer Wurzeln haben Presper Eckert und John Mauchly (ursprünglich Mauchle).

1.11 Schwerpunkte

Untersuchungen in Archiven setzen in der Regel *persönliche* Besuche voraus. Denn das oft viele Laufmeter oder gar Laufkilometer umfassende, nicht immer aufgearbeitete oder meist nur grob erschlossene Archivgut kann nur *an Ort und Stelle* eingesehen werden. Es wird nicht ausgeliehen, ist üblicherweise nicht digitalisiert und nur in seltenen Fällen übers Netz zugänglich. Monatelange Ermittlungen sind mit einem hohen Zeit- und Kostenaufwand verbunden (u.a. Reisespesen).

Alte Drucke und seltene Schriften darf man häufig ebenfalls nur im Lesesaal der jeweiligen Bibliothek durchsehen. Fotokopien sind nicht erlaubt, um Beschädigungen vorzubeugen. Zeitschriften (Einzelhefte und Jahrgänge) sind im Allgemeinen vom Fernleihverkehr ausgeschlossen. Aus diesen Gründen muss man sich zwangsläufig auf die engere und weitere Umgebung, auf nahe liegende Bibliotheken und Archive, beschränken.

Deshalb bildeten der deutschsprachige Raum, im besonderen Deutschland, Österreich, Schweiz, Liechtenstein und Südtirol sowie das nahe Elsass einen Schwerpunkt der Erhebungen. Da diese Länder zu den Geburtsstätten der europäischen Rechentechnik, der Informatik, des Schreibmaschinenbaus und des Automatenbaus zählen und viele Leuchttürme (schickardsche Rechenuhr, leibnizsche Rechenmaschine, Brunsviga, Zuse Z4, Millionär, Madas, Precisa, Curta, Loga, Logarithmen, Reduktionszirkel, Polarplanimeter, Storchschnabel, Analogrechner, Kirchenkomput, Androiden der Jaquet-Droz, mitterhofersche Schreibmaschine, Algol usw.) aufweisen und das Archiv der ETH-Bibliothek Zürich eine Fundgrube ist, gab es viele Schätze zu entdecken. Vertiefte Erkundigungen setzen ohnehin das Verständnis lokaler, regionaler und nationaler Zusammenhänge voraus. Um Namen und Adressen von noch lebenden Zeitzeugen, Nachfahren der Wegbereiter und Standorte von Objekten herauszufinden, sind Beziehungen unentbehrlich.

Im Mittelpunkt stehen mechanische Analog- und Digitalrechner (z.B. Rechenschieber, Rechentische, mechanische Rechenmaschinen, Lochkartenmaschinen) und frühe digitale Elektronenrechner. Die Erhebungen beschränken sich auf die jeweils weltweit *ersten* Relais- und Röhrengeräte, denn die Anzahl der programmgesteuerten und speicherprogrammierten Maschinen nahm bald sprunghaft zu. Die Entwicklung der Programmiersprachen wird nur am Rande behandelt. Einen bedeutenden Schwerpunkt bilden historische Automaten und Roboter sowie wissenschaftliche Instrumente aus den Bereichen Astronomie, Vermessung und Zeitmessung.

1.12 Zeitzeugengespräche

Gedruckte Quellen sind nicht immer zuverlässig. Das belegen etwa die vielen Irrtümer in historischen Berichten der kurzlebigen Tages-, Sonntags- und Wochenpresse. Viele technikgeschichtliche Fragen lassen sich mangels Unterlagen nicht mehr beantworten, obwohl die Geschichte der Informatik noch jung ist. Die mündliche Überlieferung – Gespräche mit Zeitzeugen – vermag manche Lücken zu füllen. In den vergangenen Jahren kam es zu zahlreichen persönlichen Begegnungen, Telefongesprächen und brieflichem Gedankenaustausch mit in- und ausländischen Zeitzeugen u.a. folgender Geräte:

- Cora (erster schweizerischer Transistorrechner),
- Curta (österreichisch/liechtensteinischer mechanischer Taschenrechner),
- Ermeth (erster schweizerischer Röhrenrechner),
- Gigabooster (schweizerischer Hochleistungsrechner),
- Lilith (schweizerischer Arbeitsplatzrechner),
- Mailüfterl (erster österreichischer Transistorrechner),
- Smaky (schweizerischer elektronischer Tischrechner),
- Zuse M9 (deutscher Rechenlocher),
- Zuse Z4 (erster käuflicher deutscher Relaisrechner).

Die Namen der Zeitzeugen zu den Rechnern Z4, Ermeth und M9 sind im Zuse-Buch auf Seite 204 und für die Cora auf Seite 81 aufgelistet.

Curta
Ein Meinungsaustausch wurde mit etlichen Personen gepflegt, die das Geschehen um die kleine mechanische Taschenrechenmaschine Curta hautnah miterlebt haben: z.B. *Christine Holub* (Lebenspartnerin des Erfinders Curt Herzstark), *Franz Oehry* (Fertigungsleiter) und *Elmar Maier* (Entwicklungsingenieur).

Pioniere
Überaus spannend waren die Kontakte zu *Alarich Baeumler* (Mitentwickler der M9), *Friedrich Bauer* (Mitgestalter der Perm und von Algol), *Corrado Böhm* (Verfasser eines Compilers), *Jean-Daniel Nicoud* (Erbauer des Smaky), *Niklaus Wirth* (Schöpfer von Pascal und Lilith) und *Heinz Zemanek* (Konstrukteur des Mailüfterls).

Mitarbeitende und Studierende
Eduard Stiefel, Gründer des Instituts für angewandte Mathematik der ETH Zürich, hat eine ganze Mathematikergeneration mitgeprägt. Mit mehreren seiner Mitarbeitenden (meist ehemaligen Doktoranden) und Schülern stand ich in Berührung. Frauen waren in diesem Umfeld allerdings ziemlich rar.

Nachkommen
In die Untersuchungen mit einbezogen wurden auch Nachkommen von Jean-Baptiste Schwilgué (Brice d'Andlau), Konrad Zuse (Horst Zuse), Heinz Billing (Dorit Gronefeld), Curt Herzstark (Curt Herzstark jun.) und der Nachwuchs der drei Schweizer Informatikpioniere der ersten Stunde: Eduard Stiefel (Eduard Stiefel jun.), Heinz Rutishauser (Hanna Rutishauser) und Ambros Speiser (Christian und Michel Speiser). Kontakte gab es auch mit den amerikanischen Nachfahren von Presper Eckert und John Mauchly.

1.13 Zeitzeugenberichte

Leider gelang es nur in Einzelfällen, ehemalige Beteiligte für die Niederschrift von Zeitzeugenberichten zu gewinnen. Sie könnten die manchmal einseitigen und lückenhaften schriftlichen Quellen ergänzen und Falschaussagen berichtigen.

Die unten erwähnten Zeitzeugenberichte sind über die Publikationsplattform Research collection der ETH Zürich (https://www.research-collection.ethz.ch/) abrufbar. Die (langfristig gültigen) Bezugsquellen der Aufsätze sind in der Bibliografie im Abschnitt „Zeitzeugenberichte" verzeichnet.

Zuse (Z4 und M9)

Vorbildlich sind die aussagekräftigen Erinnerungen von *Urs Hochstrasser* über seine Erlebnisse mit der Zusemaschine („Ein Zeitzeuge berichtet über seine Erlebnisse mit der Z4"). Sie sind wiedergegeben im Zuse-Buch (siehe Herbert Bruderer: Konrad Zuse und die Schweiz. Wer hat den Computer erfunden?, De Gruyter Oldenbourg-Verlag, München 2012, Seiten 19–27). Das Geleitwort von *Peter Läuchli* (Seiten V-VI) und das Nachwort von *Heinz Waldburger* (Seiten 205-207) im gleichen Band stammen ebenfalls aus der Feder von Direktbetroffenen.

Um die *mündliche Überlieferung* (oral history) zu fördern, wurde gemeinsam mit dem Berner Museum für Kommunikation (Beatrice Tobler) ein *Videofilm* (in Mundart) mit ehemaligen Wartungsfachleuten der Zusemaschine M9 aufgenommen. Nähere Angaben zu dieser Veranstaltung sind im Zuse-Buch (Seite 128) enthalten.

Anzuführen ist überdies die digitalisierte Diplomarbeit von *Ernst Inauen* (ehemals Wartungstechniker des Zuse-Rechenlochers M9) aus dem Jahr 1962 („Relaisrechner mit Lochstreifeneingabe und -ausgabe").

Erwin Engeler hat einen aufschlussreichen Bericht über seine Bekanntschaft mit Zuse verfasst („Meine persönliche Beziehung zu Konrad Zuse").

Curta

Beeindruckend sind die umfangreichen Lebenserinnerungen von *Elmar Maier* („Ein prägender Lebensabschnitt. Rechenmaschine Curta (Patent Herzstark)") zur Weiterentwicklung der „Pfeffermühle" und (in diesem Buch) ein Beitrag zur Namengebung der Curta.

Cora

Lehrreiche Aufsätze aus erster Hand zum Schweizer Transistorrechner Cora haben *Ernst Hutzler* („Programmierung des Coragraphen. Rückblick auf meine Tätigkeit bei der Firma Contraves AG") und *François Nicolet* („Bau eines Fortran-IV-Compilers für die Cora 2") beigesteuert. Die Ergebnisse der Treffen mit *Peter Tóth*, dem Erbauer der Cora, sind im Zuse-Buch (Seiten 79-83) festgehalten.

1.14 Vorgehen

Ein wichtiger Grundsatz kennzeichnet das Werk: Soweit möglich wurden alle Angaben auf Richtigkeit überprüft. Natürlich lassen sich auch so Fehler nicht ausschließen. Erstmals wurden die Bestände des Hochschularchivs der ETH Zürich in Bezug auf die Frühzeit der Informatik in der Schweiz (1947–1964) systematisch untersucht.

Selbst bei einer planmäßigen „Fahndung“ nach historischen Objekten (Gegenstände) und Unterlagen (Text-, Bild-, Ton- und Filmdokumente) und der Durchsicht von veröffentlichten und unveröffentlichten Schriften bleibt vieles dem Zufall überlassen.

Auswertung der Fachliteratur

Der Aufwand für die *Suche* nach den maßgeblichen Schriften, die *Beschaffung* von Büchern, Zeitschriften und Aufsätzen im In- und Ausland und ihre *Auswertung* war äußerst hoch. Viele Quellenangaben waren mangelhaft und ungenau. Bevorzugt wurden ursprüngliche Schriften (Originalliteratur) der damaligen Pionierinnen und Pioniere. Selbstdarstellungen und vor allem Lebensberichte sind in der Regel wenig kritisch und blenden nachteilige Erlebnisse häufig aus. Das trifft ebenfalls für die meisten Festschriften zu. Auch in Werken aus erster Hand sind manchmal Widersprüche auszumachen.

Berücksichtigt wurden veröffentlichte und unveröffentlichte Arbeiten in den Sprachen *Deutsch, Englisch, Französisch, Italienisch* und *Spanisch.* Zeitschriften aus den Wissenszweigen Informatik/Datenverarbeitung, Mathematik, Physik (insbesondere Mechanik), Elektrotechnik und Vermessungswesen wurden (rückwirkend) durchgearbeitet. In manchen Fällen sind sie übers Netz abrufbar.

Festschriften

Über die Unternehmen Amsler (Schaffhausen), BBC (Baden, heute ABB, Zürich Oerlikon), Coradi (Zürich), Gfeller (Bern), Hasler (Bern, heute Ascom, Baar ZG), Kern (Aarau), Sulzer (Winterthur), Wild (Heerbrugg SG) und Zellweger (Uster ZH) gibt es Jubiläumsschriften.

Suche nach Personen, Firmen, Gegenständen, Patenten und Dokumenten

Ein wichtiger Bestandteil der Nachforschungen war das Auffinden von *Zeitzeugen* (Zuse Z4, Zuse M9, Ermeth, Curta, Cora), *Nachkommen* (Schwilgué, Zuse, Billing, Herzstark, Stiefel, Rutishauser, Speiser, Grunder, Eckert, Mauchly), von *Geräten* (Schwilguémaschinen, Thomasmaschinen, Mehrfach-Curta, Rechenschieber und mechanische Rechenmaschinen aus der Schweiz, u.a. Loga-Rechenwalzen, Millionär, ferner M9, Magnettrommelspeicher der Ermeth, Cora), von *Firmen* (im Schweizerischen Handelsamtsblatt), von *Patenten* (in Patentdatenbanken), von *Schriftstücken, Zeichnungen und Bildern* (und damit von Archiven und Nachlässen).

Besuch von Archiven
Es wurden u.a. folgende Archive besucht:
- Archiv der Neuen Zürcher Zeitung (NZZ), Zürich,
- Archiv des Deutschen Museums, München,
- Archiv des King's College der Universität Cambridge,
- Historisches Archiv ABB, Baden,
- Historisches Archiv der PTT (Köniz BE)/Museum für Kommunikation, Bern,
- Hochschularchiv sowie Archiv für Zeitgeschichte der ETH Zürich,
- Schreibmaschinenmuseum Beck, Pfäffikon ZH,
- Schweizerisches Sozialarchiv, Zürich,
- Schweizerisches Wirtschaftsarchiv, Basel,
- Studiensammlung Kern, Aarau,
- Swiss Science Center Technorama, Winterthur ZH.

Nachforschungen fanden auch beim *Bundesarchiv* (Bern), bei den *Staatsarchiven* der Kantone Zürich, St. Gallen, Bern, Waadt und Neuenburg, den *Stadtarchiven* von Winterthur, Zürich und St. Gallen, bei dem Gemeindearchiv von Brienz BE sowie dem Liechtensteinischen Landesarchiv in Vaduz statt, ferner beim Archiv der Universität Zürich (Zentralbibliothek), bei der Eisenbibliothek in Schlatt TG, der Sulzer Management AG (Winterthur), der Bibliothek am Guisanplatz (Bern), dem Musée international d'horlogerie (La Chaux-de-Fonds NE), dem National archive for the history of computing (Manchester), den National archives (Kew, Richmond, Surrey), der Royal society of chemistry (London), in US-Archiven (IBM Corporate archives, Poughkeepsie, New York; Hagley library, Wilmington, Delaware; Charles Babbage Institute, Minneapolis, Minnesota) und dem Albert-Einstein-Archiv der Hebräischen Universität in Jerusalem.

Patent-, Bibliotheks-, Archiv- und Museumsdatenbanken
Patente sind gut erschlossen, man kann über weltumspannende Datenbanken, z.B. das Europäische Patentregister (Europäisches Patentamt, München, Espacenet, https://www.epo.org) darauf zugreifen. Sehr frühe Patente erfordern jedoch u.U. ein Nachschlagen in nationalen Verzeichnissen (beispielsweise Deutsches Patent- und Markenamt, Institut national de la propriété industrielle).

Zu den *Bibliotheksbeständen* gibt es unzählige übers Internet abrufbare internationale, nationale, regionale und lokale Kataloge, z.B. das weltweit größte Verzeichnis, Worldcat (https://www.worldcat.org), den Karlsruher virtuellen Katalog (KVK, http://kvk.bibliothek.kit.edu) oder etwa Swissbib (https://www.swissbib.ch).

Die Suche nach *Archivdokumenten* beansprucht deutlich mehr Zeit. Das Schrift-, Bild- und Tongut ist nur teilweise in Verbunddatenbanken aufgelistet. Diese geben Auskunft darüber, *was* für Unterlagen vorhanden und *wo* sie zu finden sind. Zu erwähnen ist etwa das Archivportal *Archives online* (http://archivesonline.org). Zu beachten ist, dass nur ein Teil des Archivmaterials in elektronischer Form vorliegt und die Unterlagen üblicherweise nicht zugeschickt werden.

Sammlungsdatenbanken (Dokument- und Objektdatenbanken) von *Museen* sind eher selten miteinander verknüpft, ein Beispiel für einen Verbund ist die Plattform für die Museumssammlungen (http://museums-online.org). Die Suche nach historischen Gegenständen ist daher sehr langwierig, man muss in der Regel jedes Museum einzeln anfragen. Dokument- und Objektdatenbanken von technisch-naturwissenschaftlichen Museen lassen sich ohnehin nur in vergleichsweise wenigen Fällen aus der Ferne abfragen. Zugang bieten vorzugsweise amerikanische und britische Einrichtungen. Im deutschsprachigen Raum ist die Nutzung ab und zu innerbetrieblichen Zwecken vorbehalten. Für kleinere technische Sammlungen gibt es häufig keine Bestandsaufnahmen.

Digitale Zeitschriften und Zeitungen
Die rückwirkende Digitalisierung von Zeitschriften und anderen Dokumenten, oft verbunden mit einem kostenfreien *orts- und zeitunabhängigen* Zugang übers Netz und einer *Volltextsuche*, erleichtert geschichtliche Nachforschungen erheblich. Die Qualität der Digitalisate und der Texterkennung ist aber in manchen Fällen unbefriedigend, beispielsweise bei alten Zeitungen (z.B. Archiv der Neuen Zürcher Zeitung) und maschinenschriftlichen Unterlagen. Zu erwähnen ist etwa die Plattform Schweizer Zeitschriften online *E-Periodica* (http://www.e-periodica.ch) der ETH-Bibliothek, Zürich, wo auch das *Schweizerische Handelsamtsblatt* enthalten ist.

Mathematical tables and other aids to computation
Eine Fundgrube für die Frühzeit der weltweiten Informatikgeschichte ist das 1943 gegründete Mitteilungsblatt *Mathematical tables and other aids to computation* (MTAC). Es war in den 1940er und 1950er Jahren die international führende Zeitschrift zur Rechentechnik. Seit 1960 heißt sie *Mathematics of computation.*

Bulletin de la société d'encouragement pour l'industrie nationale
Vorteilhaft ist ein Blick in die übers Internet beziehbare vorbildliche französische Zeitschrift *Bulletin de la société d'encouragement pour l'industrie nationale.*

Standorte von Nachlässen
Bei vielen untergegangenen oder übernommenen Herstellern von Rechengeräten sind die Unterlagen weitgehend verschwunden. Nur ausnahmeweise ließen sich Archive ausfindig machen. Es folgen ausgewählte Ergebnisse.

- *Deutschland*
  Die Nachlässe von *Konrad Zuse* und *Heinz Billing* befinden sich im Deutschen Museum, München. Die Freie Universität Berlin hat ein (unvollständiges) digitales Archiv zu Zuse aufgebaut. Im Unternehmensarchiv von Siemens, welche die Zuse KG übernommen hatte, geht man hingegen weitgehend leer aus.

- *Frankreich*
  Unterlagen zu *Jean-Baptiste Schwilgué* gibt es im Straßburger Departementsarchiv (Archives départementales du Bas-Rhin).

- *Großbritannien*
  Eine Fundgrube ist das *National archive for the history of computing* (Bestände: Cambridge University computer laboratory, English Electric company Ltd., Ferranti Ltd., International Computers Ltd. (ICL), Leo Computers Ltd., Manchester University department of computer science, National Physical Laboratory, ferner Akten der Schrittmacher Douglas Hartree, Alan Turing und Frederic Williams).

  Das Archiv des King's College der Universität Cambridge beherbergt Dokumente zu Alan Turing. Zu diesem Mathematiker sind auch Schriften im Turingarchiv der neuseeländischen Universität Canterbury, Christchurch, abrufbar (http://www.alanturing.net).

- *Italien*
  Das Istituto per le applicazioni del calcolo (Rom) sorgt sich um den weltweiten Briefwechsel seines Gründers Mauro Picone.

- *Liechtenstein*
  Das Museum Mura, Schaanwald FL, hat Text-, Bild- und Videodokumente zur Firma *Contina* und zur Curta. Bei Hilti (Schaan FL) gibt es hingegen keine Unterlagen mehr, die sich auf das übernommene Unternehmen Contina beziehen.

- *Schweiz*
  Die Standorte der folgenden Firmenarchive sind in Klammern vermerkt: *Amsler*, Schaffhausen (Eisenbibliothek, Schlatt TG), *Daemen Schmid/Loga Calculator*, Uster ZH (Schweizerisches Wirtschaftsarchiv, Basel), *Hasler*, Bern (heute Ascom, Baar ZG: Historisches Archiv und Bibliothek PTT, Köniz BE), *Kern*, Aarau (Studiensammlung Kern, Stadtmuseum Schlössli Aarau), *Paillard*, Yverdon VD/Sainte-Croix VD (Staatsarchiv Lausanne).

  Unklar ist der Verbleib der Unterlagen der Firmen *Coradi* (Zürich) sowie *Steinmann* (La Chaux-de-Fonds NE). Coradi war zeitweise ein Teil von Amsler. Das Unternehmen *Precisa* (Zürich), das von Paillard übernommen wurde, hat zwar eine Nachfolgefirma, sie ist aber in einem anderen Bereich (Dietikon ZH: Präzisionswaagen) tätig. Gewisse Unterlagen der Precisa sind im Ortsmuseum Zürich Oerlikon erhalten. Von *Egli* (Zürich) ist kein Firmenarchiv erhalten, einige Dokumente befinden sich im Ortsmuseum Zürich Wollishofen. Die Num AG, Teufen, hat nur noch wenige Unterlagen zu ihrem Vorgänger *Güttinger*, Teufen AR. Das Archiv der (ehemaligen) *Contraves* (Zürich) ist privat.

  Überlebt haben *Hasler*, Bern (Ascom, Baar ZG), *Haag-Streit*, Köniz BE, *Crypto*, Steinhausen ZG, *Reuge*, Sainte-Croix VD. Bei der (seinerzeitigen) *Wild Heerbrugg* SG (Leica) ist die Quellenlage mager.

Das Schreibmaschinenmuseum Beck, Pfäffikon ZH, bewahrt den Nachlass von *Curt Herzstark* auf. Das Berner Bundesarchiv besitzt Dokumente zur Contina und zu Herzstark.

Die Nachlässe von *Eduard Stiefel* und *Heinz Rutishauser* liegen im Archiv der ETH-Bibliothek Zürich. Dort sind auch zu *Konrad Zuse* viele Akten zu finden.

In Einzelfällen gibt es noch Restdokumente beim Winterthurer Technorama. Texte und Bilder sind manchmal bei den Zeitzeugen (ehemaligen Mitarbeitenden) und Nachkommen zu finden.

- *USA*
  Remington Rand und *Univac* sind in Unisys aufgegangen. Dokumente sind im Sperry-Konzernarchiv der Hagley Library, Wilmington, Delaware (übers Internet), abrufbar.

  Der US-Hauptsitz von *IBM* bietet Dokumente übers Netz an (IBM Corporate Archives, Poughkeepsie, New York).

Umfragen

Umfragen zu Rechnersammlungen wurden durchgeführt bei: Banken, Versicherungen, Verwaltungen, Schulen (Gymnasien, Fachhochschulen, Universitäten), öffentlichen Verkehrsmitteln, Industriebetrieben (Maschinenbau, Elektrotechnik, Chemie, Arzneimittel, Ernährung usw.), Vermessungsämtern, Armee. In die Erhebungen eingeschlossen wurden viele große Schweizer Museen (Landesmuseum Zürich, Verkehrshaus der Schweiz, kantonale und städtische Museen) und zahlreiche ausländische Museen.

Im Zusammenhang mit den Funden der Schwilgué-Tastenaddiermaschine und des Thomas-Arithmometers wurden Befragungen bei weltweit führenden technischen Museen und Dokumentationszentren gemacht, u.a.:

- Arithmeum, Universität Bonn,
- Charles Babbage Institute, Universität Minnesota, Minneapolis,
- Computer History Museum, Mountain View, Kalifornien,
- Deutsches Museum, München,
- Heinz-Nixdorf-Museumsforum, Paderborn,
- History of Science Museum, Oxford,
- Musée des arts et métiers, Paris,
- National Museum of American History, Washington, D.C.,
- National Museum of Computing, Bletchley Park,
- Science and Industry Museum, Manchester,
- Science Museum, London,
- Technisches Museum, Wien.

Besuch von Museen

Um mir einen Überblick zu verschaffen, habe ich viele in- und ausländische, öffentliche und private Rechnersammlungen sowie Technik-, Wissenschafts-, Uhren-, Automaten- und Kunstmuseen besucht.

Die besichtigten Museen befinden sich in folgenden Ländern: Deutschland, England, Frankreich, Italien, Liechtenstein, Schweiz und Österreich. Vorbildlich sind die Bestände bedeutender europäischer Museen:

- Arithmeum, Bonn,
- Bletchley Park Trust, Bletchley Park,
- Deutsches Museum, München,
- Heinz-Nixdorf-Museumsforum, Paderborn,
- Kunsthistorisches Museum Wien (Kunstkammer),
- Mathematisch-physikalischer Salon, Dresden (Zwinger),
- Musée des arts et métiers, Paris,
- Musée historique, Straßburg,
- Museo Galileo, Florenz,
- National Museum of Computing, Bletchley Park,
- Residenzschloss, Dresden (grüne Gewölbe),
- Science Museum, London,
- Technische Sammlungen der Stadt Dresden,
- Technisches Museum Wien.

Vorzügliche *Sammlungen mathematischer Instrumente* gibt es auch in der Schweiz, so in:

- Aarau (Studiensammlung Kern),
- Basel (Museum der Großbank UBS),
- Bern (Museum für Kommunikation),
- Dorénaz VS (Patrimoine technologique),
- Genf (Musée d'histoire des sciences),
- Lausanne (ETH, Musée Bolo),
- Pfäffikon ZH (Schreibmaschinenmuseum Beck),
- Solothurn (Museum Enter),
- Zürich (ETH-Bibliothek, Sammlung Sternwarte; Landesmuseum Zürich).

Ein Besuch galt dem Depot des Schweizerischen Nationalmuseums in Affoltern am Albis ZH.

Liechtenstein

Zu empfehlen sind folgende Sammlungen:

- Mauren (Museum Mura, Schaanwald),
- Vaduz (Liechtensteinisches Landesmuseum).

Weitere Sammlungen historischer Rechengeräte

Eine vielseitige private Sammlung gibt es in Gelterkinden BL (Schaub). Besichtigt wurden zahlreiche weitere Sammlungen und Magazine (Depots), u.a. bei Roche und Novartis in Basel, Credit Suisse in Zürich. Das Winterthurer Technorama ist kein herkömmliches Museum mehr. Im Museum zu Allerheiligen in Schaffhausen ist zurzeit nur wenig zu Amsler ausgestellt. Gelegentlich wurden auch Flohmärkte und Trödelläden unter die Lupe genommen.

Figurenautomaten, Musikautomaten und Uhren

Faszinierend sind die kostbaren Uhren des Musée international d'horlogerie in La Chaux-de-Fonds NE (mit Nachbauten des Räderwerks von Antikythera und Dondis Astrarium) und des Musée d'horlogerie in Le Locle NE (mit künstlichen Menschen und Tieren). Viel Spaß bereiten auch die mechanischen Musikinstrumente im Museum für Musikautomaten in Seewen SO (mit großer Schiffsorgel) sowie die Figuren- und Musikautomaten im Musée Cima (Centre international de la mécanique d'art, in der ehemaligen Fabrik Paillard), Sainte-Croix (VD), und im Musée Baud, L'Auberson (VD). Ebenso prachtvoll ist die Sammlung im Museum für Uhren und mechanische Musikinstrumente in Oberhofen BE am Thunersee. Das berühmte Dreigestirn (Musikerin, Schriftsteller und Zeichner) von Jaquet-Droz und Mitarbeitern ist im Musée d'art et d'histoire, Neuenburg, zu bestaunen. Verblüffende Entdeckungen kann man auch in historischen und Heimatmuseen machen.

Zu den bedeutenden Schweizer Museen für Musikdosen, Musikautomaten, Figurenautomaten und Uhren gehören u.a.:

- Musée Baud, L'Auberson VD,
- Musée Cima (Centre international de la mécanique d'art), Sainte-Croix VD,
- Musée d'art et d'histoire, Neuenburg,
- Musée d'horlogerie, Le Locle NE,
- Musée international d'horlogerie, La Chaux-de-Fonds NE,
- Museum für Musikautomaten, Seewen SO,
- Museum für Uhren und mechanische Musikinstrumente, Oberhofen BE,
- Uhrenmuseum Beyer, Zürich,
- Uhrenmuseum Winterthur ZH.

Veranstaltungen

Hinzu kam der Besuch einiger Veranstaltungen: Eröffnung der Ausstellung *Genial und geheim* zum runden Geburtstag von Alan Turing in Paderborn (Heinz-Nixdorf-Museumsforum, Januar 2012). Wertvoll war zudem die Teilnahme an der internationalen Konferenz zur Informatikgeschichte *Making the history of computing relevant* in London (Science Museum, Juni 2013). Aufschlussreich war auch das Treffen von Rechenschiebersammlern an der Universität Bonn (Arithmeum, März 2014). Schließlich wurde an der ETH Zürich eine Tagung zu Turing durchgeführt.

Es kam zu Begegnungen mit international führenden Forschern zu Turing (Martin Davis, Andrew Hodges, Jack Copeland) und zu Zuse (Raúl Rojas, Ulf Hashagen) wie auch zu Gesprächen mit Mitgliedern der britischen Computer Conservation Society.

Ein Erfolg war der Vortrag des Zuse-Forschers *Raúl Rojas* (Freie Universität Berlin) zum Thema „The architecture of Zuses's Z1“. Er fand am 18. Dezember 2013 im Kolloquium des Seminars für angewandte Mathematik der ETH Zürich statt.

Das Bonner Arithmeum stellte vom Mai 2015 bis Januar 2016 Geräte von Jean-Baptiste Schwilgué aus, die wenige Monate zuvor in Straßburg aufgetaucht waren (Sonderausstellung „Uhrmacher und Rechenmaschinen“).

1.15 Höhepunkte bei den Nachforschungen

Sternstunden in den langjährigen Bemühungen zur Geschichte der Rechentechnik waren:

- Die Wiederentdeckung mehrerer seltener analoger und digitaler Rechengeräte in den Jahren 2010 bis 2018: u.a. weltweit älteste besterhaltene Tastenaddiermaschine, weltweit größte gewerbliche Rechenwalzen, ein frühes Modell der ersten wirtschaftlich erfolgreichen mechanischen Rechenmaschine der Welt, erster mechanischer „Prozessrechner“ der Welt zur numerischen Steuerung einer Zahnradfräsmaschine für die astronomische Uhr des Straßburger Münsters, dreidimensionale logarithmische Rechenscheibe, kleinster mechanischer Parallelrechner der Welt;
- der Fund von Zeichnungen und Bildern zum Zuse-Rechenlocher M9 im sanktgallischen Toggenburg (2011);
- der Fund von Aufsätzen und Zeichnungen im französischen *Bulletin de la société d'encouragement pour l'industrie nationale;*
- der Fund von Texten und Zeichnungen im Katalog zur *ersten Weltausstellung* 1851 London;
- die Durchführung eines Videogesprächs mit ehemaligen Wartungstechnikern des Zuse-Rechenlochers M9 (erste in Serie hergestellte Rechenmaschine von Zuse) im Berner Museum für Kommunikation (2011);
- der Eingang von Zeitzeugenberichten von Urs Hochstrasser über seine Erlebnisse mit der Zusemaschine Z4 (2011) und von Elmar Maier über seine Weiterentwicklung der Curta (2014);
- der Besuch von Objektsammlungen: Deutsches Museum (München), Heinz-Nixdorf-Museumsforum (Paderborn), Arithmeum (Bonn), Science Museum (London), Bletchley Park Trust und National Museum of Computing (beide Bletchley Park), Musée des arts et métiers (Paris), Musée historique (Historisches Museum) (Straßburg), Technisches Museum (Wien), Kunsthistorisches Museum (Wien), Mathematisch-physikalischer Salon (Dresden), Residenzschloss

(Dresden), Museo Galileo (Florenz) sowie prachtvoller öffentlicher und privater Sammlungen in der Schweiz und in Liechtenstein;
- die Klärung offener Fragen und die Berichtigung von Irrtümern (z.B. Zuverlässigkeit der Zuse Z4, bedingter Sprung bei der Z4, Vermarktung der Ermeth);
- die Veranstaltung eines öffentlichen Vortrags zur Zusemaschine Z1 an der ETH Zürich mit der Freien Universität Berlin (2013);
- die Durchführung einer internationalen Konferenz zum 100. Geburtstag des englischen Mathematikers Alan Turing an der ETH Zürich (2012);
- die Teilnahme an der internationalen Konferenz zur Informatikgeschichte der Ifip (International federation for information processing) im Science Museum in London (2013);
- die Vorträge für die internationale Konferenz zur Informatikgeschichte der Ifip (International federation for information processing) in der Universität New York (2016);
- die Veröffentlichung des Buchs *Konrad Zuse und die Schweiz. Wer hat den Computer erfunden?* bei Oldenbourg-Wissenschaftsverlag, München (2012);
- die Veröffentlichung des Buchs *Meilensteine der Rechentechnik. Zur Geschichte der Mathematik und der Informatik* bei De Gruyter Oldenbourg, Berlin/Boston (2015);
- die Veröffentlichung des Buchs *Meilensteine der Rechentechnik* (2. Auflage, 2 Bände, 2018) bei De Gruyter Oldenbourg, Berlin/Boston (2018);
- die Veröffentlichung des Buchs *Meilensteine der Rechentechnik* (3. Auflage, 2 Bände, 2020) bei De Gruyter Oldenbourg, Berlin/Boston (2020);
- Veröffentlichung der zweibändigen englischen Ausgabe (3. Auflage) „Milestones in Analog and Digital Computing" bei Springer Nature (2020);
- Begegnung mit Zeitzeugen der Zuse Z4 an der ETH Zürich (2016);
- die Begutachtung von Aufsätzen zur Informatikgeschichte für britische und amerikanische Wissenschaftsmagazine sowie von Forschungsgesuchen (Förderorganisationen);
- die Veröffentlichung zahlreicher Aufsätze zu den Untersuchungsergebnissen und Funden in in- und ausländischen gedruckten und elektronischen Medien;
- die Veröffentlichung von Aufsätzen in den führenden Wissenschaftszeitschriften *Communications of the ACM* (Flaggschiffmagazin der Association for computing machinery, New York, ab 2017) und *IEEE Annals of the history of computing* (New York, 2017);
- die Veröffentlichung von Tagebucheinträgen zur Technikgeschichte in den *Communications of the ACM;*
- die Sonderausstellung „Uhrmacher und Rechenmaschinen" im Arithmeum der Universität Bonn vom Mai 2015 bis Januar 2016, u.a. mit Maschinen von Jean-Baptiste Schwilgué, die im Dezember 2014 in Straßburg gefunden wurden;
- öffentliche Vorführung historischer Rechenmaschinen im Schloss Frauenfeld (Historisches Museum Thurgau, 2015);

- öffentliche Vorführung „Rechnen ohne Strom“ mit historischen Rechengeräten der Sammlung Sternwarte in der ETH-Bibliothek, Zürich (2017);
- Ernennung zum Fellow der Oughtred Society, USA, für das Werk „Meilensteine der Rechentechnik“ (2016);
- der Meinungsaustausch mit den international maßgeblichen Fachleuten für die Erforschung des Räderwerks von Antikythera (2017);
- Fund der Mehrfach-Curta (Zeichnungen und Patente, 2015; Gerät, 2017);
- Fund von Dokumenten zur Firma H.W. Egli AG (Zürich) und zum weltweit ersten erfolgreichen Direktmultiplizierer „Millionär“ (2018);
- Fund von bisher unbekannten Dokumenten zur Firma H.W. Egli AG, Zürich, und ihren Rechenmaschinen Millionär und Madas im Museum für Kommunikation (Bern), im Schweizerischen Sozialarchiv (Zürich), im Hochschularchiv der ETH Zürich und im Swiss Science Center Technorama Winterthur (2018);
- Fund von berühmten Nachbauten der Rechenmaschinen von Pascal und Leibniz an der Carnegie-Mellon-Universität in Pittsburgh,Pennsylvania (Modellbauer: Roberto Guatelli, New York) (2019);
- Auftauchen einer Nachricht über einen rätselhaften römischen Handabakus aus Elfenbein in Paris (2019).

1.16 Tiefpunkte bei den Nachforschungen

Es gab auch Schattenseiten:
- Die Aufdeckung eines gefälschten Zeitzeugenberichts in einem Sammelband eines Schweizer Verlags zur Technikgeschichte und eines abenteuerlichen, erfundenen (unveröffentlichten) Zeitzeugenberichts zu Alan Turing;
- die Aufdeckung (bei einer Buchbesprechung) des Diebstahl geistigen Eigentums in einem mehrbändigen Werk eines deutschen Verlags zur Informatikgeschichte. Das Rektorat der Universität Münster hat im Januar 2015 das Plagiat bestätigt;
- die Auseinandersetzung mit einem lothringischen Technikhistoriker, der im Zusammenhang mit der Wiederentdeckung seltener Zähl- und Rechengeräte von Schwilgué ein alleiniges Forschungs- und Veröffentlichungsrecht beanspruchte.

Zu erwähnen ist noch ein Aufsatz von Valéry Monnier zur Versteigerung eines Thomas-Arithmometers für über 230 000 € durch ein deutsches Auktionshaus. Das Gerät steckte in einem reich verzierten, unpassenden (zu kleinen) Gehäuse und war falsch datiert. Hier lag wohl ein Betrug vor.

1.17 Diebstahl geistigen Eigentums

Es gibt zahlreiche Erfindungen und Entdeckungen, die unabhängig voneinander (zeitgleich oder zeitverschoben) mehrfach (an verschiedenen Orten) gemacht wurden. Manchmal gehen die Erkenntnisse und Errungenschaften vergessen und tauchen später wieder auf. Belegt sind auch Auseinandersetzungen zum Erstrecht (siehe Thomas Sonar: Die Geschichte des Prioritätsstreits zwischen Leibniz und Newton. Geschichte – Kulturen – Menschen, Springer-Verlag GmbH, Berlin, Heidelberg 2016). Die Wissenschaft ist nicht gegen Fehlleistungen gefeit. Abgeschaut und abgeschrieben wird nämlich seit uralter Zeit. Auch in der Technikgeschichte haben sich Leute mit fremden Federn geschmückt, und es kam zu Patentprozessen.

Plagiatsvorwürfe gab es beispielsweise beim *Proportionalwinkel* (Galileo Galilei, vgl. dazu Ivo Schneider: Der Proportionalzirkel. Ein universelles Analogrecheninstrument der Vergangenheit, R. Oldenbourg Verlag, München 1971) und beim lochkartengesteuerten *Webstuhl* (Falcon/Vaucanson gegen Jacquard, vgl. dazu Jean Etènvenaux: Charles-Marie Jacquard (1752–1834) et la naissance de l'industrie textile moderne, Editions lyonnaises d'art et d'histoire, Lyon 1994).

Die Erfindung des *Elektronenrechners* führte zu einem Patentprozess (Atanasoff gegen Mauchly). Die Schöpfung des *Speicherprogramms* hatte ein Zerwürfnis zwischen Eckert/Mauchly und von Neumann zur Folge. Ein Zwist zum gemeinsamen programmgesteuerten *Relaisrechner* entbrannte überdies zwischen IBM und der Harvard-Universität. Schließlich sollen Williams und Kilburn (Universität Manchester) sowie Ferranti bei der *Magnettrommel* von Booth (London) abgekupfert haben. Abweichende Anschauungen zwischen polnischen und britischen Technikhistorikern sind auch beim Brechen der *Enigma*-Funknachrichten zu beobachten.

1.18 Veröffentlichungen

Der Medienarbeit wurde ein hoher Stellenwert eingeräumt. Die Absicht ist, die Bevölkerung auf die Bedeutung des technischen Kulturguts aufmerksam zu machen und sie an die Technikgeschichte heranzuführen. Beiträge erschienen auch in auflagestarken, einflussreichen deutschen Blättern (Frankfurter Allgemeine Zeitung, Süddeutsche Zeitung, Spiegel), einer österreichischen Zeitung (Der Standard), in schweizerischen Titeln (Neue Zürcher Zeitung, Tages-Anzeiger) und der liechtensteinischen Presse (Vaterland, Volksblatt), desgleichen in vielen Fachzeitschriften, so im deutschen Magazin für Computertechnik c't, in den Communications of the ACM, im Hörfunk und Fernsehen sowie im Internet und auf der Publikationsplattform (Research collection) der ETH Zürich und im sozialen Netz Researchgate. Es ist allerdings nicht leicht, Redaktionen für solche Themen zu gewinnen. Seit dem durch das Internet verursachten Niedergang der (gedruckten) Tageszeitungen haben die Schwierigkeiten erheblich zugenommen.

Dank eines Hinweises aus der Leserschaft wurde der Zuse-Rechenlocher M9 (wieder)entdeckt. Überdies tauchten mehrere Loga-Rechenwalzen, mechanische Rechenmaschinen und Zahlenschieber auf. Zeitzeugen und Sammler meldeten sich und baten um Auskünfte über Herkunft, Bedeutung und Handhabung von Geräten oder wollten erfahren, was sie mit ausgedienten Maschinen machen sollen. Einzelne Ausschnitte aus diesem Buch sind daher in älteren, gekürzten Fassungen in Zeitungs- und Zeitschriftenaufsätzen, in elektronischen Medien und im Netz erschienen. Mit diesen Vorveröffentlichungen ließen sich neue Erkenntnisse erzielen und offene Fragen klären.

1.19 Quellen

Ersatz der Fuß- und Endnoten durch Angaben im Lauftext

Für historische Werke sind genaue *Quellenangaben* unerlässlich. *End*noten am Schluss des Buchs oder der einzelnen Kapitel sind unbeliebt, manchmal gar eine Zumutung. Das Nachschlagen setzt ein vielfaches Umblättern voraus und ist überaus beschwerlich. Auch üppige *Fuß*noten schrecken ab. Sie unterbrechen den Lesefluss und sind wegen des kleinen Schriftgrads ab und zu schwer zu entziffern. Werden sie beachtet, muss man ständig hin- und herspringen. Wenn man sie vernachlässigt, ist ihr Nutzwert fraglich. In der vorliegenden Schrift werden die Quellenangaben (mit dem Verweis „siehe“) und zusätzliche Erläuterungen unmittelbar in den Fließtext eingeflochten.

Dieses Werk enthält eine sehr umfangreiche Bibliografie: ein ausführliches Schriftenverzeichnis und eine Übersicht über Archivbestände. Daher stellt die Literaturliste gleichzeitig ein *Quellenverzeichnis* dar. Für diese Arbeit wurden in der Regel nur Originaltexte sowie Beiträge von Zeitzeugen genutzt.

Internetfundstellen werden bloß ausnahmsweise angeführt. Verweise auf Webseiten veralten erfahrungsgemäß oft schnell. Abhilfe schaffen eindeutige und dauerhafte Netzadressen (doi = digital object identifier), so dass die Dokumente langfristig zitierbar sind.

1.20 Schriftenverzeichnis

Das Schriftenverzeichnis umfasst *rund 6000 Einträge* in den Sprachen Deutsch, Englisch, Französisch, Italienisch und Spanisch. Es enthält Beiträge aus Europa, Afrika, Amerika, Asien und Australien. Die Zusammenstellung enthält möglichst ausführliche bibliografische Angaben, um die oft langwierige Beschaffung solcher Dokumente zu erleichtern. Die Eintragungen sind jeweils alfabetisch und bei Bedarf zusätzlich zeitlich sortiert.

Zahlreiche Werke sucht man in den meisten Wissenschaftsbibliotheken vergeblich. Das gilt für viele *Tagungsbände* und *Ausstellungskataloge.* Veranstaltungen zu mechanischen Rechenmaschinen oder Rechenschiebern werden von Sammlervereinen durchgeführt. Es wäre schön, wenn man die lesenswerten, aber schwer zugänglichen Aufsätze dauerhaft elektronisch zur Verfügung stellen könnte.

1.21 Zum Buchtitel

Ein Meilenstein ist ein hervorragendes Ereignis, ein Meisterwerk, ein Höhepunkt in der Geschichte, ein Markstein, ein Wendepunkt *in* einer Entwicklung. Der Buchtitel der deutschen Ausgabe sollte daher „Meilensteine *in* der Rechentechnik", „Meilensteine *in* der *Geschichte* der Rechentechnik", „Meilensteine der *Geschichte* der Rechentechnik" oder „Meilensteine in der Entwicklung der Rechentechnik" lauten. Der Einfachheit halber wurde eine Kurzform gewählt, in Anlehnung an zahlreiche ähnliche Werktitel, z.B.: Meilensteine antiker Architektur, Meilensteine der Archäologie, Meilensteine der Astronomie, Meilensteine der Automatisierung, Meilensteine der Betriebswirtschaft, Meilensteine der Forensik, Meilensteine der Geschichte, Meilensteine der Luftfahrt, Meilensteine der Mathematik, Meilensteine der Medizin, Meilensteine der Menschheit, Meilensteine der Nationalökonomie, Meilensteine der Naturwissenschaft und der Technik, Meilensteine der Philosophie, Meilensteine der Psychologie, Meilensteine der Weltgeschichte, Meilensteine der Weltliteratur, Meilensteine der Wissenschaft, Meilensteine des Rundfunks, Meilensteine europäischer Kunst, Meilensteine moderner Logistik.

Die englischsprachige Ausgabe trägt den Titel „Milestones in Analog and Digital Computing". Das Buch geht allerdings weit über die Geschichte der Informatik hinaus, es schließt auch benachbarte Gebiete wie historische Automaten und Roboter sowie wissenschaftliche Instrumente aus den Bereichen Mathematik, Astronomie, Zeitmessung und Vermessungswesen mit ein. Darauf weist der Untertitel hin.

Das Buch lässt sich als eine mathematische bzw. informatische *Zeitreise* verstehen. Es berichtet von *Sternstunden* in der Geschichte der Mathematik, Informatik und Technik. Sternstunden der oder für die Wissenschaft werden in vielen Büchern, u.a. auch Lehrmitteln, angesprochen. Es gibt beispielsweise Werke zu Sternstunden der Archäologie, Architektur, Astronomie, Biologie, Chemie, Geschichte, Kartografie, Kunst, Literatur, Luftfahrt, Mathematik, Medizin, Menschheit, Musik, Musikgeschichte, Philosophie, Physik, Schifffahrt, Technik, Theologie, Wirtschaft. Sternstunden sind Höhe- oder Wendepunkte. Sie schließen Rückschritte natürlich nicht aus. Die Wissenschaftsgeschichte, eine kulturgeschichtliche Zeitreise, ist auch eine Geschichte des Irrtums.

Zu den *Perlen* des Rechenmaschinenbaus gehören die sehr seltenen prachtvollen Rundbaumaschinen, auch Rechenmühlen genannt. Diese und viele andere Juwelen der technischen Kunst verdanken wir vor allem Uhrmachern und auch Goldschmieden. Herausragend sind auch Androiden aus dem 18. Jahrhundert. Eine großartige Meisterleistung ist das dezimale Stellenwertsystem mit der Ziffer 0.

Dieses Werk geht auf die Geschichte der *analogen* und der *digitalen* Rechenmittel ein, also auf Teilbereiche der *Informatik* und der *Mathematik*. Es streift verwandte Gebiete wie *Astronomie* (Himmelskunde, Sternkunde), *Geodäsie* (Vermessungswesen), *Nautik* (Schifffahrtskunde), *Uhrmacherkunst* (Zeitmessung) *wissenschaftliche Instrumente, Automaten* (Bild-, Figuren-, Musik-, Rechen-, Schach-, Schreib-, Uhr-, Zeichenautomaten) und *Schreibmaschinen*. Die Ausflüge in benachbarte Bereiche verstehen sich als *Streifzüge*.

1.22 Bauanleitungen

Man kann vereinfachte analoge Geräte wie Pantografen, Proportionalwinkel und Reduktionszirkel (vgl. Abb. 1.3–1.6) selber bauen und beispielsweise für Lehrzwecke verwenden. Ihre Genauigkeit ist zwar nicht allzu hoch, sie vermögen aber die Arbeitsweise und die Bedienung zu erklären. Die Bestandteile der herkömmlichen Holz-, Metall- und Kunststoffbaukästen sind aber nicht immer geeignet. Im Internet gibt es Bastelanleitungen z.B. für Geräte aus Pappe (Karton) und auch Faltvorlagen.

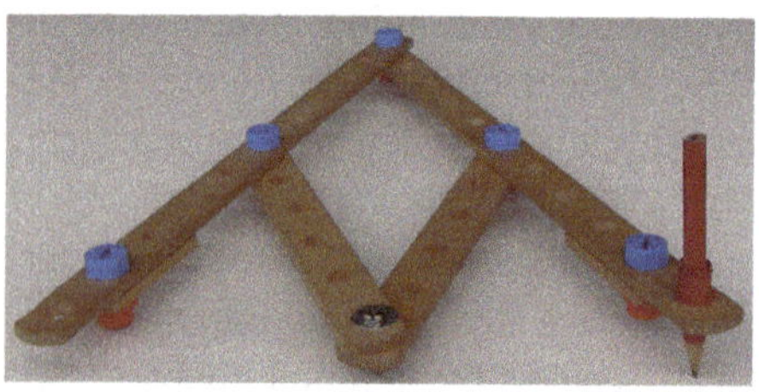

Abb. 1.3: Pantograf, Bauweise A. Mit einem solchen Storchschnabel lassen sich Zeichnungen vergrößern. Man hält den Pol (vorne links) fest, bewegt den Fahrstift (Metallschraube vorn Mitte) die vorgegebene Figur entlang. Der Zeichenstift (vorn rechts) überträgt nun den Umriss der Figur im gewählten Maßstab (© Bruderer Informatik, CH-9401 Rorschach).

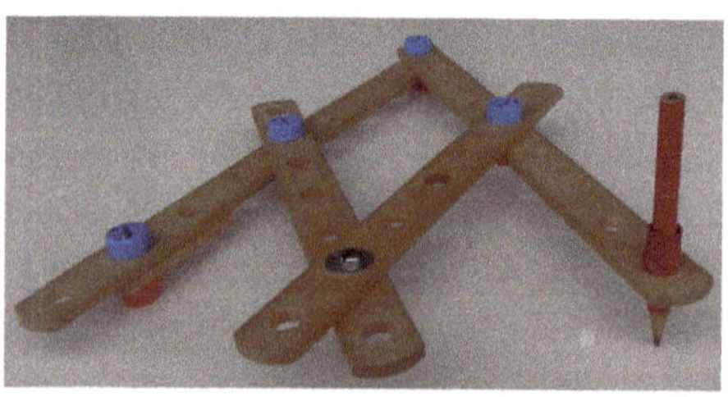

Abb. 1.4: Pantograf, Bauweise B. Mit einem solchen Storchschnabel lassen sich Zeichnungen vergrößern. Will man die Figur verkleinern, muss man Zeichen- und Fahrstift vertauschen. In diesem Modell sind die beiden inneren Schienen anders angeordnet (© Bruderer Informatik, CH-9401 Rorschach).

Abb. 1.5: Proportionalwinkel. Mit einem Proportionalwinkel (mit linearen Skalen auf beiden Schenkeln) und einem Stechzirkel können Sie alle vier Grundrechenarten durchführen. Werden diese einst weit verbreiteten mathematischen Instrumente beispielsweise mit logarithmischen oder trigonometrischen Skalen ausgestattet, sind viele weitere Berechnungen möglich (© Bruderer Informatik, CH-9401 Rorschach).

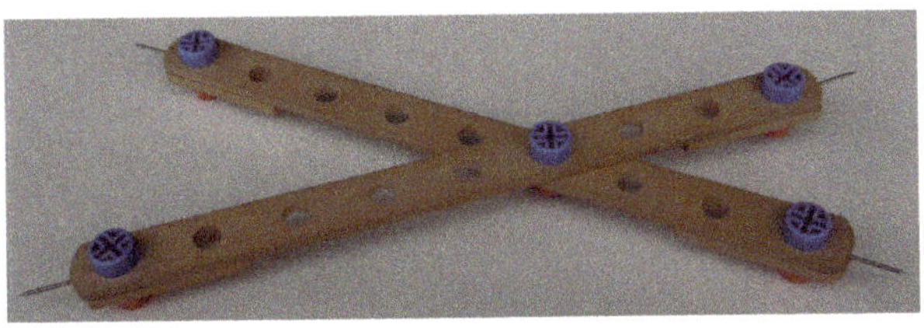

Abb. 1.6: Reduktionszirkel. Reduktionszirkel funktionieren ähnlich wie die Proportionalwinkel. Die Zirkelspitzen sind bereits in die Schenkel eingebaut. Man kann Strecken beispielsweise im vorgegebenen Verhältnis verkleinern (reduzieren). Es ist zweckmäßig, wenn sich der Drehpunkt frei verschieben lässt (© Bruderer Informatik, CH-9401 Rorschach).

2 Grundlagen

Zusammenfassung: Im Kapitel „Grundlagen“ geht es um Grundbegriffe wie Analog- und Digitalrechner, Ziffern und physikalische Größen, Zählen und Messen, bedingte Befehle, Dezimal- und Binärrechner, Parallel- und Serienrechner, Verbundrechner, Spezial- und Universalrechner, Lochkartenmaschine, Buchungsmaschine, mechanische Rechenmaschine, Additionsmaschine, Relais, Elektronenröhre, Magnetspeicher, direkte und indirekte Subtraktion, direkte und indirekte Multiplikation, Ablauf- und Programmsteuerung, Automatisierung, kaufmännische Datenverarbeitung, wissenschaftliches Rechnen, Staffelwalze, Sprossenrad, Rechentafel, Rechenbrett, Rechentisch, Rechenschieber, Proportionalwinkel, Kurvenmesser, Flächenmesser, Storchschnabel (Pantograf). Anhand vieler Merkmale werden analoge und digitale Geräte ausführlich erklärt. Die Beispiele stammen aus den Bereichen Mathematik (Differenzenmaschine), Astronomie (Armillarsphäre, Astrolabium, Erdglobus, Himmelsglobus, Planisphäre), Geodäsie (Schrittzähler, Wegmesser) und Zeitmessung (Planetenlaufuhr). Die Entstehung des Digitalsystems wird kurz beschrieben. Es wird auch auf folgende Themen eingegangen: Algorithmus, Blockkette, Buchungsplattform, Datenschutz, digitaler Wandel, Digitalisierung, Drohne, Fahrdienstvermittler, große Datenmengen, Internet der Dinge, internetfähiges Mobiltelefon, Internethandel, künstliche Intelligenz, künstliches neuronales Netz, maschinelles Lernen, Quantenrechner, Roboter, selbstfahrendes Auto, soziales Netzwerk, Sprachassistent.

Schlüsselwörter: Analogrechner, Automatisierung, Binärrechner, Dezimalrechner, digitaler Wandel, Digitalisierung, Digitalrechner, Digitalsystem, Elektronenröhre, Lochkartenmaschine, Magnetspeicher, Parallelrechner, Programmsteuerung, Serienrechner, Spezialrechner, Universalrechner

2.1 Analoge und digitale Geräte

Es gibt eine grundsätzliche, allerdings nicht unumstrittene Unterscheidung zwischen Analog- und Digitalrechnern. Die Uhrzeit wird entweder analog durch Stunden-, Minuten- und Sekundenzeiger oder digital durch Ziffern (18:35:29) dargestellt. Bei der analogen Anzeige erfasst man die Zeit aufgrund der *Zeigerstellung*, d.h. des *Winkels*, auf einen Blick, bei der digitalen erscheinen unmittelbar *Ziffern*, was die Genauigkeit erhöht. Zu beachten: Im Gegensatz zum Stunden- und Minutenzeiger bewegt sich der Sekundenzeiger sprunghaft. Die Bevölkerungsentwicklung lässt sich analog durch eine *Grafik*, eine *Kurve*, ein Balkendiagramm oder (weniger anschaulich) digital durch einen *Zahlenberg*, eine Liste oder eine Tabelle wiedergeben. Die Geschwindigkeit eines Fahrzeugs wird vorzugsweise analog abgebildet. Ein Kilometerzähler arbeitet hingegen digital. Die Grenze zwischen der Analog- und der Digitaltechnik ist unscharf (vgl. Tab. 2.1). Wenn sich der Sekundenzeiger in kleinen Schritten bewegt,

https://doi.org/10.1515/9783110669664-002

ist das nicht stufenlos. Treppenstufen sind analog, denn das analoge Spannungssignal erscheint auf dem Oszilloskop als Treppenkurve (Hinweis von Bruno Fricker).

Tab. 2.1: Vergleich der Begriffe analog und digital

Unterscheidung von analog und digital **analog**	**digital**
physikalische Größen mit beliebigen, d.h. stetig (stufenlos) veränderlichen Werten	numerische Größen mit bestimmten (gestuften) Werten (ohne Zwischenwerte)
fließende Übergänge (z.B. bei Geschwindigkeit, Temperatur, Druck, Frequenz, Lautstärke, Helligkeit)	schrittweise (sprunghafte) Übergänge (z.B. Ja oder Nein, Ein oder Aus, 0 oder 1)
Darstellung von Zahlenwerten durch analoge Größen, z.B. Diagramm, Zeigerstellung, Wasserstand	Darstellung von Zahlenwerten durch digitale Größen, z.B. Ziffern des Dezimal- oder Dualsystems
Analogrechner mit stufenloser Darstellung der Ausgangswerte und der Ergebnisse (als physikalische Größen, z.B. elektrische Spannungen, elektrische Ströme, Widerstände, Schallwellen, Lichtwellen, Druck, Strecken, Winkel)	Digitalrechner mit zahlenmäßiger Darstellung der Ausgangswerte und der Ergebnisse durch Ziffern (mit mechanischen, elektromechanischen oder elektronischen Zählern)
Ermittlung durch einen Messvorgang, messbar	Ermittlung durch einen Zählvorgang, zählbar
Betrieb von analogen Anzeigen (Skalenanzeigen) ohne elektrischen Strom	Betrieb von digitalen Anzeigen (Ziffernanzeigen) mit elektrischem Strom

Hinweis
Das französische Wort *numérique* bedeutet einerseits ziffernmäßig, zahlenmäßig, numerisch und andererseits digital (elektronisch, Internet-, Online-).

2.1.1 Ziffern oder physikalische Größen

Zahlen lassen sich durch *Ziffern* (digital) oder durch *physikalische Größen* (analog) darstellen. Entsprechend wird zwischen digitalen (ziffernmäßigen) und analogen (stetigen) Rechengeräten unterschieden. Während digitale Maschinen mit Ziffern arbeiten, verwenden mechanische Analogrechner z.B. Längen (von Strecken) oder Drehwinkel (von Getrieben, Wellen) und elektronische Analogrechner meist (zeitabhängige) elektrische Spannungen, Stromstärken oder auch Widerstände. Früher wurden solche Geräte auch als Ziffernrechner bzw. Analog*ie*rechner bezeichnet. Bauteile von Digitalrechnern sind beispielsweise Zahnräder, Relais, Elektronenröhren und Transistoren.

2.1.2 Zählen oder messen

Bei digitalen Rechengeräten ermittelt man das Ergebnis durch *Zählen* (z.B. Zählen der Kugeln beim Rechenrahmen), bei analogen durch *Messen* (z.B. Messen von Streckenlängen beim Rechenstab). Bei mechanischen Tischrechenmaschinen werden die Ziffern meist durch die Anzahl der Zähne von Staffelwalzen und Sprossenrädern sowie durch Zahnstangen oder Zählräder wiedergegeben. Elektromechanische und elektronische Rechner arbeiten mit Impulsfolgen oder Magnetisierungszuständen von elektromagnetischen Relais (Fernmelderelais), Elektronenröhren, Magnetkernen, Transistoren u. dgl.

Digitale Geräte nutzen Rechenverfahren (Rechenregeln). Sie eignen sich für numerische und nichtnumerische Aufgabenstellungen. Analoge Maschinen bestehen aus Bausteinen (Baukastenprinzip) und werden z.B. über Steckbretter programmiert. Um mit einer Integrieranlage ein Problem zu lösen, wird zunächst ein Schaltplan aufgestellt. Grundtriebe (Integral-, Summen-, Funktionstriebe) werden in bestimmter Weise verkoppelt (vgl. Abb. 2.1–2.2).

Digitalrechner erlauben eine dauerhafte Speicherung großer Datenbestände. Sie benutzen intern üblicherweise Dualzahlen, Ein- und Ausgabe erfolgen jedoch mit Dezimalzahlen. Bei der Umwandlung von Dezimalzahlen in Dualzahlen und umgekehrt können Rundungsfehler auftreten. Analogrechner waren sehr schnell und preiswert und wurden besonders für die Differenzial- und Integralrechnung eingesetzt. Die Programmierung war verhältnismäßig einfach. Im Vergleich zu den Digitalrechnern war der technische Aufwand niedrig.

Abb. 2.1: Hartrees Integrieranlage (1935). Die Aufnahme zeigt ungefähr die Hälfte der von Douglas Hartree in Manchester gebauten Integrieranlage. Vorbild war die mechanische Maschine von Vannevar Bush, MIT, Cambridge, Massachusetts (1930). Mit Analogtechnik wird eine numerische Lösung für Differenzialgleichungen angestrebt (© Science Museum, London/ Science & society picture library).

Abb. 2.2: Integrieranlage IPM-Ott (Ausschnitt). Diese Integrieranlage mit Schneiderad-Integriergetriebe wurde 1941–1944 vom Institut für praktische Mathematik der Technischen Hochschule Darmstadt in Zusammenarbeit mit der Firma Albert Ott, Kempten, hergestellt (© Deutsches Museum, München).

Analog- und Digitalrechner lassen sich durch verschiedene Eigenschaften kennzeichnen (vgl. Tab. 2.2).

Merkmale von Digitalrechnern

- Zahlendarstellung durch Ziffern (Anzahl elektrischer Impulse, Zähne von Walzen, Zahnstangen),
- Arbeitsweise: unstetig (schrittweise, stufenweise, gestuft, sprunghaft, diskret, keine Zwischenwerte),
- Ausführung der Rechenvorgänge aufgrund von logischen Verknüpfungen,
- Grundrechenarten: Addition, Subtraktion, Multiplikation, Division,
- hohe Genauigkeit (abhängig von der Anzahl Stellen),
- Gleit- oder Festkommadarstellung,
- programmgesteuerter Serien- oder Parallelrechner (Rechenvorgänge laufen gemäß dem Programm meist nacheinander ab; üblicherweise nur ein einziges Rechenwerk),
- Anwendungsbereich: sehr vielseitig (meist Universalrechner).

Merkmale von Analogrechnern

- Zahlendarstellung durch physikalische Größen (Spannungsverlauf),
- Arbeitsweise: stetig (fließend, stufenlos, ständig, ununterbrochen, kontinuierlich, mit Zwischenwerten),

- Ausführung der Rechenvorgänge aufgrund von physikalischen Gesetzen,
- Grundrechenarten: Addition, Subtraktion, Multiplikation, Division; Integration,
- begrenzte Genauigkeit (abhängig von der Messgenauigkeit),
- Festkommadarstellung,
- programmierbarer Parallelrechner (Rechenvorgänge laufen gemäß dem Blockschaltbild der Rechenelemente/der Rechenschaltung gleichzeitig ab; mehrere Rechenelemente),
- Anwendungsbereich: Lösung von Differenzialgleichungen, Simulation dynamischer Vorgänge in Echtzeit (meist Spezialrechner).

Hinweis
Logische Verknüpfungen werden durch die booleschen Operatoren „und", „oder", „nicht" ausgedrückt.

Tab. 2.2: Eigenschaften von Analog- und Digitalrechnern

Vergleich von Analog- und Digitalrechnern		
Merkmale	**analog**	**digital**
Zahlendarstellung	physikalische Größen	Ziffern
Arbeitsweise	stetig, stufenlos	schrittweise, stufenweise
Genauigkeit	begrenzt	beliebig
Geschwindigkeit	sehr hoch	hoch
Rechnerart	Parallelrechner	Serien- oder Parallelrechner
Zahlenformat	Festkomma	Gleit- oder Festkomma
Anwendungsbereich	Spezialrechner	Universalrechner

Beispiele von analogen und digitalen Rechenhilfsmitteln
- mechanische und elektromechanische Analogrechner/analoge Rechenhilfsmittel, z.B. Astrolabium, Quadrant, Sextant, Oktant, (linearer) Maßstab, (logarithmischer) Rechenstab, Rechenscheibe, Rechenwalze, Rechenuhr, Rechenrad, Rechengitter, Proportionalwinkel (Proportionalzirkel), Reduktionszirkel, Planimeter, Messquadrat, Nomogramm, d.h. Fluchtlinientafel oder Fluchtliniendiagramm und Netztafel oder Netzdiagramm , Straßburger astronomische Uhr (Kirchenrechner, Jean-Baptiste Schwilgué), Gezeitenrechner (William Thomson), elektromechanische Integrieranlage (Vannevar Bush), elektrisches Netzwerk,
- elektronische Analogrechner,
  elektronische Integrieranlagen,
- mechanische und elektromechanische Digitalrechner/digitale Rechenhilfsmittel, z.B. Rechenbrett, Rechenrahmen, Rechentisch, Rechentuch, nepersche Rechenstäbchen, Maschinen von Wilhelm Schickard, Blaise Pascal, Gottfried Wilhelm Leibniz, Charles Babbage (Differenzenmaschine, analytische Maschine), Pehr

Georg Scheutz/Edvard Raphael Scheutz (Differenzenmaschine), Martin Wiberg (Differenzenmaschine), Percy Edwin Ludgate (analytische Maschine), Charles-Xavier Thomas (Arithmometer), Jean-Baptiste Schwilgué („Prozessrechner"), Herman Hollerith (Lochkartenmaschine), Leonardo Torres (y) Quevedo (elektromechanische Rechenmaschine), George Stibitz (Bell-Rechner), Konrad Zuse (Z3, Z4, Z5, Z11), Howard Aiken (Harvard mark 1/IBM ASCC), Conny Palm (Bark), Andrew Booth (ARC), Herbert Kortum/Wilhelm Kämmerer (Oprema), Curt Herzstark (Curta), Registrierkasse (James Ritty, 1879,
- elektronische Digitalrechner,
  z.B. ABC, Colossus, Eniac, Manchester mark 1, Edsac, Pilot Ace, Univac 1, IBM 701 und 650, IAS-Rechner, Whirlwind, Ape(x)c, Leo, Ermeth, Zuse Z22 und Z23, Tradic, Mailüfterl, Csirac, Besm, ferner Geräte aus Dresden (D1, D2, D4a, Cellatron), Göttingen (G1, G1a, G2, G3), Jena (ZRA 1) und München (Perm).

Zu den digitalen Rechenhilfsmitteln zählen ferner die Finger, Rechensteine, Rechenpfennige, mathematische Tabellen (z.B. Logarithmentafeln), Zahlenschieber und die mechanischen Rechenmaschinen, ferner die (theoretische) Turingmaschine. Mit Ziffern arbeiten auch Zählwerke. Die aktuellen Computer sind elektronische Digitalrechner.

Mechanische und elektronische Taschenrechner
Zu den Taschenrechnern zählen nicht nur die heutigen elektronischen Zwerge. Dazu gehören auch kleine Rechenrahmen (Kugelrechner), kurze Rechenstäbe, Rechenscheiben mit geringem Durchmesser, blecherne Zahlenschieber und die Rechenmühle Curta. Neben dieser Rundbaumaschine wurde während einer kurzen Zeit ein vergleichbarer mechanischer Kleinrechner hergestellt, die deutsche *Alpina* Universal-Rechenmaschine (URM, 1960) aus Kaufbeuren. Konstrukteur dieser Vierspeziessprossenradmaschine war Oskar Mildner, der Hersteller hieß Otto Rudolf Bovensiepen. Ihre Verbreitung war aber bescheiden. Das gilt auch für die norwegische *Multifix* (1954). Handlich war ferner das Addiergerät (ohne automatischen Zehnerübertrag) von Morland.

Proportionalwinkel und Reduktionszirkel: vielseitige Werkzeuge
Bekannte mathematische Werkzeuge waren die Proportionalwinkel (Proportionalzirkel). Sie hatten entweder einen *festen* oder einen *verschiebbaren* Drehpunkt. Bei Geräten mit einem festen Scharnier ist die Benennung „Proportional*winkel*" zweckmäßiger, denn sie sehen nicht wie herkömmliche Zirkel aus. Instrumente mit einem verstellbaren Drehpunkt werden als Reduktionszirkel bezeichnet. Es gibt auch die Ausdrücke „Proportional*winkel*" für Geräte nach der Art von Galileo Galilei und „Proportional*zirkel*" für Geräte nach der Art von Jost Bürgi.

Der Proportionalwinkel, ein vielfältig nutzbares Rechenhilfsmittel, hat auf seinen Schenkeln z.B. lineare, logarithmische oder trigonometrische Skalen. Dabei werden mit einem Stechzirkel Strecken abgegriffen. Mit den linearen Skalen kann man addieren und subtrahieren. Dank der (geometrischen) Strahlensätze lassen sich Verhältnisgleichungen lösen, und so kann man auch multiplizieren und dividieren. Bei anderen Berechnungen geht es um Strecken, Vielecke, Kreise und Würfel. Alle diese Instrumente sind größtenteils von der Bildfläche verschwunden.

Analoge logarithmische Rechenstäbe und digitale mechanische Rechenmaschinen
Vereinfacht lässt sich sagen:
- Rechenstäbe sind preiswert und leicht, aber ungenau. Sie arbeiten lautlos.
- Rechenmaschinen sind teuer, schwer und genau. Sie sind jedoch lärmig.

Analogrechner
Elektronische Analogrechner waren in den 1950er und 1960er Jahren weit verbreitet, sie wurden bis in die 1970er Jahre genutzt. Analoge und digitale Maschinen wurden damals nebeneinander verwendet.

Analogie: Die Lösung einer Aufgabe wird auf analoge (ähnliche, entsprechende) physikalische Vorgänge zurückgeführt, das Problem wird durch ein ähnliches, entsprechendes physikalisches System (Modell) nachgebildet.

George A. Philbrick (Boston) baute Ende der 1930er Jahre einen speziellen elektronischen Analogrechner namens Polyphemus. Helmut Hoelzer arbeitete 1941 ebenfalls an einem elektronischen Analogrechner. Integrieranlagen entstanden beispielsweise am Massachusetts Institute of Technology, Cambridge, und an der Universität Manchester (Meccano 1934). Amerikanische und britische Hersteller von elektronischen Analogrechnern waren u.a. George A. Philbrick researches Inc. (Boston, Massachusetts), Boeing airplane company (Seattle, Washington), English Electric (Stafford), Elliott Brothers (London) Ltd., Metropolitan Vickers (Manchester) und EMI Electronics (London).

Es gab zudem hydraulische und optische Analogrechner.

Anspruchsvolle Integriergeräte
Nur wenige mechanische Integriergeräte (Vorrichtung zur Integration von Differenzialgleichungen) haben überlebt. Es gab eine große Fülle solcher Zeichen-, Mess- und Recheninstrumente:
- Kurvenmesser (Messrädchen),
- Planimeter (Flächenmesser),
- Pantografen (Storchschnabel, Umzeichner, Gerät zum Vergrößern oder Verkleinern von Zeichnungen),
- Koordinatografen (Kartiergerät, Vorrichtung zum punktweisen Zeichnen von Kurven und Ausmessen der Koordinaten einzelner Punkte),
- harmonische Analysatoren (Gerät zur Untersuchung – Analyse – einer gegebenen Kurve; Vorrichtung zur Bestimmung der Fourier-Koeffizienten einer gegebenen Kurve),
- harmonische Synthesatoren (Gerät für die Zeichnung einer zu gegebenen Werten entsprechenden Kurve; Schwingungsüberlagerer; Beispiel: Gezeitenrechenmaschine),

- Integrafen (Gerät, das zu einer gegebenen Kurve die Integralkurve oder die Integralkurve einer Differenzialgleichung zeichnet).

Die harmonische Analyse ist die Zerlegung einer Schwingung in die Grundschwingung und die Oberschwingungen. Die harmonischen Schwingungen lassen sich durch eine Sinusfunktion ausdrücken. Leider sind alle diese Hilfsmittel für Laien eher schwer zugänglich. Für ihr Verständnis sind höhere mathematische Kenntnisse zwingend (vgl. Kasten).

Differenzieren und Integrieren

Die Infinitesimalrechnung beschäftigt sich, wie ihr Name andeutet, mit beliebig (unendlich) kleinen Zahlenwerten, mit der Berechnung von Grenzwerten an Funktionen. Die Rechenarten heißen Differenzieren und Integrieren. Das Differenzieren einer Funktion bedeutet die Bildung ihrer Ableitung, was sich am einfachsten als Tangentensteigung darstellen lässt. Beim Integrieren sucht man die Stammfunktion zu dieser Ableitungsfunktion. Das Ergebnis kann als Flächeninhalt veranschaulicht werden. Integration ist die Berechnung von (bestimmten und unbestimmten) Integralen.

Das Wurzelziehen (Radizieren) und das Logarithmieren sind Umkehrungen des Potenzierens, das Integrieren ist die Umkehrung des Differenzierens. Differenzial- und Integralgleichungen dienen zur Beschreibung vieler Naturvorgänge. Differenzial- und Integralrechnung sind Teilgebiete der höheren Mathematik, genauer der Infinitesimalrechnung.

Mischrechner

Analog- und Digitalrechner lassen sich auch zu *Hybridrechnern* (Verbundrechner, Mischrechner, Zwitterrechner) verknüpfen. Beispiele: programmgesteuerter Analogrechner, Simulator, digitale Integrieranlage (Ziffernintegrieranlage mit Magnettrommel, magnetic drum digital differential analyzer) Maddida (Northrop aircraft corporation, Hawthorne, Kalifornien), Integromat von Schoppe & Faeser (Minden), Bendix D-12 und G-15 von Bendix aviation corporation (Los Angeles), Trice von Packard Bell. Zu den Hybridrechnern zählen auch Univac 1103A, IBM 704 und Era 1103.

Die Teilprodukte im (einzigen) Einmaleinskörper der Vierartenrechenmaschine Millionär werden durch Zungenplatten (Staffelbleche, Stufenstücke) unterschiedlicher Länge, also analog, dargestellt. Die Anzeige ist jedoch digital (siehe Peter Kradolfer: Einige Rosinen aus der Entwicklung der Rechenmaschinen, Verlag Sauerländer, Aarau 1988, Seiten 34–36).

Beim Whirlwind plante man ursprünglich den Bau eines analogen Flugsimulators und schwenkte erst später auf einen Digitalrechner um.

Das Räderwerk von Antikythera ist eine analoge Rechenmaschine, die numerische Berechnungen ausführt.

Quellen

Helmut Adler: Elektronische Analogrechner, VEB Deutscher Verlag der Wissenschaften, Berlin, 3. Auflage 1970

Wolfgang Giloi; Rudolf Lauber: Analogrechnen. Programmierung, Arbeitsweise und Anwendung des elektronischen Analogrechners, Springer-Verlag, Berlin, Göttingen usw. 1963

Christine Krause: Die Analogrechentechnik unter besonderer Berücksichtigung der Entwicklung von Analogrechnern in Thüringen und Sachsen, in: Werner H. Schmidt; Werner Girbardt (Hg.): Mitteilungen zur Geschichte der Rechentechnik, 2006, Heft 6, Seiten 121–133.

Hinweis

Die Grenze zwischen Analog- und Digitalrechnern ist fließend, vgl. dazu

Andreas Brennecke: Physikalische Analogien und Ziffernrechenmaschinen – Von mechanischen Rechengeräten zu Integrieranlagen und programmgesteuerten Maschinen, in: Werner H. Schmidt; Werner Girbardt (Hg.): 1. Greifswalder Symposium zur Entwicklung der Rechentechnik, 15.–17. September 2000, Ernst Moritz Arndt Universität, Greifswald 2000, Seiten 89–111

Bernd Ulmann: Analogrechner. Wunderwerke der Technik – Grundlagen, Geschichte und Anwendung, Oldenbourg-Verlag, München 2010

Horst Völz: Grundlagen der Information, Akademie Verlag GmbH, Berlin 1991.

Weitere Mischformen

Bei der Musikdose verläuft die Drehbewegung der Stiftwalze analog, die Walzenstifte sind digital. Eine Mischung sind auch Stundenschlägeruhren (z.B. San Marco, Venedig).

Auswechselbare Nockenscheiben steuern gewisse Figurenautomaten (z.B. Handschriftautomat und Musikerin von Jaquet-Droz, Ente von Vaucanson). Die Unterscheidung zwischen analog und digital ist nicht immer einfach (vgl. Kasten).

Sind Zahnräder analog oder digital?

Zahnräder sind aufgrund ihrer Bauweise *analog*. Sie drehen sich stetig (stufenlos) um ihre Achse. Die Arbeitsweise des Zahnrads ist *digital*, wenn seine Drehbewegung durch eine externe Steuervorrichtung in Schritte unterteilt (abgestuft) wird. Die Lenkung sorgt dafür, dass die physikalische Bewegung gültige logische Werte (z.B. ganze Zahlen) darstellt (Mitteilung von Doron Swade vom 16. Mai 2017). Ein stetig ineinander laufendes Zahnradgetriebe ist analog, es gibt keine Quantisierung. Die Winkelstände der Zähne müssen durch reelle Zahlen ausgedrückt werden (Mitteilung von Bruno Fricker vom 3. Oktober 2018). Die mit Rippen bestückten Staffelwalzen und die Sprossenräder mit ihren einziehbaren und ausfahrbaren Zähnen arbeiten digital.

Abb. 2.3: Schrittzähler. Mit solchen Geräten wurden Entfernungen gemessen. Herkunft und Alter dieses metallenen Instruments (mit analoger Anzeige) sind unbekannt (© ETH-Bibliothek Zürich, Sammlung Sternwarte).

Erläuterungen zu Analog- und Digitalgeräten

Kurvenmesser (Linienmesser, Kurvimeter) und *Flächenmesser* (Planimeter) sind analoge Geräte. *Schrittzähler* (Pedometer) (vgl. Abb. 2.3) und Kilometerzähler arbeiten hingegen stufenweise (ggf. mit analoger Anzeige). *Wegmesser* (Hodometer) (vgl. Abb. 2.4) verwenden mechanische Zählräder. In der Landvermessung (vgl. Abb. 2.5–2.6) wurden manche heute vergessene wissenschaftliche Instrumente genutzt.

Ein Astrolabium (vgl. Abb. 2.7) ist im Unterschied zur dreidimensionalen Armillarsphäre (vgl. Abb. 2.8–2.9) ein scheibenförmiges (zweidimensionales) astronomisches Messinstrument. Es besteht u.a. aus einer Grundplatte (Mater), einer festen Scheibe mit Koordinaten der Himmelssphäre (Tympanon), einer drehbaren, durchbrochenen Scheibe aus Flechtwerk mit Sternbildern (Rete), einer Peilvorrichtung (Visier) und einem drehbaren Zeiger (Visierlineal, Alhidade). Den drehbaren Arm eines mit einer Ablesevorrichtung versehenen Winkelmessgeräts bezeichnet man als Alhidade. Die beiden Planisphären (vgl. Abb. 2.10–2.11) offenbaren den Wandel vom geozentrischen Weltsystem zum heliozentrischen, vom Weltbild mit der Erde bzw. der Sonne als Mittelpunkt. Zu den wertvollsten astronomischen Instrumenten zählen Planetenlaufuhren (vgl. Abb. 2.12). Wenig bekannt ist das Torquetum (vgl. Abb. 2.13). Zahlreiche Erd- und Himmelsgloben sind erhalten (vgl. Abb. 2-14–2.19).

Die (analogen) Rechenschieber arbeiten mit Strecken. Die Proportionalwinkel und die Reduktionszirkel nutzen Strecken und Winkel. Auch die Storchschnäbel (Pantografen) bauen auf geometrischen Verhältnissen auf. Die Kurvenscheiben von Figurenautomaten sind analog.

Der Pegelstand eines Gewässers steigt und fällt stetig; die Geschwindigkeit eines Fahrzeugs ändert sich üblicherweise ebenfalls stufenlos. Das gilt auch für die Flüssigkeit in einem Thermometer.

Elektrische Signale können analog oder digital dargestellt, übertragen, gespeichert und verarbeitet werden.

Die Rechensteine eines Rechentischs, die Walzenrippen einer Staffelwalzenmaschine und die Radsprossen einer Sprossenradmaschine sind digital. Die Löcher von Lochkarten und Lochstreifen stellen die Werte digital dar, ähnlich die Einsteckpunkte der Zahnstangen von Zahlenschiebern. Auch die Blindenschrift (1–6 Punkte) ist digital. Mit drei Zeichen arbeitet das Morsealfabet (Punkt, Strich, Pause bzw. kurzes Signal, langes Signal, Pause). Musiknoten sind ebenfalls digital.

Abb. 2.4: Wegmesser. Christoph Trechsler d. Ä. baute 1584 im Auftrag des Kurfürsten August I. diesen mechanischen Wagenwegmesser. Das Messwerk des aus feuervergoldetem Messing bestehenden wissenschaftlichen Instruments besteht aus zwölf Zahnrädern. Die zurückgelegte Strecke kann auf dem Zifferblatt (in Ruten und Meilen) abgelesen werden. Das Schaltrad registriert jede Radumdrehung und gibt dies ans Stirnzahnradgetriebe weiter. Eine starke Gliederkette diente als Verbindung zwischen der Radachse und dem Auslösehebel. Der Umfang des Wagenrads betrug eine Rute (4,5 m). 2000 Ruten ergaben eine Meile (9 km). Der Wegmesser ist mit einem Kartiertisch versehen, auf den eine mit Papier bespannte Holzplatte aufgelegt wurde. Mit einer beweglichen Nadel werden die Zielpunkte markiert. Der Radumfang ist eine analoge Größe (Strecke), die Zählung der Radumdrehungen ein digitaler Vorgang. Analog ist auch der Kartiertisch. Demnach ist der Wegmesser ein hybrides Gerät (© Mathematisch-physikalischer Salon, Dresden).

INSTRVMENTI CHOROGRAPHICI, &c. 13

CAPVT VII.

De Inſtrumenti uſu in deſcribendis quatuor Pagis: & quantum hi à ſe diſtent.

DESCRIPTVRVS quatuor Pagos, in campo plano ſitos, elige ſimiliter duas ſtationes, ut antè. unde illos itidem rectè contemplari poſſis. Aſſere tunc ritè diſpoſito, & Regulâ illuc motâ, ubi ſecundam elegiſti ſtationem, acum fige in lineâ, eamque litterâ A nota.

b 3

Abb. 2.5: Landvermessung (1). Für die Vermessung der Erdoberfläche wird ein Dreiecksnetz verwendet. Als Festpunkte (Hoch- und Bodenpunkte) dienen beispielsweise Berggipfel und Kirchturmspitzen. Die Triangulation ist ein gängiges Verfahren in der Geodäsie (Vermessungskunde). Dazu wurden vielfältige ältere und neuere Messinstrumente (z.B. Theodoliten für die Bestimmung der Horizontal- und Vertikalwinkel) eingesetzt. Diese Darstellung ist dem Werk „Fabrica et usus instrumenti chorographici" von Leonhard Zubler (1607) entnommen (Quelle: ETH-Bibliothek Zürich, Alte und seltene Drucke).

Abb. 2.6: Landvermessung (2). Diese Zeichnung zeigt eine trigonometrische Messung aus dem 17. Jahrhundert (aus: Leonhard Zubler: Fabrica et usus instrumenti chorographici: quo mira facilitate describuntur regiones & singulae partes earum, veluti montes, urbes, castella, pagi, propugnacula, & similia [...], impensis Ludovici Regis [...], [Basel] 1607) (Quelle: ETH-Bibliothek Zürich, Alte und seltene Drucke).

Abb. 2.7: Astrolabium. Dieses prächtige Astrolabium von Erasmus Habermel (1588) ist ein analoges astronomisches Instrument zur Bestimmung der Lage von Gestirnen. Ein Astrolabium ist ein von den Arabern erfundenes scheibenförmiges Beobachtungs- und Messgerät mit einer Visiereinrichtung. Die Kreise der Himmelskugel werden in stereografischer Projektion (Abbildung räumlicher Gebilde auf eine Ebene) wiedergegeben. Diese weit verbreiteten Werkzeuge, die auch als Sternenuhr dienten, wurden beispielsweise in der Schifffahrt für die Navigation verwendet (© Deutsches Museum, München).

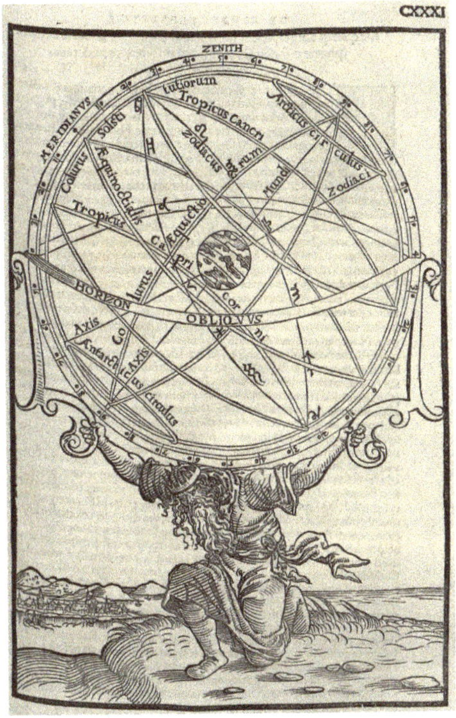

Abb. 2.8: Armillarsphäre (1). Auf diesem Holzschnitt aus dem Werk „Opera mathematica" von Johannes Schöner (1551) sind die Bewegungen der Tierkreiszeichen um die Erde dargestellt. Diese befindet sich im Mittelpunkt. Eine Armillarsphäre ist ein im Altertum und Mittelalter gebräuchliches dreidimensionales Gerät für die Darstellung der Haupthimmelskreise. Die konzentrischen Ringe (lateinisch armilla) sind teils fest und teils drehbar. Sie werden den wichtigsten Kreisen der Himmelskugel (Horizont, Himmelsäquator, Meridian, Ekliptik) entsprechend eingestellt. Mit dem astronomischen Instrument lassen sich die Stundenwinkel und die Deklination eines Gestirns messen (Quelle: ETH-Bibliothek Zürich, Alte und seltene Drucke).

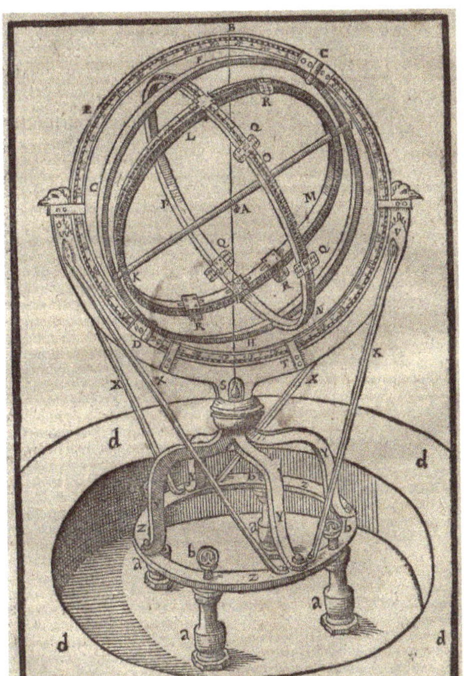

Abb. 2.9: Armillarsphäre (2). Auf dieser Armillarsphäre aus dem 17. Jahrhundert ist ein Tierkreis dargestellt (aus: Tycho Brahe: Tychonis Brahe Astronomiae instauratae mechanica, apud Levinum Hulsium Noribergae [Nürnberg] 1602) (Quelle: ETH-Bibliothek Zürich, Alte und seltene Drucke).

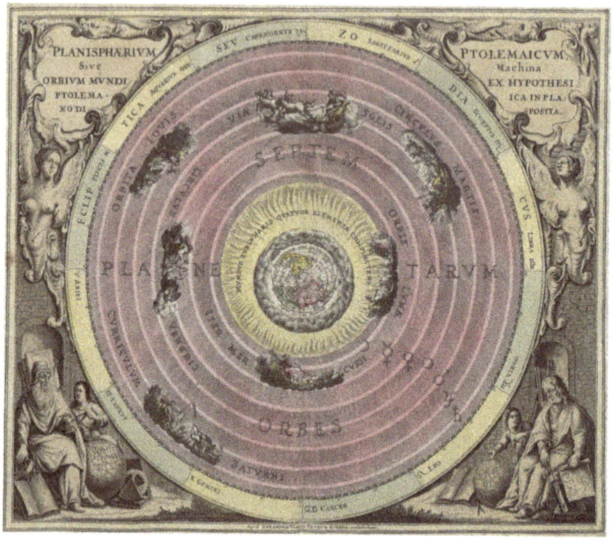

Abb. 2.10: Planisphäre nach Ptolemäus. Diese zweidimensionale Darstellung gibt das Sonnensystem nach dem ptolemäischen (geozentrischen) Modell (Erde im Mittelpunkt) wieder (aus: Andreas Cellarius: Harmonia macrocosmica, seu, Atlas universalis et novus, totius universi creati cosmographiam generalem, et novam exhibens (...), apud Gerardum Valk & Petrum Schenk, Amstelodami 1708) (Quelle: ETH-Bibliothek Zürich, Alte und seltene Drucke).

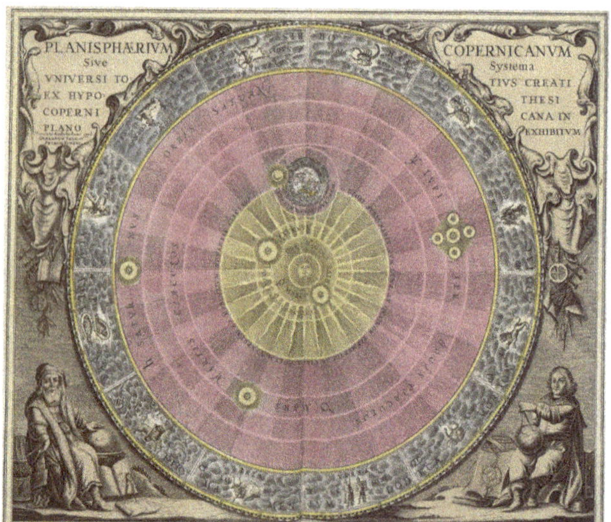

Abb. 2.11: Planisphäre nach Kopernikus. Das Sonnensystem nach dem kopernikanischen (heliozentrischen) Modell (Sonne im Mittelpunkt) wird hier auf einer Ebene veranschaulicht (aus: Andreas Cellarius: Harmonia macrocosmica, seu, Atlas universalis et novus, totius universi creati cosmographiam generalem, et novam exhibens (...), apud Gerardum Valk & Petrum Schenk, Amstelodami: 1708) (Quelle: ETH-Bibliothek Zürich, Alte und seltene Drucke).

Abb. 2.12: Planetenlaufuhr. Die 1563–1568 entstandene astronomische Kunstuhr ist ein Werk von Eberhard Baldewein, Hans Bucher und Hermann Diepel. Auf der oberen Anzeige sind die Laufscheibe des Mars und Zwickelfiguren (Kampfreiter und Kampfszenen) abgebildet. Der Planet benötigt für den Umlauf um die Erde im Mittel 1,881 Jahre. In der kleinen mittleren Anzeige ist ein Viertelstunden- und Wochentagszifferblatt (Planetengötter als Tagesregenten) zu sehen. Die untere Anzeige stellt ein Astrolabium mit 39 Fixsternörtern und Ekliptik dar. Die Rete rotiert in Sternzeit. Der Stundenzeiger dreht sich in mittlerer Sonnenzeit. Die Zwickelfiguren geben die vier Jahreszeiten wieder. Auf der Uhr befindet sich ein in Sternzeit rotierender Himmelsglobus mit den Sternen der Größe 1–5, dessen Ekliptik in einem Jahr ein kleines Sonnenbild in wahrer Sonnenzeit durchläuft (© Mathematisch-physikalischer Salon, Dresden).

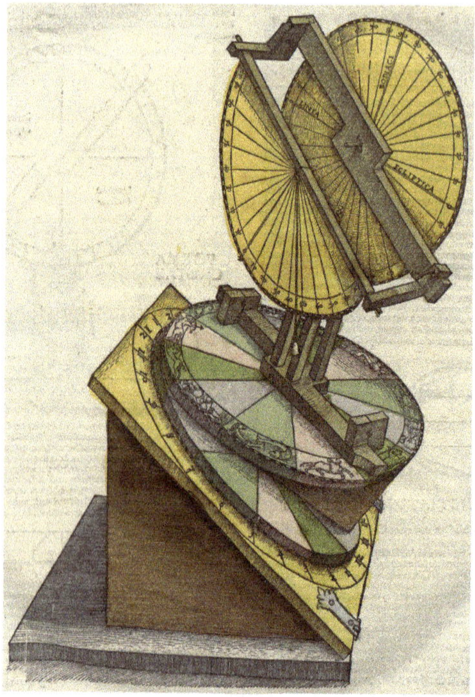

Abb. 2.13: Torquetum (Türkengerät). Mit diesem auch Turketum genannten Beobachtungsinstrument wurde die Lage der astronomischen Himmelskreise (z.B. Äquator, Ekliptik) gemessen (aus: Petrus Apian: Astronomicum Caesareum [...], [Ingolstadt]; [s. n.], 1540 (Quelle: ETH-Bibliothek Zürich, Alte und seltene Drucke).

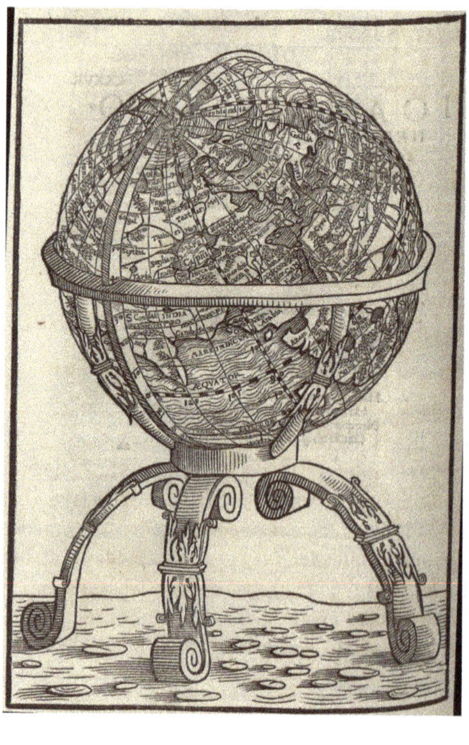

Abb. 2.14: Erdglobus (1). Die Kontinente und Länder werden auf einer Kugel abgebildet (Holzschnitt) (aus: Johannes Schöner: Opera mathematica Ioannis Schoneri (...), Impressa Norinbergae, in officina Ioannis Montani & Ulrici Neuberi, Norinberga 1551) (Quelle: ETH-Bibliothek Zürich, Alte und seltene Drucke).

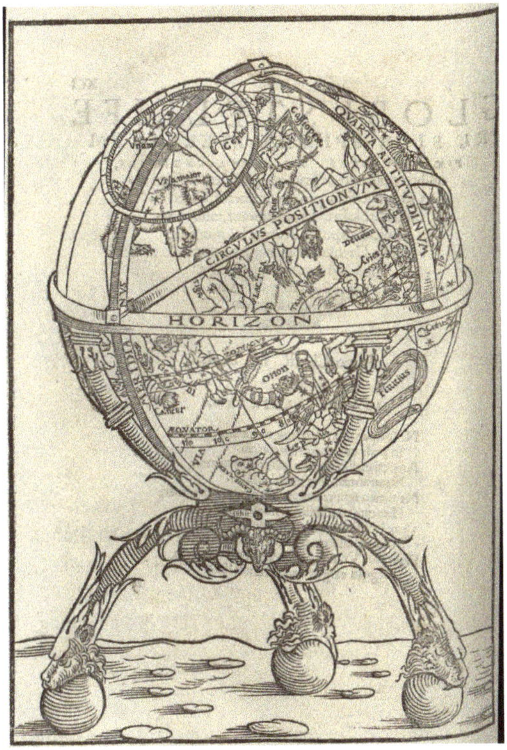

Abb. 2.15: Himmelsglobus (1). Diese Zeichnung gibt den Sternenhimmel auf einer Himmelskugel wieder (Holzschnitt) (aus: Johannes Schöner: Opera mathematica Ioannis Schoneri (...), Impressa Norinbergae, in officina Ioannis Montani & Ulrici Neuberi, Norinberga 1551) (Quelle: ETH-Bibliothek Zürich, Alte und seltene Drucke).

Abb. 2.16: Erdglobus (2). Diese Kugel mit der Erdoberfläche (1613) aus Holz stammt von Jodocus Hondius dem Jüngeren (Flandern) und Adriaen Veen (Amsterdam) (© ETH-Bibliothek Zürich, Sammlung Sternwarte).

Abb. 2.17: Himmelsglobus (2). Schöpfer dieses hölzernen Globus (1613) sind Jodocus Hondius der Jüngere und Adriaen Veen (© ETH-Bibliothek Zürich, Sammlung Sternwarte).

Abb. 2.18: Himmelsglobus (3). Globusuhr Kassel 1 (um 1580). Der von einem Uhrwerk angetriebene bewegliche (vergoldete) Himmelsglobus von Jost Bürgi bildet die Bewegungen der Sonne und der Fixsterne möglichst naturgetreu nach. Der Lauf der Sonne ist jedoch nicht konstant. Sie bewegt sich nach dem 2. keplerschen Gesetz manchmal schneller und manchmal langsamer durch die Ekliptik (scheinbare Sonnenbahn). Eine Sonnenuhr zeigt die wahre Sonnenzeit an. Diese weicht von der mittleren Sonnenzeit der mechanischen Uhren ab. Bürgi hat diese Zeitgleichung berücksichtigt. Von ihm sind fünf Globen erhalten, die Standorte: Mathematisch-physikalischer Salon, Dresden; Astronomisch-physikalisches Kabinett, Kassel (2 Stück); Musée des arts et métiers, Paris; Schweizerisches Landesmuseum, Zürich (© Museumslandschaft Hessen Kassel, Astronomisch-physikalisches Kabinett).

Abb. 2.19: Himmelsglobus (4). Gerhard Emmoser aus Deutschland schuf 1579 diesen Himmelsglobus mit Uhrwerk. Das Kunstwerk aus vergoldetem Silber und vergoldetem Messing sowie Stahl (Uhrwerk) mit äußerst komplexer Mechanik drehte sich einmal und zeigte die Sternbilder an. Kaiser Rudolf II. stellte es in seiner Wunderkammer in Prag aus. Das geflügelte Ross Pegasus trägt die scheinbar schwerelose Kugel auf seinen ausgebreiteten Flügeln (© Metropolitan Museum of Art, New York).

Abb. 2.20: Babbages Differenzenmaschine Nr. 1. Der hochbegabte Engländer Charles Babbage entwarf diesen digitalen Rechenautomaten ab 1824. Der Werkzeugmacher Joseph Clement fertigte 1832 dieses arbeitsfähige Vorführmodell, ein kleines Teilstück aus dem mächtigen Vorhaben. Der Zahlenwert wird durch dezimale Ziffernräder dargestellt (© Science Museum, London/Science & society picture library).

Es gab mehrere Differenzenmaschinen (vgl. Kasten).

Was macht eine Differenzenmaschine?

Die von Menschen angefertigten mathematischen Tabellen waren früher äußerst fehlerhaft. Das erschwerte die Arbeit u.a. in der Astronomie, der Schifffahrt, der Technik, im Banken- und Versicherungswesen. Mit der Differenzenmethode lassen sich bestehende Tafelwerke auf ihre Richtigkeit überprüfen. Man kann zudem durch bloße Addition neue Tabellen und Zwischenwerte berechnen (Interpolation). Differenzenmaschinen (vgl. Abb. 2.20–2.25) können diese beschwerliche und zeitraubende Tätigkeit übernehmen: Sie sind in der Lage, Funktionswerte von vielgliedrigen mathematischen Ausdrücken (Polynomen, f(x)) zu ermitteln.

Diese Anlagen setzen sich aus hintereinander angeordneten Addierwerken mit durchlaufendem Zehnerübertrag zusammen. Für Logarithmen- und trigonometrische Tafeln werden die Werte näherungsweise ermittelt.

Manuelle Berechnung

Nevil Maskelyne (1732–1811), Astronom der Sternwarte von Greenwich, verwendete die Differenzenmethode zur Erstellung von Schifffahrtstafeln. Eine größere Anzahl Menschen berechnete in Heimarbeit den 1767 erstmals erschienenen „Nautischen Almanach“. In Frankreich ließ Gaspard de Prony (1755–1839) viele Mitarbeitende in nachgeordneten Stufen Differenzen berechnen.

Maschinelle Berechnung

Der deutsche Ingenieur Johann Helfrich Müller (1746–1830) machte sich bereits 1784 Gedanken zu einer auf der Differenzenmethode beruhenden druckenden Tabelliermaschine. Der britische Astronom John Herschel übersetzte ein 1786 erschienenes Buch von Müller, das auf dieses Gerät eingeht, für Charles Babbage auszugsweise ins Englische.

Charles Babbage

Die von Babbage geplante (festprogrammierte) *Differenzenmaschine Nr. 1* gilt als die erste automatische Rechenmaschine. Bei der Bedienung muss der Mensch nicht mehr in den Rechenvorgang eingreifen. Von diesem unvollendeten Automaten erstellte der Mechaniker Joseph Clement 1832 ein betriebstüchtiges Vorführgerät. 1991, zum 200. Geburtstag von Charles Babbage, stellte das Londoner Science Museum unter der Leitung von Doron Swade einen funktionsfähigen Nachbau der Differenzenmaschine Nr. 2. fertig.

Nach dem Vorbild von Babbage wurden zahlreiche Differenzenmaschinen hergestellt, beispielsweise von Scheutz, Wiberg, Hamann und Thompson.

Quellen

Christine Krause: Das Positive von Differenzen. Die Rechenmaschinen von Müller, Babbage, Scheutz, Wiberg..., Technische Universität Ilmenau, o. J.

Doron D. Swade: Der mechanische Computer des Charles Babbage, in: Spektrum der Wissenschaft, 1993, Heft 4, Seiten 78–84.

Abb. 2.21: Babbages Differenzenmaschine Nr. 1. Dieses Bild zeigt ein nachgebautes Teilstück der unvollendeten Differenzenmaschine von Charles Babbage. Mit solchen (nicht programmierbaren) mechanischen Geräten soll eine fehlerfreie Erstellung von mathematischen Tafelwerken gewährleistet werden (© Museo nazionale della scienza e della tecnologia „Leonardo da Vinci“, Mailand).

Abb. 2.22: Babbages Differenzenmaschine Nr. 2. Der britische Rechnerpionier entwarf diese auf 31 Stellen Genauigkeit (Polynome 7. Ordnung) ausgelegte Anlage zwischen 1847 und 1849. Sie wurde aber zu seinen Lebzeiten nicht gebaut. Der Zehnerübertrag ist zweistufig (Addition ohne Übertrag, aber mit Spannung einer Feder; Freigabe der Feder und Übertrag). Das Londoner Wissenschaftsmuseum vollendete diesen aus 4000 Einzelteilen bestehenden und 2,6 Tonnen schweren lauffähigen Nachbau 1991 zum runden Geburtstag von Charles Babbage. Messungen an den erhaltenen Teilen der Differenzenmaschine Nr. 1 ergaben, dass Joseph Clement bei der Fertigung eine Toleranz von 0,04 bis 0,05 Millimetern eingehalten hatte. Damit ist die gängige Auffassung widerlegt, nach der die damalige Feinmechanik für den Bau nicht ausgereicht habe (© Science Museum, London/ Science & society picture library).

Abb. 2.23: Scheutzsche Differenzenmaschine Nr. 3 (1859). Diese Aufnahme vermittelt einen Ausschnitt aus einer Anlage, deren Ziel es war, Rechen-, Abschreib- und Setzfehler bei der Erarbeitung und dem Druck von Logarithmentafeln zu vermeiden. Die von den Schweden Georg und Edvard Scheutz (Vater und Sohn) erstellte Maschine baut auf den Erkenntnissen von Charles Babbage auf. Sie wurde 1864 für die Herstellung von englischen Lebensversicherungstabellen benutzt (© Science Museum, London/Science & society picture library).

Abb. 2.24: Wibergsche Differenzenmaschine (1). Sie diente zur automatischen Berechnung und zum Drucken mathematischer Tabellen (Logarithmen, Potenzen, Quadrat- und Kubikwurzeln). Sie besteht aus einer Legierung aus Kupfer, Messing und Bronze (© Peter Häll, Tekniska museet, Stockholm).

Abb. 2.25: Wibergsche Differenzenmaschine (2). Die Maschine aus dem Jahr 1875 baut auf den Erkenntnissen von Charles Babbage auf folgte auf die Differenzenmaschine von Scheutz (© Peter Häll, Tekniska museet, Stockholm).

Abb. 2.26: Babbages analytische Maschine (1834–1871). Der englische Mathematiker Charles Babbage begann die Entwicklung dieser programmierbaren, lochkartengesteuerten Rechenmaschine 1834. Bis zu seinem Tod 1871 wurde jedoch nur ein kleiner Teil verwirklicht. Hier ist ein Ausschnitt aus dem digitalen Rechenwerk und der Druckeinheit dargestellt. Der Vielzweckrechner, für den bereits die bedingte Verzweigung vorgesehen war, gilt als Urahn des heutigen Computers (© Science Museum, London/Science & society picture library).

Eine *analytische Maschine* (Babbage, Ludgate, Torres) (vgl. Abb. 2.26) ist eine numerische (programmgesteuerte) Maschine.

Welche Rechenhilfe für welchen Zweck?
Bis zur Einführung elektronischer Taschenrechner war das Rechnen ziemlich mühselig. Das trifft in besonderem Maß für die Division, das Potenzieren und das Radizieren zu. Die Bestrebungen, Rechenvorgänge zu mechanisieren und zu automatisieren, sind daher naheliegend. Die folgende Übersicht (vgl. Tab. 2.3) beschränkt sich auf preiswerte, tragbare Rechenhilfen. Für alle vier Grundrechenarten bieten sich

Rechenrahmen und elektronische Taschenrechner an. Für anspruchsvollere Rechenarten kommen Rechenstab, Tafelwerk und elektronischer Taschenrechner in Frage.

Tab. 2.3: Welches Rechengerät für welche Rechenart?

Weitverbreitete Rechengeräte für die Grundrechenarten	
Grundrechenart	**analoge und digitale Hilfsmittel**
Addition	Rechenrahmen, Zahlenschieber, elektronischer Taschenrechner
Subtraktion	Rechenrahmen, Zahlenschieber, elektronischer Taschenrechner
Multiplikation	Rechenrahmen, Tafelwerk, nepersche Rechenstäbchen, Rechenstab, elektronischer Taschenrechner
Division	Rechenrahmen, Tafelwerk, nepersche Rechenstäbchen, Rechenstab, elektronischer Taschenrechner
© Bruderer Informatik, CH-9401 Rorschach 2020	

Nur noch wenige Erfinder von Rechenmitteln sind uns geläufig (vgl. Tab. 2.4).

Tab. 2.4: Erfinder von analogen und digitalen Rechenhilfsmitteln

Wer hat welches Rechenhilfsmittel erfunden?			
Hilfsmittel	**Erfinder (Auswahl)**		
Logarithmen	Jost Bürgi	John Napier	
Rechenstab	William Oughtred	Edmund Gunter (Skala)	
Rechenwalze	George Fuller	Edwin Thacher	Julius Billeter
Proportionalwinkel	Guidobaldo del Monte	Fabrizio Mordente	Michiel Coignet
Reduktionszirkel	Federico Commandino	Jacques Besson	Jost Bürgi
Pantograf	Heron von Alexandria	Christoph Scheiner	
Planimeter	Johann Martin Hermann	Tito Gonnella	
Polarplanimeter	Jakob Amsler	Albert Miller	
Gezeitenrechner	William Thomson		
Integrieranlage	Vannevar Bush		
Rechenstäbchen	John Napier		
Promptuarium	John Napier		
Lochkartenmaschine	Herman Hollerith	James Powers	
Zahlenschieber	Heinrich Kummer		
mechanische Rechenmaschine	Wilhelm Schickard	Blaise Pascal	Gottfried Wilhelm Leibniz
Tasten-rechenmaschine	Luigi Torchi	Jean-Baptiste Schwilgué	Du Bois Parmelee
Differenzenmaschine	Johann Helfrich Müller	Charles Babbage	

Wer hat welches Rechenhilfsmittel erfunden?			
Hilfsmittel	**Erfinder (Auswahl)**		
programmgesteuerter Rechenautomat	Charles Babbage	Alan Turing	Konrad Zuse
© Bruderer Informatik, CH-9401 Rorschach 2020			

Anmerkungen
Für *Heron* von Alexandria ist auch *Hero* von Alexandria in Gebrauch. Die Rechenwalzen von Fuller (Irland, 1878), Thacher (USA, 1881) und Billeter (Schweiz, 1891) haben unterschiedliche Bauformen. Rechenstab und Rechenwalze sind *logarithmische* Werkzeuge. Gezeitenrechner und Integrieranlage waren *analoge* Geräte. Die *neperschen* Rechenstäbchen arbeiten *digital*. Eine *Tasten*rechenmaschine ist ein mechanisches Rechenmittel, das nicht über eine Kurbel, sondern eine Tastatur angetrieben wird. Der *Proportionalwinkel* wird üblicherweise Galileo Galilei zugeschrieben, er war jedoch nicht der Ersterfinder. Die Römer kannten schon im 1. Jahrhundert einfache Reduktionszirkel, wie Ausgrabungen in Pompei zeigen (Museo archeologico nazionale, Neapel). Leonardo da Vinci hat solche Instrumente gezeichnet (Codex Atlanticus, Codex Forster).

Trotz Elektronik sind wir vom papierlosen Büro weit entfernt. Gedruckte wie digitale Dokumente haben ihre Vorzüge (vgl. Tab. 2.5).

Tab. 2.5: Vor- und Nachteile von gedruckten und elektronischen Dokumenten

Vergleich von gedruckten und elektronischen Dokumenten	
gedrucktes Buch	**digitales Dokument**
lange Lebensdauer	kurze Lebensdauer
Langzeitarchivierung gewährleistet	Langzeitarchivierung nicht gewährleistet
greifbar, anfassbar	nicht greifbar, nicht anfassbar
Qualität z.T. höher (z.B. Enzyklopädie)	Qualität z.T. tiefer (z.B. Wikipedia)
Nachführung aufwendig	Nachführung einfach
Zitierfähigkeit uneingeschränkt	Zitierfähigkeit eingeschränkt (z.B. Wikipedia)
Verwendung von Text und Bild	Verwendung von Text, Bild, Ton, Film
übersichtlich (Gesamtschau)	wenig übersichtlich (nur Ausschnitt z.B. aus Fahrplan, Telefonbuch)
Verweise vorwiegend intern	Verweise intern und extern
lesbar ohne elektrischen Strom	lesbar nur mit elektrischem Strom
lesbar ohne technische Hilfsmittel	lesbar nur mit technischen Hilfsmitteln
keine Vergrößerung von Text und Bild	Vergrößerung von Text und Bild
keine Sprachausgabe	Sprachausgabe
Einfügen von Notizen und Hervorhebungen möglich	Einfügen von Notizen und Hervorhebungen eingeschränkt
Suche aufwendig (über Inhaltsverzeichnis, Sach-, Abbildungs- und Tabellenverzeichnis, durch Blättern)	Volltextsuche mit Stichwörtern

Vergleich von gedruckten und elektronischen Dokumenten	
gedrucktes Buch	**digitales Dokument**
Nutzung kostenpflichtig	Nutzung z.T. kostenfrei (Wikipedia)
Zugriff z.T. ortsgebunden (z.B. Archiv)	Zugriff z.T. ortsunabhängig (z.B. weltweit übers Internet)
postalischer Dokumentaustausch über den weltweiten Fernleihverkehr (Bibliothekswesen)	Dokumentaustausch elektronisch übers Internet
großer Platzbedarf	kleiner Platzbedarf
hohes Gewicht	geringes Gewicht
Datenträger: Papier	Datenträger: elektronisches Speichermedium
Herstellungskosten höher (Druck, Einband)	Herstellungskosten tiefer (keine Druckkosten)
Vervielfältigung aufwendig	Vervielfältigung einfach
Verbreitung aufwendig (Postversand)	Verbreitung einfach (Versand über Netzwerke)
keine Personalisierung	Personalisierung möglich
Diebstahl geistigen Eigentums (Urheberrechtsverletzung) aufwendiger	Diebstahl geistigen Eigentums (Urheberrechtsverletzung) einfach
Datensicherheit gewährleistet (Enzyklopädie)	Datensicherheit nicht gewährleistet (Wikipedia)
keine Internetkriminalität	Internetkriminalität (z.B. Virengefahr)

Anmerkungen
Bei einer gedruckten (werbefreien) Enzyklopädie sind die Beteiligten (z.B. Verfasser/innen, Redakteur/innen) im Unterschied zu Wikipedia üblicherweise namentlich bekannt. Im Druckwerk sind die Einträge systematisch, in Wikipedia häufig zufällig und von *schwankender Güte*. Je nach Sprachausgabe gibt es große Unterschiede. Bei Suchmaschinen wird man oft von *Werbung* geplagt.

2.2 Parallel- und Serienrechner

Zwischen Serien- und Parallelrechnern gibt es grundlegende Unterschiede (vgl. Tab. 2.6).

Tab. 2.6: Eigenschaften von Parallel- und Serienrechnern

Vergleich von Parallel- und Serienrechnern		
Merkmale	**Parallelbetrieb**	**Serienbetrieb**
Verarbeitung im Rechenwerk	gleichzeitige Abwicklung der Rechenvorgänge für alle Stellen einer Zahl (eines Worts), gleichzeitige Verarbeitung aller Bits eines Worts	Abwicklung der Rechenvorgänge nacheinander für alle Stellen einer Zahl (eines Worts), Verarbeitung Bit um Bit

Vergleich von Parallel- und Serienrechnern

Merkmale	Parallelbetrieb	Serienbetrieb
Datenübertragung vom und zum Speicher	gleichzeitige Übertragung aller Stellen einer Zahl über mehrere Kanäle (Leitungen)	Übertragung aller Stellen einer Zahl nacheinander (Stelle für Stelle) über einen einzigen Kanal (eine einzige Leitung)
Ablauf im Speicher	gleichzeitiges Lesen und Schreiben aller Stellen einer Zahl	Lesen und Schreiben aller Stellen einer Zahl nacheinander
Rechnerausstattung	aufwendiger, teurer (mehr Leitungen und Schaltelemente)	einfacher, billiger (weniger Leitungen und Schaltelemente)
Programmierung	schwieriger	einfacher
Rechengeschwindigkeit	höher	tiefer
Beispiele	Röhrenrechner mit elektrostatischem Speicher	Röhrenrechner mit Quecksilberspeicher

Anmerkungen

Die Serienrechner zeichnen sich durch eine serielle Addition, die Parallelrechner durch eine parallele Addition aus. Serienrechner (z.B. Edvac) benötigten weniger Röhren als Parallelrechner (Eniac). Lochkartenmaschinen haben mehrere Zählwerke, Parallelrechner mehrere Rechenwerke.

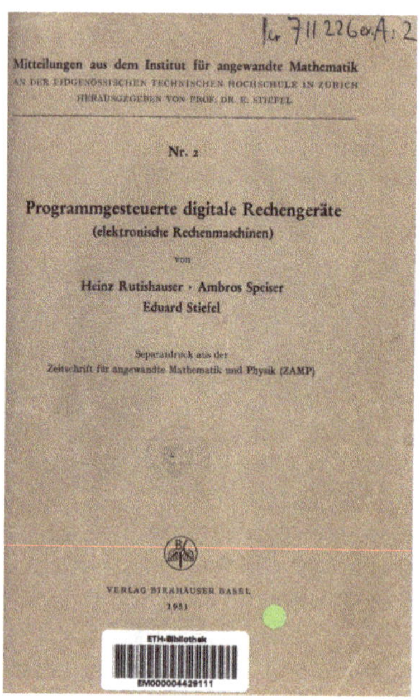

Abb. 2.27: Rechnerbau. Das 1951 erschienene Werk „Programmgesteuerte digitale Rechengeräte (elektronische Rechenmaschinen)“ von Heinz Rutishauser, Ambros Speiser und Eduard Stiefel von der ETH Zürich galt damals als die führende deutschsprachige Untersuchung zum Bau von speicherprogrammierten Elektronenrechnern. Das einzige vergleichbare Buch war „High-speed computing devices“ des US-Unternehmens Engineering research associates (1950) (Quelle: ETH-Bibliothek, Zürich).

Parallel oder seriell?

Die bedeutendste deutschsprachige Abhandlung (vgl. Abb. 2.27) zum anbrechenden Informatikzeitalter zu Beginn der 1950er Jahre kommt zu folgendem Schluss:

> „Ein Rechenwerk kann in Serie oder parallel arbeiten. Im ersten Fall werden die beiden Summanden je durch einen einzigen Kanal geführt und ziffernweise in einem einstelligen Addierwerk addiert; im zweiten Fall werden dem Rechenwerk sämtliche *n* Stellen der Summanden zugleich zugeführt und in *n* elementaren Addierwerken gleichzeitig addiert. Es ist klar, daß ein paralleles Addierwerk bedeutend schneller arbeitet und bedeutend mehr Material benötigt". (siehe Heinz Rutishauser; Ambros Speiser; Eduard Stiefel: Programmgesteuerte digitale Rechengeräte (elektronische Rechenmaschinen), Birkhäuser Verlag, Basel 1951, Seite 77).

Die Erfahrungen der drei Pioniere zeigen, dass sich ein Parallelrechner einfacher steuern lässt:

> „Es ist eine allgemeine Tatsache, daß in einer parallel arbeitenden Maschine das Leitwerk bedeutend einfacher als in einer Serienmaschine wird; dadurch wird der Mehraufwand im Rechenwerk teilweise ausgeglichen. Außerdem ist eine Parallelmaschine übersichtlicher, und die Fehlersuche gestaltet sich einfacher. Falls ein geeigneter Speicher gefunden werden kann, so dürfte das parallel arbeitende Rechenwerk mehr und mehr den Vorzug erhalten". (siehe Heinz Rutishauser; Ambros Speiser; Eduard Stiefel: Programmgesteuerte digitale Rechengeräte (elektronische Rechenmaschinen), Birkhäuser Verlag, Basel 1951, Seite 81).

Zu dieser Einsicht kam man auch bei der Princetonmaschine (IAS-Rechner):

> „At the time the decision in favor of parallel over serial was made (1946) it was not at all obvious that the number of tubes would be smaller for the former than for the latter. Indeed, the *a priori* view was to the contrary, since a serial arithmetic unit contains much less equipment than a parallel one. The real saving occurred in the control, which was much more complex in the serial machine. This more than outweighed the savings in the arithmetical parts" (siehe Herman Goldstine: The computer from Pascal to von Neumann, Princeton University press, Princeton, New Jersey 1993, Seite 312).

Auf Deutsch: Zu dem Zeitpunkt (1946), als der Entscheid zugunsten einer Parallelmaschine fiel, war es keineswegs klar, dass ein Parallelrechner weniger Röhren erfordert als ein Serienrechner. Auf den ersten Blick war eher das Gegenteil zu erwarten, denn ein serielles Rechenwerk enthält viel weniger Bauteile als ein paralleles. Die echte Einsparung betraf die Steuerung, die in einer Serienmaschine viel anspruchsvoller war. Das übertraf die Ersparnis im Rechenwerk deutlich.

Bit und Wort

Ein Bit (Binärstelle, Binärziffer) ist die kleinstmögliche Informationseinheit in einer Rechenanlage. Sie nimmt *einen* von zwei Werten (0 und 1, O oder L) an. 1 und 0 stehen dabei für gegensätzliche Zustände bzw. Werte wie „ein" und „aus", „geschlossen" und „offen", „ja" und „nein", „wahr" und „falsch" usw. 8 Bit werden zu 1 Byte zusammengefasst. Ein 32-bit-Prozessor kann 32 Bit auf einmal (parallel) verarbeiten. Unter einem Prozessor versteht man die Zentraleinheit eines Digitalrechners. Sie umfasst eine Steuereinheit (Leitwerk) und eine Recheneinheit (Rechenwerk).

Ein *Wort* ist eine Zeichenfolge, die vom Rechner als Einheit verarbeitet wird. Es ist die größte Informationsmenge, die ein Prozessor in einem Verarbeitungsschritt (gleichzeitig) ausführen kann. Rechner haben Wortlängen von z.B. 8, 16, 32, 48, 64 Bit. Es gibt feste und veränderliche Wortlängen. Anstelle der bitseriellen Übertragung bzw. Verarbeitung nutzen heutige Rechengeräte die bitparallele Übertragung bzw. Verarbeitung (Wörter zu 32 oder 64 Bit).

Serienparallelrechner

Der *Serienparallelbetrieb* ist eine Mischung aus Serien- und Parallelbetrieb. In diesem Fall werden die *Zeichen nacheinander*, die *Bit* (innerhalb) eines Zeichens aber *gleichzeitig* übertragen. Die *Zahlen* werden hintereinander (in Serie), die *Stellen einer Zahl* jedoch auf einmal (parallel) verarbeitet.

Beispiele für Serienparallelrechner: Ermeth, Ural 1. Der Sec (simple electronic computer, Birkbeck College) hatte eine serielle Recheneinheit und eine serienparallele Steuereinheit.

Serienrechenmaschinen hatten üblicherweise Quecksilberspeicher, Parallelrechenmaschinen hingegen Kathodenstrahlröhren. Eniac führte die Programme ursprünglich parallel aus. Später, nach der Umwandlung in einen (teilweise) speicherprogrammierbaren Rechner (mit Nurlesespeicher, Fest(wert)speicher), arbeitete das Gerät seriell.

Mithilfe von Relais und Röhren wurden unzählige Serien- und Parallelrechner gebaut (vgl. Tab. 2.7).

Tab. 2.7: Rechenmaschinen mit Parallel- oder Serienverarbeitung

Parallel- und Serienbetrieb bei frühen Rechnern		
Name des Rechners	**Parallelrechner**	**Serienrechner**
ABC (USA)	■	
Ace (England)		■
analytische Maschine (England)	■	
Ape(x)c (England)		■
ARC (England)	■	
Bark (Schweden)	■	
Bell-Rechner 1 (USA)	■	
Bell-Rechner 5 A/B (USA)	■	
Bell-Rechner 6 (USA)		■
Besk (Schweden)	■	
Besm 1 (Ukraine)	■	
Binac (USA)		■

Parallel- und Serienbetrieb bei frühen Rechnern

Name des Rechners	Parallelrechner	Serienrechner
Colossus 2 (England)	■	
Csirac (Australien)		■
Curta (Liechtenstein)		■
Deuce (England)		■
Edsac 1 (England)		■
Edsac 2 (England)	■	
Edvac (USA)		■
Eniac (USA)	■	
Era 1101 (USA)	■	
Ferranti mark 1 (England)		■
Harvard mark 1/IBM ASCC (USA)	■	
Harvard mark 2 (USA)	■	
Harvard mark 3 (USA)		■
Harwell Dekatron (England)	■	
IAS-Rechner (USA)	■	
IBM 650 (USA)		■
IBM 701 (USA)	■	
IBM SSEC (USA)	■	
leibnizsche Rechenmaschine (Deutschland)	■	
Leo 1 (England)		■
Lochkartenmaschine (USA)	■	
Manchester baby (England)		■
Manchester mark 1 (England)		■
Mesm (Ukraine)	■	
Pascaline (Frankreich)		■
Pilot Ace (England)		■
Rechenlocher M9 (Deutschland)	■	
Rechenrahmen (Kugelrechner)		■
Rechentisch		■
schickardsche Rechenuhr (Deutschland)		■
Seac (USA)		■
Sec (England)		■
Swac (USA)	■	
Thomas-Arithmometer (Frankreich)	■	
Turingmaschine (England)		■
Univac 1 (USA)		■
Whirlwind (USA)	■	
Zahlenschieber		■
Zuse Z3 (Deutschland)	■	
Zuse Z4 (Deutschland)	■	

Zeichenerklärung

■ ja

Anmerkungen
Zu den parallelen Maschinen zählen auch die nicht vollendete analytische Maschine von Charles Babbage (England) und die Turingbombe bzw. Turing-Welchman-Bombe von Alan Turing und Gordon Welchman (England). Der leistungsfähige Bell-Rechner 5 war ebenfalls eine Parallelmaschine.

Der früher übliche Name *Madm* (Manchester automatic digital machine) wird in den Fachschriften sowohl für das Manchester baby wie auch für den Manchester mark 1 gebraucht. Swac hieß ursprünglich Zephir.

Bei den mechanischen Rechenmaschinen und den Zahlenschiebern erfolgt die Zahleneingabe nacheinander, üblicherweise von rechts nach links (Einer, Zehner, Hunderter usw.). Bei den mit einer Handkurbel angetriebenen Vierspeziesmaschinen (Vierartenmaschine) werden mehrstellige Zahlen gleichzeitig ins Ergebniswerk übertragen. „Spezies“ steht für Grundrechenart.

Bei der schickardschen und der pascalschen Rechenmaschine werden die einzelnen Ziffern einer Zahl seriell (nacheinander), bei der leibnizschen parallel (zeitgleich) ins Rechenwerk übertragen. Rechenmühlen sind allgemein Serienrechner.

2.3 Dezimal- und Binärrechner

Die mechanischen Rechenmaschinen und die frühen Relais- und Röhrenrechner waren meist Dezimalrechner. Sie arbeiteten intern mit dem Zehnersystem (Dezimalsystem). Damit entfiel die Umwandlung vom und ins Dualsystem. Dezimalrechner stellten die Zahlen oft mit der Aiken-Verschlüsselung (Aiken-Code) oder der Stibitz-Verschlüsselung (Drei-Exzess-Verschlüsselung, Stibitz-Code) dar.

Deutlich einfacher für den Rechnerbau ist jedoch das Zweiersystem (Binärsystem oder Dualsystem). Darauf hatten Gottfried Wilhelm Leibniz (1679, Beschreibung einer binären Rechenmaschine), die Franzosen Raymond Valtat (1936) und Louis Couffignal (1937) sowie der Engländer William Phillips (1936, binäres Oktalsystem) hingewiesen. In diesem Fall müssen Zahlen vom Dezimalsystem ins Dualsystem und umgekehrt umgewandelt werden. Die dezimale wie auch die binäre Darstellung haben ihre Vorzüge (vgl. Tab. 2.8).

Tab. 2.8: Eigenschaften von Dezimal- und Binärrechnern

Vergleich von Dezimal- und Binärrechnern		
Merkmale	**Dezimalrechner**	**Binärrechner**
Rechenwerk	Verwendung der Ziffern 0 bis 9	Verwendung der Ziffern 0 und 1
Rechnerausstattung	aufwendiger	einfacher
Geschwindigkeit	keine Umwandlung zwischen Dezimal- und Dualzahlen	Umwandlung zwischen Dezimal- und Dualzahlen

Beispiele	Relaisrechner, frühe Röhrenrechner, mechanische Rechenmaschinen	Relaisrechner, Röhrenrechner, Transistorrechner

Bald waren Binärrechner (Dualrechner) die Regel (vgl. Tab. 2.9).

Tab. 2.9: Rechenmaschinen mit Zehner- oder Zweiersystem

Frühe Dezimal- und Binärrechner **Name des Rechners**	**Dezimalrechner**	**Binärrechner**
ABC (USA)		■
Ace (England)		■
analytische Maschine (England)	■	
ARC (England)		■
Bark (Schweden)		■
Bell-Rechner 1 (USA)	■	
Bell-Rechner 3 (USA)	■	
Bell-Rechner 5 A/B (USA)	■	
Besm 1 (Ukraine)		■
Binac (USA)		■
Colossus 2 (England)		■
Csirac (Australien)		■
Curta (Liechtenstein)	■	
Deuce (England)		■
Edsac 1 (England)		■
Edvac (USA)		■
Eniac (USA)	■	
Era 1101 (USA)		■
Ferranti mark 1 (England)		■
Harvard mark 1/IBM ASCC (USA)	■	
Harvard mark 2 (USA)	■	
Harvard mark 3 (USA)	■	
Harwell Dekatron (England)	■	
IAS-Rechner (USA)		■
IBM 650 (USA)	■	
IBM 701 (USA)		■
IBM SSEC (USA)	■	
leibnizsche Rechenmaschine (Deutschland)	■	
Leo 1 (England)		■
Manchester baby (England)		■
Manchester mark 1 (England)		■
Mesm (Ukraine)		■
Pascaline (Frankreich)	■	
Pilot Ace (England)		■
schickardsche Rechenuhr (Deutschland)	■	

Frühe Dezimal- und Binärrechner

Name des Rechners	Dezimalrechner	Binärrechner
Seac (USA)		■
Swac (USA)		■
Thomas-Arithmometer (Frankreich)	■	
Turingmaschine (England)		■
Univac 1 (USA)	■	
Univac 2 (USA)	■	
Whirlwind (USA)		■
Zuse Z3 (Deutschland)		■
Zuse Z4 (Deutschland)		■

Zeichenerklärung
■ ja

Anmerkung
Die Turingmaschine ist nicht zwangsläufig binär.

Verwirrend: digital – elektronisch – binär

Schon das antike Rechenbrett war digital, ebenso der mittelalterliche Rechentisch. Digital bedeutet nicht zwangsläufig *elektronisch:* Es gibt auch *mechanische* Digitalrechner (z.B. Staffelwalzen- und Sprossenradrechenmaschinen). Auch bei den Analog(ie)rechnern unterscheidet man zwischen mechanischen und elektronischen Maschinen. Digital heißt auch nicht von vornherein *binär* (dual). Früher waren die Digitalrechner nämlich oft *dezimal.* Das Digitalsystem war schon lange vor Leibniz bekannt (vgl. Kasten).

Das Dualsystem entstand schon vor Leibniz

In zahlreichen, auch neueren Schriften wird der Universalgelehrte Gottfried Wilhelm Leibniz immer wieder als Entdecker oder Erfinder des Dualsystems bezeichnet. Zu seinen Lebzeiten gab es zwar keine Verwendung für das Binärsystem, seit den 1940er Jahren ist es aber eine wichtige Grundlage für die Digitalrechner. Aufgrund der Arbeiten von Shirley und Ineichen wird die *europäische* Herkunft dieses Stellenwertsystems gestreift. Es gibt Berichte über wesentlich ältere, aus zwei Zeichen aufgebaute Zahlensysteme, die vor allem in *Asien* entwickelt wurden. Bemerkenswert sind etwa die Entwicklungen in Polynesien und das äthiopische Multiplikationsverfahren.

Thomas Harriot aus England: erste Untersuchungen

Schon vor rund 70 Jahren wies John W. Shirley (North Carolina State College, Raleigh, North Carolina) darauf hin, dass das Dualsystem lange vor Leibniz entstanden ist:

> „Though it is frequently stated that binary numeration was first formally proposed by Leibniz as an illustration of his dualistic philosophy, the mathematical papers of Thomas Harriot (1560–1621) show clearly that Harriot not only experimented with number systems, but also understood clearly the theory and practice of binary numeration nearly a century before Leibniz's time". (siehe John W. Shirley: Binary numeration before Leibniz, in: American journal of physics, Band 19, 1951, Heft 8, Seite 452).

Häufig wird behauptet, dass Leibniz bei der Erläuterung seiner dualistischen Philosophie als Erster ausdrücklich das Binärsystem vorgeschlagen hat. Wie aus den mathematischen Aufsätzen von Thomas Harriot (1560–1621) jedoch eindeutig hervorgeht, befasste sich Harriot nicht nur mit Zahlensystemen, sondern begriff fast ein Jahrhundert vor Leibniz die Theorie und Praxis des Binärsystems voll und ganz.

Shirley lehnt Leibniz als ersten Schöpfer des Dualsystems ab. Der englische Mathematiker und Naturwissenschaftler Harriot habe neben dem Zweiersystem auch das Dreier-, Vierer- und Fünfersystem und ebenfalls höhere Zahlensysteme erforscht. Er habe allerdings in der damaligen Zeit keine praktische Anwendung gesehen.

Robert Ineichen von der Universität Freiburg im Üchtland stellt zu Thomas Harriot fest: „Er ist wohl der erste *Erfinder* des Dualsystems, wie mehrere Manuskripte in seinem Nachlass zeigen. Er verwendet im Dualsystem die Ziffern 0 und 1 und zeigt an Beispielen, wie man vom Dezimalsystem ins Dualsystem und umgekehrt übergehen kann *(Conversio* bzw. *Reductio)*. An weiteren Beispielen demonstriert er die Grundoperationen (siehe Robert Ineichen: Leibniz, Caramuel, Harriot und das Dualsystem, in: Mitteilungen der deutschen Mathematiker-Vereinigung, Band 16, 2008, Heft 1, Seite 14).

Juan Caramuel y Lobkowitz: erste Veröffentlichung

Das 1670 erschienene zweibändige Werk *Mathesis biceps vetus et nova* (Zweiköpfige Mathematik – alt und neu) des spanischen Geistlichen *Juan Caramuel y Lobkowitz* (1606–1682) enthält gemäß Ineichen wahrscheinlich die erste bekannte Veröffentlichung in Europa zum Dualsystem (und zu weiteren Stellenwertsystemen).

Gottfried Wilhelm Leibniz (1646–1716) hatte sich u.a. in der *Histoire de l'Académie royale des sciences* (Paris 1705) mit diesem Thema auseinandergesetzt. John Napier erörterte in seiner Rabdologiæ (1617) die binäre Arithmetik (Zweierpotenzen) auf einem Schachbrett (Multiplikation, Division, Quadratwurzelziehen). Und Blaise Pascal hatte in *De numeris multiplicibus* (1654, 1665) erkannt, dass die Basis 10 nicht zwingend ist.

Binäre, ternäre und dezimale Rechner

Leibniz baute (mechanische) dezimale Rechenmaschinen, wovon ein Exemplar erhalten ist. Er beschrieb aber auch ein duales, mit Kugeln arbeitendes Modell. Manche frühe elektromechanische oder elektronische Relais- und Röhrenrechner waren dezimal: Eniac, Harvard mark/IBM ASCC, Univac (alle USA). Doch die binäre Darstellung setzte sich durch: ABC (USA), Edsac (UK), Ferranti mark (UK), IAS-Rechner (USA), Pilot Ace (UK), Zuse Z4 (Deutschland). Selten waren ternäre Rechner wie Setun (Russland). Eine Besonderheit: Quantenrechner können sich gleichzeitig in zwei (oder mehr) Zuständen befinden.

Multiplikation im Dualsystem

Ohne Kenntnis des kleinen Einmaleins kann man durch Halbieren, Verdoppeln und Zusammenzählen schriftlich Multiplikationen durchführen. Das schon im Papyrus Rhind (um 1550 v. Chr.) beschriebene Verfahren trägt mehrere Namen: ägyptische, äthiopische oder *russische Multiplikation* sowie *Bauernmultiplikation*.

Quellen

Robert Ineichen: Leibniz, Caramuel, Harriot und das Dualsystem, in: Mitteilungen der deutschen Mathematiker-Vereinigung, Band 16, 2008, Heft 1, Seiten 12–15

John W. Shirley: Binary numeration before Leibniz, in: American journal of physics, Band 19, 1951, Heft 8, Seiten 452–454.

Hinweise

Für nähere Angaben zur ägyptischen, äthiopischen und russischen Multiplikation siehe:

Otto Forster: Algorithmische Zahlentheorie, Springer Spektrum, Wiesbaden, 2., überarbeitete und erweiterte Auflage 2015 (Abschnitt „Die russische Bauernregel der Multiplikation", Seiten 12–13)

Jens Gallenbacher: Abenteuer Informatik. IT zum Anfassen für alle von 9 bis 99 – vom Navi bis Social Media, Springer-Verlag GmbH, Deutschland, Berlin , 4. Auflage 2017 (Abschnitt „Die Äthiopische Multiplikation", Seiten 123–127)

CatherineStern; Margaret B. Stern: Comments on ancient Egyptian multiplication, in: The arithmetic teacher, Band 11, 1964, Heft, Seiten. 254–257 sowie

Egyptian multiplication, Wolfram demonstrations project, http://demonstrations.wolfram.com/EgyptianMultiplication/, https://rosettacode.org/wiki/Ethiopian_multiplication,

Eric W. Weisstein; Dave Zobel: Russian multiplication, MathWorld – A Wolfram web resource, http://mathworld.wolfram.com/RussianMultiplication.html.

2.4 Festkomma- und Gleitkommarechner

Fest- wie Gleitkomma hatten ihre Schattenseiten (vgl. Tab. 2.10).

Tab. 2.10: Vor- und Nachteile von Festkomma- und Gleitkommarechnern

Vergleich von Festkomma- und Gleitkommarechnern		
Merkmale	**Festkommarechner**	**Gleitkommarechner**
Zahlendarstellung	festes Komma	bewegliches Komma
Zahlenbereich	kleiner	größer
Rechenwerk	einfacher	aufwendiger
Programmierung	schwieriger	einfacher

Erläuterungen

Bei der Festkommadarstellung ist darauf zu achten, dass der zulässige Zahlenbereich während des ganzen Rechenvorgangs nicht überschritten wird. Dazu werden für die Ausgangswerte entsprechende Einschränkungen vorgegeben. Das Komma steht beispielsweise vor der ersten Stelle (0,9999) oder nach der letzten Stelle (9999,). Bei der Gleitkommadarstellung werden Exponenten benutzt, was den Zahlenbereich stark erweitert. Beispiele (vereinfacht): $345{,}67 = 0{,}34567 * 10^3$ oder $0{,}009876 = 0{,}9876 * 10^{-2}$. Im Elektronenrechner können die Werte so dargestellt werden: 34567 + 3 oder 98760 – 2.

Die frühen Rechner arbeiteten vorwiegend mit Festkomma (vgl. Tab. 2.11).

Tab. 2.11: Rechenmaschinen mit festem oder gleitendem Komma

Frühe Festkomma- und Gleitkommarechner		
Name des Rechners	**Festkomma**	**Gleitkomma**
ABC (USA)	■	
Ace (England)	■	
Bark (Schweden)		■
Bell-Rechner 1 (USA)	■	
Bell-Rechner 2 (USA)	■	
Bell-Rechner 3 (USA)	■	
Bell-Rechner 4 (USA)	■	
Bell-Rechner 5 A/B (USA)		■
Bell-Rechner 6 (USA)		■
Besk (Schweden)		■
Besm 1 (Ukraine)		■
Binac (USA)	■	
Curta (Liechtenstein)	■	
Edsac 1 (England)	■	
Edsac 2 (England)		■
Edvac (USA)	■	
Eniac (USA)	■	
Era 1101 (USA)	■	
Ferranti mark 1 (England)	■	
Harvard mark 1/IBM ASCC (USA)	■	
Harvard mark 2 (USA)		■
Harvard mark 3 (USA)	■	
IAS-Rechner (USA)	■	
IBM 650 (USA)	■	
IBM 701 (USA)	■	
IBM SSEC (USA)	■	
Leo 1 (England)	■	
Manchester baby (England)	■	
Manchester mark 1 (England)	■	
Mesm (Ukraine)	■	
Pilot Ace (England)	■	
Seac (USA)	■	
Swac (USA)	■	
Univac 1 (USA)	■	
Whirlwind (USA)	■	
Zuse Z3 (Deutschland)		■
Zuse Z4 (Deutschland)		■

Zeichenerklärung
■ ja

Anmerkungen
Rechenrahmen, mechanische Rechenmaschinen, Zahlenschieber und Lochkartenmaschinen waren allgemein Festkommarechner, sofern sie überhaupt Nachkommastellen benutzten. Bei analogen Geräten (z. B Rechenschieber, Proportionalwinkel, Reduktionszirkel, Planimeter) war die Genauigkeit ohnehin ziemlich eingeschränkt. Colossus verarbeitete nur ganze Zahlen und ist daher weder ein Fest- noch ein Gleitkommarechner.

Zuse verwendete für die Gleitkommadarstellung den Ausdruck „halblogarithmische Darstellung". Mit der Gleitkommaarithmetik hatte sich schon Torres Quevedo befasst.

Festes und bewegliches Komma im Vergleich

„Zusammenfassend kann gesagt werden, daß zwar der Umstand, daß man bei einer Maschine mit festem Komma die Größenordnung der in der Maschine gebildeten Rechenresultate ungefähr vorausbestimmen muß, um erfolgreich damit arbeiten zu können, ein entscheidender Nachteil ist, der aber durch eine Anzahl von Vorteilen gegenüber den Maschinen mit beweglichem Komma mehr als ausgeglichen wird. Zweifellos wird man in der Weiterentwicklung versuchen, die Vorteile beider Systeme in einer Maschine zu vereinigen". (siehe Heinz Rutishauser; Ambros Speiser; Eduard Stiefel: Programmgesteuerte digitale Rechengeräte (elektronische Rechenmaschinen), Birkhäuser Verlag, Basel 1951, Seite 27).

2.5 Spezial- und Universalrechner

Der Gebrauch des Ausdrucks „Universalrechner" ist uneinheitlich. Manche betrachten nur speicherprogrammierte Geräte als (echte) *Viel*zweckgeräte. Von *All*zweckgeräten sind wir ohnehin noch weit entfernt. Mechanische Rechenmaschinen, die alle vier Grundrechenarten beherrschen, galten als Universalmaschinen, desgleichen programmgesteuerte (lochstreifengesteuerte) Geräte. Selbst das schalttafelgesteuerte Ungetüm Eniac, das über das Umstecken von Verbindungskabeln und später auch durch das Drehen von Schaltern programmiert wurde, gilt als Universalrechner. In diesem Buch wird der Begriff des Universalrechners im weiteren Sinn gebraucht. Vielzweckmaschinen lösten mit der Zeit die Spezialrechner ab (vgl. Tab. 2.12).

Tab. 2.12: Eigenschaften von digitalen Spezial- und Universalrechnern

Vergleich ausgewählter Spezial- und Universalrechner		
Merkmale	**Spezialrechner**	**Universalrechner**
Verwendungszweck	eingeschränkt	allgemein, beliebig
Gerätesteuerung (Relais- und Röhrenrechner)	Festprogramm (starres Zahnradgetriebe, feste Verdrahtung, Mikroprogramm), äußeres Programm (auf Lochstreifen, Schalttafel)	äußeres Programm (auf Lochstreifen, Schalttafel), inneres Programm (Speicherprogramm)
Beispiele	ABC, Bell-Rechner 1–4, Colossus 1+2, Differenzenmaschine, Schwilgué-„Prozessrechner", Verschlüsselungsmaschine Enigma, Räderwerk von Antikythera	analytische Maschine, Lochkartenmaschine, Rechenlocher, Zuse Z4, Bell-Rechner 5, Harvard mark 1/IBM ASCC, Edsac, Edvac, IAS-Rechner, Ferranti mark, Univac, universelle Turingmaschine (mathematisches Modell)

Anmerkungen

Eniac und Binac waren anfänglich als Spezialrechner ausgelegt worden, wurden aber (später) als Mehrzweckmaschinen genutzt.

Beispiele von Rechenhilfsmitteln *ohne Programmsteuerung* (Spezialrechner):

- *digitale Einzweckrechner (<4 Grundrechenarten)*
  nepersche Rechenstäbchen,
  Zahlenschieber,
  Kolonnenaddierer,
  Addiermaschinen,
- *digitale Mehrzweckrechner (4 Grundrechenarten)*
  Zählrahmen (Kugelrechner),
  Vierspeziesrechenmaschinen,
- *analoge Einzweckrechner*
  Räderwerk von Antikythera,
  Kirchenrechner von Jean-Baptiste Schwilgué (Straßburger astronomische Uhr),
  Gezeiten(rechen)maschine von William Thomson,
  Rechenschieber (2 Grundrechenarten),
  Kurvenmesser,
  Planimeter (Flächenmesser),
  Pantografen (Storchschnäbel),
  Koordinatografen,

analoge Feuerleitrechner,
(spezielle) Integrieranlagen,

- *analoge Mehrzweckrechner*
Proportionalwinkel,
Reduktionszirkel,
mechanische Integrieranlage von Vannevar Bush,
elektronischer Analogrechner von Helmut Hoelzer.

Eine Ablaufsteuerung haben u.a. auch Uhrenautomaten, Figurenautomaten, Musikautomaten und mechanische Webstühle.

Es folgt eine Gegenüberstellung von drei geschichtlich bedeutsamen programmgesteuerten Digitalrechnern: Harvard mark 1/IBM ASCC, Eniac und Zuse Z4 (vgl. Tab. 2.13).

Tab. 2.13: Vergleich von drei wichtigen frühen Digitalrechnern

Merkmale von drei bedeutenden digitalen Rechenautomaten			
Name des Rechners	**Harvard mark 1/ IBM ASCC**	**Eniac**	**Zuse Z4**
Baujahr	1943	1945	1945
Universalrechner	■	■	■
Relaisrechner	■		■
Röhrenrechner		■	
Stecktafelsteuerung		■	
Lochstreifensteuerung	■		■
Speicherprogramm	□	□	□
Parallelrechner	■	■	■
Dezimalrechner	■	■	
Binärrechner			■
bedingter Sprung	□	■	□
Festkommarechner	■	■	
Gleitkommarechner			■

Zeichenerklärung
■ ja
□ Nein

Anmerkungen
Die obigen Angaben beziehen sich auf den Urzustand. 1949/50 wurde die Zuse Z4 auf Wunsch der ETH Zürich umgebaut und mit dem bedingten Sprung ausgestattet. Der Röhrenrechner Eniac bekam später eine einfachere Programmsteuerung (Schalter statt Kabel). Alle drei Rechner weichen in manchen Eigenschaften vom grundsätzlichen Aufbau moderner Digitalrechner ab: dezimales Zahlensystem (Harvard mark 1/

IBM ASCC, Eniac), kein bedingter Sprung (Harvard mark 1/IBM ASCC, Z4), allgemein kein Speicherprogramm.

Die Z4 war in Bezug auf das Dualsystem und die Gleitkommadarstellung fortschrittlicher als die amerikanischen Mitbewerber, lag aber in der Technik (Relais) und bei den bedingten Befehlen hinter Eniac zurück. Die beiden lochstreifengesteuerte *Bell-Rechner 5* (A: 1946, B: 1947) waren ebenfalls „Universalrechner" (parallele, dezimale Relaisgeräte mit Gleitpunktdarstellung und bedingtem Sprung), allerdings ohne Speicherprogramm.

2.6 Verbundrechner

Verschiedenartige Rechenhilfen lassen sich miteinander koppeln, wobei die Teilgeräte meist unabhängig voneinander zu nutzen sind:
- digitaler Zahlenschieber (Addition auf der Vorderseite) und digitaler Zahlenschieber (Subtraktion auf der Rückseite),
- digitaler Zahlenschieber (Addition, Subtraktion) und analoger Rechenstab (Multiplikation, Division) (z.B. Faber-Castell),
- digitaler Zahlenschieber (Addition, Subtraktion) und gedrucktes Tabellenwerk (Multiplikation, Division),
- digitaler Zahlenschieber (Addition, Subtraktion) und digitale Multiplikations- und Divisionswalzen (mit Einmaleinsspalten),
- digitale Rechenmaschine (Addition und Subtraktion) und digitale Multiplikations- und Divisionswalzen (z.B. Rechenuhr von Schickard),
- digitaler elektronischer Taschenrechner und digitaler Rechenrahmen (z.B. Sharp),
- digitaler elektronischer Taschenrechner und analoger Rechenstab (z.B. Faber-Castell),
- digitale Integrieranlage (programmgesteuerter Analogrechner) (z.B. Maddida),
- digitale Lochkartenmaschine und digitaler Elektronenrechner (z.B. Card programmed calculator).

Erfolgreich war etwa die Kombination zwischen analogem Rechenstab und digitalem Zahlenschieber. Als zweckmäßig erwies sich auch die Ausstattung eines Zahlenschiebers mit einem Tafelwerk für die Multiplikation und die Division. Wenig sinnvoll scheint hingegen die Verknüpfung eines (leistungsfähigen) digitalen elektronischen Taschenrechners mit einem weiteren Hilfsmittel. Der Funktionsumfang wächst dadurch kaum.

Auch bei der Bauweise gibt es im gleichen Gerät Mischungen: mechanische und elektromechanische Bauteile, Relais und Röhren, Röhren und Transistoren, schnellere Röhren- und langsamere Trommelspeicher. Ein Zwitter zwischen Relais- und

Röhrenrechner war auch IBM SSEC (selective sequence electronic calculator). SSEC war vorwiegend ein Relaisrechner.

Eine seltene Kombination besteht aus einem Rechenrahmen mit (unüblichen) 4 und 2 Kugeln und drehbaren Neperstäbchen (vgl. Abb. 2.28–2.29).

Abb. 2.28: Verbundrechner (1). Dieser Rechner von Michel Rous aus Paris (1869) setzt sich aus acht drehbaren Neperwalzen und einem neunstelligen chinesischen Kugelrechner zusammen (© Technisches Museum Wien).

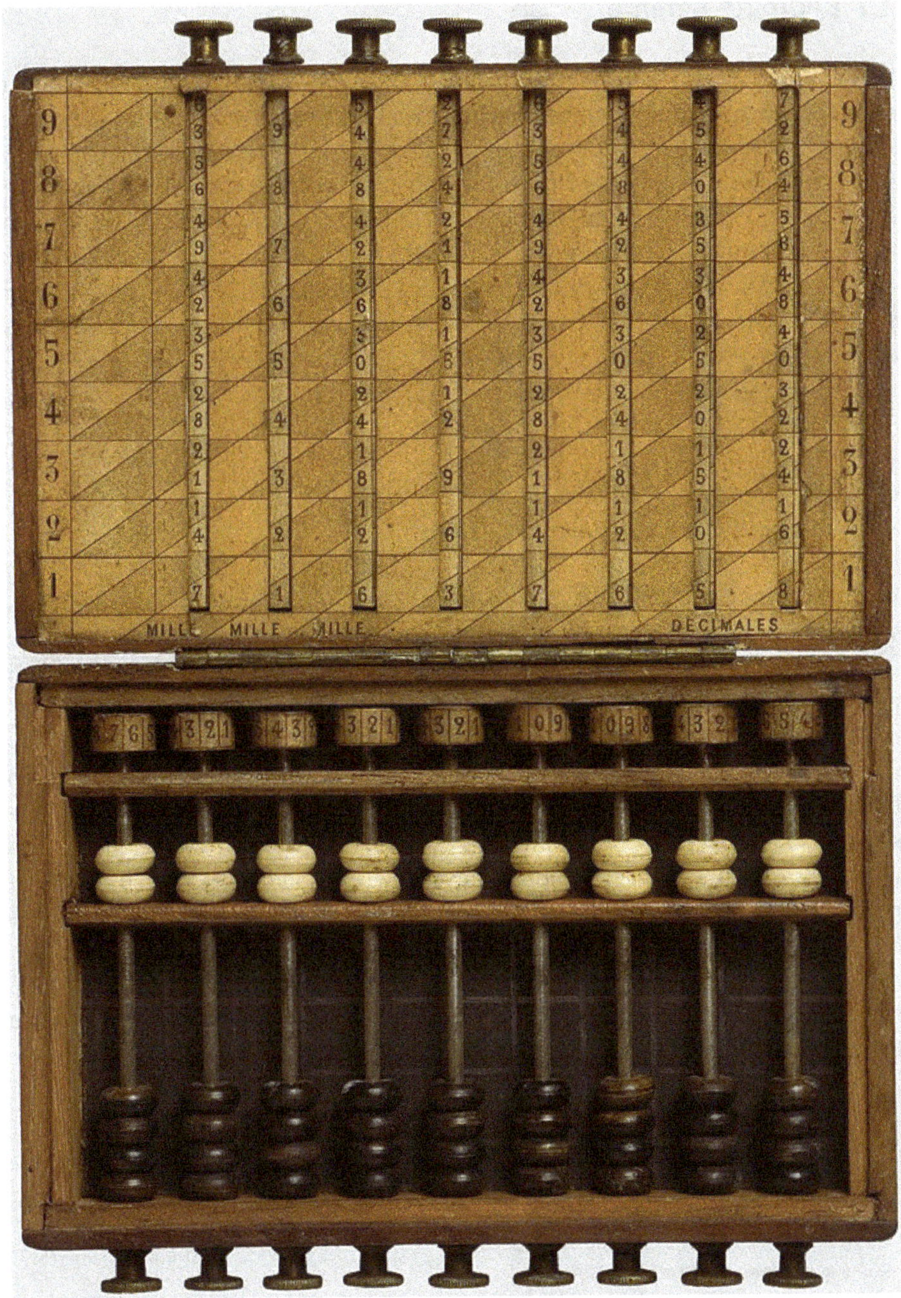

Abb. 2.29: Verbundrechner (2). Dieses seltene mathematische Instrument dient für die Multiplikation und die Division (oben). Bei der Multiplikation werden Teilprodukte gebildet. Die Stäbe des Rechenrahmens (unten) sind jeweils mit einer kleinen Zifferntrommel und einem Drehknopf ausgestattet. Damit lassen sich die Ergebnisse von Additionen festhalten (© Inria/Bild: J.-M. Ramès).

2.7 Bedingte Befehle

Bei der Programmausführung werden die Anweisungen grundsätzlich nacheinander abgearbeitet. Mit Wiederholungen (mehrfaches Durchlaufen von Schleifen), Auslassungen (Überspringen von Anweisungen) und dem Aufruf von Teilprogrammen kann man von der linearen Befehlsabfolge abweichen. Dank bedingter Befehle (bedingter Anweisungen) lässt sich der Programmablauf beeinflussen. Die Abarbeitung kann an eine oder mehrere Voraussetzungen geknüpft sein. Bei der Anweisung „wenn... dann...sonst" wird nur eine einzige Bedingung abgefragt, bei Fallunterscheidungen sind es mehrere. Je nachdem, ob die Bedingung erfüllt ist oder nicht, je nach Ergebnis eines Rechen- oder Vergleichsvorgangs fällt die Fortsetzung anders aus.

Bedingungen (bedingte Verzweigungen) kommen vor in:
- Schleifen,
- Sprüngen,
- Entscheidungen (wenn...dann...sonst),
- Fallunterscheidungen (Falluntersuchungen).

Verschachtelte Schleifen und vor allem Sprünge können zu unübersichtlichen, schwer durchschaubaren Programmen führen. Deshalb werden oft Unterprogramme erstellt. Mit Sprüngen kann man Unterprogramme aufrufen. Diese müssen nur einmal programmiert und einmal gespeichert werden.

Charles Babbage hatte für die (nicht gebaute, mit Dampfbetrieb geplante) analytische Maschine bereits an bedingte Befehle und Schleifen gedacht (Überspringen von Befehlsfolgen bzw. Zurückspringen für die Wiederholung in Form einer Programmschleife). Solche Verzweigungen plante auch Leonardo Torres Quevedo (auch Torres *y* Quevedo). Zu den frühen Rechnern mit bedingten Befehlen gehören die Elektronenrechner Colossus (teilweise) und Eniac. Der bedingte Sprung war ein wichtiges Merkmal der Von-Neumann-Maschinen. Manchen älteren Relais- und Röhrenautomaten waren bedingte Befehle jedoch fremd (vgl. Kasten). Harvard mark 1/IBM ASCC bekam erst später bedingte Anweisungen. Konrad Zuse und Howard Aiken fertigten Programmschleifen durch Zusammenkleben des Lochstreifens an.

Frühe Maschinen ohne bedingte Befehle
- ABC
- Bell-Rechner 1, 2 und 3
- Harvard mark 1/IBM ASCC
- Zuse Z3

Frühe Maschinen mit bedingten Befehlen
- Ace
- Bark
- Colossus 2
- Bell-Rechner 5 A/B und 6
- Edsac

- Eniac
- IBM SSEC
- Zuse Z4 (nachträgliche Ergänzung)

Im Zusammenhang mit seinem Plankalkül erwähnt Konrad Zuse neben starren Rechenplänen auch unstarre (bewegliche, lebendige, freie) Programme. Von-Neumann-Maschinen haben allgemein bedingte Befehle, beispielsweise die Princetonmaschine (IAS-Rechner) und Geräte, die dem Edvac folgen wie Edsac.

2.8 Bausteine von Relais- und Röhrenrechnern

Die folgende Übersicht enthält einige gängige Bausteine für das Rechenwerk und den Speicher bei frühen Relais- und Röhrenrechnern (vgl. Tab. 2.14).

Tab. 2.14: Schalt- und Speicherbausteine von mechanischen, elektromechanischen und elektronischen Rechenmaschinen

Bausteine von mechanischen, elektromechanischen und elektronischen Rechnern		
Merkmale	**Schaltelement**	**Speicherelement**
Rechenwerk	Zähler, Zählrad Zählring/Ringzähler Zählröhre Zahnrad, Zahnstange Schrittzähler Relais Vakuumröhre gasgefüllte Röhre Transistor Germaniumdiode	
Speicher(werk)		Lochkarte, Lochstreifen Zähler, Zählrad Zählring/Ringzähler Zahnrad (Staffelwalze, Sprossenrad) Relais Verzögerungsstrecke elektrostatische Speicherröhre Transistor Germaniumdiode Magnetkern(ring) Magnettrommel Magnetband Magnetplatte (Magnetscheibe)

Anmerkungen

Weitere Bausteine waren z.B. Widerstände und Kondensatoren. Als Steuerelemente wurden ebenfalls Röhren und Transistoren genutzt.

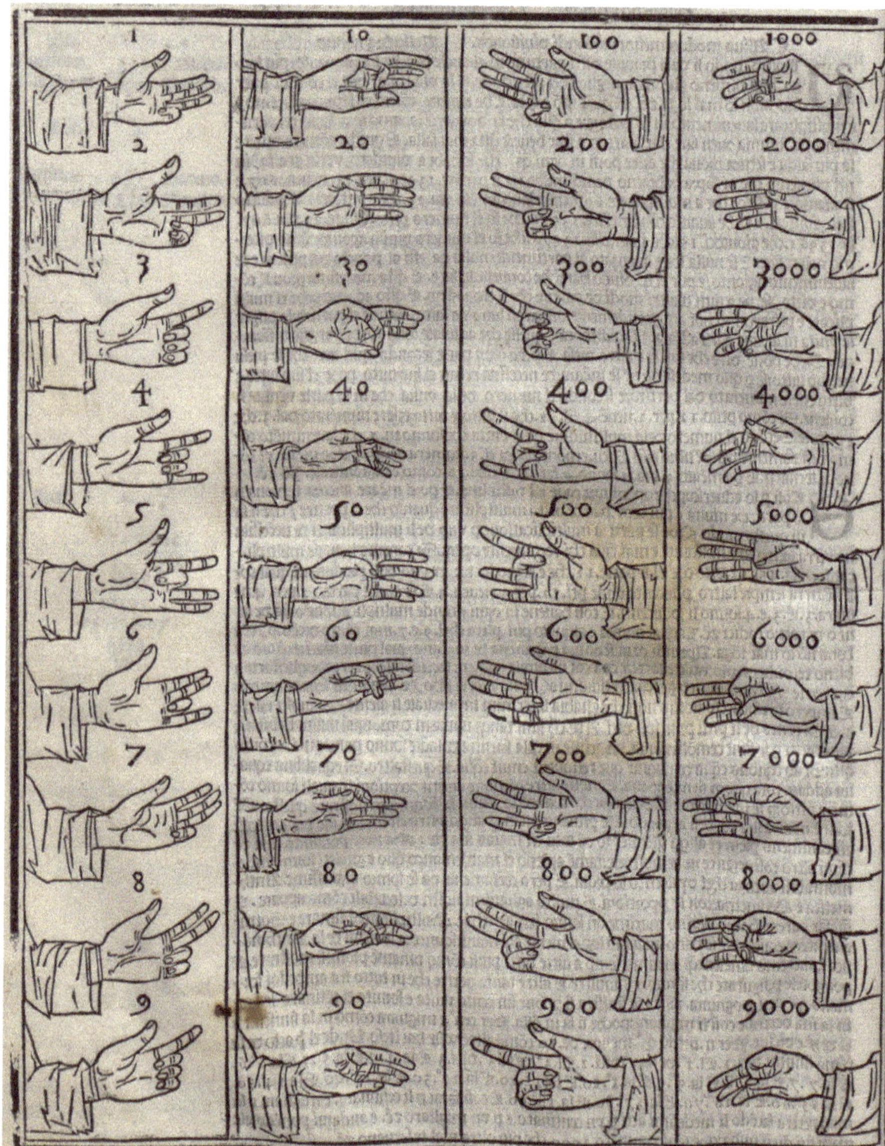

Abb. 2.30: Handzählsystem. Das Zählen und Rechnen mit den Fingern war einst weit verbreitet. Diese Anleitung stammt aus dem ersten Teil des Werks „Summa de arithmetica geometria" von Luca Pacioli (1523) (Quelle: ETH-Bibliothek Zürich, Alte und seltene Drucke).

Zähler

Zählen und Rechnen sind eng miteinander verwandt. Das zeigt sich schon beim Fingerrechnen (vgl. Abb. 2.30). Mit dem Kugelrechner lässt sich das Ergebnis durch Abzählen der Perlen bestimmen. Dieses Hilfsmittel wird deswegen auch als *Zählrahmen* oder Rechenrahmen bezeichnet. Auf dem Rechentisch ermittelt man ebenfalls die Anzahl der Rechensteine. Rechnen kann also aufs Zählen zurückgeführt werden. Für die Multiplikation sind die mechanischen Rechenmaschinen oft mit einem Umdrehungszählwerk ausgestattet. Es hält fest, wie oft der Multiplikand mit dem Multiplikator vervielfacht wird. Bei der Division zählt man, wie oft der Divisor im Dividenden enthalten ist, d.h. wie häufig der Divisor vom Dividenden abgezogen werden kann. Das Rechenwerk oder Ergebniswerk mechanischer Rechenmaschinen wird auch Ergebniszählwerk und Hauptzählwerk genannt.

Es gibt mechanische und elektronische Zähler (Schaltwerke). Sie können eine Zahl darstellen und eine Eins addieren. Man unterscheidet zwischen *Dezimalzählern* (Dekadenzähler, dekadische Zähler) und *Binärzählern* (Dualzähler). *Ringzähler* bestanden beispielsweise aus Röhrenflipflops oder Transistorflipflops. Zudem wurden Kaltkathodenröhren (Glimmröhren) und Thyratronröhren benutzt. In Frage kommt etwa ein kreisförmiges Schieberegister. Heinz Billing beschreibt den Ablauf wie folgt:

> „Der Ringzähler wird fast ausschließlich als Dezimalzähler verwendet. Jeder Dezimalstelle wird dabei ein *Zählring* aus 10 Speicherzellen zugeordnet. In jedem Zählring ist nur eine der Speicherzellen gesetzt („1"). Dadurch wird markiert, welche der Dezimalziffern 0 bis 9 im Ring gespeichert ist. Ein Zählimpuls verschiebt jeweils in dem der niedrigsten Dezimalstelle zugeordneten Ring die gesetzte Position in die benachbarte Speicherzelle, welche der nächsthöheren Position zugeordnet ist, macht also z.B. aus einer 5 eine 6. Ist der Ring bis zur Position 9 hochgezählt, so hat der nächste Zählimpuls zweierlei Auswirkungen. Einmal verschiebt er im niedrigsten Zählring den gesetzten Zustand aus Position 9 in Position 0. Zu diesem Zweck ist Zelle 9 mit Zelle 0 zur Schließung des Zählringes verbunden. Zweitens wird beim Übergang von 9 auf 0 ein neuer Zählimpuls ausgelöst, welcher den der nächsthöheren Dezimalstelle zugeordneten Zählring um eine Stelle weiterzählt" (siehe Karl Steinbuch (Hg.): Taschenbuch der Nachrichtenverarbeitung, Springer-Verlag, Berlin, 2., überarbeitete Auflage 1967, Seite 502).

Flipflop

Ein Flipflop (bistabile Kippschaltung, bistabile Kippstufe) ist eine Schaltung mit zwei stabilen Zuständen. Bei diesem *Kippschalter* führt nur eine der beiden Trioden Strom. Eine einfache Ausführung ist ein Lichtschalter. Für elektronische Flipflops werden beispielsweise Vakuumröhren (Röhrenflipflop) und Transistoren (Transistorflipflop) eingesetzt. Ein Flipflop vermag ein Bit zu speichern. Mit Flipflops werden u.a. Speicherregister und elektronische Zähler wie Ringzähler aufgebaut. Vakuumröhrenflipflops wurden auch als Triggerschaltungen (Auslöseschaltung) bezeichnet. Eine (einfache) *Triggerschaltung* besteht aus zwei Trioden, deren Anoden und Gitter übers Kreuz geschaltet sind.

Schieberegister

Register sind kleine Zwischenspeicher mit kurzer Zugriffszeit. Sie bestanden üblicherweise aus Flipflops. Mit Zählregistern kann man zählen, Schieberegister dienen zum Verschieben. Ein Schieberegister ist eine lineare oder ringförmige Anordnung von Speicherzellen. Es setzte sich etwa aus Röhrenflipflops, Transistorflipflops oder Magnetkernen zusammen. Bei einer Verschiebung wird die Information in benachbarte Zellen übertragen. Schieberegister werden u.a. für die Stellenwertverschiebung eingesetzt.

Abb. 2.31: Relais. Die ersten programmgesteuerten Digitalrechner (z.B. Zuse-, Bell- und Harvard-Maschinen, Rechenlocher) nutzen meist elektromagnetische Relais für das Rechenwerk und teilweise auch für den Speicher. Sie galten als zuverlässig, waren aber langsam (© Heinz-Nixdorf-Museumsforum, Paderborn).

Es gibt verschiedene Relaisarten (vgl. Kasten).

Was ist ein Relais?
Der Brockhaus. Computer und Informationstechnologie (F. A. Brockhaus GmbH, Leipzig, Mannheim 2003, Seite 766) erklärt das Relais (vgl. Abb. 2.31) wie folgt: „Bauteil, das einen Stromkreis öffnet oder schließt, wenn es die Veränderung einer physikalischen Größe registriert. Eine solche Veränderung kann in einem elektrischen Impuls, aber auch in einer Druck- oder Temperaturschwankung bestehen. Die gebräuchlichste Form des Relais ist das elektromechanische Relais. Hier bewegt ein Elektromagnet den oder die Schaltkontakt(e). Ein solches Relais lässt sich mit schwachen Strömen steuern, kann aber erheblich stärkere Ströme schalten".

Es gibt verschiedene Arten elektromechanischer Relais. Am weitesten verbreitet sind die elektromagnetischen Schaltgeräte. In der Nachrichtentechnik wurden *Fernmelderelais* für die Wählvermittlung eingesetzt. Elektromagnetische Relais kommen in Lochkartenmaschinen, Rechenlochern und manchen frühen digitalen Rechenautomaten vor. Man spricht ferner von elektronischen Relais (Röhrenrelais). Relais erlauben die Darstellung von allen logischen Verknüpfungen.

Entwicklungslinien: Speicher und Rechenwerk (Frühzeit)

Hauptspeicher
Relais ⇨ Elektronenröhre (Quecksilberröhre, Williamsröhre) ⇨ Magnettrommel ⇨ Magnetkern (Ferritkern) ⇨ Halbleiter,

Massenspeicher
Magnettrommel ⇨ Magnetplatte (schneller Zugriff),
Lochkarte ⇨ Magnetband (langsamer Zugriff),

Rechenwerk
Relais ⇨ Elektronenröhre (Vakuumröhre) ⇨ Transistor.

Relais und Röhren waren die Vorläufer der Transistoren (vgl. Tab. 2.15).

Tab. 2.15: Frühe Nutzung von Relais und Röhren für Rechenmaschinen

Wer hat in der Frühzeit Relais und Röhren für Digitalrechner verwendet?

Baustein	Deutschland	England	USA	Ukraine
Relais	Konrad Zuse	Andrew Booth	George Stibitz Howard Aiken	
Röhren	Helmut Schreyer (Versuchsmodell)	Thomas Flowers	John Atanasoff John Mauchly Presper Eckert	Sergej Lebedjew

2.9 Elektronenröhren

Es gab unzählige Röhrentypen. Weit verbreitet waren *Radioröhren*. Elektronenröhren (vgl. Abb. 2.32) werden üblicherweise unterteilt in:
- Vakuumröhren (Hochvakuumröhren) und
- gasgefüllte Röhren.

Elektronenröhren wurden für folgende Einheiten benutzt:
- Steuer- und Rechenwerke (Logik),
- Speicher (Hauptspeicher).

Wie die Relais erfüllten die Elektronenröhren zwei Funktionen, sie dienten als Schaltbausteine und Speicherbausteine. Die Kolben bestanden meist aus Glas, aber auch aus Keramik oder Stahl.

Bei den Elektronenröhren (Mehrelektrodenröhren, Mehrgitterröhren) wird je nach der Anzahl der Elektroden (Kathode (negativ) und Anode (positiv)) zwischen mehreren Formen unterschieden:
- Dioden (Zweipolröhren),
- Trioden (Dreipolröhren),
- Tetroden (Vierpolröhren),
- Pentoden (Fünfpolröhren),
- Hexoden (Sechspolröhren),
- Oktoden (Achtpolröhren),
- Enneoden (Neunpolröhren).

Für „Kathode" wird ab und zu auch die Schreibweise „Katode" gebraucht.

Vakuumröhren

Dank der Erfahrungen aus der Radartechnik gelang es, die Kathodenstrahlröhren (Elektronenstrahlröhren) für Speicherzwecke umzugestalten. Solche elektrostatischen Speicherröhren werden als Williamsröhren oder Williams-Kilburn-Röhren bezeichnet. Ältere Bildschirme waren mit braunschen Röhren (Bildröhren, Bildschirmröhren, Fernsehröhren) bestückt.

Im englischsprachigen Raum werden die Vakuumröhren als *thermionic valves* (britisches Englisch), *thermionic tubes* oder meist *vacuum tubes* (amerikanisches Englisch) bezeichnet.

Abb. 2.32: Elektronenröhre. Das Rechenwerk der frühen speicherprogrammierten Digitalrechner bestand meist aus Vakuumröhren. Diese waren zwar viel schneller als elektromechanische Relais, aber erheblich pannenanfälliger. Zu den berühmtesten Röhrenrechnern zählen Colossus (England) und Eniac (USA). Spätere Maschinen arbeiteten mit Transistoren (© Heinz-Nixdorf-Museumsforum, Paderborn).

*Gasgefüllte Elektronen*röhren
Es gibt gasgefüllte Elektronikröhren mit *kalter* (ungeheizter) Kathode (Kaltkathode) und mit *geheizte*r Kathode (Glühkathode):

- Kaltkathodenröhren, z.B. Relaisröhren (Glimmrelaisröhren, Kathodenstrahlrelaisröhren, Triggerröhren), Dekadenzählröhren (dezimale Zählröhren, Glimmzählröhren), Ziffernanzeigeröhren; *Glimmröhren* (Glimmentladungsröhren) haben eine Glimmentladung;
- Thyratronröhren oder Thyratrons (Stromtore) sind gasgefüllte Trioden oder Tetroden (Gastrioden, Gastetroden). Sie haben eine ungeheizte Kathode (Glimmthyratron, Kaltkathodenthyratron) oder eine beheizte Kathode und werden z.B. als dezimale Thyratronzähler (Zählringe) gebraucht;
- Dekatrons.

Gasgefüllte Röhren enthielten Quecksilberdampf, Wasserstoff oder Edelgas (Argon, Helium, Neon, Xenon). Quecksilberröhren wurden für Verzögerungsstrecken (Laufzeit-, Umlaufspeicher) benutzt. Dekatrons kamen beim Harwellrechner als Kaltkathodenzähler zum Einsatz. Thyratronröhren gab es im Colossus.

Helmut Schreyer baute Röhrenschaltungen aus Vakuumröhren und *Glimmlampen*, Louis Couffignal wollte elektrostatische *Neonlampen* einsetzen. In Belgien wurde ein Rechner mit Neonröhrenspeicher gebaut.

Betriebssicherheit
Für die frühen Elektronenrechner wurden meist Vakuumröhren verwendet. Diese elektronischen Schalter waren bedeutend schneller als die mechanischen Schalter (Relais), galten aber lange Zeit als unzuverlässig. Häufiges Ein- und Ausschalten senkte ihre Lebensdauer erheblich, wie Thomas Flowers, der Schöpfer des britischen Colossus, beim Bau von Telefonschaltungen herausfand. Er ließ die Geräte überdies mit herabgesetzter Nennleistung laufen. Das gleiche Rezept wandten auch die Erbauer des amerikanischen Riesenrechners Eniac, John Mauchly und Presper Eckert, an.

Rechenwerk
Für das Zahlen*rechnen* kamen meist herkömmliche Vakuumröhren zum Zug. Die mächtigen Elektronenrechner Colossus und Eniac nutzten Tausende solcher Röhren.

Speicher
Für die Zahlen*speicherung* waren besondere Speicherröhren im Gebrauch. Zu unterscheiden sind im Wesentlichen drei Arten solcher Elektronenröhren:
- Röhrenflipflops,
- Verzögerungslinien (Verzögerungsleitung), meist: Quecksilberröhren,
- Kathodenstrahlröhren, meist Williamsröhren.

Verzögerungslinien
Die häufigste Form der Verzögerungslinien waren Quecksilberröhren, d.h. mit Quecksilber gefüllte Metall- oder Glasröhren. Die in der Radartechnik erprobten Röhren waren zuverlässiger, aber langsamer als die Williamsröhren. Presper Eckert von der Universität Pennsylvania in Philadelphia war an der Entwicklung maßgeblich beteiligt (Patentanmeldung 1947). Quecksilberröhren wurden meist in *Serien*rechenmaschinen eingesetzt.

Kathodenstrahlröhren
Bei den Kathodenstrahlröhren herrschten die von Frederic Williams und Thomas Kilburn (Universität Manchester) geschaffenen *Williamsröhren* vor. Kathodenstrahlröhren waren vorwiegend in *Parallel*rechenmaschinen zu finden.

Jay Forrester vom Massachusetts Institute of Technology (MIT, Cambridge) entwickelte für den Echtzeitrechner Whirlwind eine weitere, verbesserte Ausführung der elektrostatischen Speicherröhre.

Radio Corporation of America (RCA, Research laboratories, Princeton, New Jersey) war damals die weltgrößte Herstellerin von Elektronenröhren. Jan Rajchman arbeitete an der neuartigen Selectron-Röhre (selective electronic storage tube). John von Neumann wollte sie ursprünglich für seine IAS-Maschine verwenden. Die Fertigung verzögerte sich jedoch, so dass er auf die Williamsröhren auswich. Genutzt wurden die Selectron-Elektronikröhren in dem von der Rand Corporation gebauten Johnniac (1953).

2.10 Laufzeitspeicher und elektrostatische Speicher

Die beiden wichtigsten Arten elektronischer (Haupt-)Speicher vor dem Auftreten des Magnettrommelspeichers waren:

- **Laufzeitspeicher oder Umlaufspeicher**
  Zahlreiche Fachausdrücke sind im Umlauf: elektronischer Laufzeitspeicher, *Verzögerungsspeicher*, *Quecksilberspeicher*, Quecksilberverzögerungsspeicher, Quecksilberlaufzeitspeicher, Quecksilberverzögerungslinie, Quecksilberlinie; *Ultraschallspeicher*, Ultraschallwellenspeicher, Ultraschalllaufzeitspeicher, *Schallwellenspeicher*, *akustischer Speicher*, akustische Verzugslinie, akustische Verzögerungslinie, elektroakustische Verzögerungslinie, Verzögerungsstrecke; die weit verbreiteten Quecksilberspeicher bestanden aus einem mit Quecksilber gefüllten Stahlrohr, das an beiden Enden mit einem Piezokristall (Quarz) verschlossen war; seltener waren Ultraschallspeicher mit Nickeldraht, sogenannte *magnetostriktive Speicher* (Magnetdrahtspeicher, z.B. Seac).

- **Elektronenstrahlspeicher oder elektrostatischer Speicher**
  Die Benennungen sind auch hier vielfältig: elektrostatischer Röhrenspeicher, Elektronenstrahlspeicher, Elektronenstrahlröhrenspeicher, Kathodenstrahlröhrenspeicher;
  die Röhren wurden, wie bereits erwähnt, als *Williamsröhre*, Kathodenstrahlröhre, Elektronenstrahlröhre, elektrostatische Speicherröhre bezeichnet.

Quecksilberspeicher hatten z.B.: Edvac, Edsac, Binac, Univac 1, Pilot Ace, Deuce, Leo 1, Seac und Csirac. Mit elektrostatischen Speichern waren u.a. die folgenden Maschinen versehen: Manchester baby (Small-scale experimental machine), IBM 701, Swac, IAS-Rechner (Princetonmaschine), Whirlwind, Besk. Besm hatte zunächst einen Laufzeitspeicher und später auch einen Kathodenstrahlröhrenspeicher.

2.11 Hauptspeicher

In der Frühzeit wurden für den Hauptspeicher häufig Elektronenröhren verwendet (vgl. Tab. 2.16). Hauptspeicher werden auch als *Arbeitsspeicher* bezeichnet.

Tab. 2.16: Röhrenrechner mit Laufzeit- oder elektrostatischem Speicher

Was für einen Hauptspeicher hatten die frühen Elektronenrechner?		
Name des Rechners	**Laufzeitspeicher** Umlaufspeicher Ultraschallspeicher Schallwellenspeicher *Quecksilberröhren*	**elektrostatischer Speicher** Elektronenstrahlspeicher *Kathodenstrahlröhren* *Williamsröhren*
Ace (England)	■	
Besk (Schweden)		■
Besm 1 (Ukraine)	■	■
Binac (USA)	■	
Csirac (Australien)	■	
Deuce (England)	■	
Edsac 1 (England)	■	
Edvac (USA)	■	
Era 1103 (USA)		■
Ferranti mark 1 (England)		■
IAS-Rechner (USA)		■
IBM 701 (USA)		■
IBM 702 (USA)		■
Leo 1 (England)	■	
Manchester baby (England)		■
Manchester mark 1 (England)		■
Pilot Ace (England)	■	
Seac (USA)	■	
Swac (USA)		■
Univac 1 (USA)	■	
Whirlwind (1) (USA)		■

Zeichenerklärung
■ ja

Anmerkungen
Frühe Elektronenrechner wurden für die Speicherung mit Zählrädern, Zählerringen/Ringzählern, Relais, Röhrenflipflops und ähnlichen Bausteinen ausgestattet.

- **Elektronische Rechner**

  ABC

  Der Röhrenrechner wies eine umlaufende Trommel mit Kondensatoren auf.

  Colossus

  Der Speicher des *Colossus* bestand aus gasgefüllten Röhren (Thyratronröhren) und aus Vakuumröhren (mit Triggerschaltung). Für den Nachbau der Maschine

wurden Pentoden, Trioden, Tetroden und Thyratronröhren (Dualzähler) benutzt. Colossus arbeitete mit Ringzählern.

Eniac
Der mächtige Röhrenrechner *Eniac* war mit 20 Akkumulatoren (Speicherregister für zehnstellige Dezimalzahlen) bestückt. Er nutzte Flipflopschalter aus Vakuum-Doppeltrioden. Für eine zehnstellige Dezimalzahl waren 100 solche Kippschalter erforderlich. Die elektronischen Flipflopringe (Ringzähler aus Vakuumröhren) bildeten die dekadischen (dezimalen, zehnteiligen) Zählräder mechanischer Tischrechenmaschinen nach. Die Akkumulatoren wurden fürs Speichern und fürs Rechnen genutzt. 10 Ringzähler speicherten eine 10-stellige Dezimalzahl. Eniac hatte rund 18 000 Elektronenröhren (16 verschiedene Typen). Für die Massenspeicherung kamen Lochkarten zum Einsatz.

Mesm und Besm
Der ukrainische Elektronenrechner *Mesm* hatte einen Röhrenflipflopspeicher (mit Triggerschaltung) und eine Magnettrommel. Beim Betrieb des Nachfolgers *Besm 1* wurden drei Speicherarten ausprobiert: Quecksilber-, elektrostatischer und Magnetkernspeicher. Die für einen elektrostatischen Speicher ausgelegte Maschine hatte zunächst einen Quecksilberspeicher. Erst 1955 kamen die Williamsröhren hinzu, weil sie bis zu diesem Zeitpunkt nicht verfügbar waren.

Seac besaß einen Magnetdrahtspeicher (Nickeldraht mit seriellem Zugriff) und bekam später einen elektrostatischen Speicher.

Whirlwind erhielt 1953 einen Magnetkernspeicher.

IBM 704 (1954) war einer der ersten marktfähigen Rechner mit Kernspeicher.

Die Röhrenrechner *Era 1101* (Engineering research associates), IBM 650, Harvard mark 3 und 4 hatten eine Magnettrommel, desgleichen (als Zusatzspeicher) Csirac, Manchester mark 1 und Besk.

– **Elektromechanische Rechner**
Complex computer/Bell-Rechner 1
Der erste Bell-Rechner hatte 450 Relais und als Zahlenregister 10 *Kreuzschienenschalter*. Die zweite Maschine bestand aus 440 Relais, 5 Fernschreibern und 6 Registern für die Speicherung von Zahlen. Modell 3 war mit 1400 Relais und 10 Zahlenregistern ausgestattet.

Zuse Z4
Die Z4 arbeitete mit mechanischen Schaltgliedern, zeitweise war auch eine (an der ETH Zürich entwickelte) Magnettrommel angeschlossen.

Harvard mark 1/IBM ASCC
Der Speicher des Harvard mark 1/IBM ASCC bestand aus mechanischen Zählwerken (Zählräder, Drehzähler) (mechanisches Register). Die dezimalen Zähler dienten auch als Additionswerk.

ARC
Der Relaisrechner *ARC* (England) wies eine Magnettrommel auf.

- **Relais-/Röhren-Mischrechner**
  IBM SSEC
  Der lochkartengesteuerte Mischrechner *IBM SSEC* hatte einen kleinen (elektronischen) Röhrenflipflopspeicher, einen Relaisspeicher sowie einen umfangreichen Lochkartenspeicher (für Daten und Programme).

Für die Speicher wurden unterschiedliche Bausteine herangezogen (vgl. Tab. 2.17).

Tab. 2.17: Speicherbausteine früher Relais- und Elektronenrechner

Speicherelemente der ersten Relais- und Röhrenrechner			
Relaisrechner		**Röhrenrechner**	
Rechner	**Baustein**	**Rechner**	**Baustein**
ARC	Magnettrommel	ABC	Kondensatoren
Bell-Rechner 1	Kreuzschienenschalter	Colossus	Ringzähler
Harvard	Ringzähler	Eniac	Ringzähler
Zuse Z4	mechanische Schaltglieder		

Anmerkungen
Für die ersten Röhrenrechner standen weder Laufzeitspeicher (z.B. Quecksilberröhren) noch elektrostatische Speicher wie Williamsröhren zur Verfügung. ABC nutzte Kondensatoren anstelle der Triodenringe von Colossus und Eniac. Das waren (nahezu) luftleere oder gasgefüllte Elektronenröhren.

Die Erfinder von Speicherbausteinen (vgl. Tab. 2.18) sind uns kaum mehr vertraut.

Tab. 2.18: Erfinder von Speicherbausteinen für Röhrenrechner

Wer hat die frühen Speicherbausteine erfunden?			
Speicherart	**Erfinder**		
Verzögerungsspeicher (Schallwellenspeicher)	William Shockley, Bell Labs, New York	Presper Eckert, Universität Philadelphia	
elektrostatische Speicherröhre	Frederic Williams, Universität Manchester	Jay Forrester, MIT, Cambridge	Jan Rajchman, RCA, Princeton
Magnetkernspeicher	Jay Forrester, MIT, Cambridge	Jan Rajchman, RCA, Princeton	An Wang, Harvard-Universität, Cambridge

Anmerkungen
MIT steht für Massachusetts Institute of Technology, RCA für Radio Corporation of America. Die Speichermedien werden als *Datenträger* und als *Programmträger* gebraucht.

Besondere Formen wie *Stiftwalzen* aus Holz oder Messing, *Lochplatten* aus Blech und Stiftbretter treten bei Musikautomaten auf. Als Speicher dienen auch aufziehbare *Federn* von mechanischen Uhren und Musikdosen. Melodien von mechanischen Musikinstrumenten wurden oft auf Lochbändern aus gefalztem (aufgeschichtetem) Karton oder aus Papier festgehalten.

Kernspeicher wurden Ende der 1940er Jahre an mehreren Stellen entwickelt: Harvard-Universität (An Wang) und MIT (Jay Forrester), beide in Cambridge (Massachusetts), und Radio Corporation of America, Princeton (Jan Rajchman). Als weitere Erfinder des Magnetkernspeichers werden Andrew Booth, Dudley Buch, William N. Papian und Frederick Viehe genannt. Auch die Magnettrommel hat mehrere Väter, z.B. Arnold Cohen (ERA, St. Paul), Heinz Billing (Göttingen) und Andrew Booth (London).

Es gibt mehrere Erfinder von Speichermedien und Schaltelementen (vgl. Kasten).

Erfinder von Speichermedien und Schaltelementen
Basile Bouchon schuf den *Lochstreifen*, Jean-Baptiste Falcon die *Lochkarte*. Das *Relais* wurde von Joseph Henry entwickelt. Das *Flipflop* ist das Werk von William Henry Eccles und Frank Wilfred Jordan. Das *Magnetband* verdanken wir Fritz Pfleumer, die *Magnettrommel* Gustav Tauschek und Gerhard Dirks. Ein Patent für die magnetische *Festplatte* haben Louis Stevens, John Lynott und William Goddard. Zu erwähnen ist auch das *Zahnrad* (z.B. Staffelwalze und Sprossenrad von Gottfried Wilhelm Leibniz, Sprossenrad von Giovanni Poleni).

2.12 Magnetspeicher

Magnetspeicher (vgl. Abb. 2.33) dienten sowohl der Kurz- als auch der Langzeitspeicherung. Hier die wichtigsten Formen:
- Magnettrommelspeicher (Hauptspeicher sowie Massenspeicher),
- Magnetkernspeicher (Hauptspeicher mit wahlfreiem Zugriff),
- Magnetplattenspeicher (Hauptspeicher sowie Massenspeicher),
- Magnetbandspeicher (Massenspeicher mit seriellem, sequentiellem Zugriff).

Massenspeicher mit langsamem Zugriff (externe Speicher)
- Magnetband.

Massenspeicher mit schnellem Zugriff (interne und externe Speicher)
- Magnettrommel,
- Magnetplatte.

Abb. 2.33: Kernspeicher. Mit Magnetkernen (Ringkernen) ließ sich die Rechengeschwindigkeit erheblich steigern. (© Deutsches Technikmuseum, Berlin).

Nachfolger der Röhrenspeicher waren Trommelspeicher und Kernspeicher. Die Trommelspeicher dienten zunächst als Haupt- und später auch als Außenspeicher. Magnetplatten wurden früher auch als *Magnetscheiben* bezeichnet. Heutige Rechner sind mit Halbleiterspeichern und Festplatten ausgestattet. Bandspeicher (und Festplatten) sorgen für die *Datensicherung*.

Oft werden mehrere Speicherarten kombiniert: kleine, schnelle und teure Hauptspeicher (Arbeitsspeicher) mit großen, langsamen, preiswerten Zusatzspeichern. Frühe Röhrenrechner hatten oft einen Plattenspeicher wie auch einen Bandspeicher.

Optische Speicher (CD, compact disk; DVD, digital versatile disk) wirken als externe Speicher. Auch mit optischen Medien bleibt das Problem der langfristigen digitalen Datenhaltung ungelöst.

Ab wann wurden Magnettrommel-, Magnetband- und Magnetkernspeicher verwendet?

- **Magnettrommelspeicher** wurden für elektromechanische und vor allem für elektronische Digitalrechner eingesetzt, teils für den Arbeitsspeicher, teils als Zusatzspeicher. Als *Trommelrechner* wurden Geräte betrachtet, deren Hauptspeicher aus einer Speichertrommel stand.

  Beispiele für Maschinen mit Trommelspeichern: ABC (1942), Ape(x)c (1953), ARC2 (1947), Atlas 1/Era 1101 (1950), Besm 1 (1953), BTM Hec 2M (1955), Csirac (Trommel 1951), Deuce (1955), Edvac (1952), Elliott 402 (1955), Era 1103 (1953), Ferranti mark 1 (1951), G1 (Göttingen 1, 1952), Harvard mark 3 (1950), Harvard mark 4 (1952), Hec4 (1955), IAS-Rechner (1952), IBM 650 (1953), IBM 701 (1952), IBM 704 (1954), Mailüfterl (1958), Manchester mark 1 (1949), Mesm (1951), Pilot Ace (erst 1954), Sec (1950), Strela (1953), Z22 (1958).

  Im ABC steckte eine *Kondensatortrommel.* Als erste Magnettrommelrechner gelten ARC (automatic relay calculator, Birkbeck college) sowie die Dechiffriermaschinen Goldberg (1947) und Demon (1948) und der Engineering research associates (ERA). Magnettrommeln tauchen gegen Ende der 1940er Jahre auf.

- **Magnetbänder** hatten die Röhrenrechner Ape(x)c (1953), Besm 1 (1953), Edvac (1952), Era 1103 (1953), Harvard mark 3 (1950), IBM 650 (1953), IBM 701 (1952), IBM 704 (1954), Mesm (1951), Univac 1 (1951). Magnetische Stahlbänder erscheinen um 1950 in den ersten Geräten.

- **Magnetkernspeicher** kommen in der ersten Hälfte der 1950er Jahre auf: Eniac (1953), Era 1103A (1956), Harvard mark 4 (1952), IBM 650 (1953), IBM 704 (1954), Edsac 2 (1957/1958), Univac 2 (1957) und Whirlwind (1953).

Hinweise
Rechner mit *Magnetplatten* wurden ab 1956/57 angeboten (z.B. IBM 305 Ramac). Zu den frühen Magnetplattenrechnern zählt auch Elliott 403.

Speicher von *mechanischen Rechenmaschinen* werden im folgenden Aufsatz beschrieben: Harald Schmid: Speichervorrichtungen bei mechanischen Vierspezies-Rechenmaschinen, 2006 (www.rechnerlexikon.de). Schon die schickardsche Rechenuhr hatte einen Speicher für Zwischenergebnisse.

2.13 Hardware und Software

In der Informatik wird zwischen Hardware und Software unterschieden. Unter Hardware versteht man Geräte und Bauteile. Mit Software meint man entweder Programme und Daten oder bloß Programme. Für die „harte Ware“ gelten physikalische Gesetze. Die „weiche Ware“ folgt logischen Regeln. Die Grenze zwischen dem (unveränderlichen) materiellen und dem (veränderlichen) immateriellen Gut ist allerdings fließend. Man kann „geistige“ Rechenvorschriften in „körperlichen“ Stoff umsetzen. So lässt sich beispielsweise die Umwandlung zwischen dem Zweier- und dem Zehnersystem oder die Gleitkommadarstellung „festverdrahten“. Anweisungen, die der Hersteller auf einem Festwertspeicher ablegt, sind Firmware, „feste Ware“. Der Nutzer kann sie nur bedingt ändern. Als Festspeicher (oder Festprogramm) gilt auch der Einmaleinskörper von Direktmultiplizierern.

Früher bestanden Rechenhilfsmittel nur aus einem *Körper*, neuzeitliche programmierbare Digitalrechner haben einen Körper und eine „Seele“. Oder anders, genauer ausgedrückt: Der „Geist“ war damals in Holz geschnitzt, in Stein gemeisselt, in Eisen gegossen. Man warb mit „Gehirn aus Stahl“. Es ist viel einfacher, ungegenständliche Rechenbefehle zu ändern als Zahnräder aus Messing und Bronze oder Stiftwalzen von Drehorgeln (Leierkästen). Maschinen mit viel Materie wie der Riese Eniac von Mauchly/Eckert sind schwerfälliger als Geräte mit viel Logik (z.B. Ace von Turing). Ein modernes internettaugliches Mobiltelefon ist wesentlich vielseitiger als eine mechanische Taschenrechenmaschine. Je weniger Hardware, je mehr Software, desto größer der Anwendungsbereich (vgl. Tab. 2.19). Software ist aber stets an Hardware gebunden, Roboter und Drohnen benötigen einen Körper.

Tab. 2.19: Anteil von Hardware und Software bestimmt die Vielseitigkeit des Geräts

Verhältnis von Hardware und Software			
Bestandteile	**Hardware**	**Hardware und Software**	**Hardware und Software**
Anwendungsbereich	Einzweckgerät	Ein- oder Mehrzweckgerät	Vielzweckgerät
(unveränderliches) Festprogramm	eingebautes Rechenverfahren		
(veränderliches) externes Programm		auswechselbare Nockenscheibe austauschbares Steckbrett Lochkartenprogramm Lochstreifenprogramm	
(veränderliches) internes Programm			austauschbares Speicherprogramm

Verhältnis von Hardware und Software

Bestandteile	Hardware	Hardware und Software	Hardware und Software
Beispiele	Rechenrahmen Rechenschieber Rechentisch Zahlenschieber mechanische Rechenmaschine Schachmaschine Räderwerk von Antikythera Herons Automatentheater	Figurenautomat Musikautomat „Jacquard"-Webstuhl Lochkartenmaschine Harvard mark 1/IBM ASCC Eniac Zuse Z4	elektronischer Digitalrechner (Computer) Mobiltelefon

Anmerkungen
Mischformen sind etwa der *festprogrammierte* Elektronenrechner ABC, die frühen Bell-Relaisrechner und der stecktafelprogrammierbare Röhrenrechner Colossus.

Maschinen mit künstlicher Intelligenz, Roboter, Drohnen und selbstlenkende Fahrzeuge können in der Regel lediglich für einen oder wenige Zwecke genutzt werden.

2.14 Subtraktion mit Ergänzungszahlen

Durch geschickte Verfahren lassen sich Rechenvorgänge bei mechanischen und elektronischen Maschinen vereinfachen. Schon die Pascaline arbeitete mit Ergänzungswerten, bediente sich also der indirekten Subtraktion. Auch die kleine Curta behilft sich auf diese Weise, desgleichen Harvard mark 1/IBM ASCC. Die Komplementzahlen dienen ferner zur Darstellung ganzer *negativer Zahlen* auf mechanischen und elektronischen Digitalrechnern.

Direkte und indirekte Subtraktion

Bei gewissen mechanischen Rechenmaschinen lässt sich die Handkurbel im Uhrzeiger- und im Gegenuhrzeigersinn drehen. Bei der Addition wird beispielsweise nach rechts und bei der (direkten) Subtraktion nach links gedreht, oder man muss für die Subtraktion umschalten.

Direkte Subtraktion
Direkte Subtraktion bedeutet Abziehen *ohne Komplementzahlen.* Voraussetzung dafür ist, dass der Rechner die Zehnerübertragung in beiden Richtungen beherrscht, dass die Drehrichtung umgekehrt werden kann.

Indirekte Subtraktion
Für die indirekte Subtraktion zählt man Ergänzungswerte hinzu. Bei Geräten wie dem Thomas-Arithmometer oder der Curta wird die Antriebskurbel stets in derselben Richtung gedreht. Auf der Thomasmaschine erfolgt der Wechsel zwischen Addition und Subtraktion über einen Umschalthebel, bei der Curta durch Anheben der Kurbel. Dieses Gerät nutzt eine Komplementärstaffelwalze für die indirekte Subtraktion.

Die Komplementbildung (vgl. Kasten) spielt auch bei den elektronischen Rechenmaschinen eine wichtige Rolle. Sie ermöglicht bei den Binärzahlen einen Vorzeichenwechsel. Dadurch lässt sich die Subtraktion von zwei Binärzahlen durch eine Addition ersetzen.

Komplementbildung
Im *Dezimalsystem* (Zehnersystem) unterscheidet man zwischen:
- Neunerkomplement und
- Zehnerkomplement.

Beim Neunerkomplement wird der Unterschied einer Ziffer zu 9 berechnet. Die Ergänzung der Zahl 456 (zu 999) ist 543. Dem Wert 123 entspricht das Neunerkomplement 876 (123 + 876 = 999).

Dezimale Ausgangszahl + Neunerkomplement = 9, 99, 999 usw. (d.h. 10^1-1, 10^2-1, 10^3-1 usw.).

Das Zehnerkomplement von 456 ist 544 (456 + 544 = 1000), das Zehnerkomplement von 123 ist 877 (Ergänzung zu 1000).

Dezimale Ausgangszahl + Zehnerkomplement = 10, 100, 1000 usw. (d.h. 10^1, 10^2, 10^3 usw.).

Im *Binärsystem* oder Dualsystem (Zweiersystem) spricht man von:
- Einserkomplement und
- Zweierkomplement.

Beim Einserkomplement ist der Unterschied zur dualen 1 gesucht. Die Ergänzung zur Binärzahl 101 ist 010 oder einfacher 10, also die Umkehrung (101 + 010 = 111; dezimal 5 + 2 = 7). Das Einserkomplement von (dual) 100110 ist gleich dem Spiegelbild: 011001 (100110 + 011001 = 111111; dezimal 38 + 25 = 63). Man ersetzt also – Stelle für Stelle – jede 1 durch eine 0 und jede 0 durch eine 1, vertauscht demnach 0 und 1.

Binäre Ausgangszahl + Einserkomplement = 1, 11, 111, 1111 (dual) usw. (d.h. 2^0, 2^0+2^1, $2^0+2^1+2^2$, $2^0+2^1+2^2+2^3$ usw.).

Beim Zweierkomplement ist die Ergänzung zur dualen 0 gesucht. Bei der Binärzahl 1010 werden zunächst die Einsen und Nullen vertauscht. Das ergibt den Wert 0101. Nun wird 1 addiert: 0110 (Kontrolle: 1010 + 0110 = 10000; dezimal 10 + 6 = 16). Wandelt man bei der Binärzahl 10101 die Einsen in Nullen und die Nullen in Einsen um, entsteht die Folge 01010. Wird nun der Wert 1 hinzugefügt, ergibt das 01011 (10101 + 01011 = 100000; dezimal 21 + 11 = 32). Die Zweierkomplemente für die Binärzahlen 11111 und 00000 lauten 00001 bzw. 100000. Die Summe dieser Binärzahlen und ihrer Zweierkomplemente beträgt jeweils (dual) 100000 (dezimal 31 + 1 = 32; 0 + 32 = 32). Für das Zweierkomplement bildet man das Einserkomplement und zählt die Zahl 1 dazu.

Binäre Ausgangszahl + Zweierkomplement = 1, 10, 100, 1000 (dual) usw. (d.h. 2^0, 2^1, 2^2, 2^3 usw.).

Eine praktische Bedeutung haben das (dezimale) Neuner- und Zehnerkomplement bei mechanischen Rechengeräten und das (binäre) Zweierkomplement bei Elektronenrechnern.

Das Zehnerkomplement wird auch als *dekadische Ergänzung* oder *arithmetisches Komplement* bezeichnet, die negativen Zahlen als „mechanische Komplementzahlen".

Subtraktion = Addition mit Komplementzahlen

Die Subtraktion wird bei manchen mechanischen Rechenmaschinen durch eine Addition von Ergänzungszahlen ersetzt. Ein Beispiel: Von der Zahl 612 soll 345 abgezogen werden. Das Neunerkomplement zu 345 ist 654, die einzelnen Ziffern werden jeweils zu 9 ergänzt (3 + 6 = 9, 4 +5 = 9, 5 + 4 = 9).

Direkte Subtraktion: 612 – 345 = 267.

Indirekte Subtraktion: 612 + 654 = 1266.

Der Überlauf, d.h. die Zahl 1, wird zum übrigen Wert, 266, hinzugezählt, was 267 ergibt.

Weitere Bespiele für die indirekte Subtraktion:

3 – 0 = 3 3 + 9 = 12 1 + 2 = 3

Der Überlauf (1) wird zur letzten Zahl (2) hinzugefügt.

3 – 1 = 2 3 + 8 = 11 1 + 1 = 2

Der Überlauf (1) wird zur letzten Zahl (1) hinzugefügt.

3 – 2 = 1 3 + 7 = 10 1 + 0 = 1

Der Überlauf (1) wird zur letzten Zahl (0) hinzugefügt.

3 – 3 = 0 3 + 6 = 9 0

Das Ergebnis 9 entspricht dem Wert 0 (Komplement zu 9).

33 – 32 = 1 33 + 67= 100 1 + 0 = 1

Der Überlauf (1) wird zum Zahlenwert 00 hinzugefügt.

33 – 33 = 0 33 + 66 = 99 0

Das Ergebnis 99 entspricht dem Wert 0 (Komplemente zu 9).

333 – 333 = 0 333 + 666 = 999 0

Das Ergebnis 999 entspricht dem Wert 0 (Komplemente zu 9).

Subtraktion mit Neunerkomplement

Minuend – Subtrahend = Differenz

a – b = ?

x = a – b

x = 999 – [(999 – a) + b]

Beispiel

345 – 76 = ?

x = 345 – 76

x = 999 – [(999 – 345) + 76]

x = 999 – [654 + 76]

x = 999 – 730

x = 269.

2.15 Direkte und indirekte Multiplikation

Ähnlich wie bei der Komplementbildung können auch Verschiebevorgänge im dezimalen und dualen Zahlensystem das maschinelle Rechnen erleichtern.

Direkte und indirekte Multiplikation bei mechanischen Rechenmaschinen

Indirekte Multiplikation: wiederholte Addition
Die indirekte Multiplikation beruht auf der mehrfachen Addition. Dieses Verfahren hat bei mechanischen Rechenmaschinen vielfache Kurbelumdrehungen zur Folge. Auf unterschiedliche Weise wurde versucht, die Handhabung zu vereinfachen und zu beschleunigen. Die Anzahl der Umdrehungen lässt sich durch die verkürzte Multiplikation (von links nach rechts) und durch einen *beweglichen Schlitten* (Wagen) verringern. Einstellwerk und Ergebniswerk können gegeneinander *verschoben* werden. Das ermöglicht eine stellenrichtige Berechnung.

Abgekürzte Multiplikation
Die abgekürzte Multiplikation (verkürzte Multiplikation) setzt einen Umdrehungszähler mit Zehnerübertragung voraus. Mit dieser Vorgehensweise lässt sich die Anzahl der Kurbelumdrehungen vermindern. Bei einer Multiplikation mit 9 kommt man mit zwei Drehungen aus: zunächst Vervielfachung mit 10, Schlittenverschiebung um eine Stelle von den Zehnern zu den Einern, (subtraktive) Kurbeldrehung (je nach Modell im Uhrzeiger- oder Gegenuhrzeigersinn).

Direkte Multiplikation
Nur wenige mechanische Rechenmaschinen warten mit der direkten Multiplikation auf. Am erfolgreichsten war die Schweizer „Millionär". Ein weiteres Beispiel ist die Buchungsmaschine (Fakturier- und Abrechnungsmaschine) Moon-Hopkins von der Moon-Hopkins billing machine company (Burroughs) (John C. Moon, Hubert Hopkins). Weniger Glück hatte die Kuhrt-Rechenmaschine (mit Einmaleinskörper, 1923).

Einmaleinskörper
Bei diesen Direktmultiplizierern (Direktmultipliziermaschine, Direktmultiplikationsmaschine) genügt dank eines *Einmaleinskörpers* oder *Multiplikationskörpers* jeweils eine einzige Kurbeldrehung je Dezimalstelle. Zu beachten: Diese Maschinen beherrschen alle vier Grundrechenarten.

Nürnberger Schere
Die Rechenmaschinen von Eduard Selling (vgl. Abb. 2.34–2.35) nutzten Zahnstangen mit *Nürnberger Scheren* (1886), konnten sich aber nicht durchsetzen. Diese Schere setzt sich aus einer Reihe von Parallelogrammen zusammen (Beschreibung der Arbeitsweise z.B. bei K. Hoecken: Die Rechenmaschinen von Pascal bis zur Gegenwart, unter besonderer Berücksichtigung der Multiplikationsmechanismen, in: Sit-

zungsberichte der Berliner Mathematischen Gesellschaft, Band 13, 106. Sitzung, 26. Februar 1913, Seiten 16–17).

Anmerkung
Die Division wird als wiederholte Subtraktion ausgeführt.

Abb. 2.34: Sellings Direktmultiplizierer (Original). Die Direktmultiplikationsmaschine von Eduard Selling (1906) funktioniert nach dem Prinzip der Nürnberger Schere. Hermann Wetzer in Pfronten stellte zwei Stück dieser zweiten Version her. Sie kommt ohne Räder aus, schwierig ist aber die Zehnerübertragung (© Deutsches Museum, München).

Abb. 2.35: Sellings Direktmultiplizierer (Nachbau). Für die Direktmultiplikation werden bei dieser Maschine Zahnstangen mithilfe von Nürnberger Scheren verschoben. Wirtschaftlich war der Erfindung kein Erfolg beschieden (© Braunschweigisches Landesmuseum, Bild: Anja Pröhle).

Stellenwertverschiebung bei elektronischen Rechenmaschinen

Im Rechenwerk eines Computers werden die Grundrechenarten (Addition, Subtraktion, Multiplikation und Division) und die logischen Verknüpfungen (Vergleiche; und, oder, nicht) ausgeführt. Da sich die Rechenvorgänge dank der Bildung von Komplementen und dem stellenweisen Verschieben auf die Addition zurückführen lassen, bildet das *Addierwerk* das Kernstück der Recheneinheit. Es kann für alle vier Grundrechenarten eingesetzt werden. Bei elektronischen Dezimalrechnern wurde die Multiplikation durch wiederholte Addition oder Nachschlagen in einer Multiplikationstafel erledigt.

Eine Verschiebung um zwei Stellen nach links bedeutet bei Dezimalzahlen eine Vervielfachung mit $10^2 = 100$. Eine Verschiebung um drei Stellen nach rechts hat eine Teilung durch $10^3 = 1000$ zur Folge. Im Dualsystem führt eine Verschiebung einer Zahl um drei Stellen nach links zu einer Multiplikation mit $2^3 = 8$. Eine Verschiebung um vier Stellen nach rechts entspricht einer Division durch $2^4 = 16$.

2.16 Ablaufsteuerung und Programmsteuerung

Manchmal wird zwischen *Ablaufsteuerung* und *Programmsteuerung* unterschieden. Die Abgrenzung zwischen diesen Begriffen ist allerdings unscharf. Mit Ablaufsteuerung ist eher eine starre Reihenfolge gemeint, unter Programmsteuerung versteht man vorzugsweise eine anpassfähige Abfolge. Es gibt Mischformen: Festgespeicherte Rechenprogramme lassen sich in Form von Schalttafeln austauschen. Musikprogramme können dank Stiftwalzen, Lochplatten, Falzkartonbändern, Schallplatten u. dgl. ausgewechselt werden.

Neuere Digitalrechner sind üblicherweise *speicherprogrammiert*. Früher waren sie *festverdrahtet*, *stecktafel-* oder *schalttafelprogrammiert*, *(loch-)karten-*, *(loch-)streifen-* oder *bandgesteuert*.

Der Ausdruck „Programmsteuerung“ wird auch als Sammelbegriff gebraucht:

- externe Programmsteuerung (Schalter, Schalt- oder Stecktafel, Lochband, Lochstreifen, Lochkartenband),
- interne Programmsteuerung (Speicherprogramm).

In diesem Buch wird bei der Steuerung durch ein inneres Programm von *Speicherprogramm* gesprochen.

Programmieren

Die Bedeutung des Worts „Programmieren“ hat sich infolge des technischen Fortschritts gewandelt. Früher programmierte bzw. steuerte man Rechenmaschinen häufig extern über Steckverbindungen (Schalt-, Verbindungs-, Programmierschnüre), Schalt- oder Stecktafeln. Heute setzt das Programmieren keine solchen Einrichtungen mehr voraus.

Mikroprogramme

Neben festverdrahteten Maschinen gibt es auch mikroprogrammierte Rechner. Der Entwurf einer Mikroprogrammsteuerung ist in der Regel einfacher als der Aufbau einer festen Verdrahtung, solche Geräte sind aber auch langsamer. Schon Charles Babbage soll für seine analytische Maschine die Mikroprogrammierung vorgesehen haben.

Die Entwicklung vom Festprogramm zum Speicherprogramm vereinfachte die Maschinensteuerung (vgl. Tab. 2.20).

Tab. 2.20: Relais- und Röhrenmaschinen mit Festprogramm, externer Steckbrett- oder Lochbandsteuerung oder internem Programmspeicher

Programmsteuerung bei frühen Relais- und Röhrenrechnern				
Name des Rechners	**Fest-programm**	**Schalttafel-programm**	**Lochstreifen-programm**	**Speicher-programm**
ABC (USA)	■			
Bark (Schweden)		■		
Bell-Rechner 1 (USA)	■			
Bell-Rechner 2 (USA)			■	
Besm 1 (Ukraine)				■
Colossus 1+2 (England)		■		
Csirac (Australien)				■
Edsac (England)				■
Edvac (USA)				■
Eniac (USA)		■		
Ferranti mark (England)				■
Harvard mark 1/IBM ASCC (USA)			■	
IAS-Rechner (USA)				■
IBM SSEC (USA)			■	
Leo (England)				■
Mesm (Ukraine)				■
Pilot Ace (England)				■
Univac (USA)				■
Zuse Z4 (Deutschland)			■	

Zeichenerklärung
■ ja

Fest vorgegebene, starre Steuerung

Ein paar Beispiele:

- Maschinen mit Ablaufsteuerung gibt es schon seit dem Altertum. Das Räderwerk von Antikythera (vgl. Kapitel 10) – ein astronomischer Rechner – und Herons Automatentheater (mit Speichertrommel) waren mit einer starren Abfolge ausgestattet.
- Astronomische Uhren werden fest über Zahnräder, Hebel und Nocken gesteuert.

- Figurenautomaten lassen sich über Hebel, Nocken(scheiben) und Stiftwalzen lenken. Die Bewegungen von menschlichen oder tierischen Figuren sind in aller Regel im Voraus festgelegt.
- Eine Ablaufsteuerung gibt es auch bei den Dampfmaschinen (James Watt) und den Windmühlen.

Anmerkung
Als ältester erhaltener Automat der westlichen Welt gilt der Flügel schlagende und krähende Hahn der ersten astronomischen Uhr des Straßburger Münsters (um 1350).

Beeinflussbare, wählbare Steuerung
Ein paar Beispiele:
- Heron von Alexandria hatte schon im 1. Jahrhundert nach Christus einen frei programmierbaren automatischen Türöffner mit Seilzug und Programmwalze entwickelt.
- Die Handschriftautomaten der Jaquet-Droz und von Knaus lassen innerhalb bestimmter Grenzen frei wählbare Texte zu.
- Bei den Webstühlen von Basile Bouchon, Jean-Baptiste Falcon, Joseph-Marie Jacquard und Jacques Vaucanson ging es um die Erzeugung von Mustern. Bei solchen Textilmaschinen handelt es sich um ablaufgesteuerte Fertigungsmaschinen.
- Musik- oder Spieldosen warten mit auswechselbaren Nockenwalzen (Schaltwalzen, Stiftwalzen) und austauschbaren Lochplatten auf. Für viele mechanische Musikinstrumente wurden Lochkartenbänder (z.T. mit Zickzackfaltung) und später Schallplatten angeboten. Zu erwähnen sind ferner Glockenspiele mit Steuertrommeln. Manche dieser anspruchsvollen Geräte nutzten mechanische, hydraulische und pneumatische Bauteile.
- Eine geschickte Lenkung war auch für die Schachmaschine von Leonardo Torres Quevedo erforderlich.
- Zahlenwerte bestimmten die Einstellungen für die Zahnradfräsmaschine von Jean-Baptiste Schwilgué. Sie wurde demnach numerisch (ziffernmäßig) gesteuert. Seine große mechanische Rechenmaschine lässt sich als (früher) „Prozessrechner" (oder als Vorläufer) auffassen.

Festprogrammierte und frei programmierbare Maschinen mit (mechanischem) *Außen-* oder *Innenspeicher* („inneres und äußeres Gedächtnis") sind also seit langer Zeit bekannt.

2.17 Automatisierung

Mit älteren mechanischen – analogen und digitalen – Rechengeräten (z.B. Rechenstab, Proportionalwinkel, Rechenrahmen, Zahlenschieber) wurden in der Regel nur *einzelne* Rechenaufgaben ausgeführt. Bei Handrechenmaschinen waren stets mehrere Schritte erforderlich: Eingabe der Eingangswerte, Durchführung der Rechnung, Aufschreiben der Ergebnisse (sofern kein Druckwerk vorhanden war). Gewisse elektrische Tischrechenmaschinen waren *teilautomatisch*. Der Rechenvorgang lief selbsttätig ab, mit einer automatischen Stellenwertverschiebung. Manche Geräte hatten Speichervorrichtungen und Druckwerke. Mit Lochkartenmaschinen konnte eine *Folge* von Rechenvorgängen abgewickelt werden (Ablaufsteuerung). Je mehr Automation, desto weniger manuelle Arbeitsschritte (vgl. Tab. 2.21) waren nötig.

Tab. 2.21: Automationsstufen

Grad der Automation		
Bezeichnung	**Beschreibung**	**Beispiel**
manuell	alle Arbeitsschritte von Hand	Rechenrahmen (Kugelrechner)
teilautomatisch	einzelne Arbeitsschritte selbsttätig	mechanische Rechenmaschine
vollautomatisch	gesamter Arbeitsvorgang selbsttätig	elektronischer Digitalrechner

Schon vor der Einführung der programmgesteuerten Rechenautomaten gab es dank des Elektromotors automatische mechanische Rechenmaschinen. Multiplikation und Division wurden automatisiert. Dafür eigneten sich die Staffelwalzenmaschinen besser als die Sprossenradrechner. Auch bei der Taschenrechenmaschine Curta bemühte man sich um eine Elektrifizierung. Es mangelte jedoch an leistungsfähigen Batterien.

Vollautomatisch bedeutet, dass zwischen der Eingabe (dem Eingang) und der Ausgabe (dem Ausgang) *keine menschlichen Eingriffe* stattfinden. Die Maschine trifft dabei mithilfe der bedingten Befehle – je nach den Zwischenergebnissen – auch eigenständig Entscheidungen. Wenn eine Person diese Aufgabe übernimmt, wird der Rechenvorgang ausgebremst.

Mathematische Aufgabenstellungen erfordern eine möglichst flexible Befehlsgebung mit bedingten Sprüngen und Adressumrechnung. Rechenlocher erfüllen diese Anforderungen nicht:

> „Meistens jedoch erlaubt die Struktur komplizierterer mathematischer Probleme diese etwas starre Arbeitsweise [Lochkartenmaschinen mit Steuerung über ein Schaltbrett] nicht; die Maschine muss auch die Möglichkeit haben, Befehle, die nicht mehr vorkommen, *vergessen* zu können. Man ist daher dazu übergegangen, die einzelnen Befehle des Rechenplans unter Benutzung einer Verschlüsselung ebenfalls als Zahlen (genauer als Ziffernfolgen) zu schreiben und sie entweder der Maschine sukzessive durch einen oder mehrere Lochstreifen (magnetisches Stahlband usw.) zuzuführen oder sie wie die Rechengrößen in einem *Befehlsspeicher* aufzubewahren.

Oft ist der Befehlsspeicher [Programmspeicher] mit dem Zahlenspeicher [Datenspeicher] identisch, so daß ein Rechnen mit Befehlen [Adressumrechnung] möglich wird". (siehe Heinz Rutishauser; Ambros Speiser; Eduard Stiefel: Programmgesteuerte digitale Rechengeräte (elektronische Rechenmaschinen), Birkhäuser Verlag, Basel 1951, Seite 8).

Der *stecktafelgesteuerte* Elektronenrechner Eniac verfügte im Unterschied zu dem elektromechanischen, *lochstreifengesteuerten* Rechner Harvard mark 1/IBM ASCC und dem Complex computer/Bell-Rechner 1 über *bedingte* Befehle. Konrad Zuse hatte für die Z4 ursprünglich starre, feste Programme (Geradeausprogramm) ohne bedingte Sprünge vorgesehen. Dieser Mangel wurde später durch den Einbau eines zusätzlichen Lochstreifenlesers beseitigt.

Für Vielzweckanwendungen eignen sich *programmgesteuerte Rechenautomaten*. Charles Babbage hatte für seine *analytische Maschine* eine Steuerung durch ein äußeres Programm auf Lochkarten vorgesehen. John von Neumann verwirklichte eine Steuerung durch ein im Hauptspeicher abgelegtes inneres Programm.

Anmerkungen
Begriffe wie „Automat" und „Maschine" sind nicht eindeutig. Man sprach von vollautomatischen Rechenmaschinen. Die Schweizer Tischrechenmaschine Madas wurde als Halbautomat, Vollautomat und Speicherautomat beworben. Sogar bei den Kugel- oder Kinderrechen*maschinen* war die Rede von Rechen*automaten.*

Automaten spielen in der theoretischen Informatik eine wichtige Rolle.

2.18 Lochkartenmaschinen

Lochkartenmaschinen waren nach ihrem Aufkommen am Ende des 19. Jahrhunderts jahrzehntelang weltweit stark verbreitet. Lochkartenanlagen setzten sich aus einer Vielzahl unterschiedlicher Geräte (z.B. Stanzer, Leser, Mischer, Sortierer, Tabellierer) zusammen. Die höchste Stufe waren wohl die mechanischen und elektronischen *Rechenlocher.*

Ein bekannter lochkartengesteuerter Elektronenrechner war der Card-programmed (electronic) calculator (CPC, kartenprogrammierter (elektronischer) Rechner) von IBM (1946). Mit Stecktafeln arbeiteten der parallele, dezimale Pluggable sequence relay calculator (PSRC, stecktafelgesteuerter Relaisrechner) der IBM von Clair Lake und Benjamin Durfee sowie Zuses elektromechanischer Rechenlocher M9.

Lochkartenanlagen nutzten (austauschbare) Programmschalttafeln oder Programmstecktafeln sowie Programmkarten (vgl. Kasten). Auf diesen Schaltbrettern konnte man die Programmanweisungen von Hand einstöpseln. Dazu gab es Schaltvorlagen. Die Stecktafeln wurden aus der Nachrichtentechnik (Telefonvermittlung) übernommen.

Stecktafel
Die (auswechselbare) *Schalttafel* (mit Steckverbindungen) trug viele Namen: *Schaltbrett, Schaltplatte, Stecktafel, Steckbrett, Steckplatte, Programmtafel, Programmierfeld.* Die englische Bezeichnung ist panel.

Hinweis
Die Ausdrücke *Lochstreifen* und *Lochband* werden in diesem Buch im gleichen Sinn gebraucht. Bilden Lochkarten ein Band, so wird von einem Lochkartenband gesprochen (z.B. bei historischen Webstühlen).

Mit und ohne Verzweigung
Bei Lochkartenmaschinen spricht man von einem *Geradeausprogramm*, das entweder festverdrahtet oder auf einer Schalttafel gesteckt ist. Fest ablaufende Programme haben im Gegensatz zu beweglichen Programmen keine bedingten Befehle.

Eine Anpassung des Rechenablaufs je nach Zwischenergebnis (Verzweigung) war durch besondere Lochungen in den Lochkarten (Steuerlöcher) möglich. Zwischenergebnisse ließen sich auf Ergebnislochkarten aufzeichnen. Der Bediener musste den Stapel von Hand wieder in die Maschine einlegen. Auch für den Übergang zwischen den verschiedenen Lochkartenmaschinen (vgl. Abb. 2.36–2.38) war eine manuelle Einwirkung nötig.

Schwächen der Lochkartenmaschinen
Die Lochkartenmaschinen waren besonders für die Statistik, die Buchhaltung und die Verwaltung von großem Nutzen. Tabelliermaschinen ermöglichten eine vollautomatische Multiplikation und Division.

Für die Lösung schwerer mathematischer Probleme waren Lochkartenmaschinen kaum geeignet. Die Programmierung über Steckbretter war umständlich. Lochstreifen als Programmträger waren bei schnellen Elektronenrechnern eher unzweckmäßig, weil das Abtasten der Anweisungen zu lange dauerte. Man konnte ihren Inhalt ggf. vor der Abarbeitung in den Arbeitsspeicher übertragen. Lochbänder waren überdies wenig flexibel. Die Ausführung bedingter Befehle sowie Adressänderungen (Anpassung von Speicheradressen) waren zeitraubend. Im Unterschied zu den magnetischen Datenträgern lassen sich bei den Lochkarten die (eingestanzten) Angaben nicht löschen und durch neue Werte ersetzen, sie sind nicht wiederbeschreibbar.

> „Soll daher eine Maschine ein numerisches Problem vollständig lösen können, so muss sie aller elementaren, für die Lösung der betreffenden Aufgabe erforderlichen, arithmetischen und logischen Operationen fähig sein, eine Vorrichtung mit ausreichender Kapazität zur Speicherung der Eingangswerte und Zwischenergebnisse besitzen und in der Lage sein, den weiteren Verlauf der Rechenarbeit je nach den Ergebnissen der Zwischenrechnungen selbständig auszuwählen". (siehe Anatolij Ivanovič Kitow; Nikolaj Andrejevič Krinizki: Elektronische Digitalrechner und Programmierung, B. G. Teubner Verlagsgesellschaft, Leipzig 1962, Seite 8).

Abb. 2.36: Lochkartenmaschinen (1). Für die amerikanische Volkszählung (1890) entwickelte Herman Hollerith Zähl- und Sortiermaschinen. Lochkartenmaschinen waren jahrzehntelang weit verbreitet. Zu den führenden Anbietern zählten IBM und Remington Rand. Für die Programmsteuerung wurden oft auswechselbare Steckbretter benutzt. Diese Aufnahme zeigt einen Nachbau einer Hollerith-Anlage (© Heinz-Nixdorf-Museumsforum, Paderborn).

Eine Nachbildung von Holleriths Lochkartenmaschinen gibt es beispielsweise auch in Mailand:

Abb. 2.37: Lochkartenmaschinen (2). Die vom deutschstämmigen Herman Hollerith gestaltete Anlage bestand aus drei Teilen: Sortiermaschine, Zählmaschine und Kartenlocher (© Museo nazionale della scienza e della tecnologia „Leonardo da Vinci", Mailand).

Abb. 2.38: Tabelliermaschine D11 (später: IBM 450, um 1950). Diese Maschine entstand im Werk Berlin der Firma Deutsche-Hollerith-Maschinen-Gesellschaft, der Vorgängerin der IBM Deutschland GmbH. Lochkartenanlagen setzten sich oft aus zahlreichen Geräten zusammen wie Kartenstanzer, -leser, -mischer, -sortierer und Tabellierer (© Deutsches Museum, München).

2.19 Elektronengehirn

Rechenmaschinen wurden gerne mit Menschen verglichen. Der Speicher wurde als *Gedächtnis* bezeichnet. Man sprach von *Denkmaschinen* und *Elektronengehirnen*. Und es kamen neue Forschungszweige auf: die Kybernetik und die künstliche Intelligenz. Schach wurde jahrzehntelang als Musterbeispiel der maschinellen Intelligenz betrachtet. Schon 1914 führte der Spanier Leonardo Torres Quevedo eine (elektromechanische) Schachendspielmaschine an der Pariser Sorbonne vor. Konrad Zuse stellte im Rahmen des Plankalküls (1945/46) Überlegungen zum „künstlichen Gehirn" an und ging auf das maschinelle Schachspiel ein. Sein „logistisches Gerät" sollte Denkaufgaben lösen.

Babbage, Torres Quevedo, Turing und Zuse
Zu den Begründern der künstlichen Intelligenz zählen Leonardo Torres Quevedo, Alan Turing und Konrad Zuse. Aber schon Charles Babbage befasste sich damit:

> „Babbage und seine Zeitgenossen ließen sich diese Gelegenheit, über maschinelle Intelligenz zu spekulieren, nicht entgehen. Harry Wilmot Buxton, ein jüngerer Kollege, dem Babbage viele seiner Arbeiten anvertraute, schrieb, daß „das wundersame Mark und die Fasern des Gehirns durch Messing und Eisen ersetzt wurden; er [Babbage] hat dem Räderwerk das Denken beigebracht"". (siehe Doron D. Swade: Der mechanische Computer des Charles Babbage, in: Spektrum der Wissenschaft, 1993, Heft 4, Seite 80).

Für weitere Angaben zu den „denkenden Maschinen" vgl. Herbert Bruderer: Nichtnumerische Datenverarbeitung. Dialogfähige Datenbanken und Informationsnetze, Computerschach und maschinenunterstützte Sprachübersetzung, Automation in Bibliotheken, künstliche Intelligenz und Computerkunst, Datenverarbeitung in Medizin und Chemie, Simulation von Entscheidungsprozessen, Rechtsinformatik, Bibliographisches Institut & F. A. Brockhaus AG, Wissenschaftsverlag, Mannheim, Leipzig usw. 1980, Seiten 72–156 und 225–237. Laut Vardi hat sich der Philosoph Charles S. Peirce schon 1887 mit künstlicher Intelligenz befasst (siehe Moshe Vardi: Who begat computing?, in: Communications of the ACM, Band 56, 2013, Heft 1, Seite 5).

Variante für den Turingtest: automatische Sprachübersetzung
Die „Elektronengehirne" führen üblicherweise die von Menschen hergestellten Programme aus. Um ihr Denkvermögen zu beurteilen, wurde der Turingtest vorgeschlagen. Ob eine Maschine gescheit sein kann, ist eine Frage des Ermessens und der Begriffsumschreibung. Manche gestehen dem Computer gar Gefühle zu.

Man könnte einen Automaten dann als intelligent einstufen, wenn er beispielsweise in der Lage ist, den *Inhalt*, den *Sinn* von beliebigen, anspruchsvollen, geschriebenen oder gesprochenen natürlich sprachlichen Texten zu *verstehen* und sie in einwandfreier Qualität in andere Sprachen zu übersetzen. Damit sind eine hochwertige Text- oder Spracherkennung und eine Text- oder Sprachausgabe verbunden. Trotz jahrzehntelanger Bemühungen sind wir von solchen maschinellen Fähigkeiten nach wie vor weit entfernt. Programme wie Google translate oder DeepL vermögen die

Bedeutung nicht wirklich zu erfassen. Die qualitative Bewertung eines automatisch übersetzten Textes wäre vielleicht aussagekräftiger als der herkömmliche Turingtest.

2.20 Kaufmännische Datenverarbeitung und wissenschaftliches Rechnen

Bei Aufgabenstellungen für die Wirtschaft und die Verwaltung fallen üblicherweise große Datenmengen an. Die für ihre Verarbeitung eingesetzten Rechenprogramme sind hingegen vergleichsweise einfach. Häufig sind beispielsweise Sortiervorgänge. Wichtig sind leistungsfähige Einrichtungen für die Ein- und Ausgabe. Kaufmännische Maschinen waren meist Dezimalrechner. Früher gab es ferner schreibende Rechenmaschinen und rechnende Schreibmaschinen, Buchungsmaschinen, Registrierkassen und vielfältige Lochkartenanlagen.

Im Unterschied dazu sind die Rechenprogramme für technische und naturwissenschaftliche Anwendungen oft ziemlich verwickelt. Der Umfang der Eingangs- und Ausgangswerte ist aber verhältnismäßig gering. Entscheidend ist in diesem Fall ein schnelles Rechenwerk. Gefragt waren vorzugsweise Binärrechner mit Gleitkommadarstellung.

Zunächst gab es Datenverarbeitungsanlagen, d.h. Lochkartenmaschinen, später kamen elektronische Rechenautomaten auf. Schließlich wuchsen beide Bereiche zusammen.

Kolonnenaddierer

Beim kaufmännischen Rechnen war das Zusammenzählen von Zahlenkolonnen (untereinander in Spalten angeordnete Zahlenwerte) gang und gäbe. Diese wurden in Kontorbücher (Rechenbücher) eingetragen. Für das *Kolonnenrechnen* wurden besondere Maschinen entwickelt, die Kolonnenaddierer. Vorteilhaft waren Tastenaddierer. Durch einen einfachen Tastendruck wurde der Rechenvorgang, die Addition, ausgelöst. Eine Kurbeldrehung erübrigte sich. Mit der Eingabe wurde die Zahl gleich ins Ergebniswerk übertragen. Ein einziger Arbeitsgang reichte also aus. Die Tastensteuerung ersetzte den Kurbelantrieb.

Der älteste überlieferte Kolonnenaddierer ist die Tastenaddiermaschine von Jean-Baptiste Schwilgué. Die vorhandenen Modelle von Schwilgué lassen nur einstellige Werte zu. Die Addition langer Zahlenfolgen mit den damaligen Vierspeziesmaschinen (Thomas-Arithmometer) war umständlich (Schiebereinstellung, unzählige Kurbelumdrehungen). Tastenaddierer waren deutlich schneller. Zudem sind Eingabefehler bei Tasten wohl seltener als bei Schiebern.

Kleinaddierer

Tastenaddiermaschinen wurden später vor allem in den USA in hohen Stückzahlen gefertigt. Sie waren allerdings vergleichsweise teuer. Deshalb kamen zusätzlich viele preiswerte

Blechrechner, *Zahlenschieber*, in den Handel. Sie hatten meist einen halbautomatischen Zehnerübertrag (Hakenzehnerübertrag) und wurden mit einem Stift bedient. Es gab auch Kleinaddierer, die ohne Griffel auskamen. Eingabe und Antrieb des Rechenwerks erfolgten mit dem Finger (Direktantrieb). Zwei Tastaturarten waren verbreitet (vgl. Kasten).

Zehnertastatur und Volltastatur
Bei vielen mechanischen Rechenmaschinen werden die Zahlen über Tastenfelder eingegeben. Eine *Zehnertastatur* ist ein Tastenfeld mit den Ziffern 0 bis 9. Eine *Volltastatur* ist ein Tastenfeld, bei dem die Ziffern 1 bis 9 mehrfach in nebeneinander liegenden Tastenkolonnen vorhanden sind. Für jede Dezimalstelle (Hundertstel, Zehntel, Einer, Zehner, Hunderter, Tausender usw.) steht eine senkrecht angeordnete Ziffernfolge (1–9) zur Verfügung. Nulltasten fehlen. Nullen müssen nicht erfasst werden, sie werden selbsttätig wiedergegeben. Drückt man die Taste mit der Ziffer 1 in der Tausenderspalte, so erscheint der Wert 1 000.00. Es können gleichzeitig mehrere Tasten gedrückt werden, was die Zahleneingabe beschleunigt. Eine zehnstellige Maschine enthält 10 Tastenkolonnen mit den Ziffern 1 bis 9 (in farblich unterschiedlichen Dreiergruppen). Es gab auch Halbtastaturen mit nur fünf Ziffern.

Anfänglich wurden für wissenschaftliche und kaufmännische Anwendungen unterschiedliche Rechner gebaut, später verschmolzen sie (vgl. Tab. 2.22).

Tab. 2.22: Eigenschaften von kaufmännischen und wissenschaftlichen Rechenmaschinen

Vergleich von kaufmännischen und wissenschaftlichen Rechnern

Merkmal	datenverarbeitende Maschine	wissenschaftlicher Rechner
Zahlensystem	dezimal	vorzugsweise binär
Bauweise	seriell oder parallel	vorwiegend parallel
Daten	nichtnumerisch	numerisch (vor allem Ziffern)
Zahlendarstellung	Festkomma	Gleitkomma
Rechenaufgaben	eher einfach	meist schwierig
Datenmengen	sehr hoch	mittel
Speicherbedarf	hoch	mittel
Eingabegeräte	schnell	mittel
Ausgabegeräte	schnell	mittel
Programmierung	eher einfach	anspruchsvoll
Beispiele	Univac 1	Ferranti mark 1
	IBM 650	Era 1103 (Univac 1103)
	IBM 702	IBM 701
	IBM 705	IBM 704

2.21 Programmgesteuerte digitale Rechengeräte im Jahr 1950

Wie viele Computer gab es 1950 in Europa?
Man kann sich heute kaum mehr vorstellen, dass es im Jahr 1950 in Europa weniger als ein Dutzend arbeitsfähige Computer gab (vgl. Tab. 2.23). Auf dem Festland waren es, soweit bekannt, zwei in praktischem Betrieb stehende Geräte. In einigen Ländern (z.B. Sowjetunion, England, Niederlande, Belgien) befanden sich weitere Digitalrechner im Bau. John Coales von Elliott Brothers (London) Ltd. entwickelte beispielsweise in den Borehamwood laboratories (Hertfordshire, Südengland) für die britische Marine einen geheimen digitalen Feuerleitrechner namens Elliott 152. 1951 veränderte sich die Lage deutlich. Die Elektronenrechner Ferranti mark 1 (England) und Univac 1 (USA) wurden nun im Handel angeboten, wobei die Stückzahlen zu Beginn natürlich klein waren.

Konrad Zuse hat manche Mythen verbreitet, darunter die Legende, dass die Z4 1950 der einzige funktionstüchtige Computer in Europa war. Oft ist auch zu lesen, dass diese programmgesteuerte Maschine damals der einzige Rechenautomat auf dem europäischen Festland war. Diese Aussagen sind unzutreffend. An der Königlichen Technischen Hochschule (KTH) Stockholm wurde 1950 ein schalttafelgesteuerter Relaisrechner namens Bark in Betrieb genommen und im April des gleichen Jahrs eingeweiht. Das war damals auch in Zürich bekannt, wie aus Veröffentlichungen von Rutishauser, Speiser und Stiefel hervorgeht.

Tab. 2.23: Wie viele programmgesteuerte Rechner gab es 1950 in Europa?

Programmgesteuerte Digitalrechner im Jahr 1950 in Europa			
Land	**Name des Rechners**	**Bauweise**	**Baujahr**
England	ARC (London)	Relaisrechner	1948
England	Colossus 1 (Bletchley Park)	Röhrenrechner	1943
England	Colossus 2 (Bletchley Park)	Röhrenrechner	1944
England	Edsac 1 (Cambridge)	Röhrenrechner	1949
England	Elliott 152 (Borehamwood)	Röhrenrechner	1950
England	Manchester mark 1 (Manchester)	Röhrenrechner	1949
England	Pilot Ace (London)	Röhrenrechner	1950
Schweden	Bark (Stockholm)	Relaisrechner	1950
Schweiz	Zuse Z4 (Zürich)	Relaisrechner	1945
Ukraine	Mesm (Kiew)	Röhrenrechner	1950/51

Anmerkungen
Die von der Post office research station (Dollis Hill, London) gebauten Colossus-Elektronenrechner wurden vom Außenministerium im Geheimdienstzentrum Bletchley Park betrieben. Der ukrainische Röhrenrechner Mesm (Kiew) von Sergej Lebedjew lief im November 1950 erstmals. Dieser Versuchsrechner wurde im Dezember 1951 fertig gestellt.

Was geschah mit dem Colossus?
Kurz nach dem zweiten Weltkrieg wurden acht der zehn Colossus-Rechner in Bletchley Park demontiert. Zwei gingen nach Eastcote in Nord-London und später zum britischen Geheimdienst in Cheltenham, wo sie um 1960 ausgemerzt wurden (siehe Anthony Sale: The Colossus of Bletchley Park – The German cipher system, in: Raúl Rojas, Ulf Hashagen (Hg.): The first computers – history and architectures, MIT press, Cambridge, Massachusetts, London 2000, Seite 362).

Das Material von zwei vollständigen Colossi soll auf Anregung von Max Newman 1945 von Bletchley Park an die Universität Manchester gebracht worden sein (siehe David Anderson: Contested histories: De-mythologising the early history of modern British computing, in: Arthur Tatnall (Hg.): History of computing. Learning from the past, IFIP WG 9.7 International conference, HC 2010, Brisbane, Australia, 20–23 September 2010, Springer, Berlin 2010, Seite 61).

Wie viele Computer gab es 1950 in den USA?
Ein zuverlässiger Überblick über die nordamerikanischen Rechner der frühen Nachkriegszeit wird durch geheime Entwicklungen erschwert. 1950 waren zahlreiche Geräte gebrauchsfähig: z.B. die große analoge Integrieranlage von Vannevar Bush (1942) und digitale Maschinen wie Eniac (1946), IBM SSEC (1948), Binac (1949), Seac (1950), Swac (1950), Atlas 1/Era 1101 (1950). Der Atanasoff-Berry-Computer (ABC, 1942) stand 1950 nicht mehr in Betrieb. Viele Maschinen wurden aufgrund militärischer Aufträge entwickelt und befanden sich in Einrichtungen der US-Streitkräfte. Noch im Bau waren Edvac, die IAS-Maschine und Whirlwind. Binac war (wie die Jenaer Oprema) ein Zwillingsrechner. 1950 gab es in den Vereinigten Staaten rund ein Dutzend betriebsfertige Relais- und Röhrenrechner, einzelne waren bereits wieder außer Dienst. Die bekanntesten frühen Rechnerreihen waren die von Harvard und Bell (vgl. Tab. 2.24).

Tab. 2.24: Modelle der Bell- und Harvard-Rechenmaschinen

Bell- und Harvard-Rechner		
Name des Rechners	**Baujahr**	**Bauart**
Bell-Rechner 1	1939	Relais
Bell-Rechner 2	1943	Relais
Bell-Rechner 3	1944	Relais
Bell-Rechner 4	1945	Relais
Bell-Rechner 5 A	1946	Relais
Bell-Rechner 5 B	1947	Relais
Bell-Rechner 6	1949	Relais
Harvard mark 1/IBM ASCC	1944	Relais
Harvard mark 2	1947	Relais
Harvard mark 3	1950	Röhren
Harvard mark 4	1952	Röhren

Anmerkung
Die Jahreszahl gibt die Fertigstellung der Rechner wieder. Das erste Modell der Bell telephone laboratories (BTL) heißt auch „Complex computer", das Modell 2 „Relay interpolator", Modell 3 „Ballistic computer". Vom Modell 5 wurden zwei Stück gefertigt (1946 und 1947). Bell-Rechner 1 wurde Ende 1939 vollendet und Anfang 1940 in Betrieb genommen. Harvard mark 1 war schon 1943 fertig gestellt, kam aber erst 1944 an die Harvard-Universität.

Wie viele Computer gab es 1950 weltweit?
Weltweit sind 1950 ungefähr 20 digitale Relais- und Röhrenrechner auszumachen, dies in der Annahme, dass die aufgelisteten Maschinen noch nicht verschrottet und nach wie vor brauchbar waren. Aus Australien ist der Elektronenrechner Csirac (1949) zu nennen. Ab 1951 nahm die Menge der programmgesteuerten Rechenanlagen in Nordamerika und in Europa rasch zu.

2.22 Mechanische Rechenmaschinen

Additions- und Rechenmaschinen
Früher unterschied man zwischen *Additionsmaschinen* (Ein- und Zweispeziesmaschinen) und *Rechenmaschinen* (Drei- und Vierspeziesmaschinen). Mit *Schnellrechnern* (Direktaddierer) wurden Geräte ohne Kurbel oder ohne Hebelzug bezeichnet.

Ein oder mehrere Zähl- und Speicherwerke
Die Maschinen arbeiten *einstufig* (Eingabe der Werte und Verarbeitung in einem einzigen Arbeitsgang) oder *zweistufig* (Einstellung der Zahlen und Ausführung der Rechnung je in einem Schritt). Sie hatten ein oder mehrere Zählwerke und ein oder mehrere Speicherwerke. Die Vierspeziesmaschinen wiesen üblicherweise kein Druckwerk auf, die Additionsmaschinen waren druckend oder nicht druckend.

Drehrichtung
Für die Addition wird die Handkurbel bei *Sprossenradmaschinen vorwärts* gedreht, für die Subtraktion *rückwärts*. Im Unterschied zum Thomas-Arithmometer (Staffelwalzenmaschine) muss das Getriebe nicht umgestellt werden.

Keine Nullen
Die Zahlenwerte wurden über Stifte, Schieber oder Tasten eingegeben. Unter einer Minimaltastatur verstand man eine Zehnertastatur. Bei gewissen Maschinen werden die Nullen selbsttätig gedruckt. Daher fehlen diese Tasten (z.B. mechanische Rechenmaschinen mit Volltastatur und Handbetrieb).

Saldieren
Unter *Saldieren* versteht man die Ermittlung des Saldos (Betrag, um den sich die Soll- und Habenseite eines Kontos unterscheiden). Der *Negativsaldo* (auch Kreditsaldo

genannt) wurde (direkt) mit Ziffern und Minuszeichen oder (indirekt) mit Komplementärzahlen angezeigt.

Glocke
Gewisse Maschinen haben eine *Glocke*, die z.B. beim Überlauf des Umdrehungszählers oder des Ergebniswerks (Stellenüberlauf) oder am Schluss einer Division (wenn die Kurbel einmal zu viel gedreht wurde) erklingt. Bei der schickardschen Rechenuhr zeigte ein Signal nach Bruno von Freytag Löringhoff vermutlich an, dass bei der Addition eine Million überschritten oder bei der Subtraktion die Null unterschritten wurde.

Rechenmaschinen lassen sich durch mehrere Merkmale kennzeichnen (vgl. Kasten).

Merkmale mechanischer Ein- und Mehrspeziesrechenmaschinen
- ein, zwei, drei oder vier Rechenarten (Spezies),
- ohne automatischen Zehnerübertrag/mit halbautomatischem Zehnerübertrag/mit automatischem Zehnerübertrag,
- Finger, Stift, Einstellhebel (Einstellschieber) oder Tasten,
- Zehner- oder Volltastatur (auch Vollklaviatur genannt),
- ohne/mit Direktaddition (zwei- oder einstufiges Verfahren),
- indirekte oder direkte Subtraktion,
- Negativsaldo mit Komplementärzahlen/Negativsaldo mit Direktanzeige,
- ohne oder mit Druckwerk/Schreibwerk,
- ein oder mehrere Rechenwerke,
- ein oder mehrere Speicherwerke.

Staffelwalze und Sprossenrad
Bei den mechanischen Rechenmaschinen kamen überwiegend Staffelwalzen und Sprossenräder zum Einsatz. Diese beiden Vorrichtungen zur mechanische Zahlendarstellung wurden von Gottfried Wilhelm Leibniz erfunden, das Sprossenrad ebenfalls (wahrscheinlich unabhängig) von Giovanni Poleni.

Staffelwalze
Eine Staffelwalze (vgl. Abb. 2.39) ist eine (breite, metallene) Trommel mit *unterschiedlich langen* Zahnrippen. Die in ihrer Länge gestaffelten, parallel zur Zylinderachse auf dem Mantel angebrachten Rippen stellen die Zahlenwerte 1 bis 9 dar. Keine Rippe bedeutet 0, alle Rippen entsprechen der Zahl 9. Die Ziffer 1 wird beispielsweise durch eine (die längste) Rippe, die Zahl 2 durch zwei (die längste und die zweitlängste) Rippen dargestellt. Die 3 setzt sich aus der längsten, der zweitlängsten und der drittlängsten Rippe zusammen.

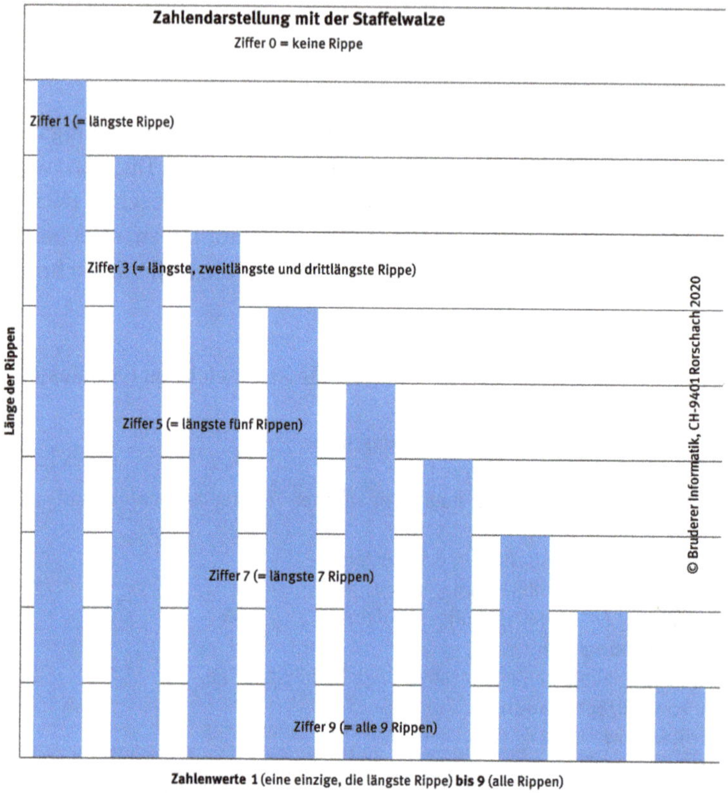

Abb. 2.39: Staffelwalze. Bei einer vollen Umdrehung der von Gottfried Wilhelm Leibniz erfundenen Staffelwalze wird ein Zahnrad des Rechenwerks je nach seinem Standort z.B. um 0 (oberste Zeile in der Zeichnung) oder um 9 Zähne (unterste Reihe) weitergedreht (Quelle: Albert Rohrberg: Theorie und Praxis der Rechenmaschinen, Seite 6) (© Bruderer Informatik, CH-9401 Rorschach). Mustercaption

Sprossenrad

Ein Sprossenrad (vgl. Abb. 2.40) ist ein (schmales, scheibenförmiges) Zahnrad mit neun *beweglichen, verstellbaren* Zähnen (Sprossen). Die senkrecht zur Radachse auf dem Mantel angeordneten Sprossen lassen sich einzeln hinausschieben und einziehen oder auch ein- und ausklappen (Klappsprossen). Sind keine Sprossen aus dem Radkranz hinausgestoßen, wird die Zahl 0 dargestellt. Neun ausgefahrene Sprossen entsprechen dem Wert 9. Ragen 5 Zähne heraus, kommt das dem Wert 5 gleich.

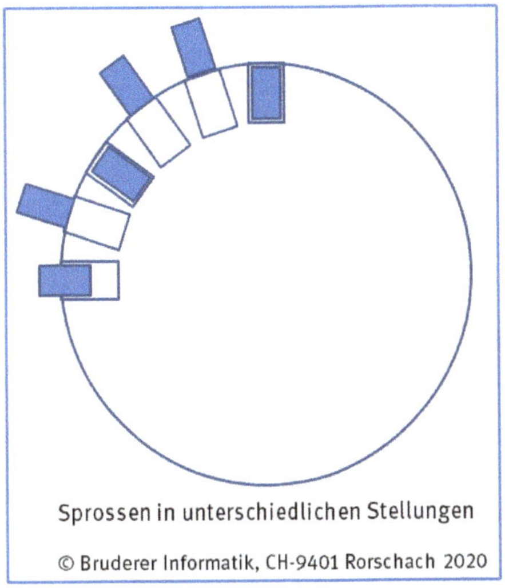

Abb. 2.40: Sprossenrad (Schemazeichnung). Bei dem von Gottfried Wilhelm Leibniz und Giovanni Poleni geschaffenen Sprossenrad ragen 0 bis 9 Zähne (Sprossen) aus dem Radkranz. Sie stellen die Ziffern 0 bis 9 dar und greifen in ein Zahnrad des Ergebniswerks ein. Die drei Sprossen bewirken, dass das Zahnrad bei einer vollen Kurbeldrehung um drei Zähne weitergeschoben wird. In dieser Schemazeichnung (mit bloß sechs Sprossen) sind zwei Sprossen ganz eingezogen und drei ganz ausgefahren, eine ist in einer Zwischenstellung (© Bruderer Informatik, CH-9401 Rorschach).

Anmerkung
Die Staffelwalze wird auch als *Stufen*walze bezeichnet, das Sprossenrad als *Stufen*rad. Poleni hat eine Sprossenradmaschine erfunden (vgl. Abb. 2.41). Eine schöne Odhner wurde dem schwedischen König gewidmet (vgl. Abb. 2.42).

Abb. 2.41: Polenis Sprossenradmaschine. Die beiden wichtigsten Formen von Vierspeziesrechenmaschinen waren die Staffelwalzenmaschine und die Sprossenradmaschine. Bei einem Sprossenrad werden die Zahlen durch Aus- und Einfahren der auf dem Radumfang angeordneten Sprossen dargestellt. Das Original von Poleni ist nicht erhalten. (© Museo nazionale della scienza e della tecnologia „Leonardo da Vinci“, Mailand).

Abb. 2.42: Odhner-Sprossenradmaschine für den schwedischen König Gustav V. Die aufwendige Ausführung stammt aus dem Jahr 1892. Die Erzeugnisse von Willgodt Theophil Odhner waren weitverbreitet (© Peter Häll, Tekniska museet, Stockholm).

Viele mechanische Rechenmaschinen folgten ähnlichen Baumustern (vgl. Tab. 2.25).

Tab. 2.25: Bestandteile mechanischer Rechenmaschinen

So setzt sich eine mechanische Rechenmaschine zusammen	
Bestandteil	**Zweck**
Einstellwerk	Eingabe der Zahlenwerte
Kontrollwerk	Überprüfung der eingegebenen Zahlenwerte
Umdrehungszählwerk	Anzeige der Anzahl der Umdrehungen, Anzeige des Ergebnisses bei der Division
Ergebniswerk	Anzeige des Ergebnisses bei Addition, Subtraktion und Multiplikation sowie des Rests bei einer Division
Speicherwerk	Speicherung von Zwischenergebnissen
Druckwerk	Druck der Ergebnisse

Anmerkung
Das Schaltwerk überträgt die Zahlen vom Einstellwerk ins Ergebniswerk. Im Kontrollwerk erscheinen die eingestellten Werte in einer waagrechten Zeile.

Einstellwerk, Ergebniswerk und Umdrehungszähler
Bei mechanischen Rechenmaschinen unterscheidet man üblicherweise drei grundlegende Teile:
- Einstellwerk (Eingabewerk),
- Ergebniswerk (Resultatwerk),
- Umdrehungszähler (Umdrehungszählwerk).

Der Umdrehungszähler, der die Multiplikation und die Division erleichtert, fehlt bei manchen älteren Geräten. Der Ausdruck „Zählwerk" wird sowohl für das Ergebniswerk (Hauptzählwerk) als auch für das Umdrehungszählwerk benutzt. „Rechenwerk" ist gleichbedeutend mit Ergebniswerk. Zu lesen ist auch der Ausdruck „Rechen- und Ergebniswerk".

Kapazität
Die Anzahl Stellen (Kapazität, Leistungsvermögen) wird wie folgt ausgedrückt:
8 x 1 x 12,
d.h. 8 Einstellzähler, 1 Umdrehungszähler, 12 Ergebniszähler (8 Stellen im Einstellwerk, 1 Stelle im Umdrehungszählwerk, 12 Stellen im Ergebniswerk).

Schlitten und Schlittenverschiebung (Wagen-, Linealverschiebung)
Für die (stellenrichtige) Multiplikation und Division benötigen mechanische Rechenmaschinen einen beweglichen Schlitten (auch Wagen oder Lineal genannt). Damit lassen sich Einstellwerk und Ergebniswerk/Umdrehungszählwerk bzw. Schaltwerk (Übertragungswerk) und Zählwerk gegeneinander verschieben.

Es gibt verschiedene Formen:
- Der Schlitten enthält in der Regel das Ergebniswerk (und meist auch das Umdrehungszählwerk). Das Einstellwerk ist in diesem Fall fest (unbeweglich).
- Der Schlitten beherbergt das Einstellwerk (und das Schaltwerk). In diesem (seltenen) Fall ist das Ergebniswerk unbeweglich.

Der Schlitten trägt also entweder das Hauptzählwerk (Ergebniswerk) oder das Hauptzählwerk sowie das Umdrehungszählwerk. Frühe Thomas-Arithmometer weisen kein Umdrehungszählwerk auf. Die Bedienung von Rechenmaschinen unterscheidet sich je nach Drehrichtung (vgl. Kasten).

Wendeläufig und richtläufig
Die Kurbel oder die Zahnstange lässt sich je nach Bauart in einer oder zwei Richtungen drehen bzw. in eine oder zwei Richtungen schieben:
- richtläufig (nur in einer Schiebe- oder Drehrichtung)
  Beispiele: Staffelwalzenmaschinen, Proportionalhebelmaschinen, Schaltklinkenmaschinen, Zahlenschieber,
- gegenläufig, wendeläufig oder „beidläufig (in beiden Schiebe- oder Drehrichtungen)
  Beispiele: Sprossenradmaschinen, Stellsegmentmaschinen.

Sprossenräder sind *wendeläufig* (Vorwärtsdrehen = Addition, Rückwärtsdrehen = Subtraktion), Staffelwalzen in der Regel *richtläufig*. Die Maschine von Leibniz war wendeläufig, der Staffelwalzenrechner von Hahn (Stuttgart) richtläufig.

Ein- oder zweistufiger Zehnerübertrag
Die Zehnerübertragung verläuft in ein oder zwei Stufen:
- phasenversetzt (zeitlich versetzt, zweischrittig, zweistufig),
- nicht phasenversetzt (gleichzeitig, einschrittig, einstufig).

Bei den Maschinen von Leibniz, Hahn, Thomas, Baldwin, Odhner und Herzstark ist der Zehnerübertrag *zweistufig*, er wickelt sich in zwei Schritten (Wartestellung/Vorbereitung sowie Ausführung) ab. Zunächst werden alle Ziffern einer Zahl gleichzeitig zusammengezählt. Etwaige Zehnerüberträge werden beispielsweise durch eine Rad- oder Hebelstellung gespeichert. Anschließend werden die vorgemerkten Überträge nacheinander von rechts (Einer) nach links (Zehner, Hunderter usw.) zu den Zwischensummen hinzugefügt. Der Zehnerübertrag geschieht nicht gleichzeitig mit der Addition bzw. der Subtraktion. Die Übertragung erfolgt demnach nicht zeitgleich mit der Schaltung, sondern nachträglich.

Die schickardsche Rechenuhr, die Pascaline und Polenis Sprossenradmaschine hatten eine *einstufige* Zehnerübertragung.

Serieller oder paralleler Zehnerübertrag
Erfolgt der Zehnerübertrag durchgehend über alle Ziffern einer mehrstelligen Zahl (z.B. 9 999 + 1 = 10 000) gleichzeitig, liegt ein Parallelübertrag vor. Schickard, Pascal, Thomas und Hahn verwirklichten einen seriellen Zehnerübertrag, Leibniz wagte den anspruchsvollen parallelen Weg. Die Umsetzung war schwierig.

Überschleudern
Beim Betrieb von mechanischen Rechenmaschinen (Kurbeldrehungen) besteht die Gefahr des Überschleuderns (Überwerfen) von Bauteilen (z.B. Hauptzählwerksachsen, Ziffernrollen). Das führt zu Schleuderfehlern. Zur Vorbeugung werden Hemmvorrichtungen (z.B. Sperrfeder (Blattfeder), Sperrklinke, Sperrscheibe, Vollhubsperre, Rückschlagdämpfung) eingebaut. Sie vermindern die Eigenbewegung und schützen vor weiteren Drehungen. Auch gegen Fehlbedienung gibt es vielfältige Sicherungen.

Rückübertragung
Mit Rückübertragung meint man den Übertrag von Zwischenergebnissen vom Ergebniswerk ins Einstellwerk, z.B. bei der Multiplikation mit mehreren Faktoren, oder vom Ergebniswerk in den Umdrehungszähler, z.B. beim Potenzieren.

Unterlauf
Treten bei der Subtraktion negative Zahlen auf (Werte unter null), spricht man von einem Unterlauf. Bei gewissen Maschinen ertönt in diesem Fall eine Warnglocke. Der

Unterlauf lässt sich durch eine ausgleichende Addition beseitigen. Bei der Division (vgl. Abschnitt 19.4) läuft ein wiederholter Wechsel zwischen Subtraktion und Ausgleichsaddition ab, verbunden mit einer Schlittenverschiebung.

Anzeige der Ergebnisse

Das Ergebniswerk zeigt die Summe (Addition), die Differenz (Subtraktion) oder das Produkt (Multiplikation) an. Bei der *Division* erscheint der Quotient im Umdrehungszähler, der Rest im Ergebniswerk. Fehlt ein Umdrehungszählwerk, muss man die Anzahl Umdrehungen selber zählen und aufschreiben.

Erscheinen lauter *Neunen*, so wurden bei der Division zu viele Kurbelumdrehungen ausgeführt.

Antrieb

Mechanische und elektromechanische Rechenmaschinen werden meist über eine Handkurbel bzw. einen Elektromotor betrieben. Es gibt auch eine Kombination von Hand- und Elektrobetrieb. Selten ist ein (zusätzlicher) Gewichtsantrieb wie bei der großen Schwilguémaschine. Giovanni Polenis Sprossenradmaschine wurde ebenfalls von einem Gewicht angetrieben. Bei der (unvollendeten) analytischen Maschine dachte Babbage auch an die Nutzung einer Dampfmaschine. Bei manchen Rechenmaschinen (z.B. tastengesteuerte Addiermaschinen) und bei Zahlenschiebern genügen die Finger.

Weitere (ausgewählte) Begriffserklärungen

saldierend	mit (direkter) Anzeige des Negativsaldos (Werte unter null) mit einem negativen Vorzeichen
nicht saldierend	mit (indirekter) Anzeige des Negativsaldos (Werte unter null) durch Komplementzahlen
druckend	mit Druckwerk
nicht druckend	ohne Druckwerk
schreibend	mit Schreibwerk (erweitertes Druckwerk)
nicht schreibend	ohne Schreibwerk (erweitertes Druckwerk)
anzeigend	mit Anzeige der Ergebnisse in Schaulöchern (ohne Druckwerk/Schreibwerk)
anzeigend und druckend	mit Anzeige der Ergebnisse in Schaulöchern und mit Druckwerk
manuell	mit Handantrieb
elektrisch	mit elektrischem Anrieb, Motorantrieb
Addiermaschine	Rechenmaschine, die unter null Komplementwerte anzeigt (keine Negativsaldierung)
Addierwerk, Addierzählwerk	Rechenwerk mit indirekter Subtraktion (keine Negativsaldierung: Anzeige von negativen Werten mit Komplementzahlen)
Addier- und Subtrahier(zähl)werk	Rechenwerk mit direkter Subtraktion (keine (direkte) Negativsaldierung: Anzeige von negativen Werten mit Komplementzahlen)

Saldiermaschine	Rechenmaschine, die addieren und subtrahieren kann und negative Ergebnisse (Werte unter null) mit dem Minuszeichen anzeigt
Saldierwerk, Saldierzählwerk	Rechenwerk, das addiert und subtrahiert und negative Ergebnisse (Werte unter null) mit dem Minuszeichen anzeigt (direkte Subtraktion; Negativsaldierung: direkte Anzeige von negativen Werten mit Vorzeichen)
Schlitten	Wagen für die Stellenverschiebung; beweglicher Teil, der üblicherweise das Ergebniswerk und den Umdrehungszähler trägt
Wagen	Schlitten für die Stellenverschiebung; beweglicher Teil, der üblicherweise das Ergebniswerk und den Umdrehungszähler trägt
Lineal	Schlitten (Wagen) für die Stellenverschiebung; beweglicher Teil, der üblicherweise das Ergebniswerk und den Umdrehungszähler trägt
Zählwerk	Ergebnis(zähl)werk oder Umdrehungszählwerk
Ergebniswerk	Hauptzählwerk
Umdrehungszählwerk	Umdrehungszähler, Umdrehungswerk, Umlaufanzeiger (zeigt bei der Multiplikation die Anzahl der Umdrehungen und bei der Division den Quotienten an)
Quotientenzählwerk	Umdrehungszählwerk (zeigt bei der Division das Ergebnis, den Quotienten, an)
Simplexmaschine	Maschine mit einem Zählwerk, Einfachrechenmaschine
Duplexmaschine	Maschine mit zwei Zählwerken, Doppelrechenmaschine
Triplexmaschine	Maschine mit drei Zählwerken, Dreifachrechenmaschine
Kapazität	Anzahl Stellen im Einstell-, Umdrehungszähl- und Ergebniswerk
Kommastift (Kommaschieber)	verstellbare Vorrichtung zur Anzeige der Dezimalstellen
Schauloch	Sichtfenster, Sichtloch (für die Anzeige des Ergebnisses und als Kontrollanzeige)
Kontrollanzeige	geradlinige Anzeige (im Einstellkontrollwerk)
Volltastatur	Tastenfeld mit zahlreichen Ziffernkolonnen (für beidhändiges Arbeiten, je eine Ziffernkolonne pro Dezimalstelle, Ziffern 1 bis 9; automatische Eingabe der Nullen)
Halbtastatur	mehrspaltiges Tastenfeld mit den Ziffern 1 bis 5 (Werte über 5 werden durch zweimalige Eingabe zusammengesetzt, z.B. 9 = 4+5 oder 6+3)
Zehnertastatur	Tastenfeld mit 10 Ziffern (Ziffern 0 bis 9)
Zehnerübertrag(ung)	ein- oder zweistufige Schaltvorrichtung für den Übergang von einer tieferen zu einer höheren Dezimalstelle, Übertragung in einem oder zwei Schritten; durchlaufend (über alle Stellen, nacheinander, gestaffelt)
maschinelles Rechnen	mechanisches oder elektronisches Rechnen
mechanisches Rechnen	Rechnen mit mechanischen Hilfsmitteln (Zahlenschieber, mechanische Rechenmaschine, Lochkartenmaschine, Rechenschieber)
Handrechnen	schriftliches Rechnen (Schriftrechnen)/Rechnen mit Handrechenmaschine (z.B. ohne Strom)

Maschinenrechnen	Rechnen mit mechanischen Rechenmaschinen
Kolonnenrechnen	Addition senkrecht untereinander stehender Werte

Anmerkungen
Die Stellenverschiebung wird auch Dezimalverschiebung und Dekadenverschiebung genannt.). Die Zehnertastatur verdrängte die Volltastatur.

Eine bekannte Doppelrechenmaschine war diese Brunsviga (vgl. Abb. 2.43).

Abb. 2.43: Doppelbrunsviga (1952). Um den Rechenvorgang zu beschleunigen, boten manche Hersteller Duplexmaschinen an. Zu den bekanntesten gehört die deutsche Sprossenradmaschine Brunsviga (© Heinrich Heidersberger, Institut Heidersberger GmbH, Wolfsburg).

2.23 Buchungsmaschinen

Der Sprachgebrauch ist verwirrend und widersprüchlich:

Buch(halt)ungsmaschine
- Schreibrechenmaschine, rechnende Schreibmaschine.

Fakturiermaschine
- Schreibrechenmaschine, rechnende Schreibmaschine,
- rechnende Schreibmaschine, eine Verbindung zwischen Schreib- und Rechenmaschine (ausgestattet mit Speicherwerken und Programmsteuerung), welche die Anfertigung von Rechnungen in einem Arbeitsgang ermöglicht.

Es gab zwei Arten von Buchhaltungsmaschinen:
- schreibende Rechenmaschinen,
- rechnende Schreibmaschinen.

Eine andere Einteilung unterscheidet:
- Fakturiermaschinen,
- rechnende Buchungsmaschinen,
- nichtrechnende Buchungsmaschinen (Schreibmaschinen mit breitem Wagen (für Volltext)).

Quelle
Schweizerischer Bürofach-Verband (Hg.): Die Technik des modernen Büros. Ein Führer durch die Bürofachausstellung Zürich, Tonhalle, 13.–16. September 1933.

Anmerkungen
Leslie John Comrie fand heraus, dass man Burroughs-Buchungsmaschinen als Differenzenmaschine verwenden kann. So gelang es dem Nautical almanac office, die zeitraubenden und fehleranfälligen Berechnungen für die britische Sternwarte in Greenwich zu vereinfachen. 1928 hatte der Neuseeländer Comrie die für kaufmännische Zwecke eingesetzten Hollerith-Lochkartenmaschinen erstmals für wissenschaftliche Anwendungen genutzt.

Die Sammelbegriffe mécanographie und *meccanografia* decken nicht immer dieselben Geräte ab. Gemeint sind etwa (mechanische) Büromaschinen, Rechenmaschinen, Buchungsmaschinen, Lochkartenmaschinen.

2.24 Tabelliermaschinen

Auch bei den Tabelliermaschinen sind die Begriffsbestimmungen uneinheitlich:
- Lochkartenmaschine (vgl. Abb. 2.44) für die Auswertung vorsortierter Lochkartenstapel (Ausdruck der Ergebnisse z.B. in Form von Tabellen, Listen oder Stanzen der Ergebnisse in Lochkarten),
- schreibender Statistik- und Buchungsautomat, der die von der Sortiermaschine nach bestimmten Vorgaben sortierten Lochkarten verarbeitet, Berechnungen ausführt und die Ergebnisse in Tabellenform druckt.

Gewisse Modelle sortieren, addieren, erstellen Tabellen und drucken Listen. Man spricht aber auch von schreibenden und nichtschreibenden Tabelliermaschinen. Dazu mehr im Abschnitt 2.18.

Abb. 2.44: Sortiermaschine von Tauschek. Der Österreicher Gustav Tauschek hat ab 1926 ein lochkartengesteuertes Buchhaltungssystem (System Tauschek) entworfen. Es umfasste u.a. Loch-, Sortier-, Misch-, Buchungs- und Rechenmaschinen, wurde aber nie in Serie gefertigt (© Technisches Museum Wien).

2.25 Begriffsvielfalt und Bedeutungswandel

In diesem Buch werden die Ausdrücke *Rechenhilfen, Rechenhilfsmittel, Rechenmittel* und *Rechengeräte* als Sammelbegriffe verwendet. Die Benennungen *Rechenmaschine* und *Rechengerät* sind bei den elektronischen, nicht aber bei den mechanischen Rechnern gleichbedeutend. *Rechenschieber* (vor allem *Rechenstäbe)* und *Rechenrahmen (Kugelrechner)* werden als Rechengeräte, nicht aber als Rechenmaschinen aufgefasst. Die Benennungen „Kinderrechenmaschine", „Kugelrechenmaschine" für den Zählrahmen sind eher ungeschickt. Historische Rechenmaschinen umfassen analoge und digitale, mechanische, elektromechanische und elektronische Rechengeräte.

In der Informatik standen zunächst die *Geräte* im Vordergrund, dann verschob sich der Schwerpunkt auf die *Programme*. Der Wissenszweig hat eine neue Ausrichtung bekommen.

Manche Fachausdrücke sind schwammig. Der Sprachgebrauch ist widersprüchlich: z.B. Roboter, Turingmaschine, Von-Neumann-Rechner, analog und digital, Speicherprogramm, Musikautomat, mechanisches Musikinstrument. Unter Robotern werden manchmal nicht nur Maschinen, sondern auch (angeblich) „kluge" *Programme* verstanden.

Was ist ein Computer, was bedeutet „Prozessrechner"?
Die Antwort nach der Herkunft des Computers fällt unscharf aus. Die Deutungen hängen in hohem Maß von der jeweiligen *Begriffsbestimmung* ab, die sich auch auf die eigenen Bedürfnisse zuschneiden lässt. Zu beachten ist, dass sich solche Definitionen mit der Zeit ändern können. Ein nach wie vor nicht abgeschlossener *Begriffswandel* ist auch beim Digitalrechner festzustellen.

Computer waren ursprünglich rechnende Menschen (vgl. Abschnitt 17.8). Dann kamen die stecktafelgesteuerten, die programmgesteuerten und später die speicherprogrammierten Rechenmaschinen. Heute sind winzige Elektronenrechner in unzähligen alltäglichen Geräten eingebettet, verborgen. Die modernen Digitalrechner sind speicherprogrammiert. Das traf für die ersten programmierbaren Rechenautomaten (Zuse Z3, Harvard mark 1, Eniac) nicht zu. Trotzdem gelten auch diese frühen Maschinen als Computer. Denn die Begriffsbestimmungen müssen dem jeweiligen Stand der Dinge angemessen sein. Die Umschreibungen sind dem technischen Fortschritt oder rückwirkend dem damaligen Wissen anzupassen.

Prozessrechner
Ein Prozessrechner ist eine Maschine, die technisch-wissenschaftliche oder industrielle Abläufe (z.B. Fertigungsvorgänge) steuert. Es gibt unterschiedliche Vorstellungen über seine Merkmale. Eine allgemein anerkannte Begriffserklärung fehlt. An den bald 200-jährigen Schwilgué-„Prozessrechner" darf man natürlich nicht dieselben Ansprüche stellen wie an einen neuzeitlichen Prozessrechner. Wie oben dargelegt, erfüllen die ersten programmierbaren Rechenautomaten die Anforderungen nicht, die wir heute an elektronische Digitalrechner stellen.

Maschinensteuerung
Der Wiener Informatikpionier Zemanek erwähnt eine Bröselmaschine aus dem Jahr 1740, die sich im Webereimuseum Haslach (nahe der Dreiländerecke Bayern-Böhmen-Oberösterreich, Mühlviertel) befindet. Die Erfindung des automatischen Webstuhls soll aber deutlich älter sein. Die Bröselmaschine ist wahrscheinlich nach ihrem Schöpfer benannt.

> „Das Gerät ist ein Webstuhl [...] mit einem Prozeßsteuerungsgerät, das aus einem Leinenband besteht, etwa 50 cm breit, auf welchem Holzklötzchen aufgeklebt wurden. Diese Klötzchen sind die Programmaufzeichnung: sie bestimmen den Webeprozess und damit das gewebte Muster". (siehe Heinz Zemanek: Weltmacht Computer. Weltreich der Information, Bechtle Verlag, Esslingen, München 1991, Seite 47).

Hier liegt wie bei den Webstühlen von Jacquard und seiner Vorläufer (Bouchon, Falcon, Vaucanson) sowie bei Babbage eine Karten- bzw. Bandsteuerung vor, nicht aber ein mit Zahlen arbeitender, d.h. *numerischer* Prozessrechner.

Zemanek geht auch auf eine Linsenberechnung für die Fotografie (Porträt- und Landschaftsobjektiv) ein, die Josef Petzval Mitte des 19. Jahrhunderts mit Hilfe von Formblättern durchführte. Vorbild war die programmgesteuerte Berechnung durch Menschen, die seit der Renaissance in der Artillerie für Schießtabellen angewandt wurde (siehe Heinz Zemanek: Weltmacht Computer. Weltreich der Information, Bechtle Verlag, Esslingen, München 1991, Seiten 48–50).

Die Bedeutung des Begriffs Compiler hat sich gewandelt (vgl. Kasten).

Compiler
Ein Bedeutungswandel ist auch beim Ausdruck *Compiler* zu beobachten. Heute ist ein Compiler ein Übersetzer, der Anweisungen einer höheren Programmiersprache in die Maschinensprache überträgt. Grace Hopper hat darunter ein Programmteil verstanden, das in Bibliotheken abgelegte Unterprogramme (z.B. Gleitkommadarstellung) handhabte. In der Frühzeit hießen die Compiler „Formelübersetzer", „Umwandlungsprogramm" oder einfach „Übersetzer".

Rechentafel

Der Begriff Rechentafel steht
a) für ein *Rechenbrett* (z.B. griechische Rechentafel) oder (meistens)
b) für ein mathematisches *Tafelwerk* (Verzeichnis mit tabellarisch oder grafisch dargestellten Zahlenwerten).

Es gab *numerische* und *grafische* Rechentafeln. Beliebt waren etwa Multiplikations- und Logarithmentafeln. Unter einer (logarithmischen) Rechentafel versteht man ab und zu auch ein (rechteckiges) Rechengitter, eine Art *Rechenschieber*. Bei der *salaminischen* Tafel handelt es sich um einen griechischen Abakus aus Marmor. Rechentafeln sind also sowohl digitale Rechenhilfsmittel (Tafelwerke) wie auch analoge (logarithmische) Werkzeuge.

Rechenbrett

Ein Rechenbrett ist entweder ein (griechischer) Abakus (z.B. in der Form einer marmornen Rechentafel) oder (etwas verwirrend) ein Rechenrahmen (Kugelrechner) oder eine Schalttafel (Steckbrett, Programmierbrett). Selten ist damit eine fürs Rechnen benutzte Holzplatte (Brett anstelle eines ganzen Rechentisches) gemeint. Ein Brett ist üblicherweise eine flache *Holz*platte (z.B. Bücherbrett), eine Holztafel (schwarzes Brett, Schlüsselbrett), in der Technik auch eine Schalttafel.

Abakus: Rechenbrett und Rechenrahmen

Verwirrend ist die Benennung *Abakus*. Sie hat zwei Bedeutungen, entweder *Rechenbrett* (Rechentafel) oder *Rechenrahmen* (Zählrahmen, Kugelrechner). Herkunft und Alter dieses Rechenhilfsmittels liegen im Dunkeln. Der Abakus gilt als *erster Digitalrechner*. Der Rechenrahmen erlaubt alle vier Grundrechenarten. Die Zehnerübertragung erfolgt manuell.

Zur Einteilung:

- *Rechenbretter* (Brettrechner, Vorrichtung mit Liniengitter oder Spalten für Zahlenwerte): Schon die Griechen hatten solche Rechentafeln. Berühmt ist die salaminische Rechentafel (Fundstätte: Insel Salamis). Auf der Darius-Vase ist ein Rechenbrett abgebildet. Linienfelder lassen sich auch in den Sand zeichnen. Für die Berechnungen kamen Rechenmarken, *Rechensteine* (lateinisch calculi) zum Einsatz. Auf den Rechentischen nutzte man Rechenmünzen, Rechenpfennige. Sie wurden *auf* oder *zwischen* die Linien gesetzt. Rechenpfennige waren kein Zahlungsmittel. Die salaminische Rechentafel heißt auch salaminischer Rechentisch.
- *Rechenrahmen* (Vorrichtung mit auf Stangen aufgereihten, verschiebbaren Kugeln): Solche Kugelrechner waren sehr beliebt (vgl. Kasten). Beispiele: chinesischer, japanischer, russischer Abakus (Suanpan, Soroban, Stschoty). Die Römer kannten einen Handabakus (Vorrichtung mit Rillen/Schlitzen zur Führung der Kugelknöpfe). Für die Rechenrahmen wurden neben Kugeln auch *Perlen* benutzt.

Der Ausdruck „Abakus“ wird zusätzlich für ein *Rechenfeld* gebraucht, das auf Rechentischen und Rechentüchern dargestellt wird. Rechenfelder können auch auf eine Schiefertafel gezeichnet werden. Beim *Kugelabakus* werden Perlen auf *Stangen* verschoben, beim *Legeabakus* setzt man Rechensteine auf *Linien* (Linienabakus).

Im Französischen und Italienischen wird zwischen *abaque* bzw. *abaco* (Linienrechner, Linienabakus, Legeabakus, Rechentafel, Rechenbrett) und *boulier* bzw. *pallottoliere* (Kugelrechner, Kugelabakus, Schiebeabakus, Rechenrahmen, Zählrahmen) unterschieden. *Abaque* bedeutet aber auch eine grafische Rechentafel, ein *Nomogramm*. Englisch *abacus* steht für das Rechenbrett wie auch für den Rechenrahmen. Für den Rechentisch sind bei den Angelsachsen viele Ausdrücke in Gebrauch: counting board, calculating board, reckoning board, counting table, calculating table, reckoning table, counter usw. Ein Handabakus wird im Französischen auch mit *calculette* (Taschenrechner) bezeichnet.

Rechenrahmen oder Zählrahmen?

Seit jeher haben die Menschen Mühe mit dem Rechnen. Um die Arbeit zu erleichtern, wurde daher eine Fülle von Rechenhilfsmitteln geschaffen. Das *römische Zahlensystem* (ohne Null), das vom Altertum übers Mittelalter bis in die frühe Neuzeit gebräuchlich war, erschwerte die Arithmetik erheblich. Die *indoarabischen Ziffern* (mit Null) setzten sich nur langsam durch.

Mit dem *Rechenrahmen* (Kugelrechner) und dem *Rechenbrett* (Rechentafel) sowie dem Rechentisch und dem Rechentuch konnte man Berechnungen vereinfachen und die römischen Ziffern vor allem für die Darstellung der Ergebnisse nutzen. Das Rechnen bei der Addition und der Subtraktion ließ sich auf das Zählen zurückführen. Für die Multiplikation und die Division ist jedoch die Kenntnis des Einmaleins hilfreich.

Müsste man daher nicht eher vom „Zählrahmen“, „Zählbrett“ oder „Zähltisch“ sprechen? Es genügt, Kugeln zu verschieben, Rechensteine hinzuzufügen oder wegzunehmen und am Schluss die Anzahl Perlen oder Rechenpfennige zu zählen. Dabei muss man allerdings den 5er bzw. den 10er Übertrag beherrschen. Weil man mit dem Zählrahmen, dem „Zählbrett“ und dem „Zähltisch“ jedoch (auch) rechnen kann, sind die Ausdrücke „Rechenrahmen“, „Rechenbrett“ und „Rechentisch“ gerechtfertigt. In dieser Schrift werden die Ausdrücke Rechenrahmen und Zählrahmen im gleichen Sinn verwendet.

Rechentisch

Es gibt zwei Arten von Rechentischen, die Rechentische im engeren Sinn (französisch „table à calculer") für allgemeine Berechnungen und *Zahltische* (französisch „table de compte") mit waagrechten Münzstreifen, senkrechten Münzspalten oder anderen Maßangaben. Sie dienten dem Berechnen von Geldbeträgen (u.a. Umrechnung von Währungen) und Warenmengen.

Abb. 2.45: Neperstäbchen. Der Satz besteht aus 25 Holzstäbchen. Sie wurden vor allem für die Multiplikation sowie für die Berechnung von Quadrat- und Kubikzahlen verwendet (© Nisse Cronestrand, Tekniska museet, Stockholm).

Nepersche Rechenstäbe oder Rechenstäbchen?

Rechenstäbe sind die wichtigste Ausgestaltung von Rechenschiebern. Es handelt sich um *analoge* (logarithmische) Rechenhilfsmittel. Im Unterschied dazu sind die Rechenstäbe (vgl. Abb. 2.45) von John Napier, Henri Genaille und Edouard Lucas wie auch das Rechenkästchen von Kaspar Schott *digitale* Rechenmittel (für die Multiplikation und die Division). Um Verwechslungen zu vermeiden, wird in diesem Fall (Napier) vorzugsweise das Wort Rechen*stäbchen* verwendet. Sie kamen in abgewandelter Form auch in der schickardschen Rechenuhr, in Samuel Morlands Multiplizier- und Dividiergerät, in René Grillets Vierspeziesgerät sowie in „Burattinis" Addier- und Multipliziergerät und im schottschen Rechenkästchen (vgl. Abb. 2.46–2.47) zur Anwendung.

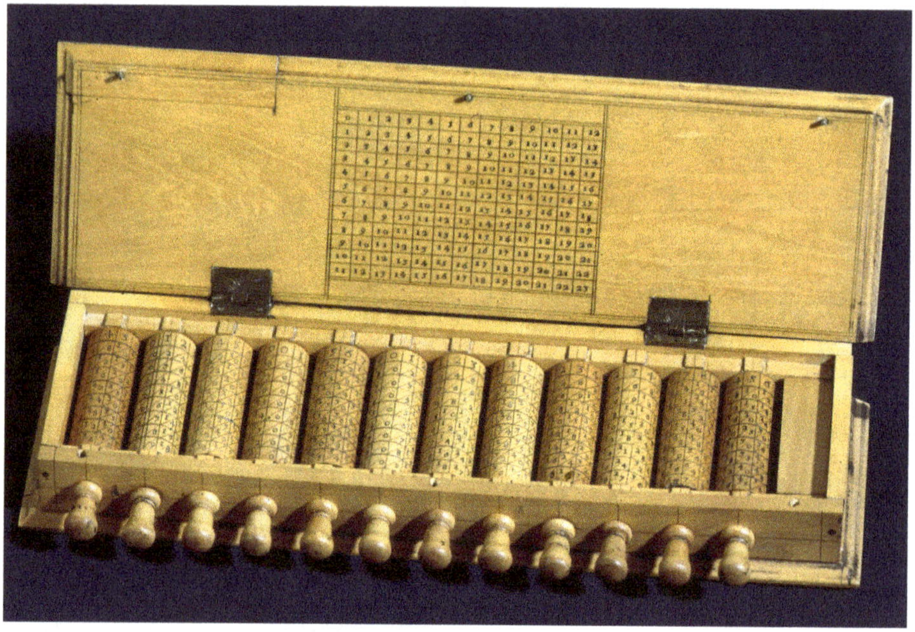

Abb. 2.46: Schottsches Rechenkästchen (1668). Der Deutsche Kaspar Schott hat die Neperstäbchen in 12 drehbare Walzen umgewandelt. Sie enthalten Multiplikationstafeln mit den Ziffern 1 bis 9 und bauen damit auf der pythagoreischen Rechentafel auf. Damit kann man auch dividieren und Wurzel ziehen. Dieses Gerät ist ein Nachbau (© Science Museum, London/Science & society picture library).

Die neperschen Rechenstäbchen (Einmaleinsrechenstäbchen) lehnen sich an das unter dem Namen *„Gelosia"* bekannte, jahrhundertealte Gitternetzverfahren an. Bei dieser mittelalterlichen Vorgehensweise, die beispielsweise Luca Pacioli 1494 beschreibt, wird die Multiplikation auf eine Addition zurückgeführt.

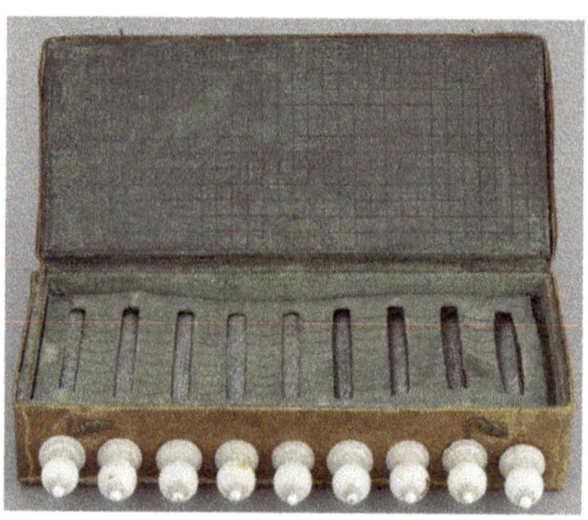

Abb. 2.47: Schottscher Walzenrechenkasten. Der Rechenkasten hat neun Walzen. Datierung: 1668–1764. Das Gehäuse besteht aus Leder (© Museumslandschaft Hessen Kassel, Astronomisch-physikalisches Kabinett).

Abb. 2.48: Pythagoreische Rechentafel. Auf dieser Multiplikationstafel ist das kleine Einmaleins eingetragen. Die Aufnahme ist dem Werk „Ein newü Rechenpüchlein" von Jacob Koebel (1522) entnommen (Quelle: ETH-Bibliothek Zürich, Alte und seltene Drucke).

Die Einmaleinstafel wird auch als „Pythagorastafel" oder „pythagoreische Tafel" bezeichnet (vgl. Abb. 2.48). Diese Rechenhilfe ist nach wie vor im Handel erhältlich. Das kleine Einmaleins umfasst die Produkte aus den Faktoren 1 bis 10 (Höchstwert: 100), das große Einmaleins die Produkte aus den Faktoren 11 bis 20 (Höchstwert: 400). In der obigen Abbildung sind nur die Faktoren 1 bis 9 enthalten.

Napiers Promptuarium

Napier hat ein weiteres aber wenig bekanntes Hilfsmittel für die Multiplikation und die Division entwickelt, das *Promptuarium* (vgl. Abb. 2.49). Anstelle von Stäbchen verwendet es Streifen (siehe Erwin Tomash: The Madrid promptuary, in: Annals of the history of computing, Band 10, 1988, Heft 1, Seiten 52–67, und Stephan Weiß: Die Rechenstäbe von Neper, ihre Varianten und Nachfolger. Ein Beitrag zur Geschichte des instrumentalen Rechnens, April 2007).

Abb. 2.49: Napiers Promptuarium. Die Neperstäbchen waren weit verbreitet, sein Promptuarium ist hingegen höchst selten. Garry Tee von der neuseeländischen Universität Auckland hat einen (unterschiedlich gestalteten) Nachbau des Recheninstruments erstellt, der sich nun in Edinburgh befindet (© Museo Arqueológico Nacional, Madrid).

Mathematische Maschine und mathematisches Instrument

Ältere Bücher tragen Überschriften wie „mathematische Maschinen" und „mathematische Instrumente". Zu den *mathematischen Maschinen* zählten *digitale* mechanische und elektronische Rechenmaschinen, Zahlenschieber und Buchungsmaschinen. *Analoge* Rechenwerkzeuge wie Proportionalwinkel (Proportionalzirkel), Reduktionszirkel, Planimeter, Rechenschieber und mechanische Integrieranlagen wurden den *mathematischen Instrumenten* zugeordnet. Die Handhabung der Begriffe ist widersprüchlich.

Rechenmaschine und Rechengerät

Manche Fachleute unterscheiden zwischen *Rechenmaschinen* und *Rechengeräten*: Mechanische Rechenhilfsmittel *ohne* automatischen Zehnerübertrag werden den

Rechengeräten zugeteilt. Rechenhilfsmittel *mit* automatischem Zehnerübertrag gelten als Rechenmaschinen. Zu den Rechen*geräten* gehören auch die *Zahlenschieber* mit halbautomatischem Hakenzehnerübertrag. Bei Rechenbrettern und Rechenrahmen erfolgt die Zehnerübertragung manuell. Die Gliederung in (mechanische) Rechengeräte und Rechenmaschinen mag zwar zweckmäßig sein, ist aber nicht immer sinnvoll. Denn bei den Relais- und Röhrenrechnern wurden die Ausdrücke „Rechengerät" und „Rechenmaschine" in gleichem Sinn verwendet.

Die Benennung „Arithmometer" wurde zeitweise nicht nur für Thomasmaschinen benutzt, sondern auch für andere Staffelwalzenmaschinen und sogar für Sprossenradmaschinen. Gängig waren Ausdrücke wie „Thomasmaschine" und „Odhnermaschine" auch als Gattungsbegriffe.

Rechenmaschine, Addiermaschine und Addiergerät

Seit Jahrzehnten wird (baubedingt) zwischen *Addiermaschinen* und *Rechenmaschinen* unterschieden. Das ist fragwürdig, denn Addiermaschinen sind ebenfalls Rechenmaschinen. Von Addiergeräten bzw. Addiermaschinen ist zu erwarten, dass sie Zahlenwerte zusammenzählen. Sie beherrschen ihrem Namen nach (nur) eine Grundrechenart, nämlich die Addition. Viele dieser Rechenhilfsmittel lassen sich aber auch fürs Abziehen (Subtraktion) und teilweise fürs Vervielfachen (Multiplikation) und sogar fürs Teilen (Division) gebrauchen. Multiplikation ist ja eine wiederholte Addition. In diesen Fällen sind die Benennungen „Addiergerät" und „Addiermaschine" irreführend. Man würde vielleicht besser von Ein- und Mehrspezies- oder von *Ein-, Zwei-, Drei- und Vierspeziesrechenmaschinen* sprechen.

In Europa waren die Vierspeziesmaschinen (Thomas-Arithmometer) die ersten gewerblich erfolgreichen, serienmäßig gefertigten Rechenmaschinen, in den Vereinigten Staaten von Amerika hatten die Tastenrechenmaschinen (Comptometer von Dorr Eugene Felt) zunächst die Nase vorn.

Rechenschieber

Mit *Rechenschieber* meint man üblicherweise den *Rechenstab.* Zu den Rechenschiebern im weiteren Sinn gehören aber auch *Rechenscheiben, Rechenwalzen, Rechenräder, Rechenuhren* und (logarithmische) *Rechentafeln.* Mit dem Rechenschieber lässt sich die *Punktrechnung* (Multiplikation, Division, * oder :) auf die deutlich einfachere *Strichrechnung* (Addition, Subtraktion, + oder -) zurückführen.

Bei den Rechenstäben waren je nach Ausgestaltung der Skalen zahlreiche *Systeme* geläufig (vgl. Tab. 2.26). Das System Mannheim förderte die Verbreitung von Rechenschiebern kräftig.

Tab. 2.26: Skalenanordnung bei Rechenstäben

Skalensysteme bei Rechenstäben		
Name des Systems	**Schöpfer**	**Jahr**
Soho-Rechenstab	James Watt und James Boulton (Ort Soho bei Birmingham)	1790
Mannheim-Rechenstab	Victor Mayer Amédée Mannheim	1851
Rietz-Rechenstab	Max Rietz	1902
Darmstadt-Rechenstab	Alwin Walther (Technische Hochschule Darmstadt)	1934

Die wichtigsten Skalenanordnungen bei Rechenstäben waren die Systeme von Victor Mayer Amédée Mannheim (System Mannheim), Max Rietz (System Rietz) und Alwin Walther (System Darmstadt).

Die Bandbreite üblicher Skalenlängen reichte von 12,5 cm bis zu 24 m (vgl. Tab. 2.27).

Tab. 2.27: Verbreitete Skalenlängen von Rechenstäben, Rechenscheiben und Rechenwalzen

Übliche Skalenlängen von Rechenschiebern	
Art des Rechenschiebers	**Skalenlängen**
Rechenstab	12,5 und 25 cm
Rechenscheibe	30 und 75 cm
Rechenwalze	1 bis 24 m

Anmerkungen
Rechenstäbe mit einer Skalenlänge von 50 cm sind selten. Sie sind unhandlich und verziehen sich. Rechenscheiben mit einer Skalenlänge von 30 und 75 cm haben einen Durchmesser von 12 bzw. 30 cm.

Proportionalwinkel und Reduktionszirkel

Proportionalwinkel und *Reduktionszirkel* dürfen nicht miteinander verwechselt werden. Das Wort „Proportionalzirkel" wird aber auch als Oberbegriff gebraucht für Instrumente mit

a) *festem* Drehpunkt,
b) *beweglichem* Drehpunkt.

Proportionalzirkel mit festem Scharnier werden jedoch besser als Proportionalwinkel bezeichnet. Proportionalzirkel mit verstellbarem, verschiebbarem Drehpunkt heißen auch Reduktionszirkel. Reduktionszirkel ließen sich z.B. für die maßstabgetreue Verkleinerung von Vielecken, Kreisen, Zeichnungen und Plänen einsetzen.

Die Ausdrücke „Proportionalzirkel" und „Reduktionszirkel" sind missverständlich. Proportionalzirkel sind keine Zirkel im üblichen Sinn, und Reduktionszirkel können viel mehr als nur verkleinern (reduzieren). Der Sprachgebrauch für Proportionalwinkel (Proportionalrechenzirkel) und Reduktionszirkel ist auch im Englischen widersprüchlich.

Ein Reduktionszirkel ist ein *Rechen*zirkel, ein Stechzirkel ist ein *Mess*zirkel. Gewöhnliche Zirkel sind *Zeichen*zirkel (Einsatzzirkel).

Beide Instrumentsorten bauen auf den Strahlensätzen auf und arbeiten mit Proportionen (Verhältnisgleichungen). Man könnte von *Proportionalgeräten* mit festem und verstellbarem Drehpunkt/Scharnier sprechen. Im Französischen lauten die Bezeichnungen compas de proportion (Proportionalwinkel) und compas de réduction (Reduktionszirkel).

2.26 Digitalisierung und künstliche Intelligenz

In den Medien tauchen seit einigen Jahren regelmäßig Ausdrücke wie „Algorithmus", „Digitalisierung", „künstliche Intelligenz", „maschinelles Lernen", „Roboter" und „Industrie 4.0" auf.

2.26.1 Algorithmen sind nichts Neues

Schon um 2000 v. Chr. wurden im Zweistromland die ersten bekannten schriftlichen Algorithmen geschaffen (Rezept fürs Wurzelziehen). Solche Handlungsvorschriften gibt es also bereits seit über 4000 Jahren. Klassische Algorithmen entstanden auch in Griechenland (Anleitung zur Ermittlung des größten gemeinsamen Teilers von Euklid und zur Bestimmung von Primzahlen von Eratosthenes, Rechenvorschrift zur Annäherung der Kreiszahl $\pi\pi$ von Archimedes) und in Ägypten (Verfahren von Heron).

2.26.2 Künstliche Intelligenz ist nichts Neues

Seit ihrem Aufkommen in den 1950er Jahren hat die künstliche Intelligenz manches Hoch und Tief durchgemacht. Es wurden immer wieder mit viel Lärm (Hype) vermeintliche Durchbrüche gemeldet, stets verbunden mit übertriebenen Erwartungen. Rückschläge und Enttäuschungen blieben nicht aus. Wirklich intelligent sind die Programme und Maschinen bis heute nicht, trotz des Medienrummels.

Eine *schwache* künstliche Intelligenz (KI) liegt vor, wenn ein Programm (meist) aufgrund von Beispieldaten lernt, eine *einzelne* Aufgabenstellung (z.B. Schachspiel,

Sprachübersetzung, Diagnose, Bilderkennung, Handschrifterkennung, Spracherkennung, Gesichtserkennung) zu lösen. Die Gesichtserkennung soll den Abgleich von Fingerabdrücken, Finger- und Handvenen, der Retina (Netzhaut) oder der Iris (Regenbogenhaut des Auges) ergänzen oder ersetzen. Bei an Menschen gemessenen (biometrischen) Daten lassen sich Fehler und Missbräuche nicht ausschließen (z. B. Identitätsdiebstahl). Das gilt auch für Stimmaufnahmen, elektronische Patientendossiers und elektronische Personalausweise. In allen diesen Fällen unterstützt die Maschine die geistigen Fähigkeiten des Menschen.

Eine *starke* KI vermag hingegen *beliebige* Probleme zu lösen. Dank seines „Verstands" könnte der Rechner *eigenständig* hochwertige Denkleistungen vollbringen. Davon sind wir aber noch meilenweit entfernt.

2.26.3 Digitalisierung ist nichts Neues

Der 20 000 Jahre alte Ishango-Knochen aus Afrika hat digitale Kerben. Das jahrtausendealte, in China ab und zu bis heute genutzte Rechenbrett (Abakus) ist digital. Und mit Ziffern haben schon die mechanischen Rechenmaschinen des 17. Jahrhunderts (Schickard, Pascal, Leibniz) gearbeitet.

Beim digitalen Rechnen lassen sich mehrere Entwicklungsschritte unterscheiden:

- Zählen und Rechnen mit den Fingern (Fingerrechnen),
- Rechnen mit Rechensteinen (Abakusrechnen, Brettrechnen, Linienrechnen mit Rechentafel, Rechenbrett, Rechentisch, Rechentuch),
- Rechnen mit Kugeln oder Perlen (Kugelrechnen mit dem Rechenrahmen),
- Rechnen mit Zahnstangen (mechanisches Rechnen mit dem Zahlenschieber),
- Rechnen mit Rädern (mechanisches Rechnen mit mechanischen und elektromechanischen Rechenmaschinen),
- Rechnen mit Lochkarten oder Lochstreifen (mechanisches Rechnen mit Lochkartenmaschinen),
- Rechnen mit Relais, Elektronenröhren, Transistoren oder integrierten Schaltungen (programmgesteuertes mechanisches oder elektronisches Rechnen).

Ein uralter digitaler Speicher ist das Kerbholz. Auch mit Strichlisten lassen sich Zahlenwerte festhalten.

Seit der anhaltenden Verdrängung der Mechanik durch die Elektronik hat sich die Digitalisierung beschleunigt. Viele analoge Geräte weichen digitalen Maschinen: Die Analogkamera wird von der Digitalkamera abgelöst. Das Digitaltelefon folgt auf das Analogtelefon. Analogradio und Analogfernseher werden durch Digitalradio und Digitalfernseher ersetzt. Musik und Video lassen sich übers Netz beziehen. Der Flachbildschirm tritt an die Stelle des Röhrenbildschirms.

2.26.4 Zwei bedeutende Phasen der Digitalisierung

Die *erste* tief greifende Phase der Digitalisierung setzte mit der Entwicklung von programmgesteuerten Elektronenrechnern (ab etwa 1940) ein und weitete sich mit dem Internet (seit etwa 1970), der Mikroelektronik (ab etwa 1970) und dem World Wide Web (seit 1990) aus.

Die *zweite* ungestüme Phase der Digitalisierung begann mit der Jahrtausendwende (um 2000) und erlebt seit wenigen Jahren – u.a. durch das Aufkommen des internetfähigen Mobiltelefons, der sozialen Netze und der künstlichen Intelligenz – einen starken Aufschwung.

Die (derzeitige) Digitalisierung ist also über 70 Jahre alt. Heute steht die *Vernetzung* im Mittelpunkt (Internet der Dinge). Berücksichtigt man die Einführung von Lochkartenmaschinen (um 1890), so begann die Digitalisierung bereits vor 130 Jahren.

2.26.5 Digitale Geschichtswissenschaft?

Im Grunde genommen gibt es weder eine digitale Geschichtswissenschaft (digital history) noch digitale Geisteswissenschaften (digital humanities). Richtiger wären die Bezeichnungen *rechnergestützte* Geschichtswissenschaft bzw. Geisteswissenschaften.

2.26.6 Industrielle Revolutionen

Oft ist von der vierten industriellen Revolution zu lesen. Dieser Begriff ist jedoch umstritten, weil er nicht rückwirkend, sondern vorausschauend geprägt wurde. Die Umwälzung hat nämlich erst vor Kurzem begonnen, und die Auswirkungen etwa der künstlichen Intelligenz sind schwer abzuschätzen. Die erste Revolution begann um 1760 in Großbritannien. Die Meinungen über die Gliederung in die drei bis vier Zeitabschnitte gehen auseinander (vgl. Tab. 2.28).

Tab. 2.28: Industrielle Revolutionen (Einteilung)

Merkmale der industriellen Revolutionen		
Phase	**Kennzeichen**	**Errungenschaften**
1	Mechanisierung	Dampfmaschine, Spinnmaschine, mechanischer Webstuhl, Eisenbahn, Bergbau
2	Automatisierung	Elektrifizierung, Elektromotor, Fließband, Massenproduktion
3	Informatisierung	Mikroelektronik, Miniaturisierung, Informatik, Robotik, Internet und weltweites Web

Merkmale der industriellen Revolutionen

Phase	Kennzeichen	Errungenschaften
4	Digitalisierung	Nanotechnik, Vernetzung übers Internet (Internet der Dinge), internetfähiges Mobiltelefon, künstliche Intelligenz

Anmerkung
Mit dem allgegenwärtigen Mobiltelefon hat die Vernetzung stark zugenommen.

Internetkonzerne haben oft eigenartige Namen (vgl. Kasten).

Erklärung von Eigennamen
- „Airbnb" ist auf air mattress and bed and breakfast (Luftmatratze und Frühstück) zurückführen.
- „Alibaba": Im Märchen „Ali Baba und die vierzig Räuber" aus Tausendundeine Nacht entdeckt Ali Baba den Schatz einer Räuberbande (Sesam, öffne dich!).
- „Amazon" rührt vom südamerikanischen Strom Amazonas her.
- „Facebook" war ursprünglich ein bebildertes Studentenverzeichnis.
- „Google": Googol ist die englischsprachige Bezeichnung für die Zahl 10^{100}.
- „Netflix" setzt sich aus net (Netz, Internet) und flick(s) (Film, Kino) zusammen.
- „Twitter" bedeutet Gezwitscher.
- „Uber" steht für Mega.
- „Youtube" leitet sich von tube (umgangssprachlich für Fernseher) her.

2.26.7 Digitaler Wandel

Die bisherigen industriellen Revolutionen haben der Menschheit allgemein mehr Wohlstand gebracht. Es gab aber auch nachteilige Folgen, z.B. in der Umweltbelastung. Die oft befürchtete Massenarbeitslosigkeit ist weitgehend ausgeblieben. Unzählige Stellen gingen verloren, es entstanden jedoch auch neue Berufe. Der digitale Umbruch erleichtert und erschwert zugleich unser Leben. Sie überfordert die ältere Generation in vielen Belangen. Bewährte Dienstleistungen u.a. bei der Post und der Bahn sind verschwunden. Die Digitalisierung lässt sich nicht aufhalten, aber (bedingt) steuern und gestalten. Im Gespräch sind ein bedingungsloses Grundeinkommen und eine Digitalsteuer.

Es folgen ein paar ausgewählte (sich teilweise überschneidende) Schlagworte zur zeitgeschichtlichen Entwicklung, jeweils mit einer kurzen Beschreibung.

2.26.7.1 Internet und World Wide Web

Das 1989 am Europäischen Labor für Teilchenphysik (Cern) in Genf erfundene weltumspannende Web hat unser Leben einschneidend verändert. Das Internet und das World Wide Web (WWW) werden häufig verwechselt. Das aus den USA stammende

Internet ist viel älter (Arpanet, 1969). Die elektronische Post und das WWW nutzen das Internet. Mit „Cyber" ist das Internet gemeint.

Neben dem herkömmlichen, von den Suchmaschinen erfassten Web gibt es auch ein unsichtbares, verstecktes Web (tiefes Web, deepweb). In diesem Bereich sind manche Bibliothekskataloge enthalten. Zudem gibt es ein geheimes, verschlüsseltes Internet (dunkles Internet, darknet), wo der Schwarzmarkt blüht und es um Drogen, Pornografie, Waffen u.dgl. geht.

2.26.7.2 Internetriesen

Die Internetriesen gehören heute zu den weltweit kostbarsten Firmen:
- Alibaba
- Alphabet
- Amazon
- Apple
- Baidu
- Facebook
- IBM
- Microsoft
- Tencent.

Gafa ist eine Abkürzung für die US-Firmen Google, Amazon, Facebook, Apple. BAT steht für die chinesischen Unternehmen Baidu, Alibaba und Tencent. Alphabet hat mehrere Tochtergesellschaften, z.B. Google (Suchmaschine), Youtube (Videoplattform); Waymo (Selbstfahrautos). Das soziale Netzwerk Facebook bietet ebenfalls mehrere Plattformen an: Facebook messenger (Nachrichtendienst), Whatsapp (Sofortnachrichtendienst) und Instagram (Foto- und Videodienst). Das Unternehmen hat im Sinn, die Nutzerdaten der drei Dienste Messenger, Whatsapp und Instagram zusammenzuführen. Mit selbstfahrenden Autos befassen sich u.a. auch Uber und der Elektroautohersteller Tesla. Mächtige chinesische Mitspieler sind Alibaba (Internethandel), Baidu (Suchmaschine) und Tencent (soziales Netzwerk) mit der vielseitigen Plattform Wechat. Hinzu kommt der Technikkonzern Huawei.

In vielen Bereichen ist eine Verlagerung von den Maschinen (Hardware) über die Programme (Software) zu den Dienstleistungen (Service) zu beobachten.

2.26.7.3 Suchmaschinen

Mächtige, übers Netz zugängliche (werbefinanzierte) Suchmaschinen wie Google, Bing und Baidu vereinfachen Nachforschungen. Die Trefferrate lässt allerdings zu wünschen übrig, man erhält mitunter viel Ballast. Die Datenbanken sind überdies sehr lückenhaft.

2.26.7.4 Digitale Nachschlagewerke

Nachschlagewerke wie elektronische Enzyklopädien (z.B. Wikipedia), Telefonverzeichnisse, Fahrpläne und Ratgeber verdrängen zunehmend gedruckte Bücher. Die Suche ist zwar einfacher, doch die Übersicht fehlt. *Wikis* sind Gemeinschaftsplattformen, bei denen auch die Benutzerinnen und Benutzer mitmachen können.

2.26.7.5 Ortung

Dank Satellitennavigationssystemen wie GPS (global positioning system) und Galileo lässt sich (fast) überall der Standort bestimmen. Die ständige Ortung verletzt einerseits die Privatsphäre, kann aber andererseits die Nachforschung nach Vermissten und die Bekämpfung von Verbrechen erleichtern. Diese Anwendung ermöglicht mithilfe von Standortdaten u.a. die Erstellung von *Bewegungsprofilen* und damit das beliebige Zu- und Aussteigen im öffentlichen Verkehr. Netzwerkfähige Mobiltelefone lassen sich auch als Navigationsgeräte nutzen.

2.26.7.6 Internetfähiges Mobiltelefon

Seit ihrer Einführung 2007 (iPhone von Apple) haben geschmeidige, äußerst vielseitig nutzbare, internetfähige Mobiltelefone (Smartphone) einen Siegeszug ohnegleichen erfahren. Fast für jeden erdenklichen Zweck gibt es Anwendungen (App, von Applikation). Beliebt sind auch Selbstaufnahmen (Selfie). Diese Entwicklung hat auch ihre Schattenseiten: *Strahlenbelastung* durch den Mobilfunk oder das örtliche Funknetz Wlan, *Internetsucht*, ständige Erreichbarkeit, Vermessung der Menschen, totale Überwachung und Verfolgung (Tracking). „Smart" steht für vernetzt, „schlau".

2.26.7.7 Soziale Netzwerke (soziale Medien)

Der Austausch von Informationen, Gedanken und Dokumenten über soziale Netzwerke (soziale Medien) wie z.B. Facebook, Whatsapp, Instagram, Snapchat und Tiktok kann die Wirtschaft, die Gesellschaft und die Politik erheblich beeinflussen. Auf solchen Plattformen wirken unzählige vollautomatische dialogfähige Rechenprogramme. Sie versuchen, das menschliche Verhalten nachzuahmen und können auf die Demokratie (z.B. Beeinflussung von Wahlen und Abstimmungen) einwirken und zu Machtmissbrauch (Missbrauch der Marktmacht) führen. Die maschinelle Auswahl von Nachrichten hat manchmal Falschmeldungen (fake news) zur Folge. Über die sozialen Netze werden auch in böswilliger Absicht Mitmenschen geplagt, bloßgestellt und gequält (Trolle, Mobbing). Berufliche soziale Netze sind Linkedin und Xing (Microsoft), zu den wissenschaftlichen Plattformen gehören Researchgate und Academia.

Zu erwähnen sich auch Kurznachrichtendienste wie SMS (short message service), Twitter und Weibo (China), ferner der Mitteilungsdient Skype (Microsoft) und der Sofortnachrichtendienst Snapchat.

Die Begriffsbildung ist nicht gefestigt. Die Grenze zwischen sozialen Netzwerken, Plattformen (Internetplattformen), Portalen (Internetportalen), Internetdiensten, Vermittlungs- und Verteildiensten ist fließend.

2.26.7.8 Internethandel

Der grenzüberschreitende Internethandel (Onlinehandel, z.B. Amazon, Alibaba) bedrängt den stationären Einzelhandel. Er eignet sich auch für Gebrauchtwaren. Digitale Plattformen fördern den Austausch von Gütern und Diensten. Sie bilden einen elektronischen Marktplatz. Ungünstig ist der durch den Versandhandel ausgelöste wenig umweltschonende Paketverkehr. Sendungen lassen sich dabei verfolgen. Zu den bekanntesten Bezahldiensten gehört Paypal, in China heißen sie Alipay (Alibaba) und Wechat pay und Tenpay (Tencent). Weitere Verfahren sind Apple pay, Google pay, Samsung pay, Facebook pay.

2.26.7.9 Teilende Wirtschaft

Vermittler wie Fahrdienste (z.B. Uber, Lyft) und Unterkunftsdienste (z.B. Airbnb) vereinfachen die Reiseplanung. Man spricht von der teilenden Wirtschaft (sharing economy). Nicht angestellte (freiberufliche) Dienstleister wie Taxifahrer/innen werden pro Auftrag (gig) bezahlt. Rechtlich umstritten ist, ob es sich dabei um Arbeitnehmende oder Selbstständgerwerbende handelt. Verbreitet sind etwa Paketdienste, Mahlzeitendienste (Hauslieferdienst), Fahrradverleihdienste, Partnervermittlungsdienste (Kontaktbörse) und Tauschbörsen wie Ebay und Taobao (China). Für Hotels gibt es Buchungsplattformen (z.B. Booking, Expedia). Die Abhängigkeit des Gastgewerbes von solchen Internetportalen ist manchmal nicht ungefährlich. Hinzu kommen Internetvergleichsdienste (z.B. Preisvergleicher) und Empfehlungsdienste (Bewertungsdienste, Vorschlagsdienste).

Eine viel genutzte digitale Videoplattform ist Youtube, eine bekannte Musikplattform nennt sich Spotify. Videos und Serien lassen sich über Filmdienste wie Netflix beziehen (Video auf Abruf). Diese und weitere Abodienste von Amazon, Apple, Disney und Warner verleihen Musikstücke und Filme (Musik- und Videostreaming). Ähnliche Leistungen bieten Verlage und Bibliotheken für Bücher an. Fotos werden beispielsweise über die Bildplattform Instagram übermittelt.

Mit Schwarmfinanzierung dank Kleinstbeträgen (crowdfunding) lassen sich Geldmittel einwerben. Das Wissen von Freiwilligen kann übers Internet angezapft werden: Schwarmintelligenz (croudsourcing).

2.26.7.10 Freier Zugang zur Wissenschaft

Vom Staat finanzierte Forschungsergebnisse sollen nicht mehr (ausschließlich) über teure Abos wissenschaftlicher Zeitschriften verbreitet werden, sondern über Dokumentplattformen von Hochschulen und kostenfreie Fachblätter frei zugänglich sein (open access, open data). Mächtige Wissenschaftsverlage wie Elsevier und Springer verdienen sehr viel Geld mit fremden Leistungen.

Raubverlage veröffentlichen seit einiger Zeit gegen ein hohes Entgelt ohne eine angemessene Begutachtung eine Fülle von Aufsätzen (predatory journal). Zudem werden viele scheinwissenschaftliche Tagungen angekündigt, die den in der Forschung herrschenden weltweiten Wettbewerb ausnutzen (Publikationsdruck, publish or perish).

2.26.7.11 Digitalisierung von Bibliotheken und Archiven

Vielerorts werden Bücher (z.B. alte und seltene Drucke, Handschriften), Zeitschriften, Landkarten, Archivgut, Bilder und Fotos rückwirkend digitalisiert. Damit sind sie orts- und zeitunabhängig abrufbar. Das ist für die Technik- und Naturwissenschaftsgeschichte überaus hilfreich. Dabei ist das Urheberrecht zu beachten.

2.26.7.12 Bürgerforschung

Mit der Beteiligung der Bevölkerung an der Forschung (z.B. durch Beobachtungen, durch Sammlung und Auswertung von Daten, Vermittlung von Ideen) nimmt die Menge an verfügbaren Daten zu. Dafür wurde der Ausdruck „Bürgerwissenschaft" (citizen science) geprägt. Erhebungen zu Wetter, Klimawandel, Artenvielfalt usw. bilden eine unerschöpfliche Datenquelle.

2.26.7.13 Künstliche Scheinwelt

Man unterscheidet zwischen der echten, wirklichen (realen, physischen) und der unechten (virtuellen) Welt. Die Rede ist von der virtuellen und der erweiterten (gemischten) Realität (Wirklichkeit). Die künstliche Scheinwelt erlaubt bisher ungekannte räumliche Darstellungen. Für die dreidimensionale Visualisierung werden Datenbrillen benötigt.

2.26.7.14 Geräte für die dreidimensionale Ein- und Ausgabe

Eine weitere neue Errungenschaft ist die Herstellung dreidimensionaler Gegenstände mit 3-D-Druckern (additive Fertigung). Das ergibt eine Fülle von Nutzungsmöglichkeiten. Das Gegenstück sind 3-D-Leser (Scanner, Tomografen). Die digitale Fabrikation im Baugewerbe beruht auf dem dreidimensionalen Druck.

2.26.7.15 Fitness

Um die körperliche Verfassung zu überprüfen und zu verbessern, werden Fitnessarmbänder, Sportuhren (Laufuhren) und vernetzte Uhren (smartwatch) getragen. Sie zeichnen zahlreiche Werte auf und geben diese Daten weiter.

2.26.7.16 Künstlicher Mensch

Der Einbau künstlicher Gegenstände (Implantate, z.B. Gelenke) in den menschlichen Körper ist in der Heilkunde weit verbreitet. Personen, die sich technische (vorwiegend elektronische) Geräte einpflanzen lassen, werden als *Cyborg* bezeichnet. Mensch und Maschine werden damit aber nicht verschmelzen. Solche angeblichen „Mischwesen“ aus Mensch und Maschine sind keineswegs künstliche Lebewesen.

2.26.7.17 Internetkriminalität

Das Internet erleichtert strafbare Handlungen aller Art, beispielsweise Hackerangriffe, Erpressung (Trojaner), Sabotage, Terrorismus, Spionage. Mit dem Netz verbundene Alltagsgeräte, Herzschrittmacher, Navis, Drohnen, Fahrzeuge, Roboter usw. können gehackt werden. Es gibt auch gefälschte Bewertungen von Hotels und vorgetäuschte Buchbesprechungen. Über das weltweite Netz lassen sich umgekehrt aber auch Missstände schneller aufdecken (z.B. Wikileaks, Abhörskandale). Einen gewissen Schutz vor solchen Verbrechen bieten u.a. die Wachsamkeit (Vorsicht vor Anhängen und Verweisen auf Webseiten bei der elektronischen Post), die Verschlüsselung, die Datensicherung und die Trennung der Rechner vom Internet.

2.26.7.18 Informatikdienstleistungen über die Wolke

Übers Internet lassen sich vielfältige Dienste bereitstellen bzw. mieten. So kann man in der „digitalen Wolke“ (cloud) je nach Bedarf große Mengen an Speicherplatz nutzen und umfangreiche Rechenleistungen beziehen sowie Fremdprogramme verwenden. Eine „Wolke“ ist ein (irdisches) Rechen- und Datenzentrum. Dank des *verteilten Rechnens* lassen sich Aufgaben lösen, die selbst große Rechenzentren bei weitem überfordern. Die Forschung bekommt damit neben der Theorie und dem Experiment zunehmend ein drittes Standbein, die *Simulation* (Nachbildung, Nachahmung).Von zentraler Bedeutung sind dabei Fragen des Datenschutzes und der Datensicherheit (Langzeitarchivierung). Viele Internetkonzerne (z.B. Alibaba, Alphabet, Amazon, Apple, IBM, Microsoft) warten mit solchen Dienstleistungen auf.

Im Mobilfunknetz ist eine gegenläufige Bewegung zu beobachten, nämlich die Verlagerung der Informationsverarbeitung auf lokale Randrechner (edge computing).

2.26.7.19 Blockketten

Dank der Blockketten (blockchain) erübrigt sich beim Zahlungsverkehr übers Internet eine zentrale Abwicklungsstelle. Folglich sind Finanzinstitutionen wie Geschäftsbanken für diesen Zweck nicht (zwingend) notwendig. Die *dezentrale, verteilte* Datenbank wird bei Vorgängen wie eine Kette jeweils um ein Glied (Block) ergänzt. Dabei werden Kopien der Datenblöcke auf den am Netzwerk teilnehmenden Rechnern (Netzknoten) abgelegt. Die Transaktionen lassen sich daher nachverfolgen und überprüfen, was *Fälschungen* erschwert. Nachträgliche Veränderungen und Löschungen sind also kaum möglich. Die Blockkettentechnik ist eine Voraussetzung für (das nicht immer wertbeständige) *digitale Geld* (z.B. Bitcoin). Zentralbanken könnten neben Notengeld auch Buchgeld (elektronisches Notenbankgeld) schöpfen.

Es kommen viele weitere Anwendungen in Frage, beispielsweise für Eintragungen in Krankengeschichten, Buchungen und die Abwicklung von digitalen *Verträgen* aller Art (u.a. bei der Stromverteilung). Im Internet der Dinge spielen Blockketten eine wichtige Rolle. Sie ermöglichen mithilfe von Sensortechnik eine lückenlose Beobachtung von Lieferketten (Logistikketten). So lässt sich u.U. auch die Herkunft von Lebensmitteln und z.B. Luxusuhren und Kunstwerken (Fälschungen) feststellen.

Beim digitalen Geld besteht die Gefahr der vollständigen Überwachung von Menschen und, wie bei anderen Innovationen, des Missbrauchs durch Kriminelle. Die fehlende staatliche Aufsicht über den Geldkreislauf bei Kryptowährungen birgt Gefahren. Wie beim Bargeld kann man mit digitalem Geld namenlos (anonym) bezahlen (z.B. Handel mit Schwarzgeld, Geldwäsche).

Es gibt private und öffentliche Blockketten. Wie stark sich diese Technik durchsetzen wird, ist offen. Sie erfordern für Prüfzwecke z.T. eine hohe Rechenleistung und verschwenden damit sehr viel elektrische Energie. Das „Schürfen" (Verarbeitung von Überweisungen) ist alles andere als umweltfreundlich.

Die von Facebook vorgeschlagene (stabile) Weltwährung Libra (oder wohl eher ein weltumspannendes Zahlungsnetzwerk) baut auf einem anderen Modell als die bisherigen Kryptowährungen auf. Bei diesem zentralen, geschlossenen Netzwerk ist der Energiebedarf viel geringer, die Nutzerinnen und Nutzer bleiben nicht anonym.

2.26.7.20 Internet der Dinge

Unter dem Internet der Dinge versteht man die Verbindung beliebiger Geräte übers Internet. Es ermöglicht die (eigenständige) Fernsteuerung und Überwachung von Vorgängen über das weltweite Netz und damit eine Fülle von Anwendungen. Dafür stehen preisgünstige *Sensoren* (Sinnesorgan, Fühler) und eine drahtlose Datenübertragung zur Verfügung.

Zu lesen ist vom „schlauen" Haus (smart home), von der „schlauen" Stadt (smart city) und der „schlauen Fabrik" (Industrie 4.0, smart factory). Bei internetfähigen Gegenständen (z.B. vernetztes Auto mit Mobilfunkanschluss) werden oft ohne Wissen und ohne Erlaubnis der Nutzer/innen Daten an die Hersteller und die Internetkonzerne gesendet. Je stärker die Vernetzung, desto größer ist die Gefahr von Hackerangriffen (z.B. Knacken von Kernkraftwerken, Eindringen in die Wasser- und Stromversorgung, Lahmlegung von Krankenhäusern, Ausschaltung von Verkehrssystemen).

2.26.7.21 Mobilfunknorm 5G

Auf 2G, 3G und 4G folgt die schnelle fünfte Generation 5G. Es gibt allerdings Widerstand gegen die elektromagnetische nichtionisierende Mobilfunkstrahlung. Weltumspannende satellitengestützte Internetdienste wie Starlink sollen Breitbandzugänge ermöglichen. Die riesige Anzahl Satelliten erhöht allerdings den gefährlichen Weltraumschrott. – Beim drahtlosen Internet (WLAN) heißt die Norm Wifi 6.

2.26.7.22 Sammlung und Auswertung großer Datenmengen

Mit der Auswertung riesiger Datenbestände (big data) will man neue Erkenntnisse, u.a. über das Nutzerverhalten, gewinnen. Die Persönlichkeitsprofile lassen sich für die *personalisierte Werbung* einsetzen. Sie beeinflussen zudem die Auswahl der von den Suchmaschinen aufgelisteten Ergebnisse und das Nachrichtenangebot in sozialen Netzen (newsfeed) (Filterblase, Echokammer). Dazu nisten sich auf den persönlichen Rechnern und den Mobiltelefonen Ableger (Cookies) ein. Diese Schnüffeldateien dienen der Wiedererkennung. Für die Verfolgung werden auch Überwachungsprogramme (Tracker) eingesetzt. Andere Nutzungen betreffen beispielsweise die personalisierte Medizin. Verkäufliche Personendaten gelten als *Rohstoff*, auf dem manche Geschäftsmodelle aufbauen.

Alphabet (Google, Youtube), Facebook (Whatsapp, Instagram) und Amazon erzielen hohe Einkünfte aus der Werbung. Krankenkassen und (andere) Versicherungen setzen Risikoprofile ein. Durch die Untersuchung des Kaufverhaltens (Kundenprofile) können Internethändler sogar personalisierte Preise festlegen. Große Datenmengen kommen beispielsweise auch der Klimaforschung, der Gentechnik, der Teilchenphysik und der Modellierung zugute. Mit solchen Datensätzen befassen sich die Datenwissenschaft und die Datenanalyse.

Die Höhe des Datenbergs sagt allerdings nichts aus über die Güte der Informationen. Bei der Analyse riesiger Datenmengen besteht die Gefahr, dass man neben echten auch unsinnige, vermeintliche, zufällige Zusammenhänge findet. Sind die vorgegebenen (rückwirkenden, vergangenheitsbezogenen) Übungsbeispiele mangelhaft, veraltet, unausgewogen, ungerecht, unvollständig, nicht aussagekräftig oder gar rassistisch, kann es zu falschen Folgerungen kommen. Vorurteile und Voreingenommenheit pflanzen sich fort. Durch die Ungleichbehandlung können Frauen, Schwarze, Homosexuelle, Behinderte, Andersgläubige, Ausländerinnen und Ausländer benachteiligt werden.

Die Sammelwut hat eine Kehrseite: Durchleuchtung der Menschen, Verletzung der Privatsphäre, Missbrauch von personenbezogenen Daten, „gläserner" Mensch. Heikel ist die Gesichtserkennung. Sicherheitslücken sind alltäglich. Datenskandale häufen sich. Besonders ausgeprägt ist die flächendeckende Dauerüberwachung (und die damit verbundene soziale Bewertung von Menschen mit Verhaltensprofilen) mit allgegenwärtigen Überwachungskameras in China (Sozialkreditsystem). Das erinnert an den Roman „1984" von George Orwell (big brother). Im Reich der Mitte und manchen anderen Ländern gibt es auch Internetzensur und Netzsperren (Internetsperre).

Das Sammeln umfangreicher Datenbestände und deren Auswertung sind nichts Neues, Umfang und Geschwindigkeit haben jedoch stark zugenommen.

2.26.7.23 Dateneigentum

Wem gehören die Daten? Im Zusammenhang mit der undurchschaubaren, schwer nachvollziehbaren Nutzung persönlicher Daten durch Internetriesen stellt sich die grundsätzliche Frage des *Dateneigentums*. Wieso ist die Verwendung nicht kostenpflichtig, umso mehr als sich Google, Facebook, Amazon & Co. damit derart bereichern? Haben diese Datenkraken das Recht, fremde Daten ohne Wissen und ohne Erlaubnis der Nutzerinnen und Nutzer weiterzugeben und zu verkaufen? Die Kontrolle über die eigenen Daten müsste den betroffenen Personen zustehen (Eigentumsrecht), nicht den Internetunternehmen. Das gilt vor allem auch für Angaben zur Gesundheit.

2.26.7.24 Künstliche Intelligenz

Seit einigen Jahren lässt sich beim Forschungsbereich künstliche Intelligenz ein neuer, starker Aufschwung feststellen. Das ist in erster Linie folgenden Entwicklungen zu verdanken:

- der höheren *Rechenleistung*, die in letzter Zeit rasch und stark zugenommen hat,
- den großen *Datenmengen*, die durch die unaufhörliche Sammeltätigkeit verfügbar sind,
- besseren *Programmen*, d.h. ausgereiften Algorithmen, die für die Auswertung der Datenflut zum Zug kommen.

Hinzu kommt der weit verbreitete Einsatz von *künstlichen neuronalen Netzen*. Derzeitige Schlüsselbereiche der künstlichen Intelligenz sind

- das (selbstständige) maschinelle Lernen und
- die Mustererkennung.

In der Medizin wurden infolge der künstlichen Intelligenz bei der Beurteilung (Diagnose, Früherkennung), der Behandlung (Therapie) von Krankheiten und der Vorhersage (Prognose) ihres Verlaufs erhebliche Fortschritte erzielt. Roboter vermögen an sieben Wochentagen rund um die Uhr ohne Ermüdung und ohne Hunger schonend und präzise zu operieren. Dennoch vermögen die Maschinen die Ärztinnen und Ärzte nicht zu ersetzen.

Für Roboter, Drohnen und selbstlenkende Fahrzeuge spielt die Wahrnehmung der Umgebung (in Echtzeit) eine entscheidende Rolle. Voraussetzung für das *maschinelle Sehen* sind Sensoren.

Die Verbesserungen haben dazu geführt, dass die Systeme weniger Mühe haben im Umgang mit der natürlichen Sprache, was die *Sprachsteuerung* begünstigt. Das zeigt sich bei den *digitalen Sprachassistenten*. Die Sprachsteuerung baut auf der Spracherkennung auf. Schreibprogramme vermögen automatisch einfache Texte zu erzeugen (z.B Wettervorhersage, Verkehrsaufkommen, Börsenkurse).

Bei der automatischen *Sprachübersetzung* sind je nach Sprachenpaar zwar deutliche Fortschritte zu verzeichnen. Dennoch geht den Maschinen ein tieferes Textverständnis ab. Künstliche neuronale Netze, maschinelles Lernen und große Datenbestände ändern nichts an diesem Umstand. Die Mehrdeutigkeit von Wörtern ist nur schwer in den Griff zu bekommen. Anspruchsvolle Vorlagen überfordern die künstliche Intelligenz. Der statistischen Wahrscheinlichkeit sind Grenzen gesetzt. Die Entwicklung praktisch brauchbarer Dolmetschautomaten ist besonders dornenvoll. Selbst die Texterkennung ist bei alten Unterlagen oft mangelhaft.

Ernüchternd ist, dass es bis heute nicht einmal fehlerfrei arbeitende Rechtschreib- und Silbentrennprogramme gibt. Bei vielen Texten erkennt die Rechtschreibung von Microsoft nicht, um welche Sprache es sich handelt. Damit ist sie fallweise unbrauchbar.

Manche (ältere) Schachprogramme nutzen für die Suche nach erfolgversprechenden Zügen „rohe Gewalt" (brute force). Der Mensch hat hingegen die Fähigkeit, verwickelte Sachverhalte und Vorgänge sofort richtig zu erfassen und Zusammenhänge zu durchschauen (Eingebung, Intuition).

Unter dem Begriff der *Singularität* versteht man den Zeitpunkt, ab dem die künstliche Intelligenz die menschliche in den Schatten stellt. Die Maschine ist damit dem Menschen überlegen.

> „Many humans tend to ascribe too much intelligence to narrowly focused AI systems" (siehe Alan Bundy: Smart machines are not a threat to humanity, in: Communications of the ACM, Band 60, 2017, Heft 2, Seite 41).

Mit anderen Worten: Viele Menschen schreiben eng ausgerichteten KI-Systemen in der Regel zu viel Intelligenz zu.

Die Fähigkeit und die Stärke der künstlichen Intelligenz werden oft überschätzt. Die Forschung steht in weiten Bereichen erst am Anfang, sie ist viel weniger weit, als gemeinhin angenommen wird. Maschinelle Systeme denken nicht wirklich, sie haben vielmehr eine Scheinintelligenz.

Maschinen haben keine schöpferische Kraft (Kreativität). Sie haben weder Willen, Neugier, Fantasie, Gefühle (Emotionen), Einfühlungsvermögen (Empathie), Gewissen noch Bewusstsein und können auch keine Verantwortung für Fehlleistungen übernehmen. Man kann Gefühle nur vortäuschen. Viele der scheinbar intelligenten Errungenschaften haben wenig mit Verstand zu tun.

Der Nutzwert von Sprachassistenten und anderen dialogfähigen Programmen (social bot, chatbot oder bot) ist trotz künstlicher neuronaler Netze bei anspruchsvollen Aufgaben ziemlich begrenzt. Der Rechner versteht nicht, was er macht. Während eines Spiels weiß er nicht einmal, dass er spielt. Ein Roboter weiß nicht, wer er ist.

Merkwürdig sind die Ausdrücke „eine künstliche Intelligenz" und „eine maschinelle Intelligenz" für ein intelligentes System, eine „schlaue" Maschine, ein „schlauer" Roboter, eine „schlaue" Drohne, ein „schlaues" Programm. Das Gegenstück wäre „eine natürliche Intelligenz", „eine menschliche Intelligenz" oder einfacher ein Mensch, ein Tier. Wenig sinnvoll sind ferner Bezeichnungen wie „künstlich intelligente Maschine", „künstlich intelligenter" Roboter. Es gibt nämlich keine natürlich vernünftigen Geräte.

2.26.7.25 Digitale Sprachassistenten

Dialogprogramme mit Spracherkennung und Sprachausgabe erteilen in gewissen Bereichen Auskünfte. Bei der Spracherkennung geht es um gesprochene Äußerungen (im Unterschied zur Texterkennung, die maschinenschriftliche oder gedruckte Vorlagen deutet). Alphabet (Google), Amazon, Apple und Microsoft entwickeln „kluge" Sprachassistent(inn)en. Bekannte digitale Assistenten sind etwa Alexa (Amazon), Cortana (Microsoft), Google Assistant (Google) und Siri (Apple). Das dauernde Mitlauschen durch Netzwerklautsprecher (Wanze) ist aus der Sicht des Datenschutzes fragwürdig.

2.26.7.26 Maschinelles Lernen und künstliche neuronale Netze

Die Fortschritte in der künstlichen Intelligenz beruhen in besonderem Maß auf dem (mehrschichtigen) *maschinellen Lernen* mithilfe von *künstlichen neuronalen Netzwerken* (Neuroinformatik). Neuronen sind Nervenzellen (im menschlichen Gehirn). Neuronale Netze werden vorwiegend für die *Mustererkennung* (z.B. Objekt-, Bild-, Sprach- und Stimmerkennung) genutzt. Ein weiterer Bereich ist die Gefühlserkennung. Die Programme versuchen, in den riesigen Datenmengen Muster zu finden und diese Objektklassen (Kategorien) zuordnen. Die Daten werden von Menschen etikettiert und klassifiziert.

Beim rechnergestützten Lernen kommt eine Flut von Übungsdaten (Trainingsdaten) zum Einsatz. Greift man auf vielschichtige künstliche neuronale Netze zurück, so wird von tiefem Lernen (deep learning) gesprochen. Wegen der Lernfähigkeit der neuronalen Netze soll sich das Programmieren vereinfachen.

Oft wird auf *schwarze Kästen* (black box) hingewiesen. Weil umfangreiche Programme schwer überschaubar sind, lässt sich meist nicht erklären, wie sie zu einer bestimmten Lösung kommen. Dieser Umstand gilt aber nicht nur für die künstlichen Nervennetze.

Die heutigen Netze sind auf besondere Bedürfnisse zugeschnitten, also nicht allgemein gültig. Es besteht zudem keine Gewähr, dass der Rechner die wesentlichen Merkmale erkennt. Die Zukunft wird zeigen, ob es gelingt, mit *selbstlernenden Systemen*, die aus Erfahrung lernen, einen Durchbruch für beliebige Lebensbereiche zu schaffen.

Bis heute ist unbekannt, wie das Gehirn lernt. Die Maschine muss beispielsweise mit einer Unzahl von Katzenbildern gefüttert werden, damit sie ein solches Lebewesen erkennt. Trotzdem weiß sie nicht, was eine Katze ist. Im Unterschied dazu genügt bei Kindern üblicherweise eine einzige Katze. Menschen lernen völlig anders als Maschinen. Ein Programm „lernt" durch einen auf einem statistischen Verfahren beruhenden Mustervergleich. Dabei entwickelt es keinerlei tieferes Verständnis.

Es ist schwer nachvollziehbar, wie und warum das neuronale Netz bestimmte Entscheidungen trifft. Glaubwürdig sind jedoch nur erklärbare und begründbare Beschlüsse (etwa bei der Rechtsprechung, der Kreditvergabe, der Stellenbewerbung, der Bewilligung von Reisen, der Bestimmung und Behandlung von Krankheiten). Daher können die Systeme Fachleute zwar unterstützen, nicht aber ersetzen.

Eine grundlegende Schwäche des maschinellen Lernens besteht im geringen Wirkungsgrad. Man benötigt meist riesige Mengen hochwertiger Übungsdaten und verbraucht viel Strom. Gegenstück zu einem lernenden System ist ein regelgestütztes Verfahren.

Künstliche neuronale Netze tauchen bereits in den 1940er und 1950er Jahren auf (Warren S. McCulloch und Walter H. Pitts, 1943; Frank Rosenblatt, Perzeptron 1958). Arthur L. Samuel prägte 1959 den Begriff maschinelles Lernen.

2.26.7.27 Maschinelles Sehen

Dem maschinellen Sehen wird eine grundlegende Bedeutung zugemessen. Dazu sind vielfältige Sensoren erforderlich. Beispiele: Kamera (Stereokamera, Infrarotkamera), Laser(scanner), Ultraschall, Radar, Lidar(scanner) erforderlich. Mit Lidar lässt sich ein dreidimensionales Modell der Umgebung berechnen. Die künstlichen Sinnesorgane vermitteln den Kontakt zur Außenwelt und werden in Robotern, Drohnen und autonomen Fahrzeugen eingesetzt. Zusätzlich werden häufig auch vorgespeicherte Landkarten herangezogen. Maschinelles Sehen ist auch eine Grundlage für kassenlose Läden.

Beim maschinellen Sehen werden manche Fachbegriffe verwendet (vgl. Kasten).

Was bedeutet das?

Infrarot	(unsichtbare) Wärmestrahlung
Laser	Gerät zur Erzeugung eines scharf gebündelten Lichtstahls
Lidar	Ortungsverfahren mit Lichtwellen
Radar	Ortungsverfahren mit elektromagnetischen Wellen
Scanner	Abtastgerät, Bildabtaster, Textleser
Stereokamera	Kamera für Raumbildaufnahmen
Ultraschall	vom Menschen nicht wahrnehmbarer Schall

2.26.7.28 Roboter und Drohnen

Roboter nehmen uns seit langer Zeit eintönige, anstrengende, schmutzige, ungesunde und gefährliche oder auch schlecht bezahlte Arbeiten ab. Sie wirken nicht nur in der Industrie, sondern zunehmend auch im Haushalt. Überdies sind sie im Dienstleistungsbereich tätig. Sie operieren Menschen und besorgen etwa Kurierdienste (Lieferroboter und Lieferdrohnen für Medikamente, Lebensmittel, Mahlzeiten, Ersatzteile, Gepäck).

Die Maschinen bekommen „Augen“ und „Ohren“ und versuchen, damit die Umgebung wahrzunehmen. Die elektrische Energie kommt dabei aus dem Stromnetz oder von Akkus. Für den Betrieb eignet sich auch die Sonnenenergie.

Roboter haben Mühe, sich in ständig wechselnden oder völlig neuen Umgebungen zurechtzufinden und die Umwelt richtig zu deuten. Sie müssen sich in Echtzeit der jeweiligen Situation anpassen.

Im Handel sind automatische Rasenmäher (Mähroboter) und Staubsauger (Staubsaugroboter) erhältlich. Sie lassen sich mit Sprachbefehlen übers Mobiltelefon steuern. Weit verbreitet sind ferngesteuerte Flugkörper, *Drohnen* (Multikopter, Quadrokopter, Hexakopter). Auch die Landwirtschaft arbeitet mit Robotern (z.B. Melkroboter) und Drohnen.

2.26.7.29 Selbstfahrendes Auto

Selbststeuernde (Elektro-)Fahrzeuge sollen die Sicherheit im privaten und öffentlichen Verkehr erhöhen. Schwierige Situationen überfordern zurzeit die Autopiloten. Autonome Fahrzeuge gibt es seit längerer Zeit. Bis sie alltagstauglich sind, müssen noch viele Hürden überwunden werden.

2.26.7.30 Wer übernimmt die Verantwortung?

Bei autonomen Maschinen stellen sich heikle Rechtsfragen. Beispiele: Wer haftet für einen Pflegeroboter, der Unheil anrichtet? Für eine abstürzende Drohne? Wer ist verantwortlich für mangelhafte rechnergestützte medizinische Diagnosen? Für eine Umweltverschmutzung infolge einer Fehlentscheidung? Wer trägt die Schuld, wenn ein selbst lenkendes Auto einen Unfall verursacht (Hersteller, Verleiher, Programmierer, Nutzer)? Warum haften die Plattformbetreiber (z.B. Google, Youtube, Facebook, Whatsapp, Instagram, Twitter) nicht wie die Presse, der Hörfunk und das Fernsehen für die auf ihren Netzen verbreiteten Inhalte? Mit solchen Fragen befasst sich die Maschinenethik.

2.26.7.31 Überlegenheit der Maschine

Viele Tiere und Maschinen sind den Menschen *körperlich* überlegen; sie sind stärker bzw. schneller. Beispiele: Bären, Vögel, Autos, Roboter. Es gibt Geräte und Programme, die den Menschen auch *geistig* übertreffen, etwa der Schachrechner Deep Blue von IBM, sein Nachfolger Stockfish oder das Spielprogramm Alphago der Google-Tochter Deepmind. Der ehemalige Schachweltmeister Garri Kasparow verlor 1997 gegen das Programm des blauen Riesen, das kein künstliches neuronales Netz verwendet.

Die Weiterentwicklungen Alphago zero und Alpha zero bringen sich die erforderlichen Kenntnisse in kurzer Zeit durch das Spiel gegen sich selbst bei, ohne Zugriff auf vorher gespeicherte Daten. Das ist ein bemerkenswerter neuer Ansatz.

Bei diesen technischen Meisterwerken liegt eine *spezielle*, auf einen besonderen Zweck maßgeschneiderte Intelligenz vor, im Gegensatz zur allgemeinen, *universellen* Intelligenz des Menschen. Die Maschine vermag in der Regel nur Aufgaben auszuführen, wenn sie zuvor dafür programmiert (und trainiert) wurde. Das lernfähige Programm Watson von IBM schlägt beispielsweise aufgrund einer medizinischen Diagnose eine Therapie vor.

Übrigens: Nicht nur moderne Elektronenrechner können uns bei der Geistesarbeit beistehen, sondern viele althergebrachte mathematische Instrumente ohne Strom. Programmgesteuerte Maschinen treffen seit Langem eigenständig Entscheidungen. Zu beachten: Das Gehirn braucht viel weniger Energie als der Computer.

2.26.7.32 Übernahme der Weltherrschaft durch die Roboter?

Die Angst vor der Weltherrschaft der Roboter ist unsinnig. „Schlaue" Maschinen bedrohen die Menschheit nicht, man sollte sie vielmehr als Chance nutzen. Missbräuche, wie sie bei vielen technischen Errungenschaften vorkommen, lassen sich allerdings kaum vermeiden. Manche befürchten einen Weltuntergang, einen zerstörerischen Krieg zwischen Robotern und Angriffe selbstständiger Waffensysteme (z.B. autonome Drohnen und Panzer) gegen Menschen. Ohne Energie laufen die mobilen Geräte nicht. Sie setzen Akkus mit langer Laufzeit und für Funkverbindungen eine gute Netzabdeckung voraus.

2.26.7.33 Was bringt die Zukunft?

Seit Menschengedenken wird versucht, die Zukunft vorauszusagen, selbst kurzfristig mit eher geringem Erfolg. Die Ungewissheit hat Ängste zur Folge, vor allem wenn sich tief greifende Umgestaltungen abzeichnen. Wie die Vergangenheit zeigt, wiederholt sich die Geschichte nicht, aber wir können natürlich daraus lernen. Niemand hat die derzeitige stürmische Entwicklung in den Bereichen Elektronik und Informatik vorhergesehen. Wir wissen nicht, was uns in der Zukunft erwartet. Viele Fragen sind offen: Was setzt sich durch? Was verschwindet wieder? Zukunftsforschung ist nicht Aufgabe der Geschichtswissenschaft.

Für die Wirtschaft, die Verwaltung, die Gesellschaft und die Wissenschaft sind grundlegende Programmierfähigkeiten unerlässlich. Bloße Anwendungskenntnisse reichen weder für die Arbeit noch in der Freizeit aus. Wer nicht mitmacht, wird abgehängt, verliert den Anschluss und ist nicht mehr wettbewerbsfähig. Informatik wird zunehmend als Bestandteil in Waren und Dienstleistungen eingebettet.

2.27 Quantenrechner

Quantenrechner nutzen die Gesetze der Quantenmechanik. Die Bits (kleinste Informationseinheit) herkömmlicher Digitalrechner kennen zwei Zustände, 0 oder 1. Die

Elektronen, Atome, Moleküle, Lichtteilchen können sich durch Überlagerung (Superposition) *gleichzeitig* in den beiden Grundzuständen 0 und 1 befinden. Photonen (kleinste Lichteinheit) sind sowohl *Teilchen* als auch *Wellen*. Als kleinster Informationsträger lässt sich beispielsweise der Drehimpuls (Spin) von Elementarteilchen wie Elektronen verwenden. Rechenvorgänge auf Quantenbits (Qubit) wirken auf alle Zustände zugleich. Daher kann man ungeheure Datenmengen *parallel* verarbeiten. Räumlich getrennte, jedoch quantenmechanisch gekoppelte Quantenteilchen lassen sich verknüpfen. Dank dieser *Verschränkung* hat eine Änderung an einem Quantenbit sofort eine Änderung am anderen zur Folge, unabhängig von der Entfernung der beiden Qubits. Verschränkte Teilchen nehmen einen gemeinsamen Zustand ein. Durch diese sogenannte Teleportation lassen sich Daten übermitteln.

Die äußerst leistungsfähigen Quantenrechner könnten beispielsweise gängige Verschlüsselungsverfahren knacken und endlos lange Zahlen in ihre Primfaktoren zerlegen. Manche Verschlüsselungssysteme beruhen auf der Zerlegung in Primzahlen. Umgekehrt ermöglicht die *Quantenkryptografie* eine (mindestens theoretisch) abhörsichere Nachrichtenübertragung (nur einmalige Verwendung von Schlüsseln, die in Qubits verschlüsselt sind und durch Verschränkung ausgetauscht werden). Die Quantenschlüssel, die aus einer willkürlichen Folge von Nullen und Einsen (Zufallsgenerator) bestehen, können (mit Quantenverstärkern, Signalverstärkern) über Glasfaserkabel oder über Satelliten übertragen werden.

Weitere denkbare Anwendungsmöglichkeiten für das Quantenrechnen sind die *Mustererkennung* (Mustervergleich) und die Datenbanksuche. Mit der Überlagerung und der Verschränkung versucht man, unvorstellbar hohe Geschwindigkeiten zu erreichen. Dank der Parallelverarbeitung können in Zukunft Aufgaben gelöst werden, die gegenwärtige Elektronenrechner völlig überfordern.

Zurzeit wird weltweit an Hochschulen und in der Industrie in diesem Bereich geforscht. Es ist offen, wann leistungsfähige Quantencomputer zur Verfügung stehen werden (siehe Der Brockhaus. Computer und Informationstechnologie, F. A. Brockhaus GmbH, Leipzig, Mannheim 2003, Seite 746; Dossier Quantencomputer: Rechner der Zukunft, in: Uni nova, Nr. 130, November 2017, Seiten 14–33 (Wissenschaftsmagazin der Universität Basel)).

P und NP-Probleme

Man unterscheidet zwischen P-Problemen und NP-Problemen. Leichte Aufgabenstellungen (Klasse P) lassen sich in polynominaler Zeit lösen. Schwere Probleme (Klasse NP) können nicht in polynominaler Zeit gelöst werden. Ein Polynom ist ein mehrgliederiger, durch ein Plus- oder Minuszeichen verbundener mathematischer Ausdruck, Beispiele $(3x - 4y)$, $(a + b)^2$. Bei der Zerlegung von Zahlen in ihre Primfaktoren, einem NP-Problem, steigt der Rechenaufwand mit zunehmender Stellenzahl sehr rasch, er nimmt exponentiell zu.

2.28 DNA-Rechner

Die Moleküle der Erbsubstanz DNA (Desoxyribonukleinsäure) können ungeheure Mengen an Informationen speichern, die sich parallel verarbeiten lassen. Die Entwicklung von praktisch nutzbaren, frei programmierbaren Biorechnern ist jedoch überaus hindernisreich. DNA-Moleküle benötigen sehr wenig Speicherplatz und sind äußerst langlebig. Geplant ist der Aufbau von DNA-Datenzentren (biologische Datenspeicher). Die künstliche DNA wird maschinell (chemisch) hergestellt.

> „Die DNA (DNS) ist ein Makromolekül, dessen Bausteine Phosphorsäurereste, der Zucker Desoxyribose und die [stickstoffhaltigen] organischen Basen Adenin (A), Thymin (T), Guanin (G) und Cytosin (C) sind. Die Struktur der DNA wird durch die bestimmte Aufeinanderfolge von Desoxyribose, Phosphorsäurerest und Base, also der Reihenfolge der Nucleotide, festgelegt". (siehe Duden, Basiswissen Schule. Biologie, Bibliographisches Institut & F. A. Brockhaus AG, Mannheim/Duden Paetec GmbH, Berlin 2005, Seite 261).

3 Entwicklung der Rechenkunst

Zusammenfassung: Das Kapitel „Entwicklung der Rechenkunst" zeichnet den langwierigen Weg vom Kerbholz über den Abakus zum internetfähigen Mobiltelefon nach. Bis heute wird über die Bedeutung des in Afrika gefundenen Ishango-Knochens gerätselt. Das Kerbholz ist ein digitaler, ziemlich fälschungssicherer Speicher. Zu den beliebten Hilfsmitteln zählte auch die (digitale) Knotenschnur. Seit Menschengedenken dienen die Finger zum Zählen und zum Rechnen. Ein (digitaler) Abakus nutzt entweder Linien und Rechensteine (Rechentafel, Rechenbrett, Rechentisch) oder Stangen mit Kugeln (Kugelrechner, Rechenrahmen). Im Gegensatz zum römischen Zahlensystem ist der Umgang mit dem römischen Handabakus einfach. Obwohl es kein Zeichen für die Null gab, konnte man diese Zahl auf dem „Taschenrechner" darstellen, desgleichen Einer, Zehner, Hunderter usw. Weit verbreitete logarithmische Analogrechner wie der Rechenstab, die Rechenscheibe und die Rechenwalze sind vor fünfzig Jahren verschwunden, ebenso die mechanischen Tischrechenmaschinen. Beschrieben wird ferner der Unterschied zwischen dem numerischen und dem grafischen Rechnen. Eine Sonderform ist die Nomografie. Das allgegenwärtige tragbare elektronische Mobiltelefon gilt als äußerst vielseitiges Werkzeug. Anhand von Entwicklungslinien wird der Werdegang mancher mathematischer Instrumente gezeigt.

Schlüsselwörter: Abakus, Entwicklungslinien, grafisches Rechnen, Ishango-Knochen, Kerbholz, Knotenschnur, Kugelrechner, Mobiltelefon, Nomografie, numerisches Rechnen, Rechenbrett, Rechenkunst, Rechenrahmen, Rechenschieber, Rechentisch, römischer Handabakus

Die jahrtausendealte Entwicklungsgeschichte der Rechenkunst umfasst mehrere Stufen. Manche Rechenverfahren waren gleichzeitig in Gebrauch:

- Fingerrechnen,
- Linienrechnen,
- Kugelrechnen,
- Federrechnen,
- Stabrechnen oder Schieberrechnen (Rechenschieber),
- Stäbchenrechnen (Zählstäbchen in China und Japan sowie mit Neperstäbchen),
- Maschinenrechnen.

Anmerkungen
Das Brettrechnen umfasst das Linienrechnen und das Kugelrechnen. Das Rechnen mit mechanischen Rechenmaschinen war ziemlich anspruchsvoll.

https://doi.org/10.1515/9783110669664-003

3.1 Vom Kerbholz über den Abakus bis zum Mobiltelefon

Rechnen ist wie das Lesen und Schreiben eine grundlegende *Kulturtechnik* des Menschen. Im Lauf der Jahrtausende wurden verschiedene Verfahren entwickelt: Fingerrechnen, Rechnen mit Kugeln auf dem Rechenrahmen, Rechnen auf Linien mit Rechentischen, Rechnen mit dem Griffel auf der Schiefertafel oder mit der Feder auf Papier. Noch heute sind Strichlinien gang und gäbe, etwa beim Kartenspiel. Zweck der mathematischen Instrumente war und ist es, die Menschen von der beschwerlichen Rechnerei zu befreien. Noch immer bereiten Kopfrechnen und Schriftrechnen vielen Zeitgenossinnen und Zeitgenossen Kummer.

Die Geschichte der Rechentechnik ist eng verknüpft mit der Geschichte der *Himmelskunde* (Astronomie), der *Mathematik*, des *Vermessungswesens* (Geodäsie), der *Schifffahrt* (Nautik), der *Feinmechanik* (Feinwerktechnik), der *Uhrmacherkunst*, des *Instrumentenbaus* und des *Automatenbaus*. Aber auch der Maschinenbau, die Physik, die Elektrotechnik und die *Mikroelektronik* spielen eine wichtige Rolle. Manche Informatikinstitute sind aus Instituten für angewandte, praktische, numerische Mathematik hervorgegangen. Viele Informatiker waren ursprünglich Mathematiker.

Weit verbreitete Rechenhilfsmittel bzw. Datenspeicher waren – von den *Fingern* abgesehen – *Kerbhölzer*, (chinesische, peruanische) Knotenschnüre, *Rechensteine*, Rechentische und Zählrahmen. Als ältester *Digitalrechner* gilt der *Abakus*, der in zwei unterschiedlichen Formen vorliegt: als Rechenbrett (Rechentafel) und als Rechenrahmen (Kugelrechner).

Auf die Komputisten (Anhänger des Kugelrechnens) folgten die Abazisten (Befürworter des Linienrechnens). Sie wurden schließlich von den Algorithmikern (Vertreter des Federrechnens) verdrängt. Zu den Komputisten gehören auch die römischen Rechenmeister. Die Rechenkunst wurde in Rechenschulen vermittelt.

Zu den frühesten *Analogrechnern* gehören die *Astrolabien* (zweidimensionale Geräte zur Beobachtung und Lagebestimmung von Gestirnen, eine Navigationshilfe für die Seefahrt) und das geheimnisvolle Räderwerk von Antikythera. Weitere bedeutende Marksteine waren etwa der Kirchenrechner der astronomischen Uhr des Straßburger Münsters.

Im 17. Jahrhundert wurde der (logarithmische) *Rechenstab* erfunden, ein tragbares, preiswertes und geräuschloses Rechenmittel. In dieser Zeit entstanden auch die ersten *mechanischen Rechenmaschinen*. Die lauten Instrumente waren aber erst ab Mitte des 19. Jahrhunderts praktisch brauchbar. Die Zahlen wurden unmittelbar mit den Fingern oder über Drehscheiben, Schieber, Stifte (Griffel), Drehräder oder Tasten eingegeben.

Ein bedeutender Vorläufer des heutigen Computers war die (programmgesteuerte) *analytische Maschine* von *Charles Babbage*. Sie wurde nie vollendet. Eine Ablaufsteuerung gab es übrigens schon bei antiken Automaten, mittelalterlichen und neuzeitlichen Turmuhren, Figurenautomaten, Musikdosen und Webstühlen. Nach der amerikanischen Volkszählung von 1890 kamen allmählich mannigfaltig verwendbare *Lochkartenmaschinen* auf.

1931 erschien der erste Bericht über eine mächtige (elektro)mechanische *Integrieranlage* zur analogen Lösung von Differenzialgleichungen. Programmierbare mechanische Digitalrechner (Relaismaschinen, Relais = Schaltvorrichtung) tauchten ab Anfang der 1940er Jahre auf.

Es gab ein langjähriges *Nebeneinander* von (analogen) Rechenschiebern, (digitalen) mechanischen Tisch- und Taschenrechenmaschinen, mechanischen und elektronischen Analogieanlagen sowie (digitalen) mechanischen und elektronischen Ziffernrechenautomaten. Elektronische Analogrechner (Stetigrechner) und elektronische Digitalrechner (Ziffernrechner) standen miteinander im *Wettstreit*. Schließlich wurden die Analogiegeräte von den Ziffernrechenmaschinen verdrängt, denn die Rechengeschwindigkeit und das Speichervermögen der Digitalrechner hatten zugenommen. Die Röhrenrechner waren meist mit Laufzeitspeichern (Umlaufspeichern), elektrostatischen Speichern oder mit Magnettrommeln bestückt. Dann folgten Kernspeicher und Transistoren.

1946 wurden in Europa die ersten Aufsätze über den riesigen amerikanischen Elektronenrechner *Eniac* bekannt. Im gleichen Jahr fand in Philadelphia eine Vortragsreihe zum Bau von programmierbaren Rechenmaschinen statt, und die einflussreiche Abhandlung über die moderne *Von-Neumann-Rechnerbauweise* war im Umlauf. Zahlreiche Tagungen zur Rechentechnik sollten den Informationshunger stillen.

In England fand ein Wettlauf um die ersten beiden speicherprogrammierten (programmgespeicherten) Digitalrechner statt, die 1948 in Manchester und 1949 in Cambridge zur Welt kamen. Aber auch eine New Yorker Maschine (1948) beanspruchte diese Ehre. Ab 1949 lief überdies der erste australische Computer (Csirac).

Auf dem europäischen Festland waren 1950 bloß zwei Relaisrechenautomaten im Dauerbetrieb, die streifengesteuerte Zuse Z4 in der Schweiz und der schalttafelgesteuerte Bark in Schweden. *Speicherprogramm* bedeutet, dass Daten und Anweisungen in gleicher Form im selben (inneren) Speicher gehalten werden. Die Maschine wird in diesem Fall durch ein *internes* Rechenprogramm gesteuert.

Die ersten Röhrenrechner gelangten 1951 in den Handel (Ferranti mark 1 in England und Univac in den USA), und der erste speicherprogrammierte Computer Kontinentaleuropas wurde fertig gestellt, die ukrainische Mesm. „Mark" bedeutet „Modell". Die Unesco plante ein europäisches Rechenzentrum, das schließlich mit erheblicher Verspätung und mit anderer Aufgabenstellung in Rom verwirklicht wurde. Amerikanische Großunternehmen errichteten Forschungszentren im Raum Zürich (International Business Machines und Radio Corporation of America) und in Genf (Battelle Memorial Institute).

Niemand ahnte, dass der hoch geheime britische Elektronenrechner *Colossus* Anfang 1944 in Betrieb genommen wurde. Erst über dreißig Jahre später erfahren wir von seiner Existenz und vom aufreibenden Kampf mit der Turing-Welchman-Bombe gegen die Verschlüsselungsmaschine *Enigma*.

Man sprach damals von *mathematischen Maschinen*. Bis zur Jahrhundertmitte waren Rechner *Menschen*. Die Rede ist etwa von „female computer". Später unterscheidet man zwischen „human computer" und „digital computer".

In den 1950er Jahren bauten viele technische Hochschulen und Universitäten programmierbare Rechenautomaten. Man wollte den Anschluss an die Entwicklung in England und den Vereinigten Staaten nicht verpassen. Den käuflichen Geräten traute man offenbar nicht. Dafür gab es unterschiedliche Gründe: Die Maschinen waren nicht auf die eigenen Bedürfnisse zugeschnitten, zu störanfällig oder zu teuer, ihre Bedienung und Wartung zu aufwendig. Überdies war man vom Ausland abhängig. Eigenleistungen dienten zudem der Lehre und der Forschung. Die *Vermarktung* der frühen Elektronenrechner war nur an wenigen Orten erfolgreich, etwa in Manchester, Cambridge, London, Philadelphia, ferner in Delft und Dresden. Sie war aber auch nicht überall beabsichtigt.

Der Eigenbau von speicherprogrammierten Rechnern verlor in den 1960er Jahren an Bedeutung. Die Industrie lieferte nun serienmäßig gefertigte Anlagen. An den Universitäten verlagerte sich der Schwerpunkt von den Geräten zur Programmierung und zum Entwurf von *Programmiersprachen*. Es bahnte sich eine Neuausrichtung an, ein Wandel vom *Rechnerbau* zur *Nutzung* der Informatikmittel. Die frühzeitige Einführung von Informatikstudiengängen wurde allerdings vielerorts versäumt.

In den 1970er Jahren wurden die *mechanischen* Rechner – Rechenschieber wie auch Rechenmaschinen – jäh durch *elektronische* Geräte abgelöst. Die Entwicklung bahnte sich schon 1961 mit der Tischrechenmaschine Anita an. Rund zehn Jahre später waren batteriebetriebene elektronische Taschenrechner von Canon, Hewlett-Packard, Sanyo, Sharp und Texas Instruments erhältlich. In Vergessenheit gerieten nicht nur die Rechenstäbe, sondern auch viele andere analoge Geräte: Proportionalwinkel, Reduktionszirkel, Planimeter, Pantografen, Koordinatografen.

Die elektromechanischen und elektronischen Digitalrechner hatten anfänglich in erster Linie Berechnungen ausgeführt. Computer können trotz ihrer Bezeichnung jedoch vielmehr als nur rechnen. Sie sind auch in der Lage, mit Buchstaben und Sonderzeichen umzugehen. Texte werden in Form von Zahlen verschlüsselt. Das gilt auch für Fest- und Bewegtbilder (Zeichnungen, Fotos, Videos, Filme) sowie für Töne. Man spricht von nichtnumerischen Daten. Die Maschine beherrscht auch das Schachspiel.

Die auf die Verwaltung zugeschnittene maschinelle *Datenverarbeitung* verschmolz mit dem *wissenschaftlichen Rechnen*. Die Entwicklung verläuft immer stürmischer, die Lebensdauer der Geräte nimmt zusehends ab.

Vielzweckgeräte ersetzen allmählich Einzweckinstrumente, sie werden kleiner, leichter, leistungsfähiger, billiger, aber auch empfindlicher. Informationstechnik, Fernmeldewesen und elektronische, audiovisuelle Medien (Hörfunk, Fernsehen) wachsen zusammen. Verschwunden ist auch die Schreibmaschine. Das weltumspannende *Internet* verbindet die Menschheit. Das *World Wide Web* erlebt einen ungeheuren Aufschwung. Gefahren und Pannen nehmen zu. Die Privatsphäre, das Urheberrecht und das Dateneigentum werden allzu oft missachtet.

Einmal mehr erhofft man sich von *künstlichen Intelligenz* Lösungen für die Probleme der Menschheit. Von einem klugen *Allzweck*roboter sind wir aber nach wie vor meilenweit entfernt. Wie die theoretische Informatik nachweist, sind nicht alle mathematischen Aufgabenstellungen mit Digitalrechnern lösbar, selbst wenn ein unendlicher Speicher und beliebig viel Zeit zur Verfügung stehen. Die *Digitalisierung* breitet sich aus, *soziale Netze* verbinden die Menschen. Der Internethandel, das Internet der Dinge, die teilende Wirtschaft und die Technik der Blockketteerfordern neue Geschäftsmodelle. Die Druckmedien kämpfen ums Überleben. Der *Quantenrechner* steht vor der Tür.

Allgegenwärtig ist das internetfähige *Mobiltelefon.* Damit ist unterwegs je nach Größe des Bildschirms eine fast unerschöpfliche Menge von Anwendungen verfügbar: Abspielgerät (Ton und Bild), Abtastgerät (Scanner), Briefkasten, Diktiergerät, elektronische Post, Fahrplan, Fahrkartenautomat, Fernseher, Frankiermaschine, Funkgerät, Geldbörse, Höhenmesser, Internethandel, Kompass, Kamera (Foto, Video), Kino, Landkarte, Lesebuch, Lehrmittel, Navigationsgerät, Notizblock, Pulsmesser, Radio, Routenplaner, Schallpegelmesser, soziale Netzwerke, Spielzeug, Sprachübersetzung, Suchmaschine, Taschenagenda, Taschenlampe, Taschenrechner, (Bild-)Telefon, Telefonbuch, Uhr, Wetterbericht, Wörterbuch, Zeitung.

Der Weg vom Kerbholz über den Abakus bis zum dezimalen Stellenwertsystem mit der Zahl 0 und dem modernen Computer war steinig. Dazu brauchte es Jahrtausende. Man kann sich heute kaum mehr vorstellen, wie sich unsere Vorfahren mit dem Rechnen abmühen mussten. Wohin die schnelle, unaufhaltsame Reise geht, wie die Zukunft aussieht, ist kaum abzuschätzen.

Obwohl die Informatik im Vergleich zur Mathematik und zur Physik noch jung ist, liegen die Anfänge bereits im Dunkeln. Die Zeitzeugen sind gestorben, wichtige Geräte längstens verschrottet, die Dokumente entsorgt. Es ist oft schwierig, aus den wenigen Bruchstücken, den Mosaiksteinchen, ein Gesamtbild zusammenzusetzen.

Manche Bezeichnungen für althergebrachte Rechenmittel haben sich in unserer Sprache niedergeschlagen: digital ist von lateinisch „digitus“ (Finger) abgeleitet. Kalkül ist auf lateinisch „calculus“ (Rechenstein) zurückzuführen. Die Herkunft der Wendung „etwas auf dem Kerbholz haben“ ist offensichtlich. Geläufig ist auch der Ausdruck „nach Adam Ries“ (deutscher Rechenmeister).

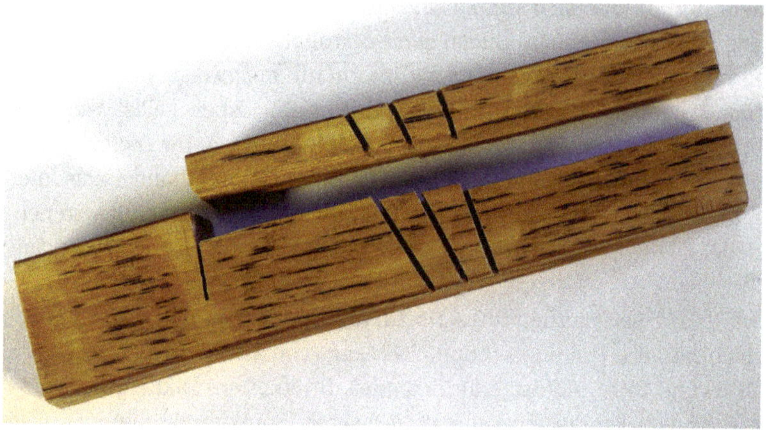

Abb. 3.1: Kerbholz. Kerbhölzer und Kerbknochen gehören zu den ältesten Zahlenspeichern. Die Werte waren eingeritzt oder eingeschnitten (eingekerbt). Das Holzstück wurde in der Länge gespalten. Solche Datenträger waren beispielsweise für den Gläubiger und den Schuldner ein fälschungssicheres Beweismittel. Beim Zusammenfügen der beiden Teile lässt sich nämlich feststellen, ob sie zusammenpassen (© Heinz-Nixdorf Museumsforum, Paderborn).

Abb. 3.2: Ishango-Knochen (vier Seiten). Der 10 cm lange, 20 000 Jahre alte Knochen wurde 1950 bei Ausgrabungen am kongolesischen Ufer des Eduardsees gefunden. An einem Ende (oben) ist ein Stück Quarz eingearbeitet. Der Knochen stammt von einem Säugetier. Der Griff des Werkzeugs weist auf drei Seiten 168 insgesamt parallele Striche auf, die in Gruppen angeordnet sind (© Institut royal des Sciences naturelles de Belgique, Brüssel).

Hinweis
Bis heute ist unbekannt, was die Einkerbungen bedeuten. Es gibt mehrere Erklärungsversuche (siehe Have you heard of Ishango?, Association pour la diffusion de l'information archéologique, Royal Belgian instititute of natural sciences, Brüssel, o.J., 21 Seiten). Dazu ein Hinweis von Albert Hafner (Institut für archäologische Wissenschaften der Universität Bern) vom 23. März 2020: „Es gibt aus dem Neolithikum der Schweiz und in Süddeutschland ähnliche Stücke, also Knochen mit eingesetztem Stein, und diese werden plausibel als Feuerschläger interpretiert (man braucht dann noch einen Flint und Zunderschwamm und kann dann Feuer herstellen). Die Kerben könnten dann gar nichts mit Rechnen zu tun haben, sondern einfach die Griffigkeit des Geräts verbessern."

Abb. 3.3: Knotenschnur (1). In Südamerika und in Asien bildeten Knotenschnüre ein Hilfsmittel für die Speicherung von Zahlen. An der waagrechten Hauptschnur sind Gruppen verschieden gefärbter dünnerer Schnüre befestigt. Diese können Unterschnüre haben. Die Knoten stellen je nach Anordnung unterschiedliche Zahlenwerte dar. Die Knotenschnur (Quipu) der Inkas nutzte gar die Zahl 0 (© Heinz-Nixdorf Museumsforum, Paderborn).

Hinweise
Bei der Zahlendarstellung spielen die Farben und die Anordnung der Knotenschnüre sowie die Art der Knoten eine Rolle (vgl. Marcia Ascher: Ethnomathematics. A multicultural view of mathematical ideas, Brooks/Cole publishing company, Pacific Grove, Kalifornien 1991, Seiten 16–26, und Marcia Ascher: Mathématiques d'ailleurs. Nombres, formes et jeux dans les sociétés traditionnelles, Editions du Seuil, Paris 1998, Seiten 28–44). Nach Gary Urton (vgl. Khipu database project der Harvard-Universität, Cambridge, http://khipukamayuq.fas.harvard.edu/) ist auch der Werkstoff (Baumwolle oder Wolle) maßgebend. Der Zahlenwert soll auch von der Länge der Schnüre und der Stellung der Knoten abhängen. Quipus wurden etwa im Zeitraum 1400 bis 1500 benutzt.

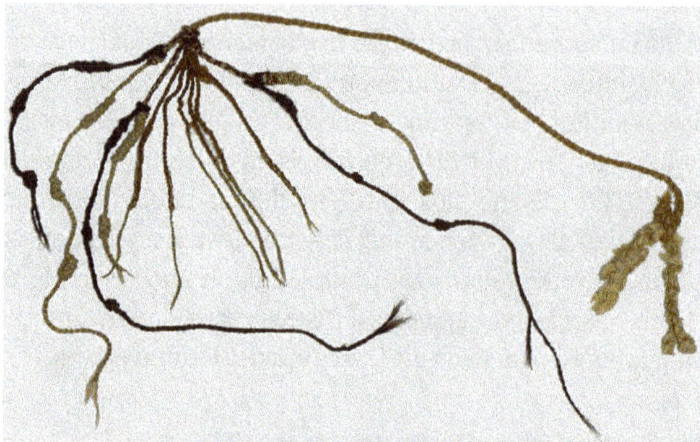

Abb. 3.4: Knotenschnur (2). Gesamtdarstellung mit Haupt- und Nebenschnüren (Inka, Peru) (© Inria/Bild: J.-M. Ramès).

Abb. 3.5: Knotenschnur (3). Ausschnitt 1 mit unterschiedlichen Knoten (© Inria/Bild: J.-M. Ramès).

Abb. 3.6: Knotenschnur (4). Ausschnitt 2 mit hängender Schnur (hell) und ihr untergeordneter Schnur (dunkel) (© Inria/Bild: J.-M. Ramès).

3.2 Fingerrechnen

Das Zählen und Rechnen mit den Fingern dürfte so alt wie die Menschheit sein, es hat sich bis heute in unterschiedlicher Ausprägung erhalten. Laut Jacob Leupold (Theatrum arithmetico-geometricum, Edition „libri rari" Th. Schäfer GmbH, Hannover 1982) ließen sich mit Fingern, Händen und Armen Zahlen bis zu einer Million darstellen. An einer Hand kann man von 1 bis 99, an zwei Händen von 1 bis 9999 zählen und auch rechnen (vgl. Jérôme Gavin; Alain Schärlig: Sur les doigts, jusqu'à 9999, Presses polytechniques et universitaires romandes, Lausanne 2014). Es gab viele weitere Hilfsmittel: Zählstäbchen, Kieselsteinchen, Muscheln. Und schon früh wurden Ergebnisse auf Kerbhölzern (z.B. Zählstöcke, Holzstäbchen, Milchstäbchen, Kerbknochen) (vgl. Abb. 3.1–3.2) oder mit Knoten (Knotenschnüre, Rechenschnüre, Müllerknoten) (vgl. Abb. 3.3–3.6) festgehalten.

Mit den Fingern wurde nicht nur gezählt, sondern auch gerechnet. Es wurden vor allem einfache Multiplikationen ausgeführt (siehe David Eugene Smith: History of mathematics, Band 2, Dover publications, Inc., New York 1958, Seiten 201–202, und Michael Roy Williams: A history of computing technology, IEEE Computer society press, Los Alamitos, California 1997, Seiten 47–53).

3.3 Abakusrechnen

Beim Abakusrechnen sind zwei Formen zu unterscheiden:
- das Linienrechnen z.B. im Sand mit frei beweglichen (losen) Steinen oder auf Rechentafeln (Rechenplatten), Rechenbrettern, Rechentischen und Rechentüchern,
- das Kugelrechnen mit Rechenrahmen (Zählrahmen) (vgl. Abb. 3.7–3.9).

Der Umgang mit dem Rechenbrett wird auch als *Brettrechnen* bezeichnet. Im Französischen wird zwischen *abaque* (Rechenbrett, Rechentafel, Rechenplatte, Rechentisch) und *boulier* (Rechenrahmen, Zählrahmen, Kugelrechner) unterschieden.

Je nach Werkstoff könnte man von Sand-, Holz-, Stein-, Metall-, Elfenbein- und Tuchabakus sprechen.

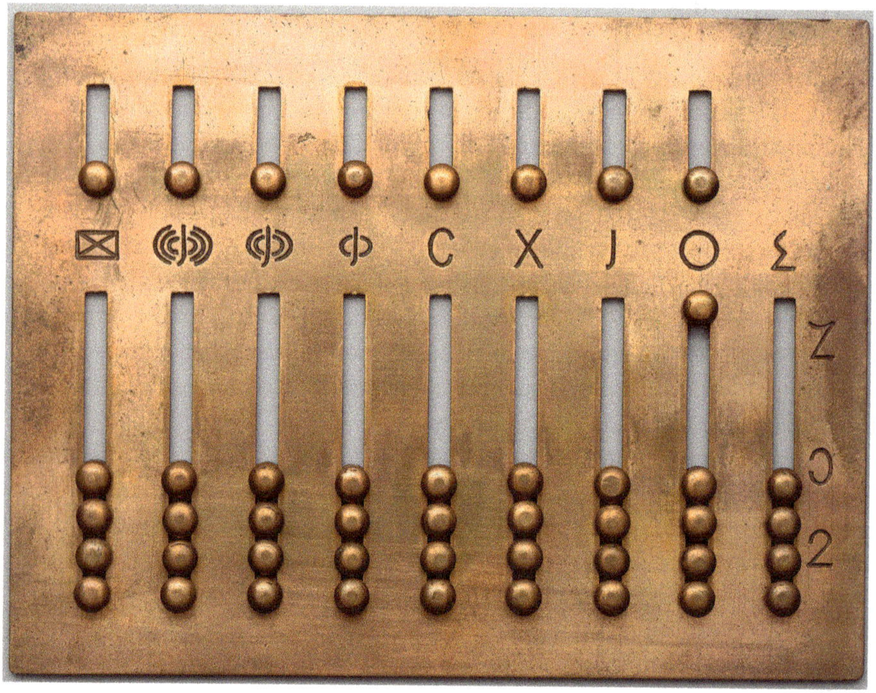

Abb. 3.7: Römischer Handabakus (1) (Nachbildung). Der Umgang mit dem römischen Zahlensystem ist beschwerlich. Mit dem Handabakus lässt sich das Rechnen aufs Zählen zurückführen. Das Gerät nutzt das Zehnersystem (unteres Feld) und das Fünfersystem (oberes Feld). Es hat sieben dezimale Spalten. Unten werden die Einer (I), Zehner (X), Hunderter (C) usw. dargestellt. Für die Tausender wurde ursprünglich das Zeichen ɸ gebraucht. Die Ziffer M wurde erst im Mittelalter eingeführt. Die oberen Knöpfe haben jeweils den fünffachen Wert. Dafür gibt es besondere Ziffern (V = 5, L = 50, D = 500). Der höchste (ganzzahlige) Wert, den dieses mathematische Instrument anzeigen kann, ist 9 999 999, also 10 Millionen minus 1. Der mit einer Kugel O gekennzeichnete Schlitz wird für die Unzen verwendet. Da 1 As (Münzeinheit) 12 Unzen hat, enthält diese Spalte unten *fünf* Einerknöpfe und oben einen *Sechser*knopf. Somit lassen sich 5+6=11 Unzen darstellen. Die Rille ganz rechts dient möglicherweise für die Wiedergabe von Halb-, Viertel- und Drittelunzen. Der römische Handabakus gilt als erster „Taschenrechner". Auf diesem Gerät ist der Wert 5 555 555 As und 7 Unzen dargestellt (© Braunschweigisches Landesmuseum, Braunschweig, Bild: Anja Pröhle).

Abb. 3.8: Römischer Handabakus (2) (Nachbildung). Die Nachbildung stimmt mit zwei Zeichnungen aus dem 17. Jahrhundert überein, die in Augsburg und Rom angefertigt wurden. Die Originale sind verschollen. Die Kopie unterscheidet sich – durch eine unterschiedliche Darstellung der Unzen-Brucheile in der rechten Rille – von drei der vier (bekannten) erhaltenen ursprünglichen Exemplaren. Bei diesem Knopfrechner ist die rechte Rille dreigeteilt. Oben werden laut Alain Schärlig die Halbunzen (S, semiuncia) eingetragen, in der Mitte die Viertelunzen (Ↄ, sicilicus) und unten die Drittelunzen (2, duella). (© Adam-Ries-Museum, Annaberg-Buchholz).

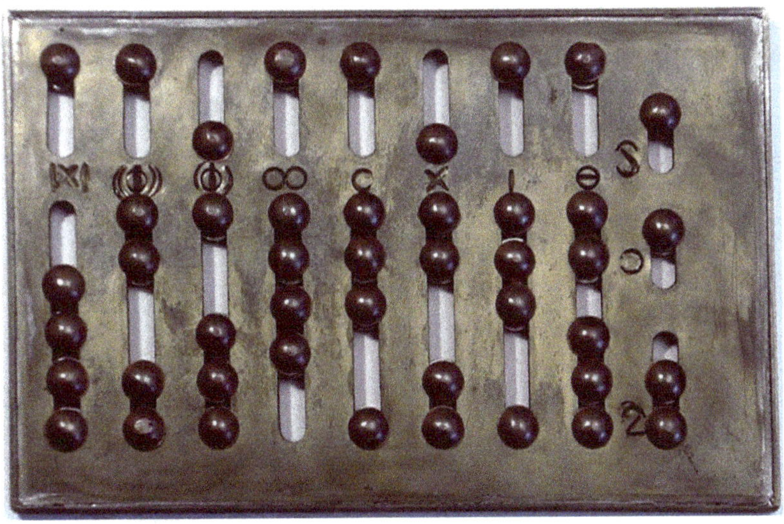

Abb. 3.9: Römischer Handabakus (3) (Nachbildung). Es gibt zahlreiche Nachbildungen des römischen Taschenrechners. Wer sie angefertigt hat, ist meist unbekannt (© Adam-Ries-Museum, Annaberg-Buchholz).

Abb. 3.10: Römischer Abakus, Aosta (Original). Vorderseite. Die Ziffernzeichen fehlen. Dieses Objekt stammt aus einem Grab, dessen übrige Beigaben eine Datierung auf Ende des 1. Jahrhunderts n.Chr. erlauben (© Regione Autonoma Valle d'Aosta, Assessorato del Turismo, Sport, Commercio, Agricoltura e Beni culturali, Dipartimento soprintendenza per i beni e le attività culturali, Archivi Patrimonio archeologico. Bild: L.Berriat).

Abb. 3.11: Römischer Abakus , Aosta (Original). Rückseite. Mit einer Ausnahme (ganz rechts) sind alle Knöpfe erhalten (© Regione Autonoma Valle d'Aosta, Assessorato del Turismo, Sport, Commercio, Agricoltura e Beni culturali, Dipartimento soprintendenza per i beni e le attività culturali, Archivi Patrimonio archeologico. Bild: L.Berriat).

Abb. 3.12: Römischer Abakus, Paris (Original). Vorderseite. Die Zahlzeichen sind schwer erkennbar. Die Schlitz ganz rechts ist einteilig (© Bibliothèque nationale de France).

Abb. 3.13: Römischer Abakus, Paris (Original). Rückseite. Bei diesem Taschenrechner fehlen zahlreiche Knöpfe (© Bibliothèque nationale de France).

Abb. 3.14: Römischer Abakus , Rom (Original). Vorderseite. Der Taschenrechner besteht aus Bronze. Die Schlitz ganz rechts ist einteilig (© Museo nazionale romano, Palazzo Massimo alle Terme, Rom).

Abb. 3.15: Römischer Abakus , Rom (Original). Rückseite. Bei diesem Taschenrechner fehlen zahlreiche Knöpfe (© Museo nazionale romano, Palazzo Massimo alle Terme, Rom).

Der verschollene römische Taschenrechner aus Elfenbein

Soweit bekannt haben nur drei oder vier Originalexemplare des römischen Handabakus überlebt. Sie bestehen aus Bronze und befinden sich in Aosta (Musée archéologique régional) (vgl. Abb. 3.10–3.11), Paris (Bibliothèque nationale de France) (vgl. Abb. 3.12–3.13) und Rom (Palazzo Massimo alle Terme). (vgl. Abb. 3.14–3.15).Es gibt noch ein viertes Gerät, aber niemand weiß, wo es ist. Am 2. März 2019 erhielt ich von

Jérôme Gavin aus Genf eine Anfrage nach dem Verbleib des prächtigen römischen Handabakus aus Elfenbein (vgl. Abb. 3.16). Das Gerät gehörte zur Sammlung von IBM Europe, Paris. Es wurde auf der Ausstellung „The wonder of numbers“ gezeigt, die vom Dezember 1986 bis Mai 1987 in Paris (Tour Pascal, Cité Galilée) stattfand, und war zeitweise auch in Sophia Antipolis ausgestellt. Die Vereinigung Amisa (Association pour le musée international du calcul de l'informatique et de l'automatique de Valbonne Sophia Antipolis) betreute von 1991 bis 2008 leihweise einen Teil der IBM-Sammlung. Seit der Rückgabe an den Eigentümer ist ihr Standort unbekannt. IBM Europe gibt es nicht mehr. Die Sammlung wurde angeblich aufgelöst und möglicherweise versteigert. 1984 hatte IBM Europe einen großen Teil der (ehemaligen) Sammlung von Lucien Malassis erworben. – Der römische Handabakus im British Museum, London, ist kein Original.

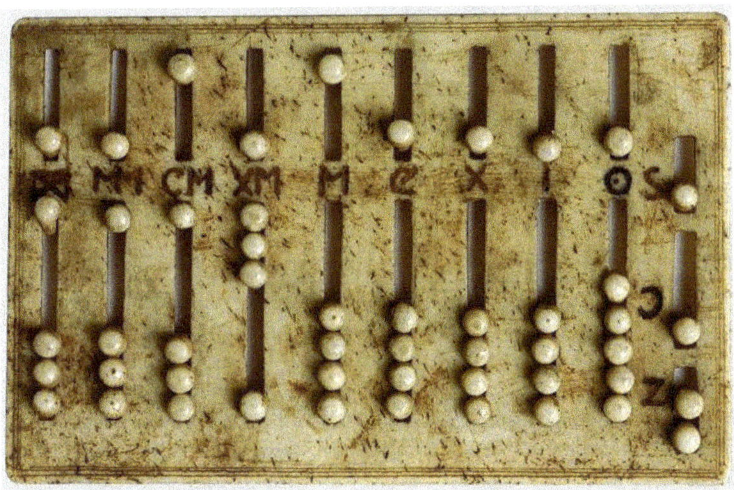

Abb. 3.16: Römischer Handabakus aus dem 2. bis 5. Jahrhundert. Der italienische Taschenrechner aus Elfenbein ist verschollen. Es gab feste (stationäre) und tragbare (mobile) Vorrichtungen. Sie bestanden aus Sand, Holz, Stein, Metall , Elfenbein oder Tuch (© Inria/Bild: J.-M. Ramès).

IBM hat die Begeisterung für die Informatikgeschichte verloren

Seit vielen Jahren versuche ich, mehr über die Sammlung historischer Rechengeräte von IBM zu erfahren, besonders in Frankreich, Deutschland und den USA. Im Raum Stuttgart gab es ein „Haus der Geschichte“, der blaue Riese gab es jedoch auf. Über den Verbleib der Pariser Sammlung tappt man im Dunkeln. Bei New York befindet sich das Konzernarchiv. Dessen Sammlung ist aber nicht mehr öffentlich zugänglich.

Hinweis

Es besteht kein Zusammenhang zwischen der Sammlung von IBM Europe (Paris La Défense) und dem Musée de l'informatique (Paris, La Défense), das 2007 eröffnet und 2010 geschlossen wurde.

Zahlendarstellung

Die Zahlen werden auf dem römischen Rechner ähnlich dargestellt wie bei den chinesischen und japanischen Modellen (vgl. Abb. 3.17).

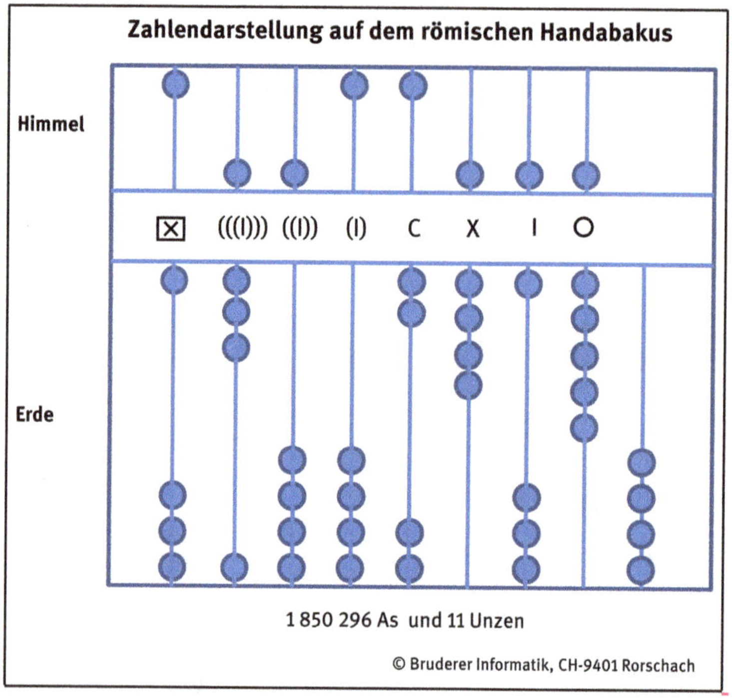

Abb. 3.17: Zahlendarstellung. Die Römer kannten zwar keine Ziffer für die Null, konnten die Null (=Nichts) aber auf dem Abakus darstellen. Auf dem Knopfrechner lässt sich auch das Stellenwertsystem abbilden. Bei der römischen Währung hatte 1 As 12 Unzen (zweite Spalte von rechts).

Allgemein wird vermutet, dass die Knöpfe in der Spalte ganz rechts die Werte ½ (oben), ¼ (Mitte) und je ⅓ (unten) haben (vgl. Abb. 3.18). Ist die rechte Spalte einteilig, ist die Handhabung etwas verwirrend, bei Teilen ist sie einfacher.

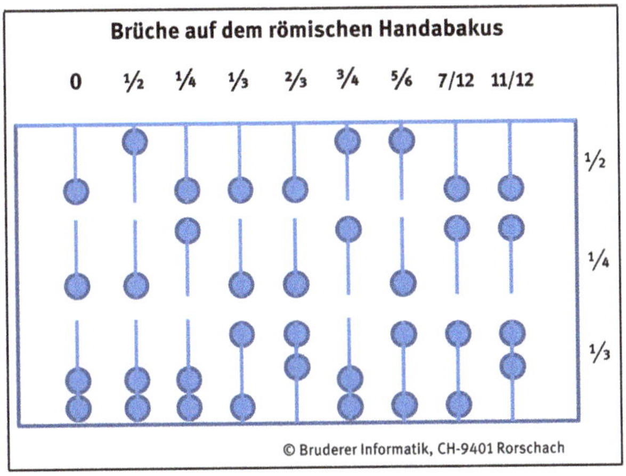

Abb. 3.18: Brüche auf dem römischen Handabakus. Auf dieser Zeichnung sind drei getrennte (senkrechte) Rillen vorhanden. Diese Werte lassen sich aber auch auf einer einteiligen Rille darstellen.

Die Annahme, dass die beiden Knöpfe unten den Wert von je ⅓ haben, hat aus heutiger Sicht zur Folge, dass

- folgende Brüche nicht dargestellt werden können: 1/12, 2/12 und 5/12,
- folgende Brüche über 12/12 dargestellt werden können: 13/12, 14/12 und 17/12 (vgl. Abb. 3.19).

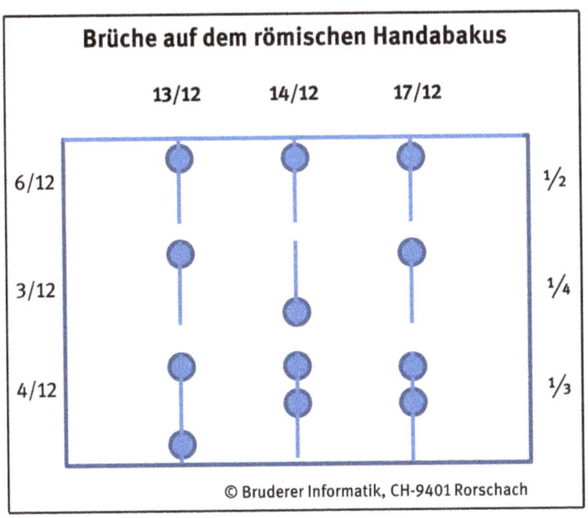

Abb. 3.19: Werte größer als 1. Haben die beiden unteren Knöpfe wirklich den Wert ⅓?.

Ordnet man den untersten Knöpfen je den Wert 1/12 zu, ergibt sich eine scheinbar sinnvolle Lösung (vgl. Abb. 3.20). Damit lassen sich lückenlos alle Brüche von 1/12 bis 11/12 einstellen.

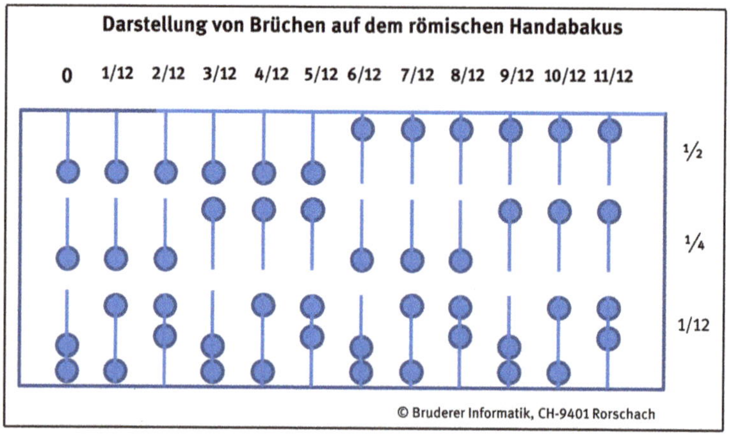

Abb. 3.20: Darstellung aller Bruchteile von 1/12 bis 11/12. Nimmt man an, dass die beiden untersten Knöpfe den Wert 1/12 haben, lassen sich die Brüche lückenlos eintragen. Trotzdem ist diese Lösung nur scheinbar richtig.

Der unterste Knopf hat nicht den Wert 1/12

Für die Unzen-Bruchteile (letzter Schlitz) hätte man den Unzen-Schlitz (vorletzter Schlitz) wiederholen können. Denn damit ließen sich (wesentlich einfacher) alle Bruchteile von 1/12 bis 11/12 wiedergeben. Man kann daher davon ausgehen, dass die untersten Knöpfe nicht den Wert 1/12 haben. Auf dem römischen Handabakus lassen sich zwar Brüche darstellen, sie vertragen sich aber schlecht mit dem römischen Ziffernsystem.

Die Verwendung der letzten Spalte bleibt ein Rätsel

Die Mathematikhistoriker Alain Schärlig und Jérôme Gavin halten die in Wikipedia vorgestellte Lösung für falsch. Es ist unsicher, wofür die Zeichen neben dem letzten Schlitz stehen. In der römischen Währung gab es übrigens nur Halbunzen. Durch die Geldentwertung hätte eine Zwölftelunze ohnehin nur einen sehr geringen Wert gehabt.

Wie haben die Römer mit ihrem Ziffernsystem gerechnet?

Ich gehe davon aus, dass die *Römer mit dem Abakus gerechnet und die römischen Zahlen nur für die Aufzeichnung der Ergebnisse genutzt haben.* Die Erfahrung mit dem chinesischen, japanischen und russischen Kugelrechner sowie dem Schulzählrahmen zeigt, dass man mit diesen Geräten sehr schnell rechnen kann. Die Addition und die

Subtraktion sind einfach, die Multiplikation und die Division allerdings anspruchsvoller (vgl. Abb. 3.21).

Quellen

Herbert Bruderer: Zeitrechnung. Wie genau ist unser Kalender? Warum gibt es in der christlichen Zeitrechnung kein Jahr Null? 2011, https://doi.org/10.3929/ethz-a-006450534

Jérôme Gavin, Mitteilung vom 18. Februar 2019

Yoshihide Igarashi u.a.: Computing. A historical and technical perspective, CRC press, Boca Raton 2014

Hermann Karcher: Konnten die Römer wirklich nicht rechnen?, Mitteilungen der DMV, 2014|, Nr. 22, Seiten 140–141, https://www.degruyter.com/downloadpdf/j/dmvm.2014.22.issue-3/dmvm-2014-0056/dmvm-2014-0056.pdf

Hermann Karcher; Heidrun Gansohr-Meinel: Der Abakus– völlig unterschätzt, in: epoc, 2012, Nr. 1, Seite 77, https://www.spektrum.de/pdf/77-77-epoc-01-2012-pdf/1142345?file

Alain Schärlig: Compter avec des cailloux. Le calcul élémentaire sur l'abaque chez les anciens Grecs, Presses polytechniques et universitaires romandes, Lausanne 2001

Alain Schärlig: Compter avec des jetons. Tables à calculer et tables de compte du Moyen Age à la Révolution, Presses polytechniques et universitaires romandes, Lausanne 2003

Alain Schärlig, Mitteilung vom 18. Februar 2019

https://en.wikipedia.org/wiki/Roman_abacus

Aus der Kerbe entstand auch das römische Zahlzeichen

Für die Entstehung der bekannten römischen Zahlzeichen I, II, III, V, X usw. dürfte es kaum eine bessere Erklärung geben als die, daß diese Zeichen aus den Kerbschnitten auf Kerbhölzern hervorgegangen sind. Man muß sich noch einmal das Bild des Doppelkerbholzes auf S. 13 ansehen, um zu erkennen, wie innerlich verwandt diese Zeichen mit den Runen und Kerben im Grunde sind.

Ursprünglich stellte man die Zahlen von 1—9 durch ebenso viele senkrechte Kerben oder Striche dar; das Zehnfache wurde durch einen Querstrich angedeutet: (10) (20) (30).

Daraus entstand dann z. B. das Zeichen X für 10. Durch Halbierung des X folgte hieraus das Zeichen V für 5, wobei sich die Römer für die obere Hälfte, die Etrusker dagegen für die untere Hälfte (Λ) entschieden. Durch nochmaliges Durchstreichen erhielt man das Zeichen ✳ für 100, das sich später in die Form)K wandelte. Aus Bequemlichkeitsgründen benutzte man dann nur den rechten Teil (C), zumal dieser auch dem Wort centum = hundert entsprach.

M = 1000 entstand aus dem Wort mille = tausend, aber erst im Mittelalter; der Römer stellte die Zahl durch Einklammern der I oder X, also mit (I) bzw. (X) dar. Durch Abrundung der Klammern entstand daraus das Zeichen ∞ für 1000. Ebenso häufig wurde es aber auch durch einen einfachen Strich, lat. vinculum, ersetzt; beispielsweise finden wir in einer Inschrift $\overline{\text{VII}}$CCCL für die Zahl 7350. Diese Schreibweise ist allerdings streng von dem Strich zu trennen, mit dem die Zahlzeichen „eingestrichen" wurden (zur Unterscheidung von den Buchstaben). Das Zeichen D = 500 ist eigentlich die rechte Hälfte von (|) = 1000. Durch Verdoppeln und Verdreifachen der Klammern haben sich die Zeichen ((|)) für 10000 und (((|))) für 100000 gebildet. Für noch höhere Zahlen benutzte man wieder die niedrigen Zahlzeichen in Verbindung mit Strichen und dergleichen.

Galba beklagt sich beim Kaiser Tiberius über das ihm geschehene Unrecht

So schrieb man die Zahl 1000000: |$\overline{\text{X}}$|; die Zahl 1170600 also: |$\overline{\text{X}}$| $\overline{\text{CLXX}}$DC. Diese Darstellungsweise gab naturgemäß leicht zu Irrtümern oder Fälschungen Anlaß.

Als Beispiel hierfür sei der Bericht des römischen Schriftstellers *Sueton* erwähnt, der um 200 n. Chr. lebte. Nach dessen Aufzeichnungen hatte die Gemahlin des Kaisers Augustus, *Livia*, einem verdienten Römer mit Namen *Galba* 50 Millionen Sesterzen vermacht und diese Zahl in der Urkunde geschrieben |$\overline{\text{D}}$|. Ihr Stiefsohn, der nachmalige Kaiser *Tiberius*, der als ihr Haupterbe die Summe auszahlen sollte, habe den einen Teil des Rahmens weggelassen, so daß $\overline{\text{D}}$ = 500000 entstand. *Tiberius* hatte damit also die Summe auf den 100. Teil eigenmächtig in betrügerischer Weise herabgesetzt, eine Tat, bei der ihm die Mangelhaftigkeit der großen römischen Zahlzeichen zu Hilfe kam.

Abb. 3.21: Römische Ziffern. Dieser Text erklärt die Herkunft und die Darstellung der römischen Zahlzeichen (Quelle: Max Hartmuth: Vom Abakus zum Rechenschieber, Verlag Boysen & Maasch, Hamburg 1942, Seite 14).

3.3.1 Das Rechnen mit römischen Zahlen ist aufwendig

Wir rechnen im dezimalen Stellenwertsystem und verwenden dazu indoarabische Ziffern. Wie geht man aber mit römischen Ziffern und ohne Null in einem additiven Zahlensystem um, wenn kein Handabakus zur Verfügung steht?

Vorbemerkung
Beim Rechnen mit römischen Zahlen spielt die Reihenfolge der Ziffern keine Rolle. Ausnahmen: Steht eine kleinere Einheit links neben einer größeren Einheit, so wird sie von der größeren abgezogen: IV, IX, IL, IC, ID, IM; VL, VC, VD, VM; XL, XC, XD, XM; LD, LM sowie CD und CM.

Addition
Die Summanden werden wie beim Abakus zusammengezählt (vgl. Tab. 3.1–3.2). Bei Bedarf müssen die Zeichen zusammengefasst (gebündelt) werden.

Tab. 3.1: Addition im römischen Zahlensystem 1

2	II	6	VI	4	IV	13	XIII	50	L
+3	III	+4	IV	+12	XII	+9	IX	+40	XL
=5	IIIII	=10	VV	=16	XVI	22	XXII	90	XLL
	V		X						XC

Tab. 3.2: Addition im römischen Zahlensystem 2

160	CLX	280	CCLXXX	888	DCCCLXXXVIII
+44	XLIV	+370	LXX CCC	+449	CDIL
=204	CLLIV	=650	CCCCCLLXXXXX	=1337	DDCCLLXXXVII
	CCIV		DCL		MCCCXXXVII

Subtraktion
Die Subtrahenden werden wie beim Abakus vom Minuenden abgezogen (vgl. Tab. 3.3). Bei Bedarf müssen die Zeichen aufgelöst (zerlegt) werden. Ziffern, die sowohl im Minuenden als auch im Subtrahenden vorkommen, können gestrichen werden.

Tab. 3.3: Subtraktion im römischen Zahlensystem

2345	MM		CC~~C~~		XX~~XX~~	~~V~~		
-678		D	~~C~~	L	~~XX~~	~~V~~	III	
	MM		CC		XX			– D L III
	M	D~~D~~	C	L~~L~~	X	V	II~~III~~	– ~~D~~ ~~L~~ ~~III~~
=1667	M	D	C	L	X	V	II	

Multiplikation

Die Multiplikation ist eine wiederholte Addition. Der Faktor 23 wird 6 x zusammengezählt (vgl. Tab. 3.4). So rechnet man auch auf dem Abakus, ähnlich rechneten auch die meisten mechanischen Rechenmaschinen. Im Altertum und im Mittelalter gab es auch andere Verfahren wie das Verdoppeln (Duplieren), das Gitternetzverfahren (Gelosia) und die ägyptische Multiplikation (abessinische Multiplikation).

Tab. 3.4: Multiplikation im römischen Zahlensystem

23	XXIII
+23	XXIII
=46	XL VI
+23	XXIII
=69	LX IX
+23	XXIII
=92	XCII
+23	XXIII
=115	CXV
+23	XXIII
138	CXXXVIII

Division

Die Division ist eine wiederholte Subtraktion. Der Divisor 7 kann 8x vom Dividenden 56 abgezogen werden (vgl. Tab. 3.5). So rechnet man auch auf dem Abakus, ähnlich rechneten auch die meisten mechanischen Rechenmaschinen. Im Mittelalter gab es auch andere Verfahren, z.B. das Halbieren (Medieren).

Tab. 3.5: Division im römischen Zahlensystem

56	XXXX VV V I
-7	V II
=49	XXXX V IIII
-7	V II
=42	XXX VV II
-7	V II
=35	XX VV V
-7	V II
=28	XX V III
-7	V II
=21	X VV I
-7	V II
=14	VV IIII
-7	V II
=7	V II
-7	V II
0	-

Shannons römischer Tischrechner

Das MIT-Museum in Cambridge, Massachusetts, bewahrt einen Relaisrechner von Claude Shannon, der im römischen Zahlensystem rechnet (vgl. Abb. 3.22).

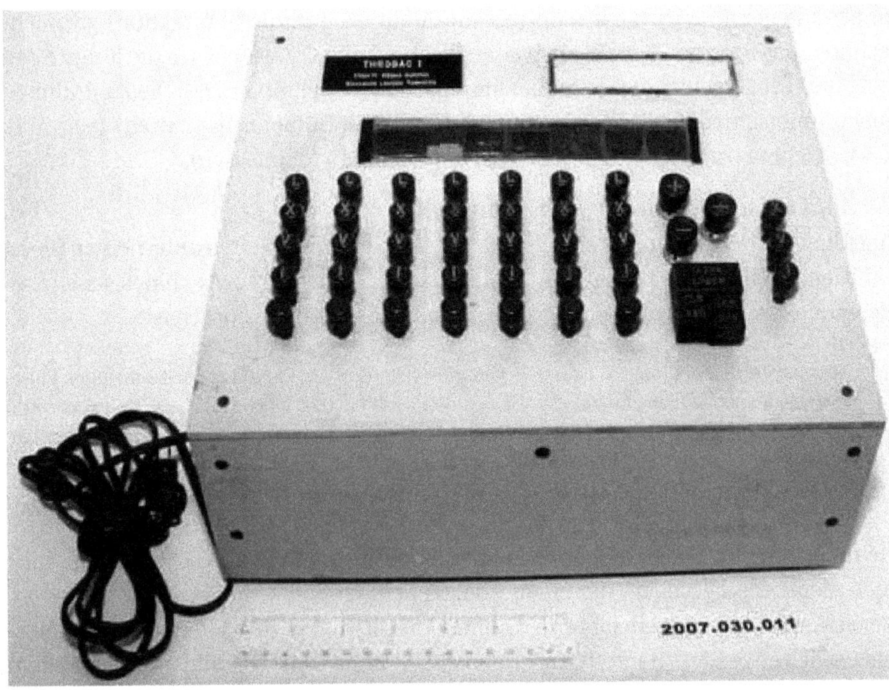

Abb. 3.22: Relaisrechner Throbac. Der Tischrechner von Claude Shannon arbeitet im römischen Zahlensystem (© MIT Museum, Cambridge, Massachusetts).

Throbac (*Th*rifty *Ro*man-numeral *ba*ckward looking *c*omputer) ist ein Tischrechner, der vollständig im römischen Zahlensystem rechnet. Er beherrscht die vier Grundrechenarten Addition, Subtraktion, Multiplikation und Division und arbeitet gleich wie ein damals üblicher elektromechanischer Tischrechner. Die Maschine akzeptiert verschiedene Schreibweisen (IV oder IIII, IL oder XLIX). IIIIIV wird alsO gedeutet. Die Multiplikation wird als wiederholte Addition durchgeführt, die Division als wiederholte Subtraktion. Für die Multiplikation 7 x 8 wird zuerst der Multiplikand VII eingegeben, anschließend der Multiplikator Zahl für Zahl I, I, I, V.

Quellen

Claude Elwood Shannon.: Throbac I, Bell Laboratories Memorandum, April 9, 1953 (Claude Elwood Shannon: collected papers, hg. von N. J. A. Sloane, Aaron D. Wyner, Piscataway, NJ : IEEE Press 1993, Seiten 695–698)

Michael Roy Williams: A history of computing technology, IEEE Computer society press, Los Alamitos, California 1997, Seiten 7–8

3.3.2 Kugelrechnen/Rechnen mit Kugeln

Bei den weit verbreiteten Rechenrahmen sind die Kugeln oder Perlen auf senkrechten oder waagrechten Gleitstangen aufgereiht. Man spricht auch von Zählrahmen, denn im Grunde genommen muss man (für die Addition und die Subtraktion) gar nicht rechnen. Das Rechnen mit Kugeln war in Russland und Ostasien bis in die jüngste Zeit gang und gäbe, ist nun aber offenbar am Aussterben (vgl. Abb. 3.23). Die Zählrahmen haben unterschiedliche Formen: Abakus (römisch), Soroban (japanisch) (vgl. Abb. 3.24), Stschoty (russisch) (vgl. Abb. 3.25) und Suanpan (chinesisch).

Der Abakus ist in China längst verschwunden
Eine Umfrage bei drei Dozenten, die an chinesischen Universitäten unterrichten (Pong Chi Yuen, China; Chris Leslie, USA; Walter Gander, Schweiz) sowie chinesischen Studierenden macht klar, dass der Abakus in China längst ausgestorben ist:

> „You may be disappointed to hear that romantic visions of old Canton are just a memory. I have never seen anyone using an abacus – my students tell me that maybe their grandparents could do it, but not them or their parents. Today, the Chinese use cash registers or solar calculators like everyone else – and when they pay they use their mobile phones instead of cash or cards. In that way they are far ahead of the US". (Mitteilung von Chris Leslie vom 17. Januar 2018).

Die romantischen Vorstellungen vom alten Kanton sind längst Geschichte. Ich habe noch niemanden gesehen, der einen Abakus benutzt hat. Wie mir meine Studierenden erzählen, haben vielleicht ihre Großeltern, nicht aber ihre Eltern oder sie selbst das Gerät verwendet. Heute braucht das chinesische Volk wie alle anderen Ladenkassen oder Solarrechner. Sie bezahlen nicht bar oder mit Karten, sondern mit dem Mobiltelefon. In dieser Beziehung sind sie den Amerikanern weit voraus.

Abb. 3.23: Abakus in einer chinesischen Bäckerei. Diese Aufnahme dürfte Seltenheitswert haben (© Jiang Yi Geiger, Qingdao 2015).

Abb. 3.24: Japanischer Rechenrahmen (Soroban). Solche Zählrahmen waren jahrhundertelang weit verbreitet. Kugelrechner gehören zu den ältesten (digitalen) Rechenhilfsmitteln. Sie ermöglichen alle vier Grundrechenarten, der Zehnerübertrag geschieht dabei von Hand. Ein Vorläufer ist der römische Handabakus (© Deutsches Technikmuseum, Berlin).

Bei den zweiteiligen Rechenrahmen haben die Kugeln oberhalb des Stegs den fünffachen Wert. Für das Rechnen werden die Kugeln zum Steg hin oder vom Steg weg geschoben. Der obere Bereich des Kugelrechners wird „Himmel“ genannt, der untere „Erde“. Auf den Abakus folgte das (verwandte) Rechnen auf (den) Linien. Je nach Bauform haben die Rechenrahmen unterschiedlich viele Kugeln je Stelle (vgl. Tab. 3.6).

Tab. 3.6: Übersicht über die gängigen Rechenrahmen (Kugelrechner)

Rechenrahmen (Kugelrechner) im Vergleich				
Name	**Herkunft**	**Form**	**Stangen**	**Anzahl Kugeln je Stelle**
Abakus	römisch	zweiteilig	senkrecht	4 + 1
Soroban	japanisch	zweiteilig	senkrecht	4 + 1, 5 + 1, 5 + 2
Stschoty	russisch	einteilig	waagrecht	10
Suanpan	chinesisch	zweiteilig	senkrecht	5 + 2

Anmerkungen
Die Angaben 4 + 1, 5 + 2 bedeuten 4 bzw. 5 (untere) Kugeln mit dem einfachen Wert (Erdkugeln oder Erdperlen) und 1 oder 2 (obere) Kugeln (Himmelskugeln oder Himmelsperlen) mit den fünffachen Wert. Die Beträge gelten entsprechend für die Einer, Zehner, Hunderter usw. Beim Soroban überwiegt die Anordnung 4 + 1.

Die russischen Rechenrahmen haben keinen Trennbalken, es gibt daher nur ein Feld. Die zwei mittleren Kugeln sind anders gefärbt, was die Handhabung erleichtert. Die Stangen mit vier Kugeln dienten für Viertelrubel und ggf. Viertelkopeken.

Mit Rechenrahmen lassen sich alle vier Grundrechenarten durchführen. Es gelten ähnliche Rechenregeln wie beim Rechentisch.

3.3.3 Russischer Rechenrahmen sowie Schulrechenbrett

Der russische Rechenrahmen und das Schulrechenbrett haben üblicherweise 10 *waagrechte* Stangen zu je *10* Perlen. Damit lassen sich Zahlen von 0 bis 10 Milliarden darstellen. Diese dezimalen Kugelrechner haben keinen Zwischensteg, es wird nicht zwischen Himmel und Erde unterschieden.

Der Fünferübertrag entfällt. Dadurch lässt sich das Rechnen beschleunigen. Das gilt vor allem für die Multiplikation (wiederholtes Hinzufügen) und die Division (wiederholtes Abziehen). So kann man etwa bei der schwierigsten Grundrechenart, der Division, einfach den Divisor mehrfach abzählen. Der Zehnerübertrag erfolgt gewohnheitsmäßig. Für den Rechenvorgang benötigt man den Multiplikator und den Divisor nicht. Es ist aber sinnvoll, diese als Gedächtnisstütze und für Kontrollzwecke zu verwenden.

In der Grundstellung (Nullstellung) sind alle Perlen entweder links oder rechts, das Ergebnis steht rechts bzw. links. Beim Rechnen bzw. Zählen schreitet man vorzugsweise von rechts (Einer) nach links (Zehner, Hunderter usw.) vor. Das vereinfacht in gewissen Fällen den Zehnerübertrag.

Die Kugelrechner sind eine vorzügliche Lernhilfe fürs Zählen und Rechnen. Mit diesen Geräten kann man nach ausreichender Erfahrung mit hoher Geschwindigkeit rechnen.

Abb. 3.25: Russischer Rechenrahmen (Stschoty). Beim russischen Abakus sind die Holzperlen waagrecht in Zehnerreihen angeordnet. Die mittleren beiden Kugeln sind anders gefärbt, um die Handhabung zu erleichtern. Stangen mit vier Perlen kennzeichnen entweder die Kommastelle oder geben Viertel wieder (z.B. 1/4 Rubel). Manchmal tragen auch die Kugeln der Tausenderstäbe eine andere Farbe. Hersteller und Baujahr dieses Abakus sind unbekannt (© ETH-Bibliothek Zürich, Sammlung Sternwarte).

3.4 Rechentisch, Rechenbrett (= Rechentafel) und Rechentuch

Für das Rechnen bzw. Zählen auf dem Rechentisch (vgl. Abb. 3.26) und vergleichbaren Hilfsmitteln wie Rechentuch und Rechenbrett (im Sinn von Rechentafel) gelten grundsätzlich die gleichen Regeln wie beim Kugelrechnen.

Anstelle von Metallstangen hat der Rechentisch *waagrechte Linien*. Die Perlen werden durch *Rechenmarken* (Rechensteine, Rechenmünzen, Rechenpfennige) ersetzt. Sie müssen nicht auf Stäben verschoben werden, sondern werden auf den Tisch gelegt bzw. vom Tisch genommen. Die Rolle von Himmel und Erde übernehmen *Linien* und *Zwischenräume*. Auf den Linien kommt den Rechensteinen ein einfacher

Wert zu, in den Zwischenräumen zählen die Marken fünffach. Das Linienschema erleichtert die Übersicht.

Fünf Rechensteine auf einer *Linie* werden jeweils – beispielsweise bei einer Addition – zu *einer* einzigen Rechenmarke im nächsten, darüber liegenden *Zwischenraum* zusammengefasst. *Zwei* Rechenmarken in einem *Zwischenraum* werden zu *einem* Rechenstein auf der darüber liegenden *Linie* gebündelt. Umgekehrt findet, vor allem bei der Subtraktion, bei Bedarf sinngemäß eine Entbündelung, eine Auflösung in Rechenpfennige mit geringerem Wert, statt (vgl. Kasten).

Rechentische haben ein oder mehrere Rechenfelder. Bei mehreren Rechenfeldern können die beiden Summanden bzw. Minuend und Subtrahend in verschiedene Felder gelegt werden.

Zusammenfassung und Auflösung von Rechensteinen

Beim Linienrechnen auf dem Rechentisch sprach man von

- Elevieren
  Bündelung, Zusammenfassung, Bereinigung:
  Beispiel: Bei der Addition wurden 5 *Einer*steine (auf der Linie) durch 1 *Fünfer*stein (im Zwischenraum) ersetzt, sie wurden höher gelegt, gebündelt.
- Resolvieren
  Auflösung, Zerlegung, Entbündelung:
  Beispiel: Bei der Subtraktion wurde 1 *Fünfer*stein (im Zwischenraum) in 5 *Einer*steine (auf der Linie) zerlegt, er wurde tiefer gelegt, entbündelt.
- Duplieren
  Verdoppeln
- Medieren
  Halbieren.

Ergänzungen

Beim *Kugelabakus* werden Perlen (auf Stangen) verschoben, beim *Legeabakus* (Linienabakus) werden Rechensteine (auf Linien) gesetzt.

Ist der Rechenrahmen eine Rechenmaschine? Darüber gehen die Meinungen auseinander (vgl. Kasten).

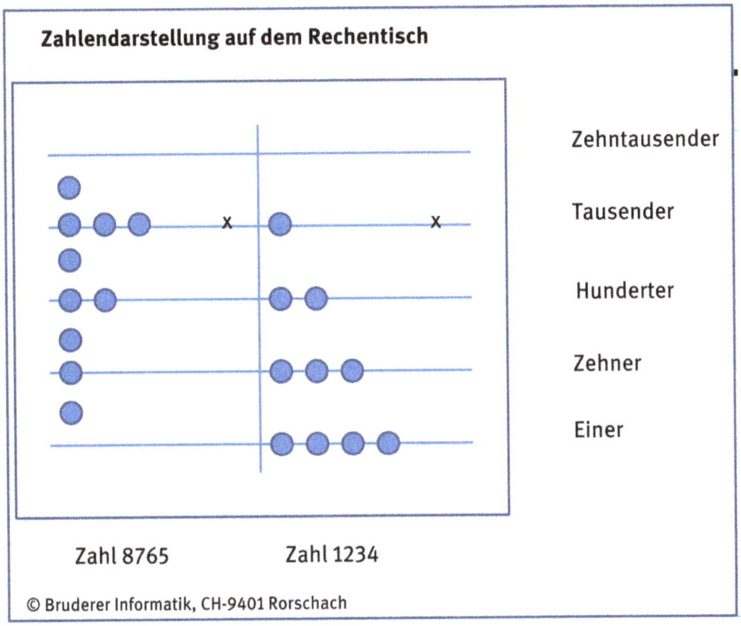

Abb. 3.26: Rechentisch, Zahlendarstellung. Die Rechensteine werden entweder auf die Linien gesetzt, wo sie einen einfachen Wert haben, oder in die Zwischenräume, was zu einem fünffachen Wert führt. Auf einer Linie dürfen höchstens vier Rechenmarken stehen. In einem Zwischenraum ist nur eine einzige Rechenmünze erlaubt. Wird diese Zahl überschritten, werden die Steine (calculi) gebündelt (einer höheren Einheit zugeordnet). Es gelten grundsätzlich die gleichen Rechenregeln wie beim Zählrahmen (Kugelrechner). x bedeutet Tausenderlinie (© Bruderer Informatik, CH-9401 Rorschach).

Ist der Kugelrechner (Zählrahmen) eine Rechenmaschine?
Wie unscharf Begriffserklärungen sind, macht der Ausdruck „Maschine“ deutlich. Soll man zwischen Rechen*gerät* (Rechenhilfsmittel *ohne* automatischen Zehnerübertrag) und Rechen*maschine* (Rechenhilfsmittel *mit* automatischem Zehnerübertrag) unterscheiden, wie das bei mechanischen Digitalrechnern üblich ist? Wie verhält sich dies bei den mechanischen Analogrechnern? Für die einst weit verbreiteten Rechenschieber erübrigt sich eine derartige Abstufung.

Nach einer gängigen Meinung hat eine Rechenmaschine einen anspruchsvolleren Aufbau als ein Rechengerät, sie enthält beispielsweise ein Räderwerk. Elektronenrechner sind sehr vielschichtig, sie kommen mit immer weniger mechanischen Teilen aus.

Bei den elektronischen Rechnern ist die Rede von Rechen*geräten*, Rechen*maschinen* und Rechen*anlagen*, unabhängig von ihrer Größe. Diese Benennungen werden meist in gleichem Sinn gebraucht. Bei den mechanischen Rechenhilfsmitteln ist ein Rechengerät einfacher als eine Rechenmaschine, bei den elektronischen Rechenhilfsmitteln wird in den zeitgenössischen Schriften keine solche Zweiteilung vollzogen.

Der Rechenrahmen (Kugelrechner, Zählrahmen) mit waagrechten Stangen wird ab und zu auch als *Kinderrechenmaschine* bezeichnet. Die Bauweise der „Kugelrechenmaschine“ ist sehr einfach, der Zehnerübertrag wird von Hand durchgeführt. Der „Abakus“ wird hier daher nicht als Maschine betrachtet. Solche Abgrenzungen sind fließend, etwas willkürlich und eine Ermessenssache.

3.4.1 Linienrechnen/Rechnen auf Linien

Schon im Altertum wurde mit Rechensteinen (calculi) auf Tafeln gerechnet, die mit Liniensystemen ausgestattet waren. Linienrechnen gab es schon bei dem Römern. Die Linienfelder auf den Rechentischen sind mit römischen Ziffern (I = 1, V = 5, X = 10, L = 50, C = 100, D = 500, M = 1000) und mit Kürzeln für Währungen, Gewichte, Hohlmaße u.a. beschriftet. Die unterste waagrechte Linie ist für die Einer bestimmt, die zweitunterste für die Zehner. Die nächsten jeweils parallelen Linien nehmen Hunderter und Tausender auf. Der Zwischenraum zwischen den untersten beiden Linien hat den Wert 5, der nächste Zwischenraum zählt 50, der dritte 500. Gerechnet wird mit Münzen. Diese Rechenpfennige (Jetons) kamen anfänglich aus Frankreich und wurden später in großen Mengen in Nürnberg angefertigt. Sie werden auf die Linien bzw. in die Zwischenräume gelegt. Auf einer Linie dürfen grundsätzlich höchstens vier Rechensteine stehen (Werte: 4, 40, 400, 4000), in den Zwischenräumen ist nur ein Stück zulässig (Werte: 5, 50, 500, 5000). Diese Vorgaben gelten für Schluss-, nicht aber für Zwischenergebnisse. Die Rechenmünzen waren reich verziert, waren aber nicht als Zahlungsmittel gedacht.

Die Rechentische eignen sich für alle vier Grundrechenarten (Addition, Subtraktion, Multiplikation, Division). Für das Rechnen mit Münzen (Linienrechnen) und das Schriftrechnen haben Adam Ries (1492–1559) und andere unzählige (handgeschriebene und gedruckte) Rechenbücher verfasst. Ein besonders wertvolles Lehrbuch zur Rechen- und Messkunst kam 1727 auf den Markt: Jacob Leupold, Theatrum arithmetico-geometricum, Christoph Zunkel, Leipzig.

Nach einer Mitteilung von Rainer Gebhardt vom 2. Oktober 2017 hat Adam Ries sein erstes Rechenbuch („Rechnung auf der Linien“) 1518 in Erfurt verfasst. Wann es gedruckt wurde, ist unbekannt. Drei weitere Auflagen erschienen 1525, 1527 und 1530. Das zweites Rechenbuch („Rechnung auf der Linien und Federn“) (vgl. Abb. 3.27) kam 1522 heraus, das dritte Rechenbuch („Practica“) 1550. Ein weiteres Werk („Rechenbuch/Uff Linien unnd Ziphren“) erschien 1565 (vgl. Abb. 3.28).

In der Berg- und Adam-Ries-Stadt Annaberg-Buchholz finden seit überzwanzig Jahren Veranstaltungen zur Rechengeschichte statt (vgl. Kasten).

Abb. 3.27: Adam Ries. Rechenbuch „Rechnung auff der Linien und Federn, auff allerley hantierung gemacht durch Adam Risen“, Wittenberg 1558. Ries war der bekannteste deutsche Rechenmeister (Quelle: ETH-Bibliothek Zürich, Alte und seltene Drucke).

Annaberger Kolloquien zur Mathematikgeschichte

Der Adam-Ries-Bund e.V. befasst sich seit 1992 in vielen Tagungen unermüdlich mit der Mathematikgeschichte der frühen Neuzeit, u.a.:

1996 Rechenmeister und Cossisten der frühen Neuzeit,
1999 Rechenbücher und mathematische Texte der frühen Neuzeit,
2002 Verfasser und Herausgeber mathematischer Texte der frühen Neuzeit,
2005 Arithmetische und algebraische Schriften der frühen Neuzeit,
2008 Visier- und Rechenbücher der frühen Neuzeit,
2011 Kaufmanns-Rechenbücher und mathematische Schriften der frühen Neuzeit,
2014 Arithmetik, Geometrie und Algebra der frühen Neuzeit,
2017 Rechenmeister und Mathematiker der frühen Neuzeit,
2021 Die Entwicklung der Mathematik in der frühen Neuzeit.

Dazu erscheint jeweils ein Tagungsband (Herausgeber: Rainer Gebhardt).

Anmerkungen

Rechenbücher (z.B. von Adam Ries) waren Lehrbücher. *Visierkunst* ist die Bestimmung des Inhalts von Weinfässern (Fassmessung).

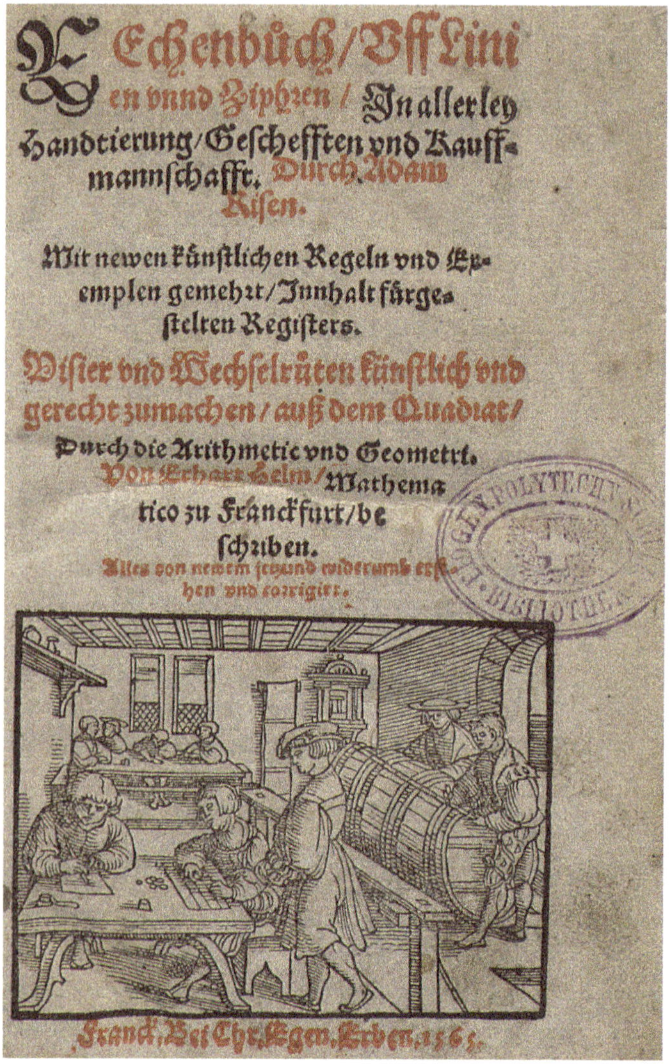

Rechenbůch/Uff Lini
en vnnd Ziphren/ In allerley
Handtierung/Geschefften vnd Kauff-
mannschafft. Durch Adam
Risen.

Mit newen künstlichen Regeln vnd Ex-
emplen gemehrt/Innhalt fürge-
stelten Registers.

Visier vnd Wechselrůten künstlich vnd
gerecht zumachen/ auß dem Quadrat/
Durch die Arithmetic vnd Geometri.
Von Erhart Helm/Mathema
tico zu Franckfurt/be
schriben.
Alles von newem jetzund widerumb erse-
hen vnd corrigirt.

Franck. Bei Chr. Egen. Erben. 1565.

Abb. 3.28: Adam Ries. Hier sehen Sie das Titelblatt des Werks „Rechenbuch/Uff Linien unnd Ziphren […]“ von Adam Ries (aus: Adam Ries, Erhard Helm: Rechenbuch/Uff Linien unnd Ziphren […], Chr.[istian] Egen.[olff] Erben, Franck[furt] 1565) (Quelle: ETH-Bibliothek Zürich, Alte und seltene Drucke).

In Thun hat ein besonders schöner Rechentisch (vgl. Abb. 3.29) überlebt. Ein Basler Rechentisch hat auf drei Seiten je ein Rechenfeld (vgl. Abb. 3.30). Rechenbretter erleichterten den Geldwechsel (vgl. Abb. 3.31).

Abb. 3.29: Rechentisch mit Münzstreifen. Das um 1700 entstandene Schmuckstück wurde für die Pfundrechnung (Rechnung in Pfundwährung) benutzt. Rechentische waren einst in vielen Rathäusern anzutreffen, nur wenige Stücke sind erhalten, die meisten in der Schweiz (© Historisches Museum Schloss Thun).

Zeichenerklärung

M = 1000 Pfund, D = 500 Pfund, C = 100 Pfund, L = 50 Pfund, X = 10 Pfund, V = 5 Pfund, lb = 1 Pfund (= 20 Schilling), x = 10 Schilling (1/2 Pfund), v = 5 Schilling (1/4 Pfund), ß = 1 Schilling (= 12 Pfennig), 6 = 6 Pfennig (1/2 Schilling), d = 1 Pfennig (Quelle: Museum Schloss Thun).

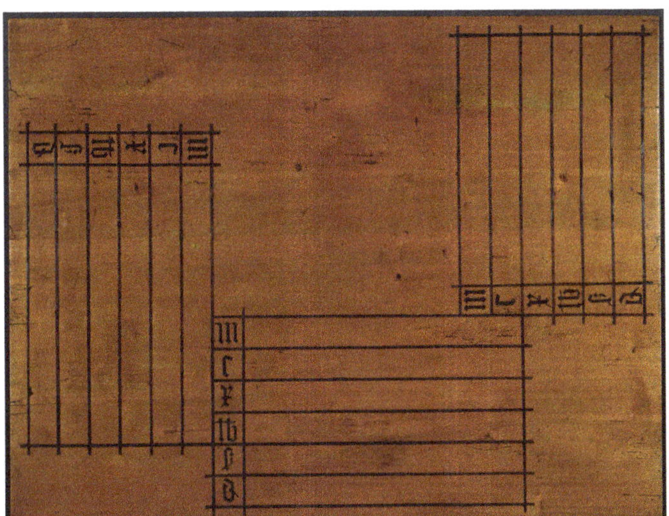

Abb. 3.30: Basler Rechentisch. Die Tischplatte weist drei einspaltige Rechenfelder auf, je eines pro Seite (© Historisches Museum, Basel, Bild: Maurice Babey).

Abb. 3.31: Rechenbrett für den Geldwechsel. Die Holztafel aus dem Jahr 1536 wurde im Rathaus Thun verwendet (© Historisches Museum Schloss Thun).

Wie geht man beim Linienrechnen vor? Bei der Addition legt man die beiden Zahlen (Summanden) nebeneinander in die gleiche Spalte (oder in benachbarte Spalten) und bereinigt (bündelt) sie (nach den oben genannten Regeln für die zulässige Anzahl Münzen auf den Linien und in den Zwischenräumen) (vgl. Abb. 3.32–3.33). Muss man mehrere Zahlen zusammenzählen, geht man schrittweise vor. Nach der Bereinigung des ersten Zwischenergebnisses fügt man die dritte Zahl hinzu, bereinigt erneut usw. Die Subtraktion ist etwas anspruchsvoller. Man muss die erste Zahl zunächst auflösen (entbündeln). Multiplikation und Division sind deutlich schwieriger. Aus heutiger Sicht erscheinen solche Berechnungen ziemlich mühsam. Der Wechsel zum schriftlichen Rechnen – das Umlernen – fiel wie dem Volk jedoch naturgemäß schwer.

Bei solchen Berechnungen ging es offenbar nicht immer mit rechten Dingen zu und her. Daran erinnert die Redewendung „über den Tisch gezogen“. Der Ausdruck „am grünen Tisch“ könnte vom grünen Schutztuch gewisser Rechentische herrühren. Neben dem Rechentisch wurden für das Rechnen auf den Linien weitere Hilfsmittel gebraucht: das Rechenbrett und das (tragbare) Rechentuch, ferner (selten) der Rechenhut. In Fachschriften werden auch die Rechenbank und das Rechenleder erwähnt.

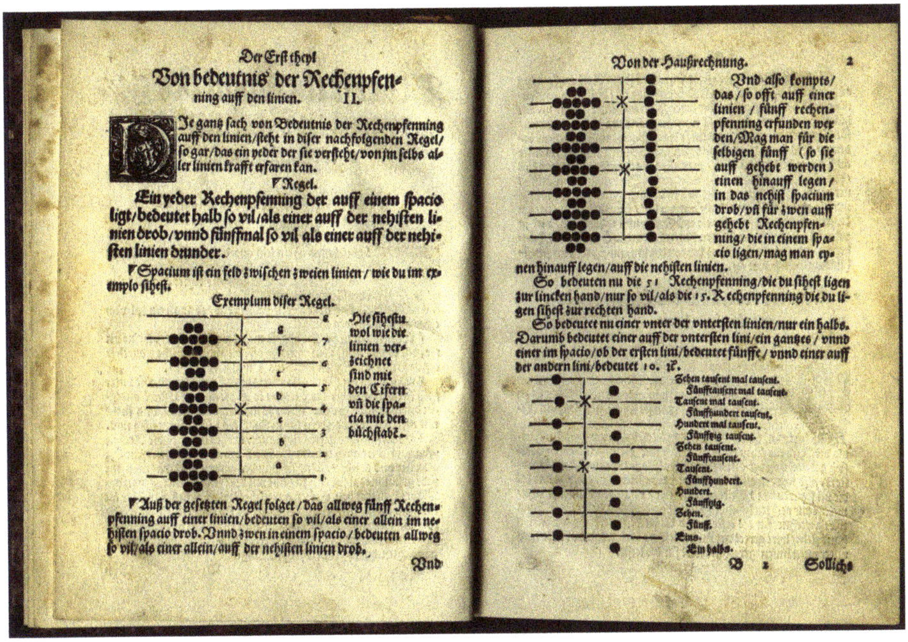

Der Erst theyl

Von bedeutnis der Rechenpfenning auff den linien. II.

Die gantz sach von Bedeutnis der Rechenpfenning auff den linien/steht in diser nachfolgenden Regel/ so gar/das ein yeder der sie versteht/von jm selbs aller linien krafft erfaren kan.

Regel.

Ein yeder Rechenpfenning der auff einem spacio ligt/bedeutet halb so vil/als einer auff der nehisten linien drob/vnnd fünffmal so vil als einer auff der nehisten linien drunder.

Spacium ist ein feld zwischen zweien linien/ wie du im exemplo sihest.

Exemplum diser Regel.

Hie sihestu wol wie die linien verzeichnet sind mit den Cifern vnd die spacia mit den büchstabē.

Auß der gesetzten Regel folget/das allweg fünff Rechenpfenning auff einer linien/bedeuten so vil/als einer allein im nehisten spacio drob. Vnnd zwen in einem spacio/bedeuten allweg so vil/als einer allein/auff der nehisten linien drob.

Vnd

Von der Haußrechnung. 2

Vnd also kompts/ das/so offt auff einer linien / fünff rechenpfenning erfunden werden/Mag man für die selbigen fünff (so sie auff gehebt werden) einen hinauff legen/ in das nehist spacium drob/vnd für zwen auff gehebt Rechenpfenning/ die in einem spacio ligen/mag man eynen hinauff legen/auff die nehisten linien.

So bedeuten nu die 51 Rechenpfenning/die du sihest ligen zur lincken hand/nur so vil/als die 15. Rechenpfenning die du ligen sihest zur rechten hand.

So bedeutet nu einer vnter der vntersten linien/nur ein halbs. Darumb bedeutet einer auff der vntersten lini/ein gantzes / vnnd einer im spacio/ob der ersten lini/bedeutet fünffe / vnnd einer auff der andern lini/bedeutet 10. etc.

B 2 Sollichs

Abb. 3.32: Linienrechnen. Rechenpfennige waren kein Zahlungsmittel, sie wurden vielmehr als Rechensteine benutzt. Die Aufnahme verdanken wir dem Werk „Deutsche Arithmetica" von Michael Stifel (1545) (Quelle: ETH-Bibliothek Zürich, Alte und seltene Drucke).

Abb. 3.33: Rechenpfennig. Reich verzierte Rechenmünzen (Rechenmarken) waren ein beliebtes Rechenhilfsmittel, stellten aber keine Währung dar. Sie wurden häufig in Nürnberg geprägt. Münzsammlungen werden in Münzkabinetten aufbewahrt. Vorläufer waren die römischen Rechensteine, die „calculi" (© Historisches Museum, Basel).

3.5 Federrechnen/Rechnen mit der Feder

Anspruchsvolle Berechnungen mit römischen Zahlen waren beschwerlich. Es gab keine Null (und damit auch kein Jahr 0) und keinen dezimalen Stellenwert. Das Rechnen auf den Linien wurde allmählich abgelöst durch das „Rechnen mit der Feder“ (Ziffernrechnen, Zahlenrechnen), das heute weltweit übliche „schriftliche Rechnen“, mit den indisch-arabischen Zahlen.

3.6 Grafisches Rechnen: Nomografie

Man kann nicht nur mit Ziffern bzw. Zahlen und Buchstaben rechnen, sondern z.B. auch mit Zeichnungen und Strecken (vgl. Kasten).

Numerisches und grafisches Rechnen

Der Sprachgebrauch ist verwirrend. Man unterscheidet zwei Rechenverfahren:

- numerisches Rechnen oder Zahlenrechnen,
- grafisches Rechnen oder zeichnerisches Rechnen (Nomografie).

Das *Ziffernrechnen* (Zahlenrechnen, schriftliches Rechnen, Federrechnen) gilt auch als Gegenstück des *Linienrechnens* (Abakusrechnen).

Das *Zahlenrechnen* wird auch als Arithmetik bezeichnet. Beim *Buchstabenrechnen* (Algebra, Coss) werden anstelle von Zahlen Buchstaben verwendet. Coss steht einerseits für eine unbekannte, gesuchte Größe (x), eine Variable, andererseits für eine frühe Form des Buchstabenrechnens (mittelalterliche und frühneuzeitliche Algebra, Gleichungslehre). Im alten Griechenland nutzte man das griechische Alfabet für die Zahlendarstellung (Alfabetrechnen).

Unter dem *Tafelrechnen* versteht man einerseits das Rechnen mit Funktionstafeln/Funktionstabellen (z.B. Kehrwert-, Potenz-, logarithmische, trigonometrische Tafeln) und andererseits das Abakusrechnen.

Der Ausdruck *Rechentafel* wird nicht nur für das Rechenbrett verwendet. Mathematische Aufgaben lassen sich *rechnerisch (numerisch)* oder *zeichnerisch (grafisch)* lösen. Man nutzt dazu numerische Rechentafeln (Zahlentafeln) oder grafische Rechentafeln (Skalentafeln).

- Zu den numerischen Tafeln gehören u.a. Multiplikations- oder Produkt(en)tafeln (auch pythagoreische Rechentafeln genannt), Divisions- oder Quotiententafeln, Quadrat- und Kubiktafeln, Quadrat- und Kubikwurzeltafeln, Logarithmentafeln.
- Zu den grafischen Tafeln zählen grafische Darstellungen (Diagramme). Das numerische Rechnen lässt eine höhere Genauigkeit zu, das grafische Rechnen ist anschaulicher.

Nomografie

Die *Nomografie* (grafisches Rechnen) arbeitet mit grafischen Rechentafeln, sie stellt Funktionen grafisch dar. Das *Nomogramm* wird auch als grafische Rechentafel, grafische Tafel, grafische Tabelle, Netztafel, Skalentafel, Rechenbild, Rechenblatt, Graphikon bezeichnet (Englisch „graph“, „chart“, Französisch „abaque“, „planchette“). Es gibt auch grafische Logarithmentafeln (Aufzeichnung der Werte auf einer Skala, nicht in einer Tabelle). Beim grafischen Rechnen werden Zahlenwerte in Form von Linien (Streckenabschnitte), als Winkel, Verhältnisse oder Funktionen dargestellt. Beispiele: Rechenschieber, Proportionalwinkel, Reduktionszirkel. Man spricht auch von *Streckenrechnen* oder *Messrechnen*. Die Nutzung des Rechenstabs wird auch als *Schieberrechnen* oder *Stabrechnen* bezeichnet. Für die grafische Addition und Subtraktion eignet sich ein herkömmlicher Maßstab mit gleichmäßiger Teilung.

3.7 Entwicklungslinien

In der Entwicklungsgeschichte der Rechentechnik sind unzählige Entwicklungslinien zu beobachten. Die eigenständigen oder vernetzten Ströme fließen nacheinander oder nebeneinander, gleichzeitig oder zeitlich versetzt. Entwicklungslinien sind oft nicht gerade. Sie können sich überschneiden und verzweigen und schließen Misserfolge nicht aus. Jahrhundertelang machte man vergleichsweise langsame Fortschritte, mengenmäßig waren sie einigermaßen überschaubar. Seit den 1970er Jahren verläuft die Entwicklung immer stürmischer. Neue Erkenntnisse und Forschungsergebnisse folgen fast Schlag auf Schlag. Marktfähige Erzeugnisse lösen sich in immer kürzeren Abständen ab. Viele Flüsse münden in den Hafen des universellen elektronischen Digitalrechenautomaten und des weltumspannenden Internets. Die einschneidende Umwälzung geht unaufhörlich weiter – und überfordert viele, vor allem ältere Menschen.

Die wichtigste Voraussetzung für die Erfolge in Mathematik, Naturwissenschaften und Technik war wohl die Einführung der *Null* und des *dezimalen Stellenwertsystems*. Ein paar ausgewählte Beispiele sollen die vielfältigen Entwicklungen veranschaulichen. Dabei ist zu beachten, dass manche Errungenschaften unabhängig von Vorleistungen und ohne Kenntnis von Vorgängern zustande kamen.

Zahlensystem

- Vom römischen Zahlensystem zum indoarabischen Stellenwertsystem mit der Null.

Rechenhilfsmittel

- Von den Fingern über die Rechensteine und die Rechenpfennige zu Feder und Papier,
- von der ägyptischen und der griechischen Rechentafel (Rechenbrett) zum römischen Rechenrahmen (Kugelrechner) und zum mittelalterlichen Rechentisch,
- vom chinesischen zum japanischen und russischen Rechenrahmen,
- von der Einmaleinstafel zur Logarithmentafel und zu vielfältigen gedruckten Tafelwerken,
- vom Gitternetzverfahren (Gelosiamethode) über die neperschen Rechenstäbchen zur mechanischen Rechenmaschine mit Walzen für die Multiplikation und die Division und zu Rechenmaschinen mit Einmaleinskörper (Multiplikationskörper),
- von den Logarithmen über den Rechenschieber zum programmierbaren elektronischen Taschenrechner,
- von dem Rechenstab und der Rechenscheibe zur Rechenwalze,
- vom Fingerrechnen über das Linienrechnen, Kugelrechnen, Federrechnen, Stabrechnen zum Maschinenrechnen,
- vom mechanischen Zahlenschieber mit Hakenzehnerübertrag zum programmierbaren elektronischen Taschenrechner,
- vom mechanischen Rechengerät mit Schiebereinstellung zur elektromechanischen Rechenmaschine mit Zehner- oder Volltastatur,

- vom mechanischen Rechengerät ohne automatischem Zehnerübertrag über die mechanische Rechenmaschine mit automatischem Zehnerübertrag zur druckenden elektromechanischen Rechenmaschine mit Speicherwerk,
- von der Zweispeziesmaschine (Addition und Subtraktion) zur Vierspeziesrechenmaschine (alle Grundrechenarten),
- von der Differenzenmaschine über die analytische Maschine zum mechanischen Dezimal- und Binärrechner,
- von der Tabelliermaschine über den Rechenlocher zum lochstreifengesteuerten Digitalrechner,
- vom raumfüllenden Relais- und Röhrenrechner zum elektronischen Tisch- und Taschenrechner und zu eingebetteten Rechengeräten,
- von der menschlichen Rechnerin (human computer, female computer) mit mechanischem Tischrechner (desk calculator) zum elektronischen Digitalrechner (electronic digital computer),
- vom Relais über die Elektronenröhre und den Transistor zum integrierten Schaltkreis,
- vom mechanischen über den elektromechanischen zum elektronischen Rechner,
- vom Buchungsautomaten zum Buchungsprogramm,
- von der Registrierkasse zum elektronischen Bezahlsystem,
- vom Tischrechner über den Taschenrechner zum Mobilfunkgerät,
- vom Ziffernrechner (für Zahlen) zum Zeichenrechner (für Texte, Bilder, Töne, Filme),
- vom Dezimalrechner zum Binärrechner (Dualrechner),
- vom Spezialgerät zum Universalautomaten.

Speicher

- Von dem Kerbknochen, dem Kerbholz und der Knotenschnur (Quipu) über die Schiefertafel zum Zahnrad und zum Papier,
- vom mechanischen Zähler über elektromagnetische Relais, Quecksilberlaufzeitspeicher und elektrostatischen Williams-Kilburn-Speicherröhren und Magnettrommeln zu Magnetkernspeichern und Halbleiterspeichern (Arbeitsspeicher),
- von der Lochkarte und dem Lochstreifen über Magnettrommeln und Magnetbänder zu Magnetplatten und optischen Platten (Massenspeicher),
- vom Mikrofilm zur Magnetplatte,
- von der inner- zur außerbetrieblichen Datenspeicherung über die Internetwolke.

Analogtechnik und Digitaltechnik

- Vom Astrolabium und Quadranten, Sextanten, Oktanten zu digitalen Messgeräten,
- vom Lineal und Zirkel zum Zeichen- und Rechenprogramm,
- vom analogen Flächenmesser (Planimeter), Proportionalwinkel und Reduktionszirkel zum digitalen Mess- und Rechengerät,
- von dem Rechengetriebe und der mechanischen Integrieranlage über den elektronischen Analogrechner zum digitalen Universalrechner,
- vom analogen mechanischen zum digitalen elektronischen Feuerleitrechner,

- vom Buchdruck mit beweglichen Lettern aus Metall (Bleisatz) über den Satzautomaten zum programmgesteuerten Druckverfahren,
- vom gedruckten Buch zum elektronischen Buch,
- vom gedruckten Nachschlagewerk zur Wikipedia und zur Google-Suche,
- vom gedruckten Telefonbuch zur Abfrage übers Internet,
- vom gedruckten Fahrplan zu Verbindungssuche übers Netz,
- von der gedruckten Abozeitschrift zur frei zugänglichen Veröffentlichung,
- von der gedruckten Landkarte zum digitalen Kartendienst,
- von der gedruckten Presse zu den sozialen Medien,
- vom Kompass zur Ortung über Satelliten,
- von der Sonnenuhr über die Räderuhr zur elektronischen Armbanduhr,
- von der Analoguhr zur Digitaluhr,
- vom Musikautomaten über die Schallplatte, das Tonband und den optischen Speicher (CD, DVD) über Tauschplattformen (MP3, Napster) zum Musikverleih übers Internet (Streaming)
- vom analogen Stummfilm zum digitalen Tonfilm,
- von der Analogkamera zur Digitalkamera,
- vom analogen zum digitalen Kommunikationsnetz,
- vom analogen zum digitalen Rundfunk (Hörfunk),
- vom analogen zum digitalen Fernsehen,
- vom elektrischen Staubsauger zum Putzroboter,
- vom mechanischen Fahrrad zum selbstfahrenden Elektroauto,
- von der medizinischen Diagnose zur Mustererkennung mit künstlichen neuronalen Netzen,
- von der Buchung am Schalter zur Nutzung von Reiseportalen,
- von der gedruckten Fahrkarte zur elektronischen Reiseabrechnung,
- vom stationären, örtlichen Handel zum Versandhandel übers Internet,
- von der Bezahlung mit Bargeld zur Begleichung übers Mobiltelefon,
- von der zentralen zur dezentralen Abwicklung von Vorgängen mit Blockketten,
- vom herkömmlichen zum digitalen Geld.

Nachrichtentechnik
- Von der Morsetechnik über die handvermittelte Verbindung mit Fernmelderelais und Steckverbindungen zum ortsunabhängigen weltweiten Mobilfunk,
- von der Post über die Telegrafie und die Telefonie zum Funk,
- vom Briefträger zur Drohne,
- von der Briefpost und dem Fernschreiber über den Fernkopierer zu der elektronischen Post und dem sozialen Netzwerk.

Drucktechnik
- Von der mechanischen über die elektromechanische Schreibmaschine zum Textverarbeitungssystem und zum druckenden Universalrechner,

- vom Umdrucker über den Fotokopierer zum Mehrfunktionsdrucker (Multifunktionsdrucker).

Eingabe mündlicher und schriftlicher Äußerungen
- Von der Abschrift zur Fotokopie und zur Text- und Spracherkennung,
- von der Eingabe über die Tastatur zur Text- und Spracherkennung,
- von der Steuerung über die Tastatur zur Steuerung über Sprachassistenten.

Ausgabe
- Vom Kathodenstrahlröhrenbildschirm zum Flachbildschirm.

Verschlüsselungstechnik
- Vom mechanischen Verschlüsselungsverfahren über das elektromechanische Verschlüsselungsgerät zum elektronischen Verschlüsselungsprogramm.

Schreibautomat
- Vom programmierbaren mechanischen Handschriftautomaten zum elektronischen Textsystem.

Spielautomat
- Vom elektromechanischen Schachautomaten über das elektronische Schachprogramm zum selbstlernenden Spielprogramm.

Figurenautomat
- Vom dem mechanischen Androiden (menschenähnliche Maschine) und dem Tierautomaten zum „intelligenten" elektronischen Roboter.

Musikautomat
- Vom mechanischen und pneumatischen Musikautomaten zum elektronischen Musikinstrument,
- vom lochkartengesteuerten Webstuhl zum pneumatischen Flügel und zur Tanzorgel mit Steuerung durch Lochstreifenrollen und Lochkartenbänder,
- von der Walzenspieldose und der Plattenspieldose über das Grammophon (mechanischer Plattenspieler) und den Phonographen (Gerät zur Aufzeichnung von Tönen auf Wachsplatten) zur Jukebox (Musikautomat mit Schallplatten),
- von der Stiftwalze und der Lochscheibe über die Schallplatte zur Kompaktschallplatte (CD) und zum Musikbezug übers Internet.

Webstuhl
- Vom mechanischen lochstreifengesteuerten Webstuhl zur lochkartengesteuerten analytischen Maschine und zur elektromechanischen Lochkartenmaschine.

Programmsteuerung und Programmierung
- Von der Ablaufsteuerung zum Prozessrechner,
- vom lochstreifen- und lochkartengesteuerten Webstuhl und der analytischen Maschine zur Lochkartenmaschine,
- vom ablaufgesteuerten Figuren- und Musikautomaten zum programmgesteuerten Rechenautomaten,
- von der externen Lochkarten- und Lochstreifensteuerung und der Stecktafelsteuerung zur internen Programmsteuerung (Speicherprogrammierung),
- vom gesteckten oder gelochten Programm zum gespeicherten Programm,
- vom Planfertigungsgerät zur automatischen Programmierung,
- von Algol zu Pascal und vielen weiteren Programmiersprachen.

Datenschutz
- Von der Privatsphäre zur Dauerüberwachung
- von der Datensicherheit zum Datenleck.

Energie
Vom Altertum übers Mittelalter bis zur Neuzeit sind viele unterschiedliche Antriebsarten zu beobachten. Sie reichen von der menschlichen und der tierischen Muskelkraft über die Nutzung von Wind und Wasser bis zur Erzeugung von Heißluft, Dampf und Elektrizität. Zum Einsatz kamen auch Gewichte (etwa bei Uhren, Musikautomaten, Phonographen, Rechenmaschinen) und Turbinen. Eine hohe Verbreitung hatten Federn und Kurbeln (Hand-, Tretkurbel). Die Dampfkraft und der elektrische Strom trugen wesentlich zur Auslösung der ersten bzw. der zweiten industriellen Revolution bei.

Mühlen
Wasser- und Windkraft treiben Wassermühlen und Windmühlen. Sägen (Sägewerke, Sägereien) standen früher meist am Wasser, desgleichen Getreidemühlen, Papiermühlen und Sägemühlen (Verbindung von Mühle und Säge).

Weitere Antriebsarten und Hilfsmittel neben dem Wasserrad und dem Windrad waren Tretrad, Trettrommel, Göpel (Drehvorrichtung), Pferd (Tretmühle, Rossmühle, Tierdrehmühle) sowie Hand (Handdrehmühle, Rechenmühle). Die ober- und unterschlächtigen Wasserräder ließen sich durch Begrenzung des Wasserdurchsatzes und durch Abstellen steuern.

3.8 Viele technische Gegenstände sind prächtige Kunstwerke

Technik und Kultur bzw. Technik und Kunst sind keine Gegensätze. Technik ist ein Teil der Kultur, sie ist Voraussetzung für Kunstwerke. Es gibt eine Fülle prachtvoller technischer Werke (Kirchen, Rathäuser, Paläste, Schlösser, Fachwerkhäuser, Mühlen, Türme, Brücken, Brunnen, Raddampfer, Dampflokomotiven usw.).

Viele technische Gegenstände sind nicht nur Gebrauchsgüter, sondern wahre Kunstwerke (Artefakte). Manche Geräte waren nicht in erster Linie für praktische Zwecke bestimmt, sondern wurden vielmehr als Geschenke für Fürstenhäuser ausgestaltet und reich verziert. Sie sind oft nicht in technisch-wissenschaftlichen, sondern in kunsthistorischen Museen (und Kunstkammern) zu finden. Eine besondere Stellung nehmen Uhren-, Musikinstrumente- und Automatenmuseen ein. In Sammlungen wissenschaftlicher Instrumente sind unzählige technische Meisterstücke zu bestaunen.

In den folgenden Bereichen sind großartige Kulturgüter zu finden:
- Astronomie: Armillarsphären, Astrolabien, astronomische Uhren, Erd- und Himmelsgloben,
- Automatenbau: Figurenautomaten (z.B. Androiden, Tierautomaten), mechanische Bilder,
- Mathematik: Kugelrechner (Rechenrahmen) und Rechenschieber,
- Musik: mechanische Musikinstrumente, Musikautomaten,
- Rechentechnik: mechanische Rechenmaschinen (vor allem Rechenmühlen),
- Schifffahrt: Navigationsgeräte wie Bussolen (Kompass),
- Vermessungswesen: Schrittzähler und Wegmesser,
- Zeitmessung: Sonnenuhren, Bodenstanduhren, Wanduhren, Tischuhren, Taschenuhren.

Zu Recht ist von Uhrmacher*kunst* und *technischen Kulturdenkmälern* die Rede. Technische Errungenschaften werden zu Unrecht oft nicht als Kulturgut anerkannt.

Anmerkungen

Kunstvolle Schöpfungen wie Automatenuhren (Figurenuhren), Musikautomaten, Figurenautomaten sind vergleichsweise gut dokumentiert und in vielen Fällen erhalten. Reine Gebrauchsgegenstände wie mathematische Instrumente wurden hingegen häufig entsorgt.

Mit einem Astrolabium kann man den Stand eines Sterns an einem bestimmten Ort und zu einem bestimmten Zeitpunkt ermitteln. Mechanische Himmelsgloben werden von einem Uhrwerk gesteuert. Mithilfe von Erd- und Himmelsgloben lassen sich u.a. die Aufgangs- und Untergangszeiten für die Sonne und die Gestirne bestimmen.

4 Einteilung der Rechenhilfsmittel und verwandter Instrumente

Zusammenfassung: Im Kapitel „Einteilung der Rechenhilfsmittel und verwandter Instrumente“ wird eine möglichst widerspruchsfreie Gliederung der analogen und digitalen mechanischen und elektronischen Rechengeräte und -maschinen entworfen. Mit einbezogen werden auch Zeichen- und Messgeräte sowie astronomische Instrumente. Mit allen diesen Werkzeugen werden ebenfalls Berechnungen durchgeführt. Erörtert werden Unterschiede zwischen Rechengeräten und Rechenmaschinen, Addier- und Rechenmaschinen, mathematischen Maschinen und mathematischen Instrumenten. In Wort und Bild werden Flächenmesser (Planimeter), Storchschnäbel (Pantografen), Proportionalwinkel, Reduktionszirkel, Winkelmesser, Neigungsmesser, Koordinatografen, Quadranten, Sextanten und Oktanten vorgestellt. Zur Sprache kommen ferner werden die Strahlensätze. Zu den beliebten Hilfsmitteln gehören auch die mathematischen Tafelwerke (Tabellen). Schließlich wird die Gliederung anhand einer Liste und einer Tabelle dargestellt.

Schlüsselwörter: Analoge Rechenhilfsmittel, astronomische Instrumente, digitale Rechenhilfsmittel, Einteilung der Rechenhilfsmittel, elektronische Rechenmaschinen, mathematische Instrumente, mathematische Maschinen, mathematische Tabellen, mechanische Rechenmaschinen, Messgeräte, Strahlensatz, Vermessungsinstrumente, Zeichengeräte

Es gibt mehrere Vorschläge zur Einteilung von Rechenhilfsmitteln, die meisten sind unbefriedigend. Daher wird hier erneut versucht, ein möglichst widerspruchsfreies Begriffsgefüge zu schaffen. Diese Schrift beschränkt sich auf mechanische, elektromechanische und elektronische Geräte. Für das Rechnen und Modellieren gibt es auch Vorrichtungen, die mit *pneumatischen*, *hydraulischen* und *optischen* Techniken arbeiten. Bei der Pneumatik geht es um Luftdruck, bei der Hydraulik um Flüssigkeitsdruck, bei der Optik um Licht.

Der Brunsviga-Katalog gliedert wie folgt:

- Ablese-Rechenmittel
  (z.B. Neperstäbchen, Rechentafeln)
- Mess-Rechenmittel
  (z.B. Rechenschieber, Nomogramme)
- Zähl-Rechenmittel
  (z.B. mechanische Rechenmaschinen, Zahlenschieber).

https://doi.org/10.1515/9783110669664-004

4.1 Rechengeräte und Rechenmaschinen

Als Sammelbegriff wird in diesem Buch der Ausdruck *Rechenhilfsmittel* (auch Rechenmittel) verwendet. Er schließt natürliche Körperteile wie Finger, Hand, Arm ein. Die künstlichen Rechenhilfsmittel werden unter der Benennung *Rechengeräte* zusammengefasst. Unter „Geräten" meint man üblicherweise Werkzeuge, Instrumente, Apparate, Vorrichtungen und z.T. auch Maschinen. Elektromechanische Relaisrechner und elektronische Röhrenrechner wurden sowohl als Rechen*maschinen* wie auch als Rechen*geräte* und Rechen*anlagen* bezeichnet. Daher ist die Beschränkung des Begriffs „Rechengerät" auf mechanische Rechenhilfsmittel *ohne* automatischen Zehnerübertrag nicht immer gerechtfertigt. Die Zuordnung von mechanischen Rechenhilfsmitteln *mit* automatischem Zehnerübertrag zu den mechanischen Rechen*maschinen* ist aber zweckmäßig, weil man im Allgemeinen an eine (mechanische) Maschine höhere Ansprüche stellt als an ein Gerät. Der automatische Zehnerübertrag im Ergebniswerk und im Umdrehungszähler war für die Konstrukteure ein schwer lösbares Problem.

Zahlenschieber mit halbautomatischem Zehnerübertrag (Hakenzehnerübertrag) (vgl. Abb. 4.1) gelten als (mechanische) Rechengeräte. Es gibt auch Geräte ohne Zehnerübertrag (vgl. Abb. 4.2).

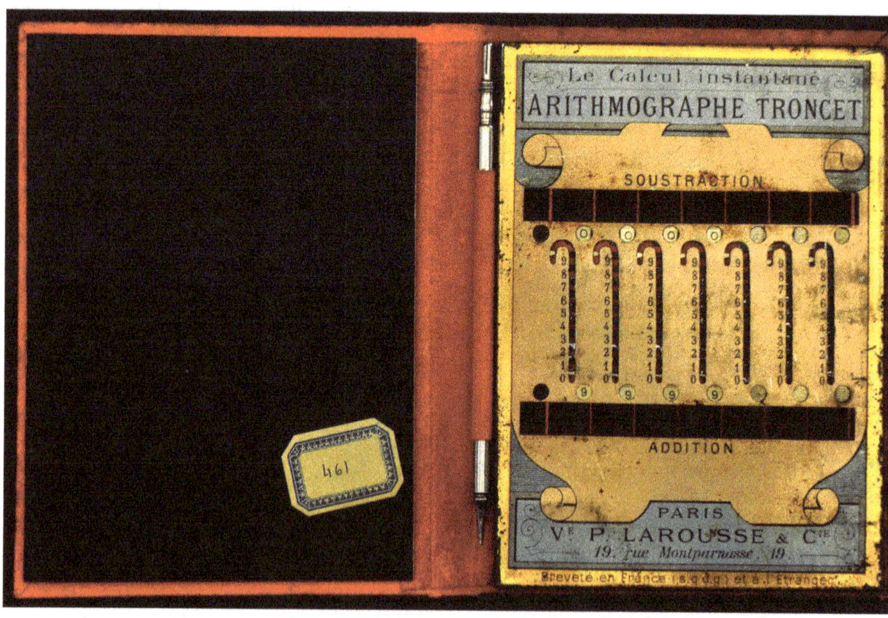

Abb. 4.1: Zahlenschieber von Troncet. Das einst viel genutzte mathematische Instrument gehört zur Sammlung Sternwarte der ETH Zürich. Dieses Rechenhilfsmittel (1889) des Franzosen Louis Troncet mit halbautomatischem Hakenzehnerübertrag wurde bis in die 1970er Jahre verwendet. Manchmal wird es durch ein Tafelwerk mit Multiplikationstabellen ergänzt (© Herbert Spühler, Stallikon).

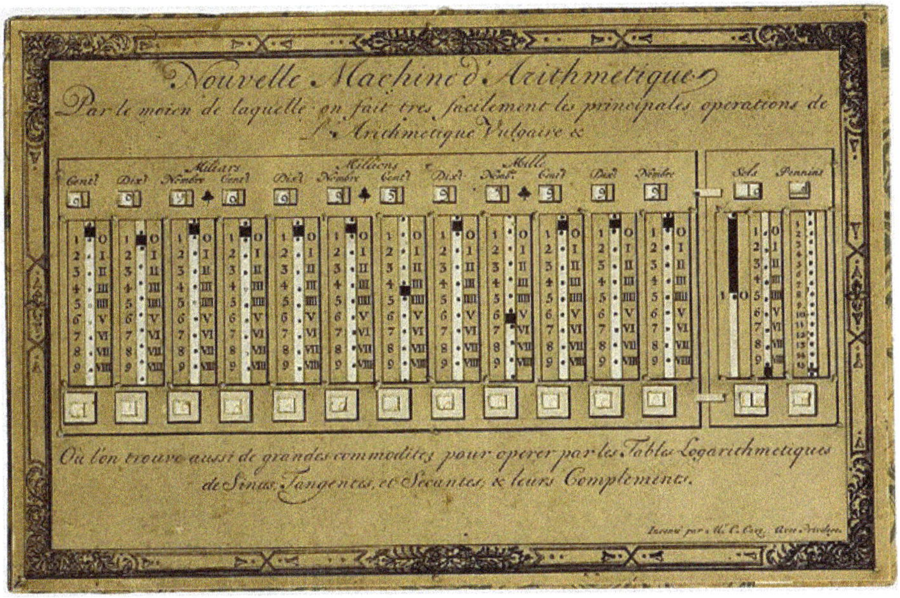

Abb. 4.2: Zahlenschieber von Caze. Dieser vom Zählrahmen abgeleitete französische Stiftrechner aus dem Jahr 1720 enthält keinen Zehnerübertrag (© Inria/Bild: J.-M. Ramès).

4.2 Addiermaschinen und Rechenmaschinen

Verbreitet ist die Unterscheidung zwischen (mechanischen) *Addiermaschinen* und mechanischen *Rechenmaschinen*. Das mag zwar hilfreich sein, vermag aber nicht zu überzeugen. Die Addition ist eine (die wichtigste) Grundrechenart, Addiermaschinen sind ebenfalls Rechenmaschinen. Zudem beherrschen viele Additionsmaschinen weitere Rechenarten, z.B. die Subtraktion. Zu beachten: Die Multiplikation lässt sich als wiederholte Addition, die Division als mehrfache Subtraktion auffassen. Je nach Maschine sind das Vervielfachen und vor allem das Teilen allerdings ziemlich umständlich. Zu den Digitalrechnern gehören auch die Buchungsmaschinen.

Addierer und Multiplizierer
Ausdrücke wie „Addierer“ und „Multiplizierer“ umfassen Addiergeräte wie Addiermaschinen bzw. Multipliziergeräte wie Multipliziermaschinen.

4.3 Mathematische Maschinen und mathematische Instrumente

Unter *mathematischen Maschinen* verstand man vorzugsweise programmgesteuerte Digitalrechner. Zu den *mathematischen Instrumenten* zählte man vorwiegend analoge Zeichen-, Mess- und Rechenwerkzeuge. Es gab eine Fülle von geometrischen Zeichen- und Messgeräten (vgl. Abb. 4.3).

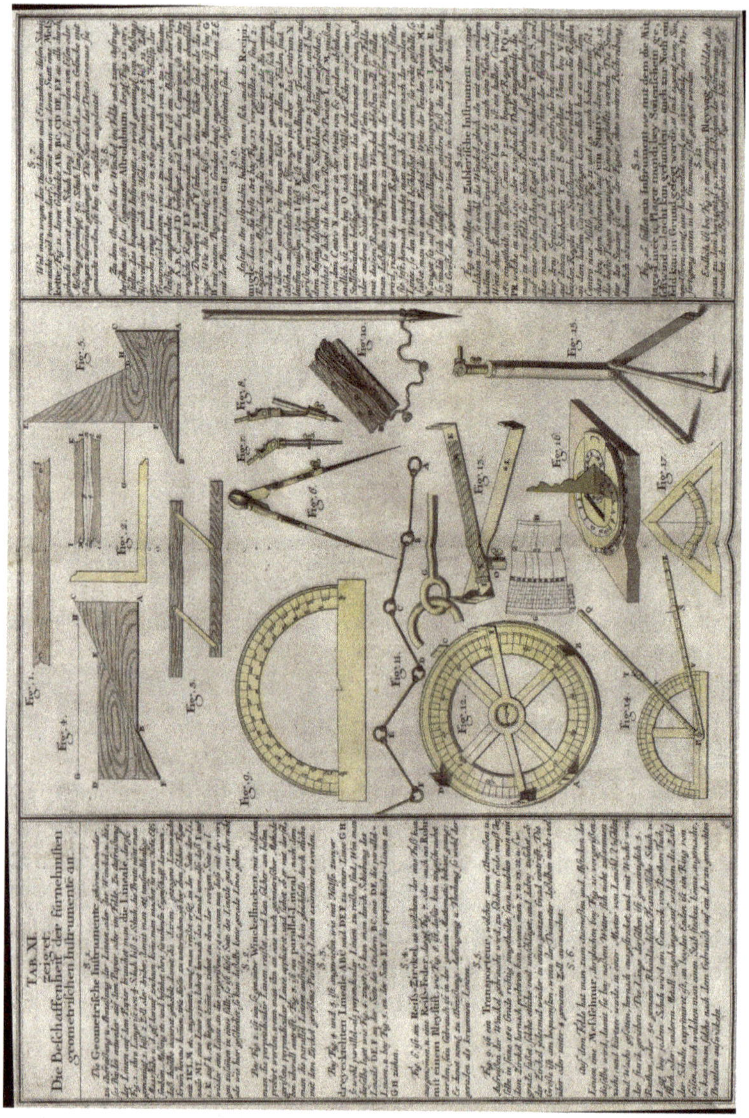

Abb. 4.3: Geometrische Instrumente. Hier kommen vielfältige Instrumente vor: Lineal (Figur 1), Winkelhaken (2), Parallellineal (3), Dreiecke (4+5), Stechzirkel (6), Einsätze für Zeichenzirkel (7+8), Winkelmesser (9), Messschnur (10), Messkette (11), Astrolabium (12), Winkelmesser (13), zublerisches Instrument (14), Stativ (15), Sonnenuhren (16) und Bleiwaage (17) (aus: Tobias Mayer: Mathematischer Atlas, in welchem auf 60 Tabellen alle Theile der Mathematic vorgestellet und nicht allein überhaupt zu bequemer Wiederholung, sondern auch den Anfängern besonders zur Aufmunterung durch deutliche Beschreibung und Figuren entworfen werden, Pfeffel, Augspurg 1745) (Quelle: ETH-Bibliothek Zürich, Alte und seltene Drucke).

Mechanische Integriergeräte umfassen etwa Kurvenmesser, Flächenmesser (Planimeter), harmonische Analysatoren, Integrafen und Integrimeter. Beliebt waren ferner die Pantografen. Ein Sonderfall ist die wenig bekannte logarithmische Rechenmaschine von Fuß (Askania-Werke). Es gab zudem eine Fülle von Differenziergeräten, z.B. Tangentenzeichner, Spiegellineale, Krümmungsmesser.

4.4 Flächenmesser (Planimeter)

In der Vermessung (Geodäsie) hatten die Planimeter (vgl. Abb. 4.4–4.19) eine große Bedeutung.

Abb. 4.4: Planimeter (Flächenmesser) (1). Das 1851 bis 1854 von Kaspar Wetli und Georg Christoph Starke entwickelte Planimeter besteht aus Messing und Porzellan. Der Schweizer Wetli erhielt 1849 ein österreichisches Patent, Starke (Wien) verbesserte das Gerät. Es wurde 1851 auf der Weltausstellung in London ausgezeichnet (© Division of medicine & science, National Museum of American History, Smithsonian Institution, Washington, D.C.).

Abb. 4.5: Planimeter (Flächenmesser) (2). Das Scheibenplanimeter nach Wetli & Starke für rechtwinklige Koordinaten wurde um 1849 gebaut (© Geodätisches Institut der Leibniz-Universität Hannover).

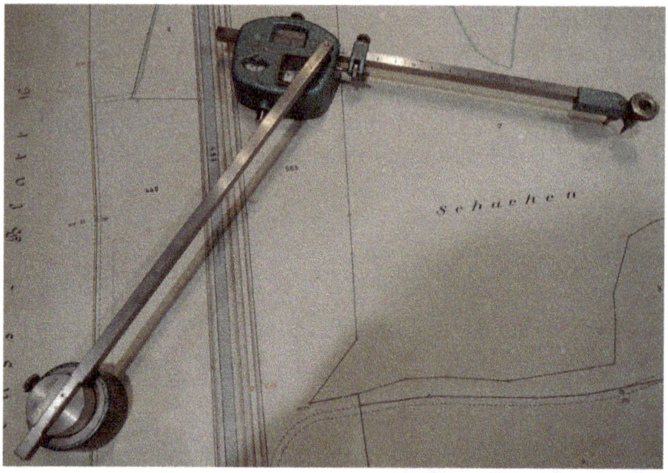

Abb. 4.6: Planimeter (Flächenmesser) (3). Mit diesem Planimeter von Coradi lässt sich der Flächeninhalt durch Umfahren bestimmen. Erfinder des Polarplanimeters (1854) war der Schweizer Jakob Amsler (© Vermessungsamt, Aarau).

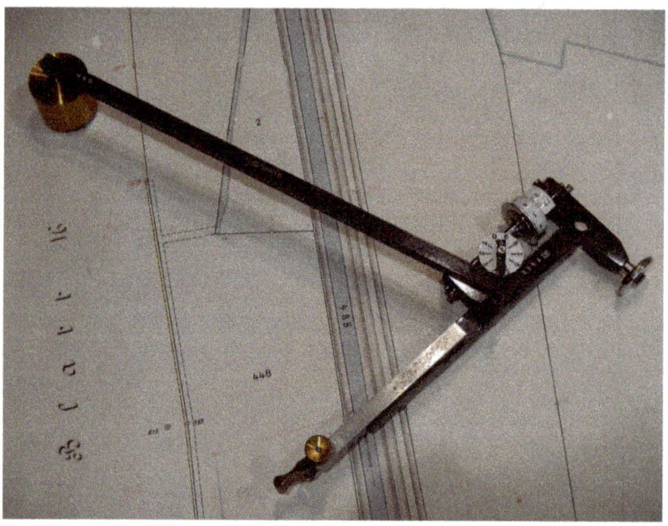

Abb. 4.7: Planimeter (Flächenmesser) (4). In Vermessungsämtern waren Planimeter weit verbreitet (© Vermessungsamt, Aarau).

Abb. 4.8: Planimeter (Flächenmesser) (5). Zu den weltweit führenden Herstellern solcher mathematisch anspruchsvoller Integriergeräte zählten Amsler (Schaffhausen), Coradi (Zürich) und Ott (Kempten) (© Vermessungsamt, Aarau).

Abb. 4.9: Planimeter (Flächenmesser) (6). Mit dem analogen Instrument wird der Flächeninhalt bestimmt (© Vermessungsamt, Aarau).

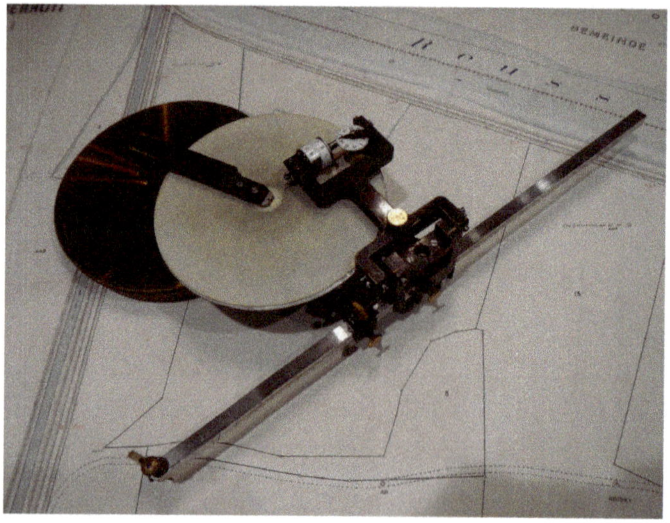

Abb. 4.10: Planimeter (Flächenmesser) (7). Gottlieb Coradi (Zürich) stellte eine Vielfalt an Flächenmessern her (© Vermessungsamt, Aarau).

Abb. 4.11: Scheibenrollplanimeter (1). Wie der Eichtabelle (im Gehäusedeckel) zu entnehmen ist, entstand dieses analoge Werkzeug von Coradi 1956. Es wurde 1985 revidiert (© Historisches Museum Thurgau, Schloss Frauenfeld).

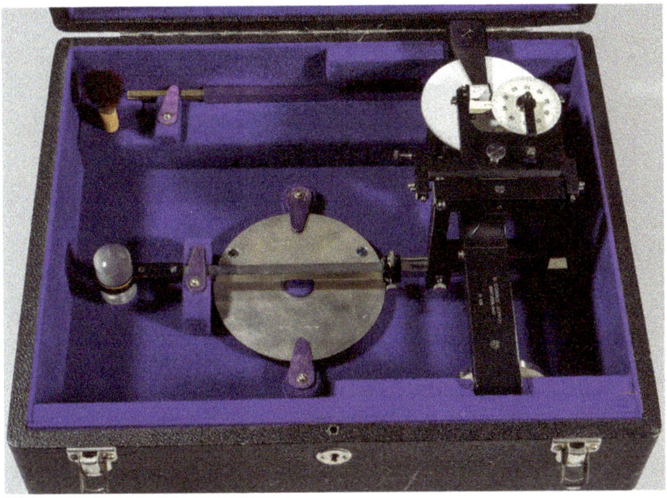

Abb. 4.12: Scheibenrollplanimeter (2). Dieser Messrechner von G. Conradi AG, Zürich, war noch vor wenigen Jahrzehnten in Gebrauch (© Historisches Museum Thurgau, Schloss Frauenfeld).

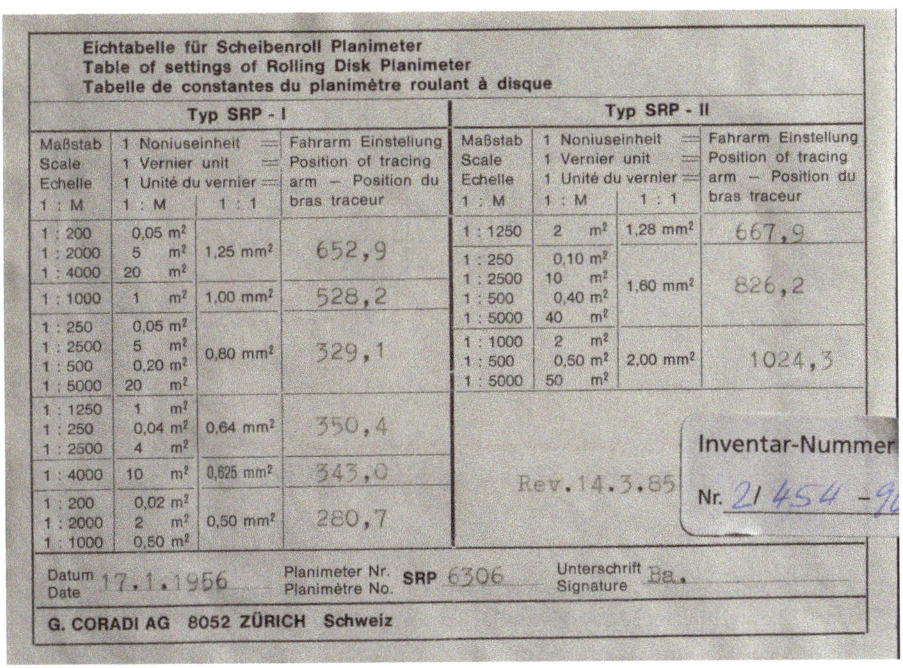

Eichtabelle für Scheibenroll Planimeter
Table of settings of Rolling Disk Planimeter
Tabelle de constantes du planimètre roulant à disque

Typ SRP - I

Maßstab Scale Echelle 1 : M	1 Noniuseinheit = 1 Vernier unit = 1 Unité du vernier = 1 : M	 1 : 1	Fahrarm Einstellung Position of tracing arm – Position du bras traceur
1 : 200 1 : 2000 1 : 4000	0,05 m^2 5 m^2 20 m^2	1,25 mm^2	652,9
1 : 1000	1 m^2	1,00 mm^2	528,2
1 : 250 1 : 2500 1 : 500 1 : 5000	0,05 m^2 5 m^2 0,20 m^2 20 m^2	0,80 mm^2	329,1
1 : 1250 1 : 250 1 : 2500	1 m^2 0,04 m^2 4 m^2	0,64 mm^2	350,4
1 : 4000	10 m^2	0,625 mm^2	343,0
1 : 200 1 : 2000 1 : 1000	0,02 m^2 2 m^2 0,50 m^2	0,50 mm^2	280,7

Typ SRP - II

Maßstab Scale Echelle 1 : M	1 Noniuseinheit = 1 Vernier unit = 1 Unité du vernier = 1 : M	 1 : 1	Fahrarm Einstellung Position of tracing arm – Position du bras traceur
1 : 1250	2 m^2	1,28 mm^2	667,9
1 : 250 1 : 2500 1 : 500 1 : 5000	0,10 m^2 10 m^2 0,40 m^2 40 m^2	1,60 mm^2	826,2
1 : 1000 1 : 500 1 : 5000	2 m^2 0,50 m^2 50 m^2	2,00 mm^2	1024,3

Rev. 14.3.85

Inventar-Nummer
Nr. 21 454 -9

Datum / Date 17.1.1956 Planimeter Nr. / Planimètre No. SRP 6306 Unterschrift / Signature Ba.

G. CORADI AG 8052 ZÜRICH Schweiz

Abb. 4.13: Scheibenrollplanimeter (3). Auf der Eichtabelle sind Maßstäbe von 1 : 200 bis 1 : 5000 aufgeführt (© Historisches Museum Thurgau, Schloss Frauenfeld).

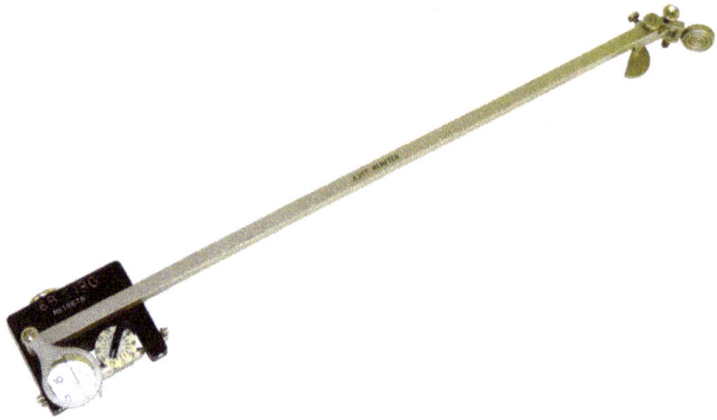

Abb. 4.14: Linearplanimeter (1). Dieser Analogrechner kommt aus der Werkstätte von Ott, Kempten (© Geodätisches Institut der Leibniz-Universität Hannover).

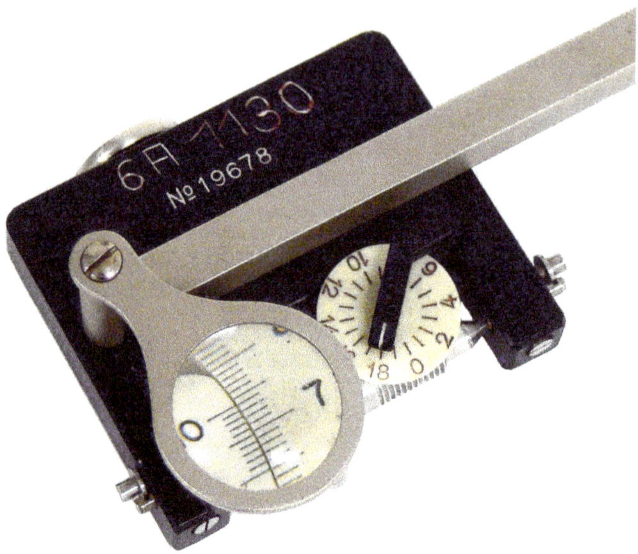

Abb. 4.15: Linearplanimeter (2). Diese Fotografie zeigt einen Ausschnitt aus dem Instrument von Ott (© Geodätisches Institut der Leibniz-Universität Hannover).

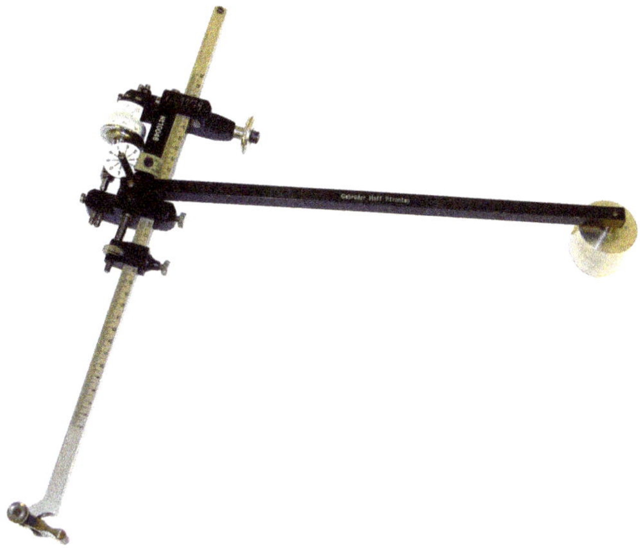

Abb. 4.16: Planimeter (Flächenmesser) Haff (1). **Hersteller dieses Polarplanimeters waren die Gebrüder Haff in Pfronten** (© Geodätisches Institut der Leibniz-Universität Hannover).

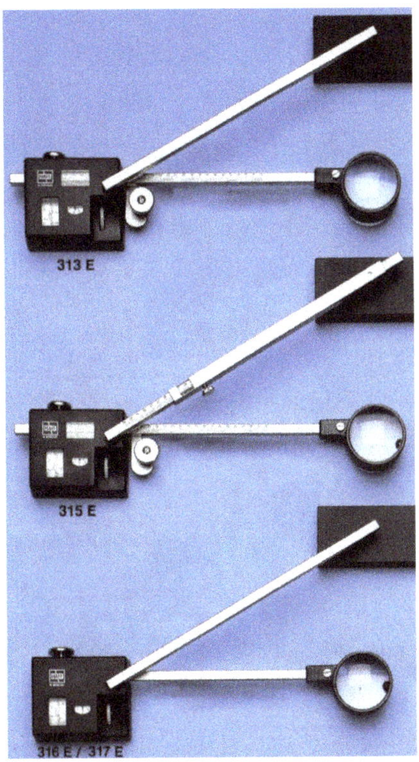

Abb. 4.17: Planimeter (Flächenmesser) Haff (2). Die Allgäuer Firma Haff stellt nach wie vor mechanische Planimeter (mit Noniusablesung) her. Die drei Geräte haben jeweils eine Polplatte (rechts oben), eine Fahrlupe (rechts unten) und je nach Modell feste oder verschiebbare Polarme. Mit dem Mittelpunkt der Fahrlupe fährt man der Umrandung einer Fläche nach. Die Fahrlupe kann durch einen Fahrstift ersetzt werden. Links ist das Messwerk (© Gebrüder Haff GmbH, Pfronten).

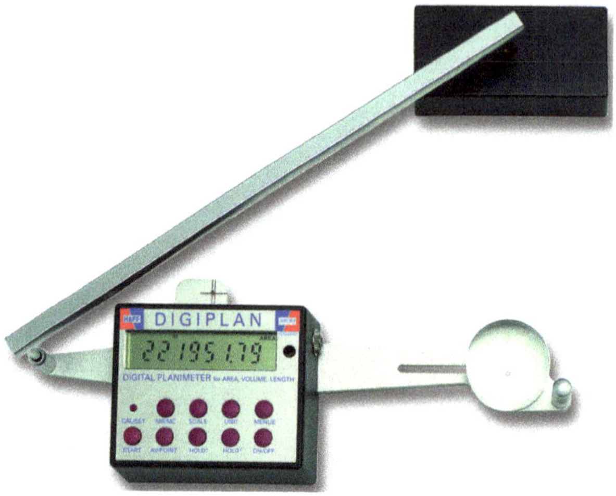

Abb. 4.18: Planimeter (Flächenmesser) Haff (3). Oben rechts ist der Pol mit dem Polarm, unten befinden sich der Fahrstift mit Lupe und Fahrarm sowie das Messwerk (© Gebrüder Haff GmbH, Pfronten).

Abb. 4.19: Planimeter (Flächenmesser) Haff(4). Mit dem elektronischen Digitalplanimeter des Feinmechanikunternehmens Haff kann man nicht nur Flächen, sondern auch Volumen und Längen messen (© Gebrüder Haff GmbH, Pfronten).

4.5 **Storchschnäbel** (Pantografen)

Mit Pantografen(vgl. Abb. 4.20–4.24) lassen sich Zeichnungen vergößern und verkleinern.

Abb. 4.20: Pantograf (Storchschnabel) (1). Hersteller dieses Storchschnabels aus Messing (um 1860) ist Jakob Goldschmid (Zürich) (© ETH-Bibliothek Zürich, Sammlung Sternwarte).

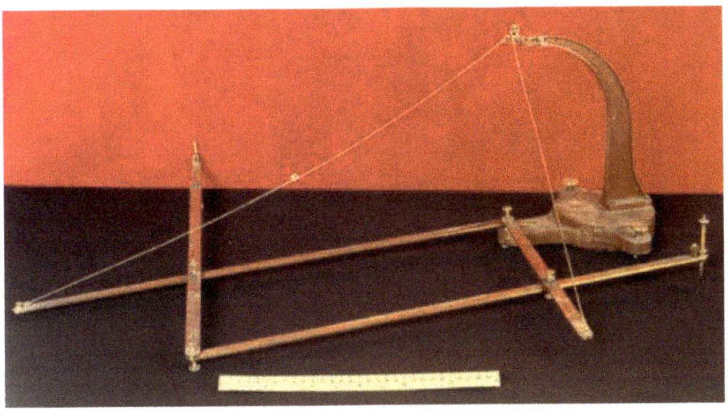

Abb. 4.21: Pantograf (Storchschnabel) (2). Der schwebende Pantograf des Mechanikers Jakob Goldschmid (Zürich) wurde 1864 von Kronauer in der Schweizerischen polytechnischen Zeitschrift beschrieben. Diese geschickte Bauform war damals neu (© Martin Wagener, Frankfurt am Main).

Abb. 4.22: Pantograf (Storchschnabel) (3). Mit dem 1603 vom Deutschen Christoph Scheiner erfundenen Storchschnabel lassen sich Zeichnungen, Pläne und Karten vergrößern und verkleinern. Das bewegliche Gestänge bildet ein Parallelogramm mit Schwenkpunkt (Pol), Fahr- und Zeichenstift mit festem, fallweise einstellbarem Abstandsverhältnis (© Historisches Museum Thurgau, Schloss Frauenfeld).

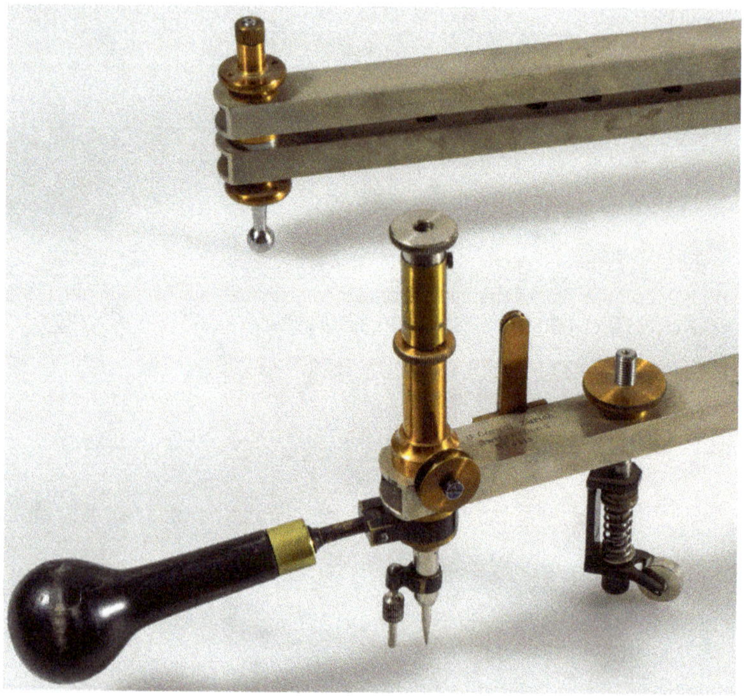

Abb. 4.23: Pantograf (Storchschnabel) (4). Mit dem Fahrstift folgt man der Umrisslinie einer Zeichnung. Der Zeichenstift fertigt zeitgleich eine ähnliche Figur an (© Historisches Museum Thurgau, Schloss Frauenfeld).

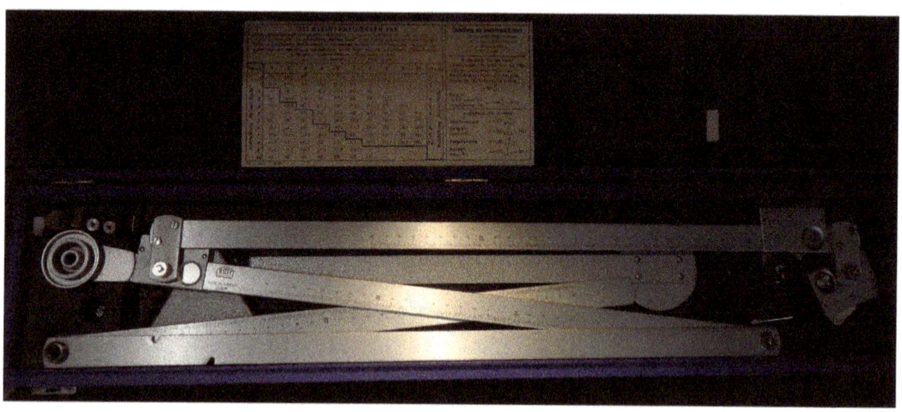

Abb. 4.24: Pantograf (Storchschnabel) (5). Zu den bedeutendsten Herstellern solcher mathematischer Instrumente gehörte auch Ott in Kempten (© Vermessungsamt, Aarau).

Wer kennt heute noch die einst weit verbreiteten Pantografen, Proportionalwinkel und Planimeter oder die Reduktionszirkel? Die Pantografen waren auch ein beliebtes Werkzeug in der *Stickerei* für die Übertragung von Mustern.

4.6 Strahlensätze

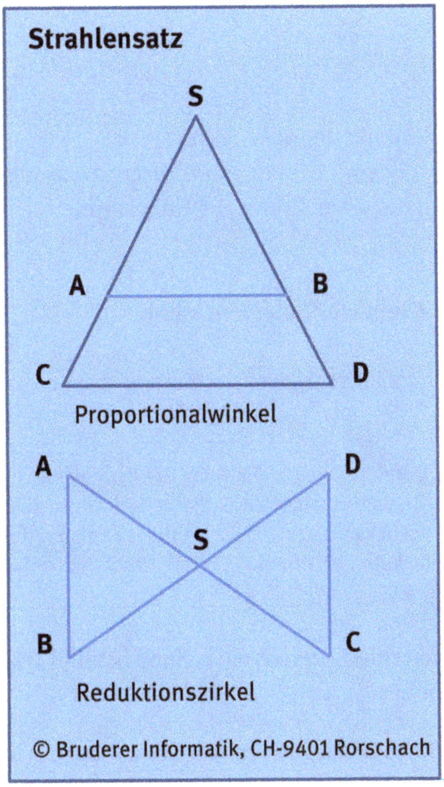

Abb. 4.25: Strahlensatz. Auf dem Proportionalwinkel und dem Reduktionszirkel kommen die Strahlensätze aus der Geometrie zur Anwendung. Dank der Verhältnisgleichungen lassen sich vielfältige Rechnungen lösen. S steht für Scheitelpunkt (© Bruderer Informatik, CH-9401 Rorschach).

Nach dem *ersten* Strahlensatz gelten folgende Verhältnisse (vgl. Abb. 4.25):
SA : AC = SB : BD (lies: SA verhält sich zu AC wie SB zu BD)
SA : SC = SB : SD
SC : AC = SD : BD.
Nach dem *zweiten* Strahlensatz gelten folgende Beziehungen:
SA : SC = AB : CD
SB : SD = AB : CD.

Für die Multiplikation dient die Gleichung:
SA : SC = AB : CD bzw.
SA : SC = AB : **x.**

Für SA wird ein beliebiger (geeigneter) Wert gewählt.

Für die Division gilt die Vertauschung
SC : SA = CD : AB bzw.
SC : SA = CD : **x.**

Für SC wird ein beliebiger (geeigneter) Wert gewählt.

Verhältnisgleichungen
Eine *Verhältnisgleichung* (Proportion) sieht so aus:
a : b = c : d oder a/b = c/d.
Sie lässt sich wie folgt umformen:
a · d = b · c
(Produktgleichung).
Das Produkt der *Innenglieder* ist gleich dem Produkt der *Außenglieder.*

Verhältnisgleichungen kommen vielerorts vor, z.B. in der Prozentrechnung. Gegeben sind jeweils drei Größen, gesucht ist die vierte Größe, die Unbekannte.

4.6.1 Den Strahlensatz verdanken wir wahrscheinlich Thales von Milet

Es folgen einige z.T. widersprüchliche Meinungsäußerungen zur Leistung von Thales (7./6. Jh. v. Chr.):

> „Diogenes Laertius teilt mit, dass Thales [von Milet] in Ägypten die Höhe der Pyramiden aus ihren Schatten gemessen habe, woraus hervorgeht, dass er mit den wichtigsten Lehrsätzen über die Ähnlichkeit der Dreiecke und den Proportionen bekannt war". (siehe Matthäus Sterner: Principielle Darstellung des Rechenunterrichtes auf historischer Grundlage, 1. Teil, Druck und Verlag von R. Oldenbourg, München, Leipzig 1891, Seite 43).

Ähnlich im Werk von Heath: Diogenes Laertios zitiert Hieronymus, einen Schüler von Aristoteles, zur Berechnung der Pyramidenhöhe:

> „Hieronymus says that he [Thales] even succeeded in measuring the pyramids by observation of the length of their shadow at the moment when our shadows are equal to our own height". (siehe Thomas Heath: A history of Greek mathematics, Band 1, Clarendon press, Oxford 1921, Seite 129).

Hieronymus zufolge gelang es Thales, die Pyramiden zu messen, indem er die Länge ihres Schattens zu dem Zeitpunkt bestimmte, wo unsere Schatten gleich unserer Größe sind.

> „Hieronymus also says that he measured the pyramids, making an observation on our shadows when they are of the same length as ourselves, and applying it to the pyramids". (siehe George Johnston Allman: Greek geometry from Thales to Euclid, Hodges, Figgis, & Co., Dublin 1889, Seiten 8–9).

Hieronymus schreibt auch, dass er [Thales] bei der Ermittlung der Pyramidenhöhe unsere Schatten zu dem Zeitpunkt beobachtet habe, in dem sie gleich lang wie wir sind.

> „Third inference. – Thales discovered the theorem that the sides of equiangular triangles are proportional. The knowledge of this theorem is distinctly attributed to Thales by Plutarch. [...]

Hieronymus of Rhodes, a pupil of Aristotle, according to the testimony of Diogenes Laertius, says that Thales measured the height of the pyramids by watching when bodies cast shadows of their own length" [...] (siehe George Johnston Allman: Greek geometry from Thales to Euclid, Hodges, Figgis, & Co., Dublin 1889, Seite 14).

Dritte Schlussfolgerung: Thales [von Milet] entdeckte den Satz, dass die Seiten von gleichwinkligen Dreiecken proportional sind. Plutarch schreibt die Kenntnis dieses Satzes ausdrücklich Thales zu. Nach dem Zeugnis von Diogenes Laertios berichtete Hieronymus von Rhodos, ein Schüler von Aristoteles, dass Thales die Höhe der Pyramiden bestimmt habe, indem er beobachtete, in welchem Augenblick Körper Schatten ihrer eigenen Größe geworfen haben.

„Satz von Thales: die Proportionalität der Strecken, die auf beiden Schenkeln eines Winkels von parallelen Geraden abgeschnitten werden [...]" (siehe Wilhelm Franz Meyer; Hans Mohrmann (Hg.): Geometrie, Encyklopädie der mathematischen Wissenschaften mit Einschluss ihrer Anwendungen, Verlag und Druck von B. G. Teubner, Leipzig 1907–1910, Band 3, Teil 1, erste Hälfte, Seite 53).

„The sides of similar triangles are proportional. He [Thales] used this proposition in measuring the height of a pyramid by means of the shadow of the pyramid and that of a staff". (siehe David Eugene Smith: History of mathematics, Band 1, Dover publications, Inc., New York 1958, Seite 68).

Die Seiten ähnlicher Dreiecke sind proportional. Thales verwendete diesen Satz, als er die Höhe einer Pyramide mit dem Schatten der Pyramide und dem eines Stabs bestimmte.

Von Braunmühl pflichtet bei:

„Übrigens kannte Thales unzweifelhaft auch das Verfahren, welches die Ähnlichkeit der Dreiecke benützt, denn sonst wäre es ihm wohl nicht möglich gewesen, die Entfernung der Schiffe vom Hafen von Milet zu bestimmen, wie Proklus von ihm berichtet. [...] und Thales hat sie [die Messung] sicher bei diesen [den Ägyptern] gelernt und hiermit die Anfänge einer geometrischen Proportionslehre in Griechenland bekannt gemacht". (siehe Anton von Braunmühl: Vorlesungen über Geschichte der Trigonometrie, Teil 1, Druck und Verlag von B. G. Teubner, Leipzig 1900, Seite 6).

Die Urheberschaft von Thales wird angezweifelt:
Ob der Strahlensatz wirklich von Thales stammt, wird jedoch bestritten. Carl Anton Bretschneider vertritt die Meinung, dass Thales und auch Pythagoras manche Kenntnisse bei ägyptischen Priestern erworben haben und dass Thales die Ähnlichkeitssätze nicht kannte:

„Ist aber diese Methode, eine unbekannte Entfernung zu messen, wirklich die von Thales gebrauchte, so regt sich alsbald auch der Verdacht, dass wir in ihr nicht eine Erfindung des Letzteren, sondern eine bereits lange vor ihm von den ägyptischen Geometern erdachte Anwendung des rechtwinkligen Dreiecks vor uns haben. [...]. Genau zu demselben Endresultate gelangen wir bei Erörterung der zweiten praktischen Aufgabe, deren Lösung dem Thales zugeschrieben wird, nämlich der Bestimmung der Höhe der Pyramide durch die Länge ihres Schattens. [...]. Hieronymus berichtet, er (Thales) habe die Pyramiden „gemessen mittelst des Schattens, indem er beobachtete, wenn (der unsrige) mit uns von gleicher Grösse ist". [...]. Das hier erwähnte Verfahren ist eine ganz einfache Anwendung der Haupteigenschaft des rechtwinklig-gleichschenkligen Dreiecks und erfordert so wenig Scharfsinn, dass man sich fest überzeugt halten kann, nicht eine Erfindung des Thales vor sich zu haben, sondern vielmehr eine von den ägyptischen Geometern gebrauchte, uralte Methode der Höhenmessung. [...]. Die Anwendung dieser Art Höhenmessung auf die Pyramiden ist aber jedenfalls entweder eine spätere Ausschmückung oder eine Verwechslung dieser weltbekannten Bauwerke mit den im Auslande weit weniger bekannten Obelisken. [...]. Dass dies Verlangen bei einem Körper von nur kleiner Grundfläche, z.B. einem Baum, einem Obelisken usw. recht wohl ausführbar ist, leuchtet ein; ebenso aber auch, dass es bei einer Pyramide ganz unbrauchbar ist. Denn bei einer solchen liegt jener Fusspunkt [des Höhenlots] tief im Innern des mächtigen Körpers und bleibt somit dem Messenden ganz unzugänglich". (siehe Carl Anton Bretschneider: Geometrie und die (Geometer vor Euklides, Dr. Martin Sändig oHG, Wiesbaden 1968, Seiten 44–45 (Nachdruck von 1870)).

Bretschneider zufolge kannte Thales die Proportionslehre nicht: „In der Arithmetik kann dem Pythagoras mit Bestimmtheit zugeschrieben werden die Einführung der Lehre von den Proportionen, und zwar der geometrischen, arithmetischen und sogenannten harmonischen [...]" (a. a. O., Seite 74). Thales habe „die Höhe eines Gegenstandes *nicht* mittelst der Lehre von der Ähnlichkeit der Figuren" bestimmt (a. a. O., Seite 75).

Für weitere Angaben vgl. Carl Anton Bretschneider: Beiträge zur Geschichte der griechischen Geometrie, Engelhard-Reyher'sche Hofbuchdruckerei, Gotha 1869, Seiten 11–12 (Abschnitt: Die von Thales bewirkte Höhenmessung der Pyramiden), und Dietmar Herrmann: Die antike Mathematik, Springer-Verlag, Berlin, Heidelberg 2014, Seiten 19–22.

4.6.2 Pantograf: Erfindung von Heron oder Scheiner?

Üblicherweise wird der Pantograf Christoph Scheiner (1603) zugeschrieben. In seinem Werk über Mechanik (1. Buch) beschreibt jedoch schon Heron von Alexandria (1. Jh. nach Chr.) einen Pantografen mit Zahnstange und Zahnrädern. Damit konnte man Zeichnungen im Übersetzungsverhältnis der Zahnräder vergrößern und verkleinern (siehe Kostas Kotsanas: Ancient Greek technology, Pyrgos 2014, Seite 47). Der heronsche Pantograf (vgl. Abb. 4.26) hat ein Zahnstangengetriebe mit einem festen Verhältnis. Auch dreidimensionale Gegenstände lassen sich dank Heron maßstäblich vergrößern und verkleinern.

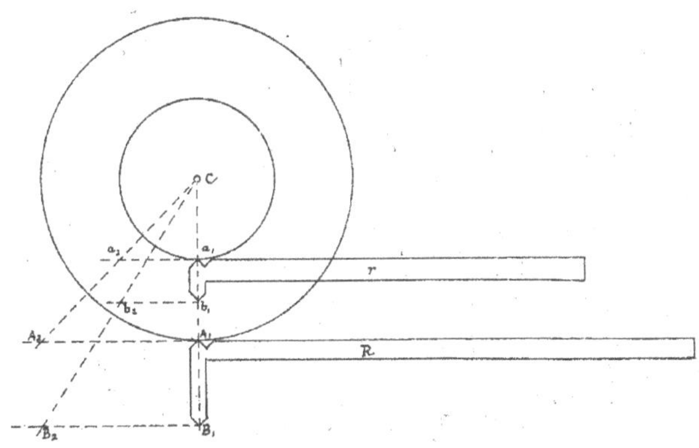

Abb. 4.26: Heronscher Pantograf. Dieses Zeichengerät ist kein Storchschnabel mit einem Gestänge. Es arbeitet mit einem Zahnradgetriebe (zwei konzentrische Zahnräder) (Quelle: Héron d'Alexandrie: Les mécaniques ou l'élévateur des corps lourds, Société d'édition Les belles lettres, Paris 1988 (Nachdruck von 1894) (Abbildungen zum Pantografen, Seiten 228–231).

Heron schildert den Pantografen wie folgt:

> „Beweisen wir nun, wie wir mit Hilfe eines Instrumentes zu einer gegebenen ebenen Figur eine ähnliche finden, die zu derselben in einem gegebenen Verhältnis steht. Machen wir zwei, gleichmäßig gezahnte, runde Scheiben (ac, ab) um denselben Mittelpunkt (a), die darauf festsitzen, und sich beide um dieselbe Achse in derselben Ebene bewegen, in der die Figur, zu welcher wir eine ihr ähnliche konstruieren wollen, liegt. Das Verhältnis der Scheiben zu einander sei jenes bekannte Verhältnis. An jeder der beiden Scheiben befinde sich ein Lineal (pr, lo) mit Zähnen nach jener Richtung (a) hin, und ihre Zähne sollen in die Zähne der Scheiben eingreifen. Diese Lineale mögen in der Nute eines anderen Lineals (a h k) laufen, welches sich auf der Achse der Scheiben mittels eines runden Loches bewegen läßt. Auf den Rändern der gezahnten Lineale mögen sich Merkpunkte (m, n) für die Linie der ähnlichen Figuren befinden, und diese Merkpunkte sollen auf einer, durch den Mittelpunkt der Scheiben gehenden, Geraden (a m n) laufen. Damit sie sich aber beide immer so bewegen, daß die Bewegung auf einer, durch den Mittelpunkt gehenden, Geraden stattfindet, und die drei Punkte immer dasselbe thun und immer auf derselben Geraden bleiben, müssen wir die Merkpunkte auf den gezahnten Linealen so weit von dem Mittelpunkte der Scheiben entfernt machen, als die kürzeste Entfernung des Mittelpunktes beider Scheiben von den Rändern der Lineale beträgt. Dann verschieben wir dieselben, so daß sie die Ebene, in welcher wir die ähnlichen Figuren zeichnen wollen, treffen. Wenn man nun ein Merkzeichen ausstreckt, so daß es auf den Umfang jener Figur zu liegen kommt, und das andre so weit von ihm entfernt, daß der Zwischenraum zwischen dem ersten und Mittelpunkt der Scheiben sich zu der Entfernung zwischen diesem und dem anderen Merkzeichen verhält, wie die Durchmesser der gezahnten Scheiben zu einander (man lasse aber das Lineal, in welchem sich die Nute befindet, etwas gebogen sein, damit der, auf der von uns erwähnten Linie befindliche Merkpunkt auf dieser Linie laufe), so beschreibt der andre Merkpunkt die Figur, welche der ersteren ähnlich ist, und beschreibt sie nach dem gegebenen Verhältnisse, weil die gezahnten Scheiben in diesem Verhältnis zu einander stehen". (siehe Leo Michael Ludwig Nix; Wilhelm Schmidt (Hg.): Herons von Alexandria Mechanik und Katoptrik, Druck und Verlag von B. G. Teubner, Leipzig 1900, Seiten 30–34, Abschnitt 15 „Instrument zur Konstruktion ähnlicher ebener Figuren").

Im Abschnitt 18 „Instrument zur Konstruktion ähnlicher körperlicher Figuren“ des gleichen Buchs (Seiten 36–44) wird ein räumlicher Pantograf vorgestellt. Das griechische Original des Werks „Mechanica“ von Heron von Alexandria ging verloren, es ist nur in einer arabischen Übersetzung aus dem 9. Jahrhundert erhalten.

4.6.3 Wie funktioniert ein Storchschnabel?

Der Storchschnabel (Pantograf) (vgl. Abb. 4.27) ist ein jahrhundertealtes Werkzeug. Damit lassen sich Zeichnungen vergrößern und verkleinern. Das Gerät besteht aus einem verschiebbaren Gestänge aus Holz, Metall (z.B. Messing) oder Kunststoff. Darin eingebaut ist ein *Parallelogramm*, d.h. ein Viereck mit zwei Paaren gleich langer gegenüberliegender (paralleler) Seiten. Die gegenüberliegenden Innenwinkel sind gleich groß. Die Summe von zwei benachbarten Innenwinkeln beträgt 180°. Die beiden Diagonalen halbieren sich. Die Stangen sind über *Gelenke* miteinander verbunden. Pol (Schwenkpunkt), Fahrstift und Zeichenstift liegen auf einer *Geraden*. Man spricht auch von Gelenkviereck oder Gelenkparallelogramm.

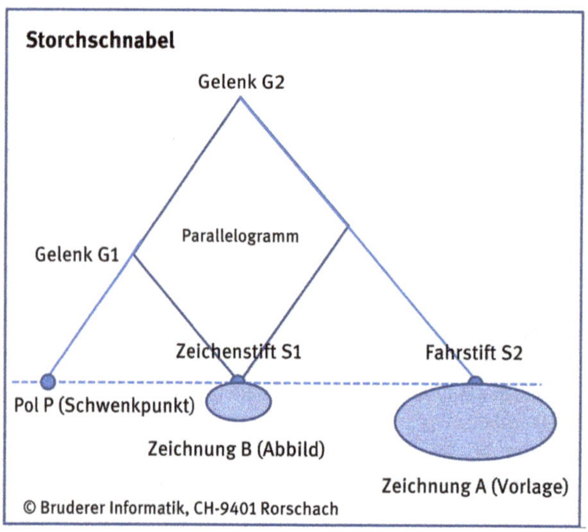

Abb. 4.27: Pantograf. Um die Zeichnung A (Vorlage) zu verkleinern, wird der Storchschnabel beim Pol P fest gehalten. Nun legt man mit den verstellbaren Schienen (Schenkel) das vorgegebene Verhältnis fest. Mit dem Fahrstift S2 wird die Zeichnung A (Umriss) umfahren. Der Zeichenstift S1 fertigt eine ähnliche Figur im gewählten Maßstab an. Wenn man Zeichenstift und Fahrstift vertauscht, wird die Figur vergrößert (© Bruderer Informatik, CH-9401 Rorschach).

Erklärung

Nach dem ersten Strahlensatz gilt:

PG1 : PG2 = PS1 : PS2,

PG2 : PG1 = PS2 : PS1,

PG1 : G1G2 = PS1 : S1S2,

PG2 : G1G2 = PS2 : S1S2.

Beispiel
PG1 : PG2 = 6 : 12 Vergrößerung um den Faktor 2 (auf 200 %),
PG2 : PG1 = 12 : 6 Verkleinerung um den Faktor 2 (auf 50 %).

Hinweis
Der Pantograf von Coradi mit einer Skalenlänge von 65 cm hat Vergrößerungs- und Verkleinerungsverhältnisse von 0,05 bis 0,8:
1/20, 1/12, 1/10, 1/8, 1/6, 1/5, ¼, 1/3, 2/5, 2/3, ¾, 4/5, ½, 1/1, 5/4, 4/3, 3/5, 3/8, 2/3.

4.7 Proportionalwinkel

Ein Proportionalwinkel (vgl. Abb. 4.28–4.31) besteht aus zwei Linealen (Schenkeln) und einem Gelenk. Er lässt sich bis zu 180 Grad öffnen und hat in diesem Zustand eine Länge von etwa einem Fuß. Die Berechnungen werden auf das Messen von Streckenlängen und den Umgang mit Streckenverhältnissen zurückgeführt. Durch das Abgreifen von Strecken (Längen) mit einem *Stechzirkel* können dank der geometrischen Strahlensätze Verhältnisgleichungen (Proportionen) gelöst werden. Das vielfältig nutzbare, im 17. und 18. Jahrhundert weit verbreitete Rechenhilfsmittel eignet sich für alle vier Grundrechenarten, für die Berechnung von Kreisen, Flächen (Vielecke), Volumen usw. Skalen mit ungleichen Abständen werden als Funktionsleitern bezeichnet.

Abb. 4.28: Proportionalwinkel von Galileo Galilei. Die Erfindung des „Compasso di proporzione" wird (zu Unrecht) Galileo Galilei zugeschrieben. Es gab mehrere Vorläufer. Galileo fertigte ab 1597 zahlreiche Proportionalzirkel. Sie dienten für vielfältige geometrische und arithmetische Aufgaben. Dieses Exemplar aus Messing (um 1606) ist mit zahlreichen Skalen versehen. Der Viertelkreis wird mit Schrauben befestigt (© Museo Galileo, Florenz).

Abb. 4.29: Französischer Proportionalwinkel von Michael Butterfield. Der englische Instrumentenbauer war in Frankreich tätig. Auf dieser Seite des Rechengeräts aus Messing (um 1700) ist eine lineare Skala abgebildet. Bei der Polygonskala geht es um die Seitenlänge eingeschriebener regelmäßiger Vielecke (© ETH-Bibliothek Zürich, Sammlung Sternwarte).

Abb. 4.30: Französischer Proportionalwinkel von Jacques Canivet. Dieser Messingrechner entstand um 1760. Hier ist eine Sinusskala aufgetragen. Die Festkörperskala wird für das spezifische Gewicht bestimmter Metalle verwendet (© ETH-Bibliothek Zürich, Sammlung Sternwarte).

Abb. 4.31: Proportionalwinkel von Andr. Alexandri. Manche dieser vielseitig nutzbaren mathematischen Werkzeuge haben u.a. Skalen für Quadrat- und Kubikwurzeln (© ETH-Bibliothek Zürich, Sammlung Sternwarte).

4.8 Reduktionszirkel

Ein Reduktionszirkel (vgl. Abb. 4.32–4.35) besteht aus zwei *Schenkeln* mit je einer *langen* und einer *kurzen Spitze*. Der *Schieber* oder *Läufer* lässt sich im Schlitz verstellen. Das Verhältnis wird in geschlossenem Zustand eingestellt. Für die Bedienung gelten grundsätzlich die gleichen Regeln wie beim Proportionalwinkel.

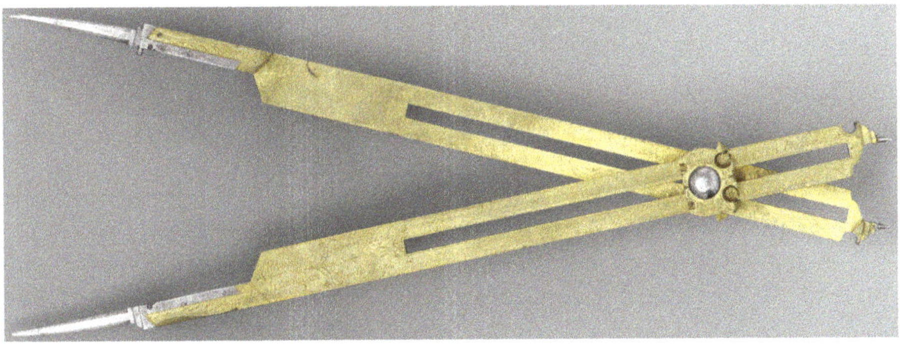

Abb. 4.32: Reduktionszirkel von Bürgi. Reduktionszirkel (um 1587). Der Drehpunkt des mit vier Spitzen versehenen Rechengeräts von Jost Bürgi ist verschiebbar. Mit dem vielseitigen Instrument lassen sich Strecken, Flächen und Volumen in einem beliebigen Verhältnis verkleinern und vergrößern. Ebene Figuren können unter Beibehaltung des Flächeninhalts ineinander verwandelt werden (z.B. Kreis in Quadrat, gleichseitiges Dreieck in Kreis oder Quadrat). Ferner bekommt man das Verhältnis π zwischen dem Durchmesser und dem Kreisumfang. Desgleichen lassen sich bei gleichbleibendem Rauminhalt die fünf platonischen Körper – Würfel (Kubus), dreiseitige Pyramide (Tetraeder), Acht-, Zwölf- und Zwanzigflächner (Oktaeder, Dodekaeder, Ikosaeder) – und eine Kugel ineinander verwandeln. Die erste bekannte Zeichnung eines Reduktionszirkels mit verstellbarem Scharnier verdanken wir Leonardo da Vinci (Codex Atlanticus, um 1500). Schon vor Bürgi haben Federico Commandino, Christoph Schissler d. Ä. und Wenzel Jamnitzer einfache Reduktionszirkel gefertigt (© Museumslandschaft Hessen Kassel, Astronomisch-physikalisches Kabinett).

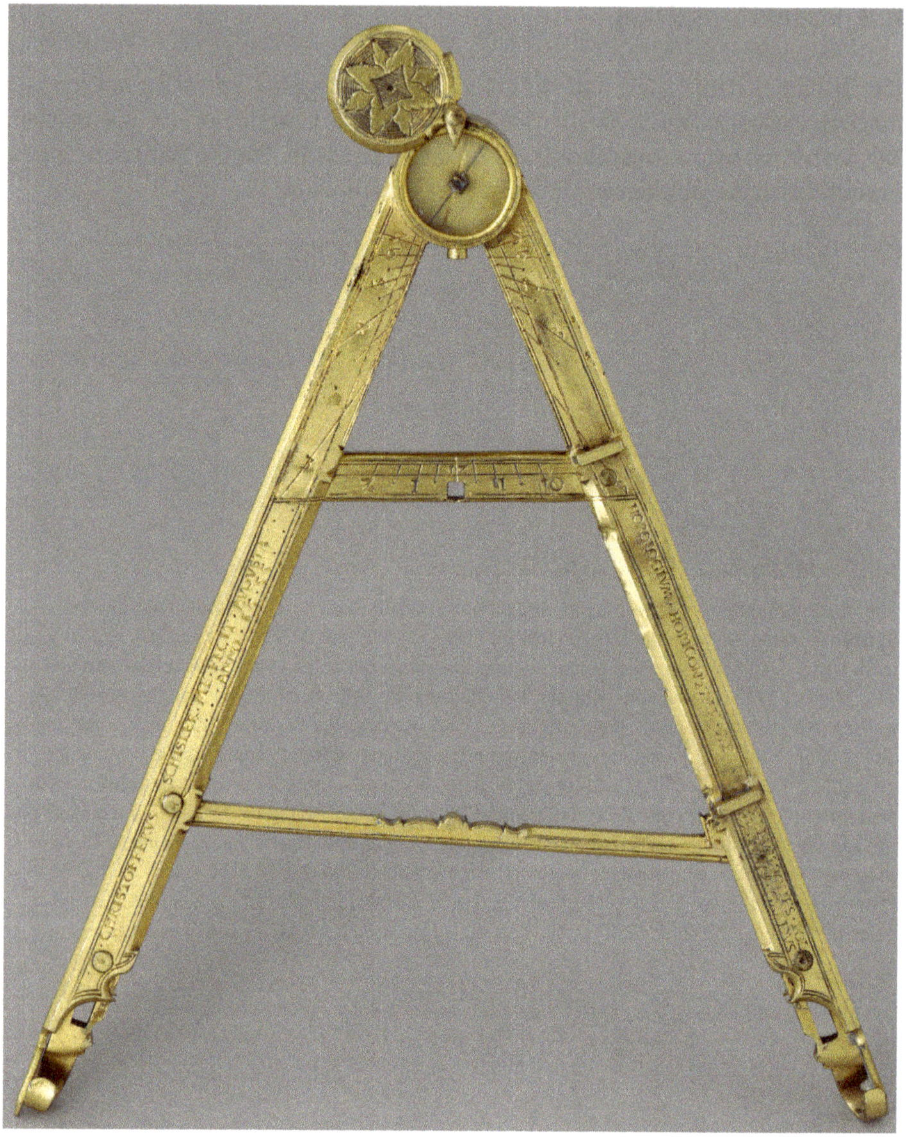

Abb. 4.33: Sonnenuhrzirkel von Schissler. Zirkelinstrument (1555). Der Zirkel des Instrumentenmachers Christoph Schissler d. Ä. hat zwei versenkbare Querstreben. Im Scheitel befindet sich ein verschließbarer Kompass. Der vielseitig nutzbare Zirkel war nicht nur ein Messgerät für Längen und Winkel, sondern diente auch als Sonnenuhr und Nivellierinstrument (© Museumslandschaft Hessen Kassel, Astronomisch-physikalisches Kabinett).

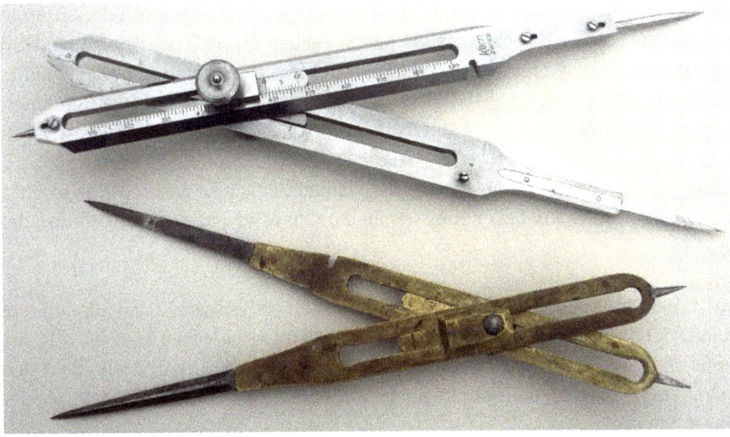

Abb. 4.34: Reduktionszirkel (Kern). Das Aarauer Unternehmen Kern stellte über 150 Jahre lang Reduktionszirkel her. Oben sehen Sie ein Modell von 1964 mit einer Millimeterteilung und einer Noniuseinstellung. Das Werkzeug erleichterte dank Verhältnisgleichungen den Umgang mit Linien, Flächen, Körpern, Kreisen, dem goldenen Schnitt und half beim Umrechnen von Maßeinheiten. Unten ist ein Modell aus 1880 mit Verhältnisskalen abgebildet. Reduktionszirkel sind mit einem *verschiebbaren* Drehpunkt ausgestattet (© Aldo Lardelli, Studiensammlung Kern, Aarau).

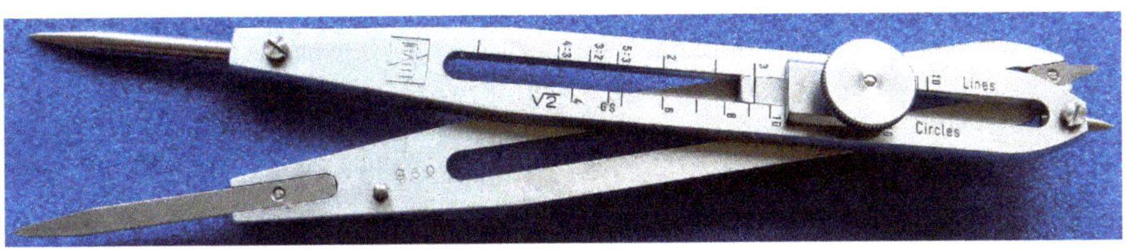

Abb. 4.35: Reduktionszirkel (Haff). Mit diesen von Haff angebotenen mathematischen Instrumenten kann man Strecken und Kreisumfänge in gleiche Teile teilen sowie Strecken in verschieden Verhältnissen verkleinern und vergrößern (© Gebrüder Haff GmbH, Pfronten).

Mit diesem vielseitigen Werkzeug kann beispielsweise eine Gerade oder ein Kreis in gleiche Teile zerlegt werden. Zeichnungen lassen sich vergrößern und verkleinern. Es eignet sich für Dreisatzrechnungen.

Die „Gebrauchsanleitung für die Reduktionszirkel 1091–1095“ von Kern, Aarau, hält fest (leicht angepasste Fassung):

> **Teilung von Linien:** Der Strich des Läufers ist genau auf einen Strich der Linienteilung einzustellen. Der Abstand der kleinen Spitzen entspricht dann dem Abstand der großen Spitzen im Verhältnis der eingestellten Zahl [Verhältniszahl].
>
> **Beispiel:** Wird der Läufer auf 6 gestellt, dann ist der Abstand der kleinen Spitzen gleich 1⁄6 des Abstands der großen Spitzen.

Kreisteilung: Diese dient zur Ermittlung der Seite irgendeines regulären Polygons (Vielecks), wenn der *Durchmesser* des dem Polygon umschriebenen Kreises gegeben ist. Der Strich des Läufers wird auf diejenige Zahl der Kreisteilung eingestellt, die die Seitenzahl des gewünschten Polygons angibt. Die Öffnung der kleinen Spitzen gibt dann die Länge der gewünschten Seite, wenn der Durchmesser des dem Polygon umschriebenen Kreises durch die Öffnung der großen Spitzen dargestellt ist.

Beispiel: Schieber auf 11 eingestellt. Die Öffnung der kleinen Spitzen ist gleich der Seite eines regulären Elfecks, dessen umschriebener Kreis einen Durchmesser hat von der Öffnung der großen Spitzen.

Goldener Schnitt: Der Strich des Läufers auf G.S. [goldener Schnitt] eingestellt, teilt die Öffnung der kleinen Spitzen und die der großen Spitzen im sogenannten goldenen Schnitt, d.h. die Öffnung der großen Spitzen wird durch die Öffnung der kleinen Spitzen so eingestellt, dass sich der kleine Abschnitt einer im goldenen Schnitt geteilten Geraden zum größeren verhält, wie der größere zur ganzen Strecke.

Beispiel: a : b = b : c (mit Zeichnung).

Flächenteilung: Die Öffnung der kleinen Spitzen gibt die Seite eines Quadrats, das sovielmal kleiner ist als das Quadrat, dessen Seitenlänge durch die Öffnung der großen Spitzen als eingestellte Teilzahl angegeben wird.

Beispiel: Schieber auf 7 eingestellt. Die Öffnung der kleinen Spitzen gibt die Seite eines siebenmal kleineren Quadrats als dasjenige, dessen Seite gleich der Öffnung der großen Spitzen ist.

Körperteilung: Die Öffnung der kleinen Spitzen gibt die Seite eines Würfels, der sovielmal kleiner ist als der Würfel, dessen Seitenlänge durch die Öffnung der großen Spitzen als eingestellte Teilzahl angegeben wird.

Beispiel: Schieber auf 9 eingestellt. Die Öffnung der kleinen Spitzen gibt die Seite eines neunmal kleineren Würfels als derjenige, dessen Seite gleich der Öffnung der großen Spitzen ist.

Anmerkungen

Ein Reduktionszirkel ist ein *Rechen*zirkel, ein Stechzirkel ein *Mess*zirkel. Gewöhnliche Zirkel sind *Zeichen*zirkel (Einsatzzirkel). Die Reduktionszirkel wurden ursprünglich als Proportionalzirkel bezeichnet.

4.9 Winkel- und Neigungsmesser

Winkelmesser (Transporteure) standen in mehreren Bauformen zur Verfügung (vgl. Abb. 4.36–4.37). Auch Neigungsmesser waren kunstvoll gebaut (vgl. Abb. 4.38).

Abb. 4.36: Halbkreiswinkelmesser. Hersteller dieses Transporteurs (etwa um 1700) aus Messing war der Engländer Michael Butterfield (© ETH-Bibliothek Zürich, Sammlung Sternwarte).

Abb. 4.37: Vollkreiswinkelmesser. Wer diesen Transporteur aus Messing (erste Hälfte des 18. Jahrhunderts) gefertigt hat, ist unbekannt (© ETH-Bibliothek Zürich, Sammlung Sternwarte).

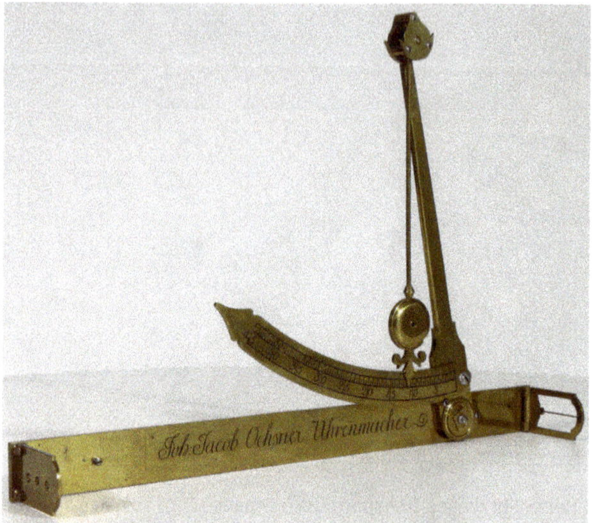

Abb. 4.38: Neigungsmesser. Der Uhrmacher Johann Jacob Ochsner hat diesen Neigungsmesser aus Messing um 1800 gebaut. Er ist mit einem Pendelkörper ausgestattet. Damit lassen sich Steigungen und Gefälle ermitteln. Solche Vorrichtungen wurden etwa im Bauwesen und der Schifffahrt gebraucht (© ETH-Bibliothek Zürich, Sammlung Sternwarte).

4.10 Koordinatografen

Die Unterscheidung zwischen *Zeichengeräten* – z.B. Pantografen (Storchschnabel), Koordinatografen (vgl. Abb. 4.39–4.41) – und *Messgeräten* – z.B. Winkelmesser, Kurvenmesser, Planimeter – einerseits und den Rechengeräten andererseits ist unscharf. Mit einem Planimeter wird der Flächeninhalt durch Umfahren ermittelt und dabei berechnet. Bei analogen Geräten wird *gemessen*, bei digitalen *gezählt*. Dennoch ist der analoge Rechenstab, wie sein Name deutlich macht, ein *Rechen*hilfsmittel. Mit Quadranten (Viertelkreisgerät), Sextanten (Sechstelkreisgerät), Oktanten (Achtelkreisgerät), Proportionalwinkeln und Reduktionszirkeln hat man auch gerechnet. Stechzirkel unterstützten die Rechenarbeit. Koordinatenrechner dienten zur Umwandlung von rechtwinkligen Koordinaten in Polarkoordinaten und umgekehrt.

Es wurde zwischen dem arithmetischen, numerischen und dem *geometrischen, grafischen* Rechnen unterschieden. Die Rede ist auch von *geometrischen* Geräten bzw. geometrischen Analoggeräten (z.B. Umzeichner, Kurvenzeichner, Auftragegeräte, d.h. Koordinatografen).

Abb. 4.39: Orthokoordinatograf (1). Diese im 19. Jahrhundert entstandenen Zeichengeräte dienten zum Herstellen von genauen Plänen und Karten. Auf dem beweglichen Wagen dieses Rechtwinkelkoordinatografen ist das vom St. Galler Grundbuchgeometer Rudolf Bosshardt entwickelte Punktiermikroskop (Beobachtungsmikroskop mit Punktierspitze für die Markierung von Punkten) angebracht. Solche Zeichenwerkzeuge wurden u.a. in der Uhrenindustrie benutzt. Im Handel waren auch kreisförmige Polarkoordinatografen (für das polare Koordinatensystem) erhältlich. Eine führende Herstellerin war die (heute) in Köniz bei Bern ansässige Haag-Streit AG (© Vermessungsamt, Aarau).

Abb. 4.40: Orthokoordinatograf (2). Die Aufnahme zeigt Ordinaten- und Abszissenwagen sowie Mikroskop und Nonius. Die Haag-Streit AG ist aus den mathematisch-physikalischen Werkstätten Haag-Streit hervorgegangen. Der Hersteller schreibt zur Wartung: „Die blanken Laufbahnen sowie die äußere Rollfläche der Kugellager sind durch periodisches Abreiben mit einem Öl- oder Vaseline-befeuchteten Lappen rein zu halten. Staub auf den Celluloidmaßstäben und unter den Noniusplatten ist vor Gebrauch des Instrumentes zu entfernen“ (© Vermessungsamt, Aarau).

Abb. 4.41: Polarkoordinatograf. Der Tragring ist verschiebbar auf einer ringförmigen Unterlagsplatte angeordnet. Das Instrument lässt sich genau über einem Punkt zentrieren. Der Distanzwagen mit dem Punktiermikroskop und der Glasnonienplatte rollt auf der Distanzschiene. Die Kreis- und Distanzteilungen sind (wie beim Rechenschieber) auf Celluloid abzulesen. Der Aktionsradius beträgt je nach Modell bis zu 20 cm (© Vermessungsamt, Aarau).

4.11 Mathematische Tafelwerke

Schon seit dem Altertum wurden Tafeln (Listen und Tabellen, vgl. Abb. 4.42) verwendet: Tabellen für alle vier Grundrechenarten, vor allem Multiplikationstafeln (Produkttafeln), Divisionstafeln (Quotiententafeln), Tabellen mit Quadrat- und Kubikzahlen, Quadrat- und Kubikwurzeln, Kehrwerten (Reziprokwerte), trigonometrische und logarithmische Tafeln, Formelsammlungen sowie Nachschlagewerke für kaufmännische Berechnungen (Währung, Zins u.a.). Schließlich können auch Feder, Bleistift und Papier, Kreide und Schiefertafel als Rechenhilfsmittel betrachtet werden.

Ein eigenartiges analoges Werkzeug ist der *Messknecht* (vgl. Abb. 4.43) von Maximilian Robert Pressler.

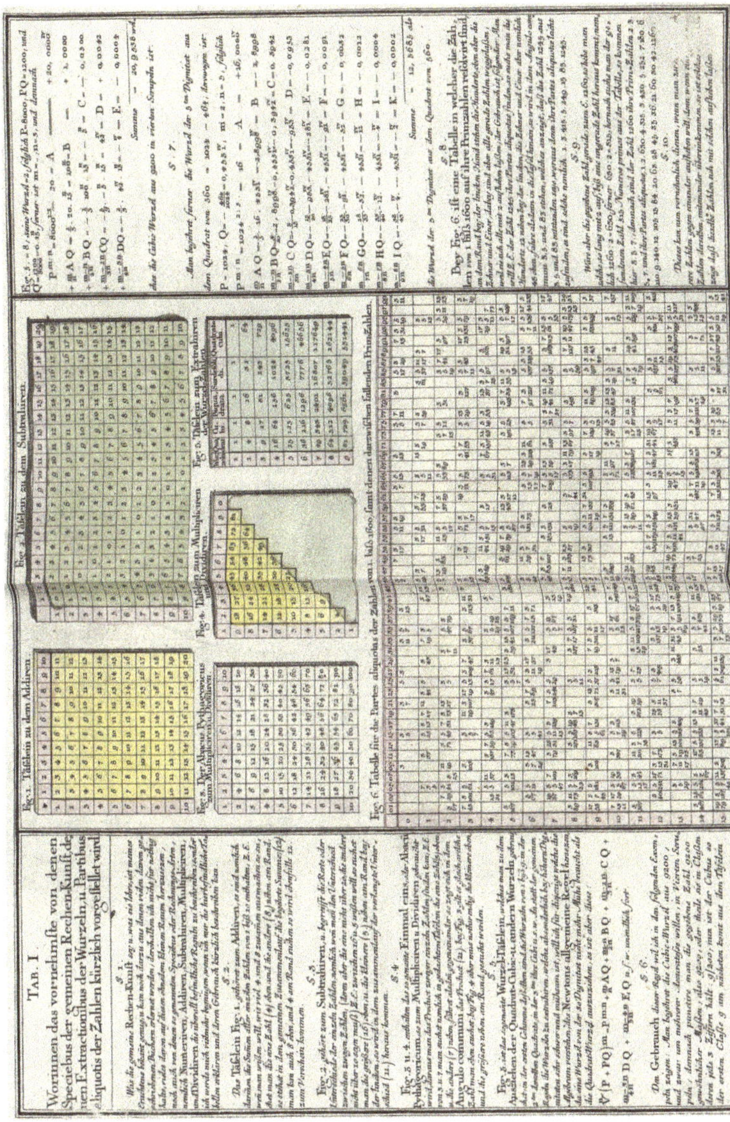

Abb. 4.42: Mathematisches Tafelwerk. Diese Darstellung zeigt Tafeln für die Addition (Figur 1), die Subtraktion (Figur 2), die Multiplikation und die Division (Figur 3 (pythagoreische Rechentafel) sowie Figur 4) und das Wurzelziehen (Figur 5). Die Zerlegung der (ungeraden) natürlichen Zahlen von 1 bis 1599 in Primfaktoren sowie die Primzahlen gehen aus der großen Tafel hervor (Figur 6) (aus: Tobias Mayer: Mathematischer Atlas, in welchem auf 60 Tabellen alle Theile der Mathematic vorgestellet und nicht allein überhaupt zu bequemer Wiederholung, sondern auch den Anfängern besonders zur Aufmunterung durch deutliche Beschreibung und Figuren entworfen werden, Pfeffel, Augspurg 1745) (Quelle: ETH-Bibliothek Zürich, Alte und seltene Drucke).

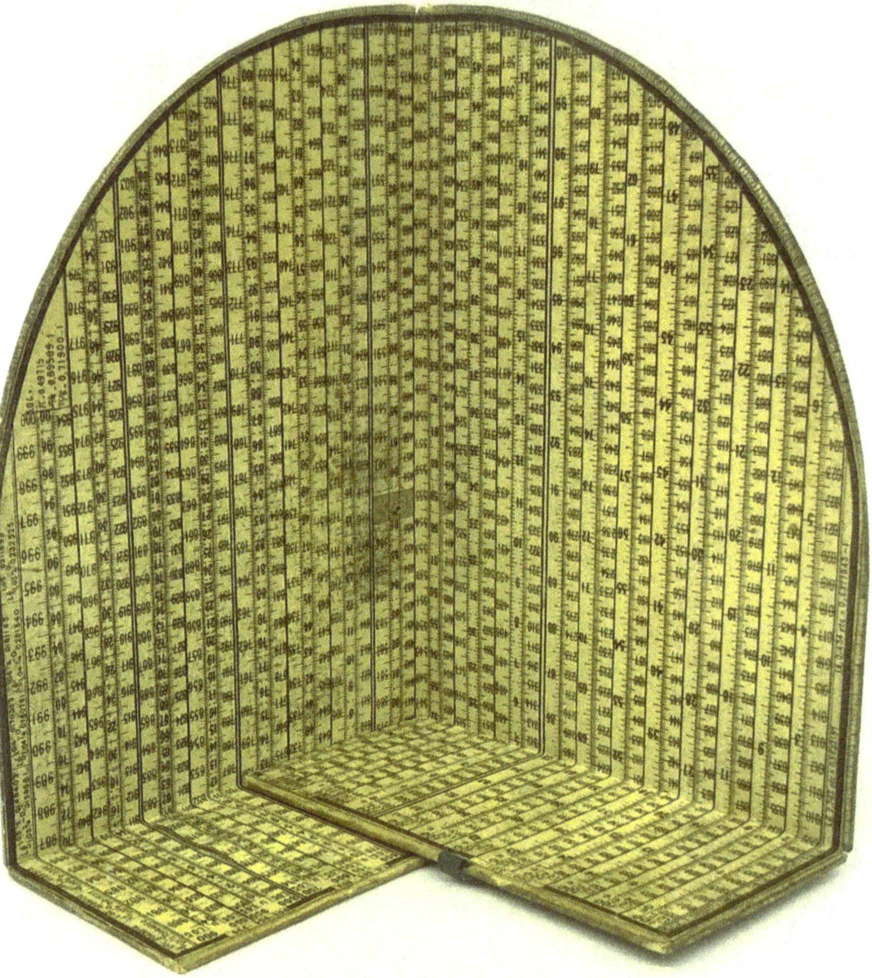

Abb. 4.43: Messknecht. Die faltbare grafische Logarithmentafel des Deutschen Maximilian Robert Pressler (1852) war u.a. für die Forstwirtschaft bestimmt. Dieses Messgerät aus Pappe, das auch trigonometrische Tabellen umfasst, wurde beispielsweise als Winkelmesser und damit zur Bestimmung der Baumhöhe eingesetzt (© Aldo Lardelli, Studiensammlung Kern, Aarau).

4.12 Astronomische Instrumente

Quadrant, Sextant und Oktant sind Sektorinstrumente (vgl. Abb. 4.44–4.50). Sie wurden auch in der Landvermessung eingesetzt. Mit derartigen Werkzeugen wird auch gerechnet.

Abb. 4.44: Quadrant. Dieses astronomische Instrument besteht aus einem Viertelkreis mit Gradeinteilung und einem schwenkbaren Stab. Die Neigung des Stabs zeigt die Höhe des anvisierten Gestirns an. Die Herkunft dieses Werkzeugs aus Messing (um 1750) ist unbekannt (© ETH-Bibliothek Zürich, Sammlung Sternwarte).

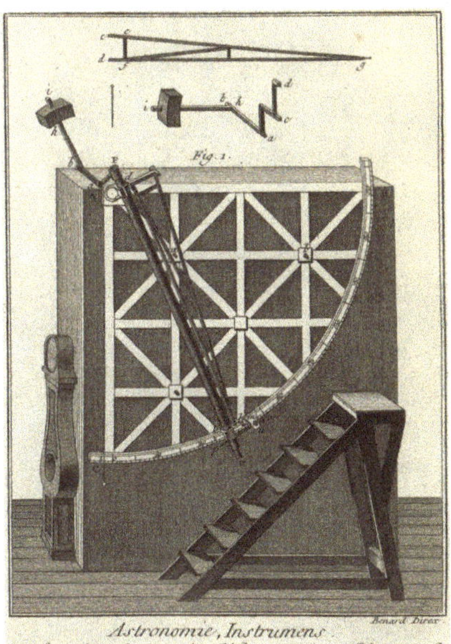

Abb. 4.45: Mauerquadrant. Große Viertelkreise wurden an Mauern befestigt (aus: Denis Diderot; M. d'Alembert: Encyclopédie, ou dictionnaire raisonné des sciences, des arts et des métiers, Pellet, Genf 1778) (Quelle: ETH-Bibliothek Zürich, Alte und seltene Drucke).

Abb. 4.46: Wilhemsquadrant (Azimutalquadrant) (vor 1570). Dieser älteste erhaltene Metallquadrant wird Eberhard Baldewein zugeschrieben. Mit dem drehbaren astronomischen Messinstrument lässt sich die Durchgangshöhe der Sterne sowie ihr Azimut (Winkel zwischen der Vertikalebene eines Gestirns und der Südhälfte der Meridianebene) bestimmen. Auftraggeber war der Landgraf Wilhelm IV. von Hessen-Kassel (© Museumslandschaft Hessen Kassel, Astronomisch-physikalisches Kabinett).

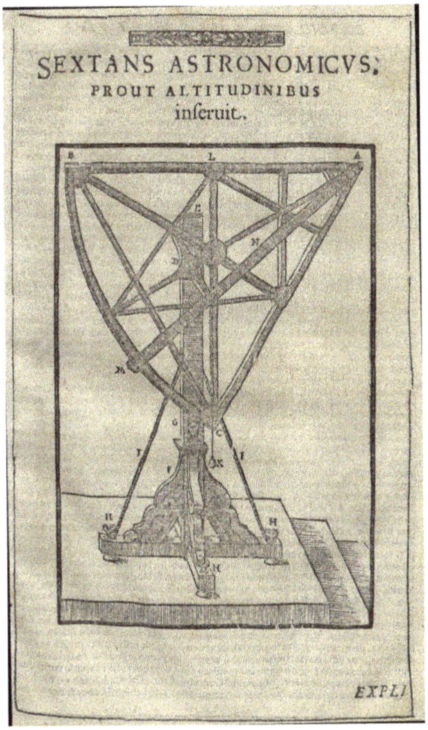

Abb. 4.47: Sextant. Dieses Winkelmessinstrument (Sechstelkreis) diente besonders in der Seefahrt zur Ermittlung der Höhe eines Sterns (aus: Tycho Brahe: Tychonis Brahe Astronomiae instauratae mechanica, apud Levinum Hulsium, Noribergae [Nürnberg] 1602) (Quelle: ETH-Bibliothek Zürich, Alte und seltene Drucke).

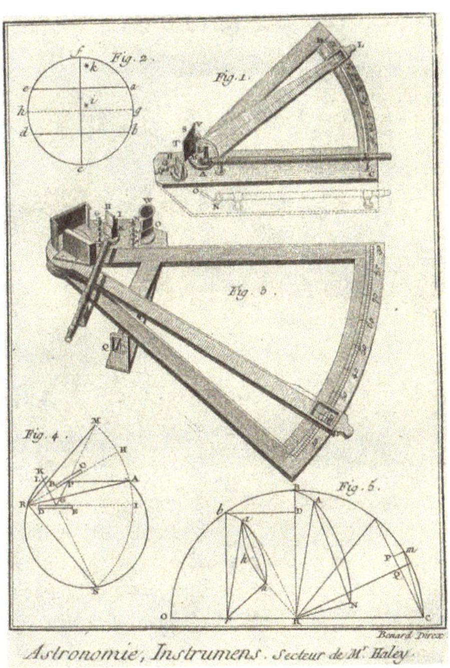

Abb. 4.48: Oktant (1). Der Achtelkreis von John Haley (um 1750) war ein nautisches Winkelmessgerät (aus: Denis Diderot; M. d'Alembert: Encyclopédie, ou dictionnaire raisonné des sciences, des arts et des métiers, Pellet, Genf 1778) (Quelle: ETH-Bibliothek Zürich, Alte und seltene Drucke).

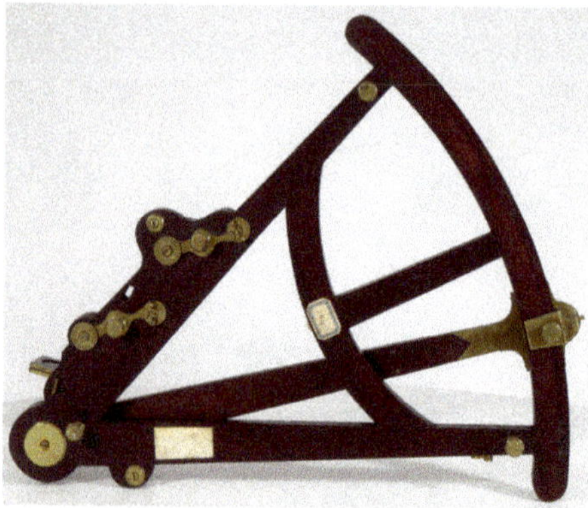

Abb. 4.49: Oktant (2). Dieser haleysche Oktant wurde um 1750 von Bushey gefertigt. Weitere Angaben liegen nicht vor (© ETH-Bibliothek Zürich, Sammlung Sternwarte).

Abb. 4.50: Tischtorquetum (Türkengrät) von Habermel (um 1590). Mit dem Beobachtungsinstrument aus der Werkstatt von Erasmus Habermel lassen sich gleichzeitig die Positionen (Länge und Breite) von Himmelskörpern im ekliptikalen wie im äquatorialen Koordinatensystem messen. Die Grundplatte ist mit einem Kompass und einem Lot ausgestattet. Sie trägt die Äquatorplatte (Ebene des Himmelsäquators) mit dem Ekliptikring (© Museumslandschaft Hessen Kassel, Astronomisch-physikalisches Kabinett).

4.13 Mechanische und elektronische Rechner

Aus der Fülle von mechanischen Rechenmaschinen und elektronischen Taschenrechnern werden zwei Beispiele ausgewäht (vgl. Abb. 4.51–4.52).

Abb. 4.51: Mercedes Euklid (Modell 21). Diese elektrische Proportionalhebelmaschine von Christel Hamann (1947) eignet sich für alle vier Grundrechenarten (© Geodätisches Institut der Leibniz-Universität Hannover).

Abb. 4.52: Elektronischer Taschenrechner. Der erste programmierbare Taschenrechner Hewlett Packard 65 stammt aus dem Jahr 1974 (© Geodätisches Institut der Leibniz-Universität Hannover).

4.14 Einteilungsmerkmale

Außer dem hier gewählten Merkmal *Schaltwerk* sind für die mechanischen Rechenmaschinen auch andere Gliederungen möglich. Kennzeichen sind beispielsweise: Zahleneingabe (Einstellung: Scheibe, Schieber, Stift/Griffel, Rad, Tastatur / Zehnertastatur / Volltastatur), Antrieb (Direktantrieb, Tastenantrieb, Handhebelantrieb, Handkurbelantrieb, elektrischer Antrieb), Ausgabe (druckend, nichtdruckend). In diesem Buch wird von einem *Schreibwerk* für die *hand*schriftliche Ausgabe (Handschriftautomaten) und von einem *Druckwerk* bei *maschinen*schriftlicher Ausgabe gesprochen.

4.14.1 Rechnerarten

Man unterscheidet je nach Bauart zwischen folgenden Gerätegattungen:
- mechanische Rechner,
- elektromechanische Rechner,
- elektronische Rechner,
- Quantenrechner

sowie
- Relaisrechner,
- Röhrenrechner,
- Transistorrechner.

Mechanische Geräte enthalten beispielsweise Scharniere, Zahnräder, Getriebe; elektromechanische verwenden üblicherweise Relais. In elektronischen Maschinen findet man u.a. Elektronenröhren, Transistoren, integrierte Schaltkreise. Es gibt mechanische, elektromechanische und elektronische Integrieranlagen. Zu erwähnen sind ferner die mechanischen Zählwerke (mit automatischem Zehnerübertrag). Eine Sonderstellung nehmen *Verschlüsselungsmaschinen* (z.B. Enigma) und *Entzifferungsgeräte* (z.B. Colossus) ein.

4.14.2 Rechnergenerationen

Die frühen festprogrammierten und programmgesteuerten Maschinen wurden aufgrund der Bauart des Rechenwerks drei Generationen zugeordnet:
- 0. Generation: Relaisrechner, z.B. Zuse Z4, Harvard mark 1/IBM ASCC, Complex computer/Bell-Rechner 1,
- 1. Generation: Röhrenrechner, z.B. ABC, Colossus, Eniac,
- 2. Generation: Transistorrechner, z.B. Tradic, Mailüfterl.

4.14.3 Rechen- und Speicherwerk

Manche Hilfsmittel wie Kerbhölzer und Knotenschnüre dienten vor allem zur *Speicherung* von Zahlenwerten. Leistungsfähige Speicher waren lange Zeit ein Sorgenkind der Relais- und Röhrenrechner. Zunächst wurden Relais, Zählräder und Zählringe/Ringzähler wie auch Lochkarten verwendet, dann kamen die Flipflops (Schaltung mit zwei stabilen Zuständen, elektronische Kippschaltung), Kondensatoren (elektronische Bauelemente für die Kurzzeitspeicherung) und Röhren.

Flipflops werden beispielsweise für *Register* (kleine Speicher mit kurzer Zugriffszeit) verwendet. Die schnellen Register stellen Daten und Anweisungen für die unmittelbare Abarbeitung bereit. Ein *Akkumulator* ist ein Schnellspeicher (Register) der Zentraleinheit, in dem die Ergebnisse arithmetischer und logischer Operationen (Berechnungen und Verknüpfungen) abgelegt werden. Akkumulatoren waren mechanische oder elektrische Einrichtungen zur Speicherung und Addition von Zahlen.

Die elektromagnetischen Relais galten als recht zuverlässig, waren jedoch langsam. Die viel schnelleren elektronischen Röhren brachten hingegen eine starke Wärmeentwicklung mit sich. Ihre Lebensdauer war überdies eher kurz. Man konnte sie aber verlängern und das Durchbrennen verringern, indem man die Röhren nicht mit voller Nennleistung laufen ließ und den Rechner (fast) nie ausschaltete.

Sammelgebiete

Es fällt auf, dass Sammelnde historischer Büroerzeugnisse in der Regel mehrere Gruppen bilden: Sie beschränken sich entweder auf Schreibmaschinen, mechanische Rechenmaschinen oder Rechenschieber. Die wenigsten widmen sich allen drei Gebieten und noch weniger den übrigen mathematischen Instrumenten wie Proportionalwinkel, Reduktionszirkel, Pantografen, Koordinatografen, Kurvenmesser, Flächenmesser (Planimeter), Integriermaschinen. Diese Spaltung ist auch bei manchen Museen festzustellen. Rechenbretter, Rechentische, Rechentücher und die mathematisch anspruchsvollen analogen Zeichen- und Messgeräte sind in Sammlungen vergleichsweise selten anzutreffen.

Einteilung der Rechenhilfsmittel (Übersicht)

1. Analoge Rechenhilfsmittel

1.1 natürliche analoge Rechenhilfsmittel (Naturmaße)
Beispiele:
Fingerspitze (Prise), Hand voll
Fingerbreite, Spanne, Elle, Klafter, Fuß, Schritt

1.2 künstliche analoge Rechenhilfsmittel (= analoge Rechengeräte, Analogrechner)

1.2.1 mechanische Analogrechner
Beispiele:
Astrolabium (Gerät zur Lagebestimmung von Sternen)
Räderwerk von Antikythera (astronomische Rechenmaschine)

Quadrant (Winkelmessgerät zur Bestimmung der Höhe von Sternen)
Sextant (Winkelmessgerät zur Bestimmung der Höhe von Sternen)
Oktant (Winkelmessgerät zur Bestimmung der Höhe von Sternen)
(linearer) Maßstab (Additions- und Subtraktionsstab)
(logarithmischer) Rechenstab
(logarithmische) Rechenscheibe
(logarithmische) Rechenuhr
(logarithmisches) Rechengitter
(logarithmische) Rechenwalze
  Parallelwalze
  Spiralwalze
Proportionalwinkel (Proportionalzirkel)
Reduktionszirkel
Kurvenmesser
Flächenmesser (Planimeter)
Koordinatograf
Integraf
astronomische Uhr
Straßburger Kirchenrechner (Jean-Baptiste Schwilgué)
harmonischer Analysator
Gezeitenrechner (William Thomson)
mechanische Integrieranlage
Nomogramm (Schaubild für das grafische Rechnen)

1.2.2 **elektromechanische Analogrechner**
Beispiel:
elektromechanische Integrieranlage (Vannevar Bush)

1.2.3 **elektronische Analogrechner**
Beispiele:
elektronischer Analogrechner
elektronische Integrieranlage

2. Digitale Rechenhilfsmittel (und gedruckte Tafelwerke)
2.1 natürliche digitale Rechenhilfsmittel
Beispiele:
Finger, Hand, Arm
Stein (Kiesel), Muschel, Nuss

2.2 künstliche digitale Rechenhilfsmittel (= digitale Rechengeräte, Digitalrechner)
2.2.1 **Zahlenspeicher**
Beispiele:
Kerbholz
Knotenschnur (Quipu), Müllerknoten

2.2.2 mathematische Tafelwerke (mathematische Tabellen)
Beispiele:
Rechentafel (Produkttafel, Logarithmentafel)

2.2.3 mechanische Digitalrechner
2.2.3.1 mechanische Digitalrechner *ohne* automatischen Zehnerübertrag
Beispiele:
Rechenbrett, Rechentisch, Rechentuch
Rechenstein, Rechenmünze, Rechenpfennig
Rechenrahmen (Kugelrechner)
Rechenstäbchen (Multiplikations- und Divisionsstab mit Einmaleinsspalten)
Rechenkästchen
2.2.3.2 mechanische Digitalrechner mit halbautomatischem Zehnerübertrag (Zahnstangen mit Hakenzehnerübertrag)
Beispiel:
Zahlenschieber

2.2.3.3 mechanische Digitalrechner *mit* automatischem Zehnerübertrag
Beispiele:
mechanische Rechenmaschinen
(Tisch- und Taschenrechenmaschinen)
Einspeziesmaschine (Addiermaschine)
Mehrspeziesmaschine
Staffelwalzenmaschine
Sprossenradmaschine
Proportionalhebelmaschine (Verhältnishebelmaschine)
Proportionalradmaschine (Wechselrädermaschine)
Schaltklinkenmaschine
Stellsegmentmaschine
Direktmultipliziermaschine:
Einmaleinskörpermaschine (Multiplikationskörpermaschine)
Multiplikationsmaschine mit Nürnberger Schere
Schaltschwingenmaschine
Stellradmaschine
Zahnstangenmaschine
Zahnsegmentmaschine
Zahnkettenmaschine
Zahnscheibenmaschine
Differenzenmaschine
analytische Maschine (Charles Babbage)

2.2.4 elektromechanische Digitalrechner
Beispiele:
Lochkartenrechenmaschine
Relaisrechner
(elektromechanische) Tischrechenmaschine

2.2.5 elektronische Digitalrechner
Beispiele:
Röhrenrechner
programmgesteuerter Röhrenrechner
speicherprogrammierter Röhrenrechner
Transistorrechner
(elektronische) Tischrechenmaschine
(elektronischer) Taschenrechner
internetfähiges Mobiltelefon

3. hybride Rechenhilfsmittel (Verbundrechner, Mischrechner)
Beispiel:
digitale Integrieranlage

Anmerkungen
Fingerbreite, Spanne, Elle, Klafter, Fuß und Schritt sind alte Längenmaße:
Elle = Länge des Unterarms (mit Hand),
Klafter = Spannweite der seitwärts gestreckten Arme eines Erwachsenen,
Spanne = Abstand zwischen der Spitze des Daumens und der Spitze des Mittelfingers oder des kleinen Fingers (bei gespreizter Hand).
Für das (analoge) Rechnen dienten auch Zirkel, Winkelmesser und Sonnenuhren. Als Entfernungsmesser (Distanzmesser) wurden Schrittzähler und Wegmesser verwendet.

Die Einteilung der Rechenhilfsmittel wird in einer Übersichtstabelle (vgl. Abb. 4.53) dargestellt.

Einteilung der Rechenhilfsmittel				© Bruderer Informatik, CH-9401 Rorschach 2020
Merkmale				**Beispiele**
analoge Rechenhilfsmittel	natürliche analoge Rechenhilfsmittel			Fingerbreite, Spanne, Elle, Klafter, Fuß, Schritt
	künstliche analoge Rechenhilfsmittel **Analogrechner**	mechanische Analogrechner		Armillarsphäre, Astrolab(ium), Planetarium, Räderwerk von Antikythera, Quadrant, Sextant, Oktant, (linearer) Maßstab, (logarithmischer) Rechenstab, Rechenscheibe, Rechenuhr, Rechengitter, Rechenwalze, Proportionalwinkel (Proportionalzirkel), Reduktionszirkel, Kurvenmesser, Flächenmesser (Planimeter), Integraf, Koordinatograf, astronomische Uhr, Straßburger Kirchenrechner, harmonischer Analysator, Gezeitenrechner, mechanische Integrieranlage, Nomogramm
		elektromechanische Analogrechner		elektromechanische Integrieranlage (Differenzialgleichungsmaschine)
		elektronische Analogrechner		elektronischer Analogrechner, elektronische Integrieranlage
digitale Rechenhilfsmittel	natürliche digitale Rechenhilfsmittel			Finger, Hand, Arm, Stein, Muschel, Nuss
	künstliche digitale Rechenhilfsmittel **Digitalrechner**	Zahlenspeicher		Kerbholz, Kerbknochen Knotenschnur
		mathematische Tafelwerke		Multiplikationstafel, Logarithmentafel
		mechanische Digitalrechner	manueller Zehnerübertrag	Rechenbrett (Rechenplatte), Rechentisch, Rechentuch, Rechenstein, Rechenmünze, Rechenpfennig, Rechenrahmen (Kugelrechner), Rechenstäbchen, Rechenkästchen
			halbautomatischer Zehnerübertrag	Zahlenschieber
			automatischer Zehnerübertrag Ein- und Mehrspeziesmaschinen	Staffelwalzenmaschine, Sprossenradmaschine, Proportionalhebelmaschine, Proportionalradmaschine, Schaltklinkenmaschine, Stellsegmentmaschine, Direktmultipliziermaschine, Schaltschwingenmaschine, Stellradmaschine, Zahnstangenmaschine, Zahnsegmentmaschine, Zahnkettenmaschine, Zahnscheibenmaschine, Differenzenmaschine
		elektromechanische Digitalrechner		Lochkartenrechenmaschine, Relaisrechner, (elektromechanische) Tischrechenmaschine

Abb. 4.53: Einteilung der Rechenhilfsmittel. Diese Darstellung versucht, einen möglichst widerspruchsfreien Überblick über die vielfältigen, schwer überschaubaren natürlichen und künstlichen (historischen) Rechenmittel zu vermitteln (© Bruderer Informatik, Rorschach).

5 Zeittafel

Zusammenfassung: Das Kapitel „Zeittafel" verzeichnet ausgewählte grundlegende Errungenschaften aus der Vor- und Frühgeschichte der Informatik und des Automatenbaus. Die Geschichte der Rechentechnik beginnt mit dem Fingerzählen, dem Kerbknochen, dem Kerbholz, der Knotenschnur und dem Abakus. Sie erstreckt sich über den Rechenschieber und die mechanische Rechenmaschine bis zu dem speicherprogrammierten Elektronenrechner, dem Internet, dem World Wide Web, dem Mobiltelefon und dem Quantenrechner. Schon die frühesten bekannten Rechenhilfsmittel und Speichervorrichtungen waren digital: Finger, Kerbholz, Knotenschnur und Abakus. Das bedeutendste analoge Rechengerät war der (logarithmische) Rechenschieber.

Schlüsselwörter: Abakus, Automatenbau, Frühgeschichte, Internet, Kerbholz, Mobiltelefon, Null, Rechentechnik, Vorgeschichte, World Wide Web, Zahlensystem, Zeittafel

5.1 Vor- und Frühgeschichte der Rechentechnik und des Automatenbaus

Zeittafeln (vgl. Tab. 5.1) sind heikel und fehleranfällig, denn selbst in den Urschriften sind die Angaben oft widersprüchlich. Zudem liegt die Entstehung von vielen wegweisenden Erfindungen im Dunkeln. Das trifft nicht nur für das Rad zu, sondern auch für die Entstehung des *Zahlensystems* und der *Null*. Ohne diese beiden bahnbrechenden Errungenschaften, deren Einführung Jahrhunderte dauerte, sind programmgesteuerte Rechner undenkbar. Der Weg von der Eingebung, dem ersten Gedanken, bis zu einer hieb- und stichfesten Erkenntnis oder einem im Alltag nutzbaren Erzeugnis ist oft steinig.

Was ist maßgebend: der Zeitpunkt der Entdeckung, das Datum der Veröffentlichung, der Inbetriebnahme oder der Vermarktung, der Anfang oder der Abschluss der Forschungsarbeiten? Zwischen der Anmeldung und der Erteilung von Patenten verstreichen oft mehrere Jahre. Patente werden teils vor, teils nach Fertigungsbeginn gewährt. Bei Rechengeräten und ihren Bestandteilen gibt es häufig mehrere Entwicklungsstufen und Reifegrade. Für Relais- und Röhrenrechner wird aus (patriotischen) Prioritätsgründen meist das Datum des Erstlaufs angegeben, obwohl es vom Versuchs- bis zum Dauerbetrieb meist noch längere Zeit dauert. Manchmal bezieht sich der Termin auf die erste Vorführung oder die Einweihung. Die Jahrzahlen beruhen auf uneinheitlichen Angaben und sind daher als Richtwerte aufzufassen.

Die Orts- und Zeitangaben zur Entwicklung des *Rechenrahmens* schwanken stark. Der chinesische Kugelrechner entstand wahrscheinlich im 12., der japanische im 16. Jahrhundert. Etwa im 17. Jahrhundert erschienen in Russland Rechenkästen, die später zum Zählrahmen führten. Der russische Kugelrechner kam zu Beginn des 19. Jahrhunderts nach Westeuropa und bürgerte sich als Schulrechengerät ein. Beim

https://doi.org/10.1515/9783110669664-005

Rechenbrett (Rechenplatte) gibt es einige (griechische) Funde. Die Urformen dieser Hilfsmittel reichen aber wahrscheinlich in die graue Vorzeit zurück.

In vielen Fällen werden unterschiedliche Jahrzahlen angeführt, z.B. bei der Integrieranlage von Vannevar Bush (1930: Vollendung bzw. 1931: Veröffentlichung), der Abhandlung über die universelle Turingmaschine (1936: Einreichung bzw. 1937: Veröffentlichung), dem Plankalkül 1945 und 1946 usw.

Abweichungen gibt es auch bei der Länderzuordnung. So erfand der Deutsche Emil(e) Berliner das Grammofon in den USA. In der Regel beziehen sich die Angaben auf das Geburtsland.

Zu den Schlüsselerfindungen in der Geschichte der Rechentechnik und der Informatik gehören:
- Ziffer/Zahl 0,
- Stellenwertsystem,
- Dualsystem,
- Abakus,
- Automat,
- Logarithmus,
- Staffelwalze,
- Sprossenrad,
- Lochkarte,
- Telefon,
- Relais,
- Elektronenröhre,
- Transistor,
- Universalrechner
- Speicherprogramm,
- Roboter,
- Internet,
- World wide web,
- Mobiltelefon.

Weitere herausragende Meisterwerke sind beispielsweise die Uhr, der Buchdruck, der Webstuhl, die Dampfmaschine und die Erzeugung von elektrischem Strom. In diesem Zusammenhang soll auch auf die Leistungen von *Leonardo da Vinci* hingewiesen werden.

Tab. 5.1: Zeittafel: Marksteine aus der Vor- und Frühgeschichte der Rechentechnik und des Automatenbaus

Höhepunkte aus der Vor- und Frühgeschichte der Rechentechnik und des Automatenbaus		
Zeit	**Ort**	**Ereignis**
20 000 v. Chr.	Kongo	Ishango-Knochen
7./6. Jh. v. Chr.	Griechenland	Strahlensatz von Thales von Milet
6. Jh. v. Chr.	China	Knotenschnur
4. Jh. v. Chr.	Griechenland	Dariusvase mit Rechentisch
4. Jh. v. Chr.	Griechenland	salaminische Rechentafel (Rechenbrett)
300 v. Chr.	Italien	römischer Handabakus
3. Jh. v. Chr.	Griechenland	Wasserorgel von Ktesibios von Alexandria
2. Jh. v. Chr.	Griechenland	Astrolabium (Hipparch)
1. Jh. v. Chr.	Griechenland	Räderwerk von Antikythera (astronomischer Rechenmaschine)
1. Jh. v. Chr.	Griechenland	Automatentheater sowie Pantograf von Heron von Alexandria
700 n. Chr.	England	Niederschrift des Mönchs Beda Venerabilis über das Fingerrechnen
8. Jh. n. Chr.	Indien	Ziffer 0 (Inschrift von Gwalior)
9. Jh. n. Chr.	Persien	Lehrbuch über das Rechnen mit indischen Ziffern von Muhammad Ibn Musa Al Chwarismi
10. Jh. (980)	Frankreich	Klosterabakus von Gerbert von Aurillac (Papst Silvester II.) mit Rechensteinen (Apices) mit Zahlzeichen
1202	Italien	Rechenbuch (Liber abaci) von Leonardo Fibonacci (Leonardo da Pisa)
1494	Italien	Tafel mit Fingerzahlen von Luca Pacioli
1503	Deutschland	Holzschnitt mit Pythagoras (Linienrechnen, Brettrechnen) und Anicius Manlius Severinus Boethius (Federrechnen, Zahlenrechnen) von Gregor Reisch (Margarita philosophica) (irrtümliche Zuordnung der Erfinder)
1520 (um)	Deutschland	erstes Rechenbuch von Adam Ries
1544	Deutschland	Rechenbuch von Michael Stifel
1568	Deutschland	Planetenlaufuhr von Eberhard Baldewein
1584	Deutschland	Wegmesser von Christoph Trechsler
1585	Deutschland	Schiffsautomat von Hans Schlottheim
1588	Tschechien	Astrolabium von Erasmus Habermel
1592	Schweiz	Kunstweg von Jost Bürgi
1597	Italien	Proportionalwinkel von Galileo Galilei
1603	Deutschland	Pantograf (Storchschnabel) von Christoph Scheiner
1604	Schweiz	Reduktionszirkel von Jost Bürgi
1614	Schottland	Logarithmen von John Napier
1615	Frankreich	Wasserorgel sowie Stiftwalze von Salomon de Caus
1617	England	Zehnerlogarithmen von Henry Briggs
1617	Schottland	Rechenstäbchen für die Multiplikation und Division sowie Promptuarium von John Napier
1620	England	logarithmische Skala von Edmund Gunter (Gunterstab)
1620	Schweiz	Logarithmen von Jost Bürgi
1622	England	logarithmischer Rechenstab von William Oughtred

Höhepunkte aus der Vor- und Frühgeschichte der Rechentechnik und des Automatenbaus		
Zeit	**Ort**	**Ereignis**
1623	Deutschland	Additions- und Subtraktionsmaschine mit drehbaren Multiplikations- und Divisionswalzen von Wilhelm Schickard
1627	Schweiz	Wiener Kristalluhr von Jost Bürgi
1630	England	logarithmische Rechenscheibe von William Oughtred
1633	Niederlande	Logarithmentafel von Adriaan Vlacq und und Henry Briggs
1642	Frankreich	Additions- und Subtraktionsmaschine von Blaise Pascal
1666	England	Multiplizier- und Dividiergerät (mechanische Neperstäbchen) von Samuel Morland
1670	Spanien	Dualsystem von Juan Caramuel y Lobkowitz
1673	Deutschland	Vierspeziessprossenradrechenmaschine von Gottfried Wilhelm Leibniz
1679	Deutschland	Dualzahlen für maschinelles Rechnen von Gottfried Wilhelm Leibniz
1688	Deutschland	mathematischer Schrein von Athanasius Kircher (Veröffentlichung)
1709	Italien	Sprossenradmaschine von Giovanni Poleni
1725	Frankreich	lochstreifengesteuerter teilautomatischer Webstuhl von Basile Bouchon
1727	Deutschland	Geschichte der Rechenmaschinen von Jacob Leupold
1728	Frankreich	lochkartengesteuerter teilautomatischer Webstuhl von Jean-Baptiste Falcon
1738	Frankreich	Mechanische Automaten von Jacques Vaucanson (Ente, Querflötenspieler, Trommler)
1745	Frankreich	lochstreifengesteuerter vollautomatischer Webstuhl von Jacques Vaucanson
1760	Deutschland	allesschreibende Wundermaschine (programmierbarer Schreibautomat) von Friedrich Knaus
1770	England	Schriftsteller von Timothy Williamson (Musikfigurenautomat), Urheberschaft umstritten
1772	Schweiz	Schriftsteller (L'écrivain) (programmierbarer Schreibautomat) von Pierre Jaquet-Droz
1774	Schweiz	Mechanische Automaten von Pierre Jaquet-Droz, Henri-Louis Jaquet-Droz und Jean-Frédéric Leschot (Schriftsteller, Zeichner, Musikerin) (Vorstellung)
1774	Deutschland	Vierspeziesstaffelwalzenmaschine von Philipp Matthäus Hahn
1780	Schweiz	Singvogel von Pierre Jaquet-Droz und Henri-Louis Jaquet-Droz
1784	Deutschland	Mechanische Zimbalspielerin von Peter Kintzing und David Roentgen
1796	Schweiz	schwingende Stahllamelle (Musikdose) von Antoine Favre-Salomon
1804	Frankreich	verbesserter lochkartengesteuerter vollautomatischer Webstuhl von Joseph-Marie Jacquard (Patent 1801)
1812	Deutschland	mechanischer Trompeter von Friedrich Kaufmann
1814	Deutschland	Planimeter (Flächenmesser) von Johann Martin Hermann
1820	Frankreich	mechanische Vierspeziesrechenmaschine Arithmometer von Charles-Xavier Thomas mit beweglichem Schlitten

Höhepunkte aus der Vor- und Frühgeschichte der Rechentechnik und des Automatenbaus

Zeit	Ort	Ereignis
1822	England	Differenzenmaschine von Charles Babbage (Baubeginn; unvollendet)
1824	Italien	Planimeter von Tito Gonnella (Erfindung/Veröffentlichung)
1830 (um)	Frankreich	„Prozessrechner" von Jean-Baptiste Schwilgué für die numerische Steuerung einer Zahnradfräsmaschine
1834	England	Entwurf der analytischen Maschine von Charles Babbage (unvollendet)
1834	Italien	Tastenrechenmaschine von Luigi Torchi
1835	USA	elektromechanisches Relais von Joseph Henry
1842	Frankreich	Kirchenkomput von Jean-Baptiste Schwilgué für die astronomische Uhr des Straßburger Münsters
1843	England	Beschreibung der mathematischen Grundlagen der analytischen Maschine von Charles Babbage durch Ada Lovelace
1844	Frankreich	Tastenaddiermaschine von Jean-Baptiste Schwilgué
1847	Deutschland	Zahlenschieber (Hakenzehnerübertrag) von Heinrich Kummer
1850	USA	Tastenaddiergerät (Kolonnenaddierer) von Du Bois D. Parmelee
1853	Schweden	druckende Differenzenmaschine von Georg und Edvard Scheutz
1854	Irland	boolesche Algebra von George Boole
1854	Schweiz	Polarplanimeter von Jakob Amsler
1860	Schweden	druckende Differenzenmaschine von Martin Wiberg
1861	Deutschland	Telefon von Johann Philipp Reis
1864	Italien	Schreibmaschine von Peter Mitterhofer
1865	Dänemark	Schreibmaschine von Rasmus Malling-Hansen
1868	USA	Schreibmaschine von Christopher Latham Sholes, Carlos Glidden und Samuel W. Soulé (Patent)
1873	USA	Elektronenaussendung der Diode von Thomas Alva Edison
1876	Nordirland	Gezeitenrechner von William Thomson (Lord Kelvin)/Prinzip der Rückkopplung
1876	USA	Telefon von Alexander Graham Bell
1877	USA	Phonograph von Thomas Alva Edison
1878	Deutschland	Arithmometer von Arthur Burkhardt (Serienfertigung)
1878	Irland	logarithmische Spiralrechenwalze von George Fuller
1878	Polen	Integraf von Bruno Abdank-Abakanowicz
1878	Schweden	Sprossenradmaschine von Willgodt Odhner (Patent)
1879	Nordirland	harmonischer Analysator von William Thomson (Lord Kelvin)
1879	USA	Registrierkasse von James und John Ritty
1881	USA	logarithmische Parallelrechenwalze von Edwin Thacher
1884	USA	nicht druckende Tastenrechenmaschine (Makkaronikiste, später Comptometer) von Dorr Felt
1885	Deutschland	Lochplatte von Oscar Paul Lochmann
1885	England	Lochplatte von Ellis Parr
1887	Deutschland	Grammophon mit Schellackplatte von Emil Berliner
1888	Frankreich	Direktmultipliziermaschine von Léon Bollée
1888	USA	druckende Addiersegmentmaschine von William Burroughs
1889	Frankreich	Zahlenschieber von Louis Troncet

Höhepunkte aus der Vor- und Frühgeschichte der Rechentechnik und des Automatenbaus

Zeit	Ort	Ereignis
1890	USA	Tabellier- und Sortiermaschine mit Lochkartentechnik von Herman Hollerith (Verwendung für die amerikanische Volkszählung)
1893	Schweiz	Direktmultipliziermaschine Millionär von Otto Steiger und Hans W. Egli
1895	Spanien	Abhandlung über die (analoge) algebraische Maschine zur Lösung von Gleichungen von Leonardo Torres Quevedo
1897	Deutschland	Kathodenstrahlröhre von Karl Ferdinand Braun
1898	Dänemark	magnetische Tonaufzeichnung auf Stahlband von Valdemar Poulsen
1900	Deutschland	mathematische Thesen von David Hilbert
1906	Österreich	Glühkathodenröhre (Kathodenstrahlrelais, mit Quecksilberdampf gefüllte Verstärkerröhre) von Robert von Lieben
1906	USA	Glühkathodenröhre (Triode, Dreielektrodenröhre, Vakuumröhre) von Lee De Forest
1909	Irland	analytische (programmgesteuerte) Rechenmaschine von Percy Ludgate
1911	USA	Lochkartenmaschinen von James Powers
1914	Spanien	Vorführung der Schachendspielmaschine von Leonardo Torres Quevedo an der Sorbonne in Paris (Baujahr: 1912)
1914	Spanien	Gleitkommadarstellung durch Leonardo Torres Quevedo
1917	Russland	elektronischer Flipflopschalter (Triggerschaltung, Kathodenrelais) von Michail Alexandrovič Bonč-Brujevič
1919	England	elektronischer Flipflopschalter (Kippschalter mit Vakuumröhren) von William Henry Eccles und Frank Wilfred Jordan
1920	Spanien	Vorführung (in Paris) einer elektromechanischen Rechenmaschine mit automatischer Multiplikation und Division sowie Ein- und Ausgabe über eine Schreibmaschine von Leonardo Torres Quevedo
1923	Deutschland	Verschlüsselungsmaschine Enigma von Arthur Scherbius
1926	Österreich	System von lochkartengesteuerten Buchhaltungsmaschinen von Gustav Tauschek
1928	Österreich	Magnetband (Papiertonband) von Fritz Pfleumer
1930	USA	elektromechanische Integrieranlage von Vannevar Bush (Massachusetts Institute of Technology, Cambridge)
1931	Österreich	Unvollständigkeitssätze von Kurt Gödel
1932	Österreich	Magnettrommelspeicher von Gustav Tauschek (Patent)
1932	Polen	Entzifferungsmaschine Bomba von Marian Rejewski
1932	England	Thyratronzähler von Charles Eryl Wynn-Williams (Universität Cambridge)
1935	England	mechanische Integrieranlage mit Meccanobauteilen von Douglas Hartree (Universität Manchester)
1936	Deutschland	mechanisches Schaltglied (Speicherbaustein) von Konrad Zuse
1936	England	universelle Turingmaschine (mathematisches Modell) von Alan Turing (Universität Cambridge)
1936	USA	mathematisches Modell einer Rechenmaschine von Emil Post
1936	USA	Lambda-Kalkül von Alonzo Church

Höhepunkte aus der Vor- und Frühgeschichte der Rechentechnik und des Automatenbaus

Zeit	Ort	Ereignis
1938	USA	elektronischer Analogrechner von George A. Philbrick
1938	Deutschland	elektronisches Röhrenrelais (Vakuumröhren und Glimmlampen) von Helmut Schreyer
1938	Österreich	Vierspeziestaschenrechenmaschine Curta von Curt Herzstark (Patente)
1938	USA	Verzögerungslinie von William Shockley (Bell Labs, New York)
1938	USA	Schaltalgebra (1) von Claude Shannon (Bell Labs, New York)
1940	England	Relaisrechner Bombe von Alan Turing und Gordon Welchman (Bletchley Park, England)
1940	USA	festprogrammierter dezimaler Relaisrechner Complex computer mit Festkommadarstellung von George Stibitz (Bell Labs, New York)
1941	Deutschland	lochstreifengesteuerter binärer Relaisrechner Z3 mit Gleitkommadarstellung von Konrad Zuse
1941	Deutschland	universeller elektronischer Analogrechner von Helmut Hoelzer
1942	USA	festprogrammierter binärer Röhrenrechner ABC mit Kondensatorspeicher und Festkommadarstellung von John Atanasoff und Clifford Berry (Universität Ames)
1943	Deutschland	Magnettrommelspeicher von Gerhard Dirks
1943	England	stecktafelgesteuerter binärer Röhrenrechner Colossus von Thomas Flowers
1943	USA	programmgesteuerter Relaisrechner Harvard mark 1/IBM ASCC ohne bedingte Befehle von Howard Aiken und Clair Lake
1944	Deutschland	Prozessrechner von Konrad Zuse (Spezialrechner S2 für die Henschel-Flugzeugwerke zur automatischen Flügelvermessung ferngelenkter Gleitbomben)
1945	USA	Von-Neumann-Rechner mit Speicherprogramm (Edvac-Bericht)
1946	Deutschland	Programmiersprache Plankalkül von Konrad Zuse
1946	USA	stecktafelgesteuerter dezimaler Röhrenrechner Eniac mit Festkommadarstellung und bedingten Befehlen von Presper Eckert und John Mauchly (Universität Philadelphia)
1946	USA	Vortragsreihe zum Bau von speicherprogrammierten Digitalrechnern an der Universität Philadelphia
1946	USA	Abhandlung über den logischen Entwurf eines Elektronenrechners von Arthur Burks, Herman Goldstine und John von Neumann (Institute for advanced study, Princeton)
1946	England	elektrostatische Speicherröhre von Frederic Williams und Thomas Kilburn (Universität Manchester)
1947	England	Magnettrommelspeicher von Andrew Booth (Universität London)
1947	USA	Quecksilberlaufzeitspeicher von Presper Eckert (Universität Philadelphia)
1947	USA	Transistor von John Bardeen, Walter Brattain und William Shockley (Bell Labs, New York)
1948	England	speicherprogrammierter binärer Elektronenrechner Small-scale experimental machine mit Festkommadarstellung von Frederic Williams und Thomas Kilburn (Universität Manchester)
1948	USA	Schaltalgebra (2) von Claude Shannon (Bell Labs, New York)

Höhepunkte aus der Vor- und Frühgeschichte der Rechentechnik und des Automatenbaus		
Zeit	**Ort**	**Ereignis**
1948	USA	Magnetkernspeicher von An Wang (Harvard-Universität, Cambridge)
1948	USA	Kybernetik von Norbert Wiener (Massachusetts Institute of Technology, Cambridge)
1948	USA	Informationstheorie von Norbert Wiener (Massachusetts Institute of Technology, Cambridge)
1949	England	Indexregister von Max Newman, Frederic Williams, Thomas Kilburn und Geoff Tootill (Universität Manchester)
1949	England	speicherprogrammierter binärer Elektronenrechner Edsac mit Festkommadarstellung und bedingten Befehlen von Maurice Wilkes und William Renwick (Universität Cambridge)
1949	Australien	speicherprogrammierter binärer Röhrenrechner Csirac von Trevor Pearcey und Maston Beard (Universität Sydney)
1949	USA	Magnetkernspeicher von Jay Forrester (Massachusetts Institute of Technology, Cambridge)
1950	England	speicherprogrammierter Elektronenrechner Pilot Ace von Alan Turing und James Wilkinson
1950	Schweden	stecktafelgesteuerter binärer Relaisrechner Bark mit Gleitkommadarstellung von Conny Palm (Technische Hochschule, Stockholm)
1950	Schweiz	programmgesteuerter binärer Relaisrechner Z4 mit Gleitkommadarstellung von Konrad Zuse (Betriebsaufnahme) (ETH Zürich)
1951	England	speicherprogrammierter Röhrenrechner Leo für kaufmännische Zwecke
1951	England	(speicherprogrammierter) Relaisrechner Harwell Dekatron
1951	England	speicherprogrammierter binärer Elektronenrechner Ferranti mark 1 im Handel
1951	England	Programmierlehrbuch von Maurice Wilkes, David Wheeler und Stanley Gill (Universität Cambridge)
1951	England	Mikroprogrammierung von Maurice Wilkes (Universität Cambridge)
1951	Ukraine	speicherprogrammierter binärer Elektronenrechner Mesm mit Festkommadarstellung von Sergej Lebedjew
1951	Schweiz	weltweite Übersicht über die programmgesteuerten digitalen Rechengeräte von Heinz Rutishauser, Ambros Speiser und Eduard Stiefel (ETH Zürich)
1951	Schweiz	automatische Programmierung von Heinz Rutishauser (ETH Zürich)
1951	USA	speicherprogrammierter dezimaler Elektronenrechner Univac 1 im Handel
1952	England	Übersetzer (Compiler) von Alick Glennie
1952	USA	Übersetzer (Compiler) von Grace Hopper
1952	USA	speicherprogrammierter binärer wissenschaftlicher Elektronenrechner IBM 701 mit Festkommadarstellung im Handel
1953	USA	speicherprogrammierter dezimaler kaufmännischer Elektronenrechner IBM 650 mit Festkommadarstellung im Handel
1954	England	Übersetzer (Compiler) Mark 1 autocode von Ralph Anthony Brooker

Höhepunkte aus der Vor- und Frühgeschichte der Rechentechnik und des Automatenbaus

Zeit	Ort	Ereignis
1954	Italien	Übersetzer (Compiler) in seiner eigenen Sprache von Corrado Böhm
1955	USA	Transistorrechner Tradic von Jean Howard Felker (Bell Labs, New York)
1956	USA	Festplatte von Louis D. Stevens, John Lynott und William A. Goddard (IBM-Forschungslabor, San José, Kalifornien), Patentanmeldung 1954
1958	Österreich	Transistorrechner Mailüfterl von Heinz Zemanek (Technische Universität Wien)
1959	USA	integrierter Schaltkreis von Jack Kilby (Texas Instruments) und Robert Noyce (Fairchild)
1961	England	elektronische Tischrechenmaschine Anita von Norman Kitz (Bell Punch company, London)
1968	USA	programmierbarer elektronischer Taschenrechner von Hewlett-Packard
1969	USA	Arpanet (Vorläufer des Internets)
1973	USA	Aufhebung des Eniac-Patents von Presper Eckert und John Mauchly im Patentstreit Honeywell gegen Sperry Rand und Anerkennung von John Atanasoff als Erfinder des automatischen elektronischen Digitalrechners
1975	England	Bekanntgabe von Einzelheiten zum hochgeheimen britischen Röhrenrechner Colossus
1989	Schweiz	World Wide Web von Tim Berners Lee
2007	USA	iPhone von Apple (Smartphone)

Anmerkungen
Norbert Kitz (später Norman Kitz) hatte 1950 den von Andrew Booth (Birkbeck College, Universität London) entworfenen Röhrenrechner SEC (simple electronic computer) gebaut. Er war auch an der Entwicklung des Deuce beteiligt, den die English Electric company Ltd. am National physical laboratory (Teddington, London) 1955 fertig gestellt hat. Bei Bell Punch konstruierte er den ersten elektronischen Tischrechner Anita (Ziffernanzeige durch Glimmröhren, dezimale Ringzähler aus Thyratronröhren).

Hinweis
Grundsätzliche Gedanken zur neuesten Entwicklung – *digitaler Wandel, vierte industrielle Revolution, Roboter, Drohnen, Mobiltelefon, World wide web, Internethandel, Internet der Dinge, künstliche Intelligenz, maschinelles Lernen, Quantenrechner, soziale Netzwerke* – finden Sie im Abschnitt 2.26.

6 Pionierinnen und Pioniere der Rechentechnik

Zusammenfassung: Im Kapitel „Pionierinnen und Pioniere der Rechentechnik“ geht es um die Frage, wer wann was wo erfunden oder entdeckt hat. Genannt werden dabei auch wichtige Beiträge von Frauen (z.B. Ada Lovelace, Grace Hopper). Von großer Bedeutung waren die Leistungen von Frauen im zweiten Weltkrieg (Brechen der mit der Enigma verschlüsselten Meldungen in Bletchley Park, UK, Programmierung des Riesenrechners Eniac, Philadelphia). Die weltweite, länderweise Übersicht bezieht sich auf die Vor- und Frühgeschichte der Rechentechnik. Es wird zudem auf einige verkannte und unbekannte Vordenker hingewiesen. Neben analogen und digitalen mathematischen Hilfsmitteln sind zahlreiche Zeichen- und Messgeräte und (z.T. programmierbare) Figurenautomaten aufgeführt. Ferner werden ausgewählte Hersteller von Rechenmitteln erwähnt. Eine Zeittafel listet grundlegende Errungenschaften auf.

Schlüsselwörter: Entdeckungen, Erfindungen, Frauen, Pioniere, Pionierinnen, Rechentechnik, Rechnerindustrie, Zeittafel

Die folgende Zusammenstellung soll einen länderbezogenen Überblick über ausgewählte Wegbereiterinnen und Wegbereiter aus der Vor- und Frühgeschichte der Rechentechnik vermitteln, ohne Anspruch auf Vollständigkeit. Die Länderzuteilung ist nicht immer eindeutig (Geburtsort, Staatsangehörigkeit, Wirkungsstätten, Untergang alter und Entstehung neuer Länder, Veränderung der Staatsgrenzen).

Verkannte, unbekannte Schrittmacher

Es gibt manche Vordenker, die wenig bekannt oder gar vergessen sind und eine größere Anerkennung verdienen würden. Zu nennen sind etwa Sergej Lebedjew (Russland), Heinz Rutishauser (Schweiz) und Leonardo Torres Quevedo (Spanien). Alan Turing (England), dank dessen Leistung Zehntausende Menschen gerettet wurden, war lange Jahre geächtet.

In der Informatik sind bedeutende Beiträge von Frauen zu verzeichnen (vgl. Kasten).

Frauen in der Informatik: Pionierinnen

Nur wenige Frauen sind in die Frühgeschichte der Rechentechnik eingegangen. Wertvolle Beiträge haben u.a. geleistet: *Ada Lovelace* (Beschreibung der analytischen Maschine von Charles Babbage, Universität Cambridge), *Grace Hopper* („Compiler“, Programmiersprachen; Harvard-Universität, Cambridge; Remington Rand, Philadelphia). Lovelace gilt (wahrscheinlich zu Unrecht) als die erste Programmiererin; nach ihr ist die Programmiersprache Ada benannt.

Verdienstvoll war die Tätigkeit von Programmiererinnen für den Riesenrechner Eniac (Universität Philadelphia). Adele Goldstine hat (mit Harry Huskey) das mehrbändige Betriebshandbuch für Eniac verfasst. Beeindruckend ist die aufopfernde Arbeit der unzähligen Bedienerinnen der Entzifferungsmaschinen (Robinson, Turing-Welchman-Bomben, Colossi) während des zweiten Weltkriegs im englischen Bletchley Park. Sie wurden als „*Wrens*“ (WRNS, Women's royal naval service) bezeichnet.

https://doi.org/10.1515/9783110669664-006

Die Logikerin *Rózsa Péter* (Eötvos-Loránd-Universität Budapest) wird als die Begründerin der Theorie rekursiver Funktionen (theoretische Informatik) angesehen. Programmierung und Programmiersprachen bildeten den Arbeitsschwerpunkt von *Jean Sammet* (IBM, New York). Und nicht zu vergessen: Zu den ersten „Computern" zählen menschliche Rechnerinnen (female computers). Sie mussten mit mechanischen Tischrechenmaschinen eintönige Berechnungen durchführen.

Weiterführende Schriften

Janet Abbate: Recoding gender, MIT press, Cambridge, Massachusetts, London 2012

William Aspray: Women and underrepresented minorities in computing. A historical and social study, Springer international publishing AG Switzerland, Cham 2016

Claire Lisa Evans: Broad band. The untold story of the women who made the internet, Penguin Random House LLC, New York 2018

Jason Fagone: The woman who smashed codes. A true story of love, spies, and the unlikely heroine who outwitted America's enemies, Harper Collins publishers, New York 2017

Marie Hicks: Programmed inequality. How Britains discarded women technologists and lost its edge in computing, MIT press, Cambridge, Massachusetts, London 2017

Ute Hoffmann: Computerfrauen, Rainer Hampp Verlag, München 1987

Sinclair McKay: The secret life of Bletchley Park. The WWII codebreaking centre and the men and women who worked there, Aurum press Ltd., London 2011

Liza Mundy: Code girls. The untold story of the American women code breakers of world war II, Hachette book group, Inc., New York 2017

Veronika Oechtering (Hg.): www.frauen-informatik-geschichte.de, Kompetenzzentrum Frauen in Informationsgesellschaft und Technologie, Bielefeld 2001

Jon T. Rickman; Kim D. Todd (Hg.): Pioneer programmer. Jean Jennings Bartik and the computer that changed the world, Truman State university press, Kirksville, Missouri 2013

Valérie Schafer; Benjamin G. Thierry (Hg.): Connecting women. Women, gender and ICT in Europe in the nineteenth and twentieth century, Springer, Cham, Heidelberg usw. 2015

Amerikanische Pioniere mit europäischer Herkunft

Manche in den USA tätige Wegbereiter haben europäische Wurzeln (vgl. Tab. 6.1).

Tab. 6.1: Amerikanische Rechenpioniere europäischer Abstammung

Herkunft amerikanischer Bahnbrecher		
Name	**Herkunft**	**Erfindung**
John Atanasoff	Bulgarien	Atanasoff-Berry-Rechner
Presper Eckert	Schweiz	Eniac, Binac, Univac
Herman Hollerith	Deutschland	Lochkartenmaschinen
John Mauchly	Schweiz	Eniac, Binac, Univac
Emil Post	Polen	mathematisches Maschinenmodell
James Powers	Russland	Lochkartenmaschinen
John von Neumann	Ungarn	Von-Neumann-Rechner

6.1 Aus welchen Ländern kommen die Erfinder und Entdecker?

Die Länder und die Wegbereiter werden in alfabetischer Reihenfolge aufgeführt. Maßgebend ist dabei in der Regel der Geburtsort.

Australien

Integrieranlage
- David M. Myers (elektromagnetischer Analogrechner, Integraf)

programmierbare Rechenmaschine
- Maston Beard (Elektronenrechner Csirac)

Belgien

mathematische Zeichen-, Mess- und Rechengeräte
- Michiel Coignet (Proportionalwinkel)

Deutschland

Logarithmen
- Michael Stifel (Vorstufe der Logarithmen)

Rechenstab
- Alwin Walther (System „Darmstadt“)

mathematische Zeichen-, Mess- und Rechengeräte
- Johann Martin Hermann (Planimeter)
- Christoph Scheiner (Storchschnabel)

Figurenautomaten
- Friedrich Kaufmann
- Peter Kintzing (Wirkungsstätte in Frankreich)
- Friedrich Knaus (Wirkungsstätte in Österreich)

Integrieranlagen
- Hans Bückner (Askania-Werke, Berlin)
- Wilfried de Beauclair (Institut für praktische Mathematik, Technische Hochschule Darmstadt)
- Friedrich Wilhelm Gundlach (Institut für praktische Mathematik, Technische Hochschule Darmstadt, elektronischer Analogrechner Elrad)
- Helmut Hoelzer (elektronischer Analogrechner, Heeresversuchsanstalt Peenemünde)
- Udo Knorr (Fahrdiagraf, mechanische Integrieranlage)
- Albert Ott (Kempten)
- Heinrich Pösch (Institut für praktische Mathematik, Technische Hochschule Aachen)

- Robert Sauer (Institut für praktische Mathematik, Technische Hochschule Aachen)
- Alwin Walther (Institut für praktische Mathematik, Technische Hochschule Darmstadt)
- Günter Weidenmüller (VEB Archimedes Rechenmaschinenfabrik, Glashütte; modularer elektronischer Analogrechner endim 2000)
- Ernst Weinel (Institut für angewandte Mathematik und Mechanik, Friedrich-Schiller-Universität Jena, mechanische Integrieranlage)
- Helmut Winkler (Institut für Physik der Technischen Hochschule Ilmenau; schneller elektronischer Analogrechner Eari)

Integrieranlagen sind leistungsfähige Analogrechner (vgl. Kasten).

Was ist eine Integrieranlage?
Dazu zwei Aussagen eines Informatikpioniers:

„Umfangreiche Integrieranlagen zur Aufzeichnung der Lösungskurven von Differentialgleichungen stellen im 20. Jahrhundert die Krönung der Entwicklung der mechanischen Analogrechengeräte dar“. (siehe Friedrich Bauer: Informatik. Führer durch die Ausstellung, Deutsches Museum, München 2004, Seite 52).

„Integrieranlagen entstehen durch Verkopplung von Integriergetrieben mit Rechengetrieben“. […]. „Schließung des Kopplungskreises durch „Rückkopplung“ eines Integriergetriebe-Ausganges auf den Eingang eines anderen ergibt die Nachbildung einer Differentialgleichung. Lord Kelvin erkannte schon 1876 diese Möglichkeit, Differentialgleichungen mechanisch zu lösen“. […]. „Eine universell verwendbare mechanische Integrieranlage enthält als frei koppelbare Bausteine: Integriergetriebe, Funktionsgetriebe, Multipliziergetriebe, Addiergetriebe, Proportionalgetriebe. Die Zusammenschaltung der Bausteine für eine bestimmte Aufgabe wird in einem „Koppelplan“ festgelegt. Die Ausführung der mechanischen Kopplungen mit Wellen und Zahnrädern ist nicht einfach zu bewerkstelligen. Kräfte und Drehmomente müssen fast immer verstärkt werden“. […] (siehe Friedrich Bauer: Informatik. Führer durch die Ausstellung, Deutsches Museum, München 2004, Seiten 69–70).

Rechenbücher
- Adam Ries

Zahlenschieber
- Heinrich Kummer (Hakenzehnerübertrag) (Wirkungsstätte in Russland)

mechanische Rechenmaschinen
- Anton Braun (Sprossenradmaschine) (Wirkungsstätte in Österreich)
- Curt Dietzschold (Schaltklinkenmaschine)
- Christian Ludwig Gersten (Addier- und Subtrahiermaschine)
- Philipp Matthäus Hahn (Staffelwalzenmaschine)

- Christel Hamann (Proportionalhebelmaschine, Schaltklinkenmaschine, Differenzenmaschine; Proportionalhebelmaschine Mercedes Euklid mit automatischer Multiplikation und Division)
- Gottfried Wilhelm Leibniz (Dual- oder Binärsystem, Staffelwalze, Sprossenrad, Vierspeziesmaschine)
- Jacob Leupold/Anton Braun/Philippe Vayringe (Stellsegmentmaschine)
- Johann Helfrich Müller (Staffelwalzenmaschine)
- Johann Jacob Sauter (Sprossenradmaschine)
- Arthur Scherbius (Verschlüsselungsmaschine Enigma)
- Wilhelm Schickard (Additions- und Subtraktionsmaschine mit drehbaren Zylindern für die Multiplikation/Division)
- Kaspar Schott (Rechenkästchen mit drehbaren Multiplikations- und Divisionswalzen mit Einmaleinsspalten)
- Johann Christoph Schuster (Staffelwalzenmaschine)
- Eduard Selling (Direktmultiplikationsmaschine mit Nürnberger Schere)

programmierbare Rechenmaschinen
- Heinz Billing (Magnettrommelspeicher)
- Gerhard Dirks (Magnettrommelspeicher)
- David Hilbert (Hilbertprogramm, widerspruchsfreie Mathematik)
- Helmut Schreyer (Röhrenschaltung: elektronisches Röhrenrelais mit Glimmlampen)
- Konrad Zuse (programmgesteuerter Relaisrechner Z3)

Programmiersprache
- Konrad Zuse (Plankalkül)

Hinweis
Für Beschreibungen von Leben und Werk zahlreicher deutscher Informatikpioniere vgl. Friedrich Genser: Hommage an Konrad Zuse, Superbrain-Verlag, Düsseldorf, Balje 2013.

Frankreich
Rechenstab
- Amédée Mannheim (System „Mannheim“)

Nomografie
- Maurice d'Ocagne (Nomogramm)

mathematische Zeichen-, Mess- und Rechengeräte
- Jacques Besson (Reduktionszirkel)
- Gaspard-Gustave Coriolis (Integraf)

Figurenautomaten
- Jacques Vaucanson

Rechenrahmen
- Gerbert von Aurillac (Klosterabakus) (Wirkungsstätte in Italien)

Lochkarten- und Lochstreifensteuerung/Webstühle
- Basile Bouchon (Lochstreifensteuerung, teilautomatischer Webstuhl mit Papierrolle)
- Jean-Baptiste Falcon (Lochkartensteuerung, teilautomatischer Webstuhl mit aneinander gebundenen Lochkarten (gelochte Holztafeln))
- Joseph-Marie Jacquard (Lochkartensteuerung; Verbesserung des vollautomatischen Webstuhls, verkettete Lochkarten)
- Jacques Vaucanson (Figurenautomaten; Lochstreifensteuerung, vollautomatischer Webstuhl)

Hinweise
In der Fachliteratur wird bei den frühen französischen Webstühlen teils von Lochkarten, teils von Lochstreifen gesprochen. Die Ursache der Verwirrung besteht wohl darin, dass *Lochkarten* oft zu *Lochbändern* zusammengebunden wurden. In diesem Fall ließen sich einzelne mangelhafte Lochkarten austauschen. Bei Lochstreifen musste hingegen das ganze Band oder die ganze Papierrolle ersetzt werden. Später kamen Musikautomaten mit Bändern aus gefaltetem Karton und mit Papierstreifen auf.

Rechenstäbchen
- Henri Genaille
- Edouard Lucas

Zahlenschieber
- Louis Troncet

mechanische Rechenmaschinen
- Léon Bollée (Direktmultipliziermaschine)
- Jean Lépine (Addier- und Subtrahiergerät)
- Blaise Pascal (Additionsmaschine mit indirekter Subtraktion, mit Einstellrädern (Ziffernwählscheiben) sowie Stifträdern (Stiftzahnräder) für die Übertragung der Zahlenwerte vom Einstellwerk ins Rechenwerk, Pascaline)
- Jean-Baptiste Schwilgué („Prozessrechner“, Tastenaddiermaschine, Kirchenrechner)
- Charles-Xavier Thomas (Arithmometer)

programmierbare Rechenmaschinen
- Louis Couffignal (Vorschlag für eine lochkartengesteuerte Relaismaschine, nicht umgesetzt; Versuchsmodell eines binären, parallelen Röhrenrechners mit Gleitkomma, erfolgloser Rechnerbau)
- Raymond André Valtat (Vorschlag für binäre Rechenmaschine)

Griechenland

Astrolabium
- Hipparch

astronomische Rechenmaschine
- Räderwerk von Antikythera (Erfinder unbekannt)

Abakus
- griechisches Rechenbrett (Rechentafel, Erfinder unbekannt)

Pantograf (mit Zahnradgetriebe)
- Heron von Alexandria (Wirkungsstätte in Ägypten)

Automaten
- Heron von Alexandria (Automatentheater)

Großbritannien (Vereinigtes Königreich)

Logarithmen
- Henry Briggs (dekadische oder Zehnerlogarithmen)
- John Napier (Logarithmen, Rechenstäbchen)

Rechenschieber
- Edmund Gunter (Gunterstab, logarithmische Gunterskala)
- William Oughtred (Rechenstab, Rechenscheibe)

mathematische Zeichen-, Mess- und Rechengeräte
- Thomas Hood (Proportionalwinkel)
- James Thomson (Planimeter, Integrierer)
- William Thomson/Lord Kelvin (Prinzip der Rückkopplung; Gezeitenrechner und harmonischer Analysator)

Figurenautomat
- Timothy Williamson

Integriermaschinen
- Douglas Hartree (Integrieranlage)
- Arthur Porter (Integrieranlage)

mechanischer Totalisator (Zählwerk, Regististriermaschine für Wetten)
- George Julius (Wirkungsstätten in Neuseeland und Australien)

mechanische Rechenmaschinen
- Charles Babbage (Differenzenmaschine)
- Samuel Morland (Zahnscheibenaddiergerät, ohne Zehnerübertrag, ohne Subtraktion; Gerät mit Multiplikations- und Divisionswalzen mit Einmaleinsspalten)
- Charles Stanhope (Staffelwalzen- und Stellsegmentmaschine, Zahnscheibenaddiermaschine)

programmierbare Rechenmaschinen
- Charles Babbage (analytische Maschine, Unterprogramm, Programmschleife, bedingter Sprung)
- Andrew Donald Booth (Magnettrommelspeicher)
- Thomas Flowers (Colossus)
- Thomas Kilburn (Speicherröhre, Manchester baby, Small-scale experimental machine)
- Trevor Pearcey (Elektronenrechner Csirac; Wirkungsstätte in Australien)
- Alan Turing (Pilot Ace mit Mikroprogrammierung)
- Maurice Wilkes (Edsac mit Mikroprogrammierung)
- Frederic Williams (Speicherröhre, Manchester baby, Small-scale experimental machine)

Turingmaschine
- Alan Turing (universelle Turingmaschine)

Programmierung
- Alick E. Glennie (Übersetzer, Compiler namens Autocode, Royal armaments research establishment, königliche Rüstungsforschungsanstalt, Fort Halstead)
- Ada Lovelace (angeblich Bernoulli-Zahlen)
- Maurice Wilkes (Mikroprogrammierung, Unterprogramme, Programmierhandbuch)

Irland
Rechenwalzen
- George Fuller (Spiralrechenwalze)

mechanische Rechenmaschinen
- Percy Ludgate (analytische Maschine, programmgesteuerter Rechner mit Sprunganweisung: Vor- und Rückwärtssprung)

programmierbare Rechenmaschinen
- George Boole (boolesche Algebra)

Italien
Fingerrechnen
- Luca Pacioli (Fingerzahlen)

mathematische Zeichen-, Mess- und Rechengeräte
- Federico Commandino (Reduktionszirkel)
- Guidobaldo del Monte (Proportionalwinkel)
- Galileo Galilei (Proportionalwinkel)
- Tito Gonnella (Planimeter, Reibradgetriebe)
- Fabrizio Mordente (Proportionalwinkel)

Figurenautomaten (Roboter)
- Leonardo da Vinci (mechanischer Ritter, mechanischer Löwe)

selbstfahrender Wagen
- Leonardo da Vinci (programmierbares Fahrzeug mit Federantrieb für Aufführungen)

mechanische Rechenmaschinen
- Tito Livio Burattini (Addier- und Multipliziergerät)
- Tito Gonnella (Tastenaddiermaschine)
- Roberto Piscicelli (elektromechanische Sprossenradmaschine)
- Giovanni Poleni (Sprossenradmaschine)
- Luigi Torchi (Tastenrechenmaschine)

Programmierung
- Corrado Böhm (Übersetzer, Compiler) (Wirkungsstätte in der Schweiz)

Schreibmaschinen
- Peter Mitterhofer (Wirkungsstätte in Südtirol)

Japan
programmierbare Rechenmaschinen
- Motinori Goto (Relaisrechner ETL mark 1 und 2)
- Jasuo Komamija (Relaisrechner ETL mark 1 und 2)

Litauen
mechanische Rechenmaschinen
- Jevno Jacobson (Addier- und Subtrahiergerät mit Multiplikationstafel)

Neuseeland
Differenzenmaschine
- Leslie John Comrie (Nutzung von Buchungsmaschinen als Differenzenmaschine; Wirkungsstätte in England)

Norwegen
Integrieranlage
- Svein Rosseland

Österreich
mathematische Zeichen-, Mess- und Rechengeräte
- Albert Miller, Ritter von Hauenfels (Polarplanimeter)

Lochkartenmaschinen
- Otto Schäffler (Tabelliermaschine)

- Gustav Tauschek (Buchhaltungssystem mit Lochkartenmaschinen, Magnettrommelspeicher) (Wirkungsstätte in Deutschland)

mechanische Rechenmaschinen
- Hugo Bunzel (Rechenmaschine Bunzel-Delton)
- Curt Herzstark (Taschenrechenmaschine Curta; Wirkungsstätte in Liechtenstein)
- Samuel Jacob Herzstark (Rechenmaschine Austria mit automatischer Schlittenbewegung auf Tastendruck)
- Joseph Gräber (Staffelwalzenmaschine)
- Alexander Rechnitzer (elektromechanische Rechenmaschine Autarith mit automatischer Multiplikation und Division)

programmierbare Rechenmaschinen
- Kurt Gödel (Unvollständigkeitssätze)
- Heinz Zemanek (Transistorrechner Mailüfterl)

Polen

mathematische Zeichen-, Mess- und Rechengeräte
- Bruno Abdank-Abakanowicz (Integraf)

mechanische Rechenmaschine
- Israel Abraham Staffel (Vierspeziesmaschine)

Entzifferungsgeräte
- Marian Rejewski (Bomba)

Russland

mechanische Rechenmaschinen
- Pafnuti Lwowitsch Tschebyschew (Vierspeziesrechenmaschine)
- Zinovy (Zelg) J. Slonimsky (Addiergerät; Multipliziergerät)

programmierbare Rechenmaschinen
- Jurij J. Basilewskij (Röhrenrechner Strela)
- Isaak Semenovič Bruk (Integrieranlage; Röhrenrechner M-2 und M-3)
- Sergej Alexejevič Lebedjew (Elektronenrechner Mesm, Röhrenrechner Besm; Speicherprogramm) (Wirkungsstätte in der Ukraine)
- Baschir Iskanderowič Ramejew (Röhrenrechner Strela und Ural)

Programmierung
- Alexander Michailovič Ljapunow (automatische Programmierung, Programmierkurs)

Schweden

mechanische Rechenmaschinen
- Willgodt Theophil Odhner (Sprossenradmaschine, Wirkungsstätte in Russland)
- Edvard Raphael Scheutz (druckende Differenzenmaschinen)
- Pehr Georg Scheutz (druckende Differenzenmaschinen)
- Martin Wiberg (druckend Differenzenmaschine)

programmierbare Rechenmaschine
- Conny Palm (Relaisrechner Bark)

Schweiz

Logarithmen
- Jost Bürgi (Logarithmen, verschiebbarer Reduktionszirkel; Wirkungsstätten in Deutschland und Tschechien)

Rechenschieber
- Heinrich Daemen Schmid (Rechenwalze)

mathematische Zeichen-, Mess- und Rechengeräte
- Jakob Amsler (Polarplanimeter),
- Gottlieb Coradi (Hersteller, Konstrukteur)
- Heinrich Rudolf Ernst (Mechaniker)
- Jakob Goldschmid (Mechaniker, Pantograf)
- Johannes Oppikofer (Planimeter)
- Kaspar Wetli (Planimeter)

Figurenautomaten
- Pierre Jaquet-Droz (Vater)
- Henri-Louis Jaquet-Droz (Sohn)
- Jean-Frédéric Leschot
- Henri Maillardet

mechanische Rechenmaschinen
- Victor Schilt (Tastenaddiermaschine, Nachbau von Schwilgué)
- Otto Steiger (Direktmultiplizierer Millionär)

Turingmaschine
- Paul Bernays (Grundlagen der Mathematik)

Programmierung
- Heinz Rutishauser (automatische Programmierung, Programmiersprache Algol)
- Niklaus Wirth (Programmiersprache Pascal)

Slowakei
mechanische Rechenmaschinen
- Didier Roth (Addiermaschine; Multipliziermaschine (Sprossenradmaschine)) (Wirkungsstätte in Frankreich)

Spanien
mechanische Rechenmaschinen
- Leonardo Torres Quevedo (analoge algebraische Maschine zur Lösung von Gleichungen; digitale elektromechanische (arithmetische) Rechenmaschine mit automatischer Multiplikation und Division und Anschluss einer Schreibmaschine über Kabelverbindungen; Schachendspielmaschine, Abhandlung über Gleitkommadarstellung)
- Ramón Verea (Direktmultiplizierer)

Tschechien
programmierbare Rechenmaschine
- Antonín Svoboda (Relaisrechner Sapo)

Ungarn
mechanische Rechenmaschine
- Ferdinand Hebentanz (Addiermaschine)

programmierbare Rechenmaschine
- John von Neumann (Rechneraufbau und Flussdiagramm, Wirkungsstätte in den USA)

Vereinigte Staaten von Amerika (USA)
Rechenwalzen
- Edwin Thacher (Parallelrechenwalze)

Integrieranlagen
- Vannevar Bush (Integriermaschine)
- George A. Philbrick (elektronischer Analogrechner)

Lochkartenmaschinen
- Herman Hollerith (Lochkartenmaschine)
- James Legrand Powers (Lochkartenmaschine)

mechanische Rechenmaschinen
- Harold T. Avery (Proportionalradmaschine)
- Frank Stephen Baldwin (Sprossenradmaschine)
- William Seward Burroughs (druckende, tastenangetriebene Addiersegmentmaschine)

- Dorr Eugene Felt (Makkaronikiste, nicht druckende, tastengesteuerte Schaltschwingenmaschine Comptometer)
- George Barnard Grant (Differenzenmaschine)
- Du Bois D. Parmelee (Tastenaddiergerät, Kolonnenaddierer)

programmierbare Rechenmaschinen
- Howard Aiken/IBM (Relaisrechner Harvard mark)
- John Atanasoff (Elektronenrechner ABC)
- Presper Eckert (Elektronenrechner Eniac und Rechneraufbau)
- Herman Goldstine (Flussdiagramm)
- John Mauchly (Elektronenrechner Eniac)
- Claude Elwood Shannon (Informationstheorie, Schaltalgebra)
- George Stibitz (Bell-Relaisrechner)

Anmerkung
Der Elektronenrechner ABC von John Atanasoff war festprogrammiert.

Turingmaschine
- Alonzo Church (Lambda-Kalkül, Church-Turing-These)
- Emil Post (mathematisches Rechenmaschinenmodell)

Programmierung
- Grace Hopper (Übersetzer, Compiler)

Was für Berufe hatten die Pionierinnen und Pioniere?
Die frühen Erfindungen und Entdeckungen zur Rechentechnik verdanken wir meist Philosophen, Geistlichen, Universalgelehrten, Astronomen und Mathematikern. Eine entscheidende Rolle spielten überdies Ingenieure, Techniker, Mechaniker, Uhrmacher, Automaten- und Instrumentenbauer. Auch Goldschmiede stellten Automaten her.

6.2 Wer hat wann welche Erfindung gemacht?

Im Folgenden werden einige ausgewählte Meisterwerke der Rechentechnik angeführt (in den einzelnen Sparten jeweils in alfabetischer Reihenfolge, da die Zeitangaben manchmal unsicher sind).

Erfinder/innen von Rechenhilfsmitteln
Logarithmen
Henry Briggs (England; Zehnerlogarithmen) 1617
Jost Bürgi (Schweiz) .... 1620 [1])
John Napier (Schottland) 1614

Rechenstab
Edmund Gunter (England; Gunterskala, Gunterstab) 1620
William Oughtred (England) 1622

Rechenscheibe
William Oughtred (England) 1630

nepersche Rechenstäbchen
John Napier (Schottland) 1617

Rechenwalze
George Fuller (Irland; Spiralwalze) 1878
Edwin Thacher (USA; Parallelwalze) 1881

Pantograf (Storchschnabel)
Christoph Scheiner (Deutschland) 1603

Proportionalwinkel (Proportionalzirkel)
Michiel Coignet (Belgien), um .... 1580 [2])
Humphrey Cole (England) .... 1576 [2])
Guidobaldo del Monte (Italien), um .... 1569 [2])
Galileo Galilei (Italien) .... 1598 [2])
Fabrizio Mordente (Italien), um .... 1560 [2])

Reduktionszirkel
Jacques Besson (Frankreich) .... 1571 [3])
Jost Bürgi (Schweiz), um .... 1600 [3])
Federico Commandino (Italien) .... 1568 [3])

Planimeter (Flächenmesser)
Tito Gonnella (Italien) 1824
Johann Martin Hermann (Deutschland) 1814
Johannes Oppikofer (Schweiz) 1827
Kaspar Wetli (Schweiz) 1849

Polarplanimeter
Jakob Amsler (Schweiz) 1854
Albert Miller, Ritter von Hauenfels (Leoben, Österreich) 1855

Gezeitenrechner/Prinzip der Rückkopplung
William Thomson/Lord Kelvin (Nordirland) 1876

analoge mechanische (algebraische) Rechenmaschine
Leonardo Torres Quevedo (Spanien) 1893

universelle mechanische Integrieranlage
Vannevar Bush (USA) 1930

universeller elektronischer Analogrechner
Helmut Hoelzer (Deutschland) 1941

mechanische Rechenmaschine
- Proportionalhebel
  Christel Hamann (Deutschland) 1905
- Proportionalrad
  Harold T. Avery (USA) 1932
- Schaltklinke
  Christel Hamann (Deutschland) 1925
- Sprossenrad
  Gottfried Wilhelm Leibniz (Deutschland) 1673
  Giovanni Poleni (Italien) 1709
- Staffelwalze
  Gottfried Wilhelm Leibniz (Deutschland) 1682
- Stellsegment
  Carl Mauritz Friden (Schweden; Wirkungsstätte in den USA) 1921

elektromechanische Rechenmaschine mit Schreibmaschine (Fernsteuerung)
Leonardo Torres Quevedo (Spanien; Versuchsgerät) .... 1920 [4])

Zahlenschieber
Heinrich Kummer (Deutschland) 1847
Louis Troncet (Frankreich) 1889

Additions- und Subtraktionsmaschine
Blaise Pascal (Frankreich) 1642

Additions- und Subtraktionsmaschine mit Multiplizier- und Dividiereinrichtung
Wilhelm Schickard (Deutschland) 1623

Vierspeziesmaschine
Gottfried Wilhelm Leibniz (Deutschland) 1673
Charles-Xavier Thomas (Frankreich) .... 1820 [5])
Tastenrechenmaschine
Du Bois D. Parmelee (USA) 1850
Victor Schilt (Schweiz, Nachbau) 1850
Jean-Baptiste Schwilgué (Frankreich) 1844
Luigi Torchi (Italien) 1834

Figurenautomat (Menschen, Tiere)
Leonardo da Vinci (Italien) 1495
Henri-Louis Jaquet-Droz, Pierre Jaquet-Droz (Schweiz) 1774
Peter Kintzing (Deutschland) 1784

Friedrich Knaus (Deutschland) 1760
Jacques Vaucanson (Frankreich) 1738

Lochkarten- und Lochstreifensteuerung (Webstuhl)
Basile Bouchon (Frankreich) 1725
Jean-Baptiste Falcon (Frankreich) 1728
Joseph-Marie Jacquard (Frankreich) .... 1805 [6])
Jacques Vaucanson (Frankreich) 1745

Differenzenmaschine
Charles Babbage (England; unvollendet) 1832
Edvard Scheutz, Pehr Georg Scheutz (Schweden) 1853
Martin Wiberg (Schweden) 1860

analytische Maschine (programmgesteuerte Rechenmaschine)
Charles Babbage (England; unvollendet) 1834
Percy Ludgate (Irland) 1909
Leonardo Torres Quevedo (Spanien; Versuchsgerät) .... 1920 [4])

Lochkartenmaschine
Herman Hollerith (USA) .... 1890 [7])
James Powers (USA) 1911

festprogrammierter Digitalrechner mit Fernsteuerung (Relaisrechner)
George Stibitz (USA) 1940

festprogrammierter Digitalrechner (Röhrenrechner)
John Atanasoff, Clifford Berry (USA) 1942

streifengesteuerter Digitalrechner (Relaisrechner)
Howard Aiken, Clair Lake (USA) 1944
Konrad Zuse (Deutschland) 1941
stecktafelgesteuerter Digitalrechner (Elektronenrechner)
Presper Eckert, John Mauchly (USA) 1946
Thomas Flowers (England) 1943

speicherprogrammierter Digitalrechner (Röhrenrechner)
Maurice Wilkes (England) 1949
Frederic Williams, Thomas Kilburn (England) 1948

universelle Turingmaschine
Alan Turing (England) .... 1936 [8])

Speicherprogramm
Alan Turing (England) 1936
John von Neumann (Ungarn) 1945
Konrad Zuse (Deutschland) 1936

Von-Neumann-Architektur
John von Neumann (Ungarn) 1945

Programmiersprache (Plankalkül)
Konrad Zuse (Deutschland) 1946

automatische Programmierung
Heinz Rutishauser (Schweiz) 1951

Übersetzer (Compiler)
Alick Glennie (England) 1952
Grace Hopper (USA) 1952

Anmerkungen
Zum Zeitpunkt der Erfindung von Rechenstab und Rechenscheibe durch William Oughtred gibt es widersprüchliche Angaben. Die Veröffentlichung über die Erfindung erschien erst später.

1) Jahr der Veröffentlichung; Entwicklung der Logarithmen durch Jost Bürgi schon vor 1600;
2) Galileo Galilei beanspruchte das Vorrecht beim Proportionalwinkel, er war aber nicht der Ersterfinder. Die Urform stammt wahrscheinlich von Guidobaldo del Monte (um 1569). Fabrizio Mordente erreichte eine Zwischenstufe (um 1560). Ein bedeutender Vorläufer war auch Michiel Coignet (um 1580) (siehe Ivo Schneider: Der Proportionalzirkel, R. Oldenbourg Verlag, München 1971, Seiten 17–49);
3) Doppelzirkel mit festem Drehpunkt (Reduktionszirkel) gab es schon im Altertum. Zur Konstruktion machte sich auch Leonardo da Vinci Gedanken; Jost Bürgi entwarf eine Form mit Spitzen an allen vier Enden (siehe Ivo Schneider: Der Proportionalzirkel, R. Oldenbourg Verlag, München 1971, Seiten 17–49);
4) Jahr der Ausstellung der Maschine in Paris; Leonardo Torres Quevedo hat 1914 überdies einen „automatischen Schachspieler" in Paris vorgeführt;
5) marktfähige Rechenmaschine (serienmäßige Fertigung des Arithmometers ab etwa 1850);
6) Jahr des Patents: 1801; Joseph-Marie Jacquard war nicht Erfinder des Webstuhls, Ersterfinder war Basile Bouchon; neben 1805 wird auch die Jahrzahl 1804 genannt;
7) Jahr der Nutzung der hollerithschen Lochkartenmaschinen für die amerikanische Volkszählung;
8) gleichwertige Entwicklungen durch Emil Post und Alonzo Church (beide USA; beide 1936).

Hinweise

Schon Heron von Alexandria hatte einen Pantografen (mit Zahnradgetriebe) erfunden. Dazu mehr im Abschnitt 4.6.2. Weitere Angaben zu den Automatenbauern finden Sie im Abschnitt 15.1.2.

Die Meinungen zu den Schöpfern des Speicherprogramms gehen weit auseinander. Genannt werden auch Presper Eckert und John Mauchly.

6.3 Grundlegende neue Erfindungen

An dieser Stelle sollen nur drei Errungenschaften genannt werden, die weltweit weitreichende Auswirkungen hatten:

- Internet (Arpanet, USA, 1969),
- World Wide Web: Tim Berners-Lee, Cern, Genf, 1989,
- internetfähiges Mobiltelefon (iPhone): Steve Jobs, Apple, Cupertino, Kalifornien, 2007.

6.4 Hersteller von Rechenhilfsmitteln

Es folgt eine kleine Auswahl führender Hersteller aus dem deutschsprachigen Raum:

Rechenschieber (Rechenstäbe, Rechenscheiben, Rechenwalzen)

- Heinrich Daemen Schmid, Zürich und Uster ZH
- Johann Christian Dennert/Hans Dennert (Dennert & Pape, Aristo, Hamburg-Altona)
- Lothar Faber (Faber-Castell, Stein bei Nürnberg)
- Albert Nestler (Lahr, Baden/Schwarzwald)

Mechanische Rechenmaschinen

- Arthur Burkhardt, Glashütte (Arithmometer)
- Hans W. Egli, Zürich (Millionär, Madas)
- Curt Herzstark, Mauren FL (Contina: Curta)
- Samuel Jacob Herzstark, Wien (Austria)
- Ernst Jost, Zürich (Precisa)
- Albert Natalis, Braunschweig (Brunsviga-Maschinenwerke, Grimme, Natalis: Brunsviga)

Hinweis

Es gab neben dem Burkhardt-Arithmometer und der Brunsviga ein vielfältiges Angebot an mechanischen Rechenmaschinen, vor allem in Deutschland, z.B. Archimedes, Astra, Badenia, Diehl, Hamann, Lipsia, Mercedes-Euklid, Olympia, Rheinmetall, Saxonia, Thales, Tim, Triumphator, Unitas, Walther.

Mathematische Zeichen- und Messgeräte
- Jakob Amsler, Schaffhausen
- Gottlieb Coradi, Zürich
- Gebrüder Haff, Pfronten
- Jakob Kern, Aarau
- Albert Ott, Kempten

Integrieranlagen, elektromechanische und elektronische Analogrechner
- Amsler, Schaffhausen
- Contraves, Zürich
- Güttinger, Teufen AR
- Hasler, Bern
- Schoppe & Faeser, Minden (Hermann Schoppe, Hugo Faeser)
- Telefunken, Ulm

ferner: Brown, Boveri (BBC, Baden); Dornier (Friedrichshafen), Siemens & Halske (Berlin/München)

Als Marktführerin bei den Analogrechnern gilt Electronic associates, Inc., Long Branch, New Jersey. Ein anderer wichtiger Hersteller war Hitachi (Japan).

Verschlüsselungsmaschinen
- Crypto, Steinhausen ZG
- Gretag, Regensdorf ZH

Die folgenden Illustrationen zeigen zwei elektronische Analogrechner (vgl. Abb. 6.1–6.2) und eine Chiffriermaschine (vgl. Abb. 6.3).

Abb. 6.1: Elektronischer Analogrechner (1). Dieses erste Erzeugnis des Ingenieurbüros Güttinger, der Analogrechner AR-2, war mit 12 Operationsverstärkern bestückt. Ein weiteres Analogierechengerät hieß AR-3. Viele Jahre lang bestand ein Wettstreit zwischen Analog- und Digitalrechnern. Schweizer Hersteller von mechanischen oder (seltener) elektronischen Analogrechnern waren Amsler, BBC, Contraves, Güttinger, Hasler (© NUM, Teufen).

Abb. 6.2: Elektronischer Analogrechner (2). Die Analogrechner der ehemaligen Güttinger AG in Teufen AR sind längst Geschichte (© NUM, Teufen).

Abb. 6.3: Verschlüsselungsmaschine. Die mechanische Verschlüsselungsmaschine C-52 (1952) mit sechs Schlüsselrädern war das erste von der (ehemaligen) Crypto AG hergestellte Chiffriergerät. Dieses Modell mit Stangenradtechnik erwies sich als besonders erfolgreich. Der Schwede Boris Hagelin hatte die Zuger Firma gegründet (© Crypyto AG).

Rechnerindustrie

Die Hersteller von Rechenhilfsmitteln kamen aus verschiedenen Bereichen: Uhrmacherkunst, Feinmechanik, Optik, Vermessungswesen, Büromaschinen, Werkzeugmaschinenbau, Nähmaschinen, Versicherungswesen, Elektrotechnik, Nachrichtentechnik, Flugzeugbau usw. Manchmal handelt es sich um (ehemalige) Waffenschmieden: z. B. Contraves (Zürich), Mercedes Büromaschinen- und Waffenfabrik (Zella-Mehlis), Rheinmetall (Sömmerda), Waffenfabrik Mauser (Oberndorf am Neckar).

Die Serienfertigung von mechanischen Rechenmaschinen begann in Paris um 1850 mit den Staffelwalzenmaschinen von Thomas (Patentierung des Arithmometers 1820). Die erste deutsche Rechenmaschinenfabrik wurde 1878 in Glashütte (Sachsen) von Arthur Burkhardt gegründet (Nachahmung der Thomasmaschine).

Die Massenherstellung der Sprossenradmaschine des Schweden Willgodt Theophil Odhner setzte 1886 im russischen St. Petersburg ein (Maschinenfabrik W. T. Odhner). Grimme, Natalis & Co. (GNC) aus Braunschweig erwarb von Odhner eine Lizenz (Brunsviga-Maschinen).

Hans W. Egli begann in den 1890er Jahren in München und anschließend in Zürich mit der Serienfabrikation der Direktmultipliziermaschine Millionär.

Addiermaschinen, z.B. von Burroughs sowie Felt and Tarrant erlebten zunächst vor allem in Nordamerika einen Aufschwung. Addiator war der führende deutsche Hersteller von Zahlenschiebern.

Die bekannteste Anbieterin von mechanischen Taschenrechenmaschinen war die liechtensteinische Contina (Curta).

Zu den frühen Weltmarktführern für mathematische Instrumente (Zeichen-, Mess- und Rechengeräte) gehörten Amsler (Schaffhausen), Coradi (Zürich) und Ott (Kempten). Die Firma Haff hat bis heute überlebt.

Das mathematisch-mechanische Institut G(ottlieb) Coradi in Zürich bot u.a. Pantografen, Affinografen, Planimeter, Integratoren, Integrafen, Kurvenmesser, harmonische Analysatoren und Koordinatografen an. Alfred J. Amsler & Co., Schaffhausen, stellte neben den wegweisenden mathematischen Instrumenten (z.B. Polarplanimeter) und Integrieranlagen viele weitere Geräte (u.a. Messinstrumente) her.

Die maßgebenden Hersteller von Lochkartenmaschinen waren International Business Machines (Hollerith) und Remington Rand (Powers).

Die ersten bedeutenden Lieferanten von programmgesteuerten Elektronenrechnern waren Ferranti (England) und Remington Rand (Univac, USA).

Der erfolgreichste Anbieter von elektronischen Analogrechnern im deutschsprachigen Raum war wohl Telefunken. In der Schweiz bauten u.a. BBC, Contraves und Güttinger analoge Maschinen.

Quellen/weiterführende Schriften (Auswahl)

Arithmeum (Hg.): Arithmeum, Rechnen einst und heute, Universität Bonn, Bonn 1999

Friedrich Ludwig Bauer: Kurze Geschichte der Informatik, Wilhelm Fink-Verlag, München 2007

Joachim Fischer: Instrumente zur mechanischen Integration, in: Hans Werner Schütt; Burghard Weiß (Hg.): Brückenschläge, Verlag für Wissenschafts- und Regionalgeschichte Dr. Michael Engel, Berlin 1995, Seiten 111–156

Joachim Fischer: Instrumente zur mechanischen Integration II, in: Astrid Schürmann, Burghard Weiß (Hg.): Chemie – Kultur – Geschichte, GNT-Verlag, Berlin 2002, Seiten 143–156

Andreas Wilhelm Gottfried Galle: Mathematische Instrumente, B. G. Teubner, Leipzig, Berlin 1912

Peter Haertel: Die Klassifikation mechanischer Rechenmaschinen, in: Historische Bürowelt, März 1996, Heft 45, Seiten 6–43

Peter Haertel: Die Klassifizierung mechanischer Rechenmaschinen, in: Historische Bürowelt, Dezember 2011, Heft 86, Seiten 12–24

Annegret Kehrbaum; Bernhard Korte: Historische Rechenmaschinen im Forschungsinstitut für diskrete Mathematik Bonn, in: DMV Mitteilungen, 1993, Heft 1, Seiten 18–31 bzw. 33, und Heft 2, Seiten 8–20

Bernhard Korte: Zur Geschichte des maschinellen Rechnens, Bouvier-Verlag Herbert Grundmann, Bonn 1981

Peter Kradolfer: Einige Rosinen aus der Entwicklung der Rechenmaschinen, Verlag Sauerländer, Aarau 1988

Walther Meyer zur Capellen: Mathematische Instrumente, Akademische Verlagsgesellschaft Geest und Portig KG, Leipzig 1949

Francis J. Murray: Mathematical machines, Columbia university press, New York 1961 (2 Bände)

Hansjörg Nipp: Curta, Carena & Co. Geschichte der Contina in Mauren, Alpenland-Verlag AG, Schaan FL 2017

Hartmut Petzold: Rechnende Maschinen, VDI-Verlag, Düsseldorf 1985

Hartmut Petzold: Moderne Rechenkünstler, Verlag C.H. Beck, München 1992

Gérald Saudan: Swiss calculating machines, Yens sur Morges VD 2017 (Selbstverlag)

Ivo Schneider: Der Proportionalzirkel, R. Oldenbourg Verlag, München 1971

Hans-Joachim Vollrath: Verborgene Ideen, Springer Fachmedien, Wiesbaden 2013

Friedrich Adolf Willers: Mathematische Instrumente, R. Oldenbourg Verlag, München, Berlin 1943

Friedrich Adolf Willers: Mathematische Maschinen und Instrumente, Akademie-Verlag, Berlin 1951

Michael Roy Williams: A history of computing technology, IEEE Computer society press, Los Alamitos 1997

7 Tagungen und Institute

Zusammenfassung: Ziel des Kapitels „Tagungen und Institute“ ist eine weltweite Übersicht über bedeutende frühe Veranstaltungen zur Informatik. Sie fanden ab 1945 vorwiegend in den Vereinigten Staaten statt. 1951 ging in Paris eine große internationale Konferenz über die Bühne. Sie ist trotz der umfangreichen (allerdings französischsprachigen) Dokumentation nur wenig bekannt ist. Die erste bedeutende Tagung zur Informatikgeschichte wurde 1976 ausgerichtet. 2012 widmeten sich unzählige Anlässe dem 100. Geburtstag von Alan Turing. Aufgelistet werden ferner die ersten Institute zur Rechentechnik, die besonders in den USA und im Vereinigten Königreich entstanden. Es gibt weltweit einige Vereine, die sich mit der Geschichte der Rechentechnik befassen.

Schlüsselwörter: Erste Tagungen zur Informatik, frühe Informatikinstitute, Vereinigungen zur Geschichte der Rechentechnik

7.1 Frühe Tagungen zur Informatik

Die ersten Tagungen zu den Digitalrechnern fanden in den 1940er Jahren statt. In der Nachkriegszeit bestand ein erheblicher Nachholbedarf.

Vereinigte Staaten von Amerika (USA)

1945 Conference on advanced computation techniques, Massachusetts Institute of Technology (MIT), Cambridge, Massachusetts (Oktober)

1947 Symposium on large-scale digital calculating machinery, Harvard-Universität, Cambridge, Massachusetts (Januar)

1949 Second symposium on large-scale digital calculating machinery, Harvard-Universität, Cambridge, Massachusetts (September)

1951 Joint AIEE-IRE computer conference: „Review of electronic digital computers“, Philadelphia, Pennsylvania (AIEE = American institute of electrical engineers, IRE = Institute of radio engineers) (Dezember)

1952 Joint AIEE-IRE computer conference: „Review of input and output equipment used in computing systems“, New York (American institute of electrical engineers, Institute of radio engineers, Association for computing machinery) (Dezember)

1954 Symposium on automatic programming for digital computers, Office of naval research (ONR), Department of the navy, Washington, D.C. (Mai)

1957 Symposium on „automatic coding“, Franklin Institute, Philadelphia, Pennsylvania (Januar)

https://doi.org/10.1515/9783110669664-007

Alan Turing war 1947 der einzige britische Teilnehmer am Symposium der Harvard-Universität.

Eine große Bedeutung kommt einem Lehrgang der Universität von Pennsylvania in Philadelphia zu. Dabei waren auch Teilnehmer aus Europa:

Lehrveranstaltung

1946 Moore school lectures „Theory and techniques for design of electronic digital computers", Universität von Pennsylvania in Philadelphia (Juli/August)

1946/47 boten Wallace Eckert und Herbert Griosch an der Columbia-Universität, New York, eine Informatiklehrveranstaltung an. Die Harvard-Universität, Cambridge, führte 1947/48 einen Masterstudiengang Informatik ein.

W. Gordon Welchman (ursprünglich Bletchley Park) soll im Rahmen seiner Tätigkeit für den Großrechner Whirlwind am Electrical engineering department (Fakultät für Elektrotechnik) des MIT die erste Vorlesung über Digitalrechner gehalten haben.

Das IBM Scientific computation forum wurde 1940, 1946, 1947, 1948, 1949 und dreimal in den 1950er Jahren in New York durchgeführt. Themen: Verfahren für die Lösung wissenschaftlicher Aufgaben mit IBM-Lochkartenmaschinen. IBM steht für International Business Machines corporation.

Anstelle der Joint AIEE-IRE computer conference fanden in den Vereinigten Staaten von 1953 bis 1961 jährlich je eine Western joint computer conference (Westküste) und eine Eastern joint computer conference (Ostküste) statt. Von 1962 bis 1972 wurde in den USA jährlich je eine spring joint computer conference (Frühjahr) und eine fall joint computer conference (Herbst) durchgeführt. Von 1973 bis 1987 gab es jährlich in einer amerikanischen Stadt eine (einzige) national computer conference (siehe Heinz Zemanek: Weltmacht Computer, Bechtle Verlag, Esslingen, München 1991, Seiten 447–448).

Erste bedeutende Tagung zur Informatikgeschichte

1976 International research conference on the history of computing, Los Alamos scientific laboratory, Los Alamos, New Mexico (Juni)

Kanada

1945 First Canadian mathematical congress, Montreal, McGill-Universität/ Universität Montreal (Juni)

Australien

1951 Conference on automatic computing machines, Universität Sydney (August)

Großbritannien (Vereinigtes Königreich)

1949 Conference on high speed automatic calculating-machines, Universität Cambridge (Juni)

1951 Manchester University computer, inaugural conference, Universität Manchester (Juli)

1953 International symposium on automatic digital computation, National physical laboratory, Teddington (März)

1958 Symposium on the "Mechanisation of thought processes", National physical laboratory, Teddington (November)

Lehrveranstaltung

1946/47 Vorträge von James Wilkinson und Alan Turing über den Entwurf des Elektronenrechners Ace, Ministry of supply, London

Frankreich

1951 Colloque international du CNRS „Les machines à calculer et la pensée humaine", Paris (Januar) (CNRS = Centre national de la recherche scientifique)

Deutschland

1952 Kolloquium über programmgesteuerte Rechengeräte und Integrieranlagen, Rheinisch-westfälische Technische Hochschule, Aachen (Juli)

1953 Kolloquium über Rechenanlagen, Max-Planck-Institut für Physik, Göttingen (März)

1955 Fachtagung „Elektronische Rechenmaschinen und Informationsverarbeitung", Technische Hochschule, Darmstadt (Oktober)

1955 Internationales Mathematiker-Kolloquium über aktuelle Probleme der Rechentechnik, Technische Hochschule, Dresden (November)

Russland

1956 Gesamtunionskonferenz: Prospects for the development of Soviet mathematical machinery and instrumentation, Universität Moskau (März).

Der erste weltweite Informatikkongress fand im Juni 1959 unter der Schirmherrschaft der Unesco in Paris statt. Das war der Auftakt zu den Tagungen der 1960 gegründeten International federation for information processing (Ifip).

Die erste große europäische Informatikkonferenz fand in Paris statt (vgl. Kasten).

Paris: Internationale Tagung „Rechenmaschinen und menschliches Denken"

1951 wurde in Paris die bedeutendste frühe europäische Konferenz zur Informatik durchgeführt. Wie aus dem Titel und dem Programm hervorgeht, könnte man diese gut dokumentierte Veranstaltung auch als erste große Tagung zur künstlichen Intelligenz betrachten. 15 der 38 Vorträge waren dem Thema „Großrechner, Logik und Physiologie des Nervensystems" gewidmet. Der Anlass fand mit Unterstützung der Rockefeller Foundation statt. Behandelt wurden sowohl analoge als auch digitale Maschinen. 1950 gab es in Europa erst zehn programmgesteuerte Relais- und Röhrenrechner.

268 Fachleute aus zwölf Ländern, darunter zehn Frauen (meist „calculatrices", Rechnerinnen), werden im 11-seitigen Teilnehmerverzeichnis aufgeführt. 190 kamen aus dem Veranstaltungsland Frankreich und 41 aus England, wo bereits mehrere elektronische Digitalrechner fertig gestellt oder im Bau waren. Solche Vorhaben gab es auch in Schweden (4 Teilnehmende), Niederlande (9) und Belgien (6) (vgl. Abb. 7.1). In Anbetracht der verheerenden Kriegsschäden in Europa, der Reisebeschränkungen und des Geldmangels war die Beteiligung überaus hoch.

Alle maßgeblichen britischen Forschungszentren waren dabei. Alan Turing nahm jedoch nicht teil, wohl aber seine Kollegen Francis Colebrook, der Leiter der Elektronikabteilung des Londoner National physical laboratory, und Frederic Williams von der Universität Manchester.

Mit von der Partie war auch die Rechnerindustrie: British tabulating machine Co. (London und Letchworth), Compagnie des machines Bull (Paris), Société d'électronique et d'automatisme (Paris und Courbevoie, Frankreich), Research laboratories of Elliott Brothers (Borehamwood, England), Messrs. Ferranti Ltd. (Manchester), International Business Machine Co. (Paris), Société Logabax Audibel (Paris und Malakoff, Frankreich), Société anonyme Philips (Paris und Hilversum, Niederlande), Société anonyme des machines à statistiques Powers (Paris), Powers-Samas accounting machines (London) und Powers tabulating Remington Rand, Brüssel.

Ziel der Konferenz war wohl der Austausch von Wissen, Erfahrungen und Meinungen. Manche Sprecher waren bereits mit programmierbaren, d.h. programmgesteuerten wie speicherprogrammierten Relais- und Röhrenrechnern vertraut, z.B. Aiken, Booth, Colebrook, Hartree, Kilburn, Stiefel, Wilkes und Williams. Mehrere Kybernetiker und Neurologen besuchten die Veranstaltung, u.a. Ashby, McCulloch, Walter und Wiener.

In den 1950er Jahren begannen zahlreiche europäische Hochschulen mit dem Eigenbau von Großrechnern. In dieser Zeit sind auch die ersten Bemühungen zur Entwicklung von maschinellen Sprachübersetzungssystemen zu verzeichnen. Bald entstanden weltweit viele derartige Systeme (vgl. Herbert Bruderer: Handbuch der maschinellen und maschinenunterstützten Sprachübersetzung. Automatische Übersetzung natürlicher Sprachen und mehrsprachige Terminologiedatenbanken, K. G. Saur Verlag, München/Walter de Gruyter, Berlin usw. 1978), obwohl die Rechenleistung und das Speichervermögen noch bescheiden waren.

In Paris wurden funktionsfähige Geräte vorgeführt:

- Schachautomat, Telekino sowie eine analoge Rechenmaschine mit Endlosspindel von Leonardo Torres Quevedo,
- künstliche Tiere von W. Grey Walter,
- Homöostat von William Ross Ashby.

Am 12. oder 13. Januar 1951 spielte der nordamerikanische Kybernetiker Norbert Wiener gegen den Schachautomaten von Leonardo Torres Quevedo, der von seinem Sohn betreut wurde.

Eduard Stiefel von der ETH Zürich stellte die ersten Erfahrungen mit der Zuse Z4 vor.

Alle Vorträge wurden vom Centre national de la recherche scientifique ins Französische übersetzt. Der umfangreiche Tagungsband (vgl. Abb. 7.2) liegt nur in französischer Sprache vor. Das ist wohl der Grund, dass diese führende Konferenz aus der Frühzeit der Informatikgeschichte in der angloamerikanischen Welt zu Unrecht kaum bekannt ist.

Tagungsband

Joseph Pérès (Hg.): Les machines à calculer et la pensée humaine, Paris, 8–13 janvier 1951, Editions du Centre national de la recherche scientifique (CNRS), Paris 1953.

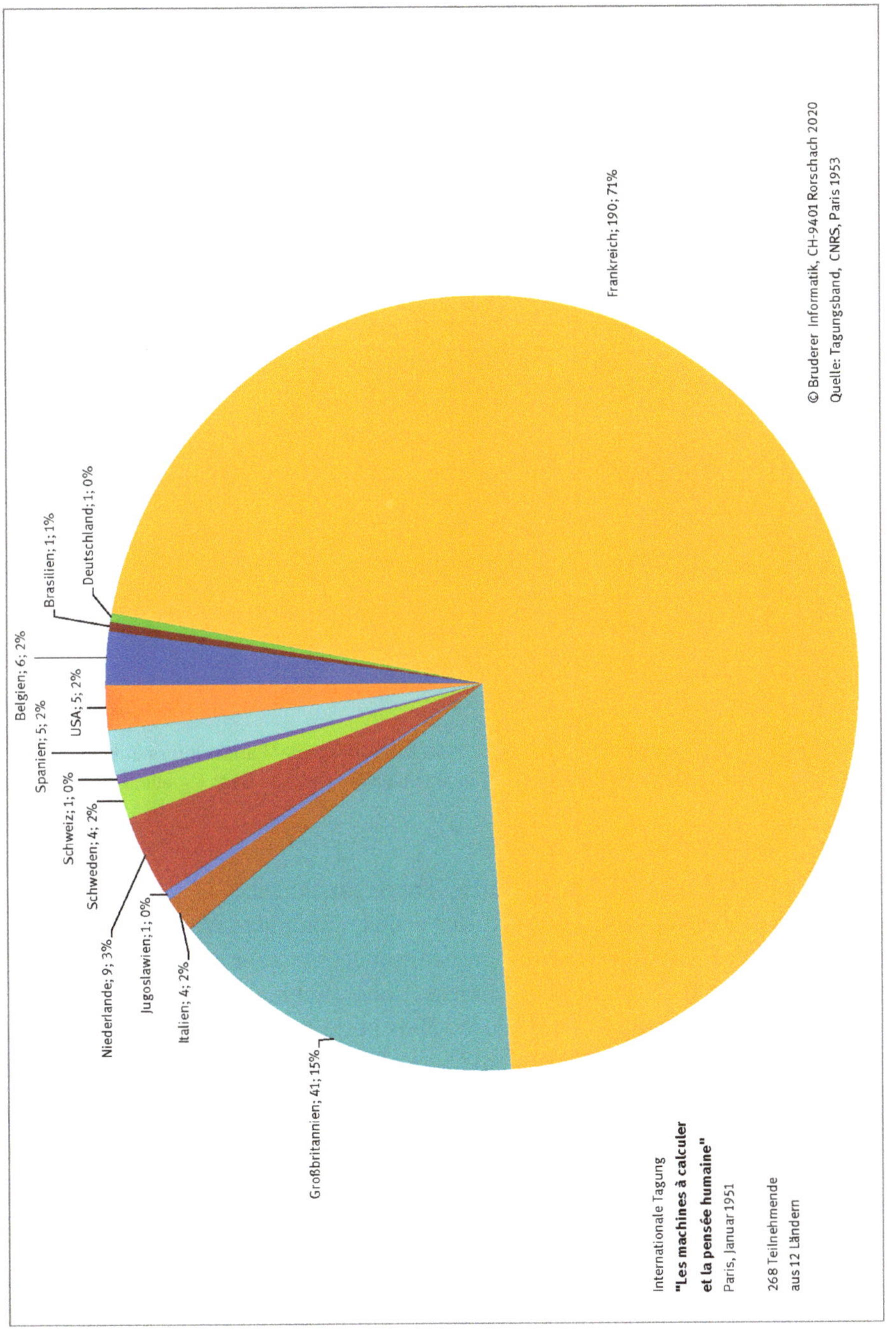

Abb. 7.1: Teilnehmer an der Konferenz von Paris 1951. 268 Personen besuchten die Tagung, 41 davon aus England (© Bruderer Informatik, CH-9401 Rorschach).

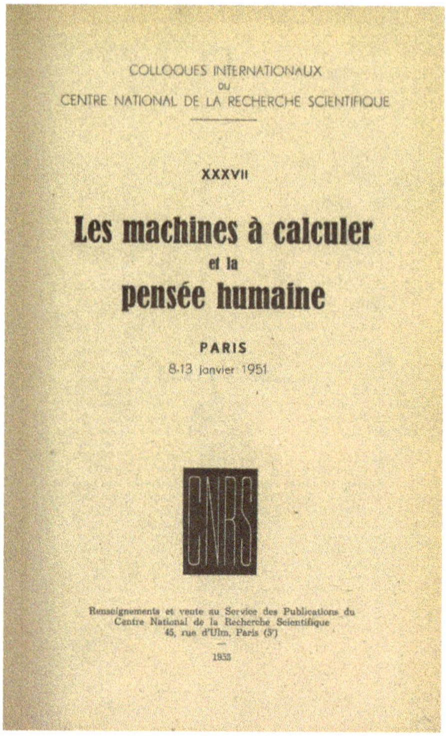
COLLOQUES INTERNATIONAUX
DU
CENTRE NATIONAL DE LA RECHERCHE SCIENTIFIQUE

XXXVII

Les machines à calculer
et la
pensée humaine

PARIS
8-13 janvier 1951

CNRS

Renseignements et vente au Service des Publications du
Centre National de la Recherche Scientifique
45, rue d'Ulm, Paris (5e)

1953

Abb. 7.2: Tagungsband der Konferenz von Paris 1951. Die Vorträge der Pariser Informatikkonferenz erschienen 1953 in französischer Übersetzung in einem umfangreichen Buch (Quelle: ETH-Bibliothek Zürich).

Zu den führenden Teilnehmern der Pariser Konferenz zählen:
- Howard Hathaway Aiken (Harvard-Universität, Cambridge, Massachusetts),
- William Ross Ashby (Barnwood house hospital, Gloucester),
- Andrew Donald Booth (Birkbeck college, Universität London),
- Bertram Vivian Bowden (Ferranti Ltd., Manchester),
- Francis Morley Colebrook (National physical laboratory, Teddington, Middlesex),
- Louis Couffignal (Institut Blaise Pascal, Paris),
- Stig Ekelöf (Technische Hochschule Chalmers, Göteborg),
- Douglas Rayner Hartree (Cavendish laboratory, Universität Cambridge),
- Thomas Kilburn (Universität Manchester),
- Warren Sturgis McCulloch (Medical school, Universität von Illinois, Chicago),
- Mauro Picone (Universität Rom),
- Eduard Stiefel (ETH Zürich),
- Gonzales Torres Quevedo (Madrid),
- Albert M. Uttley (Telecommunications research establishment, Great Malvern),
- Adriaan van Wijngaarden (Mathematisch centrum, Amsterdam),

- W. Grey Walter (Burden neurological institute, Bristol),
- Alwin Walther (Institut für praktische Mathematik, Technische Hochschule Darmstadt),
- Norbert Wiener (Massachusetts Institute of Technology, Cambridge, Massachusetts),
- Maurice Vincent Wilkes (Mathematical laboratory, Universität Cambridge),
- Frederic Calland Williams (Universität Manchester),
- John Ronald Womersley (British tabulating machine Co, Letchworth).

Quelle
Teilnehmerliste, Seiten IX–XIX des Tagungsbandes.

Mensch gegen Maschine: Wiener gegen einen Schachautomaten
Dem Aufsatz von Brian Carpenter (siehe unten) zufolge war einer der Teilnehmer Wissenschaftsberichterstatter des Figaro. Der schrieb ein Buch über das *künstliche* Denken, das in vielen Auflagen herauskam und auch ins Englische übersetzt wurde: Pierre de Latil: La pensée artificielle, Librairie Gallimard, Paris 1953.

Das Werk enthält acht Schwarzweißfotos. Abgebildet waren u.a. die vier führenden Kybernetiker (William Ross Ashby, Warren Sturgis McCulloch, W. Grey Walter und Norbert Wiener), ein Zwiegespräch zwischen Louis Couffignal und Howard Aiken, die elektronische Schildkröte Elsie („premier animal artificiel au monde", [angeblich] das erste künstliche Tier der Welt, der Homöostat („la plus révolutionnaire machine du monde", die verrückteste Maschine der Welt) sowie der Schachautomat von Leonardo Torres Quevedo. Der Begleittext zur letzten Aufnahme lautet (ausschnittweise):

> „Le match de la mécanique classique contre la cybernétique [...]. Au Congrès cybernétique de Paris 1951, G. Torrès-Quevedo, fils du grand automatiste qui construisit le célèbre joueur d'échecs électro-magnétique (à gauche), se mesure sur l'échiquier magique avec Norbert Wiener, le pape de la cybernétique. Ici, la mécanique classique gagne toujours. Partout ailleurs, elle perd." (siehe Pierre de Latil: La pensée artificielle, Librairie Gallimard, Paris 1953, neben Seite 160).

Wettkampf der klassischen Mechanik gegen die Kybernetik [...]. Auf dem Pariser Kybernetikkongress 1951 misst sich G. Torres Quevedo (links), der Sohn des großen Maschinenbauers, der den berühmten elektromagnetischen Schachautomaten konstruiert hat, auf dem zauberhaften Schachbrett mit Norbert Wiener, dem Kybernetikpapst (vgl. Abb. 7.3). Hier gewinnt die klassische Mechanik immer, überall sonst verliert sie.

Abb. 7.3: Norbert Wiener und der Schachautomat. 1951 spielt der amerikanische Kybernetiker (rechts) auf der Pariser Informatikkonferenz gegen den Schachautomaten von Leonardo Torres Quevedo, der von dessen Sohn (links) betreut wird. Dabei spielt die Maschine (Weiß, mit König und Turm) gegen den Menschen (Schwarz, mit König) (© Studio Constantin, Paris).

> [...] „Torres y Quevedo had demonstrated a very impressive device in 1914, which played a king and a rook against an opponent's king. (Wiener played against a later version at the 1951 Cybernetic Conference in Paris.)" (siehe Heinz Zemanek: Central European prehistory of computing, in: Nicholas Constantine Metropolis; Jack Howlett; Gian-Carlo Rota (Hg.): A history of computing in the twentieth century, Academic press, New York, London usw. 1980, Seiten 587–609).

Torres Quevedo hatte 1914 ein überaus beeindruckendes Gerät vorgeführt, das mit König und Turm gegen den König des Gegners spielte (Wiener spielte 1951 auf der Pariser Kybernetikkonferenz gegen eine spätere Version).

In seinen Lebenserinnerungen spricht Norbert Wiener von seiner Teilnahme an der Pariser Konferenz:

> „These [duties] had become arduous because I was also to participate in a congress on high-speed computing machines and automatization which was to take place in Paris in January 1951". (siehe Norbert Wiener: I am a mathematician, MIT press, Cambridge, Massachusetts, London 1973, Seiten 333–334).

Diese Verpflichtungen waren anstrengend geworden, denn ich musste auch an einem Kongress über Hochgeschwindigkeitsrechenmaschinen und Automatisierung teilnehmen, der im Januar 1951 in Paris stattfand (siehe Norbert Wiener: Mathematik – mein Leben, Fischer Bücherei KG, Frankfurt am Main, Hamburg 1965, Seite 273).

Für weitere Angaben vgl.

Herbert Bruderer: The birth of artificial intelligence, in: Arthur Tatnall; Christopher Leslie (Hg.): International communities of invention and innovation, Springer international publishing AG Switzerland, Cham 2016, Seiten 181–185

Herbert Bruderer: Computing history beyond the U.K. and U.S.: Selected landmarks from Continental Europe, in: Communications of the ACM, Band 60, 2017, Heft 2, Seiten 76–84

Herbert Bruderer: The birthplace of artificial intelligence?, https://cacm.acm.org/blogs/blog-cacm/222486-the-birthplace-of-artificial-intelligence/fulltext

Herbert Bruderer: AI began in 1912, https://cacm.acm.org/blogs/blog-cacm/241934-ai-began-in-1912/fulltext

Brian E. Carpenter: A meeting that missed its mark: the Paris conference of 1951, http://www.rutherfordjournal.org/article050103.html.

Macy-Konferenzen

Von 1946 bis 1953 fanden zehn Macy-Konferenzen (vgl. Tab. 7.1) statt. Die Josiah-Macy-Stiftung (New York) förderte diese Veranstaltungen zur Kybernetik. 1946 und 1947 wurde je eine Tagung im März und im Oktober durchgeführt. Ab 1948 gab es jeweils nur noch einen Anlass im Frühjahr. Zu den ersten fünf Konferenzen gibt es keine Tagungsbände.

Tab. 7.1: Macy-Konferenzen

An den Macy-Konferenzen nahmen wenige Personen teil			
Jahr	**Monat/Tag**	**Ort**	**Anzahl Teilnehmer**
1949	24.–25. März	New York	25
1950	23.–24. März	New York	26
1951	15.–16. März	New York	25
1952	20.–21. März	New York	29
1953	20.–24. April	Princeton	28

Unter den Teilnehmern 1949–1953 waren u.a.:
- W. Ross Ashby (Gloucester),
- Julian H. Bigelow (Princeton),
- Warren S. McCulloch (Chicago),
- Walter Pitts (Cambridge, Massachusetts),
- Claude E. Shannon (Murray Hill),
- John von Neumann (Princeton),
- W. Grey Walter (Bristol),
- Norbert Wiener (Cambridge, Massachusetts).

Alan Turing war (1949–1953) nicht dabei.

Quelle
Claus Pias (Hg.): Cybernetics. The Macy conferences 1946–1953, Diaphanes, Zürich, Berlin 2016.

Im Winter 1943/1944 nahmen Herman Goldstine, Warren McCulloch, Walter Pitts, John von Neumann und Norbert Wiener an einer Zusammenkunft in Princeton teil. Dazu liegen keine näheren Angaben vor.

Symposium zur künstlichen Intelligenz

Vom 24. bis 27. November 1958 fand am National physical laboratory in Teddington ein Symposium „Mechanisation of thought processes" statt. Themen waren u.a. künstliche Intelligenz im Allgemeinen, automatische Programmierung, maschinelle Sprachübersetzung, Spracherkennung und maschinelles Lernen. Vorgetragen hatten etwa William Ross Ashby, Grace Murray Hopper, John McCarthy, Warren Sturgis McCulloch, Marvin L. Minsky und Albert M. Uttley. Unter den Teilnehmern war auch W. Grey Walter.

Quelle
National physical laboratory (Hg.) Mechanisation of thought processes, Her Majesty's stationery office, London 1959 (2 Bände)

Neuere Tagungen zur Informatikgeschichte

Die internationalen Konferenzen zur weltweiten Informatikgeschichte werden vor allen von der International federation for information processing (Ifip) ausgerichtet. In den letzten Jahren haben u.a. folgende allgemeine Anlässe stattgefunden:

2010 History of computing. Learning from the past, Brisbane, Australien,
2013 Making the history of computing relevant, London, England,
2016 International communities of invention and innovation, Brooklyn, New York, USA.

7.2 Frühe Institute zur Rechentechnik

Das erste Zentrum für angewandte/praktische Mathematik war wohl das von Mauro Picone 1927 in Neapel gegründete *Istituto per le applicazioni del calcolo* (1932 Umsiedlung nach Rom). Es folgt ein Überblick über ausgewählte Institutionen. Die Länder sind alfabetisch angeordnet, die Einrichtungen innerhalb der Länder alfabetisch nach Orten.

Australien

- Division of radiophysics, Commonwealth scientific and industrial research organization (Csiro), Sydney (Trevor Pearcey und Maston Beard)

Deutschland

- Institut für praktische Mathematik, Technische Hochschule Aachen (heute Rheinisch-westfälische Technische Hochschule; Robert Sauer)
- Mathematisches Institut, Technische Hochschule Aachen (heute Rheinisch-westfälische Technische Hochschule; Hubert Cremer)
- Institut für praktische Mathematik (IPM), Technische Hochschule Darmstadt (heute Technische Universität; Alwin Oswald Walther, Hans-Joachim Dreyer)
- Institut für maschinelle Rechentechnik, Technische Hochschule Dresden (heute Technische Universität; Friedrich Adolf Willers, Nikolaus Joachim Lehmann)
- Institut für Instrumentenkunde, Max-Planck-Gesellschaft (später: Max-Planck-Institut für Physik), Göttingen (Ludwig Biermann, Heinz Billing)
- Institut für elektrische Nachrichtentechnik und Messtechnik, Technische Hochschule München (heute Technische Universität; Hans Piloty (Vater), Robert Piloty (Sohn)), und Mathematisches Institut, Technische Hochschule München (heute Technische Universität) (Robert Sauer)

Frankreich

- Laboratoire de calcul mécanique de l'Institut Blaise Pascal des Centre national de la recherche scientifique (CNRS), Paris/Châtillon-sous-Bagneux (Louis Couffignal)

Großbritannien (Vereinigtes Königreich)

- Government code and cypher school (GC&CS), Bletchley Park (Max Newman, Alan Turing)
- Cavendish laboratory, Universität Cambridge (Charles Eryl Wynn-Williams; Douglas Rayner Hartree; John Pinkerton)
- Mathematical laboratory (später: Computer laboratory), Universität Cambridge (Maurice Vincent Wilkes)
- Electronic computation laboratory, Birkbeck college, Universität London (Andrew Donald Booth)
- Department of mathematics, Imperial college of science and technology, London (Keith Tocher)
- Post office research station, Dollis Hill, London (Thomas Flowers)
- Department of electro-technics (später: Department of electrical engineering), Royal society computing (machine) laboratory (später: Computing machine laboratory), Universität Manchester (Frederic Calland Williams, Thomas Kilburn)
- Physics laboratory, Universität Manchester (Douglas Rayner Hartree, Arthur Porter)

- Mathematics division, National physical laboratory (NPL), Teddington, Middlesex (John Womersley, Alan Turing).

Italien
- Istituto nazionale per le applicazioni del calcolo (Inac), seit 1975 Istituto per le applicazioni del calcolo (IAC) „Mauro Picone“, Rom (Mauro Picone)
- Centro internazionale di calcolo dell'Unesco (erst mit großer Verspätung und anderer Zielsetzung verwirklichtes Unesco-Rechenzentrum)

Japan
- Elektrotechnisches Laboratorium des Ministeriums für internationalen Handel und Industrie, Tokio (Motinori Goto, Jasuo Komamija)

Niederlande
- Mathematisch centrum (MC), Amsterdam (Adriaan van Wijngaarden)
- Optiklabor der Technischen Universität Delft (Willem Louis van der Pool)

Österreich
- Institut für Niederfrequenztechnik, Technische Hochschule Wien (heute Technische Universität) (Heinz Zemanek)

Russland
- Institut für Feinmechanik und Rechentechnik der Sowjetischen Akademie der Wissenschaften, Moskau (Sergej Alexejevič Lebedjew)

Schweden
- Amt für Rechenmaschinen (Matematikmaskinnämnden), Stockholm (Conny Palm, Königliche technische Hochschule (KTH), Stockholm)

Schweiz
- Institut für angewandte Mathematik (IaM), ETH Zürich (Eduard Stiefel)

Spanien
- Laboratorio de mecánica aplicada (später: Laboratorio de automática), Madrid (Leonardo Torres Quevedo)

Ukraine
- Institut für Elektrotechnik der Ukrainischen Akademie der Wissenschaften, Kiew (Sergej Alexejevič Lebedjew)

Vereinigte Staaten von Amerika (USA)
- Physics department, Iowa state college, Ames (heute Iowa state university; John Atanasoff)
- Cruft laboratory (später Computation laboratory) der Harvard-Universität, Cambridge, Massachusetts (Howard Hathaway Aiken)
- Lincoln laboratory, Massachusetts Institute of Technology (MIT), Cambridge, Massachusetts (Kenneth Olsen)
- Servomechanisms laboratory (später: Digital computer laboratory), Massachusetts Institute of Technology (MIT), Cambridge, Massachusetts (Jay Wright Forrester, Robert Rivers Everett).
- Bell Telephone Laboratories (BTL), New York City (nach dem zweiten Weltkrieg: Murray Hill, New Jersey; George Stibitz)
- IBM Watson scientific computing laboratory, Columbia-Universität, New York (Wallace John Eckert)
- Moore school of electrical engineering, Universität von Pennsylvania in Philadelphia (John William Mauchly, John Presper Eckert)
- Institute for advanced study (IAS), Princeton (John von Neumann)

7.3 Hochschulen mit bemerkenswerter Vergangenheit

Wer hat weltweit die glanzvollste Vergangenheit in der Frühgeschichte der Rechentechnik? An der Spitze der Rangfolge steht wohl die englische Universität *Cambridge* mit *Charles Babbage* und *Alan Turing*. Im Folgenden werden einige ausgewählte Hochschulen angeführt, ohne Anspruch auf Vollständigkeit.

Europa

Universität Cambridge
- digitale mechanische analytische Maschine (Charles Babbage)
- (theoretische) universelle Turingmaschine (Alan Turing)
- speicherprogrammierter digitaler elektronischer Röhrenrechner Edsac (Maurice Wilkes)

Universität Manchester
- analoge, mechanische Integrieranlage (Douglas Hartree)
- speicherprogrammierter digitaler elektronischer Röhrenrechner Manchester mark (Frederic Williams, Thomas Kilburn)

Eidgenössische Technische Hochschule (ETH), Zürich
- automatische Programmierung (Heinz Rutishauser)
- maschinenunabhängige Programmiersprache Algol (Heinz Rutishauser u.a.)

Anmerkung
Berühmte Gelehrte standen früher häufig im Dienst von Fürstenhäusern. In unserem Zusammenhang wären beispielsweise *Jost Bürgi* (Logarithmen) und *Gottfried Wilhelm Leibniz* (digitale mechanische Vierspeziesrechenmaschine) zu nennen.

Nordamerika
Staatsuniversität von Iowa, Ames
- digitaler elektronischer Röhrenrechner ABC (John Atanasoff, Clifford Berry)

Harvard-Universität, Cambridge, Massachusetts
- digitaler elektromechanischer Relaisrechner Harvard mark 1/IBM ASCC (Howard Aiken/Clair Lake)

Massachusetts Institute of Technology (MIT), Cambridge, Massachusetts
- analoge, mechanische Integrieranlage (Vannevar Bush)
- digitaler elektronischer Röhrenrechner Whirlwind (Jay Forrester, Robert Everett)

Universität von Pennsylvania in Philadelphia
- digitaler elektronischer Röhrenrechner Eniac (John Mauchly, Presper Eckert)
- speicherprogrammierter digitaler elektronischer Röhrenrechner Edvac (John Mauchly, Presper Eckert)

Institute for advanced study (IAS), Princeton, New Jersey
- speicherprogrammierter digitaler Von-Neumann-Rechner (John von Neumann)

7.4 Vereinigungen und Zeitschriften zur Rechnergeschichte

Es gibt mehrere Vereinigungen für die Informatik- sowie die Technikgeschichte, die sich regional oder länderübergreifend auch mit der Geschichte der Rechentechnik befassen.

Der weltweit maßgebende Dachverband, die *International federation for information processing* (Ifip), der seinerzeit von der Unesco ins Leben gerufen wurde, veranstaltet internationale Konferenzen zur Informatikgeschichte, beispielsweise 2013 in London, 2016 in New York und 2018 in Polen, und veröffentlicht dazu Tagungsbände. Zuständig ist dafür der technische Ausschuss (technical committee) TC 9 „Computer und Gesellschaft“ (ICT and society), genauer die Arbeitsgruppe WG 9.7 „history of computing“.

Es folgt eine Übersicht über ausgewählte Institutionen.

Deutschland
Die deutsche Gesellschaft für Informatik (GI) war im Zusammenhang mit dem 100. Geburtstag von Konrad Zuse aktiv. In der GI gibt es eine *Fachgruppe Informatik- und Computergeschichte*. Zu nennen ist ferner die deutsche Konrad-Zuse-Gesellschaft.

Um die Erhaltung von mechanischen Rechenhilfsmitteln und Schreibmaschinen bemüht sich das *Internationale Forum historische Bürowelt* (IFHB) mit der Zeitschrift Historische Bürowelt. Der *Rechenschiebersammlertreff* (RST) organisiert ab und zu Zusammenkünfte.

Großbritannien (Vereinigtes Königreich)
Vorbildlich ist die Tätigkeit der britischen *Computer conservation society* (CCS). Sie führt regelmäßig Anlässe durch und gibt ein Mitteilungsblatt, *Resurrection*, heraus. Die Gesellschaft baut geschichtlich bedeutsame Rechner, die vernichtet wurden, nach und setzt nicht betriebsbereite Geräte wieder instand. Sie hält die Maschinen zudem am Laufen. Die Meisterwerke stehen in Bletchley Park, London und Manchester. Um den Erhalt von Rechenschiebern kümmern sich die Mitglieder des *United Kingdom slide rule circle* (UKSRC).

Eine der wenigen Fachzeitschriften zur Mathematikgeschichte ist *das Journal of the British society for the history of mathematics* (BSHM).

Zum 100. Geburtstag von Alan Turing fand 2012 rund um die Erde eine Flut von Veranstaltungen statt. 2014 wurden 400 Jahre Logarithmen (John Napier, Edinburgh) gefeiert.

Niederlande
Die Gruppe *Kring historische Rekeninstrumenten* befasst sich vorwiegend mit Rechenschiebern.

Österreich
In diesem Land wirkt die Österreichische Gesellschaft für Informatikgeschichte.

Schweiz
Der 2019 aufgelöste, aber nach wie vor aktive *Sammlerclub historische Büromaschinen Schweiz* (SHBS) beschäftigte sich vor allem mit Rechen- und Schreibmaschinen. Der Förderverein Enter verbreitet gemeinsam mit dem Club der Radio- und Grammophon-Sammler (CRGS) das Histec Journal (Schweizer Zeitschrift für historische Technik).

Vereinigte Staaten von Amerika (USA)
Die *Special interest group on computers, information, and society* (Sigcis) der Society for the history of technology (Shot) ist eine weltweit tätige, recht lebendige Einrichtung. Eine weitere Gesellschaft ist die IT history society (ITHS). Die *Oughtred Society* (OS) veröffentlicht eine Zeitschrift, das *Journal of the Oughtred Society*, in dessen Mittelpunkt Rechenschieber stehen. Das Charles Babbage Institute (CBI) der Universität von Minnesota in Minneapolis, bringt das Mitteilungsblatt CBI Newsletter heraus.

Die international führende Zeitschrift zur Informatikgeschichte heißt *IEEE Annals of the history of computing*. Sie ist begutachtet und erscheint vierteljährlich. IEEE ist ein Kürzel für Institute of electrical and electronics engineers. Die Vereinigung unterhält ein IEEE history center und einen Ausschuss namens IEEE Computer society history committee, ähnlich die Association for computing machinery (ACM) mit dem ACM history committee.

8 Weltweite Übersicht über die frühen Digitalrechner (Tabellen)

Zusammenfassung: Mit dem Kapitel „Weltweite Übersicht über die frühen Digitalrechner“ wird ein tabellarischer Überblick über die ersten (mechanischen) Relais- und (elektronischen) Röhrenrechner angeboten. Sie werden in alfabetischer Reihenfolge und (gekürzt) in zeitlicher Abfolge (1939–1953) vorgestellt, jeweils mit den wichtigsten Merkmalen und ausführlichen Beschreibungen. Beispiele: der mechanische Relaisrechner der Bell Labs (USA), die lochstreifengesteuerte Relaismaschine Harvard mark (USA), der elektronische Spezialrechner ABC (USA), der riesige stecktafelprogrammierte Röhrenrechner Eniac (USA), die speicherprogrammierten Edvac (USA) und Edsac (UK), der IAS-Rechner (USA) aus Princeton, der als Vorbild für viele Nachbauten diente, der jahrzehntelang hochgeheime Colossus (UK), der für die Entzifferung verschlüsselter Nachrichten eingesetzt wurde, die aufgrund der Entwürfe von Alan Turing gebaute Ace-Maschine (UK), die binäre Zuse Z3 (Deutschland) mit Gleitkommadarstellung, die serienmäßig gefertigten Ferranti Mark (UK), Univac (USA), IBM 650 und 701 (USA) und Leo (UK).

Schlüsselwörter: Bell-Rechner, Colossus, elektronische Röhrenrechner, frühe Digitalrechner, Eniac, Ferranti, Harvard mark, IBM, Leo, mechanische Relaisrechner, Princetonmaschine, Univac, Zuse Z3

8.1 Vorbemerkungen

Diese Zusammenstellung soll einen Überblick über die ersten digitalen Rechenautomaten vermitteln und Vergleiche erleichtern (vgl. Tab. 8.1–8.3). Sie beruhen auf Erhebungen in den entsprechenden Ländern. Ausgewertet wurde die verfügbare Primärliteratur, zusätzlich die Sekundärliteratur. In den Veröffentlichungen sind allerdings Widersprüche und Fehler auszumachen. Verwendet wurden die Informationen aus den Urtexten, die jedoch (besonders bei Zeitangaben) uneinheitlich sind.

In der Übersicht, die frühe Relais- und Röhrenrechner umfasst, wurden in der Regel nur *Erstrechner* und *Erstmodelle* mit einbezogen. Daher fehlen beispielsweise Maschinen wie ARC (England), Bark (Schweden), Csirac (Australien), Mesm (Ukraine) und die späteren Versionen z.B. der Bell- und Harvard-Geräte. Eine Rechnerreihe gab es auch in England: Manchester baby, Manchester mark, Ferranti mark. Ohne diese Einschränkung würde die Zusammenstellung ausufern. Denn in den 1950er Jahren nahm die Anzahl der neuen Maschinen schlagartig zu.

Es folgen ein paar Hinweise zu den verschiedenen Eigenschaften. Die Zuordnung zu den Merkmalen ist nicht immer eindeutig.

https://doi.org/10.1515/9783110669664-008

- Zahlreiche Maschinen enthielten sowohl elektromechanische als auch elektronische Bauteile (Relais und Röhren). Eine Mischung war etwa IBM SSEC.
- Die frühen Digitalrechner nutzten häufig eine dezimale, später eine binäre Zahlendarstellung. Bekannt waren auch die Stibitz- und die Aiken-Verschlüsselung (binär verschlüsselte Dezimalziffern).
- Bei der Fest- und Gleitkommarechnung gab es Sonderformen. Der Edsac hatte Unterprogramme für die Gleitpunktarithmetik, was die Abarbeitung stark verlangsamte. IBM 650 war wahlweise mit Gleitpunktrechnung lieferbar.
- Neben reinen Parallel- und Serienmaschinen wurden auch gemischte Serien-Parallelrechner entwickelt. Der Rechenvorgang oder die Datenübertragung erfolgte gleichzeitig (parallel) oder nacheinander (seriell).
- Die Grenze zwischen Spezialgeräten (Ein- oder Wenigzweckmaschinen) und Universalgeräten (Mehr- oder Vielzweckmaschinen) ist fließend. Gewisse Rechner wurden ursprünglich als Spezialanlagen ausgelegt, aber als Mehrzweckanlagen gebraucht (z.B. Binac, Eniac).
- Ein Festprogramm (Festverdrahtung) verminderte die Anwendungsmöglichkeiten stark. Eine externe Programmsteuerung erfolgte über (auswechselbare) Stecktafeln, Drehschalter, Lochstreifen oder Lochkarten. Weitaus am vorteilhaftesten sind intern gespeicherte Anweisungen (Speicherprogramm). In den folgenden Tafeln bezieht sich der Ausdruck „programmgesteuert" nur auf die äußere Steuerung vor allem über *Stecktafeln* und *Lochstreifen*: Colossus und Eniac waren stecktafelgesteuert, die Zuse Z4 und Harvard mark 1/IBM ASCC lochstreifengesteuert. Der (elektromechanisch-elektronische) Mischrechner IBM SSEC war ansatzweise speicherprogrammiert (mit Lochkartensteuerung).
- Zu Beginn waren die von einem äußeren oder inneren Programm gelenkten Rechenmaschinen üblicherweise Einzelstücke. Später stieg die Industrie ein und fertigte sie in höheren Stückzahlen.

8.2 Frühe Relais- und Röhrenrechner (alfabetische Reihenfolge)

Tab. 8.1: Die ersten elektromechanischen und elektronischen Digitalrechner (alfabetische Reihenfolge)

Frühe Relais- und Röhrenrechner (Auswahl, alfabetische Reihenfolge)

Name des Rechners	Erbauer	Einrichtung	Land	Jahr	elektromechanisch	elektronisch	dezimal	binär	Festkomma	Gleitkomma	Parallelrechner	Serienrechner	Spezialrechner	Universalrechner	festprogrammiert	programmgesteuert	speicherprogrammiert	Einzelfertigung	Serienfertigung
ABC	John Vincent Atanasoff; Clifford Edward Berry	Iowa state college, Ames, Iowa	USA	1942	□	■	□	■	■	□	■	□	■	□	■	□	□	■	□
Ace	Alan Mathison Turing; James H. Wilkinson; Edward A. Newman; Harry Douglas Huskey	National physical laboratory, Teddington, London	UK	1950	□	■	□	■	■	□	□	■	□	■	□	□	■	■	□
Bell-Rechner 1	George Robert Stibitz; Samuel B. Williams	American Telephone & Telegraph company (AT&T), Bell Telephone Laboratories, New York City	USA	1939	■	□	■	□	■	□	■	□	■	□	■	□	□	■	□
Binac	John William Mauchly; John Presper Eckert	Eckert-Mauchly computer corporation, Philadelphia	USA	1949	□	■	□	■	■	□	□	■	□	■	□	□	■	■	□

Frühe Relais- und Röhrenrechner (Auswahl, alfabetische Reihenfolge)

Name des Rechners	Erbauer	Einrichtung	Land	Jahr	elektromechanisch	elektronisch	dezimal	binär	Festkomma	Gleitkomma	Parallelrechner	Serienrechner	Spezialrechner	Universalrechner	festprogrammiert	programmgesteuert	speicherprogrammiert	Einzelfertigung	Serienfertigung
Colossus 1	Maxwell (Max) Herman Alexander Newman (Bletchley Park)/ Thomas H. Flowers; W. W. (Bill) Chandler; Sid W. Broadhurst (Dollis Hill); Colossus 2: Allen W. M. Coombs (Dollis Hill)	Post office research station, Dollis Hill, London	UK	1943	□	■	□	■	□	□	■	□	■	□	□	■	□	□	■
Edsac 1	Maurice Vincent Wilkes; William Renwick; Tom Gold; David John Wheeler (Cambridge)/ Ernest H. Lennaerts (Leo)	Universität Cambridge	UK	1949	□	■	□	■	■	□	□	■	□	■	□	□	■	■	□
Edvac	John Presper Eckert; John William Mauchly; Thomas Kite Sharpless; Herman Lukoff; Richard L. Snyder	Universität von Pennsylvania, Philadelphia	USA	1952	□	■	□	■	■	□	□	■	□	■	□	□	■	■	□

Frühe Relais- und Röhrenrechner (Auswahl, alfabetische Reihenfolge)

Name des Rechners	Erbauer	Einrichtung	Land	Jahr	elektromechanisch	elektronisch	dezimal	binär	Festkomma	Gleitkomma	Parallelrechner	Serienrechner	Spezialrechner	Universalrechner	festprogrammiert	programmgesteuert	speicherprogrammiert	Einzelfertigung	Serienfertigung
Eniac	John Presper Eckert; John William Mauchly; Joseph Chedaker; Arthur Walter Burks	Universität von Pennsylvania, Philadelphia	USA	1946	□	■	■	□	■	□	■	□	□	■	□	■	□	■	□
Era 1101	Howard T. Engstrom; William C. Norris; Arnold A. Cohen; Charles Brown Tompkins	Engineering research associates, Inc., St. Paul, Minnesota	USA	1950	□	■	□	■	■	□	■	□	□	■	□	□	■	□	■
Ferranti mark 1	Frederic Calland Williams; Thomas Kilburn; Geoff C. Tootill (Cambridge)	Universität Manchester/ Ferranti Ltd., Manchester	UK	1951	□	■	□	■	■	□	□	■	□	■	□	□	■	□	■
Harvard mark 1/IBM ASCC	Howard Hathaway Aiken (Harvard)/ Clair D. Lake; Francis E. Hamilton; Benjamin M. Durfee (IBM)	Harvard-Universität, Cambridge, Massachusetts/ North street engineering laboratory, IBM, Endicott, New York	USA	1944	■	□	■	□	■	□	■	□	□	■	□	■	□	■	□

Frühe Relais- und Röhrenrechner (Auswahl, alfabetische Reihenfolge)

Name des Rechners	Erbauer	Einrichtung	Land	Jahr	elektromechanisch	elektronisch	dezimal	binär	Festkomma	Gleitkomma	Parallelrechner	Serienrechner	Spezialrechner	Universalrechner	festprogrammiert	programmgesteuert	speicherprogrammiert	Einzelfertigung	Serienfertigung
IAS-Rechner	John von Neumann; Julian Himely Bigelow; James H. Pomerene; Arthur Walter Burks; Herman Heine Goldstine	Institute for advanced study, Princeton, New Jersey	USA	1952	□	■	□	■	■	□	■	□	□	■	□	□	■	■	□
IBM 650	Francis E. Hamilton; Ernest S. Hughes; James J. Troy	International Business Machines corporation, Endicott, New York	USA	1953	□	■	■	□	■	□	□	■	□	■	□	□	■	□	■
IBM 701	Jerrier A. Haddad; Nathaniel Rochester	International Business Machines corporation, Pough-keepsie, New York	USA	1952	□	■	□	■	■	□	■	□	□	■	□	□	■	□	■
IBM SSEC	Wallace John Eckert (Columbia-Universität)/ Francis E. Hamilton; Robert R. Seeber (IBM)	International Business Machines corporation, Endicott, New York/ Columbia-Universität, New York	USA	1948	■	■	■	□	■	□	■	□	□	■	□	■	■	■	□

Frühe Relais- und Röhrenrechner (Auswahl, alfabetische Reihenfolge)

Name des Rechners	Erbauer	Einrichtung	Land	Jahr	elektromechanisch	elektronisch	dezimal	binär	Festkomma	Gleitkomma	Parallelrechner	Serienrechner	Spezialrechner	Universalrechner	festprogrammiert	programmgesteuert	speicherprogrammiert	Einzelfertigung	Serienfertigung
Leo 1	John Maurice Pinkerton; David Tresman Caminer; Ernest Henry Lenaerts; Derek Hemy	J. Lyons and Co. Ltd, London/ Leo computers Ltd., London	UK	1951	□	■	□	■	■	□	□	■	□	■	□	□	■	□	■
Manchester baby	Frederic Calland Williams; Thomas Kilburn; Geoff C. Tootill	Universität Manchester	UK	1948	□	■	□	■	■	□	□	■	□	■	□	□	■	■	□
Seac	Samuel N. Alexander; Ralph Slutz	US Bureau of standards Ost, Washington, D.C.	USA	1950	□	■	□	■	■	□	□	■	□	■	□	□	■	■	□
Swac	Harry Douglas Huskey	US Bureau of standards West/ Universität von Kalifornien, Los Angeles	USA	1950	□	■	□	■	■	□	■	□	□	■	□	□	■	■	□
Univac 1	John Presper Eckert; John William Mauchly	Remington Rand, Philadelphia	USA	1951	□	■	■	□	■	□	□	■	□	■	□	□	■	□	■
Whirlwind	Jay Wright Forrester; Robert Rivers Everett; Perry O. Crawford	Massa-chusetts Institute of Technology, Cambridge, Massa-chusetts	USA	1951	□	■	□	■	■	□	■	□	□	■	□	□	■	■	□

Frühe Relais- und Röhrenrechner (Auswahl, alfabetische Reihenfolge)

Name des Rechners	Erbauer	Einrichtung	Land	Jahr	elektromechanisch	elektronisch	dezimal	binär	Festkomma	Gleitkomma	Parallelrechner	Serienrechner	Spezialrechner	Universalrechner	festprogrammiert	programmgesteuert	speicherprogrammiert	Einzelfertigung	Serienfertigung
Zuse Z3	Konrad Zuse	– (Berlin)	D	1941	■	□	□	■	□	■	■	□	□	■	□	■	□	■	□
Zuse Z4	Konrad Zuse	– (Berlin)	D	1945	■	□	□	■	□	■	■	□	□	■	□	■	□	■	□

Zeichenerklärung

■ ja

□ Nein

D = Deutschland, UK = Vereinigtes Königreich (Großbritannien), USA = Vereinigte Staaten von Amerika

Anmerkungen

Die Abkürzungen der Rechnernamen werden im Abschnitt 8.4 erklärt. Die Datumsangaben sind nur bedingt vergleichbar (Zeitpunkt des Erstlaufs, der ersten Vorführung, der Inbetriebnahme, der Einweihung, der Ankündigung, der Auslieferung, der Aufstellung, des Beginns des Dauerbetriebs u.a.).

Das erste Modell der Bell-Rechner hieß ursprünglich Complex computer. Colossus 1 war ein Einzelstück. Von Colossus 2 wurden neun Exemplare fertig gestellt.

Das Iowa state college ist heute eine Staatsuniversität. Es gab einen langwierigen Patentstreit Honeywell gegen Sperry Rand vor dem Bundesgericht in Minneapolis (1. Juni 1971–13. März 1972). Richter Earl Richard Larson fällte am 19. Oktober 1973 das Urteil: Das Eniac-Patent (Anmeldung am 26. Juni 1947, Erteilung am 4. Februar 1964) wurde für ungültig erklärt. Presper Eckert und John Mauchly galten nicht mehr als Erfinder des „automatischen elektronischen Digitalrechners". Gewürdigt wurden vielmehr die Leistungen von John Atanasoff. Der umstrittene Entscheid wurde nicht angefochten.

Zuses Mitarbeiter Helmut Schreyer hatte ein Versuchsmodell mit Elektronenröhren gebaut, es ging im Krieg verloren. Die Zuse Z4 war im März 1945 (weitgehend) betriebsbereit und im Juli 1950 marktfähig.

8.3 Frühe Relais- und Röhrenrechner (zeitliche Reihenfolge)

Tab. 8.2: Die ersten elektromechanischen und elektronischen Digitalrechner (zeitliche Reihenfolge)

Frühe Relais- und Röhrenrechner (Auswahl, zeitliche Reihenfolge)

Jahr	Name des Rechners	Land	elektromechanisch	elektronisch	dezimal	binär	Festkomma	Gleitkomma	Parallelrechner	Serienrechner	Spezialrechner	Universalrechner	festprogrammiert	programmgesteuert	speicherprogrammiert	Einzelfertigung	Serienfertigung
1939	Bell-Rechner 1	USA	■	□	■	□	■	□	■	□	■	□	■	□	□	■	□
1941	Zuse Z3	D	■	□	□	■	□	■	■	□	□	■	□	■	□	■	□
1942	ABC	USA	□	■	□	■	■	□	■	□	■	□	■	□	□	■	□
1943	Colossus 1	UK	□	■	□	■	□	□	■	□	■	□	□	■	□	□	■
1944	Harvard mark 1/IBM ASCC	USA	■	□	■	□	■	□	■	□	□	■	□	■	□	■	□
1945	Zuse Z4	D	■	□	□	■	□	■	■	□	□	■	□	■	□	■	□
1946	Eniac	USA	□	■	■	□	■	□	■	□	□	■	□	■	□	■	□
1948	IBM SSEC	USA	■	■	■	□	■	□	■	□	□	■	□	■	■	■	□
1948	Manchester baby	UK	□	■	□	■	■	□	□	■	□	■	□	□	■	■	□
1949	Edsac 1	UK	□	■	□	■	■	□	□	■	□	■	□	□	■	■	□
1949	Binac	USA	□	■	□	■	■	□	□	■	□	■	□	□	■	■	□
1950	Ace	UK	□	■	□	■	■	□	□	■	□	■	□	□	■	■	□
1950	Seac	USA	□	■	□	■	■	□	□	■	□	■	□	□	■	■	□
1950	Swac	USA	□	■	□	■	■	□	■	□	□	■	□	□	■	■	□
1950	Era 1101	USA	□	■	□	■	■	□	■	□	□	■	□	□	■	□	■
1951	Ferranti mark 1	UK	□	■	□	■	■	□	□	■	□	■	□	□	■	□	■
1951	Univac 1	USA	□	■	■	□	■	□	□	■	□	■	□	□	■	□	■
1951	Whirlwind	USA	□	■	□	■	■	□	■	□	□	■	□	□	■	■	□
1951	Leo 1	UK	□	■	□	■	■	□	□	■	□	■	□	□	■	□	■
1952	Edvac	USA	□	■	□	■	■	□	□	■	□	■	□	□	■	■	□
1952	IAS-Rechner	USA	□	■	□	■	■	□	■	□	□	■	□	□	■	■	□
1952	IBM 701	USA	□	■	□	■	■	□	■	□	□	■	□	□	■	□	■
1953	IBM 650	USA	□	■	■	□	■	□	■	□	□	■	□	□	■	□	■

Zeichenerklärung

■ ja

□ Nein

D = Deutschland, UK = Vereinigtes Königreich (Großbritannien), USA = Vereinigte Staaten von Amerika

Anmerkung
Die Serienfertigung bezieht sich beim Colossus auf das Modell 2.

8.4 Erläuterungen zu den frühen Relais- und Röhrenrechnern

Tab. 8.3: Ausgewählte Merkmale der ersten Relais- und Röhrenrechner

Zusätzliche Angaben zu den ersten Relais- und Röhrenrechnern

Name des Rechners	Bemerkungen
ABC (Atanasoff Berry computer)	Bauzeit: 1937–1942; Vorführung des Versuchsgeräts: Oktober 1939; Betriebsbereitschaft: Mai 1942; (kriegsbedingter) Abbruch der Weiterentwicklung: Juni 1942; binäre Lochkartenstanz- und Lochkartenlesevorrichtung; manuelle Ablaufsteuerung
Ace (automatic computing engine)	Bauzeit Pilot Ace: Anfang 1949 bis Ende 1951; Erstlauf: 10. Mai 1950; öffentliche Vorführung: Dezember 1950; Fertigstellung: Ende 1951; Dauerbetrieb: ab Anfang 1952; trotz der Bezeichnung „Pilot Ace" bzw. „Ace pilot model" praktisch brauchbarer Digitalrechner; (Großrechner) Ace, 1 Stück, Fertigstellung: Ende 1958; Vermarktung als Deuce (digital electronic universal computing engine) durch die English electric company Ltd., Stafford, März 1955, Bau von 33 Exemplaren; weitere Modelle: Deuce 2 (1955) und Deuce 2A (1957); Nachfolgegerät Mosaic (ministry of supply automatic integrator and computer; Bau durch die britische Post office research station
Bell-Rechner 1 oder Complex computer	Bauzeit: 1938–1939; Fertigstellung: Oktober 1939; Inbetriebnahme: 8. Januar 1940; Vorführung vor der amerikanischen mathematischen Gesellschaft mit Fernsteuerung über eine Telegrafenleitung vom Dartmouth College, Hanover, New Hampshire, nach New York City: 11. September 1940 (Teilnehmer u.a. John Mauchly, Norbert Wiener); weitere Modelle: Bell-Rechner 2 bis 6 (Modell 5 in zwei Exemplaren); Modell 1: Spezialrechner für komplexe Zahlen (alle vier Grundrechenarten), Modell 2: Fertigstellung: September 1943; Programmsteuerung mit Lochstreifen, Zugriff über Fernschreiber; Modelle 2–6: programmierbar, Stibitz-Verschlüsselung. Alle 7 Bell-Rechner waren Relaismaschinen ohne Speicherprogramm.

Zusätzliche Angaben zu den ersten Relais- und Röhrenrechnern

Name des Rechners	Bemerkungen
Binac (binary automatic computer)	Bauzeit: 1947–1949; Erstlauf und öffentliche Vorführung: August 1949; Auslieferung: September 1949; Auslegung als Spezialrechner, Nutzung als Universalrechner; z.T. unzuverlässig im Betrieb (Probleme durch Abbau und Wiederaufbau)
Colossus	Bauzeit: 1943 (11 Monate); Erstlauf von Colossus 1: 8. Dezember 1943 in Dollis Hill, London; Inbetriebnahme: 18. Januar 1944 in Bletchley Park, Buckinghamshire; weiteres Modell: Colossus mark 2 (ab 1944); Bau von insgesamt 10 Geräten: 1 Colossus mark 1 und 9 Colossus (mark) 2; nur ganze Zahlen (weder Fest- noch Gleitkomma); Die Existenz der Colossus-Rechner war bis zum 20. Oktober 1975 geheim.
Edsac 1 (electronic delay storage automatic calculator)	Bauzeit: 1946–1949; Erstlauf: 6. Mai 1949; Dauerbetrieb ab Anfang 1950; weiteres Modell: Edsac 2 (1958); Vermarktung als gewerblicher Rechner Leo 1; Unterprogramm für die Gleitpunktrechnung
Edvac (electronic discrete variable computer)	Bauzeit: 1945–1952; beschränkter Betrieb ab Ende 1951; volle Betriebsbereitschaft: Anfang 1952; Fest- und Gleitkommafähigkeiten
Eniac (electronic numerical integrator and computer)	Bauzeit: 1943–1945; Inbetriebnahme: November 1945; Vorstellung: 14. Februar 1946; ursprünglich Parallelrechner; Serienrechner mit beschränkter Speicherprogrammierung (Verwendung von Funktionstafeln) ab April 1948; Aiken-Verschlüsselung
Era 1101 (Engineering research associates)	Bauzeit: 1948–1950 (Era 1101, ursprüngliche Bezeichnung: Atlas); Atlas 1 (nicht kommerziell, Fertigstellung Oktober 1950, Auslieferung Dezember 1950, 2 Stück); Atlas 2 (nicht kommerziell, Auslieferung 1953, 1 Stück); Era 1101 (kommerzielle Ausgabe von Atlas 1, Bau von 3 Geräten, Auslieferung ab 1951); Era 1102 (Bau von 3 Geräten, Auslieferung 1954–1956); Era 1103 (kommerzielle Ausgabe von Atlas 2, Wissenschaftsrechner, Ankündigung 1953, verspätete Auslieferung, Bau von 19 Stück); Era 1103A (Kernspeicher, Auslieferung 1956); weitere Modelle: 1103 AF, 1104. Era 1101 hieß später Univac 1101, Era 1103 wurde in Univac 1103 umbenannt.

Zusätzliche Angaben zu den ersten Relais- und Röhrenrechnern

Name des Rechners	Bemerkungen
Ferranti mark 1	Bauzeit: 1949–1951; Auslieferung: Februar 1951; Bau von 9 Geräten (mark 1 und mark 1*, mark 1 star/Stern); Ferranti mark ist eine Weiterentwicklung des Manchester mark 1; weitere Modelle: Ferranti mark 1 star (1953), Pegasus 1 (1956), Pegasus 2 (1959), Mercury (1957), Perseus (1959) u.a.
Harvard mark 1 oder IBM ASCC (automatic sequence controlled calculator)	Bauzeit: 1939–1944; Fertigstellung der Maschine in Endicott: Januar 1943; Vorführung für Harvard-Mitarbeitende: Dezember 1943; Aufbau in Cambridge, Massachusetts: ab Februar 1944; Inbetriebnahme: Mai 1944; Einweihung: 7. August 1944; weitere Modelle: mark 2 (Relaisrechner) sowie mark 3 und mark 4 (beide Röhrenrechner); Entwurf der Maschine durch Harvard, Bau der Anlage durch IBM
IAS-Rechner (Institute for advanced study)/ Princetonmaschine	Bauzeit: 1947–1952; Betriebsbereitschaft: 10. Juni 1952; weltweit zahlreiche Nachbauten
IBM 650	Bauzeit: 1953–1954; Ankündigung: 2. Juli 1953; Auslieferung ab Dezember 1954; Bau von über 1800 Geräten bis 1962; wahlweise mit Gleitpunktrechnung; in hohen Stückzahlen hergestellter Digitalrechner für kaufmännisch-gewerbliche und wissenschaftlich-technische Zwecke; meist verbreitete Rechenanlage der 1950er Jahre
IBM 701	Bauzeit: 1951–1952; Einweihung: 7. April 1953; Erstinstallation in New York: 20. Dezember 1952; Auslieferung: ab Frühling 1953; Bau von 19 Maschinen; weitere Modelle: 702, 704, 705, 709; erster in Serie hergestellter Digitalrechner der IBM (für wissenschaftlich-technische Zwecke)
IBM SSEC (selective sequence electronic calculator)	Bauzeit: 1946–1947; Versuchsaufbau 1947; Einweihung: 27. Januar 1948

Zusätzliche Angaben zu den ersten Relais- und Röhrenrechnern

Name des Rechners	Bemerkungen
Leo 1 (Lyons electronic office 1)	Bauzeit: 1949–1953; Erstlauf: Februar 1951; erster vollständiger Lauf: 5. September 1951; Dauerbetrieb: ab Anfang 1953; Fertigstellung: 24. Dezember 1953; zunächst Verwendung bei Lyons; volle Betriebsbereitschaft: 1954; öffentliche Vorführung: 16. Februar 1954; Einweihung: 27. Mai 1954; Gründung Leo computers Ltd., London, am 4. November 1954; Erstlieferung Leo 2: Mai 1957; Inbetriebnahme: Juli 1957; weiteres Modell: Leo 3 (Fertigstellung: 1961, Auslieferung: April 1962); Leo ist eine Weiterentwicklung des Edsac (Universität Cambridge).
Manchester baby oder SSEM (small-scale experimental machine)	Bauzeit: 1946–1948; Erstlauf: 21. Juni 1948 (Versuchsmodell); Nachfolgegerät: Manchester mark 1; Bauzeit: 1948–1949 (Fertigstellung: Oktober 1949); Vermarktung als Ferranti mark 1, Ferranti mark 1* und Ferranti mark 2; weitere Bezeichnung für die ersten Rechner aus Manchester: Madm (Manchester automatic digital machine)
SEAC (Standards eastern automatic computer)	Bauzeit: 1948–1950; Vorführung: April 1950; Inbetriebnahme: 20. Juni 1950; weiteres Modell: Dyseac (1954)
SWAC (Standards western automatic computer)	Bauzeit: 1949–1950; Betriebsbereitschaft: Juli 1950; Einweihung: 17.–19. August 1950; volle Betriebsbereitschaft: ab Mitte 1953
Univac 1 (universal automatic computer)	Bauzeit: 1946–1951; Auslieferung: 31. März 1951; Bau von 46 Maschinen; Stibitz-Verschlüsselung; Unterprogramm für Gleitpunktrechnung; weitere Modelle: Univac 2 (1957) und 3 (1962)
Whirlwind	Bauzeit: 1945–1951; Fertigstellung: April 1951; volle Betriebsbereitschaft: ab 1953; Echtzeitverarbeitung

Zusätzliche Angaben zu den ersten Relais- und Röhrenrechnern

Name des Rechners	Bemerkungen
Zuse Z3	Bauzeit: 1940–1941; Vorführung: 12. Mai 1941; Z1 (1938, Rechenwerk sowie Speicher mechanisch, Gleitkomma); Z2 (1939, Rechenwerk elektromechanisch, Speicher mechanisch, Festkomma); Z3 (1941, Rechenwerk und Speicher elektromechanisch, Gleitkomma); Z4 (1945, Rechenwerk elektromechanisch, Speicher mechanisch, Gleitkomma); weitere Modelle: Relaisrechner Z5 (Fertigstellung 1952, Auslieferung an Leitz-Werke, Wetzlar, 7. Juli 1953); Relaisrechner Z11 (ab 1956); Röhrenrechner Z22 (erste Auslieferung: Dezember 1957, Inbetriebnahme: März 1958); Transistorrechner Z23 (ab 1961) u.a.; Rechenlocher M9 (ab 1953); Spezialrechner: S1 (1942, Rechenwerk sowie Speicher elektromechanisch, Festkomma); S2 (1944, Rechenwerk sowie Speicher elektromechanisch, Festkomma, Prozessrechner). logistisches Gerät (1944, Rechenwerk und Speicher elektromechanisch); Elektronenrechner von Helmut Schreyer (1938 und 1944)
Zuse Z4	Bauzeit 1942–1945; Vorführung: 29. März 1945 Dauerbetrieb: August 1950 (Einrichtung 11. Juli 1950) bis April 1955 an der ETH Zürich

Anmerkungen

In Fachschriften werden manchmal unterschiedliche Rechnernamen verwendet. Oft werden die Wörter calculator und computer verwechselt. Für den Complex computer (erster Bell-Rechner) sind auch die Bezeichnungen complex calculator, complex number computer und complex number calculator im Umlauf. Für das *a* in Edvac werden (zusätzlich) die Wörter automatic und arithmetic eingefügt. So schreibt etwa John Mauchly: The initials [EDVAC] stand for „Electronic Discrete Variable Arithmetic Computer" (siehe John William Mauchly: Preparation of problems for Edvac-type machines, in: Brian Randell (Hg.): The origins of digital computers, Springer-Verlag, Berlin, Heidelberg usw., 3. Auflage 1982, Seite 393). Bei Swac wird auch der Standort Institute for numerical analysis, Los Angeles, angegeben. Whirlwind war ursprünglich ein Analogrechner.

9 Museen und Sammlungen

Zusammenfassung: Im Kapitel „Museen und Sammlungen" erhalten die Leserinnen und Leser nähere Angaben über die Sammlungsbestände bedeutender Museen (z.B. Athen, Berlin, Bletchley Park, Bonn, Clermont-Ferrand, Dresden, Florenz, Kassel, London, Madrid, Mailand, Manchester, Melbourne, Mountain View, München, Neuenburg, Ottawa, Oxford, Paderborn, Paris, Peking, Stockholm, Straßburg, Washington, Wien). Meist handelt es sich um Technik-, Wissenschafts- und Kunstmuseen. Dabei werden analoge und digitale Rechenhilfsmittel, historische Automaten und Roboter sowie wissenschaftliche Instrumente mit einbezogen. Die ersten mechanischen Rechenmaschinen wurden im 17. Jahrhundert gebaut (Schickard, Pascal, Morland, Leibniz). Beschrieben wird überdies, wo Originale und Nachbauten berühmter Objekte (z.B. Arithmometer, Babbages Differenzenmaschine, Colossus, Csirac, Holleriths Lochkartenanlage, Johnniac, Leibnizmaschine, Pascaline, Pilot Ace, Räderwerk von Antikythera, römischer Handabakus, schickardsche Rechenuhr, Turing-Welchman-Bombe und Zuse Z4) vorhanden sind. Zudem wird der Frage nachgegangen, welches die ältesten überlebenden mechanischen und elektronischen Rechenmaschinen sind. Die frühen Ein-, Zwei- und Vierspeziesmaschinen sind in Übersichtstabellen zusammengestellt. Die weltweit prächtigsten Rechenmaschinen werden in Wort und Bild vorgestellt, desgleichen die berühmten Nachbauten von Roberto Guatelli. Die ältesten großen technischen Museen (Dresden, Paris) entstanden im 18. Jahrhundert. Vorläufer waren oft fürstliche Wunderkammern und Kuriositätenkabinette aus der frühen Neuzeit. Wissenschaftliche Gesellschaften wurden bereits im 17., mathematische Vereinigungen ab dem 19. Jahrhundert gegründet. Die erste Weltausstellung fand 1851 in London statt. Die meisten wichtigen Sammlungen sind heute übers Internet zugänglich, z.T. auch Objektdatenbanken.

Schlüsselwörter: historische Rechenmaschinen, Nachbauten, Objektdatenbanken, Originale, Rechnermuseen, Rechnersammlungen, technische Museen, wissenschaftliche Museen, Wunderkammern

9.1 Technisch-wissenschaftliche Museen

Die wenigen erhaltenen Meisterwerke der Rechentechnik sind meist in technischen, naturwissenschaftlichen und historischen Museen, in Computer- und Heimatmuseen oder in nicht öffentlich zugänglichen Privatsammlungen untergebracht. Sie sind weit verstreut. Wo wird man am ehesten fündig?

Die beiden führenden technischen Museen Europas sind das *Science Museum* in *London* und das *Deutsche Museum* in München. Als große lehrreiche Universalmuseen decken sie (fast) die ganze Bandbreite der Ingenieur- und der Naturwissenschaften ab. Für die Rechentechnik und Informatik gibt es zwei bedeutende Spezi-

https://doi.org/10.1515/9783110669664-009

almuseen, das *Heinz-Nixdorf-Museumsforum in Paderborn* und das *Arithmeum der Universität Bonn.*

Als die wichtigsten US-amerikanischen Museen zur Rechentechnik gelten (in alfabetischer Reihenfolge):

- Computer History Museum, Mountain View, Kalifornien,
- National Museum of American History, Washington, D.C.

In Europa gibt es mehrere bedeutende rechentechnische Museen (vgl. Kasten).

Bedeutende rechentechnische Museen Europas

- Arithmeum, Bonn
  Schwerpunkte: mechanische Rechenmaschinen, Rechenschieber; viele Nachbauten, Modelle
- Bletchley Park trust, Bletchley Park, Bletchley, England
  Schwerpunkt: Verschlüsselung und Entzifferung (Enigma)
- Deutsches Museum, München
  Gesamtschau, u.a. analoge und digitale mechanische, elektromechanische und elektronische Rechengeräte, zahlreiche Originale
- Heinz-Nixdorf-Museumsforum, Paderborn, Deutschland
  Gesamtschau: u.a. mechanische, elektromechanische und elektronische Rechengeräte
- Musée des arts et métiers, Paris
  Gesamtschau: u.a. mechanische, elektromechanische und elektronische Rechengeräte, mechanische Webstühle
- National Museum of Computing, Bletchley Park, Bletchley, England
  Gesamtschau, u.a. nachgebaute und betriebsfähige Maschinen wie Turing-Welchman-Bombe, Colossus, Harwell-Dekatron-Rechner, Edsac
- Science Museum, London
  Gesamtschau, u.a. analoge und digitale mechanische, elektromechanische und elektronische Rechengeräte, zahlreiche Originale

Es gibt weltweit nur wenige große spezialisierte Rechnermuseen:

- Deutschland: Heinz-Nixdorf-Museumsforum, Paderborn,
- Vereinigte Staaten: Computer History Museum, Mountain View,
- Vereinigtes Königreich: National Museum of Computing, Bletchley Park.

In Frankreich ist seit Jahren ein Informatikmuseum geplant, in der Schweiz will das Museum Enter (Solothurn) einen Neubau errichten.

Weitere bekannte technisch-wissenschaftliche Museen des Vereinigten Königreichs:

- History of Science Museum, Oxford,
- Science and Industry Museum, Manchester,
- Whipple Museum of the History of Science, Cambridge.

Weitere maßgebliche deutsche und österreichische technisch-wissenschaftliche Museen:

- Deutsches Technikmuseum Berlin,
- Technische Sammlungen, Dresden,

- Technisches Museum Wien,
- Technoseum, Mannheim.

Prächtige technische Kunstwerke sind beispielsweise auch an folgenden Orten ausgestellt:
- Astronomisch-physikalisches Kabinett, Kassel,
- British Museum, London,
- Kunsthistorisches Museum Wien (vor allem Kunstkammer Wien),
- Mathematisch-physikalischer Salon, Dresden (Zwinger),
- Metropolitan Museum of Art, New York,
- Museo Galileo, Florenz,
- Museo nazionale della scienza e della tecnologia „Leonardo da Vinci“, Mailand,
- Residenzschloss Dresden (historisches grünes Gewölbe und neues grünes Gewölbe; grünes Gewölbe = Schatzkammer).

Die beiden größten Schweizer Museen zur Rechentechnik sind:
- Museum Enter, Solothurn,
- Museum für Kommunikation, Bern.

Weitere spannende Sammlungen mathematischer Geräte in der Schweiz:
- Historisches Archiv und Museum der UBS, Basel,
- Musée Bolo, ETH Lausanne,
- Musée d'histoire des sciences, Genf,
- Patrimoine technologique, Dorénaz VS,
- Sammlung Sternwarte, ETH Zürich,
- Schreibmaschinenmuseum, Pfäffikon ZH,
- Studiensammlung Kern, Aarau.

In Liechtenstein empfehlen sich folgende Sammlungen:
- Liechtensteinisches Landesmuseum, Vaduz (Curta),
- Museum Mura, Schaanwald (Curta),

Das wohl bekannteste Schreibmaschinenmuseum:
- Schreibmaschinenmuseum Partschins, Südtirol.

Anmerkungen
Die Rechnersammlung des Winterthurer Technoramas wurde aufgelöst, desgleichen die Collection Lucien Malassis (IBM Europe). IBM stellte 2011 zu ihrem 100. Geburtstag alte Rechengeräte aus.

Die meisten großen technisch-wissenschaftlichen Museen wurden im 20. Jahrhundert gegründet (vgl. Tab. 9.1–9.2).

Tab. 9.1: Gründungsjahr ausgewählter Museen (alfabetisch nach Museumsname)

Wann wurden bedeutende Museen gegründet?			
Name	**Ort**	**Land**	**Jahr**
Arithmeum	Bonn	Deutschland	1999
Astronomisch-physikalisches Kabinett	Kassel	Deutschland	1992
British museum	London	England	1753
Computer History Museum	Mountain View	USA	1979
Deutsches Museum	München	Deutschland	1903
Heinz-Nixdorf-Museumsforum	Paderborn	Deutschland	1996
History of Science Museum	Oxford	England	1924
Kunsthistorisches Museum	Wien	Österreich	1891
Mathematisch-physikalischer Salon	Dresden	Deutschland	1728
Metropolitan Museum of Art	New York	USA	1870
Musée des arts et métiers	Paris	Frankreich	1794
Museo Galileo	Florenz	Italien	1930
National Museum of American History	Washington, D.C.	USA	1964
National Museum of Computing	Bletchley Park	England	2007
Palastmuseum	Peking	China	1925
Science Museum	London	England	1853
Technisches Museum Wien	Wien	Österreich	1909

Anmerkung

Kurfürst August von Sachsen hatte die Kunstkammer (grünes Gewölbe im Residenzschloss Dresden) bereits 1560 gegründet.

Tab. 9.2: Gründungsjahr ausgewählter Museen (in zeitlicher Reihenfolge)

Wann entstanden führende Museen?			
Jahr	**Name**	**Ort**	**Land**
1728	Mathematisch-physikalischer Salon	Dresden	Deutschland
1753	British museum	London	England
1794	Musée des arts et métiers	Paris	Frankreich
1853	Science Museum	London	England
1870	Metropolitan Museum of Art	New York	USA
1891	Kunsthistorisches Museum	Wien	Österreich
1903	Deutsches Museum	München	Deutschland
1909	Technisches Museum	Wien	Österreich
1924	History of Science Museum	Oxford	England
1925	Palastmuseum	Peking	China
1930	Museo Galileo	Florenz	Italien
1964	National Museum of American History	Washington, D.C.	USA
1979	Computer History Museum	Mountain View	USA
1992	Astronomisch-physikalisches Kabinett	Kassel	Deutschland

1996	Heinz-Nixdorf-Museumsforum	Paderborn	Deutschland
2007	National Museum of Computing	Bletchley Park	England

Wissenschaftliche Akademien kamen im 17. Jahrhundert auf, mathematische Gesellschaften folgten in der zweiten Hälfte des 19. und Anfang des 20. Jahrhunderts (vgl. Tab. 9.3–9.4).

Tab. 9.3: Gründung wissenschaftlicher Gesellschaften

Schon im 17. Jahrhundert entstanden in Europa Wissenschaftsgesellschaften

Jahr	Name	Land
1603	Accademia nazionale dei lincei	Italien
1652	Leopoldina. Nationale Akademie der Wissenschaften	Deutschland
1660	Royal society	Großbritannien
1666	Académie des sciences	Frankreich

Tab. 9.4: Gründung mathematischer Gesellschaften

Die mathematischen Gesellschaften nach 1850

Jahr	Name	Land
1865	London mathematical society	England
1872	Société mathématique de France	Frankreich
1883	Edinburgh mathematical society	Schottland
1888	American mathematical society	USA
1890	Deutsche Mathematiker-Vereinigung	Deutschland
1911	Real sociedad matemática española	Spanien
1915	Mathematical association of America	USA

9.1.1 Sammlungsdatenbanken

Zahlreiche technisch-wissenschaftliche Museen stellen ihre Sammlungsdatenbanken (Objektdatenbanken, Archivdatenbanken, z.T. Bilddatenbanken) ins Netz. Die Suche in den manchmal mangel- und lückenhaften und uneinheitlichen Datensätzen ist sehr aufwendig.

Museen mit frei zugänglichen Objektdatenbanken (Auswahl)
- Bayerisches Nationalmuseum, München,
- British Museum, London,
- Canada Science and Technology Museum/Musée des sciences et de la technologie du Canada, Ottawa,
- Computer History Museum, Mountain View, Kalifornien,
- ETH Zürich, Sammlung Sternwarte,
- Germanisches Nationalmuseum, Nürnberg,
- Grünes Gewölbe, Dresden (Kunstkammer),
- History of Science Museum, Oxford,
- Kunsthistorisches Museum Wien (Kunstkammer),
- Louvre, Paris,
- Mathematisch-physikalischer Salon, Dresden,
- Metropolitan Museum of Art, New York,
- Musée des arts et métiers, Paris,
- Museen der Stadt Dresden,
- Museo Galileo, Florenz,
- Museo nazionale della scienza e della tecnologia „Leonardo da Vinci“, Mailand,
- Museum für Kommunikation, Bern,
- Museum of Applied Arts and Sciences, Sydney,
- Museum of Transport and Technology, Auckland,
- Museums Victoria, Melbourne,
- National Museum of American History, Washington, D.C.,
- National Museum of Scotland, Edinburgh,
- Rijksmuseum Boerhaave, Leiden, Niederlande,
- Science and Industry Museum, Manchester,
- Science Museum, London,
- Technische Sammlungen, Dresden,
- Technisches Museum Wien,
- Technoseum, Mannheim,
- Tekniska museet (National Museum of Science and Technology), Stockholm.

Hinweise
Die Sammlungsdatenbank der Staatlichen Kunstsammlungen Dresden deckt auch den Salon im Zwinger und das grüne Gewölbe ab. Bei der Datenbank des Bonner Arithmeums fehlt eine Suchfunktion.

9.1.2 Frühe Ausstellungen von Rechenhilfsmitteln

Auf der ersten Weltausstellung im Londoner Kristallpalast 1851 waren mechanische Rechenmaschinen zu bestaunen, z.B. das Thomas-Arithmometer und der schiltsche

Nachbau einer Schwilgué-Tastenaddiermaschine. Gute Informationsquellen für historische Rechengeräte (und zur Datierung) sind Ausstellungskataloge und –berichte:

Quellen

Authority of the royal commission: Official catalogue of the great exhibition of the works of industry of all nations, 1851, Spicer brothers, London 1851

Rudolf Biedermann: Bericht über die Ausstellung wissenschaftlicher Apparate im South Kensington Museum zu London 1876, London 1877

Walter Dyck: Katalog mathematischer und mathematisch-physikalischer Modelle, Apparate und Instrumente, Georg Olms Verlag, Hildesheim, Zürich 1994 (Erstveröffentlichung 1892, Nachtrag 1893)

Wilhelm Jordan: Internationale Ausstellung wissenschaftlicher Apparate im South-Kensington-Museum in London im Sommer 1876, in: Zeitschrift für Vermessungswesen, Band 5, 1876, Heft 9, Seiten 449–461

Eugène Lemaire: Exposition publique de machines à calculer anciennes et modernes. Catalogue explicatif des objets exposés, exposition organisée par la société d'encouragement à Paris du 5 au 13 juin 1920, société d'encouragement, Paris 1920

Eugène Lemaire: Exposition publique de machines à calculer anciennes et modernes, organisée par la société d'encouragement à Paris, 44, rue de Rennes, du 5 au 13 juin 1920. Catalogue explicatif des objets exposés, in: Bulletin de la société d'encouragement pour l'industrie nationale, Band 119, September/Oktober 1920, Seiten 608–644

o.V.: Great exhibition of the works of industry of all nations, 1851. Official descriptive and illustrated catalogue, Spicer Brothers, London 1851 (4 Bände).

Im ausgehenden 19. und anbrechenden 20. Jahrhundert fanden mehrere Sonderausstellungen statt (vgl. Tab. 9.5).

Tab. 9.5: Bedeutende Ausstellungen von historischen Rechengeräten

Ausstellungen von Rechengeräten		
Jahr	**Ort**	**Angaben zur Ausstellung**
1876	London	Ausstellung wissenschaftlicher Apparate (South Kensington Museum)
1893	München	mathematische und mathematisch-physikalische Modelle (Deutsche Mathematiker-Vereinigung, Technische Hochschule)
1911	Zürich	Ausstellung Konkordatsgeometer (Helmhaus)
1920	Paris	Exposition publique de machines à calculer anciennes et modernes (Société d'encouragement pour l'industrie nationale)

Weltausstellungen

Mathematische Instrumente wurden jeweils an großen nationalen und internationalen Veranstaltungen vorgestellt und mit Preisen ausgezeichnet, u.a. an folgenden Weltausstellungen (vgl. Tab. 9.6): 1851 (London), 1855 (Paris), 1867 (Paris), 1873

(Wien), 1880 (Melbourne), 1889 (Paris), 1893 (Chicago), 1900 (Paris). Später waren es meist Industriemessen.

Tab. 9.6: Frühe Weltausstellungen

Die ersten Weltausstellungen			
Jahr	**Ort**	**Jahr**	**Ort**
1851	London	1880	Melbourne
1855	Paris	1888	Barcelona
1862	London	1889	Paris
1867	Paris	1893	Chicago
1873	Wien	1897	Brüssel
1876	Philadelphia	1900	Paris
1878	Paris		

Quelle
Bureau international des expositions, Paris.

Anmerkung
Bei den ersten Weltausstellungen herrschte ein Wettstreit zwischen Frankreich und Großbritannien. Wahrzeichen der Pariser Weltausstellung 1889 war der Eiffelturm. Heute ist das Weltausstellungsbüro für die Vergabe zuständig.

Ausstellung im Helmhaus, Zürich

Laut dem „Verzeichnis der Aussteller und Ausstellungsgegenstände“ nahmen vom 13. bis 15. Mai 1911 u.a. folgende Unternehmen an der Schau im Helmhaus in Zürich teil:

- Amsler-Laffon & Sohn, Schaffhausen
  Planimeter
- Billeter Julius, Zürich
  Rechenwalze, Rechentafel, Rechenscheibe
- Coradi G. [Gottlieb], Zürich
  Planimeter, Pantograf, Koordinatograf
- Daemen-Schmid, Oerlikon-Zürich
  Loga-Rechenwalze
- Egli Hans W. [Walter], Zürich
  Millionär
- Kern & Co. AG, Aarau
  Theodolit, Nivellierinstrument, Reißzeug
- Landolt Karl, Thalwil
  Conto B.

Quelle

o. V.: Generalversammlung des Vereins schweizerischer Konkordatsgeometer, 14. und 15. Mai 1911 in Zürich. Ausstellung im Helmhaus vom 13. bis 15. Mai. Verzeichnis der Aussteller und Ausstellungsgegenstände, in: Schweizerische Geometer-Zeitung, Band 9, 1911, Seiten 105–131.

Anmerkungen

Die Firma Julius Billeter, Zürich, war von 1893 bis 1895 im Handelsregister eingetragen, die Nachfolgefirma Julius Billeter's Söhne, Zürich, von 1895 bis 1897. Beim Aussteller handelt es sich möglicherweise um ein Handelsunternehmen oder einen Nachfolgebetrieb. Die Marke „Loga" erscheint schon vor der Gründung der Loga-Calculator AG, Uster (1915).

Auch in Zürich gab es eine Wunderkammer (vgl. Abb. 9.1). Es gibt viele Bezeichnungen für solche Kabinette (vgl. Kasten).

Abb. 9.1: Kunstkammer. Dieses Bild gewährt einen Blick in eine Wunderkammer. Johann Meyer: Abriss der Kunst-Kammer auf der Wasser Kirchen in Zürich. Entwurf für das Neujahrsblatt der Stadtbibliothek Zürich 1687 (© Zentralbibliothek Zürich).

Kabinett, Kammer und Salon

Ein Kabinett ist eine Sammlung bzw. ein Raum zur Aufbewahrung einer Sammlung. In geistlichen (kirchlichen) oder weltlichen Kabinetten, Kammern oder Salons wurden seltene, wertvolle und merkwürdige Gegenstände ausgestellt.

Die Museen oder Schauräume tragen unterschiedliche Bezeichnungen, z.B. akustisches Kabinett, astronomisches Kabinett, Kuriositätenkabinett, Kuriositätenkammer, mathematisches Kabinett, mathematisch-physikalischer Salon, Münzkabinett, Musikkabinett, Panoptikum, physikalisches Kabinett, Raritätenkabinett, Raritätenkammer, technisches Kabinett, Wunderkammer, ferner Gruselkabinett, Kunstkabinett, Kunstkammer, Kupferstichkabinett, Naturalienkabinett, Naturalienkammer, Mineralienkabinett, medizinisches Kabinett, Rüstkammer, Schatzkammer, Wachsfigurenkabinett. Solche Kammern gibt es seit dem 16., z.T. bereits ab dem 14. Jahrhundert.

9.2 Welches Museum hat was für historische Rechengeräte?

Im Folgenden werden einige bedeutsame historische Rechenhilfsmittel und ausgewählte Musik- und Figurenautomaten sowie mechanische Webstühle mit ihren derzeitigen Standorten angeführt. Mit einbezogen werden nur Meilensteine aus der Frühzeit der Informatik. Es wird *kein Anspruch auf Vollständigkeit* erhoben. Dabei stehen zwei Fragestellungen im Vordergrund:

- Was für Meisterwerke sind in einem *bestimmten Museum* ausgestellt?
  Welche *seltenen* Geräte aus der *Früh*geschichte der Informatik kann ich beispielsweise in München, Wien, Paris, London oder Washington, D.C. besichtigen? Diese Übersicht soll eine Entscheidungshilfe bei der Reisevorbereitung sein. Sie gibt Auskunft darüber, was beispielsweise in Dresden, Florenz, Madrid, Bletchley Park, Mountain View, Ottawa oder Melbourne vorhanden ist. Hier geht es also um den Museumsbestand.
- In welchem Museum finde ich ein *bestimmtes Meisterwerk*?
  Wo befindet sich das Original der Leibnizmaschine? Welche Einrichtungen haben Geräte von Pascal und Schickard? Gibt es Werke von Babbage in England? Hat die Volkszählungsmaschine von Hollerith überlebt? Wo stehen Nachbauten der Turing-Welchman-Bombe und des geheimnisvollen Colossus? Ist Amslers Polarplanimeter irgendwo erhalten? Wo werden analoge Integrieranlagen zur Schau gestellt? Hier geht es um die Objektsuche.

Das Verzeichnis hat nicht zum Ziel, einzelne Sammlungen zu bewerten. Denn es erfasst nur einen kleinen Ausschnitt aus dem jeweiligen Bestand. Zu beachten: Nur ein Bruchteil der Objekte wird gezeigt, der Rest befindet sich in Lagerhäusern (Depots).

Für die Richtigkeit der folgenden Listen kann trotz großer Sorgfalt keine Gewähr übernommen werden. Einige Museen waren nicht bereit, die Verzeichnisse zu überprüfen (z.B. das Bonner Arithmeum), oder sie scheuten den Aufwand (z.B. das IBM-Konzernarchiv in Poughkeepsie, New York).

Hinweise
Neperstäbchen (Herkunft: Schottland), *Proportionalwinkel* (Herkunft: Italien), *Rechenwalzen* (England) und Rechenmaschinen wie das *Thomas-Arithmometer* (Frankreich), die Millionär (Schweiz), das Comptometer (USA), die *Curta* (Liechtenstein) und die Verschlüsselungsmaschine Enigma (Deutschland) fehlen in dieser Zusammenstellung weitgehend, weil zahlreiche Exemplare erhalten sind. Das trifft auch für den ersten elektronischen Tischrechner *Anita* (England) zu, der u.a. in Berlin, Bonn, Wien, London, Washington, D.C. und Mountain View verfügbar ist.

Die Rotorchiffriermaschine *Enigma* ist etwa an folgenden Orten vorhanden: Deutsches Museum, München; Technisches Museum Wien; Museo nazionale della scienza e della tecnologia „Leonardo da Vinci“, Mailand; Bletchley Park trust, Bletchley;

Science Museum, London; Tekniska museet, Stockholm; Computer History Museum, Mountain View, Kalifornien; Carnegie-Mellon-Universität, Pittsburgh, Pennsylvania; Museum of Applied Arts and Sciences, Sydney. Nachbauten gibt es beispielsweise an folgenden Orten: National Museum of Computing, Bletchley Park, Mathematikum der Universität Gießen.

9.3 Was für Rechengeräte umfasst die Museumssammlung?

Die folgende Übersicht beschränkt sich auf ausgewählte *seltene* Meisterwerke aus der Geschichte der Rechentechnik und verwandter Bereiche. Berücksichtigt werden die weltweit führenden Museen (in alfabetischer Reihenfolge jeweils nach Land und Ort).

Um Vergleiche zwischen den verschiedenen Museen zu erleichtern, werden die zahlreichen mechanischen Rechenmaschinen und -geräte in der Regel nach dem Namen des Erfinders (z.B. hollerithsche Lochkartenanlage, leibnizsche Rechenmaschine, Babbages analytische Maschine, Thomas-Arithmometer) eingereiht, die übrigen Objekte nach der Geräte- oder Herstellerbezeichnung (z.B. Astrolabium, IBM, Planetenlaufuhr, Schreibmaschine, Siemens, Webstuhl, Wegmesser).

9.3.1 Australien

9.3.1.1 Melbourne Museum, Carlton, Victoria

- Csirac (Trevor Pearcey, Maston Beard)

9.3.1.2 Museum of Applied Arts and Sciences, Sydney

- Räderwerk von Antikythera (Modell von Allan Bromley)

9.3.2 Belgien

9.3.2.1 Institut royal des sciences naturelles de Belgique, Brüssel

- Ishango-Knochen

9.3.3 China

9.3.3.1 故宫博物院 / Palastmuseum, Peking (Museum der verbotenen Stadt)

- Musikautomatenuhren
- Musikuhr mit Schriftsteller von Timothy Williamson

9.3.4 Deutschland

9.3.4.1 Philipp-Matthäus-Hahn-Museum, Albstadt-Onstmettingen
- hahnsche Staffelwalzenmaschine (Nachbau)

9.3.4.2 Deutsches Technikmuseum, Berlin
- Anita (erster elektronischer Tischrechner)
- Hoelzers elektronischer Analogrechner (Nachbau durch Helmut Hoelzer)
- leibnizsche Rechenmaschine (*binär,* Nachbau)
- leibnizsche Rechenmaschine (*dezimal,* Nachbau)
- Pascaline (Nachbau)
- römischer Handabakus (Nachbau)
- schickardsche Rechenuhr (Nachbau)
- Telefunken RA 463/2, elektronischer Analogrechner
- Zuse Z1 (Nachbau durch Konrad Zuse)

9.3.4.3 Arithmeum, Bonn
- Anita (erster elektronischer Tischrechner)
- Arithmaurel (Rechenmaschine von Maurel/Jayet)
- Auchs Zahnscheibenaddier- und -subtrahiermaschine (Nachbau)
- Babbages Differenzenmaschine 1 (Nachbau)
- baldwinsche Sprossenradmaschine (Nachbau)
- Billeters (logarithmische) Rechentafel
- Bollées Direktmultipliziermaschine (Nachbau)
- braunsche Sprossenradmaschine (Nachbau)
- Burroughs' Addiersegmentmaschine (William Seward)
- dietzscholdsche Schaltklinkenmaschine (Curt Dietzschold)
- Dinkelsbühler Rechentisch (Nachbau)
- Gonnellas Zahnscheibenaddiermaschine
- Grillets Vierspeziesgerät (Neperstäbchen mit Zahnscheibenaddierer) (Nachbau)
- Guinigis Addiermaschine (Niccola Guinigi)
- hahnsche Staffelwalzenmaschine (Nachbau)
- hahnsche Zahlenscheibenaddiermaschine (ggf. von Auch)
- Herzstarks Contina (Vorserienmodell der Curta 1)
- hollerithsche Lochkartenanlage (Zähl- und Sortiermaschine, Tabellierer, Pantografkartenstanzer (Volkszählungsmaschine) (Nachbau) (Herman Hollerith)
- leibnizsche Rechenmaschine (*dezimal,* Nachbau)
- Leupold/Braun/Vayringe-Stellsegmentmaschine (Nachbau)
- Morlands Multiplizier- und Dividiergerät (Nachbau)
- Morlands Zahnscheibenaddiergerät (Nachbau)
- müllersche Staffelwalzenmaschine (Nachbau)

- Pascaline (6- und 8-stellig, Nachbauten)
- Polenis Sprossenradmaschine (Nachbau)
- rothsche Sprossenradmaschine (Nachbau)
- rothsche Zahnscheibenaddiermaschine
- sautersche Sprossenradmaschine (Nachbau)
- schickardsche Rechenuhr (Nachbau)
- schustersche Staffelwalzenmaschine (1820, 9-stellig, Nachbau)
- schustersche Staffelwalzenmaschine (1822, 10-stellig, Original und Nachbau)
- Stanhopes Staffelwalzenmaschine (Nachbau)
- Stanhopes Stellsegmentmaschine (Nachbau)
- Stanhopes Zahnscheibenaddiermaschine (Nachbau)
- Thomas-Arithmometer (frühes Modell, verziertes Fürstengeschenk)
- Vereas Direktmultiplizierer (Nachbau)
- Warazan (japanische Knotenschnur aus Stroh)

Anmerkungen
Trotz wiederholter Anfragen erteilte das Arithmeum in Bonn keine Auskünfte zum Sammlungsbestand und stellte keine Bilder zur Verfügung. Die Angaben stammen aus Veröffentlichungen sowie von der Webseite.

Am 3. Dezember 2019 begann die Sonderausstellung „Dauerleihgaben von Rechenmaschinen aus der Sammlung IBM“. Sie umfasst u.a. eine Pascaline (1645) und das mächtige Piano-Arithmometer von Charles-Xavier Thomas (1855).

9.3.4.4 Braunschweigisches Landesmuseum, Braunschweig

- Arithmaurel (Rechenmaschine von Maurel/Jayet)
- Brunsviga-Rechenmaschinen
- Gerstens Addier- und Subtrahiermaschine (Nachbau)
- Grillets Vierspeziesgerät (Neperstäbchen mit Zahnscheibenaddierer) (Nachbau)
- hahnsche Staffelwalzenmaschine (Nachbau)
- leibnizsche Rechenmaschine (*dezimal*, Nachbau)
- müllersche Staffelwalzenmaschine (Nachbau)
- Pascaline (Nachbau)
- römischer Handabakus (Nachbau)
- schickardsche Rechenuhr (Nachbau)
- sellingsche Direktmultipliziermaschine (Nachbau)
- Staffels Addier- und Subtrahiermaschine (Israel Abraham Staffel)

9.3.4.5 Hessisches Landesmuseum, Darmstadt

- Gerstens Addier- und Subtrahiermaschine (Nachbau)
- leibnizsche Rechenmaschine (*binär*, Nachbau)
- müllersche Staffelwalzenmaschine

9.3.4.6 Historisches Museum, Dinkelsbühl
- Rechentische

9.3.4.7 Grünes Gewölbe, Dresden (Schatzkammer des Residenzschlosses)
- Figurenautomat mit Diana auf einem Kentauren von Hans Jakob Bachmann
- Kugellaufuhr von Hans Schlottheim (Uhrenautomat mit Musikwerk)

9.3.4.8 Mathematisch-physikalischer Salon, Dresden
- astronomisch-geografische Stutzuhr von Johannes Klein
- Auchs Zahnscheibenaddier- und -subtrahiermaschine
- Automat „Verkehrte Welt" von Hans Schlottheim
- Automatenmusikuhr „Hottentottentanz" von Matthäus Rungel
- dietzscholdsche Schaltklinkenmaschine (Curt Dietzschold)
- Globusuhr von Jost Bürgi
- Himmelsglobusuhr von Georg Roll und Johannes Reinhold
- Kreuzschlaguhr von Jost Bürgi
- Messquadrat von Christoph Schissler
- nepersche Rechenstäbchen
- Observationskreuzschlaguhr von Jost Bürgi
- Pascaline
- Planetenlaufuhr von Eberhard Baldewein, Hans Bucher und Hermann Diepel
- Sternuhr (Astrolabium) von Erasmus Habermel
- Wagenwegmesser von Christoph Trechsler
- Weltzeituhr von Andreas Gärtner

Anmerkung

Im Ausstellungsführer von Wolfram Dolz; Joachim Schardin; Klaus Schillinger; Helmut Schramm: Uhren – Globen, wissenschaftliche Instrumente, Mathematisch-physikalischer Salon, Dresden Zwinger, Karl M. Lipp Verlag, Dresden 1993, Seite 103, wird Auchs Zahnscheibenaddier- und -subtrahiermaschine (1790) irrtümlich als Vierspeziesmaschine bezeichnet.

9.3.4.9 Technische Sammlungen, Dresden
- D4a (Transistorrechner)
- leibnizsche Rechenmaschine (*dezimal*, Nachbau, Leihgabe der Kustodie der Technischen Universität Dresden)
- schickardsche Rechenuhr (Nachbau)
- Schreibmaschine von Peter Mitterhofer

9.3.4.10 Gottfried-Wilhelm-Leibniz-Bibliothek, Hannover
- leibnizsche Staffelwalzenmaschine (Original und Nachbau)

9.3.4.11 Leibniz-Universität Hannover (Leibnizausstellung)
- leibnizsche Rechenmaschine (*binär*, Funktionsmodell, Kugelmaschine, machina arithmetica dyadica)
- leibnizsche Rechenmaschine (*binär*, Vierspezies-Getriebemaschine) (Nachbau)
- leibnizsche Rechenmaschine (*dezimal*, Funktionsmodell)
- leibnizsche Ver- und Entschlüsselungsmaschine (machina deciphratoria) (Nachbau)

9.3.4.12 Leibniz-Universität Hannover (Sammlung historischer geodätischer Instrumente und historischer Rechenhilfsmittel)
- Beyerlens Rechenrad (Angelo Beyerlen)
- haffsches Polarplanimeter
- Otts Linearplanimeter (Albert Ott)
- Sonnes Rechenscheibe (Eduard Sonne)
- Wetlis Scheibenplanimeter (Kaspar Wetli und Georg Christoph Starke)

9.3.4.13 Astronomisch-physikalisches Kabinett, Kassel
- Äquationsuhr (astronomische Stutzuhr) von Jost Bürgi
- Globusuhr Kassel 1 (Himmelsglobus) von Jost Bürgi
- Globusuhr Kassel 2 (Himmelsglobus) von Jost Bürgi
- Observationsuhr 1 von Jost Bürgi
- Observationsuhr 2 von Jost Bürgi
- Reduktionszirkel von Jost Bürgi
- schottscher Rechenkasten (Neperstäbchen) (Kaspar Schott)
- Schrittzähler von Thomas Rückert
- Tischtorquetum (Türkengerät) von Erasmus Habermel
- Triangulationsinstrument von Jost Bürgi
- Wilhelmsquadrant (Azimutalquadrant) von Eberhard Baldewein
- Wilhelmsuhr (Planeten(lauf)uhr) von Eberhard Baldewein und Hermann Diepel
- Zirkelinstrument (Sonnenuhrzirkel) von Christoph Schissler

Anmerkungen

Ein Torquetum ist ein astronomisches Beobachtungs- und Vorführgerät. Globusuhren/Himmelsgloben bzw. Armillarsphären mit astronomischen Uhren von Jost Bürgi gibt es u.a. auch bei der Klassik-Stiftung Weimar und im Nordiska museet (Nordisches Museum) in Stockholm.

9.3.4.14 Technoseum, Mannheim

- hahnsche Staffelwalzenmaschine (Uracher Exemplar, Leihgabe aus dem Haus Württemberg)

9.3.4.15 Bayerisches Nationalmuseum, München

- Armillarsphäre von Christoph Schissler
- Organum mathematicum von Athanasius Kircher
- Rechentücher

9.3.4.16 Deutsches Museum, München

- Amslers Polarplanimeter (Jakob Amsler)
- Astrolabium von Erasmus Habermel
- Beyerlens Rechenrad (Angelo Beyerlen)
- Bollées Direktmultipliziermaschine (Einmaleinskörpermaschine)
- feltsche Schaltschwingenmaschine (Comptometer)
- haffsches Digitalplanimeter
- Henrici-Coradis harmonischer Analysator
- IPM-Ott-Integrieranlage (Teile)
- leibnizsche Rechenmaschine (*binär*, Nachbau)
- leibnizsche Rechenmaschine (*dezimal*, Nachbau)
- Leupold/Braun/Vayringe-Stellsegmentmaschine (Original und Nachbau)
- Lorenz-Schlüsselzusatz SZ 42 (Chiffrierfernschreibmaschine)
- mechanischer Trompeter (Trompeterautomat) von Friedrich Kaufmann
- müllersche Staffelwalzenmaschine (Nachbau eines Ausschnitts)
- Musterwebstuhl von Joseph-Marie Jacquard
- Pascaline (Nachbau)
- Perm (programmgesteuerte elektronische Rechenanlage)
- predigender Mönch (Automatenfigur)
- Relaisrechenmaschine für Aussagenlogik „Stanislaus" (formelgesteuerter Logikrechner)
- Relaisrechenmaschine für Aussagenlogik LRR1
- römischer Handabakus (Nachbau)
- schickardsche Rechenuhr (Nachbau)
- schustersche Staffelwalzenmaschine (1792, 11-stellig)
- schustersche Staffelwalzenmaschine (1820, 9-stellig)
- sellingsche Direktmultipliziermaschine
- Siemens 2002, Transistorrechner
- Tabelliermaschine D11 der Dehomag
- Telefunken RA 463/2, elektronischer Analogrechner
- Telefunken TR4, Transistorrechner
- Zuse Z3 (Relaisrechner, Nachbau durch Konrad Zuse)

- Zuse Z4 (Relaisrechner)

Anmerkung
IPM steht für Institut für praktische Mathematik (Technische Hochschule, Darmstadt).

9.3.4.17 Münchner Stadtmuseum, München

- Rechentücher

9.3.4.18 Heinz-Nixdorf-Museumsforum, Paderborn

- Astrolabium von Erasmus Habermel
- Babbages analytische Maschine (multimediale Darstellung der Funktionsweise)
- Babbages Differenzenmaschine 2, Vorführmodell (Nachbau)
- chinesische Zählstäbchen aus Bambus (Nachbau)
- Dinkelsbühler Rechentisch (Nachbau)
- Edmondsons Rundbaustaffelwalzenrechenmaschine (Joseph Edmondson)
- Eniac, Baugruppen
- Eniac, Funktionsmodell
- fullersche Rechenwalze
- Grillets Vierspeziesgerät (Neperstäbchen mit Zahnscheibenaddierer)
- Harvard mark 1/IBM ASCC, Funktionszähler (Leihgabe, Smithsonian Institution, Washington, D.C.)
- Harvard mark 1/IBM ASCC, Lochkartenleser (Leihgabe, Smithsonian Institution, Washington, D.C.)
- Harvard mark 1/IBM ASCC, Steuereinheit (Leihgabe, Smithsonian Institution, Washington, D.C.)
- Hines-Patentrechner (Rechentrommel) (James Hines)
- hollerithsche Lochkartenanlage (Zähl- und Sortiermaschine, Tabellierer, Pantografkartenstanzer (Volkszählungsmaschine) (Nachbau)
- Klosterabakus (Gerbert von Aurillac) (Nachbau)
- Knotenschnur (Nachbau)
- leibnizsche Rechenmaschine (*binär*, Nachbau)
- leibnizsche Rechenmaschine (*dezimal*, Nachbau)
- Leupold/Braun/Vayringe-Stellsegmentmaschine mit Funktionsmodell (Nachbau)
- müllersche Staffelwalzenmaschine (Nachbau)
- Pascaline mit Vorführmodell für Addition und indirekte Subtraktion (Nachbau)
- Rechenhut (Rechenbarett, Nachbau)
- Rechentuch (Nachbildung)
- römischer Handabakus (Nachbau)
- rothsche Zahnscheibenaddiermaschine
- schickardsche astronomische Rechenstäbchen (Nachbau)
- schickardsche Rechenuhr mit Vorführmodell für Zehnerübertrag (Nachbau)

- schickardsches Handplanetarium (Nachbau)
- schottscher Rechenkasten (Neperstäbchen) (Kaspar Schott)
- spaldingsche Addiermaschine (Cyrus G. Spalding)
- Thomas-Arithmometer (frühes Modell, verziertes Fürstengeschenk)
- Webbs Zählscheibenaddiermaschine (Charles Henry Webb)
- Zuse Z3, Addierschaltung (Nachbau)

9.3.4.19 Landesmuseum Württemberg, Stuttgart

- Auchs Zahnscheibenaddier- und -subtrahiermaschine
- hahnsche Rechentrommel (nepersche Rechenstäbchen)
- hahnsche Staffelwalzenmaschine (Stuttgarter Exemplar)

9.3.4.20 Museum Tuttlingen-Möhringen

- Leupold/Braun/Vayringe-Stellsegmentmaschine (Nachbau)

Hinweis
Bedeutende Sammlungen besitzen auch das Germanische Nationalmuseum in Nürnberg (u.a. Astrolabien, Münzkabinett) und das Sächsische Industriemuseum in Chemnitz (analoge und digitale, mechanische und elektronische Rechenhilfsmittel, Buchungs- und Schreibmaschinen).

9.3.5 Frankreich

9.3.5.1 Château du Clos-Lucé, Amboise, Val de Loire

- Modelle (Nachbauten) von Leonardo da Vinci

9.3.5.2 Muséum Henri-Lecoq, Clermont-Ferrand

- Pascaline (machine de Marguerite Périer)
- Pascaline (machine du Chevalier Durant-Pascal)

9.3.5.3 Musée des arts et métiers, Paris

- Amslers Polarplanimeter (Jakob Amsler)
- Arithmaurel (Rechenmaschine von Maurel/Jayet)
- Bollées Direktmultipliziermaschine (Einmaleinskörpermaschine)
- Bollées Multiplizier- und Dividiergerät (Arithmographe mit Neperstäbchen)
- Couffignals Rechenmaschine (Versuchsgerät) (Louis Couffignal)
- ernstsches Planimeter (Heinrich Rudolf Ernst)
- feltsche Schaltschwingenmaschine (Comptometer)
- Genaille/Lucas-Rechenstäbchen

- Grillets Vierspeziesgerät (Neperstäbchen mit Zahnscheibenaddierer)
- Globusuhr/Himmelsglobus von Jost Bürgi
- hollerithsche Lochkartenanlage (Zähl- und Sortiermaschine, Tabellierer, Pantografkartenstanzer (Volkszählungsmaschine)
- Joueuse de tympanon (Zimbalspielerin) von Peter Kintzing
- Lépines Addier- und Subtrahiermaschine (Jean Lépine)
- Pascaline (4-stellig, mit Sous und Deniers, d.h. 6-stellig) (Nachbau aus dem 18. Jahrhundert mit Originalteilen)
- Pascaline (6-stellig, mit Sous und Deniers, d.h. 8-stellig)
- Pascaline (6-stellig, mit Sous und Deniers, d.h. 8-stellig)
- Pascaline (6-stellig, ohne Sous und ohne Deniers, d.h. 6-stellig)
- rothsche Addier- und Subtrahiermaschine
- rothsche Multiplizier- und Dividierstäbchen
- rothsche Sprossenradmaschine
- rothsche Zahnscheibenaddiermaschine
- Thomas-Arithmometer, Staffelwalzenmaschine (12-, 16-, 20stellig; frühes Modell, verziertes Fürstengeschenk)
- thomsonscher Gezeitenrechner
- tschebyschewsche Rechenmaschine
- Webstuhl mit Lochkartensteuerung von Jean-Baptiste Falcon (Nachbau)
- Webstuhl mit Lochkartensteuerung von Joseph-Marie Jacquard (Nachbau)
- Webstuhl mit Lochstreifensteuerung von Basile Bouchon (Nachbau)
- Webstuhl mit Lochstreifensteuerung von Jacques Vaucanson

Anmerkungen
Ehemalige französische Währung: 1 livre = 20 sols, 1 sol = 12 deniers. Der Sol wurde später zum Sou.

9.3.5.4 **Bibliothèque nationale de France, Paris** (Cabinet des médailles) (Nationalbibliothek)

- römischer Handabakus

Hinweis
Die französische Nationalbibliothek bewahrt auch Astrolabien, Armillarsphären, Planisphären und Geldwechselwaagen.

9.3.5.5 **Cathédrale Notre Dame de Strasbourg** (Münster, Straßburg)

- astronomische Uhr mit Kirchenkomput von Jean-Baptiste Schwilgué

9.3.5.6 **Musée de l'œuvre Notre-Dame, Straßburg** (Frauenhausmuseum)

- Rechentisch

9.3.5.7 Musée historique, Straßburg (Historisches Museum)
- schwilguésche mechanische Zähler
- schwilguésche Tastenaddiermaschine
- schwilguéscher „Prozessrechner"

9.3.6 Griechenland

9.3.6.1 Επιγραφικό Μουσείο, Athen (Epigrafisches Museum)
- salaminische Rechentafel

9.3.6.2 Εθνικό Αρχαιολογικό Μουσείο, Athen (Archäologisches Nationalmuseum)
- Räderwerk von Antikythera

Anmerkung
Das Athener Museum betreut neben dem ursprünglichen Mechanismus von Antikythera mehrere Nachbauten, u.a. die Rekonstruktionen von Derek de Solla Price und Michael Wright.

9.3.7 Großbritannien (Vereinigtes Königreich)

9.3.7.1 Bletchley Park trust, Bletchley Park
- Enigma

9.3.7.2 National Museum of Computing, Bletchley Park
- Colossus (betriebsfähiger Nachbau)
- Edsac (betriebsfähiger Nachbau)
- Harwell Dekatron, Relaisrechner (betriebsfähiges Original)
- Hec 1 (Hollerith electronic computer) (Original)
- Tunny (Nachbildung der Lorenzschlüsselmaschine SZ 42)
- Turing-Welchmann-Bombe (betriebsfähiger Nachbau)

9.3.7.3 Centre for Computing History, Cambridge
- Sammlung von Maschinen, Rechenprogrammen, Büchern und Zeitchriften

9.3.7.4 Edinburgh Napier University / Napier-Universität, Edinburgh
- Napiers Promptuarium (Nachbau)

Napiers Promptuarium ist in Vergessenheit geraten (vgl. Kasten).

Napiers Promptuarium
John Napier beschreibt in seinem (lateinischen) Werk Rabdologiæ (1617) außer den dezimalen Neperstäbchen das Promptuarium, das weitgehend in Vergessenheit geraten ist. Garry Tee hält das Promptuarium für die erste Rechenmaschine (= mechanisches Gitternetzverfahren, Gelosia). Die Ingenieurschule der Universität Auckland baute aufgrund von Hawkins Rabdologiæ-Übersetzung das Promptuarium nach. Hawkins führte es erstmals 1979 in der neuseeländischen Universität Waikato vor. Aus Anlass des 400. Todestags von John Napier schenkte die Universität Auckland 2017 den Nachbau der Napier-Universität Edinburgh. Napiers Schrift enthält auch eine Darstellung der binären Arithmetik.

Für weitere Angaben vgl.

William Francis Hawkins: The first calculating machine (John Napier, 1617), in: The New Zealand mathematics society Newsletter 1979, Heft 16, Anhang, Seiten 1–23

William Francis Hawkins: The first calculating machine (John Napier, 1617), in: Annals of the history of computing, Band 10, 1988, Heft 1, Seiten 37–51

Garry J. Tee: The Auckland promptuary, in: The New Zealand mathematics society newsletter, Dezember 2017, Heft 131, 3 Seiten

Erwin Tomash: The Madrid promptuary, in: Annals of the history of computing, Band 10, 1988, Heft 1, Seiten 52–67.

9.3.7.5 British Museum, London

- Astrolabien
- mechanischer Schiffsautomat (mit Musikspielwerk) von Hans Schlottheim
- Papyrus Rhind
- römischer Handabkus
- Sonnenuhren

9.3.7.6 Science Museum, London

- Arithmaurel (Rechenmaschine von Maurel/Jayet)
- Babbages analytische Maschine (Teilstück, Original und Nachbau)
- Babbages Differenzenmaschine 1 (Teilstück, betriebsfähiger Nachbau, Vorführmodell)
- Babbages Differenzenmaschine 1 (Teilstück, Original)
- Babbages Differenzenmaschine 2 (betriebsfähiger Nachbau)
- bayerisches Rechentuch (Nachbildung)
- Besm 6
- Brical-Scheibenaddierer
- CDC 6600
- Colossus (Bestandteile)
- Edsac (Bestandteil: Quecksilberlaufzeitspeicher)
- Elliott/NRDC 401 mark 1 (NRDC = National research development corporation)
- Eniac (Bestandteil)
- Enigma

- feltsche Schaltschwingenmaschine (Comptometer)
- Ferranti mark 1 (Bestandteil: Williamsspeicherröhren)
- Ferranti Pegasus
- Handwebstuhl von Joseph-Marie Jacquard (Nachbau)
- Hartrees Integrieranlage (Meccanomodell)
- Hartrees Integrieranlage (Original, Hälfte)
- Harvard mark 1/IBM ASCC (Bestandteile: elektromagnetische Dezimalzähler, Relais)
- Henricis harmonischer Analysator
- Julius‘ Totalisator
- Kelvins Gezeitenrechner (William Thomson)
- leibnizsche Rechenmaschine (*dezimal*, Nachbau)
- Leo 1 (Bestandteil: Quecksilberlaufzeitspeicher)
- Morlands Trigonometrierechner
- Morlands Zahnscheibenaddiergerät (Original und Nachbau)
- Neperstäbchen
- Pascaline (Nachbau)
- Pilot Ace
- römischer Handabakus (Nachbau)
- rothsche Zahnscheibenaddiermaschine
- sauterscher Stiftaddierer (Johann Jacob Sauter)
- scheutzsche Differenzenmaschine 3
- schickardsche Rechenuhr (Nachbau)
- schottscher Rechenkasten (Neperstäbchen) (Nachbau)
- Stanhopes Staffelwalzenmaschine
- Stanhopes Stellsegmentmaschine
- Stanhopes Stellsegmentmaschine (Versuchsmodell)
- Stanhopes Zahnscheibenaddiermaschine

9.3.7.7 Science and Industry Museum, Manchester

- Hartrees (analoge) Integrieranlage (Douglas Rayner Hartree)
- Manchester baby (Small-scale experimental machine) (betriebsfähiger Nachbau)

9.3.7.8 History of Science Museum, Oxford

- Astrolabium von Erasmus Habermel
- astronomisches Kompendium von Christoph Schissler
- Brical-Scheibenaddierer
- Morlands Zahnscheibenaddiergerät
- Sonnenuhren
- Stanhopes Logikrechner
- Stanhopes Zahnscheibenaddiermaschine

9.3.8 Italien

9.3.8.1 Musée archéologique régional, Aosta
- römischer Handabakus

9.3.8.2 Museo Galileo, Florenz
- Burattinis Addier- und Multipliziergerät (ohne Zehnerübertrag, mit Neperstäbchen)
- Gonnellas Tastenaddiermaschine
- Leonardo da Vincis mechanischer Löwe (Modell)
- Leonardo da Vincis selbstfahrender Wagen (Modell)
- mathematisches Kompendium von Christoph Schissler
- Militärinstrument von Jost Bürgi
- Morlands Multiplizier- und Dividiergerät
- Morlands Trigonometrierechner
- Organum mathematicum von Athanasius Kircher
- Proportionalwinkel von Galileo Galilei
- schreibende Hand von Friedrich Knaus
- Wegmesser von Christoph Schissler

Hinweise
Es ist unsicher, wer das Burattini zugeschriebene Gerät erfunden hat. Das Florentiner Museum besitzt ferner zahlreiche wissenschaftliche Instrumente (z.T. aus der Sammlung der Familie Medici).

9.3.8.3 Museo nazionale della scienza e della tecnologia „Leonardo da Vinci", Mailand
- Babbages Differenzenmaschine 1, Vorführmodell (Nachbau)
- hollerithsche Lochkartenanlage (Zähl- und Sortiermaschine, Tabellierer, Pantografkartenstanzer (Volkszählungsmaschine) (Nachbau)
- leibnizsche Rechenmaschine (*dezimal*, Nachbau von Roberto Guatelli)
- Leonardo da Vincis selbstfahrender Wagen (Modell)
- Pascaline (Nachbau von Roberto Guatelli)
- Polenis Sprossenradmaschine (Nachbau)
- Schreibmaschine (Cembalo scrivano) von Giuseppe Ravizza

9.3.8.4 Palais-Mamming-Museum, Meran
- Schreibmaschine von Peter Mitterhofer

9.3.8.5 Museo archeologico nazionale, Neapel

- Dariusvase

9.3.8.6 Palazzo reale, Reggia di Caserta (Königspalast)

- Thomas-Arithmometer (frühes Modell, verziertes Fürstengeschenk)

9.3.8.7 Museo nazionale romano, Rom (Thermenmuseum)

- römischer Handabakus

Hinweise

Weitere italienische Museen mit Modellen (Nachbauten) von Leonardo da Vinci:

- Leonardo3 Museum, Mailand,
- Museo Leonardiano, Vinci,
- Museo Leonardo da Vinci, Florenz.

9.3.9 Japan

Im National Museum of Nature and Science, Tokyo, gibt einen Nachbau des mechanischen Analogrechner von John B. Wilbur (MIT, 1936). Er diente zum Lösen von (neun) linearen Gleichungen.

9.3.10 Kanada

9.3.10.1 Canada Science and Technology Museum / Musée des sciences et de la technologie du Canada, Ottawa

- Babbages Differenzenmaschine 1 (Nachbau von Roberto Guatelli)
- Pascaline (Nachbau von Roberto Guatelli)

9.3.11 Neuseeland

9.3.11.1 Museum of Transport and Technology, Auckland

- Lennard-Jones' Integrieranlage (John Edward Lennard-Jones/J. B. Bratt) (Cambridge Meccano differential analyser)

9.3.12 Niederlande

9.3.12.1 Rijksmuseum Boerhaave, Leiden
- Auchs Zahnscheibenaddier- und -subtrahiermaschine

9.3.13 Österreich

9.3.13.1 Kunsthistorisches Museum Wien (Kunstkammer)
- Automat mit Triumph des Bacchus von Hans Schlottheim
- braunsche Sprossenradmaschine
- erste Kugellaufuhr von Christoph Margraf
- Figurenuhr mit Diana auf dem Kentauren von Hans Jakob I. Bachmann
- Glockenturmautomat von Hans Schlottheim
- Holzkastenuhr (mit Astrolabium) von Jan Táborský
- Landsknechtsbarett (Rechenhut)
- mechanischer Himmelsglobus von Georg Roll und Johannes Reinhold
- Sonnenquadrant von Johann von Gmunden
- Tischautomat in Form eines Schiffes von Hans Schlottheim (Segelschiff mit Musikspielwerk)
- Tischsonnenuhr mit Zeitumwandlungsdiagramm von Erasmus Habermel
- Triumphwagen mit Minerva von Achilles Langenbucher
- Trompeterautomat von Hans Schlottheim
- Wiener Flötenuhr von Helmut Kowar
- Wiener Kristalluhr von Jost Bürgi (Bergkristalluhr)
- Wiener Planetenuhr von Jost Bürgi

Kunsthistorisches Museum Wien (Münzkabinett)
- Münzen

9.3.13.2 Technisches Museum Wien
- allesschreibende Wundermaschine von Friedrich Knaus
- Anita (erster elektronischer Tischrechner)
- Hebentanz-Totalisator (Zeigeraddiermaschine) (Ferdinand Hebentanz)
- Musikautomaten
- rothsche Zahnscheibenaddiermaschine
- Schreibmaschine von Peter Mitterhofer
- Tauscheks Buchhaltungsmaschinen (Gustav Tauschek)
- Telefunken, elektronischer Analogrechner
- Zemaneks Mailüfterl (Heinz Zemanek)

9.3.14 Schweden

9.3.14.1 Stadsmuseum, Göteborg (Stadtmuseum)
- sautersche Sprossenradmaschine (Johann Jacob Sauter)

9.3.14.2 Tekniska museet, Stockholm (Nationales Wissenschafts- und Technikmuseum, National Museum of Science and Technology)
- Odhner-Sprossenradmaschine für den schwedischen König Gustav V.
- Pascaline (Nachbau)
- Schreibkugel von Rasmus Malling-Hansen
- wibergsche Differenzenmaschine (Martin Wiberg)

9.3.15 Schweiz

9.3.15.1 Historisches Museum, Basel
- Rechentische

9.3.15.2 Museum für Kommunikation, Bern
- Ermeth (Röhrenrechner)
- Hermes C-3 von Paillard
- Integrieranlage IA 58 von Contraves
- Nema (Chiffriermaschine)
- Pascaline (Vorführmodell, Nachbau)
- schickardsche Rechenuhr (Nachbau)
- Zuse M9 (Rechenlocher)

9.3.15.3 Musée d'art et d'histoire, Genf
- Rechentisch

9.3.15.4 Museum Rosenegg, Kreuzlingen TG
- Stöckles Polymeter

9.3.15.5 Musée international d'horlogerie, La Chaux-de-Fonds NE
- Astrarium von Giovani Dondi (Nachbau)

9.3.15.6 Musée d'horlogerie, Le Locle NE
- Fée carabosse (alte bucklige Hexe)
- Seidenraupe von Henri Maillardet

9.3.15.7 Musée d'art et d'histoire, Neuenburg

- Musikerin (La musicienne) von Henri-Louis Jacquet-Droz
- Schriftsteller (L'écrivain) von Pierre Jacquet-Droz
- Zeichner (Le dessinateur) von Henri-Louis Jacquet-Droz

9.3.15.8 Museum Allerheiligen, Schaffhausen

- Amslers Integrierinstrumente (Jakob Amsler)

9.3.15.9 Museum für Musikautomaten, Seewen SO

- Britannic-Philharmonieorgel

9.3.15.10 Museum Enter, Solothurn

- Alpina
- Atlas (Scheibenaddierer)
- Nema (Chiffriermaschine)
- Pascaline (Nachbau)
- schickardsche Rechenuhr (Nachbau)

9.3.15.11 Historisches Museum, Schloss Thun

- Rechentisch
- Rechentafel

9.3.15.12 ETH Zürich

- schwilguésche Tastenaddiermaschine (Jean-Baptiste Schwilgué)

9.3.15.13 Schweizerisches Landesmuseum, Zürich

- Himmelsglobus von Jost Bürgi
- Rechentische
- St. Galler Globus von Tilemann Stella

9.3.15.14 Uhrenmuseum Beyer, Zürich

- Astrarium von Giovani Dondi (Nachbau)
- Pagoden-Turmuhr

Hinweis

Weitere herausragende Museen für Musik- und Figurenautomaten sind:

- Musée Baud, L'Auberson VD,
- Musée Cima (Centre international de la mécanique d'art), Sainte-Croix VD,
- Museum für Uhren und mechanische Musikinstrumente, Oberhofen BE,

- Uhrenmuseum, Winterthur ZH.

9.3.16 Spanien

9.3.16.1 Museo „Torres Quevedo“, Madrid (Universidad politécnica de Madrid)

- Torres Quevedos mechanische Rechenmaschinen
- Torres Quevedos Schachautomaten

9.3.16.2 Museo arqueológico nacional, Madrid (Nationales Archäologiemuseum), (Universidad politécnico de Madrid)

- Napiers Promptuarium (John Napier)

Hinweis
Der Hersteller dieses Rechenschranks ist unbekannt.

9.3.17 Tschechien

Das Tschechische Nationalmuseum in Prag beherbergt u.a. astronomische Instrumente von Jost Bürgi, Erasmus Habermel und Engelbert Seige.

9.3.18 Vereinigte Staaten von Amerika (USA)

9.3.18.1 Intellectual ventures laboratories, Bellevue, Washington

- Babbage’s Differenzenmaschine 2 (Nachbau)

9.3.18.2 Harvard University / Harvard-Universität, Cambridge, Massachusetts

- Harvard mark 1/IBM ASCC (Teilstück)

9.3.18.3 MIT Museum, Cambridge (Massachusetts Institute of Technology)

- Bushs mechanische Integrieranlage (Bestandteil: Integriereinheit) (Vannevar Bush)
- TX-0 (Transistorrechner, Bestandteil: Endgerät)
- Whirlwind (Bestandteil: Kernspeichereinheit)

9.3.18.4 National cryptologic museum, Fort George G. Meade, Maryland

- kryptanalytische Bombe der US-Marine

9.3.18.5 Computer History Museum, Mountain View, Kalifornien
- Amslers Integrator (Jakob Amsler)
- Amslers Polarplanimeter (Jakob Amsler)
- Atanasoff-Berry-Computer (Addier-Subtrahierwerk, Nachbau) (John Vincent Atanasoff)
- Atanasoff-Berry-Computer (betriebsbereiter Nachbau, Leihgabe der Staatsuniversität von Iowa, Ames)
- Babbages Differenzenmaschine 1, Vorführmodell (Nachbau von Roberto Guatelli)
- Bendix G-15
- Dyseac (Bestandteile)
- Harvard mark 2–4 (Bestandteile)
- Holleriths Pantografkartenlocher (Original und Nachbau) (Herman Hollerith)
- hollerithsche Lochkartenanlage (Zähl- und Sortiermaschine, Tabellierer, Pantografkartenstanzer (Volkszählungsmaschine) (Nachbau von Roberto Guatelli)
- IBM 650 (Bestandteile)
- IBM 701 (Bestandteile)
- IBM 7030 (Stretch, Bestandteile)
- IBM Ramac (Magnetplatte)
- Illiac 1 (Bestandteile)
- Johnniac
- Maddida (digitale Integrieranlage, Versuchsmodell, Original)
- Pascaline (Nachbau von Roberto Guatelli)
- Sage (Semi-automatic ground environment, Luftabwehrsystem) (Bestandteil)
- schickardsche Rechenuhr (Nachbau)
- stibitzsches Addiergerät Modell K (K= kitchen) (Nachbau) (George Robert Stibitz)
- Univac 1 (Bestandteile)
- Univac Larc (Bestandteile)
- Whirlwind (Bestandteile)

Anmerkung
Johnniac ist der einzige vollständig erhaltene frühe amerikanische Großrechner.

9.3.18.6 Universität von Pennsylvania, Philadelphia
(School of engineering and applied science)
- Eniac (Bestandteile: u.a. 4 von ursprünglich 40 Schaltschränken mit Steckbrettern)

9.3.18.7 Carnegie-Mellon-Universität, Pittsburgh, Pennsylvania
Traub-McCorduck collection (Sammlung Traub-McCorduck)
- Adix-Tastenaddiermaschine (Nachbau von Roberto Guatelli)
- leibnizsche Rechenmaschine (*dezimal*, Nachbau von Roberto Guatelli)

- Millionär von Otto Steiger und Hans W. Egli (Direktmultipliziermaschine) (Nachbau von Roberto Guatelli)
- Pascaline (Nachbau von Roberto Guatelli)
- Webbs Zählscheibenaddiermaschine (Charles Henry Webb) (Nachbau von Roberto Guatelli)

9.3.18.8 IBM Corporate Archives, IBM Corporation, Poughkeepsie, New York

- Arithmaurel (Rechenmaschine von Maurel/Jayet)
- Babbages analytische Maschine (Teilstück, Nachbau)
- Bollées Direktmultipliziermaschine (Einmaleinskörpermaschine)
- Bollées Multiplizier- und Dividiergerät (Arithmographe mit Neperstäbchen)
- Edmondsons Rundbaustaffelwalzenrechenmaschine (Joseph Edmondson)
- Grants Differenzenmaschine (George Barnard Grant)
- hahnsche Staffelwalzenmaschine
- Handwebstuhl (Modell) von Joseph-Marie Jacquard
- hillsche Tastenrechenmaschine (Vierspeziesrechner, Thomas Hill)
- hollerithsche Lochkartenanlage (Zähl- und Sortiermaschine, Tabellierer, Pantografkartenstanzer (Volkszählungsmaschine)
- leibnizsche Rechenmaschine (*dezimal*, Nachbau)
- Leupold/Braun/Vayringe-Stellsegmentmaschine (Nachbau)
- Michelson/Strattons harmonischer Analysator (Albert A. Micheslon, Samuel W. Stratton)
- Morlands Trigonometrierechner
- Pascaline (Original und Nachbau)
- Proportionalwinkel von Galileo Galilei (Nachbau)
- rothsche Zahnscheibenaddiermaschine
- Sage (Semi-automatic ground environment, Luftabwehrsystem) (Anordnung von Magnetkernen)
- scheutzsche Differenzenmaschine 2 (Nachbau)
- SSEC (Selective sequence electronic calculator) (Steuerpult)
- thomassches Klavierarithmometer (Charles-Xavier Thomas)
- Vereas Direktmultiplizierer (Ramón Verea)
- Webbs Zählscheibenaddiermaschine (Charles Henry Webb)

Hinweise

Angaben zur Sammlung historischer Rechengeräte von IBM sind auf dieser Webseite zu finden: https://www-03.ibm.com/ibm/history/exhibits. Nach der Mitteilung von Jamie Martin vom 31. August 2017 ist die Sammlung des IBM-Konzernarchivs nicht öffentlich zugänglich. Max Campbell schreibt in seinem Brief vom 18. November 2018, dass der Aufwand für Nachforschungen zu groß sei. In manchen Fällen ist es unsicher, ob ein Original oder ein Nachbau vorliegt.

Das Buch von Herman Goldstine: The computer from Pascal to von Neumann, Princeton university press, Princeton, New Jersey 1993, enthält nach Seite 120 Fotos von IBM von Nachbauten von Babbages Differenzenmaschine (1) und der leibnizschen Rechenmaschine (dezimal) sowie der schickardschen Rechenuhr. Ob sich diese Objekte (noch) in der Sammlung befinden, ist unklar.

Das Bonner Arithmeum hat zahlreiche Dauerleihgaben aus der Sammlung von IBM.

9.3.18.9 Living Computers: Museum + Labs, Seattle, Washington

- Sammlung restaurierter lauffähiger Superrechner, Großrechner, Minirechner und Mikrorechner

9.3.18.10 National Museum of American History, Washington, D.C.

- Amslers Polarplanimeter (Jakob Amsler)
- Babbages Differenzenmaschine 1 (Teilstück, Nachbau)
- babylonische Tontafel (Nachbildung)
- baldwinsche Sprossenradmaschine (Frank Stephen Baldwin)
- Barbours Direktmultiplizierer (Edmund D. Barbour)
- Bell-Relaisrechner 5 (Teilstück: Steuereinheit)
- Bollées Direktmultipliziermaschine (Einmaleinskörpermaschine)
- Bushs Integrieranlage (einige Bestandteile)
- Coradis Planimeter (Gottlieb Coradi)
- Edvac (Bestandteile)
- Eniac (mehrere Ausschnitte: Akkumulator)
- feltsche Schaltschwingenmaschine (Comptometer, Makkaronikiste)
- Harvard mark 1/IBM ASCC (Teilstück)
- hollerithsche Lochkartenanlage (Zähl- und Sortiermaschine, Tabellierer, Pantografkartenstanzer (Volkszählungsmaschine)
- IAS-Rechner (großer Anteil)
- Kerns Vollkreiswinkelmesser
- Lépines Addier- und Subtrahiermaschine (Jean Lépine)
- odhnersche Sprossenradmaschine (sehr frühes Modell)
- Pascaline (Vorführmodell, Nachbau)
- Rammingers Schrittzähler (Jacob Ramminger)
- salaminische Rechentafel (Nachbau)
- scheutzsche Differenzenmaschine 1
- schiltsche Tastenaddiermaschine (Original, Nachbau der Schwilguémaschine)
- Seac (Teilstücke)
- Swac (kleine Bestandteile)
- Thomas-Arithmometer, Staffelwalzenmaschine (ältestes erhaltenes Modell)
- Univac 1 (einige Bestandteile)

- Vereas Direktmultiplizierer (Ramón Verea)
- Webbs Zählscheibenaddiermaschine (Charles Henry Webb)
- Wetlis Planimeter (Kaspar Wetli)
- Whirlwind (zahlreiche Ausschnitte)
- Wrights Arithmeter-Rechenwalze (Elizur Wright).

Hinweise
Das Long Island Science Center, Riverhead, New York, hat eine Sammlung von Modellen von Leonardo da Vinci (Nachbauten von Roberto Guatelli).

Das Metropolitan Museum of Art,New York, beherbergt seltene Figurenautomaten.

Quellen
Herkunft der Angaben zu den Sammlungsbeständen: Museumsbesuche, Museumsführer, Ausstellungskataloge, briefliche Auskünfte, Sammlungsdatenbanken sowie Webseiten der Museen. Zu beachten: Die Objektdatenbanken sind oft unvollständig und manchmal wenig aussagekräftig.

Illustrationen
Auf den nächsten Seiten werden kostbare Rundbaumaschinen von Braun, Hahn, Müller, Schuster und Sauter vorgestellt. Sie beherrschen alle vier Grundrechenarten (vgl. Abb. 9.2–9.14). Anschließend folgen Ein- und Mehrspeziesrechner von Auch, Bollée, Felt, Gersten, Gonnella, Grillet, Lépine, Maurel, Morland, Roth und Staffel. Die Objekte stammen aus Deutschland, England, Frankreich, Italien, Polen und USA (vgl. Abb. 9.15–9.31). Darunter sind Addiermaschinen (mit Zehner- und Volltastaturen), Multipliziergeräte mit neperschen Walzen, Einmaleinskörpermaschinen und Trigonometrierechner. Zeichnungen aus einem einflussreichen zeitgenössischen Nachschlagewerk vermitteln eine Übersicht über ausgewählte Rechner aus Deutschland, Frankreich, Schweiz und USA (vgl. Abb. 9.32–9.33). Eine hübsche Kombination aus dem Maschinenbuch von Jacob Leupold, einer Rundbaurechenmaschine und einem Sprossenradrechner wird anschließend wiedergegeben (vgl. Abb. 9.34).

Abb. 9.2: Sprossenradmaschine von Braun (1727). Dieses wissenschaftliche Instrument von Anton Braun besteht aus Messing, ist vergoldet und teilweise verzinnt (© Kunsthistorisches Museum Wien, KHM-Museumsverband).

Abb. 9.3: Leupold/Braun/Vayringe-Stellsegmentmaschine (1735). Anton Braun entwarf diese Vierspeziesrundbaumaschine auf der Grundlage eines nicht ausgeführten Vorhabens von Jacob Leupold. Gefertigt wurde sie von Philippe Vayringe. Eine ähnliche Maschine von Braun steht in der Wiener Kunstkammer (© Deutsches Museum, München).

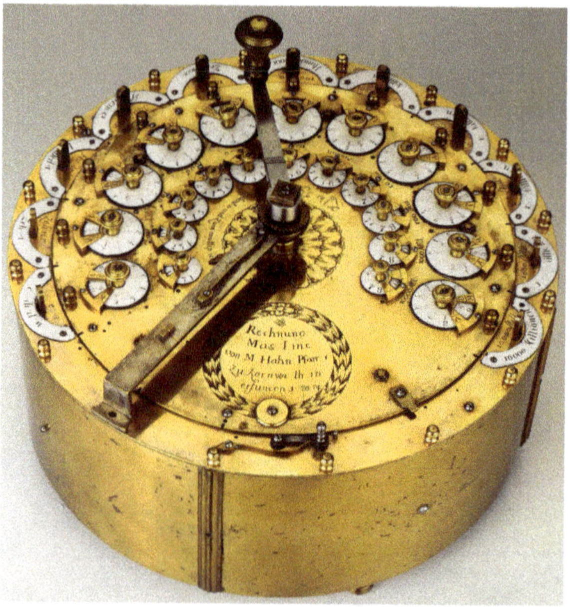

Abb. 9.4: Staffelwalzenmaschine von Hahn (1774) (1). Diese Rundbaumaschine von Philipp Matthäus Hahn gilt als die erste praktisch brauchbare mechanische Vierspeziesrechenmaschine (© Landesmuseum Württemberg, Stuttgart, Bild: P. Frankenstein, H. Zwietasch).

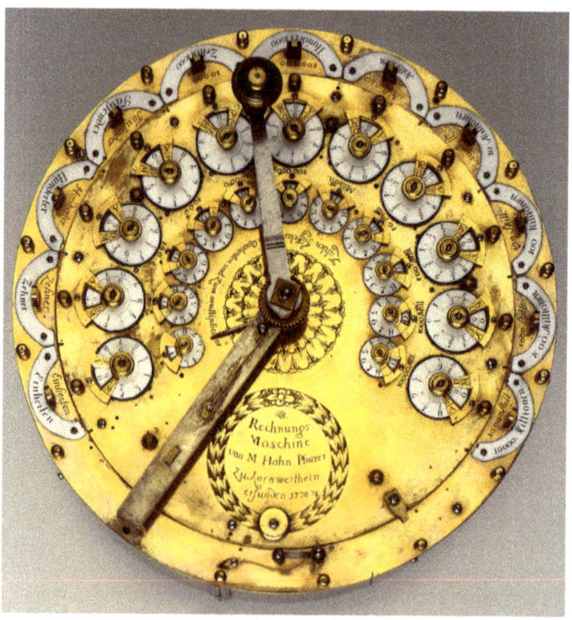

Abb. 9.5: Staffelwalzenmaschine von Hahn (1774) (2). Diese prachtvolle Rundbaumaschine wartet mit 11 Stellen auf (© Landesmuseum Württemberg, Stuttgart, Bild: P. Frankenstein, H. Zwietasch).

Abb. 9.6: Staffelwalzenmaschine von Hahn (1776) (1). Die Maschine von Philipp Matthäus Hahn ist 12-stellig (© Technoseum, Mannheim, Bild: Klaus Luginsland).

Abb. 9.7: Staffelwalzenmaschine von Hahn (1776) (2). Von Hahn sind nur wenige Rechenmaschinen erhalten (© Technoseum, Mannheim, Bild: Klaus Luginsland).

Abb. 9.8: Staffelwalzenmaschine von Hahn (1776) (3). Rechenmaschinen waren oft auch Kunstwerke (© Technoseum, Mannheim, Bild: Klaus Luginsland).

Abb. 9.9: Staffelwalzenmaschine von Müller (1784) (1). Diese kreisförmige 14-stellige Vierspeziesmaschine von Johann Helfrich Müller ermöglicht Berechnungen in verschiedenen Zahlensystemen (2er bis 12er System). Dazu werden die Ziffernscheiben ausgewechselt (© Hessisches Landesmuseum, Darmstadt).

Abb. 9.10: Staffelwalzenmaschine von Müller (1784) (2). Mechanische Vorrichtungen schützen vor Bedienungsfehlern. Müller hatte sich 1786 Gedanken über eine druckende Differenzenmaschine gemacht (© Hessisches Landesmuseum, Darmstadt).

Abb. 9.11: Staffelwalzenmaschine von Schuster (1792). Die zylindrische Vierspeziesmaschine von Johann Christoph Schuster ist 12-stellig (© Deutsches Museum, München).

Abb. 9.12: Staffelwalzenmaschine von Schuster (1820). Johann Christoph Schuster vollendete seine 9-stellige kreisrunde Vierspeziesmaschine erst nach einer 15-jährigen Bauzeit (© Deutsches Museum, München).

Abb. 9.13: Sprossenradmaschine von Sauter (1796) (1). Johann Jacob Sauter schuf eine der prächtigsten Vierspeziesmaschinen. Die Fachwelt hat erst vor wenigen Jahren von ihrer Existenz erfahren (© Stadtmuseum Göteborg).

Abb. 9.14: Sprossenradmaschine von Sauter (1796) (2). Die Rundbaumaschine von Johann Jacob Sauter ist 9-stellig. Beim Überschreiten der Rechenkapazität klingelt eine Glocke (© Stadtmuseum Göteborg).

Abb. 9.15: Arithmaurel (1849). Die Staffelwalzenmaschine von Timoléon Maurel und Jean Jayet beherrscht alle vier Grundrechenarten. Sie kommt ohne Schlittenverschiebung aus (© Braunschweigisches Landesmuseum, Braunschweig, Bild: Ingeborg Simon).

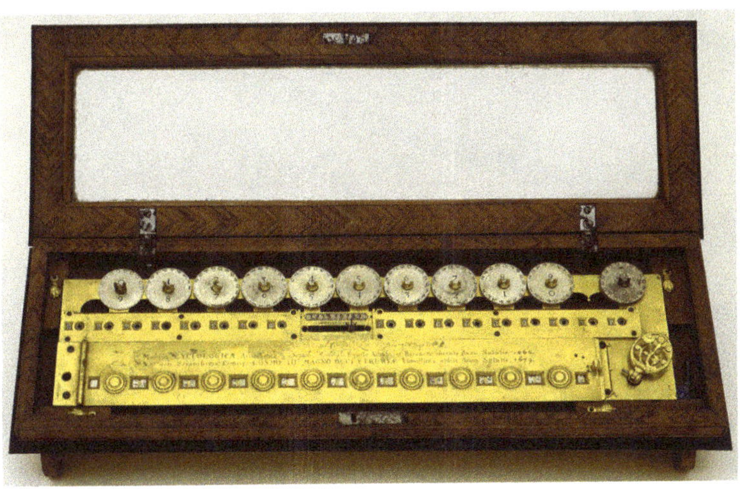

Abb. 9.16: Morlands Rechenmaschine (1664). Dieses 10-stellige Gerät von Samuel Morland eignet sich zum Multiplizieren und Dividieren. Oben sehen Sie die Ziffernscheiben des Einstellwerks (Neperwalzen) und unten die elf Ablesefenster des Rechenwerks. In der Mitte befindet sich der mechanische Speicher (© Museo Galileo, Florenz).

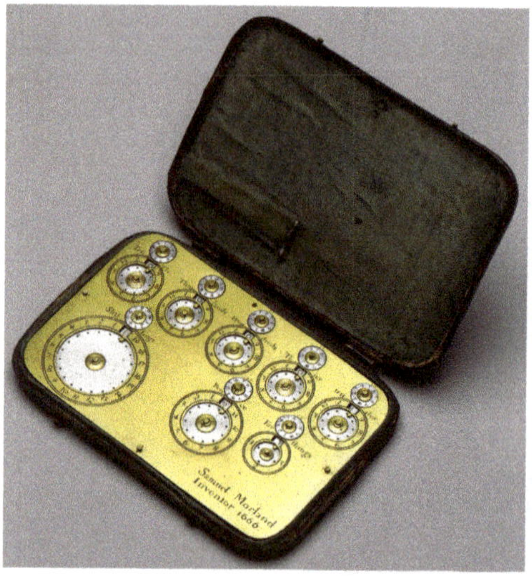

Abb. 9.17: Zahnscheibenaddiergerät von Morland (1666). Samuel Morland gehört mi Schickard, Pascal und Leibniz zu den wenigen Herstellern von Rechenhilfsmitteln aus dem 17. Jahrhundert. Der Behälter besteht aus Leder (© Science Museum, London/Science & society picture library).

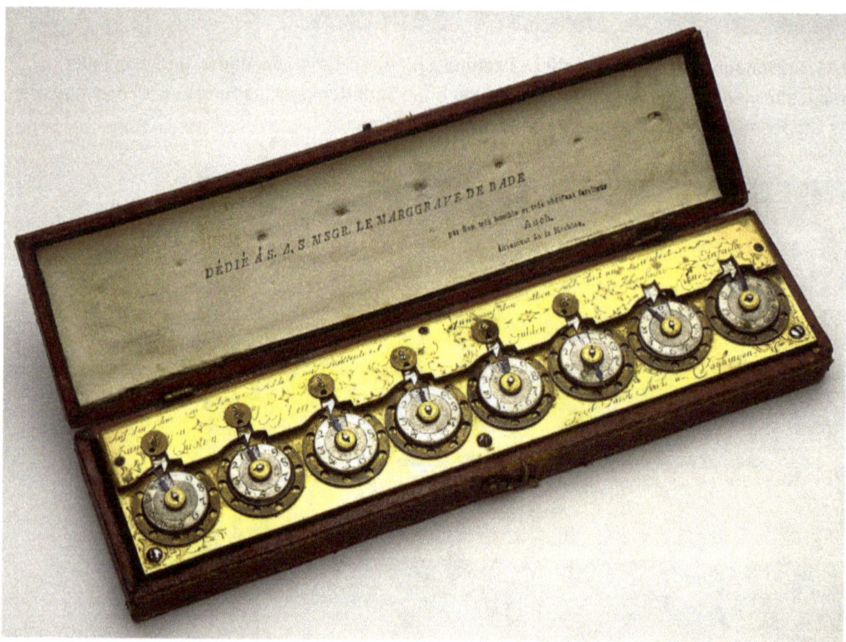

Abb. 9.18: Zahnscheibenaddier- und -subtrahiermaschine (1789). Diese feine Additionsmaschine des Uhrmachers Jacob Auch ist nur noch in drei Exemplaren (1789, 1790, 1800) erhalten. Die Einstellscheiben werden mit einem Stift bedient (© Landesmuseum Württemberg, Stuttgart, Bild: P. Frankenstein, H. Zwietasch).

Abb. 9.19: Zahnscheibenaddiermaschine von Roth (1843). Dieses Hilfsmittel war für die englische Währung bestimmt. Didier Roth baute (1841) auch eine Sprossenradrechenmühle für vier Grundrechenarten (© Science Museum, London/Science & society picture library).

Abb. 9.20: Addier- und Subtrahiermaschine von Staffel (1845). Dieses Rechenmittel von Israel Abraham Staffel aus Warschau arbeitete mit Zahnstangen (© Braunschweigisches Landesmuseum, Braunschweig, Bild: Ingeborg Simon).

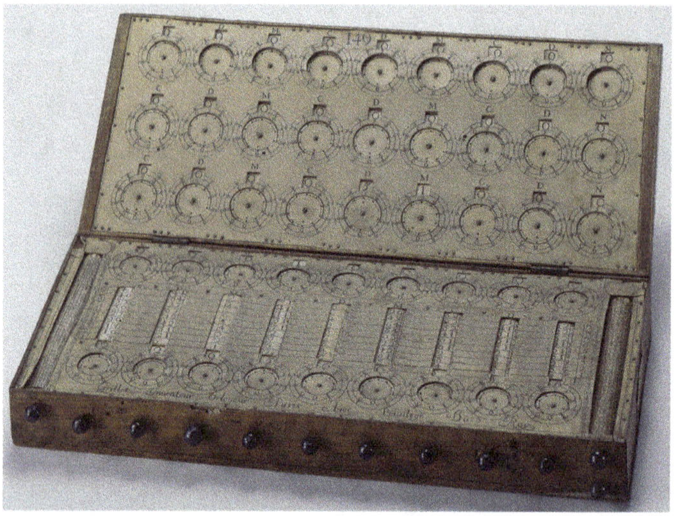

Abb. 9.21: Vierspeziesgerät von Grillet. Der Zahnscheibenaddierer (vor 1678) von René Grillet verwendet für die Multiplikation und die Division nepersche Zylinder. Ein Zehnerübertrag fehlt (© Musée des arts et métiers-Cnam, Paris/Bild: Sylvain Pelly).

Abb. 9.22: Addier- und Subtrahiermaschine von Lépine (1725). Das Rechenhilfsmittel des Uhrmachers Jean Lépine im ledergefütterten Holzgehäuse ist mit 10 Reihen zu 5 Kreisen ausgestattet. Je Kreis gibt es ein Sichtfenster. Die Maschine wird mit einem Griffel bedient (© Division of medicine & science, National Museum of American History, Smithsonian Institution, Washington, D.C.).

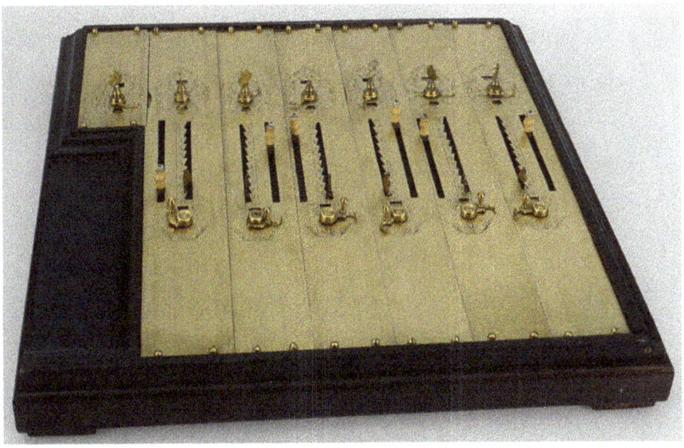

Abb. 9.23: Addier- und Subtrahiermaschine von Gersten (1722). Dieses Rechenmittel von Christian Ludwig Gersten (Nachbau) nutzt für die Subtraktion Ergänzungszahlen (© Braunschweigisches Landesmuseum, Braunschweig, Bild: Ingeborg Simon).

Abb. 9.24: Tastenaddiermaschine von Gonnella (1858). Dieses Rechenhilfsmittel von Tito Gonnella aus Messing und Eisen gehört zu den wenigen frühen tastengesteuerten Kolonnenaddierern. Die Tasten für die Ziffern 1–5 sind unten, die für 6–9 in der oberen Reihe angeordnet (© Museo Galileo, Florenz).

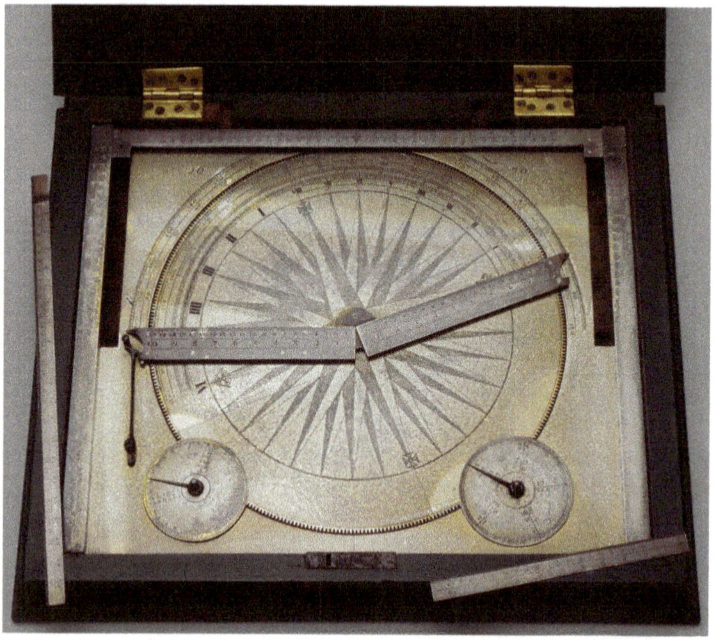

Abb. 9.25: Trigonometrischer Rechner von Morland (1670). Samuel Morland hat dieses seltene Gerät für die Dreiecksberechnung (Trigonometrie) gebaut (© Museo Galileo, Florenz).

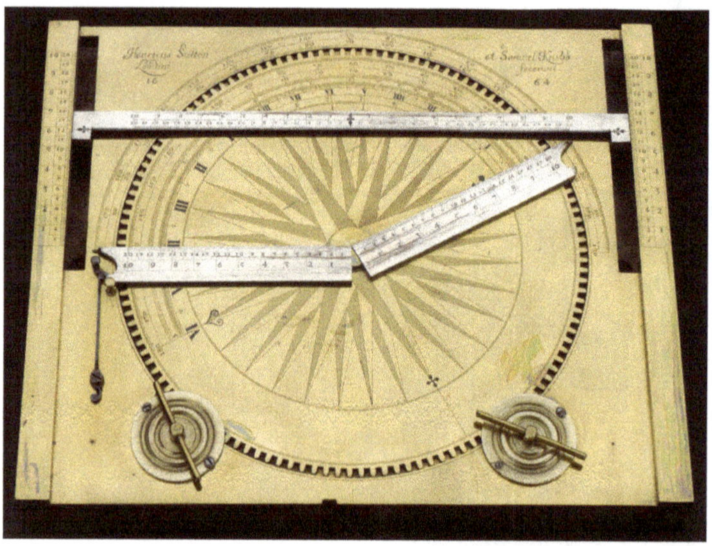

Abb. 9.26: Trigonometrischer Rechner von Morland (1664). Samuel Morland hat dieses seltene Gerät aus Messing, Eisen und Holz für die Dreiecksmessung erfunden (© Science Museum, London/ Science & society picture library).

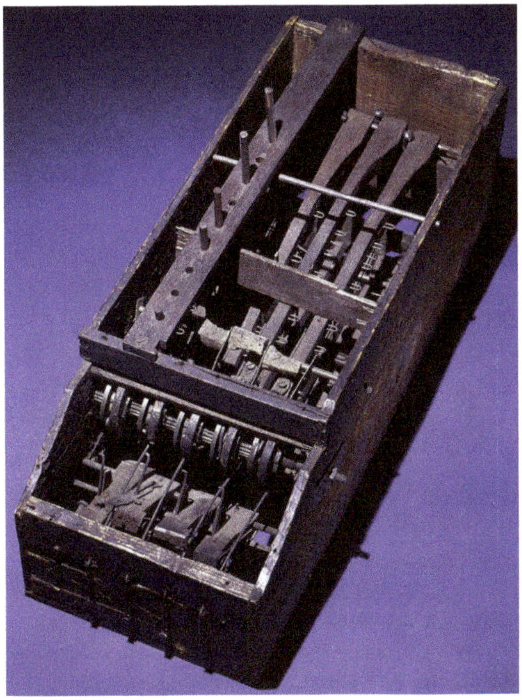

Abb. 9.27: Makkaronikiste (1884). Für sein Versuchsmuster verwendete Dorr E. Felt eine hölzerne Makkaronikiste. Diese fünfstellige Vorrichtung war der Vorläufer des Comptometers, einer Tastenaddiermaschine (© Division of medicine & science, National Museum of American History, Smithsonian Institution, Washington, D.C.).

Abb. 9.28: Comptometer von Felt & Tarrant (1887). Diese frühe Addiermaschine mit Volltastatur wurde von der Felt & Tarrant manufacturing company in Chicago, Illinois, serienmäßig gefertigt (© Deutsches Museum, München).

Abb. 9.29: Direktmultiplizierer von Verea (1878). Erfinder war der gebürtige Spanier Ramón Verea. Auf der Vorderseite des offenen Modells sind zwei senkrechte Messingprismen zu sehen. Sie haben je 10 Seiten. Jede Seite hat zwei Reihen zu 10 Löchern. Die Löcher haben unterschiedliche Größen. Das größte Loch stellt die Ziffer 0 dar, das kleinste die 9. Mit den beiden Knöpfen (oben) werden die Zylinder gedreht (© Division of medicine & science, National Museum of American History, Smithsonian Institution, Washington, D.C.).

Abb. 9.30: Direktmultiplizierer von Bollée (1889). Diese schwergewichtige Rechenmaschine war wirtschaftlich kein Erfolg. Sie regte aber die Fertigung der Schweizer Vierspeziesmaschine Millionär an (© Musée des arts et métiers-Cnam, Paris Bild: studio Cnam).

Abb. 9.31: Arithmographe von Léon Bollée. Der 14-stellige, tragbare französische Mehrspeziesrechner (1889) besteht aus einem Zahlenschieber mit halbautomatischem Hakenzehnerübertrag und Genaillestäbchen in Form von übereinanderliegenden Blättchen. Der mit einem Stift bedienbare Zahlenschieber führt Additionen und Subtraktionen aus. Die Stäbchen sind für die Multiplikation und die Division bestimmt. Die beiden waagrechten Schieber (unten) stellen alle Werte auf null. Dank eines beweglichen Rahmengestells lassen sich die Genaillestäbchen nach links und rechts schieben. Dadurch werden unmittelbar die Teilprodukte angezeigt. So lässt sich die Bildung dieser Produkte durch aufeinanderfolgende Additionen vermeiden. Der Schlitten dient der Stellenverschiebung. Der Rahmen trägt 6 Bündel mit je 9 drehbaren Stäbchen. Hier liegt ein äußerst geschickter Verbund von zwei Digitalrechnern vor (© Inria/Bild: J.-M. Ramès).

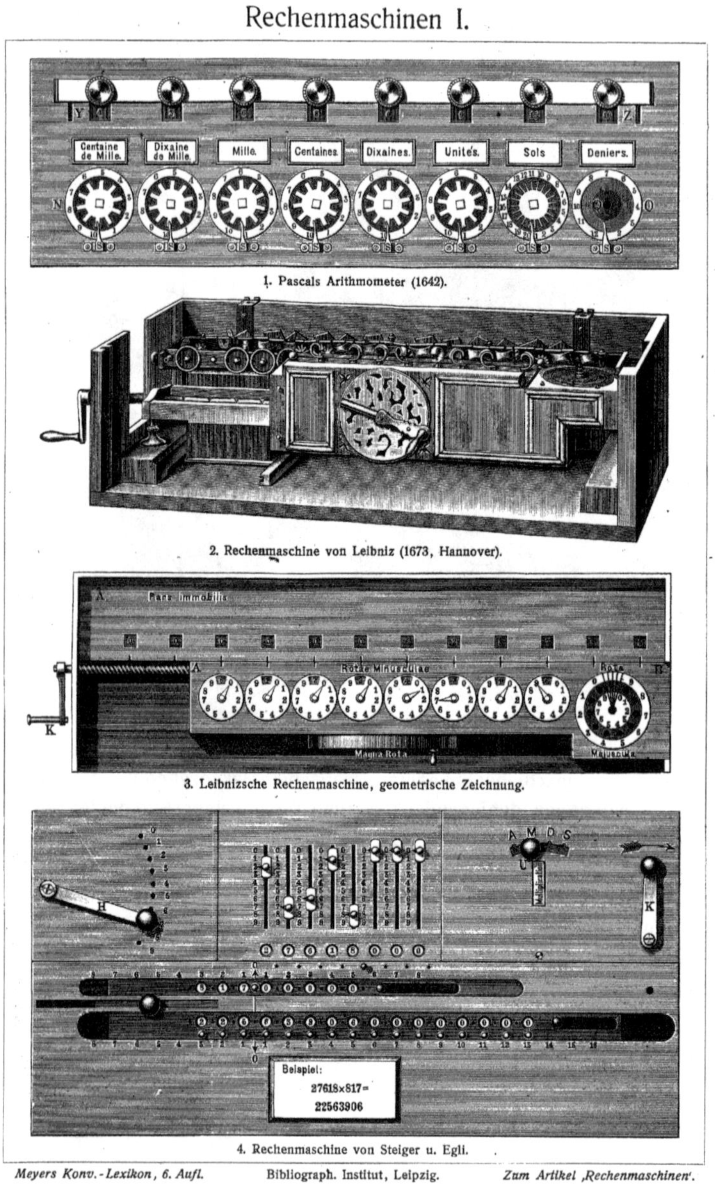

Abb. 9.32: Rechenmaschinen in einem Nachschlagewerk (1). Dargestellt sind (von oben nach unten): Addier- und Subtrahiermaschine Pascaline, Leibnizens Staffelwalzenrechner, Direktmultiplizierer Millionär (Quelle: Meyers Großes Konversations-Lexikon, Bibliographisches Institut, Leipzig, Wien, 6., gänzlich neubearbeitete und vermehrte Auflage 1908, 16. Band: Stichwort Rechenmaschinen, gemeinfrei).

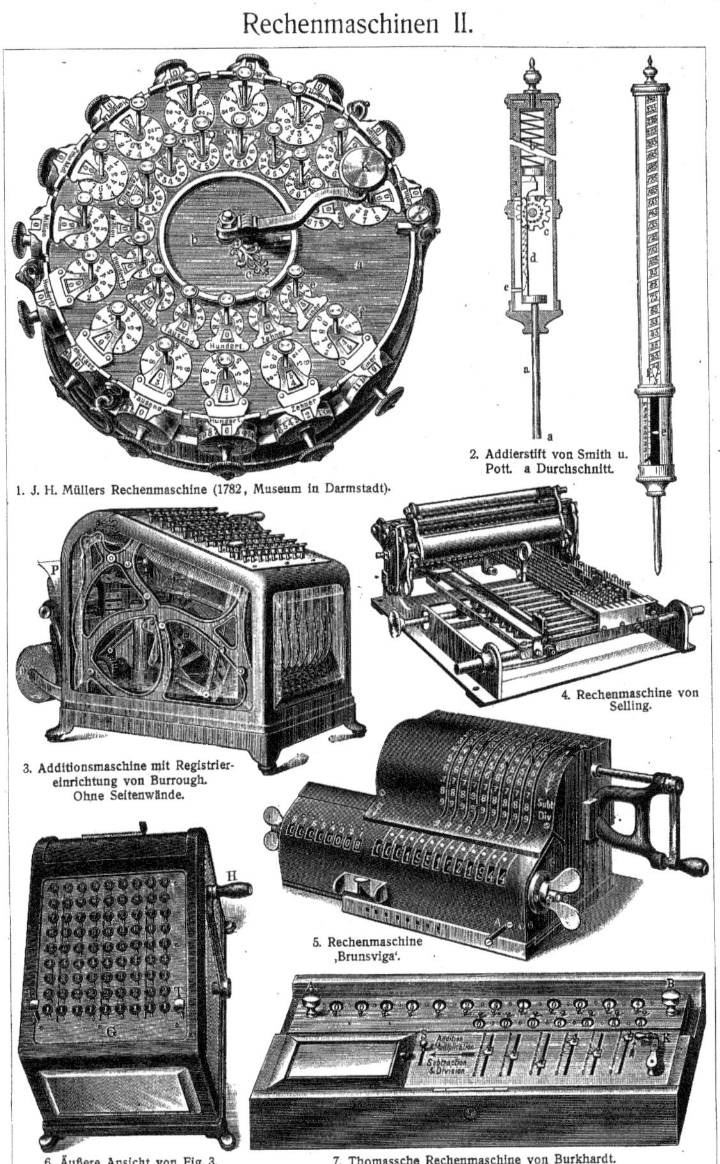

Abb. 9.33: Rechenmaschinen in einem Nachschlagewerk (2). Dargestellt sind außer einem Rechenstift (Querschnitt): Rechenmühle von Müller, Direktmultiplizierer von Selling, Volltastaturaddierer von Burroughs, Sprossenradmaschine von Brunsviga, Staffelwalzenmaschine von Burkhardt (Quelle: Meyers Großes Konversations-Lexikon, Bibliographisches Institut, Leipzig, Wien, 6., gänzlich neubearbeitete und vermehrte Auflage 1908, 16. Band: Stichwort Rechenmaschinen, gemeinfrei).

Abb. 9.34: Brunsviga, Rechenmühle und Lehrbuch. Die Brunsviga ist eine Sprossenradmaschine, die Rundbaumaschine ist 12-stellig. Jacob Leupold entwarf eine Stellsegmentmaschine, die von Anton Braun und Philippe Vayringe verwirklicht wurde (© Heinrich Heidersberger, Institut Heidersberger GmbH, Wolfsburg).

9.4 Wo ist ein bestimmtes historisches Rechengerät ausgestellt?

9.4.1 Analoge Rechenhilfsmittel

Räderwerk von Antikythera (Konstrukteur unbekannt)
Archäologisches Nationalmuseum, Athen

Anmerkung
Nachbauten gibt es in mehreren Ländern (z.B. Australien, Deutschland, England, Griechenland, Schweiz).

schwilguéscher Kirchenrechner (Jean-Baptiste Schwilgué)
Straßburger Münster

Loga-Rechenwalze, 24 m (Heinrich Daemen Schmid)
mehrere Sammlungen (9 Stück erhalten), z.B. ETH Zürich, UBS Basel, Universität Greifswald sowie private Sammlungen

Armillarsphären
zahlreiche Museen

Astrolabien
zahlreiche Museen

Globen
zahlreiche Museen

Sonnenuhren
zahlreiche Museen

Rechenschieber
zahlreiche Museen

Proportionalwinkel (Proportionalzirkel)
mehrere Museen

Reduktionszirkel
mehrere Museen

Kurvenmesser
mehrere Museen

Flächenmesser (Planimeter)
mehrere Museen

Integrieranlagen (Differenzialgleichungsmaschinen)
- Hartrees Integrieranlage (Douglas Hartree/Arthur Porter)
  Science Museum, London (Meccano-Vorführmodell)
- Lennard-Jones' Integrieranlage (John Edward Lennard-Jones/J. B. Bratt)
  Museum of Transport and Technology, Auckland, Neuseeland
- IPM-Ott-Integrieranlage
  Deutsches Museum, München
- Contraves IA 58
  Museum für Kommunikation, Bern.

9.4.2 Digitale Rechenhilfsmittel

Rechenbretter (marmorne Rechentafeln)
vgl. Alain Schärlig: Compter avec des cailloux, Presses polytechniques et universitaires romandes, Lausanne, 2., verbesserte Auflage 2001

Rechenrahmen (Zählrahmen)
zahlreiche Museen

Rechenstäbchen (z.B. Neper, Genaille/Lucas)
mehrere Museen

Zahlenschieber
zahlreiche Museen

Differenzenmaschinen
- scheutzsche Differenzenmaschine 1 (Pehr Georg Scheutz, Vater; Edvard Raphael Scheutz, Sohn)
  National Museum of American History, Washington, D.C.
- scheutzsche Differenzenmaschine 3 (Pehr Georg Scheutz; Edvard Raphael Scheutz)
  Science Museum, London.

Lochkartenmaschinen
- zahlreiche Museen
- Tauscheks Buchhaltungsmaschinen (Gustav Tauschek)
  Technisches Museum Wien

programmierbare Rechenautomaten
- Csirac, Röhrenrechner (Trevor Pearcey, Maston Beard)
  Melbourne Museum, Carlton, Victoria
- Harwell-Dekatron-Rechner, Relaisrechner (Edward Cooke-Yarborough, Robert Barnes)
  National Museum of Computing, Bletchley Park (betriebsfähig)
- Hec 1 (Hollerith electronic computer, Raymond Bird)
  National Museum of Computing, Bletchley Park
- Mailüfterl, Transistorrechner (Heinz Zemanek)
  Technisches Museum Wien
- Pilot Ace, Röhrenrechner (Alan Turing, James Wilkinson)
  Science Museum, London
- Zuse Z4, Relaisrechner (Konrad Zuse)
  Deutsches Museum, München

Verschlüsselungsmaschinen
- Enigma (Arthur Scherbius)
  mehrere Museen.

9.4.3 Rechentische, Rechenbretter und Rechentücher

Rechentische
Australien
- Renmark (Privatbeseitz, Tisch ursprünglich aus der französischen Schweiz)

Dänemark (17. Jh.)
- Kopenhagen (Schloss Rosenborg)

Deutschland (9 Stück, 16. Jh.)
- Berlin (Jüdisches Museum, Dauerleihgabe aus Dinkelsbühl)
- Dinkelsbühl (Haus der Geschichte)
- Goslar (Museum Goslar)
- Lüneburg (Rathaus, zwei Stück)
- Münster
- Nürnberg (Germanisches Nationalmuseum, Dauerleihgabe aus Dinkelsbühl)
- Volkach (Museum Barockscheune)
- Wittenberg (Ordinandenstube der Stadtpfarrkirche St. Marien)

Frankreich (um 1600)
- Straßburg (Frauenhausmuseum/Musée de l'œuvre notre dame)

Österreich (17. Jh.)
- Innsbruck (Schloss Ambras)

Schweiz (18 Stück, 16. und 17. Jh.)
- Basel (Historisches Museum, 2 Stück)
- Basel (Staatsarchiv)
- Bremgarten AG (Stadthaus)
- Château d'Œx VD (Musée du Vieux Pays-d'Enhaut, 2 Stück)
- Genf (Musée d'art et d'histoire)
- Sembrancher VS (Maison communale)
- Sierre VS (Château Muzot)
- Thun BE (Historisches Museum Schloss Thun)
- Veytaux VD (Château de Chillon)
- Zürich (Schweizerisches Landesmuseum, 2 Stück)

Weitere Rechentische befinden sich in Privatbesitz in den Kantonen Waadt (4 Stück) und Neuenburg (1 Stück).

Rechenbretter (hölzerne Rechenplatten)
Schweiz (3 Stück)
- Château d'Œx VD (Musée du Vieux Pays-d'Enhaut)
- Thun BE (Historisches Museum Schloss Thun)

Ein weiteres Rechenbrett befindet sich in Privatbesitz in Rossinière VD.

Rechentücher
Deutschland (8 Stück)
- München (Bayerisches Hauptstaatsarchiv, 2 Stück)
- München (Bayerisches Nationalmuseum, 3 Stück)
- München (Münchner Stadtmuseum, 2 Stück)
- Überlingen (Städtisches Heimatmuseum)

Rechenhut
- Wien (Kunsthistorisches Museum Wien, Landsknechtsbarett).

Anmerkung
Es gibt zahlreiche Nachbauten von Rechentischen (z.B. Adam-Ries-Museum Annaberg Buchholz; Heimatmuseum Bad Staffelstein; Arithmeum, Bonn; Heinz-Nixdorf-Museumsforum, Paderborn; Heimatverein Wittenberg und Umgebung; Stadtmuseum Ingolstadt; Schloss Vianden, Luxemburg) und Rechentüchern (z.B. Annaberg-Buchholz, Bad Staffelstein, Erfurt).

Quelle
Ulrich Reich: Rechentische, -bretter und -tücher. Originale und Nachbauten, in: Rainer Gebhardt (Hg.): 500 Jahre erstes Rechenbuch von Adam Ries, Adam-Ries-Bund, Annaberg-Buchholz 2018, Seiten 57–64

Für weitere Angaben vgl.
Alain Schärlig: Compter avec des jetons. Tables à calculer et tables de compte du Moyen Age à la Révolution, Presses polytechniques et universitaires romandes, Lausanne 2003.

Die folgende Übersicht gliedert sich in Originale und Nachbauten. Sie deckt nur *seltene* Geräte aus der *Früh*geschichte der Rechentechnik ab.

9.4.4 Historische Rechenhilfsmittel mit Standortangabe: Originale

- Amslers Integrierinstrumente (Polarplanimeter von Jakob Amsler)
  Museum Allerheiligen, Schaffhausen; Deutsches Museum, München; Musée des arts et métiers, Paris; National Museum of American History, Washington, D.C., Computer History Museum, Mountain View, Kalifornien
- Arithmaurel (Rechenmaschine von Timoléon Maurel und Jean Jayet)
  Musée des arts et métiers, Paris; Braunschweigisches Landesmuseum, Braunschweig; Arithmeum, Bonn; Science Museum, London; IBM, Konzernarchiv, Poughkeepsie, New York

- Arithmometer, Staffelwalzenmaschine (Charles-Xavier Thomas)
  zahlreiche Museen, vgl.: www.arithmometre.org, z.B. National Museum of American History, Washington, D.C.; Musée des arts et métiers, Paris; Arithmeum, Bonn; Reggia di Caserta (Königspalast); Heinz-Nixdorf-Museumsforum, Paderborn
- Auchs Zahnscheibenaddier- und -subtrahiermaschine (Jacob Auch)
  Landesmuseum Württemberg, Stuttgart; Mathematisch-physikalischer Salon, Dresden; Rijksmuseum Boerhaave, Leiden
- Babbages analytische Maschine, Teilstück (Charles Babbage)
  Science Museum, London
- Babbages Differenzenmaschine 1, Teilstück (Charles Babbage)
  Science Museum, London
- baldwinsche Sprossenradmaschine (Frank Stephen Baldwin)
  zahlreiche Museen, z.B. National Museum of American History, Washington, D.C.
- Beyerlens Rechenrad (Angelo Beyerlen)
  Deutsches Museum, München; Universität Hannover (Sammlung historischer geodätischer Instrumente und historischer Rechenhilfsmittel)
- Bollées Direktmultipliziermaschine (Léon Bollée)
  Musée des arts et métiers, Paris; Deutsches Museum, München; National Museum of American History, Washington, D.C.; IBM, Konzernarchiv, Poughkeepsie, New York
- Bollées Multiplizier- und Dividiergerät (Arithmographe mit Neperstäbchen)
  Musée des arts et métiers, Paris; IBM, Konzernarchiv, Poughkeepsie, New York
- braunsche Sprossenradmaschine (Anton Braun)
  Kunsthistorisches Museum Wien
- Bürgis Reduktionszirkel (Jost Bürgi)
  Astronomisch-physikalisches Kabinett, Kassel
- Csirac, speicherprogrammierter Röhrenrechner (Trevor Pearcey, Maston Beard)
  Melbourne Museum, Carlton, Victoria
- Curta, Staffelwalzenmaschine (Curt Herzstark)
  zahlreiche Museen, Urmodell im Liechtensteinischen Landesmuseum, Vaduz
- Dariusvase mit Rechentisch (Apulien)
  Museo archeologico nazionale, Neapel
- dietzscholdsche Schaltklinkenmaschine (Curt Dietzschold)
  Arithmeum, Bonn; Mathematisch-physikalischer Salon, Dresden; Uhrenmuseum, Wien

- feltsche Schaltschwingenmaschine, Comptometer (Dorr Eugene Felt)
  Deutsches Museum, München; Science Museum, London; Musée des arts et métiers, Paris; National Museum of American History, Washington, D.C. (Makkaronikiste)
- Galileis Proportionalwinkel (Galileo Galilei)
  Museo Galileo, Florenz
- Gonnellas Tastenaddiermaschine (Tito Gonnella)
  Museo Galileo, Florenz
- Gonnellas Zahnscheibenaddiermaschine (Tito Gonnella)
  Arithmeum, Bonn
- Grillets Vierspeziesgerät (Neperstäbchen mit Zahnscheibenaddierer von René Grillet)
  Musée des arts et métiers, Paris; Heinz-Nixdorf-Museumsforum, Paderborn
- hahnsche Rechentrommel
  Landesmuseum Württemberg, Stuttgart
- hahnsche Staffelwalzenmaschine (Philipp Matthäus Hahn)
  Landesmuseum Württemberg, Stuttgart; Technoseum, Mannheim; IBM, Konzernarchiv, Poughkeepsie, New York
- Hartrees Integrieranlage (Douglas Rayner Hartree)
  Science Museum, London; Science and Industry Museum, Manchester
- Harwell-Dekatron-Rechner, speicherprogrammierter Relaisrechner (Edward Cooke-Yarborough, Robert Barnes)
  National Museum of Computing, Bletchley Park
- Hec 1 (Hollerith electronic computer)
  National Museum of Computing, Bletchley Park
- hollerithsche Lochkartenanlage (Zähl- und Sortiermaschine, Tabellierer, Pantografkartenstanzer (Volkszählungsmaschine)) (Herman Hollerith)
  National Museum of American History, Washington, D.C.; IBM, Konzernarchiv, Poughkeepsie, New York; Musée des arts et métiers, Paris
- Kirchers Organum mathematicum (Athanasius Kircher)
  Bayerisches Nationalmuseum, München; Museo Galileo, Florenz
- Johnniac (Röhrenrechner)
  Computer History Museum, Mountain View, Kalifornien
- leibnizsche Staffelwalzenmaschine (Gottfried Wilhelm Leibniz)
  Gottfried-Wilhelm-Leibniz-Bibliothek, Hannover

- Lépines Addier- und Subtrahiermaschine (Jean Lépine)
  Musée des arts et métiers, Paris; National Museum of American History, Washington, D.C.
- Leupold/Braun/Vayringe-Stellsegmentmaschine (Jacob Leupold / Anton Braun / Philippe Vayringe)
  Deutsches Museum, München
- Mailüfterl, Transistorrechner (Heinz Zemanek)
  Technisches Museum Wien
- Millionär, Direktmultipliziermaschine (Otto Steiger)
  mehrere Museen
- Morlands Multiplizier- und Dividiergerät (Samuel Morland)
  Museo Galileo, Florenz
- Morlands Trigonometrierechner (Samuel Morland)
  Science Museum, London; Museo Galileo, Florenz; IBM, Konzernarchiv, Poughkeepsie, New York
- Morlands Zahnscheibenaddiergerät (Samuel Morland)
  Science Museum, London; History of Science Museum, Oxford
- müllersche Staffelwalzenmaschine (Johann Helfrich Müller)
  Hessisches Landesmuseum, Darmstadt
- Napiers Promptuarium (John Napier)
  Nationales Archäologiemuseum, Madrid
- odhnersche Sprossenradmaschine (Willgodt Theophil Odhner)
  zahlreiche Museen; u.a. Deutsches Museum, München; National Museum of American History, Washington, D.C.
- Pascaline, Additions- und Subtraktionsmaschine (Blaise Pascal)
  mehrere Museen (8 Stück und ein später Nachbau mit Originalteilen erhalten), u.a. Musée des arts et métiers, Paris (3 Stück); Mathematisch-physikalischer Salon, Dresden (1 Stück); Muséum Henri-Lecoq, Clermont-Ferrand (2 Stück), IBM, Konzernarchiv, Poughkeepsie, New York (1 Stück); Privatsammlung (Collection Léon Poncé) (1 Stück). Das 9. Exemplar (ebenfalls in Paris) entstand erst im 18. Jahrhundert.
- Pilot Ace, speicherprogrammierter Röhrenrechner (Alan Turing, James Wilkinson)
  Science Museum, London
- Räderwerk von Antikythera (astronomische Rechenmaschine)
  Archäologisches Nationalmuseum, Athen

- römischer Handabakus
  Museo nazionale romano (Palazzo Massimo alle Terme; Thermenmuseum), Rom; Nationalbibliothek (Cabinet des médailles), Paris; British Museum, London; Musée archéologique régional, Aosta
- rothsche Addier- und Subtrahiermaschine (Didier Roth)
  Musée des arts et métiers, Paris; Heinz-Nixdorf-Museumsforum, Paderborn
- rothsche Multiplizier- und Dividierstäbchen (Didier Roth)
  Musée des arts et métiers, Paris
- rothsche Sprossenradmaschine (Didier Roth)
  Musée des arts et métiers, Paris
- rothsche Zahnscheibenaddiermaschine (Didier Roth)
  Musée des arts et métiers, Paris; Heinz-Nixdorf-Museumsforum, Paderborn; Arithmeum, Bonn; Technisches Museum Wien; Science Museum, London; IBM, Konzernarchiv, Poughkeepsie, New York
- salaminische Rechentafel (Insel Salamis)
  Epigrafisches Museum, Athen (Museum für antike Inschriften)
- sautersche Sprossenradmaschine (Johann Jacob Sauter)
  Stadsmuseum, Göteborg
- sauterscher Stiftaddierer (Johann Jacob Sauter)
  Science Museum, London
- scheutzsche Differenzenmaschine 1 (Pehr Georg Scheutz)
  National Museum of American History, Washington, D.C.
- scheutzsche Differenzenmaschine 3 (Pehr Georg Scheutz)
  Science Museum, London
- schiltsche Tastenaddiermaschine (Victor Schilt; Nachbau der Schwilguémaschine)
  National Museum of American History, Washington, D.C.
- schustersche Staffelwalzenmaschine (Johann Christoph Schuster)
  Deutsches Museum, München; Arithmeum, Bonn
- schwilguésche Tastenaddiermaschine (Jean-Baptiste Schwilgué)
  ETH Zürich; Historisches Museum, Straßburg
- schwilguéscher „Prozessrechner“ (Jean-Baptiste Schwilgué)
  Historisches Museum, Straßburg
- sellingsche Direktmultipliziermaschine (Eduard Selling)
  Deutsches Museum, München

- Staffels Addier- und Subtrahiermaschine (Israel Abraham Staffel)
  Braunschweigisches Landesmuseum, Braunschweig
- Stanhopes Logikrechner (Charles Stanhope)
  History of Science Museum, Oxford
- Stanhopes Staffelwalzenmaschine (Charles Stanhope)
  Science Museum, London
- Stanhopes Stellsegmentmaschine (Charles Stanhope)
  Science Museum, London
- Stanhopes Zahnscheibenaddiermaschine (Charles Stanhope)
  Science Museum, London; History of Science Museum, Oxford
- Torres Quevedos mechanische Rechenmaschinen (Leonardo Torres Quevedo)
  Museo „Torres Quevedo“, Madrid
- Vereas Direktmultiplizierer (Ramón Verea)
  National Museum of American History, Washington, D.C.; IBM, Konzernarchiv, Poughkeepsie, New York
- Wetlis Planimeter (Kaspar Wetli)
  Universität Hannover (Sammlung historischer geodätischer Instrumente und historischer Rechenhilfsmittel); National Museum of American History, Washington, D.C.
- wibergsche Differenzenmaschine (Martin Wiberg)
  Tekniska museet, Stockholm
- Zuse M9, stecktafelprogrammierter Rechenlocher (Konrad Zuse)
  Museum für Kommunikation, Bern
- Zuse Z4, programmgesteuerter Relaisrechner (Konrad Zuse)
  Deutsches Museum, München.

9.4.5 Historische Rechenhilfsmittel mit Standortangabe: Nachbauten

- Atanasoff-Berry-Computer (ABC, John Atanasoff)
  Computer History Museum, Mountain View, Kalifornien (Leihgabe)
- Auchs Zahnscheibenaddier- und -subtrahiermaschine (Jacob Auch)
  Arithmeum, Bonn
- Babbages analytische Maschine (Charles Babbage), Teilstück
  Science Museum, London; IBM, Konzernarchiv, Poughkeepsie, New York

- Babbages Differenzenmaschine 1 (Charles Babbage)
  Science Museum, London; Arithmeum, Bonn; Museo nazionale della scienza e della tecnologia „Leonardo da Vinci“, Mailand; National Museum of American History, Washington, D.C.; Computer History Museum, Mountain View, Kalifornien (Nachbau von Roberto Guatelli); Canada Science and Technology Museum, Ottawa (Nachbau von Roberto Guatelli)
- Babbages Differenzenmaschine 2 (Charles Babbage)
  Science Museum, London; Heinz-Nixdorf-Museumsforum, Paderborn, Intellectual ventures laboratories, Bellevue, Washington
- Bollées Direktmultipliziermaschine (Léon Bollée)
  Arithmeum, Bonn
- braunsche Sprossenradmaschine (Anton Braun)
  Arithmeum, Bonn
- Colossus, stecktafelgesteuerter Röhrenrechner (Thomas Flowers)
  National Museum of Computing, Bletchley Park
- Edsac, speicherprogrammierter Röhrenrechner (Maurice Wilkes)
  National Museum of Computing, Bletchley Park
- Galileis Proportionalwinkel (Galileo Galilei)
  IBM, Konzernarchiv, Poughkeepsie, New York
- Gerstens Addier- und Subtrahiermaschine (Christian Ludwig Gersten)
  Braunschweigisches Landesmuseum, Braunschweig; Hessisches Landesmuseum, Darmstadt
- Grillets Vierspeziesgerät (Neperstäbchen mit Zahnscheibenaddierer) (René Grillet)
  Braunschweigisches Landesmuseum, Braunschweig; Arithmeum, Bonn
- hahnsche Staffelwalzenmaschine (Philipp Matthäus Hahn)
  Braunschweigisches Landesmuseum, Braunschweig; Philipp-Matthäus-Hahn-Museum, Albstadt-Onstmettingen; Arithmeum, Bonn
- Hoelzers elektronischer Analogrechner (Helmut Hoelzer)
  Deutsches Technikmuseum, Berlin
- hollerithsche Lochkartenanlage (Zähl- und Sortiermaschine, Tabellierer, Pantografkartenstanzer (Volkszählungsmaschine) (Herman Hollerith)
  Heinz-Nixdorf-Museumsforum, Paderborn; Arithmeum, Bonn; Museo nazionale della scienza e della tecnologia „Leonardo da Vinci“, Mailand; Computer History Museum, Mountain View, Kalifornien (Nachbau von Roberto Guatelli)

- leibnizsche Rechenmaschine (*binär*, Gottfried Wilhelm Leibniz)
  Deutsches Museum, München; Deutsches Technikmuseum, Berlin; Hessisches Landesmuseum, Darmstadt; Heinz-Nixdorf-Museumsforum, Paderborn; Universität Hannover (Leibnizausstellung)
- leibnizsche Rechenmaschine (*dezimal*, Gottfried Wilhelm Leibniz)
  Universität Hannover (Leibnizausstellung)/Gottfried Wilhelm Leibniz Bibliothek, Hannover; Deutsches Museum, München; Deutsches Technikmuseum, Berlin; Berlin-brandenburgische Akademie der Wissenschaften, Berlin; Heinz-Nixdorf-Museumsforum, Paderborn; Arithmeum, Bonn; Braunschweigisches Landesmuseum, Braunschweig; Technische Universität Dresden/Technische Sammlungen, Dresden; Museum für Astronomie und Technikgeschichte, Kassel; Museo nazionale della scienza e della tecnologia „Leonardo da Vinci“, Mailand (Nachbau von Roberto Guatelli); Science Museum, London; Carnegie-Mellon-Universität, Pittsburgh, Pennsylvania (Nachbau von Roberto Guatelli); IBM, Konzernarchiv, Poughkeepsie, New York
- Leupold/Braun/Vayringe-Stellsegmentmaschine (Jacob Leupold / Anton Braun / Philippe Vayringe)
  Deutsches Museum, München; Heinz-Nixdorf-Museumsforum, Paderborn; Arithmeum, Bonn; Museum Tuttlingen-Möhringen; IBM, Konzernarchiv, Poughkeepsie, New York
- Manchester baby, speicherprogrammierter Röhrenrechner (Frederic Williams)
  Science and Industry Museum, Manchester
- Millionär (Direktmultipliziermaschine) (Otto Steiger, Hans W. Egli)
  Carnegie-Mellon-Universität, Pittsburgh, Pennsylvania (Nachbau von Roberto Guatelli)
- Morlands Multiplizier- und Dividiergerät (Samuel Morland)
  Arithmeum, Bonn
- Morlands Zahnscheibenaddiergerät (Samuel Morland)
  Science Museum, London; Arithmeum, Bonn
- müllersche Staffelwalzenmaschine (Johann Helfrich Müller)
  Braunschweigisches Landesmuseum, Braunschweig; Hessisches Landesmuseum, Darmstadt; Heinz-Nixdorf-Museumsforum, Paderborn; Arithmeum, Bonn; Deutsches Museum, München (Ausschnitt)
- Napiers Promptuarium (John Napier)
  Universität Edinburgh

- Pascaline (Blaise Pascal)
  Deutsches Museum, München; Deutsches Technikmuseum, Berlin; Heinz-Nixdorf-Museumsforum, Paderborn; Braunschweigisches Landesmuseum, Braunschweig; Arithmeum, Bonn; Museum für Kommunikation, Bern; Museum Enter, Solothurn; Museo nazionale della scienza e della tecnologia „Leonardo da Vinci", Mailand (Nachbau von Roberto Guatelli); Science Museum, London; Tekniska museet, Stockholm ;National Museum of American History, Washington, D.C.; Computer History Museum, Mountain View, Kalifornien; Carnegie-Mellon-Universität, Pittsburgh, Pennsylvania (Nachbau von Roberto Guatelli); IBM, Konzernarchiv, Poughkeepsie, New York; Canada Science and Technology Museum, Ottawa (Nachbau von Roberto Guatelli)

- Polenis Sprossenradmaschine (Giovanni Poleni)
  Museo nazionale della scienza e della tecnologia „Leonardo da Vinci", Mailand; Arithmeum, Bonn

- römischer Handabakus
  Deutsches Museum, München; Deutsches Technikmuseum, Berlin; Braunschweigisches Landesmuseum, Braunschweig; Heinz-Nixdorf-Museumsforum, Paderborn; Science Museum, London

- rothsche Sprossenradmaschine (Didier Roth)
  Arithmeum, Bonn

- sautersche Sprossenradmaschine (Johann Jacob Sauter)
  Arithmeum, Bonn

- scheutzsche Differenzenmaschine 2 (Pehr Georg Scheutz)
  IBM, Konzernarchiv, Poughkeepsie, New York

- schickardsche Rechenuhr, Additions- und Subtraktionsmaschine mit (unabhängigen) Multiplikations- und Divisionsstäben auf drehbaren senkrechten Walzen (Wilhelm Schickard), Rekonstruktion
  Deutsches Museum, München; Deutsches Technikmuseum, Berlin; Heinz-Nixdorf-Museumsforum, Paderborn; Technische Sammlungen, Dresden; Braunschweigisches Landesmuseum, Braunschweig; Arithmeum, Bonn; Stadtmuseum im Kornhaus, Tübingen; Computermuseum des Wilhelm-Schickard-Instituts für Informatik der Universität Tübingen; Rechentechnische Sammlung des Instituts für Mathematik und Informatik der Universität Greifswald; Kepler-Museum, Weil der Stadt; Computermuseum Aachen; Universität Linz (Archiv); Museum für Kommunikation, Bern; Museum Enter, Solothurn; Science Museum, London; Computer History Museum, Mountain View, Kalifornien

- schustersche Staffelwalzenmaschine (Johann Christoph Schuster)
  Arithmeum, Bonn

- sellingsche Direktmultipliziermaschine (Eduard Selling)
  Braunschweigisches Landesmuseum, Braunschweig
- Stanhopes Staffelwalzenmaschine (Charles Stanhope)
  Arithmeum, Bonn
- Stanhopes Stellsegmentmaschine (Charles Stanhope)
  Arithmeum, Bonn
- Stanhopes Zahnscheibenaddiermaschine (Charles Stanhope)
  Arithmeum, Bonn
- Tunnymaschine, Nachbildung der Lorenzschlüsselmaschine SZ42
  National Museum of Computing, Bletchley Park
- Turing-Welchman-Bombe, elektromechanische Entzifferungsmaschine (Alan Turing)
  National Museum of Computing, Bletchley Park
- Vereas Direktmultiplizierer (Ramón Verea)
  Arithmeum, Bonn
- Zuse Z1, mechanischer Rechner (Konrad Zuse)
  Deutsches Technikmuseum, Berlin
- Zuse Z3, programmgesteuerte Relaismaschine (Konrad Zuse)
  Deutsches Museum, München; Konrad-Zuse-Museum, Hünfeld.

9.4.6 Programmierbare historische Schreibautomaten (Originale)

- Knaussche allesschreibende Wundermaschine (Friedrich Knaus)
  Technisches Museum Wien
- Jaquet-Droz' Schriftsteller (L'écrivain) (Pierre Jaquet-Droz)
  Musée d'art et d'histoire, Neuenburg.

Anmerkungen

Das *Rheinische Landesmuseum* in Trier besitzt ein römisches Reliefbruchstück, das möglicherweise einen Rechenrahmen zeigt.

Für den Erfinder des Reibradgetriebes sind zwei Schreibweisen zu beobachten: Go*n*ella und Go*nn*ella. Bei Roth, der ursprünglich aus Ungarn kam, sind zwei unterschiedliche Vornamen zu lesen: Didier und David, er hat zwei Vornamen.

Quellen

Erhard Anthes; Rose Vogel: Rechnende Räder, Verlag der Studiengalerie, Pädagogische Hochschule Ludwigsburg 2001

Friedrich Ludwig Bauer: Informatik. Führer durch die Ausstellung. Deutsches Museum, München 2004
Richard Hergenhahn; Ulrich Reich; Peter Rochhaus: „Mache für dich Linihen ...". Katalog der erhaltenen originalen Rechentische, Rechenbretter und -tücher der frühen Neuzeit, Adam-Ries-Bund, Annaberg-Buchholz 1999
Jacques Payen: Les exemplaires conservés de la machine Pascal, in: Revue d'histoire des sciences et de leurs applications, Band 16, 1963, Heft 2, Seiten 161–178
Ulrich Reich: Rechentische, -bretter und -tücher. Originale und Nachbauten, in: Rainer Gebhardt (Hg.): 500 Jahre erstes Rechenbuch von Adam Ries, Adam-Ries-Bund, Annaberg-Buchholz 2018, Seiten 57–64
Alain Schärlig: Compter avec des jetons. Tables à calculer et tables de compte du Moyen Age à la Révolution, Presses polytechniques et universitaires romandes, Lausanne 2003
Alain Schärlig: Compter du bout des doigts. Cailloux, jetons et bouliers, de Périclès à nos jours, Presses polytechniques et universitaires romandes, Lausanne 2006
Objektdatenbanken (z.B. Science Museum, London; Musée des arts et métiers, Paris; National Museum of American History, Washington, D.C.; Computer History Museum, Mountain View, Kalifornien) sowie internationale Umfrage bei den führenden Museen.

9.4.7 Warum Nachbauten?

Nachbauten (vgl. Abb. 9.35) von seltenen, kostbaren Rechengeräten werden angefertigt, wenn keine Exemplare überlebt haben, wenn Maschinen nur auf dem Papier existierten, verschollen oder in einem schlechten Zustand sind, wenn man die Arbeitsweise eines rätselhaften Geräts verstehen will oder überprüfen möchte, ob eine historische Maschine wirklich einwandfrei lief. Nachbildungen dienen ferner dazu, Lücken im Bestand von Sammlungen aufzufüllen, denn viele Geräte waren Einzelanfertigungen.

Voraussetzung für die Herstellung originalgetreuer Kopien sind neben dem technischen Fachwissen und dem handwerklichen Geschick Zeichnungen, Beschreibungen und geeignete Bauteile. Weltweit wurden zahlreiche Rechenmaschinen nachgebildet, vor allem in England und in Deutschland (z.B. Arithmeum, Bonn). Das rätselhafte Räderwerk von Antikythera führte zu vielen Nachbildungen.

Zur dezimalen und zur binären leibnizschen Vierspeziesrechenmaschine wurden an der Universität Hannover mehrere Nachbauten und Funktionsmodelle angefertigt (vgl. Erwin Stein: Die Leibniz-Dauerausstellung der Gottfried-Wilhelm-Leibniz-Universität, Leibniz-Universität, Hannover, o. J.).

Die Instandstellung von historischen Geräten bedeutet gegebenenfalls, dass schadhafte oder fehlende Bauteile geflickt oder ersetzt bzw. ergänzt werden müssen. Eine offene Frage: Was ist aus Sicht der Geschichtswissenschaft besser: ein mangelhaftes, nicht arbeitsfähiges Original im ursprünglichen Zustand oder ein wiederhergestelltes, betriebstüchtiges Original, das fremde Bestandteile enthält oder im Innern verändert wurde?

Anstelle von Nachbauten werden oft Simulationen programmiert.

Abb. 9.35: Atanasoff-Berry-Computer (ABC). Der binäre Röhrenrechner von John Vincent Atanasoff und Clifford Edward Berry (1942) aus Ames (Iowa) wurde um 1996 nachgebaut. ABC gilt als erster digitaler Elektronenrechner der Welt. Die festprogrammierte vergleichsweise kleine Spezialmaschine war für die Lösung von Gleichungssystemen bestimmt. Sie beeinflusste offenbar den Bau des Riesenrechners Eniac. ABC nutzte eine Kondensatorspeichertrommel (© Computer History Museum, Mountain View, Kalifornien/Bild: Mark Richards).

9.4.8 Roberto Guatelli: Nachbauten von da Vinci, Leibniz, Pascal, Babbage und Hollerith

Leonardo da Vinci (1452–1519) erstellte eine Fülle technischer Zeichnungen (Codex Atlanticus, Codex Madrid). Er kannte beispielsweise bereits das Zahnradgetriebe, die Zahnstange, die Kurvenscheibe, die Nürnberger Schere, den Proportionalwinkel sowie den Wagenwegmesser und soll auch eine Rechenmaschine entworfen haben. Der Gelehrte und Künstler hat Modelle ausgedacht für Maschinen und Instrumente (z.B. Wegmesser in Form eines Schubkarrens, Webstuhl, Zirkel), Fluggeräte, Schiffe, Brücken, Kirchen, für den Städtebau und das Militärwesen (z.B. Festungen, mit Seilrollen und Seilzügen gesteuerter Krieger). Die Deutung der Skizzen ist allerdings nicht immer einfach.

Der seinerzeit weltberühmte, heute aber vergessene italienische Ingenieur Roberto A. Guatelli (1904–1993), der im zweiten Weltkrieg lange Zeit in einem japanischen Konzentrationslager verbrachte, hat nicht nur unzählige Modelle von Leonardo da Vinci hergestellt, sondern auch zahlreiche Rechenmaschinen nachgebaut, z.B. die Addier- und Subtrahiermaschine von Blaise Pascal, die Vierspeziesrechenmaschine von Gottfried Wilhelm Leibniz, die Differenzenmaschine von Charles Babbage und die Volkszählungsmaschine von Herman Hollerith. 1968 baute Guatelli Leonardo da Vincis „Rechenmaschine" nach. Ob es sich dabei tatsächlich um einen Rechner handelt, ist jedoch umstritten. Die hervorragenden Nachbildungen sind den Originalen oft zum Verwechseln ähnlich.

Fünf Guatelli-Nachbauten in der Carnegie-Universität, Pittsburgh

Erst im Dezember 2018 wurde bekannt, dass Guatelli auch die Direktmultiplikationsmaschine Millionär aus Zürich nachgebaut hat. Weitere Kunstwerke kamen im Januar 2019 zum Vorschein, Rechenmaschinen von Pascal, Leibniz, Pallweber und Webb. Die Zeitzeugin Pamela McCorduck hatte 2018 die Rechenmaschinensammlung, die u.a. auch ein frühes Thomas-Arithmometer, je eine Enigma mit drei und vier Walzen umfasst, der Carnegie-Mellon-Universität, Pittsburgh, Pennsylvania, geschenkt. Zu Ehren ihres verstorbenen Gatten, des Informatikpioniers Joseph Traub, heißt die Sammlung Traub-McCorduck Collection. 1988 hatte das Stifterpaar die fünf Nachbauten bei Guatelli gekauft. Guatelli-Nachbauten gibt es auch in Mailand, Mountain View, New York und Ottawa (vgl. Abb. 9.36–9.51).

Abb. 9.36: Nachbau der Pascaline von Roberto Guatelli (1). Der italienische Modellbauer hat mehrere Pascalmaschinen originalgetreu nachgebaut (© University Libraries, Carnegie-Mellon-Universität, Pittsburgh, Bild: Heidi Wiren Bartlett).

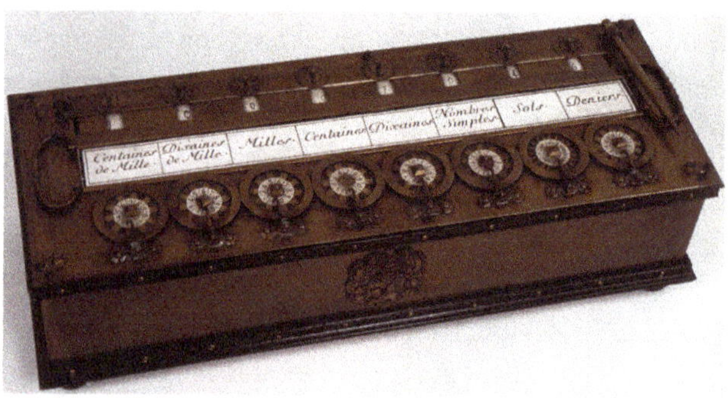

Abb. 9.37: Nachbau der Pascaline von Roberto Guatelli (2). Die Addier- und Subtrahiermaschine von Blaise Pascal (1623–1662) kann Werte bis 999 999 livres darstellen. 1 livre hat 20 sols, 1 sol 12 deniers (© Museo nazionale della scienza e della tecnologia „Leonardo da Vinci“, Mailand).

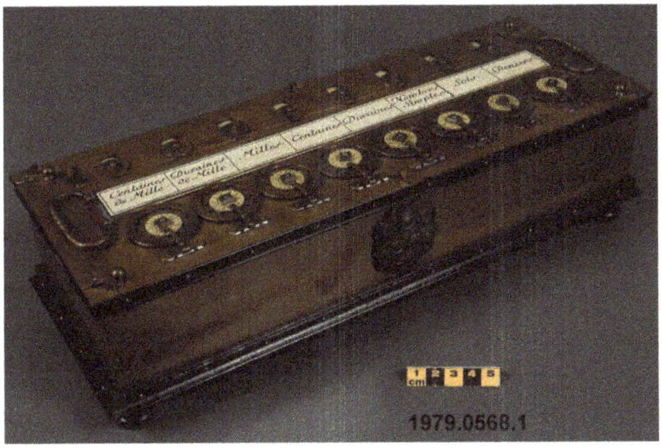

Abb. 9.38: Nachbau der Pascaline von Roberto Guatelli (3). Von Blaise Pascal sind acht Originalmaschinen erhalten. Sie befinden sich u.a. in Paris, Clermont-Ferrand, Dresden und New York. Pascal baute die erste Maschine 1642 (© Canada Science and Technology Museum, Ottawa, Objektnummer 1979.0568.001).

Abb. 9.39: Nachbau der Leibniz-Rechenmaschine von Roberto Guatelli (1). Gottfried Wilhelm Leibniz (1646–1716) baute seine erste Rechenmaschine 1673. Das einzige erhaltene Exemplar stammt aus den 1690er Jahren und wird in Hannover verwahrt. Es ist die weltweit erste mechanische Rechenmaschine, die alle vier Grundrechenarten beherrscht (© Museo nazionale della scienza e della tecnologia „Leonardo da Vinci“, Mailand).

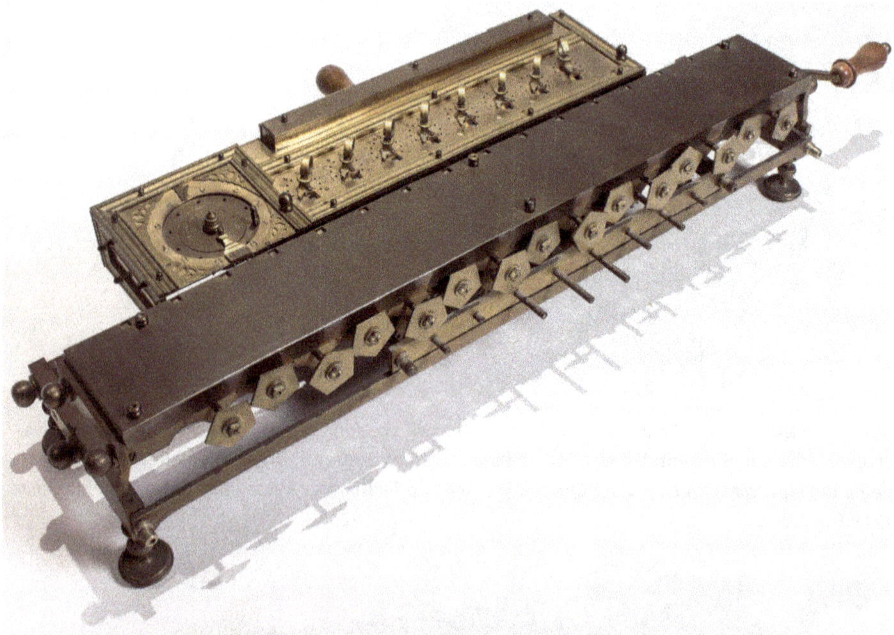

Abb. 9.40: Nachbau der Leibniz-Rechenmaschine von Roberto Guatelli (2). Hier ist die Rückseite dargestellt (© University Libraries, Carnegie-Mellon-Universität, Pittsburgh, Bild: Heidi Wiren Bartlett).

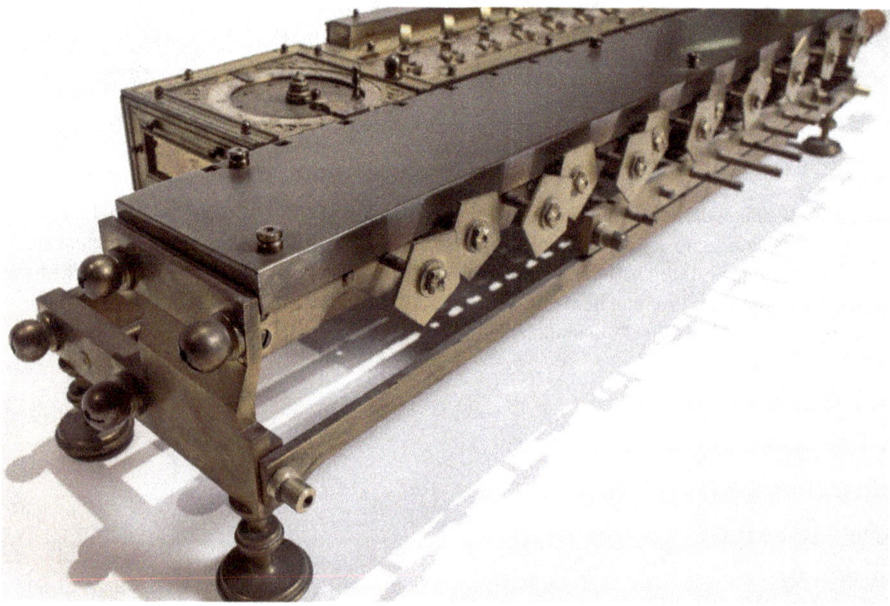

Abb. 9.41: Nachbau der Leibniz-Rechenmaschine von Roberto Guatelli (3). Ausschnitt (© University Libraries, Carnegie-Mellon-Universität, Pittsburgh, Bild: Heidi Wiren Bartlett).

Abb. 9.42: Nachbau der Leibniz-Rechenmaschine von Roberto Guatelli (4). Ausschnitt (© University Libraries, Carnegie-Mellon-Universität, Pittsburgh, Bild: Heidi Wiren Bartlett).

Abb. 9.43: Nachbau der Babbage-Differenzenmaschine von Roberto Guatelli. Charles Babbage (1792–1871) arbeitete ab 1822 an seiner ersten Differenzenmaschine, die jedoch unvollendet blieb. Sie sollte die fehlerfreie Erstellung mathematischer Tafelwerke ermöglichen. Die Originalmaschine befindet sich in London (© Canada Science and Technology Museum, Ottawa, Objektnummer 2011.0022.001).

Abb. 9.44: Nachbau der Hollerith-Volkszählungsmaschine von Roberto Guatelli. Der deutschstämmige Herman Hollerith (1860–1929) schuf für die amerikanische Volkszählung 1890 eine Lochkartenanlage (Zähl- und Sortiermaschine, Tabellierer, Pantografkartenstanzer) (© Computer History Museum, Mountain View, Kalifornien).

Wie viele da-Vinci-Modelle und Nachbauten von Rechenmaschinen haben überlebt?

Meines Wissens gibt es kein Verzeichnis der Modelle, die Roberto Guatelli aufgrund der Zeichnungen von Leonardo da Vinci gebaut hat. Unklar ist auch, welche und wie viele Rechenmaschinen er für IBM New York und weitere Auftraggeber nachgebaut hat und welche wo überlebt haben.

Guatelli war von 1951 bis 1961 für Thomas Watson, den Gründer von IBM, tätig. Im folgenden Jahr eröffnete er eine Werkstatt in New York. Jim Strickland zufolge arbeitete Guatellis Neffe, Joseph Mirabella, ab 1964 mit. Er führte den Betrieb nach Guatellis Tod bis 2005 weiter. Mirabella hatte die Da-Vinci-Modelle dem Long Island Science Center, Riverhead, New York, geschenkt. Nathan Myhrvold – Intellectual ventures (früher Microsoft corporation) – soll die verbleibenden Nachbauten von Rechenmaschinen gekauft haben.

Direktmultiplizierer Millionär

Es ist nicht bekannt, wo sich die ursprüngliche Millionär-Maschine (Fabriknummer 2380) befindet, die Guatelli nachgebaut hat. Sie fehlt im australischen "Register of Millionaire calculators" von John Wolff. Die Millionär in der Sammlung des IBM-Konzernarchivs in Poughkeepsie, New York, hat die Nummer 403. Die vier Exemplare der Harvard-Universität, Cambridge, Massachusetts, die mit IBM zusammengearbeitet hatte, tragen andere Seriennummern. Die von der H.W. Egli AG in Zürich hergestellte Millionär war viele Jahre lang die schnellste Multiplikationsmaschine der Welt.

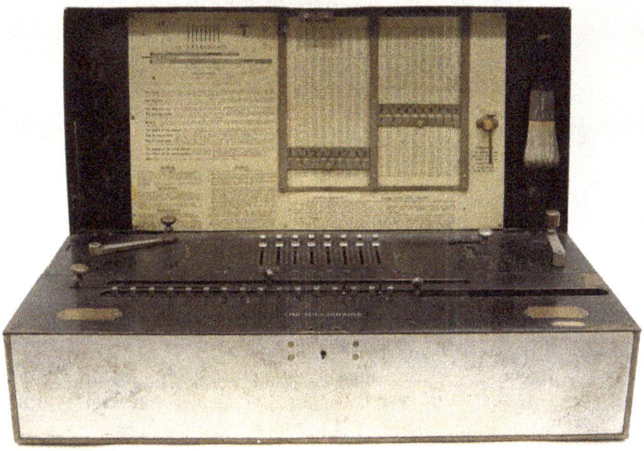

Abb. 9.45: Nachbau des Direktmultiplizierers Millionär von Guatelli (1). Die Zahlen werden mit den Schiebern eingegeben. Mit der Kurbel (rechts oben) werden die Werte in das Rechenwerk übertragen. Links oben der Multiplikationshebel, der Multiplikationen stark beschleunigt (© University Libraries, Carnegie-Mellon-Universität, Pittsburgh, Bild: Heidi Wiren Bartlett).

Abb. 9.46: Nachbau des Direktmultiplizierers Millionär von Guatelli (2). Oben ist das Eingabewerk mit den Schiebern, in der Mitte und unten befinden sich der Umdrehungszähler und das Ergebniswerk. Die sehr schwere Maschine beherrscht alle vier Grundrechenarten (© University Libraries, Carnegie-Mellon-Universität, Pittsburgh, Bild: Heidi Wiren Bartlett).

Abb. 9.47: Nachbau des Direktmultiplizierers Millionär von Guatelli (3). Ansicht von der Seite (© University Libraries, Carnegie-Mellon-Universität, Pittsburgh, Bild: Heidi Wiren Bartlett).

Zurzeit lassen sich folgende Guatelli-Nachbauten von Rechenmaschinen nachweisen (vgl. Kasten):

Bisher bekannte Guatelli-Nachbauten von Rechenmaschinen

Museo nazionale della scienza e della tecnologia „Leonardo da Vinci", Mailand

- Pascaline
  Nachbau. Mehrere unterschiedliche Originale (1642 ff.) haben überlebt (u.a. Paris, Clermont-Ferrand, Dresden und New York).
- Rechenmaschine von Gottfried Wilhelm Leibniz (um 1694)
  Das einzige erhaltene Original ist in der Gottfried-Wilhelm-Leibniz Bibliothek in Hannover.

Computer History Museum, Mountain View, Kalifornien

- Pascaline
  Nachbau (1981). Mehrere unterschiedliche Originale (1645) sind erhalten (u.a. Clermont-Ferrand, Paris, Dresden und New York).
- Differenzenmaschine Nr. 1 (Vorführmodell) von Charles Babbage
  Nachbau (1972) des Originals von 1833, das sich im Science Museum in London befindet.
- Volkszählungsmaschine von Herman Hollerith (Zähl- und Sortiermaschine, Tabellierer, Pantografkartenstanzer)
- elektrisches Tabelliersystem von Herman Hollerith

Canada Science and Technology Museum, Ottawa

- Pascaline
  Nachbau (um 1978). Mehrere unterschiedliche Originale (1642 ff.) sind erhalten (u.a. Clermont-Ferrand, Paris, Dresden undNew York).
- Differenzenmaschine Nr. 1 (Vorführmodell) von Charles Babbage
  Nachbau (1972) des Originals von 1833, das sich im Science Museum in London befindet.

Carnegie-Mellon-Universität, Pittsburgh, Pennsylvania
(Traub-McCorduck Collection)
- Pascaline
  Nachbau. Mehrere unterschiedliche Originale (1642 ff.) haben überlebt (u.a. Paris, Clermont-Ferrand, Dresden und New York).
- Rechenmaschine von Gottfried Wilhelm Leibniz (um 1694)
  Das einzige erhaltene Original ist in der Gottfried-Wilhelm-Leibniz Bibliothek in Hannover.
- Zählscheibenaddiermaschine von Charles Henry Webb, New York
  Webb ließ diese Maschine 1868 patentieren. Sie wurde mit einem Stift bedient.
- Tastenaddiermaschine der Adix Company, Mannheim
  Erfinder dieses dreistelligen Kolonnenaddierers war der Österreicher Josef Pallweber, Mannheim (Patent 1904). Die tragbare Schaltklinkenmaschine wurde von der Firma Adolf Bordt, Mannheim, gefertigt.
- Millionär
  Die erste Millionär der Firma H.W. Egli AG, Zürich, entstand 1893. Die vorliegende Maschine mit Seriennummer Nr. 2380 wurde etwa 1916 gefertigt. Erfinder der Maschine war Otto Steiger.

IBM Corporate Archives, Poughkeepsie, New York
Im IBM-Archiv (https://www.ibm.com/ibm/history/) gibt es neben der Pascaline weitere Nachbauten von Guatelli. Es ist nicht bekannt, wer Urheber der Rechenmaschinen von Leibniz, Leupold/Braun/Vayringe, Morland, der analytischen und der Differenzenmaschine von Charles Babbage, der Differenzenmaschine 2 von Edvard und Pehr Scheutz ist. Leider sind keine Auskünfte erhältlich.

Modelle von Leonardo da Vinci

Es gibt manche Museen mit Modellen von Leonardo da Vinci, z.B. in Vinci, Florenz und Mailand. Handgefertigte Nachbauten von Roberto Guatelli und Joe Mirabella sind im Long Island Science Center, Riverhead, New York, ausgestellt (https://www.sciencecenterli.org/davinciexhibition).

Im IBM-Konzernarchiv in Poughkeepsie, New York gibt z.B. folgende Guatelli-Modelle von Leonardo da Vinci: fahrbare mechanische Musiktrommel, Flugmaschine, Hubschrauber, Wegmesser, Schaufelradschiff, ausziehbare Leiter. Für weitere Rekonstruktionen von Leonardos Erfindungen siehe Abschnitt 15.1.11.

Abb. 9.48: Zählscheibenaddiermaschine von Charles Henry Webb (1). Die große Scheibe dieses Kreisrechners (1889) verzeichnet die Werte 1 bis 99, die kleine die Hunderter. Der amerikanische Stiftrechner weist einen automatischen Zehnerübertrag auf und ermöglicht Additionen bis 4999. Das Ergebnis erscheint in einem Fenster beim Berührungspunkt der beiden Scheiben (© University Libraries, Carnegie-Mellon-Universität, Pittsburgh, Bild: Heidi Wiren Bartlett).

Abb. 9.49: Zählscheibenaddiermaschine von Charles Henry Webb (2). Diese Illustration zeigt ein gut erhaltenes Original. Es wurde wohl später hergestellt als die Vorlage, die Guatelli zur Verfügung stand (© Inria/Bild: J.-M. Ramès).

Abb. 9.50: Adix-Tastenaddiermaschine (Nachbau von Roberto Guatelli) (1). Josef Pallweber (Mannheim) hat den Kolonnenaddierer erfunden (© University Libraries, Carnegie-Mellon-Universität, Pittsburgh, Bild: Heidi Wiren Bartlett).

Abb. 9.51: Adix-Tastenaddiermaschine (Nachbau von Roberto Guatelli) (2). Das Rechenwerk der Schaltklingenmaschine lässt sich herausnehmen (© University Libraries, Carnegie-Mellon-Universität, Pittsburgh, Bild: Heidi Wiren Bartlett).

Ausschnitte aus zwei amerikanischen Veröffentlichungen
Francis C. Moon von der Cornell-Universität, Ithaca, New York, schreibt:

> „One of the most famous sets of Leonardo models was commissioned by the Italian dictator Mussolini for an exhibition in 1939 in Milan as a part of an effort to build national pride in Italian history. The 200 models were built by an Italian engineer, Roberto A. Guatelli at a cost of $250,000 *(Time Magazine, May 29, 1939, p. 39)*. These models went on tour and ended up in Japan where they were destroyed during World War II. After the War, Guatelli was commissioned to make a smaller set of 66 models for an exhibition at IBM headquarters in New York City in 1951. With the recent demise of the IBM museum in New York, these models have been dispersed and are on occasional tour in various exhibitions“ (siehe Francis C. Moon: The machines of Leonardo da Vinci and Franz Reuleaux, Springer, Dordrecht 2007, Seite 201).

Der italienische Diktator Mussolini bestellte eine der berühmtesten Serien von Da-Vinci-Modellen für eine Ausstellung, die 1939 in Mailand stattfand. Damit sollte der Nationalstolz auf die italienische Geschichte weiter gefestigt werden. Der italienische Ingenieur Roberto A. Guatelli baute die 200 Modelle zu einem Preis von 250 000 $ *(Time Magazine, 29. Mai 1939, Seite 39)*. Die Wanderausstellung ging in die Vereinigten Staaten und endete später in Japan, wo sie während des zweiten Weltkriegs zerstört wurde. Nach dem Krieg erhielt Guatelli einen Auftrag für eine kleinere Reihe von 66 Modellen. Diese wurden 1951 am Hauptsitz von IBM in der Stadt New York ausgestellt. Infolge des kürzlichen Untergangs des New Yorker IBM-Museums wurden diese Nachbauten verstreut. Sie werden ab und zu auf verschiedenen Schauen gezeigt (siehe Francis C. Moon: The machines of Leonardo da Vinci and Franz Reuleaux, Springer, Dordrecht 2007, Seite 201).

David Pantalony vom Canada Science and Technology Museum, Ottawa, versucht, die Herkunft von Modellen zu erforschen:

> „Since the 1930s, IBM's founder, Thomas Watson Sr. had been collecting antiques and books related to the history of calculating and computing. They were first exhibited at the 1939 World's Fair [...]. In 1951, Watson channeled this interest toward Leonardo da Vinci and a travelling exhibition of his machines. A few years earlier, Watson had seen an exhibit of replicas made by the Italian artisan and scholar Roberto Guatelli; he subsequently bought the collection and hired Guatelli. Thus began a long relationship between Guatelli and IBM.
>
> Roberto Guatelli (1904–1993), a science and engineering graduate from the University of Milan, developed his reputation by building and exhibiting interpretations based on the work of Leonardo da Vinci. In 1939, fitting the nationalist context of the time, the Italian government sponsored a major exhibition of Leonardo da Vinci models at the Palazzo dell'arte Milan. [...]. The Italian ministry of culture then sponsored a travelling version for the United States. In 1940 Guatelli, emerging as one of the leading model makers, travelled to New York for an exhibition at the Museum of Science and Industry in the Rockefeller Center [...]. Guatelli and his models were a travelling sensation in post-World War II America“ (siehe David Pantalony: Collectors, displays and replicas in context, in: Jed Buchwald; Larry Stewart (Hg.): The romance of science, Springer international publishing AG, Cham 2017, Seiten 271–272).

Seit den 1930er Jahren sammelte Thomas Watson, Gründer von IBM, alte Gegenstände und Bücher zur Geschichte des Rechnens und der Informatik. Sie wurden erstmals 1939 auf der Weltausstellung gezeigt [...]. 1951 wandte sich Watson Leonardo da Vinci und einer Wanderausstellung seiner Maschinen zu. Einige Jahre vorher hatte er eine Ausstellung von Nachbauten gesehen, die der italenische Kunsthandwerker und Gelehrte Roberto Guatelli gefertigt hatte. Danach kaufte er die Sammlung und stellte Guatelli an. Damit begann eine langjährige Beziehung zwischen Guatelli und IBM.

Roberto Guatelli (1904–1993), ein an der Universität Mailand ausgebildeter Naturwissenschaftler und Ingenieur, schuf sich einen Namen, indem er Zeichnungen von Leonardo da Vinci deutete, aufgrund der Skizzen Modelle schuf und sie ausstellte. 1939 unterstützte die italienische Regierung, passend zur nationalistischen Bewegung der damaligen Zeit, eine größere Schau mit Leonardo-da-Vinci-Modellen im Palazzo dell'arte in Mailand. [...]. Das italienische Ministerium für Kultur finanzierte anschließend eine Wanderausstellung für die Vereinigten Staaten. Als einer der führenden Modellbauer reiste Guatelli 1940 für eine Ausstellung im Museum of science and industry im Rockefeller-Zentrum nach New York [...]. In der Nachkriegszeit erregten die Wanderausstellungen mit Guatellis Modellen in Amerika großes Aufsehen.

Quellen

Jed Buchwald; Larry Stewart (Hg.): The romance of science: Essays in honour of Trevor H. Levere, Springer international publishing AG, Cham 2017

Erez Kaplan: The controversial replica of Leonardo da Vinci's adding machine, in: IEEE Annals of the history of computing, Band 19, 1997, Heft 2, Seiten 62–63

Francis Charles Moon: The machines of Leonardo da Vinci and Franz Reuleaux. Kinematics of machines from the Renaissance to the 20th century, Springer, Dordrecht 2007, Seiten 107–115 und 199–211

David Pantalony: Collectors, displays and replicas in context: What we can learn from provenance research in science museums, in: Jed Buchwald; Larry Stewart (Hg.): The romance of science: Essays in honour of Trevor H. Levere, Springer international publishing AG, Cham 2017, Seiten 268–274

Jum Strickland: Who was that guy? Roberto Guatelli, in: Computer history museum, Mountain View, Kalifornien, volunteer information exchange, Band 2, 15. Februar 2012, Nr. 3.

9.4.9 Auferstandene Relais- und Röhrenrechner

Es werden nur Maschinen erwähnt, bei denen keine (arbeitsfähigen) Originale mehr vorhanden sind (Liste ohne Anspruch auf Vollständigkeit):

- ABC, Elektronenrechner (John Atanasoff)
  Computer History Museum, Mountain View, Kalifornien
- Bell-Modell K (kitchen, Küche; Versuchsgerät) (George Stibitz)
  Universität Denison, Granville, Ohio (William Howard Doane library)
- Colossus, Elektronenrechner (Thomas Flowers)
  National Museum of Computing, Bletchley Park

- Edsac, Elektronenrechner (Maurice Wilkes)
  National Museum of Computing, Bletchley Park
- Manchester baby (Small-scale experimental machine), Elektronenrechner (Frederic Williams, Thomas Kilburn, Geoff Tootill)
  Science and Industry Museum, Manchester
- Turing-Welchman-Bombe, Relaisrechner (Alan Turing, Gordon Welchman)
  National Museum of Computing, Bletchley Park
- Zuse Z1, Relaisrechner (Konrad Zuse)
  Deutsches Technikmuseum, Berlin
- Zuse Z3, Relaisrechner (Konrad Zuse)
  Deutsches Museum, München; Konrad-Zuse-Museum, Hünfeld.

9.5 Älteste erhaltene Rechenhilfsmittel

Zu den ältesten noch vorhandenen Rechenhilfsmitteln zählen griechische Rechentafeln (Rechenbretter), römische Rechenrahmen (Zählrahmen), das Räderwerk von Antikythera und Astrolabien.

Die Geräte von Blaise Pascal, Gottfried Wilhelm Leibniz, Samuel Morland, René Grillet, Charles-Xavier Thomas, Jean-Baptiste Schwilgué u.a. gehören zu den ältesten bewahrten mechanischen Rechenmaschinen.

9.5.1 Frühe Vierspeziesmaschinen

Es folgen Übersichten über frühe Vierspeziesmaschinen (vgl. Tab. 9.7–9.10), die überlebt haben.

Tab. 9.7: Frühe erhaltene Vierspeziesrechenmaschinen 1 (Auswahl, Reihenfolge nach Baujahr)

Die frühen mechanischen Rechenmaschinen waren vor allem Schmuckstücke		
Baujahr	**Erfinder**	**Standorte (Original)**
1694	Gottfried Wilhelm Leibniz	Gottfried-Wilhelm-Leibniz-Bibliothek, Hannover
1727	Anton Braun	Kunsthistorisches Museum Wien
1735	Jacob Leupold; Anton Braun; Philippe Vayringe	Deutsches Museum, München
1774	Philipp Matthäus Hahn	Landesmuseum Württemberg, Stuttgart (Stuttgarter Exemplar)
1775	Charles Stanhope	Science Museum, London (Staffelwalzenmaschine)
1776	Philipp Matthäus Hahn	Technoseum, Mannheim (Uracher Exemplar)
1777	Charles Stanhope	Science Museum, London (Stellsegmentmaschine)
1784	Johann Helfrich Müller	Hessisches Landesmuseum, Darmstadt

Die frühen mechanischen Rechenmaschinen waren vor allem Schmuckstücke		
Baujahr	**Erfinder**	**Standorte (Original)**
1792	Johann Christoph Schuster	Deutsches Museum, München (12-stellig)
1796	Johann Jacob Sauter	Stadsmuseum, Göteborg
1820	Johann Christoph Schuster	Deutsches Museum, München (9-stellig)
1820	Charles-Xavier Thomas	National Museum of American History, Washington, D.C.
1822	Johann Christoph Schuster	Arithmeum, Bonn (10-stellig)
1841	Didier Roth	Musée des arts et métiers, Paris

Anmerkungen

Die oft genannte Jahrzahl 1694 (Leibnizmaschine) ist unsicher. Der volle Name von Didier Roth lautet David Didier Roth.

Tab. 9.8: Frühe erhaltene Vierspeziesrechenmaschinen 2 (Auswahl, Reihenfolge nach Erfindern)

Zu den bedeutendsten Erfindern zählen Braun, Hahn, Leibniz, Müller, Sauter, Schuster und Stanhope		
Erfinder	**Baujahr**	**Standorte (Original)**
Braun, Anton	1727	Kunsthistorisches Museum Wien
Hahn, Philipp Matthäus	1774	Landesmuseum Württemberg, Stuttgart (Stuttgarter Exemplar)
Hahn, Philipp Matthäus	1776	Technoseum, Mannheim (Uracher Exemplar)
Leibniz, Gottfried Wilhelm	1694	Gottfried-Wilhelm-Leibniz-Bibliothek, Hannover
Leupold, Jacob; Braun, Anton; Vayringe, Philippe	1735	Deutsches Museum, München
Müller, Johann Helfrich	1784	Hessisches Landesmuseum, Darmstadt
Roth, Didier	1841	Musée des arts et métiers, Paris
Sauter, Johann Jacob	1796	Stadsmuseum, Göteborg
Schuster, Johann Christoph	1792	Deutsches Museum, München (12-stellig)
Schuster, Johann Christoph	1820	Deutsches Museum, München (9-stellig)
Schuster, Johann Christoph	1822	Arithmeum, Bonn (10-stellig)
Stanhope, Charles	1775	Science Museum, London (Staffelwalzenmaschine)
Stanhope, Charles	1777	Science Museum, London (Stellsegmentmaschine)
Thomas, Charles-Xavier	1820	National Museum of American History, Washington, D.C.

Tab. 9.9: Frühe erhaltene Vierspeziesrechenmaschinen 3 (Auswahl, Reihenfolge nach Standorten)

Das Deutsche Museum und das Science Museum haben mehrere frühe Vierspeziesmaschinen		
Standorte (Original)	**Baujahr**	**Erfinder**
Bonn: Arithmeum (10-stellig)	1822	Johann Christoph Schuster
Darmstadt: Hessisches Landesmuseum	1784	Johann Helfrich Müller
Göteborg: Stadsmuseum	1796	Johann Jacob Sauter
Hannover: Gottfried-Wilhelm-Leibniz-Bibliothek	1694	Gottfried Wilhelm Leibniz
London: Science Museum (Staffelwalzenmaschine)	1775	Charles Stanhope
London: Science Museum (Stellsegmentmaschine)	1777	Charles Stanhope
Mannheim: Technoseum (Uracher Exemplar)	1776	Philipp Matthäus Hahn
München: Deutsches Museum	1735	Jacob Leupold; Anton Braun; Philippe Vayringe
München: Deutsches Museum (12-stellig)	1792	Johann Christoph Schuster
München: Deutsches Museum (9-stellig)	1820	Johann Christoph Schuster
Paris: Musée des arts et métiers	1841	Didier Roth
Stuttgart: Landesmuseum Württemberg (Stuttgarter Exemplar)	1774	Philipp Matthäus Hahn
Washington, D.C.: National Museum of American History	1820	Charles-Xavier Thomas
Wien: Kunsthistorisches Museum	1727	Anton Braun

Tab. 9.10: Frühe erhaltene Vierspeziesmaschinen mit Bauform (Auswahl, Reihenfolge nach Erfindern)

9 Staffelwalzen-, 3 Sprossenrad- und 2 Stellsegmentmaschinen			
Erfinder	**Baujahr**	**Bauart**	**Bauform**
Braun, Anton	1727	Sprossenradrechenmaschine	Rundbau
Hahn, Philipp Matthäus	1774	Staffelwalzenrechenmaschine	Rundbau
Hahn, Philipp Matthäus	1776	Staffelwalzenrechenmaschine	Rundbau
Leibniz, Gottfried Wilhelm	1694	Staffelwalzenrechenmaschine	rechteckiger Bau
Leupold, Jacob; Braun, Anton; Vayringe, Philippe	1735	Stellsegmentrechenmaschine	Rundbau
Müller, Johann Helfrich	1784	Staffelwalzenrechenmaschine	Rundbau
Roth, Didier	1841	Sprossenradrechenmaschine	Rundbau
Sauter, Johann Jacob	1796	Sprossenradrechenmaschine	Rundbau
Schuster, Johann Christoph	1792	Staffelwalzenrechenmaschine	Rundbau
Schuster, Johann Christoph	1820	Staffelwalzenrechenmaschine	Rundbau
Schuster, Johann Christoph	1822	Staffelwalzenrechenmaschine	Rundbau
Stanhope, Charles	1775	Staffelwalzenrechenmaschine	rechteckiger Bau
Stanhope, Charles	1777	Stellsegmentrechenmaschine	rechteckiger Bau
Thomas, Charles-Xavier	1820	Staffelwalzenrechenmaschine	rechteckiger Bau

Anmerkungen
Bei den Vierspeziesmaschinen von Hahn, Leibniz, Müller und Schuster handelt es sich um *Staffelwalzenmaschinen*. Bei Braun, Roth und Sauter liegen *Sprossenradmaschinen* vor, Leupold/Braun/Vayringe ist eine *Stellsegmentmaschine*. Der erste Vierspeziesrechner von Stanhope ist eine Staffelwalzenmaschine (1775), der zweite eine Stellsegmentmaschine (1777). Mit Ausnahme von Leibniz, Stanhope und Thomas sind alle aufgeführten Rechner *Rundbaumaschinen* („Rechenmühlen"). Die letzte Maschine von Hahn wurde von Schuster fertig gestellt. Schusters Rundbau von 1792 ist ein Nachbau einer hahnschen Maschine, sie wird daher auch als schuster-hahnsche Rechenmaschine bezeichnet.

Grillets Rechengerät (vor 1678), das für alle vier Rechenarten (sowie Quadrat- und Kubikzahlen) ausgelegt ist, hat *keinen Zehnerübertrag*. Die Zahlenscheiben haben kein mechanisches Räderwerk, sie besorgen die Addition der Teilprodukte. Multiplikation und Division beruhen auf Neperstäbchen.

Einzigartig: Müllers Rechenmaschine kann mit verschiedenen Zahlensystemen rechnen (2er, 3er, 4er, 5er, 12er System).

Beim Baujahr wird in der Regel der Zeitpunkt der Fertigstellung angeführt (z.B. Leupold, Schuster).

Nach Auskunft von Jane Desborough vom Science Museum (Mitteilung vom 29. August 2017) befinden sich drei Rechenmaschinen von Charles Stanhope in London:
1775 Vierspeziesstaffelwalzenmaschine,
1777 Vierspeziesstellsegmentmaschine,
1777 Stellsegmentrechenmaschine (Versuchsmodell).
Stanhopes Zahnscheibenaddiermaschine ist in Oxford.

Zu den bedeutendsten Konstrukteuren von Ein- und Zweispeziesmaschinen gehören Morland, Pascal, Roth und Stanhope (vgl. Tab. 9.11–9.13).

9.5.2 Frühe Ein- und Zweispeziesmaschinen

Tab. 9.11: Frühe erhaltene Ein- und Zweispeziesrechenmaschinen 1 (Auswahl, Reihenfolge nach Baujahr

Die folgenden Rechenmaschinen wurden im 17., 18. und 19. Jahrhundert angefertigt			
Baujahr	**Erfinder**	**Standorte (Original)**	**Bauart**
1642 ff.	Blaise Pascal	Musée des arts et métiers, Paris Muséum Henri-Lecoq, Clermont-Ferrand Mathematisch-physikalischer Salon, Dresden u.a.	Addier- und Subtrahiermaschine
1664	Samuel Morland	Science Museum, London	Trigonometrie-rechner

Die folgenden Rechenmaschinen wurden im 17., 18. und 19. Jahrhundert angefertigt			
Baujahr	**Erfinder**	**Standorte (Original)**	**Bauart**
1664	Samuel Morland	Museo Galileo, Florenz	Multiplizier- und Dividiermaschine
1666	Samuel Morland	Science Museum, London History of Science Museum, Oxford	Zahnscheiben-addiergerät
1670	Samuel Morland	Museo Galileo, Florenz	Trigonometrie-rechner
1725	Jean Lépine	Musée des arts et métiers, Paris National Museum of American History, Washington, D.C.	Addier- und Subtrahiermaschine
1780	Charles Stanhope	History of Science Museum, Oxford	Zahnscheiben-addiermaschine
1789	Jacob Auch	Landesmuseum Württemberg, Stuttgart Mathematisch-physikalischer Salon, Dresden Rijksmuseum Boerhaave, Leiden	Zahnscheiben-addier- und subtrahier-maschine
1790	Johann Jacob Sauter	Science Museum, London	Stiftaddierer
1842	Didier Roth	Musée des arts et métiers, Paris Arithmeum, Bonn	Zahnscheiben-addiermaschine
1859	Tito Gonnella	Museo Galileo, Florenz Arithmeum, Bonn	Tastenaddiermaschine Zahnscheiben-Addiermaschine

Tab. 9.12: Frühe erhaltene Ein- und Zweispeziesrechenmaschinen 2 (Auswahl, Reihenfolge nach Erfindern)

Die Rechenmaschinenerfinder kamen aus Deutschland, England, Frankreich und Italien			
Erfinder	**Baujahr**	**Standorte (Original)**	**Bauart**
Auch, Jacob	1789	Landesmuseum Württemberg, Stuttgart Mathematisch-physikalischer Salon, Dresden Rijksmuseum Boerhaave, Leiden	Zahnscheiben-addier- und subtrahier-maschine
Gonnella, Tito	1859	Museo Galileo, Florenz Arithmeum, Bonn	Tastenaddiermaschine Zahnscheiben-addiermaschine
Lépine, Jean	1725	Musée des arts et métiers, Paris National Museum of American History, Washington, D.C.	Addier- und Subtrahiermaschine
Morland, Samuel	1664	Science Museum, London	Trigonometrie-rechner

Die Rechenmaschinenerfinder kamen aus Deutschland, England, Frankreich und Italien			
Erfinder	**Baujahr**	**Standorte (Original)**	**Bauart**
Morland, Samuel	1664	Museo Galileo, Florenz	Multiplizier- und Dividiermaschine
Morland, Samuel	1666	Science Museum, London History of Science Museum, Oxford	Zahnscheiben-addiergerät
Morland, Samuel	1670	Museo Galileo, Florenz	Trigonometrie-rechner
Pascal, Blaise	1642 ff.	Musée des arts et métiers, Paris Muséum Henri-Lecoq, Clermont-Ferrand Mathematisch-physikalischer Salon, Dresden u.a.	Addier- und Subtrahiermaschine
Roth, Didier	1842	Musée des arts et métiers, Paris Arithmeum, Bonn	Zahnscheiben-addiermaschine
Sauter, Johann Jacob	1790	Science Museum, London	Stiftaddierer
Stanhope, Charles	1780	History of Science Museum, Oxford	Zahnscheiben-addiermaschine

Tab. 9.13: Frühe erhaltene Ein- und Zweispeziesrechenmaschinen 3 (Auswahl, Reihenfolge nach Standorten)

Frühe Rechenmaschinen aus Dresden, Florenz, London, Oxford und Paris			
Ort	**Museum**	**Baujahr**	**Erfinder**
Bonn	Arithmeum	1842	Didier Roth
		1859	Tito Gonnella
Clermont-Ferrand	Muséum Henri-Lecoq	1642 ff.	Blaise Pascal
Dresden	Mathematisch-physikalischer Salon	1642 ff.	Blaise Pascal
		1790	Jacob Auch
Florenz	Museo Galileo	1664	Samuel Morland
		1670	Samuel Morland
		1859	Tito Gonnella
Leiden	Rijksmuseum Boerhaave	1790	Jacob Auch
London	Science Museum	1664	Samuel Morland
		1666	Samuel Morland
		1790	Johann Jacob Sauter
Oxford	History of Science Museum	1666	Samuel Morland
		1780	Charles Stanhope
Paris	Musée des arts et métiers	1642 ff.	Blaise Pascal
		1725	Jean Lépine
		1842	Didier Roth
Stuttgart	Landesmuseum Württemberg	1789	Jacob Auch
Washington, D.C.	National Museum of American History	1725	Jean Lépine

Anmerkungen
Im Pariser Musée des arts et métiers gibt es von Roth eine Addier- und Subtrahiermaschine, mehrere Addiermaschinen sowie Multiplikations- und Divisionsstäbchen und eine Rundbausprossenradmaschine (alle ab etwa 1840). Das Bonner Arithmeum besitzt eine Addiermaschine (um 1790), die möglicherweise von Hahn oder Auch hergestellt wurde. Von Schickards Rechenuhr (1623) und Gerstens Addier- und Subtrahiermaschine (1722) gibt es nur Nachbauten.

9.5.3 Schickard, Pascal und Leibniz

Die Entwicklung mechanischer Rechenmaschinen begann im 17. Jahrhundert in Deutschland, England und Frankreich mit Schickard, Pascal, Leibniz und Morland. Aus der Frühzeit ragen drei Meisterwerke (vgl. Tab. 9.14) heraus, alle mit automatischer Zehnerübertragung (vgl. Abb. 9.52–9.63):

- schickardsche Rechenmaschine
  Zweispeziesmaschine: Addition und Subtraktion sowie (ohne Verbindung) drehbare Zylinder für die Multiplikation und Division (in Anlehnung an die neperschen Rechenstäbchen),
- Pascaline
  Zweispeziesmaschine: Addition sowie indirekte Subtraktion mit Ergänzungszahlen, eine Maschine mit Stift- und Zählrädern,
- leibnizsche Rechenmaschine
  Vierspeziesmaschine für alle vier Grundrechenarten, eine (dezimale) Staffelwalzenmaschine (sowie eine Sprossenradmaschine). Leibniz hat auch eine binäre Rechenmaschine beschrieben.

Ist die Zehnerübertragung nicht in beiden Drehrichtungen (Uhrzeiger- und Gegenuhrzeigersinn) möglich, wird die Subtraktion durch eine Addition mit Ergänzungszahlen (Neunerkomplement: Differenz zu 9) ersetzt.

Die (nicht erhaltene) leibnizsche Rechenmaschine aus dem Jahr 1673 hatte *Sprossenräder*. Das einzige überlieferte Gerät (Bau ab 1692 oder zwischen 1695 und 1698) verwendete hingegen *Staffelwalzen* (siehe Erwin Stein; Franz-Otto Kopp: Konstruktion und Theorie der leibnizschen Rechenmaschinen im Kontext der Vorläufer, in: studia leibnitiana, Band 42, 2010, Heft 1, Seiten 35–37). In vielen Veröffentlichungen wird, wohl irrtümlicherweise, das Gerät von 1673 als Staffelwalzenmaschine bezeichnet.

Mit geeigneten Verfahren (z.B. töplersches, hermannsches, collatzsches, lambachersches Verfahren, Kettenbrüche) kann man auf gewissen Maschinen auch die Quadratwurzel ziehen.

Tab. 9.14: Eigenschaften der drei wichtigsten frühen (mechanischen) Rechenmaschinen

Vergleich der Rechenmaschinen von Schickard, Pascal und Leibniz		
Name der Maschine	**Jahr**	**Merkmale**
schickardsche Rechenuhr	1623	Additions- und Subtraktionswerk mit Zählrädern; Multiplikations- und Divisionseinrichtung mit drehbaren Walzen (mit Einmaleinsspalten); Zehnerübertrag für Addition und (direkte) Subtraktion in beiden Drehrichtungen; Serienrechner; einstufiger Rechenvorgang (keine Trennung von Einstell- und Rechenwerk), Zahlenspeicher
pascalsche Rechenmaschine (Pascaline)	1642	Additions- und Subtraktionswerk mit Stiftzahnrädern; (indirekte) Subtraktion mit Ergänzungszahlen (Neunerkomplement); Zehnerübertrag in einer Drehrichtung (Addition); Serienrechner; einstufiger Rechenvorgang (keine Trennung von Einstell- und Rechenwerk)
leibnizsche Rechenmaschine	1673	Rechenwerk mit Sprossenrädern für Addition, (direkte) Subtraktion, Multiplikation und Division (Vierspeziesmaschine); zweistufiger Zehnerübertrag in beiden Drehrichtungen; Parallelrechner; zweistufiger Rechenvorgang (Trennung von Einstell- und Rechenwerk), beweglicher Zählwerkschlitten für Multiplikation und Division, Umdrehungszähler

Anmerkungen

Es ist erst seit 1957 bekannt, dass Wilhelm Schickard 1623 eine Rechenmaschine – „Rechenuhr" genannt – gebaut hat. Der Keplerforscher Franz Hammer hat sie wieder entdeckt. Die Maschinen von Schickard und Leibniz hatten eine direkte Subtraktion, die Pascaline eine indirekte. Die schickardsche Rechenuhr ist keine echte Vierspeziesmaschine. Addition/Subtraktion und Multiplikation/Division waren getrennt. Für die Addition wurden zehnzähnige Zahnräder und Zifferntrommeln verwendet, für die Multiplikation diente eine Multiplikationstafel (Einmaleinstafel).

Acht Rechenmaschinen von Pascal sind erhalten (vgl. Kasten).

Überlebende Pascalines

Das Pariser Musée des arts et métiers hat eine 6- und zwei 8-stellige Pascalines. Die Maschinen von Clermont-Ferrand sind 5- bzw. 8-stellig. Das Dresdner Exemplar weist 10 Stellen auf, die Geräte von IBM New York und einer Privatsammlung (Collection Léon Poncé) haben je 8 Stellen. In Paris ist eine weitere (6-stellige) Maschine erhalten, die aber erst im 18. Jahrhundert, also nach Pascals Tod, (mit Originalteilen) gefertigt wurde. Sie gilt daher nicht als Original. Das Muséum Henri-Lecoq hat einen 5-stelligen Nachbau hergestellt. IBM hat ein Original und einen (6-stelligen) Nachbau.

Französisch inscripteur bedeutet Einstellwerk, totalisateur ist gleich Ergebniswerk. Mit fenêtre ist das Schauloch gemeint, mit remise à zéro die Löschung.

Quelle

Nathalie Vidal; Dominique Vogt: Les machines arithmétiques de Blaise Pascal, Muséum Henri-Lecoq, Clermont-Ferrand 2011.

Abb. 9.52: Rechenmaschine von Schickard (1623) (1). Die „Rechenuhr“ von Wilhelm Schickard gilt als die erste mechanische Rechenmaschine. Sie besteht aus zwei getrennten Teilen, einem Rechenwerk für die Addition und die Subtraktion (unten) sowie Walzen für die Multiplikation und die Division (oben), die ähnlich wie die neperschen Rechenstäbchen arbeiten. Für die Eingabe der bis sechsstelligen Multiplikanden dienen die sechs Drehknöpfe (ganz oben). Mit den sechs (senkrechten) Einstellscheiben (unten) werden die Werte für das Addier- und Subtrahierwerk erfasst. Die Ziffern werden mit Zählrädern dargestellt. Von dieser Maschine gibt es nur Nachbauten (© Deutsches Technikmuseum, Berlin).

Abb. 9.53: Rechenmaschine von Schickard (1623) (2). Mit den acht waagrechten Schiebern (für die Ziffern 2 bis 9) lassen sich (mehrstelligen) Multiplikatoren einstellen. In den Fenstern erscheinen die zwei-bis neunfachen Werte der Multiplikanden. Die Neperwalzen sind mit dem kleinen Einmaleins beschriftet. Die sechs Knöpfe im Sockel (vorn) sind Merkscheiben, mit denen man die einzelnen Stellen von Quotienten festhält (© Deutsches Technikmuseum, Berlin).

Abb. 9.54: Rechenmaschine von Schickard (1623) (3). Die senkrecht angeordneten Drehzylinder (Zahlentrommeln) erinnern an die neperschen Rechenstäbchen mit dem kleinen Einmaleins. Weil diese Walzen unabhängig vom übrigen Rechenwerk (Addition und Subtraktion) laufen, ist die schickardsche Rechenuhr keine echte Vierspeziesmaschine. Ein besonderes Merkmal: Das Gerät hat einen Zahlenspeicher. Der Zehnerübertrag erfolgt in beiden Drehrichtungen (Addition und Subtraktion) (© Deutsches Technikmuseum, Berlin).

Abb. 9.55: Rechenmaschine von Schickard (1623) (4). Die sechs (senkrechten) Einstellscheiben sind für die Eingabe der Zahlen bestimmt. Für die Addition werden sie nach rechts, für die Subtraktion nach links gedreht. Die entsprechenden Sichtfenster dienen auch für die Addition der Zwischenprodukte. Die Einstellscheibe ganz rechts gibt die Einer wieder, die benachbarte die Zehner usw. (© Deutsches Technikmuseum, Berlin).

Abb. 9.56: Pascaline (Original) (1). Fünfstellige Maschine des Chevalier Durant-Pascal (© Muséum Henri-Lecoq, Ville de Clermont-Ferrand, Bild: Adeline Girard).

Abb. 9.57: Pascaline (Original) (2). Fünfstellige Maschine des Chevalier Durant-Pascal (© Muséum Henri-Lecoq, Ville de Clermont-Ferrand, Bild: Stéphane Vidal).

Abb. 9.58: Pascaline (Original) (3). Achtstellige Maschine für Marguerite Périer (© Muséum Henri-Lecoq, Ville de Clermont-Ferrand, Bild: Nathalie Vidal).

Abb. 9.59: Pascaline (Original) (4). Achtstellige Maschine für Marguerite Périer (© Muséum Henri-Lecoq, Ville de Clermont-Ferrand, Bild: Stéphane Vidal).

Abb. 9.60: Pascaline (Nachbau). Bis zum Auftauchen der schickardschen Rechenuhr galt die Pascaline (1642 ff.) als die erste (mechanische) Rechenmaschine. Sie schafft zwei Grundrechenarten, die Addition und die indirekte Subtraktion (mit Ergänzungszahlen). Die Zahlen werden bei diesem sechsstelligen Modell mit einem Stift über die Drehscheiben eingegeben. Addition und Subtraktion erfolgen in der gleichen Drehrichtung (© Deutsches Technikmuseum, Berlin).

Abb. 9.61: Rechenmaschine von Leibniz (um 1700) (1). Von Gottfried Wilhelm Leibniz ist nur eine einzige Rechenmaschine erhalten. Seine (verschließbare) Staffelwalzenkonstruktion gilt als die erste Vierspeziesmaschine. Die Umsetzung des Zehnerübertrags erwies sich als schwierig (© Gottfried Wilhelm Leibniz Bibliothek – Niedersächsische Landesbibliothek, Hannover, Bild 3, 65, 12).

Abb. 9.62: Rechenmaschine von Leibniz (um 1700) (2). Auf der rechten Seite befindet sich der bewegliche Schlitten (Wagen) mit dem achtstelligen Einstellwerk. Die Zahlen werden mit den acht Ziffernrädchen (oben auf dem Einstellwerk) eingegeben und mit der rechten Kurbel ins Rechenwerk übertragen. Die (auf dem Bild nicht sichtbaren) Staffelwalzen sind im Einstellwerk. Auf der linken Seite ist das Ergebniswerk mit den Fünfeckscheiben zu sehen, die nicht vollendete Zehnerübertragungen anzeigen. Mit der linken Kurbel wird – für die Multiplikation und die Division – das Einstellwerk gegenüber dem Ergebniswerk verschoben (Schlittenverschiebung) (© Gottfried Wilhelm Leibniz Bibliothek – Niedersächsische Landesbibliothek, Hannover, Bild 3, 65, 555).

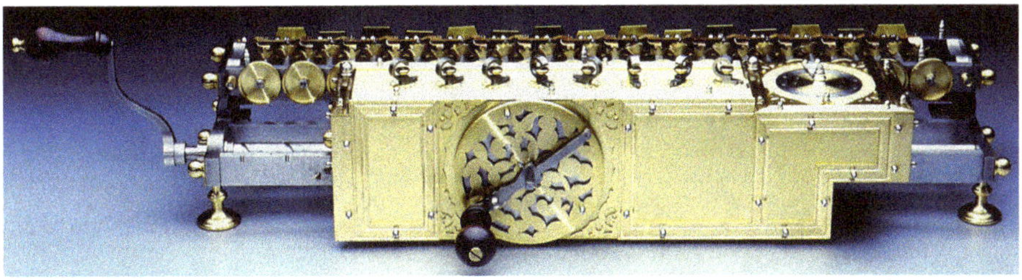

Abb. 9.63: Rechenmaschine von Leibniz (Nachbau). Die Leistungsmerkmale der Staffelwalzenmaschine lauten: 8 x 1 x 16, d.h. 16 Stellen im Einstellwerk, 1 Stelle im Umdrehungszähler und 16 Stellen im Ergebniswerk. Beide Kurbeln lassen sich in beide Richtungen drehen. Eine Drehung im Gegenuhrzeigersinn mit der rechten Kurbel (Stirnseite) bewirkt eine Addition, eine Drehung im Uhrzeigersinn bedeutet eine Subtraktion. Der Umdrehungszähler ist rechts oben zu sehen. Der Universalgelehrte schuf seine erste (nicht überlieferte) Rechenmaschine bereits 1673. Sie war für alle vier Grundrechenarten ausgelegt. Leibniz erfand sowohl die Staffelwalze als auch das Sprossenrad. Diese Schaltorgane bildeten die Grundlage für unzählige spätere Rechenmaschinen (© Heinz Nixdorf-Museumsforum, Paderborn).

Die ersten Relais- und Röhrenrechner wurden weitgehend entsorgt. Die raumfüllenden Maschinen wurden verschrottet (z.B. ABC), im Krieg zerstört (Z3) oder aus Gründen der Geheimhaltung vernichtet (Colossus). Man hatte keine Verwendung mehr, es mangelte an Platz, oder die historische Bedeutung wurde nicht erkannt. Von den amerikanischen Großrechnern ist nicht viel übrig geblieben. Bestandteile sind z.B. von den folgenden Maschinen verfügbar: Bell-Rechner 5, Bush-Integrieranlage, Eniac, Harvard mark 1/IBM ASCC, IAS-Rechner, Univac 1 und Whirlwind.

Überliefert sind hingegen Zuse Z4 (Deutsches Museum, München), Csirac (Melbourne Museum, Carlton, Victoria), Pilot Ace und Elliott 401 (Science Museum, London) sowie Harwell-Dekatron-Rechner und Hec 1 (National Museum of Computing, Bletchley Park) (vgl. Tab. 9.15). Der Erbauer von Hec 1 hieß Raymond Bird. Es wurden offenbar zwei Stück gebaut.

Erhalten sind die Differenzenmaschinen von Pehr Georg und Edvard Scheutz (National Museum of American History, Washington, D.C.; Science Museum, London), von Martin Wiberg (Tekniska museet, Stockholm), die analogen Integrieranlagen von Douglas Hartree/Arthur Porter (Manchester 1935; Science Museum, London) und von John Edward Lennard-Jones/J. B. Bratt (Museum of Transport and Technology, Auckland, Neuseeland).

Nachgebaut wurden die geschichtsträchtigen Maschinen Manchester baby (Manchester) sowie die Turing-Welchman-Bombe, Colossus, Edsac (alle in Bletchley Park), ferner der Atanasoff-Berry-Rechner (Computer History Museum, Mountain View, Kalifornien, Leihgabe).

Soweit bekannt hat nur ein einziger früher amerikanischer Pionierrechner überlebt: *Johnniac*, benannt nach John von Neumann (vgl. Abb. 9.64). Die Rand corporation in Santa Monica, Kalifornien, baute diesen Röhrenrechner nach dem Vorbild des

Institute for advanced study, Princeton. Rand steht für „research and development“. Die Maschine war von 1953 bis 1966 in Betrieb und ist heute nicht mehr arbeitsfähig. Das parallele Gerät steht im Computer History Museum, Mountain View.

Tab. 9.15: Erhaltene frühe elektromechanische und elektronische Großrechner

Älteste erhaltene Relais- und Röhrenrechner			
Jahr	**Name**	**Bauform**	**Land**
1945	Zuse Z4	Relaisrechner	Deutschland
1949	Csirac	Röhrenrechner	Australien
1950	Pilot Ace	Röhrenrechner	England
1951	Harwell-Rechner	Relaisrechner	England
1951	Hec 1 (Hollerith electronic computer)	Röhrenrechner	England
1953	Johnniac	Röhrenrechner	USA
1953	Elliott 401	Röhrenrechner	England

Anmerkungen

Vom Verschrotten verschont blieben u.a. Lochkartenmaschinen von Herman Hollerith (National Museum of American History, Washington, D.C.; Musée des arts et métiers, Paris) und der Zuse-Rechenlocher M9 (Museum für Kommunikation, Bern).

Abb. 9.64: Johnniac (Zentraleinheit). Diese elektronische Röhrenmaschine (um 1953) ist der einzige vollständig erhaltene frühe amerikanische Großrechner. Herstellerin war die Rand corporation, Santa Monica, Kalifornien (© Computer History Museum, Mountain View, Kalifornien/Bild: Mark Richards).

Betriebsfähigkeit
Viele mechanische Rechenhilfsmittel sind nach wie vor arbeitsfähig. Die frühen elektromechanischen Relais- und elektronischen Röhrenrechner laufen nicht mehr, eine Ausnahme ist der Harwell-Dekatron-Rechner. Nachbauten alter Rechenmaschinen sind in der Regel funktionstüchtig: Turingbombe (Turing-Welchman-Bombe), Colossus, ferner Heath Robinson und Lorenz-Schlüsselmaschine.

Zu den ältesten betriebsbereiten Automaten gehören wahrscheinlich die *Uhren-, Musik- und Figurenautomaten*, u.a. die Schreibautomaten von Friedrich Knaus und Pierre Jaquet-Droz.

9.5.4 Rechenmühlen

Die Taschenrechenmaschine Curta wird liebevoll als „Pfeffermühle" bezeichnet. Sie ist ein feinmechanisches Wunderwerk und gilt als Krönung einer jahrhundertelangen technischen Entwicklung (siehe Kapitel 13). Die Curta wurde nicht mehr übertroffen. Die Mechanik wurde bald durch die Elektronik abgelöst. Der Winzling bildet den Abschluss einer beeindruckenden Reihe von kreisförmigen Rechenmaschinen, die bis ins 18. Jahrhundert zurückreicht und u.a. prächtige Schmuckstücke umfasst, z.B. von Jacob Leupold/Anton Braun/Philippe Vayringe, Anton Braun, Philipp Matthäus Hahn, Johann Helfrich Müller, Johann Jacob Sauter, Johann Christoph Schuster, Didier Roth, Christel Hamann (Modelle Gauß/Mercedes).

Curt Herzstark schuf sein Meisterwerk nicht aus dem Nichts. Er konnte wie Charles-Xavier Thomas, Jean-Baptiste Schwilgué, Konrad Zuse und viele andere auf Vorleistungen aufbauen. Meist steht allerdings nicht fest, ob die Schöpfer die Arbeiten ihrer Vorgänger gekannt hatten (siehe Erhard Antes: Rechenmaschinen mit kreisförmiger Anordnung der Zählwerke, in: Jochen Konrad-Klein; Klaus Kühn; Hartmut Petzold (Hg.): 7. Internationales Treffen für Rechenschieber- und Rechenmaschinensammler, Deutsches Museum, München 2001, Seiten 85–94).

10 Räderwerk von Antikythera

Zusammenfassung: Das Kapitel „Räderwerk von Antikythera" beschreibt eine 1901 in Griechenland aufgetauchte astronomische Rechenmaschine. Der überraschende Fund gab erst in den letzten Jahrzehnten seine Geheimnisse nach und nach preis. Manche betrachten das technische Wunderwerk als den ersten (analogen) Computer. Es ist unbekannt, wo es entstand und wer es erfunden hat. Zahlreiche materielle und immaterielle Nachbauten versuchen, die Funktionsweise des Geräts zu erklären.

Schlüsselwörter: Analogrechner, astronomische Rechenmaschine, Räderwerk von Antikythera

10.1 Astronomische Rechenmaschine

Manche betrachten das Räderwerk von Antikythera (vgl. Abb. 10.1–10.14) – eine astronomische Rechenmaschine – als den ersten Analogrechner.

Abb. 10.1: Räderwerk von Antikythera (1). Die über 2000 Jahre alte äußerst komplexe astronomische Rechenmaschine wurde 1901 im Meer vor der griechischen Insel Antikythera entdeckt. Der Fund des rätselhaften technischen Wunderwerks war eine große Überraschung. Bis heute ist unbekannt, wo das Gerät gefertigt wurde und wer es erfunden hat. Die Auffassungen über sein Alter gehen um mindestens 120 Jahre auseinander. Es gibt zahlreiche physische und rechnergestützte Nachbildungen. Forschergruppen aus Griechenland, England und den USA versuchen, dem Mechanismus die letzten Geheimnisse zu entlocken (© Archäologisches Nationalmuseum, Athen/ Costas Xenikakis).

Wie war das Räderwerk konstruiert (vgl. Kasten)?

https://doi.org/10.1515/9783110669664-010

Aufbau des Räderwerks von Antikythera
Astronomische Rechenmaschine

Vorderseite
Mitte
zwei Zifferblätter mit gemeinsamem Mittelpunkt
Sonnenzeiger für die Bewegungen der Sonne
Mondzeiger für die Bewegungen des Mondes und für die Mondphasen
sehr wahrscheinlich fünf Planetenzeiger

äußeres Zifferblatt
ägyptischer Kalender
365 Tage + 1 Schalttag
12 (ägyptische) Monate zu 30 Tagen + 5 Zusatztage + 1 Schalttag

inneres Zifferblatt
Tierkreis

Rückseite
oben
Zifferblatt mit dem Metonzyklus (19 Jahre) (Metonspirale)
235 Mondmonate: 125 Monate zu 30 Tagen und 110 Monate zu 29 Tagen

innerhalb dieses Zifferblatts:
wahrscheinlich Zifferblatt mit dem kallipischen Zyklus (76 Jahre)
Zifferblatt mit den panhellenischen, den Naa- und den Halieia-Spielen (vier Quadranten)

unten
Zifferblatt mit dem Saroszyklus
223 Mondmonate (rund 18 Jahre)
Skulpturen, die Sonnen- und Mondfinsternisse anzeigen

innerhalb dieses Zifferblatts:
Exeligmoszyklus (54 Jahre)
669 Mondmonate

Anmerkungen
Die konzentrische Skalenscheibe auf der Vorderseite hatte mehrere Zeiger. Die vier oder fünf Skalenscheiben auf der Rückseite wiesen je einen Zeiger auf. Das Räderwerk von Antikythera bestimmt auf geschickte Art und Weise, welche Monate 29 bzw. 30 Tage haben. Der Sternenkalender ist auf der Vorderseite des Gehäuses aufgetragen. Das Zifferblatt mit dem kallipischen Zyklus ist nicht erhalten. Die Version des auf diesem Zifferblatt dargestellten ägyptischen Kalenders geht von einem gleichbleibenden Kalender von 365 Tagen aus. Es gab keine Schalttage. Aus diesem Grund ließ sich die ägyptische Kalenderskala händisch anpassen. Das ermöglichte unterschiedliche Abgleichungen mit der scheinbaren Bewegung der Sonne durch den Tierkreis. Für Laien ist es schwierig, die Arbeitsweise des Räderwerks zu verstehen. Der Aufbau des Metonzyklus war nämlich sehr unüblich, weil er zwei verschiedene Zentren hatte.

Abb. 10.2: Räderwerk von Antikythera (2). Die Vorderseite des Mechanismus zeigt sieben Zeiger (Sonne, Mond, fünf Planeten) und eine doppelte Ringskala (außen: ägyptischer Kalender, innen: Tierkreis). Oben und unten im digitalen Modell sind Inschriften (Sternenkalender) aufgetragen (© Hublot mit Daten vom Antikythera mechanism research project).

Abb. 10.3: Räderwerk von Antikythera (3). Die Rückseite des digitalen Nachbaus des Mechanismus weist zwei spiralförmige Skalen auf. Oben: Metonzyklus mit Anzeige des (wieder hergestellten) kallipischen Zyklus und der panhellenischen Spiele, unten: Saroszyklus für Finsternisse und Exeligmoszyklus (© Hublot mit Daten vom Antikythera mechanism research project).

10.2 Astrolabium, Planetarium oder Kalenderrechner?

Lange Zeit wurde über den Zweck des Mechanismus von Antikythera, einem Räderwerk aus Bronze in einem hölzernen Gehäuse, gerätselt. War das etwa 32–33 cm hohe, 17–18 cm breite und mindestens 8 cm tiefe, schuhschachtelgroße Gebilde ein Astrolabium, ein Planetarium oder ein Rechner?

Diese Frage ist, im Unterschied zu vielen anderen, heute geklärt. Es liegt eine *astronomische Rechenmaschine* vor. Sie ermittelt die ungefähre Stellung der Sonne, des Mondes und – wie aus den Texten auf dem Gerät zu schließen ist – möglicherweise der (fünf damals bekannten) Planeten und dient als Kalender. Die Maschine sagte aufgrund des Saroszyklus mögliche Sonnen- und Mondfinsternisse voraus oder beschrieb sie und berechnete die Mondphasen. Zudem zeigte sie die Daten für die vier panhellenischen Spiele (isthmische, olympische, nemeische und pythische Spiele) und die weniger bedeutenden Naa-Spiele (Dodona) und Halieia-Spiele (Rhodos) an.

Die Skalen auf der Vorderseite sind rund (konzentrisch). Die Hauptskalen auf der Rückseite (Meton- und Saroszyklus) sind spiralförmig, die übrigen Zyklen auf der Rückseite kreisförmig. Auf den Deckeln beider Geräteseiten wurden (astronomische und technische) griechische Texte gefunden. Die Maschine enthält sehr wahrscheinlich über 40 einzelne Getriebe (einschließlich aller sinnvollen Rekonstruktionen des verlorenen Planetengetriebes). Der festprogrammierte Rechner wurde vermutlich über einen seitlichen Drehknopf oder eine Kurbel in Betrieb gesetzt.

Die Entwicklung solcher astronomischer Instrumente begann offenbar im dritten Jahrhundert v. Chr. Der Mechanismus ist so ausgereift, dass es sich kaum um ein einmaliges Gerät handeln kann. In der Kultur-, Technik- und Wissenschaftsgeschichte kommt dem Räderwerk eine herausragende Bedeutung zu. Denn derart vielschichtige Konstruktionen erscheinen erst wieder in Europa mit den astronomischen Turmuhren im 14. Jahrhundert, über 1000 Jahre später. Das Räderwerk von Antikythera gilt als *erster Analogrechner der Welt.* Zu den frühen Analogrechnern gehören auch die Astrolabien.

Alexander Jones von der Universität New York glaubt, dass das Gerät in erster Linie für philosophische und Lehrzwecke entworfen wurde. Es taugte gewiss für Vorführungen. Für Astronomen war es wohl zu ungenau, für die Navigation ungeeignet.

Abb. 10.4: Räderwerk von Antikythera (4). Rechnergestützte Rekonstruktion der Vorderseite von Tony Freeth (© 2012 Tony Freeth, Images First Ltd., London).

Warum sind kaum astronomische Rechenmaschinen erhalten?

Die bronzenen Zahnräder des Mechanismus von Antikythera waren bloß 2 mm dünn. Diese feine, zerbrechliche Bauart mag erklären, weshalb kaum Geräte überlebt haben. Metall war kostbar und wurde daher wiederverwertet. Es waren keine mit Edelsteinen verzierte vergoldete Kunstwerke, die erhalten blieben.

Antikythera mechanism research project

2005 wurde eine internationale Forschungsgemeinschaft namens *Antikythera mechanism research projec*t gegründet. Sie setzt sich vorwiegend aus Fachleuten aus den Bereichen Astronomie, Physik, Astrophysik, Mathematik, Ingenieurwesen, Technik- und Wissenschaftsgeschichte, Archäologie und Altphilologie zusammen. Für weitere Angaben siehe http://antikythera-mechanism.gr.

10.3 Wann wurde der astronomische Rechner gefunden?

Die ionische Insel Antikythera, die ursprünglich Aigila hieß, befindet sich zwischen der Halbinsel Peloponnes und Kreta, gegenüber Kythera (daher Antikythera). Das Schiffswrack wurde an Ostern 1900 von Schwammtauchern gefunden. Das Räderwerk von Antikythera kam im Sommer 1901 (vermutlich Juli) zum Vorschein. Tauchgänge wurden auch in den Jahren 1953, 1972 und ab 2012 bis heute durchgeführt. Der Mechanismus ist nur unvollständig erhalten und besteht aus 82 (beschädigten und zerfressenen) Bruchstücken. Grundlegende Untersuchungen gibt es erst seit den 1950er Jahren. Dazu wurden auch tomografische Verfahren beigezogen.

Abb. 10.5: Räderwerk von Antikythera (5). Nachbau durch den Uhrmacher Ludwig Oechslin mit Sonnen- und Mondzeiger, aber ohne die mutmaßlichen Planetenzeiger (© ochs und junior ag, Luzern).

10.4 Wann ging das Schiff unter?

Wie aus den Funden von Münzen und Amphoren (zweihenklige Gefäße) hervorgeht, sank das Schiff zwischen 70 und 50 v. Chr. Dieser Zeitraum wird allgemein akzeptiert. Das Fahrzeug befand sich möglicherweise auf dem Weg von Kleinasien ins westliche Mittelmeer. Wahrscheinlich handelte es sich um ein großes Handelsschiff. Vielleicht war es rund 40 m lang, 10 m breit und konnte 250 Tonnen laden. Die Ladung umfasste u.a. Silber- und Bronzemünzen, die in den Jahren zwischen 85 und 60 v. Chr. geprägt wurden.

10.5 Wann wurde das Schiff gebaut?

Nach den Radiokarbonanalysen aus dem Jahr 2010 von Andrew Wilson (Universität Oxford) wird das für den Schiffsbau genutzte Holz mit einer Wahrscheinlichkeit von 84,8 % auf die Zeitspanne zwischen 211 bis 40 v. Chr. datiert. Das geht aus den neuen Kalibrierkurven der Radiokohlenstoffdatierung (C-14-Datierung, 14C-Methode, Radiokarbonmethode) hervor (siehe Michael G. Edmunds: The Antikythera mechanism and the mechanical universe, in: Contemporary physics, Band 55, 2014, Heft 4, Seite 263). Da Holzschiffe nicht unbeschränkt lange halten und nicht dauerhaft seetauglich sind, dürfte es wohl frühestens einige Jahrzehnte vor dem Untergang hergestellt worden sein.

Abb. 10.6: Räderwerk von Antikythera (6). Rechnergestützte Rekonstruktion von Tony Freeth, links die Vorderseite mit den beiden konzentrischen Skalen und sieben Zeigern, rechts die Rückseite mit den Spiralskalen, u.a. für die Anzeige von Sonnen- und Mondfinsternissen (© 2012 Tony Freeth, Images First Ltd., London).

10.6 Wann wurde der astronomische Rechner gebaut?

Die Meinungen zum Baujahr der astronomischen Rechenmaschine gehen weit auseinander. Die Schätzungen reichen von 205 v. Chr. bis 50 v. Chr. Christián Carman, James Evans und Tony Freeth gehen von einer Fertigung um 205 v. Chr. aus. Michael Edmunds, Paul Iversen, Alexander Jones und Michael Wright glauben an eine viel spätere Herstellung zu einem Zeitpunkt, der wesentlich näher beim Untergang des Schiffs liegt.

Michael Edmunds von der Universität Cardiff schreibt:

> „The present best estimate of its construction date is around the middle of the range 150–60 B.C. – although a date as early as 220 B.C. is not completely ruled out". (siehe Michael G. Edmunds: The Antikythera mechanism and the mechanical universe, in: Contemporary physics, Band 55, 2014, Heft 4, Seite 263).

Das Räderwerk dürfte etwa in der Mitte des Zeitraums von 150 bis 60 v. Chr. hergestellt worden sein, ein Baujahr schon um 220 v. Chr. kann jedoch nicht mit Sicherheit ausgeschlossen werden.

Der Astrophysiker ergänzt:

> „My preferred period is 140–70 B.C. But there must have been earlier, probably simpler versions. So one would guess that similar mechanical devices might date from 200, or maybe 250 B.C." (Mitteilung vom 22. November 2017).

Mein bevorzugter Zeitabschnitt ist 140 bis 70 v. Chr. Es muss aber frühere, wahrscheinlich einfachere Versionen gegeben haben. Ähnliche mechanische Vorrichtungen könnten aus der Zeit 200 oder vielleicht 250 v. Chr. stammen.

Edmunds zufolge gibt es in der Literatur Hinweise, dass astronomische Geräte von 250 v. Chr. bis mindestens 500 n. Chr. erstellt wurden oder wenigstens bekannt waren.

In diesem Zusammenhang schreibt der Wissenschaftshistoriker und Altphilologe Jones:

> „We are obviously a long way from being able to put together a coherent story of the evolution and eventual degeneration of the ancient tradition of astronomical mechanisms, but there is enough evidence to suggest that complex and scientifically ambitious mechanisms were being made at least through the three centuries from about 100 B.C. to AD 200, and that the people who were most likely to encounter them were mechanicians, philosophers, and scientists." (siehe Alexander R. Jones: A portable cosmos. Revealing the Antikythera mechanism, scientific wonder of the ancient world, Oxford university press, New York 2017, Seite 242).

Wir sind offenkundig weit entfernt von einer zusammenhängenden Geschichte der Entwicklung und des anschließenden Niedergangs der alten Tradition astronomischer Mechanismen. Es gibt aber genügend Hinweise, dass sehr anspruchsvolle und wissenschaftlich ehrgeizige Geräte während mindestens drei Jahrhunderten, von ungefähr 100 v. Chr. bis 200 n. Chr., gefertigt wurden und dass vor allem Mechaniker, Philosophen und Wissenschaftler ihnen begegneten.

Paul Iversen von der Case Western Universität, Cleveland (Ohio), glaubt an eine späte Fertigung des Räderwerks:

> „I would say the Mechanism was manufactured soon before the shipwreck ca. 70–50 B.C,, but in any case probably not more than one generation, or ca. 100 B.C. at the earliest." (Mitteilung vom 20. November 2017).

Ich vermute, dass die Maschine kurz vor dem Schiffbruch (zwischen 70 und 50 v. Chr.) gefertigt wurde, wahrscheinlich aber nicht mehr als eine Generation vorher, d.h. frühestens 100 v. Chr.

Eine ähnliche Meinung vertritt auch Jones:

> „A far simpler hypothesis, however, is that the Mechanism was made somewhere around the Aegean not long before the shipwreck and was on its way to its intended home by a route that would next have proceeded up the Adriatic toward, say, Brundisium, stopping somewhere along the way to deliver part of the cargo. Occam's razor thus makes it probable that the Mechanism was commissioned by someone who lived in or near Epirus in the first half of the first century B.C." (siehe Alexander R. Jones: A portable cosmos. Revealing the Antikythera mechanism, scientific wonder of the ancient world, Oxford university press, New York 2017, Seite 93).

Viel einfacher ist hingegen die Annahme, dass das Räderwerk kurz vor dem Schiffsuntergang irgendwo um die Ägäis gebaut wurde und es sich auf dem Weg zum Auftraggeber befand. Und zwar auf einer Weiterreise, die zunächst in die Adria führte, etwa in Richtung Brindisi. Irgendwo auf der Fahrt wurde wahrscheinlich ein Teil der Ladung abgeliefert. Es scheint naheliegend, dass der Mechanismus von einer Person bestellt wurde, die in der ersten Hälfte des ersten vorchristlichen Jahrhunderts auf dem Epirus oder in der Nähe lebte.

Jones ergänzt:

> [...] „I argued that the archeological context favors the hypothesis that the Mechanism was new when it was lost in the wreck, because otherwise it becomes difficult to account for the presence of an *antique* object that was manifestly made for a locality west of the Aegean in a cargo originating in the Aegean and destined for points west." (siehe Alexander R. Jones: A portable cosmos. Revealing the Antikythera mechanism, scientific wonder of the ancient world, Oxford university press, New York 2017, Seite 157).

Das archäologische Umfeld unterstützt meines Erachtens die Vermutung, dass der Mechanismus beim Schiffsuntergang neu war. Denn sonst wird es schwierig, die Anwesenheit eines *uralten* Gegenstands, der offenkundig für einen Ort westlich der

Ägäis hergestellt wurde, in einer Ladung zu erklären, die aus der Ägäis kommt und für eine westliche Region bestimmt war.

Michael Wright (London, ehemals Science Museum) bemerkt:

> „There is, however, no good argument for suggesting that the instrument was designed that early [205 B.C.], and there is a counter-argument that the several displays were adjusted to mutual agreement in a way that could not have been done before the latter half of the second century B.C. The most likely explanation is that the designer of these displays drew on old information." (Mitteilung vom 22. November 2017).

Es gibt indessen keine gute Begründung dafür, dass das Instrument so früh [205 v. Chr.] entworfen wurde. Man kann vielmehr einwenden, dass verschiedene Anzeigen angepasst wurden, damit sie gegenseitig übereinstimmten, und zwar in einer Weise, die nicht vor der zweiten Hälfte des zweiten Jahrhunderts v. Chr. möglich war [Erkenntnisse von Hipparch]. Die wahrscheinlichste Erklärung ist, dass die Konstrukteure dieser Scheiben alte Angaben herangezogen haben.

Der Physiker Wright lehnt jedoch die Annahme ab, dass das Instrument beim Untergang des Schiffs neu war. Ein Teil des Geräts war nämlich mechanisch durcheinander. Er schreibt:

> „I think it very unlikely that the instrument was very old at the time because I think it simply would not have lasted very long without being destroyed by use and handling. I suggest that it was probably built with a generation or so of its loss; that is, within a few decades of 100 B.C."

Ich halte es für sehr unwahrscheinlich, dass das Instrument damals sehr alt war. Denn es wäre durch den Gebrauch und die Handhabung bald zerstört worden. Ich gehe davon aus, dass es wohl innerhalb ungefähr einer Generation vor seinem Verlust gebaut wurde, also einige Jahrzehnte, bevor das Schiff sank.

Der Physiker *James Evans* von der Universität Puget Sound, Tacoma (Washington), glaubt eher an eine frühe Fertigung:

> „The eclipse predictor best fits an 18-year Saros cycle that started in 205 B.C. One or two Saros cycles later would also work, though with somewhat larger errors. Of course, we cannot rule out the possibilty that it was built considerably later but using an out of date eclipse cycle." (Mitteilung vom 21. November 2017).

Der Finsternisanzeiger passt am besten zu dem 18-jährigen Saroszyklus, der 205 v. Chr. begann. Ein oder zwei Saroszyklen später gingen auch, allerdings mit etwas größeren Fehlern. Natürlich können wir die Möglichkeit nicht ausschließen, dass das Gerät erheblich später gebaut wurde. Dann hätte es aber einen veralteten Finsterniszyklus verwendet.

Tony Freeth aus London denkt hingegen an eine Konstruktion aus der Zeit um 205 v. Chr. aus: Die Vorhersage der Sonnen- und Mondfinsternisse geschieht aufgrund des

Saroszyklus. Die Anzeige auf der Rückseite des Mechanismus soll eine Altersbestimmung ermöglichen (Mitteilung vom 6. November 2017).

Nach Christián Carman und James Evans funktioniert die Finsternisanzeige am besten, wenn der Vollmond des ersten Monats der Sarosanzeige auf den 12. Mai 205 v. Chr. fällt (siehe Christián Carlos Carman; James Evans: On the epoch of the Antikythera mechanism and its eclipse predictor, in: Archive for history of exact sciences, Band 68, November 2014, Heft 6, Seite 693).

Wäre der astronomische Rechner zu Lebzeiten von Archimedes gefertigt worden, hätte er beim Untergang des Schiffs ein Alter von rund 150 Jahren gehabt. Eine so frühe Herstellung scheint wenig glaubwürdig.

Wann lebten die griechischen und römischen Gelehrten (vgl. Kasten)?

Lebenszeiten

Archimedes	
griechischer Mathematiker und Physiker	285–211 v. Chr.
Hipparch	
griechischer Astronom	190–125 v. Chr.
Poseidonios (Posidonius)	
griechischer Philosoph	135–51 v. Chr.
Marcus Tullius Cicero	
römischer Staatsmann	106–43 v. Chr.

10.7 Wer hat das Räderwerk gebaut?

Die Herkunft des Mechanismus ist unbekannt. Während man früher Sizilien als Herstellungsort vermutete, geht man heute eher von Rhodos aus.

> „Where was the Mechanism made? Possibilities include Alexandria, Pergamon, Syracuse and Rhodes. Syracuse had the advantage of any heritage left by Archimedes, but the problem that it was sacked in at the time of his death in 211 B.C., although something may have remained. The best candidate must be Rhodes, a port at which the Antikythera ship had called (judged by some of its cargo) not long before its wreck. Rhodes was a highly technological naval centre around 100 B.C. with a fine bronze industry and an astronomical tradition. It is also one place where we know that a similar contemporary device was reputedly made and seen." (siehe Michael G. Edmunds: The Antikythera mechanism and the mechanical universe, in: Contemporary physics, Band 55, 2014, Heft 4, Seite 282).

Wo wurde das Räderwerk hergestellt? Zu den möglichen Orten zählen Alexandria, Pergamon, Syrakus und Rhodos. Bei der sizilianischen Stadt kommt ein Werk aus dem Nachlass von Archimedes in Frage, Syrakus wurde allerdings bei seinem Tod um 211 v. Chr. geplündert. Am wahrscheinlichsten scheint Rhodos. Das Schiff hatte diese Insel kurz vor dem Untergang angelaufen, wie aufgrund der Ladung angenommen werden kann. Rhodos war um 100 v. Chr. ein technisch bedeutendes Seefahrtszentrum mit einem ausgezeichneten Bronzegewerbe und einer astronomischen Überlieferung. Dort soll auch ein ähnliches Gerät hergestellt worden sein.

In seiner Mitteilung vom 22. November 2017 ergänzt Edmunds, dass der auf dem Räderwerk enthaltene Sternenkalender (Parapegma) mit der geografischen Breite von Rhodos übereinstimme und Cicero im ersten Jahrhundert v. Chr. ein vergleichbares Gerät auf Rhodos gesehen habe.

Der Altphilologe und Inschriftenforscher Iversen glaubt, dass der Rechner aus mehreren Gründen am ehesten in Rhodos gefertigt wurde:

- Die zu Ehren des Sonnengotts ausgetragenen Spiele von Halieia erscheinen neben den panhellenischen Spielen auf der Rückseite des Geräts. Die Halieia-Veranstaltungen sind meist nur für Rhodos oder das von Rhodos beherrschte Festland gegenüber der Insel (bekannt als Pereia) bescheinigt. Sie sind in dorischer und nicht wie sonst auf dem Räderwerk üblich in attisch-ionischer Mundart erwähnt. Dorisch halios bedeutet Sonne.
- Wir wissen aufgrund von Schriften, dass solche Geräte zum Zeitpunkt des Schiffbruchs in Rhodos gefertigt wurden. Das belegen Dokumente, die in diesem Zeitraum verfasst wurden. Cicero beschreibt eine solche von seinem Lehrer Poseidonios gebaute Maschine. Dieser Gelehrte lebte auf Rhodos. Um diese Zeit arbeitete möglicherweise auch Geminos auf dieser Insel, der in seiner Abhandlung die dem Räderwerk zugrunde liegende astronomische Theorie darlegt.
- Im ersten Jahrhundert v. Chr., um die Zeit des Untergangs, war die Insel Rhodos ein Zentrum für Astronomie.
- Die Astronomen von Rhodos verwendeten im ersten Jahrhundert v. Chr. die attisch-ionische Mundart. Auf der Insel wurde eine einzige in dieser damals üblichen Wissenschaftssprache verfasste Inschrift gefunden.
- Die auf der Vorderseite des Räderwerks enthaltenen alfabetischen Listen mit den jährlichen astronomischen Ereignissen (z.B. Sonnenwende, Tagundnachtgleiche) für die Sonne und die Fixsterne (Parapegma) treffen am besten für die nördlichen Breitengrade 33,3 bis 37,0 und damit für Rhodos zu. Sie gelten aber nicht für Epirus (Westgriechenland) oder Alexandria.
- Im Schiffswrack wurden Amphoren von Rhodos aus der Zeit zwischen 100 und 50 v. Chr. gefunden.

Iversen hält es für unwahrscheinlich, dass Archimedes das Gerät gebaut hat, denn es nutzt gewisse Erkenntnisse zur Bewegung von Sonne und Mond, die Hipparch (um 150 v. Chr.) zugeordnet werden. Als Schöpfer käme beispielsweise Poseidonios oder ein Mitarbeiter seiner Schule in Frage. Der Kunde dürfte wegen des epirotischen Kalenders (Metonspirale) aus Epirus stammen (Mitteilung vom 20. November 2017).

Cicero erwähnt in De natura deorum, Buch 2, Abschnitt 88 (45 v. Chr., Vom Wesen der Götter), die „sphaera" von Posidonius. Das Wort „sphaera" (griechisch sphaira) hat mehrere Bedeutungen:

> „We need to be careful to distinguish mechanized planetaria from certain other concepts and categories of objects that may be described in similar language. The Greek word *sphaira* (or Latin *sphaera*) may refer to an astronomical mechanism but was also appropriate for a simple globe [...]" (siehe Alexander R. Jones: A portable cosmos. Revealing the Antikythera mechanism, scientific wonder of the ancient world, Oxford university press, New York 2017, Seite 239).

Wir müssen sorgfältig zwischen mechanischen Planetarien und gewissen anderen Begriffen und Arten von Objekten unterscheiden, die mit ähnlichen Ausdrücken beschrieben werden. Das griechische Wort *sphaira* (lateinisch *sphaera*) kann sich sowohl auf einen astronomischen Mechanismus wie auch auf einen einfachen Globus beziehen [...].

Der Sternenkalender wird auch mit dem griechischen Buchautor Geminos (Geminus), der vermutlich im ersten Jahrhundert v.Chr. lebte, in Verbindung gebracht.

Der Mathematiker Freeth vermutet hingegen, dass die Urform des astronomischen Rechners von Archimedes stammt. Dieser 211 v. Chr. verstorbene berühmte Gelehrte wirkte in der korinthischen Kolonie in Syrakus. Er hat wohl die Tradition für den Bau solcher Maschinen begründet. Das Räderwerk von Antikythera ist offenbar eine spätere Version der archimedischen Ausführung. Für diese Annahmen gibt es allerdings keinerlei Beweise. Gemäß Cicero soll der große griechische Wissenschaftler ein solches Instrument hergestellt haben. Der hoch entwickelte Zustand des Mechanismus war eine Überraschung. Denn bis zur Enthüllung durch Price kannte man in der Technik der alten Griechen nichts Vergleichbares. Freeth schreibt:

> „I personally think it is likely that the original design came from Archimedes and he started the tradition of making these devices. The Antikythera Mechanism is simply a later version of the Archimedes design. But there is litte hard evidence.[...]. The sophistication of the mechanism, when uncovered by Price, was astonishing, given what had previously been known about ancient Greek technology." (Mitteilung vom 6. November 2017).

Wright zufolge handelt es sich bei Archimedes jedoch um eine ganz andere Vorrichtung, nämlich um einen mechanischen Himmelsglobus. Der auch als Mechaniker tätige Brite hat ihn nachgebaut. Cicero, der in De re publica, Buch 1, Abschnitt 14 (54–51 v. Chr., Über den Staat), und in Tusculanae disputationes, Buch 1, Abschnitt 36 (45 v. Chr., Gespräche in Tusculum), über die „sphaera" von Archimedes berichtet, hat jedoch über 100 Jahre später als der überragende sizilianische Forscher gelebt.

Kyriakos Efstathiou (Universität Thessaloniki) weist darauf hin, dass zu dieser Zeit einer der bedeutendsten griechischen Astronomen, Hipparch, auf Rhodos lebte. Viele Forscher glaubten, dass er, sein Schüler Poseidonios oder sonst jemand aus der dortigen Astronomieschule als Schöpfer des Mechanismus in Frage komme (Mitteilung vom 23. November 2017).

Am meisten überzeugt die Annahme, dass das Räderwerk von Antikythera aus dem Umfeld von Poseidonios kommt. Dieser stoische Philosoph hatte selber wohl weder die astronomischen noch die handwerklichen Kenntnisse. Es gibt offensichtlich enge Beziehungen zwischen dem Mechanismus und Hipparch sowie Geminos.

10.8 Nachbauten

Es gibt zahlreiche reale Nachbauten (Rekonstruktionen) des Räderwerks von Antikythera und manche virtuelle Modelle (Simulationen). Zu den bekanntesten wirklichen, d.h. körperlichen Nachbildungen gehören die Geräte von Ioannis Theofanidis (Griechenland, 1934), Derek de Solla Price und Robert Deroski (USA), Allan Bromley und Frank Percival (Australien), John Gleave (Großbritannien), Michael Wright (Großbritannien) sowie John Seiradakis und Kyriakos Efstathiou (Griechenland). Weitere Modelle haben u.a. Dionysios Kriaris (Griechenland), Massimo Vicentini (Italien) und Tatjana van Vark (Niederlande) gefertigt. Gewisse Nachbauten sind allerdings nicht arbeitsfähig und weichen von der ursprünglichen Bauform ab. 3D Solidforms, Thessaloniki, verkauft die in Zusammenarbeit mit der Aristoteles-Universität Thessaloniki entwickelten Geräte. Markos Skoulatos und Georg Brandl (Deutschland) haben neue körperliche und digitale Nachbauten erstellt.

Digitale Nachbildungen gibt es beispielsweise von Tony Freeth (Großbritannien). Auch in der Schweiz wurde das Räderwerk nachgebaut, etwa von Ludwig Oechslin (Luzern sowie Internationales Uhrenmuseum in La Chaux-de-Fonds). Matthias Buttet schuf für die Hublot SA, Nyon VD, eine Uhr, welche die Funktionen des Mechanismus von Antikythera enthält.

Als die bedeutendsten Nachbauten gelten die Rekonstruktionen von Wright und die der Arbeitsgemeinschaft Antikythera mechanism research project (2006).

Abb. 10.7: Räderwerk von Antikythera (7). Der Nachbau aus Thessaloniki ist im Unterschied zu anderen realen und digitalen Nachbildungen beidseitig mit einem Schutzdeckel ausgestattet (© 3D Solidforms, Thessaloniki).

Es gibt reale und digitale Nachbauten (vgl. Kasten).

„Harte" und „weiche" Nachbauten
Michael Wright, der führende Modellbauer für das Räderwerk von Antikythera, weist zu Recht darauf hin, dass ein rechnererzeugtes dreidimensionales Bild nicht die gleiche Überzeugungskraft hat wie ein physikalisches Modell. In der künstlichen Welt gibt es weder Masse, Trägheit, Kraft, Reibung noch elastische oder unelastische Durchbiegung. Fragen der Werkstofffestigkeit und der Verschleißeigenschaften werden ausgeklammert.

Abb. 10.8: Räderwerk von Antikythera (8). Blick in das vielschichtige Zahnradgetriebe des Nachbaus von Thessaloniki (© 3D Solidforms, Thessaloniki).

Der Physiker Markos Skoulatos von der Technischen Universität München hat ein funktionsfähiges reales und anschließend zusammen mit dem Physiker Georg Brandl auch ein digitales Modell entworfen. Die mechanische Nachbildung zeichnet sich durch eine geringe Reibung, das virtuelle durch eine hohe Genauigkeit aus.

Abb. 10.9: Räderwerk von Antikythera (9). Die Aufnahme zeigt die Vorderseite der Nachbildung von Markos Skoulatos. Sie ist voll betriebsfähig (© Markos Skoulatos).

Abb. 10.10: Räderwerk von Antikythera (10). Die Aufnahme zeigt die Rückseite von Skoulatos' Modell. Da es durchscheinend ist, lassen sich die Vorgänge anschaulich verfolgen (© Markos Skoulatos).

Abb. 10.11: Räderwerk von Antikythera (11). Markos Skoulatos und Georg Brandl haben auch ein digitales Modell geschaffen. Es lässt sich über einen tragbaren Rechner oder ein Mobiltelefon steuern (© Markos Skoulatos und Georg Brandl).

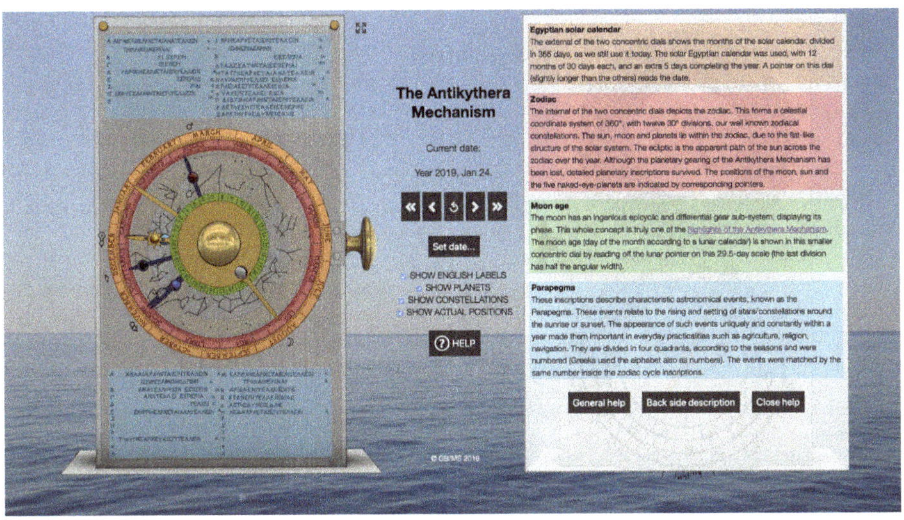

Abb. 10.12: Räderwerk von Antikythera (12). Dieses Bild zeigt das Hilfemenü für die Vorderseite (© Markos Skoulatos und Georg Brandl).

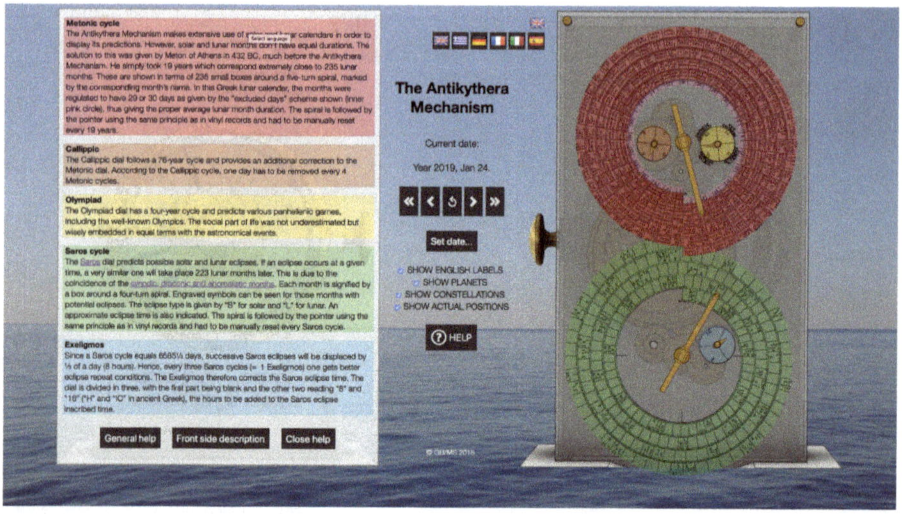

Abb. 10.13: Räderwerk von Antikythera (13). Dieses Bild zeigt das Hilfemenü für die Rückseite (© Markos Skoulatos und Georg Brandl).

Das Räderwerk gilt üblicherweise als analoges Gerät (vgl. Kasten).

Ist das Räderwerk von Antikythera ein Analogrechner?

Der (nicht programmierbare) Mechanismus von Antikythera wird wie erwähnt als ältester Analogrechner der Welt bezeichnet. Das Zahnradgetriebe bezieht sich auf die Umlaufbahnen der Planeten. Aufgrund dieser Ähnlichkeit erscheint der mechanische Kalenderrechner als ein *analoges* Gerät. Bei dieser Maschine ist neben der Eingabe auch die Ausgabe analog: die Zifferblätter (Skalen) und die stufenlos drehbaren Zeiger.

Die kalendarischen Berechnungen erfolgen jedoch *digital*. Die Anzahl Zähne der Zahnräder ist immer *ganzzahlig*. Das Übersetzungsverhältnis zwischen zwei Zahnrädern ist stets eine rationale Zahl. Diese Beziehungen widerspiegeln die Himmelsbewegungen z.B. im metonischen Zyklus (x Zyklen in y Jahren, wobei x und y ganze Zahlen sind). – Rationale Zahlen sind Zahlen, die sich als Quotienten von zwei ganzen Zahlen darstellen lassen. Dazu gehören neben der Zahl Null alle (positiven und negativen) ganzen und gebrochenen Zahlen.

Die Anzeige ist zwar analog, das Getriebe arbeitet aber digital. Die meisten Forscher betrachten das astronomische Wunderwerk dennoch als Analogrechner. Man kann es aber auch als *Mischrechner* (Zwitter) auffassen. Gleichermaßen sind *astronomische Uhren* hybrid, ebenso Digitaluhren mit Analoganzeige. Eine numerische Anzeige ist genauer als analoge Zeiger, das Ablesen ist aber beschwerlicher.

Für weitere Erläuterungen siehe Paul Cockshott; Lewis M. Mackenzie; Greg Michaelson: Computation and its limits, Oxford university press, Oxford 2012 (Abschnitt "Was the Antikythera device an analogue computer?", Seiten 34–35).

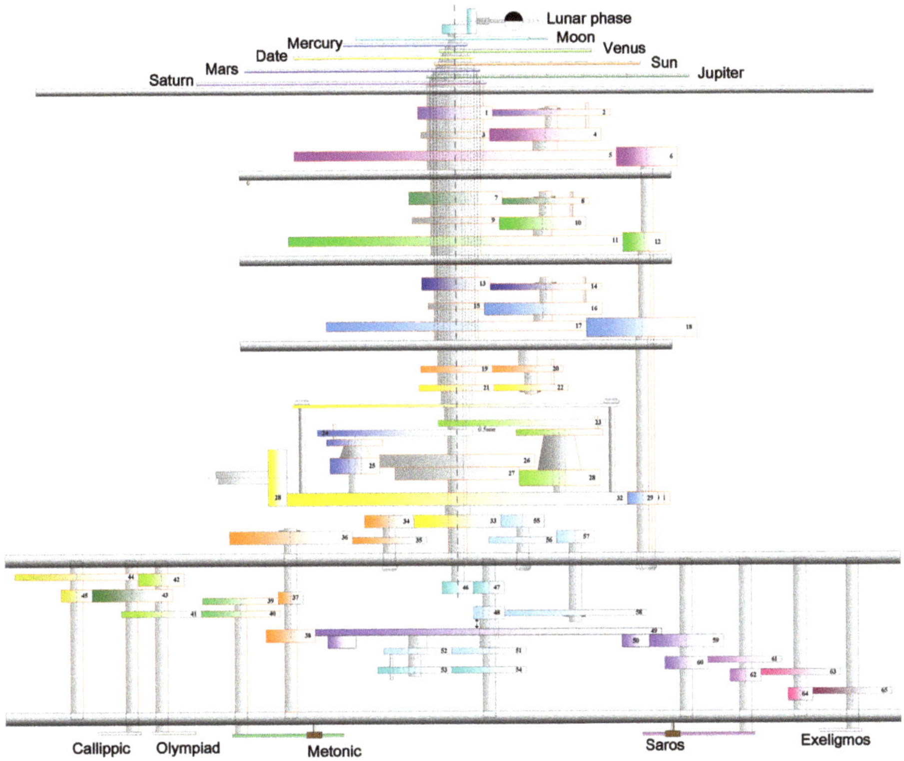

Abb. 10.14: Räderwerk von Antikythera (14). Eines der 48 Modelle, die zwei chinesische Forscher zur Bauweise des Zahnradgetriebes entworfen haben. Oben sind die Zeiger für Sonne, Mond und fünf Planeten dargestellt, unten vier astronomische Kreisläufe und der Ablauf der panhellenischen Spiele (© Jian-Liang Lin und Hong-Sen Yan).

Folgerungen

Der heutige Forschungsstand lässt sich wie folgt zusammenfassen: Das 1901 gefundene Räderwerk von Antikythera ging ungefähr 60 v. Chr. beim Untergang eines römischen Handelsschiffs im Mittelmeer verloren. Die komplexe astronomische Rechenmaschine wurde möglicherweise kurze Zeit davor auf der Insel Rhodos im Umfeld des griechischen Philosophen Poseidonios gebaut. Auftraggeber für das Lehrmittel war wahrscheinlich eine Person im nordwestlichen Griechenland.

Quellen

Andrea Bignasca; Maria Lagogianni-Georgakarakos; Nikolaos Kaltsas; Elena Vlachogianni (Hg.): Der versunkene Schatz. Das Schiffswrack von Antikythera, Antikenmuseum Basel und Sammlung Ludwig, Basel 2015

Yanis Bitsakis: Ein antiker mechanischer Kosmos, in: Antike Welt 2015, Heft 5, Seiten 27–32

Christián Carlos Carman; James C. Evans: On the epoch of the Antikythera mechanism and its eclipse predictor, in: Archive for history of exact sciences, Band 68, November 2014, Heft 6, Seiten 693–774

Michael G. Edmunds: The Antikythera mechanism and the mechanical universe, in: Contemporary physics, Band 55, 2014, Heft 4, Seiten 263-285
Michael G. Edmunds (Wales), Mitteilung vom 22. November 2017
Michael G. Edmunds; Tony Freeth: Using computation to decode the first known computer, in: Computer, Band 44, Juli 2011, Seiten 32–39
Kyriakos Efstathiou (Griechenland), Mitteilung vom 23. November 2017
James C. Evans (USA), Mitteilung vom 21. November 2017
Tony Freeth: Eclipse prediction on the ancient Greek astronomical calculating machine known as the Antikythera mechanism, 30. Juli 2014, https://doi.org/10.1371/journal.pone.0103275 (Plos one 9(7): e103275)
Tony Freeth (England), Mitteilungen vom 6. und 7. November 2017
Paul A. Iversen: The calendar on the Antikythera mechanism and the Corinthian family of calendars, in: Hesperia, Band 86, 2017, Seiten 129–203
Paul A. Iversen (USA), Mitteilung vom 20. November 2017
Alexander R. Jones: A portable cosmos. Revealing the Antikythera mechanism, scientific wonder of the ancient world, Oxford university press, New York 2017
Alexander R. Jones: The Antikythera mechanism and the public face of Greek science, Vortrag auf der Tagung “From Antikythera to the square kilometre array: Lessons from the ancients” vom 12. bis 15. Juni 2012 in Kerastari, Griechenland, 23 Seiten
Alexander R. Jones (USA), Mitteilung vom 14. November 2017
John H. Seiradakis; Michael G. Edmunds: Our current knowledge of the Antikythera mechanism, in: Nature Astronomy, Band 2, Januar 2018, Seiten 35–42
Michael T. Wright (England), Mitteilung vom 22. November 2017.

11 Schwilgué-Rechenmaschinen

Zusammenfassung: Das Kapitel „Schwilgué-Rechenmaschinen“ behandelt wenig bekannte mathematische Maschinen von Jean-Baptiste Schwilgué, dem Schöpfer der derzeitigen astronomischen Uhr des Straßburger Münsters. Ihm verdanken wir den frühesten erhaltenen Tastenaddierer (Patent 1844) und einen mechanischen „Prozessrechner“.

Schlüsselwörter: astronomische Uhr, Kirchenkomput, Prozessrechner, Victor Schilt, Jean-Baptiste Schwilgué, Straßburger Münster, Tastenaddiermaschine, Weltausstellung 1851, Zahnradfräsmaschine

Jean-Baptiste Schwilgué (1776–1856) ist der Schöpfer der berühmten (letzten) astronomischen Uhr des Straßburger Münsters. Sie läuft heute noch und wird alle acht Tage einmal aufgezogen. Schwilgué hat unzählige Erfindungen gemacht, die astronomische Uhr gilt als sein Meisterwerk. Er war Uhrmacher, Eichmeister und Mathematiklehrer. Seine (kleine) Rechenmaschine gilt als das älteste erhaltene *Tasten*addiergerät der Welt. Bei vielen mathematischen Instrumenten wurden die Zahlenwerte lange Zeit über *Schieber* eingegeben.

11.1 “Schwilgué-„Prozessrechner“

Eine am 9. Dezember 2014 in Straßburg aufgestöberte seltsame (große) mechanische Rechenmaschine entpuppt sich nach weiteren Untersuchungen als der älteste „Prozessrechner“ der Welt. Die in den 1830er Jahren von Jean-Baptiste Schwilgué gebaute Addiermaschine steuerte über Papierstreifen numerisch eine äußerst präzise Fräsmaschine, mit der Zahnräder mit einer sehr hohen Anzahl Zähne geschnitten wurden.

Umgestaltung der astronomischen Uhr von 1838 bis 1842
Die Erneuerung der je nach Quelle seit 1786 oder 1788 infolge mangelhaften Unterhalts still stehenden Münsteruhr dauerte vom 24. Juni 1838 bis zum 2. Oktober 1842. Die Einweihung fand am 31. Dezember 1842 statt. Die wieder entdeckte Addiermaschine dürfte daher vor 1838 entstanden sein. Sie ist demnach mindestens 180 Jahre alt. Der grundlegende Umbau der astronomischen Uhr setzte ein vertieftes mathematisches, astronomisches und technisches Wissen und Kenntnisse der Uhrmacherkunst voraus.

https://doi.org/10.1515/9783110669664-011

11.1.1 Eigenwillige Spezialrechenmaschine ohne ein herkömmliches Einstellwerk

In der Regel bestehen mechanische Rechenmaschinen u.a. aus einem Einstellwerk, einem Ergebniswerk und ggf. einem Umdrehungszähler (für die Multiplikation und die Division). Bei diesem mit einer Kurbel ausgestatteten Gerät sucht man jedoch Einstellschieber oder Tasten vergeblich. Das legt den Schluss nahe, dass diese Anlage mit Festwerten arbeitete. Sie weist 3 Reihen mit je 12 zehneckigen Ziffernrädern (für die Zahlenwerte von 0 bis 9) aus Messing auf. Damit lassen sich drei 12-stellige Zahlen darstellen. Für die Kurbel gibt es zwei Anschlussmöglichkeiten. Schwilgués Maschinen beherrschten die automatische Zehnerübertragung, mit der sich schon Schickard, Pascal und Leibniz abmühten. Dieses Gerät sowie mehrere der in Straßburg vorgefundenen Zähler und Tastenaddierer tragen kein Namenschild von Schwilgué. Das deutet wohl darauf hin, dass es sich um Vormodelle handelt oder dass sie für den Eigenbedarf bestimmt waren.

Abb. 11.1: Schwilgués große Additionsmaschine, Gesamtaufnahme. Dieser merkwürdige, schwere Rechner, bei dem weder Einstellschieber noch Tasten für die Eingabe der Zahlen zu finden sind, wurde im Dezember 2014 im Straßburger Historischen Museum aufgestöbert (©Straßburger Museen, Mathieu Bertola).

Der Betrieb der in geschlossenem Zustand unscheinbaren Rechenmaschine (vgl. Abb. 11.1–11.5) wurde durch Gewichte erleichtert. Zum Vergleich: Mechanische Uhren musste man *aufziehen* (eine Feder spannen), ebenso Musikdosen. Drehorgeln haben eine *Handkurbel*. Lochbandgesteuerte Klaviere wurden beispielsweise über *Pedale* bedient, gewisse Musikautomaten hatten einen *Gewichtsantrieb*. Spätere Ausführungen waren mit einem Elektromotor ausgestattet.

Abb. 11.2: Schwilgués große Additionsmaschine, Schaulöcher. Mit diesem Gerät wurden umfangreiche Berechnungen für den Bau der heutigen astronomischen Uhr des Straßburger Münsters durchgeführt (© Straßburger Museen, Mathieu Bertola).

Die Schaulöcher gewähren einen Blick auf die Rechenergebnisse. Die drei 12-stelligen Zahlen entsprechen wohl den drei aufeinanderfolgenden Zahlen, die jeweils im verglasten Steuerkästchen der Fräsmaschine angezeigt wurden.

Abb. 11.3: Schwilgués große Additionsmaschine, Zahlenräder. Die mechanische Rechenmaschine aus den 1830er Jahren hat 3 Reihen mit je 12 Zahlenrädern aus Messing (© Straßburger Museen, Mathieu Bertola).

Bei mechanischen Rechenmaschinen werden die Zahlen in der Regel über Einstellschieber, Tasten, Griffel, Drehscheiben oder Drehräder eingegeben. Diese Hilfsmittel fehlen hier.

Abb. 11.4: Schwilgués große Additionsmaschine, Antrieb. Eine Handkurbel diente zum Antrieb des Rechners. Sie kann an zwei Orten eingesteckt werden. Die Maschine ermittelte Kreisteilfaktoren. Diese wurden von Hand auf einen Papierstreifen übertragen. Man legte die Papierrolle in ein Kästchen der Fräsmaschine (© Straßburger Museen, Mathieu Bertola).

Auf dieser Aufnahme fehlen die Gewichte, die laut einer Beschreibung den Gebrauch vereinfachten.

Abb. 11.5: Schwilgués große Additionsmaschine, Nahaufnahme. Diese Aufnahme zeigt die zehneckigen Zahlenräder aus Messing mit den Ziffern 0 bis 9. Die Rechenergebnisse waren für die Steuerung der Fräsmaschine bestimmt, mit der die sehr anspruchsvollen Zahnräder der Straßburger astronomischen Uhr hergestellt wurden (© Straßburger Museen, Mathieu Bertola).

Hinweis
Nach einer Mitteilung von Sylviane Hatterer vom Sraßburger Historischen Museum vom 9. Mai 2019 wurde Schwilgués „*Prozessrechner*" instand gesetzt. Er befindet sich im Depot des Museums. Der Fund des „Prozessrechners" war ein Zufall (vgl. Kasten).

Wie kam es zum Fund des „Prozessrechners"?
Mein Ziel war es, die Hintergründe zu der in Zürich wieder entdeckten äußerst seltenen Schwilgué-Tastenaddiermaschine zu erhellen. Dazu wurden aufwendige Erkundigungen durchgeführt. Ich erfuhr in diesem Zusammenhang von der Existenz eines zweiten Exemplars im Elsass. Das Straßburger Historische Museum restaurierte das Gerät äußerlich und ließ mir zwei Bilder zukommen. Um das Innenleben dieser Maschine unter die Lupe zu nehmen und offene Fragen zu klären, fuhr ich nach Straßburg. Beim Besuch im Museumsdepot tauchte am 9. Dezember 2014 zu meinem Erstaunen eine seltsame namenlose Rechenmaschine auf, die mir unbekannt war und über die es bis zu diesem Zeitpunkt meines Wissens keinerlei Veröffentlichungen und keine Bilder gab. Zudem kamen weitere Erfindungen des hoch begabten Uhrmachers zum Vorschein: mehrere mechanische Zähler, teils mit, teils ohne Uhr und zwei Vorläufer der Tastenaddiermaschine.

11.1.2 Die seltsame Maschine stellt sich als früher „Prozessrechner" heraus

Umfangreiche Untersuchungen zeigten, dass es sich um den wohl ersten und ältesten „Prozessrechner" der Welt handelt. Ein *Prozessrechner* ist ein Gerät, das technische oder naturwissenschaftliche Abläufe (z.B. Fertigung) steuert. Bisher galt der (verschollene) für Flügelvermessungen genutzte Spezialrechner S2 (1944) von Konrad Zuse als erster Prozessrechner. Der schwilguésche „Prozessrechner" ist über 100 Jahre älter. Die Deutung als Prozessrechner ist eine Ermessenssache. Es gibt keine allgemein gültige Begriffsbestimmung für diese Geräteart.

11.1.3 Begleitzettel gibt erste Aufschlüsse zur Herkunft der Rechenmaschine

Wie einem alten Begleitzettel (vgl. Abb. 11.6) zu entnehmen ist, wurden mit diesem schweren, ungekennzeichneten Apparat Berechnungen zum Umbau der astronomischen Uhr Schwilgués durchgeführt. Wer diese Notiz wann verfasst hat, steht nicht fest. Zu Beginn war auch unsicher, ob das lose Stück Papier überhaupt zu diesem Kasten gehört. Sein Wortlaut:

> „Machine à Additionner construite par J.-B. Schwilgué vers 1830, pour réaliser les nombres nécessaires à la confection des roues d'engrenage à grand nombre de dents, à l'aide de la machine à tailler construite également par Schwilgué pour l'exécution des mécanismes de l'Horloge Astronomique de la Cathédrale de Strasbourg."

Von J.-B. Schwilgué um 1830 gebaute Additionsmaschine zur Berechnung der Zahlen, die für die Anfertigung von Getrieberädern mit einer hohen Anzahl von Zähnen erforderlich sind; Herstellung des Räderwerks für die astronomische Uhr des Straßburger Münsters mit Hilfe einer ebenfalls von Schwilgué konstruierten Schneidemaschine.

Was waren für Zahlenwerte gemeint, und wie werden sie zur Schneidemaschine übertragen?

Machine à Additionner construite par J.-B. Schwilgué vers 1830, pour réaliser les nombres nécessaires à la confection des roues d'engrenage à grand nombre de dents, à l'aide de la machine à tailler construite également par Schwilgué pour l'exécution des mécanismes de l'Horloge Astronomique de la Cathédrale de Strasbourg.

Abb. 11.6: Begleitzettel zu Schwilgués Additionsmaschine. Diese Notiz unbekannter Herkunft enthält erste Aufschlüsse über die mögliche Nutzung des Rechners (© Historisches Museum, Straßburg, 9. Dezember 2014).

Hoher Rechenaufwand für die Konstruktion der Zahnradgetriebe

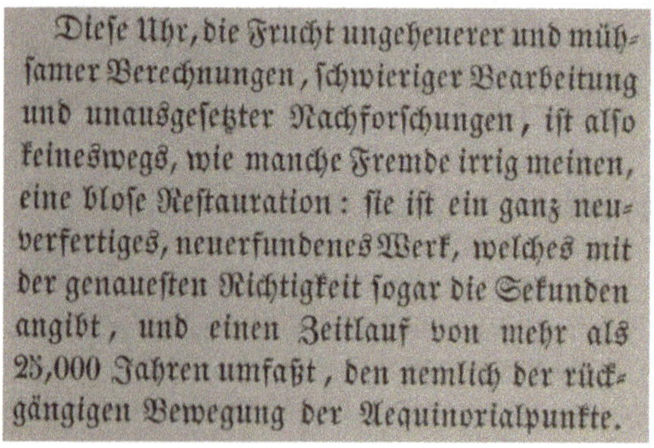

Diese Uhr, die Frucht ungeheuerer und mühsamer Berechnungen, schwieriger Bearbeitung und unausgesetzter Nachforschungen, ist also keineswegs, wie manche Fremde irrig meinen, eine blose Restauration: sie ist ein ganz neuverfertiges, neuerfundenes Werk, welches mit der genauesten Richtigkeit sogar die Sekunden angibt, und einen Zeitlauf von mehr als 25,000 Jahren umfaßt, den nemlich der rückgängigen Bewegung der Aequinoxialpunkte.

Abb. 11.7: Rechenaufwand für die Straßburger astronomische Uhr. Die schwer durchschaubaren Himmelsbewegungen erfordern umfangreiche Berechnungen (© Charles Schwilgué: Kurze Beschreibung der astronomischen Uhr des Straßburger Münsters, 1858, Seite 68).

Die astronomische Uhr des Straßburger Münsters war dem Sohn des Schöpfers zufolge das Ergebnis unermesslicher Berechnungen und mühseliger Nachforschungen (vgl. Abb. 11.7). Schwierige Fragen waren zu lösen. Das Werk sei folglich nicht, wie viele glauben, bloß eine Erneuerung, sondern eine völlig neue Erfindung und Ausgestaltung (siehe Charles Schwilgué: Description abrégée de l'horloge astronomique de la cathédrale de Strasbourg, Imprimerie de Ph.-Alb. Dannbach, Straßburg, 3. Auflage 1847, Seite

65, und Charles Schwilgué: Kurze Beschreibung der astronomischen Uhr des Straßburger Münsters, Adolphe Christophe, Straßburg, 5. Auflage 1858, Seite 68).

11.1.4 Zweck der Rechenmaschine: Berechnung von Kreisteilfaktoren

Erste Angaben zum Zweck der Rechenmaschine konnten in einer Schrift von Theodor Ungerer (Schüler, Mitarbeiter und Nachfolger Schwilgués) ausfindig gemacht werden:

> „Unter den Spezialmaschinen, die Schwilgué zur Ausführung der Münsteruhr erdachte, ist unter anderen eine *Zahnrad-Fräsemaschine* erwähnenswert, auf welcher der *10-millionste Teil des Kreises* abgelesen werden kann und dadurch jede Teilung, auch mit höherer Primzahl, ausgeführt werden kann. Zur *Errechnung der Teilfaktoren* baute Schwilgué eine interessante *Rechenmaschine.*" (siehe Theodor Ungerer: Die astronomische Uhr des Straßburger Münsters. Geschichte – Beschreibung – Der Gang des Werkes, Société d'édition de la Basse-Alsace, Straßburg, 12., durch Charles Ungerer überholte und verbesserte Auflage in Zusammenarbeit mit Léon Leclerc, 1965, Seite 11).

> „Parmi les machines spéciales que Schwilgué inventa pour l'horloge astronomique, il faut encore citer une *fraiseuse à roues dentées* sur laquelle on peut enregistrer *la dix-millionème partie du cercle* et qui permet ainsi d'opérer toutes les divisions, même avec des nombres premiers élevés. Pour le *calcul des facteurs partiels*, Schwilgué construisit une *machine à calculer* qui, elle aussi, est remarquable." (siehe Théodore Ungerer: L'horloge astronomique de la cathédrale de Strasbourg. Historique – description – fonctionnement, Société d'édition de la Basse-Alsace, Straßburg, 14., von Charles Ungerer in Zusammenarbeit mit Léon Leclerc durchgesehene und verbesserte Auflage 1976, Seite 12).

Anmerkung
Eine Primzahl ist eine Zahl, die sich nur durch 1 und sich selbst teilen lässt. Beispiele: 2, 3, 5, 7, 11, 13, 17, 19, 23, 29, 31, 37, 41, 43, 47, 53, 59, 61, 67, 71, 73, 79, 83, 89, 97. (Auszeichnungen in den beiden Zitaten durch den Verfasser).

11.1.5 Rechenergebnisse bestimmen die Einstellungen der Zahnradfräsmaschine

In einer technischen Beschreibung der astronomischen Uhr des Straßburger Münsters gehen Alfred und Theodor Ungerer kurz auf die Rechenmaschine ein:

> „Une grande machine à additionner, construite dans le but d'obtenir automatiquement les nombres diviseurs auxquels la machine à diviser déjà mentionnée doit être placée, pour exécuter des roues ayant un nombre de dents très élevé. Le principe en est le suivant: On obtient un nombre de dents N à l'aide du quotient q provenant de la division 10 000 000 / N en additionnant successivement N fois ce quotient (q, 2 q, 3 q .... N x q), on obtient les nombres correspondant aux différentes positions du tambour diviseur, afin de réaliser N dents. Il faut donc consécutivement additionner N fois le quotient q, ce qui, lorsqu'il s'agit de nombres de dents très élevés, est un calcul fort long." (siehe Alfred Ungerer; Théodore Ungerer: L'horloge astronomique de la cathédrale de Strasbourg, Imprimerie Alsacienne, Straßburg 1922, Seite 136).

Eine große Addiermaschine wurde für die automatische Berechnung von Kreisteilfaktoren gebaut. Die Ergebnisse werden für die Einstellung der schon erwähnten Fräsmaschine verwendet, um Räder mit einer sehr hohen Zahnzahl anzufertigen. Das Verfahren sieht wie folgt aus: Man erhält mit Hilfe des Quotienten q, der sich aus der Division 10 000 000 / n ergibt, eine Zahnzahl n, indem man nacheinander n mal diesen Quotienten (q, 2 q, 3 q .... n*q) addiert. Man bekommt die Zahlen, die den jeweiligen Stellungen der Teiltrommel entsprechen, um n Zähne herzustellen. Man muss also hintereinander n mal den Quotienten q hinzuzählen. Bei sehr hohen Zahnzahlen führt das zu langwierigen Berechnungen.

Beispiel einer Zahlenreihe
Alfred Ungerer führt in einem Aufsatz ein Rechenbeispiel an:

> „Will man eine beliebige Teilung vermittels dieses Schneckengewindes vornehmen, so rechnet man den Koeffizienten [kennzeichnende Größe] dieser Teilung in Zehnmillionsteln aus und reiht ihn sovielmal aneinander an als es Teilungen sind. Ist z.B. ein Rad mit 199 Zähnen versehen, so wird 10 000 000 / 199 = 50 251 der Teil-Koeffizient sein; zum Fräsen des ersten Zahnes stellt man somit die Trommel auf 50 251; zum Fräsen des zweiten Zahnes auf 2 x 50 251 (= 100 502), zum Fräsen des dritten Zahnes auf 3 x 50 251 (= 150 753) usw. Würde man so fortfahren, so erhielte man für den letzten Zahn die Zahl 199 x 50 251 = 9 999 949 anstatt 10 000 000, was natürlich fehlerhaft wäre; diesen Fehler vermeidet man durch Hinzufügung von einer oder zwei Dezimalen und entsprechendes Auf- und Abrunden der Zahlen, auf welche die Teiltrommel eingestellt wird." (siehe Alfred Ungerer: Eine schwilguésche Räderteilmaschine, in: Deutsche Uhrmacher-Zeitung, Band 34, 1910, Heft 7, Seite 114).

Es folgt eine Übersicht über die Stellenanzahl (vgl. Tab. 11.1).

Tab. 11.1: Für die Berechnung der Kreisteilfaktoren sind 9 oder 10 Stellen erforderlich

Teil-Koeffizient für ein Zahnrad mit 199 Zähnen	
eine Dezimale	**zwei Dezimalen**
10.000.000	10.000.000
199	199
50.251,3	50.251,26
100.502,5	100.502,51
150.753,8	150.753,77
10.000.000,0	10.000.000,00

Anmerkungen
199 = Anzahl Zähne (=n). 10 000 000 geteilt durch 199 gibt 50 251,2563 (=q). Vervielfachung mit 2, 3, n gibt die obigen Werte.

11.1.6 Steuerung der Zahnradfräsmaschine über ein Papierband

Ungerer fährt in seinem Aufsatz fort:

> „Zu allen Teilungen mit hohen Teilzahlen mussten solche Zahlenreihen berechnet werden. Hierzu werden Papierstreifen benutzt, die in ein besonderes Kästchen (Fig. 3) mit zwei Rollen derart eingesetzt werden, dass sie von der einen Rolle ab- und auf die andere Rolle aufgewickelt werden. Die jeweils in Betracht kommende Zahl wird dabei hinter einer kleinen Glasscheibe sichtbar. Auf Fig. 4 sind die ersten elf Zahlen eines solchen Papierstreifens angeführt, der für die Teilung von 199 erforderlich ist; in Rubrik *a* stehen die fortlaufenden Nummern der einzelnen Teilungen; in Rubrik *b* die auf der großen Teiltrommel vermerkten Hundertstel, in Rubrik *c* die auf der Teiltrommel vermerkten Tausendstel; in Rubrik *d* stehen die auf der kleinen Teilscheibe *T* befindlichen Hundertstel und in Rubrik *e* die auf der gleichen Scheibe befindlichen Tausendstel mit einer Dezimalstelle, die der Angabe des Nonius entspricht. Da nun zur Straßburger Astronomischen Uhr viele Zahnräder mit sehr hohen Zahnzahlen erforderlich waren, so würden hierzu sehr viele dieser Reihen-Berechnungen nötig gewesen sein, weshalb sich Schwilgué eine besondere Addier-Maschine gebaut hat, um diese langen Koeffizienten-Additionen nicht niederschreiben zu müssen. Sobald diese Addier-Maschine auf den betreffenden Koeffizienten (mit Dezimalen) eingestellt ist, braucht man nur an einer Handkurbel zu drehen, damit sich der Koeffizient stets addiert. Auf diese Art zeigt die Maschine nacheinander diejenigen Zahlen an, auf welche die Einteilungen an der Räderfräsmaschine einzustellen sind." (siehe Alfred Ungerer: Eine schwilguésche Räderteilmaschine, in: Deutsche Uhrmacher-Zeitung, Band 34, 1910, Heft 7, Seite 114).

Handhabung der Rechenmaschine

Man berechnet zunächst von Hand den Quotienten q. Die Zahl q ist gleich 10 000 000 geteilt durch die Anzahl Zähne (n). Dann stellt man den Quotienten q auf der ersten Reihe der Ziffernräder ein (durch manuelles Drehen der Räder). Durch die entsprechende Anzahl Kurbeldrehungen werden 2q, 3q, 4q usw. bis nq berechnet. 2q wird auf der zweiten, 3q auf der dritten Reihe der Ziffernräder angezeigt, 4q auf der ersten, 5q auf der zweiten, 6q auf der dritten Reihe usw. Gewichte erleichtern die Bedienung. Die Multiplikation ist eine wiederholte Addition.

Die Werte zur Steuerung der Schneidemaschine sind auf dem Papierband aufgezeichnet (vgl. Tab. 11.2).

Tab. 11.2: Papierband mit Werten zur Steuerung der Zahnradfräsmaschine für ein Zahnrad mit 199 Zähnen

Steuerung der Zahnradfräsmaschine Papierstreifen				
a	b	c	d	e
1		5	02	5,1
2	1	0	05	0,2
3	1	5	07	5,4
4	2	0	10	0,5

Steuerung der Zahnradfräsmaschine
Papierstreifen

a	b	c	d	e
5	2	5	12	5,6
6	3	0	15	0,7
7	3	5	17	5,9
8	4	0	20	1,0
9	4	5	22	6,1
10	5	0	25	1,3
11	5	5	27	6,4

11.1.7 Hochpräzise Feinmechanik

Wie präzis beispielsweise das Zahnradgetriebe des Himmelsglobus der Straßburger astronomischen Uhr ist, zeigt das folgende Beispiel: Die Erdachse führt unter dem Einfluss von Sonne und Mond eine Kreiselbewegung aus. Dadurch wird in ungefähr 25 800 Jahren eine Rücklaufbewegung des Schnittpunkts zwischen Himmelsäquator und Ekliptik (Großkreis am Himmel, in dem die Ebene der Erdbahn um die Sonne die gedachte Himmelskugel schneidet) verursacht. Ein voller Umlauf der Erdachse um die Senkrechte auf der Bahnebene dauert also etwa 25 800 Jahre. Beim Räderwerk für diese so genannte (lunisolare) Präzession der Tagundnachtgleiche benötigt das oberste Rad für eine Umdrehung 25 806 Jahre. Das Untersetzungsverhältnis für den Präzessionszyklus beträgt 1:9 451 512. Diese äußerst starke Verlangsamung der täglichen Bewegung wurde mit Hilfe der folgenden acht Zahnradpaare umgesetzt:

$$\frac{1}{9\,451\,512} = \frac{36}{81} x \frac{12}{84} x \frac{12}{94} x \frac{12}{96} x \frac{12}{108} x \frac{12}{115} x \frac{12}{126} x \frac{12}{128}$$

(siehe Alfred Ungerer; Théodore Ungerer: L'horloge astronomique de la cathédrale de Strasbourg, Imprimerie Alsacienne, Straßburg 1922, Seite 136).

Nach heutiger Praxis sind laut Auskunft des Fachmanns Walter Schiesser in einer Stufe höchstens folgende Übersetzungen möglich: Schneckengetriebe 1:60, Stirnradgetriebe 1:100. Früher überschritt man jedoch diese Höchstgrenzen, vor allem bei Kirchturmuhren.

11.1.8 Zahnradfräsmaschine oder Radteilmaschine

Der Turmuhrenfabrikant und Schwilgué-Nachfolger Alfred Ungerer hat in mehreren Büchern zur astronomischen Uhr und zu Turmuhren ein Bild der auf dem Etikett erwähnten Zahnradfräsmaschine (vgl. Abb. 11.8–11.12) veröffentlicht.

Abbildung der von Schwilgué konstruierten Räderteilmaschine, auf welcher speziell diejenigen Zahnräder der astronomischen Uhr angefertigt wurden, deren Zahnzahl hohe Primzahlen sind. Die zur Herstellung von kleineren Zahnrädern zur Anwendung kommenden Teilpunkte sind auf einer ca. 46 cm grossen Trommel aufgetragen, an deren oberen Rand ein Gewinde mit 1000 Umgängen eingeschnitten ist. In dieses Gewinde greift eine Schnecke, auf welcher ein Teilrad sitzt, dessen Umfang ebenfalls in 1000 Teile eingeteilt ist; der auf diese Teilung weisende Nullstrich ist ausserdem mit einem Nonius versehen, an welchem somit der 10 000 000 te Teil der grossen Trommel abgelesen werden kann. Mit Hülfe dieser Einrichtung wird zum Einteilen eines Zahnrades mit beliebiger Zahnzahl absolute Genauigkeit erreicht. Auf der Maschine können gerade Stirnräder, konische Räder, und auch Schneckenräder gefräst werden. Der Antrieb des Werkzeugs geschah ursprünglich mittels eines grossen Hand-Schwungrades, jetzt aber durch einen Elektro-Motor.

Die Maschine ist jetzt noch in der Turmuhren-Fabrik von J. & A. Ungerer (den Nachfolgern von Schwilgué) im Gebrauch, und dient zur Ausführung von kleineren Einzel-Arbeiten.

27

Abb. 11.8: Zahnrad-Fräsmaschine für die astronomische Uhr, historische Aufnahme. Im Unterschied zu Schwilgués „Prozessrechner" sind einige wenige historische Bilder der Räderteilmaschine erhalten. Rechts neben der Trommel befand sich das Kästchen mit dem Papierband zur Steuerung der Schneidemaschine (© Alfred Ungerer; Théodore Ungerer: L'horloge astronomique de la cathédrale de Strasbourg, Imprimerie Alsacienne, Straßburg 1922, Seite 27).

Von Schwilgués „Prozessrechner" sind keine historischen Bilder bekannt. Es gibt aber Hinweise in zeitgenössischen Schriftstücken.

Abb. 11.9: Zahnrad-Fräsmaschine für die astronomische Uhr, Vorderseite. Das Kästchen mit der Papierrolle, auf der die mit der großen Additionsmaschine berechneten Kreisteilfaktoren eingetragen waren, fehlt. Die Zahlenwerte wurden für die Einstellung der Räderteilmaschine verwendet. Die waagrechte Trommel erlaubte die Fertigung von hochwertigen Zahnrädern mit einer sehr hohen Zahnzahl (© Straßburger Museen, Mathieu Bertola).

Abb. 11.10: Zahnradfräsmaschine für die astronomische Uhr, Rückseite. Jean-Baptiste Schwilgué hat dieses Gerät eigens für den Bau der astronomischen Uhr des Straßburger Münsters entwickelt (© Straßburger Museen, Mathieu Bertola).

Zahlreiche Erfindungen des berühmten Straßburger Uhrmachers sind erhalten, über die Bedienung seiner Geräte ist hingegen wenig überliefert.

Abb. 11.11: Zahnradfräsmaschine für die astronomische Uhr, Gesamtaufnahme. Bis 2015 schlummerte dieses Gerät im Depot des Straßburger Historischen Museums. Neben der astronomischen Uhr hat Jean-Baptiste Schwilgué viele weitere Glanzstücke geschaffen: Zähler, Rechenmaschinen, Turmuhren usw. (© Straßburger Museen, Mathieu Bertola).

Die für Laien schwer nachvollziehbaren Bewegungen am Himmel zwangen die Konstrukteure genauer astronomischer Uhren zu vilschichtigen Zahnradgetrieben.

Abb. 11.12: Zahnradfräsmaschine für die astronomische Uhr, Nahaufnahme. Die Bronzetrommel hat einen Durchmesser von 46 cm. Dank geschickter Verfahren konnte man den 10 000 000. Teil ihres Umfangs ablesen. So ließen sich Zahnräder mit beispielsweise 167, 179, 181, 197, 269, 281 und 307 Zähnen (Primzahlen!) schneiden (© Straßburger Museen, Mathieu Bertola).

11.1.9 Werkzeugmaschine eigens für die astronomische Uhr

Schwilgué hat eine völlig neuartige Zahnradfräsmaschine oder Radteilmaschine konstruiert, auf der die anspruchsvollsten Zahnräder der astronomischen Uhr angefertigt wurden. Das sind die Räder, deren Zahnzahl hohe Primzahlen sind. Die für die Herstellung dieser Zahnräder aus Messing oder Bronze genutzten Teilpunkte sind auf der zylindrischen Mantelfläche einer (waagrechten) Bronzetrommel mit einem Durchmesser von 46 cm aufgetragen.

Am oberen Trommelrand ist ein Schraubengewinde mit 1000 Schneckenumgängen eingearbeitet. Eine (waagrechte) Schnecke, die mit einer kleinen (senkrechten) Trommel ausgestattet ist, greift bei Bedarf in dieses Gewinde. Der Umfang dieser Scheibe ist ebenfalls mit 1000 Teilstrichen versehen, die Kreislinie hat ein silbernes Band. Der auf diese Teilung weisende Nullstrich ist überdies mit einem Zusatz (Nonius) bestückt. Damit lässt sich dank eines starken Vergrößerungsglases der 10 000 000. Teil des Umfangs der großen Trommel ablesen.

Mit dieser Einrichtung erzielt man für die Einteilung eines Zahnrades mit beliebiger Zahnzahl eine sehr hohe Genauigkeit. Die Mantelfläche der Trommel enthält mehrere Kreise, mit deren Teilungen sich Räder mit allen Zahnzahlen bis 100 herstellen lassen. Bei höheren Zahnzahlen kommt das bereits erwähnte Schraubengewinde mit Teilungen bis 1000 zum Zug.

Auf dieser Maschine konnte man gerade Stirnräder, Kegelräder und auch Schneckenräder (Räder mit schrägen Zähnen) fräsen. Im Unterschied zu anderen Radteilmaschinen mit einer flachen (waagrechten) Kreisteilscheibe wurden die Vertiefungen der Teilpunkte kaum durch Staub und Späne verschmutzt. Dank einer geschickten Vorrichtung unterhalb der Trommel musste man die Teilpunkte während des Fräsens nicht zählen. Die Werkzeugmaschine war ursprünglich mit einem großen gusseisernen Handschwungrad (Durchmesser etwa 1,80 m) versehen, das ein Arbeiter mit einer Handkurbel antrieb. So ließ sich durch Riemenübertragung der Schneidfräse eine schnelle Umdrehung erreichen. Später wurde die Maschine mit einem kleinen Elektromotor ausgestattet. Schwilgués Nachfolger haben die Maschine in ihrer Straßburger Turmuhrenfabrik noch für kleinere Einzelarbeiten gebraucht.

Zur Bauzeit der Räderteilmaschine sind unterschiedliche Angaben zu finden: um 1827 (siehe Alfred Ungerer: Les horloges d'édifice, Gauthier-Villars, Paris 1926, Seite 32), um 1830 (siehe Alfred Ungerer: Eine Schwilguésche Räderteilmaschine, in: Deutsche Uhrmacher-Zeitung, Band 34, 1910, Heft 7, Seite 115).

11.1.10 Datierung des „Prozessrechners"

Auf der großen Addiermaschine ist keine Angabe zum Baujahr zu finden. Die Fräsmaschine, die nachweislich zur Herstellung der Zahnräder der Straßburger astronomischen Uhr diente, entstand etwa in der zweiten Hälfte der 1820er Jahre. Das geht aus Veröffentlichungen von Alfred Ungerer, einem Nachfolger Schwilgués, hervor.

Um die Kreisteilfaktoren der Schneidemaschine zu berechnen, konstruierte Schwilgué eigens eine Rechenmaschine:

> „Da nun zur Straßburger Astronomischen Uhr viele Zahnräder mit sehr hohen Zahnzahlen erforderlich waren, so würden hierzu sehr viele dieser Reihen-Berechnungen nötig gewesen sein, weshalb sich Schwilgué eine besondere Addier-Maschine gebaut hat, um diese langen Koeffizienten-Additionen nicht niederschreiben zu müssen.“ (siehe Alfred Ungerer: Eine Schwilguésche Räderteilmaschine, in: Deutsche Uhrmacher-Zeitung, Band 34, 1910, Heft 7, Seite 114).

Diesem und weiteren Berichten (vgl. den anschließenden Abschnitt „Wurde die große Addiermaschine für die astronomische Uhr benutzt?“) zufolge stand die Rechenmaschine für den Umbau der Straßburger Uhr (1838–1842) zur Verfügung. Das Gerät wird auch 1844 in einem Ausstellungsbericht („Rapport du jury central“ zur „grande exposition des produits de l’industrie française“) aufgeführt.

Die Fräsmaschine war bereits etwa zehn Jahre vor der Umgestaltung der Uhr betriebsbereit. Wahrscheinlich wurde die große Addiermaschine erst nach der Fräsmaschine gefertigt.

Es ist anzunehmen, dass Rechenmaschine in der ersten Hälfte der 1830er Jahre zur Welt kam. Sie war wahrscheinlich spätestens 1838 vollendet.

Die Instandsetzung der astronomischen Uhr war Schwilgués Lebensziel. Es ist bekannt, dass er lange vor der Auftragserteilung mit den zeitraubenden Vorbereitungen begonnen hatte. Das drängte sich auch auf, denn das Unterfangen war technisch schwierig und heikel. Die Uhr war ja rund 50 Jahre lang außer Betrieb.

Der namenlose Spezialrechner war auf die Fräsmaschine zugeschnitten, seine Nutzung war demzufolge stark eingeschränkt. Ohne die Schneidemaschine ließ er sich kaum sinnvoll einsetzen und war allein kaum verkäuflich.

Der Straßburger Stadtrat befasste sich 1833 erstmals mit der Instandstellung der astronomischen Uhr und setzte drei Jahre später einen entsprechenden Ausschuss ein, der noch im gleichen Jahr seinen Bericht vorstellte. Schwilgué erneuerte 1837 die Zusammenarbeit mit seinem Geschäftspartner Frédéric Rollé nicht, um sich voll der astronomischen Uhr zu widmen. Er hatte der Stadt schon ab 1821 verschiedene Vorschläge zur Instandsetzung gemacht. Bei Baubeginn war er bereits über 60 Jahre alt.

11.1.11 Wurde die große Addiermaschine für die astronomische Uhr benutzt?

Aus Aufsätzen von Alfred und Theodor Ungerer geht hervor, dass die große Addiermaschine für Berechnungen zu den Zahnradgetrieben der Straßburger astronomischen Uhr verwendet wurde:

> „Da nun zur Straßburger Astronomischen Uhr viele Zahnräder mit sehr hohen Zahnzahlen erforderlich waren, so würden hierzu sehr viele dieser Reihen-Berechnungen nötig gewesen sein, weshalb sich Schwilgué eine besondere Addier-Maschine gebaut hat, um diese langen Koeffizienten-Additionen nicht niederschreiben zu müssen." (siehe Alfred Ungerer: Eine Schwilguésche Räderteilmaschine, in: Deutsche Uhrmacher-Zeitung, Band 34, 1910, Heft 7, Seite 114).

> „Unter den Spezialmaschinen, die Schwilgué zur Ausführung der Münsteruhr erdachte, ist unter anderen eine *Zahnrad-Fräsemaschine* erwähnenswert, auf welcher der *10-millionste Teil des Kreises* abgelesen werden kann und dadurch jede Teilung, auch mit höherer Primzahl, ausgeführt werden kann. Zur *Errechnung der Teilfaktoren* baute Schwilgué eine interessante *Rechenmaschine*." (siehe Theodor Ungerer: Die astronomische Uhr des Straßburger Münsters. Geschichte – Beschreibung – Der Gang des Werkes, Société d'édition de la Basse-Alsace, Straßburg, 12., durch Charles Ungerer überholte und verbesserte Auflage in Zusammenarbeit mit Léon Leclerc, 1965, Seite 11).

Diese Aussagen werden in Schwilgués Biografie bestätigt:

> Schwilgué „inventa son *multiplicateur*, qui est d'une utilité non moins grande, non-seulement pour obtenir les résultats des calculs dans lesquels l'opération de la multiplication devient indispensable, quelques grandes que soient ces multiplications, mais encore pour les calculs de séries. (Fußnote: Les séries dont nous parlons ici, se rapportent principalement à celles dont mon père a eu besoin pour calculer les nombreux engrenages des mécanismes divers de la partie astronomique de l'horloge de la cathédrale.)." (siehe Charles Schwilgué: Notice sur la vie, les travaux et les ouvrages de mon père J. B. Schwilgué, Imprimerie de G. Silbermann, Straßburg 1857, Seiten 119–120).

Schwilgué schuf seine Multiplikationsmaschine, die einen mindestens so hohen Nutzen hat [wie der Tastenaddierer], nicht nur, um Berechnungen durchzuführen, bei denen die Multiplikation unentbehrlich ist, so umfangreich diese Multiplikationen auch seien, sondern auch für die Ermittlung von Zahlenreihen. (Fußnote: Die Reihen, um die es hier geht, betreffen hauptsächlich die Berechnungen, die mein Vater für die zahlreichen Getriebe der verschiedenen Bestandteile der *astronomischen Uhr des Münsters* benötigte.).

Schwierige Übersetzungsverhältnisse: Primzahl-Zahnräder

Das 1901 gefundene rätselhafte Räderwerk von Antikythera (vgl. Kapitel 10) enthält für die Nachbildung der äußerst vielschichtigen Himmelsbewegungen eine Fülle von Zahnradgetrieben. Deren Zahnräder weisen eine stark unterschiedliche Anzahl von Zähnen auf. Damit lassen sich viele Übersetzungsverhältnisse darstellen. Ist die Zahnzahl eine (nicht zerlegbare) *Primzahl* wie etwa 53, 127, 223, erschwert das die Fertigung von Zahnrädern beträchtlich.

Auch bei der Straßburger astronomischen Uhr hatten viele Räder eine hohe Zahl von Zähnen. Oft handelt es sich dabei um Primzahlen, z.B. 167, 179, 181, 197, 269, 281, 307. Die sehr hohen Übersetzungen ließen sich nur durch mehrere Zahnradstufen erzeugen.

11.1.12 Rechenmaschine ermittelt Zahlenfolgen für bandgesteuerte Fräsmaschine

Der Uhrenfabrikant Alfred Ungerer beschreibt die von Schwilgué gebaute Fräsmaschine (siehe Alfred Ungerer: Les horloges d'édifice, Gauthier-Villars, Paris 1926, Seiten 32–34).

In diesem Buch ist u.a. zu lesen: Um ein Rad von *n* Zähnen zu fräsen, berechnet man den Quotienten q = 10 000 000 / n und führt dann

- den ersten Einschnitt aus, indem man die Trommel auf die Teilung 0 setzt;
- den zweiten Einschnitt aus, indem man die Trommel auf die Teilung setzt, die q entspricht;
- den dritten Einschnitt aus, indem man die Trommel auf die Teilung setzt, die 2q entspricht;
- den vierten Einschnitt aus, indem man die Trommel auf die Teilung setzt, die 3q entspricht

und so fort, so dass die Trommel beim n^{ten} Einschnitt – n*q = 10 000 000 – wieder zum Nullpunkt zurückkehrt. Schwilgué hatte diese Fräsmaschine in erster Linie für die Verwirklichung seines Vorhabens konstruiert, nämlich die Fertigung des neuen Räderwerks der astronomischen Uhr des Straßburger Münsters. Dazu musste er viele Räder mit einer sehr hohen Anzahl von Zähnen einsetzen.

11.1.13 Maschinensteuerung über Papierband

Um die aufwendige Fertigung zu erleichtern, schrieb Schwilgué die Zahlenfolge q, 2q, 3q usw. auf ein *Papierband*, das um zwei Rollen gewickelt war. Diese befinden sich in einem Kästchen, das auf dem rechten Ende des Maschinensockels steht. Die Rollen sind mit Griffen ausgestattet. Damit kann man den *Papierstreifen* nach dem Fräsen eines jeden Einschnitts vorwärts schieben. Dank einer Glasscheibe oben am Kästchen kann man drei aufeinander folgende Ziffern des Papierbandes lesen. Einer Fußnote zufolge hat Schwilgué selber eine Rechenmaschine gebaut, die dazu dient, mechanisch die Zahlen 2q, 3q, 4q usw. bis zu n mal q zu erhalten. Diese Maschine wurde im [ehemaligen] Uhrenmuseum der Stadt Straßburg aufbewahrt.
Wortlaut der französischen Fußnote:

> „Schwilgué a même construit une machine à calculer servant à obtenir mécaniquement les nombres 2q, 3q, 4q, etc., jusqu'à *n* x q. Cette machine est déposée au Musée d'Horlogerie de la Ville de Strasbourg." (siehe Alfred Ungerer: Les horloges d'édifice, Gauthier-Villars, Paris 1926, Seite 34).

Auf Seite 37 des oben angeführten Werks stellt Alfred Ungerer fest, dass eine Sammlung von Maschinen und Geräten Schwilgués ebenfalls im städtischen *Uhrenmuseum* aufbewahrt werde. Einen Uhrensaal gibt es im Straßburger Kunstgewerbemuseum.

11.1.14 Wann wurden die schwilguéschen Maschinen erstmals erwähnt?

In der von seinem Sohn verfassten Schwilgué-Biografie (siehe Charles Schwilgué: Notice sur la vie, les travaux et les ouvrages de mon père J. B. Schwilgué, Imprimerie de G. Silbermann, Straßburg 1857) sind die Maschinen *additionneur* (Seiten 117–119), *multiplicateur* (Seiten 119–120) und *compteur industriel* (Seiten 120–121) „verewigt". Nach dieser Darstellung hat Schwilgué von 1818 bis 1851 eine große Menge von Präzisionsmaschinen und -geräten erfunden.

Tastenaddiermaschine
Das einfach bedienbare Addiergerät soll das fehlerfreie Zusammenzählen vieler Werte und die Überprüfung von Berechnungen erleichtern.

> Schwilgué „a inventé une machine qui diffère de toutes celles du même genre qui avaient été établies jusqu'alors, autant par la simplicité du mécanisme que par la facilité avec laquelle on emploie l'instrument. En effet, pour faire fonctionner *l'additionneur*, il suffit de connaître la valeur des chiffres; aussi la personne la moins exercée dans les calculs peut-elle obtenir, sans crainte d'erreur, les résultats des additions les plus longues." (siehe Charles Schwilgué: Notice sur la vie, les travaux et les ouvrages de mon père J. B. Schwilgué, Imprimerie de G. Silbermann, Straßburg 1857, Seiten 118–119).

Schwilgué hat demnach eine Maschine erfunden, die sich von allen herkömmlichen Geräten dieser Art sowohl durch ihre einfache Bauart wie auch durch ihre leichte Handhabung unterscheidet. Um das Addiergerät zu verwenden, müsse man bloß die Zahlenwerte kennen. Selbst eine noch so ungeübte Person könne ohne Furcht vor Fehlern sehr lange Additionen durchführen. Diese Beschreibung deutet darauf hin, dass Schwilgué auch Addierer mit mehr als drei Stellen im Ergebniswerk hergestellt hat.

Multipliziermaschine („Prozessrechner")

> Schwilgué „inventa son *multiplicateur*, qui est d'une utilité non moins grande, non-seulement pour obtenir les résultats des calculs dans lesquels l'opération de la multiplication devient indispensable, quelques grandes que soient ces multiplications, mais encore pour les calculs de séries. (Fußnote: Les séries dont nous parlons ici, se rapportent principalement à celles dont mon père a eu besoin pour calculer les nombreux engrenages des mécanismes divers de la partie astronomique de l'horloge de la cathédrale.). Le mécanisme de cet instrument est renfermé dans une boîte de 70 centimètres de long sur 40 de large et 20 de hauteur; il peut être posé sur le bord d'une table, afin que les poids qui y sont adhérents puissent monter et descendre à volonté, et mieux encore sur les quatre pieds qui peuvent s'y adapter et qui lui donnent ainsi la forme d'un petit meuble." (siehe Charles Schwilgué: Notice sur la vie, les travaux et les ouvrages de mon père J. B. Schwilgué, Imprimerie de G. Silbermann, Straßburg 1857, Seiten 119–120).

Schwilgué schuf seine Multiplikationsmaschine, die einen mindestens so hohen Nutzen hat [wie der Tastenaddierer], nicht nur, um Berechnungen durchzuführen, bei denen die Multiplikation unentbehrlich ist, so umfangreich diese Multiplikationen auch seien, sondern auch für die Ermittlung von Zahlenreihen. (Fußnote: Die Reihen, um die es hier geht, betreffen hauptsächlich die Berechnungen, die mein Vater für die zahlreichen Getriebe der verschiedenen Bestandteile der *astronomischen Uhr des Münsters* benötigte.). Dieses Gerät befindet sich in einem 70 cm breiten, 40 cm tiefen und 20 cm hohen Kasten. Es kann an den Rand einer Tischplatte gestellt werden, so dass sich die beigefügten *Gewichte* frei nach oben und unten bewegen können. Noch besser wird die Maschine auf ein Gestell mit vier Füßen gesetzt, dann hat sie die Form eines kleinen Möbelstücks.

Industriezähler

> „Construit sur un système nouveau, cet instrument sert principalement à constater la quantité de fonctions du moteur d'une machine ou d'une opération quelconque dans un temps déterminé, tel que le nombre de coups de piston d'une machine à vapeur ou le nombre de révolutions d'une roue. On lui a donné le nom du *compteur industriel*, parce qu'il sert principalement à compter. Sa construction est des plus simples. Il a, en outre, l'avantage d'être d'un usage très-facile, en ce que, d'un coup d'œil, on peut juger du résultat d'une expérience. Mon père a donné à son compteur industriel la forme d'une boîte dont la partie supérieure, garnie d'une ouverture recouverte d'un verre, permet de voir la série de chiffres qui indique le résultat. Cette série, qui se compose le plus ordinairement de cinq ou six chiffres, peut atteindre le nombre de 99 999 ou celui de 999 999." (siehe Charles Schwilgué: Notice sur la vie, les travaux et les ouvrages de mon père J. B. Schwilgué, Imprimerie de G. Silbermann, Straßburg 1857, Seiten 120–121).

Dieses auf einem neuen Verfahren beruhende Werkzeug soll vor allem die Anzahl der Arbeitsgänge eines Motors oder eines beliebigen Vorgangs in einer fest gelegten Zeit ermitteln, z.B. die Anzahl Kolbenstöße einer Dampfmaschine oder die Drehzahlen eines Rads. Das Gerät wird als *Industriezähler* bezeichnet. Sein Aufbau ist äußerst einfach. Zudem lässt sich das Zählwerk sehr einfach bedienen. Man kann das Versuchsergebnis mühelos ablesen. Der Industriezähler hat die Form eines Kastens. Durch ein Glasfenster im Deckel ist die Zahlenfolge des Ergebnisses sichtbar. Sie besteht üblicherweise aus fünf oder sechs Ziffern. Die Obergrenze beträgt 99 999 oder 999 999.

Industrieausstellung 1844 in Paris
Charles Schwilgué führt in seinem Werk „Notice sur la vie, les travaux et les ouvrages de mon père J. B. Schwilgué" einen „Rapport du jury central" zur „grande exposition des produits de l'industrie française" an. In diesem Bericht zu einer großen Industrieausstellung, die 1844 in Paris stattfand, wird auf Seite 223 vom „inventeur du *multiplicateur*" (Erfinder der Multipliziermaschine) und auf den Seiten 224–225 von der „*machine* dite épicycloïdale, pour donner aux roues d'engrenage, par le fait seul de l'exécution mécanique de leur denture, les courbes théoriques qui leur conviennent, et sa *machine à pignon* jouissant des mêmes propriétés" gesprochen. Eine Epizykloide ist gemäß dem Fremdwörterduden eine „Kurve, die von einem Punkt auf dem Umfang

eines auf einem festen Kreis rollenden Kreises beschrieben wird." Der Ausstellungsbericht von 1844 hilft ebenfalls bei der Datierung.

Auf der „exposition générale des produits de l'industrie française" von 1834 hatte Schwilgué – noch unter der Firmenbezeichnung „Rollé et Schwilgué" – „un instrument désigné sous le nom de *compteur marqueur*" und „un *calendrier perpétuel*", also einen Zähler und einen ewigen, immerwährenden Kalender, ausgestellt (siehe Charles Schwilgué: Notice sur la vie, les travaux et les ouvrages de mon père J. B. Schwilgué, Imprimerie de G. Silbermann, Straßburg 1857, Seite 104 bzw. 105). Schwilgué hatte vom 1. April 1827 bis zum 31. März 1837 ein gemeinsames Unternehmen mit Frédéric Rollé.

Alfred Ungerers Werk „Les horloges d'édifices" enthält auf Seite 35 eine Aufnahme der von Schwilgué um 1825 gebauten „machine à raboter les pignons en acier" (Stahlzahnradschleifmaschine) und auf Seite 36 ein Bild der vom gleichen Erfinder gegen 1830 konstruierten „machine servant à friser les courbes épicycloidales dans les gabarits d'engrenages" (Fräsmaschine für die zykloidförmigen Zahnflanken in den Getriebeschablonen). Für weitere Angaben zur Fräsmaschine vgl. Alfred Ungerer: Eine Schwilgué'sche Räderteilmaschine mit Cycloïden-Trassierapparat und Additionsmaschine (Elsass-Lothringer Bezirksverein deutscher Ingenieure, Einladung zur 130. Sitzung am 23. März 1909, Straßburg 1909, Seiten 2–3).

Schon seit über *170 Jahren, spätestens seit 1844*, wird Schwilgués große Addiermaschine in Veröffentlichungen erwähnt. Sie geriet in Vergessenheit und fehlt in den international führenden Werken zur Geschichte der Rechentechnik und der Informatik.

Schwilgué meldete 1844 zwei Patente an (vgl. Kasten).

Zwei Patente aus dem Jahr 1844

Schwilgué meldete am 24. Dezember 1844 beim französischen Landwirtschafts- und Handelsministerium je ein Patent für eine mechanische Addiermaschine und einen allgemeinen mechanischen Zähler an. Die am 1. März 1845 erteilten Patente waren 15 Jahre gültig. Das Patent bezieht sich auf den Tastenaddierer, nicht aber auf die im Dezember 2014 ans Licht gekommene große Rechenmaschine. Der Zähler diente zur Bestimmung der Drehzahl von Motoren und Maschinen. In der Sammlung des Straßburger Historischen Museums gibt es mehrere handbetriebene Zählwerke. Bedient werden sie mit einer herausziehbaren Metallstange, die dank einer Feder wieder zurückschnellt. Bei jeder Bewegung erhöht sich die Zahl um den Wert 1. Die schweren Metallkästen lassen sich mit einem Schlüssel öffnen, die Stirnwand wird nach vorn heruntergeklappt. Die Geräte enthalten vier oder fünf zehneckige Messingräder, jeweils mit den Ziffern 0 bis 9.

Anmerkung

Das französische Patentamt heißt Institut de la propriété industrielle (www.inpi.fr).

11.1.15 Schwilgués Kirchenkomput

Schwilgué hatte bereits 1821 einen kleinen mechanischen *Kirchenkomput* (Kirchenkalender) mit den Ausmaßen 15 x 20 cm gebaut. Er hatte das Werk dem französischen König Louis XVIII. und der Pariser Akademie der Wissenschaften vorgeführt. Im zweiten Weltkrieg kam das Modell abhanden. Es war im Besitz einer Urenkelin von Schwilgué gewesen.

Der (heutige, große) analoge Kirchenrechner, den die astronomische Uhr jedes Jahr am 31. Dezember um Mitternacht in Bewegung setzt, bestimmt die folgenden Angaben:

- die vierziffrige Jahreszahl,
- den Sonnenzyklus,
- den Mondzyklus (goldene Zahl),
- die Indiktion (Römerzinszahl),
- den Sonntagsbuchstaben,
- die Epakten,
- das Osterfest.

Erläuterungen

- Jede Ziffer der Jahreszahl besteht aus einem besonderen Ring mit den Ziffern 0 bis 9. Für einen vollen Umlauf braucht der Einerring 10 Jahre, der Zehnerring 100 Jahre, der Hunderterring 1000 Jahre und der Tausenderring 10 000 Jahre. Nach dem Jahr 9999 stellt man die Ziffer 1 vor den Tausenderring, nach weiteren 10 000 Jahren die Ziffer 2 usw.
- Der Sonnenzyklus umfasst 28 Jahre. Nach dieser Zeit fallen die Wochentage wieder auf das gleiche Monatsdatum.
- Der Mondzyklus (metonischer Zyklus) umfasst 19 Jahre. 19 Sonnenjahre entsprechen rund 235 Mondmonaten. Nach dieser Zeit fällt der Voll- oder Neumond wieder auf die gleichen Tage des Jahres.
- Der Zeitraum der Indiktion zählt 15 Jahre und begann drei Jahre vor Christi Geburt. Diese Zeitspanne war für die Gerichtshöfe und die Steuererhebung wichtig.
- Die Sonntagsbuchstaben bezeichnen in den ewigen Kalendern die Sonntage. Für die Wochentage werden die Buchstaben A–G verwendet.
- Die Epakten geben die Anzahl Tage wieder, die seit dem letzten Neumond des alten Jahres bis zum Beginn des neuen Jahrs vergangen sind. Ein Mondjahr zählt 354 Tage.
- Das Datum des Ostersonntags und der übrigen beweglichen Festtage wechselt jährlich. Maßgebend sind die Beschlüsse des (ersten) Konzils von Nicäa (Nizäa, 325).

Außer dem nach dem gregorianischen Kalender arbeitenden Kirchenrechner gehören zur astronomischen Uhr z.B. eine Himmelskugel, ein ewiger Kalender, Sonnen- und Mondgleichungen wie auch ein Planetarium.

Wer betreute die astronomische Uhr nach Schwilgués Tod?
Nachfolger von Jean-Baptiste Schwilgué (1776–1856) waren die Brüder Albert Ungerer (1813–1879) und Theodor Ungerer (1822–1885). Sie waren Schüler und Mitarbeiter von Schwilgué. Die Uhrenfabrik blieb mehrere Generationen lang in der Familie Ungerer (z.T. gleiche Vornamen): Alfred Ungerer, Théodore Ungerer (2), Charles Ungerer (2), Jean Boutry (gestorben 1995, verheiratet mit Edith Ungerer, Tochter von Théodore). Schwilgué hatte drei Söhne und fünf Töchter. Die Söhne hinterließen keine Nachkommen. Zwei Söhne (Jean-Baptiste und Alexandre) starben schon vor Schwilgué (1855 bzw. 1836). Ein Sohn, Charles-Maximilien, war an Patenten mitbeteiligt. Er war unheilbar krank, seit 1858 durch einen Schlaganfall gelähmt und starb 1861. 1989 musste das hoch verschuldete Unternehmen seinen Betrieb einstellen. Die Auflösung fand 1989 bis 1991 statt. Das Lager ging 1989 an die Bodet SA, welche heute die astronomische Uhr wartet.

Hinweis
Das Straßburger Münster feierte (bis) 2015 das „millénaire des fondations de la cathédrale de Strasbourg" (Grundsteinlegung für die Vorgängerkirche vor 1000 Jahren).

Die Präzisionsmechanik war schon im 19. Jahrhundert hochentwickelt (vgl. Kasten).

Charles Babbage und Jean-Baptiste Schwilgué
In zahlreichen Veröffentlichungen wird darauf hingewiesen, dass manche Erfinder mechanischer Rechenmaschinen angeblich wegen der nicht ausreichenden Feinmechanik gescheitert sind. Ihre Maschinen liefen nicht einwandfrei oder wurden nicht vollendet. Schwierigkeiten bereitete etwa der Zehnerübertrag über viele Stellen. Erwähnt werden in diesem Zusammenhang beispielsweise *Blaise Pascal, Gottfried Wilhelm Leibniz* und *Charles Babbage*.

Der Engländer Babbage war ein Zeitgenosse Schwilgués. Er konnte weder seine Differenzenmaschine noch die wegweisende analytische Maschine, Urahn der heutigen elektronischen Digitalrechner, fertig stellen. Babbage begann in den 1820er Jahren mit der Differenzenmaschine und in den 1830er Jahren mit seiner analytischen Maschine. Wie Messungen zeigen, lag die Ursache des Misserfolgs allerdings nicht in der mangelhaften Präzision (siehe Doron D. Swade: Der mechanische Computer des Charles Babbage, in: Spektrum der Wissenschaft, 1993, Heft 4, Seiten 78–84). Schwilgués Erfindungen beweisen, dass die damalige Feinmechanik präzise Zahnradgetriebe ermöglichte.

Quellen
Ohne die Schriften von Schwilgué und Ungerer wäre es nicht möglich gewesen, Sinn und Zweck der seltsamen Rechenmaschine zu verstehen.

Herbert Bruderer: Fund einer seltsamen mechanischen Rechenmaschine für die Konstruktion der astronomischen Uhr des Straßburger Münsters, http://dx.doi.org/10.3929/ethz-a-010345595 (2015)

Herbert Bruderer: Mechanische Rechenmaschine für den Bau der astronomischen Uhr des Straßburger Münsters, http://dx.doi.org/10.3929/ethz-a-010428857 (2015)

Herbert Bruderer: Erster Prozessrechner der Welt, http://dx.doi.org/10.3929/ethz-a-010352586 (2015)

Denis Roegel: A mechanical calculator for arithmetic sequences (1844–1852), in: IEEE Annals of the history of computing, Band 37, 2015, Heft 4, Seiten 90–96, und Band 38, 2016, Heft 1, Seiten 80–96

Charles Schwilgué: Notice sur la vie, les travaux et les ouvrages de mon père J. B. Schwilgué, Imprimerie de G. Silbermann, Straßburg 1857
Andreas Stiller: Der erste Prozessrechner, in: Magazin für Computertechnik, c't, 2015, Heft 4, 24. Januar 2015, Seiten 20–21
Alfred Ungerer: Eine Schwilguésche Räderteilmaschine, in: Deutsche Uhrmacher-Zeitung, Band 34, 1910, Heft 7, Seiten 113–115
Alfred Ungerer: Les horloges d'édifice, Gauthier-Villars, Paris 1926
Alfred Ungerer; Théodore Ungerer: L'horloge astronomique de la cathédrale de Strasbourg, Imprimerie Alsacienne, Straßburg 1922
Theodor Ungerer: Die astronomische Uhr des Straßburger Münsters, Société d'édition de la Basse-Alsace, Straßburg 1965.

11.2 Schwilgué-Tastenaddiermaschine

In der Sammlung Sternwarte der ETH Zürich tauchte am 28. Januar 2014 bei der Suche nach historischen Rechenschiebern eine äußerst seltene, über 160-jährige mechanische Tastenaddiermaschine von Jean-Baptiste Schwilgué auf. Zurzeit sind, von Vorläufern abgesehen, bloß zwei Exemplare bekannt, je eines aus Straßburg (1846) und aus Zürich (1851). Nachforschungen nach weiteren Geräten bei Schwilgués Nachkommen blieben erfolglos.

Das elsässische Exemplar wurde 2014 äußerlich restauriert, ist aber sonst in einem mangelhaften Zustand. Die Tasten für die Zahleneingabe sind unbrauchbar (weitgehend wirkungslos), die Löschvorrichtung (Drehknöpfe für die Nullstellung des Ergebniswerks) geht nur halbwegs. Die Maschine trägt die Nummer 15. Das Gerät aus der Limmatstadt hat keine Seriennummer, es ist in deutlich besserem Zustand. Möglicherweise wurden einige Dutzend Stück des Tastenaddierers gefertigt.

Schwilgués Rechenmaschine ist in der Fachwelt weitgehend unbekannt. Bis heute fehlt das Gerät in den maßgeblichen Technikgeschichtsbüchern. Es wird im Verzeichnis der Sammlungen der Sternwarte von Rudolf Wolf im handschriftlichen Nachtrag auf Seite 187 erwähnt, allerdings ohne Zusatzangaben. Johann Rudolf Wolf (1816–1893) war Astronom und Oberbibliothekar an der ETH Zürich.

Es sind weder Bedienungsanleitungen noch sonstige nähere Unterlagen vorhanden. In der Bibliothek der Straßburger Museen und im Straßburger Staatsarchiv sind keine Dokumente zu Schwilgués Rechenmaschine verfügbar.

Wie kam es zum Fund?

Im Zusammenhang mit dem Fund von zwei großen Loga-Rechenwalzen (Ende 2013) erfuhr ich von Yvonne Voegeli vom Hochschularchiv der ETH Zürich von der Existenz eines geheimnisvollen, im Hauptgebäude der ETH verborgenen Kulturgüterschatzes. Heinz Joss, ein Fachmann für Rechenwalzen, und ich waren auf der Suche nach dem verschollenen Rechenstab von Hofrat Johann Caspar Horner aus Zürich. Mit dabei war der Fotograf Herbert Spühler. In der Datenbank der damaligen Kulturgütersammlung fanden wir einen wenig aussagekräftigen Eintrag „Rechenmaschine“. Die Überraschung war groß, als ein historisch wertvolles Gerät zum Vorschein kam.

11.2.1 Die weltweit ältesten erhaltenen Tastenaddiermaschinen

Am 24. Dezember 1844 beantragten Jean-Baptiste Schwilgué und sein Sohn Charles-Maximilien ein Patent für ihre Addiermaschine („additionneur mécanique“), das ihnen am 1. März 1845 erteilt wurde. Dabei handelt es sich um einen Kolonnenaddierer (vgl. Abb. 11.13–11.17).

Zahlreiche Erfinder bauten in der zweiten Hälfte des 19. Jahrhunderts ähnliche Geräte. Wirtschaftlich erfolgreich war vor allem das 1887 vom Amerikaner Dorr E. Felt erfundene Comptometer. Schwilgués Vorrichtung ist nach dem Volltastaturrechner mit Direktmultiplikation des Schreiners Luigi Torchi (Mailand, 1834) vermutlich weltweit die zweite Tastenrechenmaschine. Torchis hölzernes Versuchsgerät hat wahrscheinlich nicht überlebt. Wie zuverlässig es war, ist ungeklärt.

Bis 1950 sind nur wenige Tastenaddierer bekannt (vgl. Tab. 11.3):

Tab. 11.3: Die ältesten Tastenrechenmaschinen

Die ersten (bekannten) Tastenrechenmaschinen			
Erfinder	**Land**	**Jahr**	**Bemerkungen/Standort**
Luigi Torchi	Italien	1834	verschollen
Jean-Baptiste Schwilgué	Frankreich	1844	ETH Zürich und Musée historique, Straßburg
Victor Schilt	Schweiz	1850	National Museum of American History, Washington, D.C. (Nachbau)
Du Bois Parmelee	USA	1850	verschollen

© Bruderer Informatik, CH-9401 Rorschach 2020

11.2.2 Technische Merkmale

Die schwere metallene Maschine aus dem Jahr 1851 hat Tasten für die Ziffern 1 bis 9. Das Rechenergebnis wird in einem Sichtfenster zwischen den beiden Drehknöpfen abgelesen. Diese dienen zur Einstellung des Ausgangswerts (mit den Einer- und Zehnerrädern) und für das Rücksetzen auf null. Das Gerät addiert Zahlen von 0 bis 299. Eine Taste für die Ziffer 0 erübrigt sich, weil das Hinzufügen des Zahlenwerts 0 die Summe nicht verändert. Bei diesem Gerät lassen sich nämlich nur einstellige Zahlen eingeben. Die geringe Stellenanzahl lässt sich durch den Verwendungszweck, das Zusammenzählen langer Zahlenfolgen (Kolonnen), erklären. Von 1 bis 9 nimmt die Hubtiefe der Tasten schrittweise zu, entsprechend weit werden die Zahnstangen bzw.

-räder des Zählwerks bewegt. Die Maße des Kastens sehen so aus: Breite 25,3 cm, Tiefe 13,5 cm, Höhe 9,5 cm, Gewicht: 3336 g.

Im Folgenden sind einige Merkmale des Kolonnenaddierers aufgelistet (vgl. Kasten).

Schwilgués Tastenaddierer

Kennzeichen:	Einspeziesmaschine, Kolonnenaddiermaschine
Zahleneingabe:	Neunertastatur
Erfinder:	Jean-Baptiste Schwilgué, Uhrmacher aus Straßburg
Patent:	1844
Bedeutung:	weltweit älteste erhaltene, sehr seltene Tastenaddiermaschinen (Kolonnenaddierer)
Baujahr:	1851 (Gerät der ETH Zürich)
Nachbau:	Maschine von Victor Schilt

Tastenaddierer arbeiten
- einstufig, d.h. die Zahl wird beim Eintasten sofort addiert;
- zweistufig, d.h. die Zahl wird beim Eintasten vorgemerkt (voreingestellt), so dass sich die Addition wiederholen lässt.

Abb. 11.13: Schwilgué-Tastenaddiermaschine (Zürich), Vorderansicht. Auf der Stirnseite sind die neun Zifferntasten mit der von 1 (links) bis 9 (rechts) zunehmenden Hubhöhe (Schlitzlänge) zu sehen (© ETH-Bibliothek Zürich, Sammlung Sternwarte).

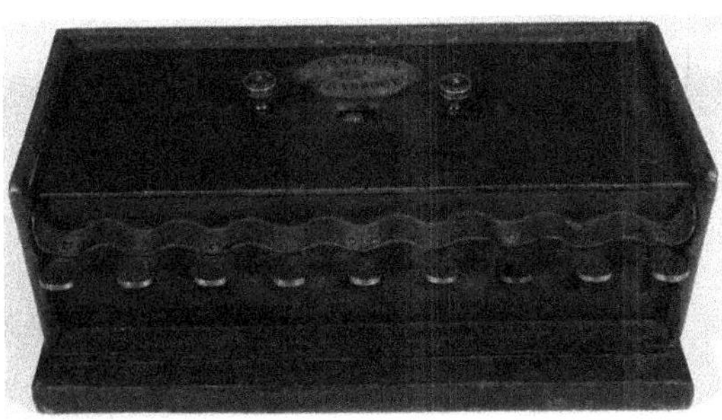

Abb. 11.14: Schwilgué-Tastenaddiermaschine (Zürich), Draufsicht. Die beiden Knöpfe neben dem Sichtloch sind für die Eingabe des Ausgangswerts bzw. für die Löschung des Ergebnisses bestimmt (© ETH-Bibliothek Zürich, Sammlung Sternwarte).

Abb. 11.15: Schwilgué-Tastenaddiermaschine (Zürich), Innenleben, rechte Seite. Die Zahleneingabe über eine Tastatur bereitete erhebliche technische Schwierigkeiten. Von der ersten mechanischen Rechenmaschine bis zu einem brauchbaren Addiergerät mit Tastatur dauerte es über 200 Jahre (© ETH-Bibliothek Zürich, Sammlung Sternwarte).

Abb. 11.16: Schwilgué-Tastenaddiermaschine (Zürich), Innenleben, linke Seite. Tastenaddierer sind schnelle Rechengeräte: Beim Thomas-Arithmometer muss man die Zahlen zunächst mit Schiebern einstellen und dann mit einer Kurbeldrehung ins Rechenwerk übertragen. Beim Schwilgué-Tastenaddierer genügt hingegen ein einziger Arbeitsgang. Die Werte werden bei der Erfassung über die Tastatur gleich ins Rechenwerk aufgenommen. Die Handhabung ist daher einfacher und schneller (© ETH-Bibliothek Zürich, Sammlung Sternwarte).

Das Exemplar aus der Limmatstadt ist noch einigermaßen arbeitsfähig.

Abb. 11.17: Schwilgué-Tastenaddiermaschine (Straßburg). Dieses Exemplar des Straßburger Historischen Museums ist älter als das Gerät der ETH Zürich, aber nicht mehr gebrauchsfähig (© Straßburger Museen, Mathieu Bertola).

11.2.3 Eingabe der Zahlen über Tasten

Schwilgués Maschine ist viel einfacher als das deutlich ältere Thomas-Arithmometer. Das Ziel war eine schnelle, einfache Addition von Zahlenkolonnen. Denn die leistungsfähigen Thomasmaschinen waren für alltägliche Buchungen wenig hilfreich. Dazu waren sie zu umständlich und ohnehin recht teuer. Entscheidend ist dabei, dass sich die Zahlen über eine *Tastatur* eingeben lassen, also nicht über Schieber, Rechenstift (Griffel), Drehrad oder Drehscheibe. Die später weit verbreiteten Tastenaddierer eigneten sich besonders für die Buchhaltung. Damit ließ sich das Zusammenzählen von Rechnungsbeträgen erheblich beschleunigen. Die Schwilgué-Maschine zählt die eingegebenen einstelligen Zahlen sofort zusammen, die Eingabe eines Pluszeichens ist überflüssig. *Kurbeldrehungen entfallen.* Der Zehnerübertrag erfolgt jeweils automatisch. Nach der Zahl 299 springt das Ergebniswerk auf null.

Die Entwicklung der Tastatur erwies sich als anspruchsvoll (vgl. Kasten).

200 Jahre für die Tasteneingabe
Von der Erfindung der ersten mechanischen Rechenmaschine durch Wilhelm Schickard (1623) bis zur Erfassung von Zahlen mit der heute selbstverständlichen Tastatur dauerte es über *200 Jahre.* Die ersten tastengesteuerten Rechner verdanken wir Luigi Torchi (1834) und Jean-Baptiste Schwilgué (1844).

Tastenrechenmaschinen kamen erst ab den 1880er Jahren in hohen Stückzahlen auf den Markt. Über die Arbeitsfähigkeit des nicht erhaltenen Geräts von Torchi und die Verbreitung des betriebstüchtigen Addierers von Schwilgué liegen keine Angaben vor.

Der Bau ausgereifter, arbeitsfähiger Rechenmaschinen ist technisch sehr anspruchsvoll. Die Schaltelemente müssen sich sanft ein- und auskuppeln lassen, der Betrieb muss möglichst stoß- und ruckfrei ablaufen. Das Überschleudern (unerwünschtes durch die Trägheit verursachtes Weiterdrehen von Zahnrädern) ist zu vermeiden, weil es zu falschen Ergebnissen führen kann.

Alte Musikinstrumente wie das im 14. Jahrhundert entwickelte Klavichord waren mit Tasten ausgestattet. *Tasteninstrumente*, beispielsweise das Klavier, das Cembalo und die Orgel, wurden ab dem 16. Jahrhundert immer beliebter.

Es überrascht nicht, dass ein Uhrmacher die *erste* (überlieferte) brauchbare Tastenrechenmaschine der Welt zustande gebracht hat. *Uhrmacher* gehörten zu den begabtesten Erfindern und Konstrukteuren nicht nur von Zeitmessern, sondern auch von *Rechenmaschinen, wissenschaftlichen Instrumenten, Musikautomaten* und *Figurenautomaten*. Zu diesen zählen künstliche Menschen (Androiden) und künstliche Tiere. Zu nennen sind auch Globen (Kugelmodelle von Himmelskörpern).

11.2.4 Zwei Vorläufermodelle und zwei endgültige Geräte

Schwilgué hat in den 1840er Jahren mindestens zwei Versuchsgeräte (vgl. Abb. 11.18–11.20) seiner Tastenaddiermaschine gebaut.

Abb. 11.18: Schwilgué-Tastenaddierer, Vormodell A, Vorderseite. Das älteste und kleinste Versuchsmodell des Tastenaddierers wurde wohl schon vor 1844 (Patentierung) angefertigt. Es hat keine Herkunftsbezeichnung, kann aber wegen der übereinstimmenden Bauart eindeutig Schwilgué zugeordnet werden. Das Wellblech fehlt, die Ziffern sind oben auf dem Gehäuse angeordnet (© Historisches Museum, Straßburg, 9. Dezember 2014).

Abb. 11.19: Schwilgué-Tastenaddierer, Vormodell A, Innenleben. Ein Blick ins Innenleben zeigt das Rechenwerk (© Historisches Museum, Straßburg, 9. Dezember 2014).

Die Versuchsmodelle vermitteln einen Einblick in den Werdegang des Kolonnenaddierers.

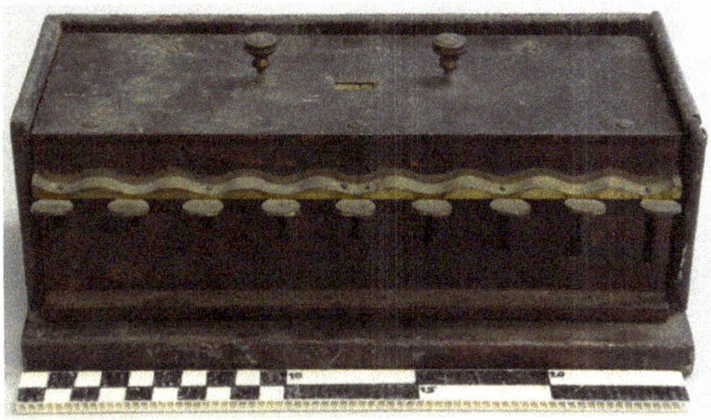

Abb. 11.20: Schwilgué-Tastenaddierer, Vormodell B. Dieses Versuchsgerät hat ein Wellblech, vermutlich eine Zier- oder Schutzleiste (© Historisches Museum, Straßburg, 9. Dezember 2014).

Beim vorliegenden endgültigen Gerät (vgl. Abb. 11.21) handelt es sich um die älteste erhaltene Tastenaddiermaschine *der Welt*.

Abb. 11.21: Schwilgué-Tastenaddierer, endgültiges Modell. Die mit Schwilgué gekennzeichnete Maschine aus dem Jahr 1846 trägt die Seriennummer 15. Es wurde erst vor Kurzem äußerlich herausgeputzt. Wie die Versuchsgeräte A und B funktioniert es nur noch mangelhaft (© Straßburger Museen, Mathieu Bertola).

Hinweis
Nach einer Mitteilung von Sylviane Hatterer vom Sraßburger Historischen Museum vom 9. Mai 2019 wurde Schwilgués *Tastenaddierer* instand gesetzt. Er ist als Leihgabe im Arithmeum in Bonn ausgestellt.

Wie kam der Tastenaddierer von 1846 ins Historische Museum?

Laut einer elektronischen Mitteilung von Brice d'Andlau (Straßburg) vom 14. November 2014 an den Verfasser hat ihre Familie den Schwilgué-Tastenaddierer von 1846 vor vielen Jahren dem Straßburger Kunstgewerbemuseum übergeben. Das Gerät stammte aus der Sammlung ihres Vaters Jean Boutry, der Edith Ungerer geheiratet hatte. Erst 2014 ging die Maschine ans Historische Museum in Straßburg.

Die große mechanische Additionsmaschine und die Zahnradfräsmaschine gehören ebenfalls zur Sammlung des Straßburger Historischen Museums.

Wir verdanken den Uhrmachern zahlreiche großartige Rechenmaschinen (vgl. Kasten).

Sonderausstellung „Uhrmacher und Rechenmaschinen"
Schwilgués Rechenmaschinen aus dem Straßburger Historischen Museum waren Gegenstand der Sonderausstellung „Uhrmacher und Rechenmaschinen" im Arithmeum der Universität Bonn (Mai 2015 bis Januar 2016). Gezeigt wurden prächtige Meisterwerke von Uhrmachern des 18. Jahrhunderts: Jacob Auch, Anton Braun, Philipp Matthäus Hahn, Johann Jakob Sauter, Johann Christoph Schuster. Hinzu kommen Weiterentwicklungen von Curt Dietzschold, Ferdinand Hebentanz, François Timoléon Maurel, Jean-Baptiste Schwilgué und Friedrich Weiss.

11.2.5 Nachbau durch Solothurner Uhrmacher

Victor Schilt, Uhrmacher aus Grenchen (bei Solothurn), fertigte 1850 einen Nachbau der Schwilgué-Maschine (vgl. Abb. 11.22) an.

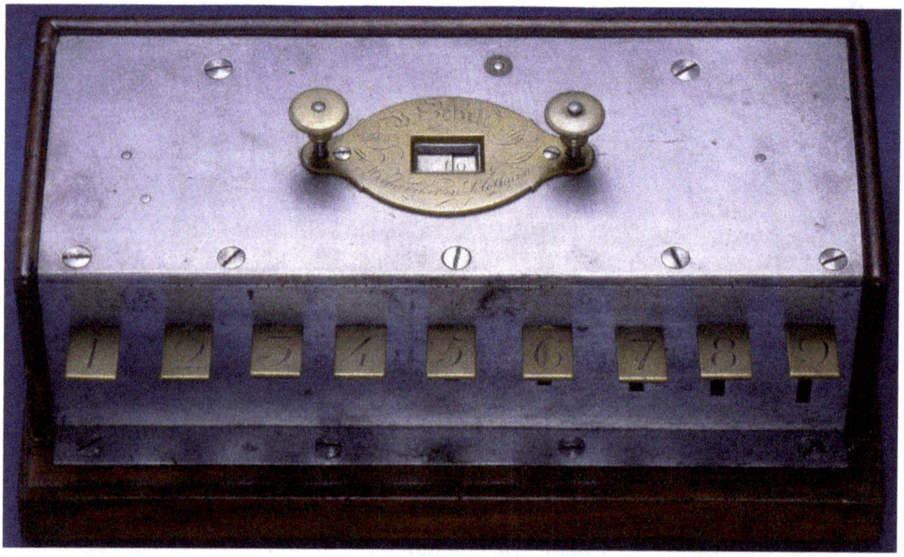

Abb. 11.22: Schiltsche Tastenaddiermaschine (1850). Dieses Gerät von Victor Schilt wurde 1851 auf der ersten Weltausstellung in London vorgestellt. Es handelt sich offensichtlich um eine Kopie des schwilguéschen Tastenaddierers. Wahrscheinlich ist nur ein Exemplar erhalten (© Division of medicine & science, National Museum of American History, Smithsonian Institution, Washington, D.C.).

11.2.6 Weltausstellung 1851 im Londoner Kristallpalast

Die erste Weltausstellung – „The great exhibition of the works of industry of all nations, 1851“ – fand vom 1. Mai bis 11. Oktober 1851 im Kristallpalast im Londoner Hyde Park statt. Sie lockte über sechs Millionen Besucherinnen und Besucher an. Laut Ausstellungskatalog wurden Rechenmaschinen aus den vier folgenden Ländern gezeigt: England, Frankreich, Polen, Schweiz. Die schiltsche Rechenmaschine (vgl. Abb. 11.23–11.24) wird dabei wie folgt vorgestellt:

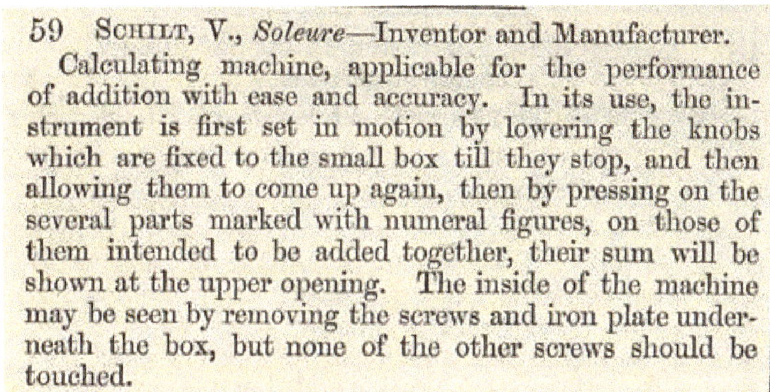

59 Schilt, V., *Soleure*—Inventor and Manufacturer.
Calculating machine, applicable for the performance of addition with ease and accuracy. In its use, the instrument is first set in motion by lowering the knobs which are fixed to the small box till they stop, and then allowing them to come up again, then by pressing on the several parts marked with numeral figures, on those of them intended to be added together, their sum will be shown at the upper opening. The inside of the machine may be seen by removing the screws and iron plate underneath the box, but none of the other screws should be touched.

Abb. 11.23: Schiltsche Rechenmaschine auf der Londoner Weltausstellung (Quelle: Great exhibition of the works of industry of all nations, 1851. Official descriptive and illustrated catalogue, Spicer Brothers, London 1851, Band 3 (Foreign states), Seite 1270).

Schilt, V., Solothurn, Erfinder und Hersteller.
Rechenmaschine für die bequeme und fehlerfreie Durchführung der Addition. Um das Gerät in Gang zu setzen, werden zuerst die am kleinen Kasten angebrachten Knöpfe bis zum Anschlag nach unten gedrückt und dann losgelassen [Nullstellung]. Anschließend drückt man die entsprechenden, mit Ziffern gekennzeichneten Tasten. Die Summe der eingegebenen Werte erscheint oben im Sichtfenster. Entfernt man die Schrauben und die Eisenplatte auf der Unterseite des Geräts, sieht man das Innere der Maschine. Die übrigen Schrauben dürfen jedoch nicht geöffnet werden.

Die Maschine wird im Buch von Kidwell und Ceruzzi so beschrieben:

> „Victor Schilt (1822–1880), a little-known clockmaker from the Swiss canton of Solothurn, sent the adding machine [...] to the first of the great world's fairs, the Crystal palace exposition held in London in 1851. This machine is the oldest extant adding machine driven directly by pushing keys. Earlier machines required a stylus to rotate wheels (as in Lepine's machine) or had numbers set with levers (as in Thomas's machine). The device added numbers up to a sum of 299. Schilt won an honorable mention at the fair. He also reportedly received an order for 100 adding machines but refused to fill it.“ (siehe Peggy Aldrich Kidwell; Paul E. Ceruzzi: Landmarks in digital computing, Smithsonian Institution press, Washington, London 1994, Seite 33).

Victor Schilt, ein wenig bekannter Schweizer Uhrmacher aus dem Kanton Solothurn, sandte die Addiermaschine [...] an die erste Weltausstellung, die 1851 im Kristallpalast in London stattfand. Dieses Gerät ist [außer dem Straßburger Exemplar] der älteste noch vorhandene Addierer, der unmittelbar durch Tastendruck angetrieben wird. Frühere Geräte erforderten einen Griffel für das Drehen von Rädern (wie Lépines Maschine) oder hatten Schieber fürs Einstellen der Zahlen (wie die Thomasmaschine). Der Tastenrechner addierte Zahlen bis zum Wert 299. Schilt gewann auf der Schau einen Anerkennungspreis. Er soll auch eine Bestellung für 100 Maschinen erhalten haben, lehnte sie jedoch ab.

Die Bestellung deutet darauf hin, dass der Tastenaddierer einwandfrei gearbeitet hat und einem Bedürfnis entsprach. Schilt ging nicht auf den Auftrag ein, möglicherweise weil sein Gerät eine unerlaubte Kopie war. Schilt arbeitete ungefähr zwei Jahre lang in Schwilgués Straßburger Werkstatt.

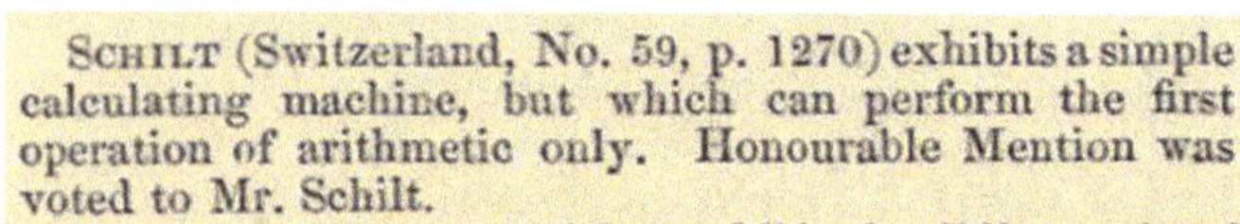
SCHILT (Switzerland, No. 59, p. 1270) exhibits a simple calculating machine, but which can perform the first operation of arithmetic only. Honourable Mention was voted to Mr. Schilt.

Abb. 11.24: Auszeichnung Schilt. Die einfache Rechenmaschine kann nur addieren (Quelle: H. Canning; Edgar A. Bowring (Hg.): Exhibition of the works of industry of all nations, 1851, William Clowes and sons, London 1852, Seite 311).

Es folgen zwei Äußerungen zu Schilts Maschine:

> „Eine 1851 auf der Weltausstellung in London durch ehrenvolle Erwähnung ausgezeichnete Additionsmaschine von *V. Schilt* soll nach *C. Dietzschold* (Die Rechenmaschine, Leipzig 1882, Seite 19) Tasten gehabt haben; ältere Beispiele sind dem Verfasser nicht bekannt.“ (siehe Rudolf Mehmke: Numerisches Rechnen, in: Akademien der Wissenschaften zu Göttingen, Leipzig, München und Wien (Hg.): Encyklopädie der mathematischen Wissenschaften mit Einschluss ihrer Anwendungen, B. G. Teubner, Leipzig 1900–1904, Band 1, Teil 2, Seite 962).

> „Weil man sich nun sehr leicht mit dem Einführen des Stiftes in eine Zahnlücke irren kann, so ist bei neueren Konstruktionen die Einführung von Tasten geschehen, so in der von Schilt 1851, welche auf der Londoner Ausstellung prämiirt wurde.“ (siehe Curt Dietzschold: Die Rechenmaschine, Sonderdruck aus: Allgemeines Journal der Uhrmacherkunst, Druck und Verlag von Hermann Schlag, Leipzig 1882, Seite 19).

12 Thomas-Arithmometer

Zusammenfassung: Gegenstand des Kapitels „Thomas-Arithmometer" ist die weltweit erste, erfolgreiche industriell gefertigte Rechenmaschine. Die mechanische Staffelwalzenmaschine von Charles-Xavier Thomas beherrscht alle vier Grundrechenarten. Sie wurde 1851 auf der ersten Weltausstellung in London zur Schau gestellt.

Schlüsselwörter: Bulletin de la société d'encouragement pour l'industrie nationale, mechanischer Digitalrechner, Schlittenverschiebung, Staffelwalzenrechenmaschine, Charles-Xavier Thomas, Thomas-Arithmometer, Vierspeziesrechenmaschine, Weltausstellung 1851

Am 28. Januar 2014 kam in der Sammlung Sternwarte der ETH Zürich eine über 150-jährige mechanische Rechenmaschine zum Vorschein: ein Thomas-Arithmometer aus Paris. Bedienungsanleitung und sonstige Unterlagen fehlen. Über das Thomas-Arithmometer gibt es jedoch zahlreiche Veröffentlichungen.

Wie kam es zum Fund?
Nach der „Entdeckung" von zwei mächtigen Loga-Rechenwalzen (dazu mehr im Kapitel 14) erfuhr ich von Yvonne Voegeli vom Hochschularchiv der ETH Zürich von einem auch bei Fachleuten wenig bekannten, im Hauptgebäude der ETH gehüteten Kulturgüterschatz. Heinz Joss, ein Fachmann für Rechenwalzen, und ich waren auf der Suche nach dem verschollenen Rechenstab von Hofrat Johann Caspar Horner aus Zürich. Begleitet hatte uns der Fotograf Herbert Spühler. In der Datenbank der damaligen Kulturgütersammlung fanden wir einen wenig aussagekräftigen Eintrag „Rechenmaschine". Die Überraschung war umso größer, als ein seltenes Gerät auftauchte.

12.1 Arithmometer, erste industriell gefertigte Rechenmaschine

Die ersten Rechenmaschinen wurden von Wilhelm Schickard (1623), Blaise Pascal (1642) und Gottfried Wilhelm Leibniz (1673) erfunden. Es folgten prächtige Geräte, häufig in Form von Rundbaumaschinen („Rechenmühlen"). Bis sich die ersten alltagstauglichen mechanischen Rechenmaschinen auf dem Markt durchsetzen konnten, dauerte es jedoch bis ins 19. Jahrhundert. Auch für Charles-Xavier Thomas aus Colmar (1785–1870) war der Weg zum Erfolg steinig und langwierig. Thomas war Direktor von zwei Versicherungsunternehmen in Paris. Am 18. November 1820 erhielt er ein erstes Patent für sein Arithmometer („machine appelée arithmomètre, propre à suppléer à la mémoire et à l'intelligence dans toutes les opérations d'arithmétique").

Die Thomasmaschine ist ein Meilenstein in der Geschichte der Rechentechnik. Das Arithmometer ist die weltweit erste wirtschaftlich erfolgreiche (mechanische)

https://doi.org/10.1515/9783110669664-012

Rechenmaschine. Bislang gab es nur Einzelanfertigungen oder in kleinen Stückzahlen hergestellte Maschinen. Es folgten zahlreiche Nachbauten, z.B. von Arthur Burkhardt in Glashütte (Sachsen, 1878). Das Exemplar der ETH Zürich (vgl. Abb. 12.1) gilt als Unikat. Denn bei der Serienproduktion wurden die Geräte laufend verbessert.

Verkauf von 1500 Stück bis 1878
Zahlreiche unterschiedliche Modelle kamen in den Handel. Die regelmäßige Fertigung begann etwa 1850 und erstreckte sich bis ins 20. Jahrhundert. Nach einem Bericht von *A. Sebert* (1878) wurden bis 1878 1500 Maschinen verkauft.

Die Serienfertigung von Rechenmaschinen begann mit dem Thomas-Arithmometer (vgl. Kasten).

Thomas-Arithmometer

Kennzeichen:	Vierspezies-Staffelwalzenrechenmaschine
Zahleneingabe:	Schieber
Erfinder:	Charles-Xavier Thomas von Colmar, Versicherungsunternehmer in Paris
Patente:	1820 (erstes Patent), 1850 (neues Patent mit Erneuerung 1865 und 1880)
Bedeutung:	weltweit erste erfolgreiche industriell gefertigte mechanische Rechenmaschine
Baujahr:	etwa 1863 (Gerät der ETH Zürich)
Nachbauten:	Maschinen von Arthur Burkhardt und weiteren Herstellern

12.2 Staffelwalzenmaschine beherrscht alle Grundrechenarten

Das Thomas-Arithmometer beherrscht alle vier Grundrechenarten Addition, Subtraktion, Multiplikation und Division und wird daher als *Vierspeziesmaschine* bezeichnet. Es handelt sich um eine Staffelwalzenmaschine (im Unterschied etwa zu den Sprossenradmaschinen). Die Staffelwalzen liegen beim vorliegenden Gerätwaagrecht. Die von Gottfried Wilhelm Leibniz erfundenen Bestandteile Staffelwalze und Sprossenrad waren die häufigsten Schaltelemente in mechanischen Rechenmaschinen. Die Zahlen werden über Schieber (für die Einer, Zehner, Hunderter usw.) eingegeben. Eine Kurbel treibt die Maschine an. Die Umstellung von Addition/Multiplikation zu Subtraktion/Division und zurück geschieht über einen Umschalter (Multiplikation = wiederholte Addition, Division = wiederholte Subtraktion). Der weiße Löschknopf besorgt das Zurücksetzen des gesamten Ergebniswerks auf null. Einzelne Zahlenwerte lassen sich mit den Drehknöpfen bei den Schaulöchern verändern.

Das Ergebniswerk lässt sich gegenüber dem Einstellwerk verschieben. Der *bewegliche Schlitten* (Wagen) ermöglicht eine stellenrichtige Berechnung und vereinfacht damit die Multiplikation und die Division erheblich. Der grundsätzliche Aufbau von Staffelwalzenmaschinen veränderte sich jahrzehntelang nur wenig. Spätere Ausführungen erhielten zusätzlich ein Umdrehungszählwerk (für die Multiplikation und die

Division), einen elektrischen Antrieb (Motor), Tasten statt Schieber für die Eingabe der Zahlenwerte, vielfältige Speichervorrichtungen und ein Druckwerk.

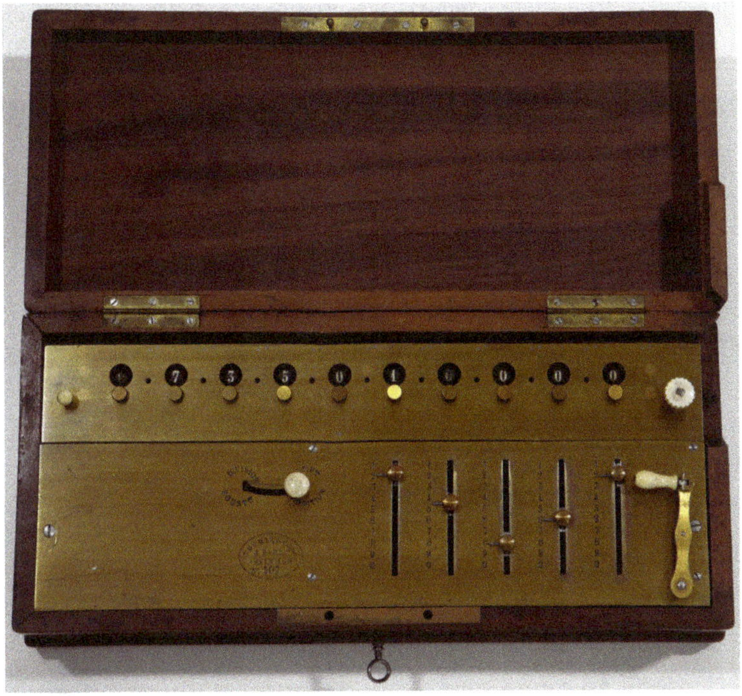

Abb. 12.1: Thomas-Arithmometer (1). Die Vierspeziesrechenmaschine hat fünf Stellen im Einstellwerk (vorn rechts, mit Schiebern) und zehn im Ergebniswerk (oben, mit Schaulöchern). Ein Umdrehungszähler fehlt. Mit dem Umschalter (Mitte links) wechselt man zwischen Addition/Multiplikation und Subtraktion/Division. Die einzelnen Stellen des Ergebniswerks werden mit den Drehknöpfen unterhalb der Sichtfenster gelöscht. Die obere Messingplatte lässt sich hochklappen. Der Schlitten (Wagen) mit dem Rechenwerk wird für die Multiplikation und die Division hin und her verschoben. Für den Antrieb der Maschine dient die Kurbel (rechts). Das Gehäuse ist verschließbar (© ETH-Bibliothek Zürich, Sammlung Sternwarte).

Datierung

Die an der ETH Zürich aufgespürte Vierspeziesmaschine ist 38,2 cm (mit Sockel 39 cm) breit, 16,7 cm (17,6 cm) tief und 10,5 cm hoch. Sie wiegt 5200 g. Die Inschrift lautet „Thomas, de Colmar à Paris inventeur, N° 507“. Im Bonner Arithmeum gibt es eine ähnliche Maschine ohne Umdrehungszählwerk aus dem Jahr 1865 mit der Seriennummer 528. Die Vergabe der Maschinennummern war jedoch verwirrend. Baujahr des ETH-Geräts: etwa 1863. In diesem Jahr begann laut *Valéry Monnier* (www.arithmometre.org) die Fertigung dieses Modells.

Im Arithmeum ist u.a. ein Thomas-Arithmometer ausgestellt, das auf etwa 1853 datiert ist. Dieser Rechner hat auf der linken Seite ein Schließfach (mit beschreibbarem Schiefertafeldeckel) für Zubehör wie Werkzeuge, Maschinenöl und Putzlappen. Beim Exemplar in Zürich fehlt dieser Behälter. Solche Fächer waren bei den späteren Thomas-Maschinen üblich.

Das älteste überlieferte Exemplar befindet sich in Washington, D.C. (vgl. Abb. 12.2). Viel jünger ist die Maschine im Schweizerischen Landesmuseum in Zürich (vgl. Abb. 12.3).

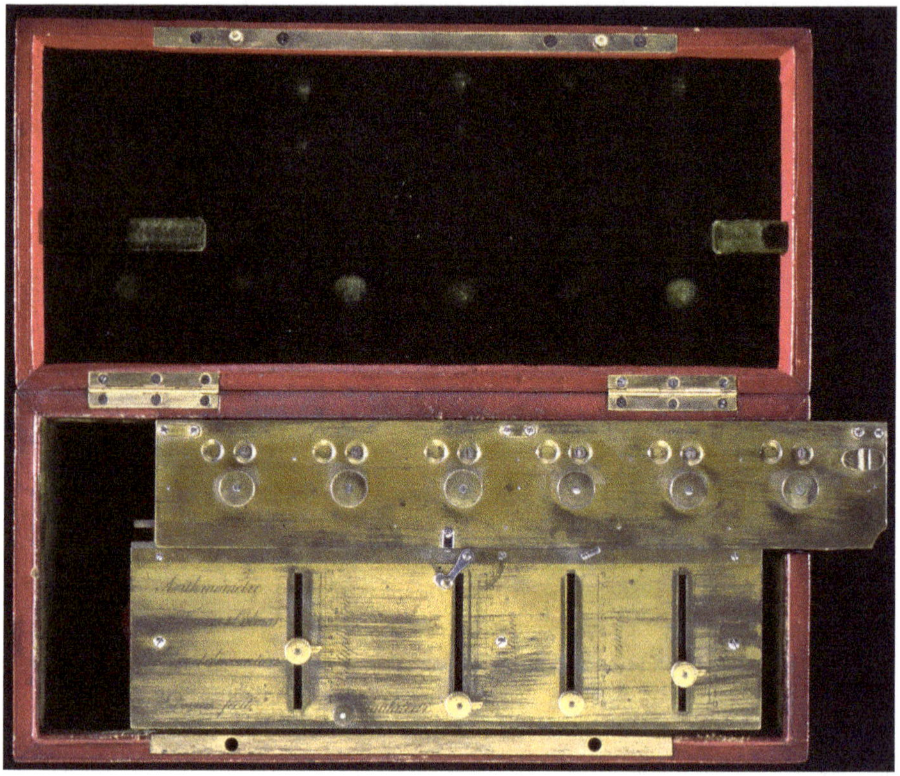

Abb. 12.2: Thomas-Arithmometer (2). Diese älteste erhaltene Thomasmaschine (mit Staffelwalzen aus Messing) entstand um 1820 in Paris. Mit den drei Einstellschiebern (unten) werden Einer, Zehner und Hunderter eingegeben. Der vierte Schieber (ganz links) war für die Direktmultiplikation bestimmt. Der bewegliche Schlitten (oben) beherbergt sechs Paare Schaulöcher. Der Umschalter auf der rechten Seite des Schlittens öffnet sechs Sichtfenster für die Anzeige des Ergebnisses von Additionen und Multiplikationen (in schwarzen Ziffern) bzw. von Subtraktionen und Divisionen (in roten Ziffern). Unter den Ablesefenstern sind sechs Knöpfe für die Einzellöschung zu sehen. Die Maschine hat keinen Umdrehungszähler. Die Kapazität lautet: 3 x 0 x 6 (3 Stellen im Einstellwerk, kein Umdrehungszähler, 6 Stellen im Ergebniswerk). Der Rechner wird nicht mit einer Kurbel, sondern mit einem Band angetrieben (© Division of medicine & science, National Museum of American History, Smithsonian Institution, Washington, D.C.).

Abb. 12.3: Thomas-Arithmometer (3). Diese Vierspeziesmaschine des Mechanikers Louis Payen aus Paris (ein Nachfolger von Thomas) hat 6 Stellen im Einstellwerk, 7 im Umdrehungszähler und 12 im Ergebniswerk (Kapazität: 6 x 7x 12). Die Seriennummer 2683 weist auf das Baujahr 1892 hin (Quelle: www.arithmometre.org). Die Drehknöpfe bei den Schaulöchern sind für die Löschung der einzelnen Stellen bestimmt. Mit der Kurbel (rechts) wird die Maschine angetrieben (© Schweizerisches Landesmuseum, Zürich).

Kurz vor Ostern 2019 kam im Schulmuseum Bern, Köniz, ein gut erhaltenes Thomas-Arithmometer zum Vorschein. Es trägt die Fabriknummer 560 und wurde wohl 1863 gefertigt (vgl. Abb. 12.4–12.6).

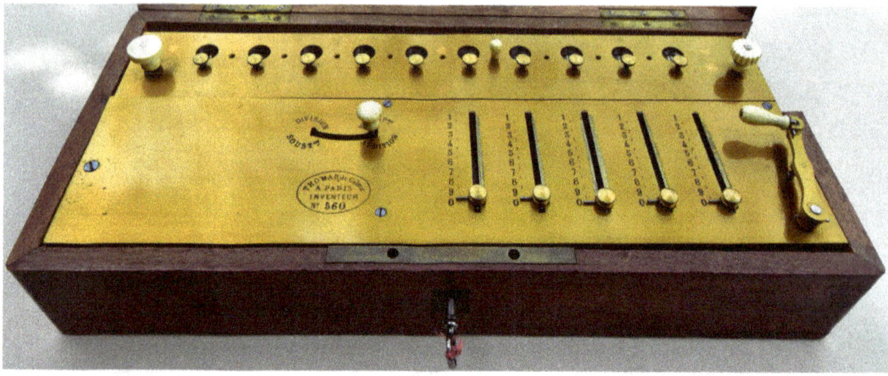

Abb. 12.4: Thomas Arithmometer (4). Dieses Exemplar hat vier Stellen im Eingabewerk und 10 Stellen im Ergebniswerk. Ein Umlaufzähler fehlt (© Schulmuseum Bern, Bild: Mark Kohler).

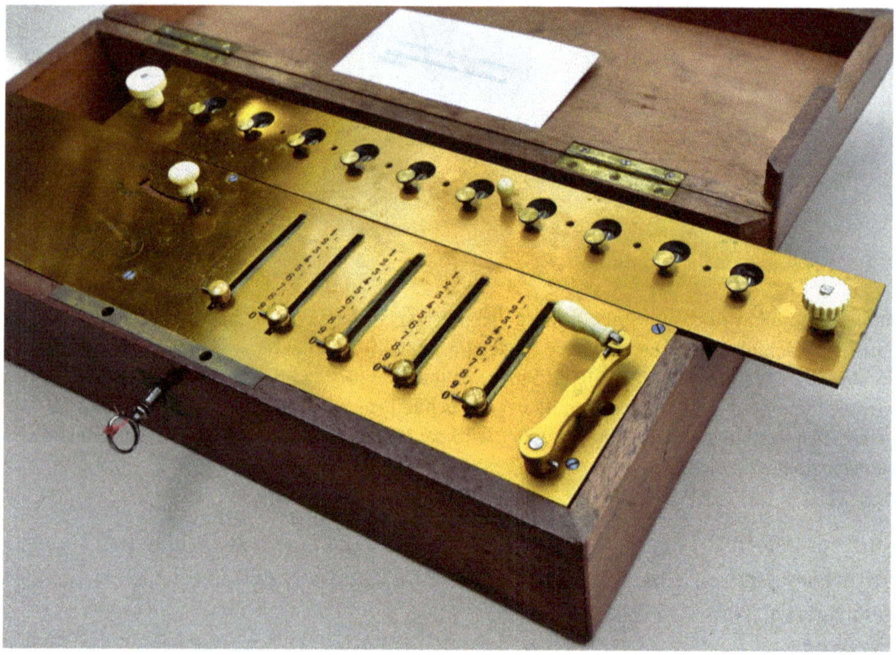

Abb. 12.5: Thomas Arithmometer (5). Der Wagen (Schlitten) ist beweglich. Er lässt sich jeweils um eine Dezimalstelle nach rechts oder links verschieben (© Schulmuseum Bern, Bild: Mark Kohler).

Abb. 12.6: Thomas Arithmometer (6). Diese Aufnahme gewährt einen Blick ins Innere. Der Schlitten lässt sich aufklappen (© Schulmuseum Bern, Bild: Mark Kohler).

Fürstliche Geschenke

Um den Verkauf seiner Rechenmaschinen zu fördern, schenkte Charles-Xavier Thomas Anfang der 1850er Jahre Fürstenhäusern und dem Papst prachtvoll verzierte Geräte. Das trug ihm manche Auszeichnungen ein.

Nach einer Pressemitteilung vom 25. Oktober 2017 des Ministeriums für Kultur und Wissenschaft des Landes Nordrhein-Westfalen sind nur drei Thomas-Arithmometer mit 8 Stellen im Einstellwerk und 16 Stellen im Ergebniswerk bekannt: je ein Stück für Zar Nikolaus I., für Ferdinand II., König beider Sizilien, und für Louis-Napoleon Bonaparte. Das 1851 gefertigte Exemplar des Zaren befindet sich im Arithmeum, die Maschine von Ferdinand II. im Königspalast Caserta (Reggia di Caserta, Palazzo reale) bei Neapel. Das für Napoleon bestimmte Gerät ist im Pariser Musée des arts et métiers. Das Heinz-Nixdorf-Museumsforum in Paderborn hat ebenfalls ein solches frühes Herrschaftsexemplar, allerdings mit weniger Stellen. Diese Geräte aus den frühen 1850er Jahren waren noch nicht mit einem Umdrehungszähler ausgestattet.

Kunstvoll gefertigte mechanische Rechenmaschinen, vor allem die Rundmaschinen, und mit viel Einfallsreichtum ausgestattete Automaten dienten nicht immer als Gebrauchsgegenstände. Noch heute werden beispielsweise kostbare Musikdosen der Firma Reuge SA (Sainte-Croix VD) weltweit als beliebte Geschenke für mächtige und einflussreiche Würdenträger verwendet.

Soweit bekannt gibt es in der Schweiz nur wenige Sammlungen mit Thomasmaschinen: das Musée d'histoire des sciences, Genf, das Museum Enter in Solothurn, die Sammlung Sternwarte der ETH-Bibliothek Zürich, das Schweizerische Landesmuseum (Zürich) und das Schulmuseum Bern. Thomas-Arithmometer sind in zahlreichen technischen Museen rund um die Welt zu finden: z.B. Heinz Nixdorf Museumsforum (Paderborn), Deutsches Museum (München).

Die drei folgenden Zeichnungen (vgl. Abb. 12.7–12.9) sind einer französischen Technikzeitschrift entnommen.

Für weitere Angaben vgl. http://www.arithmometre.org.

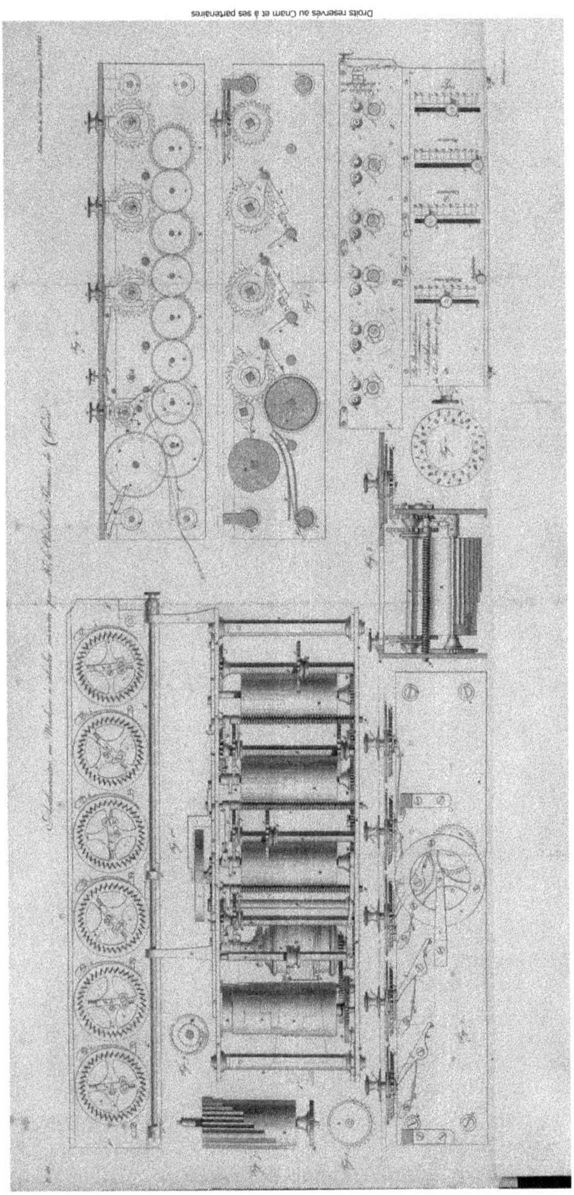

Abb. 12.7: Thomas-Arithmometer, Zeichnung 1822. Die Zeitschrift *Bulletin de la société d'encouragement pour l'industrie nationale* hat zu vielen technischen Errungenschaften vorzügliche Aufsätze veröffentlicht. Diese Zeichnung vom November 1822 vermittelt einen Einblick in die Bauweise der 1820 patentierten Thomasmaschine. Ihr Leistungsvermögen: 4 x 0 x 6 Stellen im Einstell- und Ergebniswerk, kein Umdrehungszähler (© Conservatoire national des arts et métiers, Cnam, Paris).

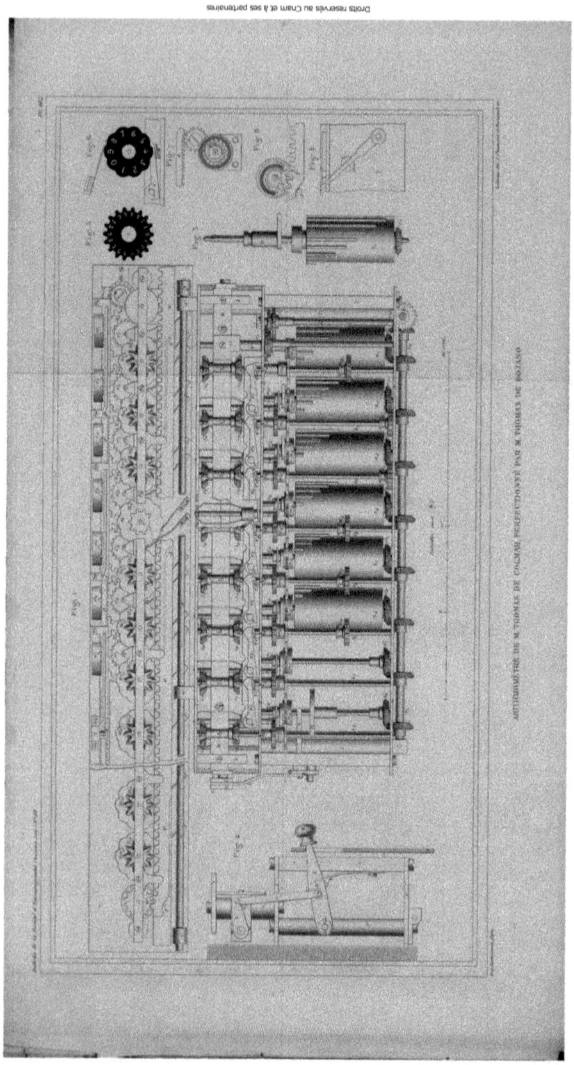

Abb. 12.8: Thomas-Arithmometer, Zeichnung 1879, Staffelwalzen. Diese Darstellung aus dem Bulletin de la société d'encouragement pour l'industrie nationale vom August 1879 zeigt sechs nebeneinander liegende Staffelwalzen für die Einer, Zehner, Hunderter, Tausender usw. Sie sind mit unterschiedlich langen (gestaffelten) Rippen versehen. Diese verkörpern die Ziffern 0 bis 9. Oben sehen Sie das Ergebniswerk mit dem beweglichen Schlitten. Der Erfinder der Staffelwalze heißt Gottfried Wilhelm Leibniz (© Conservatoire national des arts et métiers, Cnam, Paris).

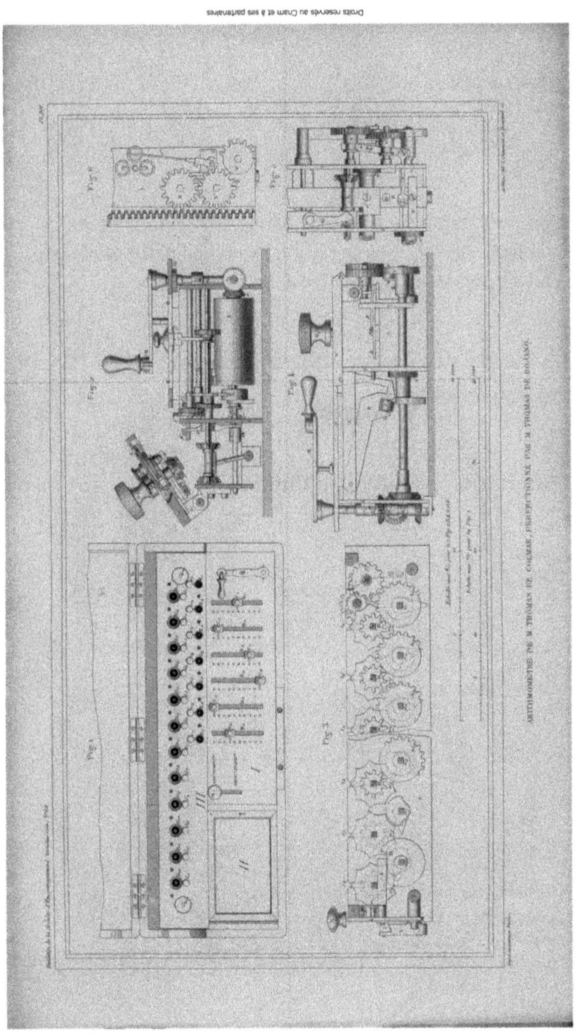

Abb. 12.9: Thomas-Arithmometer, Zeichnung 1879, Übersicht. Oben links: 6-stelliges Einstellwerk mit Schiebern für die Zahleneingabe, ferner die Schaulöcher des 7-stelligen Umdrehungszählers und des 12-stelligen Ergebniswerks. Daneben: Querschnitt mit Staffelwalze und dem halb geöffneten beweglichen Schlitten. Unten links: Längsschnitt durch die Vorrichtung für die Zehnerübertragung. Daneben: Antrieb mit Kurbel (Bulletin de la société d'encouragement pour l'industrie nationale, August 1879) (© Conservatoire national des arts et métiers, Cnam, Paris).

12.3 Weltausstellung 1851 im Londoner Kristallpalast

Neben dem schiltschen Tastenaddierer wurden auf der Londoner Weltausstellung noch einige weitere Rechenmaschinen (vgl. Abb. 12.10) vorgestellt:

Abb. 12.10: Rechenmaschinen in London. Im Katalog der Weltausstellung 1851 werden sechs Rechenhilfen aufgezählt (Quelle: H. Canning; Edgar A. Bowring (Hg.): Exhibition of the works of industry of all nations, 1851, William Clowes and sons, London 1852, Seite 323).

Das Thomas-Arithmometer ist im Band 3 des Ausstellungskatalogs auf Seite 1196 (vgl. Abb. 12.11–12.12) beschrieben und abgebildet.

Anmerkung
Weitere Angaben zu Ausstellungen finden Sie im Abschnitt 9.1.2.

389 TELLIER, —, 122 *Grande Rue, Dieppe (Seine-Inférieure)*—Ivory Carver.

Various specimens of carved ivory.

390 THOMAS, CHARLES XAVIER, *Colmar*, and 13 *Rue du Helder, Paris.* (Agent, M. DE FONTAINE MOREAU, 4 *South Street, Finsbury Square.*)

Arithmometer, a machine for performing arithmetical calculations. Invented by the exhibitor, and patented in France and Great Britain. This apparatus is represented in the cut below.

[This apparatus appears to be intended for performing operations in the four common rules of arithmetic. It is not unlike an arrangement similar to that of Napier's rods or bones. The "Rabdologia," or book containing the description and use of these rods, was published in 1617, three years after the "Canon Mirificus Logarithmorum," a work which changed the face of Europe as to arithmetical calculations, and the value of which can never be superseded by any new invention. The rods were made of bone, ivory, or wood, and had their faces divided into nine little squares, the latter being diagonally divided into two triangles. In these were written the numbers of the multiplication table, so that the units were in the triangle on the right, and the tens in that on the left. By arranging these rods with the hand, according to certain rules, the common operations of arithmetic were performed; and by the application of a little ingenious machinery, it is easy to see how by turning a handle, the same manipulation could be effected, and the same results obtained. The calculations proposed to be effected by Professor Babbage's machine were of a much higher order.—R. W.]

Abb. 12.11: Thomas-Arithmometer im Katalog der Weltausstellung, Text. Die erste Weltausstellung fand 1851 in London statt (Quelle: Great exhibition of the works of industry of all nations, 1851. Official descriptive and illustrated catalogue, Spicer Brothers, London 1851, Band 3 (Foreign states), Seite 1196).

Thomas, Charles Xavier, Colmar, und 13, rue du Helder, Paris (Vertretung: de Fontaine Moreau, 4, South street, Finsbury Square, London)

Arithmometer, eine Maschine zur Durchführung von arithmetischen Berechnungen. Erfindung durch den Aussteller, Patente in Frankreich und Großbritannien. Das Gerät ist unten abgebildet.

[Dieses Gerät beherrscht anscheinend alle vier Grundrechenarten. Es gleicht den neperschen Stäbchen. Eine Beschreibung und eine Bedienungsanleitung für die Rechenstäbchen sind in der „Rhabdologie“ [John Napier]. enthalten. Dieses Werk wurde 1617 veröffentlicht, drei Jahre nach „Mirifici logarithmorum canonis descriptio [John Napier]. Die Entdeckung der Logarithmen veränderte die europäische Arithmetik grundlegend. Sie können von keiner neuen Erfindung übertroffen werden. Die neperschen Stäbchen waren aus Knochen, Elfenbein oder Holz. Ihre Oberfläche [alle vier Seitenflächen] war in neun kleine Quadrate unterteilt, die ihrerseits durch eine Diagonale in zwei Dreiecke gegliedert waren. Darin standen die Zahlen des kleinen Einmaleins, die Einer im rechten, die Zehner im linken Dreieck. Wenn diese Stäbchen mit der Hand nach gewissen Regeln nebeneinander gelegt wurden, ließen sich die herkömmlichen Rechenarten [Multiplikation, Division] ausführen. Es leuchtet ein, dass durch die Verwendung einer kleinen klugen Maschine mit Kurbeldrehungen gleiche Berechnungen mit denselben Ergebnissen gemacht werden können. Die für Babbages Rechenmaschine vorgesehenen Berechnungen waren viel anspruchsvoller. – R.W.]

Anmerkung

Der Hinweis auf die Neperstäbchen und die Logarithmen beruht wohl auf einem Irrtum: Die Neperstäbchen sind ein digitales Hilfsmittel für die Multiplikation und die Division. Auf den Logarithmen aufbauende Rechner arbeiten analog. Das Thomas-Arithmometer enthält keine Napierwalzen.

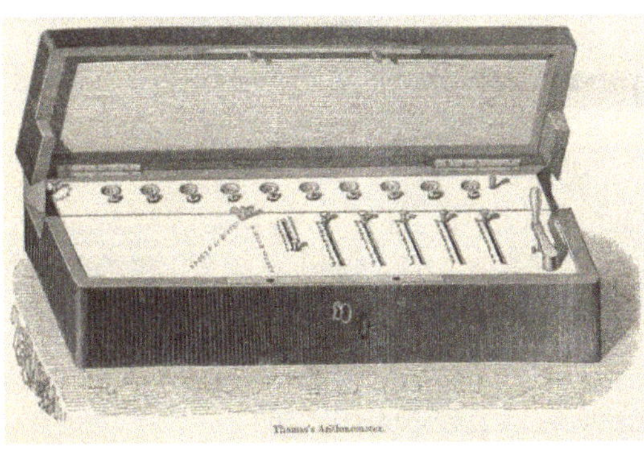

Abb. 12.12: Thomas-Arithmometer im Katalog der Weltausstellung, Zeichnung. Die Skizze stellt eine frühe Ausführung des Arithmometers dar, ohne Zubehörfach. Merkmale: 5 x 0 x 10 (5-stelliges Einstellwerk, kein Umdrehungszählwerk, 10-stelliges Ergebniswerk (Quelle: Great exhibition of the works of industry of all nations, 1851. Official descriptive and illustrated catalogue, Spicer Brothers, London 1851, Band 3 (Foreign states), Seite 1196).

Auszeichnungen auf der Londoner Weltausstellung
Auf der Weltausstellung 1851 in London wurden zahlreiche Auszeichnungen vergeben. Nähere Angaben dazu sind im Bericht des Preisgerichts zu finden. Wie der Übersicht zur Klasse 10 („philosophical instruments", wissenschaftliche Instrumente) zu entnehmen ist, waren im Vergleich zu astronomischen, geodätischen, meteorologischen, musikalischen, nautischen, optischen Instrumenten, Uhren und Zeichengeräten nur wenige Rechenmaschinen ausgestellt (siehe H. Canning; Edgar A. Bowring (Hg.): Exhibition of the works of industry of all nations, 1851, William Clowes and sons, London 1852, Seiten 317–323). Ein Medaillenspiegel für die wissenschaftlichen Instrumente ist auf den Seiten LXIII–LXV zu finden. Es wurde zwischen vier Preisarten unterschieden: general council medal (~Goldmedaille), council medal (~Silbermedaille), prize medal (~Bronzemedaille) und honourable mention (~Anerkennungspreis). Zu den Mitgliedern des Preisgerichts für die Geräteklasse 10 zählten u.a. der Genfer Physiker Jean-Daniel Colladon und der Berliner Chemiker Schubarth vom Zollverein.

Der 1834 gegründete deutsche Zollverein war ein wirtschaftlicher Zusammenschluss deutscher Bundesstaaten (Bayern, Hessen, Preußen, Sachsen, Thüringen, Württemberg).

Für die Rechenmaschinen wurden keine Höchstauszeichnungen verliehen. Der Rechner des polnischen Uhrmachers Israel Abraham Staffel (Russland) und das Thomas-Arithmometer (Frankreich) bekamen je eine Bronzemedaille, Schilts Tastenaddierer (Schweiz), D. J. Wertheimers Rechenmaschine (Großbritannien) und Léon Lalannes Nomogramm (Frankreich) erhielten einen Anerkennungspreis (vgl. Abb. 12.13–12.14).

Calculating Machines.

There have been very many attempts to perform numerical calculations by mechanical means, or at least such parts of them as follow simple and rigid laws. Hitherto such instruments have failed to unite correctness in the results, combined with economy of time, and, for the most part, have been limited to the performance of the first two operations of arithmetic.

To make such instruments really useful, they must have the power of executing, by themselves, the successive operations for the solution of the problem imposed on them, when the simple data for this problem have been introduced, without trial, and without guess-work.

The best machine of this kind exhibited is that of Staffel (Russia, 148), which, on examination, seems to combine accuracy with economy of time, and works easily and directly. The mechanism is 18 inches in length, 9 inches in breadth, and 4 inches in height, and consists of three rows of vertical cylinders; the first contains 13, the second 7, and the third 7. Upon each of the cylinders in the first row are 10 notches, corresponding with the units 1 to 10. Within each of these cylinders is a small pulley, in connection with a lever, set in motion by a slider which, when the cylinder has been turned from either 9 to 0, or 0 to 9, sets in motion the lever, and communicates its action to wheels, which carry over the figures. The pulley connected with the cylinder, the furthest from the handle, is in connection with the hammer of a bell. The purpose of this bell is to give warning to the operator, on committing an error, and constitutes a most important addition to the machine, particularly in the operation of division.

Upon each of the cylinders in the second row 10 units are placed. These seven cylinders are so fixed upon their axes, that they can bodily be moved right and left, and fixed at any part, so that the cyphers in the two cylinders can be made to correspond. This cylinder is furnished with a spike, which lays hold of and works the third row of cylinders.

The internal communication of each of the parts is brought about by means of a connecting wheel, furnished with nine moveable pegs, which are set in motion by means of an eccentric incision in the dial.

The machine is capable of performing addition, subtraction, multiplication, division, and of extracting the square root.

The operation of addition is performed as follows:—

By simply placing one line of the numbers upon the second row of cylinders (the index pointing to addition), and turning the handle, till it stops, these numbers are transferred almost instantly to the first row of cylinders, and so on successively, till all the numbers to be added are transferred, and their sum is shown on the top row.

In performing subtraction, the first part of the operation is the same as in addition, but on placing the second line of figures on the second row of cylinders, the pointer being placed to subtraction, the handle is turned the opposite way, or against the motion of the sun, and the difference of the two numbers is shown on the upper line.

The operation of multiplication is performed by placing the multiplier and the multiplicand on the second and third rows of cylinders, and then, the index pointing to multiplication, the product will be found on the first cylinder.

The operation of division is very similar, excepting that the handle is turned as in subtraction.

These several operations were performed accurately, and with despatch.

In the performance of the square root, the following additional mechanism needs explanation. Between every division of the cylinder, in row 2, a small wheel is placed, and near it a projecting piece which acts upon a lever; when the projecting piece is near the word "rad" engraved on the cylinder, on turning the handle, the figures increase by 1. This, by other mechanism, is connected with the other two rows of cylinders. The operation of the square root is performed directly, without any guessing at numbers; but it is, comparatively, rather a long process.

Upon the whole it must be considered that Mr. Staffel has made an instrument possessed of considerable powers, and that great praise is due to him. The double motion of the handle as well as the warning bell are important improvements.

Mr. Staffel also exhibits a small mechanical machine for the performance of the addition and subtraction of fractions, whose denominators are 10, 12, and 15. By enlarging the machine, this number would be increased, and the power of the instrument extended. The operations were performed with quickness, and with accurate results. A Prize Medal was voted to Mr. Staffel.

Abb. 12.13: Auszeichnung für Staffel. Die Begeisterung für Rechenmaschinen war mäßig. Es gab zwar sehr viele Versuche, um numerische Aufgaben mit mechanischen Mitteln zu lösen. Die meisten Geräte konnten aber nur zusammenzählen und abziehen und hatten einen geringen Nutzwert. Denn sie waren langsam bzw. lieferten falsche Ergebnisse. Nach dem Preisgericht stammte die beste Maschine von Israel Abraham Staffel (Russland). Sie beherrschte alle vier Grundrechenarten und das Wurzelziehen (Quelle: H. Canning; Edgar A. Bowring (Hg.): Exhibition of the works of industry of all nations, 1851, William Clowes and sons, London 1852, Seite 310, Ausschnitt).

Thomas de Colmar (France, No. 390, p. 1196) exhibits the next best calculating machine in the Exhibition, and has combined the two essentials of economy of time and accuracy of results. It is adapted for the performance of the four first rules of arithmetic; and indirectly the square-root may be extracted by the knowledge of $a^2+2ab+b^2$, the results being inferred; but this is not the legitimate use of the instrument.*

The instrument is adapted for the multiplication of numbers whose product is expressed by less than 16 figures; and consists of two rows of cylinders, the one containing 16, and the second 8; the former are moveable, the operation at each step being changed tenfold.

The principle of the instrument is, that multiplication is in reality the continual addition of itself as many times as there are units in the multiplier, and division that of continued subtraction of the divisor.

On trying the machine, the number 1 was almost instantaneously taken from 10,000, giving the difference, 9,999, accurately; the performance of this operation is generally a severe test to these machines.

The number 5,321 was multiplied by 3,256 in less time than was required to perform the calculation, in the manner following:—The number 5,321 was placed on one series of cylinders, and the number 6 was placed on one of the cylinders of the second row, and on the handle being turned (in one direction always) the number 31,926 appeared; the upper row was moved through one division, the handle agained turned, and so on, till in a very short time the number 17,325,176 appeared.

* For a description of this ingenious and useful machine, see the report of M. Benoit, "Au nom du Comité des Arts Mécaniques, Société d'Encouragement."

Abb. 12.14: Auszeichnung für Thomas. Das Arithmometer von Charles-Xavier Thomas war nach Meinung des Preisgerichts die zweitbeste Maschine. Sie verbindet die beiden wesentlichen Eigenschaften, die Zeitersparnis und die Richtigkeit der Ergebnisse und eignet sich für alle vier Grundrechenarten (Quelle: H. Canning; Edgar A. Bowring (Hg.): Exhibition of the works of industry of all nations, 1851, William Clowes and sons, London 1852, Seite 310, Fortsetzung).

Anmerkung

Die Katalognummern beziehen sich auf die entsprechenden Nummern im amtlichen Ausstellungskatalog (siehe Great exhibition of the works of industry of all nations, 1851. Official descriptive and illustrated catalogue, Spicer Brothers, London 1851, Band 3: Foreign states).

Auch Dietzschold erwähnt die Auszeichnung:

> „Im selben Jahre [1851] erhielt er [Thomas aus Colmar] von der Londoner Ausstellungsjury eine (einfache) Preismedaille.“ (siehe Curt Dietzschold: Die Rechenmaschine, Sonderdruck aus: Allgemeines Journal der Uhrmacherkunst, Druck und Verlag von Hermann Schlag, Leipzig 1882, Seite 37).

Industrieausstellungen waren eine gute Plattform für die Präsentation von Rechenmaschinen (vgl. Kasten).

Industrieausstellungen und Maschinenbücher
Weltausstellungen, nationale Industrieausstellungen und (später) auch Fachmessen hatten für die gewerblichen Hersteller eine große Bedeutung. Auf diesen Plattformen konnten sie ihre Rechenmaschinen, Musikautomaten usw. bekannt machen. Die Ausstellungskataloge erleichtern auch die Datierung. Mit der Zeit wandelte sich die Rolle der Weltausstellungen.

Nach einer Pressemitteilung der Deutschen Messe AG vom 28. November 2018 wird die Cebit Hannover infolge der rückläufigen Nachfrage ab 2019 nicht mehr ausgerichtet. Sie galt als die weltgrößte Messe für Informationstechnik und fand 33 Jahre lang, von 1986 bis 2018, statt.

Ein anderes beliebtes Hilfsmittel für die Bekanntgabe von Erfindungen waren die *Maschinenbücher*, z.B. Jacob Leupolds „Theatrum arithmetico-geometricum. das ist: Schau-Platz der Rechen- und Mess-Kunst“ (vgl. Helmut Hilz: Theatrum machinarum. Das technische Schaubuch der frühen Neuzeit, Deutsches Museum, München 2008, 143 Seiten). Solche technische Schaubücher erschienen besonders vom 16. bis zum 18. Jahrhundert.

12.4 Was kostete ein Arithmometer?

Im Katalog der Londoner Weltausstellung von *1862* ist die Thomasmaschine als ganzseitige Anzeige (vgl. Abb. 12.15) abgebildet. Damals kostete ein zehnstelliges Arithmometer 6 Pfund. Das war, soweit bekannt, das billigste und meist verbreitete Modell. In Frankreich war es für 150 Francs erhältlich. Dingler's polytechnisches Journal (vgl. Abb. 12.16) gibt eine Spanne von 150 bis 400 (französische) Franken an.

Für die Rechenmaschinen von Arthur Burkhardt aus Glashütte (Nachbau des thomasschen Arithmometers) werden für 1880 folgende Beträge genannt: 350 Mark für eine 6-stellige Maschine, 450 Mark für eine 8-stellige Maschine und 600 Mark für eine 10-stellige Maschine. Das entsprach nahezu den Pariser Preisen (siehe Wilhelm Jordan: Eine deutsche Fabrik für Rechenmaschinen, in: Zeitschrift für Vermessungswesen, Band 9, 1880, Heft 11, Seiten 441). Die Auslagen für diese Maschinen für 1892 sahen so aus: 6-stellig 375, 8-stellig 475 und 10-stellig 675 Mark (siehe Walter Dyck: Katalog mathematischer und mathematisch-physikalischer Modelle, Apparate und Instrumente, Georg Olms Verlag, Hildesheim, Zürich, New York 1994, Seite 150) (Erstveröffentlichung 1892).

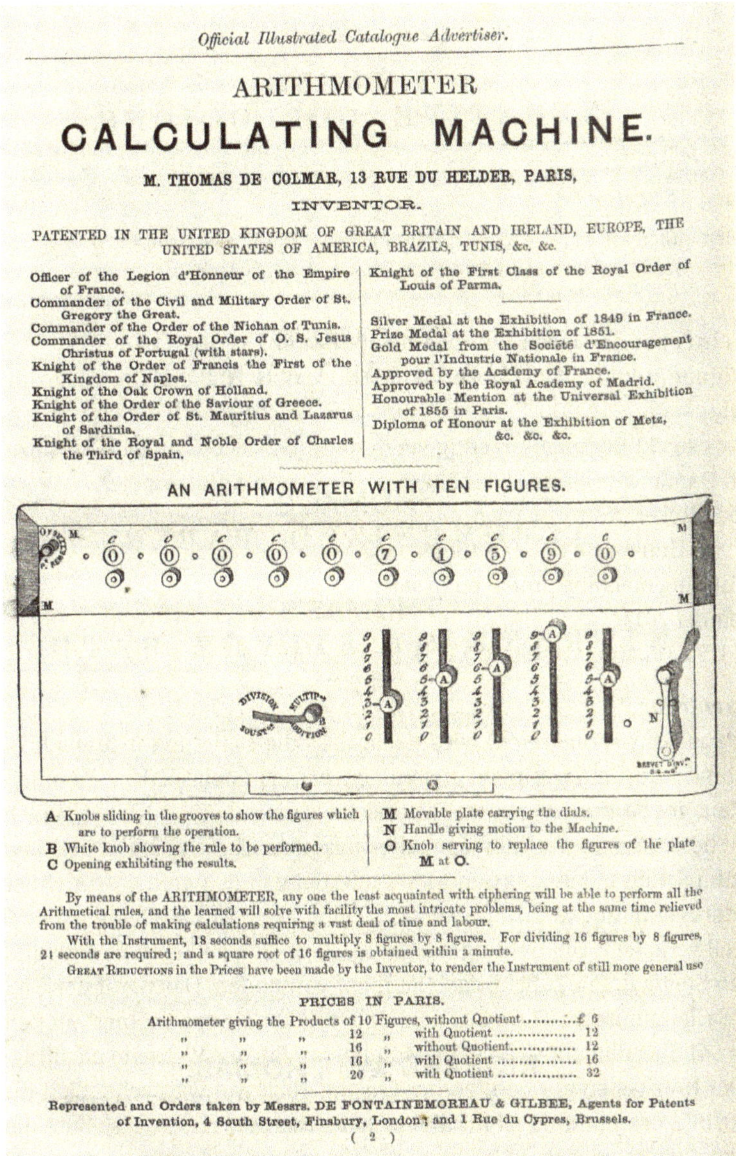

Official Illustrated Catalogue Advertiser.

ARITHMOMETER

CALCULATING MACHINE.

M. THOMAS DE COLMAR, 13 RUE DU HELDER, PARIS,

INVENTOR.

PATENTED IN THE UNITED KINGDOM OF GREAT BRITAIN AND IRELAND, EUROPE, THE UNITED STATES OF AMERICA, BRAZILS, TUNIS, &c. &c.

Officer of the Legion d'Honneur of the Empire of France.
Commander of the Civil and Military Order of St. Gregory the Great.
Commander of the Order of the Nichan of Tunis.
Commander of the Royal Order of O. S. Jesus Christus of Portugal (with stars).
Knight of the Order of Francis the First of the Kingdom of Naples.
Knight of the Oak Crown of Holland.
Knight of the Order of the Saviour of Greece.
Knight of the Order of St. Mauritius and Lazarus of Sardinia.
Knight of the Royal and Noble Order of Charles the Third of Spain.
Knight of the First Class of the Royal Order of Louis of Parma.

Silver Medal at the Exhibition of 1849 in France.
Prize Medal at the Exhibition of 1851.
Gold Medal from the Société d'Encouragement pour l'Industrie Nationale in France.
Approved by the Academy of France.
Approved by the Royal Academy of Madrid.
Honourable Mention at the Universal Exhibition of 1855 in Paris.
Diploma of Honour at the Exhibition of Metz, &c. &c. &c.

AN ARITHMOMETER WITH TEN FIGURES.

A Knobs sliding in the grooves to show the figures which are to perform the operation.
B White knob showing the rule to be performed.
C Opening exhibiting the results.
M Movable plate carrying the dials.
N Handle giving motion to the Machine.
O Knob serving to replace the figures of the plate M at O.

By means of the ARITHMOMETER, any one the least acquainted with ciphering will be able to perform all the Arithmetical rules, and the learned will solve with facility the most intricate problems, being at the same time relieved from the trouble of making calculations requiring a vast deal of time and labour.

With the Instrument, 18 seconds suffice to multiply 8 figures by 8 figures. For dividing 16 figures by 8 figures, 21 seconds are required; and a square root of 16 figures is obtained within a minute.

Great Reductions in the Prices have been made by the Inventor, to render the Instrument of still more general use

PRICES IN PARIS.

Arithmometer	giving the	Products of	10	Figures,	without Quotient	£ 6
"	"	"	12	"	with Quotient	12
"	"	"	16	"	without Quotient	12
"	"	"	16	"	with Quotient	16
"	"	"	20	"	with Quotient	32

Represented and Orders taken by Messrs. DE FONTAINEMOREAU & GILBEE, Agents for Patents of Invention, 4 South Street, Finsbury, London; and 1 Rue du Cypres, Brussels.

(2)

Abb. 12.15: Thomas-Arithmometer, Preisliste 1862. Katalog zur Londoner Weltausstellung 1862. Preisangaben zum Thomas-Arithmometer (Quelle: The international exhibition of 1862. The illustrated catalogue of the industrial department, British division, Band 2, Her majesty's commissioners, London 1862 (Official illustrated catalogue advertiser, Teil 7, Seite 2)).

auch rasch billiger werden wird.

Das große Instrument von 8 und 16 Stellen mit Quotient kostet jetzt	400 Fr.
dasselbe ohne Quotient	300 „
das 6 und 12stellige, welches für die allermeisten Fälle genügt, mit Quotient	300 „
das 5 und 10stellige	150 „

Abb. 12.16: Preis für die Thomasmaschine (Quelle: Franz Reuleaux: Die Thomas'sche Rechenmaschine, in: Dingler's polytechnisches Journal, Band 165, 1862, Heft 83, Seite 362).

Versteigerung einer sonderbaren Thomasmaschine für 233 000 Euro

Das bekannte Kölner Auktionshaus Breker hat im November 2013 ein Thomas-Arithmometer für sagenhafte 233 000 Euro verkauft. Das versteigerte Exemplar ist ein Schmuckstück, es steckt in einem prächtig verzierten Holzkasten. Angeblich wurde es 1835 gefertigt. Damit wäre es eines der ältesten erhaltenen Arithmometer.

Seinerzeit bei Breker (Köln) zu lesen:
„Arithmomètre" de Thomas de Colmar, 1860s
World's 1st calculating machine produced in series
Sold on 16 November 2013:
Euro 233.600,- / US$ 315,400.- / £ 195,500.- / ¥ 32.000.000.

Ein folgenschwerer Irrtum?

Valéry Monnier aus Osny (Frankreich) wies nach, dass die Datierung irrtümlich ist und dass Maschine und Gehäuse nicht zusammen passen (siehe Valéry Monnier: Mademoiselle Renauds Arithmometer, in: Historische Bürowelt, 2014, Nr. 541, Seiten 19–26). Der wohl beste Kenner der Thomas-Staffelwalzenmaschinen kommt in seiner Untersuchung zum Schluss, dass das Gerät 1863 gefertigt wurde. Damit entspricht es dem Exemplar der Sammlung Sternwarte der ETH-Bibliothek Zürich. Beide haben 5 Stellen im Einstellwerk, kein Umdrehungszählwerk, 10 Stellen im Ergebniswerk und tragen denselben Stempel. Ein Zubehörfach ist nicht vorhanden. Das Gerät der ETH Zürich trägt die Seriennummer 507 und ist damit etwas älter als das „Kölner" Modell mit der Nummer 541. Das Baujahr wurde laut Monnier auf Brekers Webseite nachträglich geändert. Der Holzkasten mit boullescher Einlegearbeit war wahrscheinlich für die Modelle 1850/1852 bestimmt. Er ist für die Ausgabe von 1863 zu klein, so dass die Maschine gestutzt werden musste. Rätselhaft ist, warum, wie und wann es zu dieser merkwürdigen Verbindung zwischen dem ungeeigneten Kasten und dem Rechengerät kam.

Das Alter vieler mechanischer Rechenmaschinen ist schwer zu bestimmen. Wichtige Merkmale sind beim Arithmometer laut Monnier die Seriennummer, die Form des Stempels und die Mechanik des Zehnerübertrags. Eigenschaften wie die Form des Umschalters (Wechsel zwischen den Grundrechenarten), das Fehlen eines Umdrehungszählwerks oder eines Zubehörfachs sind nicht immer eindeutig und können zu falschen Annahmen führen.

Hinweis
Zur Frage, ob Arthur Burkhardt 1878 mit seinem Nachbau das Patent von Thomas und seinen Nachfolgern verletzt hat, finden Sie weitere Angaben im Abschnitt 17.9.2.

12.5 Eine Fundgrube für die Technik- und Industriegeschichte

Am 27. Juni und 8. Juli 2014 kamen in der ETH-Bibliothek Zürich bei Nachforschungen nach Unterlagen zum Arithmometer im *Bulletin de la société d'encouragement pour l'industrie nationale* (BSEIN) mehrere Aufsätze und Tafeln mit hervorragenden technischen Zeichnungen (Kupferstiche sowie Holzschnitte) vom Arithmometer zum Vorschein. In vier Beiträgen beschreiben die Berichterstatter *Francœur, Hoyau* (beide 1822), *Benoît* (1851) und *Sebert* (1879) die erfolgreiche Staffelwalzenrechenmaschine. Die Abbildungen aus den Jahren 1822 und 1879 vermitteln einen Einblick in das Innenleben der Geräte. Die Darstellung von 1822 gibt ein sehr frühes Modell kurz nach der Patentierung von 1820 wieder, die Zeichnungen von 1879 beinhalten ein vom Sohn des Erfinders (Thomas aus Bojano) verbessertes Modell.

Das Bulletin de la société d'encouragement pour l'industrie nationale ist eine hervorragende Quelle für die Technikgeschichte (vgl. Kasten).

Bulletin de la société d'encouragement pour l'industrie nationale
Kein wohlklingender Name wie *Science* oder *Nature*. Unscheinbar, weitgehend unbekannt, aber dennoch hochwertig. Eine Schatztruhe mit abwechslungsreichen technischen Texten und vorzüglichen Zeichnungen von Maschinen und Werkzeugen aller Art. 142 Jahre lang, lückenlos von 1802 bis 1943, erschien die Zeitschrift. Nur wenige Schweizer Wissenschaftsbibliotheken führten das seltene Blatt aus Paris: *Bulletin de la société d'encouragement pour l'industrie nationale.* Vereinzelte Angaben in französischen Aufsätzen und Büchern zur Mathematikgeschichte machen auf das Bulletin aufmerksam. Herausgeberin ist die 1801 gegründete erste gemeinnützige Gesellschaft Frankreichs, die heute noch besteht: die Société d'encouragement pour l'industrie nationale (SEIN). Ihr Ziel ist die Wirtschaftsförderung durch technische Innovation.

Sämtliche Jahrgänge der Zeitschrift wurden *digitalisiert* und sind *kostenlos übers Internet abrufbar.* Dem Verfasser ist kein gleichwertiges deutsch- oder englischsprachiges Magazin zur Technikgeschichte bekannt. Es enthält eine riesige Fülle an historischen Beiträgen. Abgedeckt werden Themen aller Art. Einige ausgewählte Bereiche aus den ersten Jahrzehnten: Chemie, Dampflokomotiven, Dampfmaschinen, Dampfschiffe, Druckgewerbe, Feuerwehr, Landwirtschaft, Lebensmittel, Licht, Maschinenbau, Messgeräte, Münzprägung, Musikinstrumente, Patentwesen, Sägereien, Töpferei, Uhren, Verkehrswesen, Webstühle, Werkstoffe, Windmühlen.

Die französische Fördergesellschaft wurde damals als „Aufmunterungsgesellschaft" bezeichnet (siehe Franz Reuleaux: Die Thomas'sche Rechenmaschine, in: Dingler's polytechnisches Journal, Band 165, 1862, Heft 83, Seite 361).

Rudolf Mehmke erwähnt das Bulletin de la société d'encouragement pour l'industrie nationale in seiner Abhandlung „Numerisches Rechnen" (siehe Akademien der Wissenschaften zu Göttingen, Leipzig, München und Wien (Hg.): Encyklopädie der mathematischen Wissenschaften mit Einschluss ihrer Anwendungen, B. G. Teubner, Leipzig 1900–1904, Band 1, Teil 2, Seiten 938–1079) in mehreren Fußnoten.

13 Curta

Zusammenfassung: Im Kapitel „Curta" erfahren Sie mehr zu einem technischen Wunderwerk. Der hochbegabte österreichische Ingenieur Curt Herzstark schuf eine bildhübsche „Pfeffermühle", die kleinste mechanische Rechenmaschine der Welt. Die Konstruktionszeichnungen entstanden im Konzentrationslager Buchenwald. Die Rundbaurechner wurden bis Anfang der 1970er Jahre in hohen Stückzahlen in Liechtenstein gefertigt. Der Erfinder wurde jedoch um sein Lebenswerk betrogen. Erst vor kurzem kamen hochwertige Zeichnungen zur Mehrfach-Curta zum Vorschein, dem weltweit kleinsten mechanischen Parallelrechner. Die Universität Birmingham baute 1953 eine Zwölffach-Curta. Die Curta gilt als die Krönung der 350-jährigen Geschichte mechanischer Rechenmaschinen. Die Staffelwalzenmaschinen sind nach wie vor voll funktionsfähig.

Schlüsselwörter: Curta, Curt Herzstark, Konzentrationslager Buchenwald, mechanischer Parallelrechner, mechanische Rechenmaschine, Mehrfach-Curta, Rundbaurechenmaschine, Staffelwalzenrechenmaschine, Vierspeziesrechenmaschine

13.1 Vorbemerkungen

Das aus Sicht der Technikgeschichte wohl herausragendste Ereignis Liechtensteins ist die Serienfertigung der Curta, der weltweit kleinsten mechanischen Rechenmaschine.

In den letzten Jahren sind überraschende Dokumente aufgetaucht (vgl. Kasten).

Neue Dokumente zur Curta aus Deutschland, Österreich und der Schweiz
Bei Nachforschungen zur Geschichte der Rechentechnik kamen am 25. November 2014 im Schreibmaschinenmuseum Beck in Pfäffikon ZH u.a. *Zeichnungen* zur Rechenmaschine Curta, anfänglich „Liliput" genannt, zum Vorschein. Sie wurden im *Konzentrationslager Buchenwald* vom Erfinder Curt Herzstark erstellt.

Der Nachlass, den Herzstarks Lebensgefährtin Christine Holub dem Museumsbesitzer Stefan Beck übergab, umfasst auch einen *Briefwechsel* mit berühmten, längst untergegangenen Schweizer Rechenmaschinenherstellern sowie Kundenverzeichnisse.

Bemerkenswert ist ferner ein *Vertriebsvertrag* mit der Firma Rheinmetall-Borsig in Sömmerda. Er wurde kurz vor Herzstarks dramatischer *Flucht aus Thüringen* geschlossen, zu der ein bisher unbekanntes Protokoll aufgetaucht ist.

Neu ist auch ein aufschlussreicher Zeitzeugenbericht von Herzstarks Mitarbeiter *Elmar Maier* zur Weiterentwicklung der Curta (Curta 1a, 2a und Elektrifizierung).

Weitere Dokumente liegen im Schweizerischen Bundesarchiv in Bern.

https://doi.org/10.1515/9783110669664-013

Mehrfach-Curta als weltweit kleinster mechanischer Parallelrechner
2015 tauchten in der Schweiz bisher unbekannte *Konstruktionszeichnungen* und *Patendokumente* zu einem Mehrfachrechner von Curt Herzstark auf. 2017 wurde ein Aufsatz über einen mechanischen *Parallelrechner mit 12 Curtas* bekannt, der 1953 in England entstand.

13.2 Entwicklung der Curta

Das Leben des österreichischen Erfinders Curt Herzstark (1902–1988) (vgl. Abb. 13.1) verlief traurig: Verhinderung der Übernahme der elterlichen Rechenmaschinenfabrik wegen des „Anschlusses" Österreichs, Häftling im Konzentrationslager Buchenwald, Flucht aus Thüringen vor sowjetischen Verfolgern, Übervorteilung beim Aufbau der Serienfertigung der Curta durch das liechtensteinische Fürstenhaus, Widerstand gewisser schweizerischer Mitbewerber.

Abb. 13.1: Curt Herzstark. Der Erfinder der weltweit kleinsten mechanischen Taschenrechenmaschine verbrachte mehrere Jahre im Konzentrationslager Buchenwald. Der Ingenieur stammte aus Österreich, fertigte die Curta aber in Liechtenstein (© Liechtensteinisches Landesmuseum, Vaduz, Bild: Sven Beham).

Es folgen einige Marksteine auf dem steinigen Weg zur Curta.

1928: Vorführung eines Rechenautomaten in Berlin
Die erste wegweisende Erfindung des österreichischen Ingenieurs war der 1928 in Berlin ausgestellte Multimator.

> Das war ein weltweit einzigartiger Rechenautomat, „der eingetippte Beträge in bis zu 30 Kolonnen speichert, horizontal und vertikal nach Bedarf addiert oder subtrahiert, mit einem einzigen Tastendruck an beliebiger Stelle die Zwischensummen oder am Ende eines Formulars sämtliche Endsummen samt Kreuzprobe ausdruckt und sogar den Übertrag vorgibt." (siehe Curt Herzstark: Kein Geschenk für den Führer, Books on demand GmbH, Norderstedt 2005, Seite 123).

Der Firmenprospekt sprach von einer „automatisch kreuzweise addierenden Vielzählwerksmaschine". Bis 1937 wurden gegen 400 Maschinen verkauft. Die herkömmlichen Rechenmaschinen wogen allerdings mehrere Kilos. Die Kundschaft wünschte daher zunehmend leichte, handliche Geräte. Rechenschieber waren ungenau und eigneten sich nicht für alle Grundrechenarten.

Lange Zeit gab es nur schwergewichtige oder ungenaue Rechenhilfsmittel (vgl. Kasten).

Schwere, ungenaue oder ungeeignete Rechenhilfsmittel
Elektronische Taschenrechner sind heute gang und gäbe. Doch bis in die 1970er Jahre gab es fast nur:
- tragbare *Rechenrahmen* (Kugelrechner), die zwar alle vier Grundrechenarten ermöglichten, aber keinen automatischen Zehnerübertrag hatten,
- leichte, handliche (logarithmische) *Rechenstäbe*, die weder addieren noch subtrahieren konnten und ungenau waren,
- mechanische *Taschen*rechner wie die *Zahlenschieber*, die weder multiplizieren noch dividieren konnten und nur einen halbautomatischen Zehnerübertrag aufwiesen,
- *schwere* mechanische *Tisch*rechenmaschinen, die zwar alle vier Grundrechenarten beherrschten und einen automatischen Zehnerübertrag hatten, sich aber unterwegs kaum nutzen ließen.

13.2.1 Erste Patente zur Curta

Ab 1928 befasste sich Herzstark mit der Entwicklung einer kleinen Vierspeziestaschenrechenmaschine, also einem Gerät für Addition, Subtraktion, Multiplikation und Division. Der Grundaufbau stand um 1930 fest. Subtraktion und Division bereiteten beim Einbau der herkömmlichen Staffelwalze in eine Zylinderform aber schier unlösbare Probleme. „Die Lösung wollte und wollte mir nicht einfallen.", schreibt Herzstark in seinen Lebenserinnerungen (siehe Curt Herzstark: Kein Geschenk für den Führer, Books on demand GmbH, Norderstedt 2005, Seite 178).

Am Bodensee, bei Lindau, kam der erlösende Geistesblitz für die Curta:

> „Während der Rückfahrt im Schnellzug vom Schwarzwald nach Hause hatte ich Zeit, über meine kleine Rechenmaschine nachzudenken. Am Bodensee, in der Gegend von Lindau, ist mir auf einmal der Gedanke gekommen, ich könnte durch einen reinen Additionsvorgang die Subtraktion durchführen, in dem ich sie vortäusche. [...]. Ich habe mir also gedacht, dass es möglich sein müsste, die Staffelwalze so anzulegen, dass sie in einer Stellung die normale Rechenleistung durchführt, in einer zweiten durch Axialverschiebung die Komplementärzahlen dazuzählt, die

> dann als Subtraktions- bzw. Divisionsergebnis im Resultatwerk erscheinen. Wenn es mir gelänge, das technisch zu lösen, wäre die Vierspezies-Taschenrechenmaschine Wirklichkeit." (siehe Curt Herzstark: Kein Geschenk für den Führer, Books on demand GmbH, Norderstedt 2005, Seite 178).

In Wien ließ Herzstark im elterlichen Betrieb ein erstes grobes Versuchsmodell einer Vierspeziestaschenrechenmaschine bauen. Da es funktionsfähig war, meldete er im Frühjahr 1938 beim Wiener Patentamt die beiden grundlegenden Erfindungen an. Wegen der unsicheren politischen Lage (Einmarsch Hitlers in Österreich) gab er allerdings nicht alle Geheimnisse preis.

13.2.2 Verhaftung und Verschleppung ins KZ Buchenwald

Der 1943 aus fadenscheinigen Gründen verhaftete „Halbjude" Curt Herzstark aus Wien entwarf die Konstruktionszeichnungen für die Curta auf Geheiß der Nazis im Konzentrationslager (KZ) Buchenwald.

In seinem Lebensbericht schildert Herzstark die grauenvollen, unmenschlichen Verhältnisse in dem großen bei Weimar gelegenen KZ. Dass er das Arbeitslager überlebte, ist wohl nicht zuletzt seiner schöpferischen Begabung zu verdanken, die den Nazis genau bekannt war. Im Wilhelm-Gustloff-Werk, einem Rüstungsbetrieb, wurde er gezwungen, mit Bleistift Skizzen für seine Taschenrechenmaschine zu zeichnen.

13.2.3 Curta, ein Geschenk für den Führer zum Endsieg?

Die Curta sollte ein „Geschenk für den Führer" werden. Christine Holub (Tochter von Rudolf Holub, der die Rechenmaschine Multimator angeregt hatte) war Herzstarks langjährige Lebenspartnerin. Die von ihr mitherausgegebenen, mit großer Sorgfalt aufgezeichneten Lebenserinnerungen von Curt Herzstark bauen auf Gesprächen, Tonbandaufnahmen und dem schriftlichen Nachlass auf (vgl. Abb. 13.2).

Abb. 13.2: Kein Geschenk für den Führer. Curt Herzstarks Lebenserinnerungen beschreiben das Schicksal des begnadeten Erfinders. Das Werk wurde von Christine Holub herausgegeben, unter Mitarbeit von Heinz Joss, Ute und Bernd Schröder (Quelle: Books on demand GmbH, Norderstedt).

13.2.4 Konstruktionszeichnungen aus dem KZ Buchenwald

Im KZ Buchenwald hieß die Curta noch Liliput (vgl. Abb. 13.3–13.4).

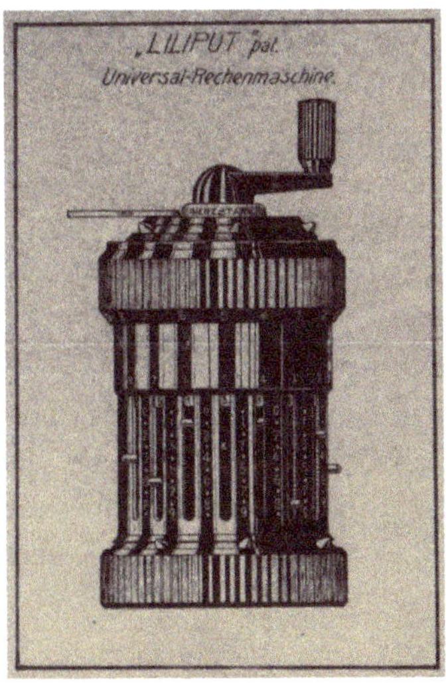

Abb. 13.3: Liliput (1944), Vorderseite. Curt Herzstark entwarf die Konstruktionszeichnungen im Konzentrationslager Buchenwald (Quelle: Schreibmaschinenmuseum Pfäffikon ZH).

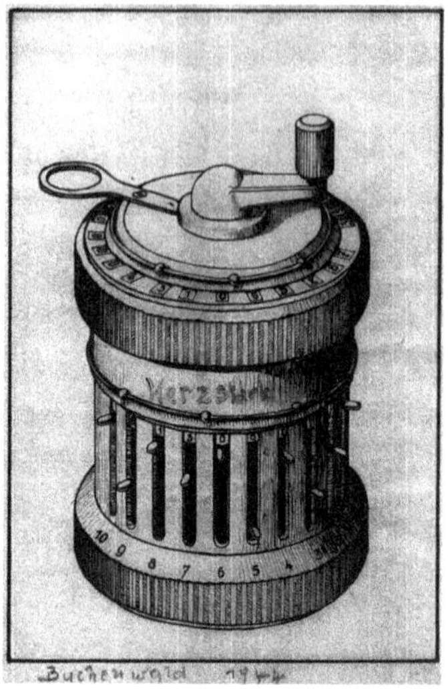

Abb. 13.4: Liliput (1944), Gesamtzeichnung. Curt Herzstark fertigte die ersten Zeichnungen zur Curta in Buchenwald an. Später bekam die Maschine den Namen „Curta" (Quelle: Schreibmaschinenmuseum Pfäffikon ZH).

13.2.5 Werkvertrag mit Rheinmetall-Borsig, Sömmerda

Nach seiner Befreiung aus dem KZ Buchenwald wurde Herzstark zum technischen Direktor der Zweigstelle Sömmerda der Berliner Rheinmetall-Borsig AG ernannt. Hier ließ er auf seine Kosten Versuchsmodelle herstellen. *Wilma Scherer* (später Wilma Riegel) fertigte Reinzeichnungen der Bleistiftskizzen aus dem KZ an.

Unter den in Pfäffikon ZH gefundenen Schriftstücken befindet sich auch ein Werkvertrag vom 16. Oktober 1945 zwischen der Rheinmetall-Borsig AG, Sömmerda, und ihrem technischen Direktor Curt Herzstark. Die fünfjährige Vereinbarung über den Alleinvertrieb aller Erzeugnisse aus dem Rechenmaschinenwerk Sömmerda wäre am 1. Januar 1946 in Kraft getreten. Doch es kam anders.

13.2.6 Flucht aus Thüringen vor russischen Häschern

Nachdem das Gebiet von der amerikanischen zur sowjetischen Besatzungszone übergegangen war, wurde Herzstark bespitzelt. Die Lage wurde immer gefährlicher. Es drohte eine Entführung nach Russland. Einem handschriftlichen Protokoll über die 12. Betriebsratssitzung vom 4. Dezember 1945 (Seite 2) ist zu entnehmen (vgl. Abb. 13.5–13.6):

„Hierauf teilte der Kollege Wittig [erster Vorsitzender des Betriebsrats] mit, das der techn. Direktor Herzstark unbemerkt unser Werk verlassen hat. Genaues könne bis jetzt nicht hierüber gesagt werden." (Quelle: Historisch-technisches Museum der Stadt Sömmerda).

Die halsbrecherische Flucht mit drei Prototypen und den Konstruktionszeichnungen in einem kleinen Koffer führte Herzstark über Prag nach Wien. Er entging in Weimar nur mit Umsicht und Glück den sowjetischen Häschern.

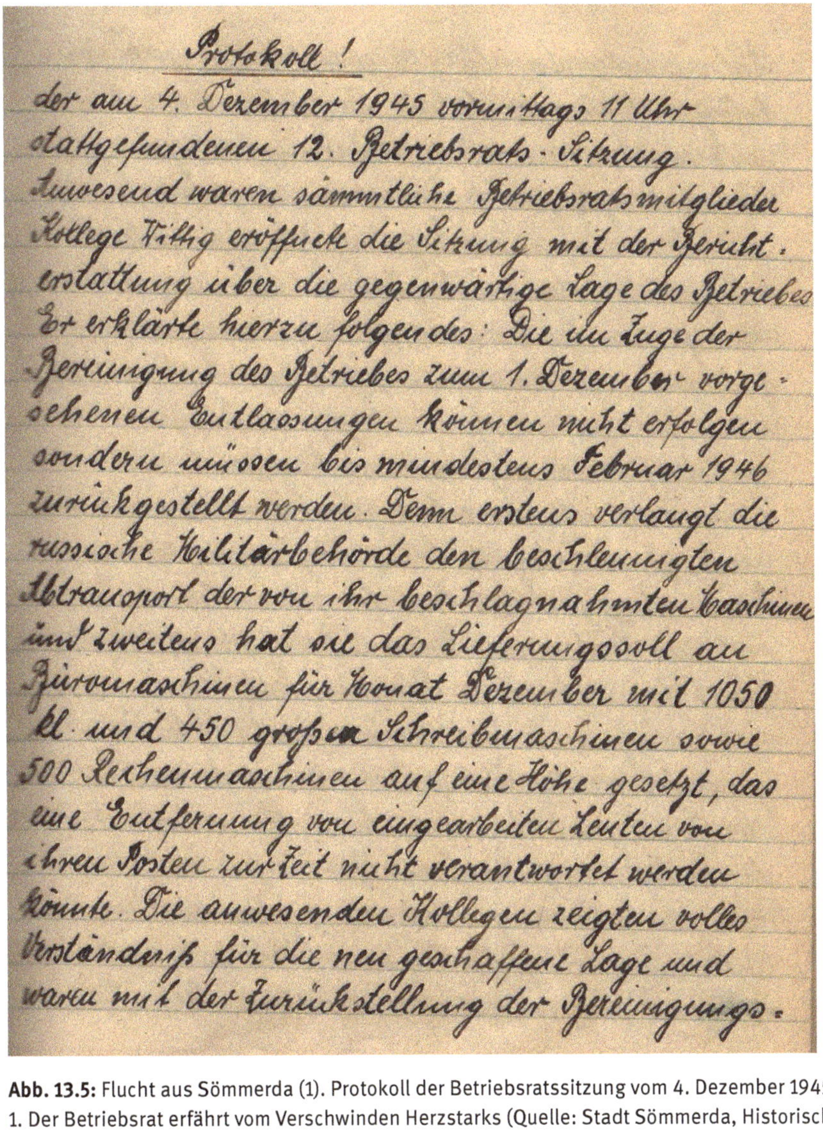
Protokoll!
der am 4. Dezember 1945 vormittags 11 Uhr
stattgefundenen 12. Betriebsrats-Sitzung.
Anwesend waren sämmtliche Betriebsratsmitglieder
Kollege Wittig eröffnete die Sitzung mit der Bericht-
erstattung über die gegenwärtige Lage des Betriebes
Er erklärte hierzu folgendes: Die im Zuge der
Bereinigung des Betriebes zum 1. Dezember vorge-
sehenen Entlassungen können nicht erfolgen
sondern müssen bis mindestens Februar 1946
zurückgestellt werden. Denn erstens verlangt die
russische Militärbehörde den beschleunigten
Abtransport der von ihr beschlagnahmten Maschinen
und zweitens hat sie das Lieferungssoll an
Büromaschinen für Monat Dezember mit 1050
kl. und 450 großen Schreibmaschinen sowie
500 Rechenmaschinen auf eine Höhe gesetzt, das
eine Entfernung von eingearbeiten Leuten von
ihren Posten zur Zeit nicht verantwortet werden
könnte. Die anwesenden Kollegen zeigten volles
Verständniß für die neu geschaffene Lage und
waren mit der Zurückstellung der Bereinigungs-

Abb. 13.5: Flucht aus Sömmerda (1). Protokoll der Betriebsratssitzung vom 4. Dezember 1945, Seite 1. Der Betriebsrat erfährt vom Verschwinden Herzstarks (Quelle: Stadt Sömmerda, Historisch-technisches Museum im Dreyse-Haus).

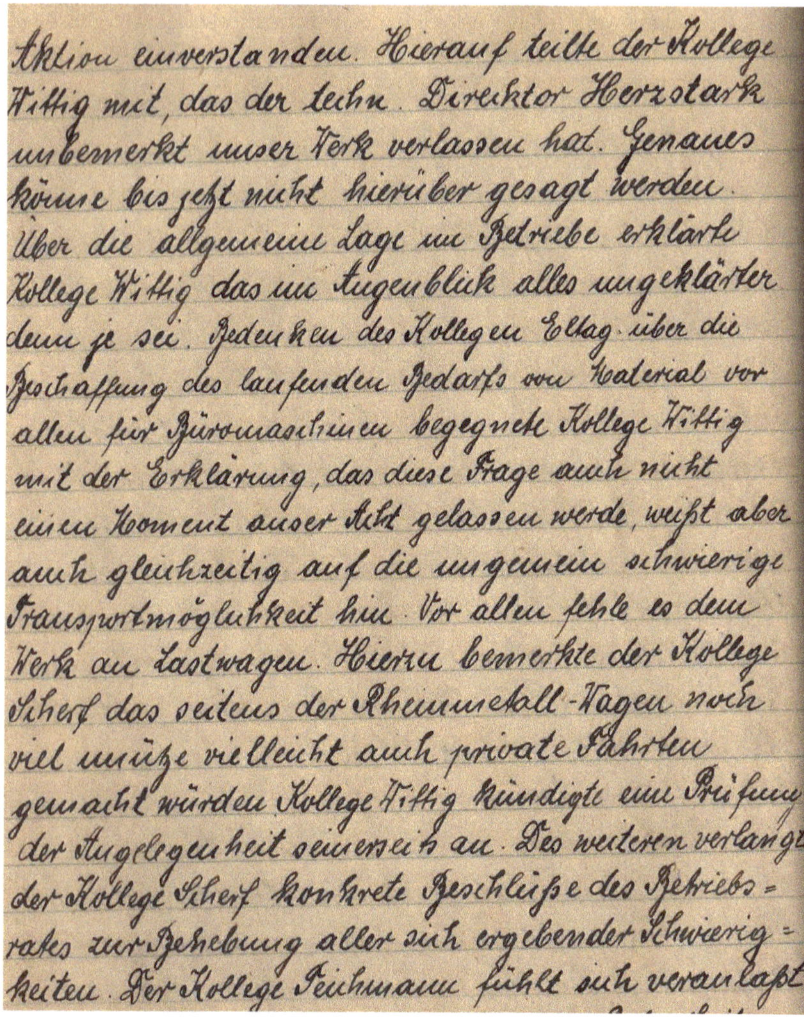

Aktion einverstanden. Hierauf teilte der Kollege
Wittig mit, das der techn. Direktor Herzstark
unbemerkt unser Werk verlassen hat. Genaues
könne bis jetzt nicht hierüber gesagt werden.
Über die allgemeine Lage im Betriebe erklärte
Kollege Wittig das im Augenblick alles ungeklärter
denn je sei. Bedenken des Kollegen Ellag über die
Beschaffung des laufenden Bedarfs von Material vor
allem für Büromaschinen begegnete Kollege Wittig
mit der Erklärung, das diese Frage auch nicht
einen Moment außer Acht gelassen werde, weißt aber
auch gleichzeitig auf die ungemein schwierige
Transportmöglichkeit hin. Vor allem fehle es dem
Werk an Lastwagen. Hierzu bemerkte der Kollege
Scherf das seitens der Rheinmetall-Wagen noch
viel unnütze vielleicht auch private Fahrten
gemacht würden. Kollege Wittig kündigte eine Prüfung
der Angelegenheit seinerseits an. Des weiteren verlangte
der Kollege Scherf konkrete Beschlüße des Betriebs=
rates zur Behebung aller sich ergebender Schwierig=
keiten. Der Kollege Teichmann fühlt sich veranlaßt

Abb. 13.6: Flucht aus Sömmerda (2). Protokoll der Betriebsratssitzung vom 4. Dezember 1945, Seite 2. Der Betriebsrat erfährt vom Verschwinden Herzstarks (Quelle: Stadt Sömmerda, Historisch-technisches Museum im Dreyse-Haus).

In Wien wurde ihm bewusst, dass ihm das väterliche Erbe, das Rechenmaschinenwerk Austria, Herzstark & Co, verwehrt wurde. Vor dem Krieg war vereinbart worden, dass er die 1906 ins Gewerberegister eingetragene Firma übernehmen würde.

Curt Herzstarks Leben verlief tragisch (vgl. Kasten).

Curt Herzstark

26. Januar 1902	Geburt in Wien
19. August 1938	Erteilung des Hauptpatents (DRP Nr. 747 073) für die Komplementärverzahnung (Komplementärstaffelwalze)
13. April 1939	Erteilung des Hauptpatents (DRP Nr. 747 074) für die Untersetzung
27. Oktober 1988	Tod in Nendeln FL

1921	Abschluss des Studiums an der höheren Staatsgewerbeschule, Wien
1921	Anstellung im Rechenmaschinenwerk Austria, Herzstark & Co, Wien, und Weiterbildung in deutschen Betrieben für Feinmechanik und Werkzeugmaschinenbau
1927	Erfindung des Rechenautomaten Multimator (Multisummator) und Anmeldung zahlreicher Patente
1928	Präsentation des Multimators an der internationalen Büromaschinenausstellung in Berlin
1938	Bau eines groben Versuchsmodells der Curta
1938	Einmarsch Hitlers in Österreich
1943	Verhaftung und Verschleppung ins KZ Buchenwald
1945	Befreiung aus dem KZ Buchenwald
1945	Reinzeichnung der Konstruktionsunterlagen
1945	technischer Direktor der Zweigstelle Sömmerda der Berliner Rheinmetall-Borsig AG
1945	Bau von drei Prototypen der Curta im Werk Sömmerda
1945	Flucht vor den russischen Häschern aus Thüringen und Rückkehr nach Wien
1946	Einladung durch den liechtensteinischen Fürsten Franz Josef II. nach Vaduz
1946	Gründung der Contina Büro- und Rechenmaschinenfabrik AG, Vaduz (später Mauren)
1946	Curt Herzstark, technischer Direktor der Contina AG
1948	Beginn der Serienfertigung der Curta in Mauren (Werk I) und im Zweigwerk Eschen (Werk II)
1949	Präsentation der Curta 1 auf der Basler Mustermesse und auf der Frankfurter Messe
1950	Präsentation der Curta 1 auf der Technischen Messe in Hannover
1951	Ausscheiden von Curt Herzstark aus der Contina
1971	Einstellung der Produktion der Curta

13.2.7 Krönung der 350-jährigen Entwicklung mechanischer Rechenmaschinen

Die kreisrunde, überaus schmucke Curta, die mit ihrer Kurbel an eine Pfeffermühle erinnert, ist eine leichte, vollwertige „Universalrechenmaschine im Taschenformat“. Sie war die erfolgreichste mechanische Vierspezies*taschen*rechenmaschine. Das bis heute unübertroffene Rechenhilfsmittel gilt als die Krönung der 350-jährigen Entwicklung mechanischer Rechenmaschinen. Die zierlichen, nach wie vor voll funktionsfähigen Geräte begeistern die Fachwelt immer noch.

Das *feinmechanische Wunderwerk* wurde von 1948 bis 1971 in Liechtenstein gefertigt und bis zur Ablösung durch preiswerte elektronische Geräte verwendet. Die Curta ist die Vorläuferin der elektronischen Taschenrechner, die in den 1970er Jahren auf den Markt kamen. Zu den frühen Anbietern gehörten Canon, Hewlett-Packard, Sanyo, Sharp, Olivetti und Texas Instruments.

Es kam zu einem Treffen zwischen Herzstark und Zuse (vgl. Kasten).

Begegnung zwischen Konrad Zuse und Curt Herzstark

„Auf einer Tagung der „Feinwerktechnik“ im Oktober 1958 beeindruckte mich ein Vortrag von Professor Konrad Zuse über elektromechanische und elektronische Rechenmaschinen“. (siehe Curt Herzstark: Kein Geschenk für den Führer, Books on demand GmbH, Norderstedt 2005, Seite 286).

Das Treffen mit Konrad Zuse fand am 31. Oktober 1958 im Institut für Feinwerktechnik und Regelungstechnik der Technischen Hochschule Braunschweig statt. Die VDI-Fachgruppe Feinwerktechnik hatte am 30. und 31. Oktober die 10. Tagung Feinwerktechnik „Wechselbeziehungen zwischen Mechanik und Elektronik“ durchgeführt (Quelle: Konrad-Zuse-Internetarchiv, zuse.zib.de).

13.3 Beschreibung der Curta

Abb. 13.7: Curta (Modell) 1. Das kleinere der beiden Modelle unterscheidet sich von der größeren Ausführung vor allem durch die Anzahl Stellen in Einstellwerk, Umdrehungszählwerk und Ergebniswerk. Selbst nach Jahrzehnten laufen die ansprechenden Geräte noch einwandfrei (© Liechtensteinisches Landesmuseum, Vaduz, Bild: Sven Beham).

Abb. 13.8: Curta, Schnitt. Schnitt durch das technische Wunderwerk (Modell 1). Die winzige „Pfeffermühle“ zeichnet sich durch eine hohe feinmechanische Präzision aus. Auch Laien bewundern die geniale Rechenmaschine (© Liechtensteinisches Landesmuseum, Vaduz, Sven Beham).

Bei der Curta (vgl. Abb. 13.7–13.9) handelt es sich um eine digitale, kreisförmige Rechenmühle, die alle vier Grundrechenarten beherrscht. Die Contina hat zwei Modelle hergestellt, ein kleineres und ein größeres:

Curta 1 (Merkmale)
- 8 Stellen im Einstellwerk, 6 Stellen im Umdrehungszählwerk, 11 Stellen im Ergebniswerk, d.h. 8 x 6 x 11,
- Durchmesser 53 mm, Höhe 85 mm, Gewicht 230 g ohne Hülse, 330 g mit Hülse,
- Die Fertigung und die Montage einer Curta 1 beanspruchten 9–10 Stunden.

Curta 2 (Merkmale)
- 11 Stellen im Einstellwerk, 8 Stellen im Umdrehungszählwerk, 15 Stellen im Ergebniswerk, d.h. 11 x 8 x 15,
- Durchmesser 65 mm, Höhe 90 mm, Gewicht 360 g.

Abb. 13.9: Rechenmühle Curta. Die bildhübsche „Pfeffermühe" wird rund um den Globus in vielen Museen bewahrt (© Nisse Cronestrand, Tekniska museet, Stockholm).

Ein kaum bekannter Vorläufer der Curta stammt aus Schweden (vgl. Abb. 13.10).

Abb. 13.10: Rechner von Petersson. Diese sehr seltene 6,6 kg schwere Staffelwalzenmaschine (1873) von Axel Jacob Petersson ist für alle vier Grundrechenarten ausgelegt. Die Kurbel, die sich in beide Richtungen drehen lässt, ist nicht erhalten (© Okänd, Tekniska museet, Stockholm).

Begehrter Sammelgegenstand
Die Curta, ein begehrtes Liebhaberobjekt, ist in den technisch-wissenschftlichen Museen wohl die weltweit meist verbreitete mechanische Rechenmaschine. Fundstätten: z.B. Deutsches Museum (München), Heinz-Nixdorf-Museumsforum (Paderborn), Arithmeum (Bonn), Deutsches Technikmuseum (Berlin), Technisches Museum (Wien), Museum für Kommunikation (Bern), Museum Enter (Solothurn), Schreibmaschinenmuseum (Pfäffikon ZH), Science Museum (London), National Museum of Computing (Bletchley Park), Musée des arts et métiers (Paris), Museo nazionale della scienza e della tecnologia „Leonardo da Vinci" (Mailand), Tekniska museet (Stockholm), Rijksmuseum Boerhaave (Leiden), National Museum of American History (Washington, D.C), Computer History Museum (Mountain View, Kalifornien), Harvard-Universität (Cambridge, Massachusetts), Canada Science and Technology Museum (Ottawa), Museum of Applied Arts and Sciences/Powerhouse Museum (Sydney). Das Urmodell ist im Liechtensteinischen Landesmuseum (Vaduz) zu bestaunen. Das Museum Mura, Schaanwald FL, bemüht sich in besonderer Weise um die Erhaltung dieses Kulturguts.

13.3.1 Konstruktionszeichnungen

Die großformatigen Konstruktionszeichnungen zur Curta sind äußerst komplex. Sie können hier leider nicht wiedergegeben werden, weil sie durch die Verkleinerung unlesbar wären. Die beiden folgenden Darstellungen (vgl. Abb. 13.11–13.12) vermitteln bloß einen ersten Eindruck.

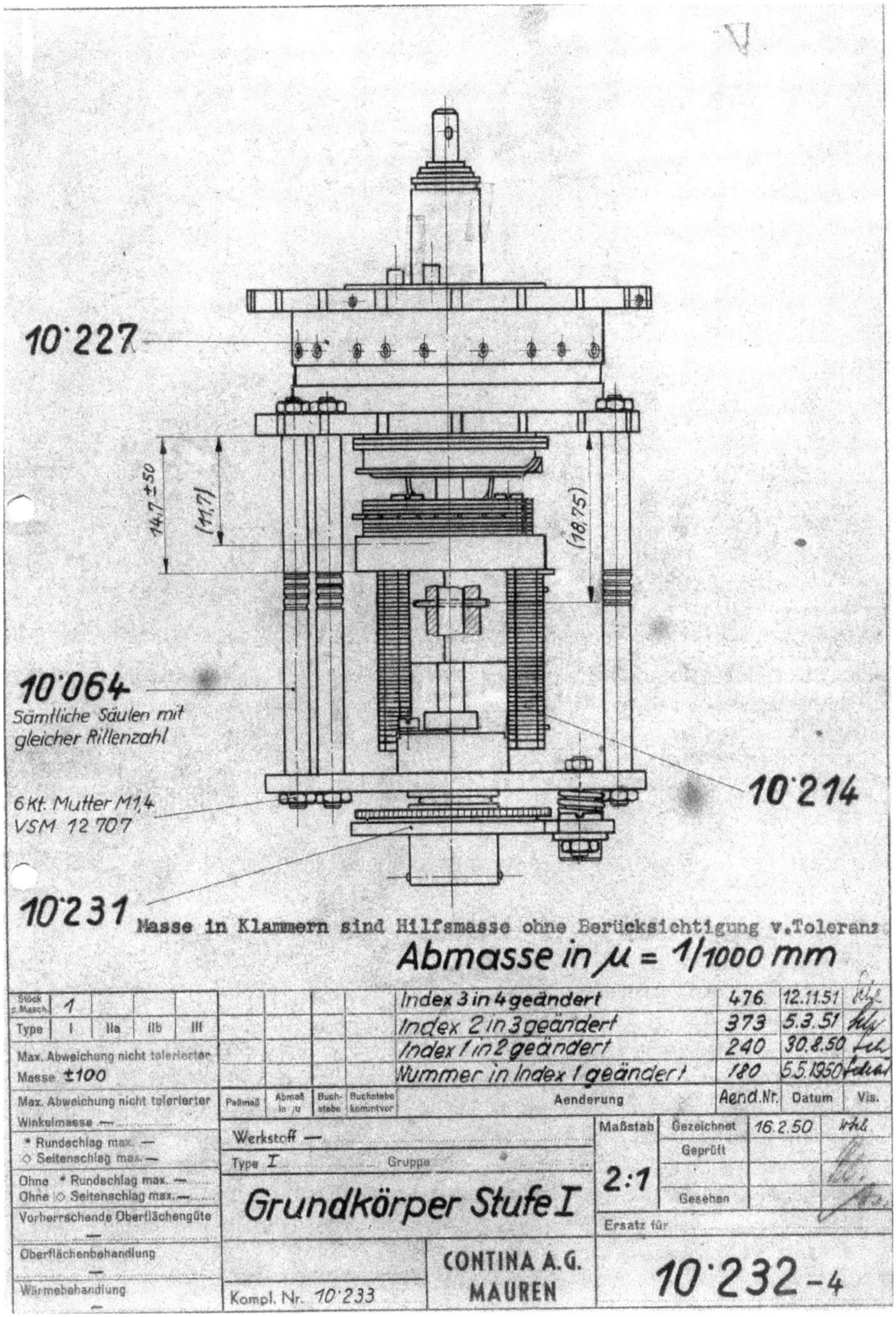

Abb. 13.11: Curta 1, Konstruktionszeichnung, Stufe 1. Dieses Bild stellt den Grundkörper (Stufe 1) der in Mauren FL hergestellten Rechenmaschine dar (Quelle: Museum Mura, Schaanwald).

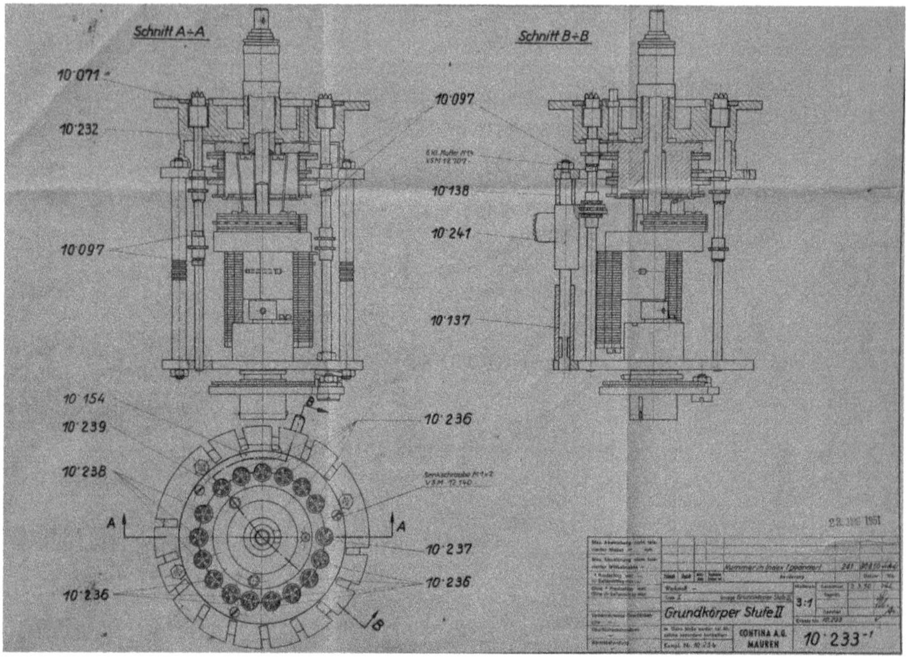

Abb. 13.12: Curta 1, Konstruktionszeichnung, Stufe 2. Dieses Bild stellt den Grundkörper (Stufe 2) der hochpräzisen mechanischen Rechenmaschine dar (Quelle: Museum Mura, Schaanwald).

Anmerkungen
Der Zählwerkwagen besteht aus dem Ergebniswerk und dem Umdrehungszählwerk.

Zunächst hieß die Maschine „Liliput“, anschließend „Contina“. Der endgültige Name war bald Curta.

Ein Zeitzeuge erzählt, wie der Name Curta entstand (vgl. Kasten).

Wie der Name „Curta“ entstand
Ein Zeitzeugenbericht von Elmar Maier
Dies ist eine kleine, aber nette Geschichte. Ganz am Anfang, als die ersten Ideen der Kleinrechenmaschine von Herzstark in Konstruktionszeichnungen schon festgehalten waren (das ist gleich nach dem zweiten Weltkrieg gewesen), wurden die ersten Muster davon gebaut. Die Einzelteile nach diesen Zeichnungen sind in der Firma Rheinmetall-Borsig in Sömmerda hergestellt worden. Nach seiner irrwitzigen Flucht vor den Russen in Thüringen landete Herr Herzstark schließlich wieder in seiner Heimatstadt Wien, natürlich samt den in einem Versteck geschmuggelten Curta-Teilen. Diese wurden nun in der noch bestehenden Firma Herzstark zusammengebaut. Das waren wenige Baumuster. Damals nannte Herr Herzstark diese kleine Rechenmaschine sinngemäß „Liliput“, was auf einigen alten Zeichnungen noch festgestellt werden kann.

1947 wurde, wie bekannt, die Produktion in einer mit dem Fürsten von Liechtenstein zusammen gegründeten Firma Contina aufgenommen. 1948 hatte ich mein erstes Vorstellungsgespräch mit Herrn Herzstark zu einer Anstellung als Entwicklungsingenieur. Dieses fand im Büro von Herrn Herzstark in Mauren (Liechtenstein) statt. Ich erinnere mich noch, dass auf seinem Schreibtisch einer von drei Prototypen der Rechenmaschine stand. Auf diesem Gerät war die Bezeichnung „Contina" eingraviert. Der Name „Liliput" war also damals schon nicht mehr aktuell. Man war auch mit dieser Benennung für die kleine Rechenmaschine nicht sehr glücklich, weil sie etwas langgezogen war und zudem ein bisschen nach „Continental" (ebenfalls eine Rechenmaschine) klang. Außerdem war der Name wahrscheinlich patentrechtlich geschützt.

Die Firma Contina hatte damals aus Platzgründen das Patentbüro in ein Privathaus im Ortsteil Binsen/Mauren verlegt. Dorthin wurden wir zu einer Patentbesprechung eingeladen. Dabei waren Herr von Gerliczy vom Verkauf, ein Herr Mark „aus Wien", wie er sich immer vorzustellen beliebte, er war ein Patentsachverständiger, ferner ein Herr Diplomingenieur Emil Eckstein, Patentingenieur bei Contina, mit seiner Sekretärin, Frau Ramakers aus Holland, und meine Wenigkeit. Herr Eckstein war ein waschechter Berliner mit einem Humor, der trockener als der Sand in der Wüste war. Überdies bezeichnete er – wenn es niemand hörte – Herrn Herzstark öfter als „Teppichhändler", warum, fand ich nie heraus. Zunächst waren wie geplant Patentthemen erörtert worden. Irgendwie kam – unvorhergesehen – der Name für die Rechenmaschine zur Sprache. Man war also im Hintergrund immer noch auf der Suche nach einer Benennung für die kleine Rechenmaschine. Es wurden einige gute und weniger gute Vorschläge gemacht, das Raten ging weiter. Frau Ramakers, die etwas abseits stand und bisher am Meinungsaustausch kaum beteiligt war, meinte plötzlich: „Ach ist das alles kompliziert. Wir haben doch einen Chef – der Erfinder der Rechenmaschine –, der heißt Curt, und die Rechenmaschine ist doch sein Kind. Warum kann man dieses nicht „Curta" taufen?" Vorerst trat betroffene Stille ein. Alle Blicke auf Frau Ramakers, teils staunend, teils ironisch, teils ungläubig – halt alles nur nichts Angenehmes, wie es Frau Ramakers empfinden mochte. Sie zog den Kopf ein und erwartete alles Mögliche. Dann Emil Eckstein, der Trockene: „Frau Ramakers, Sie haben soeben ein Kind geboren und das mitten unter Männern – meine Sekretärin – ich gratuliere!" Damit war der Bann gebrochen. Wie und von wem der Name „Curta" Herrn Herzstark unterbreitet wurde und wie er darauf reagierte, ist mir leider nicht bekannt. Es muss bei ihm gut angekommen sein, denn es gab darüber nie eine Debatte. Der Name wurde sofort umgesetzt und ist heute noch ein weltweiter fester Begriff für alle Fans dieses kleinen Rechenwunders.

Feldkirch, November 2014

13.3.2 Ist die Curta die kleinste mechanische Rechenmaschine der Welt?

Die Fachwelt betrachtet die Curta als die kleinste mechanische Rechenmaschine der Welt, was kaum bestritten wird. Es gibt aber auch winzige Rechenrahmen. Was für Ausmaße die kleinsten Exemplare dieser Kugelrechner haben, ist nicht bekannt. Wenn man den Rechenrahmen für eine Maschine hält, soll man dann bei der Curta einen Vorbehalt (z.B. vom Zählrahmen abgesehen/ mit Ausnahme des Kugelrechners die kleinste mechanische Rechenmaschine) machen? Eine solche Einschränkung scheint unzweckmäßig, weil es beim Rechenrahmen im Unterschied zu den beiden Curtas viele unterschiedliche Größen gibt. Das verunmöglicht sinnvolle Vergleiche. Die Aussage, wonach der Kugelrechner („Abakus") das kleinste mechanische Rechengerät ist, trifft höchstens in gewissen Fällen zu. Zudem wird der Rechenrahmen wegen des fehlenden Zehnerübertrags allgemein nicht als Rechenmaschine angesehen.

Die „Pfeffermühle" ist ein technisch äußerst hochstehendes Gerät, das schwierige Berechnungen erlaubt. Die Multiplikation ist mühelos, auch die Division ist verhältnismäßig leicht durchführbar. Der Kugelrechner ist verblüffend einfach. Er bietet zwar keinen automatischen Zehnerübertrag, ermöglicht aber, besonders in der russischen Form, alle vier Grundrechenarten. – Zahlenschieber lassen üblicherweise nur zwei Grundrechenarten zu, ein automatischer Zehnerübertrag fehlt.

13.4 Aufbau der Contina in Liechtenstein

13.4.1 Neubeginn in Liechtenstein

Die Gründung eines Unternehmens für die Fertigung der Curta war äußerst beschwerlich. Herzstark meldete einen Kapitalbedarf von 3½ bis 4 Millionen Schweizer Franken für den Aufbau der Fabrikation (ohne Grundstück und Gebäude) an. Der Fürst hatte eine Finanzgesellschaft, die Administrationskontor AG, ins Leben gerufen. Sie war für die Schaffung von Industriegesellschaften zuständig. 1946 wurde in Vaduz die Contina Büro- und Rechenmaschinenfabrik AG gegründet. Zur Verfügung stand aber nur ein Aktienkapital von 1 Million Franken. „Es war, als hätte der Teufel die Hand im Spiel“, beklagte sich der mittellose Herzstark (siehe Curt Herzstark: Kein Geschenk für den Führer, Books on demand GmbH, Norderstedt 2005, Seite 245). Das Fürstenhaus spielte eine trübe, undurchsichtige Rolle, die Versprechungen wurden nicht eingehalten. Die Entscheidungsbefugnisse lagen bei dem hinterlistigen Administrationskontor. Es kam zu üblen Machenschaften. Und stets fehlte es an Geld.

13.4.2 Betrogen um sein Lebenswerk

Der hintergangene Herzstark schied bereits Ende 1951 aus dem verschuldeten Unternehmen aus. Schon ab Ende 1950 hatte er den Betrieb wegen eines schwerwiegenden Patentstreits nicht mehr betreten dürfen, er wurde krankgeschrieben. Der Erfinder wurde von geldgierigen braunen Verwaltungsräten um sein Lebenswerk betrogen. Bis Ende 1956 war Herzstark noch beratend (vor allem im Vertrieb) tätig.

Die Serienfertigung der Curta 2 begann erst nach Herzstarks Ausschaltung. Wegen der mangelhaften Vermarktung konnten insgesamt nur 140 000 Curtas 1 und 2 abgesetzt werden, vor allem in Westeuropa, aber auch außerhalb Europas. 1965 wurde die Contina AG von der Schaaner Hilti übernommen. Auch im Privatleben ging manches schief. Seine Ehe war eher unglücklich, Frau und Kinder zogen nach Wien.

Für die Beziehungen von Martin Hilti zum dritten Reich wird auf das Buch von Franco Ruault: Geschäftsmodell Judenhass, Verlag Peter Lang, Frankfurt am Main 2017, verwiesen.

13.4.3 Anfragen an Schweizer Maschinenbauer zur Herstellung der Curta

Beeindruckend sind die Briefe, die Herzstark im Februar 1946 von Wien aus an verschiedene Schweizer Unternehmen sandte (vgl. Abb. 13.13–13.15). Er hatte zahlreiche Firmen um Unterstützung angefragt: Christen & Cie., Bern, H. W. Egli AG, Zürich, Eterna SA, Grenchen, Landis & Gyr AG, Zug, Theo Muggli AG, Zürich, E. Paillard & Cie. SA, Yverdon, Precisa AG, Zürich.

Rechenmaschinenhersteller waren Egli, Muggli und Precisa. Die Egli AG war die Herstellerin der berühmten Einmaleinskörpermaschine „Millionär" und der weit verbreiteten Rechenmaschine Madas. Die Precisa AG (Zürich), eine führende Anbieterin von Tischrechenmaschinen (Marke Precisa), hätte die Herstellung und den Vertrieb der Curta gern übernommen. Precisa-Direktor Ernst Jost machte ihm ein überaus verlockendes Angebot: Festanstellung als technischer Direktor, dazu 6 oder 7 Franken Lizenzgebühren je Maschine bei einem geplanten jährlichen Absatz von 100 000 Stück. Herzstark zog es aber vor, einen Betrieb von Grund auf nach eigenen Vorstellungen aufzubauen, was er später bitter bereute.

Positiv war auch die Stellungnahme der Theo Muggli AG, Zürich (Rechenmaschine Direct). Überaus beschämend fiel hingegen die Antwort der Paillard SA, Yverdon, aus.

Auch das landwirtschaftlich geprägte Liechtenstein war auf der Suche nach einträglichen Innovationen. So wurde Herzstark 1946 auf Schloss Vaduz vom Fürsten Franz Josef II. empfangen, der ihn zur Übersiedlung ins Rheintal bewegte.

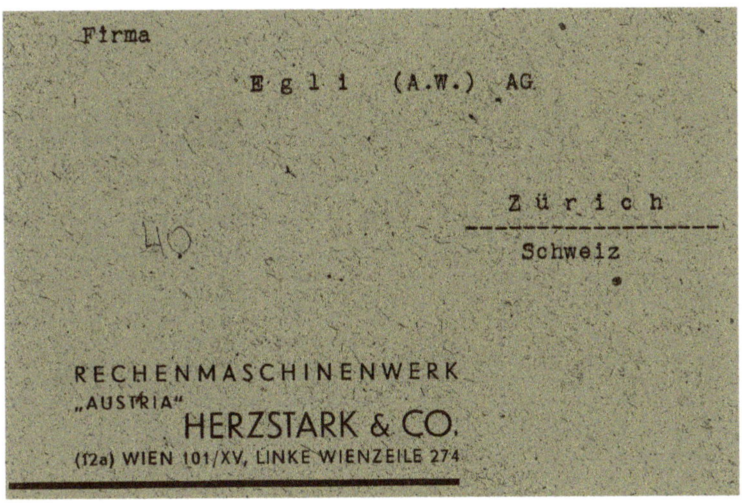

Abb. 13.13: Herzstarks Brief an Egli, Umschlag. Curt Herzstark wandte sich im Februar 1946 an mehrere Schweizer Rechenmaschinenhersteller, so auch an die Firma Egli, Zürich. Egli fertigte die leistungsfähige Madas und hatte sich dem Direktmultiplizierer Millionär einen Namen gemacht (Quelle: Schreibmaschinenmuseum Pfäffikon ZH).

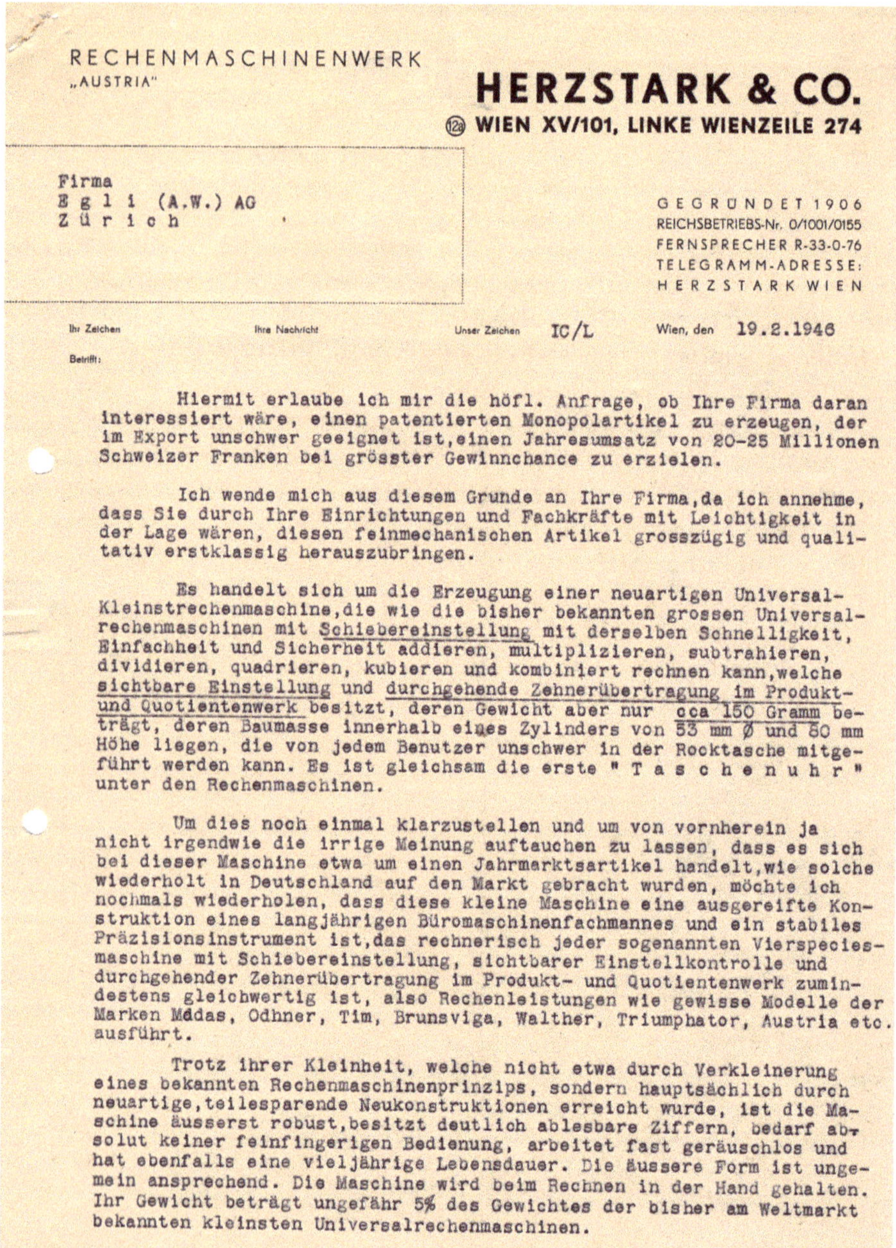

RECHENMASCHINENWERK
„AUSTRIA"

HERZSTARK & CO.
(12a) WIEN XV/101, LINKE WIENZEILE 274

Firma
E g l i (A.W.) AG
Z ü r i c h

GEGRÜNDET 1906
REICHSBETRIEBS-Nr. 0/1001/0155
FERNSPRECHER R-33-0-76
TELEGRAMM-ADRESSE:
HERZSTARK WIEN

Ihr Zeichen Ihre Nachricht Unser Zeichen IC/L Wien, den 19.2.1946

Betrifft:

Hiermit erlaube ich mir die höfl. Anfrage, ob Ihre Firma daran interessiert wäre, einen patentierten Monopolartikel zu erzeugen, der im Export unschwer geeignet ist,einen Jahresumsatz von 20-25 Millionen Schweizer Franken bei grösster Gewinnchance zu erzielen.

Ich wende mich aus diesem Grunde an Ihre Firma,da ich annehme, dass Sie durch Ihre Einrichtungen und Fachkräfte mit Leichtigkeit in der Lage wären, diesen feinmechanischen Artikel grosszügig und qualitativ erstklassig herauszubringen.

Es handelt sich um die Erzeugung einer neuartigen Universal-Kleinstrechenmaschine,die wie die bisher bekannten grossen Universalrechenmaschinen mit Schiebereinstellung mit derselben Schnelligkeit, Einfachheit und Sicherheit addieren, multiplizieren, subtrahieren, dividieren, quadrieren, kubieren und kombiniert rechnen kann,welche sichtbare Einstellung und durchgehende Zehnerübertragung im Produkt- und Quotientenwerk besitzt, deren Gewicht aber nur cca 150 Gramm beträgt, deren Baumasse innerhalb eines Zylinders von 53 mm Ø und 80 mm Höhe liegen, die von jedem Benutzer unschwer in der Rocktasche mitgeführt werden kann. Es ist gleichsam die erste " T a s c h e n u h r " unter den Rechenmaschinen.

Um dies noch einmal klarzustellen und um von vornherein ja nicht irgendwie die irrige Meinung auftauchen zu lassen, dass es sich bei dieser Maschine etwa um einen Jahrmarktsartikel handelt,wie solche wiederholt in Deutschland auf den Markt gebracht wurden, möchte ich nochmals wiederholen, dass diese kleine Maschine eine ausgereifte Konstruktion eines langjährigen Büromaschinenfachmannes und ein stabiles Präzisionsinstrument ist,das rechnerisch jeder sogenannten Vierspeciesmaschine mit Schiebereinstellung, sichtbarer Einstellkontrolle und durchgehender Zehnerübertragung im Produkt- und Quotientenwerk zumindestens gleichwertig ist, also Rechenleistungen wie gewisse Modelle der Marken Madas, Odhner, Tim, Brunsviga, Walther, Triumphator, Austria etc. ausführt.

Trotz ihrer Kleinheit, welche nicht etwa durch Verkleinerung eines bekannten Rechenmaschinenprinzips, sondern hauptsächlich durch neuartige,teilesparende Neukonstruktionen erreicht wurde, ist die Maschine äusserst robust,besitzt deutlich ablesbare Ziffern, bedarf absolut keiner feinfingerigen Bedienung, arbeitet fast geräuschlos und hat ebenfalls eine vieljährige Lebensdauer. Die äussere Form ist ungemein ansprechend. Die Maschine wird beim Rechnen in der Hand gehalten. Ihr Gewicht beträgt ungefähr 5% des Gewichtes der bisher am Weltmarkt bekannten kleinsten Universalrechenmaschinen.

Abb. 13.14: Herzstarks Brief an Egli, Seite 1. Der Erfinder der später Curta genannten völlig neuartigen, kleinen Rechenmaschine ist auf der Suche nach einem Produzenten (Quelle: Schreibmaschinenmuseum Pfäffikon ZH).

Rechenmaschinenwerk „Austria" HERZSTARK & CO. FORTSETZUNG ZU BRIEF VOM 19.2.1946

Ich habe diese Maschine in zwei Grössen zu erzeugen gedacht, und zwar eine mit 11-stelligem Resultat, 8-stellig im Einstell- und 6-stelligem Quotientenwerk, während die zweite mit 14-stelligem Resultat, 10-stelligem Einstellwerk und 9-stelligem Quotientenwerk vorgesehen ist.

Die Herstellungszeiten in Präzisionsausführung sind so mässig,dass eine hierfür geeignete Erzeugungsstätte bei zweckmässiger Einrichtung und genügend grossen Serien unschwierig diese Maschine in 16-20 Arbeitsstunden herstellen kann. Der Materialwert ist ausserdem äusserst gering; das Materialrohgewicht übersteigt keinesfalls 400 g pro Maschine und bestehen die Einzelteile hauptsächlich aus blank gezogenem Rundstahl, Stahlblech, Stahlkugeln, Leichtmetall und Kunststoffen etc. Die Weltmarktpreise für die bisher bekannten, billigsten und kleinsten Vierspeciesrechenmaschinen gleicher Leistung mit durchgehender Zehnerübertragung im Produkt- und Quotientenwerk und sichtbarer Schiebereinstellung dürften alle bei 400 schw.Fr. liegen.

Fachleute der Büromaschinenbranche schätzen die Absatzmöglichkeiten auf dem Weltmarkte für eine solche Rechenmaschine auf mindestens 3-4 Millionen Stück, zumal weder in Amerika noch in Europa etwas Aehnliches in dieser Kleinheit erzeugt wird.

Als Mitchef der am Briefkopf ersichtlichen Firma, Maschineningenieur von Beruf und langjähriger Spezialist im Rechenmaschinenbau- und Verkauf, alleiniger Erfinder und Inhaber der Schutzrechte auf diese Maschine, hatte ich diese Maschine nach mehrjähriger Versuchsarbeit bereits im Jahre 1939 fabrikationsreif fertig und hätte diese in Wien in einer Jahresproduktionsziffer von mindestens 100.000 Stück auf den Markt gebracht werden sollen.

Der Kriegsbeginn verhinderte aber dieses Vorhaben; ausserdem kam ich aus politischen und rassischen Gründen in das Konzentrationslager Buchenwald, aus welchem ich durch ein gütiges Schicksal von den amerikanischen Truppen im April 1945 befreit wurde.

Die inzwischen in Wien durch den Krieg verursachten abnormalen Verhältnisse erschweren aber für die nächste Zeit jede Planung ausserordentlich und will ich,damit nicht weitere wertvolle Zeit nutzlos verstreicht, die Fabrikation anderwärts aufnehmen lassen und als Fachmann evtl. mittätig sein.

Sollten Sie an dieser seriösen Sache Interesse haben, so wäre eine umgehende Verständigung Ihrerseits notwendig und müssten Sie mir die Möglichkeit geben, dass ich für einige Tage zu Ihnen kommen könnte, um mit Ihnen alle Einzelheiten gründlich und unverbindlich durchzubesprechen. Ich erlaube mir jedoch zu bitten, dass die Kosten vorläufig von Ihnen getragen werden, weil es mir derzeit unmöglich ist, die erforderlichen Devisen hierfür zu beschaffen und zu erhalten.

Ich bin sicher, dass sich diese Rechenmaschine würdig in die Reihe Ihrer anderen weltbekannten Erzeugnisse eingliedern würde und zeichne ich in der angenehmen Hoffnung, recht bald von Ihnen zu hören

hochachtungsvoll

Meine Adresse:
Ing. Curt Herzstark
in Firma Herzstark & Co.,
Wien XV.,Linke Wienzeile 274

Abb. 13.15: Herzstarks Brief an Egli, Seite 2. Herzstark schildet die schwierigen Verhältnisse in und nach dem Krieg. Er geht von einem Verkauf von mindestens 3 bis 4 Millionen Curtas aus (Quelle: Schreibmaschinenmuseum Pfäffikon ZH).

13.4.4 Widerstand aus der Schweiz

Von der Egli AG ist keine Antwort an Herzstark überliefert. Es liegt indessen ein ablehnender Brief der Zürcher Firma an das Bundesamt für Industrie, Gewerbe und Arbeit (Biga) in Bern vor. Auch Steinmann aus La Chaux-de-Fonds, Fabrikant der Stima, konnte sich nicht für den Wettbewerber erwärmen, ebenso wenig Bührle.

Man hatte offensichtlich Angst vor der Konkurrenz und der Abwerbung von begehrten Fachkräften. Eine Kleinrechenmaschine entspreche nicht einem volkswirtschaftlichen Bedürfnis. Die schweizerische Fremdenpolizei war damals auch für die Erteilung von Aufenthalts- und Arbeitsbewilligungen in Liechtenstein zuständig. Daher liegen die entsprechenden Dokumente zur Contina und zu Herzstark im Schweizerischen Bundesarchiv in Bern. Für weitere Angaben siehe Hansjörg Nipp: Curta, Carena & Co., Alpenland-Verlag AG, Schaan FL 2017, Seiten 30–35.

Das Politische Departement (Außenministerium) wies die Fremdenpolizei schließlich in die Schranken:

> „[...] besteht liechtensteinischerseits, d.h. von Seiten des liechtensteinischen Fürstenhauses, immer noch ein grosses Interesse an der Anwesenheit der Herren Herzstark [...]. Das ist nicht nur, weil der Fürst selber an der Anwesenheit dieser Personen besonders interessiert ist [...]"
>
> „Das Politische Departement wird deshalb in Zukunft kaum mehr verantworten können, der liechtensteinischen Regierung gegenüber Begehren auf Verweigerung einer weiteren Verlängerung der Aufenthaltsbewilligungen Herzstarks [...] zu vertreten." (vgl. Brief vom 22. März 1949 von Minister A. Zehnder an P. Baechtold, Chef der eidgenössischen Fremdenpolizei, Bern).

Wie der folgende Briefverkehr zeigt, legten die schweizerischen Behörden Herzstark viele Steine in den Weg (vgl. Abb. 13.16–13.32):

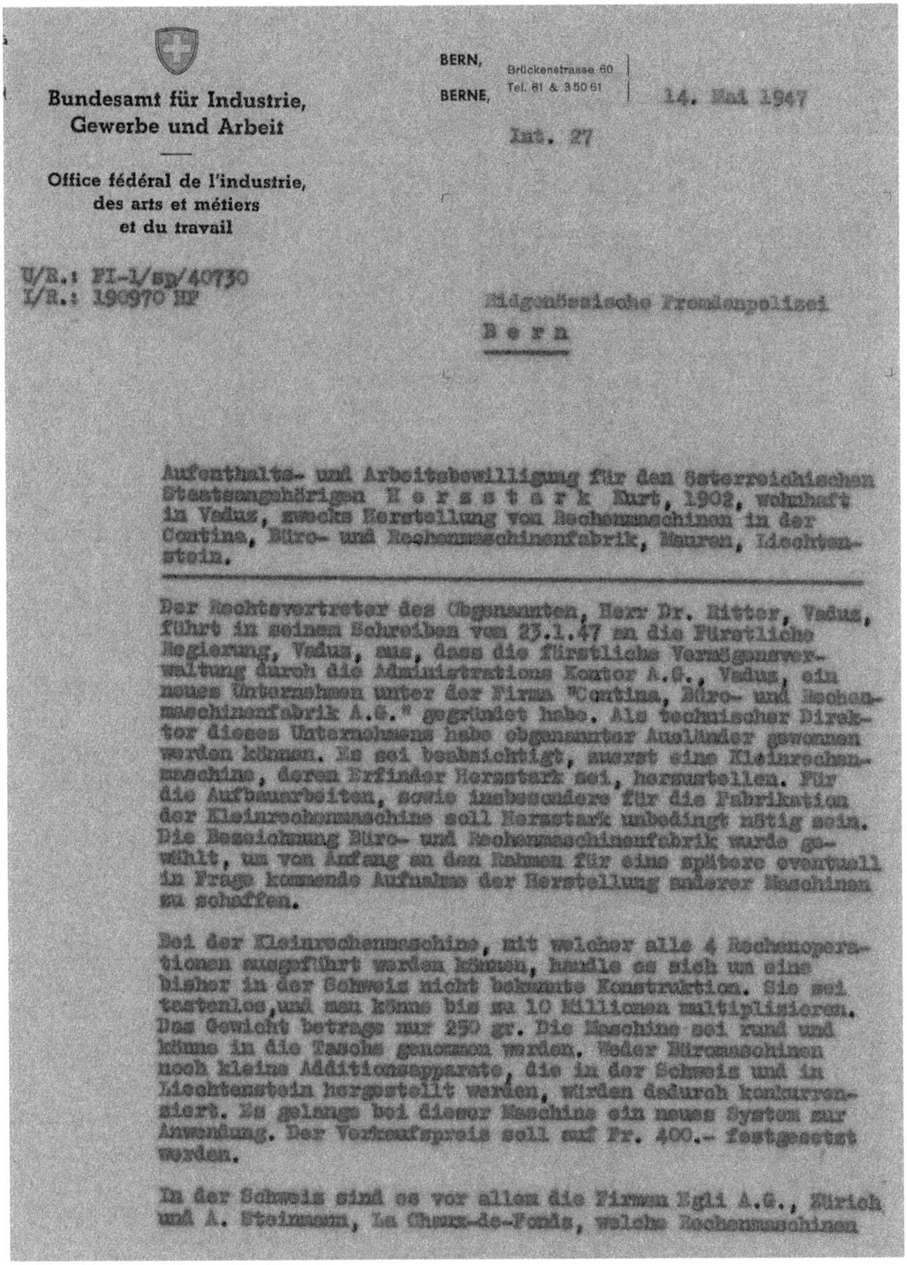

Bundesamt für Industrie, Gewerbe und Arbeit

Office fédéral de l'industrie, des arts et métiers et du travail

BERN, BERNE, Brückenstrasse 60 Tel. 61 & 3 50 61

14. Mai 1947

Int. 27

U/R.: FI-1/sp/40730
I/R.: 190970 HF

Eidgenössische Fremdenpolizei
Bern

Aufenthalts- und Arbeitsbewilligung für den österreichischen Staatsangehörigen H e r z s t a r k Kurt, 1902, wohnhaft in Vaduz, zwecks Herstellung von Rechenmaschinen in der Contina, Büro- und Rechenmaschinenfabrik, Mauren, Liechtenstein.

Der Rechtsvertreter des Obgenannten, Herr Dr. Ritter, Vaduz, führt in seinem Schreiben vom 23.1.47 an die Fürstliche Regierung, Vaduz, aus, dass die fürstliche Vermögensverwaltung durch die Administrations Kontor A.G., Vaduz, ein neues Unternehmen unter der Firma "Contina, Büro- und Rechenmaschinenfabrik A.G." gegründet habe. Als technischer Direktor dieses Unternehmens habe obgenannter Ausländer gewonnen werden können. Es sei beabsichtigt, zuerst eine Kleinrechenmaschine, deren Erfinder Herzstark sei, herzustellen. Für die Aufbauarbeiten, sowie insbesondere für die Fabrikation der Kleinrechenmaschine soll Herzstark unbedingt nötig sein. Die Bezeichnung Büro- und Rechenmaschinenfabrik wurde gewählt, um von Anfang an den Rahmen für eine spätere eventuell in Frage kommende Aufnahme der Herstellung anderer Maschinen zu schaffen.

Bei der Kleinrechenmaschine, mit welcher alle 4 Rechenoperationen ausgeführt werden können, handle es sich um eine bisher in der Schweiz nicht bekannte Konstruktion. Sie sei tastenlos, und man könne bis zu 10 Millionen multiplizieren. Das Gewicht betrage nur 250 gr. Die Maschine sei rund und könne in die Tasche genommen werden. Weder Büromaschinen noch kleine Additionsapparate, die in der Schweiz und in Liechtenstein hergestellt werden, würden dadurch konkurrenziert. Es gelange bei dieser Maschine ein neues System zur Anwendung. Der Verkaufspreis soll auf Fr. 400.– festgesetzt werden.

In der Schweiz sind es vor allem die Firmen Egli A.G., Zürich und A. Steinmann, La Chaux-de-Fonds, welche Rechenmaschinen

Abb. 13.16: Bundesamt für Industrie, Gewerbe und Arbeit (1). Brief vom 14. Mai 1947 (Quelle: Schweizerisches Bundesarchiv, Bern).

- 2 -

für 4 Rechenarten herstellen. Das kleinste Modell der Firma Egli A.G. ist die Madas-Portable Modell 16, die 8,6 kg wiegt und Fr. 975.- kostet. Die Rechenmaschine der Firma A. Steinmann, La Chaux-de-Fonds, Stima Universal 4", die ebenfalls für alle 4 Rechenarten zu verwenden ist, kostet Fr. 750.-. Bei beiden Maschinen handelt es sich um Büromaschinen. Die Précisa A.G., Zürich, und die Firma Muggli A.G., Zürich, sowie die Werkzeugmaschinenfabrik Oerlikon, Bührle & Co., stellen nur Maschinen für 3 Rechenarten her. Bei den Taschenmaschinen der Firma Steinmann handelt es sich ebenfalls um Maschinen für 3 Rechenarten. Das Taschenmodell der Stima kostet Fr. 128.-. Es ist auch zu erwähnen, dass sich im Fürstentum Liechtenstein, in Schaan, bereits eine Rechenapparatefabrik, die Addimult A.G., befindet. Sie stellt vor allem billige Taschenapparate für Addition und Subtraktion her. Von der Herstellung ganz kleiner Maschinen, mit welchen alle 4 Rechenarten ausgeführt werden können, haben die Firmen Egli A.G. und Steinmann bisher abgesehen, weil angeblich Präzision und Leistung beim Unterschreiten einer gewissen Grössenordnung erheblich leiden und die Reparaturbedürftigkeit entsprechend zunimmt.

Der Bedarf an Rechenmaschinen ist gegenwärtig sowohl im In- als auch im Ausland sehr gross. Dagegen seien die schweizerischen Produzenten in normalen Zeiten durchaus in der Lage, den einheimischen, sehr hohe Ansprüche stellenden Bedarf zu decken. 70 % der Produktion der Firma Egli A.G. werde angeblich exportiert. Auch die Konkurrenz vom Ausland mache sich wieder sehr bemerkbar. Die Eröffnung eines weiteren Betriebes bedinge bei dem gegenwärtigen Mangel an qualifizierten Arbeitskräften entweder ein Abwandern derselben aus den bestehenden Spezialfabriken, oder die Hereinnahme ausländischer Arbeitskräfte. Das erstere würde eine direkte Schädigung einheimischer Betriebe bedeuten und das letztere erweckt vom arbeitsmarktlichen Standpunkt sowie im Hinblick auf die Ueberfremdungsgefahr Bedenken.

Von der Werkzeugmaschinenfabrik Oerlikon, Bührle & Co., haben wir erfahren, dass Herzstark im Frühjahr 1946 bei ihr vorgesprochen hat, um der Firma die Fabrikation seiner Kleinrechenmaschine anzubieten. Die Firma hat die Angelegenheit eingehend geprüft, ist aber zu einem ablehnenden Ergebnis gekommen, weil es sich bei dieser kleinen Rechenmaschine um keine Büromaschine handle und der Absatz einer solchen Kleinrechenmaschine auf die Dauer als zu wenig gesichert erscheine. Nach Aussagen der Werkzeug-

Abb. 13.17: Bundesamt für Industrie, Gewerbe und Arbeit (2). Brief vom 14. Mai 1947 (Quelle: Schweizerisches Bundesarchiv, Bern).

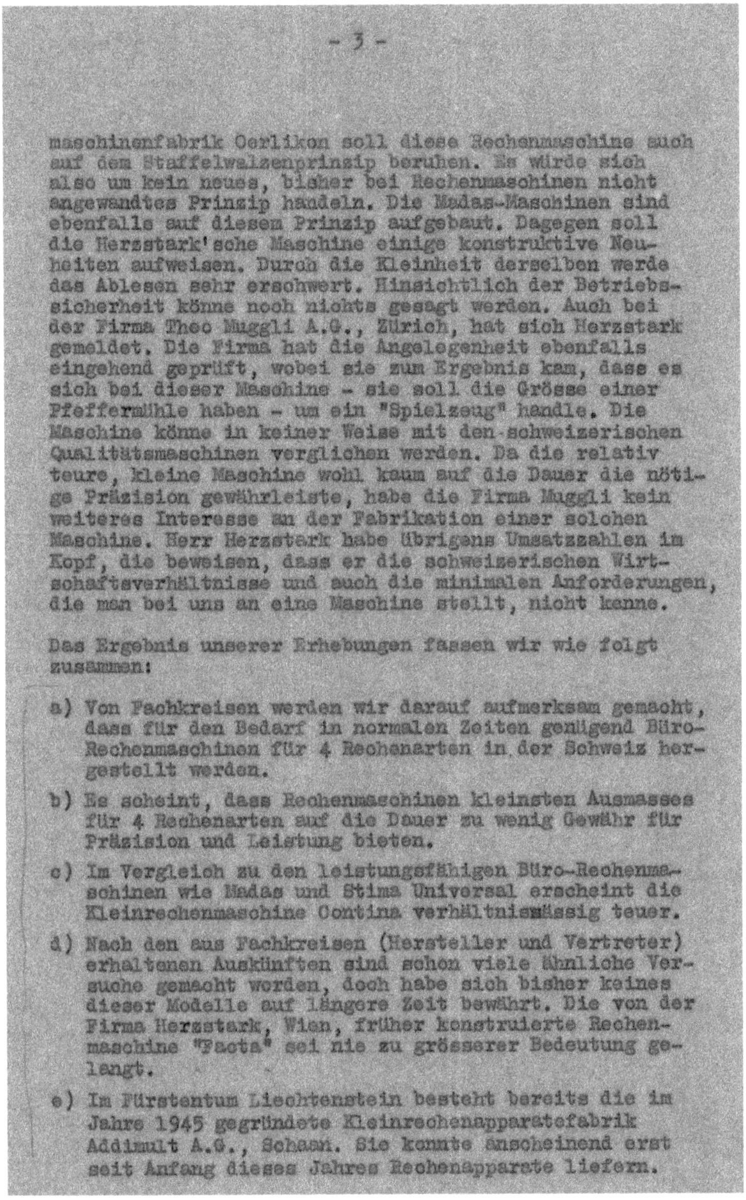
- 3 -

maschinenfabrik Oerlikon soll diese Rechenmaschine auch auf dem Staffelwalzenprinzip beruhen. Es würde sich also um kein neues, bisher bei Rechenmaschinen nicht angewandtes Prinzip handeln. Die Madas-Maschinen sind ebenfalls auf diesem Prinzip aufgebaut. Dagegen soll die Herzstark'sche Maschine einige konstruktive Neuheiten aufweisen. Durch die Kleinheit derselben werde das Ablesen sehr erschwert. Hinsichtlich der Betriebssicherheit könne noch nichts gesagt werden. Auch bei der Firma Theo Muggli A.G., Zürich, hat sich Herzstark gemeldet. Die Firma hat die Angelegenheit ebenfalls eingehend geprüft, wobei sie zum Ergebnis kam, dass es sich bei dieser Maschine - sie soll die Grösse einer Pfeffermühle haben - um ein "Spielzeug" handle. Die Maschine könne in keiner Weise mit den schweizerischen Qualitätsmaschinen verglichen werden. Da die relativ teure, kleine Maschine wohl kaum auf die Dauer die nötige Präzision gewährleiste, habe die Firma Muggli kein weiteres Interesse an der Fabrikation einer solchen Maschine. Herr Herzstark habe übrigens Umsatzzahlen im Kopf, die beweisen, dass er die schweizerischen Wirtschaftsverhältnisse und auch die minimalen Anforderungen, die man bei uns an eine Maschine stellt, nicht kenne.

Das Ergebnis unserer Erhebungen fassen wir wie folgt zusammen:

a) Von Fachkreisen werden wir darauf aufmerksam gemacht, dass für den Bedarf in normalen Zeiten genügend Büro-Rechenmaschinen für 4 Rechenarten in der Schweiz hergestellt werden.

b) Es scheint, dass Rechenmaschinen kleinsten Ausmasses für 4 Rechenarten auf die Dauer zu wenig Gewähr für Präzision und Leistung bieten.

c) Im Vergleich zu den leistungsfähigen Büro-Rechenmaschinen wie Madas und Stima Universal erscheint die Kleinrechenmaschine Contina verhältnismässig teuer.

d) Nach den aus Fachkreisen (Hersteller und Vertreter) erhaltenen Auskünften sind schon viele ähnliche Versuche gemacht worden, doch habe sich bisher keines dieser Modelle auf längere Zeit bewährt. Die von der Firma Herzstark, Wien, früher konstruierte Rechenmaschine "Facta" sei nie zu grösserer Bedeutung gelangt.

e) Im Fürstentum Liechtenstein besteht bereits die im Jahre 1945 gegründete Kleinrechenapparatefabrik Addimult A.G., Schaan. Sie konnte anscheinend erst seit Anfang dieses Jahres Rechenapparate liefern.

Abb. 13.18: Bundesamt für Industrie, Gewerbe und Arbeit (3). Brief vom 14. Mai 1947 (Quelle: Schweizerisches Bundesarchiv, Bern).

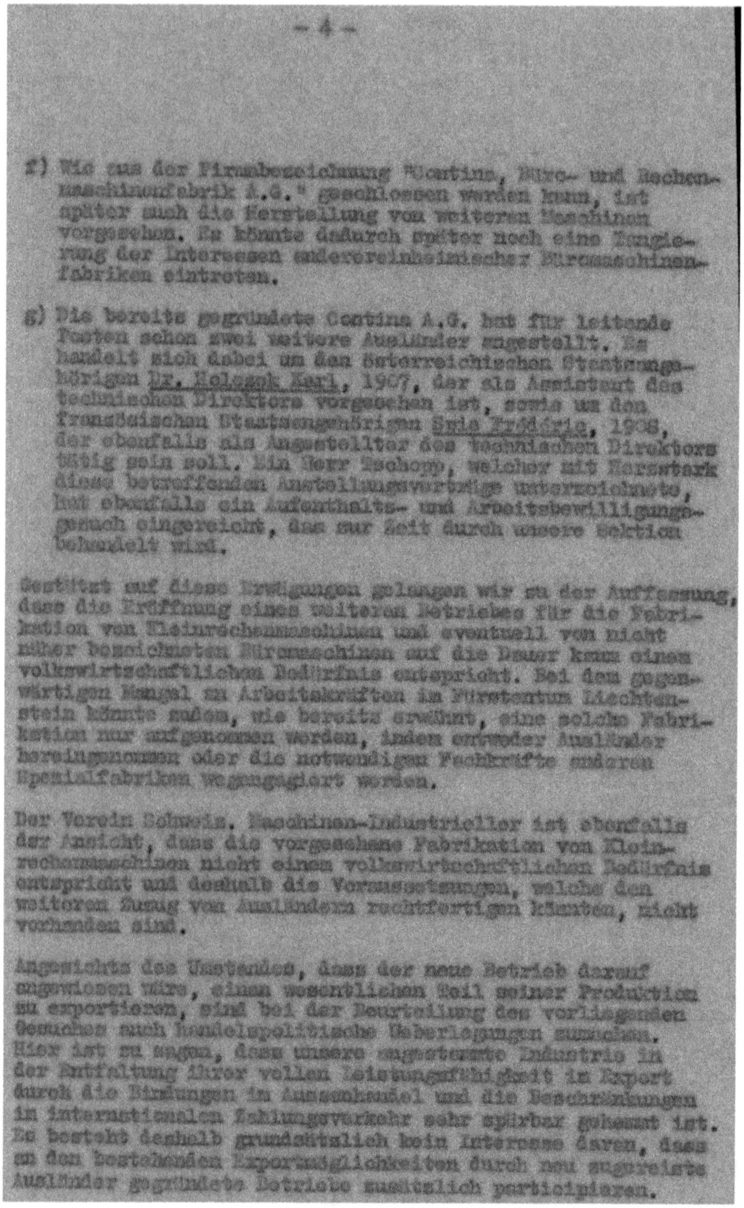

– 4 –

f) Wie aus der Firmabezeichnung "Contina, Büro- und Rechenmaschinenfabrik A.G." geschlossen werden kann, ist später auch die Herstellung von weiteren Maschinen vorgesehen. Es könnte dadurch später noch eine Runglerung der Interessen andererseinheimischer Büromaschinenfabriken eintreten.

g) Die bereits gegründete Contina A.G. hat für leitende Posten schon zwei weitere Ausländer angestellt. Es handelt sich dabei um den österreichischen Staatsangehörigen Dr. Holecek Karl, 1907, der als Assistent des technischen Direktors vorgesehen ist, sowie um den französischen Staatsangehörigen [illegible] Frédéric, 1906, der ebenfalls als Angestellter des technischen Direktors tätig sein soll. Ein Herr Tschopp, welcher mit Herzstark diese betreffenden Anstellungsverträge unterzeichnete, hat ebenfalls ein Aufenthalts- und Arbeitsbewilligungsgesuch eingereicht, das zur Zeit durch unsere Sektion behandelt wird.

Gestützt auf diese Erwägungen gelangen wir zu der Auffassung, dass die Eröffnung eines weiteren Betriebes für die Fabrikation von Kleinrechenmaschinen und eventuell von nicht näher bezeichneten Büromaschinen auf die Dauer kaum einem volkswirtschaftlichen Bedürfnis entspricht. Bei dem gegenwärtigen Mangel an Arbeitskräften im Fürstentum Liechtenstein könnte zudem, wie bereits erwähnt, eine solche Fabrikation nur aufgenommen werden, indem entweder Ausländer hereingenommen oder die notwendigen Fachkräfte anderen Spezialfabriken weggengagiert werden.

Der Verein Schweiz. Maschinen-Industrieller ist ebenfalls der Ansicht, dass die vorgesehene Fabrikation von Kleinrechenmaschinen nicht einem volkswirtschaftlichen Bedürfnis entspricht und deshalb die Voraussetzungen, welche den weiteren Zuzug von Ausländern rechtfertigen könnten, nicht vorhanden sind.

Angesichts des Umstandes, dass der neue Betrieb darauf angewiesen wäre, einen wesentlichen Teil seiner Produktion zu exportieren, sind bei der Beurteilung des vorliegenden Gesuches auch handelspolitische Ueberlegungen anzustellen. Hier ist zu sagen, dass unsere angestammte Industrie in der Entfaltung ihrer vollen Leistungsfähigkeit im Export durch die Bindungen im Aussenhandel und die Beschränkungen im internationalen Zahlungsverkehr sehr spürbar gehemmt ist. Es besteht deshalb grundsätzlich kein Interesse daran, dass an den bestehenden Exportmöglichkeiten durch neu zugereiste Ausländer gegründete Betriebe zusätzlich participieren.

Abb. 13.19: Bundesamt für Industrie, Gewerbe und Arbeit (4). Brief vom 14. Mai 1947 (Quelle: Schweizerisches Bundesarchiv, Bern).

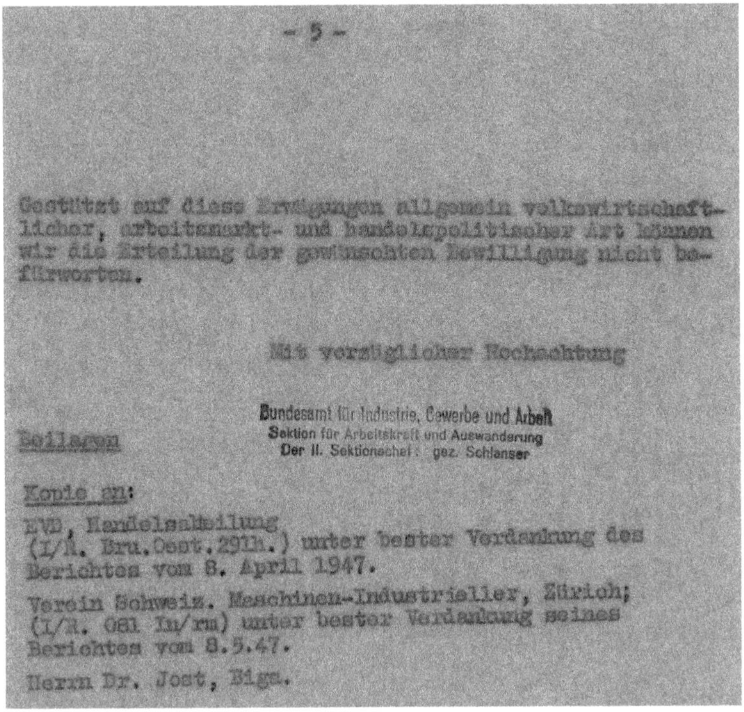

- 5 -

Gestützt auf diese Erwägungen allgemein volkswirtschaftlicher, arbeitsmarkt- und handelspolitischer Art können wir die Erteilung der gewünschten Bewilligung nicht befürworten.

Mit vorzüglicher Hochachtung

Bundesamt für Industrie, Gewerbe und Arbeit
Sektion für Arbeitskraft und Auswanderung
Der II. Sektionschef: gez. Schlanser

Beilagen

Kopie an:

EVD, Handelsabteilung
(I/R. Bru.Oest.29Ih.) unter bester Verdankung des Berichtes vom 8. April 1947.

Verein Schweiz. Maschinen-Industrieller, Zürich;
(I/R. 081 In/rm) unter bester Verdankung seines Berichtes vom 8.5.47.

Herrn Dr. Jost, Bigs.

Abb. 13.20: Bundesamt für Industrie, Gewerbe und Arbeit (5). Brief vom 14. Mai 1947 (Quelle: Schweizerisches Bundesarchiv, Bern).

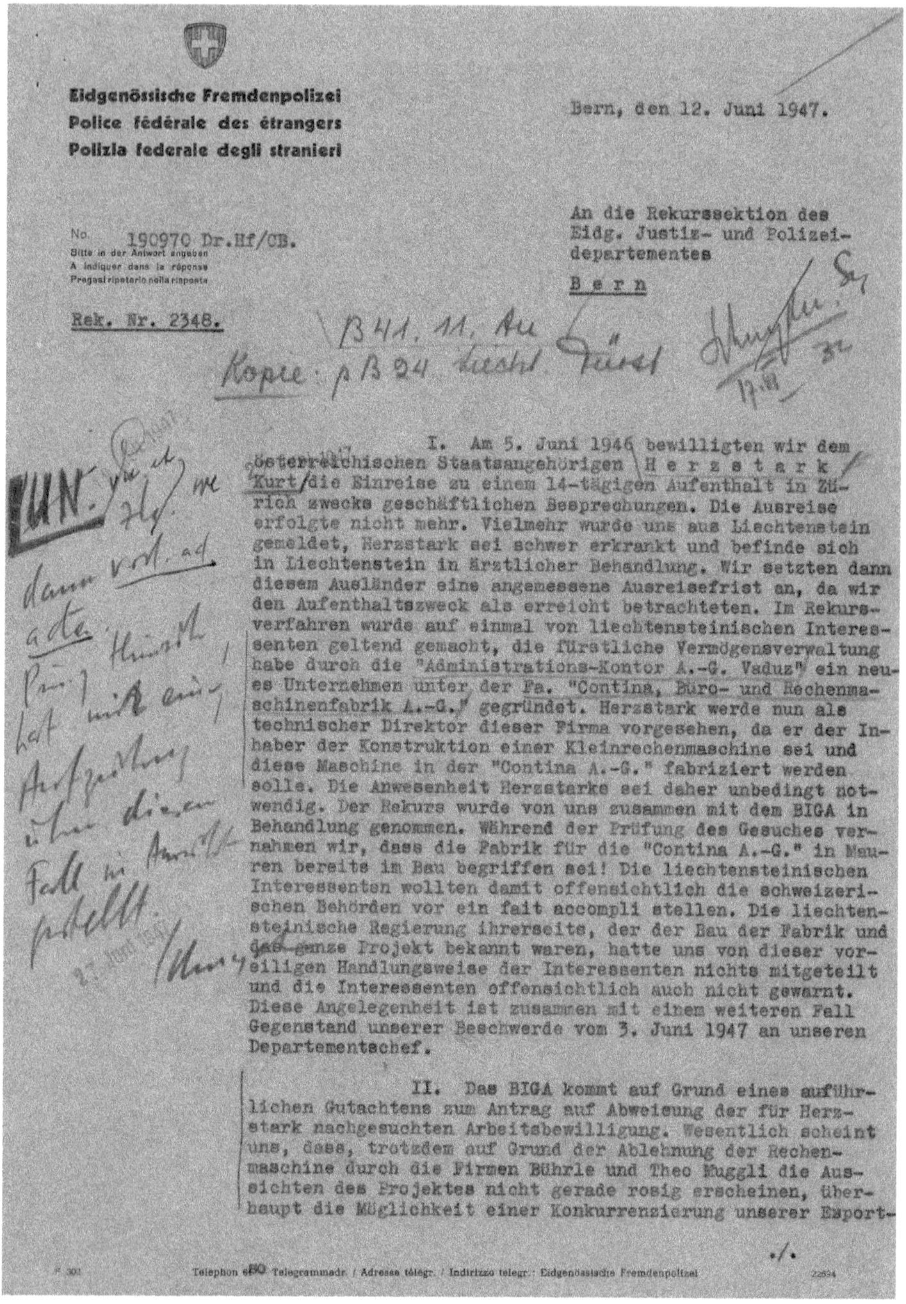

Eidgenössische Fremdenpolizei
Police fédérale des étrangers
Polizia federale degli stranieri

Bern, den 12. Juni 1947.

No. 190970 Dr.Hf/CB.
Bitte in der Antwort angeben
A indiquer dans la réponse
Pregasi ripeterlo nella risposta

An die Rekurssektion des
Eidg. Justiz- und Polizei-
departementes
Bern

Rek. Nr. 2348.

I. Am 5. Juni 1946 bewilligten wir dem österreichischen Staatsangehörigen Herzstark Kurt die Einreise zu einem 14-tägigen Aufenthalt in Zürich zwecks geschäftlichen Besprechungen. Die Ausreise erfolgte nicht mehr. Vielmehr wurde uns aus Liechtenstein gemeldet, Herzstark sei schwer erkrankt und befinde sich in Liechtenstein in ärztlicher Behandlung. Wir setzten dann diesem Ausländer eine angemessene Ausreisefrist an, da wir den Aufenthaltszweck als erreicht betrachteten. Im Rekursverfahren wurde auf einmal von liechtensteinischen Interessenten geltend gemacht, die fürstliche Vermögensverwaltung habe durch die "Administrations-Kontor A.-G. Vaduz" ein neues Unternehmen unter der Fa. "Contina, Büro- und Rechenmaschinenfabrik A.-G." gegründet. Herzstark werde nun als technischer Direktor dieser Firma vorgesehen, da er der Inhaber der Konstruktion einer Kleinrechenmaschine sei und diese Maschine in der "Contina A.-G." fabriziert werden solle. Die Anwesenheit Herzstarks sei daher unbedingt notwendig. Der Rekurs wurde von uns zusammen mit dem BIGA in Behandlung genommen. Während der Prüfung des Gesuches vernahmen wir, dass die Fabrik für die "Contina A.-G." in Mauren bereits im Bau begriffen sei! Die liechtensteinischen Interessenten wollten damit offensichtlich die schweizerischen Behörden vor ein fait accompli stellen. Die liechtensteinische Regierung ihrerseits, der der Bau der Fabrik und das ganze Projekt bekannt waren, hatte uns von dieser voreiligen Handlungsweise der Interessenten nichts mitgeteilt und die Interessenten offensichtlich auch nicht gewarnt. Diese Angelegenheit ist zusammen mit einem weiteren Fall Gegenstand unserer Beschwerde vom 3. Juni 1947 an unseren Departementschef.

II. Das BIGA kommt auf Grund eines ausführlichen Gutachtens zum Antrag auf Abweisung der für Herzstark nachgesuchten Arbeitsbewilligung. Wesentlich scheint uns, dass, trotzdem auf Grund der Ablehnung der Rechenmaschine durch die Firmen Bührle und Theo Muggli die Aussichten des Projektes nicht gerade rosig erscheinen, überhaupt die Möglichkeit einer Konkurrenzierung unserer Export-

./.

Telephon 680 Telegrammadr. / Adresse télégr. / Indirizzo telegr.: Eidgenössische Fremdenpolizei

Abb. 13.21: Eidgenössische Fremdenpolizei (1). Brief vom 12. Juni 1947 (Quelle: Schweizerisches Bundesarchiv, Bern).

- 2 -

industrie besteht. Zudem muss u.E. unbedingt damit gerechnet werden, dass die "Contina A.-G." mit der Zeit neben der Rechenmaschine noch andere Maschinen herstellen wird, die möglicherweise für unsere Industrie noch eine grössere Konkurrenz darstellen würden. Aus Ueberfremdungsgründen und aus vorsorglich arbeitsmarktlichen Gründen kann sodann die Zureise von weiteren ausländischen Angestellten und Arbeitern für dieses Unternehmen nicht als erwünscht bezeichnet werden, vor allem deshalb nicht, weil wie der Verein Schweiz Maschinen-Industrieller richtig ausführt, die Fabrikation dieser Kleinrechenmaschinen keinem volkswirtschaftlichen Bedürfnis entspricht. Mit anderen Worten: Es handelt sich hier nicht um eines jener Projekte, die für die Schweiz von so grosser wirtschaftlicher Bedeutung sind, dass die grundsätzlichen fremdenpolizeilichen Bedenken der Ueberfremdung und des Arbeitsmarktes gegenüber dem Zuzug ausländischer Arbeitskräfte in den Hintergrund treten.

Unter diesen Umständen muss der Aufenthaltszweck für den Rekurrenten als erreicht betrachtet werden. Wir beantragen Ihnen Abweisung des Rekurses und Ansetzung einer neuen Ausreisefrist auf den 15. Juli 1947.

III. Wir machen darauf aufmerksam, dass der vorliegende Fall von grundsätzlicher Bedeutung ist. Es werden durch ihn die Interessen des Fürsten von Liechtenstein berührt. Die "Contina A.-G." ist in fürstlichem Besitz. Mit der Person Herzstarks steht und fällt dieses Industrieprojekt. Die negative Erledigung des Falles wird daher zweifellos gewisse aussenpolitische Auswirkungen im Verhältnis Schweiz-Liechtenstein haben, die wir aber unseres Erachtens unbedingt in Kauf nehmen müssen, nicht zuletzt deshalb, um einer unerfreulichen vom liechtensteinischen Fürstenhaus ausgehenden Entwicklung Einhalt zu gebieten und gewisse Grenzen zu setzen.

Wie wir bereits in unserem Bericht vom 3. Juni 1947 an Herrn Bundesrat von Steiger ausführten, versucht der Fürst die reduzierten oder fehlenden Einnahmen aus seinen beschlagnahmten Gütern teilweise dadurch zu kompensieren, dass er Handel treibt und Industrien gründet. In Liechtenstein hat er zu diesem Zweck 2 Handelsgesellschaften gegründet. Zum Teil betreffen die von diesen Gesellschaften getätigten Geschäfte die eigenen Güter, zum Teil aber handelt es sich um reine Import- und Exportgeschäfte, die mit den fürstlichen Gütern nichts zu tun haben. Da der Fürst von wirtschaftlichen Dingen nicht allzu viel versteht, werden ausländische Sachverständige beigezogen (Steegmann, Ratjen, Tschopp, Richter, Kunert, Schittenhelm). Daneben versuchen die Brüder des Fürsten und ein weiterer Anhang von Verwandten in Liechtenstein sich mit mehr oder weniger Erfolg geschäftlich zu betätigen. Diese ganze Tätigkeit spielt sich auf dem Rücken der schweizerischen Wirt-

./.

Abb. 13.22: Eidgenössische Fremdenpolizei (2). Brief vom 12. Juni 1947 (Quelle: Schweizerisches Bundesarchiv, Bern).

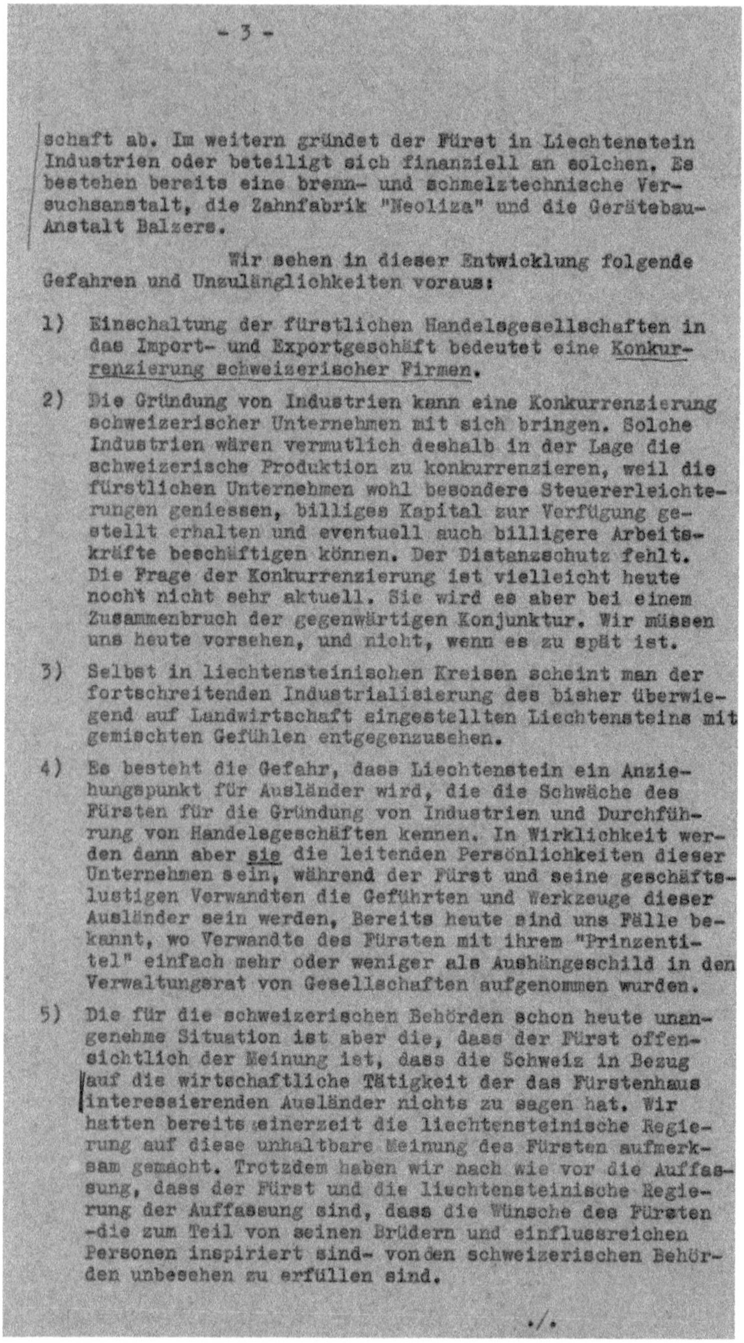

- 3 -

schaft ab. Im weitern gründet der Fürst in Liechtenstein Industrien oder beteiligt sich finanziell an solchen. Es bestehen bereits eine brenn- und schmelztechnische Versuchsanstalt, die Zahnfabrik "Neoliza" und die Gerätebau-Anstalt Balzers.

Wir sehen in dieser Entwicklung folgende Gefahren und Unzulänglichkeiten voraus:

1) Einschaltung der fürstlichen Handelsgesellschaften in das Import- und Exportgeschäft bedeutet eine Konkurrenzierung schweizerischer Firmen.

2) Die Gründung von Industrien kann eine Konkurrenzierung schweizerischer Unternehmen mit sich bringen. Solche Industrien wären vermutlich deshalb in der Lage die schweizerische Produktion zu konkurrenzieren, weil die fürstlichen Unternehmen wohl besondere Steuererleichterungen geniessen, billiges Kapital zur Verfügung gestellt erhalten und eventuell auch billigere Arbeitskräfte beschäftigen können. Der Distanzschutz fehlt. Die Frage der Konkurrenzierung ist vielleicht heute noch nicht sehr aktuell. Sie wird es aber bei einem Zusammenbruch der gegenwärtigen Konjunktur. Wir müssen uns heute vorsehen, und nicht, wenn es zu spät ist.

3) Selbst in liechtensteinischen Kreisen scheint man der fortschreitenden Industrialisierung des bisher überwiegend auf Landwirtschaft eingestellten Liechtensteins mit gemischten Gefühlen entgegenzusehen.

4) Es besteht die Gefahr, dass Liechtenstein ein Anziehungspunkt für Ausländer wird, die die Schwäche des Fürsten für die Gründung von Industrien und Durchführung von Handelsgeschäften kennen. In Wirklichkeit werden dann aber sie die leitenden Persönlichkeiten dieser Unternehmen sein, während der Fürst und seine geschäftslustigen Verwandten die Geführten und Werkzeuge dieser Ausländer sein werden. Bereits heute sind uns Fälle bekannt, wo Verwandte des Fürsten mit ihrem "Prinzentitel" einfach mehr oder weniger als Aushängeschild in den Verwaltungsrat von Gesellschaften aufgenommen wurden.

5) Die für die schweizerischen Behörden schon heute unangenehme Situation ist aber die, dass der Fürst offensichtlich der Meinung ist, dass die Schweiz in Bezug auf die wirtschaftliche Tätigkeit der das Fürstenhaus interessierenden Ausländer nichts zu sagen hat. Wir hatten bereits seinerzeit die liechtensteinische Regierung auf diese unhaltbare Meinung des Fürsten aufmerksam gemacht. Trotzdem haben wir nach wie vor die Auffassung, dass der Fürst und die liechtensteinische Regierung der Auffassung sind, dass die Wünsche des Fürsten -die zum Teil von seinen Brüdern und einflussreichen Personen inspiriert sind- von den schweizerischen Behörden unbesehen zu erfüllen sind.

./.

Abb. 13.23: Eidgenössische Fremdenpolizei (3). Brief vom 12. Juni 1947 (Quelle: Schweizerisches Bundesarchiv, Bern).

- 4 -

Wir haben die Wünsche des Fürstenhauses im Rahmen des Möglichen bis heute berücksichtigt.Es scheint uns nun aber der Moment gekommen zu sein, wo die schweizerischen Behörden dem Fürsten und der liechtensteinischen Regierung mit aller Deutlichkeit zeigen müssen, dass das von der Schweiz in jeder Hinsicht profitierende Liechtenstein auch schweizerische Interessen zu berücksichtigen hat. Es ist uns ganz unmöglich weiterhin allen Ausländern die Einreise nach Liechtenstein unter dem alles umfassenden und alles verbergenden Deckmantel der "wirtschaftlichen Beratung des Fürsten" oder der "Besprechungen mit der fürstlichen Handels A.-G." zu bewilligen. Erstens können wir nicht dulden, dass Ausländer unter diesem Deckmantel eine ganz anders geartete Tätigkeit ausüben, wie dies bei dem deutschen Staatsangehörigen Kunert Heinrich der Fall ist. - Und zweitens ist es paradox, wenn wir einerseits im Einvernehmen mit dem BIGA und der Handelsabteilung die Uebersiedlung von Ausländern zwecks Durchführung von Import- und Exportgeschäften verweigern, anderseits aber die Zureise eines ganzen Stabes von Ausländern bewilligen, nur weil dies der Wunsch des Fürsten von Liechtenstein ist. Denn -wir müssen immer wieder darauf hinweisen-: Nicht die liechtensteinische Wirtschaft wird durch diese geschäftliche Tätigkeit berührt (diese ist zu klein). Vielmehr spielt sich die gesamte Tätigkeit auf dem Rücken der schweizerischen Wirtschaft ab.

Nachdem wir bis anhin, wie bereits erwähnt, die Wünsche des liechtensteinischen Fürstenhauses nach Möglichkeit berücksichtigt haben, wird der Fall Herzstark nunmehr der erste Fall sein, wo wir mit den Interessen des Fürsten in offene Kollision treten müssen. Mit einer negativen Erledigung des Falles hoffen wir ganz allgemein eine Entwicklung in Liechtenstein zu stoppen, die nicht nur uns, sondern auch anderen Amtsstellen und Wirtschaftsverbänden Anlass zu Bedenken gibt. Eine spätere Zukunft wird vielleicht sogar einmal erweisen, dass die Zurückhaltung der schweizerischen Behörden nicht zuletzt im Interesse der fürstlichen Finanzen lag.

Wir haben uns absichtlich in vorliegendem Fall etwas ausführlich gehalten, da vermutlich ähnlich liegende Fälle folgen werden.

EIDGENOESSISCHE FREMDENPOLIZEI
sig.Dr.Brunner

Beilage:
u/Dossier Nr. 190970

Abb. 13.24: Eidgenössische Fremdenpolizei (4). Brief vom 12. Juni 1947 (Quelle: Schweizerisches Bundesarchiv, Bern).

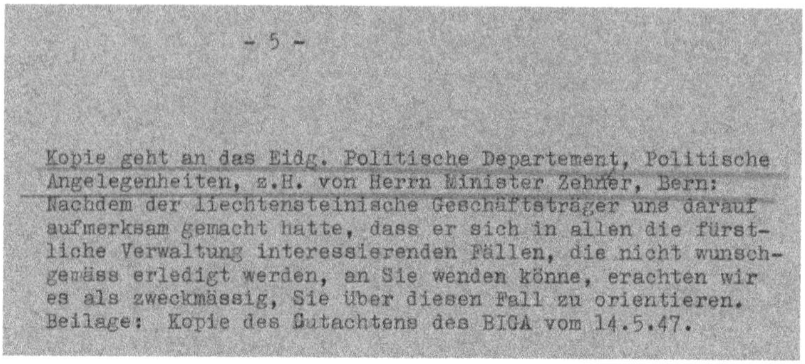

\- 5 -

Kopie geht an das Eidg. Politische Departement, Politische
Angelegenheiten, z.H. von Herrn Minister Zehnder, Bern:
Nachdem der liechtensteinische Geschäftsträger uns darauf
aufmerksam gemacht hatte, dass er sich in allen die fürst-
liche Verwaltung interessierenden Fällen, die nicht wunsch-
gemäss erledigt werden, an Sie wenden könne, erachten wir
es als zweckmässig, Sie über diesen Fall zu orientieren.
Beilage: Kopie des Gutachtens des BIGA vom 14.5.47.

Abb. 13.25: Eidgenössische Fremdenpolizei (5). Brief vom 12. Juni 1947 (Quelle: Schweizerisches Bundesarchiv, Bern).

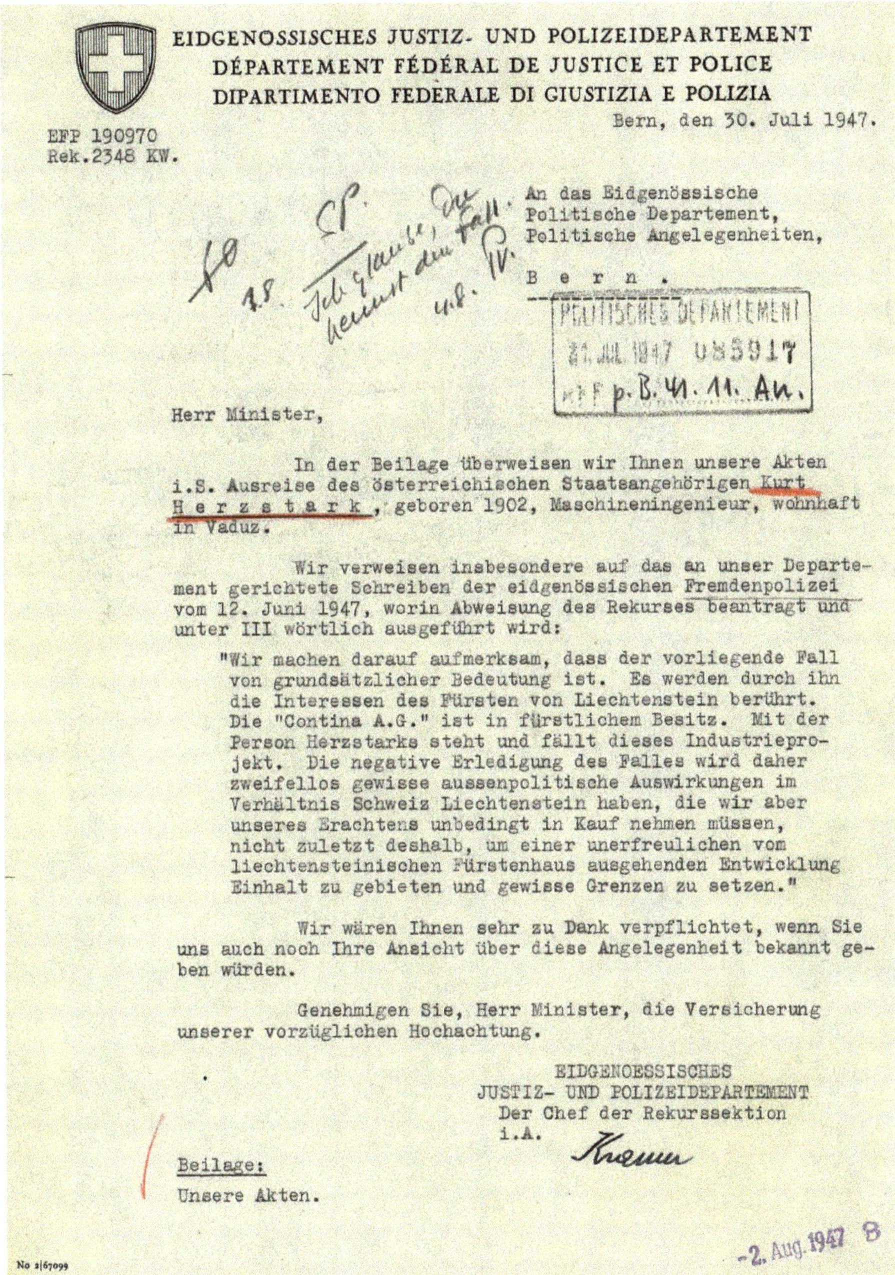

EIDGENOSSISCHES JUSTIZ- UND POLIZEIDEPARTEMENT
DÉPARTEMENT FÉDÉRAL DE JUSTICE ET POLICE
DIPARTIMENTO FEDERALE DI GIUSTIZIA E POLIZIA

Bern, den 30. Juli 1947.

EFP 190970
Rek.2348 KW.

An das Eidgenössische
Politische Departement,
Politische Angelegenheiten,

B e r n .

POLITISCHES DEPARTEMENT
31. JUL. 1947 085917
p.B.41.11.An.

Herr Minister,

In der Beilage überweisen wir Ihnen unsere Akten i.S. Ausreise des österreichischen Staatsangehörigen Kurt H e r z s t a r k , geboren 1902, Maschineningenieur, wohnhaft in Vaduz.

Wir verweisen insbesondere auf das an unser Departement gerichtete Schreiben der eidgenössischen Fremdenpolizei vom 12. Juni 1947, worin Abweisung des Rekurses beantragt und unter III wörtlich ausgeführt wird:

"Wir machen darauf aufmerksam, dass der vorliegende Fall von grundsätzlicher Bedeutung ist. Es werden durch ihn die Interessen des Fürsten von Liechtenstein berührt. Die "Contina A.G." ist in fürstlichem Besitz. Mit der Person Herzstarks steht und fällt dieses Industrieprojekt. Die negative Erledigung des Falles wird daher zweifellos gewisse aussenpolitische Auswirkungen im Verhältnis Schweiz Liechtenstein haben, die wir aber unseres Erachtens unbedingt in Kauf nehmen müssen, nicht zuletzt deshalb, um einer unerfreulichen vom liechtensteinischen Fürstenhaus ausgehenden Entwicklung Einhalt zu gebieten und gewisse Grenzen zu setzen."

Wir wären Ihnen sehr zu Dank verpflichtet, wenn Sie uns auch noch Ihre Ansicht über diese Angelegenheit bekannt geben würden.

Genehmigen Sie, Herr Minister, die Versicherung unserer vorzüglichen Hochachtung.

EIDGENOESSISCHES
JUSTIZ- UND POLIZEIDEPARTEMENT
Der Chef der Rekurssektion
i.A.

Beilage:
Unsere Akten.

No 2|67099

-2. Aug. 1947 B

Abb. 13.26: Eidgenössisches Justiz- und Polizeidepartement. Brief vom 30. Juli 1947 (Quelle: Schweizerisches Bundesarchiv, Bern).

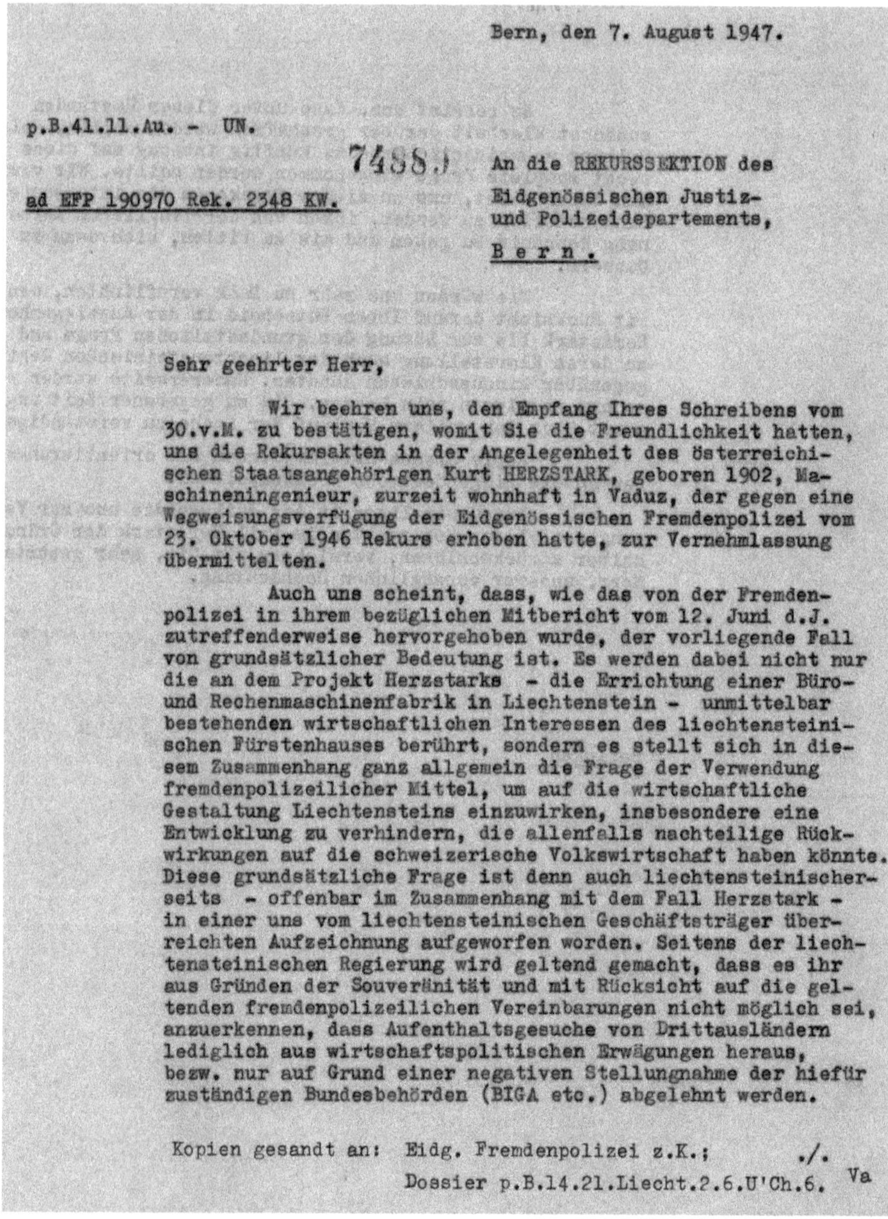

Bern, den 7. August 1947.

p.B.41.11.Au. - UN.

74889

ad EFP 190970 Rek. 2348 KW.

An die REKURSSEKTION des
Eidgenössischen Justiz-
und Polizeidepartements,
B e r n .

Sehr geehrter Herr,

Wir beehren uns, den Empfang Ihres Schreibens vom 30.v.M. zu bestätigen, womit Sie die Freundlichkeit hatten, uns die Rekursakten in der Angelegenheit des österreichischen Staatsangehörigen Kurt HERZSTARK, geboren 1902, Maschineningenieur, zurzeit wohnhaft in Vaduz, der gegen eine Wegweisungsverfügung der Eidgenössischen Fremdenpolizei vom 23. Oktober 1946 Rekurs erhoben hatte, zur Vernehmlassung übermittelten.

Auch uns scheint, dass, wie das von der Fremdenpolizei in ihrem bezüglichen Mitbericht vom 12. Juni d.J. zutreffenderweise hervorgehoben wurde, der vorliegende Fall von grundsätzlicher Bedeutung ist. Es werden dabei nicht nur die an dem Projekt Herzstarks - die Errichtung einer Büro- und Rechenmaschinenfabrik in Liechtenstein - unmittelbar bestehenden wirtschaftlichen Interessen des liechtensteinischen Fürstenhauses berührt, sondern es stellt sich in diesem Zusammenhang ganz allgemein die Frage der Verwendung fremdenpolizeilicher Mittel, um auf die wirtschaftliche Gestaltung Liechtensteins einzuwirken, insbesondere eine Entwicklung zu verhindern, die allenfalls nachteilige Rückwirkungen auf die schweizerische Volkswirtschaft haben könnte. Diese grundsätzliche Frage ist denn auch liechtensteinischerseits - offenbar im Zusammenhang mit dem Fall Herzstark - in einer uns vom liechtensteinischen Geschäftsträger überreichten Aufzeichnung aufgeworfen worden. Seitens der liechtensteinischen Regierung wird geltend gemacht, dass es ihr aus Gründen der Souveränität und mit Rücksicht auf die geltenden fremdenpolizeilichen Vereinbarungen nicht möglich sei, anzuerkennen, dass Aufenthaltsgesuche von Drittausländern lediglich aus wirtschaftspolitischen Erwägungen heraus, bezw. nur auf Grund einer negativen Stellungnahme der hiefür zuständigen Bundesbehörden (BIGA etc.) abgelehnt werden.

Kopien gesandt an: Eidg. Fremdenpolizei z.K.; ./.
Dossier p.B.14.21.Liecht.2.6.U'Ch.6. Va

Abb. 13.27: Eidgenössisches Politisches Departement (1). Brief vom 7. August 1947 (Quelle: Schweizerisches Bundesarchiv, Bern).

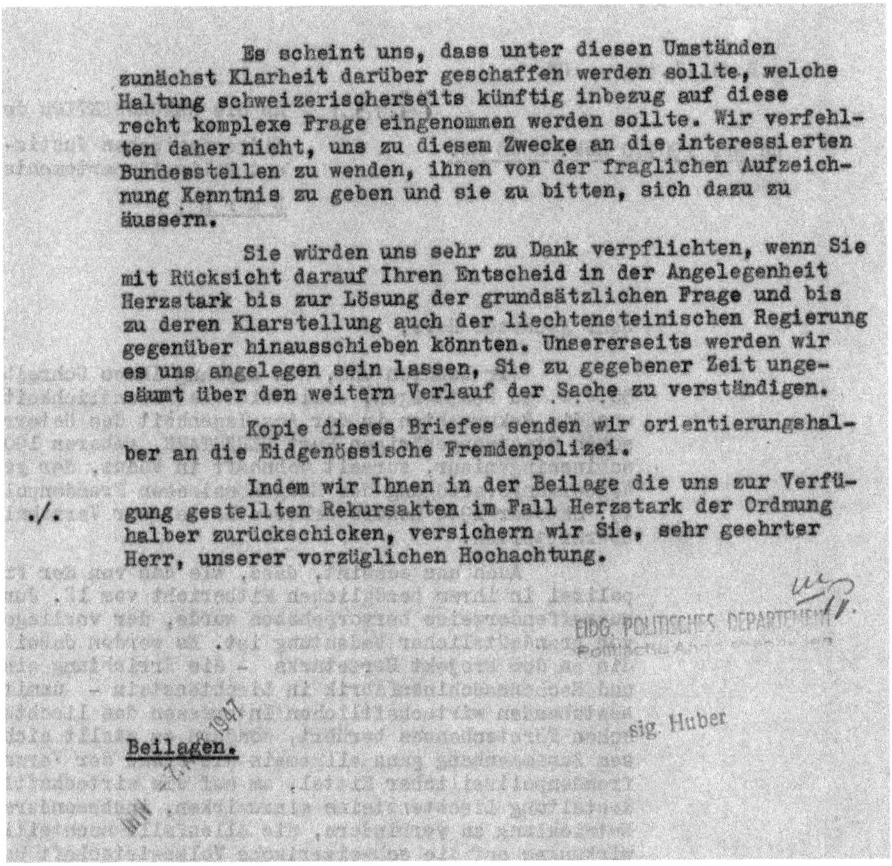

Es scheint uns, dass unter diesen Umständen zunächst Klarheit darüber geschaffen werden sollte, welche Haltung schweizerischerseits künftig inbezug auf diese recht komplexe Frage eingenommen werden sollte. Wir verfehlten daher nicht, uns zu diesem Zwecke an die interessierten Bundesstellen zu wenden, ihnen von der fraglichen Aufzeichnung Kenntnis zu geben und sie zu bitten, sich dazu zu äussern.

Sie würden uns sehr zu Dank verpflichten, wenn Sie mit Rücksicht darauf Ihren Entscheid in der Angelegenheit Herzstark bis zur Lösung der grundsätzlichen Frage und bis zu deren Klarstellung auch der liechtensteinischen Regierung gegenüber hinausschieben könnten. Unsererseits werden wir es uns angelegen sein lassen, Sie zu gegebener Zeit ungesäumt über den weitern Verlauf der Sache zu verständigen.

Kopie dieses Briefes senden wir orientierungshalber an die Eidgenössische Fremdenpolizei.

./. Indem wir Ihnen in der Beilage die uns zur Verfügung gestellten Rekursakten im Fall Herzstark der Ordnung halber zurückschicken, versichern wir Sie, sehr geehrter Herr, unserer vorzüglichen Hochachtung.

EIDG. POLITISCHES DEPARTEMENT

sig. Huber

Beilagen.

Abb. 13.28: Eidgenössisches Politisches Departement (2). Brief vom 7. August 1947 (Quelle: Schweizerisches Bundesarchiv, Bern).

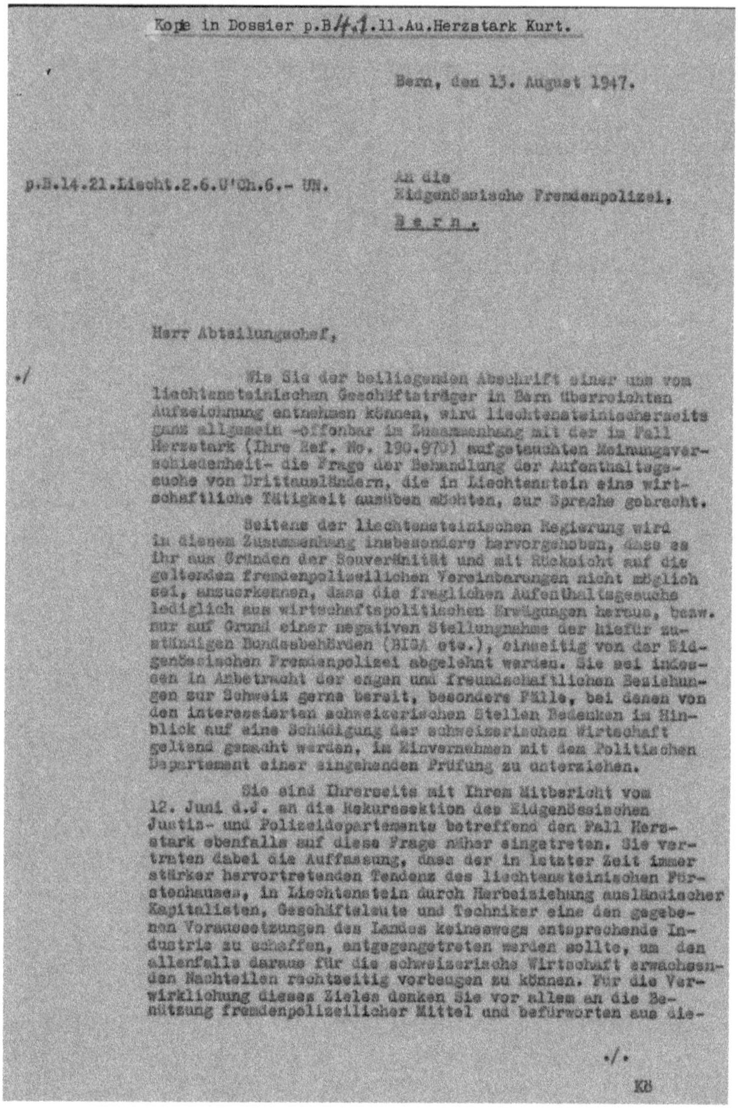

Kopie in Dossier p.B.41.11.Au.Herzstark Kurt.

Bern, den 13. August 1947.

p.B.14.21.Liecht.2.6.U'Ch.6.- UN.

An die
Eidgenössische Fremdenpolizei,
Bern.

Herr Abteilungschef,

./ Wie Sie der beiliegenden Abschrift einer uns vom liechtensteinischen Geschäftsträger in Bern überreichten Aufzeichnung entnehmen können, wird liechtensteinischerseits ganz allgemein -offenbar im Zusammenhang mit der im Fall Herzstark (Ihre Ref. No. 190.970) aufgetauchten Meinungsverschiedenheit- die Frage der Behandlung der Aufenthaltsgesuche von Drittausländern, die in Liechtenstein eine wirtschaftliche Tätigkeit ausüben möchten, zur Sprache gebracht.

Seitens der liechtensteinischen Regierung wird in diesem Zusammenhang insbesondere hervorgehoben, dass es ihr aus Gründen der Souveränität und mit Rücksicht auf die geltenden fremdenpolizeilichen Vereinbarungen nicht möglich sei, anzuerkennen, dass die fraglichen Aufenthaltsgesuche lediglich aus wirtschaftspolitischen Erwägungen heraus, bezw. nur auf Grund einer negativen Stellungnahme der hiefür zuständigen Bundesbehörden (BIGA etc.), einseitig von der Eidgenössischen Fremdenpolizei abgelehnt werden. Sie sei indessen in Anbetracht der engen und freundschaftlichen Beziehungen zur Schweiz gerne bereit, besondere Fälle, bei denen von den interessierten schweizerischen Stellen Bedenken im Hinblick auf eine Schädigung der schweizerischen Wirtschaft geltend gemacht werden, im Einvernehmen mit dem Politischen Departement einer eingehenden Prüfung zu unterziehen.

Sie sind Ihrerseits mit Ihrem Mitbericht vom 12. Juni d.J. an die Rekurssektion des Eidgenössischen Justiz- und Polizeidepartements betreffend den Fall Herzstark ebenfalls auf diese Frage näher eingetreten. Sie vertraten dabei die Auffassung, dass der in letzter Zeit immer stärker hervortretenden Tendenz des liechtensteinischen Fürstenhauses, in Liechtenstein durch Herbeiziehung ausländischer Kapitalisten, Geschäftsleute und Techniker eine den gegebenen Voraussetzungen des Landes keineswegs entsprechende Industrie zu schaffen, entgegengetreten werden sollte, um den allenfalls daraus für die schweizerische Wirtschaft erwachsenden Nachteilen rechtzeitig vorbeugen zu können. Für die Verwirklichung dieses Zieles denken Sie vor allem an die Benützung fremdenpolizeilicher Mittel und befürworten aus die-

./.

KB

Abb. 13.29: Eidgenössisches Politisches Departement (1). Brief vom 13. August 1947. Das Außenministerium war für die Beziehungen zum Fürstentum zuständig (Quelle: Schweizerisches Bundesarchiv, Bern).

\- 2 -

sem Grunde gerade im Fall Herzstark einen ablehnenden Entscheid in dem von ihm gegen Ihre Wegweisungsverfügung vom 23. Oktober v.J. erhobenen Rekurs. In diesem Sinne messen Sie dem Fall Herzstark eine grundsätzliche Bedeutung zu.

Es handelt sich hier in der Tat um eine Frage von grundsätzlicher Bedeutung und auch von recht komplexer Natur. Es erscheint uns daher als angezeigt, diese Frage im Benehmen mit den interessierten Bundesstellen näher zu prüfen, um nach Möglichkeit die Haltung, die schweizerischerseits in derartigen Fällen künftig gegenüber Liechtenstein einzunehmen wäre, festlegen zu können.

Prima vista scheint uns, dass sich das Fürstentum, nachdem sein Gebiet wirtschaftlich so weitgehend an das Territorium der Eidgenossenschaft angeschlossen worden ist und nachdem es sich auch dem fremdenpolizeilichen Regime der Schweiz unterstellt hat, damit wird abfinden müssen, dass schweizerische fremdenpolizeiliche Massnahmen -mag man sie nun an und für sich für ein adäquates Mittel zurwirtschaftlichen Lenkung halten oder nicht- wie in der Schweiz so auch in Liechtenstein zu diesem Zwecke, namentlich auch zur Verhinderung unerwünschter Neugründungen, Anwendung finden.

Sollte die Prüfung der Frage zu dieser grundsätzlichen Feststellung führen, so wäre unseres Erachtens in der Praxis bei der Handhabung des Rechts der schweizerischen Behörden, mit fremdenpolizeilichen Massnahmen auf die Gestaltung der wirtschaftlichen Entwicklung in Liechtenstein einzuwirken, eine gewisse Grosszügigkeit an den Tag zu legen; jedenfalls sollte dabei -wie wir das bereits verschiedentlich vertreten haben- tunlichst vermieden werden, den um so viel schwächeren Partner unser politisches und wirtschaftliches Uebergewicht spüren zu lassen. Die sich seit einigen Jahren in Liechtenstein geltend machende industrielle Entwicklung dürfte wohl kaum ganz verhindert werden können. Schweizerischerseits wird man vielleicht gut daran tun, auf diese Entwicklung mittelst fremdenpolizeilicher Massnahmen nur so weit einschränkend einzuwirken, als sich das zum Schutze unmittelbar davon gefährdeter Landesinteressen als notwendig erweisen würde. Vor allem sollte nach Möglichkeit und soweit dies mit den auf dem Spiele stehenden schweizerischen Interessen vereinbart werden kann, vermieden werden, den Anschein zu erwecken, man wolle eine industrielle Entwicklung in Liechtenstein <u>überhaupt</u> verhindern. Eine solche Haltung würde sehr wahrscheinlich -und nicht zuletzt mit Rücksicht auf die unmittelbar an dieser Entwicklung bestehenden Interessen des Fürstenhauses- eine Atmosphäre erzeugen, die einerseits ein Element ständiger Reibungen in die schweizerisch-liechtensteinischen Beziehungen hineinbringen und anderseits unter Umständen recht unliebsame Auswirkungen auf einige noch hängige und zum Teil recht heikle Fragen von grösserer Tragweite haben könnte. Letzteres trifft vor allem auf die kürzlich von der

./.

Abb. 13.30: Eidgenössisches Politisches Departement (2). Brief vom 13. August 1947 (Quelle: Schweizerisches Bundesarchiv, Bern).

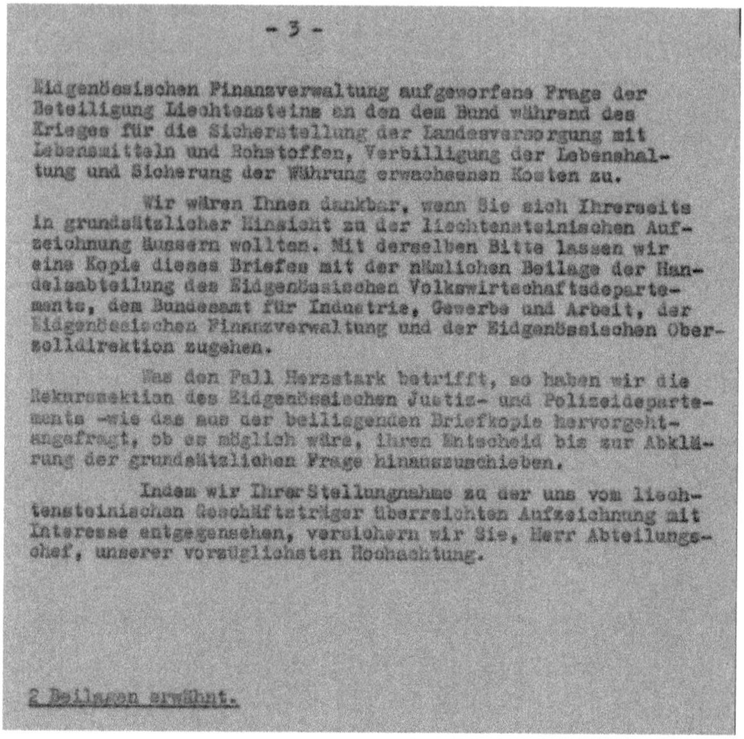

\- 3 -

Eidgenössischen Finanzverwaltung aufgeworfene Frage der Beteiligung Liechtensteins an den dem Bund während des Krieges für die Sicherstellung der Landesversorgung mit Lebensmitteln und Rohstoffen, Verbilligung der Lebenshaltung und Sicherung der Währung erwachsenen Kosten zu.

Wir wären Ihnen dankbar, wenn Sie sich Ihrerseits in grundsätzlicher Hinsicht zu der liechtensteinischen Aufzeichnung äussern wollten. Mit derselben Bitte lassen wir eine Kopie dieses Briefes mit der nämlichen Beilage der Handelsabteilung des Eidgenössischen Volkswirtschaftsdepartements, dem Bundesamt für Industrie, Gewerbe und Arbeit, der Eidgenössischen Finanzverwaltung und der Eidgenössischen Oberzolldirektion zugehen.

Was den Fall Herzstark betrifft, so haben wir die Rekurssektion des Eidgenössischen Justiz- und Polizeidepartements -wie das aus der beiliegenden Briefkopie hervorgeht- angefragt, ob es möglich wäre, ihren Entscheid bis zur Abklärung der grundsätzlichen Frage hinauszuschieben.

Indem wir Ihrer Stellungnahme zu der uns vom liechtensteinischen Geschäftsträger überreichten Aufzeichnung mit Interesse entgegensehen, versichern wir Sie, Herr Abteilungschef, unserer vorzüglichsten Hochachtung.

2 Beilagen erwähnt.

Abb. 13.31: Eidgenössisches Politisches Departement (3). Brief vom 13. August 1947 (Quelle: Schweizerisches Bundesarchiv, Bern).

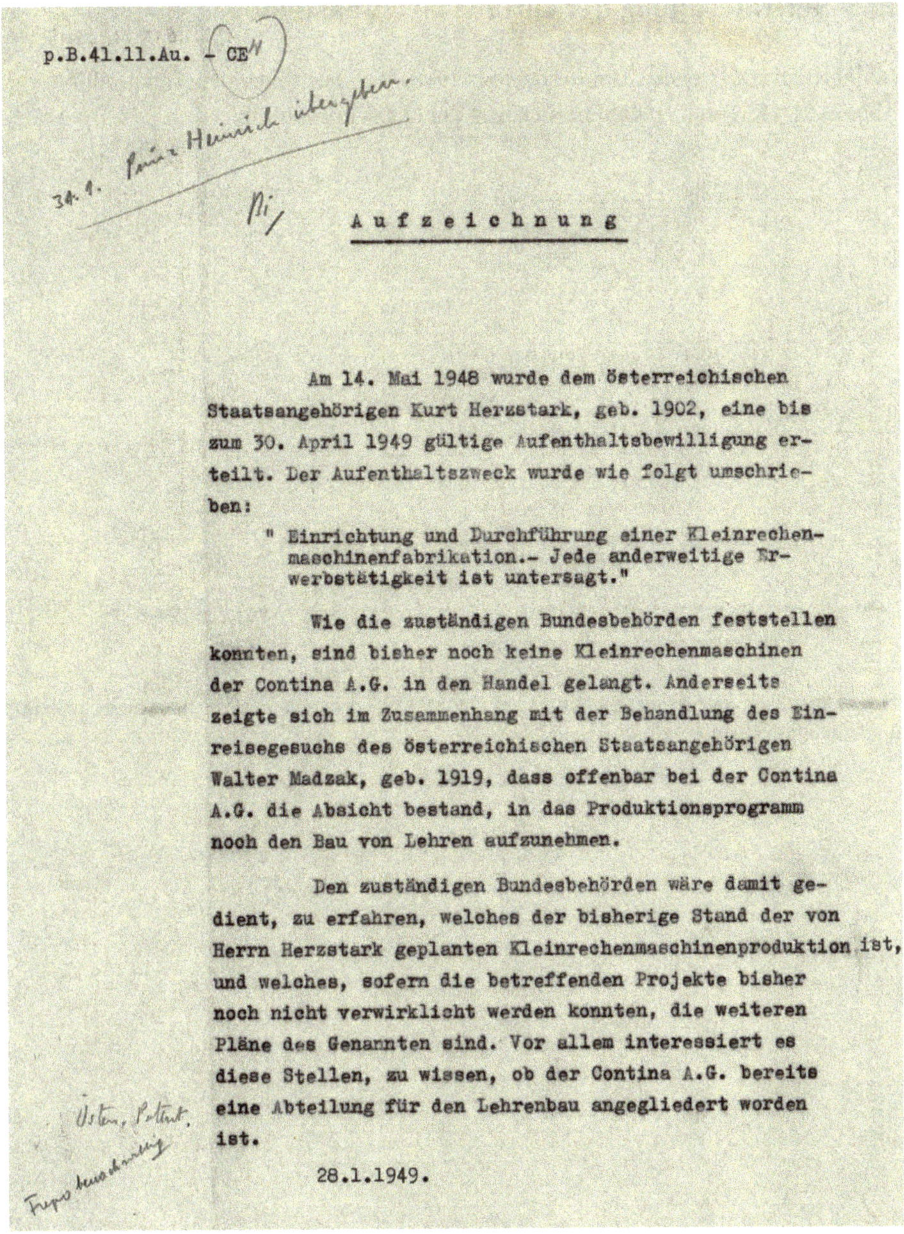

p.B.41.11.Au. - CE

30.1. Prinz Heinrich übergeben.

Bi/

Aufzeichnung

Am 14. Mai 1948 wurde dem österreichischen Staatsangehörigen Kurt Herzstark, geb. 1902, eine bis zum 30. April 1949 gültige Aufenthaltsbewilligung erteilt. Der Aufenthaltszweck wurde wie folgt umschrieben:

" Einrichtung und Durchführung einer Kleinrechenmaschinenfabrikation.- Jede anderweitige Erwerbstätigkeit ist untersagt."

Wie die zuständigen Bundesbehörden feststellen konnten, sind bisher noch keine Kleinrechenmaschinen der Contina A.G. in den Handel gelangt. Anderseits zeigte sich im Zusammenhang mit der Behandlung des Einreisegesuchs des österreichischen Staatsangehörigen Walter Madzak, geb. 1919, dass offenbar bei der Contina A.G. die Absicht bestand, in das Produktionsprogramm noch den Bau von Lehren aufzunehmen.

Den zuständigen Bundesbehörden wäre damit gedient, zu erfahren, welches der bisherige Stand der von Herrn Herzstark geplanten Kleinrechenmaschinenproduktion ist, und welches, sofern die betreffenden Projekte bisher noch nicht verwirklicht werden konnten, die weiteren Pläne des Genannten sind. Vor allem interessiert es diese Stellen, zu wissen, ob der Contina A.G. bereits eine Abteilung für den Lehrenbau angegliedert worden ist.

28.1.1949.

Abb. 13.32: Contina AG. Kleinrechenmaschine und Lehrenbau. Aufzeichnung vom 28. Januar 1949. Die Curta war Anfang 1949 noch nicht im Handel, sie wurde im Mai 1949 auf der Schweizer Mustermesse in Basel vorgestellt (Quelle: Schweizerisches Bundesarchiv, Bern).

13.5 Serienfertigung der Curta in Liechtenstein

Die Fertigung der ersten Geräte begann 1948. Die drei folgenden Schaubilder (vgl. Abb. 13.33–13.35) zeigen die Entwicklung der Massenproduktion.

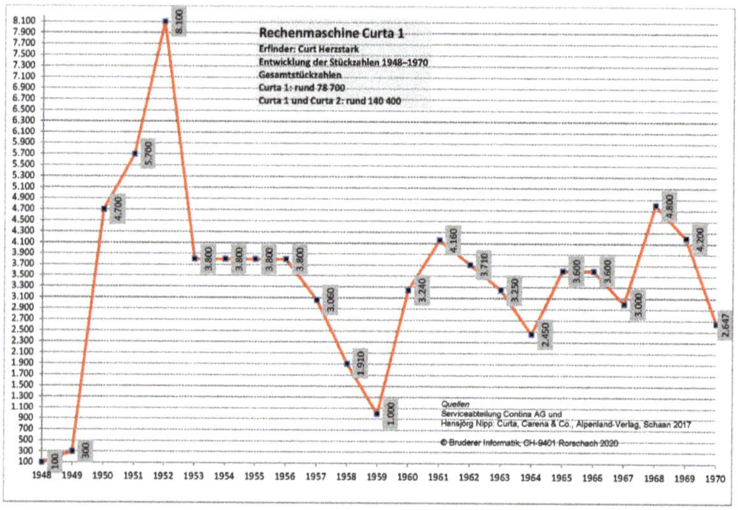

Abb. 13.33: Fertigung der Curta 1 von 1948 bis 1970. 1953 ist ein starker Einbruch zu verzeichnen (© Bruderer Informatik, CH-9401 Rorschach).

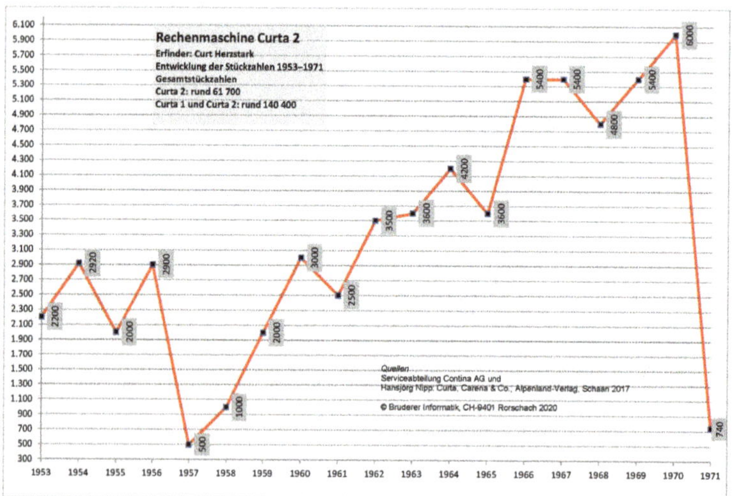

Abb. 13.34: Fertigung der Curta 2 von 1953 bis 1971. 1957 und insbesondere 1971 sanken die Stückzahlen stark (© Bruderer Informatik, CH-9401 Rorschach).

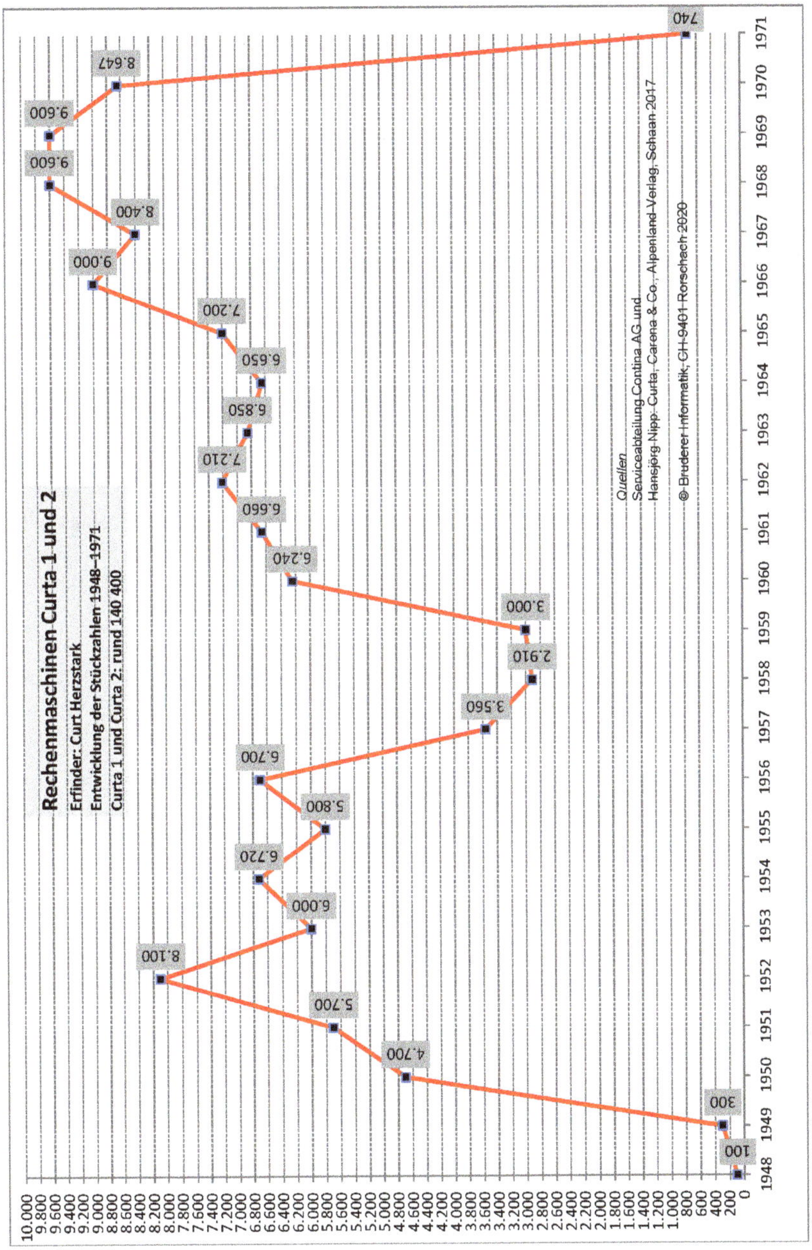

Abb. 13.35: Fertigung der Curta 1 und 2 von 1948 bis 1971. 1953,1957 und vor allem 1971 gingen die Stückzahlen stark zurück (© Bruderer Informatik, CH-9401 Rorschach).

13.5.1 Stückzahlen

Wie neue Untersuchungen ergeben haben, sind die bisher bekannten Stückzahlen (Quelle: Gerhard Kleinecke, Ruggell FL, letzter Service- und Reparaturleiter für die Curta) vor allem in den ersten Jahren z.T. unzutreffend. 1947 wurden lediglich Versuchsmuster gebaut. 1948 entstanden gegen 100 Maschinen für Vorführ- und Lernzwecke. Für 1949 sind etwa 300 Stück verzeichnet. Von 1948 bis 1971 wurden rund 140 400 Curtas (Curta 1: etwa 78 700, Curta 2: etwa 61 700) gefertigt, die Serienproduktion begann 1949/1950 (siehe Hansjörg Nipp: Curta, Carena & Co., Alpenland-Verlag AG, Schaan FL 2017, Seiten 95–97, 165–166).

> „Um die Jahreswende 1948/1949 kam die Serienproduktion der Rechenmaschine endlich in Gang. Die ersten 200 oder 300 Maschinen trugen noch die ursprünglich konzipierten Einstellstifte, die ich bald durch gerillte Einstellschieber ersetzte." (siehe Curt Herzstark: Kein Geschenk für den Führer, Books on demand GmbH, Norderstedt 2005, Seite 261).

> „Auf der Basler Mustermesse vom 7. bis 17. Mai 1949 wurde die kleine Universalrechenmaschine erstmals einer breiten Öffentlichkeit präsentiert. Speziell zu diesem Zweck lief eine Serie von 100 Maschinen durch die Fertigung." (siehe Curt Herzstark: Kein Geschenk für den Führer, Books on demand GmbH, Norderstedt 2005, Seiten 262–263).

Die Angaben über die Anzahl der hergestellten Maschinen sind widersprüchlich, wie die Tonbandabschrift eines Gesprächs vom 11. September 1987 mit Erwin Tomash zeigt (deutsche Fassung, Seite 76, englische Übersetzung, Seite 60).

Tomash: Teil 5, Seite 5 des Gesprächs mit Curt Herzstark in Nendeln, Liechtenstein, Freitagmorgen, 11. September. Herr Herzstark, wissen Sie, wie viele Curtas insgesamt hergestellt wurden?

Herzstark: Ja, die Zahlen, die mir bekannt sind, sind eigentlich sehr verschieden. Sicher ist, dass mindestens 150–160 000 Stück gemacht worden sind. An einigen Stellen wird behauptet, es sei etwas mehr gewesen. Also in dieser Größenordnung dürfte es gewesen sein. Und die Diagnose, die Weltdiagnose von Fachleuten, war, dass für diese Maschine mindestens 2–3 Millionen am Markt zu verkaufen wären, und das ganz leicht.

Tomash: Part number five, side five of the interview with Curt Herzstark in Nendeln, Liechtenstein, Friday morning, September 11. Mr. Herzstark, do you have any idea what the total production was for the Curta?

Herzstark: Yes, the numbers that I had heard vary somewhat. There were at least 150–160,000 units made. Some people state that there were somewhat more manufactured. But, it was somewhere in this range. And the opinion of marketing people I have consulted with was that, for this machine, one should have been able to sell at least 2–3 million in the world market, and that very easily.

Anmerkung

Bei der anschließenden Frage „Did you continue to design more calculating machines?“ (Haben Sie weitere Rechenmaschinen entworfen?) geht Herzstark nicht auf die Mehrfach-Curtas ein.

13.6 Weltweiter Verkauf der Curta

13.6.1 Curta auf der Schweizer Mustermesse in Basel

Die Curta (Nr. 1) wird erstmals im Mai 1949 an der Schweizer Mustermesse (Muba) in Basel einer breiten Öffentlichkeit vorgestellt. Bis 1954 besorgte die Ernst Jost AG, Zürich, den Alleinvertrieb für die Schweiz. Am 28. November 1949 erscheint die erste Anzeige in der Neuen Zürcher Zeitung.

> „Viel beachtet wurde die neue, kleine *Rechenmaschine* der *Contina AG* in Mauren (Liechtenstein). Es handelt sich bei der Contina [später: Curta] (Konstrukteur Curt Herzstark), die knapp 250 g wiegt, um ein vollwertiges Präzisionsinstrument für alle vier Rechnungsarten, das bei der Benützung in der linken Hand gehalten wird. Sowohl das Resultatwerk, wie auch das Umdrehungszählwerk haben durchgehende Zehnerübertragung. Die Maschine wird prinzipiell gleich bedient wie die großen Maschinen.“ (siehe Hermann Spindler: Einige bürotechnische Neuheiten an der Schweizer Mustermesse 1949, in: Büro und Verkauf, Band 18, Heft 9, Juni 1949, Seite 253).

> „Wer ein kleines, überall mitzuführendes, aber trotzdem sehr leistungsfähiges Rechengerät sucht, sei auf die beiden Modelle der Curta-Rechenmaschine für alle vier Grundrechnungsarten aufmerksam gemacht (Herstellerfirma: Contina AG, Vaduz). Das eine Modell verfügt über eine elfstellige, das andere über eine 15stellige Kapazität im Resultatwerk. Die ganze Maschine, in jeder Hinsicht ein Präzisionswerk, hat in einer Hand Platz. Trotz der geringen Maße ist die Curta verschleißfest und starker Beanspruchung gewachsen.“ (siehe Hermann Spindler: Die Gruppe „Bürofach“ an der Schweizer Mustermesse 1963, in: Büro und Verkauf, Band 32, Heft 8, Mai 1963, Seite 228).

Ab der Mustermesse 1952 war die Curta 2 im Angebot. Die Contina, Bureaux- und Rechenmaschinenfabrik AG, Mauren/Vaduz, stellte zwanzig Jahre lang, von 1949 bis 1968, ununterbrochen an der Basler Messe aus.

13.6.2 Curta auf der Bürofachausstellung in Zürich

Auf der (damals zweijährlichen) Bürofachausstellung (Büfa) in Zürich betreute die Ernst Jost AG, Zürich, 1950 und 1952 die Curta. Jost warb für die Curta in der Zeitschrift *Büro und Verkauf* nur gerade in den beiden Jahrgängen 1950/1951 und 1951/1952. 1948 war die Contina noch nicht an der Büfa (Quelle: Kataloge der Bürofach-Ausstellung (Büfa), Zürich.)

„1954 trat mein alter Freund [Ernst] Jost von der Firma Precisa in Zürich nach mir nicht näher bekannten Auseinandersetzungen mit Vaduz von der Generalvertretung für die Schweiz zurück [...].“ (siehe Curt Herzstark: Kein Geschenk für den Führer, Books on demand GmbH, Norderstedt 2005, Seite 283).

13.6.3 Wer benutzte die Curta?

In Pfäffikon ZH gibt es (undatierte) Kundenverzeichnisse der Contina AG, Vaduz. Sie belegen, dass die Rechenmaschine rund um die Erde verkauft wurde. Zu den Schweizer Abnehmern gehörten etwa: Bundesverwaltung, Institut für angewandte Mathematik sowie Institut für technische Physik der ETH Zürich, Eidgenössische Anstalt für Wasserversorgung, Eidgenössische Materialprüfungsanstalt, Swissair Schweizerische Luftverkehr AG, Aluminium-Industrie AG, AG Brown Boveri & Cie., Maschinenfabrik Oerlikon, Escher-Wyss AG, Schweizerische Kreditanstalt, Schweizerische Rückversicherungs-Gesellschaft, Schweizerische Unfallversicherungs-Gesellschaft.

Deutsche Bezieher waren u.a. Oberfinanzdirektionen, Gas-, Wasser- und Elektrizitätswerke, Universitäten, Vermessungsämter, Deutsche Bundesbahn, Bergwerke, chemische und Maschinenfabriken, Banken, Versicherungen, Verlage (z.B. R. Oldenbourg, München). In Österreich erwarben u.a. die Postdirektion, Textil- und Handelsunternehmen, die Nationalbank, Land- und Forstwirtschaftsämter das wertvolle Rechengerät.

1957: Übungen für Mathematiklehrkräfte mit der Curta an der ETH Zürich
Wie einem Dokument des ETH-Hochschularchivs zu entnehmen ist, fanden vom 7. November bis 14. Dezember 1957 im Hauptgebäude der ETH Zürich dreitägige Kurse für die Mathematiklehrkräfte der schweizerischen Mittelschulen statt. Aufgrund der großen Nachfrage musste diese Veranstaltung viermal durchgeführt werden. Der Gründer und Vorsteher des Instituts für angewandte Mathematik, Eduard Stiefel, hatte die Gymnasien und Techniken (technische Lehranstalten) eingeladen. Auf dem reichhaltigen Programm standen neben Vorlesungen der Informatikpioniere Eduard Stiefel und Heinz Rutishauser Übungen mit der Handrechenmaschine Curta, Besichtigungen der analogen Integrieranlagen der Firmen Contraves (Zürich) und Amsler (Schaffhausen) sowie eine Vorführung des ersten Schweizer Computers, des Elektronenrechners Ermeth. An dem 1948 eingerichteten Institut für angewandte Mathematik kamen auch in der Schweiz hergestellte mechanische Tischrechengeräte zum Einsatz: die Madas-Rechenmaschine (Madas = Multiplikation, automatische Division, Addition und Subtraktion) aus Zürich und die Loga-Rechenwalze aus Uster. Die ETH Zürich besass auch Millionär-Maschinen. Das Institut für angewandte Mathematik heißt heute Seminar für angewandte Mathematik.

13.6.4 Preise

Die *Schweizerische Bauzeitung*, eine Wochenschrift für Architektur, Ingenieurwesen und Maschinentechnik, veröffentlichte in der Ausgabe vom 2. Januar 1954 (72. Jahrgang, Nr. 1, Anzeigenseite 4) folgende Angaben: Curta Modell 1 (8 x 6 x 11 Stellen) 400 Franken, Curta Modell 2 (11 x 8 x 15 Stellen) 495 Franken. Eine Curta kostete damals dem Montageleiter Franz Oehry zufolge mehr als einen Monatslohn eines Feinmechanikers.

1963 bezifferte das Büromaschinen-Lexikon die Auslagen für die Curta 1 auf 425 DM, für die Curta 2 auf 535 DM (vgl. Paul Greiner: Büromaschinen-Lexikon, Robert Göller Verlag, Baden-Baden, 7. Auflage 1963/64).

In der nordamerikanischen Zeitschrift *Popular mechanics* vom Mai 1952 wird für die Curta 1 ein Preis von 134.70 Dollar angeführt. *Scientific American* nennt im Juni 1961 und im Juni 1971 den Betrag von 125 Dollar. Im Juni-Heft 1968 von *Popular science* wird dieses Gerät für 128 Dollar angeboten. Für die Curta 2 werden 1971 165 Dollar erwähnt.

Quellen

Archiv der ETH-Bibliothek Zürich: Schulratsakten, SR 3: 1957, Systematik-Nummer 509.203

Dokumente des Museums Mura, Schaanwald FL (Hansjörg Nipp) (u.a. technische Zeichnungen auf der Webseite) und von Franz Oehry

Filme und Videos von Kuno Bont, Hansjörg Nipp, Karl Lüthi

Zeitzeugengespräche mit Elmar Maier (Entwicklungsingenieur, Konstrukteur) und Franz Oehry (Leiter Montage und Service), ferner mit Curt Herzstark junior, Christine Holub, Arnold Kessler, Helmut Waldbauer u.a.

Erwin Tomash: An interview with Curt Herzstark, Nendeln, Liechtenstein, 10.–11. September 1987, Charles Babbage Institute, University of Minnesota, Minneapolis.

Für weitere Angaben vgl.

Erhard Anthes: Die Wiener Ingenieurfamilie Herzstark und die Erfindung der Rechenmaschine Curta, in: Blätter für Technikgeschichte, 1984/85, Heft 46/47, Seiten 115–137

H. Beyer: Die rechnerischen Vorteile der „Curta"-Rechenmaschine, in: Österreichisches Ingenieur-Archiv, Band 9, 1955, Heft 1, Seiten 31–37

Karl Holecek: Neue konstruktive Wege im Rechenmaschinenbau, in: Feinwerktechnik, Band 55, 1951, Heft 6, Seiten 129–136

Karl Holecek: Eine neuartige Rechenmaschine – eine interessante feinmechanische Konstruktion, in: Maschinenbau und Wärmewirtschaft, Band 9, 1954, Heft 6, Seiten 155–162

Elmar Maier: Ein prägender Lebensabschnitt. Rechenmaschine Curta (Patent Herzstark), 2014, http://dx.doi.org/10.3929/ethz-a-010345785

Peter Kradolfer: Die Curta und ihr Erfinder Curt Herzstark, in: Historische Bürowelt, Oktober 1993, Heft 35, Seiten 19–31

Hansjörg Nipp: Curta, Carena & Co. Geschichte der Contina in Mauren, Alpenland-Verlag AG, Schaan FL 2017

Walter Sigrist: Die Curta-Rechenmaschine – eine Legende, in: Vermessung, Photogrammetrie, Kulturtechnik, Band 90, 1992, Heft 3, Seiten 138–142

Clifford Stoll: Rechnen mit der Kurbel, in: Spektrum der Wissenschaft, 2004, Heft 4, Seiten 87–94

Ernst Trost: Aufbau und Wirkungsweise einer Taschenrechenmaschine, in: Technische Rundschau, Band 49, 1957, Heft 50, Seiten 21–23.

13.7 Mechanischer Parallelrechner aus Liechtenstein

Bei der Untersuchung des Nachlasses von Curt Herzstark kamen am 14. November 2015 im Schreibmaschinenmuseum Beck in Pfäffikon ZH außergewöhnliche Originalzeichnungen und Patentdokumente (vgl. Abb. 13.36–13.41) zu einer bisher unbekannten Mehrfachrechenmaschine, dem *kleinsten mechanischen Parallelrechner der Welt*, zum Vorschein.

Nach den nun aufgetauchten Patentunterlagen können beliebig viele Rundbaumaschinen miteinander gekuppelt werden. Herzstark beschreibt folgende Ausgestaltungen:
- zwei nebeneinander stehende Curtas,
- zwei übereinander gestapelte Curtas,
- vier nebeneinander stehende Curtas,
- fünf kreisförmig angeordnete Curtas.

Wie funktioniert die Mehrfach-Curta (vgl. Kasten)?

Merkmale der Mehrfachrechenmaschine
Der Parallelrechner zeichnet sich durch folgende Merkmale aus:
- Alle Maschinen werden gemeinsam durch eine einzige Handkurbel angetrieben.
- Alle Geräte lassen sich (durch axiales Verschieben der Antriebswellen) gemeinsam oder einzeln auf eine andere Grundrechenart umstellen. Das ist selbst dann möglich, wenn die einzelnen Maschinen auf unterschiedliche Rechenarten eingestellt sind.
- Alle Zählwerke können gleichzeitig oder einzeln stellenrichtig (dekadenweise) in beiden Drehrichtungen weitergeschaltet werden.
- Alle Ergebniswerke und/oder alle Umdrehungszähler werden gemeinsam oder einzeln gelöscht (auf null gestellt).

Curt Herzstark ergänzt: „Es sei noch erwähnt, daß die Mehrfachrechenmaschine auch mit einem elektrischen Antrieb versehen sein kann.“ (siehe die Patentschrift Nr. 195 147, Seite 5).

13.7.1 Doppel-, Vierfach- und Fünffach-Curta

Die höchst überraschenden Funde zeigen, dass der Wiener Erfinder nicht nur Einzelgeräte, sondern auch Mehrfach-Curtas entworfen hat. Rechenmaschinen mit mehreren Zählwerken gab es bereits früher, z.B. Doppel- oder Dreifachrechenmaschinen Brunsviga, Marchant, Millionär, Monroe, Thales, Triumphator. Sie beschleunigen das Rechnen und wurden u.a. für das Vermessungswesen und die Tilgungsrechnung verwendet. In den folgenden Abbildungen ist bei der Mehrfach-Curta stets das Modell 1 gemeint.

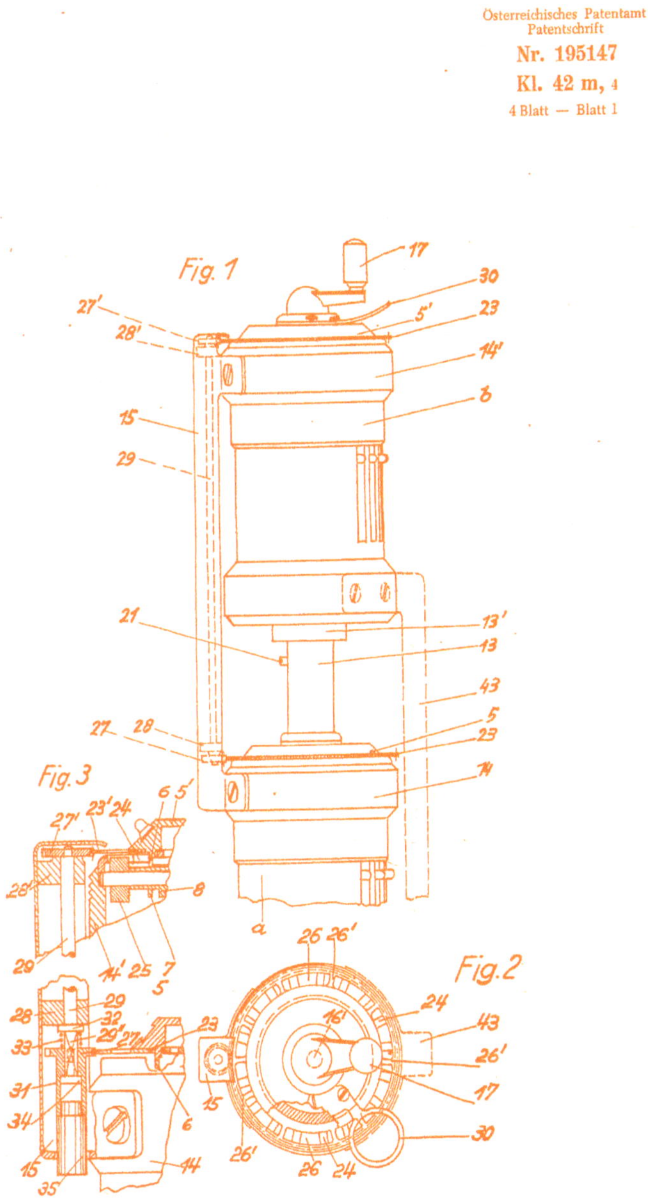

Abb. 13.36: Doppel-Curta (1). Wie aus der Zeichnung hervorgeht, ordnete Herzstark beide Maschinen über eine starre Verbindung stabförmig übereinander an. Laut Patentanmeldung können mehr als zwei Geräte gestapelt werden (© Österreichisches Patentamt, Wien, Stammpatent 1954/57).

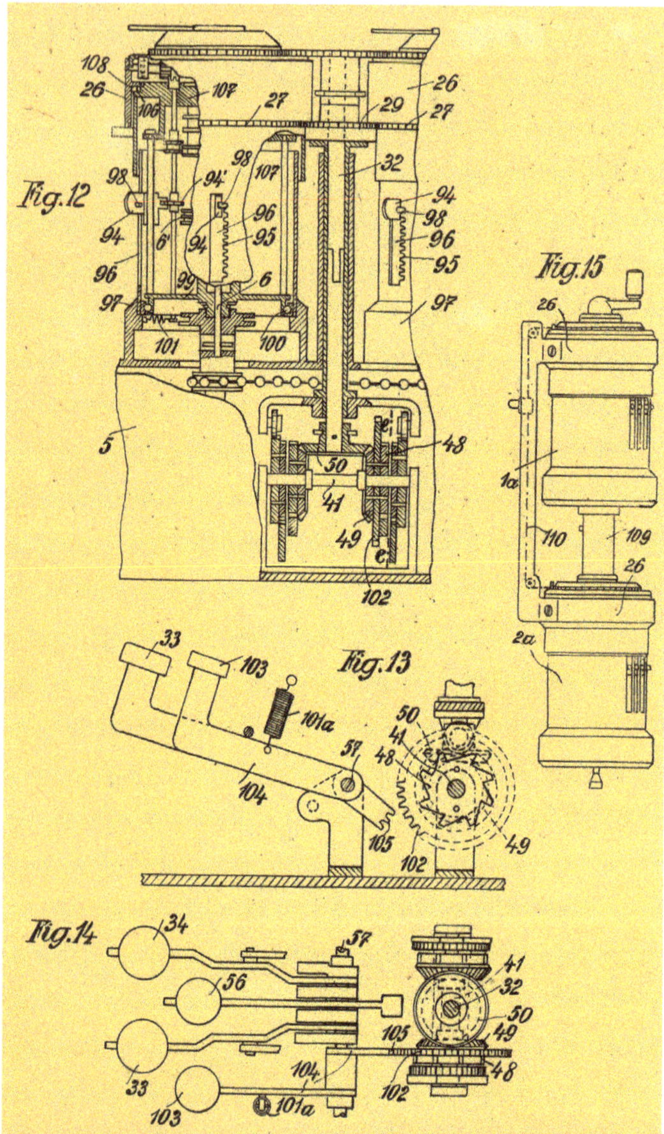

Abb. 13.37: Doppel-Curta (2). Die Originalzeichnung zeigt zwei gestapelte mechanische Rechenmaschinen (Quelle: Schreibmaschinenmuseum Beck, Pfäffikon ZH).

Um die Handhabung zu vereinfachen, entwarf Herzstark eine weitere Ausführungsform der Doppel-Curta mit einer Bodenplatte (Zusatzpatent).

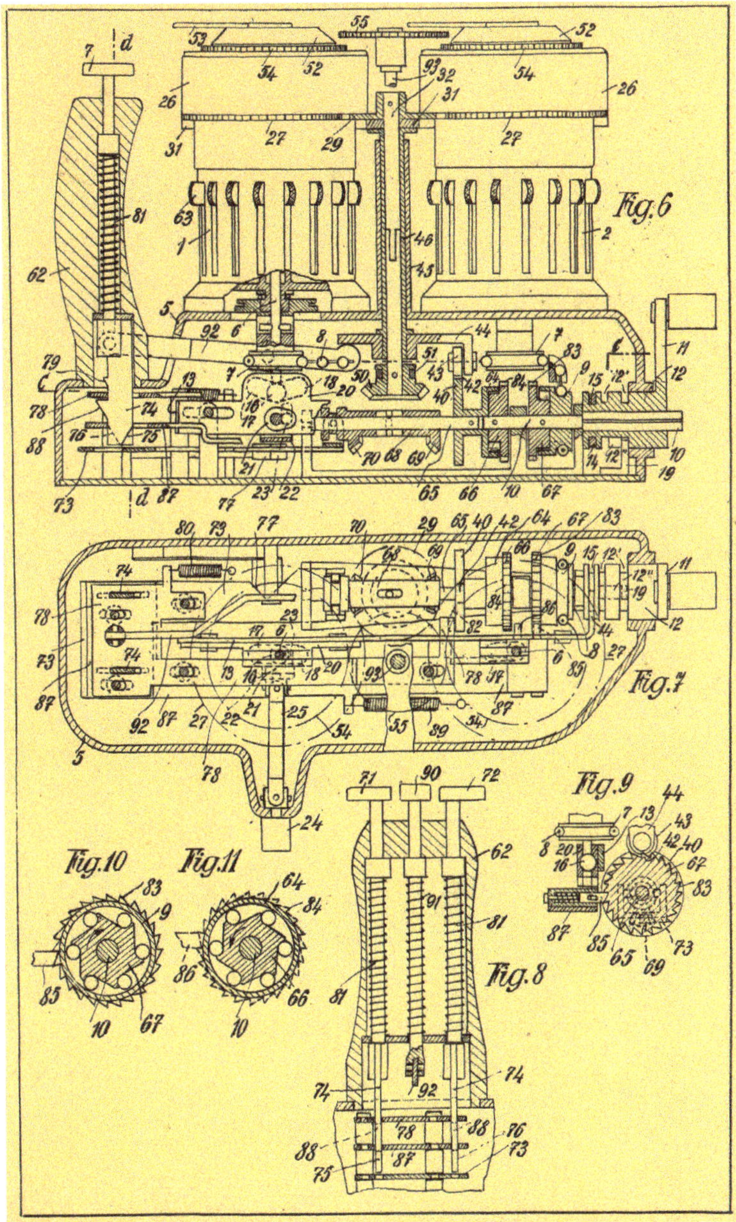

Abb. 13.38: Doppel-Curta (3). Die Originalzeichnung bildet zwei nebeneinander angeordnete mechanische Taschenrechenmaschinen ab. Die Antriebskurbel bewegt über Kegel- und Stirnräder die Hauptantriebswellen der beiden Geräte. Möglich ist auch ein Kettenantrieb (Quelle: Schreibmaschinenmuseum Beck, Pfäffikon ZH).

In der Patentanmeldung fehlt die folgende Variante mit vier Rundbaumaschinen:

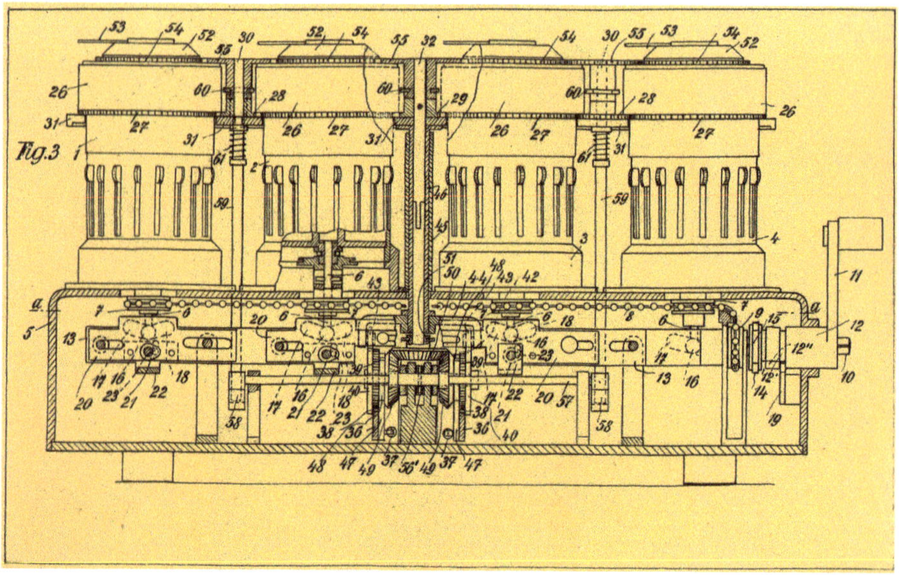

Abb. 13.39: Vierfach-Curta (1). Auf dieser Originalzeichnung sind vier Curtas dargestellt, die abnehmbar auf einem Sockel befestigt sind. Dieser ist mit Kupplungs-, Antriebs- und Steuerorganen ausgestattet. Die gemeinsame Antriebskurbel ist durch einen Kettenantrieb mit den Staffelwalzenwellen verbunden (Quelle: Schreibmaschinenmuseum Beck, Pfäffikon ZH).

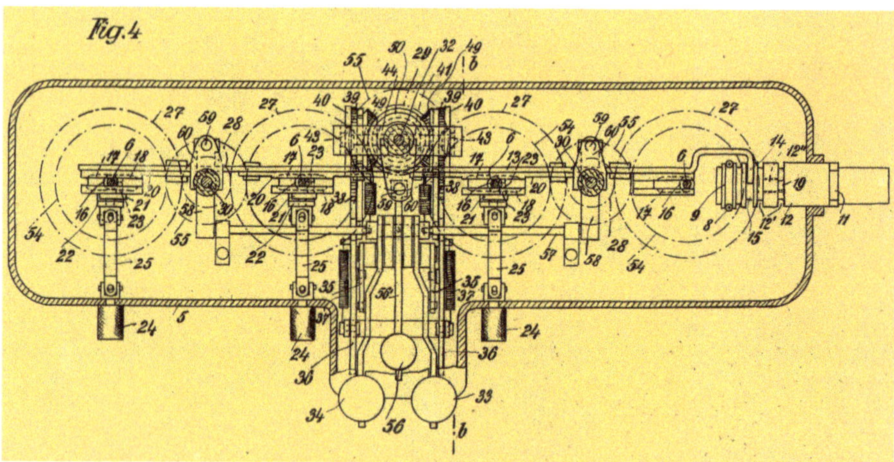

Abb. 13.40: Vierfach-Curta (2). Diese Abbildung gibt den Grundriss des mechanischen Parallelrechners wieder (Quelle: Schreibmaschinenmuseum Beck, Pfäffikon ZH).

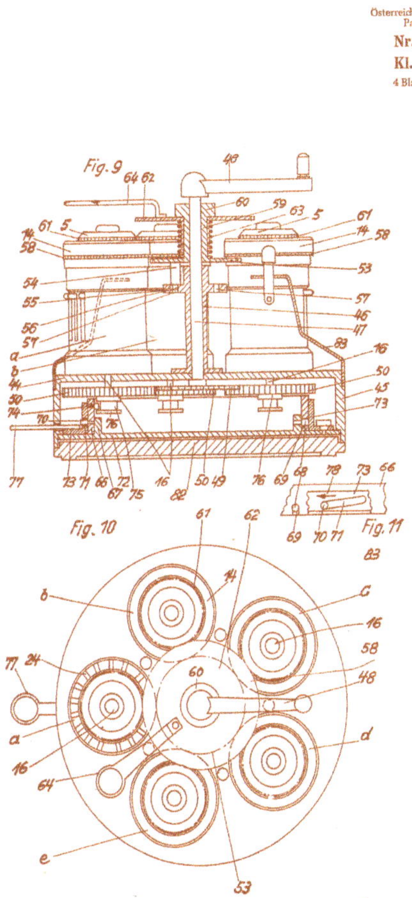

Abb. 13.41: Fünffach-Curta. Die fünf Rechenmaschinen stehen auf einem Sockel. Dieser ist drehbar auf einer kreisrunden Grundplatte angebracht. Dadurch lassen sich die Einstellwerke der fünf Geräte bequem bedienen. Die Hauptantriebswelle (Mitte) mit der Kurbel ist über Stirnräder mit den fünf Staffelwalzenwellen gekuppelt (© Österreichisches Patentamt, Wien, Stammpatent 1954/57).

Beschleunigung des Rechenvorgangs

Die hoch präzise Curta beherrscht alle vier Grundrechenarten. Dank der Kupplung mehrerer Geräte lässt sich der Rechenvorgang erheblich beschleunigen. Bei einer Vierfach-Curta gibt man beispielsweise die Werte (Multiplikanden) 137, 263, 389 und 491 ein und vervielfacht sie mit der Zahl 7 (Multiplikator). Die vier Multiplikationen lassen sich gleichzeitig (in diesem Fall mit 7 Kurbeldrehungen) durchführen. Die Zahlen 623, 511, 301 und 259 (Dividenden) kann man zeitgleich durch 7 (Divisor) teilen.

Mögliche Anwendungen waren etwa die gleichzeitige Umrechnung einer Preisliste in mehreren Währungen, die zeitgleiche Berechnung von Warenstückpreisen, die gleichzeitige Bestimmung der Koordinaten x und y im Vermessungswesen.

13.7.2 Patentschriften zur Mehrfachrechenmaschine

Zur Mehrfachrechenmaschine von Curt Herzstark sind folgende österreichische Patente bekannt:

- Patentschrift Nr. 195 147 vom 25. Januar 1958 (Stammpatent):
  Anmeldung: 19. Oktober 1954,
  Erteilung: 15. Mai 1957,
- Patentschrift Nr. 205 775 vom 10. Oktober 1959 (Zusatzpatent):
  Anmeldung: 15. Dezember 1954,
  Erteilung: 15. März 1959.

Eine erste österreichische Patentanmeldung für die Mehrfachrechenmaschine erfolgte bereits am 20. Dezember 1949. Es gab auch Bemühungen um ein amerikanisches Patent. Frühere österreichische Patente zur herkömmlichen Curta tragen die Nummern 747 073/192, 747 074/191, 166 581, 163 380.

13.7.3 Der kleinste mechanische Parallelrechner der Welt

Nach den bisherigen Erkenntnissen handelt es sich bei der Mehrfach-Curta um den *kleinsten* mechanischen Parallelrechner der Welt, den weltweit *ersten* mechanischen Parallelrechner im Taschenformat.

Herzstarks Beschäftigung mit der Mehrfach-Curta ist weitgehend unbekannt (vgl. Kasten).

Gedanken zur Mehrfachrechenmaschine
Im Abschnitt „Weiterentwicklung der Curta“ schreibt Herzstark: „Gedanklich setzte ich mich ein wenig mit einer „Mehrfachrechenmaschine“ für koordinierte Rechenvorgänge auseinander. Ich stellte sie mir etwa so vor: Entweder zwei Maschinen übereinander mit gemeinsamer Achse oder bis zu vier Maschinen nebeneinander angeordnet. Ende 1954, nur noch lose mit der Contina AG verbunden, habe ich beide Versionen noch zum Patent angemeldet. Die Sache aber blieb reines Experiment auf dem Papier.“ (siehe Curt Herzstark: Kein Geschenk für den Führer, Books on demand GmbH, Norderstedt 2005, Seite 268).

[...] auch die Idee einer Mehrfachrechenmaschine (zwei oder mehr Curtas neben- oder übereinander) meldete ich neu zum Patent an. Nach der Veröffentlichung dieser Patente in den Jahren 1954/55 [...] (siehe Curt Herzstark: Kein Geschenk für den Führer, Books on demand GmbH, Norderstedt 2005, Seite 284).

Wahrscheinlich hat Curt Herzstark keine Versuchsmuster gebaut. Sechs befragte hochbetagte Zeitzeuginnen und Zeitzeugen aus Liechtenstein, Österreich, Deutschland und der Schweiz mögen sich nicht an Prototypen erinnern. Die Mehrfachrechenmaschine wurde nicht serienmäßig hergestellt. Der Erfinder, der von Nazis um sein Lebenswerk geprellt wurde, hatte zu diesem Zeitpunkt die Herstellerfirma Contina bereits verlassen. Curt Herzstark schied am 31. Dezember 1951 als technischer Direktor der Contina AG aus (siehe Curt Herzstark: Kein Geschenk für den Führer, Books on demand GmbH, Norderstedt 2005, Seite 276) und war anschließend nur noch als Berater für technische Fragen und als Vertreter tätig. Am 31. Dezember 1956 trennte er sich endgültig von der Firma (a. a. O., Seite 286).

13.8 Mechanischer Parallelrechner aus England

Seit November 2015 ist bekannt, dass sich Curt Herzstark ab Ende der 1940er Jahre eingehend mit Mehrfachrechenmaschinen befasst hat. Sein mechanischer Parallelrechner wurde patentiert, überlebt haben auch vorzügliche Konstruktionszeichnungen. Die Mehrfach-Curta kam aber nicht auf den Markt. Im Sommer 2017 wurde mir bewusst, dass an der englischen Universität Birmingham eine *Zwölffach-Curta* für Matrixrechnungen gebaut wurde.

13.8.1 Englische Zwölffach-Curta für Matrixberechnungen

Das 1943 gegründete Blatt *Mathematical tables and other aids to computation* war in den 1940er und 1950er Jahren die international führende Zeitschrift für Rechentechnik. Seit 1960 heißt sie *Mathematics of computation.* In der Ausgabe vom Juli 1954 (vgl. Abb. 13.42) machte A. Opler im Abschnitt „Other aids to computation" auf die Zwölffach-Curta aufmerksam:

OTHER AIDS TO COMPUTATION 181

1143. James C. Robb, "A calculator for aiding matrix calculations," Faraday Soc. *Trans.*, v. 50, 1954, p. 8–12.

Twelve Curta Calculators are mounted on a base and have their working mechanisms geared together and centrally controlled. The operations (1) shift carriage, (2) clear and (3) enter multiplier, activate the twelve calculators simultaneously. Complete constructional details are given. The capacities are, of course, those of the Curta—6D multiplier, 8D multiplicand and 11D product. Provision for positive and negative multiplier and multiplicand is possible.

The device is well suited to problems involving many simultaneous multiplications and addition. As an example, matrix multiplication is described. The writer claims the equipment is suitable for use with inversion schemes like those of Crout, but no further explanation is given. For twelfth order matrix by vector multiplication with 4D elements, a time of 17 minutes is cited.

A. Opler

The Dow Chemical Company
Pittsburg, Calif.

Abb. 13.42: Mechanischer Parallelrechner. Besprechung des Aufsatzes von James Robb in der Zeitschrift Mathematical tables and other aids to computation (1954) (© MTAC).

James Christie Robb (1924–1999), von der Abteilung für Chemie der Universität Birmingham, hatte bei den *Transactions of the Faraday society* (vgl. Abb. 13.43) einen Aufsatz über eine Zwölffach-Curta eingereicht, der am 20. Juli 1953 einging. Die Zeitschrift erschien von 1905 bis 1971.

Robb war ab 1948 an der Universität Birmingham tätig. 1956 wurde er zum Professor für physikalische Chemie ernannt, 1983 zum Vorstand der Abteilung für Chemie. Der von Robb entworfene Parallelrechner wurde von S. Travers mit Unterstützung von J. Harcourt konstruiert.

Die zwölf Curtas (Modell 1) sind kreisförmig auf einem mit zwei Griffen versehenen achteckigen Sockel aus der Alulegierung Dural angeordnet. Die Rechenmühlen haben jeweils 8 Stellen im Einstellwerk, 6 im Umdrehungszähler und 11 im Ergebniswerk. Die Bodenplatte weist drei Hebel auf, je einen (von links nach rechts) für die Schlittenverschiebung (6 verschiedene Dezimalstellen), fürs Löschen und für die Multiplikation. Der linke Hebel schiebt den Wagen in die Höhe und dreht ihn in eine der sechs Stellungen (Einer, Zehner, Hunderter, Tausender usw.). Nach der Beschreibung gibt es grundsätzlich keine Grenze für die Anzahl der Curtas, die sich zusammenbauen lassen.

In diesem Beitrag werden die Curta und die Contina genannt, nicht aber Curt Herzstark. Die liechtensteinische Contina AG schenkte die zwölf Curtas. Das Gerät erleichterte die Lösung von linearen Simultangleichungen. Es diente für die Berechnung von Kehrmatrizen. Man konnte gleichzeitig zwölf beliebige (1- bis 8-stellige) Werte mit demselben (positiven oder negativen) Faktor multiplizieren.

Im Aufsatz wird auf eine Anmeldung Nr. 10993/53 beim britischen Patentamt hingewiesen. Ob ein Patent erteilt wurde, ist jedoch ungewiss. In der europäischen Patentdatenbank ist kein entsprechender Eintrag zu finden. Herzstark hatte bereits am 20. Dezember 1949 in Wien eine erste österreichische Patentanmeldung für die Mehrfachrechenmaschine eingereicht, 1953 war er nicht mehr bei der Contina angestellt.

Abb. 13.43: Zwölffach-Curta (1). Der weltweit kleinste mechanische Parallelrechner wurde 1953 an der Universität Birmingham gebaut. Er besteht aus zwölf Curtas (Modell 1) (© Royal society of chemistry, London).

In den Curta-News (1957) (vgl. Abb. 13.44–13.45) wird die englische Mehrfachrechenmaschine vorgestellt:

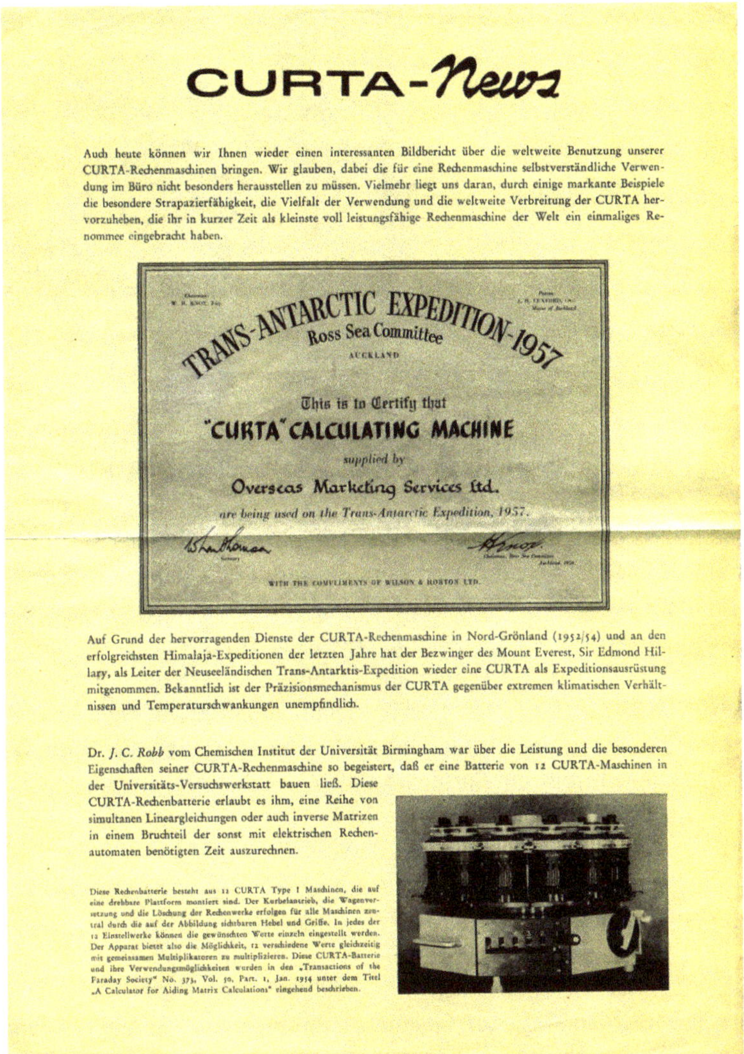

CURTA-News

Auch heute können wir Ihnen wieder einen interessanten Bildbericht über die weltweite Benutzung unserer CURTA-Rechenmaschinen bringen. Wir glauben, dabei die für eine Rechenmaschine selbstverständliche Verwendung im Büro nicht besonders herausstellen zu müssen. Vielmehr liegt uns daran, durch einige markante Beispiele die besondere Strapazierfähigkeit, die Vielfalt der Verwendung und die weltweite Verbreitung der CURTA hervorzuheben, die ihr in kurzer Zeit als kleinste voll leistungsfähige Rechenmaschine der Welt ein einmaliges Renommee eingebracht haben.

TRANS-ANTARCTIC EXPEDITION-1957
Ross Sea Committee
AUCKLAND

This is to Certify that
"CURTA" CALCULATING MACHINE
supplied by
Overseas Marketing Services Ltd.
are being used on the Trans-Antarctic Expedition, 1957.

WITH THE COMPLIMENTS OF WILSON & HORTON LTD.

Auf Grund der hervorragenden Dienste der CURTA-Rechenmaschine in Nord-Grönland (1952/54) und an den erfolgreichsten Himalaja-Expeditionen der letzten Jahre hat der Bezwinger des Mount Everest, Sir Edmond Hillary, als Leiter der Neuseeländischen Trans-Antarktis-Expedition wieder eine CURTA als Expeditionsausrüstung mitgenommen. Bekanntlich ist der Präzisionsmechanismus der CURTA gegenüber extremen klimatischen Verhältnissen und Temperaturschwankungen unempfindlich.

Dr. *J. C. Robb* vom Chemischen Institut der Universität Birmingham war über die Leistung und die besonderen Eigenschaften seiner CURTA-Rechenmaschine so begeistert, daß er eine Batterie von 12 CURTA-Maschinen in der Universitäts-Versuchswerkstatt bauen ließ. Diese CURTA-Rechenbatterie erlaubt es ihm, eine Reihe von simultanen Lineargleichungen oder auch inverse Matrizen in einem Bruchteil der sonst mit elektrischen Rechenautomaten benötigten Zeit auszurechnen.

Diese Rechenbatterie besteht aus 12 CURTA Type I Maschinen, die auf eine drehbare Plattform montiert sind. Der Kurbelantrieb, die Wagenversetzung und die Löschung der Rechenwerke erfolgen für alle Maschinen zentral durch die auf der Abbildung sichtbaren Hebel und Griffe. In jedes der 12 Einstellwerke können die gewünschten Werte einzeln eingestellt werden. Der Apparat bietet also die Möglichkeit, 12 verschiedene Werte gleichzeitig mit gemeinsamen Multiplikatoren zu multiplizieren. Diese CURTA-Batterie und ihre Verwendungsmöglichkeiten wurden in den „Transactions of the Faraday Society" No. 373, Vol. 50, Part. 1, Jan. 1954 unter dem Titel „A Calculator for Aiding Matrix Calculations" eingehend beschrieben.

Abb. 13.44: Zwölffach-Curta (2). Mit mehrjähriger Verspätung wird der englische Matrixrechner in den Curta-News beschrieben (Quelle: Curta AG, Vaduz/Schreibmaschinenmuseum Beck, Pfäffikon ZH).

Dr. *J. C. Robb* vom Chemischen Institut der Universität Birmingham war über die Leistung und die besonderen Eigenschaften seiner CURTA-Rechenmaschine so begeistert, daß er eine Batterie von 12 CURTA-Maschinen in der Universitäts-Versuchswerkstatt bauen ließ. Diese CURTA-Rechenbatterie erlaubt es ihm, eine Reihe von simultanen Lineargleichungen oder auch inverse Matrizen in einem Bruchteil der sonst mit elektrischen Rechenautomaten benötigten Zeit auszurechnen.

Diese Rechenbatterie besteht aus 12 CURTA Type I Maschinen, die auf eine drehbare Plattform montiert sind. Der Kurbelantrieb, die Wagenversetzung und die Löschung der Rechenwerke erfolgen für alle Maschinen zentral durch die auf der Abbildung sichtbaren Hebel und Griffe. In jedes der 12 Einstellwerke können die gewünschten Werte einzeln eingestellt werden. Der Apparat bietet also die Möglichkeit, 12 verschiedene Werte gleichzeitig mit gemeinsamen Multiplikatoren zu multiplizieren. Diese CURTA-Batterie und ihre Verwendungsmöglichkeiten wurden in den „Transactions of the Faraday Society“ No. 373, Vol. 50, Part. 1, Jan. 1954 unter dem Titel „A Calculator for Aiding Matrix Calculations“ eingehend beschrieben.

Abb. 13.45: Zwölffach-Curta (3). Der Ausschnitt mit dem Parallelrechner ist hier vergrößert (Quelle: Curta AG, Vaduz/Schreibmaschinenmuseum Beck, Pfäffikon ZH).

13.8.2 Unabhängige Entwicklung von zwei mechanischen Parallelrechnern?

Es ist anzunehmen, dass die zwei mechanischen Parallelrechner, die beide auf der Curta aufbauen, unabhängig voneinander entstanden sind: Robb kannte Herzstarks Patent wohl nicht, denn selbst engen Mitarbeitern in Liechtenstein waren Herzstarks Bemühungen um Mehrfachrechner unbekannt. Vielleicht wusste auch der Erfinder der Curta nichts über den Matrixrechner aus Birmingham. In seinen Lebenserinnerungen *Kein Geschenk für den Führer* und im Gespräch mit Erwin Tomash vom Charles-Babbage-Institut wird nämlich die Mehrfachrechenmaschine aus Birmingham nicht erwähnt. Dies obwohl die Curta-News 1957 darüber berichteten. Robbs Matrixmaschine wurde vermutlich nicht patentiert.

13.8.3 Britischer Matrixrechner verschollen

Der mechanische Parallelrechner ist wahrscheinlich nicht erhalten. Nachforschungen bei der Universität Birmingham (Rektorat, Chemieabteilung, Bibliothek/Archiv), dem Birmingham museums trust, der Royal society of chemistry (London), dem Science Museum (London), dem National Museum of Computing (Bletchley Park) und der britischen Computer conservation society (London) blieben ergebnislos.

Jim Burdon von der Universität Birmingham erinnert sich schwach an das rein mechanische Gerät, weiß aber nicht, ob es überlebt hat: „I vaguely remember the device. It was purely mechanical. I do not know if the device still exists.“ (persönliche Mitteilung vom 30. Juni 2017). Auch Jo-Ann Curtis, Kurator für Geschichte des Birmingham museums trust (Mitteilung vom 6. Juli 2017), und David Allen, Bibliothekar der Royal society of chemistry, London (10. Juli 2017), konnten nicht weiter helfen.

Quellen

Herbert Bruderer: The world's smallest mechanical parallel calculator, in: Arthur Tatnall; Christopher Leslie (Hg.): International communities of invention and innovation, Springer international publishing AG Switzerland, Cham 2016, Seiten 186–192

Herbert Bruderer: Multiple Curtas. Discovery of original drawings and patent documents of an unknown parallel mechanical pocket calculator in Switzerland, in: Charles Babbage Institute, Center for the history of information technology, Newsletter, Band 38, 2016, Heft 1, Seiten 21–23

Herbert Bruderer: Finding the world's smallest mechanical parallel calculator. Discovery of a 12-fold Curta in Britain, in: Communications of the ACM, Tagebucheintrag vom 12. September 2017, https://cacm.acm.org/blogs/blog-cacm/220968-finding-the-worlds-smallest-mechanical-parallel-calculator/fulltext

Curt Herzstark: Kein Geschenk für den Führer, Books on demand GmbH, Norderstedt 2005

Roy S. Lehrle: James C. Robb 1924–1999, in: Chemistry in Britain, Band 37, 2001, Heft 1, Seite 57

Opler: 1143. James C. Robb, „A calculator for aiding matrix calculations", Faraday Soc. Trans., v. 50, 1954, p. 8–12, in: Mathematical tables and other aids to computation, Band 8, Juli 1954, Heft 47, Seite 181

James C. Robb: A calculator for aiding matrix calculations, in: Transactions of the Faraday society, Band 50, 1954, Seiten 8–12

Erwin Tomash: An interview with Curt Herzstark, Nendeln, Liechtenstein, 10.–11. September 1987, Charles Babbage Institute, University of Minnesota, Minneapolis.

14 Rechenschieber

Zusammenfassung: Das Kapitel „Rechenschieber“ behandelt einst weit verbreitete mathematische Instrumente. Sie beruhen auf den von Jost Bürgi (Schweiz) und John Napier (Schottland) entdeckten Logarithmen. Die Multiplikation wird dabei auf die Addition, die Division auf die Subtraktion von Strecken zurückgeführt. Man spricht auch von grafischem Rechnen. Es gibt verschiedene Bauformen: Rechenstäbe, Rechenscheiben, Rechenwalzen und Rechenuhren. Die Rechenwalzen haben parallel oder spiralförmig angeordnete Skalenabschnitte. Die Analogrechner entstanden im 17. Jahrhundert und waren bis in die 1970er Jahre in Gebrauch. Der Engländer William Oughtred gilt als Erfinder des Rechenschiebers. Die größte serienmäßig gefertigte Rechenwalze, der Loga-Calculator, hat eine Skalenlänge von 24 m. Je länger die Skala, desto genauer das Gerät. Bei den aus der Schweiz stammenden Loga-Walzen besteht eine Beziehung zwischen den Seriennummern und der Skalenlänge.

Schlüsselwörter: Analogrechner, Jost Bürgi, grafisches Rechnen, Loga-Calculator, Logarithmen, mathematisches Instrument, John Napier, William Oughtred, Rechenscheibe, Rechenschieber, Rechenstab, Rechentrommel, Rechenuhr, Rechenwalze

14.1 Logarithmen

14.1.1 Grafisches Rechnen

Logarithmieren ist eine Umkehrung des Potenzierens. Aufgrund der Logarithmengesetze wird die Multiplikation auf die Addition zurückgeführt, die Division auf die Subtraktion, das Potenzieren auf die Multiplikation und das Radizieren (Wurzelziehen) auf die Division. So vereinfacht sich das Rechnen erheblich. Die *arithmetische (numerische)* Multiplikation wird auf den logarithmischen Skalen zu einer *geometrischen (grafischen)* Addition von zwei Strecken. Man spricht daher auch vom grafischen Rechnen.

Lineare Skalen (mit gleichmäßiger Teilung) beginnen bei 0 (Additionsskalen). Logarithmische Skalen (mit ungleichmäßiger Teilung) fangen bei 1 an (Multiplikationsskalen). Rechenschieber verwenden logarithmische Skalen.

Logarithmen vereinfachen das Rechnen erheblich (vgl. Kasten).

Was ist ein Logarithmus?
In der Gleichung $a^b = c$ muss man die vorgegebene Zahl a (Basis, Grundzahl) mit der gesuchten Zahl b (Exponent, Hochzahl, Logarithmus) potenzieren, um die vorgegebene Zahl c (Numerus, Potenzwert) zu erhalten. Der Logarithmus ist ein Exponent. b = Logarithmus von c zur Basis a ($b = \log_a c$). Bis zur Einführung der elektronischen Taschenrechner in den 1970er Jahren wurden für anspruchsvolle Berechnungen neben mechanischen Tischrechenmaschinen Logarithmentafeln und logarithmische Rechenschieber verwendet.

https://doi.org/10.1515/9783110669664-014

Weit verbreitet sind dekadische oder Zehnerlogarithmen mit der Basis 10. Statt $b = \log_{10} c$ schreibt man kurz $b = \lg c$. Beispiele:

$\lg 1 = \lg 10^0 = 0$, denn $10^0 = 1$
$\lg 10 = \lg 10^1 = 1$, denn $10^1 = 10$
$\lg 100 = \lg 10^2 = 2$, denn $10^2 = 100$
$\lg 1000 = \lg 10^3 = 3$, denn $10^3 = 1000$.

14.1.2 Wer hat die Logarithmen und den Rechenschieber erfunden?

Entdecker der Logarithmen sind der Schotte *John Napier* und der Schweizer *Jost Bürgi* (um 1700). Nach gängiger Auffassung hat Bürgi die Logarithmen als Erster erfunden, während Napier sie als Erster veröffentlicht hat. Der jahrzehntealte Streit dauert an:

> „It seems a fair conclusion that Napier has both the priority in the invention of the logarithms as well as the priority in publication." (siehe Brian Rice; Enrique González-Velasco; Alexander Corrigan: The life and works of John Napier, Springer international publishing AG Switzerland, Cham 2017, Seite 431).

Es scheint, dass Napier sowohl als Erster die Logarithmen entdeckt wie auch zuerst darüber veröffentlicht hat.

Der Engländer *William Oughtred* gilt als der Schöpfer der Rechenscheibe und des Rechenstabs. Nach ihm ist deshalb die Oughtred Society, eine internationale Vereinigung für die Geschichte der Rechentechnik, benannt. Die Rechenwalze taucht erst später auf.

Anmerkungen
Bei der Entwicklung der Logarithmen gab es mehrere Vorläufer, z.B. *Michael Stifel* und Archimedes.

Zu beachten: Bei den neperschen Rechenstäbchen, welche die Multiplikation und die Division vereinfachten, handelt es sich um *digitale* Instrumente, sie sind nicht logarithmisch.

Bürgis Sinusberechnungen blieben lange Zeit ein Geheimnis (vgl. Kasten).

Bürgis Kunstweg
Menso Folkerts hat, wie einer persönlichen Mitteilung vom 2. Oktober 2017 zu entnehmen ist, die Bürgi-Handschrift schon 1991 in der Universitätsbibliothek Breslau/Wroclaw (Polen) gefunden. 2013 hat er das Werk näher untersucht und Jost Bürgis Verfahren zur Berechnung der Sinuswerte, den *Kunstweg* (1592), entdeckt.
Für weiterführende Angaben vgl.
Menso Folkerts: Eine bisher unbekannte Schrift von Jost Bürgi zur Trigonometrie, in: Rainer Gebhardt (Hg.): Arithmetik, Geometrie und Algebra der frühen Neuzeit, Adam-Ries-Bund, Annaberg-Buchholz 2014, Seiten 107–114

Menso Folkerts; Dieter Launert; Andreas Thom: Jost Bürgi's method for calculating sines, in: Historia mathematica, Band 43, 2016, Heft 2, Seiten 133–147

Dieter Launert: Bürgis Kunstweg im *Fundamentum astronomiae*. Entschlüsselung eines Rätsels, Bayerische Akademie der Wissenschaften, München 2015

Dieter Launert: Sinustafel wiederentdeckt – Bürgis „Kunstweg" entschlüsselt, in: Mitteilungen der deutschen Mathematiker-Vereinigung, Band 24, 2016, Heft 2, Seiten 89–94

Grégoire Nicollier: How Bürgi computed the sines of all integer angles simultaneously in 1586, in: Mathematische Semesterberichte, Band 65, 2018, Heft 1, Seiten 15–34

Jörg Waldvogel: Jost Bürgi's artificium of 1586 in modern view, an ingenious algorithm for calculating tables of the sine function, in: Elemente der Mathematik, Band 71, 2016, Heft 3, Seiten 89–99.

14.1.3 Addition und Subtraktion mit Rechenschiebern

Logarithmische Rechenschieber eignen sich naturgemäß nicht für die Addition und die Subtraktion. Dazu lassen sich Rechenstäbe mit gleichmäßiger Skala (handelsübliche Maßstäbe und Lineale) verwenden. Auf Umwegen (vgl. Abb. 14.1–14.2) sind die beiden Grundrechenarten dennoch möglich (Additions- und Subtraktionslogarithmen von Z. Leonelli).

Wir können sogar addieren und subtrahieren!

Eine kleine Prüfungsfrage: Wer von uns alten „Fachleuten" selbst weiß, daß man mit dem logarithmischen Rechenschieber auch *addieren* und *subtrahieren* kann? Es heißt doch gewöhnlich, daß man mit diesem Gerät nur multiplizieren und dividieren, radizieren und quadrieren kann! Wie steht es also damit?

Nun, es geht tatsächlich — und zwar ohne Zauberei oder Trugschlüsse. Notwendig ist lediglich, die Aufgabe vorher nach der Formel

$$a \pm b = b \cdot \left(\frac{a}{b} \pm 1\right)$$

Abb. 14.1: Addition und Subtraktion (1). Mit dem Rechenstab kann man auch zusammenzählen und abziehen. Das ist allerdings umständlich (Quelle: Max Hartmuth: Vom Abakus zum Rechenschieber, Verlag Boysen & Maasch, Hamburg 1942, Seiten 131–132).

umzuformen. Liegt z. B. die Aufgabe 472 + 183 vor, dann wäre zu rechnen:

$$183 \cdot \left(\frac{472}{183} + 1\right)$$

(als Faktor vor der Klammer wählt man — sowohl in Additions- wie Subtraktionsaufgaben — zweckmäßig stets die *kleinere* der beiden Zahlen). Wir

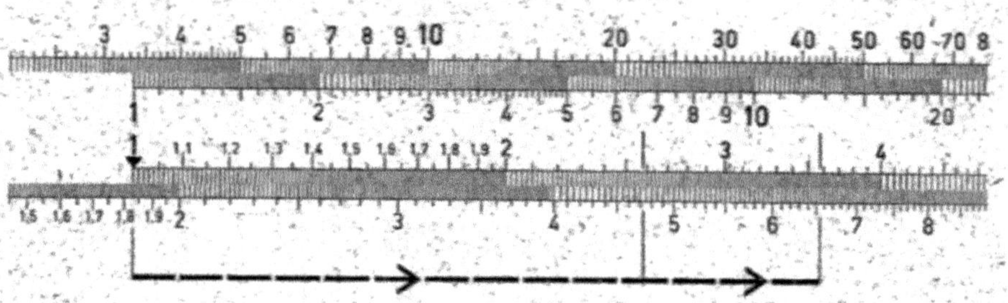

rechnen auf den unteren Leitern und stellen Zg 1 über 1-8-3 auf Kp, verschieben dann den Läufer bis 4-7-2 auf Kp und lesen darüber den Wert 2-5-8 ab. Da der Quotient $\frac{472}{183}$ in den Bereich von 1—10 fällt, müssen wir das Ergebnis als 2,58 ansehen und im Kopf den Wert „1" zuzählen, so daß sich 3,58 ergibt. Unter 3-5-8 auf Zg aber können wir 6-5-5 ablesen, das Ergebnis unserer Rechnung: 655. Das Ganze ist umständlicher beschrieben, als es in Wirklichkeit vor sich geht (vgl. Einstellbild!).

Sollen die beiden Zahlen subtrahiert werden, dann verfahren wir zu Anfang genau so, und zwar bis zur Ablesung des Wertes 2-5-8. Jetzt wird die 1 jedoch nicht zugezählt, sondern abgezogen; die Kopfrechnung ergibt also 1-5-8. Und unter diesem Wert auf Zg steht auf Kp die gesuchte Differenz: 289.

Beachte: Beide Rechnungsglieder auf dem Körper einstellen; Ergebnis wieder auf dem Körper ablesen. Nur Zwischenablesung erfolgt auf der Zunge.

Wer zum erstenmal die Durchrechnung eines beliebigen Beispiels nach dieser Anweisung vornimmt, ist aufs höchste überrascht, daß es tatsächlich „geht". Man kann zwar einwenden, daß bei derartigen Aufgaben das Stiftrechnen schneller zum Ziele führt; bestehen bleibt jedoch die Tatsache, daß der Rechenschieber auch auf diesem Gebiete nicht versagt — quod erat demonstrandum! — Wichtig ist noch, zu beachten, daß der ganze Formelausdruck mit nur *einer* Zungenverstellung gelöst wird — was allein schon eine großartige Leistung des einfachen Rechenschiebers darstellt.

Abb. 14.2: Addition und Subtraktion (2). Mit dem Rechenstab kann man auch zusammenzählen und abziehen. Das ist allerdings umständlich (Quelle: Max Hartmuth: Vom Abakus zum Rechenschieber, Verlag Boysen & Maasch, Hamburg 1942, Seiten 131–132).

14.2 Bauformen

14.2.1 Rechenstäbe, Rechenscheiben und Rechenwalzen

Rechenschieber gibt es in zahlreichen Bauformen:
- Rechenstäbe (Stabrechenschieber),
- Rechenscheiben (Kreisrechner ,Kreisrechenschieber, Rechenkreis),
- Rechenwalzen (Rechentrommeln, Rechenzylinder),
- Rechenräder (Drehrechner),
- Rechenuhren,
- Rechenringe,
- Rechentafeln (Rechengitter, Rechenrost).

Manche Bezeichnungen von (analogen) logarithmischen Rechenhilfsmitteln sind verwirrend, denn sie werden auch für digitale Geräte gebraucht: Rechen*blatt*, Rechen*brett*, Rechen*tafel*. Man sprach u.a. von logarithmisch-grafischen Rechentafeln.

Neben logarithmischen Rechenstäben gibt es auch Schieber mit *linearer* Teilung, sogenannte *Tabellenschieber*. Auch Rechenscheiben können eine gleichmäßige Einteilung haben.

Die (dreiteiligen) Rechenstäbe setzen sich aus einem (festen) *Stabkörper*, einer (beweglichen) *Zunge* (Schieber) und einem (beweglichen) *Läufer* zusammen. Bei den Rechenstäben befinden sich die zahlreichen Skalen auf der Vorder- sowie der Rückseite des Körpers und der Zunge. Die Skalen sind manchmal weit auseinander, so dass ein Läufer zweckmäßig ist. Ablesefenster erleichtern die Handhabung.

Die Quadratskalen werden aus geschichtlichen Gründen mit A und B bezeichnet, die Grundskalen mit C und D bezeichnet. Diese Namen wurden für die Soho-, Mannheim- und Rietz-Rechenstäbe übernommen.

Die (dreiteiligen) Rechenscheiben weisen äußere (feste) und innere (bewegliche) Kreisskalen sowie einen drehbaren Zeiger auf, ähnlich die Rechenräder.

Die (zweiteiligen) Rechenwalzen bestehen aus einer *Trommel* (Zylinder, Walze) und einem drehbaren und seitlich verschiebbaren *Käfig* (Korb, Schieber, Muffe, Manschette). Die Rechenwalzen haben im Allgemeinen nur zwei (benachbarte) Skalen, je eine auf der Trommel und (in Form von Streifen) am Käfig.

Es gab viele Bücher zu den Rechenstäben, jedoch kaum Schriften zu den übrigen Rechenschiebern. Einige Werke enthalten Bedienungsanleitungen für Rechenstäbe. Anleitungen zu Rechenscheiben und vor allem zu Rechenwalzen sind hingegen schwer zu finden.

14.2.2 Endlosskala und doppelte Skala

Bei *Endlosskalen*, d.h. den *kreisförmigen* Skalen von Rechenscheiben, entfällt das umständliche *Durchschieben.* Man kommt mit *einfachen* Skalen aus. Skalenanfang und Skalenende fallen zusammen. Bei den übrigen Arten von Rechenschiebern muss man entweder durchschieben (Skalen C und D des Rechenstabs), oder die Skalenabschnitte sind *doppelt* aufgetragen – entweder unmittelbar *nacheinander* (Skalen A und B des Rechenstabs) oder überlappend wie bei vielen Rechenwalzen. Will man mit einer *einfachen* Spiralskala auskommen, benötigt man einen *mehrfachen* Zeiger.

Das Durchschieben beim Rechenstab lässt sich vermeiden, vgl. dazu Max Hartmuth: Vom Abakus zum Rechenschieber, Verlag Boysen & Maasch, Hamburg 1942, Seite 136.

Warum überschneiden sich die Skalenabschnitte bei einer Rechenwalze?
Die Zunge eines Rechenstabs kann man auf beiden Seiten herausziehen. Bei der Rechenwalze lässt sich der Käfig jedoch wegen der Bauform nur bis an den linken und rechten Trommelrand schieben. Daher müssen sich aufeinanderfolgende Skalenabschnitte auf der Trommel überlappen.

Wo beginnt die Skala einer Rechenwalze?
Der Anfangspunkt der Skala befindet sich *in der Mitte der Walzenoberfläche* und wird bei gewissen Ausführungen durch einen roten Kreisring gekennzeichnet, in anderen Fällen durch einen roten Doppelbalken.

14.3 Einteilung der Rechenschieber

Der Ausdruck Rechen*schieber* wird nicht nur als Sammelbegriff gebraucht, sondern auch allgemein im Sinn von Rechen*stab* verwendet. Die folgenden Ausführungen beziehen sich auf die drei Hauptformen: Rechenstäbe, Rechenscheiben und Rechentrommeln.

14.3.1 Rechenstäbe

Zwei Grundformen von Rechenstäben treten auf:
- Einseitenrechenstab: Dieser Rechenstab hat eine durchgehende Bodenplatte (ohne Stege). Die Skalen sind auf der Oberseite des Körpers sowie der Ober- und Unterseite der Zunge aufgetragen. Die Oberseite der Körpers ist mit einem Läufer ausgestattet. Beispiele: Rechenstäbe älterer Bauart.
- Zweiseitenrechenstab: Dieser Rechenstab hat zwei Körperleisten, die an beiden Enden durch Stege fest miteinander verbunden sind. Die Skalen sind auf der Ober- und Unterseite des Körpers sowie auf beiden Seiten der Zunge angebracht.

Der Läufer umhüllt beide Seiten. Beispiele: Rechenstäbe neuerer Bauart. Zweiseitenrechenstäbe hatten eine große Verbreitung.

14.3.2 Rechenscheiben

Es gibt mehrere Bauarten von Rechenscheiben:

- Rechner mit einer Kreisfläche und einem Ring: Die innere (bewegliche) Kreisfläche und der äußere (feste) Ring befinden sich in einer einzigen Ebene. Die Skalen sind auf der Oberseite oder auf beiden Seiten aufgetragen. Üblich sind ein oder zwei Drehzeiger. Beispiel: Loga-Rechenscheibe. Die meisten Rechenscheiben haben diese Bauart. Es gibt auch Kreisrechner mit beweglichem äußerem Ring und fester innerer Scheibe. Beispiel: Rechenscheibe von Eduard Sonne.
- Rechner mit zwei Scheiben: Die beiden kreisrunden Scheiben liegen über- bzw. untereinander. Der obere Teller ist entweder kleiner als der untere oder durchsichtig. Je nach Modell sind ein oder zwei Drehzeiger vorhanden. Beispiel: webersche Rechenscheibe mit festen Tellern.
- Rechner mit einer Scheibe und zwei Drehzeigern: Alle Skalen sind auf der (unbeweglichen) Grundscheibe angebracht. Für Berechnungen stehen zwei Drehzeiger zur Verfügung. Man kann sie einzeln oder gemeinsam bewegen und dabei einen festen Winkel (Bogenstück) einstellen und so Strecken wie mit einem Stechzirkel übertragen. Beispiel: Nystroms Rechenscheibe.

Anmerkung
Bei den mit den Rechenscheiben verwandten (logarithmischen) *Rechenuhren* werden die Kreisskalen mit Stellschrauben gedreht.

14.3.3 Rechentrommeln

Bei Rechentrommeln wird manchmal zwischen *Rechenwalzen* und *Rechenzylindern* unterschieden, was allerdings nicht folgerichtig ist, denn Trommel = Walze = Zylinder. In diesem Buch werden die beiden Ausdrücke Rechenwalze und Rechenzylinder in gleicher Bedeutung verwendet:

- Rechenwalzen mit beweglichem Korb (Parallelwalzen): Die Skalenabschnitte werden in Längsrichtung als Mantellinien *parallel* zueinander auf der drehbaren Trommel (doppelt) aufgetragen. Ein durchsichtiger oder mit Aussparungen versehener drehbarer und seitlich verschiebbarer Korb mit der zweiten (einfachen) Skala umgibt die Trommel. Beispiele: Rechenwalzen Billeter, Loga, Nestler, Tröger. Rechenwalzen mit beweglichem Korb sind besonders häufig.
- Rechenwalzen mit festem Korb (Parallelwalzen): Die Skalenabschnitte werden in Längsrichtung als Mantellinien *parallel* zueinander auf der drehbaren und *seit-*

lich verschiebbaren Trommel aufgetragen. Die zweite Skala ist auf einer äußeren, seitlich nicht verschiebbaren, gleich breiten Trommel (mit Aussparungen) aufgezeichnet. Beispiel: Rechenwalze von Thacher.

- Rechenwalzen mit Spirallinien (Rechenzylinder, Spiralwalzen): Die Skalen sind in Form von *Schraubenlinien* auf zwei drehbaren und (auf der gleichen Achse) ineinander verschiebbaren Trommeln (Innen- und Außenzylinder) aufgezeichnet. Beispiele: Rechenwalzen von Fuller, Otis King.

Spiralwalzen

Spiralwalzen haben eine oder zwei Schraubenlinien:

Fuller hat (nur) *eine* einzige, durchgehende Schlangenlinie auf dem äußeren Zylinder, aber *mehrere* metallene Zeiger: einen festen sowie einen am inneren Zylinder befestigten oberen und unteren beweglichen Läufer. Weil dieser Zeiger eine doppelte Markierung im Abstand einer Dekade (Strecke zwischen dem Skalenanfang und dem Skalenende) hat, erübrigt sich eine Überschneidung. Die Spirallinie der Fuller-Walze hat 50 Windungen bei einem Durchmesser von 8,1 cm. Das bedeutet eine Skalenlänge von $50 \times 8{,}1\ \text{cm} \times \pi = 12{,}72\ \text{m}$.

Otis King hat *zwei* Spirallinien und einen Zeiger (Läufer), wobei die obere logarithmische Skala mit zwei Dekaden doppelt so lang ist wie die untere.

Anmerkungen

Ernst Hammer erwähnt eine Rechenwalze von *Edwin Thacher* (USA, Patent 1881) mit parallel angeordneten Skalenabschnitten und einer doppelten Teilung von 18,287 m (siehe Ernst Hammer: Über einige neue Formen des logarithmischen Rechenschiebers, in: Zeitschrift für Vermessungswesen, Band 20, 1891, Heft 16, Seiten 438 ff.). Dieses Gerät entspricht einem Rechenstab von 9,144 m.

Die Skalen können auch auf mehrere Trommeln aufgezeichnet werden, die sich auf einer Achse mit- und gegeneinander drehen lassen.

Es folgen einige Aufnahmen von Rechenschiebern unterschiedlicher Bauart: Rechenstäbe, Rechenscheiben, Rechenwalzen und Rechenräder (vgl. Abb. 14.3–14.12).

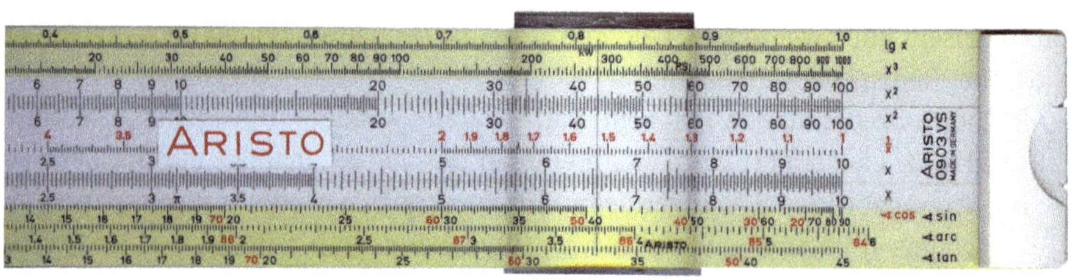

Abb. 14.3: Aristo-Rechenstab. Diese vergleichsweise preiswerten mathematischen Instrumente waren lange Zeit sehr beliebt. Im Unterschied zu mechanischen Tischrechenmaschinen ist ihre Bedienung fast geräuschlos (© Geodätisches Institut der Leibniz-Universität Hannover).

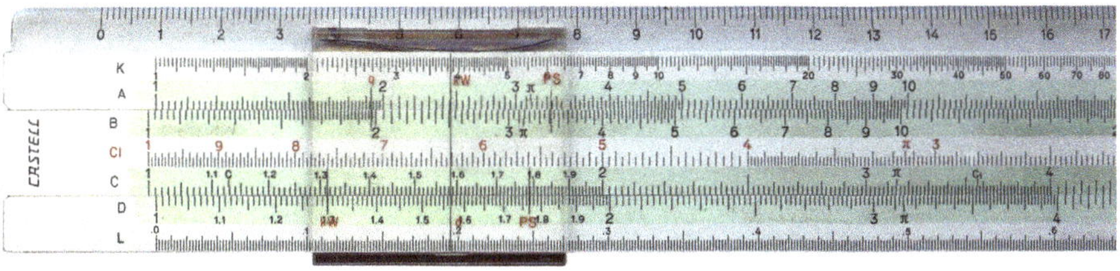

Abb. 14.4: Faber-Castell-Rechenstab. Für alle erdenklichen Anwendungen wurden besondere Rechenschieber geschaffen. Diesen Schulrechenstab konnte man auch unterwegs benutzen (© Geodätisches Institut der Leibniz-Universität Hannover).

Abb. 14.5: Billeters Rechenscheibe (1895). Julius Billeter war der erste Schweizer Hersteller von Rechenscheiben und Rechenwalzen. Seine Firma bestand nur von 1893 bis 1895. Der Ausdruck „Blitzrechner" wurde für verschiedene Rechenhilfsmittel gebraucht, auch für Tabellenwerke (© Inria/Bild: J.-M. Ramès).

Abb. 14.6: Loga-Rechenscheibe mit Gestell. Es gab eine riesige Fülle von handlichen Rechenstäben. Ihre Skalen waren meist auf den jeweiligen Zweck zugeschnitten. Bei den beliebten und ebenfalls weit verbreiteten, teureren Rechenscheiben war die Vielfalt wesentlich geringer. Daemen Schmid (Loga, Zürich) war ein wichtiger Hersteller (© Schweizerisches Landesmuseum, Zürich).

Abb. 14.7: Rechenscheibe von Eduard Sonne (Darmstadt). Dieser Analogrechner wurde von Landsberg in Hannover gebaut (© Geodätisches Institut der Leibniz-Universität Hannover).

Abb. 14.8: Rechenrad nach Beyerlen (1). Erfinder dieses logarithmischen Hilfsmittels (um 1893) ist Angelo Beyerlen aus Stuttgart. Die beiden Räder lassen sich gegeneinander drehen. Auf ihrem Umfang sind kreisförmige Skalen angebracht. Das Instrument wird wie herkömmliche Rechenscheiben bedient (© Deutsches Museum, München).

Abb. 14.9: Rechenrad nach Beyerlen (2). Der eindrückliche Analogrechner von Angelo Beyerlen (1885) gehört zu den seltenen technischen Kulturgütern (© Geodätisches Institut der Leibniz-Universität Hannover).

Abb. 14.10: Fuller-Rechenwalze (1878). Rechenwalzen tauchten in der zweiten Hälfte des 19. Jahrhunderts im Handel auf. Zu den ersten Anbietern zählte George Fuller aus Irland. Die Mantellinien sind spiralförmig angeordnet. Häufiger waren parallele Skalenabschnitte. Diese Walze wurde von Stanley, London, angeboten (© Javier Salvador Pelay).

Abb. 14.11: Thacher-Rechenwalze (1881). Diese Rechenwalze war weit verbreitet. Sie wurde von Keuffel & Esser (K&E, New York) vertrieben (© Javier Salvador Pelay).

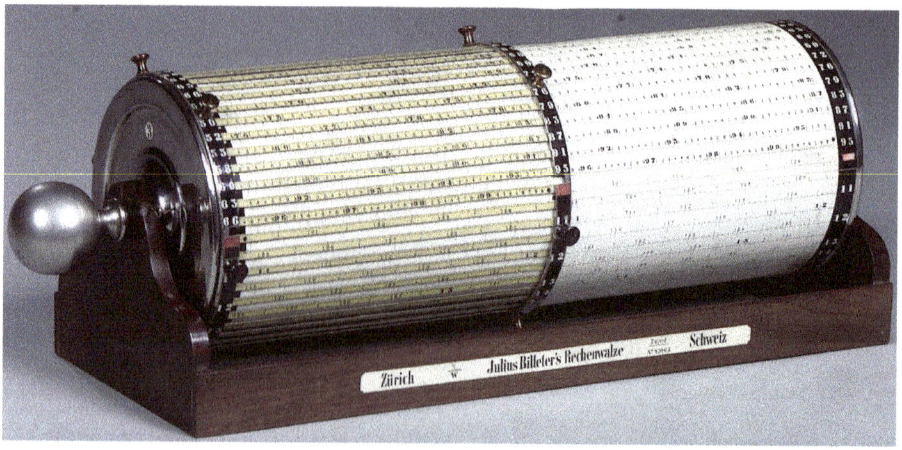

Abb. 14.12: Billeters Rechenwalze. Es gab mehrere Rechenschieberhersteller aus Zürich mit ähnlichen Firmennamen: Ernst Billeter, Ernst Billeter & Co., Ernst Billeter-Bossert, Julius Billeter, Julius Billeter's Söhne. Das älteste Unternehmen hieß Julius Billeter (© Technisches Museum Wien).

Fuller-Rechenwalze mit einer Skalenlänge von 25,4 m?

In einem Beitrag über Rechenschieber erwähnt Ernst Hammer eine 60 Mark (M) teure Rechenwalze des Iren *George Fuller* (britisches Patent: 1878; US-Patent: 1879) mit schraubenlinienförmigen Mantellinien und einer Skalenlänge von *25,4 m* (siehe Ernst Hammer: Über einige neue Formen des logarithmischen Rechenschiebers, in: Zeitschrift für Vermessungswesen, Band 20, 1891, Heft 16, Seiten 434 ff.). Die Teilung von 500 Zoll zu 2,54 cm ergibt jedoch eine tatsächliche Skalenlänge von *12,7 m* (= 41 2/3 Fuß zu 30,48 cm; 41 Fuß, 8 Zoll = 12,70 m; 1 Fuß = 12 Zoll) (vgl. Abb. 14.13).

2. Das Fuller'sche Instrument (New Calculating Slide Rule, 1879 patentirt) wird ausgeführt von Stanley in London; der Preis der zunächst zu besprechenden Ausführung ist 60 ℳ. Die Länge der in einer Schraubenlinie auf einem Cylindermantel aufgetragenen Theilung beträgt $41\frac{2}{3}$ engl. Fuss (= 500 Zoll). Das Instrument entspricht also einem geraden Rechenschieber von $83\frac{1}{3}$ feet = mehr als 25 *m* ganzer Theilungslänge oder einer Rechenscheibe von etwas über 4 m Durchmesser; während auf dem gewöhnlichen 25 *cm*-Schieber die Theilungseinheit 1 — 10 in 160 Theile zerlegt ist, enthält die Scale des Fuller'schen Schiebers 7250 Theile. Das Instrument besteht aus einem am Ende

Abb. 14.13: Skalenlänge von Rechenwalzen. Die Angaben über die Skalenlänge z.B. bei der Fullerwalze sind missverständlich. Offenbar gibt es Abweichungen zwischen dem angelsächsischen und dem deutschen Sprachraum (© Zeitschrift für Vermessungswesen, 1891).

Hammer zitiert in einer seiner Schriften Fullers Aussage, dass dessen Spiralwalze einem Rechenstab von 83 Fuß 4 Zoll oder einer Rechenscheibe mit einem Durchmesser von 13 Fuß 3 Zoll entspreche (siehe Ernst Hammer: Der logarithmische Rechenschieber und sein Gebrauch, Verlag von Konrad Wittwer, Stuttgart, 6., durchgesehene Auflage 1923, Seite 9). Im englischsprachigen Raum werden Vergleiche mit den Rechenstäben (Addition der Stablänge und der ausgezogenen Zunge), nicht aber den Rechenscheiben anders gehandhabt als in Deutschland.

Das Deutsche Museum beschreibt sein Ausstellungsstück wie folgt: „Fullers Erfindung aus dem Jahr 1878 dient der Erhöhung der Genauigkeit, indem die logarithmischen Skalen auf einer Schraubenlinie angeordnet werden. So ergibt sich eine Skalenlänge von etwa *12,7 m*, weit mehr als die sonst üblichen Längen von 25 cm." (siehe Friedrich Bauer: Informatik. Führer durch die Ausstellung, Deutsches Museum, München 2004, Seite 50). Die fullersche Walze besteht aus drei (wie bei einem Fernrohr) ausziehbaren Zylindern von einer Gesamtlänge von 67 cm. Sie kommt einer Rechenscheibe mit einem Durchmesser von 4,04 m gleich.

Eher selten sind die logarithmischen Rechenuhren (vgl. Abb. 14.14–14.16).

Abb. 14.14: Rechenuhr (1). Die Skala dieses Taschenrechners ist logarithmisch. Rechenuhren sind deutlich seltener als Rechenscheiben, sie werden mit Schraub en bedient (© Okänd, Tekniska museet, Stockholm).

Abb. 14.15: Rechenuhr (2). Der Markenname Calculigraphe von Chatelain weist darauf hin, dass es sich um ein grafisches Rechengerät handelt. Es wird nicht gezählt, sondern gemessen (© Okänd, Tekniska museet, Stockholm).

Abb. 14.16: Rechenuhr (3). Boucher war ein bekannter Hersteller von analogen Kreisrechnern. Sie gleichen Taschenuhren und bestehen aus einer Kupferlegierung (Kupfer, Messing, Bronze) und Leichtmetall (Aluminium) (© Okänd, Tekniska museet, Stockholm).

14.4 Hersteller von Rechenschiebern

Rechenschieber wurden in zahlreichen Ländern gefertigt, z.B. Großbritannien, Frankreich, USA, Deutschland, Japan. Bekannte deutsche Anbieter waren Dennert & Pape, Hamburg-Altona (Aristo), Faber-Castell, Stein bei Nürnberg, Albert Nestler, Lahr, Baden/Schwarzwald. Ein bedeutender amerikanischer Anbieter war Keuffel & Esser Co., New York.

Der führende Schweizer Hersteller von Rechenscheiben und Rechenwalzen war die Loga-Calculator AG. Ihr Inhaber Heinrich Daemen Schmid errichtete 1900 eine Werkstatt in Zürich, 1903 wurde sie nach Oerlikon verlegt. 1911 zog er nach Uster ZH um.

Weitere bekannte Schweizer Marken waren Billeter und National (vgl. Tab. 14.1). Der Nachlass der Loga-Calculator AG befindet sich im Schweizerischen Wirtschaftsarchiv, Basel.

Tab. 14.1: Führende Schweizer Fabrikanten von Rechenwalzen

Die bedeutendsten Schweizer Rechenwalzenhersteller	
Firmenname	**Zeitraum**
Julius Billeter, Zürich	1893–1895
Julius Billeter's Söhne, Zürich	1895–1897
Ernst Billeter & Co., Zürich	1912–1917

Die bedeutendsten Schweizer Rechenwalzenhersteller	
Firmenname	**Zeitraum**
Julius Billeter, Zürich	1893–1895
Ernst Billeter-Bossert, Zürich	1921–1934
National Rechenwalzen AG, Zürich	1916–1925
National Rechenwalzen AG, Küsnacht	1925–1934
Daemen-Schmid, Zürich	1900–1911
Daemen-Schmid & Cie., Uster ZH	1911–1915
Loga-Calculator AG, Uster ZH	1915–2018

Quelle: Schweizerisches Handelsamtsblatt

Anmerkungen

- Aus dem Beitrag „Julius Billeters Rechenapparate“ in der Neuen Zürcher Zeitung vom 24. April 1886 geht hervor, dass Billeter die Herstellung von Rechenschiebern schon vor der Firmengründung aufnahm (Quelle: Schweizerisches Wirtschaftsarchiv, Basel, Dossier 1918). Das Pariser Musée des arts et métiers hat eine Rechenwalze von Julius Billeter, die 1895 einging. Billeter bot neben Rechenwalzen auch Rechenscheiben sowie Rechentafeln an. Die Firma Ernst Billeter-Bossert, Zürich, wurde 1934 in Ernst Billeter, Zürich, umbenannt. Dieser Betrieb ist bis 1938 nachweisbar. Eine Firma Ernst Billeter gab es bereits vom Juni bis Oktober 1912.
- Der Firmengründer Heinrich Daemen Schmid aus Nieukerk (Preußen) war Patentdokumenten zufolge ein Schweizer Staatsangehöriger. Loga-Walzen wurden zunächst unter „Heinrich Daemen Schmid“ vertrieben. Die Kommanditgesellschaft Daemen-Schmid & Cie., Uster, wurde 1911 gegründet. 1912 entstand eine Zweigniederlassung von Daemen-Schmid & Cie. in Zürich. 1915 wurde Daemen-Schmid & Cie. in Loga-Calculator AG (Uster) umgewandelt. 1947 Umbenennung der Loga-Calculator AG in Loga-Calculator Aktiengesellschaft. Wann das Unternehmen von der Herstellung von Rechenwalzen auf Rechenscheiben umstieg, ist unklar. In einem zweiseitigen Prospekt mit dem Vermerk „50 Jahre Loga“ der Loga-Calculator AG, Uster, sind drei Walzen aufgeführt: 2,4 m (195 Franken), 7,5 m (345 Fr.) und 15 m (685 Fr.). Das Dokument stammt wohl aus dem Jahr 1950. In einem Verkaufsdokument von 1953 mit der 15-m-Walze, dem Schwenkarm und dem Kipper heißt es: „Fabrikat der Loga-Calculator A.G, Uster (Schweiz)“ und „Vertrieb durch Heinrich Daemen Zürich“. Diese Unterlagen weisen darauf hin, dass die Loga-Walzen mindestens bis in die 1950er Jahre produziert bzw. verkauft wurden (vgl. auch die Abschnitte 16.4. und 16.8.1). Von 1972 bis 1976 erschienen in der Schweizerischen Lehrerzeitung viele Anzeigen für Rechenscheiben. Die Loga-Calculator Aktiengesellschaft in Uster stellte 1978 die Produktion von Rechenhilfsmitteln ein und war anschließend u.a. in der Liegenschaftsverwaltung tätig.
  Die Firma war mit Abstand am längsten auf dem Markt. Sie hatte auch einen Sitz in Deutschland: Loga-Calculator Fabrikations- und Vertriebs-Ges. mbH, Berlin

(vgl. Ludwig Brauner, Victor Vogt (Hg.): Illustriertes Orga-Handbuch erprobter Büromaschinen, Verlag für Sammler-Literatur Dingwerth GmbH, Delbrück 2003 (auszugsweiser Nachdruck von 1921)).
- Jakob Kern (Aarau) fertigte Rechenstäbe fürs Vermessungswesen.

Für die Geschichte der Schweizer Walzenfabrikanten wird auf folgende Arbeiten verwiesen:

Heinz Joss: Messrechnen: 350 Jahre Rechenschieber, in: Elemente der Mathematik, Band 53, 1998, Heft 2, Seiten 73–78

Heinz Joss: Der Rechenschieber. Gestern alltäglich, heute vergessen, in: Schweizer Ingenieur und Architekt, Band 118, April 2000, Heft 16, Seiten 356–363

Heinz Joss: 350 Jahre Rechenschieber, und was die Region Zürich dazu beigetragen hat, in: Vierteljahrsschrift der Naturforschenden Gesellschaft Zürich, Band 146, 2001, Heft 2/3, Seiten 75–82.

14.5 Datierung von Rechenwalzen

Für die Datierung von Schweizer Rechenwalzen lassen sich einige Faustregeln aufstellen:

Daemen Schmid
- Wenn Firmenname = „Daemen-Schmid & Cie., Uster“, dann Herstellung von 1911 bis 1915.
- Wenn Firmenname = „Daemen-Schmid & Cie., Zürich“, dann Herstellung von 1912 bis 1915.
- Wenn Firmenname = „H. Daemen-Schmid“ (Uster), dann Herstellung von 1916 bis 1924.
- Wenn Firmenname = „Heinrich Daemen“ (Zürich), dann Herstellung von 1900 bis 1911.

Billeter
- Wenn Firmenname = „Ernst Billeter & Co.“ (Zürich), dann Herstellung von 1912 bis 1917.
- Wenn Firmenname = „Ernst Billeter“ (Zürich), dann Herstellung entweder 1912 oder ab 1934.
- Wenn Firmenname = „Ernst Billeter-Bossert“ (Zürich), dann Herstellung von 1921 bis 1934.
- Wenn Firmenname = „Julius Billeter's Söhne“ (Zürich), dann Herstellung von 1895 bis 1897.
- Wenn Firmenname = „Julius Billeter“ (Zürich), dann Herstellung von 1893 bis 1895.

Loga-Calculator AG
- Wenn Firmenname = „Loga-Calculator AG“ (Uster), dann Herstellung von 1915 bis 1947.

- Wenn Firmenname = „Loga-Calculator Aktiengesellschaft“ (Uster), dann Herstellung ab 1947.

National Rechenwalzen
- Wenn Firmenname = „National Rechenwalzen Aktien-Gesellschaft (Küsnacht)“, dann Herstellung von 1925 bis 1934.
- Wenn Firmenname = „National Rechenwalzen Aktien-Gesellschaft (Zürich)“, dann Herstellung von 1916 bis 1925.

Ortsname
- Wenn Ortsname „Küsnacht“, dann Herstellung von 1925 bis 1934.
- Wenn Ortsname „Uster“, dann Herstellung je nach Firmenname ab 1911, 1915, 1916 oder 1947.

Hinweise
Für die Zeitabschnitte von 1898 bis 1911 und von 1918 bis 1920 wurden für Billeter keine Handelsregistereinträge gefunden. Vor allem die erste Lücke überrascht. Julius Billeter starb 1895, 1897 war die nachfolgende Kollektivgesellschaft seiner Söhne pleite. 1911 wurden auf der Ausstellung im Helmhaus Zürich (vgl. Abschnitt 9.1.2) Rechenschieber von Julius Billeter gezeigt. 1905 werden in einem Bericht des Vermessungsamts Zürich fünf „Billertsche Rechenwalzen“ erwähnt (vgl. J. Etter u.a.: Die Rechenmaschine im Dienste städtischer Katastervermessungen, in: Zeitschrift des Vereins Schweizerischer Konkordatsgeometer, Band 3, 1905, Heft 11, Seiten 131–137).

Es gab auch Rechenwalzen von *Ernest Billeter-Surber*, Zürich. Dieser Betrieb war offenbar nicht im Handelsregister eingetragen.

Der Markenname „Loga“ war schon (spätestens) 1911 in Gebrauch. Auf manchen Walzen fehlen Herstellerangaben.

Patente

Das (deutsche) Kaiserliche Patentamt erteilte Julius Billeter je ein Patent für eine Rechentafel (Nr. 43463, 25. März 1887) und eine Rechenwalze (Nr. 71715, 21. Februar 1893). Für seine Rechenwalze gibt es ein französisches Patent Nr. 217367 vom 10. November 1891 und ein US-Patent Nr. 513172 vom 23. Januar 1894. Max Billeter (National Rechenwalzen Aktien-Gesellschaft, Zürich) hatte ein Schweizer Patent Nr. 80250 vom 17. Februar 1919. In der europäischen Patentdatenbank sind von Heinrich Daemen Schmid von 1907 bis 1926 zahlreiche Eintragungen in verschiedenen Ländern zu finden.

Einzelne Patente

Heinrich Daemen-Schmid	1907, 1908, 1911, 1912, 1915, 1917, 1922, 1923
Viktor Daemen	1922
Walter Daemen	1935, 1938, 1939
Loga-Calculator	1949.

Werkstoffe

Für die Datierung von Rechenschiebern kann auch die Bauart herangezogen werden (vgl. Tab. 4.2).

- Ursprünglich bestanden die *Rechenstäbe* meist aus Buchsbaumholz. Es folgten je nach Hersteller weitere Holzarten (u.a. auch Bambus). Solche Rechenschieber waren (ab 1900) meist mit Zelluloid beschichtet. Kunststoff (Polyvinylchlorid (PVC) und Polystyrol) verdrängte ab den 1940er Jahren zunehmend das Holz.
- Die *Rechenscheiben* wurden aus Pappe, Metallblech oder Kunststoff gefertigt.
- Die *Rechenwalzen* hatten anfänglich ein Gestell aus Holz, später aus Gusseisen. Schon etwa ab 1900 wurden Trommeln aus Aluminium eingesetzt. Für das Gestell und die Trommel kam etwa ab den 1930er Jahren Kunststoff zum Zug (in gewissen Fällen Bakelit).

Tab. 14.2: Bauart und Datierung von Rechenstäben

Häufige Werkstoffe von Rechenstäben	
Werkstoff	**Zeitraum (Schätzung)**
Buchsbaumholz	17. Jh. bis 1925
Birnbaumholz (mit Zelluloidoberfläche)	1920 bis 1975
Mahagoniholz (mit Zelluloidoberfläche)	1900 bis 1975
Schichtholz mit Kunstharz	1940 bis 1975
Kunststoff	1940 bis 1975

Quelle
Hersteller- und Sammlerkataloge

Anmerkungen
Je nach Hersteller gibt es Abweichungen. Die Fertigung von Rechenschiebern wurde allgemein in den 1970er Jahren eingestellt.

Auf und ab ging es bei vielen Schweizer Rechenwalzenherstellern. Manche Betriebe waren nicht überlebensfähig (vgl. Abb. 14.17).

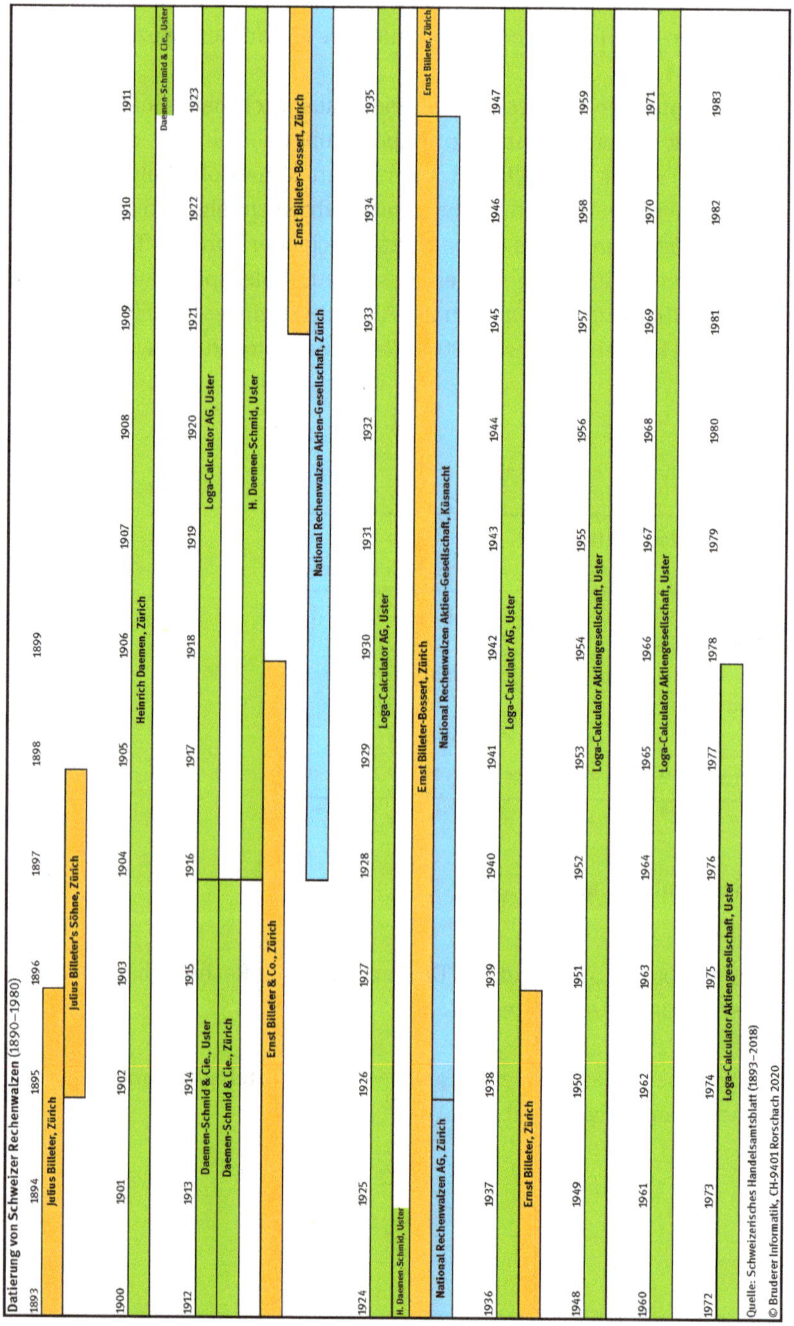

Abb. 4.17: Schweizer Rechenwalzenhersteller. Manche Hersteller schossen wie Pilze aus dem Boden und verschwanden schnell wieder (© Bruderer Informatik, CH-9401 Rorschach).

Erläuterungen

- Die drei bedeutendsten Schweizer Hersteller von Rechenwalzen waren die Firmen Daemen-Schmid/Loga-Calculator, Billeter und National Rechenwalzen.
- Die Firma Heinrich Daemen („Spezialgeschäft für Rechenapparate und Rechenmaschinen") wurde 1890 in Zürich gegründet, die Herstellung von Loga-Rechenwalzen begann (laut Firmenangaben) 1900. Für 1890 wurde kein Handelsregistereintrag gefunden.
- Die Kommanditgesellschaft Daemen-Schmid & Cie., Uster, wurde 1911 gegründet und 1915 aufgelöst. Von 1912 bis 1915 bestand eine Zweigniederlassung in Zürich.
- Die Firma H. Daemen-Schmid, Uster, bestand von 1916 bis 1924.
- Die Firma Loga-Calculator A.-G., Uster, wurde 1915 gegründet.
- Die Firma Loga-Calculator A.-G., Uster, wurde 1947 in Loga-Calculator Aktiengesellschaft, Uster, umbenannt.
- Die Firma Loga-Calculator A.-G., Uster, änderte 1977 ihre Statuten, ihre 1976 gegründete Personalvorsorgestiftung wurde 1978 gelöscht.
- Die Firma Loga-Calculator A.-G., Uster, bestand bis 2018, stellte aber in den letzten 40 Jahren keine Rechenschieber mehr her.
- In Anzeigen (z.B. Schweizerische Bauzeitung, Band 74, Nr. 20, 15. November 1919) erscheint der Firmenname Loga-Calculator, *Zürich*, auch noch nach dem Umzug nach Uster.
- Die Firma Ernst Billeter, Zürich, wurde im Juni 1912 gegründet und im Oktober 1912 gelöscht. Nachfolgerin war die Ernst Billeter & Co., Zürich. Sie bestand von 1912 bis 1917.
- Die Firma Ernst Billeter-Bossert, Zürich, wurde 1921 gegründet und 1934 in Ernst Billeter, Zürich, umbenannt. Wie lange diese Firma überlebt hat, ist unsicher. Sie wird im Handelsamtsblatt 1938 erwähnt.
- Die National Rechenwalzen Aktien-Gesellschaft, Zürich, zog 1925 nach Küsnacht ZH. Sie stellte Rechenwalzen nach dem „System Billeter" her.
- Die Fertigung von Rechenwalzen begann z.T. bereits vor der Firmengründung. Das geht beispielsweise aus dem Beitrag „Julius Billeters Rechenapparate" in der Neuen Zürcher Zeitung vom 24. April 1886 hervor.
- Das Schweizerische Handelsamtsblatt wurde rückwirkend eingelesen (digitalisiert). Aufgrund von Fehlern bei der automatischen Texterkennung sind nicht immer alle Einträge auffindbar.
- Die Firmengründer und ihre erstgeborenen Söhne tragen oft dieselben Vornamen (z.B. Ernst Billeter und Heinrich Daemen), was manchmal verwirrt.

Quelle: Schweizerisches Handelsamtsblatt (1893–2018)

14.6 Zusammenhang zwischen Seriennummer und Skalenlänge

Zwischen der Skalenlänge und den Seriennummern von Loga-Rechenwalzen besteht offenbar eine Beziehung (vgl. Tab. 14.3).

Tab. 14.3: Zusammenhang zwischen Skalenläge und Seriennummer

Seriennummer gibt Auskunft über die Stückzahl pro Modell		
Sammlung	**Seriennummer**	**Skalenlänge**
Sammlung Schaub, Gelterkinden BL	50	1,2 m
Sammlung Schaub, Gelterkinden BL	2,4 70	2,4 m
Museum der UBS, Basel	2,482	2,4 m
Sammlung Rudowski, Bochum (D)	2,4 150	2,4 m
Sammlung Brüngger, Bremgarten BE	1,2459	1,2
Schreibmaschinenmuseum Beck, Pfäffikon ZH	1,2499	1,2 m
Sammlung Brüngger, Bremgarten BE	(297)	24 m
Sammlung Bethmann, Celle (D)	24/1138	2,4 m
ETH Zürich	R-1179	24 m
Museum für Kommunikation, Bern	1501	15 m
Sammlung Geppert, Göttingen (D)	1731	2,4 m
Sammlung Denz, Münster (D)	1837	2,4 m
Sammlung Brüngger, Bremgarten BE	2097	2,4 m
Sammlung Smallenburg, RS Meppel, Niederlande	2123	2,4 m
Sammlung Narr, Windisch AG	2238	2,4 m
Schweizerisches Nationalmuseum, Affoltern am Albis ZH	2256	2,4 m
Stiftung Komturei Tobel TG	2413	24 m
Rechentechnische Sammlung, Universität Greifswald (D)	2443	24 m
Museum der UBS, Basel	2499/8199	24 m
Sammlung Narr, Windisch AG	02841	2,4 m
Sammlung Kordetzky, Cham ZG	5538	10 m
Sammlung Kordetzky, Cham ZG	5739	10 m
Sammlung Narr, Windisch AG	6741	10 m
Sammlung Bruderer, Rorschach SG	6919	10 m
Schreibmaschinenmuseum Beck, Pfäffikon ZH	6992	10 m
Sammlung Denz, Münster (D)	7002	10 m
Sammlung Schaub, Gelterkinden BL	7145	2,4 m
Sammlung Narr, Windisch AG	7146	10 m
Museum für Kommunikation, Bern	7531	10 m
Kantonsschule Freudenberg, Zürich	7642	10 m

Sammlung Narr, Windisch AG	750321	7,5 m
Sammlung Narr, Windisch AG	750397	7,5 m
Museum der UBS, Basel	750431	7,5 m
Schreibmaschinenmuseum Beck, Pfäffikon ZH	750446	7,5 m
ETH Zürich	750454	7,5 m
Sammlung Schaub, Gelterkinden BL	750479	7,5 m
Sammlung Anthes, Markgröningen (D)	750506	7,5 m
Sammlung Narr, Windisch AG	750811	7,5 m
ETH Zürich	750828	7,5 m
Sammlung Smallenburg, RS Meppel, Niederlande	750837	7,5 m
Sammlung Narr, Windisch AG	108302	10 m
Sammlung Kordetzky, Cham ZG	109487	10 m
Sammlung Schaub, Gelterkinden BL	109531	10 m
Schreibmaschinenmuseum Beck, Pfäffikon ZH	15136/8456	15 m
ETH Zürich	15469	15 m
Museum der UBS, Basel	15514/8814	15 m
Sammlung Narr, Windisch AG	15515	15 m
Museum der UBS, Basel	15720/9320	15 m
Museum der UBS, Basel	151367	15 m
Technisches Museum Wien	151899	15 m
Museum für Kommunikation, Bern	152004	15 m
Schreibmaschinenmuseum Beck, Pfäffikon ZH	152194	15 m
ETH Zürich	152641	15 m
Sammlung Narr, Windisch AG	153561	15 m
Musée d'histoire des sciences, Genf	153580	15 m
Sammlung Schaub, Gelterkinden BL	153761	15 m
Sammlung Kordetzky, Cham ZG	153852	15 m
Sammlung Anthes, Markgröningen (D)	154085	15 m
Deutsches Museum, München	154306	15 m
Sammlung Kordetzky, Cham ZG	154316	15 m
Sammlung Narr, Windisch AG	154389	15 m
Museum für Kommunikation, Bern	154568	15 m
Museum der UBS, Basel	155065	15 m
Sammlung Smallenburg, RS Meppel, Niederlande	155068	15 m
Sammlung Schaub, Gelterkinden BL	155125	15 m
Studiensammlung Kern, Aarau AG	155294	15 m
Sammlung Denz, Münster (D)	155613	15 m
Sammlung Schaub, Gelterkinden BL	155738	15 m

Sammlung Brefka, Stuhr (D)	155778	15 m
Museum der UBS, Basel	155834	15 m
Sammlung Smallenburg, RS Meppel, Niederlande	155910	15 m
Museum der UBS, Basel	156005	15 m
Museum der UBS, Basel	156026	15 m
Sammlung Smallenburg, RS Meppel, Niederlande	156033	15 m
Sammlung Geppert, Göttingen (D)	156034	15 m
Sammlung Wiesbauer, Michelsdorf (A)	156239	15 m
Sammlung Narr, Windisch AG	15428720	15 m
Sammlung Narr, Windisch AG	151578457	15 m
Mathematikum, Gießen (D)	152578557	15 m
Schweizerisches Nationalmuseum, Affoltern am Albis ZH	153118611	15 m
Sammlung Schaub, Gelterkinden BL	24100	24 m
Sammlung Narr, Windisch AG	24102	24 m
Museum für Kommunikation, Bern	24163	24 m
© Bruderer Informatik, CH-9401 Rorschach 2020		

Quelle: Umfrage bei Museen und Sammlern

Zeichenerklärung
Bedeutung der Farben
grün: Beziehung zwischen Skalenlänge und Stückzahl offensichtlich
blau: keine Beziehung zwischen Skalenlänge und Stückzahl
rot: Abweichung bzw. Deutung unsicher

Anmerkung
Die Seriennummer 2499 steht auf der Achse links, rechts ist die Nr. 8199 zu finden. Die Bedeutung der zweiten Zahl ist unbekannt. Vielleicht gibt es einen Zusammenhang mit einer Revision der Walze. Bei R-1179 deutet R wohl auf Reziprokwerte hin. Die Nr. 297 befindet sich auf dem Metallgestell. Wahrscheinlich handelt es sich nicht um die Seriennummer. Die 24er Walze der UBS trägt auf dem Metallgestell nämlich zusätzlich zur Seriennummer die Bezeichnung B 348.

Erläuterungen
Die höchsten Nummern haben – abgesehen von zwei Exemplaren mit Nummern von über 15 Millionen – die 7,5er Walzen. Soweit bekannt hat die Loga-Calculator AG aber bei weiten nicht 750 000 Rechentrommeln gebaut. Diese Beobachtung veranlasste mich, die Vergabe der Seriennummern unter die Lupe zu nehmen.

Die Tabelle deutet darauf hin, dass die Firma zwei unterschiedliche Nummernsysteme benutzt hat:

a) Zu Beginn wurden die Loga-Walzen wahrscheinlich unabhängig von der Skalenlänge fortlaufend benummert;

b) mit zunehmender Nachfrage, etwa ab 10 000 Exemplaren, wurde das Nummernsystem geändert. Die Seriennummern beziehen sich nun auf die Skalenlänge.

Die Geräte mit den Nummern 50, 1731, 1837, 2238 u. dgl. wurden offenbar ohne Beziehung zur Skalenlänge fortlaufend benummert. Die Nr. 7145 und 7146 haben eine Skala von 2,4 bzw. 10 m. Die Rechentrommel Nr. 50 ist wohl sehr alt, sie dürfte kurz nach dem Jahr 1900 entstanden sein. Die Nummern 70, 1501, 1731, 1837, 2413 und 5538 haben ein Gestell aus Metallguss. Bei den Nummern 6919 und 7002 besteht es aus Holz, 7145 weist ein Kunststoffgestell auf. Gusseisen wurde schon früh verwendet. Loga-Walzen bis etwa zur Seriennummer 9999 gehören vermutlich zu den ältesten (frühesten) Erzeugnissen der Firma. Es scheint, dass ab dem Jahr 1900 zunächst vor allem Walzen mit einer Skalenlänge von 2,4 m und 10 m gefertigt wurden.

Anfänglich hatten die Walzen höchstens vierstellige, später mindestens fünfstellige Nummern. Bei Loga-Walzen ab 5-stelligen Seriennummern besteht ein Zusammenhang zwischen den ersten beiden Ziffern der Seriennummer und der Skalenlänge. 15er Walzen haben meist 4-bis 6-stellige Werte. Nachdem die erste 4-stellige Serie (99 Stück) ausgeschöpft war, folgte die 5-stellige Reihe (999), anschließend die 6-stellige (9999). Wird diese Anzahl überschritten, lassen sich weitere Stellen ergänzen. Denkbar ist, dass die dritte Ziffer etwa bei den 15000er Nummern eine besondere Bedeutung hat (z.B. Bezug zu einem bestimmten Walzentyp). Das ist aber unwahrscheinlich, denn das Unternehmen fertigte insgesamt sehr hohe Stückzahlen an. Nr. 155738 ist möglicherweise das 5738. Exemplar der 15er Walzen (zweite Serie). Auffallend sind allerdings die beiden 8- und 9-stelligen Nummern für 15er Walzen. So viele Exemplare wurden kaum fabriziert. 7-stellige Werte sind nicht belegt. Bei 9-stelligen Werten könnten z.B. die letzten vier Ziffern eine andere Bedeutung haben (Herstellungsdatum?).

24er Trommeln weisen in der Regel 5-stellige Zahlen auf, was höchstens 999 Exemplare ergibt. Das hat wohl ausgereicht, wie die wenigen erhaltenen Exemplare zeigen. Nr. 24100 ist möglicherweise das 100. Exemplar der 24er Walzen (zweite Serie). 15-m-Walzen waren sehr häufig, die genauesten und teuersten 24-m-Trommeln hingegen rar, ebenso die 1,2-m-Trommeln. Walzen mit der Skalenlänge 1,2 und 2,4 m wurden wohl nur am Anfang hergestellt.

Hinweise
Die Seriennummern sind in der Regel auf der Trommelachse eingraviert. Manchmal sind keine Nummern zu finden.

Folgerungen
- Ab den fünfstelligen Seriennummern entsprechen die ersten beiden Ziffern der Skalenlänge (z.B. Nr. 75xyz: 7,5 m, Nr. 24xyz: 24 m). Bei den nachgewiesenen 24er Walzen beginnt die Seriennummer auch bei vierstelligen Zahlen mit 24. (Ausnahme R-1179). Das gilt auch für die 15er Walze.

- Aus den Seriennummern kann man auf die (geplanten) Stückzahlen pro Modell und auf z.T. das Alter schließen (z.B. 109531: höchstens 9999 Stück, höchste sechsstellige Nr. 109999, demnach eine spätes Exemplar der 10er Walze).
- Vor dem Systemwechsel wurden vorwiegend 2,4er und 10er Walzen hergestellt, nachher meist 7,5er und 15er Trommeln.

Annahmen
- Der Wechsel des Nummernsystems fiel vielleicht mit dem Umzug nach Uster ZH zusammen (neue, leistungsfähigere Produktionsstätte).
- Walzen mit 1- bis 4-stelligen Seriennummern entstanden möglicherweise vorwiegend im Zeitraum 1900 bis 1911 (Firmenname wohl meist Heinrich Daemen, Zürich).
- Walzen ab 5-stelligen Seriennummern entstanden eher ab 1912 (Firmenname: Daemen Schmid & Cie.) bzw. ab 1915 (Firmenname: Loga-Calculator AG).

Hinweis
In einen Nachschlagewerk aus dem Jahr 1921 werden Loga-Walzen mit einer Skalenlänge von 2,4, 15 und 24 m erwähnt (vgl. Ludwig Brauner, Victor Vogt (Hg.): Illustriertes Orga-Handbuch erprobter Büromaschinen, Verlag für Sammler-Literatur Dingwerth GmbH, Delbrück 2003 (auszugsweiser Nachdruck von 1921)).

14.7 Webersche Rechenscheibe

Am 26. Januar 2017 erhielt die ETH-Bibliothek Zürich eine bisher unbekannte logarithmische Rechenscheibe (vgl. Abb. 14.18–14.20). Sie dürfte rund 100 Jahre alt sein. Die Grundplatte des als „Re Ma.3" angeschriebenen Geräts aus Messing hat einen Durchmesser von knapp 25 cm. Der 2,45 kg schwere Tischrechner weist eine einzige logarithmische Skala (mit Werten von 1 bis 10) auf. Die Skalenlänge beträgt ungefähr 77 cm, sie ist also rund dreimal länger als bei einem herkömmlichen Rechenstab von 25 cm. Damit ist der Kreisrechner wesentlich genauer. Er war offensichtlich für Massenmultiplikationen und -divisionen bestimmt.

14.7.1 Rechenscheibe mit unüblicher Bauart

In der Regel hat eine Rechenscheibe einen festen äußeren Skalenring und eine drehbare innere Kreisfläche mit mehreren Skalen sowie einen beweglichen Schieber. Die erst seit Kurzem bekannte Rechenscheibe zeigt eine unübliche Bauart. Die (einzige) Skala des Analogrechners lässt sich nicht bewegen. Dafür gibt es zwei drehbare schmale Zeiger aus Stahl. Der obere Zeiger ist an einem metallenen Rad befestigt, der untere an einer Messingscheibe. Rad und Scheibe sind konzentrisch, d.h. sie haben einen gemeinsamen Mittelpunkt. Mit dem Rad wird der Winkel zwischen den beiden

Zeigern festgelegt. Dreht man die (obere) Metallscheibe, so bewegen sich die beiden miteinander gekoppelten Zeiger gleichzeitig. Der Winkel bleibt dabei unverändert. Dieser Spezialrechner zeichnet sich durch eine einfache Handhabung und eine hohe Präzision (ungefähr drei Stellen) aus, die Anwendung beschränkt sich jedoch auf reihenweise Multiplikationen und Divisionen mit einem festen Faktor bzw. Divisor.

Abb. 14.18: Webersche Rechenscheibe (1). Dieses Gerät hat eine (einzige) logarithmische Skala mit zwei Zeigern. Es ist ein Spezialrechner für Massenmultiplikationen und -divisionen (© ETH-Bibliothek Zürich, Bildarchiv).

14.7.2 Wie funktioniert das Gerät?

Wenn wir 2 durch 3 teilen möchten, dreht man bei einer gewöhnlichen Rechenscheibe die innere Skala so, dass die 3 der inneren Skala genau unter der 2 der äußeren Skala steht. Nun kann man über der Ziffer 1 der inneren Skala auf der äußeren Skala den Wert 6.67 ablesen, das Ergebnis lautet 0.667. Setzt man umgekehrt die 2 der inneren Skala unter die 3 der äußeren Skala, findet man *unter* der Ziffer 1 der äußeren Skala (auf der inneren Skala) den Wert, 6.67. Wie bei Rechenstäben und -scheiben üblich wird die Stellenzahl im Kopf berechnet.

Bei der weberschen Rechenscheibe setzt man beispielsweise den linken Zeiger auf die 2 und den rechten auf die 3 (Verhältnis 2:3). Nun dreht man beide Zeiger gemeinsam im *Uhrzeigersinn*. Befindet sich der linke Zeiger auf der 4, kann man beim rechten Zeiger den Wert 6 ablesen. Bewegt man die beiden Zeiger gleichzeitig solange im *Gegenuhrzeigersinn*, bis der rechte Zeiger auf der 9 steht, erscheint beim linken Zeiger das Ergebnis 6. Je nach Drehrichtung wird vervielfacht oder geteilt. Im Wesentlichen funktionieren die Zeiger wie ein *Stechzirkel*.

Abb. 14.19: Webersche Rechenscheibe (2). Die Grundplatte ist fest, Ring und Scheibe sind drehbar (© ETH-Bibliothek Zürich, Bildarchiv).

14.7.3 Wer hat die Scheibe hergestellt?

Zu diesem Rechenhilfsmittel sind keine Unterlagen verfügbar. Als Hersteller wird der Name „G. Weber, Zürich" vermerkt, ohne Angabe des Baujahrs. Nach Auskunft von Karin Huser vom Staatsarchiv Zürich wurden der 1862 geborene *Georg Wilhelm Weber*, Mechaniker von Dresden, und seine Familie 1908 in das Bürgerrecht der Stadt Zürich aufgenommen. Es wurde „diesen Personen das Landrecht des Kantons Zürich und damit das Schweizerbürgerrecht erteilt" (Regierungsratsbeschluss Nr. 2424 vom 12. Dezember 1908).

In der *europäischen Patentdatenbank* sind zwei Patente von Wilhelm-Georg Weber aus Zürich für Messgeräte aufgeführt (1895 und 1896). Sie beziehen sich aber nicht auf die Rechenscheibe. Die *Sammlung Kern* des Stadtmuseums Aarau besitzt einen topografischen Rechenschieber (System Hofer & Brönnimann), der von „Wilh. GG. Weber Zürich" gefertigt wurde.

In den Datenbanken des Stadtarchivs Zürich, des Schweizerischen Wirtschaftsarchivs in Basel, des Archivs der Neuen Zürcher Zeitung und in den Schulratsprotokollen der ETH Zürich sind keine Einträge zu dem Hersteller oder dem Gerät zu finden. Auch in den beiden führenden elektronischen Rechnerlexiken sucht man vergeblich. Im Schweizerischen Handelsamtsblatt geht man ebenfalls leer aus.

Abb. 14.20: Webersche Rechenscheibe (3). Der obere Zeiger ist am Metallrad, der untere am Schaft der Messingscheibe angebracht. Dreht man die (obere) Metallscheibe, so bewegen sich die beiden miteinander gekoppelten Zeiger gleichzeitig (© ETH-Bibliothek Zürich, Bildarchiv).

14.7.4 Woher kommt die Rechenscheibe?

Mitte 1970 wurden die Einrichtungen des Physikinstituts der ETH Zürich vom alten Gebäude an der Gloriastraße in einen Neubau auf dem Hönggerberg verlegt. „Auf dem Dachboden hatten sich im Lauf vieler Jahrzehnte Berge alter Geräte angesammelt, welche wir auftragsgemäß als Metallabfall entsorgten. Es gab darunter allerdings einige Schmuckstücke der Präzisionsmechanik wie Goniometer [Winkelmesser], Fernrohre zur Ablesung von Skalen, Barometer usw., die wir nur ungern in den Müll warfen. Einzelne Geräte wurden von den Beteiligten vor dem Untergang gerettet", schreibt *Robert Hofmann* aus Wallisellen in einem Brief an den Verfasser vom 20. Januar 2017. Er war damals Assistent am Laboratorium für Festkörperphysik und wirkte an der Räumung mit. Fast 50 Jahre lang hat der 1934 geborene Physiker das feinmechanische Werk sorgfältig aufbewahrt. Hofmann vermutet, dass die Rechenscheibe für die Auswertung von Filmstreifen verwendet wurde, die bei der Strukturanalyse von Kristallen nach der Debye-Scherrer-Methode anfielen. Dieses Verfahren wurde um 1915 an der ETH Zürich entwickelt.

Auf der Unterseite des Tellers ist „Re Ma. 3" (Rechenmaschine Nr. 3) aufgemalt. Das Physikinstitut hatte mehrere Rechengeräte. Erhalten ist auch eine mit „Re Ma. 4" bezeichnete 7,5-m-Loga-Rechenwalze (Seriennummer 750454), die z.T. aus Kunststoff besteht. Dieser Werkstoff weist wohl auf eine Anschaffung nach 1915 hin. Wahrscheinlich war die webersche Rechenscheibe ein Einzelfabrikat.

Hinweis
Die webersche Rechenscheibe ist nicht zu verwechseln mit *Webers Rechenkreis*. Dieses von R. Weber (Forstakademie Aschaffenburg) konstruierte logarithmische Gerät war 1893 in München ausgestellt.

Die Teilungslänge der Skalen nimmt bei Rechenscheiben von außen nach innen ab. Wie bei Rundbaurechnern (z.B. Curta) sind die Zahlen radial angeordnet, was das

Ablesen etwas erschwert. Je mehr Skalen eine Rechenscheibe hat, desto unübersichtlicher wird sie.

14.8 Loga-Rechenwalzen

14.8.1 24-Meter-Rechenwalze

Ende 2013 wurden an der ETH Zürich und bei der UBS Basel zwei sehr seltene Loga-Rechenwalzen mit einer Skalenlänge von 24 m gefunden. Es handelt sich nach derzeitigem Wissen um die weltweit größten und genauesten, in Serie gefertigten Rechenwalzen.

Der Rechenschieber wurde vor rund 400 Jahren geschaffen und war bis in die 1970er Jahre weit verbreitet. Er wurde jäh durch den elektronischen Taschenrechner abgelöst und ist weitgehend in Vergessenheit geraten. Rechenwalzen setzten sich ab der zweiten Hälfte des 19. Jahrhunderts in größeren Stückzahlen durch. Bei den Rechenstäben und den Rechenscheiben gab es eine Fülle unterschiedlicher Modelle, die jeweils auf besondere Anwendungen zugeschnitten waren. Rechenwalzen wurden vielerorts verwendet, besonders in Banken, Versicherungen, der Textilindustrie, dem öffentlichen Verkehr, der Forschung und der Armee.

Abb. 14.21: Loga-Rechenwalze (1). Der international bedeutendste Hersteller von Rechenwalzen war wohl die Loga-Calculator AG in Uster ZH. Die eindrucksvollen Rechentrommeln wurden in hohen Stückzahlen gefertigt und weltweit vertrieben (© UBS).

Eine hohe Genauigkeit war beispielsweise bei Wechselkursumrechnungen in Banken unerlässlich. Loga-Calculator hat neben Rechenstäben und (logarithmischen) Rechentafeln vor allem Rechenscheiben und Rechenwalzen (vgl. Abb. 14.21–14.23) hergestellt.

Abb. 14.22: Loga-Rechenwalze (2). Wegen der hohen Genauigkeit waren die mächtigen 24-m-Walzen besonders beliebt bei Banken, etwa für Währungsumrechnungen (© UBS).

Abb. 14.23: Loga-Rechenwalzen, Kollektion. Die in Uster ZH beheimatete Firma Loga-Calculator hat Rechenwalzen in sechs unterschiedlichen Größen (1,2 m bis 24 m) hergestellt. Je größer der Umfang und die Länge der Trommeln, desto genauer sind die Walzen (© Bruno Narr, Windisch AG).

Nur wenige überlebende 24-m-Walzen

Laut Herstellerangaben arbeiten die 24-Meter-Loga-Rechenwalzen auf 5 bis 6 Stellen genau. Sie sind mit dem Gestell knapp 70 cm lang. Die nutzbare Länge des Zylinders beträgt 60 cm. Die Walzen haben einen Durchmesser von etwa 25 cm und einen Umfang von 80 cm. Sie sind sehr selten.

Bis Sommer 2013 war nur von drei Stück (Dällikon ZH, Gelterkinden BL, Greifswald D) die Rede. Der Zufall wollte es, dass Ende November und Anfang Dezember 2013 gleich zwei weitere Exemplare zum Vorschein kamen, je eine am Departement für Informatik der ETH Zürich und im Konzernarchiv der Großbank UBS in Basel. Im Februar 2014 tauchte in Windisch AG eine weitere Walze auf, und im September 2016 eine in der (ehemaligen) Komturei Tobel TG. Im Zusammenhang mit einer Untersuchung zu den Seriennummern wurde uns am 1. März 2019 bewusst, dass auch das Museum für Kommunikation in Bern eine 24-m-Loga-Walze besitzt. 2020 gab ein Museum in Zug die Existenz eines weiteren Exemplars bekannt, das sich nun in Bremgarten BE befindet. Damit sind zurzeit neun 24-m-Loga-Walzen bekannt. 15er Trommeln sind wesentlich häufiger.

Es gibt einige wesentlich längere Walzen, dabei handelt es sich jedoch um Einzelstücke, die wohl vor allem für einen Eintrag im Guiness-Buch der Rekorde gebaut wurden. Die 2012 angefertigte Spiralwalze „The Eximius Diu 6“ von Dave Hoyer (Encore consulting Pty Ltd., Sydney, www.encoreconsulting.com.au) hat eine Skalenlänge von 318 m. Sie ist 175 m lang und hat einen Durchmesser von 7,5 cm und 135 Spiralwindungen. Die Genauigkeit wird mit 6 Stellen angegeben.

14.8.2 Altersbestimmung

Die Loga-Walzen der ETH Zürich und der UBS Basel tragen die Aufschrift „Zürich (Schweiz)“. Das Unternehmen siedelte 1911 nach Uster ZH um. Die beiden Rechenwalzen wurden möglicherweise spätestens in diesem Jahr gebaut.

In der Zeitschrift „Der Organisator“ wurden z.B. 1922 und 1925 Anzeigen mit dem Firmennamen „Loga-Calculator, Zürich“ veröffentlicht. In der Schweizerischen Bauzeitung erschien am 19. Juli 1919 ebenfalls ein Angebot der Loga-Calculator AG, *Zürich*. Die Produktionsstätte war zwar in Uster, der Vertrieb (Daemen Schmid) blieb aber in Zürich. Offenbar gab es auch *nach* dem Umzug ins Zürcher Oberland noch Walzen mit dem Ortsnamen Zürich. Denn viele Trommeln von späteren 15er Walzen wurden mit „Loga Calculator Zürich“ beschriftet. Auch die Beschaffenheit (Holz, Metall, Kunststoff) gibt Anhaltspunkte für die schwierige Datierung.

14.8.3 Wie lang ist die Skala?

Je länger die Skala, desto höher die Genauigkeit

Je länger die Skala eines Rechenschiebers ist, desto höher ist seine Genauigkeit. In der Praxis herrschten die Rechen*stäbe* vor. Rechenscheiben und vor allem Rechenwalzen ermöglichten jedoch mehr Stellen. Die längsten Skalen und damit die höchste Genauigkeit hatten Rechenwalzen. Rechenstäbe haben meistens eine Skalenlänge von 25 cm (seltener 12,5 cm und 50 cm), Rechenscheiben von 30 cm. Mit Rechenscheiben und Rechenwalzen ließen sich lange Skalen auf kleinem Raum unterbringen.

Weder bei der ETH Zürich noch im Konzernarchiv der UBS Basel gibt es Unterlagen zu den beiden erwähnten Rechenwalzen, die Auskunft geben über Erwerbung, Preis und Anwendung. Ein wichtiges Merkmal von Rechenwalzen ist die Skalenlänge. Vor allem auf den frühen Geräten sind aber oft keine diesbezüglichen Angaben zu finden. Mithilfe von Messungen und eines Modellverzeichnisses der Loga-Walzen lässt sich die Skalenlänge eindeutig bestimmen.

Loga-Calculator hat Walzen mit Skalenlängen von 1,2 bis 24 m hergestellt (Modelle: 1,2 m; 2,4 m; 7,5 m; 10 m; 15 m und 24 m). Eine Rechen*scheibe* mit einer 24-m langen Skala hätte einen Durchmesser von 7,64 m (24 m/π)!

Die Skalenlänge von Rechenwalzen lässt sich wie folgt berechnen (vgl. Kasten).

Skalenlänge

Eine Loga-Rechenwalze mit einer Skalenlänge von 24 m hat 80 parallele Teilstrecken (Abschnitte) zu 60 cm, was 48 m ergibt. Die Skala ist aber nicht 48 m lang. Weil sich aufeinander folgende Skalenabschnitte (zu 50 %) überlappen, misst die Skala (nur) 24 m. Sie ist doppelt aufgetragen. 15-m-Loga Walzen haben 60 Teilstrecken zu 50 cm. Das ergibt eine Skalenlänge von (60x50 cm)/2, also 15 m.

Was bedeutet die Typenbezeichnung 24/48 m?

Die Loga-Calculator AG, Uster, verwendete in Modellverzeichnissen und Preislisten Typenbezeichnungen wie 10 m, 15 m, 24 m oder (verwirrend) 10/20 m, 15/30 m, 24/48 m.

Was ist beispielsweise unter dem Typ 24/48 m zu verstehen? Bei diesem Modell handelt es sich *nicht* um ein Gerät mit einer Skalenlänge von 48 m. Gemeint ist vielmehr eine 24-Meter-Rechenwalze. Die Zahlenfolge 24/48 m ist wie folgt zu verstehen: Der Käfig hat eine Skalenlänge von 24 m, auf der Trommel gibt es eine *doppelt* (versetzt) aufgetragene Skala von 24 m, d.h. 2 x 24 m. Die zweifache Auftragung der Skala erhöht die Genauigkeit der Walze nicht. Ohne die überlappenden Skalenabschnitte ließe sich die Walze gar nicht bedienen.

Die irreführende Angabe „48 m“ diente offensichtlich bloß zu Werbezwecken. Das zeigt sich auch im Beitrag „Die logarithmisch-graphischen Rechenapparate“: „Je nach seiner Grösse (Länge und Durchmesser) weist der Loga-Calculator eine 10–200fache

Skalenlänge des 25 cm langen Rechenschiebers auf." (siehe Verlag Organisator AG (Hg.): Maschinen und Hülfsmittel für das Büro, Verlag Organisator AG, Zürich 1932, Seite 35). Aus einer Anzeige der Loga-Calculator AG, Uster, im gleichen Heft (Seite 8) erfahren wir von „Loga-Calculatoren („Loga"-Rechenwalzen) in verschiedenen Grössen und Modellen; Preise Fr. 100.- bis 800.-, Skalenlängen 2,4 bis 48 m".

Ferrolsches Rechnungsverfahren
In der Gebrauchsanleitung für 10-Meter-Rechenwalzen weist Loga-Calculator auf das ferrolsche neue Rechnungsverfahren hin. Verfasser war Fritz Ferrol (Deckname für Jakob Schmitt). Dieses Werk erschien mindestens seit 1907 an mehreren Orten und in zahlreiche Auflagen. Die acht Lehrbriefe sind seit 1910 (Berlin) nachweisbar, 1913 kam die 5. Auflage heraus.

Pflegetipps für Rechenwalzen

> „Die Walzenfläche mit den Teilungen ist gegen Kratzen zu schützen und täglich durch Abpinseln zu entstauben. Wöchentlich wird der Walzenmantel mit Watte und Talkum (der Walze beigegeben) gut eingerieben. Alle 2 Monate ist gründliche Reinigung wie folgt vorzunehmen:
>
> Die Walze wird aus den Lagern gehoben und der Schieber abgezogen. Hierauf wird die Walzenfläche mit weichem Schwamm und lauwarmem Seifenwasser nicht zu naß abgewaschen, mit sauberem Tuch vollständig getrocknet und dann gut mit Talkumpulver, vermittelst des beigegebenen Wattenbausches, eingerieben. Die Schieberpolster werden sauber ausgebürstet. Dann wird der Schieber wieder übergeschoben und die Walze in die Lager eingesetzt." (© Schweizerische Armee, Artillerie-Reglement IX, Artillerie-Beobachtungsdienst 1935, Seiten 48–49).

Rechnerbestand: eine Loga-Walze und eine mechanische Rechenmaschine

Im Institut für angewandte Mathematik der ETH Zürich war eine Loga-Rechenwalze im Einsatz. Sie wird in einem handschriftlichen Dokument vom 11. August 1949 (Nachlass von Eduard Stiefel im Archiv der ETH-Bibliothek) erwähnt. Das Institut besaß damals eine elektrische Rechenmaschine und eine Loga-Rechenwalze. Eine Madas-Tischrechenmaschine der Firma H. W. Egli AG, Zürich, wurde 1948 angeschafft. Wann und wie die Walze ans Institut für angewandte Mathematik kam, ist unbekannt. Wie einem Etikett zu entnehmen ist, gelangte die 24-Meter-Loga-Rechenwalze über die Fernmeldetechnik ans Rechenzentrum der ETH. Heinz Weber vom Institut für Fernmeldetechnik war von 1951 bis 1953 Mitglied der Kommission zur Entwicklung von Rechengeräten in der Schweiz.

14.8.4 Loga-Rechenwalzen: Modellverzeichnisse und Preislisten

Modellübersichten der Loga-Calculator AG sind sehr selten und schwer zugänglich. Die Datierung von Rechenwalzen ist allgemein schwierig.

Es folgen drei mehrseitige Dokumente:

- Modellverzeichnis von Loga-Calculatoren,
- undatierte Preisliste für „Loga"-Calculatoren („Loga"-Rechenwalzen),
- datierte Preisliste der Loga-Calculator AG, Uster (1921).

Die ersten beiden Schriftstücke sind undatiert. Sie stammen frühestens aus dem Jahr 1915, denn zu diesem Zeitpunkt wurde die Loga-Calculator AG gegründet.

Quellen
a) Modellverzeichnis (vgl. Abb. 14.24–14.25)
Schweizerisches Wirtschaftsarchiv (SWA), Basel,
Privatarchiv Loga AG, Dossier K 9, Modellverzeichnis von Loga-Calculatoren (ohne Datum)

b) Preisliste ohne Datum (vgl. Abb. 14.26–14.33)
UBS AG, Historisches Archiv & Museum (Basel)

c) Preisliste von 1921 (vgl. Abb. 14.34–14.37)
Alte Kantonsschule Aarau, Schulsammlung.

Bestimmung der Skalenlänge
Bei vielen Loga-Rechenwalzen fehlen Angaben zur Skalenlänge. Dank der Modellübersicht lässt sie sich sicher bestimmen.

Modellverzeichnis von Loga-Calculatoren

(vergleiche auch die Skalenbilder auf der Rückseite)

1. Standardapparate

Modelle E besitzen gleichlautende logarithmische Skalen, geeignet für Multiplikation, Division, Dreisatz, Proportion. Skalenlängen je nach Typ 1,2 m bis 24 m.

Nr.	Typ	Modell	Stellenzahl	Länge cm	∅ cm	Gewicht kg	Art der Einteilung
1	1,2	E	3–4	17	6,4	0,75	Einheitlich 3-stellig, 4. Stelle kann geschätzt werden
2	2,4	E	3–4	30	6,4	1,2	Einheitlich 3-stellig, sowie alle Fünfer von 1005 bis 9995
7	7,5	E	4–5	43	8	1,6	4-stellig bis 5000, dann nur die geraden Einer und die Fünfer der 4. Stelle bis 9998
10	10	E	4–5	45	16	3,5	4-stellig bis 5000, dann nur die geraden Einer der 4. Stelle bis 9998
15	15	E	4–5	57	16	4,5	Einheitlich 4-stellig bis 9999
15 b	15	Ev	4–6	57	16	4,5	Wie Nr. 15, sowie alle Fünfer der 5. Stelle von 1005 bis 99995
15 c	15	Ev 2	4–6	57	16	4,5	Wie Nr. 15 b, sowie von 10002 bis 19998 alle geraden Einer der 5. Stelle
24	24	E	5–6	66	25,5	8,5	5-stellig bis 20000, bis 40000 noch alle geraden Einer der 5. Stelle, bis 99995 noch alle Fünfer der 5. Stelle

2. Reziprokenmodelle

Modelle R: Wie Modelle E, Ev, Ev2. Der Schieber trägt aber außerdem eine zusätzliche Reziprokenteilung mit den grünen Zahlen 1 bis 99. Mit Hilfe dieser Zahlen können Multiplikationen von drei Faktoren mit einer Einstellung gerechnet werden.

Modelle Ee: Zylinder wie Modelle E. Schieber mit rückläufig geteilter Schieberskala. Rechnet außer Multiplikation, Division und Dreisatz in einer Einstellung, Divisionen mit wechselnden Divisoren und umgekehrte Proportionen.

Folgende Typen sind lieferbar:

Nr.	2 a	2 b	7 a	10 a	15 d	15 f	15 g
Typ	2,4	2,4	7,5	10	15	15	15
Modell	R	Ee	Ee	R	R	Rv	Rv 2

3. Spezialmodelle

Nr.	Typ	Modell	Beschreibung
10 c	10	RD	Wie Nr. 10a mit zusätzlichen Eintragungen von roten Durchmesserzahlen für Rundmaterialberechnung
10 d	10	P	Pythagoras Rechenwalze für Berechnung von Hypothenusen und Katheten von rechtwinkligen Dreiecken
15 h	15	RWv	Wie Nr. 15b mit zusätzlicher 4½-stelliger Reziprokeneinteilung auf dem Zylinder. Rechnet wie 15b, sowie Multiplikationen von drei Faktoren, Division mit 2 Divisoren. (Arbitragemodell für alle Paritäten)
15 k	15	Z	Zinsrechenwalze rechnet Zinsen direkt ab Datum bis zum Jahresabschluß und zu beliebigen Zinsfüßen
15 l	15	A	Artillerierechenwalze für Distanz- und Winkelberechnung (Ballistik) bei Artillerie-Beobachtertruppen

Modelle für weitere Spezialzwecke können extra angefertigt werden

Verlangen Sie Preise und Lieferbedingungen von:

LOGA-Calculator AG., Uster Schweiz

A4 · 1445 · 5. 39

Abb. 14.24: Loga-Rechenwalzen, Modellverzeichnis, Seite 1. Die Genauigkeit schwankt je nach Skalenlänge zwischen drei und sechs Stellen (Quelle: Schweizerisches Wirtschaftsarchiv, Basel).

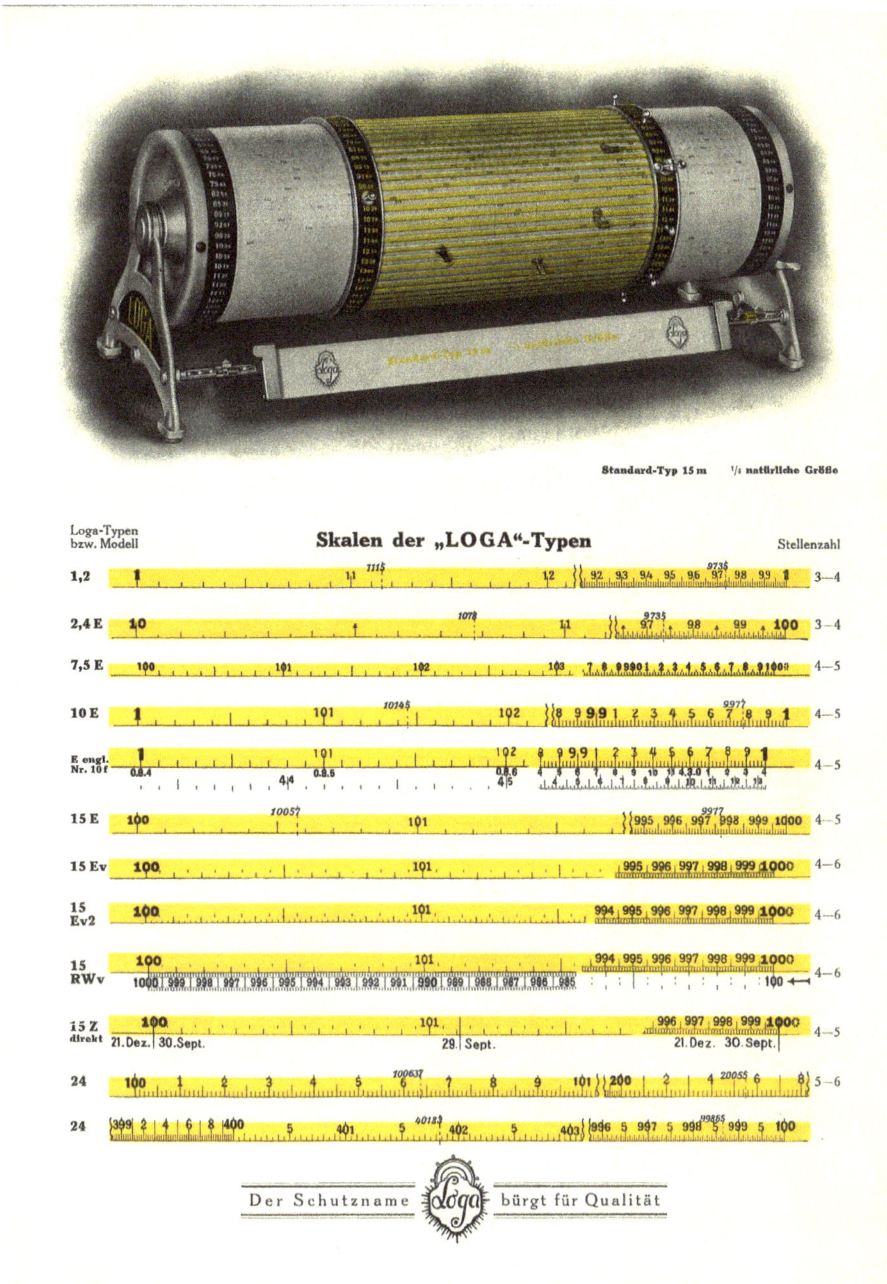

Abb. 14.25: Loga-Rechenwalzen, Modellverzeichnis, Seite 2. Die gleichen Zahlenwerte treten wegen der Überlappung mehrfach auf, was verwirren kann (Quelle: Schweizerisches Wirtschaftsarchiv, Basel).

LOGA CALCULATOR A.G.

Fabrik mathematischer Apparate

-Patente (H. Daemen-Schmid) Schutzmarke:

USTER (SCHWEIZ)

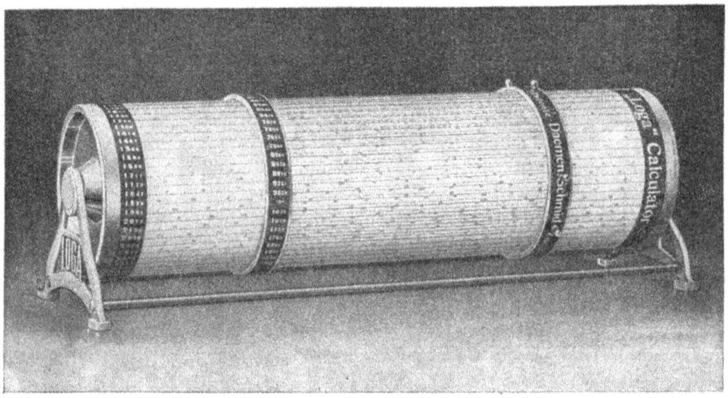

PREISLISTE

für „LOGA"-CALCULATOREN

(„Loga"-Rechenwalzen)

einschliesslich üblichem Zubehör, bestehend aus: Gebrauchsanleitungen, 1 Satz Zelluloidzeiger, eine Wachstuchhülle und 1 Dose Talkum.

Erläuterungen betr. Verwendungszweck der verschiedenen Modelle auf Seite 4–6.

Betreffend Stellenzahl der Resultate, Einteilung und Bezifferung der Skalen vergleiche die auf Seite 7 wiedergegebenen Skalenbilder.

Die Preise verstehen sich für Selbstbraucher, **netto Kassa,** ab Fabrik, zahlbar durch Scheck bei Auftrag oder Barzahlung durch eine Bank in Zürich gegen quittierte Rechnung und Versandnachweis. Lieferung erfolgt franco auf Rechnung und Gefahr des Empfängers. Erfüllungsort: Zürich (Schweiz).

Für Verpackung, Spedition, Porto und Versicherung gegen Transportschaden werden 3–4 % des Listenpreises berechnet. Spesen für Ursprungszeugnisse, Konsulargebühren oder Zölle des Einfuhrlandes gehen zu Lasten des Empfängers.

Bei telegraphischer Bestellung genügt Angabe der Nummer nebst Buchstaben des gewünschten Apparates. Telegrammadresse: Loga-daemen Uster, Schweiz (z. B. statt: Sendet per Post 1 Stück Loga-Calculator Typ 15/30 Modell E einfach: 15)
(oder statt: „ „ „ 1 „ „ „ „ 15/30 „ RWv „ : 15 h)

Durch diese Preisliste werden alle früheren aufgehoben.

Abb. 14.26: Loga-Rechenwalzen, undatierte Preisliste, Seite 1 (Quelle: UBS AG, Historisches Archiv & Museum, Basel).

Typ 1,2/2,4 m.

		Dimensionen in mm: Länge	Breite	Höhe	Gewicht in kg	Preise ab Fabrik: Schw. Fr.	RM.
Nr. 1:	Handmodell . . .	200	71	71	0,300	100.—	80.—
Nr. 1a:	auf Metallgestell . .	208	81	90	0,400	125.—	100.—

Typ 1,5/3 m.

		Dimensionen in mm: Länge	Breite	Höhe	Gewicht in kg	Preise ab Fabrik: Schw. Fr.	RM.
Nr. 1,5:	auf Metallgestell: In Vorbereitung.						

Typ 2,4/4,8 m.

Dimensionen in mm: Länge	Breite	Höhe	Gewicht in kg
335	81	103	ca. 1 1/2

			Preise ab Fabrik: Schw. Fr.	RM.
Nr. 2:	Modell E	. . . .	180.—	150.—
Nr. 2a:	Modell R	mit 2-stelligen Reziprokwerten auf dem Schieber .	200.—	160.—
Nr. 2b:	Modell Ee	mit reziprok verlaufender, completer Schieberskala .	180.—	150.—
Nr. 2c:	Modell E	engl. mit 1 Skala mit £ 0.8.4 bis 4.3.4. . . .	220.—	180.—
Nr. 2d:	Modell E	engl. mit 2 Skalen mit £ 0.8.4 bis 4.3.4. und 4.3.4 bis 41.13.4	240.—	195.—
Nr. 2e:	Modell E	engl. mit 2+2 Skalen wie vor, auf Walze u. Schieber	270.—	220.—
		Zuschlag für R Schieber	20.—	16.—

Typ 3/6 m.

		Dimensionen in mm: Länge	Breite	Höhe	Gewicht in kg	Preise ab Fabrik: Schw. Fr.	RM.
Nr. 3:	In verschiedenen Modellen in Vorbereitung.						

Abb. 14.27: Loga-Rechenwalzen, undatierte Preisliste, Seite 2 (Quelle: UBS AG, Historisches Archiv & Museum, Basel).

Typ 7,5/15 m.

Dimensionen in mm: Länge	Breite	Höhe	Gewicht in kg
480	112	145	ca. 1½

Nr.	Modell	Preise ab Fabrik: Schw. Fr.	RM.
Nr. 7:	Modell E	300.—	245.—
Nr. 7a:	Modell Ee	300.—	245.—
Nr. 7b:	Modell DS	500.—	405.—

Letztere Ausführung hat Doppelskalen auf Walze und Schieber und ist besonders beliebt wegen ihrer handlichen Form und vielseitigen Verwendbarkeit.

Typ 10/20 m.

Dimensionen in mm: Länge	Breite	Höhe	Gewicht in kg
515	204	240	ca. 4—4½

Nr.	Modell	Preise ab Fabrik: Schw. Fr.	RM.
Nr. 10:	Modell E	420.—	340.—
Nr. 10a:	Modell R	460.—	375.—
Nr. 10b:	Modell Z	460.—	375.—
Nr. 10c:	Modell RD	500.—	405.—
Nr. 10d:	Modell P	500.—	405.—
Nr. 10e:	Modell E engl. mit 2 £ und d-Zusatzskalen auf der Walze	500.—	405.—
Nr. 10f:	Modell E engl. mit 2 £ und d-Zusatzskalen auf Walze und Schieber	550.—	445.—
	Zuschlag für R Schieber	50.—	40.—
	Zuschlag für Zusatzwalze für grössere £-Beträge	100.—	80.—

Typ 15/30 m.

Dimensionen in mm: Länge	Breite	Höhe	Gewicht in kg
630	204	240	ca. 4½—5

Nr.	Modell	Preise ab Fabrik: Schw. Fr.	RM.
Nr. 15:	Modell E	575.—	470.—
Nr. 15a:	Modell Ee	575.—	470.—
Nr. 15b:	Modell Ev	575.—	470.—
Nr. 15c:	Modell Ev 2	600.—	490.—
Nr. 15d:	Modell R	620.—	505.—
Nr. 15e:	Modell RW	620.—	505.—
Nr. 15f:	Modell Rv	620.—	505.—
Nr. 15g:	Modell Rv 2	645.—	525.—
Nr. 15h:	Modell RWv	700.—	570.—
Nr. 15i:	Modell RWv 2	750.—	615.—
Nr. 15k:	Modell Z direkt	750.—	615.—
Nr. 15l:	Modell Artillerie	[illegible]	[illegible]
		1450.—	1190.—

Typ 24/48 m.

		1450.—	1190.—

Dimensionen in mm: Länge	Breite	Höhe	Gewicht in kg
740	305	350	ca. 8

Nr.	Modell	Preise ab Fabrik: Schw. Fr.	RM.
Nr. 24:	Modell E	800.—	650.—

Abb. 14.28: Loga-Rechenwalzen, undatierte Preisliste, Seite 3 (Quelle: UBS AG, Historisches Archiv & Museum, Basel).

Erläuterungen

zu den verschiedenen Typen und Modellen des Loga-Calculator.

I. Modelle E aller Apparatgrössen.

(Einfache Skala)

Alle E Modelle haben für alle Typen (Apparatgrössen) dieselben Grundeigenschaften und eignen sich sowohl für Multiplikationen und Divisionen wie auch für Dreisatz und Proportionsrechnungen. Die Ablesemöglichkeiten ergeben sich aus den Skalenbildern Seite 7.

Modell Ev 15b: Die Skala ist ergänzt durch Teilstriche für alle Fünfer der 5. Stelle, sodass von 10005, 10015 usw. bis 99995 diese Werte direkt abgelesen und die dazwischen liegenden Einer der fünften Stelle leichter geschätzt werden können.

Modell Ev2 15c: Wie Modell Ev 15b, aber überdies von 10002 bis 19998 ergänzt durch blaue Teilstriche für alle geraden Einer der 5. Stelle. (Diese Skala entspricht einer 240fachen Vergrösserung des Taschen-Rechenschiebers bezw. der 120fachen Länge eines Normal-Rechenschiebers, während der Loga-Calculator Typ 24m sogar das 400- bezw. 200fache an Skalenlänge aufweist.)

Modell Ee 2b, 7a, 15a (einfaches englisches): Dient hauptsächlich zur Devisenarbitrage in und mit England. Die rückläufige Skala des Schiebers gestattet die sofortige Ermittlung der Paritäten aller Länder, welche das „Bestimmte" kotieren. Modell Ee berechnet in einer Einstellung Divisionen mit konstanten Dividenden und beliebig wechselnden Divisoren, z. B.:
22,4325 : 76,35 = 0,29381 | 22,4325 : 3,5875 = 6,253 | 22,4325 : 17,65125 = 1,2709 usw.
In der Anfangsstellung (1000 des Schiebers auf 100 der Walze) gibt Modell Ee auch alle reziproken Werte (einfache Paritäten) bis zu 5 Stellen.
Im Uebrigen auch verwendbar wie alle E Modelle, ausserdem zu umgekehrten Dreisatzrechnungen und Proportionen.

Modell E engl. 10e und f gestattet ausser Multiplikationen, Divisionen und Dreisatzrechnungen auch direkte Rechnungen in englischer Währung, ebenso Umrechnungen aus irgend einer Dezimalwährung in englische und umgekehrt, zu beliebigem Kurs, alles mit **einer einzigen Einstellung.**
Dieser Apparat ist in Bezug auf Zeitgewinn und Zuverlässigkeit **geradezu ein Juwel für Kalkulationen** in oder aus englischer Währung — bei Bedarf sogar mit Zuschlag oder Abzug beliebiger Prozentsätze.
Alles mit **einer einzigen** Einstellung für **beliebig viele verschiedene** Artikel und Preise einer Gattung.

II. Modell DS 7b.

Die Skala ist bis 24995 ergänzt durch Teilstriche für alle Fünfer der 5. Stelle, so dass von 10005 bis 24995 diese Werte direkt abgelesen und die dazwischen liegenden Einer der fünften Stelle leichter geschätzt werden können. Von 2501 bis 9999 können die Einer der 4. Stelle direkt abgelesen und die dazwischen liegenden Fünfer leicht geschätzt werden. Sowohl Walze wie Schieber tragen ausserdem noch eine Reziprokenskala gleicher Teilung wie vorbeschrieben. Das Modell eignet sich daher auch zum gleichzeitigen Rechnen mit 3 Faktoren und besonders für Effekten-Arbitrage, kann aber durch Spezialskalenanordnung auch allen möglichen andern Zwecken dienstbar gemacht werden.

Abb. 14.29: Loga-Rechenwalzen, undatierte Preisliste, Seite 4 (Quelle: UBS AG, Historisches Archiv & Museum, Basel).

III. Modell P 10d (Pythagoras).

Für Geodäten, Geometer, Berg- und Tiefbau sowie für Konstrukteure.

Dieses Modell dient ausschliesslich zur Bestimmung der dritten Seite (bis 199,99 m) eines rechtwinkligen Dreiecks, wenn die beiden andern Seiten gegeben sind, nach der Formel

$$\sqrt{a^2 + \text{oder} - b^2}$$

IV. Modelle Z 10b und Z direkt 15k.

Besonders geeignet für Banken, Sparkassen usw.

Modell Z 10b (Zinsdivisoren für 360 Tage, mit Zinsfuss von 1—7 % mit allen Ganzen und Brüchen wie: $^1/_{16}$, $^1/_{10}$, $^1/_8$, $^3/_{16}$, $^2/_{10}$, $^1/_4$, $^3/_{10}$, $^5/_{16}$, $^1/_3$, $^3/_8$, $^2/_5$, $^7/_{16}$, $^1/_2$, $^9/_{16}$ usw.). Die Z-Skala ermöglicht direkte Zinsberechnungen aus Kapital, Tagen und Zinsfuss oder aus Nummern (Zinszahlen) und Zinsfuss ohne Zuhilfenahme von Tabellen, z. B.:
13575 (Kapital) zu $5^3/_{16}$ % in 83 Tagen = 162,35.
18475 (Nummern) zu $3^1/_4$ % = 166,79.

Modell Z direkt 15k gestattet das direkte Ablesen von Sparkassen- und Depositenzinsen ab dem jeweiligen Datum, ohne dass erst die in Betracht kommende Tagezahl ermittelt werden muss, für **jeden beliebigen Betrag** und **beliebigen Zinssatz** mit jeweils **einer einzigen Einstellung,** so dass es genügt, an jedem Tage auf das in Frage kommende Datum einzustellen, um das ganze laufende Tagesgeschäft einer Spar- oder Depositenkasse in Bezug auf den Zinsendienst einschliesslich Ablesen aller Zinsergebnisse zu erledigen. Dasselbe gilt von den Zinsvorträgen **sämtlicher** Spar- oder Depositenguthaben am Jahresschluss für das folgende Jahr.

V. Modelle R 2a, 10a, 15d – i.

Alle R Modelle dienen ausser zu den bei Modell E genannten Rechnungsarten besonders noch zur Multiplikation dreier Faktoren mittelst einer einzigen Einstellung, sowie zur Ausführung von Rechnungen nach der Formel $\frac{a}{b \times c}$ und daraus sich ergebenden Kombinationen.
Der Schieber trägt zu diesem Zweck eine besondere (rückläufige) Skala mit zweistelligen Reziproken.
Die R Modelle sind besonders zu empfehlen für Kubikinhaltberechnungen von Holz- und Mauerwerk sowie von Natur- und Kunststeinen, Erdaushub usw. im Baugewerbe, da Berechnungen von 3—4 Faktoren nur **einer** Einstellung bedürfen. Dasselbe gilt auch für Schreiner-, Maler-, Boden- und Wandbelag-Berechnungen, wo aus Anzahl, Länge und Breite ein Total-Kubikinhalt oder aus Länge und Breite ein Quadratmass und aus diesem mal Preis ein Totalpreis errechnet werden soll, was auch für Klischee-Berechnungen von grossem Vorteil ist.

Weitere Beispiele für die vorteilhafte Verwendung der R Modelle:

Multiplikation einer Menge mit einem Preis plus Aufschlag: $(17 \times 1{,}65) + 35\,\% = 37{,}8675$

desgl. minus Rabatt: . . . . $(35 \times 3{,}45) - 15\,\% = 102{,}64$

Berechnung eines Preises minus Rabatt plus Aufschlag: . $(86{,}35 - 25\,\%) + 15\,\% = 74{,}477$

Abb. 14.30: Loga-Rechenwalzen, undatierte Preisliste, Seite 5 (Quelle: UBS AG, Historisches Archiv & Museum, Basel).

Berechnung eines Preises mit 2 % Aufschlägen: . . .	$(54{,}75 + 5\,\%) + 20\,\% = 68{,}985$
Multiplikation eines Preises mit einem Kurs plus Aufschlag:	$(575 \times 0{,}68) + 45\,\% = 566{,}95$
Multiplikation einer Stundenzahl mit dem Stundenlohn minus Unfallversicherung	$(47{,}5 \times 1{,}60) - 2\tfrac{1}{2}\,\% = 75{,}81$
Dividieren eines Preises durch eine Länge, multipliziert mit einer Menge:	$\frac{562{,}55}{18{,}20 \times 28} = 1{,}1039$

Dividieren einer Zahl durch wechselnde Divisoren:

$37{,}586 : 0{,}58 = 64{,}803$ | $37{,}586 : 5{,}2 = 7{,}228$ | $37{,}586 : 19 = 1{,}9782$.

Modell Rv 15f: Siehe Ev, im Uebrigen wie vorstehend zu verwenden.

Modell Rv2 15g: Siehe Ev2, im Uebrigen wie vorstehend zu verwenden.

Modell RD 10c (mit zweistelligen Reziproken und Durchmesserzahlen) besitzt ausser der oben erwähnten R Skala noch eine weitere Skala auf dem Schieber, welche ohne Spezialtabellen mit **einer** Einstellung die Berechnung und Kontrolle von Zylinderinhalten, Kubikinhalten, von Rundholz und, in Verbindung mit der R Skala, gleichzeitig die Gewichtsberechnung von runden Scheiben, Stangen, Walzen usw. gestattet.
Für Sägereien, Forstverwaltungen, Giessereien, Kesselschmieden, Blechwaren- und Maschinenfabriken sehr empfehlenswert.

Modell RW 15e: besitzt eine **dreistellige** Reziproken-Skala, welche auf der **Walze** in den Leerräumen zwischen den normalen Skalenlinien angeordnet ist. Diese Reziproken-Skala, sowie die entsprechenden dreistelligen Merkzahlen an den Rändern der Walze, sind durch besondere Farbe gekennzeichnet. Modell RW dient nur zur gleichzeitigen Multiplikation von drei Faktoren, von denen, wie aus dem folgenden Beispiel ersichtlich, zwei beliebig viele, einer jedoch höchstens **drei** Stellen haben können, z. B.:
$3{,}4675 \times 12{,}4975 \times 0{,}478 = 20{,}714$.

Modell RWv 15h: trägt auf der Walze **zwei** verschiedene Skalen, wovon die eine der Skala auf Loga Nr. 15b (Modell Ev) und die zweite derjenigen auf Loga Nr. 15e (Modell RW) entspricht. Die beiden auf der Walze eingetragenen Skalen bilden ausserdem eine Reziproken-Tabelle bezw. eine Tabelle aller direkten Paritäten von 10005, 10010 usw. bis 99995, bezeichnet durch Teilstriche mit bequemer Schätzungsmöglichkeit der übrigen Einer der 5. Stelle.
Der Loga Nr. 15h, Modell RWv leistet allein mehr als die Modelle E, Ee und Rv zusammen.

Modell RWv2 15i: siehe Ev2, im Uebrigen wie vorstehend.

VI. Modell Artillerie.

Der „Artillerie-Calculator" dient vorwiegend militärischen Zwecken (Distanzermittlung nach Licht und Schall, ballistische Berechnungen für die Artillerie usw.).

Logarithmisch-graphische Spezial-Apparate jeder Art werden auf Verlangen bei Bedarf extra angefertigt.

Abb. 14.31: Loga-Rechenwalzen, undatierte Preisliste, Seite 6 (Quelle: UBS AG, Historisches Archiv & Museum, Basel).

Skalen-Abbildungen der verschiedenen Loga-Typen (Grössen)

Diese Abbildungen zeigen in natürlicher Grösse Anfang und Ende der Skalenteilung und Art der Bezifferung jedes Typs. Es geht daraus deutlich die mit der Länge der Skala wachsende Genauigkeit (Kapazität) hervor. Die Ziffern **1,2/2,4**, **2,4/4,8** usw. bezeichnen die gesamte, einfach gemessene Schieberskalenlänge des entsprechenden Typs in Metern bezw. die doppelt aufgetragene Gesamt-Skalenlänge der Walze. Die verschiedene Färbung der Zahlen auf den Apparaten **10**, **15** und **24** m sowie der Spezial-Skalen auf den Walzen der Apparate E engl., RWv und Z direkt ist aus den nachstehenden Abbildungen nicht ersichtlich.

Man vergleiche die zuerst abgebildete Skala eines **30** cm langen Rechenschiebers mit den darauf folgenden Skalenbildern der verschiedenen „LOGA"-Typen!

Obere Skala eines 30 cm langen „LOGA"-Doppel-Rechenschiebers, 2 bis 3-stellig:

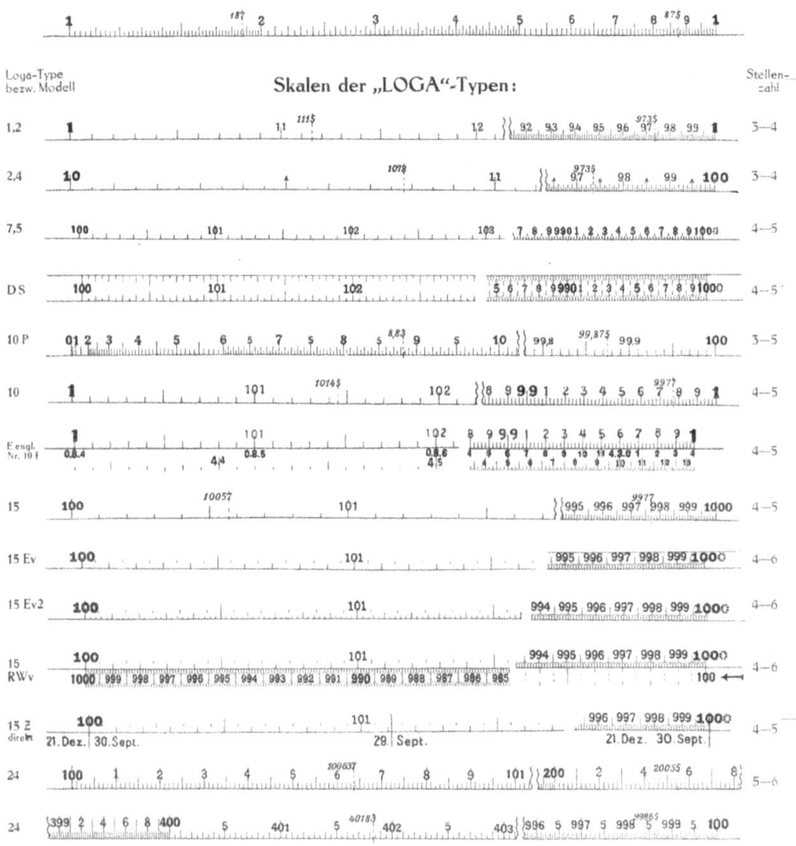

7

Abb. 14.32: Loga-Rechenwalzen, undatierte Preisliste, Seite 7 (Quelle: UBS AG, Historisches Archiv & Museum, Basel).

Zubehör

	Schw. Fr.	RM.
Rollband-Einrichtung mit Tabelle für Stickerei oder Transportversicherung an „LOGA" 10 und 15 m	100.—	80.—
„LOGA"-Versenktische je nach Wunsch. Preise auf Verlangen.		
Hilfstabellen 46×4 cm: (werden in besondere Halter am „LOGA"-Gestell eingelegt).		
Nrn. 1—20, 22—45, 47—50, 60 etc. (einseitig bedruckt) enthaltend: Zinsdivisoren, Dezimalwerte von Brüchen, Reziproken, Querschnitte, Gewichte von Profileisen, Textil-Konstanten etc. . . . . . das Stück	2.—	1.60
Nrn. 46/46a, 46b/c (doppelseitig bedruckt) für englische Währung, das Stück	2.50	2.—
Nrn. 51/52, 53/54, 53/54a, 53/54b, 55/56, 57/58, 59/59a, 112/113, 114/115, 116/117, 118/119, 121/122, 124/124a, 124b, 124c/d (doppelseitig bedruckt): kurze Anleitungen für den allgemeinen Gebrauch verschiedener Modelle . . . das Stück	2.50	2.—
(Zu jedem neuen Apparat werden die dazugehörigen Anleitungstabellen gratis mitgeliefert.)		
Nr. 21: Kommabestimmung bei Prozentberechnungen für Statistik das Stück	5.—	4.—
Nrn. 101—110 (Skalentabellen): Quadrat- und Kubikwurzeln, Reziproken, Kreisumfänge und Inhalte, Logarithmen und trigonometrische Werte, das Stück	5.—	4.—
Ausführliche Erklärung der Tabellen sowie Verzeichnis derselben auf Verlangen gratis.		
Terminfinder „LOGA", Format 32×4 cm, dient zur Bestimmung der Anzahl Tage, welche zwischen zwei Daten liegen, oder auch zur Bestimmung eines Datums aus der Tageszahl . . . das Stück	5.—	4.—
Paritäten-Tabelle „LOGA", in Taschenformat, gibt alle direkten Paritäten von 1001 bis 9995 (vollständige Tabelle der Reziprokenwerte von 1001 bis 9995) . . . das Stück	3.	2.50
Zelluloidzeiger „LOGA" Modell „2" . . . der Satz = 10 Stück	2.50	2.—
„LOGA"-Haarstrichzeiger Modell „3" . . . der Satz = 10 Stück	5.—	4.—
1 Dose Talcum, zum Pudern der Walze . . .	1.—	1.—
2 Halter um „LOGA" 10 oder 15 m an die Wand zu hängen, sei es zur Benützung oder Aufbewahrung . . .	3.—	2.50
1 Satz = 4 Untersatzfüsse, zur Erhöhung des Durchlasses unter den „LOGA"-Gestellen 10 oder 15 m um 3 cm . . . (Für 6 cm Erhöhung braucht man 2, für 9 cm 3 Satz etc.)	3.—	2.50
Schwenkarme, 3gliedrig, Ausladung 1 m . . . das Stück	125.—	100.—
„ 2 „ „ 0,75 „ . . . „ „	110.—	90.—
„ 1 „ „ 0,50 „ . . . „ „	95.—	80.—
Ausserdem liefern wir ähnliche Einrichtungen einfacherer Art für alle „LOGA"-Typen . . . das Stück ab	30.—	25.—

Ausser unsern vorstehend aufgeführten „LOGA"-Fabrikaten liefern wir noch als Eigenfabrikate: „LOGA"-Doppel-Rechenschieber, „LOGA"-Rechenscheiben, -Rechentafeln, sowie ferner -Bücher und -Tabellen, Rechenschieber in Holz- und Metallausführung in Stab- und Uhrform, logarithmische und graphische Rechenhülfsmittel jeglicher Provenienz zu den dafür in Frage kommenden Weltmarktpreisen.

Als Spezialisten auf dem Rechenmaschinengebiet sind wir überdies in der Lage, etwa seitens unserer Kundschaft gewünschte mechanische Rechenmaschinen zu Weltmarktpreisen zu liefern, sei es als Ergänzung des „LOGA"-Calculators (siehe Seite 6 des Prospektes) oder um sich von dessen ausserordentlichen Vorzügen gegenüber jeder mechanischen Maschine zu überzeugen (siehe Seite 7 des Prospektes).

Abb. 14.33: Loga-Rechenwalzen, undatierte Preisliste, Seite 8 (Quelle: UBS AG, Historisches Archiv & Museum, Basel).

BÜRO BAHNHOFPLATZ 5. FABRIK IN USTER • POSTCHECK-KONTO VIII 920 • SCHWEIZ. VOLKSBANK ZÜRICH TELEPHON SELNAU 8088.

SCHWEIZER-FABRIKAT

AKTIEN-GESELLSCHAFT

LOGA CALCULATOR

CODE: A.B.C. 5 TH. ED. & MARCONI.

TELEGRAMME: LOGADAEMEN

ZURICH

Fabrik mathematischer Apparate von H. Daemen-Schmid, Uster-Zch

PREISLISTE

FÜR LOGA-CALCULATOREN

(genannt Loga-Rechenwalzen)

Die Gebrauchsanleitungen, 5 Zelluloidzeiger 2, eine Wachstuchdecke und Talkpulver sind im Preise eines jeden Apparates inbegriffen.

Typ 1,2 m

Max. Abmessungen: 200×71×71 mm, Gewicht: ca. ½ kg.

Nr. 6. Handmodell . . . . Fr. 110.–

Max. Abmessungen: 208×81×90 mm, Gewicht: ca. ½ kg.

Nr. 6a: auf Metallgestell . . . . Fr. 125.–

Typ 2,4 m

Max. Abmessungen: 335×81×103 mm, Gewicht: ca. 1 kg.

Nr. 7: Modell E** . . . . Fr. 180.–
Nr. 7a: Modell R** . . . . Fr. 200.–
Nr. 7b: Modell Ee** . . . . Fr. 180.–
Nr.7c: Mod. E engl. Fr.28o.-

Typ 7,5 m

Max. Abmessungen: 480×112×108 mm, Gewicht ca. 1½ kg.

Nr. 15: Modell E** . . . . Fr. 300.–
Nr. 15a: Modell Ee** . . . . Fr. 300.–

Typ 10 m

Max. Abmessungen: 515×204×240 mm, Gewicht: ca. 4½ kg.

Nr. 8: Modell E** . . . . Fr. 420.–
Nr. 9: Modell R** . . . . Fr. 460.–
Nr. 9a: Modell Z** . . . . Fr. 460.–
Nr. 10: Modell RD** . . . . Fr. 500.–
Nr. 11: Modell P** . . . . Fr. 550.–
Nr.8a: Eengl.* Fr.600.-
Nr.8b: Eengl.** Fr.68o.-

Typ 15 m

Max. Abmessungen: 639×204×240 mm, Gewicht: ca. 4½ kg.

Nr. 12: Modell E** . . . . Fr. 575.–
Nr. 12a: Modell Ee** . . . . Fr. 575.–
Nr. 12b: Modell Ev** . . . . Fr. 575.–
Nr. 12c: Modell Ev2** . . . . Fr. 600.–
Nr. 13: Modell R** . . . . Fr. 620.–
Nr. 13a: Modell RW** . . . . Fr. 620.–
Nr. 13b: Modell Rv** . . . . Fr. 620.–
Nr. 13c: Modell Rv2** . . . . Fr. 645.–
Nr. 14: Modell RWv** . . . . Fr. 700.–
Nr.14a Modell RWv2 ....Fr.75o.-
Nr.17 Modell Z direkt Fr.75o.-
Nr.18 Modell Art. Fr.1ooo.-

Typ 24 m

Nr. 16: Modell E**: Fr. 8oo.-

Die **Preise** verstehen sich **netto** Kassa in Schweizer Franken, zahlbar bei Abgang der Ware von der Fabrik in Uster (Schweiz). Verpackung, Spesen für Aus- und Einfuhrbewilligungen, Versicherung, Fracht, Zollgebühren, Steuern, usw. fallen zu Lasten des Auftraggebers. Lieferung auf Rechnung und Gefahr des Empfängers. Erfüllungsort Zürich (Schweiz).

Für Porto und Verpackung werden 2-2½% der Listenpreise berechnet.

* Betr. Stellenzahl der Resultate und Einteilung der Skalen, siehe das auf der Rückseite abgebildete Schema.
** Erläuterungen der Modelle auf der Rückseite.

3281. - VII. 24. - 3000. :-: **Durch diese Preisliste werden alle früheren aufgehoben.** :-: **Bitte wenden!**

Abb. 14.34: Loga-Rechenwalzen, Preisliste 1921, Seite 1 (Quelle: Alte Kantonsschule Aarau, Schulsammlung).

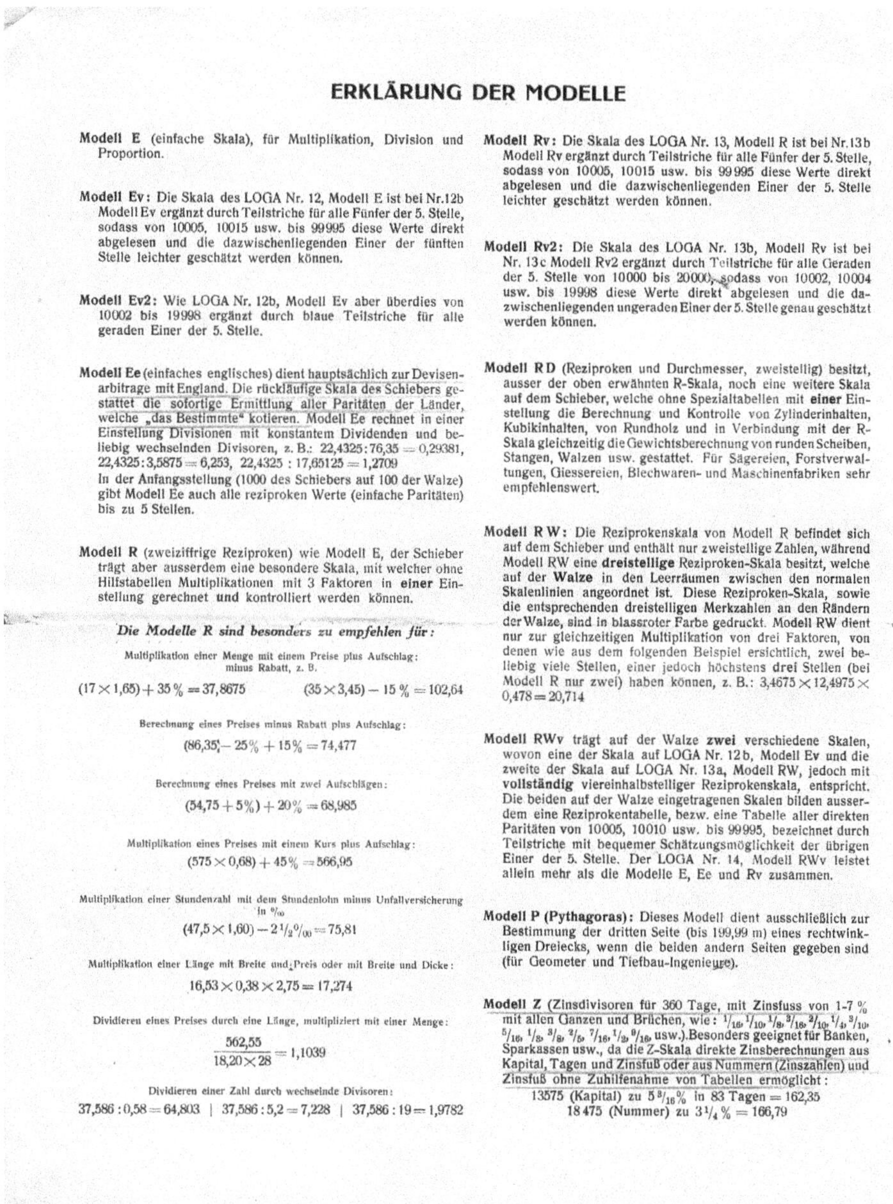

ERKLÄRUNG DER MODELLE

Modell E (einfache Skala), für Multiplikation, Division und Proportion.

Modell Ev: Die Skala des LOGA Nr. 12, Modell E ist bei Nr.12b Modell Ev ergänzt durch Teilstriche für alle Fünfer der 5. Stelle, sodass von 10005, 10015 usw. bis 99995 diese Werte direkt abgelesen und die dazwischenliegenden Einer der fünften Stelle leichter geschätzt werden können.

Modell Ev2: Wie LOGA Nr. 12b, Modell Ev aber überdies von 10002 bis 19998 ergänzt durch blaue Teilstriche für alle geraden Einer der 5. Stelle.

Modell Ee (einfaches englisches) dient hauptsächlich zur Devisenarbitrage mit England. Die rückläufige Skala des Schiebers gestattet die sofortige Ermittlung aller Paritäten der Länder, welche „das Bestimmte" kotieren. Modell Ee rechnet in einer Einstellung Divisionen mit konstantem Dividenden und beliebig wechselnden Divisoren, z. B.: 22,4325:76,35 = 0,29381, 22,4325:3,5875 = 6,253, 22,4325 : 17,65125 = 1,2709
In der Anfangsstellung (1000 des Schiebers auf 100 der Walze) gibt Modell Ee auch alle reziproken Werte (einfache Paritäten) bis zu 5 Stellen.

Modell R (zweiziffrige Reziproken) wie Modell E, der Schieber trägt aber ausserdem eine besondere Skala, mit welcher ohne Hilfstabellen Multiplikationen mit 3 Faktoren in **einer** Einstellung gerechnet **und** kontrolliert werden können.

Die Modelle R sind besonders zu empfehlen für:

Multiplikation einer Menge mit einem Preise plus Aufschlag: minus Rabatt, z. B.

(17 × 1,65) + 35 % = 37,8675 (35 × 3,45) − 15 % = 102,64

Berechnung eines Preises minus Rabatt plus Aufschlag:

(86,35 − 25 % + 15 % = 74,477

Berechnung eines Preises mit zwei Aufschlägen:

(54,75 + 5 %) + 20 % = 68,985

Multiplikation eines Preises mit einem Kurs plus Aufschlag:

(575 × 0,68) + 45 % = 566,95

Multiplikation einer Stundenzahl mit dem Stundenlohn minus Unfallversicherung in ‰

(47,5 × 1,60) − 2 1/2 ‰ = 75,81

Multiplikation einer Länge mit Breite und Preis oder mit Breite und Dicke:

16,53 × 0,38 × 2,75 = 17,274

Dividieren eines Preises durch eine Länge, multipliziert mit einer Menge:

$$\frac{562{,}55}{18{,}20 \times 28} = 1{,}1039$$

Dividieren einer Zahl durch wechselnde Divisoren:

37,586 : 0,58 = 64,803 | 37,586 : 5,2 = 7,228 | 37,586 : 19 = 1,9782

Modell Rv: Die Skala des LOGA Nr. 13, Modell R ist bei Nr.13b Modell Rv ergänzt durch Teilstriche für alle Fünfer der 5. Stelle, sodass von 10005, 10015 usw. bis 99995 diese Werte direkt abgelesen und die dazwischenliegenden Einer der 5. Stelle leichter geschätzt werden können.

Modell Rv2: Die Skala des LOGA Nr. 13b, Modell Rv ist bei Nr. 13c Modell Rv2 ergänzt durch Teilstriche für alle Geraden der 5. Stelle von 10000 bis 20000, sodass von 10002, 10004 usw. bis 19998 diese Werte direkt abgelesen und die dazwischenliegenden ungeraden Einer der 5. Stelle genau geschätzt werden können.

Modell RD (Reziproken und Durchmesser, zweistellig) besitzt, ausser der oben erwähnten R-Skala, noch eine weitere Skala auf dem Schieber, welche ohne Spezialtabellen mit **einer** Einstellung die Berechnung und Kontrolle von Zylinderinhalten, Kubikinhalten, von Rundholz und in Verbindung mit der R-Skala gleichzeitig die Gewichtsberechnung von runden Scheiben, Stangen, Walzen usw. gestattet. Für Sägereien, Forstverwaltungen, Giessereien, Blechwaren- und Maschinenfabriken sehr empfehlenswert.

Modell RW: Die Reziprokenskala von Modell R befindet sich auf dem Schieber und enthält nur zweistellige Zahlen, während Modell RW eine **dreistellige** Reziproken-Skala besitzt, welche auf der **Walze** in den Leerräumen zwischen den normalen Skalenlinien angeordnet ist. Diese Reziproken-Skala, sowie die entsprechenden dreistelligen Merkzahlen an den Rändern der Walze, sind in blassroter Farbe gedruckt. Modell RW dient nur zur gleichzeitigen Multiplikation von drei Faktoren, von denen wie aus dem folgenden Beispiel ersichtlich, zwei beliebig viele Stellen, einer jedoch höchstens **drei** Stellen (bei Modell R nur zwei) haben können, z. B.: 3,4675 × 12,4975 × 0,478 = 20,714

Modell RWv trägt auf der Walze **zwei** verschiedene Skalen, wovon eine der Skala auf LOGA Nr. 12b, Modell Ev und die zweite der Skala auf LOGA Nr. 13a, Modell RW, jedoch mit **vollständig** viereinhalbstelliger Reziprokenskala, entspricht. Die beiden auf der Walze eingetragenen Skalen bilden ausserdem eine Reziprokentabelle, bezw. eine Tabelle aller direkten Paritäten von 10005, 10010 usw. bis 99995, bezeichnet durch Teilstriche mit bequemer Schätzungsmöglichkeit der übrigen Einer der 5. Stelle. Der LOGA Nr. 14, Modell RWv leistet allein mehr als die Modelle E, Ee und Rv zusammen.

Modell P (Pythagoras): Dieses Modell dient ausschließlich zur Bestimmung der dritten Seite (bis 199,99 m) eines rechtwinkligen Dreiecks, wenn die beiden andern Seiten gegeben sind (für Geometer und Tiefbau-Ingenieure).

Modell Z (Zinsdivisoren für 360 Tage, mit Zinsfuss von 1-7 % mit allen Ganzen und Brüchen, wie: 1/16, 1/10, 1/8, 3/16, 2/10, 1/4, 3/10, 5/16, 1/3, 3/8, 2/5, 7/16, 1/2, 9/16 usw.). Besonders geeignet für Banken, Sparkassen usw., da die Z-Skala direkte Zinsberechnungen aus Kapital, Tagen und Zinsfuß oder aus Nummern (Zinszahlen) und Zinsfuß ohne Zuhilfenahme von Tabellen ermöglicht:

13575 (Kapital) zu 5 3/16 % in 83 Tagen = 162,35
18 475 (Nummer) zu 3 1/4 % = 166,79

Abb. 14.35: Loga-Rechenwalzen, Preisliste 1921, Seite 2 (Quelle: Alte Kantonsschule Aarau, Schulsammlung).

ZUBEHÖR

Rollband-Einrichtung mit Stickereitabelle oder Tabelle für Transportversicherung, anbringbar am Gestell von LOGA 10 und 15 m . . . . Fr. 150.–.

LOGA-Versenktische für LOGA 10 und 15 m, Preise auf Verlangen.

Hilfstabellen 46 × 4 cm: (werden in besondere Halter am Logagestell eingelegt).

Nrn. 1-20, 22-45, 47-50, 60 u. s. w. (einseitig bedruckt) enthaltend: Zinsdivisoren, Dezimalwerte von Brüchen, Reziproken, Querschnitte, Gewichte von Profileisen, Textil-Konstanten u. s. w. per Stück . . . . Fr. 2.–

Nrn. 46/46a, 46 b/c, (doppelseitig bedruckt): zum Rechnen mit englischem Geld, per Stück . . . . Fr. 2.50

Nrn. 51/52, 53/54, 53/54a, 53/54b, 55/56, 57/58, 59/59a, (doppelseitig bedruckt): kurze Anleitungen für den allgemeinen Gebrauch verschiedener Modelle, per Stück . . . . Fr. 2.50

Nr. 21: Kommabestimmung bei Prozentberechnungen in statistischen Büros . . . . Fr. 5.–

Nrn. 101-110 (Skalentabellen): Quadrat- und Kubikwurzeln, Reziproken, Kreisumfänge und Inhalte, Logarithmen und trigonometrische Werte, per Stück . . . . Fr. 5.–

Ausführliche Erklärungen der Tabellen auf Verlangen.

Terminfinder LOGA Format 32×4 cm, dient zur Bestimmung der Anzahl Tage, welche zwischen zwei Daten liegen, oder auch zur Bestimmung eines Datums aus der Tagezahl . Fr. 10.–

Paritäten-Tabelle LOGA, in Taschenformat, gibt alle direkten Paritäten von 1001 bis 9995 (vollständige Tabelle der Reziprokwerte von 1001 bis 9995) . . . . Fr. 5.–

Zelluloidzeiger LOGA Modell "2" oder "2a", per St. Fr. 0.30

LOGA Haarstrichzeiger Modell "3", 8 Stück in verschiedenen Farben . . . . Fr. 5.–

1 Dose Talk, zum Pudern der Walze . . . . . . Fr. 1.50

2 Halter, um LOGA 10 oder 15 m an die Wand zu hängen, sei es zur Benützung oder zur Aufbewahrung . . . Fr. 5.–

1 Satz = 4 Untersatzfüsse, zur Erhöhung des Durchlasses unter den LOGA-Gestellen 10 oder 15 m um 3 cm . . Fr. 10.– (Für 6 cm Erhöhung braucht man 2, für 9 cm 3 Satz u. s. w.)

SCHEMA DER SKALEN:

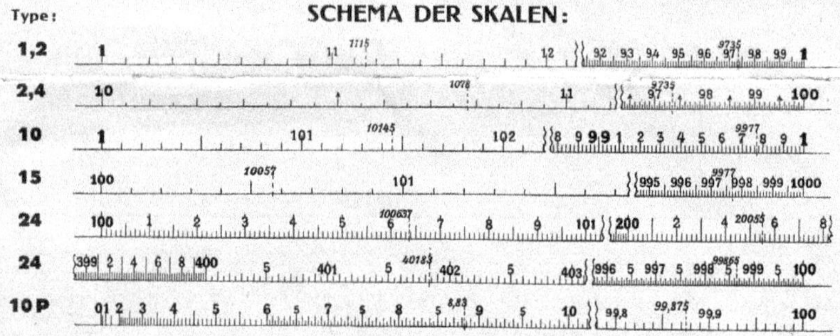

Diese Abbildung veranschaulicht in natürlicher Grösse Anfang und Ende der Teilung und die Art der Bezifferung eines jeden der verschiedenen Typen. Es geht daraus deutlich die mit der Länge der Skala wachsende Genauigkeit (Kapazität) hervor. Die Ziffern 1,2, 2,4 usw. bezeichnen die totale, einfach gemessene Skalenlänge des entsprechenden Typs in Meter. Die verschiedene Färbung der Zahlen auf den Apparaten 10, 15 und 24 m ist aus obiger Abbildung nicht ersichtlich.

Anzahl der Resultatstellen:

Typ 1,2 m = 3–4 Stellen	Typ 15 m = 4–5 Stellen
„ 2,4 m = 3–4 „	„ 24 m = 5–6 „
„ 7,5 m = 4–5 „	„ 10 P = 3–5 „
„ 10 m = 4–5 „	

Nachahmung des Textes, auch auszugsweise, verboten!

Abb. 14.36: Loga-Rechenwalzen, Preisliste 1921, Seite 3 (Quelle: Alte Kantonsschule Aarau, Schulsammlung).

Eine Innenansicht der Fabrik in Uster (Schweiz)

Allein was Kunden sagen, gilt!

Einige Zeugnisse

aus allen Branchen und Ländern

Der LOGA Calculator Mod. RWv ist der beste Apparat, den wir kennen für die Devisen-Umrechnungen . . . Es wird zum Vergnügen, damit zu arbeiten . . .

Zürich. *Bank Johann Wehrli & Co.*

Le chef de notre bureau de change déclare que le LOGA est inestimable par les précieux services qu'il rend . . .

Paris. *Bankers Trust & Co.*

. . . dass wir Ihre Rechenmaschine (LOGA) schon seit 25 Jahren bei jeder Gelegenheit benützen und sind wir mit derselben sehr zufrieden.

Zürich. *Baugeschäft Baur & Co. A.-G.*

Le calculateur LOGA que vous nous avez envoyé nous donne pleine satisfaction sous tous les rapports . . .

Constantinople. *Garanty Trust Co. of New-York.*

Wir haben mit Ihrem LOGA Calculator nur die besten Erfahrungen gemacht . . .

Huttwil. *Konsumgenossenschaft.*

Was LOGA noch besonders auszeichnet, ist die einfache Arbeitsmethode sowie die Solidität der Konstruktion.

Schöftland. *Weberei und Färberei Fehlmann Söhne.*

In compliance with the request contained in your letter I have pleasure in stating that the LOGA Calculator supplied by you has been in continual use in this Bureau, and that it has given every satisfaction.

Melbourne. *Commonwealth Bureau of Census and Statistics.*

Faisant droit à votre désir, nous vous confirmons que votre cylindre à calculer LOGA nous rend d'excellents services.

St-Gall. *Helvétia Co. Gén. d'assurances.*

. . . LOGA leistet mir jetzt schon grosse Dienste, indem sie mir beim kalkulieren viel Zeit erspart und trotz der Schnelligkeit ein absolut sicheres Resultat ergibt . . .

Aarau. *Buch- u. Kunstdruckerei Herm. Dengler.*

Eine Innenansicht der Fabrik in Uster (Schweiz)

Abb. 14.37: Loga-Rechenwalzen, Preisliste 1921, Seite 4 (Quelle: Alte Kantonsschule Aarau, Schulsammlung).

15 Historische Automaten und Roboter

Zusammenfassung: Das Kapitel „Historische Automaten und Roboter" berichtet über eine Fülle prachtvoller mechanischer Automaten. Dabei geht es um Figurenautomaten (Mensch- oder Tierautomaten), Musikautomaten (mechanische Musikinstrumente), Schreibautomaten (Handschriftautomaten), Zeichenautomaten, Schachautomaten, mechanische Roboter und lochstreifengesteuerte Webstühle. Mit einbezogen werden Uhren (Sanduhren, Sonnenuhren, Nachtuhren, Bodenstanduhren, Pendulen, Türmchenuhren, Tischuhren, Taschenuhren, astronomische Uhren, Bilderuhren, Automatenuhren) und frühe Schreibmaschinen. Manche Gegenstände waren programmierbar (z.B. über Lochkartenbänder, Programmwalzen und Kurvenscheiben). Zu den berühmtesten Automatenbauern gehören James Cox, Pierre und Henri-Louis Jaquet-Droz, Peter Kintzing, Friedrich Knaus, Hans Schlottheim und Jacques Vaucanson. Die Herkunft eines Timothy Williamson zugeschriebenen Musikfigurenautomaten im Pekinger Palastmuseum ist ungeklärt. Leonardo da Vinci hat vor über 500 Jahren mehrere „Roboter" (mechanischer Ritter, mechanischer Löwe, selbstfahrender Wagen) entworfen. Dazu gibt es zahlreiche Rekonstruktionen, vor allem aus Italien. Manche Figurenautomaten aus dem 18. Jahrhundert sind immer noch voll arbeitsfähig.

Schlüsselwörter: Androiden, Astrarium, Automatenuhren, Elefantenuhr, Figurenautomaten, Handschriftautomaten, historische Automaten, mechanische Musikinstrumente, mechanische Roboter, mechanische Webstühle, Musikautomaten, Musikdosen, Philharmonieorgeln, Planetarium, Schachautomaten, Schreibmaschinen, Singvogeldosen, Singvogelkäfige, Spieldosen, Uhrautomaten, Uhren, Violinautomaten, Zeichenautomaten, Zeitglockenturm

Eberhard Baldewein, Basile Bouchon, Abraham-Louis Breguet, Jost Bürgi, James Cox, Leonardo da Vinci, Giovanni Dondi, Eise Eisinga, Jean-Baptiste Falcon, Joseph-Marie Jacquard, Henri-Louis Jaquet-Droz, Pierre Jaquet-Droz, Peter Kintzing, Friedrich Knaus, Jean-Frédéric Leschot, Henri Maillardet, Rasmus Malling-Hansen, Jeremias Metzger, Peter Mitterhofer, David Röntgen, Hans Schlottheim, Christopher Latham Sholes, Leonardo Torres Quevedo, Jacques Vaucanson, Timothy Williamson

In diesem Kapitel geht es vor allem um *mechanische* Automaten. Im Vordergrund stehen *Figurenautomaten* (Mensch- und Tierautomaten), z.B. Zeichenautomaten und (programmierbare) Schreibautomaten (Handschriftautomaten). Zur Sprache kommen ferner *Musikautomaten* und *Schachautomaten*. Hinzu kommen *Automatenuhren* (Uhrautomaten) und mechanische Webstühle (Webmaschinen). Gestreift werden überdies Schreibmaschinen.

Manche Maschinen führen vielfältige Bewegungen aus und sind oft mit einem Musikwerk bzw. einem Uhrwerk gekoppelt, das beispielsweise einen Globus steuert.

https://doi.org/10.1515/9783110669664-015

Solche Automaten haben viel Gemeinsames mit mechanischen Rechenmaschinen (u.a. Zahnräder, Programmwalzen, Lochkartensteuerung).

Zu Globen erfahren Sie mehr im Kapitel 2, zu Rechenautomaten im Kapitel 9.

15.1 Figurenautomaten

Es gab eine große Fülle an Automaten, die Menschen, Tiere, Fahrzeuge, Gebäude, Landschaften usw. darstellten. Die mechanischen Figuren (Menschen-, Tierfiguren) hießen auch Automatenfiguren.

Seit dem Altertum sind Automaten belegt. Ein wichtiger Wegbereiter war Hero(n) von Alexandria. Die Maschinen dienten wissenschaftlichen Bedürfnissen, der Unterhaltung oder auch für praktische Zwecke. Früh schon wurden *Wasseruhren* (vielschichtige, mit Wasser betriebene Geräte) und *Stundenschläger* (Zeitglocke, Stundenschlagwerk) entwickelt.

Hochbegabte Automatenbauer, die häufig für Fürstenhöfe etwa in Deutschland, Österreich, Frankreich und Spanien tätig waren, haben deutliche Spuren in der Rechentechnik hinterlassen. Die Konstrukteure waren ursprünglich oft *Uhrmacher*. Zu ihren bedeutendsten Erzeugnissen zählen *Androiden* (künstliche Menschen, Maschinenmenschen, menschenähnliche Automaten), *Tierautomaten* (künstliche Tiere), *Musikdosen* oder genauer Walzenspieldosen (Spieldosen mit Stiftwalzen), Plattenspieldosen (Scheibenspieldosen, Spieldosen mit Lochplatten), Orchestrien, selbst spielende Klaviere und Orgeln, Flötenuhren, Spieluhren (Uhren mit Musikwerk), Schmuckdosen (mit Uhr, Singvogel oder Glockenspiel), Taschenuhren (mit Musikwerk und Figurenautomat). Sie stammten u.a. aus Genf, dem Schweizer Jura oder dem Schwarzwald. Bei der Herstellung der Geräte spielte die (schlecht bezahlte) Heimarbeit in ländlichen Regionen eine wichtige Rolle.

Die Hochblüte des Automatenbaus war im 18. Jahrhundert. Die unterhaltsamen Maschinen waren in der Bevölkerung sehr beliebt. Ihre Hersteller genossen ein hohes Ansehen, manche wurden reich. Viele dieser prächtigen, über 200 Jahre alten, äußerst komplizierten feinmechanischen Wunderwerke werden liebevoll gepflegt und sind nach wie vor voll funktionsfähig. Nicht immer begehrt waren die teil- und vollautomatischen *Webstühle*. Man hatte Angst vor dem Abbau von Arbeitsplätzen.

Nachfolger der Androiden sind die programmgesteuerten elektronischen *Roboter*. Mit Hilfe von mechanischen Greif- und Drehvorrichtungen sowie Fühlern (Sensoren) vermögen sie u.a. schwere und gefährliche Arbeitsvorgänge durchzuführen. Roboter können sich der Umgebung anpassen (Wechselwirkung, Interaktion) und z.T. ihren Standort verändern.

Programmspeicher
Bei den Automaten wurden die Programme auf Walzen, Trommeln, Scheiben (Platten), Lochkarten und Lochstreifen gespeichert. Dazu dienten Stifte, Nocken, Kurvenscheiben und Löcher.

Hinweis
Noch heute stellen François Junod (www.francoisjunod.com) und Nicolas Court (www.mec-art.ch/nicolas-court), beide in Sainte-Croix VD historische Figurenautomaten her.

15.1.1 Programmwalzen

Programmwalzen kommen in unterschiedlichen Formen in vielen Geräten vor. Sie treten schon im Altertum, im Mittelalter und in der frühen Neuzeit auf (vgl. Tab. 15.1).

Tab. 15.1: Drehbare Programmwalzen

Programmierbare Walzen erscheinen schon im Altertum		
Schöpfer	**Zeitraum**	**Gerät**
Ktesibios von Alexandria	3. Jh. v. Chr.	Wasserorgel
Heron von Alexandria	1. Jh. n. Chr.	Automatentheater: drehbare Walze mit Pflöcken und Schnurwicklung
Ibn al Razzāz al-Jazarī	um 1200	drehbare Walze mit Bolzen/Pflöcken
Salomon de Caus	1615	Stiftwalze, Wasserorgel
Athanasius Kircher	17. Jh.	Stiftwalze

Anmerkungen
Die Stiftwalze ist viel älter als die Musikspieldose. Die programmieren Walzen können als frühe Vorläufer der Magnettrommelspeicher betrachtet werden. Spielwalzen wurden auch bei Glockenspielen eingesetzt. Werke von Salomon de Caus sind im Park von Hellbrunn (bei Salzburg) erhalten. Bei der Wasserorgel von de Caus treibt ein Wasserrad eine Stiftwalze an, die ihrerseits Orgelpfeifen steuert.

15.1.2 Berühmte Automatenbauer

Zu den führenden Automatenbauern gehörten (in alfabetischer Reihenfolge): Ibn al Razzāz al-Jazarī, James Cox, Salomon de Caus, Heron von Alexandria, Pierre Jaquet-Droz, Athanasius Kircher, Friedrich Knaus, Ktesibios von Alexandria, Henri Maillardet, Mical, Philon von Byzanz, Jaques Vaucanson, Wolfgang von Kempelen. Manche Berichte verdanken wir Marcus Vitruvius Pollo.

Ktesibios gilt als Erfinder der Wasseruhr (Klepsydra) und der Stiftwalze. Diese wurde mehrfach in Wasserorgeln verwendet. Heron war überaus schöpferisch: Heronsball (Vorläufer der Dampfmaschine, auch als Dampfkugel (dampfbetriebene Drehkugel), Dampfkreisel, Rückstoßdampfrad, Reaktionsdampfrad, Äolipile bezeichnet), Musikmaschine, Automatentheater, Pantograf (mit Zahnradgetriebe). Al-Jazarī ist u.a. bekannt für seine Elefantenuhr. Mical baute sprechende Köpfe (1783). Salomon de Caus hat ebenfalls eine Musikmaschine gefertigt.

Im 18. Jahrhundert waren berühmte Automatenbauer (vgl. Tab. 15.2) tätig.

Tab. 15.2: Schöpfer von Figurenautomaten

Die bedeutendsten Automatenbauer des 18. Jahrhunderts			
Name	**Land**	**Werk**	**Standort**
Pierre Jaquet-Droz Henri-Louis Jaquet-Droz Jean-Frédéric Leschot	Schweiz	Musikerin (1774) Schriftsteller (1772) Zeichner (1774)	Neuenburg
Friedrich Kaufmann	Deutschland	Trompeter (1810)	München
Peter Kintzing David Roentgen	Deutschland	Zimbalspielerin (Hackbrettspielerin) (1784)	Paris
Friedrich Knaus	Deutschland	allesschreibende Wundermaschine (1760)	Wien
Jacques Vaucanson	Frankreich	Querflötenspieler (1738) Hirtenflötenspieler/Trommler (Schalmei-/Tamburinspieler) (1738)	nicht erhalten
Timothy Williamson	England	Schriftsteller (1770)	Peking

Anmerkungen
Diese Übersicht beschränkt sich auf Musik-, Schreib- und Zeichenautomaten. Nicht enthalten sind Tierautomaten, z.B. die *Ente* von Vaucanson, ferner Uhr- und Textilautomaten. Knaus wird üblicherweise dem 18. Jahrhundert zugeordnet. Sein Flötenspieler (1757) ist verschollen. Die Schreibautomaten benutzen einen Federkiel. Bei der allesschreibenden Wundermaschine (vgl. Abb. 15.1) sitzt eine winzige schreibende Figur auf einer Weltkugel, in der sich Mechanik befindet.

Die Organistin von Jaquet-Droz wird auch als Cembalospielerin oder Klavierspielerin bezeichnet. Es handelt sich jedoch um eine *Flötenorgel*. Die Androiden von Jaquet-Droz und Leschot (vgl. Abb. 15.2) befinden sich in Neuenburg.

Abb. 15.1: Allesschreibende Wundermaschine (1760). Bei diesem Handschriftautomaten von Friedrich Knaus befindet sich das Steuerwerk in der (hier offenen) Weltkugel. Darauf sitzt eine sehr kleine Messingfigur mit einer mechanischen Schreibfeder. Mithilfe einer Stifttrommel kann man innerhalb bestimmter Grenzen einen beliebigen, bis 68 Zeichen langen Text festlegen. Die Form der Buchstaben wird durch Kurvenscheiben bestimmt. Sie wirken wie Schablonen. Knaus leitete am Wiener Hof das physikalische und mathematische Kabinett. Die Wundermaschine wird nicht vorgeführt, ihre Arbeitsweise jedoch in einem Videofilm erklärt (© Technisches Museum Wien).

Abb. 15.2: Figurenautomaten der Jaquet-Droz (1774). Die drei großartigen Neuenburger Androiden gelten als die prachtvollsten und technisch ausgereiftesten Figurenautomaten der Welt. Sie sind trotz ihres hohen Alters nach wie vor voll arbeitsfähig. Die Dreiergruppe besteht aus einem Zeichner (links), einer Musikerin (Mitte) und einem Schriftsteller (rechts) (© Musée d'art et d'histoire, Neuenburg).

15.1.3 Kunstvolle Figurenautomaten

Figurenautomaten, Landschaftsautomaten, Musikautomaten, Uhren, Globen und kreisrunde Rechenmaschinen waren nicht nur technische Meisterwerke, sondern oft auch aufsehenerregende *Kunstwerke*.

Noch heute sind einige herausragende Figurenautomaten (vgl. Tab. 15.3) betriebsfähig.

Tab. 15.3: Berühmte geschichtsträchtige Automaten (Auswahl)

Betriebsbereite historische Automaten					
Automat	**Erfinder**	**Land**	**Jahr**	**Standort**	**Merkmal**
L'écrivain (Schriftsteller)	Pierre Jaquet-Droz	Schweiz	1772	Musée d'art et d'histoire, Neuenburg	ältester programmierbarer Schreibautomat mit interner Feinmechanik
Le dessinateur (Zeichner)	Henri-Louis Jaquet-Droz, Jean-Frédéric Leschot	Schweiz	1774	Musée d'art et d'histoire, Neuenburg	Zeichenautomat mit interner Feinmechanik
La musicienne (Musikerin)	Henri-Louis Jaquet-Droz	Schweiz	1774	Musée d'art et d'histoire, Neuenburg	mit Zimbal-spielerin schönster Automat
La joueuse de tympanon (Zimbalspielerin)	Peter Kintzing, David Roentgen	Deutsch-land	1784	Musée des arts et métiers, Paris	mit Musikerin schönster Automat
allesschreibende Wundermaschine	Friedrich Knaus	Deutsch-land	1760	Technisches Museum Wien	ältester programmierbarer Schreibautomat (mit externer Feinmechanik)

Anmerkungen
Zurzeit nicht lauffähig ist der *mechanische Trompeter* von *Friedrich Kaufmann* (Deutschland, Bauzeit: 1810–1812), der im Deutschen Museum (München) ausgestellt ist (vgl. Abb. 15.3). Er hat eine hölzerne Stiftwalze mit Drahtstiften und Drahtbügeln sowie zwei Messingtrommeln.

Verschollen ist der 1808 erstellte Trompetenautomat des Deutschen *Johann Nepomuk Mälzel*. Über den Verbleib des automatischen Trompeters des Belgiers Etienne-Gaspard Robertson liegen keine Angaben vor.

Mit dem lochstreifengesteuerten *Webstuhl* von Basile Bouchon (1725) begann die Entwicklung von Textilautomaten.

Abb. 15.3: Mechanischer Trompeter (1812). Der Trompeterautomat von Friedrich Kaufmann aus Dresden wird über zwei Stiftwalzensysteme gesteuert. Das eine bestimmt die Melodie, das andere den Rhythmus. Die Töne werden durch zwölf Metallzungen und zwei lederne Schöpfbälge erzeugt. Die beiden drehbaren Messingtrommeln haben je sechs aufschlagende Metallzungen. Als Programmträger dient eine Holztrommel mit Metallstiften und -bügeln. Mit einer Handkurbel werden zwei Spiralfedern aufgezogen, welche die hölzerne Stiftwalze und die Schöpfbälge antreiben (© Deutsches Museum, München).

Peter Kintzing schuf seine Hackbrettspielerin (vgl. Abb. 15.4) in Zusammenarbeit mit David Roentgen. Der Name Kintzing wird auch ohne t geschrieben: Kinzing.

Abb. 15.4: Hackbrettspielerin (1784). Die hinreißende Zimbalspielerin von Peter Kintzing verwendet für das Hackbrett Hämmerchen. Sie bewegt Kopf und Augen, nicht aber den Oberkörper. Das Steuerwerk befindet sich nicht in der Automatenfigur, sondern darunter. Im Unterschied zur Musikerin von Henri-Louis Jaquet-Droz fehlt eine ausgefeilte Fingermechanik (© Musée des arts et métiers/Cnam, Paris, Bild: Pascal Faligot).

Musik-, Schreib- und Zeichenautomaten (vgl. Tab. 15.4) begeisterten bis heute die Bevölkerung.

Tab. 15.4: Bedeutende Automaten aus dem 18. Jahrhundert

Musik-, Zeichen- und Schreibautomaten in zeitlicher Reihenfolge (Auswahl)		
Jahr	**Schöpfer**	**Werk**
1738	Jacques Vaucanson	Querflötenspieler, Hirtenflötenspieler/Trommler
1757	Friedrich Knaus	Flötenspieler
1760	Friedrich Knaus	allesschreibende Wundermaschine
1770	Timothy Williamson	Schriftsteller/Musikuhr

Musik-, Zeichen- und Schreibautomaten in zeitlicher Reihenfolge (Auswahl)		
1774	Pierre Jaquet-Droz Henri-Louis Jaquet-Droz Jean-Frédéric Leschot	Musikerin, Schriftsteller, Zeichner
1784	Peter Kintzing David Roentgen	Zimbalspielerin

Anmerkungen
Der „Schriftsteller" von Jaquet-Droz wurde 1772 fertig gestellt und 1774 mit den beiden anderen Maschinen vorgestellt. Vaucanson hat auch ein mechanisches Tier, eine Ente, gebaut.

15.1.4 Jaquet-Droz

Führende Automatenbauer waren *Jacques Vaucanson* (Frankreich) sowie Vater Pierre und Sohn Henri-Louis *Jaquet-Droz* sowie *Jean-Frédéric Leschot* (Schweiz). Die Automaten stellen meist Menschen oder Tiere dar. Beispiele sind etwa ein verliebtes Paar, das sich Briefe schreibt, musizierende und turnende Personen.

Besonders berühmt waren der Flötenspieler (Querflötenspieler), der Tamburinspieler sowie die verdauende Ente (Le canard digérateur) von Jacques Vaucanson (Frankreich, um 1738). Seine beiden musizierenden Androiden sind verschollen, sie wurden wahrscheinlich in der französischen Revolution zerstört. Die Ente, die mit einer Programmiertrommel und Nockenscheiben ausgestattet war, verbrannte. Von ihr gibt es einen Nachbau, der im Musée dauphinois in Grenoble ausgestellt war.

Die drei großartigen Figurenautomaten der Jaquet-Droz werden in je drei Bildern vorgestellt, jeweils zwei Aufnahmen von vorn und eine von hinten (vgl. Abb. 15.5–15.13).

Abb. 15.5: Musikerin (1774) (1). Die bildschöne Automatenfigur von Henri-Louis Jaquet-Droz ist eine unübertreffliche Meisterleistung. Sie enthält viele bewegliche Teile (Kopf, Augen, Oberkörper, Brust, Arme, Finger) (© Musée d'art et d'histoire, Neuenburg).

Abb. 15.6: Musikerin (1774) (2). Die von Henri-Louis Jaquet-Droz gebaute Automatenfigur betätigt mit ihren Fingern die Tasten der Flötenorgel. Sie beherrscht fünf Musikstücke, die wahrscheinlich vom Uhrmacher selber komponiert wurden (© Musée d'art et d'histoire, Neuenburg).

Abb. 15.7: Musikerin (1774) (3). Die komplexe Mechanik des zierlichen künstlichen Menschen ist im Schemel untergebracht, ebenso die Stiftwalze (© Musée d'art et d'histoire, Neuenburg).

Pierre Jaquet-Droz, Henri-Louis Jaquet-Droz und Jean-Frédéric Leschot aus La Chaux-de-Fonds (mit Niederlassungen in Genf, Paris und London) bauten von 1768 bis 1774 drei Automaten, die jahrzehntelang in ganz Europa vorgeführt wurden. 1774 wurden sie erstmals vorgestellt. Pierre Jaquet-Droz hatte einst beim Mathematiker Daniel Bernoulli in Basel studiert.

Zu den schönsten Automaten zählen die *Hackbrettspielerin* von Peter Kintzing und die *Musikerin* von Henri-Louis Jaquet-Droz.

Abb. 15.8: Zeichner (1774) (1). Der Figurenautomat von Henri-Louis Jaquet-Droz und Jean-Frédéric Leschot fertigt mit Bleistift vier unterschiedliche Zeichnungen an (© Musée d'art et d'histoire, Neuenburg).

Abb. 15.9: Zeichner (1774) (2). Beim Zeichnen bewegen sich nicht nur die Hände, sondern auch die Augen. Der Antrieb erfolgt über einen Federaufzug (© Musée d'art et d'histoire, Neuenburg).

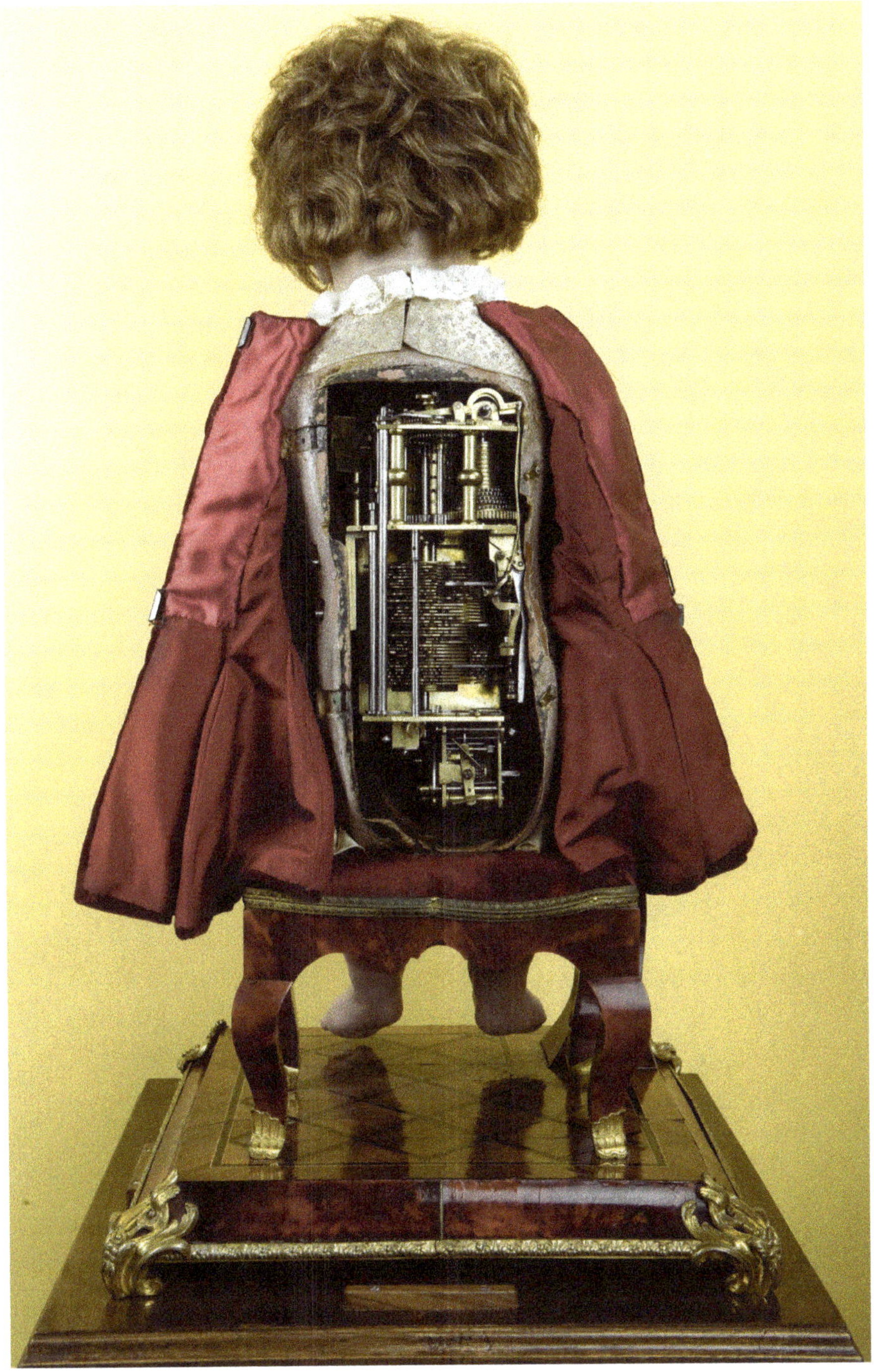

Abb. 15.10: Zeichner (1774) (3). Die gesamte Mechanik ist in den Körper des Kindes eingebaut. Die Kurvenscheiben (Bildmitte) bestimmen die Formgebung (© Musée d'art et d'histoire, Neuenburg).

Abb. 15.11: Schriftsteller (1772) (1). Der 1772 fertig gestellte und mit den beiden anderen Automatenfiguren erstmals 1774 vorgestellte Androide von Pierre Jaquet-Droz ist der technisch anspruchsvollste Figurenautomat. Der Androide ist heute noch voll funktionsfähig und wird regelmäßig vorgeführt (© Musée d'art et d'histoire, Neuenburg).

Abb. 15.12: Schriftsteller (1772) (2). Der aufziehbare Maschinenmensch taucht den Gänsekiel ins Tintenfass, schüttelt die Tinte von der Schreibfeder ab und schreibt auf vier Zeilen bis zu 37 Zeichen aufs Papierblatt. Dieses technische Wunderwerk gilt als der weltweit ausgereifteste und prachtvollste Handschriftautomat (© Musée d'art et d'histoire, Neuenburg).

Abb. 15.13: Schriftsteller (1772) (3). Das ganze hochkomplizierte Steuerwerk des programmierbaren Handschriftautomaten befindet sich im Körper des Kindes. Die (waagrechten) Kurvenscheiben der Mittelsäule sorgen für eine einwandfreie Form der Buchstaben. Der Inhalt des Textes wird mit dem (senkrechten) Nockenrad festgelegt und auf den Kurvenscheiben gespeichert (© Musée d'art et d'histoire, Neuenburg).

Ende 1775 kam Henri-Louis Jaquet-Droz nach London, 1776 folgte sein Vater Pierre Jaquet-Droz. Sie stellten vier Automaten an der King Street, Covent Garden, aus. Die unglaublich vielfältige, felsige Automatenlandschaft namens „Grotte“ (vgl. Abb. 15.14), ist verschollen. Sie beherbergte eine Hütte, eine Mühle, eine Voliere (Vogelhaus), Schafe, Ziegen und musizierende Menschen. Das Automatentheater hatte zudem einen Bach, Wasserfälle und Brunnen.

Abb. 15.14: Grotte. Von diesem Automaten der Jaquet-Droz ist nur diese Darstellung erhalten. Oben links ist die Musikerin zu sehen, oben rechts sind der Schriftsteller und darunter der Zeichner dargestellt. Radierung und Stich von Balthasar Anton Dunker, vollendet von François Guillaume Lardy (1775) (©Trustees of the British Museum, London).

Es folgt ein Ausschnitt aus dem Prospekt für die Ausstellung der Automaten von Vater und Sohn Jaquet-Droz in London (Bodleian Library, Oxford : John Johnson Collection):

> “Second peace presents a contrast of art and nature, an assemblage of rocks, parterres, cottages, and pieces of architecture. This work, immense by the multitude and variety of objects therein and its operations, is only four feet and a half square, and about three feet in height. In the forepart of this piece is an elegant parterre terminated by the front of a building: further back is a landscape in Switzerland surrounded by rocks, behind which a sun rises, arrives at the meridian, and sets exactly agreeable with the revolutions of the sun on our horizon, according to the

> different seasons of the year. The landscape interspersed with plants, bushes and some shrubs, represents a cottage, mill, rivulet, and flock feeding. The farthest part is terminated by a chain of craggy rocks in which are caves and grottos, and on the summit goats are seen feeding. The pastoral part consists of a Shepherd and Shepherdess; sheep and goats are seen feeding or heard bleating; a cow chewing the cud, a calf sucking, and a dog guarding the sheep. The action of this piece begins by a countryman coming out of his cottage, mounted on an ass, he crosses the scene in that manner, passes the bridge over the rivulet, and carries his corn to the mill while he passes before the flock, the shepherd dog barks at him several times, and so naturally that many dogs have been deceived by its voice. Soon after the shepherd appears coming out of the cave in the rock; he stops, puts his flute to his mouth, and plays some preludes, which an echo repeats; afterwards he resumes his walks, and perceives the Shepherdess asleep near her sheep, her head leaning on her arm; he approaches her and plays a tender air. The Shepherdess wakes, sit up, looks at him, takes her guitarr (sic) and joins in a duet with the Shepherd, till interrupted by the unexpected return of the countryman: the Shepherd thereupon retires into the Shepherdess's grotto, who immediately resumes her former attitude; at the same time the countryman is seen walking back to his cottage, driving before him the ass laden with flour. The parterre is surrounded with a railing, and has in its enclosure a regular arrangement of vases, statues, jets-d'eau, and several orange trees, on which are seen flowers in bud, which soon expand, and are at length succeeded by the fruit. The piece of architecture is also adorned with fine statues, two fountains which seem to play very naturally and an aviary, where several birds fly about, and whistle with their natural notes. In the middle of the edifice is a portal, above which is a clock and bas reliefs: at the entrance to the portal is seen a country girl playing on a dulcimer several minuets, which two young ladies dance with great regularity and grace."

Der zweite Automat präsentiert einen Gegensatz von Kunst und Natur, eine Ansammlung von Felsen, Gärten und Gebäuden. Dieses Werk, das von einer riesigen Vielfalt der Objekte und ihrer Handlungen geprägt ist, ist nur viereinhalb Quadratfuß groß und etwa drei Fuß hoch. Im Vordergrund dieses Automaten befindet sich eine elegante Gartenanlage, die von der Front eines Gebäudes abgeschlossen wird. Weiter hinten hat es eine von Felsen umgebene Landschaft in der Schweiz, hinter der eine Sonne aufgeht, den Scheitelpunkt erreicht und untergeht, dies je nach Jahreszeit in genauer Übereinstimmung mit dem Lauf der Sonne an unserem Horizont. Die Landschaft, die von Pflanzen, Büschen und einigen Sträuchern durchzogen ist, zeigt eine Hütte, eine Mühle und einen Bach. Im Bild wird auch eine Herde gefüttert. Den Hintergrund bildet eine Kette von zerklüfteten Felsen, in denen sich Höhlen und Grotten befinden, und auf dem Grat sind Ziegen beim Fressen zu sehen. Die Hirtenszene besteht aus einem Hirten und einer Hirtin. Schafe und Ziegen fressen, blöken oder meckern. Eine Kuh ist am Wiederkäuen, ein Kalb beim Saugen, und ein Hund bewacht die Schafe.

Zu Beginn der Handlung kommt ein Bauer aus seiner Hütte. Er reitet auf einem Esel und überquert den Schauplatz. Er überwindet er den Bach dank einer Brücke und bringt sein Getreide zur Mühle. Dabei kommt er an der Herde vorbei. Der Schäferhund bellt ihn mehrmals an, und zwar so natürlich, dass viele Hunde von seiner Stimme getäuscht wurden. Kurz nachdem der Hirte aus der Felshöhle herauskommt, steht er still, hält seine Flöte an den Mund und spielt einige Auftakte. Sie werden vom Echo wiederholt. Dann geht er weiter und nimmt die neben ihren Schafen schlafende

Hirtin wahr. Ihr Kopf ruht auf ihrem Arm. Er nähert sich ihr und spielt eine zärtliche Melodie. Die Hirtin erwacht, setzt sich auf, schaut ihn an. Sie nimmt ihre Gitarre und spielt mit dem Hirten ein Duett, bis sie durch die unerwartete Rückkehr des Bauern unterbrochen werden. Der Hirte zieht sich daraufhin in die Grotte der Hirtin zurück, die sofort wieder ihre frühere Stellung einnimmt. Gleichzeitig ist der Bauer zu sehen, wie er zu seiner Hütte zurückkehrt und den mit Mehl beladenen Esel vor sich hertreibt.

Die Gartenanlage ist von einem Zaun umgeben. Sie besteht aus einer regelmäßigen Anordnung von Vasen, Statuen, Springbrunnen und mehreren Orangenbäumen. Darauf sind Blüten in Knospen zu sehen, die sich bald öffnen und schließlich von der Frucht abgelöst werden. Das Gebäude ist ebenfalls mit schönen Statuen und zwei Brunnen versehen, deren Wasser anscheinend sehr natürlich fließt. Hinzu kommt eine Voliere, in der mehrere Vögel herumfliegen und mit ihrem natürlichen Gesang erfreuen. In der Mitte des Gebäudes hat es ein Portal, darüber befinden sich eine Uhr und Flachrelief. Am Eingang des Tors spielt ein Bauernmädchen mehrere Menuette auf einem Hackbrett. Dazu tanzen zwei junge Frauen mit großer Regelmäßigkeit und Anmut.

15.1.5 Maillardets Automat in Philadelphia

1928 erhielt das Wissenschaftsmuseum des *Franklin-Instituts* in Philadelphia einen durch einen Brand zerstörten, nicht mehr arbeitsfähigen Automaten. Nach der Instandstellung entpuppte sich die außergewöhnliche Maschine als ein Werk des Schweizer Uhrmachers Henri Maillardet. Der vor 1800 gebaute „Zeichner und Schreiber" (dessinateur-écrivain, Draughtsman-writer) hat nach Angaben des Museums den größten (mechanischen) Speicher (Nocken und Messingscheiben), den solche Geräte je hatten. Er fasst vier Zeichnungen und drei Gedichte, zwei französische und ein englisches. Maillardet war für Pierre Jaquet-Droz tätig. Er soll für den chinesischen Kaiser einen auf Chinesisch schreibenden Automaten konstruiert haben – ein Geschenk des englischen Königs Georg III. Der betriebsbereite Zeichner-Schreiber von Maillardet wurde letztmals 2007 ausgebessert und erneuert.

15.1.6 Programmierbare Schreibautomaten

Die meisten mechanischen Automaten arbeiten nach einem fest vorgegebenen Programm. Bei vielen mechanischen Musikinstrumenten lassen sich die Tonspeicher austauschen, desgleichen die Lochbänder bei Webstühlen. Handschriftautomaten ermöglichen hingegen in begrenztem Rahmen frei wählbare Texte (vgl. Kasten).

Kurvenscheiben

Unter Nocken versteht man *Kurvenscheiben* mit genau geschnittenen Profilen. Über ihre Erhöhungen und Vertiefungen wird der Bewegungsablauf gesteuert. Die Bewegungen lassen sich in jeder beliebigen Stellung anhalten. Man kann die Richtung der einzelnen Bewegungen rasch ändern und ihre Geschwindigkeit anpassen. Mit Nockenwalzen lässt sich der Ablauf festlegen.

Älteste programmierbare Schreibautomaten

Zwei Figurenautomaten aus dem 18. Jahrhundert gelten als die ersten programmierbaren Schreibautomaten: Die *allesschreibende Wundermaschine* von *Friedrich Knaus* und der *Schriftsteller* (L'écrivain) von *Pierre Jaquet-Droz*. Die Geräte befinden sich in Wien bzw. Neuenburg.

Bei beiden Schreibautomaten lassen sich Texte programmieren und speichern. Der Zeichensatz der 1760 entstandenen selbst schreibenden Wundermaschine besteht aus allen Kleinbuchstaben, vier Großbuchstaben (F, M, T, V), Satzzeichen (Komma, Punkt) und Leerzeichen. Die Länge des Textes beträgt höchstens 68 Zeichen. Der Text wird über eine Stiftwalze (Lochtrommel) mit kleinen steckbaren Eisenstiften festgelegt. Für jeden Buchstaben stehen drei Gleitkämme zur Verfügung. Sie steuern die Bewegungen nach links oder rechts, oben oder unten sowie zum und vom Papier. Über Fühlhebel werden die Angaben zur Feder übertragen. Das schreibende Mädchen sitzt auf einer Weltkugel, in der die Mechanik verborgen ist.

Beim Schriftsteller, der von 1768 bis 1772 gebaut und 1774 zusammen mit weiteren Figurenautomaten vorgestellt wurde, ist hingegen die gesamte komplexe Mechanik im Kind selbst untergebracht. Der kleine Junge taucht die Gänsefeder ins Tintenfass und schreibt nahezu beliebige Texte von bis zu 37 Buchstaben (Klein- und Großbuchstaben) verteilt auf vier Zeilen. Auf dem senkrechten Rad sind die folgenden Zeichen in dieser Reihenfolge angeordnet: A, a, b, C, [c], D, d, E, e, F, f, z, G, g, h, I, ı (ohne Punkt), · (i-Punkt, 38. Zeichen), k, L, l, M, m, y, n, o, P, p, q, R, r, S, s, t, u, V, v, x. Die Gründe für die Auswahl der Buchstaben und die Reihenfolge sind unbekannt. Es fehlen folgende Zeichen: B, H, J, j, K, N, O, Q, T, U, X, Y, Z und damit N für Neuchâtel (Neuenburg) (siehe Charles Perregaux; F.-Louis Perrot: Les Jaquet-Droz et Leschot, Attinger frères, éditeurs, Neuenburg 1916, Seiten 184 und 220–221, im Bericht fehlt der Kleinbuchstabe c). Die Augen folgen den Bewegungen. Der Wortlaut wird auf einer Nockenscheibe (Rad mit steckbaren, austauschbaren Nocken) erfasst und auf knapp 40 Scheiben gespeichert.

Die allesschreibende Wundermaschine ist vermutlich der erste programmierbare Handschriftautomat mit *externer* Mechanik, der Schriftsteller der erste programmierbare Schreibautomat mit *interner* Mechanik. Die Maschinen haben Vorrichtungen für die Eingabe, die Speicherung, die Steuerung, die Ausgabe. Das Schreiben der Einzelbuchstaben geschieht analog, die Programmierung des Textes ist digital.

15.1.7 Die weltweit prächtigsten mechanischen Androiden stammen aus dem 18. Jahrhundert

Ein paar Aussagen zu den Automaten der Jaquet-Droz und von Leschot:

> „Die schönsten und zugleich technisch vollkommensten Androiden schufen jedoch die drei Schweizer Mechaniker Pierre Jaquet-Droz (1721–1790), sein Sohn Henri-Louis (1752–1791) und Jean-Frédéric Leschot (1746–1824) aus Neuchâtel, mit denen sie 1774 an die Öffentlichkeit traten und

im Jahr darauf das Publikum in Paris und London und anschließend in weiteren europäischen Städten begeisterten. Es handelte sich um drei lebensecht wirkende Figuren: eine Klavierspielerin sowie ein schreibendes und ein zeichnendes Kind, wobei besonders die Koordination von Hand-, Kopf- und Augenbewegungen bis heute den Betrachter fasziniert, wenn er die Androiden bei einer Vorführung in Neuchâtel erlebt. Das mechanische Repertoire ist in etwa das gleiche wie bei der Maschine von Knaus, das heißt, es umfaßt Hebel, Kurvenscheiben, Nocken, Stangen, Zahnräder, Federn, Drahtzüge, nur daß die jeweiligen Mechanismen genau in die Körperform eingepaßt und noch präziser gefertigt sind." (siehe Akos Paulinyi; Ulrich Troitzsch: Mechanisierung und Maschinisierung. 1600 bis 1840, Ullstein Buchverlage GmbH, Berlin 1997, Seite 214).

„The French mechanic Jacques de Vaucanson presented three automata – a flute player, a galoubet player, and a duck – to the Académie des sciences in Paris in 1738. He set the standard for mechanical androids for the following decades and continues to this day to be the best known and most-often-cited eighteenth-century automaton-maker. In 1760, Friedrich von Knaus, a mechanic employed at the imperial court in Vienna, built a writing machine [...]. It was the first mechanical device to implement the process of writing. Father and son Jaquet-Droz introduced in 1774 three android automata often considered to be the most spectacular and appealing of the entire period: a writer, a draftsman, and the harpsichord player." (siehe Adelheid Voskuhl: Androids in the enlightenment, University of Chicago press, Chicago, London 2013, Seite 5).

Der französische Ingenieur Jacques Vaucanson führte 1738 vor der Akademie der Wissenschaften in Paris drei Automaten vor, einen Flötenspieler, einen Schalmeispieler mit Trommel und eine Ente. Er setzte für die folgenden Jahrzehnte die Messlatte für mechanische Androiden und ist bis heute der bekannteste und meist genannte Automatenbauer des 18. Jahrhunderts. Der Wiener Hofmechaniker Friedrich Knaus fertigte 1760 den ersten mechanischen Schreibautomaten an. Vater und Sohn Jaquet-Droz stellten 1774 drei Androiden vor, die oft als die *prächtigsten und reizvollsten des ganzen Zeitabschnitts* [18. Jahrhundert] *gelten: einen Schriftsteller, einen Zeichner und eine Musikerin.*

„This automaton [„miracle writing machine"] is not an android automaton, strictly speaking, since the writing mechanism is not located in the body of the writing figure [...]." (siehe Adelheid Voskuhl: Androids in the enlightenment, University of Chicago press, Chicago, London 2013, Seite 31).

Dieser Automat (allesschreibende Wundermaschine) ist *kein echter Androide*, denn der Schreibmechanismus befindet sich nicht im Körper der schreibenden Person.

„The harpsichord player is technically and artistically more sophisticated than the dulcimer player. She is bigger, has more movable parts, and has a larger gestural and musical repertoire. The hammer-wielding dulcimer player does not require the same minute technical detail, since she needs no finger-moving mechanics. She also does not move her upper body. The most distinct moving parts apart from her arms [...] are her head and eyes." (siehe Adelheid Voskuhl: Androids in the enlightenment, University of Chicago press, Chicago, London 2013, Seite 132).

Die Organistin [Jaquet-Droz, Neuenburg] ist technisch und künstlerisch ausgereifter als die Zimbalspielerin [Roentgen/Kintzing, Paris]. Sie ist größer, hat mehr bewegliche Teile und einen größeren Gebärden- und Musikvorrat. Die Zimbalspielerin benötigt nicht die gleiche feine technische Ausgestaltung, denn sie kommt wegen der Hämmerchen ohne Fingermechanik aus. Zudem bewegt sie ihren Oberkörper nicht. Von den Armen abgesehen sind ihr Kopf und ihre Augen die wichtigsten beweglichen Teile.

Bei der Zimbalspielerin und der Organistin befindet sich die Mechanik außerhalb der Figur (unter dem Schemel).

Von all den Automaten, die überlebten, haben nach Bedini jene drei Maschinen (Schriftsteller, Zeichner, Musikerin) am meisten Aufsehen erregt, die von Pierre Jaquet-Droz (1721–1790) und seinem Sohn Henri-Louis (1752–1791) aus La Chaux-de-Fonds gebaut wurden. Sie hätten das gesamte damals verfügbare technische Wissen genutzt, um ihre äußerst erfolgreichen Androiden zu entwickeln:

> „The most spectacular of all automata that have survived are the writer, the artist, and the musician produced by Pierre Jaquet-Droz (1721–1790) and his son Henry-Louis (1752–1791) of Geneva. Father and son combined all the technical developments known in their time in an effort to produce a machine that faithfully imitated a human being, and their efforts were as successful as any have ever been." (siehe Silvio A. Bedini: The role of automata in the history of technology, in: Technology and culture, Band 5, 1964, Heft 1, Seite 39).

Zu den bekanntesten Figurenautomaten zählen die Werke der Jaquet-Droz:

> „Automaton writers and keyboard players were made by a number of craftsmen, but none achieved the fame of the three made by Jaquet-Droz father and son and extant today in Switzerland." (siehe Arthur W. J. G. Ord-Hume: Clockwork music, George Allen & Unwin Ltd., London 1973, Seite 18).

Zahlreiche Kunsthandwerker bauten Handschriftautomaten und mechanische Klavierspielerinnen. Die berühmtesten waren jedoch die drei Maschinen von Vater und Sohn Jaquet-Droz, die heute noch in der Schweiz vorhanden sind.

> „Die Neuenburger Automaten stellen einen ungeheuren Schritt nach vorwärts in der Automatentechnik dar. Man muß die etwa 70 cm hohen Gebilde gesehen haben, um diese Leistung des 18. Jahrhunderts voll zu würdigen. Der Schreiber kann auf einen beliebigen Text bis zu 40 Zeichen Länge programmiert werden. Die Maschinerie ist völlig im Körper untergebracht und dabei von einer Verläßlichkeit, die das Werk von Knaus um Größenordnungen schlägt." (siehe Heinz Zemanek: Schweizer Automaten, in: Elektronische Rechenanlagen, Band 8, 1966, Heft 5, Seite 214).

> „Les chefs-d'œuvre de l'horlogerie sont sans conteste les automates androïdes du XVIIIe siècle, notamment ceux des Jaquet-Droz qu'on peut voir au musée de Neuchâtel." (siehe Pierre de Latil: L'homme et la machine, Librairie Hachette, Paris 1965, Seite 23).

Die Meisterwerke der Uhrmacherkunst sind unbestritten die Figurenautomaten des 18. Jahrhunderts, insbesondere jene der Jaquet-Droz, die man im Neuenburger Museum besichtigen kann.

15.1.8 Musikuhrfigurenautomat aus dem Pekinger Palastmuseum

In der westlichen Technikgeschichte ist der mechanische „Schriftsteller" aus China (vgl. Abb. 15.15–15.25) nahezu unbekannt. Die Beschaffung von Bildern beim Museum erwies sich als äußerst aufwendig und zeitraubend. Der 231 cm hohe funktionstüchtige Musikuhrfigurenautomat von *Timothy Williamson* besteht aus einem geschnitzten hölzernen Kaffeetisch, auf dem ein vergoldeter vierstöckiger Turm aus Kupfer ruht. Die vier Stockwerke beherbergen (von oben nach unten): zwei tanzende Figuren mit einer Schriftrolle, einen Stundenschläger (Glockenschläger), eine Uhr sowie einen Schriftsteller. Dieser schreibt mit einem Pinsel einen vorgegebenen, gleich bleibenden Text aus acht *chinesischen* Zeichen auf Papier. Er ist nicht programmierbar. Die Bewegungen werden über drei runde Zahnräder gesteuert (siehe Laurence Bodenmann; Morghan Mootoosamy (Hg.): Automates et merveilles, Editions Alphil, Neuenburg 2012, Seiten 49–50).

> „Horloge de l'écrivain, en cuivre doré. Fabriquée en Angleterre au 18e siècle. Avec une hauteur de 231 cm et la base d'un diamètre de 77 cm. Au moment de sonner 3h-6h-8h-12h, la musique fonctionne, un automate agenouillé écrit la phrase suivante: „Que les rois de tous les pays viennent rendre hommage à notre empereur." L'horloge est signée par le maître anglais Williamson, mais c'est en fait on ouvrage de l'horloger suisse Jaquet-Droz." (siehe Pu Zhang; Fuxiang Guo: L'art de l'horlogerie occidentale et la Chine, China international press, Peking 2005, Seiten 90–91).

Automatenuhr mit Schriftsteller, aus vergoldetem Kupfer. Im 18. Jahrhundert in England hergestellt. 231 cm hoch, Basis mit einem Durchmesser von 77 cm. Wenn die Uhr 3, 6, 8 und 12 Uhr schlägt, ertönt eine Melodie und ein knienender Automat schreibt den folgenden Satz: „Die Könige aller Länder mögen kommen und unserem Kaiser huldigen " Die Uhr ist signiert vom englischen Meister Williamson, aber sie ist in Wirklichkeit ein Werk des Schweizer Uhrmachers Jaquet-Droz."

Im Palastmuseum gibt es 13 Werke der Jaquet-Droz, u.a. eine Uhr aus vergoldetem Kupfer mit einem Singvogel, dessen Schnabel, Flügel und Schwanz sich bewegen, sowie weitere Tisch- und Taschenuhren (siehe Fu Xiang Guo; Xue Ling Guan: Les collections de Jaquet-Droz au musée de la Cité interdite, in: Nicole Bosshart (Hg.): Automates et merveilles. Merveilleux mouvements... surprenantes mécaniques, Editions Alphil, Neuenburg 2012, Seiten 45–49).

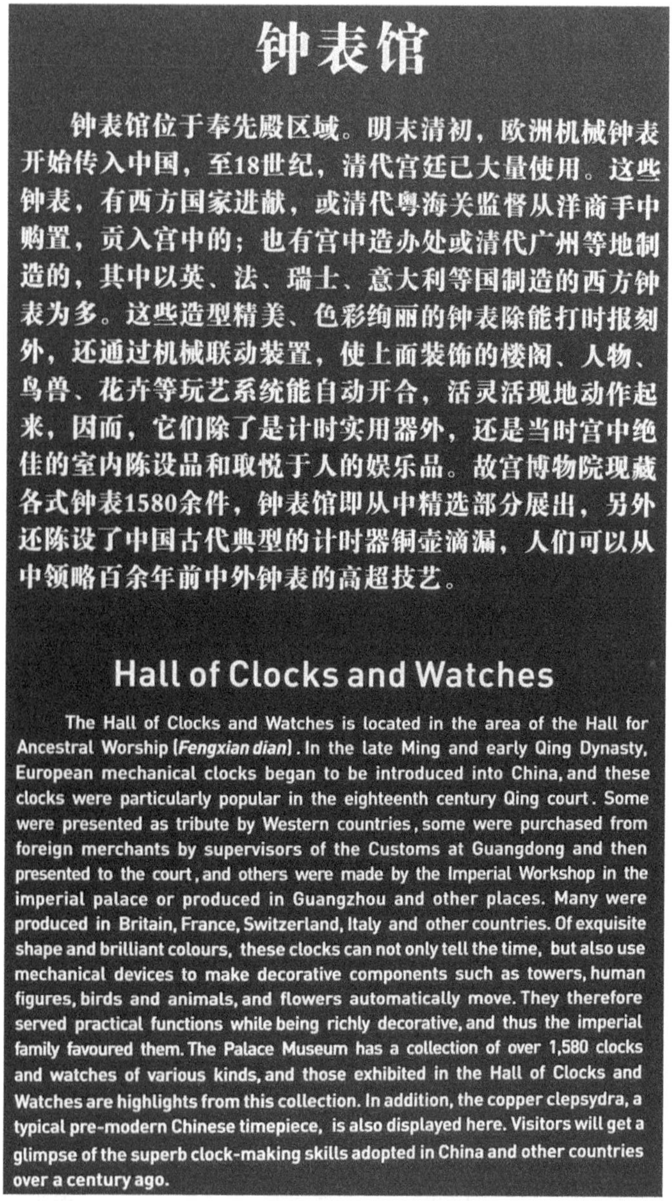

Abb. 15.15: Uhrensaal im Pekings Palastmuseum (© Peter Geiger 2019).

Abb. 15.16: Musikuhrfigurenautomat aus Peking (1). Diese äußerst seltene Aufnahme zeigt den „Schriftsteller" von Timothy Williamson (London 1780), der mit einem Pinsel einen festgelegten kurzen chinesischen Text schreibt. In den mehrstöckigen Turm ist auch eine Uhr eingebaut. Glockenschläger kündigen die Stunden an. Der Automat ist nach wie vor funktionsfähig (© Palastmuseum Peking/The Palace Museum, Beijing).

Abb. 15.17: Musikuhrfigurenautomat aus Peking (2). Das Papier wird unter einem Rahmen gespannt, auf dem Boden liegt ein unbeschriebenes Blatt (© Peter Geiger 2019).

Abb. 15.18: Musikuhrfigurenautomat aus Peking (3). Seitenansicht des Schreibers (© Peter Geiger 2019).

Abb. 15.19: Musikuhrfigurenautomat aus Peking (4). Seitenansicht des Schreibers (© Peter Geiger 2019)

Abb. 15.20: Musikuhrfigurenautomat aus Peking (5). Schöpfer der Uhr ist anscheinend Timothy Williamson (© Peter Geiger 2019).

Abb. 15.21: Musikuhrfigurenautomat aus Peking (6). Stundenschläger (© Peter Geiger 2019)

Abb. 15.22: Musikuhrfigurenautomat aus Peking (7). Stundenschläger (© Peter Geiger 2019)

Abb. 15.23: Musikuhrfigurenautomat aus Peking (8). Tanzende Figuren mit Rolle (© Peter Geiger 2019)

Abb. 15.24: Musikuhrfigurenautomat aus Peking (9). Tanzende Figuren mit Rolle (© Peter Geiger 2019)

Wer ist Urheber des chinesischen Musikuhrfigurenautomaten?
Der Schweizer Uhrmacher Thierry Amstutz ist der derzeit beste Kenner der drei Figurenautomaten der Jaquet-Droz. Er betreut die Dreiergruppe und führt sie regelmäßig vor. Er besuchte am 11. November 2018 den Automaten in Peking. Der chinesische Uhrmacher habe eine Abdeckung von wenigen cm² beim linken Fuss geöffnet. Es war jedoch nicht möglich, das gesamte Innenleben zu sehen. Denn das Getriebe sei aufgrund der Bauart des Automaten schwer zugänglich. Daher lässt sich der Mechanismus nicht vollständig beurteilen. Wer den Schreiber gebaut hat, bleibt ungewiss (Mitteilungen vom 9.und 10. November 2019).

Im Pekinger Palastmuseum steht ein weiterer Automat von Timothy Williamson, eine Automatenuhr mit einem Pfau und einem Stundenschläger.

P.M. No. 1029. (Plate 33 A and B).

WILLIAMSON, London. Bronze-gilt musical clock with ingenious automata, c. 1770. The clock itself is enclosed in a square case supporting two pavilions which contain small automata; the clockcase rests upon the roof of a larger pavilion upheld by four pillars; within the latter is a doll dressed in the clothes of the period, who kneels on one knee beside a small rococco table; when the mechanism is set in motion, the doll writes with a brush dipped in ink the eight elegant Chinese characters 八方向化九土來王 (The eight quarters of the world look hitherward and reform; from the nine continents kings approach). The paper thus inscribed can be removed from the frame that holds it. The whole composition rests on a table carved somewhat in the manner of William Kent.

It has so far been impossible to ascertain whether this ingenious mechanical top is entirely the work of WILLIAMSON; it is conceivable that the small automata in the two upper tiers may be later additions.

Abb. 15.25: Palastmuseum Peking, Sammlungskatalog. Seit Jahrzehnten ist die Urheberschaft des chinesischen Musikuhrenautomaten umstritten (Quelle: Simon Harcourt-Smith: A catalogue of various clocks, watches, automata, and other miscellaneous objects of European workmanship dating from the XVIIIth and the early XIXth centuries, in the Palace Museum and the Wu Ying Tien, Peiping, Palace Museum, Peiping 1933, Seite 31).

15.1.9 Prachtvolle Mensch- und Tierautomaten aus Le Locle

Roboter, die sich selbst fortbewegen können, gab es etwa von Leonardo da Vinci (mechanischer Löwe) und Jacques Vaucanson (Ente). Prächtige Beispiele sind auch die „Fée carabosse", die alte bucklige Hexe, und die automatische äthiopische Raupe (vgl. Abb. 15.26–15.30).

Abb. 15.26: Automat „Alte bucklige Hexe“ (1). Dieser Androide (Anfang 19. Jh.) stellt eine alte Frau dar, sich mithilfe von zwei Stöcken fortbewegt (© Musée d‘horlogerie du Locle, Château des Monts, Le Locle NE, Bild: Renaud Sterchi).

Abb. 15.27: Automat „Alte bucklige Hexe“ (2). Die Figur besteht aus feuervergoldetem Kupfer, die Mechanik aus Messing. Der Hersteller der „Fée carabosse“ ist unbekannt (© Musée d'horlogerie du Locle, Château des Monts, Le Locle NE, Bild: Renaud Sterchi).

Abb. 15.28: Automat „Alte bucklige Hexe“ (3). Funktionstüchtige lauffähige Roboter gab es schon vor zweihundert Jahren (© Musée d‘horlogerie du Locle, Château des Monts, Le Locle NE, Bild: Renaud Sterchi).

Abb. 15.29: Seidenraupe (1). Der Tierautomat wird Henri Maillardet oder Piguet & Capt zugeschrieben (Genf oder London, Anfang 19. Jh.). Er besteht aus Goldringen, Halbperlen, durchscheinendem rotem Email, Edel- und Smaragdsteinen (© Musée d'horlogerie du Locle, Château des Monts, Le Locle NE, Bild: Renaud Sterchi).

Abb. 15.30: Seidenraupe (2). Das künstliche äthiopische Tier gehört der Fondation Edouard et Maurice Sandoz, Pully VD (© Musée d'horlogerie du Locle, Château des Monts, Le Locle NE, Bild: Renaud Sterchi).

15.1.10 Turm- und Schiffsautomaten sowie Wagen

Bei den Figurenautomaten sind der Schöpfungskraft keine Grenzen gesetzt. Im Folgenden werden einige Beispiele vorgestellt. In der Kunstkammer Wien gibt es zahlreiche kostbare funktionsfähige Automaten, oft sind sie mit einem Musikwerk ausgestattet (vgl. Abb. 15.31–15.39).

Abb. 15.31: Glockenturmautomat (um 1580). Dieser Hans Schlottheim zugeschriebene feuervergoldete Automat besteht aus Bronze. Die bemalten Figuren aus Glas, Metall und Holz sind teilweise bekleidet (© Kunsthistorisches Museum Wien/KHM-Museumsverband).

Abb. 15.32: Automat in Form eines Schiffes (1585) (1). Dieser vergoldete Tischautomat von Hans Schlottheim besteht aus Silber, einer Kupferlegierung und Kaltemail sowie Ölmalerei. Das Triebwerk (mit Kurvenscheiben) ist aus Eisen. Das mechanische Wunderwerk rollt über den Tisch und spielt Musik. Die Kanonen können mit Schwarzpulver geladen werden (© Kunsthistorisches Museum Wien/KHM-Museumsverband).

Abb. 15.33: Automat in Form eines Schiffes (1580–1590) (2). Die mechanische Galeone (Kriegsschiff) des Uhrmachers Hans Schlottheim aus Augsburg hat drei Masten. Um den Rumpf sind zehn Kanonen angeordnet. Die Seeleute auf den Masten drehen sich und wirken als Stundenschläger. Das Musée national de la renaissance in Ecouan (Frankreich) besitzt einen ähnlichen Schiffsautomaten (©Trustees of the British Museum, London).

Abb. 15.34: Automat in Form eines Schiffes (1580–1590) (3). Diese Darstellung gibt einen Teil des Mechanismus wieder. Auf dem Hauptdeck befinden sich acht mit einem Schwert bewaffnete Figuren (©Trustees of the British Museum, London).

Abb. 15.35: Automat in Form eines Schiffes (1580–1590) (4). Uhrwerke mit Federantrieb steuerten die Figuren (z.B. deutscher Kaiser Rudolf II. auf dem Thron, sieben Kurfürsten, Herolde, Trompeter, Trommler) (©Trustees of the British Museum, London).

Abb. 15.36: Automat in Form eines Schiffes (1580–1590) (5). Der analoge Uhrenautomat hatte Zahnräder und Nockenscheiben (©Trustees of the British Museum, London).

Abb. 15.37: Automat in Form eines Wagens (1766). Der Engländer James Cox stellte dieses „Spielzeug" für den Handel mit Asien her. Ein chinesischer Begleiter schiebt das von einer Uhr gesteuerte Gefährt. Eine Feder treibt die Räder an, die Gegenstände in den beiden Händen der Dame werden durch winzige Hebel in Bewegung gesetzt. Für das Schmuckstück wurden Gold, Silber, Diamanten und Perlen verwendet (© Metropolitan Museum of Art, New York).

Abb. 15.38: Automat in Form eines Triumphwagens (um 1760–1770). Vier Pferde ziehen die Kutsche. Der britische Urheber ist unbekannt. Eine Vorrichtung mit Feder über dem rechten Vorderrad treibt dieses Rad und zwei miteinander verbundene Wellen unter den Pferden an. Der Wagenlässt sich nach links und rechts steuern (© Metropolitan Museum of Art, New York).

Abb. 15.39: Schreibschrank mit Uhr (um 1766–1772). Dieser von vier Stieren getragene Sekretär stammt von James Cox (London). Die Schmetterlinge sind mit Edelsteinen verziert. Eine eingebaute Musikdose mit Federantrieb spielt Melodien (© Metropolitan Museum of Art, New York).

15.1.11 Leonardo da Vincis Automaten

Leonardo da Vinci (1452–1519) hat vor über 500 Jahren u.a. einen *selbst fahrenden Wagen* (1478), einen mit Seilzügen gesteuerten *mechanischen Ritter* (1495) und einen *mechanischen Löwen* (1515) erdacht.

Er hat ferner einen mechanischen Vogel, eine mechanische Libelle, eine mechanische Trommel, eine hydraulische Uhr, einen Webstuhl, einen Drehkran, eine Drehbrücke und eine Flugmaschine entworfen. Auf tausenden Zeichnungen, die verstreut in Italien, Frankreich, England und Spanien bewahrt werden, hat der Universalgelehrte eine Fülle von Maschinen und Instrumenten dargestellt: Schaufelbagger (Schwimmbagger), Schaufelradboot, Unterseeboot, Luftschraube (Flugschraube), Fallschirm, Buchdruckpresse, Wasserpumpe, wasserbetriebene Säge, Schleifmaschine für Hohlspiegel, Wegmesser, Neigungsmesser, Luftfeuchtigkeitsmesser, Windmesser und Kriegsmaschinen (z.B. Panzer) usw.

Leonardo kannte Bauelemente und Vorrichtungen wie Ellipsenzirkel, Flaschenzug (Seilzug), Hebel, Kette, Kugellager, Kurbelantrieb, Nocken, Pendel, Riementransmission, schiefe Ebene, Schraube, Schubstange, Schwungrad, Sperrklinke, Spiralfederantrieb, Zahnradgetriebe.

Nach Auskunft von Andrea Bernadoni (Florenz) gibt es Belege, dass der hochbegabte Ingenieur aus Vinci (bei Florenz) den Tierautomaten (vgl. Abb. 15.40–15.44) tatsächlich gebaut hat. Offen sei, ob Leonardo den Ritter (vgl. Abb. 15.45–15.50) und das Gefährt hergestellt habe. Claudio Giorgione (Mailand) zufolge ist hingegen unbekannt, ob der Wagen (vgl. Abb. 15.51–15.58) wirklich konstruiert wurde. Stand der Angaben: Mai 2019.

Hinweis
Gewisse Automaten Leonardos werden in der Literatur auch als Roboter bezeichnet. Bei den technisch hochentwickelten Maschinen von Vaucanson und Jaquet-Droz (18. Jh.) spricht man jedoch üblicherweise nicht von Robotern, sondern von Figurenautomaten.

Abb. 15.40: Mechanischer Löwe (1). Eine einzige Feder steuert mehrere Bewegungen. Das Tier macht einige Schritte, setzt sich auf die Hinterbeine und bewegt seinen Schwanz. Dann öffnete der Löwe seine Brust und zeigt einen Blumenstrauß. Lilien schmückten die Wappen der Medici. Leonardo soll das künstliche Lebewesen 1515 für den Besuch des französischen Königs in Mailand entwickelt haben (© Museo Galileo, Florenz).

Abb. 15.41: Mechanischer Löwe (2). Dieses Modell von Luca Garai (Opera laboratori fiorentini) gibt einen Einblick in das komplexe Räderwerk des Figurenautomaten (© Museo Galileo, Florenz).

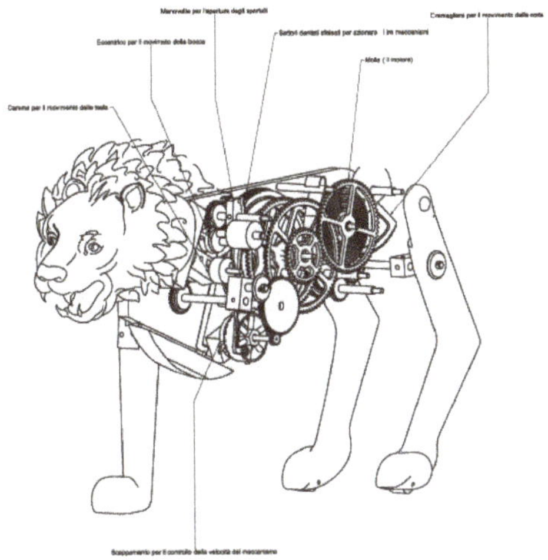

Abb. 15.42: Mechanischer Löwe (3). Die Explosionszeichnung von Luca Garai (Bologna) zeigt das Innenleben des Löwen (© Museo Galileo, Florenz).

Abb. 15.43: Mechanischer Löwe (4). Dieses Modell stammt aus Amboise, wo Leonardo starb (© Château du Clos Lucé, Amboise).

Abb. 15.44: Mechanischer Löwe (5). Das italienische Forschungszentrum Leonardo3 hat ein arbeitsfähiges hölzernes Modell der Großkatze mit Seilrollen gefertigt (© Leonardo3 Museum, Mailand).

Abb. 15.45: Mechanischer Ritter (1). Der Automat stellt ein mechanisches Modell des menschlichen Körpers dar (© Museo Leonardo da Vinci, Florenz).

Abb. 15.46: Mechanischer Ritter (2). Der im Codice atlantico beschriebene Krieger war für Feste am Hof des Herzogs von Mailand gedacht (© Museo Leonardo da Vinci, Florenz).

Abb. 15.47: Mechanischer Ritter (3). Ausschnitt aud dem 1495 erdachten Kriegers (© Museo Leonardo da Vinci, Florenz).

Abb. 15.48: Mechanischer Ritter (4). Das Modell des mittelalterlichen Kriegers besteht u.a. aus Holz, Metall und Seilzügen Kunststoff und Glas (© Leonardo3 Museum, Mailand).

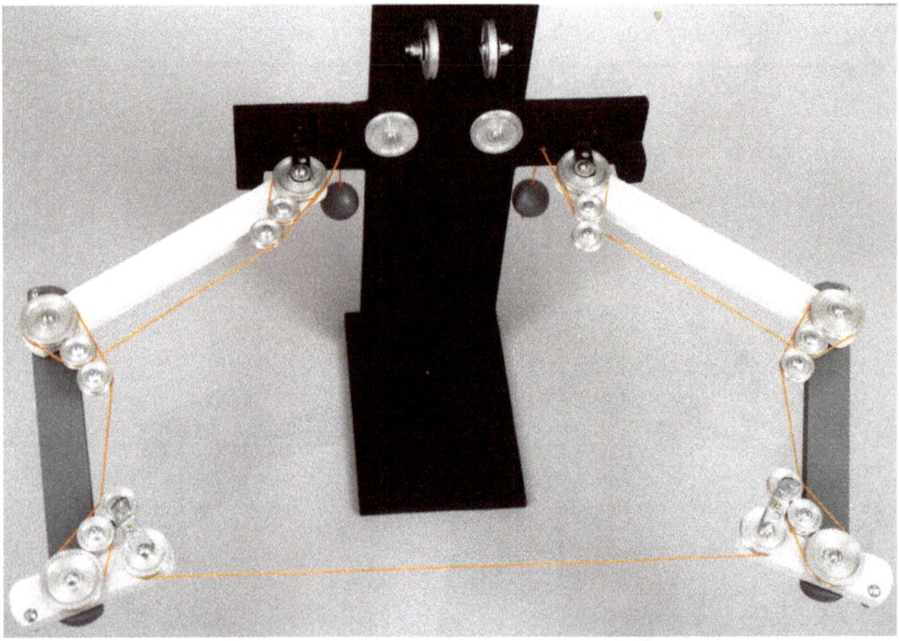

Abb. 15.49: Mechanischer Ritter (5). Die Seile entsprechen den Muskeln und Nerven, die Rollen den Gelenken (©Mark Rosheim: Leonardo‘s lost robots, Springer-Verlag Berlin, Heidelberg 2006).

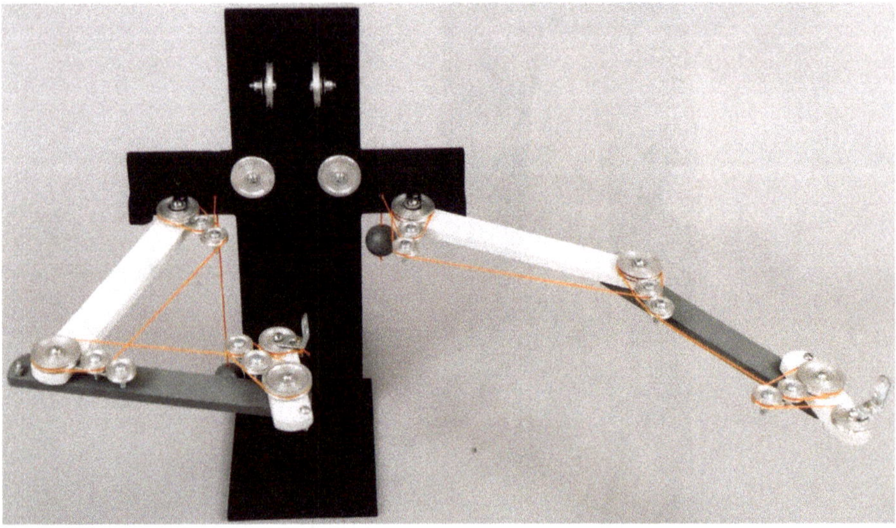

Abb. 15.50: Mechanischer Ritter (6). Die beiden Arme haben eine unterschiedliche Stellung (©Mark Rosheim: Leonardo‘s lost robots, Springer-Verlag Berlin, Heidelberg 2006).

Abb. 15.51: Selbstfahrender Wagen (1). Wie dem Codice atlantico (Biblioteca Ambrosiana, Mailand, foglio 812r) zu entnehmen ist, entwarf Leonardo 1478 diese Vorrichtung (© Museo Galileo, Florenz).

Abb. 15.52: Selbstfahrender Wagen (2). Modell mit Federantrieb von Leonardo. Manche hielten dieses Fahrzeug irrtümlich für den Vorläufer unseres Autos (© Museo Galileo, Florenz).

Abb. 15.53: Selbstfahrender Wagen (3). Giorgio Canestrini baute dieses Modell des „Carro automotore“ von 1952 bis 1955. Es wird vermutet, dass das Gefährt für Theaterbühnen gedacht war (© Museo Nazionale Scienza e Tecnologia „Leonardo da Vinci“, Mailand, Bild: Alessandro Nassiri 2009).

Abb. 15.54: Selbstfahrender Wagen (4). Funktionsfähige Modelle beweisen, dass der Wagen sich selbstständig fortbewegen konnte (© Museo Nazionale Scienza e Tecnologia „Leonardo da Vinci“, Mailand, Bild: Alessandro Nassiri 2009).

Museo Leonardiano di Vinci
Das Museo Leonardiano di Vinci, Castello dei Conti Guidi, hat zwei Nachbauten des selbstfahrenden Wagens. Roberto Antonio Guatelli fertigte 1952 auf der Grundlage eines Vorhabens von Giovanni Canestrini ein hölzernes Modell. IBM Italien schenkte es dem Museum. Ein anderer Nachbau (2010) stammt von Etruria Musei. Es baut auf einer Arbeit der Università degli studi di Firenze (facoltà di ingegneria, dipartimento di meccanica e tecnologie industriali) auf.

Abb. 15.55: Selbstfahrender Wagen (5). Dieser Nachbau befindet sich im Loiretal (© Château du Clos Lucé, Amboise).

Abb. 15.56: Selbstfahrender Wagen (6). Dieses Modell macht deutlich, wie komplex das Gefährt aufgebaut ist (© Leonardo3 Museum, Mailand).

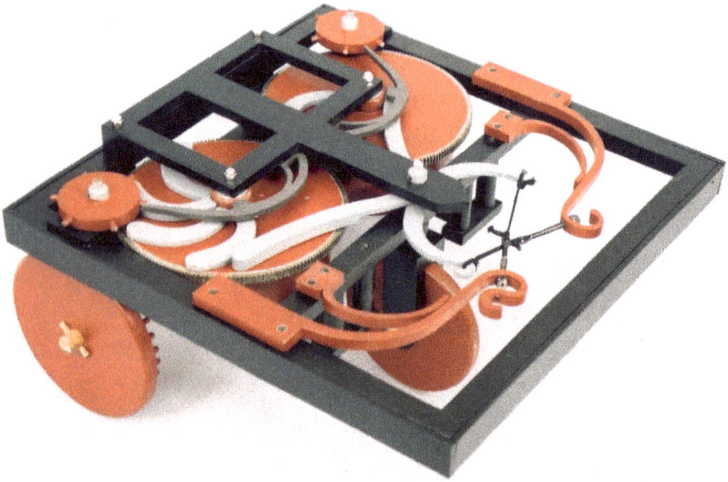

Abb. 15.57: Selbstfahrender Wagen (7). Das programmierbare Fahrzeug kann geradeaus, nach rechts und links fahren. Die Steuerung erfolgt über auswechselbare bananenförmige Nocken. Auch die Geschwindigkeit lässt sich ändern (©Mark Rosheim: Leonardo‘s lost robots, Springer-Verlag Berlin, Heidelberg 2006).

Abb. 15.58: Selbstfahrender Wagen (8). Das Fahrzeug wurde über Spiralfedern angetrieben (©Mark Rosheim: Leonardo‘s lost robots, Springer-Verlag Berlin, Heidelberg 2006).

15.2 Musikautomaten

15.2.1 Mechanische Musikinstrumente

Mechanische Musikinstrumente sind *selbststeuernde* (selbstspielende) Musikinstrumente. Die Tonfolge wird mithilfe eines Speichers festgelegt. Dieser enthält *Steuerangaben* für die Töne (Tonhöhe und Tondauer, d.h. Tonbeginn und -ende).

Die Ausdrücke „mechanisches Musikinstrument" und „Musikautomat" werden meist in gleichem Sinn (als Sammelbegriff) verwendet. Das Gegenstück zu den mechanischen Musikinstrumenten bilden gewöhnliche, handbetätigte, handgespielte Musikgeräte.

15.2.2 Große Instrumentenvielfalt

Zu den mechanischen Musikinstrumenten zählen etwa die folgenden (z.T.) aufziehbaren Geräte:
- Spieldosen (Walzenspieldosen/Walzenspieler,
- Plattenspieldosen/Plattenspieler,
- Orchestrien,
- Serinetten (Vogelorgeln, kleine Walzendrehorgeln, Vogelautomaten),
- Schnupftabakdosen (Singvogeldosen),
- Spieluhren (Glockenspieluhren, Flötenuhren, Harfenuhren, Hackbrettuhren, Orgeluhren, Trompeteruhren),
- mechanische Orgeln (Drehorgeln, Flötenorgeln),
- mechanische Klaviere und Flügel,
- mechanische Harmonien,
- mechanische Zithern,
- mechanische Geigen,
- mechanische Akkordeons (Handharmonikas),
- Glockenspiele,
- Windharfen (Äolsharfen).

Beliebt waren überdies musizierende Vogelkäfige und Reitschulen (Karussell: Karusselorgel). Später kamen Münzautomaten (z.B. Münzgrammophon, Münzphonograph) mit Geldeinwurf auf.

Mechanische Musikinstrumente waren vielerorts zu finden, in Wartesälen von Bahnhöfen, in Gaststätten, Tanzlokalen, auf Dampfschiffen, auf Jahrmärkten.

15.2.3 Spieldosen (Musikdosen)

Als Erfinder der Stahllamelle gilt Antoine Favre-Salomon (Genf, 1796). Sie bildete die Voraussetzung für die Musikdose. Als Schöpfer der Lochplatte und der Plattenmusikdose werden Paul Lochmann aus Leipzig (um 1885) und Ellis Parr bezeichnet.

Spieldosen (Musikdosen) und großartige Musikinstrumente wie die Vionlinautomaten und Philharmonieorgeln erfreuen noch heute Fachleute und Laien (vgl. Abb. 15.59–15.81).

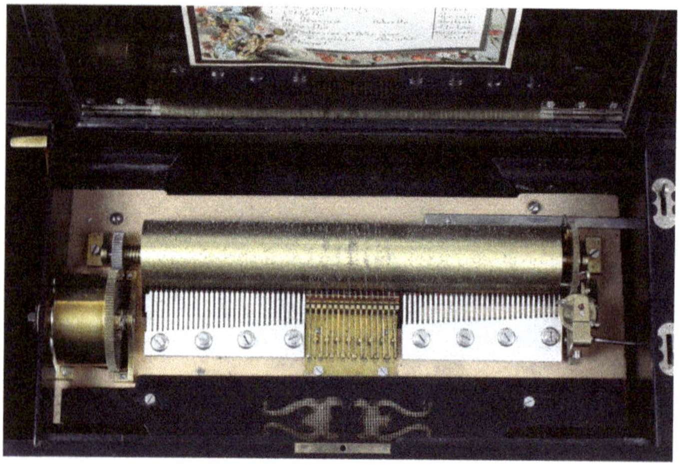

Abb. 15.59: Walzenspieldose Voix céleste (himmlische Stimme). Diese Spieldose mit durchschlagenden Zungen aus Ste-Croix VD (um 1870) wartet mit acht Melodien auf. Die Stiftwalze besteht aus Messing, die Tonlamellen sind aus Stahl gefertigt. Die bedeutendsten Schweizer Musikdosenhersteller waren Mermod, Paillard und Thorens (© Museum für Musikautomaten, Seewen SO).

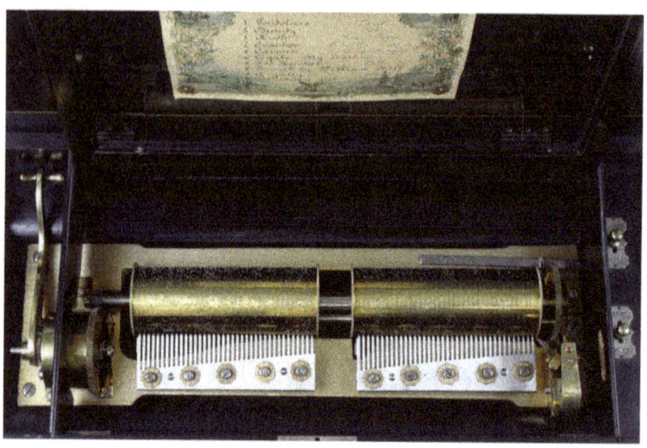

Abb. 15.60: Walzenspieldose Duplex. Diese Musikdose von Ami Rivenc, Genf (um 1890), bietet zehn Melodien. Sie weist zwei gekoppelte Zylinderhälften und zwei Tonkämme auf. Damit ließ sich die Spieldauer erhöhen (© Museum für Musikautomaten, Seewen SO).

Abb. 15.61: Walzenspieldose Tambour timbres vue. Es stehen acht Melodien zur Auswahl (Sainte-Croix, um 1895). Dank der Glocken und der Trommel erweiterte sich die Klangvielfalt (© Museum für Musikautomaten, Seewen SO).

Abb. 15.62: Walzenspieldose Sublime Harmonie Zither. Die Musikdosen wurden oft liebevoll gestaltet, beispielsweise mit Schmetterlingen. Dieses Exemplar von Karrer, Teufenthal AG (um 1890), hatte acht Melodien (© Museum für Musikautomaten, Seewen SO).

Abb. 15.63: Walzenspieldose Voix céleste. Die Musikdose hat durchschlagende Zungen. Dieser Ausschnitt zeigt den Messingzylinder und zwei Tonkämme. Der Genfer Uhrmacher Antoine Favre hat 1796 die Stahllamellen erfunden (© Museum für Musikautomaten, Seewen SO).

Abb. 15.64: Musikdose von Reuge (1). Dieses Bild zeigt die Befestigung einer Feder an einer hoch präzisen Musikdose. Die früher weit verbreiteten Musikspielgeräte bestehen u.a. aus einer Stiftwalze und einem Tonkamm. Auf der Trommel sind die Melodien gespeichert. Später kamen Plattenspieldosen auf. Die Fertigung von Lochplatten (gelochte Metallscheiben mit Noppen) war weniger anspruchsvoll und daher preiswerter. Die Musikdosen wurden von der Schallplatte (Schellackplatte, später Vinylplatte) abgelöst. Sie sind aber nach wie vor beliebte Geschenk- und Schmuckgegenstände. Als weltweit führende Herstellerin gilt die Reuge SA in Sainte-Croix im Schweizer Jura (© Reuge SA, Sainte-Croix VD).

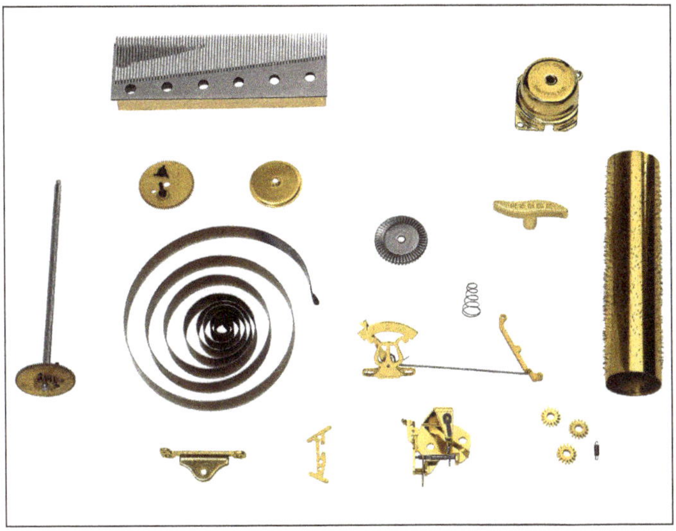

Abb. 15.65: Musikdose von Reuge (2). Die hochwertigen Musikdosen bestehen aus vielen Bestandteilen. Oben links der Tonkamm mit den Stahllamellen. Sie müssen auf die richtige Tonhöhe gestimmt werden. Rechts die Stiftwalze. Die stets gleich langen Stifte aus Stahldraht werden in die Löcher des Zylinders gepresst. Die Stifte zupfen die Tonlamellen an. Die Töne entstehen durch die Schwingungen des Stahlkamms. Das Gerät wird über eine Feder aufgezogen. Bei manchen Musikdosen lassen sich die Trommeln auswechseln. Die Metallstifte des Tonträgers steuern den Ablauf der Musik. Viele mechanische Musikinstrumente hatten einen Federantrieb. Es gab u.a. auch Automaten, die wie Turmuhren mit einem Gewichtsantrieb ausgestattet waren (© Reuge SA, Sainte-Croix VD).

Abb. 15.66: Plattenspieldose Harmonia. Bei der Blechplatte dieses 1895 patentierten Modells wurden die Haken durch Löcher ersetzt. Erfinder der Blechplatte als Tonträger war Paul Lochmann aus Leipzig (1885) (© Museum für Musikautomaten, Seewen SO).

Abb. 15.67: Plattenspieldose Edelweiß. Dieses Gerät der Firma Thorens (Sainte-Croix VD) ist mit einem Münzeinwurf ausgestattet. Tonträger ist eine Blechplatte (© Museum für Musikautomaten, Seewen SO).

Abb. 15.68: Ariston. Organette mit Papplochplatte (gelochte Pappscheibe). Organetten sind Zungendrehorgeln (Tischorgeln mit Handkurbel), Durchschlagzungeninstrumente (durchschlagende Zungen). Herstellerin war die Fabrik Leipziger Musikwerke, vormals Paul Ehrlich & Co AG, Leipzig-Gohlis (patentiert 1882) (© Technisches Museum Wien).

15.2.4 Singvögel

Abb. 15.69: Singvögel. Die Schweizer Uhrmacher Pierre Jaquet-Droz und Henri-Louis Jaquet-Droz gelten als Erfinder dieses Musikgeräts (1780). Winzige feinmechanische Singvögel zierten einst manche Schnupftabakdosen. Glücklicherweise leben diese prächtigen Paradiesvögel mit buntem Gefieder und langen Schwanzfedern noch heute weiter (© Reuge SA, Sainte-Croix VD).

Abb. 15.70: Spiegel mit Singvogel (1). Hersteller waren die Gebrüder Rochat, Genf (um 1820). Die Fantasie bei der Gestaltung von mechanischen Musikinstrumenten war fast grenzenlos © Musée d'horlogerie du Locle, Château des Monts, Le Locle NE (Bild: Renaud Sterchi).

Abb. 15.71: Spiegel mit Singvogel (2). Im Ausschnitt erscheint der Singvogel © Musée d'horlogerie du Locle, Château des Monts, Le Locle NE (Bild: Renaud Sterchi).

Abb. 15.72: Singvogeldose (1). Die Gebrüder Rochat aus Genf fertigten diese Dose im ersten Viertel des 19. Jahrhunderts © Musée d'horlogerie du Locle, Château des Monts, Le Locle NE (Bild: Renaud Sterchi).

Abb. 15.73: Singvogeldose (2). In der „Tabaksdose“ verbirgt sich ein Musikwerk © Musée d‘horlogerie du Locle, Château des Monts, Le Locle NE (Bild: Renaud Sterchi).

Abb. 15.74: Singvogeldose (3). Die beliebten Musikautomaten waren reicht verziert © Musée d‘horlogerie du Locle, Château des Monts, Le Locle NE (Bild: Renaud Sterchi).

Abb. 15.75: Singvogelkäfig (1). Diese Vorzimmeruhr (um 1790) wird Pierre Jaquet-Droz, La Chaux-de-Fonds, zugeschrieben (© Musée d›horlogerie du Locle, Château des Monts, Le Locle NE, Bild: Renaud Sterchi).

Abb. 15.76: Singvogelkäfig (2). Diese Uhr (um 1790) mit drei Singvögeln, einem Schlagwerk und einer Vogelorgel mit sieben Melodien wird den Jaquet-Droz, Genf oder Biel, zugeschrieben. Sie war für den Markt in Konstantinopel bestimmt und bestand aus vergoldetem Messing, Email und Glas (© Museum für Musikautomaten, Seewen SO).

15.2.5 Bahnhof- und Chaletautomaten

Abb. 15.77: Bahnhofautomat „Sissach[BL]". Diese Unterhaltungsmaschine von Auguste Lassueur aus Sainte-Croix VD (1898), enthält tanzende Puppen und ein Karussell. Solche Münzautomaten waren in Wartesälen anzutreffen. Musikdosen wurden vor allem in Genf und im Waadtländer Jura hergestellt. (© Museum für Musikautomaten, Seewen SO).

Abb. 15.78: Chalet mit Uhr und Musikwerk. Solche Landhäuser waren beliebte Erinnerungsstücke (Schweiz um 1900) (© Museum für Musikautomaten, Seewen SO).

15.2.6 Violin- und Orgelautomaten

Abb. 15.79: Phonoliszt-Violine (1). Der pneumatische Violinautomat der Firma Ludwig Hupfeld AG, Leipzig, besteht aus einem Klavier und drei Geigen. Gesteuert wird die Hupfeld-Violine von einer Papiernotenrolle. Diese großartigen Instrumente sind heute noch lauffähig (1908) (© Technisches Museum Wien).

Abb. 15.80: Phonoliszt Violina (2). Noch heute begeistern diese Vionlinautomaten Alt und Jung © Museum für Musikautomaten, Seewen SO).

Abb. 15.81: Mortier-Orgel (um 1915). Hersteller dieser belgischen Tanzorgel (Werk-Nr. 1010) war Theophile Mortier, Antwerpen(© Museum für Musikautomaten, Seewen SO).

15.2.7 Tonträger

Für das Musikprogramm gab es verschiedene Tonträger (Programmträger, Toninformationsträger):
- Stiftwalze (Holz- oder Messingwalze),
- Lochplatte/Lochscheibe/Noppenscheibe (Stahl-, Eisenblech-, Zinnblechplatte; Papp-, Karton-, Kartonlochplatten, Kartonnotenscheiben),
- Kartonlochstreifen/Kartonlochbänder (Papierbänder, Faltkartons),
- Papiernotenrollen/Papiernotenbänder (Papierrollen).

Weit verbreitete Tonspeicher („Tonkonserven", „Musikkonserven") waren *Stiftwalzen, Lochplatten* und *Lochbänder*. Neben Drahtstiften wurden für die Trommeln auch Drahtbrücken verwendet.

Im Unterschied dazu sind auf Schallplatten, Magnetbändern (Tonbandkassetten) und optischen Platten (CD, DVD) *Schallwellen* aufgezeichnet. Viele mechanische Musikinstrumente laufen wie von Geisterhand, gewisse haben einen Fußantrieb (Pedal). Für die Tonaufzeichnung und die Tonwiedergabe gab es vielfältige Verfahren.

Mit der Einführung der *Schallplatte* und des *Grammophons* (mechanischer Plattenspieler) verschwanden die gelochten Papier- und Kartonbänder, Messingwalzen, Karton- und Blechscheiben als Tonträger.

15.2.8 Tonquelle

Für die Tonquelle von Walzenspieldosen – die schwingenden Stahlkämme mit Zähnen oder Zungen – waren verschiedene Bezeichnungen im Umlauf: Metallarm, Metallzahn, Metallzunge, Musikkamm, Spieldosenkamm, Stahlkamm, Stahllamelle, Stahlzahn, Stahlzunge, Stimmkamm, Stimmzahn, Tonkamm, Tonzunge.

15.2.9 Sprechmaschinen

Es werden zwei Arten von Sprechmaschinen unterschieden:
- Phonographen (Zinnfolien, Stanniolwalze, Wachswalze, Phonographenwalze),
- Grammophone (Schellackplatte, Grammophonplatte).

Anmerkungen
„Sprechmaschinen" waren ursprünglich Vorrichtungen zur Nachbildung der menschlichen Stimme. Für die Trichtergrammophone wurden Schalltrichter verwendet. Schellack ist ein Baumharz.

Der slowakische Baron Wolfgang von Kempelen, Erfinder des „Schachtürken", hatte 1791 eine „Sprechmaschine" gebaut.

Erfindungen
1877 Phonograph von Thomas Alva Edison,
1887 Grammophon mit Schellackplatte von Emile Berliner.

Anmerkungen
Phonographen, Grammophone, Magnetton- und Rundfunkgeräte gehören zu den Geräten, die Musik wiedergeben.

Bedeutende Schweizer Hersteller mechanischer Musikinstrumente waren E. Paillard & Cie., Hermann Thorens, Mermod frères, alle in Sainte-Croix VD.

Antrieb
Für mechanische Musikinstrumente wurden zahlreiche Antriebsarten ausgedacht: Feder, Handkurbel, Gewicht, Wasser (Turbine), Heißluft, Druckluft, Strom (Elektromotor). Neben dem Handantrieb kommt auch ein Fußantrieb (Pedale) vor.

15.2.10 Figuren-und Musikautomaten in Museen

Schweiz
Empfehlenswert ist ein Besuch lehrreicher Schweizer Sammlungen: *Museum für Musikautomaten* in Seewen SO, *Musée Cima* (Centre international de la mécanique

d'art), Sainte-Croix (VD), *Musée Baud*, L'Auberson (VD), *Museum für Uhren und mechanische Musikinstrumente*, Oberhofen BE, sowie *Musée d'art et d'histoire*, Neuenburg.

In Sainte-Croix wird auch die *Fertigung* mechanischer Musikinstrumente dargestellt. Dem Musée des arts et sciences von Sainte-Croix ist eine historische Werkstätte angeschlossen, das „Atelier de mécanique ancienne du Dr Wyss“ mit Werkzeugmaschinen zur Herstellung von Musikdosen. Geplant ist ein neues Museum, das die beiden Museen im Kern von Sainte-Croix und im Weiler L'Auberson vereinigt.

Die Ausstellung in Seewen beherbergt eine riesige selbstspielende Philharmonieorgel. Sie wurde um 1913 von der Firma M. Welte & Söhne, Freiburg im Breisgau, für den Ozeandampfer *Britannic* gebaut. Die im irischen Belfast entstandene Britannic war das Schwesterschiff der 1912 gesunkenen Titanic. Die pneumatische Orgel lässt sich mit Musikrollen (Papierrollen) spielen.

Hinweis
Die Firma *Reuge* SA (Sainte-Croix) stellt noch heute Musikdosen, Singvögel und Uhren her. Musikdosen gibt es auch von der Ed. *Jobin* AG, Brienz BE.

Weitere Länder (Auswahl)
Mechanische Musikinstrumente sind beispielsweise auch an folgenden Orten zu bewundern: Auto- und Technikmuseum, Sinsheim; Deutsches Musikautomatenmuseum, Bruchsal; Deutsches Phonomuseum , St. Georgen; Eltztalmuseum, Waldkirch; Museum mechanischer Musikinstrumente, Königslutter; Schwarzwald-Museum, Triberg; Siegfrieds mechanisches Musikkabinett, Rüdesheim am Rhein; Technikmuseum Speyer mit Museum Wilhelmsbau; Deutsches Museum, München; Technisches Museum Wien; Musée des arts et métiers, Paris; Nationalmuseum, Utrecht. Eine Titanic-Orgel steht im Deutschen Musikautomaten-Museum in Bruchsal (bei Karlsruhe).

Weitere Sammlungen von Musikinstrumenten mit Musikautomaten: Muziekinstrumentenmuseum (Musée des instruments de musique), Brüssel; Museum für Musikinstrumente, Leipzig; Musée de la musique der Philharmonie de Paris, Paris.

15.2.11 Fachbegriffe

Für die mechanischen Musikinstrumente gibt es eine Fülle von Fachbegriffen (vgl. Tab. 15.5).

Tab. 15.5: Fachausdrücke aus der Welt der Musikautomaten

Musikautomaten faszinieren noch heute **Ausgewählte mechanische Musikinstrumente und Bestandteile (Begriffserklärungen)**	
Drehorgel	mit einer Handkurbel angetriebene kleine Orgel, Leierkasten, Werkel
Falzkartonband	gelochtes Band aus Falzkarton, Faltblattstapel, gefaltetes Kartonband
Flötenorgel	Orgel mit Pfeifenspielwerk (Flötenwerk aus Orgelpfeifen)
Flötenuhr	Uhr mit Pfeifenspielwerk (Flötenwerk aus Orgelpfeifen)
Jahrmarktorgel	große (fahrbare) Drehorgel eines Schaustellers
Jukebox	Musikbox, Schallplattenautomat
Lochband	gelochtes Papier- oder Kartonband
Lochbandorchestrion	Orchestrion mit Lochband (Papierband oder Falzkarton)
Lochplatte	Lochscheibe, gelochte Pappscheibe (Kartonscheibe, Pappplatte) oder Metallplatte (Blechplatte, Metallscheibe) mit Löchern oder Nocken
Lochplattenspieldose	Spieldose mit Lochscheibe
Lochscheibe	Lochplatte, gelochte Pappscheibe (Kartonscheibe, Pappplatte) oder Metallplatte (Blechpatte) mit Löchern oder Nocken, Zacken (Löcher: Abtastung durch Hebel; Nocken: Anzupfen eines Stimmkamms)
mechanisches Musikinstrument	Musikinstrument, bei dem die Tonfolge nicht vom Menschen, sondern durch eine mechanische Vorrichtung erzeugt wird; selbstspielendes Musikinstrument
Musikautomat	selbstspielendes (mechanisches, pneumatisches) Musikinstrument
Musikbox	Jukebox, Schallplattenautomat
Musikdose	Spieldose mit Stiftwalze oder Lochplatte (Lochscheibe)
Musikrolle	Notenrolle, aufrollbares gelochtes Papierband (Papierrolle) mit Noten
Musikspielwerk	Musikwerk, Spielwerk, Teil eines mechanischen Musikinstruments, eines Musikautomaten oder eines Figurenautomaten
Musikwerk	Spielwerk, Teil eines mechanischen Musikinstruments, eines Musikautomaten oder eines Figurenautomaten
Notenbuch	Faltkarton(band) mit Musiknoten, Kartonnotenbuch
Notenrolle	Musikrolle, aufrollbares gelochtes Papierband (Papierrolle) mit Noten, Tonrolle (Lochstreifenrolle)
Orchestrion	mechanisches oder pneumatisches Musikinstrument, das die Instrumente eines ganzen Orchesters nachbildet
Pappband	gelochtes Band aus Falzkarton, Faltblattstapel
Pfeifenorchestrion	Orchestrion auf der Grundlage von Orgelpfeifen (Steuerung durch Stiftwalze, Lochband, Falzkarton)
Philharmonieorgel	Orchestrion auf der Grundlage einer Orgel
Pianola	selbstspielendes (mechanisch-pneumatisches) Klavier
Pianoorchestrion	Orchestrion auf der Grundlage eines Klaviers (Steuerung durch Lochband)
Planchette	Stiftplatte
Reproduktionsklavier	lochstreifengesteuertes Klavier zur Wiedergabe von Musikstücken

Musikautomaten faszinieren noch heute
Ausgewählte mechanische Musikinstrumente und Bestandteile (Begriffserklärungen)

Rückenklavier	Drehklavier, tragbare Drehorgel (kein Klavier!)
Schaustellerorgel	Jahrmarktdrehorgel
Scheibeninstrument	Musikinstrument mit Lochplatte (Lochscheibe)
selbstspielendes Musikinstrument	(mechanisches, pneumatisches) Musikinstrument, bei dem die Tonfolge über einen Speicher gesteuert wird (mit Hand-, Fuß- oder elektrischem Antrieb)
Serinette (Vogelorgel)	Drehorgel, mit der Vögeln das Singen beigebracht werden soll
Spieldose	Musikdose mit Stiftwalze oder Lochplatte (Lochscheibe)
Spieluhr	Pfeifen- oder Glockenwerk mit Uhr
Spielwerk	Musikwerk, Teil eines mechanischen Musikinstruments, eines Musikautomaten oder eines Figurenautomaten
Stiftwalze	(hohle) Holz- oder Metalltrommel mit Messingstiften
Stiftwalzenorgel	Orgel mit Stiftwalze
Straßendrehorgel	mit einer Handkurbel angetriebene kleine Orgel
Straßenklavier	fahrbares Klavier
Straßenorgel	große (fahrbare) Drehorgel
Tanzorgel	große Drehorgel für eine Gaststätte
Vogelorgel (Serinette)	Drehorgel, mit der Vögeln das Singen beigebracht werden soll
Vorsetzer	durch Notenrollen gesteuerter (pneumatischer) Automat, der die Tasten eines Klaviers drückt
Walzendrehorgel	Drehorgel mit Stiftwalze
Walzenklavier	Klavier mit Stiftwalze
Walzenorchestrion	Orchestrion mit Stiftwalze
Walzenspieldose	Spieldose mit Stiftwalze (Walzen-, Zylinder-, Kammspielwerk)
Werkel	Drehorgel, Leierkasten

Quelle
Herbert Jüttemann: Mechanische Musikinstrumente, Verlag Christoph Dohr, Köln, 2., überarbeitete und ergänzte Auflage 2010.

15.2.12 Componium

Johann Nepomuk Mälzel, der u.a. mit dem Schachtürken von Wolfgang von Kempelen umherreiste, hat zwar das Panharmonikum (1805), nicht aber das *Metronom* erfunden. Dieser Taktmesser ist das Werk von *Diederich Nikolaus Winkel* (1814), der 1821 einen komponierenden Musikautomaten, ein Componium mit Zufallsgenerator, schuf (heute im Musikinstrumentenmuseum des königlich belgischen Konservatoriums in Brüssel) (siehe Heinz Zemanek: Geschichte des Automaten: Das Componium von Winkel, in: Elektronische Rechenanlagen, Band 8, 1966, Heft 2, Seiten 61–62, sowie Renße Lyr: Une merveille de mécansime… Le componium de T. N. Winkel, in: Alfred Chapuis (Hg.): Histoire de la boîte à musique et de la musique mécanique, Edition

Scriptar SA, Lausanne 1955, Seiten 113–122, voller Name: Thierry Nicolas Winkel). Auch Athanasius Kircher hat eine Komponiermaschine entworfen.
Berühmte Komponisten haben sich mit der mechanischen Musik befasst (vgl. Kasten).

Komponisten
Viele Komponisten der Klassik haben Werke für mechanische Musikinstrumente geschaffen, z.B.: Carl Philipp Emanuel Bach, Johann Sebastian *Bach*, Ludwig van *Beethoven*, Georg Friedrich *Händel*, Franz Joseph *Haydn*, Leopold Mozart, Wolfgang Amadeus *Mozart* (siehe Wolfram Metzger: Musikautomaten, Info Verlagsgesellschaft, Karlsruhe 1995, Seite 30; Arthur W. J. G. Ord-Hume: The musical clock, Mayfield books, Ashbourne, Derbyshire 1995, Seiten 102–118; Alexander Buchner: Mechanische Musikinstrumente, Verlag Werner Dausien, Hanau/Main 1992, Seiten 225–226).

15.3 Schachautomaten

Neben echten Automaten gab es auch *Scheinautomaten*. Das bekannteste Beispiel ist wohl der *Schachtürke* (1770) von *Wolfgang von Kempelen*. Im Innern des Geräts war ein menschlicher Spieler verborgen. Charles Babbage soll 1819 ein Spiel gegen die „automatische" Schachmaschine verloren haben. Sie wurde später bei einem Brand zerstört.

15.3.1 Niemeczscher Schachspielautomat

Joseph Niemecz (1750–1806) aus Böhmen (Pater Primitivus Niemecz), Hofkaplan und Bibliothekar am esterhazyschen Hof und Hersteller von mechanischen Musikinstrumenten, soll einen Schachspielautomaten gebaut haben. Er ist allerdings nicht erhalten. Niemecz hat wahrscheinlich das Buch „Beschreibung des Schlosses Esterhäz" verfasst, das 1784 namenlos in Pressburg (Bratislawa) erschienen ist.

> „So gab es in den fürstlichen Schlössern zu Eisenstadt und Esterhäza teilweise von seiner Arbeit eine Reihe kunstvoller musikalischer Automaten: ein musizierendes Spinnrad, einen musizierenden Sessel, eine tönende Sackuhr, einen Schachspielautomaten und dergleichen mehr: das groteskeste waren die mit einer Wasserkunst verbundenen nackten Figuren von Adam und Eva im großen Saal des Schlosses zu Eisenstadt." (siehe Ernst Fritz Schmid: Joseph Haydn und die Flötenuhr, in: Zeitschrift für Musikwissenschaft, Band 14, 1932, Heft 4, Seite 198).

15.3.2 Endspielautomat von Torres Quevedo

Der spanische Ingenieur *Leonardo Torres Quevedo*, der u.a. eine Luftseilbahn über die Niagarafälle erstellt hat, schuf auch zwei Schachautomaten (vgl. Tab. 15.6). Der erste aus dem Jahr 1912 wurde 1914 in Paris vorgeführt. Die Maschine spielt mit König und Turm (Weiß) gegen einen König (Schwarz). Das zweite Modell wurde 1920 entworfen (vgl. Abb. 15.82). Beide Geräte haben überlebt (Madrid).

Abb. 15.82: Zweiter Schachautomat von Torres Quevedo. Das erste Schachprogramm stammt nicht, wie oft zu lesen ist, von Konrad Zuse oder von Alan Turing. Die Maschine von Torres Quevedo ist über dreißig Jahre älter (© Museo Leonardo Torres Quevedo, Escuela técnica superior de ingenieros de caminos, canales y puertos. Universidad politécnica de Madrid).

Tab. 15.6: Frühe (echte) Schachautomaten

Historische Schachautomaten					
Erfinder	**Automat**	**Land**	**Jahr**	**Standort**	**Merkmal**
Leonardo Torres Quevedo	El ajedrecista (Schachspieler)	Spanien	1912	Museo „Torres Quevedo", Madrid	ältester (echter) Schachautomat
Leonardo Torres Quevedo	El ajedrecista (Schachspieler)	Spanien	1920	Museo „Torres Quevedo", Madrid	zweitältester (echter) Schachautomat

Hinweis
Elektronische Schachrechner und Schachprogramme erleben einen Aufschwung ab den 1970er Jahren (siehe Herbert Bruderer: Nichtnumerische Datenverarbeitung, Bibliographisches Institut & F. A. Brockhaus AG, Wissenschaftsverlag, Mannheim, Leipzig usw. 1980, Abschnitt „Computerschach", Seiten 119–136 und 227–231).

15.4 Schreibmaschinen

Bei den Schreibgeräten sind zwei unterschiedliche Zweige zu beobachten: Maschinen für *Handschrift* und *Druckschrift*, einerseits kunstvolle Androiden, andererseits praktisch nutzbare Alltagswerkzeuge. Wie im Fall der Rechenmaschine gibt es auch bei der Schreibmaschine mehrere Erfinder und auch manche Vorläufer (vgl. Tab. 15.7). Es folgen einige ausgewählte Marksteine.

Tab. 15.7: Frühe Entwicklung der mechanischen Schreibmaschine (Auswahl)

Ursprung der Schreibmaschine		
Erfinder	**Land**	**Jahr**
Henry Mill	England	1714
Pellegrino Turri	Italien	1808
Karl Drais	Deutschland	1821
Giuseppe Ravizza	Italien	1855
Peter Mitterhofer	Italien	1864
Rasmus Malling-Hansen	Dänemark	1865
Christopher Latham Sholes	USA	1868
Carlos Glidden	USA	1868
Samuel W. Soulé	USA	1868

Im Folgenden wird die Entwicklung der Schreibmaschine geschildert (vgl. Kasten).

Entstehung der Schreibmaschine

1714	Patent für eine Schreibmaschine von Henry Mill (England)
1749	„Schreibklavier“ von Pierre Carmien (Frankreich)
1760	Handschriftautomat „allesschreibende Wundermaschine“ von Friedrich Knaus (Deutschland)
1762	„Copiste secret“ von Leopold Neipperg (Österreich)
1770	Handschriftautomat von Timothy Williamson (England)
1772	Handschriftautomat „L’écrivain“ von Pierre Jaquet-Droz (Schweiz)
1823	„Tachigrafo“ oder „tachitipo“ von Pietro Conti (Italien)
1829	Patent für den „typographer“ von William Austin Burt (USA)
1832	Schreibmaschine von Karl Drais (Deutschland)
1833	Patent für die „plume typographique“ von Xavier Progin (Frankreich)
1843	Patent für den „mechanical chirographer“ von Charles Thurber (USA)
1844	Patent für den „stéréographe“ von Gérard Labrunie (Frankreich)
1850	Schreibmaschine von Oliver T. Eddy (USA)
1850	„Clavier imprimeur“ von Pierre Foucauld (Frankreich)
1851	„Typographer“ von Charles Wheatstone (England)
1852	Patent für den „mechanical typographer“ von John M. Jones (USA)
1854	Patent für den „typograph“ von Robert S. Thomas (USA)
1855	Patent für das „cembalo scrivano“ von Giuseppe Ravizza (Italien)
1856	Schreibmaschine von John H. Cooper (USA)
1857	Patent für die Schreibmaschine von Samuel William Francis (USA)
1863	Patent für die Schreibmaschine „pterotype“ von John Pratt (USA)
1864	Schreibmaschine von Peter Mitterhofer (Italien)
1865	Schreibkugel „skrivekugle“ von Rasmus Malling-Hansen (Dänemark)
1868	Patent für den „typewriter“ von Christopher Latham Sholes, Carlos Glidden, Samuel W. Soulé (USA)
1872	Takygraf von Rasmus Malling-Hansen (Dänemark).

Quellen

August Baggenstos: Von der Bilderschrift zur Schreibmaschine, Zürich, Herrliberg 1977, Seiten 19–52

Ralph-Helmut Kwauka; Roland Schwarz: Die Schreibmaschinen, Technische Sammlungen der Stadt Dresden, Dresden 2001

Ernst Martin: Die Schreibmaschine und ihre Entwicklungsgeschichte, Verlag Peter Basten, Aachen 1949, Seiten 5–64

Technisches Museum Wien (Hg.): Schreiben wie gedruckt, Technisches Museum Wien 2005/2006,

Alfred Waize: Peter Mitterhofer und seine fünf Schreibmaschinenmodelle, Desotron Verlagsgesellschaft, Erfurt, 2. Auflage 2003

International Rasmus Malling-Hansen society

Schreibmaschinenmuseum, Partschins (Südtirol, Italien).

Hinweise

Zu den wichtigsten Erfindern der Schreibmaschine zählen Giuseppe Ravizza, Peter Mitterhofer, Rasmus Malling-Hansen sowie das Dreigespann Christopher Latham Sholes, Carlos Glidden und Samuel W. Soulé. Bemerkenswert sind Geheimschrift-,

Stenografie-, Musiknoten- und Blindenschriftschreibmaschinen. Es gab sogar Ausführungen für Silbenschriften.

Aus Südtirol kommen die Schreibmaschinen von Peter Mitterhofer (vgl. Abb. 15.83–15.85). Es sind noch vier (unterschiedliche) Modelle erhalten. Sie befinden sich an den folgenden Orten:

- Modell Dresden: Technische Sammlungen, Dresden,
- Modell Meran: Palais-Mamming-Museum, Meran (1866),
- Modell Wien: Technisches Museum Wien (2 Stück, 1864 und 1869).

Aus Dänemark ist die Schreibkugel (vgl. Abb. 15.86) von Rasmus Malling Hansen in die Geschichte eingegangen.

Abb. 15.83: Schreibmaschine von Mitterhofer (1). Diese Aufnahme zeigt das Modell Wien von 1869. In Wien gibt es noch ein zweites Modell (1864) (© Technisches Museum Wien).

Abb. 15.84: Schreibmaschine von Mitterhofer (2). Ein bedeutender, verkannter Erfinder der Schreibmaschine kommt aus dem Südtirol: Peter Mitterhofer. Diese Fotografie gibt einen Nachbau des ersten Modells (1864) wieder (© Schreibmaschinenmuseum, Partschins).

Abb. 15.85: Schreibmaschine von Mitterhofer (3). Das vervollständigte Modell Meran (1866) besteht weitgehend aus Metall. Es konnte dank der Umschaltung außer Großbuchstaben auch Kleinbuchstaben und Ziffern schreiben. Links der Typen(hebel)korb, oben die Schreibwalze (© Palais Mamming Museum, Meran).

Abb. 15.86: Schreibmaschine von Rasmus Malling Hansen. Auf den Tasten der Schreibkugel kommen nur Großbuchstaben und Ziffern vor (© Tekniska museet, Stockholm).

15.5 Uhren

15.5.1 Riesige Vielfalt an Uhren

Die Entwicklung der Uhr reicht bis ins Altertum zurück. Zu den frühen Formen gehören *Sonnenuhr, Wasseruhr, Sanduhr,* Öluhr, Kerzenuhr, *Räderuhr.* Die ortsfesten mechanischen Uhren (Turm-, Wand-, Standuhr) und die ortsunabhängigen mechanischen Uhren (Armbanduhr, Taschenuhr, Halsuhr) werden üblicherweise über ein *Gewicht* oder eine *Zugfeder* (Spannfeder, Aufzugsfeder, Spiralfeder) angetrieben (Gewichtsaufzug, Federaufzug).

Es gibt eine Fülle von Uhren (vgl. Kasten).

Uhren
Es gibt eine große Fülle von natürlichen Uhren (Elementaruhren) und künstlichen Uhren (Kunstuhren), z.B.:
- Elementaruhren
  Sonnenuhren, Wasseruhren, Feueruhren (Kerze, Lunte, Öl), Sanduhren (z.B. Stundenglas),
- Räderuhren (ortsfest/ortsgebunden und ortsveränderbar/tragbar)

astronomische Uhren, Turmuhren, Rathausuhren, Bodenstanduhren (Standuhren), Wanduhren, Tischuhren, Taschenuhren („Sackuhren"), Armbanduhren sowie Automatenuhren (Uhrenautomaten): Bilderuhren (z.T. mit Musikspielwerk), Musikuhren (Spieluhren, klingende Uhren, mit Spielwalze), Figurenuhren.

Mehrere Antriebsarten sind zu unterscheiden:
- Gewichtsantrieb (Gewichtsuhren/Gewichtuhren, Gewichtsräderuhren),
- Federantrieb (Federzugsantrieb, mit Zugfeder/Aufzugsfeder: Federzuguhren, Federuhren),
- elektrischer Antrieb.

Eine weitere Gliederung unterscheidet Waaguhren (Waag, Waaghemmung, Waagbalken) und Pendeluhren.
Die Ausprägungen sind vor allem bei den Räderuhren vielfältig: Altaruhr, Anhängeruhr, Cartel-uhr (französische Wanduhr), Chronometer (Marinechronometer), Dosenuhr, Eisenuhr, Flötenuhr, Halsuhr, Holzräderuhr, Kaminuhr, Konsolenuhr, Kugellaufuhr, Laternenuhr, Oignon (Taschenuhr in Zwiebelform),Pendule, Rahmenuhr, Sägeuhr (Uhr mit Zahnstange), Säulenuhr, Skelettuhr, Spiegeluhr, Stechuhr, Stockuhr, Stuhluhr, Stutzuhr (Uhr mit gestutztem, d.h. verkürztem Pendel), Telleruhr, Türmchenuhr.

Eine Besonderheit ist die *Nachtuhr* (Nachtlichtuhr, Nachtlampenuhr, Sternuhr, Monduhr). Neuere Entwicklungen sind die Quarz-, Atom- und Digitaluhren.

Von 1792 bis 1806 wurden Revolutionsuhren hergestellt. Sie beruhten auf der (unbeliebten) Dezimalzeit. Ein Tag hatte 10 Stunden zu 100 Minuten zu 100 Sekunden. Für die Arbeitszeitkontrolle waren Stempeluhren im Einsatz. In der Schweiz gab es um 1880 auch Taschenuhren mit mechanischer Digitalanzeige (Ziffern statt Zeiger).

In wissenschaftlichen, insbesondere astronomischen Instrumenten spielten Uhren eine wichtige Rolle, zu erwähnen sind auch Planetarien (vgl. Abb. 15.87–15.155). Sie steuerten beispielsweise Globen.

Abb. 15.87: Elefantenuhr. Erfinder dieser eigenartigen Vorrichtung war Ibn al Razzāz al-Jazarī (1136–1206).Der Vogel auf der Kuppel pfiff halbstündlich. Der Mann (oben) ließ einen Ball ins Maul des Drachen fallen, der Fahrer schlug den Elefanten mit seiner Geißel. Das Buch stammt aus Syrien (© Metropolitan Museum of Art, New York).

Abb. 15.88: Sanduhr (1). Diese Sanduhr stammt aus dem 16. Jahrhundert (aus: Pierre Dubois: Histoire de l'horlogerie depuis son origine jusqu'à nos jours: précédée de recherches sur la mesure du temps dans l'antiquité et suvie de la biographie des horlogers les plus célèbres de l'Europe, Administration du Moyen Age et la Renaissance, Paris 1849) (Quelle: ETH-Bibliothek Zürich, Alte und seltene Drucke).

Abb. 15.89: Sanduhr (2). Herkunft und Baujahr dieses Zeitmessers aus Holz und Glas sind unbekannt (© ETH-Bibliothek Zürich, Sammlung Sternwarte).

Abb. 15.90: Vierfache Sanduhr des Türmers zu St. Thomas in Leipzig (17. Jh.). In dieser Kirche wirkte Johann Sebastian Bach. Die von Christian Heining geschaffene Uhr besteht aus Fichtenholz und ist mit Kupferstichen beklebt. Die einzelnen Gläser tragen oben und unten die in roter Farbe aufgemalte Stundenangabe 1/4, 2/4, 3/4 und 4/4 (Laufzeit 1 Stunde) (© Historisches Museum Basel, Bild: Peter Portner).

Abb. 15.91: Sternuhr. Schöpfer dieser Nachtuhr aus Messing (1648) ist Leonhard Hartmann. Die Uhrzeit wurde aufgrund der Stellung der Sterne ermittelt (© ETH-Bibliothek Zürich, Sammlung Sternwarte).

Abb. 15.92: Tag-Nacht-Uhr. David Georg Polykarp Hahn aus Kornwestheim, der jüngere Bruder von Philipp Matthäus Hahn, hat dieses Werk 1776 geschaffen. Die römischen Ziffern auf dem Ziffernring, wie auch die Hand oben in der Mitte sind aus dem Messing ausgeschnitten und mit rotem Seidenstoff hinterlegt, so dass diese nachts, bei Beleuchtung durch eine Kerze oder Öllampe von hinten, sichtbar sind. Der Ring dreht sich im Gegenuhrzeigersinn, und der Zeigefinger der Hand weist dabei die Uhrzeit. Tagsüber wurde die Zeit auf dem Emailzifferblatt mit römischen Ziffern (volle Stunden) und mit arabischen Ziffern (fünf Minuten) angezeigt (© Historisches Museum Basel, Bild: Maurice Babey).

Abb. 15.93: Ringsonnenuhr. Das Alter dieser Messinguhr von Christian Jenderich und J. Linzner ist unbekannt. Bei Sonnenuhren lässt sich die Ortszeit aufgrund der Stellung des Stabschattens erkennen. Je nach der Lage des Zifferblatts wird zwischen Horizontal-, Vertikal- und Äquatorialsonnenuhren unterschieden (© ETH-Bibliothek Zürich, Sammlung Sternwarte).

Abb. 15.94: Universalsonnenring. Georg Friedrich Brander hat um 1760 dieses astronomische Instrument aus Messing gefertigt. Die Sonnenuhr lässt sich dank der Zahnscheibe mit den beiden Schrauben drehen. Ein Zeiger (bei der Zahnscheibe) gibt die Ausrichtung des Sonnenrings gegenüber der Grundplatte an. Diese hat eine Kreisteilung mit vier Quadranten. Das Zifferblatt ist in zweimal zwölf Stunden (jeweils in Schritten von drei Minuten) gegliedert. Am inneren Meridianring ist eine verzierte, geschweifte Scheibe befestigt. Sie trägt die schwenkbare Alhidade (drehbarer Arm eines Winkelmessgeräts, mit Ableseeinrichtung) und kann um die Weltachse gedreht werden. Auf beiden Seiten der Alhidade gibt es eine Visiereinrichtung (Absehe). Die Sonnendeklination (Winkelabstand vom Himmelsäquator) lässt sich für jeden einzelnen Tag einstellen, wahlweise auf einem in 12 Tierkreiszeichen oder auf einem in 12 Monate eingeteilten Kalender (© ETH-Bibliothek Zürich, Sammlung Sternwarte).

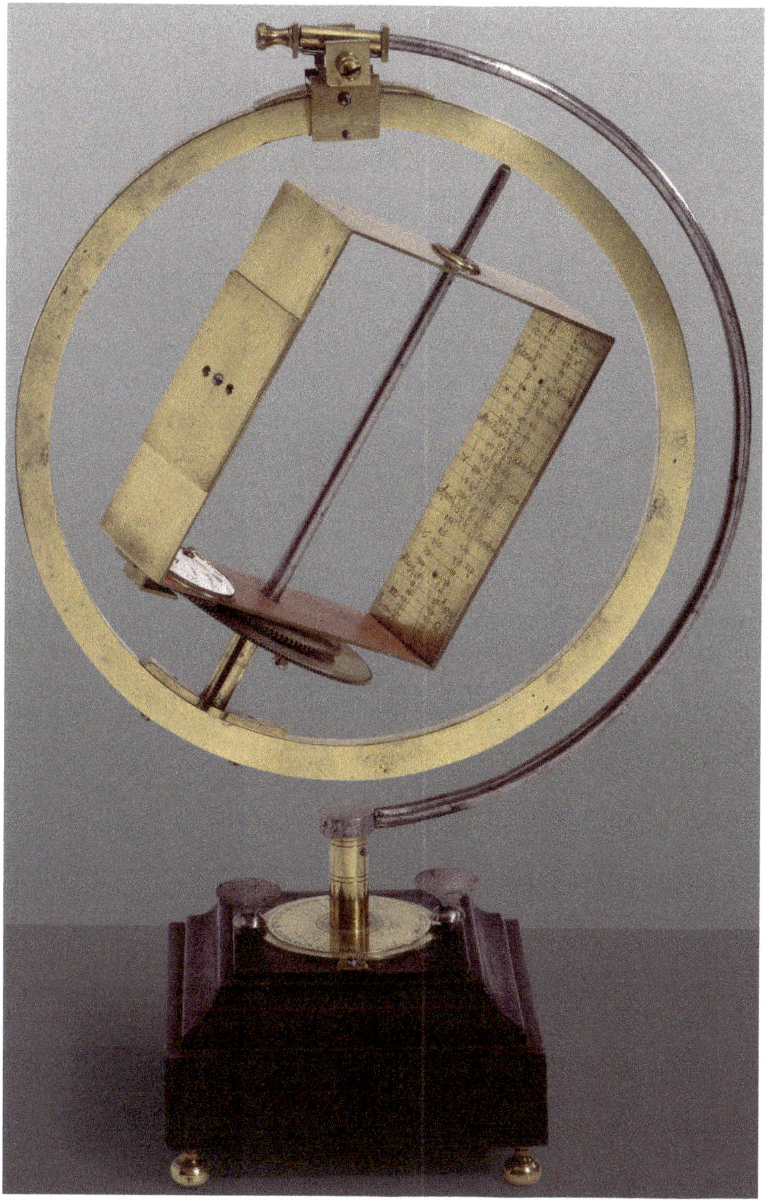

Abb. 15.95: Äquatoriale Öhr-Sonnenuhr (1782). Erfinder dieser Tischsonnenuhr ist Philipp Matthäus Hahn aus Echterdingen (Baden-Württemberg). Der Messingring ist mit einer Gradeinteilung versehen. Damit lässt sich die ortsentsprechende Polhöhe einstellen. Die Sockelscheibe trägt eine Gradeinteilung und eine Windrose. Das gebündelte Sonnenlicht trifft durch zwei kleine Löcher in der Wand des Messingrahmens auf die gegenüberliegende Wandinnenseite mit der Zeitskala. Auf dem Emailzifferblatt kann entweder die mittlere oder die wahre Ortszeit festgestellt und abgelesen werden. Zwei Zeiger weisen die Stunden in römischen (I-XII) und die Minuten in arabischen Ziffern im Fünferabstand (© Historisches Museum Basel, Bild: Maurice Babey).

Abb. 15.96: Horizontalsonnenuhr (1). Diese um 1700 entstandene Messingsonnenuhr mit Bussole ist ein Werk von Michael Butterfield (© ETH-Bibliothek Zürich, Sammlung Sternwarte).

Abb. 15.97: Horizontalsonnenuhr (2). J. C. Bartenschlager (Schaffhausen) hat um 1760 diese Tischsonnenuhr mit Windrose aus Messing gebaut (© ETH-Bibliothek Zürich, Sammlung Sternwarte).

Abb. 15.98: Büchsen-Sonnenuhr (astronomisches Besteck) in Form eines Anhängers (1). Der berühmte Instrumentenbauer Christoph Schissler d.Ä. aus Augsburg hat 1580 diesen dreiteiligen Zeitmesser (Deckel, Platte, Boden) aus vergoldeter Bronze hergestellt (© Historisches Museum Basel, Bild: Maurice Babey).

Abb. 15.99: Büchsen-Sonnenuhr (astronomisches Besteck) in Form eines Anhängers (2). Auf der Plattenoberseite sehen Sie eine gravierte Sonnenuhr mit römischen Stundenziffern für einen Sechzehnstunden-Tag (IV - XII - VIII). Der Schattenstift lässt sich herausklappen. Für den im Büchsenunterteil eingefügten Kompass ist eine runde Öffnung ausgeschnitten. Auf der Innenseite des Deckels ist eine Windrose dargestellt (© Historisches Museum Basel, Bild: Peter Portner).

Abb. 15.100: Büchsen-Sonnenuhr (astronomisches Besteck) in Form eines Anhängers (3). Im unteren Teil befindet sich eine Äquatorialsonnenuhr mit aufrichtbarem Schattenanzeiger (Gnomon) und vertieftem Zifferblatt mit gravierten Stundenkurven (9-24), Wendekreisen und Äquator sowie der eingeritzten Polhöhe von 45° (© Historisches Museum Basel, Bild: Peter Portner).

Abb. 15.101: Äquatorialsonnenuhr. Diese tragbare Sonnenuhr mit Fernrohr wurde um 1780 von Brander & Höschel (Augsburg) aus Messing und Marmor gefertigt (© ETH-Bibliothek Zürich, Sammlung Sternwarte).

Abb. 15.102 Sonnenuhr. Diese Taschensonnenuhr von Hans Troschel (Nürnberg, 1631) enthält einen Kompass. Sie besteht aus Elfenbein (© Musée international d'horlogerie, La Chaux-de-Fonds NE/ Bild: MIH).

Abb. 15.103: Astrarium von Giovanni Dondi (1). Dieses Wunderwerk ist ein Nachbau einer astronomischen Uhr aus Padua aus der zweiten Hälfte des 14. Jahrhunderts. Die sieben Zifferblätter stellen den Lauf von Sonne, Mond und der fünf zu dieser Zeit bekannten Planeten (Mars, Merkur, Venus, Jupiter, Saturn) dar. Die Erde steht im Mittelpunkt (geozentrisches System von Ptolemäus, 2. Jh.). Die Uhr besteht u.a. aus Messing und hat einen Gewichtsantrieb. Hersteller war Luigi Pippa (1985) (© Musée international d'horlogerie, La Chaux-de-Fonds NE/Bild: MIH).

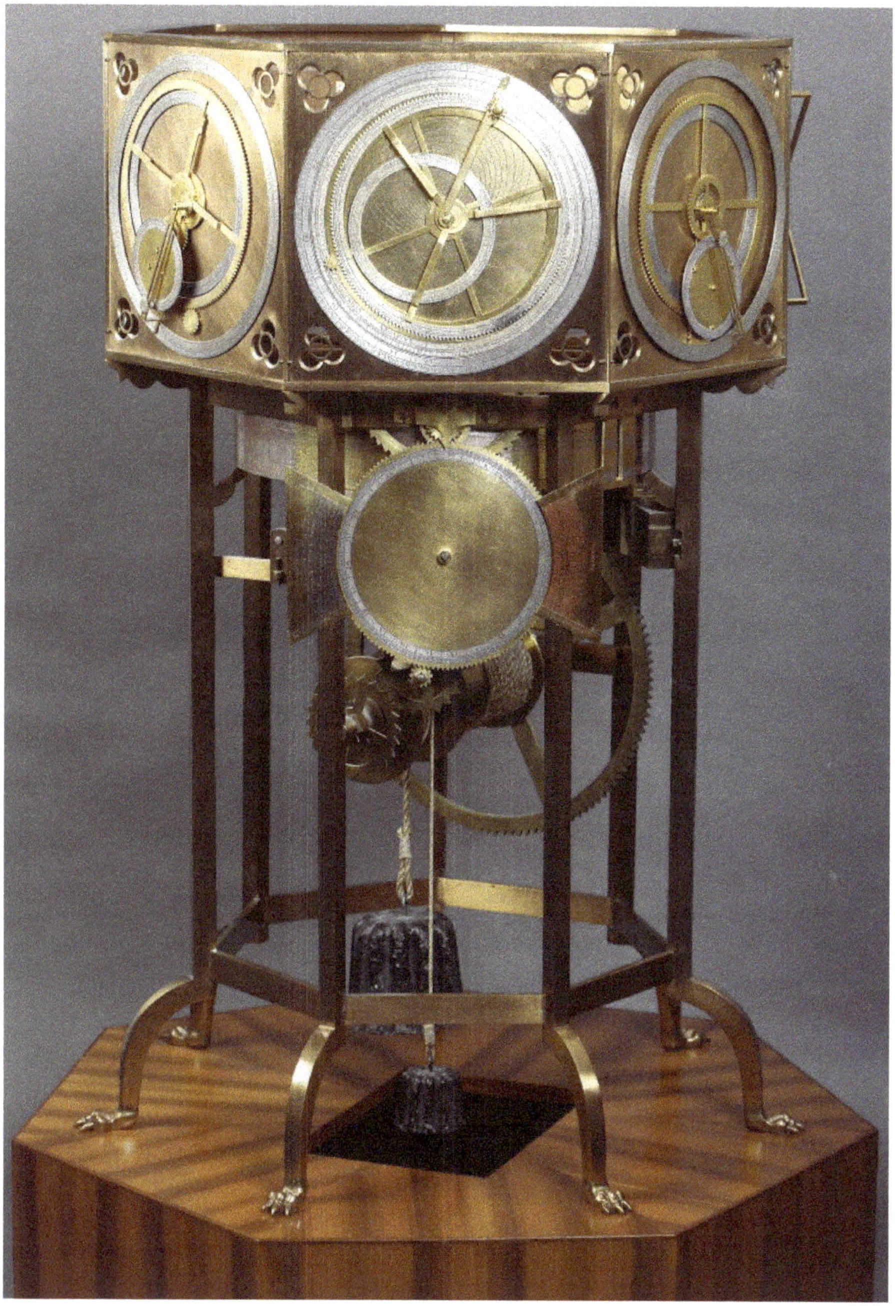

Abb. 15.104: Astrarium von Giovanni Dondi (2). Das Planetarium ist mit einer Spindelhemmung und einem Gewichtsantrieb ausgestattet. Es entstand von 1348 bis 1364 in Padua, Italien (© Uhrenmuseum Beyer, Zürich, Bild: Dany Schulthess, Emmen).

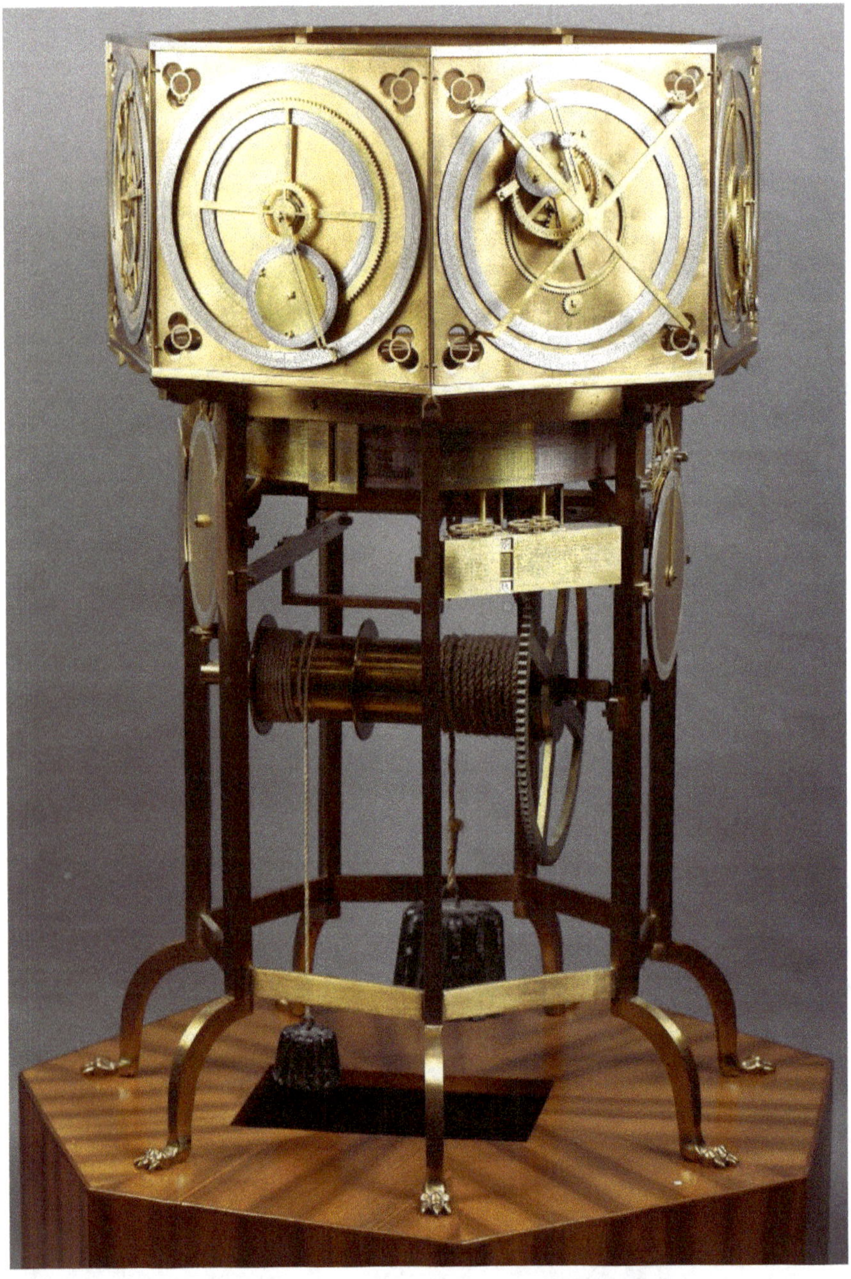

Abb. 15.105: Astrarium von Giovanni Dondi (3). Die astronomische Großuhr zeigte auch die Länge der einzelnen Tage in Stunden und Minuten. Alan Lloyd (Großbritannien) hat 1960 diesen Nachbau angefertigt (© Uhrenmuseum Beyer, Zürich, Bild: Dany Schulthess, Emmen).

Abb. 15.106: Friesisches Planetarium (1). An der Wohnzimmerdecke eines Grachtenhauses im niederländischen Franeker befindet sich das weltweit älteste funktionsfähige Planetarium (© Koninklijk Eise Eisinga Planetarium, KE Franeker).

Abb. 15.107: Friesisches Planetarium (2). Das präzise bewegliche Modell des Sonnensystems mit sechs Planeten wurde zwischen 1774 und 1781 gebaut (© Koninklijk Eise Eisinga Planetarium, KE Franeker).

Abb. 15.108: Friesisches Planetarium (3). Hier ist der zentrale Teil des Räderwerks zu sehen (© Koninklijk Eise Eisinga Planetarium, KE Franeker).

Abb. 15.109: Friesisches Planetarium (4). Hersteller des Modells ist der friesische Wollkämmer Eise Eisinga (© Koninklijk Eise Eisinga Planetarium, KE Franeker).

Abb. 15.110: Zeitglockenturm, Bern (1). Die Turmuhr (oben), das Astrolabium (unten) und das Figurenspiel (rechts) prägen das Bauwerk im Mittelpunkt der Stadt Bern. Die Turmuhr war die Hauptuhr der Stadt. Sie bestimmte die Zeit, längst bevor es eine Bahnzeit gab. Vom Zeitglockenturm aus wurden die Wegstunden gemessen (© Markus Marti).

Abb. 15.111: Zeitglockenturm, Bern (2). Das Astrolabium wurde mit der ersten Turmuhr von 1405 gebaut. Die Gestirne kreisen um die Erde, die im Mittelpunkt steht. Über dem Astrolabium sind fünf Planetengötter (Saturn, Jupiter, Mars, Venus, Merkur) zu sehen (© Markus Marti).

Abb. 15.112: Zeitglockenturm, Bern (3). Die schwarzgoldene Kugel des Mondzeigers zeigt die jeweilige Mondphase an. Zwölf Tierkreiszeichen stellen die Sterne dar (© Markus Marti).

Abb. 15.113: Zeitglockenturm, Bern (4). Diese Aufnahme zeigt das Mondumlaufgetriebe (© Markus Marti).

Abb. 15.114: Zeitglockenturm, Bern (5). Zum Astrolabium gehört auch ein Tierkreisgetriebe (© Markus Marti).

Abb. 15.115: Zeitglockenturm, Bern (6). Kaspar Brunner vollendete 1530 das Hauptuhrwerk der mechanischen Räderuhr. Die fünf einzelnen Werke werden durch ein Steingewicht angetrieben. Die Gewichte, die zusammen rund 400 kg wiegen, müssen täglich im 20 m hohen Seilschacht hochgezogen werden. Das Gehwerk bildet den zentralen Teil der Monumentaluhr. Von seinem Stundenrad aus werden die Zeiger an den großen Zifferblättern und am Astrolabium angetrieben. Es steuert auch die Auslösung der beiden Schlagwerke sowie der Spielwerke. Die 149 kg schwere Pendelkugel wurde zwischen 1690 und 1712 eingebaut. Sie ersetzt den ursprünglichen Waagbalken. Das Stundenschlagwerk bedient die große Glocke, das Viertelstundenschlagwerk die kleine Glocke. Die Spielwerke umfassen ein Hahnwerk sowie ein Bärenumlauf- und ein Narrenwerk (Stundenschläger). Das komplexe Figurenspiel läuft stündlich ab (© Markus Marti).

Abb. 15.116: Astronomische Prunkuhr Monstranz. Diese Arbeit entstand um 1600 in Augsburg (© Uhrenmuseum Winterthur, Sammlungsausstellung Konrad Kellenberger, Bild: Michael Lio).

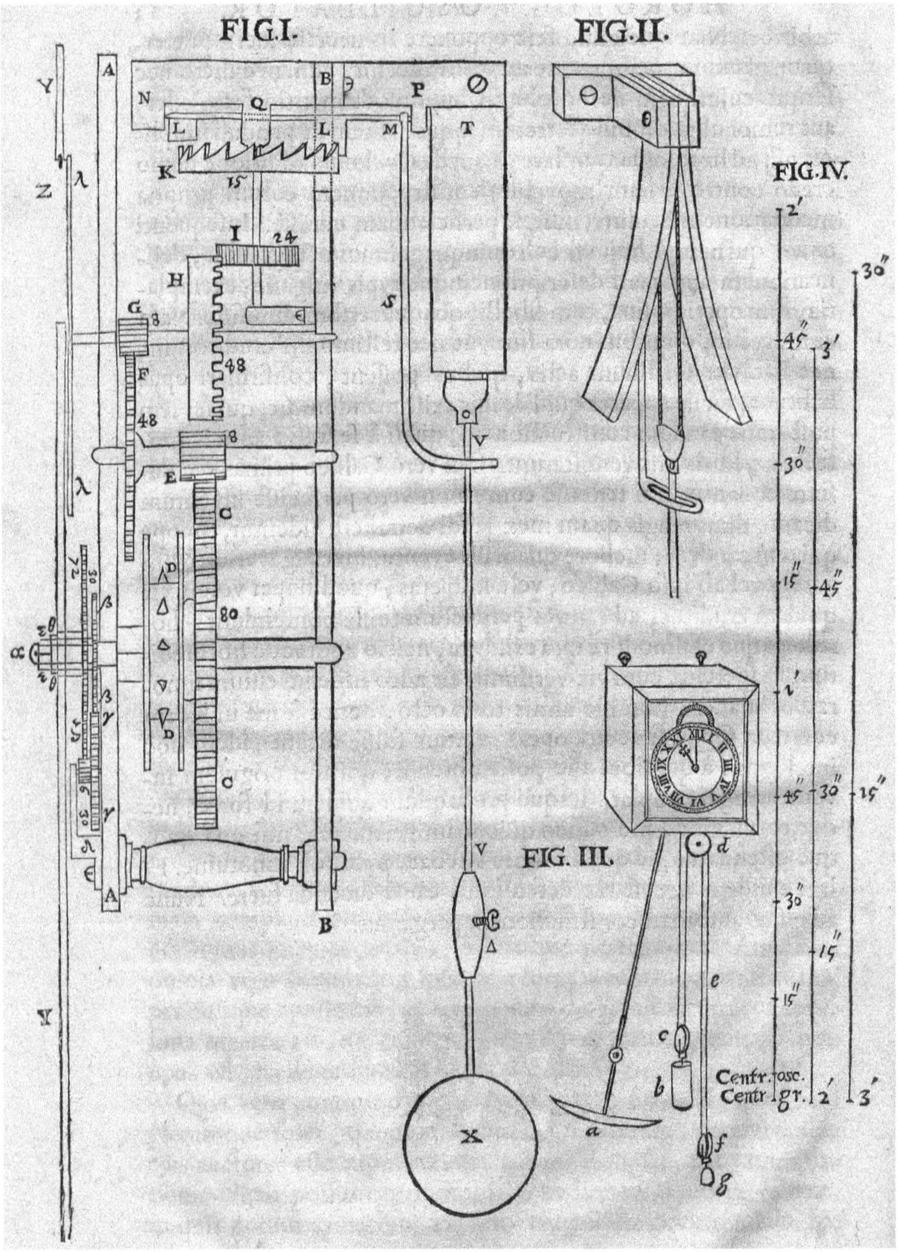

Abb. 15.117: Pendeluhr. Diese Zeichnung stellt eine Versuchsanordnung nach Christiaan Huygens dar (aus: Christiaan Huygens: Christiani Hugenii [...] horologium oscillatorium sive de motu pendulorum ad horologia aptato demonstrationes geometricae, apud F. Muguet, Parisiis 1673) (Quelle: ETH-Bibliothek Zürich, Alte und seltene Drucke).

Abb. 15.118: Turmuhr. Dieses Räderwerk ist Teil einer mechanischen Kirchturmuhr, die stündlich und viertelstündlich auf drei Glocken schlägt. Das dreifache Getriebe wurde 1925 von der Ecole de mécanique, Neuenburg, hergestellt (© Musée international d'horlogerie, La Chaux-de-Fonds NE/ Bild: J. Hoffman).

Abb. 15.119: Appenzeller Holzräderuhr, Teufen AR, 1767. In manchen ländlichen Gegenden (z.B. Appenzell, Bern, Jura, Schwyz, Sertigtal GR, Toggenburg SG) fertigten Bauernhandwerker vom 17. ins 19. Jahrhundert solche Nachbildungen von Eisenuhren an (© Uhrenmuseum Winterthur, Sammlungsausstellung Konrad Kellenberger, Bild: Michael Lio).

Abb. 15.120: Uhrwerk zu Bodenstanduhr. Es enthält ein Flöten- und Harfenwerk und wurde um 1800 von Peter Kintzing und David Roentgen aus Neuwied (D) gebaut (© Museum für Musikautomaten, Seewen SO).

Abb. 15.121: Astronomische Bodenstanduhr (1). Philipp Matthäus Hahn aus Kornwestheim hat diese Uhr 1775 für den Basler Seidenfabrikanten Wilhelm Brenner angefertigt. Das Gehäuse besteht aus massivem Nussbaumholz. Die gemalten Zifferblätter sind auf eine Messingscheibe geschraubt (© Historisches Museum Basel, Bild: Maurice Babey).

Abb. 15.122: Astronomische Bodenstanduhr (2). Das Anzeigesystem der Uhr von Philipp Matthäus Hahn ist umfangreich: Hauptzifferblatt in der Mitte für Minuten mittlere Zeit, zwei Nebenzifferblätter für Minuten wahre Zeit (unten) und Sekunden (oben); links: Stunden (unten) und Mondanzeigen mit verschiebbarem Horizont (oben); Mitte oben: Sternenhimmel über fixem Horizont; rechts: Sonnenanzeigen mit verschiebbarem Horizont (oben) und Kalender mit Monats- und Wochentag (unten). (© Historisches Museum Basel, Bild: Maurice Babey).

Abb. 15.123: Kalendarische Uhr der Staatskanzlei Freiburg (1). Der Hersteller dieses um 1747 entstandenen repräsentativen Ausstattungsgegenstandes ist unbekannt. Die Uhr hat fünf Zifferblätter, ein zentrales Hauptzifferblatt und vier Planetenzifferblätter. Im Mittelpunkt der Uhr steht nicht die Sonne, sondern die Erde. Die beiden roten Zeiger des Hauptzifferblatts zeigen die Stunden und Minuten an. Der Stundenring umfasst zweimal 12 Stunden. Die Ziffern XII entsprechen dem Mittag (oben) bzw. der Mitternacht (unten). Der spitzige Doppelzeiger ermöglicht das Ablesen der Sonnen- und Mondfinsternis. Der Lochzeiger gibt Auskunft über die Sternzeichen (Stand der Sonne im Tierkreis) und die Mondphasen (© Museum für Kunst und Geschichte, Freiburg im Üchtland/Brigitte Vinzens).

Abb. 15.124: Kalendarische Uhr der Staatskanzlei Freiburg (2). Das Hauptzifferblatt zeigt neben der Uhrzeit auch die Sternzeichen, die Mondphasen sowie Sonnen- und Mondfinsternis an. Dier vier kleinen Ziffernblätter geben die Stellung der fünf damals bekannten Planeten (oben links Jupiter, oben rechts Saturn, unten links Venus und Merkur, unten rechts Mars) wieder. In den neun Fensterchen sind das Monats- und Tagesdatum, der Wochentag, die festen und die beweglichen Feiertage, Auf- und Untergang der Sonne sowie die Zyklen von Sonne und Mond (28 bzw. 19 Jahre) ablesbar. Das Planetenzifferblatt unten links hatte ursprünglich zwei Zeiger (© Museum für Kunst und Geschichte, Freiburg im Üchtland/Brigitte Vinzens).

Abb. 15.125: Pendule sympathique (1). Schöpfer dieses Meisterwerks ist der weltberühmten Neuenburger Uhrmacher Abraham-Louis Breguet (1747–1823). Oben kann eine Taschenuhr aufgesetzt werden. Ihr Minutenzeiger stimmt sich nach dem Tragen um 12 Uhr mit dem der Tischuhr ab (© Uhrenmuseum Beyer, Zürich, Bild: Lucas Peters, Zürich, und Thierry Bösiger, Winterthur).

Abb. 15.126: Pendule sympathique (2). Diese Darstellung vermittelt einen Blick ins Innere der Uhr, die 1808/1830 in Paris gefertigt wurde (© Uhrenmuseum Beyer, Zürich, Bild: Lucas Peters, Zürich, und Thierry Bösiger, Winterthur).

Abb. 15.127: Pendule von Albert Baillon (Paris). Die reiche Verzierung stammt möglicherweise von André-Charles Boulle. Die um 1715 gebaute Prachtsuhr besteht aus Kupfer, Bronze, Email und Holz (© Musée international d'horlogerie, La Chaux-de-Fonds NE/Bild: MIH).

Abb. 15.128: Pendule mit Orgelwerk von Pierre Jaquet-Droz. Diese prunkvolle Uhr mit Stunden- und Viertelstundenschlag auf drei Glocken entstand um 1760 in La Chaux-de-Fonds NE. Das Orgelwerk besteht aus 13 Metallpfeifen. Es wartet mit acht Melodien auf. Auf dem weißen Emailzifferblatt werden die Stunden mit römischen Ziffern und je fünf Minuten mit arabischen Zahlzeichen, die einzelnen Minuten durch Striche angegeben. Eine weltberühmte Pendule dieses Uhrmachers namens Le Berger befindet sich im Palacio real in Madrid (© Historisches Museum Basel, Bild: Maurice Babey).

Abb. 15.129: Bodenstanduhr „Empire" (1). Diese Reichsuhr verdanken wir Pierre Jaquet-Droz aus La Chaux-de-Fonds © Musée d'horlogerie du Locle, Château des Monts, Le Locle NE (Bild: Renaud Sterchi).

Abb. 15.130: Bodenstanduhr „Empire" (2). Hier sehen Sie die Rückseite und den Vogelkäfig © Musée d'horlogerie du Locle, Château des Monts, Le Locle NE (Bild: Renaud Sterchi).

Abb. 15.131: Bodenstanduhr „Empire“ (3). So kennzeichnete Pierre Jaquet-Droz, La Chaux-de-Fonds, sein Werk © Musée d‘horlogerie du Locle, Château des Monts, Le Locle NE (Bild: Renaud Sterchi).

Abb. 15.132: Renaissance-Tischuhr (1). Jeremias Metzger (1525–etwa 1599) hat diese prächtige Werk geschaffen (© Uhrenmuseum Beyer, Zürich, Bild: Dominique Cohas, Paris).

Abb. 15.133: Renaissance-Tischuhr (2). Diese Arbeit entstand 1573 in Augsburg, Deutschland (© Uhrenmuseum Beyer, Zürich, Bild: Dominique Cohas, Paris).

Abb. 15.134: Prunkuhr (1). Jeremias Metzger aus Augsburg schuf 1570 diese Tischuhr aus feuervergoldeter Bronze. Auf der Schauseite sind die Anzeigen von Stunden, Minuten, Himmelsrichtungen, Tierkreiszeichen, Sonnenzeiger und Kalenderscheibe dargestellt (© Historisches Museum Basel, Bild: Peter Portner).

Abb. 15.135: Prunkuhr (2). Diese Aufnahme zeigt die Rückseite mit Astrolabium (Rete mit 22 Sternen, Sonnen- und Mondzeiger) und Wochentag-Scheibe (unten). Seitlich am Gehäuse finden sich sechs Kontrollanzeigen (© Historisches Museum Basel, Bild: Peter Portner).

Abb. 15.136: Astronomische Tischuhr (1568). Das Uhrwerk verdanken wir wahrscheinlich Jeremias Metzger aus Augsburg. Die Uhr zeigt die Stellungen der Sterne, die Wochentage, die Zeit mit römischen und arabischen Ziffern, Tages- und Nachstunden und das Datum (© Metropolitan Museum of Art, New York).

Abb. 15.137: Englische Tischuhr (um 1600). Diese Uhr aus Messing ist mit einer Klingel und einem Wecker ausgestattet. Sie ist das Werk von John oder von Nicolas Vallin (London). Das horizontale Zifferblatt enthält einen silbernen Ring mit römischen Ziffern (© Musée international d'horlogerie, La Chaux-de-Fonds NE/Bild: MIH).

Abb. 15.138: Deutsche Tischuhr mit Stundenschlag und Wecker (um 1670). Schöpfer dieser zehneckigen Uhr aus feuervergoldeter Bronze ist Samuel Berckmann aus Augsburg. Durch die Fenster ist das zwischen gedrehten Säulchen montierte Werk zu sehen. Auf dem Ziffernring aus Email werden mit römischen Ziffern (I-XII) die vollen Stunden und mit je einem eigenen Zeichen die Halb- und (innen) die Viertelstunden angezeigt. Die Weckerscheibe trägt arabische Ziffern (1-12). Die Glocke ist unten im Gehäuse angebracht (© Historisches Museum Basel, Bild: Maurice Babey).

Abb. 15.139: Taschenuhr „Kirschenernte" (1). Diese Uhr entstand Anfang des 19. Jahrhunderts in Genf © Musée d'horlogerie du Locle, Château des Monts, Le Locle NE (Bild: Renaud Sterchi).

Abb. 15.140: Taschenuhr „Kirschenernte" (2). Seitenansicht © Musée d'horlogerie du Locle, Château des Monts, Le Locle NE (Bild: Renaud Sterchi).

Abb. 15.141: Taschenuhr „Kirschenernte“ (3). Im Innern der Automatenuhr verbirgt sich auch ein Schlagwerk © Musée d‘horlogerie du Locle, Château des Monts, Le Locle NE (Bild: Renaud Sterchi).

Abb. 15.142: Goldemailuhr mit Automat und Musikwerk „Theater“, Genf, um 1805. Die Spieluhr nutzt eine Stiftwalze (© Uhrenmuseum Winterthur, Sammlungsausstellung Oscar Schwank, Bild: Michael Lio).

Abb. 15.143: Automatenuhr mit Doppelschalengehäuse (um 1770). Schöpfer dieses Kunstwerks aus Gold und Edelsteinen ist James Cox (London). Die acht Rosetten (Sterne) drehen sich innerhalb des rotierenden Rahmens (© Metropolitan Museum of Art, New York).

Bilderuhren waren sehr beliebt (vgl. Kasten).

Bilderuhren
Die Fantasie im 19. Jahrhundert kannte keine Grenzen. Gemälde wurden mit Mechanik gekoppelt. Auf aufziehbaren *Bewegungsbildern* wurden beispielsweise Landschaften mit Wasserfall, Berg, Windmühle, Segelschiff, Brücke, Eisenbahn und Leuchtturm dargestellt, stets mit einer Uhr.

Abb. 15.144: Bilderuhr (1). Hier sehen Sie ein Segelschiff, einen Turm, eine Windmühle und eine Hängebrücke (© Musée Baud, L'Auberson VD).

Abb. 15.145: Bilderuhr (2). Auf dem Gemälde sind ein Hufschmied, ein Pferd und ein Kirchturm dargestellt (© Musée Baud, L'Auberson VD).

Abb. 15.146: Bilderuhr (3). Gegenstand dieses Bewegtbilds sind spielende Kinder vor einer Windmühle (© Musée Baud, L'Auberson VD).

Abb. 15.147: Bilderuhr (4). Aufziehbare dreidimensionale Porträts mit Musikwerk waren beliebt (© Musée Baud, L'Auberson VD).

Abb. 15.148: Bilderuhr (5). Der Urheber dieses Gemäldes, das ein Dorf mit einem Uhrturm darstellt, ist, unbekannt (erste Drittel des 19. Jahrhunderts) (© Museum für Kunst und Geschichte, Freiburg im Üchtland).

Abb. 15.149: Automatenuhr Pagode. Diese um 1780 in London geschaffene Turmuhr aus vergoldeter Bronze stammt wahrscheinlich von James Cox. Die Großuhr hat ein Schlag- und Musikwerk und tanzende Tierkreiszeichen. Rollende Glasstäbe erwecken den Eindruck von fließendem Wasser. Eine ostasiatische Pagode ist ein buddhistischer vielstöckiger, turmartiger Tempelbau (© Uhrenmuseum Beyer, Zürich, Bild: Thierry Bösiger, Winterthur).

Abb. 15.150: Wiener Kristalluhr (1622/1627). Die vergoldete Tischuhr von Jost Bürgi enthält einen mechanischen Globus. Sie besteht aus einer Kupferlegierung, Silber und Bergkristall, das Werk ist aus Messing (© Kunsthistorisches Museum Wien/KHM-Museumsverband).

Abb. 15.151: Wiener Planetenuhr (um 1605). Diese Jost Bürgi zugeschriebene vergoldete Tischuhr besteht aus einer Kupferlegierung, Silber, Bergkristall und Glas sowie Deckfarbenmalerei. Das Werk ist aus Eisen und Messing. Das (größere) Zifferblatt enthält erstmals eine mechanische Darstellung des *heliozentrischen* Planetensystems (oben) mit fünf Zeigern für die Planeten Merkur, Venus, Mars, Saturn und Jupiter. Unten ist ein geozentrisches Weltbild zu sehen. Der Drachenzeiger benötigt für eine Umdrehung knapp 19 Jahre. Er ist für die Vorhersage von Sonnen- und Mondfinsternissen bestimmt (© Kunsthistorisches Museum Wien/KHM-Museumsverband).

Abb. 15.152: Wilhelmsuhr (1560–1561). Die Planeten(lauf)uhr des Uhrmachers Eberhard Baldewein bildet mit Hilfe eines komplexen Uhrwerks alle Gestirnsbewegungen am Himmel nach. Die abnehmbaren vier Seitenwände haben je zwei Planetenscheiben mit Zeigern. Darauf sind die Planetengötter dargestellt. Die Sonnenscheibe ist als Astrolabium ausgeführt. Auf dem Himmelsglobus (oben) ist eine Uhr angebracht, welche die wahre Sonnenzeit anzeigt. Baldeweins astronomische Kunstuhr bildet die Bewegungen des Mondes nach der klassischen ptolemäischen (geozentrischen) Bahntheorie nach. Die Goldschmiedearbeiten und die Gravuren stammen von Hermann Diepel (© Museumslandschaft Hessen Kassel, Astronomisch-physikalisches Kabinett).

Abb. 15.153: Äquationsuhr mit aufgeklapptem Deckel (1591). Die komplexe astronomische Stutzuhr des Uhrmachers Jost Bürgi zeigt die Differenz zwischen den mittleren und den wahren Bewegungen von Sonne und Mond an (sogenannte Gleichung, Äquation). Der Instrumentenbauer bedient sich der kopernikanischen Mondbahntheorie. Die Oberseite des Deckels beherbergt ein Astrolabium. Die kreisförmigen Anzeigen auf den Seitenwänden haben folgende Aufgaben: Weckwerk, Darstellung der Tages- und Nachtlänge, Tagesanzeige und Zeitanzeige. Daneben sind acht berühmte Naturforscher dargestellt, u.a. Thales, Euklid, Archimedes, Hipparch, Ptolemäus und Kopernikus. Die Reliefarbeiten sind das Werk des Goldschmieds Hans Jacob Emck. In den vier Ecken verkörpern weibliche Figuren die wichtigsten Tugenden: Gerechtigkeit, Weisheit, Besonnenheit und Tapferkeit (© Museumslandschaft Hessen Kassel, Astronomisch-physikalisches Kabinett).

Abb. 15.154: Türmchenuhr, Innsbruck 1547. Diese Säulenuhr stammt von Niklaus Lants (© Uhrenmuseum Winterthur, Sammlungsausstellung Konrad Kellenberger, Bild: Michael Lio).

Abb. 15.155: Türmchenuhr, Baden AG, um 1630. Hersteller war Georg Strässler (© Uhrenmuseum Winterthur, Sammlungsausstellung Konrad Kellenberger, Bild: Michael Lio).

15.5.2 Uhrmacher als Erfinder von Automaten und Rechenmaschinen

Viele begnadete Gelehrte scheiterten bei der Umsetzung ihrer geistreichen Einfälle. Entweder fehlten ihnen die handwerklichen Fachkenntnisse, oder die Feinwerktechnik war (angeblich) noch zu wenig fortgeschritten. Charles Babbage und Gottfried Wilhelm Leibniz konnten ihre Rechenmaschinen nicht oder nur mit Mühe vollenden. Erst dem Uhrmacher Philipp Matthäus Hahn gelang die Fertigung brauchbarer maschineller Rechner. Prächtige, mustergültig gestaltete Rechenmühlen verdanken wir klugen Uhrmachern: *Jacob Auch, Anton Braun, Philipp Matthäus Hahn, Johann Jacob Sauter, Johann Christoph Schuster*. Uhrmachererfinder waren u.a. auch Curt Dietzschold und Jean-Baptiste Schwilgué. Der Uhrmacher Albert Steinmann aus La Chaux-de-Fonds NE hat ebenfalls Rechenhilfsmittel gebaut. Uhrmacher wie Jacques Vaucanson, Friedrich Knaus und Pierre Jaquet-Droz sind zudem die Väter von vielfältigen Figurenautomaten.

15.6 Webstühle

Man unterscheidet zwischen Handwebstuhl und Maschinenwebstuhl (Webmaschine).

Teil- und vollautomatische Webstühle

Lochstreifen oder zu Bändern verbundene Lochkarten erleichterten die Arbeit an Webstühlen (Mustersteuerung). Zu den Schrittmachern gehörten Basile Bouchon (vgl. Abb. 15.156), Jean-Baptiste Falcon (vgl. Abb. 15.157) sowie Jacques Vaucanson und Joseph-Marie Jacquard (vgl. Abb. 15.158), alle aus Frankreich. Ihre Errungenschaften sind im Musée des arts et métiers in Paris ausgestellt. Ein funktionsfähiger, in Betrieb stehender Webstuhl ist beispielsweise im Appenzeller Volkskunde-Museum in Stein AR (vgl. Abb. 15.159–15.160) zu bestaunen.

Zu beachten: Der Webstuhl wurde schon *vor* Joseph-Marie Jacquard erfunden, die Lochkartensteuerung *vor* Charles Babbage und Herman Hollerith.

Abb. 15.156: Webstuhl von Basile Bouchon (1725). Dieser teilautomatische Webstuhl (Funktionsmodell) ist loch*streifen*gesteuert (© Musée des arts et métiers/Cnam, Paris, Bild: Sylvain Pelly).

Abb. 15.157: Webstuhl von Jean-Baptiste Falcon (1728). Dieser teilautomatische Webstuhl (Funktionsmodell) ist loch*karten*gesteuert. Die Lochkarten sind zusammengebunden (© Musée des arts et métiers/Cnam, Paris, Bild: Sylvain Pelly).

Abb. 15.158: Webstuhl von Joseph-Marie Jacquard (1804). Dieser *voll*automatische Webstuhl ist loch*karten*gesteuert. Der Mechaniker Jean Marin erstellte 1855 dieses Funktionsmodell des vom Seidenweber Joseph-Marie Jacquard weiter entwickelten mechanischen Webstuhls. Die verketteten Pappkarten wurden dem Muster entsprechend gelocht. Charles Babbage wollte seine programmierbare analytische Maschine ebenfalls mit Lochkarten steuern. Der Aufschwung der Lochkartenmaschinen begann 1890 mit der amerikanischen Volkszählung (Herman Hollerith) (© Musée des arts et métiers/Cnam, Paris, Bild: Studio Cnam).

Abb. 15.159: Plattstichwebstuhl (1). 1804 entwickelte Joseph-Marie Jacquard aus Lyon ein System, welches Muster gleichzeitig mit dem einfachen Webvorgang einweben konnte. Dank Lochkarten konnten die Kettfäden nun einzeln gesteuert werden. 1823 vervollkommnete Conrad Altherr aus Teufen AR diese Einrichtung mit einer zusätzlichen Plattstichplatte. Damit sahen die Muster wie handgestrickt aus (© Appenzeller Volkskunde-Museum, Stein AR).

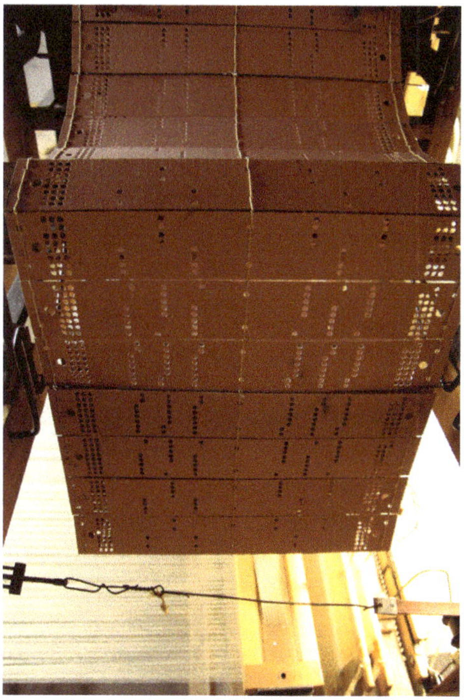

Abb. 15.160: Plattstichwebstuhl (2). Der über 100-jährige Webstuhl im Appenzeller Volkskunde-Museum ist einer von wenigen noch arbeitsfähigen Plattstichwebstühlen im Appenzellerland. In der Blütezeit von 1820 bis 1860 saßen vor allem Männer am Webstuhl. Die Maschinen wurden mit Lochkartenbändern gesteuert. In der Ostschweiz gab es früher eine bedeutende Textilindustrie mit Weberei, Spinnerei und Stickerei (© Appenzeller Volkskunde-Museum, Stein AR).

16 Mechanische Rechenhilfsmittel

Zusammenfassung: Das Kapitel „Mechanische Rechenhilfsmittel“ beschränkt sich im Wesentlichen auf die Schweiz, denn über andere Herstellerländer wie die USA und Deutschland stehen bereits Übersichten zur Verfügung. Beschrieben werden Rechentische, Zahlenschieber und mechanische Rechenmaschinen, beispielsweise die Marken Millionär, Madas, Precisa und Stima. In einer tabellarischen Übersicht sind die Merkmale aller bekannten einheimischen Erzeugnisse aufgelistet. Die legendäre Millionär, eine Einmaleinskörpermaschine, war der erste erfolgreiche Direktmultiplizierer. Anhand von Seriennummern und bisher unbekannter Unterlagen der Firma H. W. Egli AG, Zürich, wird eine Datierung dieses Vierspeziesrechners versucht. Eine weltweite Erhebung gibt Auskunft über den Gerätebestand. Zudem wurden die Kataloge der Schweizer Mustermesse Basel ausgewertet, die lückenlos von 1917 (Gründung) bis 2019 (Einstellung) vorliegen. Über Stückzahlen, Preise und Patente liegen nur wenige Angaben vor.

Schlüsselwörter: H. W. Egli AG, Madas, mechanische Rechenmaschinen, Millionär, Precisa, Rechentische, Stima, Zahlenschieber

Das Schwergewicht dieses Kapitels liegt auf *mechanischen Rechenmaschinen*. Es beschränkt sich auf Schweizer Erzeugnisse. Denn im Unterschied zu Deutschland und den USA fehlt ein umfassender Überblick. Rechentische werden mit einbezogen, desgleichen Rechengeräte ohne automatischen Zehnerübertrag wie beispielsweise Zahlenschieber.

16.1 Rechentische

Rechentische und Rechentücher sind längst von der Bildfläche verschwunden. Jahrhundertelang waren sie in Verwaltungen und im Handel weit verbreitet. Weltweit haben nach bisherigem Wissen bloß 31 Rechentische überlebt, 18 davon in der Schweiz, beispielsweise in Basel, Bremgarten AG, Château d’Œx VD, Genf, Sembrancher VS, Thun BE, Veytaux VD und Zürich. Sehr selten sind (hölzerne) Rechenbretter (z.B. Historisches Museum, Thun). Für nähere Angaben siehe Abschnitt 9.4.3.

Die Rechentische der frühen Neuzeit sind die Nachkommen der *Rechentafeln* des Altertums und des Mittelalters. Die bekannteste Vorläuferin ist die salaminische Rechentafel. Die meisten überlieferten Rechentische stammen aus dem 16. Jahrhundert, einige aus dem 17. oder 18. Jahrhundert. In der Regel haben sie waagrechte Münz*streifen* (Münzreihen), ab und zu senkrechte Münz*spalten*. Bei gewissen Rechentischen mit mehreren Linienfeldern konnte gleichzeitig in unterschiedlichen Währungen gerechnet werden. Mehr zum Linienrechnen im Abschnitt 3.4.

https://doi.org/10.1515/9783110669664-016

Hinweise
Neben Rechenmeistern gab es auch Schreibmeister. Ein Bankir oder Banckier ist eine Spaltenlinie eines Rechenfelds.

Zum Beispiel Basel
Die zwei gut erhaltenen Rechentische (vgl. Abb. 16.1–16.2) des *Historischen Museums Basel* wurden ursprünglich im Basler Rathaus verwendet. Vermutlich setzte das so genannte Dreieramt die Tische für das Rechnungswesen ein. Diese 1453 geschaffene Körperschaft bestand aus drei Mitgliedern des kleinen Rats (Regierung der Stadt Basel). Sie übte die Aufsicht über den gesamten staatlichen Zahlungsverkehr aus und hatte somit eine Schlüsselrolle. Um 1600 ging man in Basel vom Linienrechnen mit römischen Ziffern zum Schriftrechnen mit den indisch-arabischen Zahlen über. Daher verlor der Rechentisch wohl seine angestammte Aufgabe.

Die beiden Rechentische aus dem 16. Jahrhundert haben jeweils drei *Rechenfelder*. Drei Rechenmeister (wahrscheinlich zwei Kämmerer und der Kämmereischreiber) legten gleichzeitig dieselbe Rechnung, um sich gegenseitig zu überwachen und um Betrug vorzubeugen. Die Münzbuchstaben auf den Feldern bedeuten: d (denarius) = Pfennig, s (solidus) = Schilling, lb oder lib (libra) = Pfund. X, C, M stehen für 10, 100 bzw. 1000 Pfund. Zur Ausführung der vier Grundrechenarten muss man die unter X liegende Pfundlinie für Einer (I) nutzen. Rechenmeister waren im Allgemeinen städtische Beamte.

Einer der Tische weist einfache *einspaltige* Rechenfelder auf. Zwei davon sind auf den Querseiten angeordnet, das dritte befindet sich auf der Längsseite. Bei den einspaltigen Tabellen mussten die Beträge (z.B. beide Summanden) nebeneinander in die *gleiche* Spalte gelegt werden. Beim anderen Tisch sind zwei *zweispaltige* Rechenfelder nebeneinander auf der Längsseite aufgetragen, das dritte ist auf der Querseite. Bei den zweispaltigen Tabellen können die Beträge (z.B. Minuend und Subtrahend) in *benachbarte* Spalten gelegt werden. wurden Die Rechenmünzen (Rechenpfennige) wurden in den Tischschubladen aufbewahrt.

Abb. 16.1: Basler Rechentisch mit zweispaltigen Rechenfeldern. Das rechteckige Tischblatt besteht aus Nussbaumholz, der mit gotischem Laubwerk geschmückte Unterbau aus Buche. Zwei (schwer erkennbare) zweispaltige Rechenfelder sind nebeneinander auf der Längsseite aufgetragen, das dritte ist auf der Querseite (© Historisches Museum Basel, Bild: Peter Portner).

Abb. 16.2: Basler Rechentisch mit einspaltigen Rechenfeldern. Der gut erhaltene Rechentisch aus dem 16. Jahrhundert ist mit drei einspaltigen Rechenfeldern versehen. In der Schublade wurden die Rechenmünzen aufbewahrt (© Historisches Museum Basel, Bild: Maurice Babey).

Standort von Rechentischen, -brettern und -tüchern

Richard Hergenhahn; Ulrich Reich; Peter Rochhaus: „Mache für dich Linihen ...". Katalog der erhaltenen originalen Rechentische, Rechenbretter und -tücher der frühen Neuzeit, Adam-Ries-Bund, Annaberg-Buchholz 1999

Ulrich Reich: Rechentische, -bretter und -tücher. Originale und Nachbauten, in: Rainer Gebhardt (Hg.): 500 Jahre erstes Rechenbuch von Adam Ries, Adam-Ries-Bund, Annaberg-Buchholz 2018, Seiten 57–64.

16.2 Hersteller von mathematischen Zeichen-, Mess- und Rechengeräten

Von der Waadtländer Zubehörfirma Logitech abgesehen war die Schweizer IT-Industrie im Bereich Geräte wenig erfolgreich. Es gelang nicht, Eigenentwicklungen wie die Ermeth, die Lilith (Diser), den Gigabooster, Smaky und Cora nachhaltig zu vermarkten. Im Gegensatz dazu gab es hierzulande weltweit führende Hersteller von Integriergeräten (z.B. Planimeter), bedeutende Anbieter von Rechenwalzen und berühmte Konstrukteure mechanischer Rechenmaschinen. Es folgt eine Übersicht über ausgewählte Fachgebiete und maßgebliche Hersteller:

- Rechenwalzen und Rechenscheiben
  Loga-Calculator AG, Uster ZH,
  Ernst Billeter & Co. Zürich,
- *mechanische und elektromechanische Rechenmaschinen*
  H. W. Egli AG, Zürich (Tischrechenmaschinen Millionär und Madas),
  Precisa AG, Zürich (Tischrechenmaschinen Precisa, heute Precisa Gravimetrics AG, Dietikon ZH),
  Albert Steinmann, La Chaux-de-Fonds NE (Taschen- und Tischrechner, Zahlenschieber),
- *mathematische Werkzeuge (z.B. Integriergeräte)*
  Alfred J. Amsler & Co., Schaffhausen,
  G. Coradi AG, Zürich,
- *Integrieranlagen*
  Alfred J. Amsler & Co., Schaffhausen,
  Contraves AG, Zürich (heute Rheinmetall air defence AG),
  BBC Baden AG (heute ABB),
- *Analogrechner*
  Güttinger AG, Teufen AR (heute NUM AG, Lustmühle AR),
- *Koordinatografen*
  Haag-Streit AG, Köniz BE,
  Wild Heerbrugg AG, Heerbrugg SG (heute Leica Geosystems AG),
- *Nachrichtentechnik*
  Hasler AG, Bern (heute Ascom),

- *Vermessungsinstrumente*
  Kern & Co. AG, Aarau,
- *Verschlüsselungsgeräte*
  Crypto AG, Steinhausen ZG (vom Schweden Boris Hagelin gegründet, 2018 aufgelöst, Nachfolgegesellschaften: Crypto International und CyOne Security AG), Gretag, Regensdorf ZH (von Edgar Gretener gegründet, später Omnisec AG, Dällikon ZH, 2019 gelöscht),
  Zellweger AG, Uster ZH (heute Uster technologies).

Nicht bei allen Unternehmen ließ sich das Gründungsjahr (vgl. Tab. 16.1) ermitteln.

Tab. 16.1: Gründungdaten von Schweizer Herstellern

Ausgewählte Hersteller **Firmenname**	**Gründung**
Alfred J. Amsler & Co., Schaffhausen	1854
Ernst Billeter & Co., Zürich	1888
Contraves AG, Zürich	1936
G. Coradi AG, Zürich	1880
H. W. Egli AG, Zürich	1893
Güttinger AG, Teufen	1957
Hasler AG, Bern	1852
Haag-Streit AG, Köniz BE	1858
Kern & Co. AG, Aarau	1819
Loga-Calculator AG, Uster ZH	1900
National-Rechenwalzen AG, Zürich	1916
Precisa AG, Zürich	1935
Paillard SA, Sainte-Croix VD	1814
Thorens SA, Sainte-Croix VD	1881

© Bruderer Informatik, CH-9401 Rorschach 2020

Anmerkungen
Die *Güttinger AG*, Teufen AR, lieferte ihren ersten elektronischen Analogrechner (AR 2) 1958 an die Maschinenfabrik Oerlikon. Sein Vorgänger, AR 1, war 1957 betriebsfähig, wurde aber nicht serienmäßig hergestellt. Der größte von Güttinger gebaute Analogrechner ging 1960 an das Energieunternehmen RWE (ehemals Rheinisch-westfälisches Elektrizitätswerk) in Essen und wurde für das Kernkraftwerk Kahl eingesetzt.

IA 55 und IA 58 waren *elektromechanische* Integrieranlagen der Contraves. Diese universellen Analogierechengeräte wurden u.a. für die Lösung von Systemen linearer und nichtlinearer Differenzialgleichungen und zur Aufzeichnung algebraischer und trigonometrischer Funktionen verwendet. 55 und 58 stehen vermutlich für das Baujahr: 1955 und 1958. In den 1950er Jahren stellte Amsler ebenfalls mechanische Integrieranlagen her.

Die bedeutendsten *Hersteller mechanischer Musikgeräte* in Sainte-Croix VD und im benachbarten Weiler L'Auberson VD waren: Moïse Paillard, Ernest Paillard, Hermann Thorens, Philippe Mermod, Louis-Philippe Mermod und Jules Cuendet. Paillard stellte 1890 über 100 000 Musikdosen und 1929 über 220 000 Grammofonlaufwerke her (vgl. o. V.: Paillard 1814–1939, E. Paillard & Cie. AG, Sainte-Croix, Yverdon VD 1940).

Vorläufer von Haag-Streit waren Herrmann und Pfister sowie Pfister & Streit (Bern) (vgl. Simon Wernly; Chris Haag: 1858–2008. 150 Jahre Haag-Streit. 150 years of Haag-Streit, Haag-Streit AG, Köniz BE 2008.

Jakob Goldschmid war zu seiner Zeit ein bekannter Mechaniker (vgl. Kasten).

Jakob Goldschmid, Zürich

Der Mechaniker Jakob Goldschmid (1815–1876) hat verschiedene Geräte gebaut: Pantograf, Messtisch, Doppel-Winkelspiegel, Aneroid-Barometer (für Höhenmessungen), Kreis-Diastimeter. Sein Sohn, Jakob Kaspar Albert Goldschmid (1843–1918), und sein Enkel, Jonas Eugen Goldschmid (1877–1972), waren ebenfalls in Zürich als Mechaniker und Optiker tätig. Nach Auskunft von Martin Wagener (Frankfurt am Main, Mitteilung vom 11. April 2017) gibt es wahrscheinlich keine Beziehung zu J. Goldschmidt, Paris, der u.a. eine Sprossenradmaschine angeboten hat.

Für weitere Angaben vgl.

J. H. Kronauer: Goldschmid's schwebender Pantograph, in: Schweizerische polytechnische Zeitschrift, Band 9, 1864, Heft 5, Seiten 157–158

Mario von Moos: Genealogie eines Zweiges der Familie Goldschmid von Winterthur unter besonderer Berücksichtigung von Jakob Goldschmid (1815–1876), Mechaniker in Zürich, Forschungsbericht vom 12. August 2016, Fehraltorf 2016 (Selbstverlag).

Die meisten der oben erwähnten Unternehmen sind verschwunden, wurden übernommen und sind in Vergessenheit geraten. Bis heute gibt es keine (umfassende) Geschichte der Schweizer Rechenhilfsmittel und ihrer Erfinder. Die Quellenlage ist allgemein Fällen überaus mager, in den Archiven ist nicht viel zu finden. Wie eine landesweite Erhebung ergab, haben nur wenige historische Rechengeräte überlebt. Auch von der Verschlüsselungsmaschine Nema (vgl. Abb. 16.3) sind nur einzelne Exemplare erhalten.

Abb. 16.3: Verschlüsselungsmaschine Nema. Herstellerin der „neuen Maschine“ (Nema) war die damalige Zellweger Uster, ihre Schöpfer hießen Arthur Alder, Hugo Hadwiger, Heinrich Emil Weber und Paul Glur (© Heinz Nixdorf Museumsforum, Paderborn).

16.3 Zahlenschieber und mechanische Rechenmaschinen

Wer kann sich heute noch vorstellen, wie mühsam das Rechnen vor 50 Jahren war? Im 19. und vor allem im 20. Jahrhundert wurde in der Schweiz eine Fülle mechanischer Rechenhilfsmittel gebaut. Mit dem Aufkommen der Elektronenrechner in den 1970er Jahren kam fast schlagartig eine über 300 Jahre alte Entwicklung von Rechengeräten – (analoge) Rechenschieber und (digitale) mechanische Rechenmaschinen – zum Stillstand.

Aufwendige Berechnungen wurden noch vor wenigen Jahrzehnten in Rechensälen oder Rechenfabriken mit mechanischen Tischrechenmaschinen durchgeführt. Rechenschieber (vor allem die Rechenstäbe) gehörten zu den wenigen tragbaren und erschwinglichen mathematischen Instrumenten.

Die serienmäßige Fabrikation mechanischer Rechenmaschinen begann Mitte des 19. Jahrhunderts mit dem französischen Thomas-Arithmometer. Tonangebende Anbieter kamen besonders aus Deutschland und den USA. Zu den leistungsfähigsten Schweizer Modellen gehörten Millionär, Madas, Precisa und Stima.

Bei den mechanischen Rechenmaschinen gab es viele hervorragende, äußerst geistreiche Konstruktionen. Zwei Verfahren zur mechanischen Zahlendarstellung herrschten vor: Staffelwalze und Sprossenrad. Die Staffelwalze ist ein Zylinder mit unterschiedlich langen (in der Länge gestaffelten) Rippen. Das Sprossenrad ist eine Scheibe mit beweglichen Zähnen, die sich ein- und ausfahren lassen.

Unterschieden wurde zwischen *Rechenmaschinen*, die alle vier Grundrechenarten beherrschten, und *Addiermaschinen*. Die Zahlen wurden meist über Drehscheiben, Drehräder, Schieber, Tastatur oder Stift (Griffel) eingegeben. Der Antrieb erfolgte über eine Kurbel, Tastendruck oder später mit einem Elektromotor. Manche Modelle hatten ein Druckwerk.

16.3.1 Millionär

Aufsehen erregte der von *Otto Steiger* entwickelte Direktmultiplizierer Millionär (1893) (vgl. Abb. 16.4–16.5). Die Multiplikation wurde auf den damaligen Rechenmaschinen üblicherweise als mehrfache Addition umgesetzt. Das hatte unzählige Kurbelumdrehungen zur Folge, mit der verkürzten Multiplikation war allerdings eine Beschleunigung möglich. Mit einem so genannten Einmaleinskörper lässt sich der Rechenvorgang wesentlich schneller durchführen. Dieser Multiplikationskörper umfasst das kleine Einmaleins (1x1 bis 9x9). Die von der *H. W. Egli AG* in Zürich Wollishofen gebaute Millionär war die erste wirtschaftlich erfolgreiche Multiplikationsmaschine. Der Direktmultiplizierer beherrschte auch die übrigen drei Grundrechenarten. Er brachte viele Kilos auf die Waage und war nicht gerade billig. Vorläufer der Millionär waren Geräte von *Edmund Barbour* (Boston, 1872), *Ramón Verea* (New York, 1878) und *Léon Bollée* (Le Mans, 1888).

Die Herkunft des Markennamens Millionär ist unbekannt (vgl. Kasten).

Weshalb heißt Eglis frühe Vierspeziesmaschine „Millionär“?
Der Grund für die eigenartige Namensgebung ist bis heute ungeklärt. Es gibt aber Hinweise zur Herkunft des Markennamens. In den ersten Jahren übernahm die Fabrik Stolzenberg Büroeinrichtungs-A.-G., Oos in Baden, die Handelsvertretung in Deutschland. Diese „größte und älteste Bürobedarfsfabrik Europas“ mit 30 Zweigstellen im In- und Ausland stellte auch eigene Erzeugnisse her. Nach Gérald Saudan schlug der Einzelhändler diese Benennung vor. An der Spitze des großen Betriebs stand Gustav Mez, Gründer der Mercedes Büromaschinen GmbH in Berlin (siehe Gérald Saudan: Swiss calculating machines. H. W. Egli A.-G., Yens sur Morges VD 2017, Seiten 14, 44 und 53–54 (Selbstverlag)).

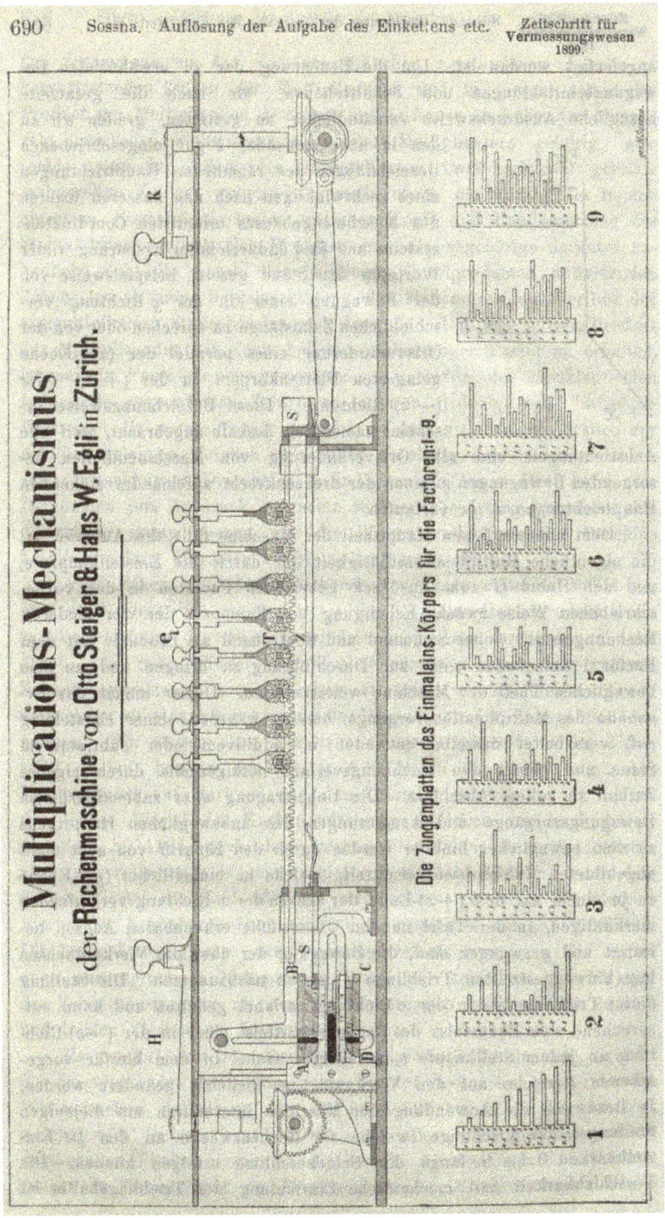

Abb. 16.4: Direktmultiplizierer Millionär, Zeichnung (1). H. Sossna beschreibt in seinem Aufsatz die 1893 erfundene sehr schnelle, weltweit abgesetzte Rechenmaschine. Rechts (bzw. unten) im Bild der äußerst vielschichte Einmaleinskörper (Quelle: Zeitschrift für Vermessungswesen, Band 28, 1899, Heft 24, Seite 690).

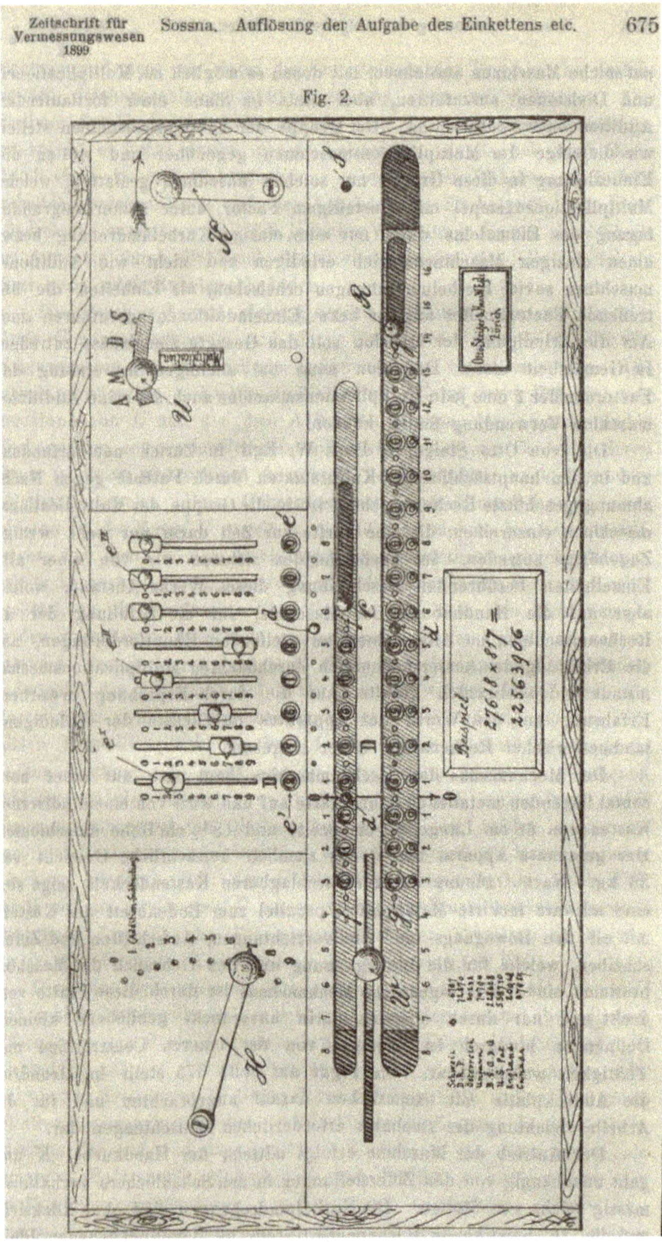

Abb. 16.5: Direktmultiplizierer Millionär, Zeichnung (2). Links unten ist der Multiplikationshebel zu sehen, darüber sind die Einstellschieber für die Zahleneingabe, rechts die Schaulöcher (Quelle: Zeitschrift für Vermessungswesen, Band 28, 1899, Heft 24, Seite 675).

Egli hat mehrere Versuchsmodelle und Vorführmodelle angefertigt (vgl. Abb. 16.6–16.8).

Abb. 16.6: Millionär, Versuchsmodell (um 1893). Oben links sehen Sie den (zunächst noch) runden Einmaleinskörper, rechts daneben die Einstellschieber (© Museum für Kommunikation, Bern).

Abb. 16.7: Millionär, Vorführmodell (1). Oben links ist der Einmaleinskörper erkennbar. Der Hebel für die Umschaltung zwischen der Multiplikation und der Division befindet sich unten links. Das Modell entstand in den 1890er Jahren (© Museum für Kommunikation, Bern).

Abb. 16.8: Millionär, Vorführmodell (2). Diese Maschine wurde frühestens 1898 (Umsiedlung nach Zürich) hergestellt (© Deutsches Museum, München).

Bei der Millionär wurden die Zahlen entweder mit Schiebern oder über eine Tastatur (vgl. Abb. 16.9–16.11) eingegeben. Im Orga-Handbuch (1921) sind Millionär-Maschinen mit Schieber sowie mit Tastatur abgebildet. Ältere Maschinen arbeiteten mit einer Kurbel, neuere haben einen Elektromotor. Schilder geben Auskunft über Hersteller oder Verkäufer (vgl. Abb. 16.12–16.13).

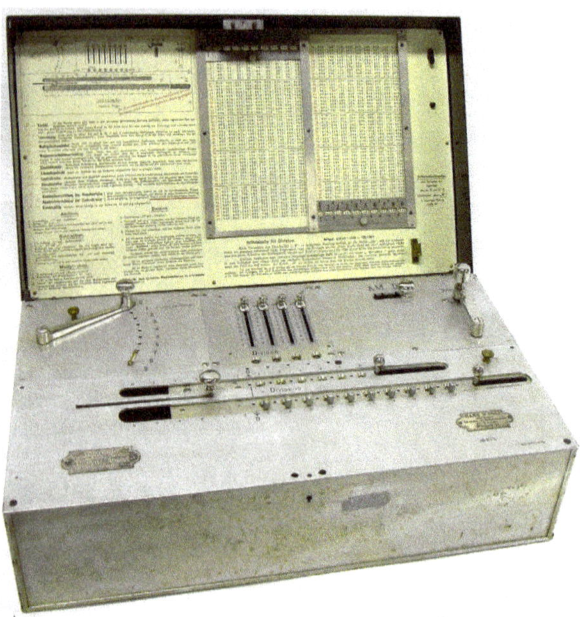

Abb. 16.9: Millionär mit Einstellhebeln. Bei diesem Modell mit einem vierstelligen Eingabewerk (Mitte oben) werden die Zahlen über Schieber eingegeben. Die Übertragung ins Rechenwerk erfolgt mit der Kurbel rechts. Der Drehhebel für die Multiplikation befindet sich auf der linken Seite. Das Ergebniswerk (unten) hat zehn Stellen Der Deckel enthält eine Bedienungsanleitung, auf der die Einstellschieber (oben links) abgebildet sind (© Museum für Kommunikation, Bern).

Abb. 16.10: Millionär mit Volltastatur. Das Einstellwerk weist acht Stellen auf. Die Drehknöpfe vor den einzelnen Ziffernkolonnen dienen fürs Löschen. Die schwergewichtige Maschine mit Handbetrieb ist voll funktionsfähig (© Historisches Museum Thurgau, Schloss Frauenfeld).

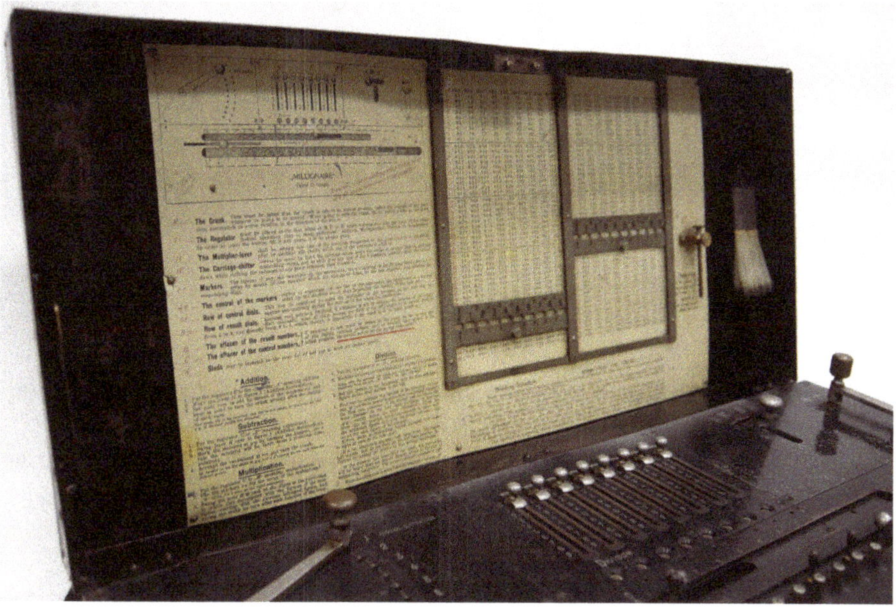

Abb. 16.11: Millionär, Seitenansicht. Roberto Guatelli hat diesen Nachbau angefertigt (© University Libraries, Carnegie-Mellon-Universität, Pittsburgh, Bild: Heidi Wiren Bartlett).

Abb. 16.12: Millionär, Firmenschild und Fabriknummer. Das Unternehmen wurde 1918 in H.W. Egli AG, Zürich, umgewandelt. Das Original dieses Nachbaus mit der Seriennummer 2380 wurde demnach spätestens 1918 hergestellt (© University Libraries, Carnegie-Mellon-Universität, Pittsburgh, Bild: Heidi Wiren Bartlett).

Abb. 16.13: Millionär, amerikanischer Vertriebspartner. Morschhauser aus New York besorgte den Alleinvertrieb in den USA (© University Libraries, Carnegie-Mellon-Universität, Pittsburgh, Bild: Heidi Wiren Bartlett).

16.3.1.1 Entwicklung der Firma Egli, Zürich

1897 hatte die ETH Zürich als weltweit erste Universität einen Direktmultiplizierer

Wie erst im Juli 2018 bekannt wurde, hatte die ETH Zürich (damals Eidgenössisches Polytechnikum) 1897 als weltweit erste Universität ein Exemplar der legendären Vierspeziesrechenmaschine Millionär (vgl. Abb. 16.14–16.15). Die erste marktfähige Serie von 12 Stück wurde 1896 an der Maistrasse 4 in München gefertigt, wo Egli eine eigene Werkstätte hatte. 1898 kehrte er in die Schweiz zurück und eröffnete eine Werkstatt in Zürich.

Kauf der Millionär

bringen. Im Jahre 1897 gelang es schliesslich, für die ersten Exemplare der in München hergestellten Maschinen Interessenten zu finden; die ersten Käufer waren die Bayerische Hypotheken-und Wechselbank in München und die Materialverwaltung des Eidgenössichen Polytechnikums in Zürich. Am 2. Juni

Abb. 16.14: Vertrieb der Millionär 1. 1897 erwarb die ETH Zürich eine Millionär (Quelle: H. W. Egli AG (Hbt./hh): 50 Jahre Egli-Rechenmaschinen. Entwurf zu einer Jubiläumsschrift, Zürich 1943, Seite 4).

Die ersten Maschinen wurden an die Bayrische Hypotheken- und Wechselbank in München und die Materialverwaltung des Eidg. Politechnikums in Zürich verkauft.

Abb. 16.15: Vertrieb der Millionär 2. Der Kauf der Millionär wird in einem weiteren Dokument (möglicherweise eine Pressemitteilung) bestätigt (Quelle: 50 Jahre Egli Rechenmaschinen-Fabrik AG, Zürich, Oktober 1943, Seite 1).

In den Schulratsprotokollen der ETH Zürich sind keine Angaben zum Erwerb einer Millionär zu finden. Das überrascht, denn solche Maschinen waren seinerzeit sehr teuer. Damals arbeitete das Polytechnikum vor allem mit Rechenschiebern. Möglicherweise sind die Protokolle unvollständig. Sie wurden rückwirkend digitalisiert. Die Qualität der über 100-jährigen Originale mag mangelhaft sein, was eine unbefriedigende Texterkennung zur Folge haben dürfte.

Referenzliste von 1904

Wie der Referenzliste in der Gebrauchsanleitung für die Millionär zu entnehmen ist, hatte die Lebensversicherungsabteilung der Bayerischen Hypotheken- und Wechsel-Bank AG (heute Bayerische Hypo- und Vereinsbank AG, HypoVereinsbank, Teil der Unicredit Bank AG, München) 1904 zwei Stück. Die 1880 gegründete Eidgenössische Materialprüfungsanstalt (Empa) und das agrikulturchemische Laboratorium des Eidgenössischen Polytechnikums hatten in diesem Jahr je eine Maschine. Mit der „Materialverwaltung" des Eidgenössischen Polytechnikums war (1897) wohl die Empa gemeint.

Eigentümer der in der Informatikbibliothek der ETH vorhandenen Bedienungsanweisung für die Millionär war das „Institut für Fernmeldetechnik an der ETH" (Sternwartestraße 7, Zürich, heute Institut für Signal- und Informationsverarbeitung). Demnach wurde auch hier eine solche Maschine verwendet.

Jubiläumsfeier auf dem Bürgenstock

Im Oktober 1943 fand mit der ganzen Belegschaft der Herstellerfirma auf dem Bürgenstock NW (Zentralschweiz) eine Jubiläumsfeier statt. Darüber berichtete das „Volksrecht“ vom 14. Oktober 1943 im Beitrag „50 Jahre Egli-Rechenmaschinen-Fabrik AG“. Auch die Metallarbeiter-Zeitung hatte den Anlass gewürdigt. Am 20. November 1943 sandte der Direktor Oscar Bannwart der H. W. Egli AG, Zürich (Wollishofen), zwei auf dem Bürgenstock gemachte Gruppenaufnahmen an den Schweizerischen Metall- und Uhrenarbeiterverband (Quelle: Briefe aus dem Schweizerischen Sozialarchiv, Zürich).

Weltweit erste erfolgreiche Einmaleinskörpermaschine
Die Millionär war ein schneller Direktmultiplizierer. Im Unterschied zu den herkömmlichen mechanischen Rechenmaschinen genügte bei der Vervielfachung mit einem einstelligen Multiplikator eine einzige Kurbelumdrehung. Zahlreiche Exemplare dieser Zahnstangenrechenmaschine haben überlebt und sind heute noch voll funktionsfähig. Eine badische Handelsgesellschaft hatte den eigenartigen Namen „Millionär“ vorgeschlagen, wie dem Entwurf zur Jubiläumsschrift (Seite 4) zu entnehmen ist. Die Millionär gilt als eine äußerst komplexe Rechenmaschine. Noch heute haben die Ingenieure Mühe, sie zu verstehen.

Maschine der Empa im Schweizer Nationalmuseum
Bei einem Besuch im Sammlungszentrum des Schweizerischen Nationalmuseums in Affoltern ZH traf ich am 12. September 2018 auf eine voll funktionsfähige Millionär-Rechenmaschine an. Es handelt sich jedoch nicht um das 1897 von der Empa erworbene Gerät, sondern um eine Maschine, die aufgrund der Seriennummer etwa 1907 gefertigt wurde. Wahrscheinlich ist es das einzige erhaltene Exemplar der an der ETH Zürich verwendeten Maschinen. Es wurde offensichtlich für die Lehre eingesetzt. Alle vier Seitenwände wurden nämlich durch Plexiglas ersetzt, was einen Blick ins Innere ermöglicht.

Hat Einstein mit der Millionär gerechnet?
Albert Einstein belegte von 1896 bis 1900 am Eidgenössischen Polytechnikum den Studiengang „Fachlehrer in mathematisch-naturwissenschaftler Richtung“, 1901 wurde er Schweizer Bürger. 1909–1911 war er außerordentlicher Professor an der Universität Zürich, 1912–1914 ordentlicher Professor für theoretische Physik an der ETH Zürich. Ob der Nobelpreisträger die Millionär für Berechnungen verwendet hat, ist ungewiss. Im Sammlungsbestand des Bernischen Historischen Museums (Einstein-Museum), im Albert-Einstein-Archiv der Jerusalemer Hebräischen Universität, in den Schulratsprotokollen der ETH Zürich und in Einsteins gesammelten Schriften wurden keine Hinweise gefunden.

Jahrzentelang prägte die H.W. Egli AG den Rechenmaschinenmarkt (vgl. Kasten).

Entwicklung der Firma H.W. Egli AG und der Maschinen Millionär und Madas

1893	Gründung des Unternehmens: Millionär mit Schieber (drei Versuchsmodelle von Otto Steiger, gebaut in den Werkstätten für Präzisionsmechanik Falter & Sohn, München)
1894	erste Excelsior (später Millionär genannt)
1895	Millionär: Fertigung von vier Maschinen durch die Württembergische Uhrenfabrik Bürk & Söhne in Schwenningen am Neckar
1896	Fertigung von 12 Millionär in München in eigener Werkstätte (Maistrasse 4)
1897	Beginn der Verkaufstätigkeit
1898	Eintragung der Firma Hans W. Egli, Ingr., Zürich, ins Schweizerische Handelsregister (Gotthardstrasse 32, Zürich 2)
1903	Goldmedaille auf der Deutschen Städte-Ausstellung in Dresden
1904	Umzug an die Albisstrasse 2 in Zürich Wollishofen (Zürich 2)
1911	Millionär mit Schieber und Elektromotor
1913	Millionär mit (Voll-)Tastatur
1913	Madas (Staffelwalzenmaschine) mit Schieber und automatischer Division
1914	Millionär mit Doppelzählwerk
1918	Gründung der H.W. Egli AG, Zürich(-Wollishofen)
1922	Madas mit Tastatur für Hand- oder Elektroantrieb
1927	Millionär mit Multiplikationstastatur (statt Multiplikationshebel)
1927	Millionär mit handbetätigtem Konstantenapparat (besonders für die Vermessung)
1927	Madas mit Tastenvoreinstellung von Multiplikator und Multiplikand
1931	tragbare Madas
1936	Madas mit Doppelzählwerk
1938	Millionär letztmals auf Schweizer Mustermesse (Muba), Basel, ausgestellt
1952	Eröffnung einer Zweigstelle in Kreuzlingen TG
1968	Madas letztmals auf Schweizer Mustermesse (Muba), Basel, ausgestellt
1968	letzte Teilnahme der H.W. Egli AG an der Schweizer Mustermesse (Muba), Basel
1968	Einstellung der Firmentätigkeit und damit der Fertigung der Madas
1972	Auflösung der Firma H.W. Egli AG, Zürich

Quellen

H. W. Egli AG: 50 Jahre Egli-Rechenmaschinen. Entwurf zu einer Jubiläumsschrift, Zürich 1943/ Kataloge der Messe Basel, Schweizerisches Handelsamtsblatt

Hinweise

Es wird zwischen der langen Madas (ab 1913) und der tragbaren Madas (ab 1931) unterschieden. Die Fürsorgestiftung für die Angestellten der H.W. Egli A.-G., Zürich, wurde 1975 aufgehoben und gelöscht.

Standort des Unternehmens

1896	München, Maistrasse 4
1898	Firma Hans W. Egli, Ingr., Gotthardstrasse 39, Zürich II
1906	Firma Hans W. Egli, Ingr., Albisstrasse 2, Zürich II (Zürich Wollishofen)
1918	Firma H.W. Egli A.-G., Albisstrasse 2, Zürich 2 (Zürich Wollishofen)

Hinweis
Ab den 1940er Jahren erscheint anstatt die Adresse Seestrasse 356. Die Bezeichnung Albisstrasse wurde nicht mehr verwendet. Am Standort änderte sich aber nichts (ehemals Kreuzung Albisstrasse und Seestrasse).

Einträge im Schweizerischen Handelsamtsblatt (SHAB)
Nr. 247, 31. August 1898, Seite 1034
„27. August. Inhaber der Firma **Hans W. Egli, Ingr.** in Zürich II ist Hans Walter Egli, von Kirchberg (St. Gallen), in Zürich II. Werkstätte für Feinmechanik; Spezialität: Fabrikation von Rechenmaschinen, Patent Steiger. Gotthardstrasse 39."

Nr. 464, 15. November 1906, Seite 1854
„13. November. Die Firma **Hans W. Egli, Ingr.** in Zürich II (S.H.A.B. Nr. 247 vom 31. August 1898, pag. 1034) verzeigt als nunmehriges Geschäftslokal: Albisstrasse 2, Zürich II."

Nr. 78, 3. April 1918, Seite 534–535
„Rechenmaschinen und andere feinmechanische Artikel. – 30. März. Unter der Firma **H.W. Egli A.G. (H.W. Egli S.A.)** hat sich mit Sitz in Zürich und auf unbestimmte Dauer am 30. März 1918 eine Aktiengesellschaft gebildet. Zweck der Gesellschaft ist Fabrikation und Vertrieb von Rechenmaschinen und anderer feinmechanischer Artikel. Im speziellen bezweckt sie die Uebernahme und Weiterführung des bisher unter der Firma Hans W. Egli in Zürich geführten Geschäftes (S.H.A.B. Nr. 464 vom 15. November 1906, Seite 1854). [...]. Geschäftslokal: Albisstrasse 2, Zürich 2."

Nr. 92, 19. April 1918, Seite 638
„Werkstätte für Feinmechanik, Rechenmaschinen. – 15. April. Die Firma **Hans W. Egli, Ingr.** in Zürich 2 (S.H.A.B. Nr. 464 vom 15. November 1906, Seite 1854), Werkstätte für Feinmechanik; Spezialität: Fabrikation von Rechenmaschinen, Patent Steiger, ist infolge Ueberganges des Unternehmens an die Firma „H.W. Egli, A.-G." in Zürich erloschen."

Nr. 305, 29. Dezember 1961, Seite 3774
„20. Dezember 1961. Büromaschinen usw. H.W. Egli A.-G. (H.W. Egli S.A.) (H.W. Egli Ltd.), in Zürich. [...]. Geschäftsdomizil: Seestrasse 356 in Zürich 2."

Nr. 22, 28. Januar 1971, Seite 221
„15. Januar 1971. **H.W. Egli Holding A.-G.**, in Zürich 2 (SHAB Nr. 305 vom 29.12.1961, Seite 3774), Beteiligung an anderen Unternehmungen des In- und Auslandes usw. Mit Beschluss der Generalversammlung vom 23.12.1970 hat sich die Gesellschaft aufgelöst."

Nr. 171, 24. Juli 1972, Seite 1958
„11. Juli 1972. Büromaschinen. **H.W. Egli A.-G.,** in Zürich 2 (SHAB Nr. 305 vom 29.12.1961, S. 3774), Fabrikation und Vertrieb von Büromaschinen usw. Mit Beschluss

der Generalversammlung vom 7. März 1972 hat sich die Gesellschaft aufgelöst. Das Vermögen ist nach Angabe der Beteiligten liquidiert. Die Löschung der Firma kann mangels Zustimmung der Eidgenössischen Steuerverwaltung nicht erfolgen."

Nr. 183, 7. August 1972, Seite 2084
„26. Juli 1972. **H.W. Egli A.-G.,** in Zürich 2 (SHAB Nr. 171 vom 24.7.1972, Seite 1958). Die Eidgenössische Steuerverwaltung hat die Zustimmung zur Löschung erteilt. Die Firma wird daher gelöscht."

Nr. 58, 11. März 1974, Seite 663
„28. Februar 1974. **H.W. Egli Holding A.-G- in Liquidation**, in Zürich 2 (SHAB Nr. 22 vom 28.1.1971, S. 221), Beteiligung an anderen Unternehmungen usw. Die Liquidation ist durchgeführt. Die Firma ist erloschen."

Versuchsmodelle und Vorführmodelle
Nach Michael Lewin wurden von der Millionär zwei Versuchsmodelle und drei Vorführmodelle gebaut. Alle fünf Geräte sind erhalten. Sie befinden sich im Berner Museum für Kommunikation (zweite Versuchsmaschine, Vorführmodell), im Münchener Deutschen Museum (Vorführmodell) und im Bonner Arithmeum (erste Versuchsmaschine, Nachbau der zweiten Versuchsmaschine, ein Vorführmodell, Serienmaschine 10). Die frühesten Serienmaschinen befinden sich in einer Privatsammlung. Lewin und Ullrich Wolff haben die zweite Versuchsmaschine (in zwei Exemplaren) in mehrjähriger Arbeit nachgebaut, um zu klären ob das Gerät wirklich rechnen konnte. Die erste Versuchsmaschine entstand 1893 in München. Nach Saudan wurden 1895 vier Maschinen bei der Württembergischen Uhrenfabrik Bürk & Söhne in Schwenningen (Schwarzwald) gefertigt. Adolf Haarpaintner fertigte bei Falter & Sohn in München für Egli Rechenmaschinen. Manche Angaben sind widersprüchlich, so auch der Beginn der Serienfertigung.

Schweizer Maschineningenieure
Erfinder der Millionär ist der St. Galler Johann Otto Steiger (1858–1923, geboren in Flawil SG), Hersteller war Hans Walter Egli (1862–1925) aus Kirchberg SG.

Wo ist die Jubiläumsschrift?
Die Firma Egli hatte als einzige schweizerische Herstellerin (ohne Unterbrechung) 52 Jahre lang – von 1917 bis 1968 – an der Mustermesse in Basel teilgenommen. Wenige Jahre später verschwand das Unternehmen. Es hatte den Einstieg in die Elektronik verpasst. Der unrühmliche Untergang mag erklären, dass in den Archiven, von Patentunterlagen abgesehen, kaum Unterlagen vorhanden sind. Nachforschungen zur Jubiläumsschrift in in- und ausländischen Bibliothekskatalogen und Archivbeständen blieben ergebnislos. Datenbanken führender technischer Museen, die Egli-Maschinen haben, enthalten offenbar keine entsprechenden Einträge: London (Science Museum), Mountain View, Kalifornien (Computer History Museum), Paris (Musée des arts et métiers), Washington (National Museum of American History).

Anfragen bei Archiven in Zürich (Stadtarchiv, Staatsarchiv, Archiv für Zeitgeschichte, Schweizerisches Sozialarchiv), Basel (Schweizerisches Wirtschaftsarchiv), Köniz BE (PTT-Archiv) und München (Deutsches Museum) waren nicht von Erfolg gekrönt. Der Entwurf zur Jubiläumsschrift hat demnach Seltenheitswert. Ein Beleg, der bei der Durchsicht der im Museum für Kommunikation in Bern vorhandenen Dokumentation am 13. September 2018 aufgetauchte, offenbart, dass die Jubiläumsschrift nicht erschienen ist. Gründe dafür sind möglicherweise die hohe Zusatzbelastung durch den zweiten Weltkrieg, die Errichtung eines neuen Fabrikgebäudes, der Tod eines Direktors (1942).

Datierung der beiden Gebrauchsanleitungen für die Millionär
In den Bedienungsanweisungen ist jeweils auf Seite 13 ein Hinweis zu deren Erscheinungsjahr (um 1905 bzw. 1908) enthalten:
„Es sind einige Maschinen seit über 7 Jahren (1897) in ständigem Gebrauche, ohne bis jetzt der geringsten Reparatur bedurft zu haben."
„Es sind viele Maschinen über 10 Jahre (1897) in ständigem Gebrauche, ohne bis jetzt der geringsten Reparatur bedurft zu haben."

16.3.1.2 Zur Datierung der Rechenmaschine „Millionär"
Der Fund neuer Dokumente zur Firma H.W. Egli AG (Zürich) im Museum für Kommunikation, Bern, gibt neue Hinweise zur Datierung.

Eine Maschine voller Rätsel
In der Geschichte der mechanischen Rechenmaschinen nimmt die „Millionär" aufgrund ihrer Bauart eine herausragende Stellung ein. Bis heute hat die Maschine viele ihrer Geheimnisse nicht preisgegeben. Die Herkunft ihres seltsamen Namens ist immer noch nicht geklärt. Man weiß auch nicht, bis wann sie hergestellt wurde. Offen ist ferner, wie die Seriennummern vergeben wurden und wie sie den Herstellungsjahren zuzuordnen sind. Die Altersbestimmung ist daher mit großen Unsicherheiten verbunden. Das zeigt auch eine internationale Erhebung bei Museen. Ingenieure haben nach wie vor Mühe, die Funktionsweise des hoch komplexen Einmaleinskörpers zu verstehen. Erst seit dem Fund von neuen Dokumenten im Museum für Kommunikation in Bern vom September 2018 steht fest, wie viele Exemplare gefertigt wurden.

Weder Baujahr noch Modellbezeichnung
Wenn kein Baujahr auf den Rechenmaschinen eingraviert ist und keine Text- und Bilddokumente vorliegen (z.B. Kaufbelege), ist die Datierung oft schwierig. Das trifft auch auf den seinerzeit weltberühmten Schweizer Direktmultiplizierer „Millionär" zu. Dieses von der Firma H.W. Egli AG in Zürich ab 1893 hergestellte schwergewichtige Gerät beherrschte alle vier Grundrechenarten. Anhand der (schwer durchschaubaren) Seriennummern wird versucht, die Bauzeit annähernd zu bestimmen. Die überlieferten Millionär-Maschinen tragen in der Regel keine Modellbezeichnungen, was

die Datierung zusätzlich erschwert. Es gab (mit dem Modell Excelsior) 21 verschiedene Typen der Millionär. Die Excelsior war eine (reine) Multiplikationsmaschine. Neben der Einmaleinskörperrechenmaschine Millionär hat Egli eine weitere erfolgreiche Staffelwalzenmaschine, die Madas, gefertigt.

Veraltete Gebrauchsanweisungen

Die Firma Egli hat – möglicherweise aus Spargründen – manchmal veraltete Bedienungsanleitungen abgegeben. So gibt es Tastenmaschinen, deren Deckel aber eine Anweisung für Schiebermaschinen aufweist. Um 1930 wurde beispielsweise für eine Maschine mit Tastatur, Multiplikationstasten und Elektromotor eine über 20-jährige Gebrauchsanleitung für eine Maschine mit Einstellschiebern, Multiplikationshebel und Handkurbel ausgeliefert. Es fehlten u.a. wichtige Angaben über die Sperre der Kurbel.

Anmerkung

Es gibt Millionär-Maschinen mit einer Tastatur. Dennoch bezieht sich die Gebrauchsanweisung im Deckel auf Einstellschieber. Möglicherweise wurden in diesen Fällen die Schieber nachträglich durch eine Tastatur ersetzt.

Dokumente mit Angaben zu den Stückzahlen aufgetaucht

Neue Unterlagen, die am 13. September 2018 im Museum für Kommunikation in Bern ans Tageslicht gekommen sind, erleichtern die Zuordnung des Baujahrs. Erstmals sind seit der Auflösung der Firma vor rund 50 Jahren genaue Stückzahlen für alle von Egli fabrizierten Millionär- und Madas-Rechenmaschinen bekannt. Es wurden insgesamt 5 074 Millionär-Maschinen (und zusätzlich 25 Excelsior-Maschinen) hergestellt (vgl. Abb. 16.16). Anlass für diese Untersuchung waren ein Hinweis, dass 1897 die ersten Maschinen verkauft wurden (u.a. an die ETH Zürich) und eine irrtümliche Datierung (durch die Empa, Dübendorf ZH, und das Sammlungszentrum des Schweizerischen Nationalmuseums, Affoltern) einer Maschine auf 1895.

Am 6. November 2018 nahm ich die nach wie vor im Swiss science center (Technorama), Winterthur, vorhandene Dokumentation zu Rechenmaschinen unter die Lupe. Daraus geht u.a. hervor, dass das im Aufbau begriffene Museum am 29. Oktober 1969 die gesamte Sammlung historischer Rechengeräte der H.W. Egli AG übernahm. Zwei neue Geräte folgten am 17. Juni 1970. Die Firma hatte mittlerweile die Fabrikation eingestellt. Die Sammlung umfasste neben eigenen auch zahlreiche fremde Maschinen. Andras Lanz erwähnt in einem Brief ans Technorama vom 5. Januar 1989 u.a. sechs Millionär-Maschinen in Holzkasten aus dem Eigentum des Museums.

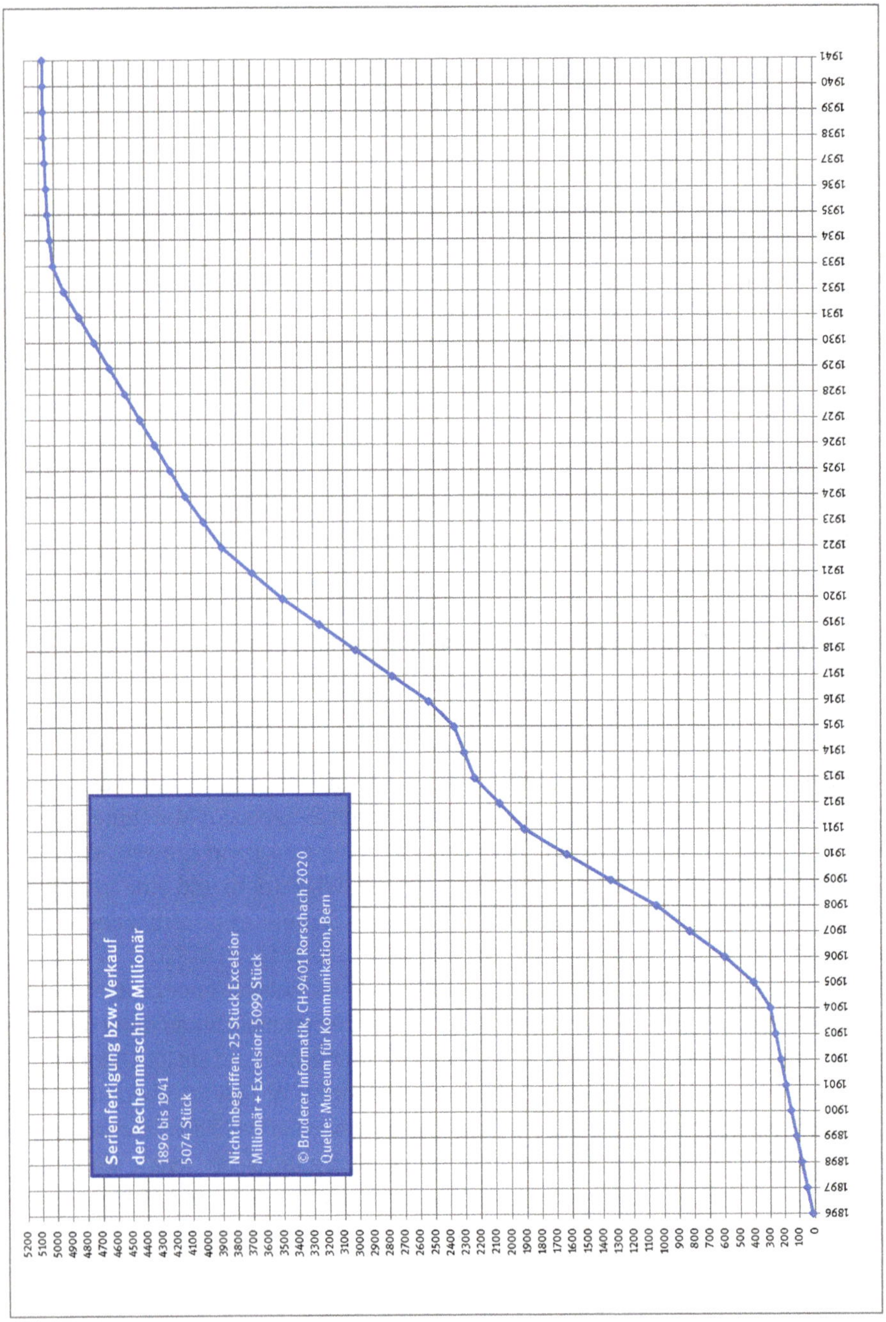

Abb. 16.16: Entwicklung der Stückzahlen der Millionär. Aufgrund der Angaben der Firma H.W. Egli AG, Zürich, wurde die jährliche Anzahl der hergestellten bzw. verkauften Geräte näherungsweise berechnet (© Bruderer Informatik, CH-9401 Rorschach 2020).

Jahrzehntelang stellte Hans W. Egli mechanische Rechenmaschinen her (vgl. Kasten).

H.W. Egli AG, Zürich: Millionär und Madas

Serienfertigung bzw. Verkauf

Millionär	1896–1941
Madas	1913–1968

Anmerkung
Die Millionär wurde bis mindestens 1941 verkauft. Die Fertigung wurde in den 1930er Jahren eingestellt.

Stückzahlen

Millionär	5 099
Madas	93 964
Eos (Lizenz)	1 250
Gesamt	100 313

Die Zahl 93 964 setzt sich aus 9 339 „langen" Madas und 84 625 tragbaren Madas zusammen. Nach dem 15. Januar 1931 ändert sich die Anzahl der erzeugen langen Madas (9 339) nicht mehr.

Anmerkungen
In den 5 099 Stück sind 25 Exemplare der Excelsior enthalten. Infolge eines Übertragungsfehlers (3 339 statt 9 339) fehlen in der Zusammenstellung der H.W. Egli AG von 1972 6 000 Maschinen. Die Firma kommt damit irrtümlicherweise auf eine Stückzahl von 94 313 (statt 100 313).

Lebensdauer des Unternehmens

Gründung der Firma	1893
Auflösung der Firma	1972

Hinweise
Die Madas wurde von 1913 bis 1968 hergestellt, der Verkauf begann 1914. Bis zu diesem Zeitpunkt beziehen sich daher alle Seriennummern auf die Millionär. Als Fertigungsende der Millionär wird oft 1935 angeführt. Dieses Datum ist aber nicht belegt. Einem Brief vom 20. November 1967 der Firma H.W. Egli AG an einen Kunden ist zu entnehmen, dass man die Produktion der Millionär 40 Jahre vorher, also um 1927, einstellte (vgl. Gérald Saudan: Swiss calculating machines. H. W. Egli A.-G., Yens sur Morges VD 2017, Seite 70). Diese Aussage ist wahrscheinlich ein Irrtum. Das Modell mit der Multiplikationstastatur wurde nämlich erst 1927 eingeführt. Die Installationsanleitung zu Nr. 17523 trägt das Datum 10. März 1930. Aus den Katalogen der Mustermesse geht zudem hervor, dass diese Maschine jedoch bis 1938 in Basel ausgestellt wurde (vgl. Abschnitt 16.8). Laut einer unveröffentlichten Zusammenstellung des Unternehmens wurden bis Ende 1941 5 099 Stück der Millionär verkauft (d.h. 66 Stück seit dem 6. Oktober 1933). In der Fachliteratur ist oft die Zahl von 4 655 produzierten Millionär-Maschinen zu lesen. Dieser Wert ist unzutreffend.

Mit der Einführung der Schwestermaschine Madas mit automatischer Multiplikation (1927) und der tragbaren Madas (1931) sank der Absatz der Millionär wohl stark, umso mehr als die Division mit dieser Maschine ziemlich umständlich war.

Am 17. Juni 1970 übergab die H.W. Egli AG dem Technorama zwei neue Madas, BTR, Nr. 104 929, und BTRZ, Nr. 103 329, ans Technorama. Das Baujahr wird mit 1969 (in der Kartei 1968) angegeben, was im Widerspruch zum Produktionsende (1968) steht. Das waren offenbar die letzten von der Firma hergestellten Maschinen.

In der Kartei des Technoramas ist eine Millionär VIII eTMD mit Multiplikationstastatur, Nr. 15075 aufgeführt. Als Baujahr wird 1940 vermerkt. Das ist wohl unzutreffend, denn sie wurde gewiss *vor* der Nr. 17523 (etwa 1930) hergestellt.

Die Millionär wurde bis in die 1950er Jahre verwendet. Alex Aregger, Grundbuchgeometer von Beromünster LU, kaufte 1949 bei Faigle in Zürich eine Millionär Nr. 3259 für 750 Franken (Mitteilung von Adrian Bläuenstein vom 6. Januar 2019). Millionär-Maschinen wurden noch in den 1940er Jahren in Anzeigen angeboten (z. B. Schweizerische Zeitschrift für Vermessungswesen und Kulturtechnik, Band 38, 1940, Seiten 152–153: zu verkaufen oder zu vermieten, für Hand- und elektrischen Betrieb; Schweizerische Bauzeitung, Band 67, 3. Dezember 1949, Heft 49, Seite 9; gebrauchte Maschine mit elektrischem Antrieb).

Abweichungen von früheren Untersuchungen

Lewin geht von einer *gemeinsamen* Benummerung von Millionär und Madas aus. Nach seinem Schaubild von 1992, das sich auf den Zeitabschnitt von 1895 bis 1931 erstreckt, entspricht die Seriennummer 500 dem Baujahr 1900. Bis zu diesem Zeitpunkt wurden aber bloß etwa 150 Geräte gebaut (vgl. Michael Lewin: Entwicklungsgeschichte der Rechenmaschinen der Firma H.W. Egli bis 1931, in: Typenkorb 1992, Heft 49, Seite 11). Für 1905 erwähnt er über 1 500 Stück, es waren aber bis zu diesem Datum nur rund 400 Exemplare gefertigt worden. Bei der Einführung der Madas (1913) nimmt er die Seriennummer 3 500 an, laut den Dokumenten von Egli waren es aber ungefähr 2 200 Exemplare (Millionär).

Saudan trennt die Vergabe der Seriennummern für die beiden Erzeugnisse. Sein Liniendiagramm (2017) deckt die Jahre 1893 bis 1924 ab. Für 1905 und 1910 rechnet er mit 500 bzw. 1 500 Stück, was den Werten der Herstellerfirma (zirka 400 bzw. 1 600) ziemlich nahe kommt (vgl. Gérald Saudan: Swiss calculating machines. H. W. Egli A.-G., Yens sur Morges VD 2017, Seite 73). Beim Verkaufsbeginn der Madas (1914) schätzt er die Seriennummer der Millionär auf rund 2 400 (nach Berechnungen des Verfassers zirka 2 300). Für 1918 kommt er auf Nr. 3 500 (zirka 3 000). Für 1918 bzw. 1921 zeichnet er einen Sprung von 500 (von 3500 bis 4000) bzw. 1500 Nummern (4500 bis 6000).

Bei Saudan entsprechen die Nummern 3500 und 4000 (Lücke) dem Jahr 1918, die Nummern 4 500 und 6000 (Lücke) dem Jahr 1921. Die Nr. 6500 wird dem Jahr 1924 zugeteilt.

Ob Widersprüche zu den Erscheinungsjahren der verschiedenen Typen und Modelle bestehen, ließ sich aufgrund fehlender Daten nicht ausfindig machen.

Zuordnung der Seriennummern zu den Baujahren

Die folgenden Tabellen versuchen, eine Beziehung zwischen den Seriennummern und dem Baujahr bzw. der Rechtsform des Herstellers aufzuzeigen (vgl. Tab. 16.2–16.8). Zu beachten: Vor allem bei den späteren Maschinen besteht eine erhebliche Unsicherheit.

Rechenmaschine Millionär

Tab. 16.2: Datierung aufgrund der Seriennummern (1896–1916)

Zeitraum 1896–1916		
Seriennummern	**Baujahr**	**Jahresproduktion**
1–12	1896	12
13–300	1897–1904	288
301–410	1905	110
411–600	1906	190
601–830	1907	230
831–1050	1908	220
1051–1350	1909	300
1351–1634	1910	284
1635–1911	1911	277
1912–2237	1913	326
2238–2369	1915	132
2370–2537	1916	168
Gesamt		2537
© Bruderer Informatik, CH-9401 Rorschach 2020		

Tab. 16.3: Aufteilung auf die Jahre 1897 bis 1904 (Schätzung)

Zeitraum 1897–1904		
Seriennummern	**Baujahr**	**Gesamt**
13–48	1897	
49–84	1898	
85–120	1899	
121–156	1900	
157–192	1901	
193–228	1902	
229–264	1903	
265–300	1904	288
© Bruderer Informatik, CH-9401 Rorschach 2020		

Anmerkung
Die Gebrauchs-Anleitung für die Rechenmaschine „Millionär" von Hans W. Egli, Zürich, enthält eine fünfseitige Liste „Referenzen. April 1904". Daraus ist zu entnehmen, dass bis zu diesem Zeitpunkt weltweit 277 Maschinen ausgeliefert wurden.

Tab. 16.4: Aufteilung auf die Jahre 1912 bis 1915 (Schätzung)

Zeitraum 1912–1915		
Seriennummern	**Baujahr**	**Gesamt**
1912–2074	1912	163
2075–2237	1913	163
2238–2303	1914	66
2304–2369	1915	66
Gesamt		458

Anmerkungen
Aus den Angaben zur Anzahl der jährlich gefertigten Rechenmaschinen lässt sich das Baujahr näherungsweise ableiten. Es handelt sich jedoch bloß um Richtwerte. Für die Jahre 1912, 1914 sowie 1917 ff. liegen keine Stückzahlen vor. Nr. 7 soll mit 1898 datiert sein. Hier liegt ein Widerspruch zu (später verfassten) Dokumenten vor.

Nach dem Verzeichnis des Webmuseums von John Wolff wurde die Millionär Nr. 1079 für die erste australische Volkszählung (1911) verwendet, das Kaufdatum ist offen. Die Shawmut Mining Co., St. Mary's, Pennsylvania, soll Nr. 1338 1909 erworben haben. Nr. 1829 stand ab etwa 1910 im Observatorium in Sydney. Eine von der New York Central Railroad Co. benutzte Maschine mit der Nr. 2015 wurde 1912 gefertigt. Diese vier Beispiele bestätigen, dass die Zuordnung der Baujahre bis 1912 einigermaßen richtig ist.

Wie eine Umfrage vom Herbst 2018 zeigt, ist das „Register of Millionaire calculators" von John Wolff's web museum unvollständig. Es hält für die verschiedenen Modelle folgende Merkmale fest: Anzahl Stellen (6, 8, 10, 12), Zahleneingabe mit Schiebern oder Tasten, Holz- oder Metallgehäuse, Betrieb mit Handkurbel oder Elektromotor. Webseite:
http://johnwolff.id.au/calculators/Egli/Register/MillionaireRegister.htm.

Tab. 16.5: Unsichere Zuordnung von 1917 bis 1933 (Schätzung)

Zeitraum 1917–1933 **Seriennummern**	**Baujahr**	**Gesamt**	**Zuteilung**
2538–3020	1917		483 Stück/Jahr
3021–3500	1918	963	480 Stück/Jahr
4001–4200	1919		200 Stück/Jahr
4201–4400	1920	400	200 Stück/Jahr
6001–6180	1921		180 Stück/Jahr
6181–6350	1922		170 Stück/Jahr
6351–6510	1923		160 Stück/Jahr
6511–6650	1924?		140 Stück/Jahr
6651–6770	1925?		120 Stück/Jahr
6771–6870	1926?		100 Stück/Jahr
6871–6950	1927?		80 Stück/Jahr
6951–7020	1928?		70 Stück/Jahr
7021–7080	1929?		60 Stück/Jahr
7081–7100	1930?		20 Stück/Jahr
7101–7108	1931?		8 Stück/Jahr
–	1932		0 Stück/Jahr
–	1933	1108	0 Stück/Jahr
Gesamt		2471	
Mittelwert/Jahr		145,353	
© Bruderer Informatik, CH-9401 Rorschach 2020			

Hinweis
Ab 1924 ist die Festlegung der Baujahre nicht mehr nachvollziehbar. Die Maschinen wurden wahrscheinlich mehrere Jahre früher hergestellt als hier eingetragen.

Anmerkungen
Von 1917 bis 1933 wurden 2471 Geräte (5008-2537) hergestellt, jährlich im Durchschnitt 145,35 Stück. Die Jahresproduktion ging mit dem Aufkommen elektrischer Vierspeziesmaschinen ab etwa 1930 stark zurück. Diese Zuordnung beruht auf der Fertigung von durchschnittlich 145 Stück/Jahr.

Es wird angenommen, dass alle serienmäßig gefertigten Maschinen (und Modelle) fortlaufend ab der Nr. 1 benummert wurden. Dabei gab es offenbar große Lücken. Sprünge bei der Nummerierung (z.B. neue Zählung ab gewissen Modellen) und die gemeinsame Nummerierung mit der Madas (ab etwa 1924) haben zur Folge, dass sich die Bauzeit nach vorn verschiebt, d.h. die Maschinen sind mehrere Jahre älter. Die Bestimmung des Herstellungsjahrs wird damit (ab der Nr. 6500) immer ungewisser.

Lücken in der Benummerung und eine gemeinsame Nummerierung fördern die Vermarktung, erschweren aber die Datierung. Damit kann man auch die Mitbewerber täuschen.

Bis Oktober 1933 wurden 5 008 Millionär-Maschinen (+ 25 Excelsior) gefertigt, bis Ende 1941 kamen 66 Exemplare hinzu. Im Schnitt sind das noch 8,25 Stück/Jahr.

Der Liste von John Wolff sind folgende Angaben zu entnehmen: Das US-Landwirtschaftsministerium kaufte Nr. 2372 angeblich um 1911. Nr. 2566 wurde ab 1917 von der Metropolitan Gas Co. in Melbourne gebraucht. Die Millionär 4307 wurde von Rothamsted Research in Harpenden, Herts, 1919 für statistische Zwecke angeschafft, die Nr. 6338 wurde 1923 erworben.

Das Musée de la machine à écrire, Lausanne, hat eine Millionär mit der Nr. 6443. Sie ist mit einer Multiplikationstastatur ausgestattet, die 1927 eingeführt wurde. Die Maschine wurde wohl schon um 1923 gefertigt und später umgebaut, denn Multiplikationstasten haben auch die Nummern 10 193, 10852, 15 075 und Nr. 17523.

In der Sammlung von Fritz Rusterholz, Herrliberg ZH gibt es eine Millionär Nr. 10852 mit Multiplikationstasten. Sie wurde offensichtlich an das Kraftwerk Laufenburg AG geliefert. Eine Postkarte belegt die Anmeldung eines Monteurs für die erste Revision im Oktober 1940. Die gleiche Sammlung umfasst auch eine Madas mit Nr. 11154, die sich aufgrund des außenliegenden Motors und der Divisionsstopptaste auf etwa 1927 datieren lässt. Weil die Millionär eine tiefere Nummer hat, wurde sie wohl 1927 gebaut (aber vermutlich erst später verkauft). (Mitteilung von Fritz Rusterholz vom 28. Januar 2019).

Die Zuverlässigkeit des wolffschen Verzeichnisses lässt sich nur bedingt überprüfen. Unsicher scheint vor allem das Kaufdatum beim Landwirtschaftsministerium. Die Bestimmung der Baujahre aufgrund der Seriennummern scheint bis 1927 mehr oder weniger zuzutreffen.

Die Millionär (Nachbau) der Carnegie-Mellon-Universität, Pittsburgh, trägt die Fabriknummer 2380. Das National Museum of American History, Washington, D.C., hat zwei Exemplare mit den Nummern 2432 und 2609. In allen drei Fällen wird *Hans W. Egli* als Hersteller aufgeführt, sie wurden offensichtlich vor 1918 gebaut. Das gilt auch für die Nr. 2505 des Heinz-Nixdorf-Museumsforums in Paderborn und die Nr. 2770 des Canada Science and Technology Museums, Ottawa.

Die Maschinen Nr. 3044 und 4062 des Berner Museums für Kommunikation, die Nr. 3260 der Abteilung Amtliche Vermessung der Stadt Zürich und die Nr. 3282 aus der Collection of Historical Scientific Instruments der Harvard-Universität tragen ein Schild mit der Firmenbezeichnung *H.W. Egli SA*. Sie wurden demnach wahrscheinlich ab 1918 gefertigt.

Tab. 16.6: Grenze zwischen Einzelfirma und Aktiengesellschaft

Unternehmensform **Seriennummer**	**Hersteller**
2359	Hans W. Egli
2372	Hans W. Egli
2380	Hans W. Egli
2432	Hans W. Egli
2505	Hans W. Egli
2547	Hans W. Egli
2597	Hans W. Egli
2598	Hans W. Egli
2609	Hans W. Egli
2637	*H.W. Egli AG*
2648	*H.W. Egli AG*
2653	Hans W. Egli
2741	*H.W. Egli AG*
2770	Hans W. Egli
2851	*H.W. Egli AG*
2910	Hans W. Egli
2918	H.W. Egli AG
3035	H.W. Egli AG
3044	H.W. Egli AG
3055	*Hans W. Egli*
3066	*Hans W. Egli*
3177	*Hans W. Egli*
3230	*Hans W. Egli*
3260	H.W. Egli AG
3262	H.W. Egli AG
3282	H.W. Egli AG
3357	H.W. Egli AG
3376	*Hans W. Egli*
4007	*Hans W. Egli*
4062	H.W. Egli AG
4089	*Hans W. Egli*
4108	*Hans W. Egli*
4321	H.W. Egli AG
4361	H.W. Egli AG
4372	H.W. Egli AG

Anmerkungen

Maschinen mit dem Namenschild Hans W. Egli wurden in der Regel vor 1918 hergestellt. Die Bezeichnungen „H.W. Egli AG“ und „H.W. Egli SA“ weisen üblicherweise auf eine Fertigung ab 1918 hin. Die Millionär-Maschinen tragen etwa ab der Nr. 3000 ein Namensschild der Firma H.W. Egli AG. Es gibt allerdings zahlreiche Ausnahmen: Nr.

2637, 2741, 2851, 2918, 3055, 3066, 3177, 3230, 3376, 4007, 4089 und 4108. Die Nummerierung ist manchmal schwer durchschaubar. Saudan nimmt an, dass auf den Namen Hans W. Egli lautende Schilde bei der Überholung (Revision), der Wiederaufbereitung, der Reparatur oder beim Umbau durch das Firmenschild H.W. Egli AG ersetzt wurden. Vielleicht stammen die Geräte aus Lagerbeständen und Rücknahmen oder waren Gebrauchtware. Teils fehlen Herstellerangaben, teils wurden die Firmenschilde von den Vertretungen durch eigene Schilde ersetzt.

Für die Millionär fehlen über 10 000 Seriennummern

Rund 5 100 Millionär-Maschinen wurden gefertigt, die Seriennummern laufen aber bis über 17 000. Es fehlen also mehr als 10 000 Seriennummern. Die meisten Nummern wurden offensichtlich der Madas zugewiesen. Von der Unternehmensgründung (1893) bis zur Auflösung der Firma (1972) produzierte die H.W. Egli AG 100 313 Rechenmaschinen: 5 099 Millionär (einschließlich Excelsior), 93 964 Madas und 1 250 Eos.

Tab. 16.7: Datierung aufgrund der Seriennummern (zusammenfassende Schätzung: 1896–1924)

Zeitraum 1896–1924	
Seriennummern	**Baujahr**
1–12	1896
13–48	1897
49–84	1898
85–120	1899
121–156	1900
157–192	1901
193–228	1902
229–264	1903
265–300	1904
301–410	1905
411–600	1906
601–830	1907
831–1050	1908
1051–1350	1909
1351–1634	1910
1635–1911	1911
1912–2074	1912
2075–2237	1913
2238–2303	1914
2304–2369	1915
2370–2537	1916
2538–3020	1917
3021–3500	1918
4001–4200	1919
4201–4400	1920

Zeitraum 1896–1924	
Seriennummern	**Baujahr**
6001–6180	1921
6181–6350	1922
6351–6510	1923
6511 ff.	ab 1924

Anmerkungen
Die Seriennummern 3501–4000 und 4501–6000 wurden laut Gérald Saudan für die Madas vorbehalten. Die Nummern von 6501 bis (angeblich) 14000 kamen für die Madas und gelegentlich für die Millionär zur Anwendung (vgl. Gérald Saudan: Swiss calculating machines. H. W. Egli A.-G., Yens sur Morges VD 2017, Seite 71). Die Nummern 14382, 15007, 15075, 15125 (Universität Melbourne) und 17523 sind ebenfalls als Millionär-Maschinen belegt. Die Nummern 4401–4500 dem Jahr 1920 zugeordnet.

Eine Überprüfung ergibt, dass die folgenden Nummern an *Madas*-Maschinen vergeben wurden: 3512 (Museum für Kommunikation, Bern), 3527 (Wolff, Belgrave), 3533 (National Museum of American History, Washington), 3691 (Narr, Windisch), 3775 (Wolff, Belgrave), 3992 (Narr, Windisch), 3997 (Denz, Münster) sowie 4540 (Museum Enter, Solothurn), 4571 (National Museum of American History, Washington), 4650 (Museum Enter, Solothurn), 4757 (Science Museum, London), 5095 (National Museum of American History, Washington), 5460 (Museum für Kommunikation, Bern), 5836 (Barbian, Düsseldorf), 5920 und 5951 (beide Museum Enter, Solothurn), ferner Nr. 6518 (Historische Bürowelt aktuell 2019, Heft 1), 6595 (Museum Enter, Solothurn), 6875 (Technische Sammlungen Dresden).

Die Nr. 3055, 3066, 3086, 3177, 3253, 3260, 3265, 3282, 3285, 3347, 3357, 3376 und 3431 sowie 4007, 4022, 4062, 4089, 4154, 4321 und 4493 sowie 6082, 6290, 6443 und 6455 sind Millionär-Maschinen. Die Nr. 3285 und 6455 werden im Rechnerlexikon (www.rechnerlexikon.de) erwähnt.

Die Beziehungen zwischen der Fabriknummer und dem Baujahr ist im folgenden Schaubild (vgl. Abb. 16.17) dargestellt.

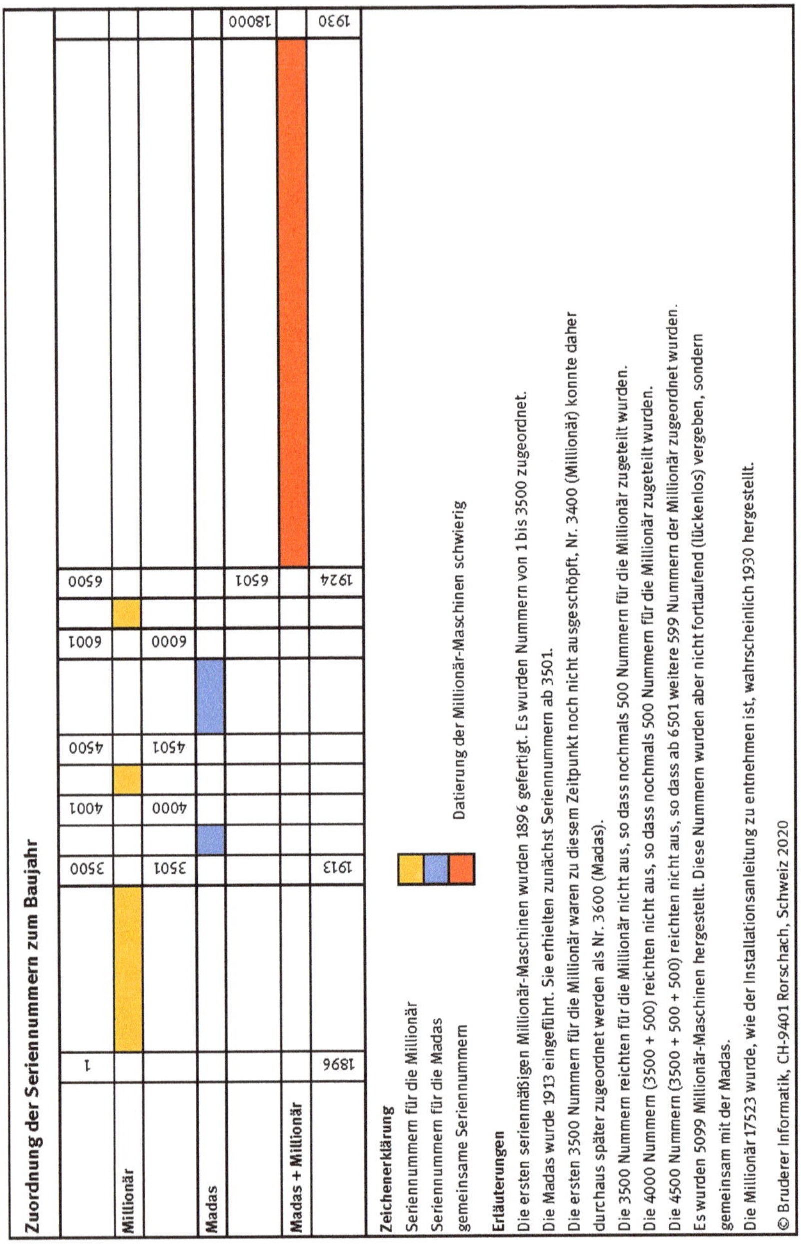

Abb. 16.17: Datierung der Millionär-Maschinen. Die Seriennummern der Millionär durchlaufen drei unterschiedliche Bereiche. Unklar ist die Zuordnung vor allem ab 1924 (© Bruderer Informatik, CH-9401 Rorschach 2020).

Bis zum Beginn der gemeinsamen Nummerierung mussten 4500 Nummern für die Millionär vergeben werden. Diese Darstellung schließt nicht aus, dass nach 1930 weitere Millionär-Maschinen hergestellt wurden.

Tab. 16.8: Seriennummern je nach Bauart

Seriennummer und Bauart	
Bauart	**Seriennummern**
handbetriebene Maschinen	von 1 bis etwa 7000
Maschinen mit Elektromotor	ab etwa 2000 bis etwa 17000
Maschinen mit Schiebereinstellung	von 1 bis etwa 7000
Maschinen mit Tastatur	ab etwa 2000 bis etwa 17000

Hinweis
Diese Werte stimmen mit der obigen Zuteilung der Baujahre weitgehend überein.

Der Herstellername und die Modelle erlauben erste Rückschlüsse auf die Bauzeit (vgl. Kasten).

Datierung aufgrund der Bauart und der Herstellerbezeichnung
Die Bauart der Millionär und Herstellername vermitteln einige Hinweise zur Datierung:
- Modelle mit Schiebereinstellung ab 1896
- Modelle mit Tastatur ab 1913
- Modelle mit Handbetrieb ab 1896
- Modelle mit elektrischem Antrieb ab 1911
- Modelle mit Doppelzählwerk ab 1914
- Herstellername: Hans W. Egli, Zürich 2 bis 1918
- Herstellername: H.W. Egli A.-G., Zürich 2 ab 1918
- Einstellkontrolle bei Tastenmaschinen ab 1924
- Modelle mit Multiplikationstastatur ab 1927

Anmerkungen
Die vorliegenden Unterlagen der H.W. Egli AG geben Auskunft über die Einführung gewisser Modelle, nicht aber über das Ende der Fertigung. Nähere Angaben über die Produktionszeit der verschiedenen Typen (Holz- oder Metallgehäuse, Schieber, Handbetrieb, Anzahl Stellen in Einstellwerk, Ergebniswerk und Umdrehungszähler) würden die Datierung erleichtern.

Die Einführung der Volltastatur (1913) ermöglichte die Entwicklung eines Konstantenapparats (Musterschutz 1914). Dieses Zusatzgerät, das F. Bühlmann 1915 in seinem Aufsatz beschreibt, erleichterte die Arbeit im Vermessungswesen erheblich (vgl. F. Bühlmann: Die Berechnung der Koordinaten der Grenzpunkte mit der Rechenmaschine „Millionär“, in: Schweizerische Geometer-Zeitung, Band 13, 1915, Heft 6, Seiten 154–164).

In der Preisliste von Hans W. Egli von 1914 werden Millionär-Maschinen mit Schiebereinstellung und Tastatur, mit Handbetrieb und elektrischen Antrieb, mit Doppelzählwerk sowie eine Schiebermaschine im Holzkasten angeboten.

Folgende Maschinen haben eine hölzerne Verkleidung: 1464, 2702, 4089.

Handelsregistereintrag
Laut dem Schweizerischen Handelsamtsblatt Nr. 78 vom 3. April 1918 (Seiten 534–535) wurde die Firma H.W. Egli A.-G. am 30. März 1918 ins Handelsregister eingetragen. Man kann also in der Regel davon ausgehen, dass Maschinen mit dem Namensschild Hans W. Egli spätestens bis zum 29. März 1918 und Maschinen mit dem Namensschild H.W. Egli AG oder H.W. Egli S.A. frühestens ab dem 30. März 1918 hergestellt wurden. Die Verwendung einer falschen Firmenbezeichnung ist rechtswidrig.

Datierung bei ausgewählten Sammlungen

Im Folgenden (vgl. Tab. 16.9–16.39) wird versucht, das Baujahr zu bestimmen.

Da nicht alle Sammlungsdatenbanken öffentlich zugänglich sind oder Seriennummer bzw. Baujahr fehlen, wurde zu Prüfzwecken eine weltweite Umfrage durchgeführt. Sie bezieht sich vor allem auf Europa, Nordamerika und Australien. In einigen Fällen gingen bis zum Redaktionsschluss keine Antworten ein, u.a. von: Bletchley Park (National Museum of Computing), Bonn (Arithmeum).

Vorbemerkung
In mehreren Fällen wird 1895 als Baujahr angegeben. Die Ursache für diese irrtümliche Datierung liegt in einem Vermerk, der auf gewissen Maschinen vorkommt:
P$^{\underline{\text{TD}}}$ May 7$^{\underline{\text{TH}}}$ 1895. Sept. 17$^{\underline{\text{TH}}}$ 1895 (ptd = patented).

Diese irreführenden Angaben beziehen sich auf zwei US-Patente von Otto Steiger und haben mit dem Baujahr nichts zu tun.

Die Museen bzw. Sammlungen sind alfabetisch nach Ländern und innerhalb der Länder alfabetisch nach Orten angeordnet.

Australien

Tab. 16.9: Museums Victoria, Melbourne

Nummer	Baujahr
625	1907
1693	1911

Tab. 16.10: Powerhouse Museum, Sydney (Museum of Applied Arts & Sciences)

Nummer	Baujahr
212	1902
960	1908
1077	1909
1385	1910
1392	1910
1829	1911

Anmerkung
Henry Ferdinand Halloran soll Nr. 1077 von 1899 bis 1950 verwendet haben. Diese Aussage ist fehlerhaft.

Tab. 16.11: John Wolffs Webmuseum, Belgrave, Victoria

Nummer	Baujahr
2789	1917
2968	1917

Anmerkung
Nr. 2789 ist eine Schiebermaschine, Nr. 2968 hat eine Tastatur und einen Elektromotor.

Belgien

Tab. 16.12: Privatsammlung von Cris Vande Velde, Berendrecht

Nummer	Baujahr
1515	1910
9244	nach 1924

Anmerkung
Nr. 1515 hat Einstellschieber. Nr. 9244 ist eine elektrische Tastenmaschine mit Doppelzählwerk.

Deutschland

Tab. 16.13: Deutsches Technikmuseum, Berlin

Nummer	Baujahr
310	1905
9176	nach 1924

Anmerkung
Die Schiebermaschine Nr. 310 trägt den Herstellernamen Hans. W. Egli. 1918 wurde die Einzelfirma in die H.W. Egli AG umgewandelt. Nr. 9176 hat eine Tastatur. Herstellerin war die H.W. Egli AG.

Tab. 16.14: Arithmeum, Bonn

Nummer	Baujahr
10	1896
73	1898
1402	1910
1846	1911
2564	1917
2633	1917
2950	1917
7565	nach 1924
9211	nach 1924

Anmerkung
Nr. 73 ist eine Excelsior. Nr. 1402 verwendet Schieber und steckt in einem Metallgehäuse.

Tab. 16.15: Privatsammlung von Michael Lewin, Darmstadt

Nummer	Baujahr
6	1896
7	1896
26	1897
3431	1918
9136	nach 1924
10193	nach 1924

Anmerkung
Nr. 10193 (VIII eT) hat eine Multiplikationstastatur.

Tab. 16.16: Privatsammlung von Hans Barbian, Düsseldorf

Nummer	Baujahr
2367	1915
6279	1922

Anmerkung
Nr. 2367 ist eine elektrische Schiebermaschine. Die Seitenwände sind mit Plexiglas verkleidet. Nr. 6279 hat eine Tastatur und merkwürdigerweise zwei Firmenschilde (Hans W. Egli und H.W. Egli SA).

Tab. 16.17: Deutsches Museum, München

Nummer	Baujahr
1115	1909
1160	1909
10248	nach 1924

Anmerkung
Modelle mit Tastatur (Nr. 10248) erscheinen ab 1913.

Tab. 16.18: Heinz-Nixdorf-Museumsforum, Paderborn

Nummer	Baujahr
1712	1911
2505	1916
6046	1921
6151	1921

Frankreich

Tab. 16.19: Musée des arts et métiers, Paris

Nummer	Baujahr
2169	1913
10823	nach 1924

Anmerkung
Die Nr. 10823 hat ein zweites Zählwerk. Solche Maschinen waren ab 1914 verfügbar.

Großbritannien (Vereinigtes Königreich)

Tab. 16.20: Science Museum, London

Nummer	Baujahr
1382	1910
2741	1917
2918	1917

Italien

Tab. 16.21: Museo nazionale della scienza e della tecnologia „Leonardo da Vinci“, Mailand

Nummer	Baujahr
2851	1917
3347	1918

Anmerkung
Nr. 2851 ist eine Schiebermaschine, Nr. 3347 hat eine Tastatur.

Kanada

Tab. 16.22: Canada Science and Technology Museum/Musée des sciences et de la technologie du Canada, Ottawa

Nummer	Baujahr
1902	1911
2770	1917

Anmerkung
Beide Maschinen nutzen für die Zahleneingabe Schieber.

Niederlande

Tab. 16.23: Rijksmuseum Boerhaave, Leiden

Nummer	Baujahr
4089	1919

Anmerkungen
Rijksmuseum bedeutet staatliches Museum. Diese Maschine wurde in einen Holzrahmen eingebaut. In Eglis Preisliste von 1914 wird eine Schiebermaschine im Holzkasten aufgeführt.

Die Firma Hermann Moos & Co., Löwenstr. 61, Zürich 1, ein „Spezial-Geschäft für moderne Büro-Einrichtungen und Büro-Maschinen“, lieferte „1 Millionär-Rechenmaschine No. 4089, mit Schiebereinstellung, 8x8=16 stellig“ für 2100 Franken und ein Gestell dazu für 200 Franken sowie einen Garantieschein (für zwei Jahre) an den niederländischen Astronomen Willem de Sitter. Das ist einer „Faktura“ vom 5. Oktober 1920 zu entnehmen. Diese Dokumente befinden sich im Archiv der Universität Leiden. Andries de Man schreibt in einer Mitteilung vom 18. November 2018: „Laut T. van Helvoort in „Een verborgen revolutie: de computerisering van de Rijksuniversiteit Groningen“, Uitgeverij Verloren, 2012, Seite 65, war es eine gebrauchte („tweedehands“) Maschine, aber das ist nicht bestätigt“. Dem Handbuch der Büromaschinen (Verlag für Sammler-Literatur Dingwerth GmbH, Delbruck 2003, Nachdruck) zufolge kostete eine Millionär 1927 je nach Modell 1750 bis 4600 Franken.

Österreich

Tab. 16.24: Technisches Museum Wien

Nummer	Baujahr
1314	1909
6480	1923
9129	nach 1924

Anmerkung

Die Schiebermaschine Nr. 1314 wurde von der Einzelfirma Hans W. Egli angefertigt, die übrigen von der H.W. Egli AG. Nr. 6480 hat eine Tastatur.

Tab. 16.25: Privatsammlung von Franz Pehmer, Markersdorf

Nummer	Baujahr
479	1906
15007	nach 1924

Anmerkung

Nr. 479 ist eine Schiebermaschine, Nr. 15007 hat eine Tastatur und einen Elektromotor.

Schweden

Tab. 16.26: Tekniska museet, Stockholm (National Museum of Science and Technology)

Nummer	Baujahr
1323	1909
6346	1922

Anmerkung

Nr. 6346 ist eine Schiebermaschine.

Schweiz

Tab. 16.27: Museum für Kommunikation, Bern

Nummer	Baujahr
240	1903
1520	1910
3044	1918
4062	1919

Anmerkungen
Nr. 4062 ist eine Maschine mit Tastatur. Eine Nr. 240 ist auch in der Sammlung der Harvard-Universität erhalten. Hier liegt wohl ein Fehler des Herstellers vor.

Tab. 16.28: Privatsammlung von Hans Peter Schaub, Gelterkinden BL

Nummer	Baujahr
2547	1916
4007	1919

Anmerkung
Die Maschine Nr. 2547 hat Schieber, Nr. 4007 Tasten.

Tab. 16.29: Privatsammlung von Fritz Rusterholz, Herrliberg ZH

Nummer	Baujahr
125	1900
2910	1917
3262	1918
4361	1920
10852	nach 1924

Anmerkung
Die Maschine Nr. 125 ist in einem Holzkasten, die Nr. 10852 hat eine Multiplikationstastatur. Wiederverkäufer von Nr. 4361 war die Firma Hermann Moos & Co., Zürich. Dem Schweizerischen Handelsamtsblatt (SHAB), Band 38, Nr. 283, 9. November 1920, Seite 2113, ist zu entnehmen: „6. November. Die Firma Hermann Moos & Co, in Zürich 1 [...] ist infolge Ueberganges des Geschäftes in Aktiven und Passiven an die Kollektivgesellschaft unter der Firma „Pfeiffer & Brendle“, in Zürich 1 und daheriger Auflösung dieser Kollektivgesellschaft erloschen.“ Die Firma Hermann Moos & Co wurde am 1. Januar 1914 (SHAB, Band 32, Nr. 2, 5. Januar 1914, Seite 9), die Firma Pfeiffer & Brendle am 1. November 1920 (SHAB, Band 38, Nr. 275, 30. Oktober 1920, Seite 2059) gegründet. Die Firma Herrmann Moos & Co. existierte von Januar 1914 bis November 1920. Die Nr. 4361 wurde also spätestens 1920 gefertigt.

Tab. 16.30: Musée de la machine à écrire, Lausanne

Nummer	Baujahr
3230	1918
6443	1923

Anmerkung
Nr. 6443 hat eine Multiplikationstastatur, die 1927 eingeführt wurde. Möglicherweise wurde sie bei diesem Exemplar nachträglich eingebaut.

Tab. 16.31: Museum Enter, Solothurn

Nummer	Baujahr
1169	1909
1680	1911
2905	1917
3066	1918
4321	1920

Anmerkung
Nr. 1680 ist eine Schiebermaschine in einem Holzgehäuse. Nr. 3066 hat Schieber, 4321 ist mit einer Tastatur ausgestattet. Die beiden Maschinen 1169 und 2905 sind nicht ausgestellt.

Tab. 16.32: Privatsammlung von Bruno Narr, Windisch AG

Nummer	Baujahr
1834	1911
2637	1917
6203	1922

Anmerkung
Nr. 1834 ist in einem Holzkasten, die übrigen sind in einem Blechkasten, Nr. 6203 hat eine Tastatur, die übrigen haben Schieber.

Tab. 16.33: Schweizerisches Nationalmuseum, Zürich

Nummer	Baujahr
784	1907
1377	1910

Tschechien

Tab. 16.34: Národní technické muzeum, Prag (National Technical Museum)

Nummer	Baujahr
791	1907
7558	nach 1924

Anmerkung
Nr. 791 arbeitet mit Schiebern, Nr. 7558 bietet eine Tastatur an.

Vereinigte Staaten von Amerika (USA)

Tab. 16.35: Harvard-Universität, Cambridge, Massachusetts

Nummer	Baujahr
240	1903
704	1907
3282	1918
6215	1922

Anmerkungen
Die Nr. 240 und 704 haben Schieber und ein auf Hans W. Egli lautendes Namensschild, die Nr. 3282 und 6215 bieten eine Tastatur an und tragen ein Namenschild mit H.W. Egli AG (SA.). Eine Nr. 240 ist auch im Berner Museum für Kommunikation erhalten. Hier liegt wohl ein Fehler des Herstellers vor.

Tab. 16.36: MIT Museum, Cambridge, Massachusetts

Nummer	Baujahr
1030	1908
1637	1911
2653	1917
3177	1918

Anmerkungen
Nr. 3177 hat eine Tastatur, die übrigen Maschinen verwenden Schieber. Nr. 2653 ist mit einem Motor ausgestattet.

Tab. 16.37: Yale-Universität, New Haven, Connecticut

Nummer	Baujahr
3086	1918
9104	nach 1924

Tab. 16.38: Computer History Museum, Mountain View, Kalifornien

Nummer	Baujahr
272	1904
488	1906
539	1906
990	1908
1073	1909
1523	1910
4493	1920
6417	1923

Anmerkung
Das Museum hat die Gwen Bell artifact and book collection übernommen. Bei den Nr. 272, 539 und 1073 werden die Zahlen mit Schiebern eingegeben. Die Schiebermaschinen 4493 und 6417 sind elektromechanische Geräte. Solche Modelle mit Elektromotor wurden 1911 eingeführt. Auf der Webseite von Gordon Bell werden hingegen folgende Herstellungsjahre erwähnt: 1900 (Nr. 272), 1903 (Nr. 539), 1920 (Nr. 4493).

Tab. 16.39: National Museum of American History, Washington, D.C.

Nummer	Baujahr
809	1907
821	1907
832	1908
837	1908
1132	1909
2432	1916
2609	1917
4154	1919
9123	nach 1924
14382	nach 1924

Weitere Sammlungen

Die Jahrangaben sind *Richtwerte*.

Die Maschinen sind alfabetisch nach Ländern und Orten angeordnet.

Australien

- Die Nr. 2702 aus der Computing and Information Systems Collection der Universität Melbourne, Victoria, ist eine Schiebermaschine im Holzkasten (etwa 1917).

Deutschland

- Eine Millionär mit Nr. 1455 mit Holzkasten (um 1910) ist im *Deutschen Bergbau-Museum* Bochum erhalten.

- Der *Mathematisch-physikalische Salon* in Dresden nennt die Millionär Nr. 889 (etwa 1909) sein Eigen.
- Die *Technischen Sammlungen Dresden* haben in ihrem Bestand eine Millionär mit Seriennummer 959 (um 1908).
- Die Millionär mit Fabriknummer 964 der *Göttinger Sammlung mathematischer Modelle und Instrumente* (Universität Göttingen) ist eine Schiebermaschine in einem Holzgehäuse. Sie wurde um 1908 gefertigt.
- Die Fabriknummer der Schiebermaschine im Holzgehäuse des *Geodätischen Instituts* der Leibniz-Universität Hannover lautet 245 (1903).
- Die Schiebermaschine des *Technoseums* in Mannheim mit Nr. 3376 ist wohl 1918 entstanden. Das Museum datiert sie auf 1927.
- In deutschen Privatsammlungen sind mehrere „Millionäre" zu finden: in Altdorf (Eggebrecht) Nr. 2597 (1917), Berlin (Bertelmann) Nr. 1629 (1910), Göttingen (Geppert) Nr. 1330 (1909, Metallkasten), Hohenstein (Atzbach) Nr. 803 (1907), Kerpen-Sindorf (Doose) Nr. 185 (1901), Lilienthal (Haertel) Nr. 2598 (1917), Münster (Denz) Nr. 3055 (1918), Usingen (Hagenah) Nr. 3357 (1918).

Schweiz
- Das kantonale Vermessungsamt in Aarau hat eine Schiebermaschine im Holzgehäuse mit der Nr. 1464. Sie stammt ungefähr aus dem Jahr 1910.
- Die Millionär des Vermessungsamts der Stadt Bern hat die Nr. 17523. Sie wurde wahrscheinlich um 1930 gefertigt, wie aus einer Installationsanleitung vom 10. März 1930 zu entnehmen ist.
- Die Tastenmaschine des Amts für Landwirtschaft und Geomatik in Chur trägt die Seriennummer 12989. Sie wurde wahrscheinlich nach 1924 hergestellt.
- Das Historische Museum Thurgau (Schloss Frauenfeld) hat eine mechanische Millionär mit Volltastatur. Sie trägt die Nr. 3265 und dürfte damit etwa 1918 gebaut worden sein.
- Das Historische Museum, Luzern, hat eine Millionär mit Nr. 14356 (Fertigung nach 1924)
- Die Maschine des Schreibmaschinenmuseums Beck in Pfäffikon ZH mit der Seriennummer 1379 entstand ungefähr 1910.
- Die Millionär Nr. 2261 der Abteilung Vermessung der Stadt St. Gallen wurde um 1914 gebaut.
- Die Abteilung Amtliche Vermessung der Stadt Zürich hat eine Tastenmaschine mit der Nr. 3260 (etwa 1918). Sie ist mit einem Konstantenapparat ausgestattet.
- In schweizerischen Privatsammlungen stehen u.a. folgende Maschinen: in Bremgarten BE (Brüngger) Nr. 2171 (1913), Buchs SG (Erne) Nr. 3253 (1918), Bülach ZH (Schwarz) Nr. 4022 (1919), Davos GR (Darnuzer) Nr. 6082 (1921), Kienberg SO (Schmid) Nr. 6290 (1922), Lenzerheide GR (Strässler) Nr. 4372 (1920), Männedorf ZH (Weiss) Nr. 915 (1908), Sattel SZ (Schwegler) Nr. 3035 (1918), Würenlos AG (Möckel) Nr. 2648 (1917), Yens VD (Saudan) Nr. 2943 (um 1917).

Anmerkung
Es handelt sich um eine Schiebermaschine.

Für die Kantonskürzel vgl. Abschnitt 1.9.

USA
- Das *Museum of Science and Industry* in Chicago hat eine Maschine mit Nr. 10240, sie dürfte nach 1924 in den Handel gelangt sein.
- In der Traub-McCorduck Collection der Carnegie-Mellon-Universität, Pittsburgh, Pennsylvania, gibt es eine Millionär mit Nr. 2380 (um 1916). Dabei handelt es sich um einen Nachbau von Roberto Guatelli.
- Die Millionär der *IBM Corporate Archives* in Poughkeepsie, New York, mit der Nummer 403 stammt etwa aus dem Jahr 1905.

Quellen

Archiv des Swiss science center Technorama, Winterthur (Kartei „Rechenmaschinen und Rechengeräte" mit entsprechenden Dossiers)

F. Bühlmann: Die Berechnung der Koordinaten der Grenzpunkte mit der Rechenmaschine „Millionär", in: Schweizerische Geometer-Zeitung, Band 13, 1915, Heft 6, Seiten 154–164

H. W. Egli AG (Hbt./hh): 50 Jahre Egli-Rechenmaschinen. Entwurf zu einer Jubiläumsschrift, Zürich 1943, 13 Seiten (maschinenschriftlich, Hbt. steht möglicherweise für Herbert Bannwart), Museum für Kommunikation, Bern, Pap 1734

H. W. Egli AG (Hbt./hh): 50 Jahre Egli-Rechenmaschinen. Entwurf zu einer Jubiläumsschrift, Zürich 1943, 13 Seiten (biografisches Dossier, ETH-Hochschularchiv, maschinenschriftlich, Hbt. Steht möglicherweise für Herbert Bannwart)

H. W. Egli AG: 50 Jahre schweizerische Rechenmaschinenindustrie, Zürich 1943, 32 Seiten (Produktübersicht zur Madas, Rechnerlexikon)

ETH-Bibliothek: Albert Einstein's Zürich, ETH Zurich 2016, 6 Seiten (Faltprospekt, englisch)

ETH-Bibliothek: Albert Einsteins Zürich, ETH Zürich 2016, 6 Seiten (Faltprospekt, deutsch)

Adolf Haarpaintner: Entwicklungsgang der Rechenmaschine „Millionär", Zürich, 7. Oktober 1933, 15 Seiten (handschriftlich), Museum für Kommunikation, Bern, Pap 1734

Adolf Haarpaintner: Zusammenstellung aller Sorten der fabrizierten „Millionär", 7. Oktober 1933, 1 Seite (handschriftlich), Museum für Kommunikation, Bern, Pap 1734

Michael Lewin: Entwicklungsgeschichte der Rechenmaschinen der Firma H.W. Egli bis 1931, in: Typenkorb 1992, Heft 48, Seiten 15–20

Michael Lewin: Entwicklungsgeschichte der Rechenmaschinen der Firma H.W. Egli bis 1931, in: Typenkorb 1992, Heft 49, Seiten 6–12

Michael Lewin; Ullrich Wolff: Die Entwicklung der „Millionär"-Rechenmaschine, in: Historische Bürowelt, Dezember 2014, Heft 98, Seiten 3–11

o. V.: 50 Jahre Egli Rechenmaschinen Fabrik AG, Zürich, Oktober 1943, 2 Seiten (maschinenschriftlich) (Quelle: Schweizerisches Sozialarchiv, Zürich, Ar 422.73.1: Hans W. Egli Rechenmaschinen Zürich 1914-1948)

o. V.: Daten aus der Geschichte der Firmen Hans W. Egli und H.W. Egli A.G., Zürich-Wollishofen, o. J. (um 1961) (Kürzel 11/10/611 RK-; Kopie von Hbt), 2 Seiten (maschinenschriftlich), Museum für Kommunikation, Bern, Pap 1734

o. V.: Gebrauchs-Anleitung für die Rechenmaschine „Millionär". Patent Otto Steiger, Hans W. Egli, Ingenieur, Zürich 2, o. J. (um 1905), 36 Seiten (mit Referenzen vom April 1904) (Quelle: Schweizerisches Sozialarchiv, Zürich, Ar 422.73.1: Hans W. Egli Rechenmaschinen Zürich 1914-1948)

o. V.: Gebrauchs-Anleitung für die Rechenmaschine „Millionär". Patent Otto Steiger, Hans W. Egli, Ingenieur, Zürich 2, Fabrikation von Rechenmaschinen, o. J. (um 1908), 31 Seiten (Informatik-Bibliothek der ETH Zürich)
o. V.: H. W. Egli AG. Rechenmaschinenfabrik, Seestraße 356/358, Zürich-Wollishofen, gegründet 1893, 2 Seiten, um 1943, Museum für Kommunikation, Bern, Pap 1734
o. V.: ohne Titel, „Total v. H.W. Egli AG produzierte Rechenmaschinen (vom Anfang bis zur Liquidation), um 1972, 1 Seite (handschriftlich), Museum für Kommunikation, Bern, Pap 1734
o. V.: Rechenmaschinen geliefert bis Jan. 1942, 1 Seite (handschriftlich), Museum für Kommunikation, Bern, Pap 1734
Martin Reese: 55 erfolgreiche Jahre: Madas-Rechenautomaten aus der Schweiz 1913–1968, in: Historische Bürowelt, Juni 2010, Heft 82, Seiten 15–22
Register of Millionaire calculators, John Wolff's web museum (http://johnwolff.id.au/calculators/Egli/Register/MillionaireRegister.htm)
Gérald Saudan: Swiss calculating machines. H. W. Egli A.-G. – A success story, Yens sur Morges VD 2017, 147 Seiten (Selbstverlag)
Gérard Schmid; Michael Lewin: Die Millionär N° 10, in: Historische Bürowelt, 2017, Heft 108, Seiten 20–23
H. Sossna: Auflösung der Aufgabe des Einkettens mittelst Maschine und numerisch-trigonometrischer Tafel. Die neue Multiplicationsmaschine von Otto Steiger und Hans W. Egli in Zürich, in: Zeitschrift für Vermessungswesen, Band 28, 1899, Heft 24 , Seiten 665–696

16.3.2 Madas

Das Zürcher Unternehmen brachte 1913 die erste Rechenmaschine mit automatischer Division heraus, die von *Erwin Jahnz* entworfene *Madas* (Kürzel für *M*ultiplikation, *a*utomatische *D*ivision, *A*ddition, *S*ubtraktion) (vgl. Abb. 16.18). Die Madas gehörte international zu den leistungsfähigsten mechanischen Tischrechenmaschinen. Beide, Millionär und Madas, gab es mit Hand- oder Elektroantrieb.

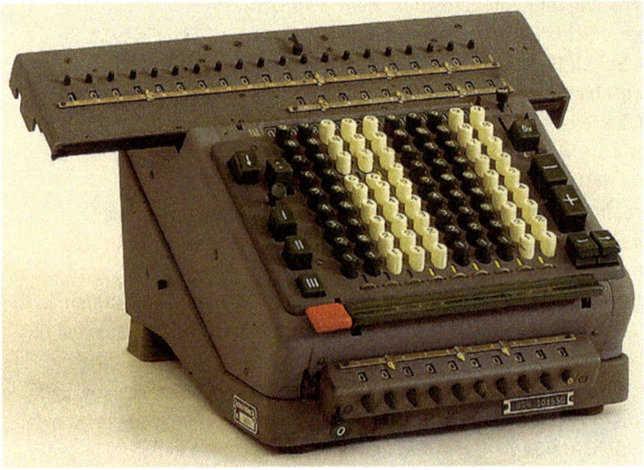

Abb. 16.18: Vierspeziesmaschine Madas mit Volltastatur. Die weit verbreitete, teure Madas war eine der leistungsfähigsten Rechenmaschinen auf dem Markt. Dieses Modell ist mit einer Volltastatur und einem Elektroantrieb ausgestattet (© Museum für Kommunikation, Bern).

16.3.3 Precisa

Ein weiterer bedeutender Schweizer Fabrikant war *Ernst Jost* von der Precisa AG, Zürich(Oerlikon). Das Unternehmen vertrieb zahlreiche Additions- und Vierspeziesrechenmaschinen der Marke *Precisa*, ohne und mit Druckwerk (vgl. Abb. 16.19–16.20).

Abb. 16.19: Precisa mit Druckwerk und Handantrieb. Die Firma Precisa bot eine Vielzahl von Modellen an. Diese Ausführung wartet mit einer Zehnertastatur und einer Handkurbel auf (© Museum für Kommunikation, Bern).

Abb. 16.20: Precisa mit Druckwerk und Elektroantrieb. Precisa war eine der bekanntesten Schweizer Marken für Rechenmaschinen, hier ein Modell mit Zehnertastatur und elektrischem Antrieb (© Museum für Kommunikation, Bern).

16.3.4 Stima

Der Uhrmacher *Albert Steinmann* aus La Chaux-de-Fonds NE entwickelte u.a. die Rechenmaschine Stima (vgl. Abb. 16.21–16.22).

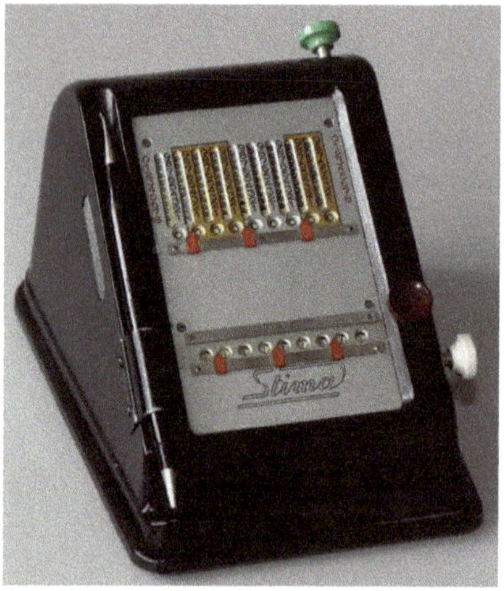

Abb. 16.21: Mehrspeziesmaschine Stima (1). Die Uhrenfabrik Albert Steinmann aus La Chaux-de-Fonds NE, über die wenig bekannt ist, hat zahlreiche Rechenmaschinen mit automatischem Zehnerübertrag gebaut. Dieses Modell wird mit einem Stift bedient (© Museum für Kommunikation, Bern).

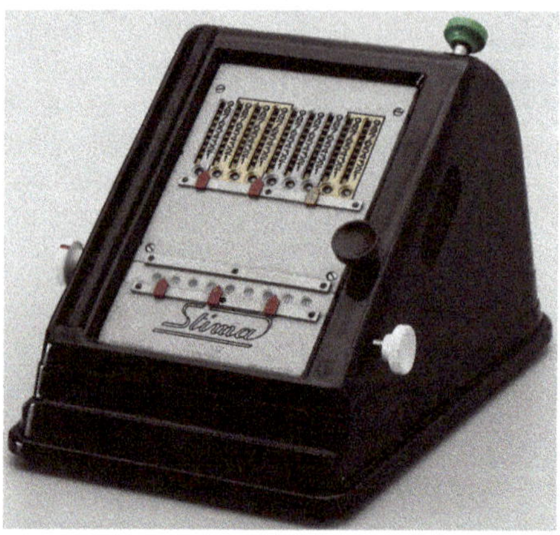

Abb. 16.22: Mehrspeziesmaschine Stima (2). Die Maschine erinnert an einen Zahlenschieber, hat aber keinen Hakenzehnerübertrag (© Schweizerisches Landesmuseum, Zürich).

„Eine neue Industrie der Uhrenbranche“

„Man schreibt uns: Nach mehr als zweijähriger technischer Arbeit hat eine der besten noch bestehenden Uhrenfabriken von La Chaux-de-Fonds eine neue Industrie, und zwar auf dem Gebiete der *Rechenmaschine*, gegründet. Der Grundgedanke war, einen Apparat, der den modernen Buchhaltungs- und Kalkulationsmethoden entspricht, der handlich, praktisch, solid und leistungsfähig sein sollte, zu bauen.

Die ersten Maschinen wurden Ende Dezember 1930 auf den Markt gebracht und fanden sofort Anklang. Heute kann man sagen, daß die besten Aussichten überholt worden sind. In der Tat sind mehr als 1000 Stück dieses Apparates in der Schweiz abgesetzt worden. Seit vielen Jahren ist der Markt mit ausländischen minderwertigen kleinen Rechenapparaten überfüllt, die mehr als Spielzeuge zu betrachten sind. Die kleine Rechenmaschine „Stima“ ist ein Präzisionsinstrument, dessen Bau wirklich nur mit entsprechenden kleinen feinen Werkzeugen, wie die Uhrmacher sie

> eben gebrauchen, fertiggebracht werden konnte. In einem Raum von 8 x 14,5 x 1,5 cm befinden sich ungefähr 500 Bestandteile, die alle auf den Hundertstel-Millimeter bearbeitet sind. Als erste ihrer Art verwirklicht diese Rechenmaschine die Kontrolle jeder eingestellten Zahl, die vollautomatische Zehnerübertragung, die Korrektur eventueller Einstellfehler, die schnelle Nullstellung. [...].-Sie wiegt mit Etui 740 Gramm. Mit diesen Eigenschaften konnte der Apparat, der nicht einmal 100 Franken kostet und der in vielen Fällen die Arbeit einer großen Maschine leistet, da verkauft werden, wo man zögerte, eine große Geldausgabe zu machen. Die Fabrik beschäftigt jetzt eine respektable Anzahl von Arbeitern.“ (Quelle: Neue Zürcher Zeitung, 2. März 1932).

Anmerkung
Die Maßangabe 1,5 cm bezieht sich nicht auf das Pultmodell, sondern auf die flache Ausführung.

Die folgenden Seiten zeigen in alfabetischer Reihenfolge ausgewählte mechanische Rechenhilfsmittel (vgl. Abb. 16.23–16.36).

1.1.1 **Conto**

Deutlich seltener war die eigenwillige *Conto* von Carl Landolt & Co., Thalwil, mit drehbaren Zeigern für die Zahleneingabe.

Abb. 16.23: Conto 1. Bei dieser Additionsmaschine, die in den Modellen A, B, und C angeboten wurde, werden die Zahlen mit den Zeigern der acht Ziffernkreise eingestellt. Der sichelförmige Hebel (oben links) sorgt für die Übertragung der eingegebenen Werte ins Ergebniswerk. Mit dem runden Knopf (links) werden die Ergebnisse gelöscht (© Daniel Maurer, Wien).

Abb. 16.24: Conto 2. Das Modell A stammt von Johannes Aumund (Patent 1905). Vorgesehen sind 6 Vorkomma- und zwei Nachkommastellen (© Schweizerisches Landesmuseum, Zürich).

16.3.6 Coréma

Aus der französischen Schweiz kam die Coréma.

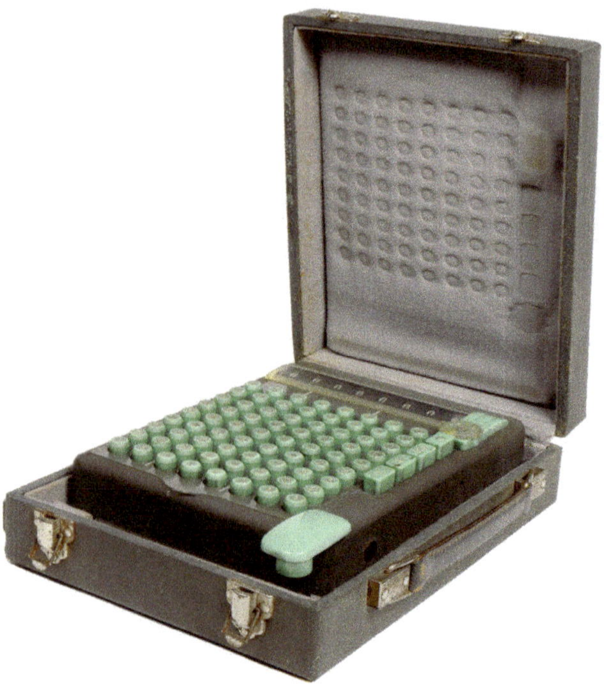

Abb. 16.25: Addier- und Subtrahiermaschine Coréma. Diese Genfer Rechenmaschine zeichnet sich durch ihre Volltastatur aus (© Museum für Kommunikation, Bern).

16.3.7 Correntator

Bergmann bot in Verbindung mit dem Zahlenschieber auch Rechentabellen an.

Abb. 16.26: Zahlenschieber Correntator, Tischmodell. Der Entwickler dieses Rechenhilfsmittels, Jean Bergmann, floh offenbar von Berlin in die Schweiz. Das Gerät setzt für die Handhabung einen Griffel voraus und verwendet den Hakenzehnerübertrag (© Museum für Kommunikation, Bern).

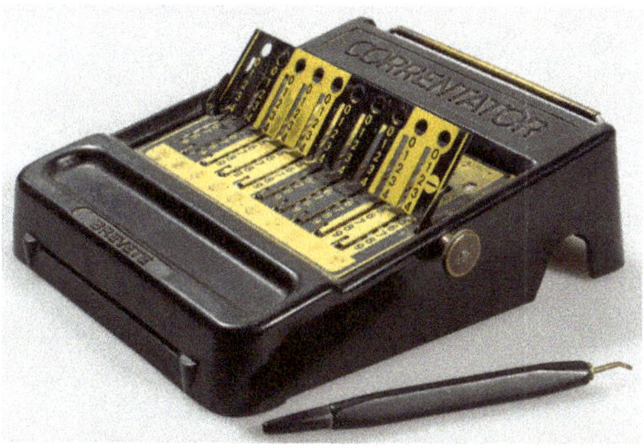

Abb. 16.27: Zahlenschieber Correntator, Taschenmodell (1). Bei diesem Taschenrechner werden die Zahlen mit einem Stift eingegeben. Für den Wechsel zwischen Addition und Subtraktion wird das Blech gewendet. Solche Griffelrechner waren früher weit verbreitet (© Historisches Museum Thurgau, Schloss Frauenfeld).

Abb. 16.28: Zahlenschieber Correntator, Taschenmodell (2). Bei den Stellen 1 bis 9 ist oben der Haken für die halbautomatische Zehnerübertagung erkennbar. Der Metallbogen (oben) dient für die Gesamtlöschung (© Historisches Museum Thurgau, Schloss Frauenfeld).

16.3.8 Demos

Die Theo Muggli AG in Zürich brachte die Rechenmaschine *Demos* auf den Markt.

Abb. 16.29: Vierspeziesmaschine Demos. Bei dieser Handrechenmaschine werden die Zahlen mit Einstellrädern eingegeben (© Museum für Kommunikation, Bern).

16.3.9 Direct

Muggli hatte auch den Tastenaddierer *Direct* im Sortiment.

Abb. 16.30: Mehrspeziesmaschine Direct (1). Kennzeichen dieses Rechenhilfsmittels von Carl Moesch sind die Volltastatur, die Handkurbel und das Druckwerk (© Museum für Kommunikation, Bern).

Abb. 16.31: Mehrspeziesmaschine Direct (2). Im Handel waren mehrere Modelle dieses Rechners erhältlich (© Schweizerisches Landesmuseum, Zürich).

16.3.10 Eos

Eos war ein Nachbau der deutschen Hannovera CK.

Abb. 16.32: Vierspeziesmaschine Eos. Diese Rechenmaschine war ein Nachbau der deutschen Hannovera (© Schweizerisches Landesmuseum, Zürich).

16.3.11 Heureka

Heureka zählt zu den frühen Kolonnenaddierern.

Abb. 16.33: Addiermaschine Heureka (1). Diese Rechenmaschine mit einer Neunertastatur gilt als selten. Das Ergebniswerk lässt zehnstellige Werte zu (© Heinz Nixdorf Museumsforum, Paderborn).

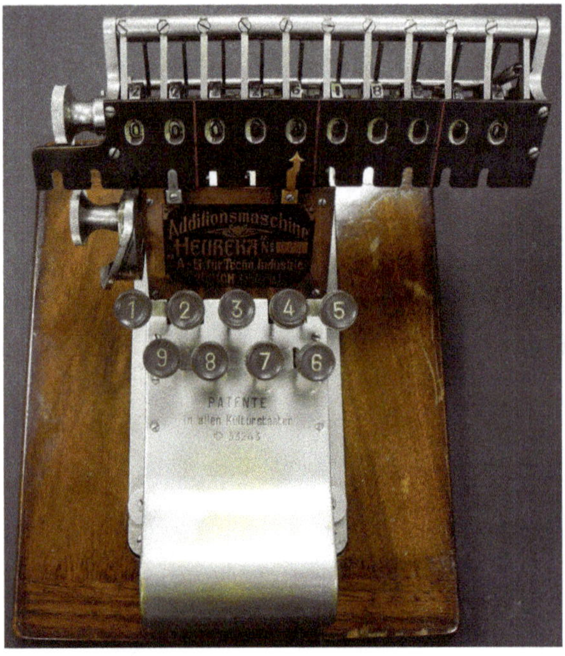

Abb. 16.34: Addiermaschine Heureka (2). Über die Verbreitung dieses Rechners liegen keine näheren Angaben vor (© Heinz Nixdorf Museumsforum, Paderborn).

16.3.12 St. Gotthard

Die St. Gotthard aus der Nordschweiz war wohl nicht allzu weit verbreitet.

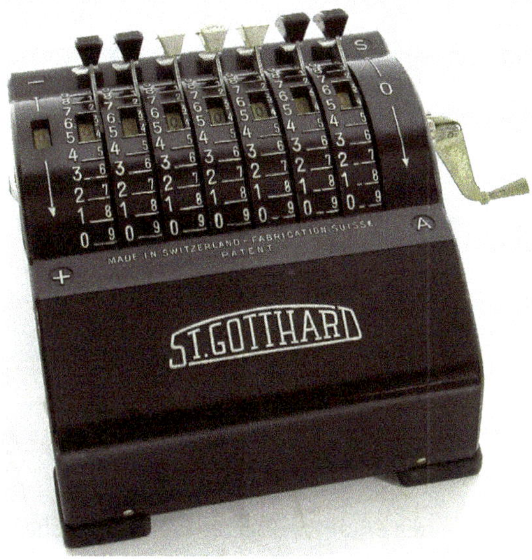

Abb. 16.35: Zweispeziesmaschine St. Gotthard. Der Rechner aus Baselland beherrschte die Addition und die Subtraktion mit Ergänzungszahlen (© Museum für Kommunikation, Bern).

16.3.13 Ultra

Die Werkzeugmaschinenfabrik Oerlikon stellte in den 1950er Jahren mehrere Rechenmaschinen namens *Ultra* her.

Abb. 16.36: Mehrspeziesmaschine Ultra. Merkmale dieser elektrischen Rechenmaschine sind die Zehnertastatur und das Druckwerk (© Museum für Kommunikation, Bern).

16.4 Preise von Rechenhilfsmitteln

Rückwirkend lassen sich die Preise oft nur schwer ausfindig machen (vgl. Kasten).

Rechenschieber

Rechenschieber wurden in zahlreichen Ländern gefertigt, z.B. Großbritannien, Frankreich, USA, Deutschland, Japan. Der wichtigste Schweizer Produzent von Rechenscheiben und Rechenwalzen war die Firma Loga-Calculator AG von Heinrich Daemen Schmid. Weitere bekannte Hersteller waren Billeter und National. Rechenstäbe für das Vermessungswesen gab es von Kern, Aarau.

Preise Rechenschieber

Loga-Rechenschieber 15, 30 cm	1932	8–12 Franken
Loga-Rechenscheiben 30–150 cm	1932	20–70 Franken
Loga-Rechenscheiben	1941	ab 15 Franken
Loga-Rechenwalzen 1,2–24 m	1932	100–800 Franken
Loga-Rechenwalzen	1941	bis 670 Franken
Loga-Rechenwalzen	1942	150, 300, 420, 600 Franken.

Quellen

Der Organisator sowie Anzeigen in der Neuen Zürcher Zeitung.

Rechenmaschinen

Die folgenden Zusammenstellungen sollen einen Eindruck über die Preise für Rechengeräte vermitteln (vgl. Tab. 16.40).

Modell	*Jahr*	*Preis*
Conto, 8-stellig	1932	320 Franken
Conto, 10-stellig	1932	420 Franken
Coréma portative	1949	385 Franken
Coréma portative	1952	415 Franken
Demos	1923	500 Franken
Direct	1932	ab 600 Franken
Direct	1936	ab 350 Franken
Eos	1930	525, 575 Franken
Madas (elektrisch)	1958/1959	ab 1540 Franken
Oxner-Baby	1952/1954	435 Franken
Precisa	1937	800 Franken
Rapida 8	1946	200 Franken
Rapida 8	1947/1948	220 Franken
Simex-Caroline	1960	100 Franken
Stima 7-, 8-, 9-stellig	1932	85, 98, 115 Franken
Stima	1940/1941/1944/1948	155, 185, 145 Franken
Trebla	1941	22,50 Franken
Volksrechner	1930	95 Franken.

Anmerkung
Bei mehreren Preisangaben: Kosten je nach Modell

Quellen
Der Organisator sowie Büro und Verkauf, Anzeigen in der Neuen Zürcher Zeitung.

Tab. 16.40: Preisentwicklung von mechanischen Rechenmaschinen

Preise von bekannten Rechenhilfsmitteln (Schweiz und Liechtenstein)			
Gerät	**Zeitpunkt**	**Preis**	**Quelle**
Conto	Oktober 1932	320 Fr. (8-stellig), 420 Fr. (10-stellig)	Der Organisator, Heft 163
Corêma portative	September 1949	385 Fr.	Der Organisator, Heft 366
Correntator (Zahlenschieber)	Januar/Februar 1946	22 bis 88 Fr.	Der Organisator, Hefte 322, 323
Curta 1	1963	425 DM	Büromaschinen-Lexikon
Curta 2	1963	535 DM	Büromaschinen-Lexikon
Demos	Juni 1923	480 Fr.	Der Organisator, Heft 51
Demos	Januar 1925	500 Fr.	Der Organisator, Heft 70
Demos 3	Juli 1925	600 Fr.	Der Organisator, Heft 76
Demos	1927	600 Fr.	Handbuch der Büro-Maschinen
Demos	1930	300 bis 600 Fr.	Der Organisator: Moderne Büro-Maschinen
Direct	1930	750 Fr.	Der Organisator: Moderne Büro-Maschinen
Direct 2	April 1937	345 Fr.	Der Organisator, Heft 217
Direct A	1927	125 Dollar	Handbuch der Büro-Maschinen
Direct B	1927	175 Dollar	Handbuch der Büro-Maschinen
Direct L	April 1932	650 Fr.	Büro und Verkauf, Heft 4
Direct L	November 1937	650 Fr. (8-stellig), 850 Fr. (10-stellig)	Der Organisator, Heft 224
Eos	1927	600 Fr.	Handbuch der Büro-Maschinen
Eos	Februar 1927	600 und 780 Fr.	Der Organisator, Heft 95
Eos	1930	525 und 575 Fr.	Der Organisator: Moderne Büro-Maschinen
Loga-Rechenscheibe	September 1937	60 Fr.	Der Organisator, Heft 222
Loga-Rechenscheibe	April 1945	18 bis 100 Fr.	Büro und Verkauf, Heft 7
Loga-Rechenscheibe	Januar 1946	35 bis 100 Fr.	Der Organisator, Heft 322

Preise von bekannten Rechenhilfsmitteln (Schweiz und Liechtenstein)			
Gerät	**Zeitpunkt**	**Preis**	**Quelle**
Loga-Rechenwalze	1930	100 bis 800 Fr.	Der Organisator: Moderne Büro-Maschinen
Loga-Rechenwalze	Juni 1943	95 bis 700 Fr.	Büro und Verkauf, Heft 9
Loga-Rechenwalze	Januar 1946	300 bis 750 Fr.	Der Organisator, Heft 322
Loga-Rechenwalze	Februar 1948	170 bis 600 Fr.	Der Organisator, Heft 347
Madas	1930	1400 bis 3600 Fr.	Der Organisator: Moderne Büro-Maschinen
Madas 10 R	1963	1660 DM	Büromaschinen-Lexikon
Madas 12 e N	1963	1230 DM	Büromaschinen-Lexikon
Madas 16 L	August 1949	2400 Fr.	Der Organisator, Heft 365
Madas 16 LG	März 1956	2600 Fr.	Büro und Verkauf, Heft 6
Madas 16 LG	1963	2290 DM	Büromaschinen-Lexikon
Madas 16 LS	1963	2875 DM	Büromaschinen-Lexikon
Madas 16 e	August 1949	1600 Fr.	Der Organisator, Heft 365
Madas 16 e	März 1956	1750 Fr.	Büro und Verkauf, Heft 6
Madas 16 e N	1963	1595 DM	Büromaschinen-Lexikon
Madas 20 AT	August 1949	4400 Fr.	Der Organisator, Heft 365
Madas 20 AT	März 1956	5450 Fr.	Büro und Verkauf, Heft 6
Madas 20 AV	August 1949	3800 Fr.	Der Organisator, Heft 365
Madas 20 BG	1963	3870 DM	Büromaschinen-Lexikon
Madas 20 BS	1963	4715 DM	Büromaschinen-Lexikon
Madas 20 BTG	1963	5560 DM	Büromaschinen-Lexikon
Madas 20 BTZG	1963	6100 DM	Büromaschinen-Lexikon
Madas 20 BVG	1963	3990 DM	Büromaschinen-Lexikon
Madas 20 BZS	1963	4915 DM	Büromaschinen-Lexikon
Madas 20 e	1963	1895 DM	Büromaschinen-Lexikon
Madas 20 LS	1963	3275 DM	Büromaschinen-Lexikon
Madas IX	1927	1700 Fr.	Handbuch der Büro-Maschinen
Madas IX e	1927	2300 Fr.	Handbuch der Büro-Maschinen
Madas IX e T	1927	2800 Fr.	Handbuch der Büro-Maschinen
Madas IX T	1927	2200 Fr.	Handbuch der Büro-Maschinen
Madas VII	1927	1350 Fr.	Handbuch der Büro-Maschinen

Preise von bekannten Rechenhilfsmitteln (Schweiz und Liechtenstein)			
Gerät	**Zeitpunkt**	**Preis**	**Quelle**
Madas VII e	1927	2100 Fr.	Handbuch der Büro-Maschinen
Madas VII e T	1927	2500 Fr.	Handbuch der Büro-Maschinen
Madas VII T	1927	1900 Fr.	Handbuch der Büro-Maschinen
Madas XX A	Juni 1937	3600 Fr.	Büro und Verkauf, Heft 9
Millionär VI	1927	1750 Fr.	Handbuch der Büro-Maschinen
Millionär VI T	1927	1900 Fr.	Handbuch der Büro-Maschinen
Millionär VIII	1927	2100 Fr.	Handbuch der Büro-Maschinen
Millionär VIII e	1927	3400 Fr.	Handbuch der Büro-Maschinen
Millionär VIII eT	1927	3600 Fr.	Handbuch der Büro-Maschinen
Millionär VIII T	1927	2350 Fr.	Handbuch der Büro-Maschinen
Millionär X	1927	2700 Fr.	Handbuch der Büro-Maschinen
Millionär X e	1927	4000 Fr.	Handbuch der Büro-Maschinen
Millionär X eT	1927	4300 Fr.	Handbuch der Büro-Maschinen
Millionär X T	1927	3000 Fr.	Handbuch der Büro-Maschinen
Millionär XII eT	1927	4600 Fr.	Handbuch der Büro-Maschinen
Precisa 108-8	1963	398 DM	Büromaschinen-Lexikon
Precisa 108-10	1963	450 DM	Büromaschinen-Lexikon
Precisa 117	1963	665 DM	Büromaschinen-Lexikon
Precisa 160	Dezember 1961	850 Fr.	Büro und Verkauf, Heft 3
Precisa 160-8 (schwarz druckend)	1963	665 DM	Büromaschinen-Lexikon
Precisa 160-8 (schwarzrot druckend)	1963	798 DM	Büromaschinen-Lexikon
Precisa 160-12 (schwarz druckend)	1963	898 DM	Büromaschinen-Lexikon

Preise von bekannten Rechenhilfsmitteln (Schweiz und Liechtenstein)

Gerät	Zeitpunkt	Preis	Quelle
Precisa 160-12 (schwarzrot druckend)	1963	1100 DM	Büromaschinen-Lexikon
Precisa Electric 110-11-10 mit Schiebewagen	1963	1550 DM	Büromaschinen-Lexikon
Precisa Electric 110-11-10 mit Schüttelwagen	1963	1855 DM	Büromaschinen-Lexikon
Precisa Triomatic 176	1963	2650 DM	Büromaschinen-Lexikon
Precisa Virtuosa 170	1963	3950 DM	Büromaschinen-Lexikon
Stima	November 1937	60 bis 165 Fr.	Der Organisator, Heft 224
Stima	März 1947	128, 145, 185, 750 Fr.	Der Organisator, Heft 336
Trebla	April 1937	18 Fr.	Der Organisator, Heft 217
Trebla	September 1937	18 Fr.	Büro und Verkauf, Heft 12
Trebla	November 1937	22,50 Fr.	Der Organisator, Heft 224
Ultra Electric	September 1950	1250 Fr.	Büro und Verkauf, Heft 12
Ultra Electric	November 1957	980 Fr.	Der Organisator, Heft 464 Büro und Verkauf, Heft 2
Ultra Electric	April 1959	1070 Fr.	Büro und Verkauf, Heft 7

Abkürzungen

DM deutsche Mark

Fr. Franken

Quellen

Paul Greiner: Büromaschinen-Lexikon, Robert Göller Verlag, Baden-Baden, 7. Auflage 1963/64, 608 Seiten

Handbuch der Büro-Maschinen, Verlag für Sammler-Literatur Dingwerth GmbH, Delbrück 2003 (Nachdruck von 1927).

Anmerkungen

Millionär und Madas: Die Ziffern VI, VIII, X, XII beziehen sich auf die Anzahl Stellen, e steht für elektrisch, T für Tastatur. Fehlen die Kürzel e und T, so haben die Maschinen Handbetrieb und Schiebereinstellung.

Die Verkaufspreise für Rechenmaschinen blieben oft längere Zeit unverändert. Die Heft-Nummer bezieht sich auf den entsprechenden Jahrgang (Band). Rechenmaschinen galten damals allgemein als teuer. Eine Umrechnung auf heutige Verhältnisse aufgrund der Teuerung ist wenig aussagekräftig. Aufschlussreicher ist ein Vergleich mit den seinerzeitigen Löhnen (vgl. Tab. 16.41).

Tab. 16.41: Mittlere Löhne von 1918 bis 1970

Durchschnittliche Stundenverdienste in Rappen (sämtliche Industrien)				
Jahr	**gelernte und angelernte Arbeiter**	**ungelernte Arbeiter**	**Frauen**	**Jugendliche**
1918	108	86	51	54
1921	162	126	83	77
1929	148	114	77	64
1939	140	108	73	52
1950	262	220	163	131
1959	355	294	212	176
1960	375	309	222	191
1969	686	581	404	348
1970	738	631	439	353

Quelle

Eidgenössisches Statistisches Amt (Hg.): Statistisches Jahrbuch der Schweiz, Birkhäuser Verlag, Basel, Ausgaben 1920–1970

16.5 Stückzahlen

Angaben zum Absatz von Rechenhilfsmitteln sind nur selten zu finden.

> „Wenn der Besucher die Halle „Modernes Büro“ betritt, so belehrt ihn eine graphische Darstellung an der dem Eingang gegenüberliegenden Wand darüber, *dass die Schweiz unter den Ländern, welche Büromaschinen exportieren, hinter den Vereinigten Staaten von Nordamerika und Deutschland an dritter Stelle steht*.“ (siehe Hermann Spindler: Das moderne Büro an der Schweizerischen Landesausstellung, in: Büro und Verkauf, Band 8, Heft 9, Juni 1939, Seite 2).

Für Handwerker und Techniker waren Rechenstäbe ein alltägliches Arbeitswerkzeug. Bei Kaufleuten setzten sich diese Geräte deutlich langsamer durch:

> „Seit einiger Zeit werden in der Schweiz die logarithmisch-graphischen Rechenhilfsmittel (Rechenschieber, Rechenscheibe, Rechenwalze) von Kaufleuten mehr gebraucht als früher, nachdem weite Kreise die vielseitige Verwendbarkeit und die großen Vorzüge dieser Instrumente erkannt haben.“ (siehe Hermann Spindler: Die Gruppe „Büro und Geschäft“ an der Mustermesse 1944, in: Büro und Verkauf, Band 13, Heft 8, Mai 1944, Seite 21).

> „Das große Interesse der Kaufleute am Rechnen mit Rechenschiebern zeigt sich im starken Besuch von Kursen, die der Einführung in die Handhabung dieser Apparate dienen.“ (siehe Hermann Spindler: Die Gruppe „Büro und Geschäft“ an der Schweizer Mustermesse 1945, in: Büro und Verkauf, Band 14, Heft 8, Mai 1945, Seite 212).

„Mehr als 100 000 Stück in Gebrauch“ ist einer Anzeige zu Loga-Calculatoren (Rechenscheiben und Rechenwalzen) in der Zeitschrift Organisator (Band 27, Heft 323, Februar 1946, Seite 39) zu entnehmen.

„In zunehmendem Maße finden die auf logarithmischer Grundlage konstruierten Rechenapparate (Rechenschieber, Rechenscheibe und Rechenwalze) Eingang ins kaufmännische Büro, nachdem der Techniker und der Ingenieur sich dieser leistungsfähigen Hilfsmittel seit langem bedienen. Für das kaufmännische Rechnen eignen sich besonders die Rechenscheiben und die Rechenschieber mit entsprechenden Spezialteilungen.“ (siehe Hermann Spindler: „Büfa“, schweizerische Bürofachausstellung in Zürich, in: Büro und Verkauf, Band 20, Heft 1, Oktober 1950, Seite 17).

„Wir halten einen Hinweis auf die logarithmisch-graphischen Rechenhilfsmittel (Rechenschieber, Rechenscheiben und Rechenwalzen) für notwendig und angebracht. Rechenscheiben und Rechenwalzen stellt eine schweizerische Fabrik in sehr präziser und solider Ausführung her. Es ist viel zu wenig bekannt, mit welch großem Nutzen diese Apparate beim praktischen Rechnen im Büro verwendet werden können, wie rasch und sicher weitläufige Rechnungen sich lösen lassen und welch großen Vorteil der genießt, der auf der Reise und am Telephon stets eine Rechenscheibe oder eine Rechenwalze zur Hand hat und sein Instrument sicher zu gebrauchen versteht.“ (siehe Hermann Spindler: Bürotechnik heute – Beobachtungen an der Büfa 1952, in: Büro und Verkauf, Band 22, Heft 1, Oktober 1952, Seite 21).

„Zu den Rechenhilfsmitteln gehören neben den Rechenmaschinen die Loga-Rechenscheiben und -Rechenwalzen. Es ist in weiten Kreisen noch viel zu wenig bekannt, was diese einfachen und geräuschlos arbeitenden Rechenapparate zu leisten vermögen, und daß es besondere Modelle für das kaufmännische Rechnen gibt.“ (siehe Hermann Spindler: Bürotechnik an der 40. Schweizer Mustermesse, in: Büro und Verkauf, Band 25, Heft 9, Juni 1956, Seite 234).

Trebla und Stima

Jahr		Gerät	Anzahl
1941	(Herbst)	Trebla	9000 Stück
1942	(Herbst)	Stima	13 000 Stück.

Millionär

Nach einer undatierten Referenzenliste des Basler Wirtschaftsarchivs wurde die Millionär weltweit vermarktet. So bezog beispielsweise das US Department of commerce and labor, Washington, D.C., 11 Maschinen. Die Badische Anilin- und Sodafabrik (BASF) in Ludwigshafen erwarb 15 Stück, die Prudential insurance company, Newark, New Jersey, kaufte gar 34 Exemplare.

16.6 Patente für Rechenhilfsmittel

Die Suche nach Patenten, die im Zusammenhang mit schweizerischen und liechtensteinischen Rechengeräten erteilt wurden, ergibt folgendes Bild (ohne Anspruch auf Vollständigkeit):

Patente für mechanische Rechenmaschinen

Arvai, Tibor	1946, 1952, 1958 usw.
Aumund, Johannes	1905, 1906
Benninger, Eugen	1947
Bergmann, Jean	1922, 1923, 1925, 1926, 1927, 1928
Brüning, Paul	1931, 1937, 1952, 1955, 1956, 1957
Chlouba, Adolf	1951
Cho, Chi Liang	1944, 1947, 1955
Corêma, A.	1947
Diethelm, Eugen	1945
Egli, Hans W.	1912
Gabler, Gerhard	1978
Gelling, Helmut	1960, 1963, 1977
Heinze, Werner	1954, 1955
Herzstark, Curt	1938, 1939, 1942, 1946, 1947, 1948, 1949, 1950, 1951, 1952, 1953
Jahnz, Erwin	1912, 1913, 1925, 1930, 1934, 1935, 1942
Janno, Pietro	1952, 1953
Jost, Ernst	1926, 1928
Jülich, Werner	1954, 1955
Karasek, Karl	1905, 1906
Landolt, Carl	1912
Mauch, Julius Hermann	1925
Moesch, Carl	1942
Precisa	1943, 1945, 1949, 1950, 1951, 1952, 1953, 1954, 1955, 1956, 1962, 1963
Schenk, Gustav	1954, 1956, 1958, 1959, 1962
Schubode, Albert	1922, 1924
Steiger, Otto	1892, 1893, 1910
Steinmann, Albert	1930, 1946.

Quelle
Europäische Patentdatenbank, München.

Da die Hersteller mechanischer Rechengeräte längst verschwunden sind, ist es schwierig, einen zuverlässigen Überblick über die Rechenmittel (vgl. Tab. 16.42–16.43) zu gewinnen.

16.7 Mechanische Rechenhilfsmittel (Übersicht)

Tab. 16.42: Schweizerische und liechtensteinische digitale mechanische Rechenhilfsmittel 1

Zahlenschieber und mechanische Rechenmaschinen: Schweiz und Liechtenstein (1)																			
Gerät	**Erfinder/ Konstrukteur**	**Hersteller/ Ort**	**Addierer**	**Rechenmaschine i.e.S.**	**Staffelwalze**	**Sprossenrad**	**Einmaleinskörper**	**Schaltschwinge**	**Zahnstange**	**Zahnscheibe**	**Zifferntrommel**	**Stellsegment**	**Stellrad**	**Zahlenschieber**	**Handantrieb**	**Elektroantrieb**	**nicht druckend**	**druckend**	**Anzahl Grundrechenarten**
Arva	Tibor Arvai	Arva SA, Genf		■											■	■	■		2 4
Atlas	Julius Hermann Mauch	Zürich	■							■					■		■		1
Conto	A: Karl Karasek, Johannes Aumund; B und C: Carl Landolt	Carl Landolt & Co, Thalwil ZH; Nachfolger: Alfred Müller, Thalwil ZH	■							■					■		■		1
Coréma	A. Coréma, Chi Liang Cho	Coréma SA, Genf	■						■						■		■		2
Correntator	Jean Bergmann	Unical AG, Frauenfeld	■											■	■		■		2
Curta	Curt Herzstark	Contina AG, Mauren FL		■	■										■		■		4
Demos	Hans Huber, Carl Moesch	Theo Muggli AG, Zürich; Carl Moesch, Würenlos AG		■								■			■		■		4
Direct	Carl Moesch	Theo Muggli AG, Zürich; Carl Moesch, Würenlos AG	■					■	■						■	■	■	■	2–3

Zahlenschieber und mechanische Rechenmaschinen: Schweiz und Liechtenstein (1)

Gerät	Erfinder/ Konstrukteur	Hersteller/ Ort	Addierer	Rechenmaschine i.e.S.	Staffelwalze	Sprossenrad	Einmaleinskörper	Schaltschwinge	Zahnstange	Zahnscheibe	Zifferntrommel	Stellsegment	Stellrad	Zahlenschieber	Handantrieb	Elektroantrieb	nicht druckend	druckend	Anzahl Grundrechenarten
Eos	Albert Schubode	EOS-Genossenschaft für Fabrikation und Vertrieb von Rechenmaschinen, Zürich		■								■			■		■		4
grundersche Addiermaschine	Johannes Gottfried Grunder	Brienz BE	■												■		■		1
Heureka		AG für technische Industrie, Zürich	■												■		■		1
Madas	Erwin Jahnz	H. W. Egli AG, Zürich (Hans Walter Egli)		■	■										■	■	■		4
Millionär	Otto Steiger	H. W. Egli AG, Zürich (Hans Walter Egli)		■			■								■	■	■		4
Minimath		Sylvania, Genf	■		■										■		■		2
Oxner	Cyrill Ochsner	Ochsner Rechenmaschinenfabrik, St. Gallen	■						■						■		■	■	2

Zahlenschieber und mechanische Rechenmaschinen: Schweiz und Liechtenstein (1)

Gerät	Erfinder/ Konstrukteur	Hersteller/ Ort	Addierer	Rechenmaschine i.e.S.	Staffelwalze	Sprossenrad	Einmaleinskörper	Schaltschwinge	Zahnstange	Zahnscheibe	Zifferntrommel	Stellsegment	Stellrad	Zahlenschieber	Handantrieb	Elektroantrieb	nicht druckend	druckend	Anzahl Grundrechenarten
Precisa	Ernst Jost, Eugen Benninger (Werner Heinze, Helmut Gelling, Pietro Janno, Werner Jülich u.a.)	Precisa Rechenmaschinenfabrik AG, Zürich Oerlikon	■	■		■			■						■	■		■	2–4
Rapida	Paul Brüning	W. Häusler-Zepf, Olten/ Injecta Druckguss AG, Teufental AG/ Henri Zepf, Lausanne (Vertrieb)	■									■			■		■		2
Schilt	Victor Schilt	Victor Schilt, Grenchen SO	■					■							■		■		1
Signal	Albert Steinmann	Albert Steinmann, La Chaux-de-Fonds NE		■	■										■		■		4
Simex	Tibor Arvai	Société industrielle des métaux manufacturés SA, Nyon VD	■							■					■		■		1

Zahlenschieber und mechanische Rechenmaschinen: Schweiz und Liechtenstein (1)

Gerät	Erfinder/ Konstrukteur	Hersteller/ Ort	Addierer	Rechenmaschine i.e.S.	Staffelwalze	Sprossenrad	Einmaleinskörper	Schaltschwinge	Zahnstange	Zahnscheibe	Zifferntrommel	Stellsegment	Stellrad	Zahlenschieber	Handantrieb	Elektroantrieb	nicht druckend	druckend	Anzahl Grundrechenarten
St. Gotthard	Rudolf Schweizer	Rudolf Schweizer & Cie., Neu-Allschwil BL	■								■				■		■		2
Stima	Albert Steinmann	Albert Steinmann, La Chaux-de-Fonds NE	■	■	■				■						■		■		1–4
Summameter	Johann Leuenberger (?)	Uhrenfabrik, Sumiswald BE	■														■		1
Trebla	Albert Steinmann	Albert Steinmann, La Chaux-de-Fonds NE	■											■	■		■		2
Ultra	Gustav Schenk	Werkzeugmaschinenfabrik Oerlikon, Bührle & Co., Zürich	■	■		■			■						■	■		■	2, 4
Uto	Carl Moesch, Hans Huber	Theo Muggli AG, Zürich		■								■			■		■		4
Volksrechner	Maschinen- und Werkzeugfabrik Paul Brüning, Berlin	Edgar Rutishauser, St. Gallen (Vertrieb)	■										■		■		■		2

Anmerkungen
Die Angaben sind in manchen Fällen unsicher. Widersprüche gibt es z.B. bei der Zuordnung zur Bauart, etwa bei der Heureka (Proportionalhebel). Informationen wie Anzahl der Grundrechenarten, Hand- oder Elektroantrieb, mit oder ohne Druckwerk hängen vom jeweiligen Modell ab. Die bekanntesten Maschinen waren: Curta, Madas, Millionär, Precisa und Stima. Aus der Ostschweiz stammt vermutlich eine Multiplikationstafel in Walzenform namens *Säntis*. Es gab eine Registrierkasse mit der Bezeichnung *Prema*.

Diese Übersicht erhebt keinen Anspruch auf Vollständigkeit. Die schweizerischen Rechenschieber (Rechenstäbe, Rechenscheiben, Rechenwalzen) sind in der Zusammenstellung nicht mit einbezogen.

Weitere Rechenmaschinen aus der Schweiz?
Hinweise zu Rechenmaschinen (ohne weitere Angaben) sind hier enthalten:

A. Hennemann: Die technische Entwicklung der Rechenmaschine, Verlag Peter Basten, Aachen, 1953, Seite 23 (Arva)

A. Hennemann: Die technische Entwicklung der Rechenmaschine, Verlag Peter Basten, Aachen, 1953, Seite 24 (Addiermaschinen aus Winterthur).

Tab. 16.43: Schweizerische und liechtensteinische digitale mechanische Rechenhilfsmittel 2

Zahlenschieber und mechanische Rechenmaschinen: Schweiz und Liechtenstein (2)					
Gerät	**Modelle**	**Jahr**	**Zahleneingabe**	**Antriebsmittel**	**Bemerkungen**
Arva		1952 (?)	Zehnertastatur		
Atlas		1925	Hebel	Hebel	konzentrische Zahnscheiben, Schaltklinken
Conto	A, B, C	1908	Zeiger	direkt	Ziffernkreis mit drehbarem Zeiger, Schaltklinkenantrieb; Zahnscheibenaddierer
Coréma	MC-15, portative	1949	Volltastatur	Taste	(Bezeichnungen in Deutschland: Corexa und Simeca)
Correntator	wenige	1936	Stift (Griffel)	direkt	Universal Calculator war ein Tabellenbuch
Curta	1, 2	1947	Einstellschieber	Kurbel	Taschenrechenmaschine, frühere Bezeichnungen: Liliput, Contina
Demos	1, 2	1920	Einstellrad	Kurbel	Stellzahnrad
Direct	A, B, EL, L, LL, 2	1920	Volltastatur	direkt, Kurbel, Motor	Tastenaddierer
Eos	CK	1926	Hebel	Kurbel	Nachbau der Hannovera CK (Peine, 1923) aus Restbeständen

Zahlenschieber und mechanische Rechenmaschinen: Schweiz und Liechtenstein (2)

Gerät	Modelle	Jahr	Zahleneingabe	Antriebsmittel	Bemerkungen
grundersche Addiermaschine		1945	Holzräder	Hebel, Pedal	Einzelanfertigung, Löschung mit Gewichten
Heureka		1906	Neunertastatur	Taste	Kolonnenaddierermit zehnstelligem Ergebniswerk; Zahnbogenantrieb
Madas	viele	1913	Einstellschieber, Volltastatur	Kurbel, Motor	automatische Multiplikation und automatische Division
Millionär	viele	1893	Einstellschieber, Volltastatur	Kurbel, Motor	schneller Direktmultiplizierer mit Einmaleinskörper, Schiebereinstellung oder Volltastatur
Minimath		1965	Einstellschieber	Kurbel	herausziehbare Schieber; Kunststoff
Oxner	zahlreiche	1950	Volltastatur	Hebel, Kurbel	
Precisa	viele	1935	Zehnertastatur	Hebel, Motor	
Rapida	Rapida 8	1948	Stift (Griffel)	direkt	vermutlich Nachbau der Resulta BS 7
Schilt		1850	Neunertastatur	Taste	Kolonnenaddierer, Nachbau der Schwilgué, gezeigt auf der Weltausstellung, London 1851
Signal		1952	Volltastatur	Kurbel	
Simex	Caroline	1955	Einstellräder	direkt	Zifferntrommel, Rollenzählwerk
St. Gotthard	NS	1936	Hebel	direkt	
Stima	zahlreiche	1930	Stift (Griffel), Volltastatur	direkt, Hebel	Zahlenschieber mit automatischem Zehnerübertrag, Tastenaddierer; Vierspezies-Staffelwalzenmaschine mit Volltastatur
Summameter		19. Jh.			
Trebla		1937	Stift (Griffel)	direkt	
Ultra	zahlreiche	1947	Zehnertastatur	Hebel, Motor	
Uto		1921	Hebel	Kurbel	
Volksrechner		1930	Stift (Griffel)	direkt	baugleich mit Minerva/Résulta 7

Anmerkungen

- Mit „Jahr“ ist der Beginn der Fertigung gemeint. Manche Angaben sind allerdings ungewiss oder widersprüchlich.
- Carl Moesch (Demos, Direct, Uto) hatte eine elektromechanische Werkstatt.
- Arva: Die tragbare Zehntastenrechenmaschine von Arva konnte sowohl von Hand als auch elektrisch betrieben werden. Im Handbetrieb eignete sie sich für die Addition und die Subtraktion, im elektrischen Betrieb für alle vier Grundrechenarten.
- Conto: Carl Landolt, Thalwil (Hersteller), ist im Schweizerischen Handelsamtsblatt bereits 1910 belegt. Karl Karasek war Kaufmann, Johannes Aumund Ingenieur. Die beiden erhielten 1906 ein Patent für ein Addiergerät. Karl Landolt, Rechenmaschinen, in Thalwil bei Zürich, Basel und Stuttgart, zeigte 1911 die „Handaddiermaschine „Conto“, Modell B, eigenes Fabrikat in drei Kapazitäten (8/10/11 Stellen).“ (siehe o. V.: Generalversammlung des Vereins schweizerischer Konkordatsgeometer, 14. und 15. Mai 1911 in Zürich, in: Schweizerische Geometer-Zeitung, Band 9, 1911, Seite 113).
- Coréma: Die Coréma SA, Chézard NE, wurde laut dem Schweizerischen Handelsamtsblatt 1945 gegründet (später Wechsel nach Genf).
- Correntator: Der Zahlenschieber Correntator von Jean Bergmann war Anfang der 1920er Jahre in Berlin verfügbar. Konstrukteur der Multiplikationstabelle Unical (1935) war Jean Bergmann, Hersteller P. Baumer, Frauenfeld. Unical steht für Universal Calculator (Tabellenbuch, z.T. in Kombination mit dem Zahlenschieber).
- Curta: Die regelmäßige Fertigung begann 1948.
- Direct: Direktantrieb bedeutet Übertragung des Zahlenwerts vom Einstell- ins Zählwerk durch Tastendruck (d.h. ohne Kurbel). Man spricht auch von Schnelladdiermaschinen.
- Hannovera: Daten für die Hannovera: Modell A 1923, B und CK 1924.
- Minimath: Das war ein Gerät für Lehrzwecke.
- Precisa: Ein erster Prototyp war 1933 fabrikationsreif. Die 1935 in Seengen AG gegründete Precisa AG, Rechenmaschinenfabrik, hatte verschiedene Standorte (1935–1940: Sengen AG, 1941–1944: Winterthur ZH, ab 1944: Zürich Oerlikon). Oerlikon wurde 1934 eingemeindet und ist seither ein Ortsteil von Zürich. Der Firmenname Rechenmaschinenfabrik „Precisa“ Aktiengesellschaft wurde 1941 in Precisa A.-G. Rechenmaschinenfabrik geändert. Das Schweizerische Handelsamtsblatt (SHAB), Band 62, Nr. 56, 7. März 1944, Seite 553, enthält den folgenden Eintrag: „Durch Beschluss der Generalversammlung vom 17. Februar 1944 wurde der Sitz der Gesellschaft nach Zürich verlegt. [...]. Das Domizil befindet sich [an der] Wallisellenstrasse 333, in Zürich 11.“

Quellen
Handbuch der Büro-Maschinen, Verlag für Sammler-Literatur Dingwerth GmbH, Delbrück 2003 (Nachdruck von 1927)
o. V.: Brunsviga Rechenmaschinen-Museum. Katalog, Braunschweig, o. J.
Schweizerisches Handelsamtsblatt.

16.8 Datierung mithilfe von Messekatalogen

Über die Schweizer Hersteller von analogen und digitalen Rechenhilfsmitteln sind nur wenige Unterlagen erhalten. Anhand von Messekatalogen und Ausstellungsführern (Mustermesse, Büfa), Messeberichten und Anzeigen in Zeitschriften (Der Organisator, Büro und Verkauf) wurde versucht, Angaben zu Datierung, Verbreitung (Stückzahlen), Ladenpreisen und Lebensdauer von Geräten zu gewinnen. Solche Auswertungen sind wegen des hohen Aufwandes nur national möglich, denn die schwer zugänglichen Schriften können meist nur an Ort und Stelle eingesehen werden. Eine weitere hilfreiche Quelle für Nachforschungen zu Firmen, Personen und Patenten (nicht aber Erzeugnissen) ist das *Schweizerische Handelsamtsblatt* (Schweizer Zeitschriften online: https://www.e-periodica.ch).

16.8.1 Katalog der Schweizer Mustermesse (Muba), Basel

Die Basler Mustermesse fand erstmals 1917 statt. Sie gilt als ist die älteste und größte Schweizer Publikumsmesse. Sämtliche Kataloge der über 100-jährigen Ausstellung sind verfügbar. Die jährliche Veranstaltung wurde auch während des zweiten Weltkriegs ohne Unterbrechung durchgeführt. 2019 wurde die Schweizer Mustermesse letztmals durchgeführt. Die 1986 gegründete einst weltgrößte Informatikmesse Cebit (Hannover) wurde 2018 eingestellt.

Für die Präsenz oder Absenz an Publikums- und Fachmessen (vgl. Abb. 16.37) gibt es zahlreiche Beweggründe. Sie sind im Einzelnen nicht bekannt. In der zweiten Hälfte der 1960er Jahre erscheinen elektronische Rechner, die mechanischen Rechenmaschinen verschwinden auf den Messen. Die letzten drei verbliebenen Hersteller – *Contina, Egli und Precisa* – nehmen 1968 letztmals an der Schweizer Mustermesse teil.

Quelle
Schweizer Mustermesse Basel: Offizieller Katalog, Verlag der Schweizer Mustermesse, Basel.

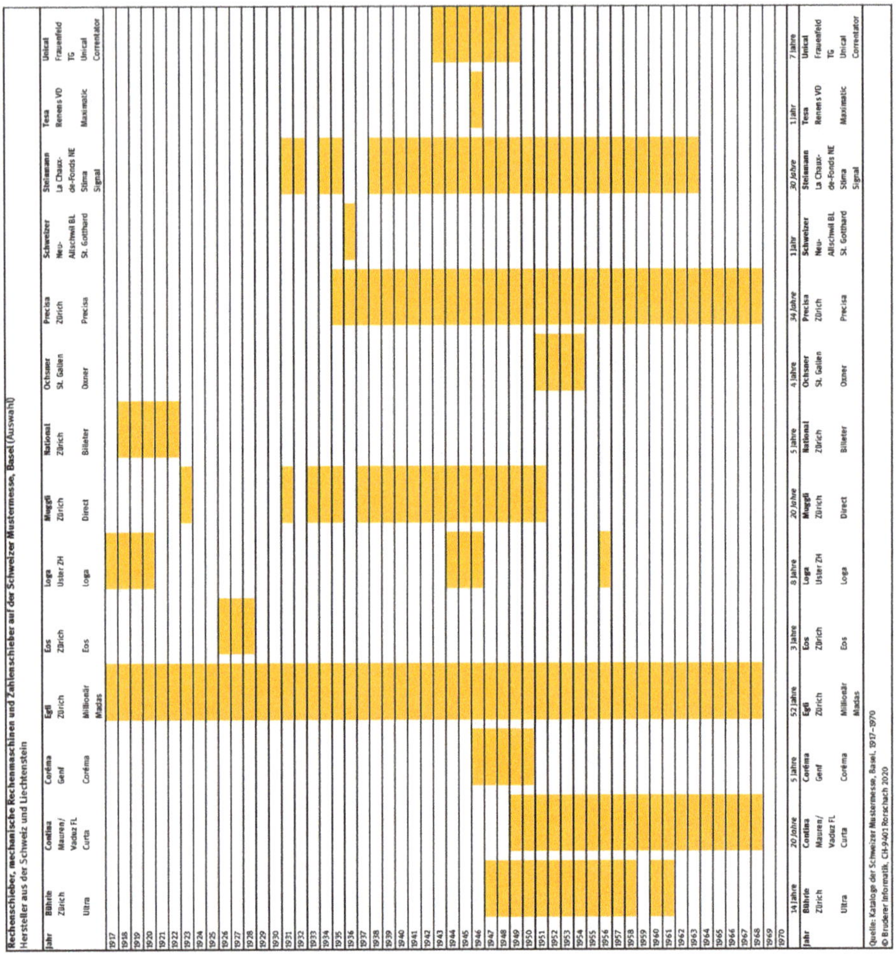

Abb. 16.37: Rechnerhersteller an der Schweizer Mustermesse in Basel 1917–1968. Egli (Marken: Millionär, Madas) nahm am längsten (52 Jahre lang) teil, Precisa (Precisa) war 34 Jahre dabei, Steinmann (Stima, Trebla, Signal) 30 Jahre, Contina (Curta) 20 Jahre. 1968 endete die Beteiligung unvermittelt, die Nachfrage war eingebrochen (© Bruderer Informatik, CH-9401 Rorschach).

Abkürzungen

Bührle	Werkzeugmaschinenfabrik Oerlikon, Bührle & Co., Zürich Oerlikon
Contina	Contina, Bureaux- und Rechenmaschinenfabrik AG, Mauren/Vaduz FL
Coréma	Coréma SA, Genf
Egli	H. W. Egli AG, Zürich
Eos	Eos Genossenschaft für Fabrikation und Vertrieb von Rechenmaschinen, Zürich
Loga	Loga-Calculator AG, Uster ZH
Muggli	Theo Muggli AG, Zürich

National	National Rechenwalzen AG, Zürich
Ochser	Ochsner Büromaschinen AG, St. Gallen
Precisa	Precisa AG, Zürich
Schweizer	Rudolf Schweizer & Co., Neu-Allschwil-Basel
Steinmann	Albert Steinmann, La Chaux-de-Fonds NE
Tesa	Tesa SA, Renens-Lausanne VD
Unical	Unical AG, Frauenfeld TG

Anmerkungen
Diese Übersicht beschränkt sich auf Hersteller aus der Schweiz und Liechtenstein. Die Marken Millionär und Madas bzw. Stima und Signal waren teilweise gleichzeitig ausgestellt.

Correntator war ein Zahlenschieber, Unical eine Multiplikationstabelle. Im Messebericht von Hermann Spindler ist lesen, dass die Rechenscheibe Maximatic 1949 auf der Muba ausgestellt wurde. Anbieter von Rechenschiebern, vor allem Rechenscheiben und Rechenwalzen (z. B. Heinrich Daemen, Zürich: Loga-Calculator), nahmen nur selten an der Mustermesse teil.

In den 1970er Jahren wurden die analogen, logarithmischen Rechenschieber und die digitalen mechanischen und elektromechanischen Rechengeräte durch elektronische Digitalrechner verdrängt.

Erläuterungen
Im Folgenden sind einige Angaben aus den Messekatalogen und den Anzeigen zusammengestellt.

- Die *H. W. Egli AG*, die seit den 1890er Jahren Rechenmaschinen auslieferte, nahm jahrzehntelang lückenlos an der Mustermesse teil. Die Additions- und Rechenmaschinen AG, Zürich, betreute in der Regel den Stand. Egli stellte die Millionär bis 1938 aus. 1932 werden 26 Madas-Modelle erwähnt. Ab 1957 sind noch 20 Modelle der Madas dabei. Die Madas portable erscheint 1932. Die letztmalige Teilnahme an der Mustermesse 1968 ist nicht zufällig. In den 1960er Jahren machte die Konkurrenz aus Japan dem Unternehmen in Zürich Wollishofen, das auch eine Produktionsstätte in Kreuzlingen TG hatte, zunehmend zu schaffen. Es gelang Egli nicht, einen marktreifen Elektronenrechner zu entwickeln, die Firma war nicht mehr wettbewerbsfähig. Auch der Einstieg bei der Compagnie des machines Bull SA in Paris war finanziell ein Misserfolg. 1968 verpflichtete sich die Precisa AG, Zürich, während zehn Jahren Ersatzteile für die Madas anzubieten. Wenige Jahre später wurde die Egli AG aufgelöst und im Handelsregister gelöscht (siehe Gérald Saudan: Swiss calculating machines. H. W. Egli A.-G., Yens sur Morges VD 2017, Seiten 39–40, Selbstverlag).
- Die durch die Ernst Jost AG vermarkteten druckenden Addier-, Saldier- und Rechenmaschinen (Zehntastenmaschinen) von Precisa warteten mit einer direkten Subtraktion und einem Negativsaldo auf. 1946 taucht die Precisa Electra auf. Die Maschinen beherrschten z.T. alle vier Grundrechenarten. Das Unternehmen

baute ab den 1960er Jahren auch Registrierkassen und unabhängige, in Registrierkassen eingebaute Additionsmaschinen. 1948 werden für die Precisa folgende Preise genannt: Modell 102: 880 Franken, Modell 103: 690 Franken, Modell 110: 1550 Franken. Precisa-Kleinmodelle für alle vier Rechenarten waren 1955 ab 715 Franken zu haben. Die Precisa 160 kostete 1962/1963 850 Franken, das Handmodell 480 Franken. 1964 wurden für die elektrische Dreispeziesmaschine Precisa 162 1125 Franken belastet, die Precisa 164 war für 1875 Franken im Angebot.

- *Albert Steinmann* zeigte ab 1931 die Stima und ab 1954 zusätzlich die Signal, eine Vierspeziesmaschine mit Negativsaldo und Volltastatur. Erst 1941 erscheint der Zahlenschieber Trebla, der allerdings schon 1937 in der Zeitschrift Büro und Verkauf (Heft 12, Seite 19) als „Additions-Apparat mit direkter Subtraktion" angeboten und 1939 im Büfa-Katalog mit der Eigenschaft „direkte Subtraktion und Negativsaldo" beschrieben wird. Im Novemberheft 1937 des Organisators wird von 36 verschiedenen Ausführungen der Stima gesprochen. Zeitweise wird auch eine Rechenuhr (Calculigraphe, grafischer Rechner) präsentiert, wahrscheinlich ein Fremderzeugnis. 1947 kommt die Stima Universal 4 auf den Markt, eine Tastenrechenmaschine für alle vier Grundrechenarten. Im Schweizerischen Handelsamtsblatt ist eine Rechenmaschine „Alpha" von Albert Steinmann verzeichnet (Hinterlegungsdatum: 12. Juli 1930). Die Marke „Stima" wurde am 23. Januar 1931 hinterlegt, die „Trebla" am 10. August 1929.
- Auf der Mustermesse 1945 ist auch eine logarithmische Rechenuhr unter der Bezeichnung *Arithmo* der Uhrenfabrik Juvenia montres SA, La Chaux-de-Fonds, ausgestellt. Nähere Auskünfte waren nicht erhältlich.
- Die Tastenantriebsmaschine Direct der *Theo Muggli AG* beherrschte laut Anzeige die Addition, die direkte Subtraktion, die Saldierung und die Multiplikation. Es gab Hand- und elektrische Modelle. Die druckende Rechenmaschine Direct L mit direkter Subtraktion ist ab 1932 verzeichnet. Die Dreispeziesmaschine Direct 2 kommt ohne Kurbel aus, sie ist nicht druckend. Die Direct EL hat einen elektrischen Antrieb. 1948 waren laut Büfa-Katalog weltweit Tausende Direct-Rechenmaschinen in Gebrauch.
- Die Ultra mit Hand- oder elektrischem Antrieb war eine Addier- und Saldiermaschine mit direkter Subtraktion (positive und negative Saldierung), sie unterstützte auch die Multiplikation. Herstellerin war die *Werkzeugmaschinenfabrik Oerlikon, Bührle & Co.* Die Maschine kam 1947 auf den Markt. 1960 ist ein druckender Ultra-Rechenautomat (Ultra 804) belegt.
- Die Oxner von der *Ochsner Büromaschinen AG* versprach Addition, direkte Subtraktion und Multiplikation. Das gilt auch für die Kleinadditionsmaschine Oxner Baby.
- Die *Rudolf Schweizer & Co.* verkaufte Addier- und Subtrahiermaschinen.
- Die Coréma portative von der *Coréma SA*, Genf, war eine tragbare Addier- und Subtrahiermaschine mit Volltastatur, ein Schnellrechner.

- Die von der *Contina AG*, Mauren FL, gefertigte Curta erscheint 1950 (Der Organisator, Heft 379, Oktober 1950, Seite 618). Sie wurde jedoch bereits 1949 auf der Muba gezeigt.
- Die „Schweizer Klein-Rechenmaschine" Correntator von der *Unical AG* war ein Zahlenschieber. Sie wurde mit direkter Subtraktion durch Umschaltung beworben. Die sechs Modelle kosteten 1947 22 bis 88 Franken (höchster Zahlenwert: 99.999.999.99).
- Im Sortiment der *Hasler AG*, Bern, waren ab 1959 auch *Registrierkassen* und unabhängige, in Registrierkassen eingebaute Additionsmaschinen.
- *E. Paillard & Co. SA*, Yverdon VD, baute in den 1960er Jahren Schreibbuchungsmaschinen (Konto-Vorsteckgerät: Hermes-Monoguide, Einzugsautomat / Formular-Vorsteckgerät: Hermes-Monomatic, Hermes-Bimatic), Volltext-Buchungsautomaten (Hermes C-3) und Fakturierbuchungsautomaten (Hermes F-3), ferner Schreibmaschinen (Hermes). Die Hermes C-3 wurde ab 1962 jahrelang auf der Mustermesse in Basel vorgestellt. Der erste Schweizer Abrechnungsautomat hieß Hermes F-3 und war erstmals 1966 auf der Muba. Dieser mechanische Fakturier- und Buchungsautomat wird in der Zeitschrift Büro und Verkauf (Band 36, Januar 1967, Nr. 424, Seite 112; Band 36, September 1967, Nr. 432, Seiten 328–329; Preis: 24 900–27 700 Franken je nach Anzahl der Zählwerke) beschrieben.
- *Alfred J. Amsler & Co.*, Schaffhausen, war in den 1960er Jahren in Basel mit mathematischen Instrumenten (Planimeter, Integratoren) vertreten.
- *G. Coradi AG*, Zürich, bot in den 1960er Jahren Koordinatografen und Planimeter an.
- *Contraves AG*, Zürich, verkaufte Analogierechner. Die Integrieranlage IA 55 war die erste elektronische Analogierechenmaschine der Schweiz. Sie ist im Messekatalog von 1955 verewigt.

Weitere Aussteller

Im Handel waren zudem vielfältige Rechenschieber, u.a. Rundrechenschieber (Rechenscheibe) Maximatic von Tesa SA, Renens-Lausanne, die Rechenscheiben der Mikron AG, Biel, der *Loga-Calculator AG*, Uster ZH, und der *National-Rechenwalzen AG*, Zürich (später Goldbach-Zürich bzw. Küsnacht), erhältlich. Eine Loga-Rechenscheibe war 1945 für 18 bis 100 Franken, eine Loga-Rechenwalze für 150 bis 740 oder 750 Franken zu haben. Ab 1948 bot Loga-Calculator eine Rechenwalze auf einem Schwenkarm an. Die Loga-Calculator AG hatte 1932 über 30 Modelle in 7 Größen in Scheiben-, Walzen-, Schieber- und Tafelform im Sortiment (Büro und Verkauf, Mai 1932, Seite 24).

Ferner werden Planimeter aus der Fabrikation Karl Murbach, Zürich, angeführt. 1946 wird auch eine Firma namens Addimult AG, Schaan/Rheintal (Spezialfabrik für Rechenmaschinen, Rechenschieber und Rechentabellen), genannt. Das aus Berlin kommende Unternehmen stellte im Wesentlichen Zahlenschieber her. In den 1940er Jahren ist zudem ein Tabellenschieber der *Pronto AG*, Zürich, im Handel. Erfinder war

Fritz Isler (Patenteinreichung 1932, Patenteintragung 1934). Tabellenschieber (Datenschieber) hatten die Form einer Schiebe--oder Drehtabelle. 1945 wird ferner auf einen Hämmerle-Kalkulator der Gebrüder Scholl AG, Zürich (Hilfsmittel für die Preisberechnung), hingewiesen.

Die Hermann Thorens SA aus Sainte-Croix VD stellte Sprechmaschinen und Schalldosen her. Edgar Rutishauser, Zürich, vormals Multor (St. Gallen), lieferte Vervielfältigungsmaschinen (Print-Fix).

Händler und Hersteller zugleich
Heinrich Daemen (Zürich) bot wie Ernst Jost (Zürich) und Theo Muggli (Zürich) nicht nur Eigen-, sondern auch Fremdmarken an.

16.8.2 Herstellerpräsenz auf der Mustermesse

Der am längsten lebende Schweizer Anbieter mechanischer Rechenmaschinen war die *H. W. Egli AG*, Zürich. Die Firma ist im Messekatalog von 1917 bis 1968 aufgeführt. Die Uhrenfabrik *Albert Steinmann* aus La Chaux-de-Fonds NE machte (mit zwei kurzen Unterbrechungen) von 1931 bis 1963 mit, die *Rechenmaschinenfabrik Precisa AG*, Zürich, war von 1935 bis 1968 vertreten. Die *Werkzeugmaschinenfabrik Oerlikon, Bührle & Co.*, Zürich Oerlikon, nahm von 1947 bis 1961 teil, die *Theo Muggli AG*, Zürich, war 1923 sowie von 1931 bis 1951 (meist) mit von der Partie. Die *Contina, Bureaux- und Rechenmaschinenfabrik AG*, Mauren/Vaduz, stellte von 1949 bis 1968 in Basel aus.

Die *Unical AG*, Frauenfeld, und die *Coréma SA*, Genf, sind sieben bzw. fünf Jahre (1943–1949 bzw. 1946–1950) aufgeführt. Wie der Zeitschrift Büro und Verkauf zu entnehmen ist, war Jean Bergmann mit dem Tabellenrechner Unical (Universal-Calculator) schon 1937 auf der Mustermesse. Im Orga-Handbuch (1921) ist die Firma Jean Bergmann GmbH, Berlin, mit einem Universalrechner (Tabellenbuch) verzeichnet. Die *Ochsner Büromaschinen AG*, St. Gallen, brachte es auf vier Jahre (1951–1954). Die *Eos Genossenschaft für Fabrikation und Vertrieb von Rechenmaschinen*, Zürich, beteiligte sich von 1926 bis 1928, die *Rudolf Schweizer & Co.*, Neu-Allschwil, taucht mit der Schnelladdier- und subtrahiermaschine St. Gotthard nur einmal auf (1936), desgleichen *Tesa*, Renens VD (1946).

Die *Loga-Calculator AG*, Uster ZH, war (mit langen Unterbrechungen) von 1917 bis 1920, 1944 bis 1946 und 1956 mit dabei, die *National-Rechenwalzen AG*, Zürich, von 1918 bis 1922. Im Orga-Handbuch (1921) ist die Tochterfirma Loga-Calculator, Fabrikations- und Vertriebs-GmbH, Berlin, aufgeführt.

Die Einträge in den Katalogen der Mustermesse sind offenbar nicht immer vollständig. Die Rechenmaschinenhändler boten üblicherweise Erzeugnisse mehrerer Hersteller an. Sie haben wahrscheinlich nicht immer alle Marken gemeldet. In den Muba-Katalogen 1936 und 1937 fehlen die Rechner Direct L bzw. Unical, der Zeitschrift

Büro und Verkauf zufolge waren sie in diesen Jahren jedoch ausgestellt. Das trifft auch für die Ultra 1959 zu. Die Messekataloge enthalten auch Anzeigen von Herstellern, die nicht ausstellten.

Es fällt auf, dass die letzten drei verbliebenen Hersteller mechanischer bzw. elektromechanischer Rechenmaschinen (Contina, Egli und Precisa) ab 1969 schlagartig der Mustermesse fernblieben.

16.8.3 Herstellerpräsenz auf der Bürofachausstellung

Die Bürofachausstellung (Büfa) fand erstmals 1928 in Basel statt. Sie wechselte später nach Zürich. Die 24. Büfa war 1982 in Genf. Die Veranstaltung wurde teils jährlich, teils zweijährlich oder manchmal noch seltener durchgeführt. Soweit bekannt sind nicht mehr alle Kataloge vorhanden. Die folgende Übersicht (vgl. Tab. 16.44) zeigt, welche Hersteller von 1948 bis 1963 teilgenommen haben.

Tab. 16.44: Aussteller an der Büfa in Zürich von 1948 bis 1963

Bürofachausstellung in Zürich (1948–1963: Angebot von Rechenmaschinen und Rechenschiebern								
Hersteller	**1948**	**1950**	**1952**	**1954**	**1956**	**1958**	**1960**	**1963**
Contina, Bureaux- und Rechenmaschinenfabrik AG, Mauren FL	–	Curta	Curta	–	–	–	–	–
H. W. Egli AG, Zürich	Madas	Madas	Madas	Madas	Madas	Madas	Madas	Madas
Loga-Calculator AG, Uster ZH (Heinrich Daemen)	Loga	Loga	Loga	–	–	–	–	–
Theo Muggli AG, Zürich	Direct	Direct	Direct	Direct	Direct	Direct	–	–
Ochsner Büromaschinen AG, St. Gallen	–	–	Oxner Baby	Oxner Baby	Oxner Baby	Oxner Baby	Oxner Baby	–
Precisa AG, Zürich	Precisa	Precisa	Precisa	Precisa	Precisa	Precisa	Precisa	Precisa
Albert Steinmann, La Chaux-de-Fonds NE	Stima Univer-sal 4	Stima	Stima	Stima, Signal	Stima, Signal	Stima, Signal	Stima, Signal	–
Werkzeugmaschinenfabrik Oerlikon, Bührle & Co., Zürich Oerlikon	–	Ultra	Ultra	Ultra	Ultra	Ultra, Ultra-Rechen-automat	Ultra	–
© Bruderer Informatik, CH-9401 Rorschach 2020								

Quelle: Kataloge der Bürofach-Ausstellung (Büfa), Zürich.

Anmerkungen
Auf der Zürcher Bürofachausstellung war in diesem 16-jährigen Zeitabschnitt nur die Madas, nicht aber die Millionär ausgestellt. Die Ernst Jost AG betreute 1950 bis 1952 die Curta und die Precisa, ab 1954 nur noch die Precisa. Jost warb für die Curta in der Zeitschrift Büro und Verkauf nur gerade in den beiden Jahrgängen 1950/1951 und 1951/1952. Ab der Mustermesse 1952 wurde die Curta 2 angeboten. Der Kleinrechner, der bis in die 1970er Jahre auf dem Markt war, verschwand auf der Ausstellung in Zürich anscheinend ab 1954. E. V. Parisod (Zürich, Kilchberg, später Aran-Grandvaux VD) hatte die Vertretung von Stima/Signal. Mehrere Unternehmen (z.B. Bull, IBM, Remington Rand, Samas) verkauften ferner Lochkartenmaschinen.

1937 kostete eine Trebla 18 Franken, eine Direct 2 war für 345 Franken zu haben. Die Stima Universal 4 wurde 1948 für 800 Franken vertrieben.

1939 gab es kriegsbedingt keine Büfa. Der Schweizerische Büro-Fachverband (Zürich) gab aber einen 192-seitigen Ausstellungsführer mit aufschlussreichen Angaben u.a. zur Firma Egli (Seiten 24–26) heraus, welche die Datierung erleichtern.

Im 39er Katalog werden die Geräte Direct, Loga, Madas, Precisa, Stima und Trebla aufgeführt. Wir erfahren zudem auf den Seiten 22–24, dass über *30 000 Loga-Rechenwalzen* in Industrie, Handel, Gewerbe, Banken, Versicherungen und im Transportwesen verwendet werden. Sie eignen sich laut Hersteller für Multiplikation, Division, Dreisatz, Verhältnisrechnung, Kettensatz, Massenmultiplikation (mit konstantem Multiplikator) und Massendivision (mit konstantem Divisor). Es gab 30 verschiedene Modelle des Loga-Kalkulators. Zur Stima (Seiten 33–34): 1930 erschien das flache Modell A der Stima. 1939 werden 29 flache Modelle und 21 Pultmodelle angeboten. Gewisse Modelle schaffen alle vier Rechenarten.

Aussteller von Rechen- und Buchungsmaschinen auf der Büfa 1933:
- Additions- und Rechenmaschinen AG, Zürich (u.a. Madas-Rechenmaschinen),
- Ernst Jost, Zürich (u.a. Brunsviga-Rechenmaschinen),
- Theo Muggli, Zürich (u.a. Direct-Rechenmaschinen),
- Anton Waltisbühl & Co., Zürich (u.a. Remington-Buchhaltungs- und Fakturiermaschinen).

Die H. W. Egli AG, Zürich und Paris, wird im Ausstellungsführer 1933 als Herstellerin von Bull-Lochkartenmaschinen vorgestellt (Seite 43). Edgar Rutishauser, Zürich (Anbieter des Volksrechners), präsentiert sich als Hersteller von Vervielfältigungsmaschinen (Print-Fix) (Seiten 64–66 und 108). Die Direct, eine druckende Rechenmaschine (Addition, direkte Subtraktion, Multiplikation) wurde damals für mindestens 600 Franken angeboten (Seite 45).

Quelle
Schweizerischer Bürofach-Verband (Hg.): Die Technik des modernen Büros, Zürich 1933.

Bedeutendste Hersteller
Die wichtigsten Schweizer und Liechtensteiner Hersteller von analogen Rechenschiebern, digitalen mechanischen Rechenmaschinen und Zahlenschiebern waren (in alfabetischer Reihenfolge): Bührle, Contina, Egli, Loga, Muggli, Precisa und Steinmann. Zu den führenden einheimischen Anbietern von Registrierkassen gehörten Hasler und Precisa. Weltweit erfolgreiche Konstrukteure von analogen mathematischen Instrumenten waren Amsler und Coradi. Registrierkassen wurden auch als Kontrollkassen bezeichnet.

Quelle
H. W. Egli AG (Rechenmaschinenfabrik), Zürich, 1919–1925, Schweizerisches Wirtschaftsarchiv, Universität Basel.

Neue Funde
Es folgen zwei Berichte über bis vor Kurzem kaum bekannte Rechenhilfsmittel.

16.9 Volksrechner

Es gibt nicht nur Volkswagen und Volksempfänger, sondern auch „Volksrechner“. Ein erstes Exemplar der Stellradgriffelrechenmaschine kam am 1. Mai 2014 in der Sammlung technischer Geräte („Patrimoine technologique“) von Jean-Marie Rouiller in Dorénaz VS zum Vorschein. Erkundigungen zum rätselhaften Volksrechner blieben erfolglos. Am 9. August 2014 tauchte die kleine „Registrierkasse“ (vgl. Abb. 16.38) auf einem Flohmarkt in Rorschach SG am Bodensee auf. Bislang sind zwei erhaltene Exemplare bekannt. Das unscheinbare schwarze Kistchen wurde laut einem Schild von Edgar Rutishauser in St. Gallen vertrieben. Wie üblich fehlt jegliche Dokumentation. Wer hat die kleine Rechenmaschine hergestellt, wann wurde sie gebaut? Und wie rechnet man damit?

Unser Volksrechner wurde Anfang der 1930er Jahre gefertigt, auf der Rückseite der Aluabdeckung ist die Zahl 33 eingekratzt. Das vorliegende Gerät ist stark abgenutzt, was auf eine rege Verwendung schließen lässt. Das Ausstellungstück in Dorénaz VS ist in wesentlich besserem Zustand und noch mit 80 Jahren betriebsfähig. In beiden Fällen fehlt der Griff der Löschkurbel. Absatzzahlen liegen nicht vor. Die Seriennummern lauten 10014 (Rorschach) und 10046 (Dorénaz).

Edgar Rutishausers Tätigkeit

Der 1901 geborene, in Amriswil TG heimatberechtigte Edgar Rutishauser war ein Erfinder. Die internationalen Patentdatenbanken listen für den Zeitraum 1939 bis 1964 (Anmeldung) elf Patente zu Vervielfältigungsmaschinen auf. 1930 war Rutishauser in St. Gallen (Postfach 654), wo er den Volksrechner für 95 Franken vertrieb, wie Anzeigen in der Neuen Zürcher Zeitung (NZZ, 02.04., 09.04., 25.06. und 02.07.1930) belegen.

1931 zog der Kaufmann nach Zürich, zunächst an die alte Beckenhofstraße 59, später an die Tödistraße 1. Das von ihm gegründete Unternehmen, die Schweizerische Spezialfabrik für Vervielfältigungsmaschinen (NZZ), war unter dem Firmennamen

Edgar Rutishauser AG in Zürich von 1937 bis 1962/63 im Schweizerischen Ragionenbuch und im Schweizerischen Handelsamtsblatt (SHAB) eingetragen, von 1963 bis 1980 als Print-Fix Edgar Rutishauser AG. Laut dem Nachschlagewerk Kompass (Nr. 3, 1951/52, Seite 610) hatte die Firma 60 Beschäftigte und ein Kapital von 300 000 Franken. Seine „Print-Fix"-Vervielfältigungsmaschine ließ er in der Maschinenfabrik Otto Weibel in Rapperswil herstellen. Früher verkaufte er das Vervielfältigungsgerät Multor (wohl nach Multertor, St. Gallen).

1954 war Rutishauser gemäß NZZ (09.09.1954) Präsident des Schweizerischen Büro-Fachverbandes (gegründet 1940, heute Swico), der damals in Zürich die Schweizerische Bürofachausstellung Büfa veranstaltete. Rutishauser starb 1978 in Ascona.

Woher kommt die Rechenmaschine?

In der Fachliteratur wird der Volksrechner nicht erwähnt, er fehlt(e) auch im Rechnerlexikon (www.rechnerlexikon.de). In Zusammenarbeit mit Wolf-G. Blümich, Berlin, und Wilfried Denz aus Münster ließ sich das Rätsel um die Herkunft lösen. Das Rechengerät wurde von der *Maschinen- und Werkzeugfabrik Paul Brüning, Berlin,* gefertigt und unter den Bezeichnungen *Minerva* und *Résulta 7* verkauft. Der Volksrechner ist baugleich mit diesen frühen Geräten von Brüning. Rutishauser hat allerdings bei beiden überlieferten Exemplaren den Namen „Minerva" unter dem Schild abgeschliffen. Eigenartig auch, dass an den zwei Geräten die sonst üblichen Herstellerangaben (Baujahr und -monat, Kürzel des Monteurs) nicht zu finden sind.

Spätere Modelle haben einen Hebel fürs Umschalten zwischen Addition und Subtraktion. In diesem Fall erübrigt sich die zweite Ziffernreihe mit den Neunerkomplementen (Ergänzungszahlen). Zudem ist das Einstellwerk unten mit Schaulöchern für die Eingabekontrolle ausgestattet. Neben dem Ergebniswerk weist auch das Einstellwerk eine Löschkurbel auf. Diese Geräte wurden von W. Häusler-Zepf, Olten (Marke Rapida 8, 1948), und Henri Zepf, Lausanne (Resulta BS), angeboten.

Abb. 16.38: Volksrechner, Seitenansicht. Der Stift dient für die Eingabe der Zahlen. Mit der Löschkurbel (Griff fehlt) wird das Ergebniswerk auf null gestellt (© Bruderer Informatik, Rorschach).

Was kann der Volksrechner?
Das rund 1 Kilogramm schwere metallene Gerät, eine *Stellradrechenmaschine* mit automatischem Zehnerübertrag, ist 9 cm breit, 15 cm tief und 10 cm hoch. Es eignet sich für die Addition und Subtraktion von Zahlen mit bis zu sieben Stellen. Der höchste Wert ist 99.999,99. Eingegeben werden die Beträge mit einem Stift, durch Drehen großer Zahnräder nach unten (für die Addition) und nach oben (für die Subtraktion). Dabei werden die Zahlen direkt vom Einstellwerk ins Ergebniswerk übertragen. Eine Kurbeldrehung für den Rechenvorgang erübrigt sich. Als „kleinste, handlichste, schnellste Rechenmaschine" pries Rutishauser das Gerät an. Für die Nullstellung des Ergebniswerks dient eine Löschkurbel.

16.10 Grundersches Rechengerät

Das eigenartige hölzerne Rechengerät des Brienzer Sekundarlehrers Johannes Gottfried Grunder (1892–1979) (vgl. Abb. 16.39–16.40) ist eine Einzelanfertigung. Das schwere Unikat entstand 1945 und befindet sich Karl Kronig (Leiter Sammlungen) zufolge seit 2010 im Berner Museum für Kommunikation (Übernahme vom Winterthurer Technorama). Der Verfasser stieß im Oktober 2016 bei einer Abfrage des neuen, museumsübergreifenden Suchportals www.museums-online.ch auf das seltsame Gebilde und untersuchte die in der Fachwelt unbekannte, vergessene Rechenhilfe am 8. November 2016 im Zentraldepot in Schwarzenburg BE. Nähere Angaben zum Gerät fehlen. In der europäischen Patentdatenbank ist kein Eintrag zu finden. Die Maschine beherrscht nach bisherigem Wissen nur eine, die wichtigste und häufigste Grundrechenart, die Addition.

Abb. 16.39: Grundersches Rechengerät (1). Gesamtansicht des Addierers (1945) von Johannes Gottfried Grunder. Bestandteile (von oben nach unten): Löschbalken, Ergebniswerk mit Sichtfenster, Einstellwerk, Löschgewichte und Pedal. Objektmaße: 124 x 55 x 50 cm (© Museum für Kommunikation, Bern).

In welchem Zustand ist das hölzerne Ungetüm?
Grunders Rechenvorrichtung, die 28 kg wiegt und 124 cm hoch ist, ist noch teilweise arbeitsfähig. Nur wenige Zahnräder lassen sich bewegen, was die Erprobung stark einschränkt. Dennoch gelang es, der Holzkonstruktion einige Geheimnisse zu entlocken. Unklar bleibt die Rolle des Pedals und des Hebels auf der linken Geräteseite, die beide auf die Rückseite des Ergebniswerks einwirken. Ob gewisse Bestandteile fehlen, ist offen.

Wie werden Zahlenwerte eingegeben?
Die Zahlen lassen sich durch Drehen der Ziffernräder im Gegenuhrzeigersinn einstellen. Die Räder werden bis Anschlag nach unten geschoben. Die Werte werden unmittelbar ins Ergebniswerk übertragen (d.h. ohne Kurbeldrehung). Es handelt sich daher um einen Direktaddierer.

Die Einstellräder haben 9 Zähne. Die Null erübrigt sich, da sie das Zusammenzählen nicht beeinflusst. Die Ziffer 9 ist (unüblicherweise) nicht zwischen oder vor den beweglichen Zähnen eingetragen, sondern auf einer festen Leiste oberhalb der Einstellräder, was zunächst verwirrt. Fürs Einstellen der Ziffer 8 setzt man den Finger in die Lücke vor der 8, für die Ziffer 9 hinter den Zahn 8.

Wo erscheinen die Ergebnisse?
Das Sichtfenster, das für die Kontrolle der eingegebenen Zahlenwerte und die Anzeige der Ergebnisse dient, befindet sich über dem Einstellwerk. Es ist in vier Abschnitte zu drei Ziffern unterteilt. Nachkommastellen für Währungen (Franken/Rappen) sind nicht besonders gekennzeichnet.

Abb. 16.40: Grundersches Rechengerät (2). Ausschnitt: 12-stelliges Einstellwerk (unten) mit Löschgewichten, 12-stelliges Ergebniswerk (oben) mit vierteiligem Sichtfenster sowie Löschkamm mit Metallzungen (© Museum für Kommunikation, Bern).

Löschung des Einstellwerks
Nach der Eingabe der Zahlen springen die Ziffernräder dank der an einer Schnur aufgehängten Metallgewichte automatisch in die Nullstellung zurück. Eine manuelle Löschung ist daher überflüssig. Diese Bauweise dürfte selten sein.

Löschung des Ergebniswerks
Die einzelnen Ziffernräder des Ergebniswerks können von Hand auf null gestellt werden (Drehung im Uhrzeigersinn). Der Kamm mit den zwölf Metallzungen, der oberhalb des Ergebniswerks befestigt ist, ermöglicht durch Drehung im Gegenuhrzeigersinn eine Gesamtlöschung. Dazu muss er nach unten gedrückt werden. Alle Ziffernräder weisen jeweils vier Ziffernfolgen 0–9 auf, was ungewöhnlich ist. Jeder der vier Abschnitte ist mit einem Metallstück (zwischen den Ziffern 7 und 8) ausgestattet, das die entsprechende Zunge anfasst. Für die Nullsetzung genügt eine Vierteldrehung. Das ist offenbar der Grund für die vierfache Auftragung der zehn Ziffern, was 40 statt 10 Zähne erfordert.

Automatische Zehnerübertragung
Ein wichtiges Merkmal von mechanischen Rechenmaschinen ist die automatische Zehnerübertragung. Versucht man, die Zahlen 44 und 77 mit den funktionstüchtigen linken Zahnrädern zusammen zu zählen, erscheint der Wert 21, die 1 fehlt. Ob man die wichtige Zehnerübertragung tatsächlich von Hand durchführen muss, ist unsicher, weil nicht mehr alle Teile der Maschinen laufen. Ein manueller Zehnerübertrag ist bei einer 12-stelligen Rechenmaschine jedoch unwahrscheinlich. Das würde den Nutzen der Erfindung erheblich einschränken.

Instandsetzung
Würde man das Rechengerät instand stellen, ließe sich der Zweck des Pedals vielleicht klären. Denkbar ist, dass sich damit die Drehrichtung des Ergebniswerks umkehren lässt (etwa für die Gesamtlöschung). Bei Sprossenradmaschinen schaltet man mit einem Wechsel der Drehrichtung von der Addition zur Subtraktion. Gewisse Geräte nutzen für die Subtraktion Komplementärzahlen (Ergänzung zu 9), die bei Grunder aber nicht vorhanden sind.

Weshalb ein hölzerner Addierer aus den 1940er Jahren?
Die Abnutzung (z.B. das fehlende Einstellrad für die siebte Stelle, mangelhafte Metallgewichte für die Löschung des Einstellwerks) weist darauf hin, dass dieses Rechenhilfsmittel häufig gebraucht wurde. Auf den Einstellrädern der höchsten Stellen fehlen Zahlzeichen, die aber vielleicht gar nie angebracht wurden. Möglicherweise war die Lagerung nicht fachgerecht. Mit den zwölf Stellen für die Zahleneingabe und die Ergebnisse lassen sich Zahlenwerte fast bis zu einer Billion darstellen.

Grunder hat das Gerät nicht für Lehrzwecke gebastelt, er soll damit jahrelang die Rechnung der Gemeinde Brienz BE überprüft haben. Das deutet auf einen automatischen Zehnerübertrag. In den 1940er Jahren gab es bereits zahlreiche ausgereifte, leistungsfähige mechanische Rechenmaschinen, die eine oder mehrere Grundrechenarten bewältigten. Die schweren, metallenen Geräte waren für ein kleines Bergdorf wohl unerschwinglich. Holz erleichterte den Bau der eigenwilligen Zahnradkonstruktion. Dadurch verminderte sich jedoch die Haltbarkeit.

Grunders Rechner ist zwar im Vergleich zu den bekannten serienmäßig gefertigten Zürcher Rechenmaschinen Millionär und Madas und zur Rechenmühle Curta aus Liechtenstein kein technisches Glanzstück, aber dennoch eine bemerkenswerte Leistung, eine Freizeitarbeit aus seiner Brienzer Werkstatt. Damals waren logarithmische Rechenschieber weit verbreitet, die sich vor allem für die Multiplikation und die Division eignen. Zudem gab es für einfache Berechnungen preiswerte Zahlenschieber für die Addition und die Subtraktion. Sie hatten einen halbautomatischen Zehnübertrag.

Wie Vinzenz Bartlome vom Berner Staatsarchiv am 11. November 2016 mitteilte, wuchs Hans Grunder in Oberdiessbach BE auf. Nach dem Besuch des Lehrerseminars arbeitete er zunächst als Primarlehrer in Wichtrach BE. Am höheren Lehramt in Bern ließ er sich zum Sekundarlehrer weiterbilden und war dann von 1923 bis 1962 Sekundarlehrer (und am Schluss auch Vorsteher der Sekundarschule) in Brienz. Eine Umfrage in der Bevölkerung ergab, dass der Tüftler sprachlich-historische Fächer unterrichtete, u.a. eine Schreibmaschine baute und ein Relief malte. Der Verfasser führte Telefongespräche mit den Enkeln Hans Grunder und Peter Grunder. Die technischen Fragen blieben aber ungeklärt. Nach Auskunft von Karl Kronig soll Grunder die Rechenmaschine während des zweiten Weltkriegs gebaut haben.

Umfrage

Zora Herren: Nachkommen des Erfinders gesucht, in: Jungfrauzeitung, 15. November 2016, Seite 17

Zora Herren: Wundermaschine des Lehrers weckt Erinnerungen, in: Jungfrauzeitung, 25. November 2016, Seite 15

17 Technik-, Wirtschafts-, Sozial- und Kulturgeschichte

Zusammenfassung: Im Kapitel „Technik-, Wirtschafts-, Sozial- und Kulturgeschichte" geht es um die Rolle und den Wandel der Technik- und der Naturwissenschaftsgeschichte. Die meist bei den Geisteswissenschaften angesiedelte Technik- und Naturwissenschaftsgeschichte, deren Schwerpunkt oft auf der Wirtschafts- und Sozialgeschichte liegt, vermag viele Anforderungen nicht zu erfüllen. Obwohl die Technik und die Naturwissenschaften unser Leben prägen, gibt es nur wenige Lehrstühle und Studiengänge zu ihrer Geschichte. Vertiefte technisch-wissenschaftliche Fachkenntnisse sind jedoch für Museen und andere Sammlungen ausschlaggebend, besonders für die Erhaltung des technischen Kulturerbes. Einen neuen Aufschwung erlebt seit einiger Zeit die Objektgeschichte. Es wird zudem auf den Patentschutz eingegangen. Zu finden sind auch Angaben über die Lebensdauer von analogen und digitalen Rechenmitteln.

Schlüsselwörter: Erhaltung technischer Kulturgüter, Kulturgeschichte, Lebensdauer von Rechenhilfsmitteln, Naturwissenschaftsgeschichte, Objektgeschichte, Patentschutz, Sozialgeschichte, Technikgeschichte, Wirtschaftsgeschichte

Die Technik durchdringt besonders mit ihren Bereichen Elektronik und Informatik unseren Alltag. Die Informationstechnik (IT) vernichtet althergebrachte und schafft neue Arbeitsplätze, sie beeinflusst die Arbeitsbedingungen und die Freizeit. Naturwissenschaftliche Erkenntnisse und technische Erfindungen werden in marktfähige Erzeugnisse umgesetzt. Diese sollen für die Kundschaft einen möglichst hohen Nutzwert haben. Seit der Einführung des elektronischen Digitalrechners sind unzählige Herstellerfirmen gegründet worden und wieder verschwunden. Informatikgeschichte ist deshalb oft auch Industrie- und Unternehmensgeschichte.

Informationstechnik steckt in Geräten aller Art, meist ist sie eingebettet und damit verborgen. Die derzeitigen Elektronenrechner sind klein, leicht, schnell, netzwerkfähig, vielseitig, leistungsfähig, bedienungsfreundlich und preiswert – manchmal auch pannenanfällig und verletzlich.

Das Festnetz, der Mobilfunk, das Internet und die sozialen Medien sorgen dafür, dass wir heute fast überall rund um die Uhr erreichbar sind. Das hat natürlich auch seine Schattenseiten. Was meist übersehen wird: Bei *Stromausfall* steht alles still. Wenn das Netz zusammenbricht und die Internetverbindung unterbrochen ist, sind wir aufgeschmissen. Die Technik, Elektronik und Informatik eingeschlossen, sind Segen und Fluch zugleich. Im Unterschied zur Mechanik ist man bei der Elektronik oft hilflos. Die Informations- und Kommunikationstechnik (IKT) hat unser Leben in kurzer Zeit grundlegend verändert.

https://doi.org/10.1515/9783110669664-017

Die Dauerüberwachung, z.T. gekoppelt mit Gesichtserkennung, führt zu gläsernen Menschen. Sie lässt sich mit einer sozialen, wirtschaftlichen und wissenschaftlichen Bewertung verknüpfen. Bei Datenkraken wie Alphabet (Google, Youtube) und Facebook (Whatsapp, Instagram) kommt es immer wieder zu Datenlecks, die unsere Privatsphäre verletzen.

Die Vernetzung (Internet der Dinge) erleichtert Verbrechen aller Art, Sabotage, Spionage und Erpressung. Hackerangriffe und Drohnenüberfälle häufen sich. Ziele sind u.a. Wasserversorgungen, Elektrizitätswerke und Krankenhäuser.

Ein Ende des tief greifenden Wandels ist nicht abzusehen. Die Folgen der Umwälzung lassen sich nur schwer abzuschätzen. Der Internetversandhandel beschert uns eine Paketflut. Ob die durch die Mobilfunkwellen verursachte elektromagnetische Strahlung (Mobilfunknorm 5G) langfristig gesundheitliche Schäden verursacht, wissen wir nicht. Der technische Fortschritt wirkt sich für die Umwelt, den Klimawandel und die Artenvielfalt (Biodiversität, Artenschwund) allerdings in mancher Hinsicht verheerend aus.

Handschriftliche und maschinengeschriebene Briefe sind eine vorzügliche Quelle für die Geschichtsschreibung. Die ungeheure Flut der elektronischen Korrespondenz und der Gedankenaustausch in den sozialen Netzen sind kaum zu bewältigen. Wo sind solche Unterlagen in Zukunft greifbar? Sind sie überhaupt erhaltenswert?

17.1 Reiches technisches Kulturerbe

Das technische Kulturerbe ist überaus reichhaltig, z.B. Wasserleitung (Pont du Gard); Brücke (Landwasserviadukt), Turm (Eiffelturm), Heißluftballon (Montgolfier), Webstuhl (Vaucanson, Jacquard), Buchdruckpresse (Gutenberg), Himmelsscheibe (Nebra), Himmelsglobus (Bürgi), Roboter (Leonardo da Vinci), Planetarium (Vorrichtung für die Darstellung der Bewegung, Lage und Größe von Gestirnen, besonders von Planeten), Rad, Dampfmaschine, Raddampfer, Wasser- und Windmühle, Musikautomat, Uhr, Schreibmaschine. Man unterscheidet zwischen materiellem (stofflichem) und immateriellen (geistigem) Kulturerbe.

Die Rechentechnik hat eine Flut von herausragenden Gegenständen hervorgebracht, etwa das rätselhafte Räderwerk von Antikythera, liebevoll geschmiedete Astrolabien und Wegmesser, bestechende astronomische Uhren, geschickt gestaltete Rechenpfennige (Rechenmünzen, z.B. aus Nürnberg) und geschnitzte Rechentische. Mehrere prächtige Rundbaumaschinen sind erhalten: die Stellsegmentmaschine von Jacob Leupold/Anton Braun/Philippe Vayringe, die Sprossenradmaschinen von Anton Braun und Johann Jacob Sauter sowie die Staffelwalzenrechenmaschinen von Philipp Matthäus Hahn, Johann Christoph Schuster und Johann Helfrich Müller.

Nicht zu vergessen die beeindruckenden großen Rechenwalzen und die schmucke, feine Rechenmühle Curta von Curt Herzstark, die vielseitig nutzbaren Proportionalwinkel (Proportionalzirkel) und die weit verbreiteten Polarplanimeter zur

Flächenbestimmung sowie die Storchschnäbel (Pantografen). Hinzu kommen die heutigen elektronischen Vielzweckgeräte.

17.2 Technik ist Teil der Kultur

Technik- und Kulturgeschichte bilden keine Gegensätze. Die Technik ist ein *Teil* der Kultur, ohne technische Durchbrüche wäre die heutige Kultur unmöglich. Die Kultur umfasst nicht nur Bereiche wie Literatur, Musik, Malerei, Bildhauerei und Baukunst. Technikgeschichte ist auch Politik-, Wirtschafts-, Gesellschafts- und Kulturgeschichte.

Wenn sich Geschichtsforschung und Geschichtsschreibung auf das politische, wirtschaftliche, soziale und kulturelle Geschehen beschränken, die technischen Meisterwerke aber ausklammern, decken sie einen entscheidenden Teil unseres Umfelds nicht ab. Das ist unverständlich, umso mehr als in den naturwissenschaftlichen und technischen Berufen seit langem ein Nachwuchsmangel besteht.

17.3 Technik- und Naturwissenschaftsgeschichte

Was ist Technik?
Dazu einige Aussagen aus einem Lehrbuch:

> „Zu unserer Welt gehören Natur, Gesellschaft und Technik. Die Technik ist ein wichtiger Lebensbereich. [...]. Die Technik haben sich die Menschen selbst geschaffen, um ihr Leben zu gestalten. Sie beeinflusst ihre Lebensweise sehr stark. Ohne Technik ist das Leben in der Natur und in der Gesellschaft nicht vorstellbar. Technik ist sehr vielfältig." (siehe Duden, Basiswissen Schule. Technik, Paetec Gesellschaft für Bildung und Technik mbH, Berlin/Bibliographisches Institut & F. A. Brockhaus AG, Mannheim 2001, Seite 6).

> „Technik hat eine lange Geschichte. [...]. Die Technik ist so alt wie die Menschen. Sie begann, als unsere Vorfahren die ersten *Werkzeuge* herstellten und Hütten bauten. Aber erst vor ca. 200 Jahren hatten die Menschen die Technik so weit entwickelt, dass das Industriezeitalter begann. Heute beeinflussen *Automaten* viele Lebensbereiche. [...]. Technik wird immer schneller entwickelt. [...]. Die Verbesserung der vorhandenen und die Erfindung neuer Technik erfolgt in immer kürzerer Zeit." (siehe Duden, Basiswissen Schule. Technik, Paetec Gesellschaft für Bildung und Technik mbH, Berlin/Bibliographisches Institut & F. A. Brockhaus AG, Mannheim 2001, Seite 7).

17.3.1 Was versteht man unter Technik- und Naturwissenschaftsgeschichte?

Die fächerverbindende Technik- und Naturwissenschaftsgeschichte beschreibt und erläutert technisch-naturwissenschaftliche Erfindungen (Gegenstände, Verfahren, Vorgänge), Entdeckungen und Erkenntnisse, sie berichtet über deren Schöpferinnen und Schöpfer und befasst sich mit den Voraussetzungen für die Neuerungen und deren Auswirkungen auf die Gesellschaft, die Wirtschaft, die Kultur und die Politik. Sie stellt den Ablauf, die Ursachen und die Folgen des technisch-wissenschaftlichen Wandels dar, sie geht auf die Entstehung und Nutzung der Innovationen ein. Eine umfassende Technik- und Naturwissenschaftsgeschichte muss sowohl die bedeutenden technisch-naturwissenschaftlichen Errungenschaften als auch die wechselseitigen Beziehungen zwischen Technik und Menschheit behandeln.

Die Grenze zwischen der Geschichte des Wissens, der Geschichte der Wissenschaft, Geschichte der Mathematik, der Geschichte der Technik, der Geschichte der Naturwissenschaften und der Geschichte der Philosophie ist fließend. Von großer Bedeutung ist auch die Geschichte der Medizin.

Der Begriff „Technikgeschichte" wird der Einfachheit halber häufig im weiteren Sinn von Technik- und (Natur-)Wissenschaftsgeschichte gebraucht. In der Regel wird dabei auch die Mathematikgeschichte eingeschlossen. In dieser Schrift werden die Ausdrücke *Technikgeschicht*e und *Technologiegeschichte* in gleicher Bedeutung verwendet. Die Wendung „technisch-wissenschaftlich" steht meist für „technisch-naturwissenschaftlich". Die Geschichte der Technik ist übrigens viel älter als die Geschichte der Technik- und Ingenieurwissenschaften.

17.3.2 Wozu betreibt man Technik- und Naturwissenschaftsgeschichte?

Die Auseinandersetzung mit der Vergangenheit hilft uns, die Gegenwart (besser) zu begreifen. Die Geschichte trägt dazu bei, den technischen Wandel, die Hintergründe und die Zusammenhänge zu erkennen. Sie unterstützt uns bei der Einordnung von Ereignissen und Vorgängen, bei der Bewertung von technisch-wissenschaftlichen Erfolgen und Misserfolgen. Sie erleichtert das Verständnis von Errungenschaften. Die Erkenntnisse erlauben ggf. bis zu einem gewissen Grad auch Vorhersagen und das Abschätzen von Technikfolgen (z.B. Auswirkungen des digitalen Umbaus). Die Beschäftigung mit früheren Zeiten ermöglicht es, Entwicklungslinien auszumachen und manchmal auch sinnvollere Problemlösungen zu finden. Sie dient auch zur Vorbereitung von Patentanmeldungen. Die Technik prägt und verändert unser Leben maßgeblich (industrielle Revolutionen, World Wide Web, internetfähiges Mobiltelefon, soziale Netze).

Nutzen der Naturwissenschafts- und Technikgeschichte

Durch den Blick zurück können wir aus Unfällen mit Kernkraftwerken lernen und einer Wiederholung nach Möglichkeit vorbeugen. Wir erweitern unser Wissen über den Urknall und vermögen Elementarteilchen vorherzusagen. Wir sind in der Lage, überraschende Funde (z.B. Räderwerk von Antikythera, Gletschermann Ötzi) zu deuten, vergessene Meisterwerke (z.B. analytische Maschine von Babbage, Schachautomat von Torres Quevedo) aufzuerwecken. Frühere Entwicklungen regen zur Schaffung von (marktreifen) Innovationen (z.B. Taschenrechenmaschine Curta) an.

17.3.3 Vermittlung von Technik und Naturwissenschaften in Museen

Für die Präsentation der Technik- und Naturwissenschaftsgeschichte gibt es unterschiedliche Ansätze:

- Technik- und Wissenschaftsmuseen (Universal- und Spezialmuseen):
  Schaustellung von (z.T. betriebsfähigen) technisch-wissenschaftlichen Meisterwerken (Originale, Nachbauten, Funktionsmodelle, Videos), ggf. eingebettet in die wirtschaftliche, gesellschaftliche und politische Entwicklung;
- Industriemuseen:
  Darstellung des Verhältnisses zwischen Technik und Arbeit;
- Mitmachmuseen (Erlebnismuseen):
  Versuchslabor zur Lösung von wissenschaftlichen Aufgaben aus den Bereichen Mathematik, Physik, Chemie, Biologie, Informatik, Technik usw. (Experimente, Simulationen, Animationen);
- Verbundmuseen:
  Verknüpfung von Meilensteinen, Industriekultur und Experimenten;
- historische und kunsthistorische Museen:
  Berücksichtigung von Technik und Naturwissenschaften; Kunstkammern, Münzkabinett, Sammlung von Uhren, Musikinstrumenten, Automaten, wissenschaftlichen Instrumenten.

Viele Museen arbeiten mit Medienstationen (interaktive Stationen).

17.4 Wandel der Technikgeschichte

Die „harte" Technikgeschichte war ursprünglich bei den Ingenieuren beheimatet. Seit rund 50 Jahren ist die „weiche" Technikgeschichte vorzugsweise in den historischen Abteilungen von (technischen) Universitäten angesiedelt. Die klassische, von Mathematikern, Ingenieuren, Informatikern und Naturwissenschaftlern betreute Technik- und Naturwissenschaftsgeschichte ist jedoch nicht verschwunden. Das zeigt die Fülle neuerer deutsch-, englisch- und französischsprachiger wissenschaftlicher Veröffentlichungen. Sie wird weiterhin innerhalb- und außerhalb von Hochschulen betrieben (meist an den entsprechenden Fakultäten). Viele ihrer Anhänger sind allerdings im Ruhestand und arbeiten ehrenamtlich.

Es folgen einige ausgewählte Stimmen zum Wandel der Technikgeschichte (Verlagerung zur Wirtschafts- und Sozialgeschichte):

> „Klarheit besteht heute im Wesentlichen darüber, daß die moderne Technikgeschichte nicht länger den technischen, sondern den historischen Wissenschaften zuzuordnen ist. Unbestritten ist außerdem, daß sie ein eigenes Fachgebiet darstellt, das besonders ausgebildeter, hauptberuflich tätiger Spezialisten bedarf und nicht länger bloße Nebenbeschäftigung von praktischen

Technikern oder Naturwissenschaftshistorikern sein kann." (siehe Karin Hausen, Reinhard Rürup (Hg.): Moderne Technikgeschichte, Verlag Kiepenheuer & Witsch, Köln 1975, Seiten 18–19).

„In den 1960er Jahren wurde die Technikgeschichte der Ingenieure durch eine Technikgeschichte der Historiker abgelöst." (siehe Reinhold Bauer; James Williams; Wolfhard Weber (Hg.): Technik zwischen *artes* und *arts*, Waxmann Verlag GmbH, Münster 2008, Seite 169).

„Die Technikgeschichte der Ingenieure wurde in der Zeit nach dem Ersten Weltkrieg nur unwesentlich ausgebaut, dominierte aber bis in die 1960er Jahre. Danach löste sie eine in erster Linie von ausgebildeten Historikern vertretene Technikgeschichte ab." (siehe Wolfgang König: Technikgeschichte, Franz Steiner Verlag, Stuttgart 2009, Seite 46).

„Seit den 1960er Jahren wurde die Technikgeschichte der Ingenieure durch eine Technikgeschichte der Historiker abgelöst. Die neue Generation der Technikhistoriker bemühte sich, den Gegenstand und das Selbstverständnis der Technikgeschichte als historische Teildisziplin zu bestimmen und sich dabei von der älteren Technikgeschichte abzugrenzen. Insbesondere suchte sie den Anschluss an allgemeine historische Themen. Die ältere Technikgeschichte hatte sich auf das Individuelle des technischen Geschehens konzentriert – auf Personen, Erfindungen und andere Erkenntnisse. Die neue Technikgeschichte suchte dagegen nach Erklärungen für den technischen Strukturwandel und fand sie in mannigfaltigen sozioökonomischen Kontexten." (siehe Wolfgang König: Technikgeschichte, Franz Steiner Verlag, Stuttgart 2009, Seiten 54–55).

„Nach einer zum Teil heftigen und langwierigen Methodendiskussion setzt sich in der Bundesrepublik in den 1970er Jahren das Konzept der modernen Technikgeschichte mit ihrer struktur- bzw. sozialhistorischen Ausprägung durch, die sich von der historischen Sozialwissenschaft abgrenzt." (siehe Rolf-Jürgen Gleitsmann; Rolf-Ulrich Kunze; Günther Oetzel: Technikgeschichte, UVK Verlagsgesellschaft, Konstanz mbH 2009, Seite 165).

„Technikgeschichte wird sowohl von Wissenschaftlern betrieben, die eine naturwissenschaftlich-technische (Grund-)Ausbildung vorzuweisen haben als auch von solchen, deren fachliche Heimat die Geistes- und Sozialwissenschaften sind. Infolge der Verankerung der Technikgeschichte in der Geschichtswissenschaft und dem Selbstverständnis als historische Disziplin sind es allerdings vorwiegend deren Vertreter, die die aktuelle Technikhistoriographie repräsentieren." (siehe Rolf-Jürgen Gleitsmann; Rolf-Ulrich Kunze; Günther Oetzel: Technikgeschichte, UVK Verlagsgesellschaft, Konstanz mbH 2009, Seite 166).

„Diese Nichtberücksichtigung der Technikgeschichte in den allgemeingeschichtlichen Überblicksdarstellungen war einer der Gründe ihrer Konstituierung und Professionalisierung als selbständige historische Teildisziplin seit den 1960er Jahren in der Bundesrepublik." (siehe Rolf-Jürgen Gleitsmann; Rolf-Ulrich Kunze; Günther Oetzel: Technikgeschichte, UVK Verlagsgesellschaft, Konstanz mbH 2009, Seite 178).

17.4.1 Erfüllt die Technikgeschichte die in sie gesetzten Erwartungen?

Dazu einige Meinungsäußerungen:

„Ein Historiker müßte sehr viel mehr von der Entwicklung der Naturwissenschaften und der Technik zur Kenntnis nehmen oder – noch besser – begreifen, um sie dann einordnen oder sachgemäß darstellen zu können." (siehe Albrecht Timm: Kleine Geschichte der Technologie, W. Kohlhammer GmbH, Stuttgart 1964, Seite 7).

„Darüber hinaus sind technische Fachkenntnisse als Voraussetzung der historischen Arbeit natürlich unentbehrlich – ein Problem, das sich jedoch für andere historische Spezialdisziplinen grundsätzlich ähnlich, wenn auch nicht immer in der gleichen Schärfe stellt." (siehe Karin Hausen, Reinhard Rürup (Hg.): Moderne Technikgeschichte, Verlag Kiepenheuer & Witsch, Köln 1975, Seite 19).

„Im weiteren Verlauf des 19. Jahrhunderts konnte von einer wissenschaftlichen Auseinandersetzung mit der Geschichte der Technik kaum mehr gesprochen werden. Ungeachtet der immer stärker wachsenden Bedeutung der Technik wurde ihre Geschichte von den Historikern nicht als ein ihrer Aufmerksamkeit würdiger Gegenstand akzeptiert." (siehe Karin Hausen, Reinhard Rürup (Hg.): Moderne Technikgeschichte, Verlag Kiepenheuer & Witsch, Köln 1975, Seite 11).

„Es waren nämlich die Techniker, die angesichts des Versagens der Historiker zur „Selbsthilfe" schritten und nun begannen, „ihre" Geschichte, d.h. den Beitrag der Technik zur Entwicklung der menschlichen Kultur, die Geschichte ihres jeweiligen Faches und nicht zuletzt auch die Geschichte ihres Standes zu schreiben." (siehe Karin Hausen, Reinhard Rürup (Hg.): Moderne Technikgeschichte, Verlag Kiepenheuer & Witsch, Köln 1975, Seiten 11–12).

„Technikgeschichte wurde jahrzehntelang fast ausschließlich von Technikern für Techniker betrieben. Bis über die Mitte dieses Jahrhunderts [20. Jh.] hinaus gab es weder in Großbritannien noch in Deutschland eine Professur für Technikgeschichte. Die Beschäftigung mit technikgeschichtlichen Problemen vollzog sich außerhalb der Universitäten und Akademien und weitgehend ohne Kontakt mit anderen historischen Wissenschaften." (siehe Karin Hausen, Reinhard Rürup (Hg.): Moderne Technikgeschichte, Verlag Kiepenheuer & Witsch, Köln 1975, Seite 12).

„Jahrzehntelang war die Technikgeschichte [...] eine bloße Neben- oder Altersbeschäftigung technischer Praktiker." [...]. „Gerade auf dem engeren Felde der Erfindungs- und Konstruktionsgeschichte wurde in materialreichen, sorgfältig gearbeiteten Studien eine Fülle von Kenntnissen erarbeitet, die von bleibendem Wert sind und jeder weiter ausgreifenden historischen Forschung auch heute ein solides fachliches Fundament bieten." (siehe Karin Hausen, Reinhard Rürup (Hg.): Moderne Technikgeschichte, Verlag Kiepenheuer & Witsch, Köln 1975, Seite 13).

„Ohne ein hinlängliches Maß von Wissen über die Entwicklung der heutigen Naturwissenschaft und Technik kann deshalb weder der Gang der europäischen Geschichte vollständig analysiert und zutreffend dargestellt werden, noch lassen sich ohne solche Kenntnisse die Ursachen, Motive und Tendenzen des gegenwärtigen politischen und wirtschaftlichen Geschehens durchschauen und bewerten." (siehe Deutsche Forschungsgemeinschaft (Hg.): Die Geschichte der Medizin, der Naturwissenschaft und der Technik, Bad Godesberg 1959, Seite 43).

Die *Propyläen-Technikgeschichte* gilt als die erste „mehrbändige allgemeine deutschsprachige Technikgeschichte". Sie umfasst fünf Bände und ist in mehreren Ausgaben erschienen. Ziel des Vorhabens war die „Beschreibung und Erklärung der Funktionsweise historischer Technik, Entstehung und Verwendung technischer Neuerungen, Bedingungen und Folgen von Innovationen – und all dies eingebunden in die Totalität eines raumzeitlichen Beziehungsgeflechts wirtschaftlicher, gesellschaftlicher und kultureller Faktoren". Der Herausgeber des Werks, Wolfgang König, äußert sich in der Einführung wie folgt:

„Im Gegensatz zu politischen Ereignissen wirken technische Veränderungen im allgemeinen eher mittel- und langfristig. Häufig wird nur langsam die Bedeutung von Erfindungen erkannt; ihre Weiterentwicklung zur Marktreife erfordert Geduld und verschlingt oft immense Summen; auf dem Markt muss sich neue Technik mühsam gegen zahlreiche Konkurrenten durchsetzen und behaupten, ehe neue Lösungen sie wieder zu verdrängen beginnen."

„Die Technikhistorie stellt nicht nur die [...] Frage nach dem Wie, sondern auch die Frage nach dem Warum technischen Wandels, sie begnügt sich nicht mit der Beschreibung der neuen Technik, ihrer Funktionen und gesellschaftlichen Wirkungen, sondern versucht, die technischen und außertechnischen Entwicklungsbedingungen zu verstehen und zu erklären. Weder die traditionelle Erfindungsgeschichte der Technik noch die moderne Sozial- und Wirtschaftsgeschichte besitzen ein dieser Aufgabe angemessenes Technikverständnis."

„Mit dem exponentiellen Zuwachs an technischem Wissen im 19. und 20. Jahrhundert stoßen wir immer häufiger auf das Phänomen der Mehrfacherfindungen: Mehrere Erfinder kommen unabhängig voneinander ungefähr zur gleichen Zeit zu ähnlichen Ergebnissen."

„Ebensowenig wie erfindungsgeschichtliche Ansätze reichen wirtschafts- und sozialgeschichtliche aus, um die Entstehung von Technik angemessen zu erfassen und zu erklären. Wirtschaftsgeschichtliche Betrachtungen der Technik beschränken sich im allgemeinen auf Verbreitung und Wirkung der Technik am Markt und klammern Erfindung, Entwicklung zur Marktreife oder die Wechselwirkung zwischen Markterfolg und Technikmodifikation aus. Manche sozialgeschichtlichen Ansätze erklären Technik ausschließlich aus gesellschaftlichen Bedürfnissen und Interessen, vernachlässigen hingegen die Analyse des Stands des technischen Wissens und Könnens, neben der gesellschaftlichen Nachfrage die zweite Bedingung erfolgreicher Technikentwicklung. Gesellschaftliche Nachfrage allein schafft keine Technik, wie die jetzt schon hundert Jahre währende, weitgehend erfolglose Suche nach einer technischen Lösung für die wirtschaftliche Speicherung großer Mengen elektrischer Energie deutlich macht."

„Entstehung und Verwendung von Technik stehen nicht unverbunden nebeneinander, sondern wirken wechselseitig aufeinander ein."

„Wie die allgemeine Geschichte kann auch die Technikgeschichte keine Handlungsanweisungen zur Lösung aktueller Probleme geben. Aber zur Orientierung im Dschungel technischer Lösungsvorschläge, im Gewirr von Verurteilungen und Glorifizierungen der Technik und im Geflecht der Wechselbeziehungen zwischen Technik, Wirtschaft und Gesellschaft trägt sie allemal bei. Die Technikgeschichte gibt uns keine Gewißheit über den Weg, den wir gehen sollen. Doch ohne sie sind wir bei unseren Entscheidungen über Technik mit Sicherheit blind." (siehe Wolfgang König: Einführung in die „Propyläen Technikgeschichte", in: Dieter Hägermann; Helmuth Schneider (Hg.): Landbau und Handwerk. 750 v. Chr. bis 1000 n. Chr., Propyläen-Verlag, Berlin 2003, Seiten 11–16, Wiedergabe der Zitate mit Erlaubnis von Wolfgang König, Berlin, vom 13. Oktober 2017).

Führende junge angloamerikanische Fachleute lehnen die „weiche" Technikgeschichte ab:

„We see this a part of a broader re-engagement of historians with the specifics of computer technology and the concerns of computer science. The history of science as a whole made a turn toward social and cultural analysis a generation ago, influenced by the emergence of science studies. Since then the wisdom of attempting to pry open the black boxes of technical knowledge and peer inside has been much debated. [...]. Within the history of computing, a relatively new and rather insecure subfield of the history of science and technology, the process of scholarly professionalization has been marked by a fairly uniform disengagement with technical detail in favor of stories about institutions, ideology, and occupations. Early historical work on computing, like early historical work on many other topics, was done by pioneers and other participants. They tended to produce detailed technical stories about particular computers, pioneering institutions, and the proper allocation of „firsts". Most of those entering the field as graduate students in history programs and science studies programs have lacked the technical background to appreciate or produce such stories, and have in any event sought instead to increase the scholarly respectability of the history of computing and their own potential employability by patterning their work on established models in better-developed historical fields. The development of the history of computing in a more scholarly direction has also been defined largely as a move away from technical history and technical details. [...]. For a long while now, detailed examination of computer code or programming practice has been almost unknown in scholarly history of computing, seen at best as a guilty pleasure." (siehe Thomas Haigh; Mark Priestley; Crispin Rope: Eniac in action, MIT press, Cambridge, Massachusetts, London 2016, Seite 13).

Sinngemäß übersetzt und leicht gekürzt:
Als Historiker vertreten wir die „harte" (ältere) Richtung der Informatikgeschichte, die den Schwerpunkt auf die Rechentechnik legt. Die Wissenschaftsgeschichte wandte sich vor einer Generation unter dem Einfluss der aufkommenden Wissenschaftsforschung allgemein gesellschaftlichen und kulturellen Untersuchungen zu. Seither wurde oft erörtert, ob die ingenieurwissenschaftliche Technikgeschichte zweckmäßig ist [...]. Die „weiche" (neue) Informatikgeschichte, ein vergleichsweise junger und noch wenig gefestigter Zweig der Wissenschafts- und Technikgeschichte, ist gekennzeichnet durch eine weitgehende Abwendung von technischen Einzelheiten. Im Mittelpunkt stehen Geschichten über Einrichtungen, Weltanschauungen und die Arbeitswelt. Frühe historische Abhandlungen zur Rechentechnik und zu vielen anderen Bereichen stammen von Pionieren und anderen Zeitzeugen. Sie haben in der Regel ausführliche technische Berichte über besondere Rechner, Institutionen der ersten Stunde und die richtige Zuweisung von Ersterfindungen verfasst. Viele Hochschulabgängerinnen und -abgänger der Geschichte und der Wissenschaftsforschung hatten nicht das erforderliche technische Wissen, um solche Beiträge zu beurteilen oder zu verfassen. Deshalb waren sie vielmehr bestrebt, das Ansehen der „weichen" Informatikgeschichte und ihre eigene Beschäftigungsmöglichkeit zu fördern. Dazu gestalteten sie ihre Arbeit nach gängigen Modellen aus stärker verankerten historischen Teildisziplinen. Der Wandel der Informatikgeschichte zu einem „weichen", geisteswissenschaftlichen Fach war zudem gekennzeichnet von einer Abkehr von der „harten" Technikgeschichte und den technischen Einzelheiten. [...]. Seit längerer Zeit gibt es in der „weichen" Informatikgeschichte keine ausführlichen Untersuchungen mehr zu Rechenprogrammen oder zur Programmierpraxis [...].

Mehrbändige Überblickswerke

Große mehrbändige Werke zur allgemeinen Technikgeschichte sind ein verdienstvolles Unterfangen. Es gibt u.a. Ausgaben in deutscher, englischer und französischer Sprache. Leider schaffen sie es (erwartungsgemäß) jedoch nicht, eine zusammenhängende

Geschichte z.B. des Maschinenbaus, der Elektrotechnik oder der Informatik zu vermitteln. Sie decken zwangsläufig lediglich einen Bruchteil des Geschehens, einen aus Sicht der Einzelwissenschaften unbefriedigenden, eher willkürlichen Ausschnitt ab. Wegen der ungeheuren Menge kann heute niemand mehr die gesamte Technikgeschichte bewältigen. Die verfügbaren vielbändigen Überblickswerke sind denn auch ziemlich lückenhaft.

17.4.2 Technikgeschichte ohne Nähe zu den Natur- und Ingenieurwissenschaften?

In den meisten in- und ausländischen Universitäten und Fachhochschulen fristet die Mathematik-, Technik- und Naturwissenschaftsgeschichte ein Schattendasein. Ihre Bedeutung wird nicht erkannt. Die weltweit wenigen Lehrstühle sind wohl mehrheitlich mit Historikern und Historikerinnen besetzt.

Der bei den Geschichtswissenschaften angesiedelten Technikgeschichte fehlt manchmal die Nähe zu den Ingenieur- und Naturwissenschaften. Zum Vergleich: Die Erfahrung lehrt, dass es aufgrund des *Praxisbezugs* klüger ist, die (fächerverbindende) Fachdidaktik Informatik den Ingenieurwissenschaften und nicht den Bildungswissenschaften zuzuordnen.

Die Betreuung – Instandsetzung, Wartung und Erhaltung – technisch-wissenschaftlicher Sammlungen setzt zwingend entsprechende Fachkenntnisse voraus. Das trifft besonders auch auf Nachbauten und Simulationen zu.

Eine vertiefte Technikgeschichte setzt grundlegende Fachkenntnisse voraus (vgl. Kasten).

Technikgeschichte ohne Technikverständnis?

Wer soll sich mit Technikgeschichte befassen: Historikerinnen und Historiker oder Ingenieurinnen und Ingenieure? Kann man eine glaubwürdige Technikgeschichte ohne grundlegende Kenntnisse der Technik bzw. der Geschichte schreiben? Was ist zweckmäßiger, ein Blick von innen oder außen? Ist eine aussagekräftige, zuverlässige Geschichtsschreibung z.B. zu Fragen der Informatik, Mathematik, Physik, Astronomie, Geodäsie, Nautik, Chemie, Biologie, Medizin oder des öffentlichen Verkehrs ohne vertieftes mathematisch und technisch-naturwissenschaftliches Wissen möglich? Und wie steht es mit der Uhrmacherkunst, dem Instrumenten- und dem Automatenbau? Genügt eine Wirtschafts- oder Sozialgeschichte der Technik?

Leider ist eine weit verbreitete (nachvollziehbare) *Scheu* der (historisch gebildeten) Technikhistorikerinnen und -historiker vor einer Kerngeschichte der Technik und der Naturwissenschaften festzustellen. Die Praxis zeigt, dass manche Angehörige der Geschichtswissenschaft dazu neigen, fehlende technische Fachkenntnisse durch eine oberflächliche Darstellung in bewusst schwer verständlicher oder z.T. gar überheblicher Sprache zu übertünchen. Für die Technikgeschichte sind Ingenieure (mit einer Zusatzausbildung in Geschichte) wohl besser geeignet als Historiker (mit einer Zusatzausbildung in Technik). *Eine fächerübergreifende Zusammenarbeit ist nicht nur sinnvoll, sondern zwingend.* Denn die Technikgeschichte wird durch verschiedene Blickwinkel, eine Innen- und eine Außensicht, bereichert.

Fragen
- Was trägt eine Wirtschafts- und Sozialgeschichte der Technik zum Aufbau, zum Unterhalt und zur Erklärung von Sammlungen technischer Kulturdenkmäler bei?
- Ist es sinnvoll, dass Lehrstühle für Technikgeschichte nicht an Sammlungen beteiligt sind?
- Was geschieht, wenn ausschließlich historisch gebildete Kuratorinnen und Kuratoren technischer Sammlungen kein ausreichendes Wissen des jeweiligen Sachgebiets haben?

Auswirkungen
- Die Bedeutung wertvoller technischer Kulturgüter wird nicht erkannt, ihr Wesen nicht verstanden.
- Viele Kuratorinnen und Kuratoren sind überfordert.
- Neue Funde können nicht oder nur unzureichend gedeutet werden. Sammlungen werden manchmal (auch aus Platzgründen) nicht fachgerecht ergänzt und erweitert.
- Wertvolle Gegenstände werden nicht bewahrt, sondern entsorgt. Damit wird das technische Kulturerbe teilweise zerstört.
- Herausragende Museumsstücke verschwinden oft im Depot.
- Die technischen Pionierleistungen werden nicht oder unzureichend zur Schau gestellt.
- Ausstellungen ohne betriebsbereite Geräte wirken leblos.
- Man wagt es nicht, die Dinge zu berühren und in Betrieb zu setzen (Berührungsangst, Standschäden).
- Die Pflege der Gegenstände ist unsachgemäß oder wird vernachlässigt.
- Beschädigte Objekte werden kaum oder nicht instand gestellt.
- Mangelhafte oder unvollständige Meisterwerke werden nicht nachgebaut.
- Es werden weder Vorführmodelle gefertigt noch Simulationen erstellt.
- Sammlungsdatenbanken sind fehlerhaft und wenig aussagekräftig. Sie lassen sich daher nur schlecht mit anderen Objektdatenbanken verknüpfen. Die Trefferrate bei Abfragen ist unbefriedigend.
- Die Nachwuchsförderung in den Bereichen Mathematik, Informatik, Naturwissenschaften und Technik durch Mitmachausstellungen findet kaum statt.
- Der Brückenschlag zwischen der Wirtschafts- und Sozialgeschichte und der Kerngeschichte der Technik bleibt aus.
- Biografien zu Universalgelehrten wie Leonardo da Vinci beschränken sich weitgehend auf ihr Leben und ihre Kunstwerke und klammern ihre technischen Meisterleistungen größtenteils aus.
- Viele Lehrstühle sind nicht in der Lage, Gutachten zur Technikgeschichte zu erstellen und Medienanfragen zu technischen Themen beantworten.

Zu beachten ist, dass
a) auch die (allgemeinen) historischen Museen vielfältige technische Gegenstände besitzen,
b) sich wohl die wenigsten Naturwissenschaftlerinnen und Naturwissenschaftler, Ingenieurinnen und Ingenieure in der Geschichte ihres jeweiligen Fachs auskennen,
c) es nicht nur *eine* Technik, sondern viele Zweige der Ingenieur- und Naturwissenschaften gibt.

17.4.3 Kombination von „harter“ und „weicher“ Technikgeschichte

Jahrzehntelang gab es einen (wenig ergiebigen) *Richtungsstreit* zwischen der „harten“ und der „weichen“ Technikgeschichte. Auch heute noch ist ein *Spannungsverhältnis* zwischen den Vertreterinnen und Vertretern der beiden „Lager" spürbar. *Eine bloße Wirtschafts- und Sozialgeschichte der Technik wird den Ansprüchen der Bereiche Mathematik, Informatik, Naturwissenschaften, Technik und Medizin nicht gerecht.*

Die eigentliche Technikgeschichte (Technikgeschichte im engeren Sinn, „alte" Technikgeschichte) und die Sozial- und Wirtschaftsgeschichte der Technik (Technikgeschichte im weiteren Sinn, „neue" Technikgeschichte) *vermögen sich gegenseitig nicht zu ersetzen, sie ergänzen sich.* Die Bemühungen der Berufs- und der Freizeithistorikerinnen und -historiker schließen sich nicht gegenseitig aus.

Die Technikgeschichte ist mehr als eine Geschichte der Erfindungen und Entdeckungen, der Meisterwerke und ihrer Urheber (Objektgeschichte). Eine unkritische (berufsständische, nationalistische) Heldengeschichte ist ebenso unbefriedigend wie eine praxisferne Geschichte, welche sich nicht um die Bewahrung wertvoller Gegenstände kümmert.

Die Erfassung, Erforschung und Erklärung technischer Meilensteine bildet eine Grundlage für ihre Einbettung in die Sozial- und Wirtschaftsgeschichte. Das verdeutlicht etwa das *Räderwerk von Antikythera.* Die herkömmliche Geschichtsschreibung vermag die Bedeutung dieses Jahrhundertfunds nicht zu erfassen. Die Erkenntnisse von Mathematik, Technik, Naturwissenschaften und Medizin sind Voraussetzung beispielsweise für die Deutung von Ausgrabungen (z.B, in Ägypten) und die Unterwasserarchäologie. Nur dank der internationalen Zusammenarbeit konnten der Gletschermumie „Ötzi" so viele Geheimnisse entlockt werden.

In der folgenden Übersicht (vgl. Tab. 17.1) werden die Kerngeschichte der Technik und die Wirtschafts- und Sozialgeschichte der Technik miteinander verglichen.

Tab. 17.1: Merkmale der inneren und äußeren Technikgeschichte

Technikgeschichte lässt sich von innen oder außen betrachten	
Kerngeschichte der Technik	**Wirtschafts- und Sozialgeschichte der Technik**
„ältere" Technikgeschichte	„neuere" Technikgeschichte
„harte" Technikgeschichte	„weiche" Technikgeschichte
klassische Technikgeschichte	nicht klassische Technikgeschichte
Technikgeschichte im engeren Sinn	Technikgeschichte im weiteren Sinn
innere Geschichte der Technik, interne Technikgeschichte	äußere Geschichte der Technik, externe Technikgeschichte
Technikgeschichte der Ingenieurinnen und Ingenieure (Ingenieurhistoriker/innen)	Technikgeschichte der (Fach-)Historiker/innen (Allgemeinhistoriker/innen)
Verankerung in den Ingenieurwissenschaften, Ergänzung zu den Ingenieurwissenschaften	Verankerung in der Geschichtswissenschaft, Sparte der Geschichtswissenschaft
ingenieurwissenschaftliche Technikgeschichte	sozialwissenschaftliche Technikgeschichte

Technikgeschichte lässt sich von innen oder außen betrachten	
Kerngeschichte der Technik	**Wirtschafts- und Sozialgeschichte der Technik**
Geschichte der technischen Errungenschaften (Erfindungen, Entdeckungen, Entwicklungen, Meisterwerke, Verfahren; Innovationen), Geschichte der Ingenieurleistungen, Standesgeschichte	Geschichte über die Entstehung, Herstellung und Nutzung der Technik sowie deren Auswirkungen auf Politik, Gesellschaft, Wirtschaft und Kultur
Bewahrung des technischen Kulturguts (materielle Kultur)	Ursachen und Auswirkungen des technischen Wandels (immaterielle Kultur)
vertieftes Technikverständnis als Voraussetzung	vertieftes Geschichtsverständnis als Voraussetzung

Quellen

Rolf-Jürgen Gleitsmann; Rolf-Ulrich Kunze; Günther Oetzel: Technikgeschichte, UVK Verlagsgesellschaft, Konstanz mbH 2009

Karin Hausen, Reinhard Rürup (Hg.): Moderne Technikgeschichte, Verlag Kiepenheuer & Witsch, Köln 1975

Wolfgang König: Technikgeschichte. Eine Einführung in ihre Konzepte und Forschungsergebnisse, Franz Steiner Verlag, Stuttgart 2009

Wolfgang König (Hg.): Technikgeschichte, Franz Steiner Verlag, Stuttgart 2010

Wolfhard Weber; Lutz Engelskirchen: Streit um die Technikgeschichte in Deutschland 1945–1975, Waxmann-Verlag GmbH, Münster 2000.

17.5 Geringe Wertschätzung für die Technikgeschichte

Unter dem Abbau von universitären Lehrstühlen für Technikgeschichte leiden Forschung, Lehre und Dienstleistungen. Die Vernachlässigung dieses Bereichs kann dazu führen, dass grundlegende Erkenntnisse untergehen und manchmal erst Jahrzehnte später wieder entdeckt werden (z.B. Leibniz, Babbage). Herausragende, verblüffende Einfälle etwa für die Konstruktion mechanischer Rechenmaschinen können durchaus auch für künftige technische Errungenschaften von Nutzen sein.

Eine Ursache für die fehlende Wertschätzung der technikgeschichtlichen Forschung und Lehre liegt wohl in ihren hohen *fächerübergreifende*n Anforderungen. Wer kennt sich gleichzeitig in der Geschichtswissenschaft sowie in der Mathematik, der Informatik, den Erd-, Natur- oder Ingenieurwissenschaften aus? In gewissen technikhistorischen Studiengängen weicht man auf gängige wirtschafts- und sozialgeschichtliche Fragestellungen aus.

Historisch gebildete Kuratorinnen und Kuratoren haben leider oft die erforderlichen technischen Fachkenntnisse nicht. Das belegen u.a. fehlerhafte Eintragungen in verschiedenen Objektdatenbanken. Die Überprüfung solcher Angaben ist allerdings zeitraubend, weil die Beschaffung verlässlicher Daten für alte Geräte schwierig ist.

Viele Menschen haben eine Angst vor der Technik oder eine Abneigung gegen sie und wagen nicht, die Maschinen zu öffnen. Wird die Bedeutung technischer Schätze verkannt, landen die Gegenstände erfahrungsgemäß bald einmal in einem Depot. Objektsammlungen beanspruchen viel Platz, Archive verursachen erhebliche Kosten.

Es gibt allgemein nur *wenige aktive Technikhistorikerinnen und -historiker.* Viele sind im Ruhestand. Bei dem Nachbau, der Instandstellung, der Pflege und der Nutzung von Objekten geben viele Freiwillige, oft vorzügliche Fachleute, ihr Herzblut hin. Verdienstvoll ist zudem die Tätigkeit von Sammelvereinen (Rechenschieber, mechanische Rechenmaschinen, Schreibmaschinen usw.), die allerdings häufig Nachwuchssorgen haben. Die Mitglieder werden älter und sterben aus. Damit ist für die Nachwelt ein unvermeidbarer Verlust von Kenntnissen verbunden.

Wir leben in einer Welt, die entscheidend von der Technik, der Mathematik und den Naturwissenschaften geprägt ist. Längerfristig beeinflussen sie den Gang der Dinge viel stärker als die Politik. Dennoch spielt die Technikgeschichte im Vergleich zur Politikgeschichte nur eine Nebenrolle. Die Technik hat in der Kulturförderung nur einen geringen Stellenwert.

17.6 Technikgeschichte als Erlebnis

Auf dem Vierwaldstätter, dem Genfer und dem Thuner See sowie weiteren Schweizer Gewässern gibt es äußerst beliebte planmäßige Fahrten mit prunkvollen Schaufelraddampfern. Die eindrucksvollen Dampfmaschinen, die mächtigen Schaufelräder und die stilgerecht erneuerten vornehmen Salons machen technisches Kulturgut hautnah erlebbar. Eine erhebliche Nachfrage besteht gleichermaßen bei Zugfahrten mit qualmenden Dampfloks und altehrwürdigen Bahnwagen. Die Begeisterung nimmt noch zu, wenn ein still gelegter Bahnabschnitt wie die Bergstrecke beim Furkapass dank unermüdlicher Freiwilligenarbeit wieder aufgebaut oder eine Bahnlinie wie die Albula-Bernina-Bahn zum Unesco-Weltkulturerbe erklärt wird.

Bei alten Rechengeräten kann man der Bevölkerung zeigen, wie sie funktionieren. Voraussetzung ist, dass sie in betriebsbereitem Zustand sind und man damit umgehen kann. Es ist wichtig, dass nicht nur Aufsehen erregende historische Gegenstände bewahrt werden, sondern auch herausragende, unscheinbare Errungenschaften. Die Medien lassen sich jedoch nur schwer für Veröffentlichungen über geschichtliche Dokumente und Objekte gewinnen. Alltägliche Einrichtungen, die kaum beachtet und achtlos entsorgt werden, können in wenigen Jahrzehnten als historisch wertvoll eingestuft werden. Auf manchen Dachböden dürften Kostbarkeiten schlummern. Noch vor kurzer Zeit standen in vielen Kellern beeindruckende Webstühle, heute sind sie fast spurlos verschwunden. Dieses Schicksal erleiden besonders sperrige Vorrichtungen mit hohem Platzbedarf.

17.7 Nachwuchsförderung mit Technikgeschichte

Immer wieder ist die Rede von einem Mangel an Fachkräften. Eine wirksame Nachwuchsförderung muss erfahrungsgemäß rechtzeitig beginnen, denn die Weichen werden früh gestellt. Auch die Technikgeschichte eignet sich dazu. So zeigen etwa Vorführungen von historischen Rechenmaschinen, dass man nicht nur Erwachsene und Jugendliche, sondern besonders auch Kinder, die mit der Elektronik aufwachsen, für die Mechanik und die Rechentechnik begeistern kann.

Anhand des digitalen Kugelrechners lässt sich – wie früher in der Volksschule – der Zehnerübertrag üben, etwa bei der Addition und der Subtraktion. Mithilfe analoger Geräte wie Proportionalwinkel, Reduktionszirkel und Pantograf kann man die geometrischen Strahlensätze anwenden. Simulationsprogramme ermöglichen einen Einblick in die Arbeitsweise mechanischer Rechenmaschinen. Die grafische Addition und Subtraktion ist mit zwei herkömmlichen Maßstäben (mit linearer Skala) einfach durchzuführen. Die Verschlüsselung bildet einen weiteren Ausgangspunkt für mathematische und informatische Experimente. *Leuchttürme* und Vorbilder sollen die Wissensvermittlung unterstützen.

Zahlreiche technisch-naturwissenschaftliche Museen haben *Mitmachausstellungen* eingerichtet, wo Alt und Jung die Gegenstände anfassen und ausprobieren dürfen. Man will ein Erlebnis bieten und zu Knobeleien und Tüfteleien anregen. Die Besucherinnen und Besucher sollen spielerisch in eine geheimnisvolle Welt eintauchen. Der Alltag zeigt allerdings, dass unbegleitete und unbeaufsichtigte Experimente in einen Rummel ausarten können und die Stationen oft beschädigt werden.

Technikgeschichte im historischen Lexikon der Schweiz

Im Oktober 2014 wurde der letzte Band des dreisprachigen historischen Lexikons der Schweiz vorgestellt. Damit liegen nach 25-jähriger Arbeit 41 Bände (je 13 Bände auf Deutsch, Französisch und Italienisch sowie 2 rätoromanische Bände) und eine übers Internet frei zugängliche digitale Ausgabe vor. Stichproben ergeben, dass technische Themen zwar vorkommen, man aber beim Nachschlagen oft leer ausgeht. Es gibt Überblicksartikel zu Technikgeschichte, Informatik, Mathematik, Informatisierung, Astronomie und zu angrenzenden Gebieten wie Mechanisierung, Elektrotechnik, Physik, Telekommunikation, Büro.

Einheimische Vordenker wie Jost Bürgi (Logarithmen, verschiebbarer Reduktionszirkel), Jakob Amsler (Polarplanimeter), Heinz Rutishauser (automatische Programmierung, Programmiersprache Algol) und Niklaus Wirth (Pascal) werden kurz erwähnt, ebenso Eduard Stiefel, Ambros Speiser oder auch der Röhrenrechner Ermeth. Eigene Einträge gibt es auch für die Firmen Kern, Paillard und Ascom (ehemals Hasler). Über führende Hersteller wie Coradi, Loga, Egli und Precisa sowie weit verbreitete mathematische Werkzeuge, z.B. Pantografen, Proportionalwinkel, Reduktionszirkel, Planimeter, Integrieranlagen, Rechenstäbe und mechanische Rechenmaschinen (z.B. Millionär, Madas) erfährt man hingegen (fast) nichts.

17.8 Computer waren ursprünglich Menschen

Der deutsche Begriff „Rechner“ und seine englische Entsprechung „computer“ bezeichnen in der Regel Rechen*maschinen*. Noch vor wenigen Jahrzehnten waren Rechner jedoch *Menschen*, die Berechnungen durchführten. Das belegen ältere Fachbücher und zahlreiche gedruckte Nachschlagewerke. Personen, die dabei ohne Rechenhilfen auskamen, waren die „Kopfrechner“. Für aufwendige Aufgaben wurden Rechenbüros beigezogen. In Rechensälen arbeiteten die „Maschinenrechner“ mit mechanischen Tischrechenmaschinen. Oft waren Frauen am Werk. Mit den Benennungen *Zahlenrechner* und *Maschinenrechner* meinte man jeweils Menschen.

Bis in die 1950er Jahre waren *computer* im englischsprachigen Raum nicht Maschinen, sondern Menschen. Man sprach von *human computer* (rechnender Mensch) und *female computer* (Rechnerin), von „a human computer with a desk calculator“. So wurden auch die ersten Programmiererinnen benannt, die für das Ungetüm Eniac tätig waren. Der Titel eines Buchs von David Alan Grier (Princeton university press, Princeton 2005)macht es deutlich: „When computers were human” (Als die Computer Menschen waren). Weit verbreitet waren die Ausdrücke *digital computer* (Digitalrechner, Rechenmaschine) und *electronic digital computer* (elektronischer Digitalrechner, digitaler Elektronenrechner) zur Abgrenzung von einer rechnenden Person. In jenen Tagen wurde ab und zu auch die Schreibweise *computor* (mit *o*) verwendet.

Ausdrücke wie *calculator* (englisch), *calculateur*, *calculatrice* (französisch), *calcolatore*, *calcolatrice* (italienisch) und *calculador(a)* (spanisch) waren anfänglich rechnenden Personen vorbehalten. Später kamen die Bezeichnungen *ordinateur* (französisch), *elaboratore* (italienisch) und *ordenador/computador(a)* (spanisch) hinzu, die üblicherweise für Elektronenrechner gebraucht werden. Eine (deutschsprachige) „Rechnerin“ ist stets eine Person. Im Unterschied dazu sind „calculatrice“ und „calcolatrice“ sowohl Menschen als auch Maschinen. Weitere französische Benennungen sind *machine à calculer* (Rechenmaschine) und *calculette* (Taschenrechner). Im Gegensatz zur englischen Sprache mit den Wörtern „computer“, „calculator“ und „reckoner“ ist im Deutschen, von Zusammensetzungen abgesehen, nur der Begriff „Rechner“ üblich. Im Englischen bestehen auch die Wendungen *calculating machine* und *computing machine* für Rechenmaschine.

Die beiden folgenden Aussagen bestätigen den Sachverhalt:

> „The labour which is involved in computing astronomical data of this kind is very great, and for many years was undertaken by highly skilled computers, most of them elderly Cornish clergymen, who lived on seven figure logarithms, did all their work by hand, and were only too apt to make mistakes.“ und

> „Today no logarithms are needed. About one-third of the staff are astronomers, and the rest computers, many of them young girls who can successfully operate their desk calculating machines but who may be quite unable to explain the complicated functions which they are computing. The complete mechanization of these computations cannot be long delayed.“ (siehe Bertram

Vivian Bowden: A brief history of computation, in: Bertram Vivian Bowden (Hg.): Faster than thought, Pitman publishing, London 1953, Nachdruck 1971, Seite 25).

Der Aufwand für die Berechnung solcher astronomischer Daten ist sehr hoch. Viele Jahre lang übernahmen gut ausgebildete *Rechner* diese Aufgabe. Meist waren es ältere Geistliche aus Cornwall, die ihren Lebensunterhalt mit siebenstelligen Logarithmen verdienten, die ganze Arbeit von Hand ausführten und allzu leicht Fehler machten.

Heute sind Logarithmen nicht mehr erforderlich. Etwa ein Drittel der Belegschaft sind Astronomen und die übrigen *Rechnerinnen*, viele davon junge Mädchen, die zwar ihre Tischrechner einwandfrei bedienen können, aber oft nicht imstande sind, die schwierigen Funktionen zu erklären, die sie berechnen. Die Automatisierung der Berechnungen darf nicht mehr aufgeschoben werden.

Auf dieses Thema geht auch der folgende Aufsatz ein: Mary Croarken: Human computers in eighteenth- and nineteenth-century Britain, in: Eleanor Robson; Jacqueline Stedall (Hg.): The Oxford handbook of the history of mathematics, Oxford university press, Oxford 2009, Seiten 375–403.

Die ursprüngliche Bedeutung des englischen Ausdrucks „computer" geht aus folgenden Einträgen in britischen und nordamerikanischen Nachschlagewerken hervor:

computer
a *person* who did computations
The new encyclopaedia britannica, Band 16, Encyclopaedia britannica, Inc., Chicago, London, 15. Auflage 2007, Seite 630

computer, also computor
one who computes; a calculator, reckoner; specifically a *person* employed to make calculations in an observatory, in surveying, etc.
The Oxford English dictionary, Band 3, Clarendon press, Oxford, 2. Auflage 1989, Seite 640

computer, also computor
a *person* who makes calculations; specifically a person employed for this in an observatory, etc. (Alter des Worts: 1630–1669)
The new shorter Oxford English dictionary on historical principles, Clarendon press, Oxford 1993, Band 1, Seite 464

computer
a *person* who computes or makes calculations
The concise Oxford English dictionary of current English, Clarendon press, Oxford, 9. Auflage 1995, Seite 274, sowie Oxford English reference dictionary, Oxford university press, Oxford, 2., verbesserte Auflage 2003, Seite 298

computer
a *person* who makes calculations, especially with a calculating machine
The new Oxford dictionary of English, Clarendon press, Oxford 1998, Seite 379

computer, also computor
one that computes, a *person* who calculates (as latitudes, longitudes, and areas) for map making from notes made by engineering survey parties
Webster's third new international dictionary of the English language, Band 1, G. Bell & sons, Ltd., London/G. & C. Merriam Co., Springfield, Massachusetts 1961, Seite 468

computer
a *person* who computes
Webster's new dictionary and Roget's thesaurus, Thomas Nelson publishers, Nashville, Tennessee 1984, Seite 149

computer
a *person* who computes or calculates
Collins English dictionary 21st century edition, Harper Collins publishers, Glasgow, 4. Auflage 2000, Seite 330

computer
any device or *person* that computes
Collier's dictionary, Band 1, Macmillan publishing company, New York 1986, Seite 206 f.

computer
a *person* who computes
The Chambers dictionary, Chambers Harrap publishers Ltd., London, 12. Auflage 2011, Seite 323

computer
one who or that which computes
Funk & Wagnalls New international dictionary of the English language, comprehensive edition, Library guild word publishers, New York 1987, Band 1, Seite 269

computer
a person who computes; computist (1640–1650)
The Random house dictionary of the English language, Random house Inc., New York, 2. Auflage 1987, Seite 421

computer
somebody who computes; a person who calculates figures or amounts using a machine
Encarta world English dictionary, Bloomsbury publishing Plc. London 1999, Seite 391

Oxford English dictionary (im Netz)
Definition of *computer*
noun

- an electronic device which is capable of receiving information (data) in a particular form and of performing a sequence of operations in accordance with a predetermined but variable set of procedural instructions (program) to produce a result in the form of information or signals,
- a *person* who makes calculations, especially with a calculating machine.

Encyclopaedia britannica (im Netz)
computer, device for processing, storing, and displaying information.
Computer once meant a *person* who did computations, but now the term almost universally refers to automated electronic machinery.

17.9 Patentschutz

Die Angst vor Nachahmern soll dazu beigetragen haben, dass Jost Bürgi seine Logarithmentafel erst mit vieljähriger Verspätung, nach John Napier, veröffentlicht hat. Die berechtigte Furcht vor Raubkopien ist auch bei anderen Vorreitern festzustellen, etwa bei Wilhelm Schickard, Blaise Pascal, Gottfried Wilhelm Leibniz und Philipp Matthäus Hahn. Daher wurden Beschreibungen in Aufsätzen manchmal sehr knapp gehalten. Pascal erhielt für die Herstellung seiner Maschinen ein königliches Privileg (Vorrecht). Aus Furcht vor Nachahmung verzichteten manche Instrumentenbauer im 16. Jahrhundert auf Zeichnungen ihrer Geräte (z.B. beim Proportionalwinkel und Reduktionszirkel).

17.9.1 Kein Anspruch auf Erfindungsschutz

Der Erfinderschutz war – von der Industriemacht Großbritannien abgesehen – bis in die zweite Hälfte des 19. Jahrhunderts mangelhaft und stark bestritten. Die Niederlande hoben 1869 gar den Patentschutz auf. Venedig führte hingegen 1474 ein Patentgesetz ein. Der Erfinderschutz beruhte auf Vor- und Alleinrechten (Privilegien und Monopole). Es gab Erfindungsprivilegien, Einführungsprivilegien, gewerbliche Monopolprivilegien, Fabrikprivilegien. Der Schutz baute bis zur Einführung von Patentgesetzen auf Gnadenrecht auf (vgl. Marcel Silberstein: Erfindungsschutz und merkantilistische Gewerbeprivilegien, Polygraphischer Verlag AG, Zürich 1961).

Vor der Einführung des Patentrechts (vgl. Tab. 17.2) bestand der Schutz vor Nachahmung in einem königlichen Gnadenakt. Es gab keinen Rechtsanspruch. Preussen kannte ab 1815 einen Erfindungsschutz. Im 16. Jahrhundert war die Geheimhaltung üblich.

Der Erfinder der Curta schildert in seinen Lebenserinnerungen, dass er in seiner Patentanmeldung wegen der Bedrohung durch die Nazis auf allzu ausführliche Angaben verzichtet habe: „Im Frühjahr 1938 meldete ich beim Wiener Patentamt die zwei wesentlichsten Erfindungen an. Dabei habe ich nur das Prinzip der Stufenwalze exakt dargestellt, den Rest aber verzeichnet, damit die Sache weitgehend unklar blieb." (siehe Curt Herzstark: Kein Geschenk für den Führer, Books on demand GmbH, Norderstedt 2005, Seite 179). Die Patentanmeldung erfolgte zwei Monate nach dem Einmarsch Hitlers in Österreich.

Tab. 17.2: Patentschutz im 19. Jahrhundert

Patentgesetze (in Kraft 1899)		
Land	**Patentgesetz**	**Schutzdauer**
Belgien	1854	20 Jahre
Deutschland	1891	15 Jahre
Frankreich	1844	5, 10, 15 Jahre
Großbritannien	1623	14 Jahre
Italien	1864	15 Jahre
Österreich	1852	15 Jahre
Russland	1896	15 Jahre
Schweden	1884	15 Jahre
Schweiz	1888	15 Jahre
Spanien	1878	20 Jahre
© Bruderer Informatik, CH-9401 Rorschach 2020		

Quelle

L. Glaser: Patentschutz im In- und Auslande, 1. Theil: Europa, Verlag von Georg Siemens, Berlin 1899.

Anmerkungen

Die oben angeführten Jahrzahlen beziehen sich auf die 1899 in Kraft stehenden Patentgesetze. In der Übersicht ist die maximale Schutzdauer angegeben. Vorbildlich war vor allem Großbritannien, das schon 1623 einen Erfinderschutz einführte.

In *Frankreich* bestand ein Patentschutz seit 1791. Thomas ließ sein Arithmometer 1820 patentieren, Schwilgué folgte 1844 mit seiner tastengesteuerten Additionsmaschine (Patentgesetz vom 5. Juli 1844).

Deutschland hatte ab 1877 ein Reichspatentgesetz, es wurde 1891 geändert. Das deutsche Reich bekam also erst 1877 ein einheitliches Patentrecht. Bis zu diesem Zeitpunkt erteilten die verschiedenen Regionen (z.B. Bayern, Preußen, Sachsen) Patente (siehe Rudolf Boch (Hg.): Patentschutz und Innovation in Geschichte und Gegenwart, Peter Lang, Frankfurt am Main, Berlin usw. 1999, Seiten 71–84).

Wie aus der Patentstatistik des deutschen Reichs hervorgeht, wurden 1877 (Reichspatentgesetz vom 25. Mai 1877) 190 Patente erteilt (bei 3212 Patentanmeldungen), 1878 waren es 4200 Patente (5982 Anmeldungen) (siehe Alfred Heggen: Erfindungsschutz und Industrialisierung in Preußen 1793–1877, Vandenhoeck & Ruprecht, Göttingen 1975, Seite 137).

Es gab damals keine internationale Vereinbarung zum Patentschutz des deutschen Reichs mit Frankreich (wohl aber mit Österreich und der Schweiz). In Wien fand 1873 während der Weltausstellung ein Patentschutzkongress statt.

Am 20. März 1883 wurde in Paris ein „Internationaler Vertrag zum Schutze des gewerblichen Eigenthums“ geschlossen. Zunächst machten u.a. folgende Länder mit: Belgien, Frankreich, Italien, Niederlande, Schweiz, Spanien, später traten auch Großbritannien und Schweden bei. Deutschland blieb fern.

17.9.2 War der Patentschutz für das Thomas-Arithmometer abgelaufen?

Kehrbaum und Korte schreiben: „Eine Konkurrenz zu den Thomas-Rechenmaschinen entstand erst nach Ablauf ihres Patentschutzes ab 1878 im sächsischen Glashütte.“ (siehe Annegret Kehrbaum; Bernhard Korte: Historische Rechenmaschinen im Forschungsinstitut für diskrete Mathematik Bonn, in: DMV Mitteilungen, 1993, Heft 2, Seite 10).

Gerd Biegel berichtet: „Da der patentrechtliche Schutz der Thomas-Maschine nicht mehr bestand, baute er [Arthur Burkhardt] diese Staffelwalzenmaschine in verbesserter Weiterentwicklung und gilt damit als Begründer der deutschen Rechenmaschinen-Industrie“ (siehe Gerd Biegel: Von der Erfindung der Zahl zum Computer, in: Matthias Puhle (Hg.): Von der Erfindung der Zahl zum Computer, Magdeburger Museen, Magdeburg 1992, Seite 44).

Jordan, der Verfasser eines grundlegenden Handbuchs zur Vermessungskunde, weist darauf hin, dass der Bezug eines Thomas-Arithmometers aus Paris und das Hin- und Hersenden für eine Reparatur umständlich waren.

> „Herr Burkhardt hat im Wesentlichen die Thomas'sche Construction nachgeahmt (was durch Patentgesetze nicht verhindert war), und seine Maschinen haben ganz das Aussehen der Pariser.“ (siehe Wilhelm Jordan: Eine deutsche Fabrik für Rechenmaschinen, in: Zeitschrift für Vermessungswesen, Band 9, 1880, Heft 11, Seite 439).

Ähnlich äußert sich der Erfinder der Nürnberger Scheren:

> „Seit Erlöschung der ursprünglichen Patente wurden mit geringfügigen, zum Theil patentirten Veränderungen auch in Deutschland solche Maschinen hergestellt mit besserer Arbeit, aber auch noch höheren Preisen.“ (siehe Eduard Selling: Eine neue Rechenmaschine, Verlag von Julius Springer, Berlin 1887, Seite 8).

Der Loseblattsammlung des Bonner Arithmeums ist im Abschnitt „Geschäftssinn und Organisationstalent“ hingegen zu entnehmen:

„Gleich nach seinem Eintreffen in Glashütte im Oktober 1878 lieferte Burkhardt kaltblütig zwei originale Thomas-Maschinen mit veränderter Gravur und leichten Verbesserungen (eingravierte Zahlzeichen, handliche Löschmechanismen) beim Preussischen Statistischen Landesamt ab“, und: „Burkhardt hatte es also geschafft, binnen weniger Monate in Glashütte eine Fertigungsstätte für Rechenmaschinen einzurichten und erste Kontakte zu wichtigen Kunden zu knüpfen. Schlüssel für diesen Erfolg war einerseits sein Realitätssinn, andererseits aber auch die skrupellose Verwendung des Thomas-Arithmomètre, dessen Patentschutz nach dem Tod des Erfinders (1870) angreifbar geworden war.“ (siehe Arithmeum (Hg.): Arithmeum – Rechnen einst und heute – im Forschungsinstitut für diskrete Mathematik, Texte, Universität Bonn 1999, keine Seitenzahlen).

Jahrzehntelang gab es weltweit nur einen einzigen Anbieter, der mechanische Rechenmaschinen in höheren Stückzahlen herstellte, der Pariser Versicherungskaufmann Charles-Xavier Thomas. Ab 1878 nahm Arthur Burkhardt in Glashütte die Serienfertigung seiner Staffelwalzenmaschine auf. Es war eine Kopie des französischen Arithmometers. Der deutsche Fabrikant verbesserte das Gerät anscheinend auch in der Folgezeit nur wenig und brachte kaum schöpferische Neuheiten auf den Markt.

Das erste Patent für das Thomas-Arithmometer stammt aus dem Jahr 1820. Ein neues Patent kam 1850 hinzu. Es wurde 1865 und 1880 erneuert. In Frankreich war das Patent demnach 1878 nach wie vor gültig. Wie dem Katalog zur Londoner Weltausstellung zu entnehmen ist, gab es 1851 für das Arithmometer Patente in *Frankreich* und *Großbritannien*. In den deutschen Regionen fehlte möglicherweise ein Patentschutz.

„Der langwierige Prozeß der Herausbildung eines breiteren Bedarfs an Rechenmaschinen stand erst noch bevor, und Thomas finanzierte die Rechenmaschinenherstellung bis zu seinem Tod aus seinem Privatvermögen mit. Dank dieser Investitionen auf die Zukunft stand im letzten Drittel des 19. Jahrhunderts eine gut durchentwickelte Rechenmaschine [Thomas-Arithmometer] mit abgelaufenem Patentschutz zur Verfügung, die dem kleinen Kreis Interessierter in aller Welt bekannt war.“ und „Da die Thomas-Maschine patentrechtlich nicht mehr geschützt war und [Ernst] Engel [Direktor des Preußischen statistischen Amts] einige Verbesserungsmöglichkeiten sah, beauftragte er Burkhardt mit dem Bau zweier neuer Maschinen dieses Typs.“ (siehe Hartmut Petzold: Moderne Rechenkünstler, Verlag C.H. Beck, München 1992, Seiten 64 bzw. 67).

Dietzschold rügt Arthur Burkhardts Verhalten scharf:

„Noch heute wird an ihrer Verbesserung [Maschinen von Thomas aus Colmar] gearbeitet, wie ein am 29. September 1880 von der Fabrik genommenes Patent zeigt. Seit 1. August 1879 beschäftigt sich auch „ein junger Deutscher A. B.“ mit dem Baue von Rechenmaschinen auf Grund des Thomas'schen Trommelprinzipes [...]. Wir würden uns aber nicht weiter mit dem „jungen Deutschen“ beschäftigen, wenn er nicht ohne jede Achtung vor den 50jährigen Arbeiten eines Thomas so hochtrabend von ihm spräche und in so schamloser Weise um die geschäftliche Erbschaft buhlte, denn unrentabel ist der Bau von Thomas'schen Arithmometern nicht [...]. Ein höchst unehrerbietiges Verfahren, wenn man bedenkt, dass das Pariser Geschäft noch heute für Ausbildung des Arithmometers Syst. Thomas arbeitet und Patentkosten nicht scheut!“. (siehe Curt Dietzschold: Die Rechenmaschine, Sonderdruck aus: Allgemeines Journal der Uhrmacherkunst, Druck und Verlag von Hermann Schlag, Leipzig 1882, Seiten 38–39.

17.10 Entdeckungen und Erfindungen

Wie die Technikgeschichte zeigt, wurden viele Errungenschaften *unabhängig* voneinander gleichzeitig oder zeitlich verschoben *mehrfach* erfunden. Diese Tatsache gilt gleichermaßen für Entdeckungen.

Man kann planmäßig historischen Gegenständen nachspüren, etwa in Privatsammlungen, Museen, Archiven, auf Flohmärkten, in der Fachliteratur, bei Ausgrabungen, Tauchgängen. Dennoch sind viele Funde zufällig. Oft stößt man überraschend auf kostbare Objekte, ohne sie zu suchen. Ein Ehepaar begegnete auf einer Bergwanderung der berühmten Gletscherleiche Ötzi, dem Mann aus dem Eis. Die Kenntnis vom geheimnisvollen Räderwerk von Antikythera ist Schwammtauchern zu verdanken.

Die erste große Loga-Rechenwalze traf ich im Büro eines Kollegen im Departement für Informatik der ETH Zürich an, mit dem ich einen Termin vereinbaren wollte. Ein anderes Beispiel: Wir suchten in der Sammlung Sternwarte der ETH-Bibliothek nach verschollenen Rechenstäben. Zum Vorschein kamen seltene mechanische Rechenmaschinen. Oder: Bei zusätzlichen Ermittlungen zum Tastenaddierer von Schwilgué tauchte im Straßburger Historischen Museum eine einzigartige mechanische Additionsmaschine auf, die für die Berechnung der astronomischen Uhr des Straßburger Münsters verwendet wurde.

Menschen und ihre Werke geraten immer wieder in *Vergessenheit*. In vielen Fällen weiß man nicht, ob die Erfinder die Leistungen ihrer *Vorläufer* oder ihrer Zeitgenossen gekannt und auf ihnen aufgebaut haben oder ob ihre Entwicklungen von Grund auf neu waren. Manchmal treten Vorarbeiten erst bei der Anmeldung von Patenten in Erscheinung. Viele „Entdeckungen" sind genau genommen *Wiederentdeckungen*.

17.10.1 Ersterfindung

Die Technikgeschichte darf sich natürlich nicht auf die Frage beschränken, wer was wann wo erfunden oder entdeckt hat. Fragen der Priorität sind allerdings bedeutsam für die Patentierung und die Vermarktung von Innovationen. Nur Ersterfindungen lassen sich eintragen. Für die Nutzung fallen Lizenzgebühren an. Prioritätsstreitigkeiten führen häufig zu Gerichtsfällen.

Nachforschungen zum Erstrecht sind oft unergiebig. Die Spurensuche verläuft schnell im Sand. Der Ursprung lässt sich in vielen Fällen nicht mehr mit Sicherheit klären. Auch die Festlegung des maßgeblichen Zeitpunkts ist oft schwierig. Die Entwicklungen dauern oft jahrelang und durchlaufen unterschiedliche Reifegrade.

Für die Geschichtsschreibung gibt es wichtigere, spannendere Themen als die Auseinandersetzungen um den Vorrang. „Wer hat den Computer erfunden?" Dazu gibt es unterschiedliche Auffassungen. Antworten auf Prioritätsfragen hängen in erheblichem Maß von der jeweiligen *Begriffsbestimmung* ab und die lässt sich ohne weiteres auf die eigenen Bedürfnisse zuschneiden und auch missbrauchen. Welches ist der erste Taschenrechner? Der Handabakus (Zählrahmen), der Rechenschieber, der Zahlenschieber, die Curta oder ein anderes Gerät? Welche Definition legt man zugrunde?

Wesentlich aufschlussreicher sind Aufgabenstellungen wie: „Wie funktioniert die Maschine?“ (Arbeitsweise), „Wie wird das Gerät bedient?“ (Handhabung), „Wer hat die Anlage wann wozu verwendet?“ (Nutzung).

17.10.2 Wurden die Logarithmen entdeckt oder erfunden?

Bei der Entstehung der Logarithmen (John Napier und Jost Bürgi) wird je nach Quelle entweder von Entdeckung oder von Erfindung gesprochen. Beide Ansichten lassen sich rechtfertigen. Zu beachten: Erfindungen lassen sich patentieren, nicht aber Entdeckungen.

17.11 Patriotismus und Heldenkult

Enttäuschend ist die oft einseitige, verzerrte Sichtweise in vielen englischen und amerikanischen Werken zur Informatikgeschichte. Der Inhalt mancher Bücher endet an der Staatsgrenze oder spätestens bei der Sprachgrenze. Durchbrüche in nicht englischsprachigen Ländern werden oft nicht zur Kenntnis genommen oder bewusst ausgeklammert. So lassen sich Fehleinschätzungen nicht ausschließen (siehe Herbert Bruderer: Computing history beyond the U.K. and US.: Selected landmarks from Continental Europe, in: Communications of the ACM, Band 60, 2017, Heft 2, Seiten 76–84).

Gewisse historische Abhandlungen etwa zu Alan Turing lesen sich beinahe wie „Parteigutachten“. Die Antworten stehen meist von vornherein fest. Langfädige, verbissene Begründungen gewisser voreingenommener Fachleute wirken manchmal ziemlich rechthaberisch. In der Technikgeschichte ist eine nationalistische, kritiklose Heldenverehrung weit verbreitet, etwa zugunsten von Charles Babbage, Jost Bürgi, Leonardo da Vinci, Ada Lovelace, John Napier, Adam Ries, Leonardo Torres Quevedo, Alan Turing, John von Neumann und Konrad Zuse.

Biografien erleben einen Aufschwung. Bei der Würdigung von Bahnbrecherinnen und Bahnbrechern besteht naturgemäß die Gefahr des Heldenkults. Unbefriedigend sind *Lebenserinnerungen*, wenn sie die einzigen Quellen und nicht überprüfbar sind. Ab und zu werden sie erst mit *jahrzehntelanger Verspätung* abgefasst. In diesem Buch steht das *Werk* und nicht das Leben der Beteiligten im Mittelpunkt des Geschehens.

17.12 Lebensdauer von Rechenhilfsmitteln

Die *Finger* sind schon seit Urzeiten ein beliebtes Hilfsmittel fürs Zählen und Rechnen. Zu den alten mathematischen Werkzeugen gehörten ferner die *Rechentafeln* (Tafelwerke).

Die Griechen hatten *Rechenbretter*, die Römer *Rechenrahmen*. Der Linienabakus lebte in Form von Zahltischen (fürs Zahlungs- und Münzrechnen), *Rechentischen* und Rechentüchern weiter. Die bisher bekannten Exemplare stammen aus dem 16. bis 18. Jahrhundert. Rechenrahmen waren bis vor kurzer Zeit in östlichen Ländern (z.B. China, Japan, Russland) alltäglich. Zum römischen Handabakus liegen keine gesicherten Zeitangaben vor.

Die *Logarithmen* entstanden im 17. Jahrhundert. Der Rechenstab und die Rechenscheibe wurden im 17. Jahrhundert erfunden. Die *Rechenschieber* (System Mannheim) hatten aber erst ab Mitte des 19. Jahrhunderts eine größere Verbreitung. Rechenscheiben und Rechenwalzen kamen gegen Ende des 19. Jahrhunderts in höheren Stückzahlen in den Handel.

Die ersten *mechanischen Rechenmaschinen* wurden im 17. Jahrhundert gebaut, waren aber noch nicht alltagstauglich. Ihre Stückzahlen nahmen etwa ab der Mitte des 19. Jahrhunderts zu.

Es gab zudem jahrzehnte- oder gar jahrhundertelang eine Fülle von *analogen Zeichen-*, *Mess-* und *Recheninstrumenten* wie Storchschnäbel, Proportionalwinkel und Reduktionszirkel, Planimeter, Koordinatografen und Integriermaschinen.

Logarithmentafeln und Rechenstäbe sowie mechanische Rechenmaschinen waren bis zum Aufkommen der elektronischen Taschenrechner weit verbreitete mathematische Instrumente.

Es gibt große Unterschiede in der Lebensdauer von Rechenmitteln (vgl. Kasten).

Lebensdauer von Rechenhilfsmitteln

Die folgenden Angaben sind Richtwerte. Manche Geräte setzten sich nur allmählich durch. Viele alte (mechanische) Rechenmittel sind im letzten Viertel des 20. Jahrhunderts mit dem Aufblühen der Mikroelektronik verschwunden.

- Finger
  seit Menschengedenken bis heute
- mathematisches Tafelwerk
  seit dem Altertum bis heute
- Astrolabium
  ab dem Altertum bis ins 17. Jahrhundert
- Rechenrahmen (Kugelrechner)
  seit etwa dem 12. Jahrhundert bis ins 21. Jahrhundert
- Rechentisch
  vom 13. Jahrhundert bis ins 18. Jahrhundert (Rechenmünzen ab dem 13. Jh.)
- Rechenstab
  ab etwa 1620 bis in die 1970er Jahre

- Rechenscheibe
  ab etwa 1620 bis in die 1970er Jahre
- mechanische Rechenmaschine
  ab etwa 1650 (Pascaline, Zweispeziesmaschine), größere Verbreitung ab etwa 1850 (Thomas-Arithmometer, Vierspeziesmaschine) bis in die 1970er Jahre
- nepersche Rechenstäbchen
  ab dem 17. Jahrhundert bis ins 19. Jahrhundert (z.T. bis ins 20. Jh.)
- Proportionalwinkel
  ab dem 17. Jahrhundert bis Ende des 19. Jahrhunderts
- Reduktionszirkel
  ab dem 17. Jahrhundert bis in die zweite Hälfte des 20. Jahrhunderts (z.T. bis heute)
- Pantograf (Storchschnabel)
  ab dem 17. Jahrhundert bis in die 1980er Jahre
- Planimeter (Flächenmesser)
  ab etwa 1820, steigende Verbreitung ab etwa 1855 (Polarplanimeter von Amsler) bis in die 1980er Jahre
- Differenzenmaschine
  ab etwa 1850 bis in die erste Hälfte des 20. Jahrhunderts
- Tastenaddiermaschine
  ab etwa 1850, größere Verbreitung ab etwa 1890 (Comptometer) bis in die 1970er Jahre
- Rechenwalze
  ab etwa 1880 bis in die 1970er Jahre
- Zahlenschieber
  ab etwa 1890 (Troncet) bis in die 1970er Jahre
- Lochkartenmaschine
  ab etwa 1890 bis in die 1980er Jahre
- Direktmultipliziermaschine (Millionär)
  ab etwa 1890 bis in die 1940er Jahre
- mechanische Integrieranlage
  ab etwa 1930 bis in die 1950er Jahre
- Relaisrechner
  ab etwa 1940 bis in die 1950er Jahre
- Röhrenrechner
  ab etwa 1950 bis in die 1960er Jahre
- elektronischer Analogrechner
  ab etwa 1950 bis in die 1970er Jahre
- Transistorrechner
  ab etwa 1960 bis in die 1970er Jahre
- speicherprogrammierter elektronischer Universalrechner
  ab etwa 1950 bis heute.

Die Schreibmaschine bürgerte sich ab etwa 1870 ein und wurde in den 1980er Jahren allmählich vom Computer abgelöst.

Anmerkungen

Die meisten Hersteller historischer Rechengeräte sind untergegangen. Dennoch werden nach wie vor solche Hilfsmittel gefertigt, beispielsweise Rechenrahmen

(Kugelrechner) und Rechenstäbe. *Haff* in Pfronten bietet neben Reißzeug mechanische (und digitale) Planimeter, Reduktionszirkel und Streckenteiler an.

Mechanische Musikinstrumente waren vom Mittelalter bis ins 20. Jahrhundert in Gebrauch. Musikspieldosen sind noch heute beliebte Geschenke, und Straßendrehorgeln sorgen nach wie vor für Unterhaltung. *Reuge* in Sainte-Croix VD fertigt immer noch Musikdosen und Singvögel. Heute noch werden in der Schweiz, vor allem im Jura, Figurenautomaten gebaut.

18 Pflege des technisch-naturwissenschaftlichen Kulturguts

Zusammenfassung: Aus dem Kapitel „Pflege des technisch-naturwissenschaftlichen Kulturguts“ geht hervor, dass viel materielles und immaterielles Kulturgut aufgrund der ungestümen Entwicklung verloren geht. Die Lebensdauer von Gegenständen sinkt. Die Museen platzen aus allen Nähten. Fehlen Unterlagen, weiß man manchmal nicht, um was für Objekte es sich handelt. Mancherorts ist eine Neubewertung der oft vernachlässigten wissenschaftlicher Sammlungen im Gang. Es ist äußerst aufwendig, mechanische Automaten und elektronische Rechner am Laufen zu halten. Die Vereine, die sich um das technische Kulturerbe bemühen, haben Nachwuchssorgen. Dank der Digitalisierung sind viele alte und seltene Bücher, Zeitschriften, Landkarten und Pläne weltweit übers Netz zugänglich. Die Probleme der digitalen Langzeitarchivierung sind jedoch ungelöst. Denn die Lebenserwartung der derzeitigen elektronischen Datenträger ist kurz. Zudem ändern sich Programme und Betriebssysteme, aber auch Dokumentformate fortlaufend. Aufgrund der unübersehbaren Menge ist es unmöglich, alle sinnvollen Inhalte des Internets für die Nachwelt zu sichern. Die Flut von Datenpannen zeigt, dass die externe Datenhaltung (Datenwolken) unzuverlässig ist.

Schlüsselwörter: Digitalisierung von Dokumenten, Langzeitarchivierung, materielle Kultur, Verlust von Kulturgut

18.1 Verlust von Kulturgut

Unzählige wertvolle Maschinen wurden längst entsorgt, wegen Platzmangels, weil sie kaputt waren, niemand sie haben wollte oder ihr Wert nicht erkannt wurde. Ab und zu ist, von *Patentschriften* abgesehen, nichts mehr vorhanden. Die lassen sich weitgehend in Patentdatenbanken aufspüren.

Selbst Geräte, die bis in die 1970er Jahre noch weit verbreitet waren, sind in Vergessenheit geraten. Nur wenige der frühen *Hersteller* haben überlebt, z.B. International Business Machines (IBM) und Remington Rand (heute Unisys).

Nachlässe gibt es bloß ausnahmsweise, historische *Archive* sind eher selten. Somit ist viel kostbares technisches Kulturerbe verschwunden. Das ist umso mehr zu bedauern, als die Informatik und die Elektronik junge Fachgebiete sind und sich überdies äußerst schnell entwickeln. Aufschlussreiche Unterlagen und Apparate sind manchmal in Privatbesitz, z.B. bei ehemaligen Mitarbeitern.

Der rasche und grundlegende technische Wandel vermindert die Beschäftigung mit der Vergangenheit. Im Lauf der Jahrhunderte wurden großartige und prächtige

https://doi.org/10.1515/9783110669664-018

Rechengeräte gebaut. Leider gingen viele Gegenstände (Objekte) und Beschreibungen (Dokumente) verloren.

Das bronzene Räderwerk von Antikythera versank in einem Sturm in Mittelmeer. Es wurde 1901 gefunden und ist nun im Nationalen Archäologiemuseum in Athen. Es handelt sich um einen der bedeutendsten Funde in der Technikgeschichte.

Nur wenige steinerne griechische Rechentafeln sind erhalten. Auch vom römischen Handabakus haben nicht viele Exemplare überlebt. Fast ausgestorben sind die einst beliebten Rechentische und Rechentücher aus dem Mittelalter und der frühen Neuzeit. Übersichten zu den noch bestehenden mathematischen Instrumenten finden sich in den mehreren Schriften.

Quellen

Alain Schärlig: Compter avec des cailloux, Presses polytechniques et universitaires romandes, Lausanne, 2., verbesserte Auflage 2001,

Alain Schärlig: Compter avec des jetons, Presses polytechniques et universitaires romandes, Lausanne 2003,

Richard Hergenhahn u.a.: „Mache für dich Linihen ...“. Katalog der erhaltenen originalen Rechentische, Rechenbretter und -tücher der frühen Neuzeit, Adam-Ries-Bund, Annaberg-Buchholz 1999,

Ulrich Reich: Rechentische, -bretter und -tücher. Originale und Nachbauten, in: Rainer Gebhardt (Hg.): 500 Jahre erstes Rechenbuch von Adam Ries, Adam-Ries-Bund, Annaberg-Buchholz 2018, Seiten 57–64.

Im Altertum gab es vermutlich auch tragbare hölzerne Rechentafeln und Zählrahmen, sie dürften aber verfault sein. Rechenschieber, mechanische Rechenmaschinen und weitere Rechenhilfsmittel sind in vielen Museen vorhanden. Mechanische Integriergeräte (z.B. Kurvenmesser, Flächenmesser), Integrieranlagen (Differenzialgleichungsmaschinen), Pantografen, Proportionalwinkel (Proportionalzirkel) und Reduktionszirkel sind wohl viel seltener.

18.2 Langzeitarchivierung

Eine zuverlässige Langzeitarchivierung elektronischer Dokumente setzt nach heutigem Kenntnisstand ein regelmäßiges *Umkopieren* auf jeweils aktuelle hochwertige Speichermedien voraus. Wenn Texte, Tabellen, Zeichnungen, Diagramme später weiter bearbeitet werden sollen oder multimediale Dokumente auf Anwendungen zurückgreifen, müssen auch die zugehörigen *Rechenprogramme* vorhanden sein. Sie sind laufend nachzuführen und an die jeweilige Umgebung (Plattform, Betriebssystem, Gerät) anzupassen. Derzeitige elektronische Programm- und Datenträger wie magnetische, optische und Halbleiterspeicher eignen sich kaum für die langfristige Aufbewahrung.

Die beiden bedeutendsten Verfahren für die Langzeitarchivierung sind die *Migration* (Übertragung in neue Dateiformate, auf neue Speichermedien, auf ein neues

Betriebssystem oder eine neue Programmiersprache) und die *Emulation* (Nachbildung von Geräten und Programmen).

Ein weiteres, aber sehr aufwendiges Verfahren nutzt für die Bewahrung die Desoxyribonukleinsäure DNA.

Betriebssysteme, Programme und Dateiformate

Technikmuseen sammeln vorwiegend „handgreifliche" Gegenstände. Schwieriger ist die nachhaltige Erhaltung von *Programmen:* Grundprogramme (Betriebssysteme), Anwendungsprogramme, Dienst- oder Hilfsprogramme, Steuerprogramme, Programmiersprachen. Kurzlebig sind auch *Dateiformate* (z.B. für Texte, Festbilder, Bewegtbilder, Ton). Oft lassen sich ältere Dokumente nicht öffnen, weil die ursprünglichen Anwendungsprogramme nicht mehr zur Verfügung stehen. Wichtig sind hersteller-, plattform- und programmunabhängige, dauerhaft lesbare Dokumentformate.

Ursachen des Datenverlusts

Häufigste Ursache für den Verlust von elektronischen Dokumenten ist die mangelhafte oder fehlende Datensicherung. Es gibt aber viele weitere Gründe: Digitale Speichermedien oder die Dateien sind beschädigt. Geeignete Laufwerke lassen sich nicht mehr auftreiben. Schnittstellen und Kabel vertragen sich nicht. „Gerätetreiber" (Steuerprogramme) sind nicht verfügbar. Nach dem Magazin für Computertechnik gefährde drei Vorgänge Daten auf eingelagerten Festplatten: Entmagnetisierung, Korrosion (Zerstörung) der Scheiben und der Schreib-/Leseköpfe und sich zersetzende Schmiermittel in den Lagern. Für die Langzeitlagerung sind eine Temperatur unter 30 °C und eine Luftfeuchtigkeit von höchstens 50 % empfehlenswert (siehe c't, 2018, Heft 10, Seite 156).

Wer hat noch betriebsfähige Wiedergabegeräte für alte analoge Ton- und Bildträger (Schallplatten, Tonband-, Videokassetten, Filmspulen, Mikrofilme)? Die meisten einstigen Anbieter sind ohnehin von der Bildfläche verschwunden. Um Datenverlust vorzubeugen, kann es sinnvoll sein, alte Abspielgeräte aufzubewahren. Nur wenige Stummfilme sind erhalten.

Und wie steht es mit ausschließlich digital verfügbaren elektronischen Briefen? Wer stellt sicher, dass elektronische Zeitschriften, digitale Bücher, Web-Nachschlagewerke, Datenbanken und Internetseiten nach Jahrzehnten noch zugreifbar sind? Es gibt hervorragende (oft private) Webseiten zur Technikgeschichte, die nur elektronisch vorliegen. Was geschieht mit diesem unschätzbaren Wissen, wenn diese Auftritte nicht mehr gepflegt werden? Bei Dokumenten, die nur in digitaler Form vorliegen, droht ein massiver Datenverlust. Ein Ausdruck wichtiger Unterlagen auf Papier kann manchmal nicht schaden...

Lebenserwartung

Eine hohe Lebenserwartung von z.T. über 1000 Jahren haben (nicht elektronische) Datenspeicher z.B. aus Stein, Ton, Knochen, Pergament, Papier. Keilschriftdokumente auf Tontafeln haben jahrtausendelang überlebt. Bücher aus säurefreiem Papier gibt es seit Jahrhunderten. Dieses Material bleibt in mancher Hinsicht unschlagbar: Druckwerke wie Bücher und Zeitschriften lassen sich im Unterschied zu elektronischen Medien jahrhundertelang *ohne (technische) Hilfsmittel* und *ohne elektrischen Strom* lesen, desgleichen Zeichnungen, Karten und Pläne.

Digitalisierung historischer Dokumente
Die Digitalisierung historischer Handschriften sowie alter und seltener Drucke gestattet den weltweiten, zeitunabhängigen Zugang zu Dokumenten übers Internet. Das ist für die Geschichtsforschung eine erhebliche Erleichterung. Der Umfang von Archivbeständen ist aber so groß, dass wohl auch in Zukunft nur ein Bruchteil elektronisch vorliegen wird.

Quellenangaben bei digitalen Dokumenten
Die fortlaufende Veränderung (Nachführung) von elektronischen Nachschlagewerken erschwert Quellenangaben. Bestandsaufnahmen zu einem bestimmten Zeitpunkt werden schwierig. Ein besonderes Ärgernis sind schnell veraltende Netzadressen. In diesem Buch werden daher nur ausnahmsweise elektronische Quellen angeführt.

Das im kalifornischen San Francisco beheimatete *Internet archive* (https://archive.org) versucht weltweit, Dokumente (und auch Webseiten) dauerhaft zu speichern. Aufgrund der ungeheuren Menge kann es nur einen Ausschnitt abdecken.

In Netz verbleiben auch nach dem Tod viele digitale Fußabdrücke (vgl. Kasten).

Digitaler Nachlass
Wer Konten für die elektronische Post, für soziale Netzwerke (Profile), Kurznachrichtendienste, Banken, Bezahldienste, Internethändler, Auktionsdienste/Flohmärkte, Suchmaschinen, Nachschlagewerke, Nachrichtendienste, Vermittlungsdienste (z. B. Hotelbuchung, Mitfahrdienst, Mahlzeitendienst), Forschungsplattformen u. dgl. führt oder digitale Abos (Apps, Spiele, Internetfernsehen, Mobilfunkdienste, Musik, Videos, Bücher, Zeitungen, Zeitschriften usw.) vereinbart hat, Dokumente (z.B. Fotos) in der „Wolke" lagert, sollte zu Lebzeiten (im Testament) regeln, was mit dem digitalen Erbe geschehen soll. Hinzu kommen Versicherungs-, Strom- und Gasverträge. Man kann die Zugangsdaten (Nutzernamen, Passwörter) hinterlegen und bestimmen, wer Zugriff auf die Konnten erhält. Wir hinterlassen im Internet eine Fülle von Spuren.

18.3 Führung von Objektsammlungen

Bei vielen praxisbezogenen Alltagsfragen zu den Sammlungsgegenständen versagt die Wirtschafts- und Sozialgeschichte der Technik allzu oft:
- Was ist das? (Bestimmung),
- woher kommt es? (Herkunft),
- wer hat es ausgedacht? (Erfindung),
- wer hat es gefertigt? (Herstellung),

- wann wurde es hergestellt? (Datierung),
- wer hat es benutzt? (Nutzung),
- wozu dient es? (Zweck),
- wie wird es bedient? (Handhabung),
- wie funktioniert es? (Erklärung),
- wie bedeutsam ist es? (Einordnung),
- wie verhält es sich zu ähnlichen Objekten? (Vergleich),
- warum ist es so gebaut? (Bauweise),
- wie wird es gelagert? (Pflege),
- wie kann es erhalten werden? (Bewahrung),
- wie kann es geflickt werden? (Instandsetzung),
- wie kann man es betriebsfähig erhalten? (Funktionsfähigkeit),
- wie lässt es sich nachbauen oder nachbilden? (Rekonstruktion, Simulation).

18.3.1 Aufbau einer Sammlung

Die Bildung einer wertvollen Sammlung setzt in der Regel eine jahrzehntelange Tätigkeit voraus: Besuch von Flohmärkten und Auktionen, Teilnahme an Tauschbörsen (Sammlertreffen), Erwerb über den Internethandel.

18.3.2 Auflösung einer Sammlung

Muss man altershalber, aus gesundheitlichen oder anderen Gründen eine kostbare Sammlung auflösen oder möchte man Einzelobjekte abgeben, gilt es, Abnehmerinnen und Abnehmer zu finden. Nachkommen können sich oft nicht dafür begeistern. Viele Museen platzen aus allen Nähten. Für die Übernahme kommen etwa technische oder historische Museen in Frage. Die meisten Objekte gelangen allerdings in Depots, nur der kleinste Teil wird ausgestellt. Man kann auch im Internet Geräte anbieten (z.B. über Ebay). Die Auflösung einer Sammlung kann dazu führen, dass sie auseinander gerissen wird. Das ist nicht unbedingt nachteilig, denn die Einzelstücke können andere hochwertige Sammlungen vervollständigen.

Eine fehlende Dokumentation erschwert die Bewahrung von Kulturgütern (vgl. Kasten).

Techniksammlungen ohne Dokumentation
Bei manchen privaten und öffentlichen Sammlungen fehlen Beschreibungen und Schilder in den Auslagen und Gestellen und sonstige schriftliche Unterlagen. Oft wissen nur gerade die Sammlerinnen und Sammler, um was für Geräte es sich handelt und können die Rechenmittel bestenfalls noch bedienen. Spätere Eigentümer sind ziemlich ratlos. Häufig gibt es weder (hochwertige) Fotos noch Bestandsaufnahmen. Noch seltener sind öffentlich zugängliche (aussagekräftige) Objektdatenbanken.

18.3.3 Handschuhe

Historikerinnen und Historiker fassen empfindliche alte und seltene Dokumente im Allgemeinen mit weißen Stoffhandschuhen an, um sie zu vor Schäden zu bewahren. Sie tun dies auch bei anderen wertvollen Gegenständen, etwa bei Rechengeräten. Im Unterschied dazu verzichten Techniker, Ingenieure, Feinmechaniker, Uhrmacher und die Konstrukteure der Maschinen meist auf eine solche Schutzmaßnahme. Sie haben keine „Berührungsängste". Ihrer Auffassung nach ist es unerheblich, ob man Sachen, die hundert oder tausend Mal in die Hand genommen worden sind, einmal mehr (ohne Handschuhe) berührt.

18.3.4 Funktionsfähigkeit von Geräten

Viele historische Rechengeräte arbeiten auch nach Jahrzehnten noch einwandfrei. Die längste Lebensdauer haben erwartungsgemäß Hilfsmittel, die *ohne Strom* laufen, wie Rechentische, Zählrahmen, Rechenschieber, Zahlenschieber, mechanische Rechenmaschinen, Proportionalwinkel, Reduktionszirkel, Planimeter, Pantografen sowie weitere Mess- und Zeichengeräte. Sie können jedoch verharzen. Hilfreich für den Gebrauch sind Bedienungsanleitungen. Elektromechanische und elektronische Relais-, Röhren- und Transistorrechner stehen hingegen in den meisten Museen still. Der Aufwand, um sie betriebsfähig zu halten, ist sehr hoch.

Wer kann sich vorstellen, wie eine still stehende, tote Maschine arbeitet? Lehrreich sind *Filme* wie etwa zum Verschlüsselungsgerät Enigma und interaktive *Simulationen* (Nachbildungen), z.B. zum mechanischen Taschenrechner Curta. Berührbare *Vorführmodelle* (Funktionsmodelle) fördern ebenfalls das technische Verständnis.

Einzigartig ist das *National Museum of Computing* in *Bletchley Park*, wo begeisterte Freiwillige den Harwell-Dekatron-Rechner instand gestellt haben und in Betrieb halten. Im ehemaligen britischen Geheimdienstzentrum wurden mehrere bedeutende Rechenmaschinen (z-B. Turing-Welchman-Bombe, Colossus, Edsac) nachgebaut, sie sind funktionstüchtig. Das Manchester Science and Industry Museum führt das auferstandene Manchester baby (speicherprogrammierter Elektronenrechner) regelmäßig vor. Lauffähig sind auch die Rechner von Living Computers: Museum + Labs in Seattle, Washington. In ähnlicher Weise pflegt das Bonner Arithmeum seine Schätze. Freiwillige sind ferner in der Studiensammlung Kern in Aarau am Werk. Auch das Solothurner Museum Enter bemüht sich darum, manche seiner Geräte in gebrauchsfähigem Zustand zu zeigen. Das gilt auch für zahlreiche Museen für Automatenuhren, Musik- und Figurenautomaten.

18.3.5 Unsachgemäße Aufbewahrung des Kulturguts

Besuche in Museumsdepots, bei privaten und öffentlichen Sammlungen wie auch in Unternehmensarchiven offenbaren, dass mancherorts unersetzbare historische Schriften und Objekte *unsachgemäß* gelagert werden. Nicht nur alte Gemälde, sondern auch mathematische Werkzeuge leiden darunter. Wichtig ist bei Rechenmaschinen ein ausreichender Schutz vor Staub, Feuchtigkeit, Temperaturschwankungen, Sonneneinstrahlung, Wassereinbruch, Feuer und Diebstahl. Die durch ein ehemaliges Technikmuseum vernachlässigten Gegenstände waren in einem derart schlechten Zustand (u.a. Rostbildung), dass sie entweder verschrottet oder mit hohem Aufwand restauriert werden mussten. Fürs Aufbewahren von Dokumenten gibt es beispielsweise Empfehlungen des Schweizerischen Wirtschaftsarchivs (Basel).

18.3.6 Beschädigung von Geräten durch Nichtgebrauch

Was oft nicht beachtet wird: Viele mechanische Maschinen, Uhren, Musikdosen, Plattenspieler, Rechenhilfsmittel *verharzen* bei Nichtgebrauch. Scharniere von Proportionalwinkeln lassen sich nicht mehr öffnen. Schieber, Tasten, Knöpfe, Schalter, Kurbeln, Räderwerke werden unbeweglich. Ein Dauergebrauch solcher Geräte ist wegen der Abnutzung allerdings heikel.

Ein alter Ratschlag zur Pflege von mechanischen Rechenmaschinen:

> „Ganz gut ist, den ganzen Mechanismus, welcher sich sehr leicht aus dem Kasten nehmen lässt, bis an die Deckplatte in geeignetes feines Öl einzutauchen, ihn einen Tag lang abtropfen zu lassen, um dann in Gebrauch zu nehmen." (siehe Franz Reuleaux: Die sogenannte Thomas'sche Rechenmaschine, Verlag von Arthur Felix, Leipzig, 2., umgearbeitete und erweiterte Auflage 1892, Seite 45).

Empfehlung
Zur Vermeidung von Standschäden sollten mechanische Geräte in regelmäßigen Zeitabständen *benutzt* werden (Bedienung der beweglichen Teile). Zweckmäßig sind dazu Gebrauchsanweisungen.

18.3.7 Neubewertung wissenschaftlicher Sammlungen

Seit einigen Jahren ist eine Neubewertung von wissenschaftlichen Sammlungen an Hochschulen festzustellen. Die *Sammlungs- und Objektforschung* gewinnt an Bedeutung, was auch aus Tagungen zur *materiellen Kultur* hervorgeht. Zu erwähnen sind etwa die Bemühungen der Koordinierungsstelle für wissenschaftliche Universitätssammlungen in Deutschland (Humboldt-Universität zu Berlin).

Quellen

Cornelia Weber, Sarah Elena Link, Martin Stricker, Oliver Zauzig (Hg.): Objekte wissenschaftlicher Sammlungen in der universitären Lehre. Praxis, Erfahrungen, Perspektiven, Hermann von Helmholtz-Zentrum für Kulturtechnik, Humboldt-Universität zu Berlin 2016, V, 104 Seiten

Ernst Seidl, Frank Steinheimer, Cornelia Weber (Hg.): Materielle Kultur in universitären und außeruniversitären Sammlungen, Gesellschaft für Universitätssammlungen e.V., Berlin 2017, 123 Seiten.

19 Gebrauchsanweisungen

Zusammenfassung: Dank des Kapitels „Gebrauchsanweisungen“, das ausführliche Schritt-für-Schritt-Anleitungen für die wichtigsten analogen und digitalen Rechengeräte und mechanischen Rechenmaschinen enthält, ist es möglich, historische mathematische Hilfsmittel wieder in Betrieb zu nehmen. In vielen Fällen sind keine Bedienungsanleitungen erhalten. Der Nichtgebrauch solcher Werkzeuge kann Standschäden (z.B. Verharzung) zur Folge haben. Die Spannweite der Bedienungsanleitungen reicht von schweren, stationären Tischrechnern bis zu leichten, tragbaren Taschenrechnern, vom Abakus (Kugelrechner, Rechenrahmen) über Neperstäbchen und Rechenschieber (Rechenstab, Rechenscheibe, Rechenwalze), Proportionalwinkel, Scheibenaddierer und Zahlenschieber bis zu Tastenaddiermaschinen (Schwilgué-Kolonnenaddierer), Staffelwalzenmaschinen (Thomas-Arithmometer, Madas, Curta), Sprossenradmaschinen (Odhner, Brunsviga) und Einmaleinskörpermaschinen (Direktmultiplizierer Millionär). Je nach Modell werden die Zahlen durch Räder, Griffel, Schieber oder Tasten eingegeben. Die Handhabung des chinesischen, des japanischen und des russischen Rechenrahmens unterscheidet sich nur geringfügig. Das gilt auch für den Schulabakus. Angaben zum Umgang mit dem römischen Handabakus finden Sie im Abschnitt 3.3. Die Zahlendarstellung beim Rechentisch ist im Abschnitt 3.4 beschrieben. Der Pantograf wird im Abschnitt 4.6 erklärt. Angaben zum Reduktionszirkel sind im Abschnitt 4.8 enthalten. Alle Anweisungen entstanden durch Ausprobieren. Sie machen deutlich, wie beschwerlich das Rechnen jahrtausendelang war.

Schlüsselwörter: Abakus, Analogrechner, Bedienungsanleitung, Digitalrechner, Gebrauchsanweisung, Kugelrechner, mechanische Rechenmaschine, Neperstäbchen, Proportionalwinkel, Rechenrahmen, Rechenscheibe, Rechenschieber, Rechenwalze, Schritt-für-Schritt-Anleitung, Sprossenradmaschine, Staffelwalzenmaschine, Tastenaddiermaschine, Zahlenschieber

Rechnen ohne Strom macht Spaß, sowohl mit analogen Rechenschiebern als auch mit digitalen Zahlenschiebern und Rechenmaschinen. Bedienungsanweisungen sind jedoch selten. Daher wurden Schritt-für-Schritt-Anleitungen für die wichtigsten Gerätearten erarbeitet. Sie werden in alfabetischer Reihenfolge nach Rechnernamen angeordnet. Jeder Bedienungsanleitung sind ein oder mehrere Bilder vorangestellt (vgl. Abb. 19.1–19.30).

Hier finden Sie weitere Bedienungshinweise:
- Pantograf, vgl. Abschnitt 4.6,
- Rechentisch, vgl. Abschnitt 3.4,
- Reduktionszirkel, vgl. Abschnitt 4.8,
- römischer Handabakus, vgl. Abschnitt 3.3.

https://doi.org/10.1515/9783110669664-019

Rechnen kann man nicht nur mit arithmetischen, sondern auch mit geometrischen Hilfsmitteln, z.B. mit Proportionalwinkeln und Reduktionszirkeln. Die “Rezepte” für analoge Geräte unterscheiden sich in der Darstellung geringfügig von den Anleitungen für digitale Maschinen.

Bei mechanischen Rechenmaschinen gibt es Sperren (vgl. Kasten).

Sperren bei mechanischen Rechenmaschinen

Viele mechanische Rechenhilfsmittel laufen auch nach über 100 Jahren noch einwandfrei. Sie haben jedoch ihre Tücken. Oft lassen sich Teile der Maschinen nicht bewegen. Die Anleitungen – sofern erhalten – geben meist keine oder nur unvollständige Auskünfte über die Sperren. Um die Blockierung aufzuheben, bleibt dann meist nur das Ausprobieren.

Lässt sich der *Wagen* nicht bewegen, so

- kann das an der Feststellschraube liegen, die für den Versand verwendet wird. Für den Gebrauch wird sie entfernt und in eine leere Bohrung auf der Bedienplatte oder im Deckel eingedreht (Transportsicherung). Die Schraube verhindert die Verschiebung des Schlittens;
- befindet sich die Kurbel nicht in der Grundstellung.

Die *Kurbel* kann (je nach Marke und Modell) nicht gedreht werden, wenn

- der Wagen nicht richtig einstellt oder nicht in der Grundstellung ist,
- der Umschalter für die verschiedenen Rechenarten nicht genau eingestellt ist.

Wenn sich die Kurbel nicht in der Grundstellung befindet, sind

- die (stellenweise und volle) Wagenverschiebung und
- die Umstellung zwischen den vier Grundrechenarten gesperrt.
- Ferner:
- Einstellungen im *Zählwerk* sind manchmal gesperrt, wenn sich die Kurbel nicht in der Grundstellung befindet.
- Der *Umschalter* für die verschiedenen Rechenarten ist gesperrt, wenn sich die Kurbel nicht in der Grundstellung befindet.
- Die *Auslöschvorrichtungen* lassen sich ggf. nur nutzen, wenn die Kurbel in der Grundstellung steht.

19.1 Abakus: Kugelrechner

Abb. 19.1: Chinesischer Rechenrahmen (Suanpan). Dieser 1983 in Peking erworbene Kugelrechner wurde damals noch an den Kassen von Kaufhäusern verwendet. Wie der 50-seitigen (englischen) Bedienungsanleitung zu entnehmen ist, eignet er sich für die vier Grundrechenarten sowie für Quadrat- und Kubikwurzeln (© Aldo Lardelli, Studiensammlung Kern, Aarau).

Gebrauchsanweisung für den chinesischen Rechenrahmen
Für die Darstellung der Zahlenwerte 0 bis 9 genügen auf dem Rechenrahmen je Stelle (Einer, Zehner, Hunderter usw.) fünf Kugeln: 4 Erdkugeln und 1 Himmelskugel. Das ist die gängige Form des japanischen Soroban. Der ältere chinesische Suanpan hat hingegen *sieben* „Perlen": 5 Erdkugeln und 2 Himmelskugeln. Die zusätzlichen Perlen dienen als Merkhilfe.

In der *Nullstellung* (Grundstellung) befinden sich alle Perlen außen, im unteren Bereich unten, im oberen Teil oben. Üblicherweise wird *von links nach rechts* gerechnet.

Die Kugeln werden wie die Rechensteine des Rechentisches je nach Bedarf *gebündelt* (zusammengefasst, fünf Einerkugeln bilden eine Fünferkugel) oder *entbündelt* (aufgelöst, eine Fünferkugel wird in fünf Einerkugeln zerlegt). Dazu lassen sich die Fünfer- bzw. Zehnerkomplemente nutzen.

Einer-, Zehner-, Hunderter-, Tausenderkugeln usw. sind stets Erdkugeln (mit einem einfachen Wert). Fünfer-, Fünfziger-, Fünfhunderter-, Fünftausenderkugeln haben ihren Sitz im Himmel, dem ein fünffacher Wert zukommt. Die Einerstelle ist die Stange ganz rechts, die Zehnerstelle befindet sich links daneben usw. Zwischenergebnisse lassen sich jederzeit überprüfen.

Der Ablauf von Multiplikation und Division gleicht dem Vorgehen beim schriftlichen Rechnen.

Anmerkung
Ergänzungszahlen (Neuner- oder Zehnerkomplement) werden bei der indirekten Subtraktion von mechanischen Rechenmaschinen genutzt.

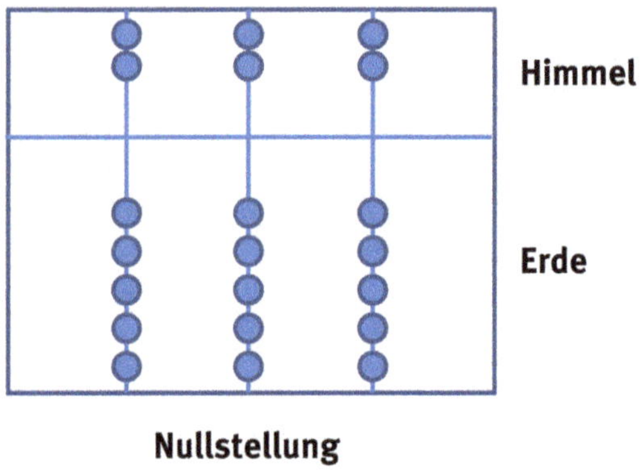

Abb. 19.2: Chinesischer Rechenrahmen, Nullstellung. Alle Kugeln befinden sich am oberen Rand des Himmels und am unteren Rand der Erde, sie sind vom Steg weggeschoben. Der japanische Kugelrechner hat vier Erdkugeln und eine einzige Himmelskugel. Der russische Zählrahmen und das davon abgeleitete Schulrechenbrett sind mit waagrechten Stangen zu jeweils 10 „Perlen" ausgestattet. Bei den chinesischen und den japanischen Kugelrechnern gibt es einen Fünfer- und einen Zehnerübertrag. In gewissen Fällen benötigt man beide Überträge (z.B. + 6 = (+ 10 – 5 + 1)) gleichzeitig. Der russische Kugelrechner kennt nur die Zehnerübertragung (© Bruderer Informatik, CH-9401 Rorschach).

Addition

Beispiel: 936 + 487 = 1423
von rechts nach links
1. Alle Kugeln auf null setzen. Im oberen Bereich (Himmel) werden sie nach *oben* geschoben, im unteren (Erde) nach *unten*. Sie werden also vom Steg entfernt;
2. Zahl 936 einstellen: Eine Einererdkugel, eine Fünferhimmelskugel, drei Zehnererdkugeln, vier Hundertererdkugeln und eine Fünfhunderterhimmelskugel zum Steg hin schieben;
3. Zahl 487 hinzufügen: Für die Addition der Zahl 7 entfernt man die Fünferkugel und schiebt zwei Einerkugeln und eine Zehnerkugel zum Steg. Der Wert 480 wird ergänzt, indem man zwei 10er Kugeln und eine 500er Kugel wegschiebt und eine 1000er Kugel zum Steg bewegt. Das Zählen der Kugeln ergibt den Wert 1423.

von links nach rechts
1. Alle Kugeln auf null setzen. Im oberen Bereich (Himmel) werden sie nach *oben* geschoben, im unteren (Erde) nach *unten*. Sie werden also vom Steg entfernt;
2. Zahl 936 einstellen: Eine 500er, vier 100er, drei 10er Kugeln, eine 5er und eine 1er Kugel an den Steg schieben;

3. Zahl 487 hinzufügen: Für die Addition der Zahl 400 wird eine 1000er Kugel zum Steg bewegt. Eine 500er und eine 100er Kugel sind zu entfernen. Es folgen die Vorgänge plus 100 minus zweimal 10 Punkte. + 7 ist gleich + 10 + 2 – 5. Das Zählen der Kugeln ergibt 1423.

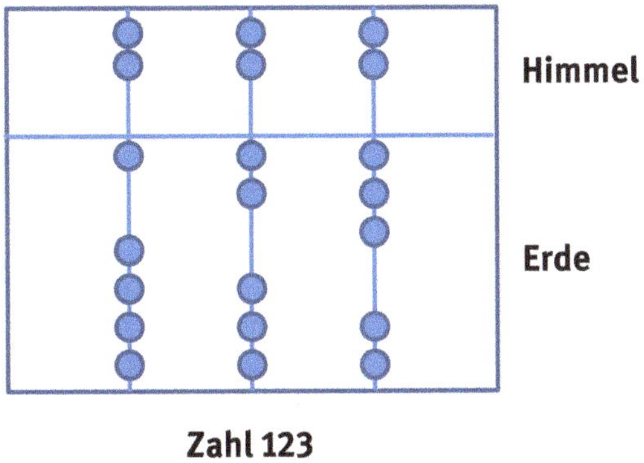

Abb. 19.3: Chinesischer Rechenrahmen, Wert 123. Die äußerste Stange rechts entspricht der Einerstelle, die zweite von rechts der Zehnerstelle. Der dritte senkrechte Stab stellt die Hunderter dar. Die Kugeln werden zum Zwischensteg (Querleiste) hin geschoben. Beim chinesischen Zählrahmen lassen sich im Gegensatz zum japanischen und zum russischen Kugelrechner die Zahlen 10, 100, 1000 usw. auf drei Arten darstellen (z.B. 1 x 10; 2 x 5; 1 x 5 und 5 x 1), die Werte 5, 50, 500 usw. auf zwei Arten (z.B. 1 x 5; 5 x 1). Das erleichtert in gewissen Fällen die Überträge (© Bruderer Informatik, CH-9401 Rorschach).

Subtraktion:

Beispiel: 1234 – 789 = 445

1. Alle Kugeln auf null setzen. Im oberen Bereich (Himmel) werden sie nach *oben* geschoben, im unteren (Erde) nach *unten*. Sie werden also vom Steg entfernt;
2. Zahlenwert 1234 einstellen (vgl. Addition);
3. Vorgehen A: – 1000 + 200, + 10 + 1; Ergebnis: 445 (von links nach rechts);
4. Vorgehen B: – 10 + 1 – 100 + 20 – 1000 + 300; Ergebnis: 445 (von rechts nach links);
5. Vorgehen C: – 100 + 10 +1 + 300 – 1000; Ergebnis: 445 (von rechts nach links).

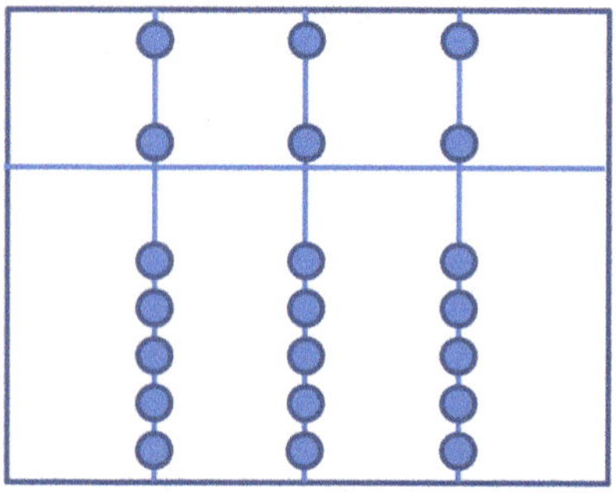

Abb. 19.4: Chinesischer Rechenrahmen, Wert 555. Bei jeder der drei Stellen ist eine Himmelskugel zum Steg geschoben. Erdkugeln haben einen einfachen Wert (1, 10, 100 usw.), Himmelskugeln zählen fünffach (5, 50, 500 usw.). Beim chinesischen Zählrahmen mit 7 Perlen sind je Stelle 16 Werte (0–15) darstellbar, beim japanischen mit 5 Perlen 10 Werte (0–9) und beim russischen mit 10 Perlen 11 Werte (0–10) (© Bruderer Informatik, CH-9401 Rorschach).

Multiplikation:

Beispiel: 234 x 67 = 15 678

Die beiden Faktoren, also Multiplikand und Multiplikator, sowie das Zwischenergebnis werden gleichzeitig auf dem Kugelrechner dargestellt. Daher ist ein möglichst vielstelliger Rahmen zweckmäßig.

1. Alle Kugeln auf null setzen. Im oberen Bereich (Himmel) werden sie nach *oben* geschoben, im unteren (Erde) nach *unten*. Sie werden also vom Steg entfernt;
2. Zahlenwert 234 auf der *linken* Seite des Rechenrahmens einstellen;
3. Zahlenwert 67 in der *Mitte* des Rechenrahmens einstellen;
4. *Hunderter*stelle (2) von Faktor 1 mit *Einer*stelle (7) von Faktor 2 vervielfachen: Ergebnis (1400) auf der *rechten* Seite des Abakus eingeben;
5. *Zehner*stelle (3) von Faktor 1 mit Einerstelle (7) von Faktor 2 vervielfachen: Ergebnis (210) auf der rechten Seite des Abakus hinzufügen;
6. *Einer*stelle (4) von Faktor 1 mit Einerstelle (7) von Faktor 2 vervielfachen: Ergebnis (28) auf der rechten Seite des Abakus hinzufügen;
7. *Hunderterstelle* (2) von Faktor 1 mit *Zehner*stelle (6) von Faktor 2 vervielfachen: Ergebnis (12 000) auf der rechten Seite des Abakus eingeben;
8. *Zehnerstelle* (3) von Faktor 1 mit Zehnerstelle (6) von Faktor 2 vervielfachen: Ergebnis (1800) auf der rechten Seite des Abakus hinzufügen;
9. *Einerstelle* (4) von Faktor 1 mit Zehnerstelle (6) von Faktor 2 vervielfachen: Ergebnis (240) auf der rechten Seite des Abakus hinzufügen;
10. Gesamtergebnis ablesen: 15 678.

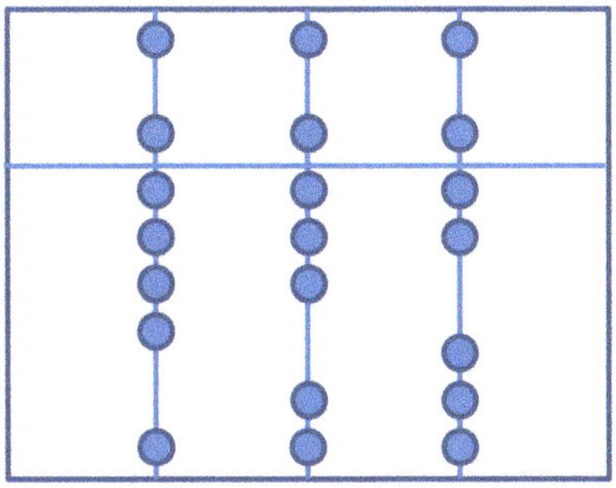

Abb. 19.5: Chinesischer Rechenrahmen, Wert 987. Die Zahl setzt sich wie folgt zusammen: 1 x 500 + 4 x 100; 1 x 50 + 3 x 10; 1 x 5 + 2 x 1. Beim Rechnen werden die Kugeln je nach Bedarf gebündelt (zu einem höheren Wert zusammengefasst) oder entbündelt (in einen tieferen Wert zerlegt). Stehen nicht genügend Kugeln zur Verfügung, wird auf den Wert 5, 50, 500 usw. bzw. 10, 100, 1000 usw. ergänzt (Fünferkomplement, Zehnerkomplement). Minus 30 ist gleich minus 50 plus 20. Plus 90 lässt sich als plus 100 minus 10 eingeben. Die Rechenvorgänge entsprechen den Regeln des schriftlichen Rechnens (© Bruderer Informatik, CH-9401 Rorschach).

Division

Beispiel: 4823 : 7 = 689

1. Alle Kugeln auf null setzen. Im oberen Bereich (Himmel) werden sie nach *oben* geschoben, im unteren (Erde) nach *unten*. Sie werden also vom Steg entfernt;
2. Divisor (7) auf der *linken* Seite des Rechenrahmens als Merkhilfe eintragen;
3. den Dividenden (4823) auf der *rechten* Seite des Kugelrechners einstellen;
4. ausrechnen, wie oft der Divisor (7) in den ersten beiden Stellen des Dividenden (48) enthalten ist; Ergebnis: *6;*
5. die 6 in der Mitte des Rechenrahmens eingeben;
6. den Divisor (7) mit der Zahl 6 vervielfachen;
7. das Ergebnis (42) auf der rechten Seite des Rechenrahmens vom Dividenden, d.h. von 48, abziehen (48 entspricht 4800, 42 dem Wert 4200); Rest: 6 (bzw. 600);
8. ermitteln, wie oft der Divisor (7) in 62 (= Rest 6 plus dritte Ziffer des Dividenden 4823) vorkommt; Ergebnis: *8;*
9. die 8 in der Mitte des Rechenrahmens (rechts der 6) eintragen;
10. den Divisor (7) mit der Zahl 8 malnehmen;
11. das Ergebnis (56) von 62 abziehen (56 entspricht der Zahl 560, 62 dem Wert 620); Rest: 6 (bzw. 60);
12. feststellen, wie oft sich 63 (= Rest 6 plus letzte Ziffer des Dividenden 4823) durch den Divisor (7) teilen lässt; Ergebnis: *9;*
13. die 9 in der Mitte des Rechenrahmens (rechts der 8) eingeben;
14. den Divisor (7) mit der Zahl 9 multiplizieren;
15. das Ergebnis (63) von 63 abzählen; Rest: 0;

16. Das Schlussergebnis lautet 689.

Die Teilung durch einen mehrstelligen Divisor läuft ähnlich ab wie beim schriftlichen Rechnen.

Anmerkung
Die Multiplikation und die Division mit dem Abakus setzen die Kenntnis des kleinen Einmaleins voraus. Mit dem Kugelrechner kann man nicht nur alle vier Grundrechenarten ausführen, sondern auch *Quadrat- und Kubikwurzeln* ziehen und *Gleichungen* lösen (siehe Alfred Westphal: Über die chinesisch-japanische Rechenmaschine, in: Mittheilungen der deutschen Gesellschaft für Natur- und Völkerkunde Ostasiens, Band 1, 1873–1876, Heft 8, Seiten 27–35, und Alfred Westphal: Über die chinesische Swan-Pan, in: Mittheilungen der deutschen Gesellschaft für Natur- und Völkerkunde Ostasiens, Band 1, 1873–1876, Heft 9, Seiten 43–53).

19.2 Aristo-Rechenstab: Analogrechner

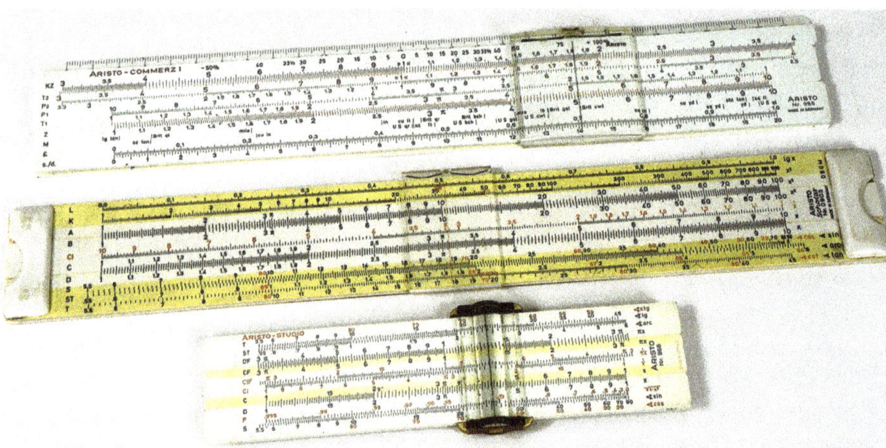

Abb. 19.6: Rechenstäbe. Aristo, Faber-Castell und Nestler waren bekannte deutsche Rechenschiebermarken. Für jeden erdenklichen Zweck gab es besondere Modelle. Rechenstäbe sind leicht, tragbar, preiswert und arbeiten geräuschlos (© Michel Viredaz, Epalinges VD).

Gebrauchsanweisung für den Rechenstab

Hinweise
Der logarithmische Rechenstab wird in der Regel weder für die Addition noch die Subtraktion verwendet. Die *Quadratskala* auf dem Stabkörper ist mit *A* beschriftet, die Quadratskala auf der Zunge mit *B*. Die beiden *Grundskalen* tragen die Bezeichnungen *C* (auf der Zunge) und *D* (auf dem Körper). C ist die bewegliche Skala der Zunge und D die feste Skala des Körpers. Nutzt man das Ende der Zunge (Zahl 10) statt den Anfang

(Zahl 1), spricht man von *Durchschieben*. Dazu schiebt man die Zunge weit nach links. Üblicherweise verwendet man fürs Multiplizieren und Dividieren die Skalen C und D, man kann dazu aber auch die Skalen A und B benutzen.

Multiplikation: 2 x 3 = 6

1. Schieben Sie den Anfang (Zahl 1) der beweglichen Skala (Zunge) über die Zahl 2 (Multiplikand, erster Faktor) der festen Skala;
2. gehen Sie mit dem Läufer zur Zahl 3 (Multiplikator, zweiter Faktor) der beweglichen Skala und lesen Sie das Ergebnis (6) auf der festen Skala ab.

Multiplikation: 4 x 5 = 20

1. Schieben Sie das *Ende* (Zahl 10) der *beweglichen* Skala über die Zahl 4 der *festen* Skala;
2. gehen Sie mit dem Läufer zur Zahl 5 der *beweglichen* Skala und lesen Sie das Ergebnis (2, d.h. 20) auf der *festen* Skala ab.

Division: 9 : 2 = 4,5

1. Schieben Sie die Zahl 2 (Divisor) der *beweglichen* Skala (Zunge) über die Zahl 9 (Dividend) der *festen* Skala;
2. gehen Sie mit dem Läufer an den *Anfang* (Zahl 1) der *beweglichen* Skala und lesen Sie das Ergebnis (4,5) auf der *festen* Skala ab.

Division: 56 : 7 = 8

1. Schieben Sie die Zahl 7 (Divisor) der *beweglichen* Skala über die Zahl 5,6 (Dividend) der *festen* Skala;
2. gehen Sie mit dem Läufer ans *Ende* (Zahl 10) der *beweglichen* Skala und lesen Sie das Ergebnis (8) auf der *festen* Skala ab.

Beim Umgang mit dem Rechenstab sind Überschlagsrechnungen erforderlich (vgl. Kasten).

Überschlagsrechnung zur Bestimmung des Zahlenwerts

Beim Rechnen mit logarithmischen Skalen lässt man die Nullen *vor* und *nach* den Ziffern, nicht aber *zwischen* den Ziffern weg. In den folgenden Beispielen 3 x 4; 3 x 40; 3 x 400; 3 x 4000; 30 x 4; 300 x 4; 3000 x 4; 30 x 40; 30 x 400; 30 x 4000; 300 x 400; 3000 x 4000, aber auch 0,3 x 0,4; 0,03 x 0,04; 0,003 x 0,004 usw. berechnet man stets 3 x 4 und bestimmt die Anzahl Stellen vor dem Komma, die Stellung des Kommas, durch eine Überschlagsrechnung. Eine 1 auf der Skala kann die Werte 1000; 100; 10; 1; 0,1; 0,01; 0,001 usw. annehmen. 9,9 steht für 0,099; 0,99; 9,9; 99, 990; 9 900; 99 000 usw. Der Rechenschieber zeigt die Ziffernfolge, nicht aber den Zahlenwert.

19.3 Brunsviga: Sprossenradmaschine

In Deutschland gab es zahlreiche Hersteller mechanischer Rechenmaschinen. Zu den bedeutendsten gehörten die Brunsviga-Maschinenwerke, Grimme, Natalis & Co. AG in Braunschweig. Ihre Sprossenradmaschinen waren sehr beliebt.

Hinweis
Sperren: siehe auch den Kasten am Anfang dieses Kapitels.

Abb. 19.7: Brunsviga (1). Die Sprossenradmaschine aus Braunschweig hat ihre Wurzeln in Schweden (Odhner). Sie hatte international eine sehr hohe Verbreitung. Sprossenrad- und Staffelwalzenmaschinen waren die beiden hauptsächlichen Arten mechanischer Rechenmaschinen (© Heinrich Heidersberger, Institut Heidersberger GmbH, Wolfsburg).

Abb. 19.8: Brunsviga (2). Es gab viele unterschiedliche Modelle und Typen. Bei einem Sprossenrad werden für die Darstellung beispielsweise der Ziffer 5 fünf Sprossen nach außen gedrückt. Je nach Bedarf zieht man sie wieder ein (© Heinrich Heidersberger, Institut Heidersberger GmbH, Wolfsburg).

Abb. 19.9: Brunsviga (3). Die tragbare, schwergewichtige Tischmaschine beherrscht alle vier Grundrechenarten. Für die Addition und die Multiplikation dreht man die Kurbel im Uhrzeigersinn, für die Subtraktion und die Division im Gegenuhrzeitersinn (© Heinrich Heidersberger, Institut Heidersberger GmbH, Wolfsburg).

Gebrauchsanweisung für die Brunsviga
Sprossenradmaschine
Modell 13 RK

Allgemeines
Handkurbel
- Den Griff nach außen ziehen, drehen und einrasten;
- Drehen im Uhrzeigersinn: Addition, Multiplikation;
- Drehen im Gegenuhrzeigersinn: Subtraktion, Division.

Durch eine Kurbeldrehung im Uhrzeigersinn wird ein Wert vom Einstellwerk ins Ergebniswerk übertragen.

Schlittenverschiebung
- Verschiebung nach rechts: den Metallbügel (Doppelgriff, rechte Geräteseite, außen) mehrfach nach hinten drücken;
- Verschiebung nach links: den Metallbügel (Doppelgriff, rechte Geräteseite, außen) mehrfach nach vorn ziehen.

Eine Schlittenverschiebung ist auch mit dem Handgriff auf der Stirnseite (unten) möglich.

Nullstellung
- Einstellwerk: den Metallhebel auf der linken Geräteseite nach vorn ziehen;
- Ergebniswerk: den kurzen Metallhebel auf der rechten Geräteseite (vorn, unten) nach vorn ziehen;
- Umdrehungszähler: den Metallhebel auf der rechten Geräteseite (hinten, oben) nach vorn ziehen;

- Gesamtlöschung: den kleinen Hebel auf der Stirnseite (rechts) nach hinten schieben (Stellung mit *zwei* Punkten) und den langen Metallhebel auf der rechten Geräteseite (vorn, unten) nach vorn ziehen.

Steht der kleine Hebel auf der Stirnseite rechts (Kombinationslöschhebel) vorn (Stellung mit *einem* Punkt), so lassen sich mit dem langen Metallhebel gleichzeitig das Ergebniswerk und der Umdrehungszähler auf null stellen. In dieser Stellung wird mit dem Löschhebel des Umdrehungszählers (rechte Geräteseite, hinten) auch das Einstellwerk auf null gesetzt.

Rückübertragung
Mit der Rückübertragung lassen sich Werte aus dem Ergebniswerk ins Einstellwerk zurückbringen. Dazu wird der Löschhebel des Einstellwerks (auf der linken Geräteseite) *bis zum Anschlag* nach vorn gezogen und festgehalten. Nun bewegt man den Gesamtlöschhebel nach vorn.

Anmerkung
Wenn die Maschine *gesperrt* ist, müssen Sie die Handkurbel in die Nullstellung drehen und einrasten.

Addition (Zusammenzählen)
Beispiel: 123 456 + 7890 = 131 346

1. Alle Zählwerke mit dem langen Metallhebel (rechts vorn) löschen (vorher den kleinen Hebel (Mitte rechts) auf die hintere Stellung (zwei Punkte) setzen);
2. die Nullstellung der drei Zählwerke überprüfen;
3. den Schlitten bis zum Anschlag *ganz nach links* schieben (dazu den Metallbügel rechts unten mehrfach *nach vorn* oder den Hebel unten Mitte mehrfach nach links drücken);
4. die Zahl 123 456 mit den Schiebern rechts im Einstellwerk eingeben;
5. den Wert 123 456 in den Schaulöchern des Einstellwerks (Einstellkontrolle) überprüfen;
6. die Kurbel einmal im *Uhrzeigersinn* drehen (den Griff nach rechts außen ziehen und festhalten und am Schluss wieder einrasten);
7. das Einstellwerk mit dem Hebel links löschen;
8. die Nullstellung des Einstellwerks überprüfen;
9. die Zahl 7890 mit den Schiebern rechts im Einstellwerk eingeben;
10. den Wert 7890 in den Schaulöchern des Einstellwerks überprüfen;
11. die Kurbel einmal im *Uhrzeigersinn* drehen;
12. den Wert 131 346 im Ergebniswerk (unten) ablesen.

Subtraktion (Abziehen)
Beispiel: 123 456 – 7890 = 115 566

1. Alle Zählwerke mit dem langen Metallhebel (rechts vorn) löschen (vorher den kleinen Hebel (Mitte rechts) auf die hintere Stellung (zwei Punkte) setzen);

2. die Nullstellung der drei Zählwerke überprüfen;
3. den Schlitten bis zum Anschlag *ganz nach links* schieben (dazu den Metallbügel rechts unten mehrfach *nach vorn* oder den Hebel unten Mitte mehrfach nach links drücken);
4. die Zahl 123 456 mit den Schiebern rechts im Einstellwerk eingeben;
5. den Wert 123 456 in den Schaulöchern des Einstellwerks (Einstellkontrolle) überprüfen;
6. die Kurbel einmal im *Uhrzeigersinn* drehen (den Griff nach rechts außen ziehen und festhalten und am Schluss wieder einrasten);
7. das Einstellwerk mit dem Hebel links löschen;
8. die Nullstellung des Einstellwerks überprüfen;
9. die Zahl 7890 mit den Schiebern rechts im Einstellwerk eingeben;
10. den Wert 7890 in den Schaulöchern des Einstellwerks überprüfen;
11. die Kurbel einmal im *Gegenuhrzeigersinn* drehen;
12. den Wert 115 566 im Ergebniswerk (unten) ablesen.

Anmerkung
Zieht man von der Zahl 67 den Wert 89 ab, entsteht ein *negativer Wert* (-22). Er wird im Ergebniswerk mit der Komplementärzahl 9999999999978 dargestellt (Klingelzeichen).

Multiplikation (Vervielfachen)
Beispiel: 4567 x 890 = 4 064 630
1. Alle Zählwerke mit dem langen Metallhebel (rechts vorn) löschen (vorher den kleinen Hebel (Mitte rechts) auf die hintere Stellung (zwei Punkte) setzen);
2. die Nullstellung der drei Zählwerke überprüfen;
3. den Schlitten bis zum Anschlag *ganz nach links* schieben (dazu den Metallbügel rechts unten mehrfach *nach vorn* oder den Hebel unten Mitte mehrfach nach links drücken);
4. die Zahl 4567 mit den Schiebern rechts im Einstellwerk eingeben;
5. den Wert 4567 in den Schaulöchern des Einstellwerks (Einstellkontrolle) überprüfen;
6. den Schlitten um eine Zehnerstelle *nach rechts* schieben (dazu den Metallbügel rechts unten einmal *nach hinten* drücken);
7. den Stellenwert 2 (Zehner) im Umdrehungszähler (oben) überprüfen (Klammer um die Ziffer 2);
8. die Kurbel 9 mal im *Uhrzeigersinn* drehen (den Griff nach rechts außen ziehen und festhalten und am Schluss wieder einrasten);
9. der Umdrehungszähler (oben) zeigt den Wert 90 an;
10. im Ergebniswerk (unten) steht der Wert 411 030;
11. den Schlitten um eine Zehnerstelle *nach rechts* schieben;

12. den Stellenwert 3 (Hunderter) im Umdrehungszähler überprüfen (Klammer um die Ziffer 3);
13. die Kurbel 8 mal im *Uhrzeigersinn* drehen;
14. der Umdrehungszähler zeigt den Wert 890 an;
15. im Ergebniswerk steht der Wert 4 064 630.

Anmerkungen
Bei der Multiplikation dürfen die Faktoren beliebig vertauscht werden. Wählt man in unserem Beispiel als Multiplikator 890, sind 17 Kurbelumdrehungen nötig (Quersumme 8+9), bei 4567 sind es 22 Umdrehungen (Quersumme 4+5+6+7). Mit der *verkürzten Multiplikation* lassen sich viele Kurbelumdrehungen einsparen (z.B. Multiplikation mit 900 abzüglich Vervielfachung mit 10, dabei muss man den Schlitten verschieben). Bei mehrfachen Multiplikationen werden die Zwischenergebnisse in das Einstellwerk rückübertragen. Somit erübrigt sich eine erneute Eingabe.

Division (Teilen)
Beispiel: 516 006 : 789 = 654
1. Alle Zählwerke mit dem langen Metallhebel (rechts vorn) löschen (vorher den kleinen Hebel (Mitte rechts) auf die hintere Stellung (zwei Punkte) setzen);
2. die Nullstellung der drei Zählwerke überprüfen;
3. den Schlitten bis zum Anschlag *ganz nach rechts* schieben (dazu den Metallbügel rechts unten mehrfach *nach hinten* oder den Hebel unten Mitte mehrfach nach rechts drücken);
4. den Stellenwert 8 im Umdrehungszähler (oben) überprüfen (Klammer um die Ziffer 8);
5. die Zahl 516 006 (Dividend) mit den Schiebern *rechts* im Einstellwerk eingeben;
6. den Wert 516 006 in den Schaulöchern des *Einstellwerks* (Einstellkontrolle) überprüfen;
7. die Kurbel einmal im *Uhrzeigersinn* drehen (den Griff nach rechts außen ziehen und festhalten und am Schluss wieder einrasten);
8. den Wert 516 006 in den Schaulöchern des *Ergebniswerks* (unten) überprüfen;
9. das Einstellwerk mit dem Hebel links löschen;
10. die Nullstellung des Einstellwerks überprüfen;
11. den Umdrehungszähler mit dem Hebel rechts löschen;
12. die Nullstellung des Umdrehungszählers (oben) überprüfen;
13. die Zahl 789 (Divisor) mit den Schiebern im Einstellwerk eingeben (die erste Ziffer (7) des Divisors (789) muss in diesem Fall über der *zweiten* Ziffer (1) des Dividenden (516 006) stehen (damit 789 von 5160 abgezogen werden kann; 789 lässt sich *nicht* von 516 abziehen, da 789>516);
14. den Wert 789 und seine *Stellung* in den Schaulöchern des Einstellwerks überprüfen;

15. die Kurbel im *Gegenuhrzeigersinn* (siebenmal) drehen, bis ein Klingelzeichen ertönt;
16. die Kurbel einmal im *Uhrzeigersinn* drehen;
17. den Schlitten um eine Zehnerstelle *nach links* schieben (dazu den Metallbügel rechts unten einmal nach *vorn* drücken);
18. den Stellenwert 7 im Umdrehungszähler überprüfen (Klammer um die Ziffer 7);
19. die Kurbel im *Gegenuhrzeigersinn* (sechsmal) drehen, bis ein Klingelzeichen ertönt;
20. die Kurbel einmal im *Uhrzeigersinn* drehen;
21. den Schlitten um eine Zehnerstelle *nach links* schieben;
22. den Stellenwert 6 im Umdrehungszähler überprüfen;
23. die Kurbel im *Gegenuhrzeigersinn* (fünfmal) drehen, bis ein Klingelzeichen ertönt;
24. die Kurbel einmal im *Uhrzeigersinn* drehen;
25. den Schlitten um eine Zehnerstelle *nach links* schieben;
26. den Stellenwert 5 im Umdrehungszähler überprüfen;
27. die Kurbel im *Gegenuhrzeigersinn* (einmal) drehen, bis ein Klingelzeichen ertönt;
28. die Kurbel einmal im *Uhrzeigersinn* drehen;
29. das Ergebniswerk (unten) zeigt nun den *Rest* 0 an;
30. der *Umdrehungszähler* enthält das Ergebnis (Quotient) 654 (mit roten Ziffern).

Anmerkung
Der Divisor muss so eingegeben werden, dass er sich von den ersten Stellen des Dividenden abziehen lässt. Beispiel: Der dreistellige Divisor 456 ist kleiner als die *ersten drei Stellen* des Dividenden 9870, aber größer als die ersten drei Stellen des Dividenden 3210. Im ersten Fall steht die Ziffer 4 des Divisors über der Ziffer 9 des Dividenden, im zweiten Fall über der Ziffer 2 des Dividenden. 456 lässt sich von 987 und 3210 abziehen, nicht aber von 321.

19.4 Curta: Staffelwalzenmaschine

Die Curta ist ein feinmechanisches Wunderwerk. Bitte gehen Sie mit der „Pfeffermühle“ *sorgsam* um! Die Handhabung von Addition, Subtraktion und Multiplikation ist einfach. Etwas anspruchsvoller ist naturgemäß die Division. Bei der Multiplikation gibt es auch ein verkürztes Verfahren. Mit der Curta kann man auch die *Quadratwurzel* ziehen.

Abb. 19.10: Curta (Modell) 2. Die Taschenrechenmaschine Curta ist ein vollwertiger Vierspeziesrechner (© Liechtensteinisches Landesmuseum, Vaduz, Bild: Sven Beham).

Gebrauchsanweisung für die Curta

Grundstellung

Vor dem Rechnen muss die Curta im Grundzustand sein:

- *Kurbel* in der Grundstellung (d.h. unten, eingeschnappt);
- Umdrehungszähler und Ergebniswerk auf null (Löschhebel herausgeschwenkt und eingeschnappt; fürs Löschen den Rundwagen (oberer Ring) anheben und Löschhebel einmal vollständig, bis zum Anschlag drehen, in Uhrzeiger- oder Gegenuhrzeigersinn;
- alle Einstellschieber auf null (d.h. oben);
- Rundwagen (oberer Ring) in der Grundstellung (d.h. unten, eingeschnappt, auf Stellung 1: senkrechter Stellenwertpfeil beim Einerschieber);
- Umschalter (auf Geräterückseite) oben.

  Hinweise

Um den Löschhebel in die Ruhestellung zu drehen: Knopf nach unten drücken. „Schwarzer Kreisring" und „weißer Kreisring" bedeuten hier (genauer) schwarze Ringanzeige, weiße Ringanzeige, schwarze kreisförmige Anzeige, weiße kreisförmige Anzeige. Die beiden Anzeigen ergänzen sich zu einem ganzen (vollständigen) Ring.

Addition

Beispiel: 123 + 456 + 789 = 1368

1. Die Grundstellung der Maschine überprüfen;

2. die erste Zahl (123) mit den Einstellschiebern eingeben (beliebige Reihenfolge bei der Eingabe von Einern, Zehnern, Hundertern);
3. den Wert (123) im Einstellwerk (oben) überprüfen;
4. die Kurbel 1 x vollständig (bis zum Anschlag) *im Uhrzeigersinn* drehen;
5. im Ergebniswerk (schwarzer Kreisring oben) wird der Wert 123 angezeigt;
6. die zweite Zahl (456) mit den Einstellschiebern eingeben;
7. den Wert (456) im Einstellwerk (oben) überprüfen;
8. die Kurbel 1 x vollständig (bis zum Anschlag) *im Uhrzeigersinn* drehen;
9. im Ergebniswerk (schwarzer Kreisring oben) wird der Wert 579 angezeigt;
10. die dritte Zahl (789) mit den Einstellschiebern eingeben;
11. den Wert (789) im Einstellwerk (oben) überprüfen;
12. die Kurbel 1 x vollständig (bis zum Anschlag) *im Uhrzeigersinn* drehen;
13. im Ergebniswerk (schwarzer Kreisring oben) wird der Wert 1368 angezeigt.

Hinweis
Fehlerhafte Eingaben lassen sich im Einstellwerk vor dem Rechenvorgang verbessern.

Subtraktion
Beispiel 1: 3456 – 987 – 12 = 2457
1. Die Grundstellung der Maschine überprüfen;
2. die erste Zahl (3456) mit den Einstellschiebern eingeben (beliebige Reihenfolge bei der Eingabe von Einern, Zehnern, Hundertern, Tausendern);
3. den Wert (3456) im Einstellwerk (oben) überprüfen;
4. die Kurbel 1 x vollständig (bis zum Anschlag) *im Uhrzeigersinn* drehen;
5. im Ergebniswerk (schwarzer Kreisring oben) wird der Wert 3456 angezeigt;
6. die zweite Zahl (987) mit den Einstellschiebern eingeben;
7. den Wert (987) im Einstellwerk (oben) überprüfen;
8. *die Kurbel anheben* und 1 x vollständig (bis zum Anschlag) *im Uhrzeigersinn* drehen;
9. im Ergebniswerk (schwarzer Kreisring oben) wird der Wert 2469 angezeigt;
10. die Kurbel nach unten drücken;
11. die dritte Zahl (12) mit den Einstellschiebern eingeben;
12. den Wert (12) im Einstellwerk (oben) überprüfen;
13. *die Kurbel anheben* und 1 x vollständig (bis zum Anschlag) *im Uhrzeigersinn* drehen;
14. die Kurbel nach unten drücken;
15. im Ergebniswerk (schwarzer Kreisring oben) wird der Wert 2457 angezeigt.

Hinweise
Fehlerhafte Eingaben lassen sich im Einstellwerk vor dem Rechenvorgang verbessern. Bei fortgesetzter Subtraktion kann man die Kurbel auch oben lassen.

Beispiel 2: 456 – 789 = -333

Negative Zahlen
1. Die Grundstellung der Maschine überprüfen;
2. die erste Zahl (456) mit den Einstellschiebern eingeben;
3. den Wert (456) im Einstellwerk (oben) überprüfen;
4. die Kurbel 1 x vollständig (bis zum Anschlag) *im Uhrzeigersinn* drehen;
5. im Ergebniswerk (schwarzer Kreisring oben) wird der Wert 456 angezeigt;
6. die zweite Zahl (789) mit den Einstellschiebern eingeben;
7. den Wert (789) im Einstellwerk (oben) überprüfen;
8. *die Kurbel anheben* und 1 x vollständig (bis zum Anschlag) *im Uhrzeigersinn* drehen;
9. die Kurbel nach unten drücken;
10. im Ergebniswerk (schwarzer Kreisring oben) wird der Wert 99999999667 (Curta 1, 11 Stellen) bzw. 999999999999667 (Curta 2, 15 Stellen) angezeigt.

Hinweise
Das Ergebniswerk verwendet keine (negativen) Vorzeichen. Daher erscheint nicht der Wert 333, den man als positive Zahl deuten könnte, sondern seine Ergänzungszahl (Zehnerkomplement). 667 ist die Komplementärzahl zu 333 (667 + 333 = 1000).

Gibt man die Zahl 99999999667 (Curta 1) bzw. 999999999999667 (Curta 2) ins Einstellwerk ein (und dreht die Kurbel einmal), hebt nun die Kurbel an und macht zwei Drehungen, so lautet das Ergebnis 333.

Multiplikation
Eine Multiplikation ist eine mehrfache Addition mit schrittweiser Stellenwertverschiebung des Rundwagens (Schlitten).
Beispiel 1: 789 x 456 = 359 784
1. Die Grundstellung der Maschine überprüfen;
2. die erste Zahl (789) mit den Einstellschiebern eingeben;
3. den Wert (789) im Einstellwerk (oben) überprüfen;
4. die Kurbel sechsmal vollständig (bis zum Anschlag) *im Uhrzeigersinn* drehen;
5. im Umdrehungszähler (weißer Kreisring oben) steht bei den Einern der Wert 6;
6. den Rundwagen (oberer Ring) anheben und im Gegenuhrzeigersinn bis zur Stellung 2 (Zehner) drehen;
7. die Kurbel fünfmal vollständig (bis zum Anschlag) *im Uhrzeigersinn* drehen;
8. im Umdrehungszähler (weißer Kreisring oben) steht bei den Zehnern der Wert 5;
9. den Rundwagen (oberer Ring) anheben und im Gegenuhrzeigersinn bis zur Stellung 3 (Hunderter) drehen;
10. die Kurbel viermal vollständig (bis zum Anschlag) *im Uhrzeigersinn* drehen;
11. im Umdrehungszähler (weißer Kreisring oben) steht bei den Hunderten der Wert 4,
12. im Ergebniswerk (schwarzer Kreisring oben) erscheint der Wert 359784,
13. im Umdrehungszähler (weißer Kreisring oben) ist der Wert 456 eingetragen.

Beispiel 2: 987,6 x 12,345 = 12 191,9220

1. Die Grundstellung der Maschine überprüfen;
2. am Fuß der Maschine (beim unteren Ring) einen Kommaknopf zwischen die Einer- und Zehnerspalte setzen;
3. die erste Zahl (987,6) mit den Einstellschiebern eingeben;
4. den Wert (987,6) im Einstellwerk (oben) überprüfen;
5. beim Umdrehungszähler (weißer Kreisring oben) einen Kommaknopf zwischen das Hunderter- und Tausenderfenster setzen;
6. beim Ergebniswerk (schwarzer Kreisring oben) einen Kommaknopf zwischen das Tausender- und Zehntausenderfenster setzen;
7. die Kurbel fünfmal vollständig (bis zum Anschlag) *im Uhrzeigersinn* drehen;
8. im Umdrehungszähler (weißer Kreisring oben) steht der Wert 0,005;
9. den Rundwagen (oberer Ring) anheben und im Gegenuhrzeigersinn bis zur Stellung 2 drehen;
10. die Kurbel viermal vollständig (bis zum Anschlag) *im Uhrzeigersinn* drehen;
11. im Umdrehungszähler (weißer Kreisring oben) steht der Wert 0,045;
12. den Rundwagen (oberer Ring) anheben und im Gegenuhrzeigersinn bis zur Stellung 3 drehen;
13. die Kurbel dreimal vollständig (bis zum Anschlag) *im Uhrzeigersinn* drehen;
14. im Umdrehungszähler (weißer Kreisring oben) steht der Wert 0,345;
15. den Rundwagen (oberer Ring) anheben und im Gegenuhrzeigersinn bis zur Stellung 4 drehen;
16. die Kurbel zweimal vollständig (bis zum Anschlag) *im Uhrzeigersinn* drehen;
17. im Umdrehungszähler (weißer Kreisring oben) steht der Wert 2,345;
18. den Rundwagen (oberer Ring) anheben und im Gegenuhrzeigersinn bis zur Stellung 5 drehen;
19. die Kurbel einmal vollständig (bis zum Anschlag) *im Uhrzeigersinn* drehen;
20. im Umdrehungszähler (weißer Kreisring oben) steht der Wert 12,345;
21. im Ergebniswerk (schwarzer Kreisring oben) erscheint der Wert 12191,9220.

Abgekürzte Multiplikation
Beispiel: 567 x 89 = 50 463

1. Die Grundstellung der Maschine überprüfen;
2. die erste Zahl (567) mit den Einstellschiebern eingeben;
3. den Wert (567) im Einstellwerk (oben) überprüfen;
4. den Rundwagen (oberer Ring) anheben und im Gegenuhrzeigersinn bis zur Stellung 3 (Hunderter) drehen;
5. die Kurbel 1 x vollständig (bis zum Anschlag) *im Uhrzeigersinn* drehen;
6. im Umdrehungszähler (weißer Kreisring oben) steht der Wert 100;
7. den Rundwagen (oberer Ring) anheben und im Uhrzeigersinn bis zur Stellung 2 (Zehner) drehen;

8. *die Kurbel anheben* und 1 x vollständig (bis zum Anschlag) *im Uhrzeigersinn* drehen;
9. den Rundwagen (oberer Ring) anheben und im Uhrzeigersinn bis zur Stellung 1 (Einer) drehen;
10. die (angehobene) Kurbel 1 x vollständig (bis zum Anschlag) *im Uhrzeigersinn* drehen;
11. im Ergebniswerk (schwarzer Kreisring oben) erscheint der Wert 50463;
12. im Umdrehungszähler (weißer Kreisring oben) steht der Wert 89;

Hinweis
Anstatt mit 8 + 9 = 17 kommt man mit 3 Drehungen aus.

Division
Beispiel 1 (ohne Rest): 51102 : 5678 = 9
1. Die Grundstellung der Maschine überprüfen;
2. den Rundwagen (oberer Ring) anheben und im Gegenuhrzeigersinn bis zur höchsten Stellung (6 bei der Curta 1, 8 bei der Curta 2) drehen;
3. den Divisor (5678) mit den Einstellschiebern eingeben;
4. den Wert (5678) im Einstellwerk (oben) überprüfen;
5. die Kurbel *im Uhrzeigersinn* drehen, bis der Dividend (51102) im Ergebniswerk (schwarzer Kreisring oben) erreicht wird;
6. im Umdrehungszähler (weißer Kreisring oben) steht der Wert 9 (Quotient).

Beispiel 2 (mit Rest): 230 : 17 = 13,5300 (4 Nachkommastellen)
1. Die Grundstellung der Maschine überprüfen;
2. den Rundwagen (oberer Ring) anheben und im Gegenuhrzeigersinn bis zur *zweit*höchsten Stellung (5 bei der Curta 1 bzw. 7 bei der Curta 2) drehen;
3. den Divisor (17) mit den Einstellschiebern eingeben;
4. den Wert (17) im Einstellwerk (oben) überprüfen;
5. die Kurbel *im Uhrzeigersinn* drehen, bis der Dividend (230) im Ergebniswerk (schwarzer Kreisring oben) überschritten wird (Wert 238);
6. *die Kurbel anheben* und 1 x vollständig (bis zum Anschlag) *im Uhrzeigersinn* drehen (neuer Wert: 221);
7. die Kurbel nach unten drücken;
8. den Rundwagen (oberer Ring) anheben und im Uhrzeigersinn bis zur nächst tieferen Stellung (4 bei der Curta 1 bzw. 6 bei der Curta 2) drehen;
9. die Kurbel *im Uhrzeigersinn* drehen, bis der Dividend (230) im Ergebniswerk (schwarzer Kreisring oben) überschritten wird (Wert 231,2);
10. *die Kurbel anheben* und 1 x vollständig (bis zum Anschlag) *im Uhrzeigersinn* drehen (neuer Wert: 229,5);
11. die Kurbel nach unten drücken;
12. den Rundwagen (oberer Ring) anheben und im Uhrzeigersinn bis zur nächst tieferen Stellung (3 bei der Curta 1 bzw. 5 bei der Curta 2) drehen;

13. die Kurbel *im Uhrzeigersinn* drehen, bis der Dividend (230) im Ergebniswerk (schwarzer Kreisring oben) überschritten wird (Wert 230,01);
14. *die Kurbel anheben* und 1 x vollständig (bis zum Anschlag) *im Uhrzeigersinn* drehen (neuer Wert: 229,84);
15. die Kurbel nach unten drücken;
16. den Rundwagen (oberer Ring) anheben und im Uhrzeigersinn bis zur nächst tieferen Stellung (2 bei der Curta 1 bzw. 4 bei der Curta 2) drehen;
17. die Kurbel *im Uhrzeigersinn* drehen, bis der Dividend (230) im Ergebniswerk (schwarzer Kreisring oben) überschritten wird (Wert 230,01);
18. im Umdrehungszähler (weißer Kreisring oben) steht der Wert 13,5300.

Hinweise
Kommastellung: Anzahl Nachkommastellen im Ergebniswerk (Dividend; 230, hier 4 bei Curta 1 bzw. 6 bei Curta 2) minus die im Einstellwerk (Divisor: 17, hier 0) ergibt die Anzahl der Nachkommastellen im Umdrehungszähler (Quotient; 4 – 0 = 4 bei Curta 1 bzw. 6 – 0 = 6 bei Curta 2). Daher steht das Komma nach 13 (4 bzw. 6 Stellen im Umdrehungszähler von rechts nach links).

Mit *additiven* und *subtraktiven Kurbeldrehungen* nähert man sich der Lösung schrittweise an.

Wichtig: Beginnt man bei der *höchsten* Stellung (6 bei der Curta 1 bzw. 8 bei der Curta 2), erscheint im Umdrehungszähler das Ergebnis 3,53000 bei Curta 1 und 3,5300000 bei Curta 2. Die vorderste Ziffer kann nicht mehr angezeigt werden, da zu wenige Stellen zur Verfügung stehen.

Wie *Karl Holecek* in seiner Untersuchung zeigt, lässt sich der Quotient auf beliebig viele Stellen ermitteln (siehe Karl Holecek: Ein Beitrag zum Maschinenrechnen, in: Österreichisches Ingenieur-Archiv, Band 7, 1953, Heft 4, Seiten 331–337).

19.5 Loga-Rechenscheibe: Analogrechner

Abb. 19.11: Loga-Rechenscheibe, Vorderseite. Rechenscheiben haben längere Skalen als Rechenstäbe und sind daher genauer. Sie weisen eine vollkommene, ideale Bauform auf. Ihre Skalen sind endlos. Daher entfällt das beim Rechenstab erforderliche Durchschieben, und überlappende Skalen wie bei Rechenwalzen erübrigen sich (© Schweizerisches Landesmuseum, Zürich).

Gebrauchsanweisung für die Rechenscheibe

Hinweise

Diese Schritt-für-Schritt-Anleitung wurde anhand der Loga-Rechenscheibe Modell 30 Th erstellt. Die inneren kreisförmigen Skalen und der Zeiger (Läufer) können im Uhrzeigersinn oder im Gegenuhrzeigersinn gedreht werden, die äußeren sind fest. Anfang und Ende der Skalen stimmen dank der Kreisform überein, die Skalen sind *endlos*. Diese Loga-Scheibe hat (ohne Rand) einen Durchmesser von 12 cm. Der Durchmesser der Hauptskalen beträgt 9,5 cm. Die handliche Rechenscheibe entspricht also einem knapp 30 cm langen Rechenstab (Kreisumfang = Kreisdurchmesser mal π; Kreiszahl π (Pi) oder ludolfsche Zahl = 3,14159...).

Die Rechenscheibe ist von außen nach innen mit folgenden Skalen ausgestattet:

- *Außenring:* erste Quadratwurzel (Wurzel aus x, Wertebereich: 1–3,16), zweite Quadratwurzel (Wurzel aus 10x, Wertebereich: 3,16–10), Grundskala A (x);
- *Innenring:* Grundskala B (x), Kehrwert R (Reziprokwert, 1/x); Kubikzahl (x^3), Logarithmus ($\log_2 x$, Logarithmus von x zur Basis 2).

Das Modell 30 Tt ist auf der Oberseite mit denselben Skalen versehen, hat aber zusätzliche (unbewegliche) Skalen auf der Unterseite (z.B. Winkelfunktionen Sinus und Tangens, eulersche Zahl), wobei die Werte im Gegenuhrzeigersinn zunehmen.

Multiplikation: 2 x 3 = 6

1. Schieben Sie den Anfang (Zahl 1) der beweglichen Skala (innere Kreisskala) unter die Zahl 2 (Multiplikand, erster Faktor) der festen Skala (äußere Kreisskala);
2. drehen Sie den Zeiger zur Zahl 3 (Multiplikator, zweiter Faktor) der beweglichen Skala und lesen Sie das Ergebnis (6) auf der festen Skala ab.

Multiplikation: 4 x 5 = 20

1. Schieben Sie den Anfang (Zahl 1) der beweglichen Skala (innere Kreisskala) unter die Zahl 4 der festen Skala (äußere Kreisskala);
2. drehen Sie den Zeiger zur Zahl 5 der beweglichen Skala und lesen Sie das Ergebnis (2, d.h. 20) auf der festen Skala ab.

Division: 9 : 2 = 4,5

1. Schieben Sie die Zahl 2 (Divisor) der beweglichen Skala (innere Kreisskala) unter die Zahl 9 (Dividend) der festen Skala (äußere Kreisskala);
2. drehen Sie den Zeiger an den Anfang (Zahl 1) der beweglichen Skala und lesen Sie das Ergebnis (4,5) auf der festen Skala ab.

Division: 56 : 7 = 8

1. Schieben Sie die Zahl 7 (Divisor) der beweglichen Skala (innere Kreisskala) unter die Zahl 5,6 (Dividend) der festen Skala (äußere Kreisskala);
2. drehen Sie den Zeiger an den Anfang (Zahl 1) der beweglichen Skala und lesen Sie das Ergebnis (8) auf der festen Skala ab.

19.6 Loga-Rechenwalze: Analogrechner

Abb. 19.12: Loga-Rechenwalze. Die 24-Meter-Loga-Rechenwalze gilt als die längste und genaueste handelsübliche Rechenwalze der Welt. Sie hat 80 parallele Skalenabschnitte zu 60 cm. Weil sich aufeinander folgende Abschnitte baubedingt überlappen, ergibt das eine Skalenlänge von 24 m (© UBS).

Gebrauchsanweisung für die Rechenwalze

Hinweis
Die im Folgenden angeführten Skalenwerte gelten für die genaueste Rechentrommel, die 24-Meter-Rechenwalze Loga-Calculator. Für kleinere Modelle sind sie entsprechend anzupassen.

Einführung
Üblicherweise sind am linken Rand von Trommel (Walze) und Käfig (Schieber) mehrstellige Zahlen zu finden. Diese Leit- oder Merkzahlen erleichtern das Auffinden von Zahlenwerten. Die Zahl 200 (bzw. 2, 20 usw.) befindet sich beispielsweise auf dem Skalenabschnitt mit der Merkzahl 19952, die Zahl 400 steht rechts des (Rand-)Werts 39810.

Am Rand der *Trommel* weist die weiß hinterlegte Merkzahl 10000 auf den Skalenanfang hin. Dazu dient auf dem *Käfig* beispielsweise ein rotes Rechteck oder ein Kunststoffdreieck. Die Skala der Trommel fängt je nach Modell mit dem Wert 1, 10, 100 oder 1000 an. *Die Skala beginnt in der Mitte der Trommel.* Der Anfangspunkt ist bei gewissen Ausführungen in der Trommelmitte durch einen roten Doppelkreis gekennzeichnet. Skalenanfang und Skalenende von Trommel und Käfig werden auch durch einen senkrechten Strich hervorgehoben. Das Skalenende ist je nach Ausführung mit den Zahlen 1, 10, 100 oder 1000 beschriftet. Die Skala des Käfigs befindet sich auf den Stegen. Die beiden Trommelhälften sind durch eine umlaufende, gestrichelte Linie markiert.

Die Werte sind auf der Trommelskala *doppelt* eingetragen, was etwas verwirrt. Die Zahlenbereiche überlappen sich bei *aufeinander folgenden* parallelen Abschnitten teilweise. Denn ein Zahlenwert ganz rechts auf dem *Käfig* lässt sich *nicht* zu einem Zahlenwert ganz links auf der *Trommel* verschieben. Diese Überschneidung ist bauartbedingt nötig, weil der Käfig nicht über den Trommelrand hinaus bewegt werden kann.

Ein Skalenabschnitt enthält beispielsweise die Zahlenwerte 47315–5012, der nächste Abschnitt umfasst die Werte 48695–51585. Im ersten Fall steht die Zahl 500 in der rechten, im zweiten auf der linken Trommelhälfte. Auf dem Käfig erübrigen sich versetzte Skalenabschnitte. Die Überlappung ist bei diesen vier aufeinander folgenden Zeilen geringfügig: 100–10294; 10292–10593; 10592–10902; 10901–11221.

Benachbarte Skalenlinien weisen z.B. die Bereiche 86595–9173 (Zahl 900 in der rechten Hälfte) bzw. 89125–9441 (Zahl 900 in der linken Hälfte) auf. Drei aufeinander folgende Skalenabschnitte um die Walzenmitte sind in unserem Fall wie folgt beschriftet: Vom Wert 94405 bis *1000* (Skalenende); von 9716 über den Skalenmittelpunkt 100 bzw. 1000 bis zum Wert 10293; vom Skalenanfang *100* bis zum Wert 10593. Zu beachten. Die Zahlen 100 und 1000 können den gleichen Stellenwert haben. Das Skalenende in der Walzenmitte ist gleichzeitig der Skalenanfang.

Anmerkungen

Die Skala ist nur auf der *Trommel* zweifach (mit versetzten Abschnitten) aufgetragen, nur auf der *Trommel* gibt es überlappende Skalenabschnitte.

Trommel und Käfig lassen sich *einzeln* oder *gemeinsam* drehen. Bewegt man die Trommel, dreht sich gleichzeitig auch der Käfig (bei gleich bleibender Einstellung). Wenn man den Käfig festhält, kann man die Trommel für sich allein drehen.

Multiplikation: 2 x 3 = 6

1. Drehen Sie die Trommel (gemeinsam mit dem Käfig) vor- oder rückwärts bis zum Anfang der *Käfig*skala (je nach Modell unterschiedlich gekennzeichnet, z.B. durch die Zahl 100 auf der *linken* Seite und durch einen senkrechten roten Strich, durch ein Kunststoffdreieck oder einen Messingknopf auf dem Käfigring);
2. halten Sie den Käfig fest;
3. drehen Sie die Trommel (ohne Käfig) bis zur Zahl 200 (Multiplikand, erster Faktor) auf der *Trommel*skala (d.h. bis zur nächst tieferen Merkzahl, hier 19952);
4. führen Sie den Anfang der Käfigskala zur Zahl 200 auf der Trommel;
5. lassen Sie den Käfig los;

6. drehen Sie die Trommel (gemeinsam mit dem Käfig) bis zur Zahl 300 (Multiplikator, zweiter Faktor) auf dem *Käfigsteg* (d.h. bis zur nächst tieferen Merkzahl, hier 29852);
7. lesen Sie bei der Zahl 300 das Ergebnis (600) auf der Trommel ab.

Division: 56 : 7 = 8

1. Drehen Sie die Trommel (gemeinsam mit dem Käfig) vor- oder rückwärts bis zur Zahl 700 (Divisor) auf der *Käfig*skala (d.h. bis zur nächst tieferen Merkzahl, hier 68785);
2. halten Sie den Käfig fest;
3. drehen Sie die Trommel (ohne Käfig) bis zur Zahl 560 (Dividend) auf der *Trommel*skala (d.h. bis zur nächst tieferen Merkzahl, hier 54635);
4. führen Sie die Zahl 700 auf dem Käfigsteg zur Zahl 560 auf der Trommel.
5. lassen Sie den Käfig los;
6. drehen Sie die Trommel (gemeinsam mit dem Käfig) bis zum Ende der *Käfig*skala (je nach Modell unterschiedlich gekennzeichnet, z.B. durch die Zahl 100 oder 1000 auf der *rechten* Seite, durch einen senkrechten roten Strich, ein Kunststoffdreieck, Kipphebel auf dem rechten Käfigring);
7. lesen Sie beim Ende der Käfigskala das Ergebnis (800) auf der Trommel ab.

Hinweis
Herbert Bruderer: Gebrauchsanweisung für Loga-Rechenwalzen, https://doi.org/10.3929/ethz-b-000306665

19.7 Madas: Staffelwalzenmaschine

Die Madas gehört zu den sehr langlebigen und leistungsfähigen mechanischen Rechenmaschinen.

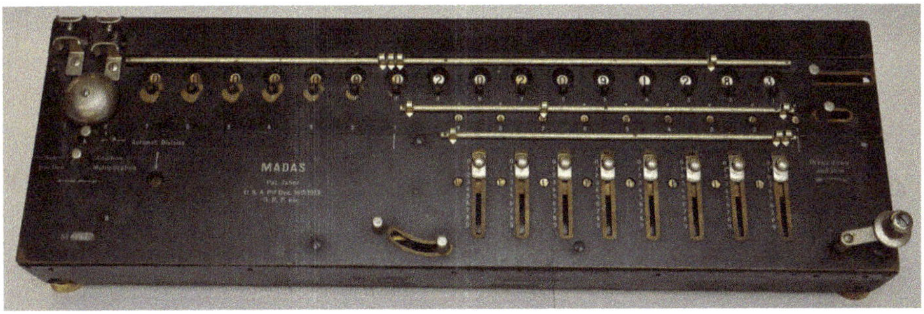

Abb. 19.13: Vierspeziesmaschine Madas mit Einstellschieber. Diese frühe Madas aus der Sammlung der Credit Suisse in Zürich ist mit Einstellschiebern, einer Signalglocke und einer Handkurbel versehen (© Credit Suisse, Zürich).

Gebrauchsanweisung für die Madas

Vorbemerkungen

Diese Gebrauchsanweisung bezieht sich auf die *Handrechenmaschine* (ohne Elektromotor). Je nach Modell treten Abweichungen auf.

Sperre

Wenn sich die Handkurbel nicht in der Grundstellung („Ruhelage", „Ruhestellung") befindet, sind die (stellenweise und volle) Wagenverschiebung, die Umstellung zwischen den vier Grundrechenarten und der Knopf für die automatische Division gesperrt. In diesem Fall drücken Sie die Kurbel nach unten oder ziehen sie nach oben und drehen Sie die Kurbel einmal bis zur Ausgangsstellung. Ist umgekehrt eine dieser Funktionen nicht richtig eingestellt, lässt sich die Kurbel nicht drehen. Gewisse Modelle sind blockiert, wenn im Schauloch „automatische Division" eine Zwei oder eine Eins steht. Zur Aufhebung der Sperre die Kurbel im Uhrzeigersinn drehen, bis im Schauloch eine Null erscheint.

Hinweis

Sperren: siehe auch den Kasten am Anfang dieses Kapitels.

Handhabung

1. Handkurbel (rechts) in der Ausgangsstellung *einrasten* (Griff vor dem Drehen nach oben ziehen bzw. nach unten drücken), Kurbel jeweils im Uhrzeigersinn drehen;
2. Einstellwerk (unten) löschen (Nulltaste (links unten) nach unten drücken: Gesamtlöschung);
3. Ergebniswerk (oben) löschen (Metallknopf nach rechts schieben und wieder zurückführen: Gesamtlöschung);
4. Umdrehungszähler (Mitte) löschen (Metallknopf nach rechts schieben und wieder zurückführen: Gesamtlöschung);
5. Wagenverschiebung (Metallhebel oben): ganze Breite oder stellenweise (Metallhebel zusammendrücken), in beiden Richtungen;
6. Wagenverschiebung (Metallhebel unten): stellenweise in beiden Richtungen;
7. Wagen (Schlitten) für Addition, Subtraktion und Multiplikation ganz nach *links* schieben;
8. Wagen (Schlitten) für Division ganz nach *rechts* schieben;
9. *Addition:* metallenen Wahlhebel nach oben schieben;
10. *Subtraktion:* metallenen Wahlhebel nach unten schieben;
11. *Multiplikation:* metallenen Wahlhebel nach oben schieben;
12. *Division:* metallenen Wahlhebel nach unten schieben;
13. Repetitionstaste (links) für Addition und Subtraktion lösen und hochziehen;

14. Repetitionstaste (links) für Multiplikation und Division niederdrücken und einrasten;
15. Korrekturtaste (Corr): rote Kunststofftaste drücken, falls eine Umdrehung zu viel gemacht wurde (zusätzlich Metallhebel für Korrekturtaste, rechts).

Addition

Beispiel: 2345 + 6789 = 9134

1. Einstellwerk, Ergebniswerk und Umdrehungszähler auf null setzen;
2. Rechenart festlegen: Wahlhebel auf Addition setzen;
3. Repetitionstaste lösen und nach oben ziehen;
4. Wagen (Schlitten) nach *links* schieben;
5. Zahl 2345 rechts ins Einstellwerk eingeben;
6. Zahl 2345 in den Schaulöchern überprüfen;
7. Kurbel einmal drehen;
8. Zahl 6789 rechts ins Einstellwerk eingeben;
9. Zahl 6789 in den Schaulöchern überprüfen;
10. Kurbel einmal drehen;
11. Ergebnis (9134) im Ergebniswerk ablesen.

Subtraktion

Beispiel: 3456 – 789 = 2667

1. Einstellwerk, Ergebniswerk und Umdrehungszähler auf null setzen;
2. Rechenart festlegen: Wahlhebel auf Subtraktion setzen;
3. Repetitionstaste lösen und nach oben ziehen;
4. Wagen (Schlitten) nach *links* schieben;
5. Zahl 3456 (mit den Drehknöpfen) rechts ins *Ergebnis*werk eindrehen;
6. Zahl 3456 in den Schaulöchern überprüfen;
7. Zahl 789 rechts ins Einstellwerk eingeben;
8. Zahl 789 in den Schaulöchern überprüfen;
9. Kurbel einmal drehen;
10. Ergebnis (2667) im Ergebniswerk ablesen.

Multiplikation

Beispiel: 765 x 432 = 330 480

1. Einstellwerk, Ergebniswerk und Umdrehungszähler auf null setzen;
2. Rechenart festlegen: Wahlhebel auf Addition (=Multiplikation) setzen;
3. Repetitionstaste nach *unten* drücken und einrasten;
4. Wagen (Schlitten) ganz nach *links* schieben;
5. Zahl 765 rechts ins Einstellwerk eingeben;
6. Zahl 765 in den Schaulöchern überprüfen;
7. Kurbel *zweimal* drehen;
8. Wagen (Schlitten) um eine Stelle nach rechts schieben;

9. Kurbel *dreimal* drehen;
10. Wagen (Schlitten) um eine Stelle nach rechts schieben;
11. Kurbel *viermal* drehen;
12. Ergebnis (330 480) im Ergebniswerk ablesen.

Automatische Division

Beispiel 1: 1 963 025 363 : 56 789 = 34 567

1. Einstellwerk, Ergebniswerk und Umdrehungszähler auf null setzen;
2. Rechenart festlegen: Wahlhebel auf Subtraktion (=Division) setzen (bei gewissen Modellen stehen der Wahlhebel für die Rechenart sowie der Hebel für die automatische Division zwangsläufig links);
3. Repetitionstaste nach *unten* drücken und einrasten bzw. Hebel nach links (automatische Division) setzen;
4. Wagen (Schlitten) ganz nach *rechts* schieben;
5. Zahl 1 963 025 363 links (ab dem *zweiten* Schauloch) ins Ergebniswerk eindrehen (erstes Schauloch frei lassen);
6. Zahl 1 963 025 363 in den Schaulöchern überprüfen;
7. Zahl 56 789 so ins Einstellwerk eingeben, dass die *höchste* Stelle des Divisors (Ziffer 5) unter die *höchste* Stelle des Dividenden (Ziffer 1) zu stehen kommt;
8. Zahl 56 789 in den Schaulöchern überprüfen;
9. Kurbel *mehrfach* drehen, bis im Ergebniswerk der Wert 0000 (oder ein Rest) erscheint (bei gewissen Modellen klingelt eine Glocke);
10. Ergebnis der Division (34 567) im Umdrehungszähler ablesen.

Anmerkungen

Bei unserem Beispiel sind 40 Kurbelumdrehungen nötig. Nach der 2., 8., 15., 23. und 32. Drehung wird der Wagen jeweils *automatisch* um eine Stelle nach links verschoben.

Bei der Rechnung 17 353 : 37 = 469 sind nicht etwa 469 Umdrehungen erforderlich, es genügen 28.

Regeln für die Eingabe des Divisors

- Ist die *erste* Ziffer des Dividenden *größer* als die *erste* Ziffer des Divisors, wird der Divisor *ganz links* ins Einstellwerk eingegeben, d.h. ab der ersten Stelle links.
- Ist die *erste* Ziffer des Dividenden *kleiner* als die *erste* Ziffer des Divisors, wird der Divisor ab der *zweiten* Stelle links ins Einstellwerk eingegeben.

Beispiele

Eingabe des Divisors *ganz links im Einstellwerk (ab der 1. Stelle links)*

9 : 3 erste Ziffer des Dividenden (9) > erste Ziffer des Divisors (3),
Ziffer 3 unter der Ziffer 9 eingeben,

78 : 13 erste Ziffer des Dividenden (7) > erste Ziffer des Divisors (1),
Ziffer 1 unter der Ziffer 7 eingeben.

Eingabe des Divisors *ab der 2. Stelle links im Einstellwerk*
12 : 3 erste Ziffer des Dividenden (1) < erste Ziffer des Divisors (3),
Ziffer 3 unter der Ziffer 2 eingeben,
32 : 4 erste Ziffer des Dividenden (3) < erste Ziffer des Divisors (4),
Ziffer 4 unter der Ziffer 2 eingeben.

Beispiel 2: 959 : 137 = 7
In diesem Fall erübrigt sich eine Schlittenverschiebung (da einstelliges Ergebnis).
1. Einstellwerk, Ergebniswerk und Umdrehungszähler auf null setzen;
2. Rechenart festlegen: Wahlhebel auf Subtraktion (=Division) setzen (bei gewissen Modellen stehen der Wahlhebel für die Rechenart sowie der Hebel für die automatische Division zwangsläufig links);
3. Repetitionstaste nach *unten* drücken und einrasten;
4. Wagen (Schlitten) nach *rechts* schieben;
5. Zahl 959 (mit den Drehknöpfen) (ganz) links ins Ergebniswerk eindrehen;
6. Zahl 959 in den Schaulöchern überprüfen;
7. Zahl 137 so ins Einstellwerk eingeben, dass die höchste Stelle des Divisors (Ziffer 1) unter die höchste Stelle des Dividenden (Ziffer 9) zu stehen kommt;
8. Zahl 137 in den Schaulöchern überprüfen;
9. Kurbel *mehrfach* drehen, bis im Ergebniswerk der Wert 0000 erscheint (bei gewissen Modellen klingelt eine Glocke);
10. Ergebnis (7) im Umdrehungszähler ablesen.

Hinweis
Manuelle Division
Bei mechanischen Rechenmaschinen *ohne* automatische Division muss der Schlitten während des Rechenvorgangs jeweils *von Hand* um eine Stelle nach links verschoben werden.

Beispiel 3: 19 278 : 34 = 567
1. Einstellwerk, Ergebniswerk und Umdrehungszähler auf null setzen;
2. Rechenart festlegen: Wahlhebel auf Subtraktion (=Division) setzen;
3. Repetitionstaste nach *unten* drücken und einrasten;
4. Wagen (Schlitten) nach *rechts* schieben;
5. Zahl 19 278 (mit den Drehknöpfen) (ganz) links ins Ergebniswerk eindrehen;
6. Zahl 19 278 in den Schaulöchern überprüfen;
7. Zahl 34 so ins Einstellwerk eingeben, dass die *Ziffer 3* des Divisors unter die *Ziffer 9* des Dividenden zu stehen kommt;
8. Stellung der Zahl 34 in den Schaulöchern überprüfen;
9. Kurbel *mehrfach* (fünfmal) drehen, bis im Ergebniswerk bei den ersten drei Stellen ein Wert (02278) erscheint, der kleiner ist als der Divisor (34);
10. Wagen eine Stelle nach links schieben;

11. Kurbel *mehrfach* (sechsmal) drehen, bis im Ergebniswerk bei den ersten vier Stellen ein Wert (00238) erscheint, der kleiner ist als der Divisor (34);
12. Wagen eine Stelle nach links schieben;
13. Kurbel *mehrfach* (siebenmal) drehen, bis im Ergebniswerk der Wert 0 erscheint;
14. Ergebnis (567) im Umdrehungszähler ablesen.

Beispiel 4: 19 278 : 567 = 34

1. Einstellwerk, Ergebniswerk und Umdrehungszähler auf null setzen;
2. Rechenart festlegen: Wahlhebel auf Subtraktion (=Division) setzen;
3. Repetitionstaste nach *unten* drücken und einrasten;
4. Wagen (Schlitten) nach *rechts* schieben;
5. Zahl 19 278 (mit den Drehknöpfen) (ganz) links ins Ergebniswerk eindrehen;
6. Zahl 19 278 in den Schaulöchern überprüfen;
7. Zahl 567 so ins Einstellwerk eingeben, dass die *Ziffer 5* des Divisors unter die *Ziffer 9* des Dividenden zu stehen kommt;
8. Stellung der Zahl 567 in den Schaulöchern überprüfen;
9. Kurbel *mehrfach* (dreimal) drehen, bis im Ergebniswerk bei den ersten vier Stellen ein Wert (02268) erscheint, der kleiner ist als der Divisor (567);
10. Wagen eine Stelle nach links schieben;
11. Kurbel *mehrfach* (viermal) drehen, bis im Ergebniswerk der Wert 0 erscheint;
12. Ergebnis (34) im Umdrehungszähler ablesen.

19.8 Millionär: Einmaleinskörpermaschine/Direktmultiplizierer

Die Millionär war wohl der erfolgreichste Direktmultiplizierer. Trotz seines Namens beherrscht die schwergewichtige Maschine alle vier Grundrechenarten.

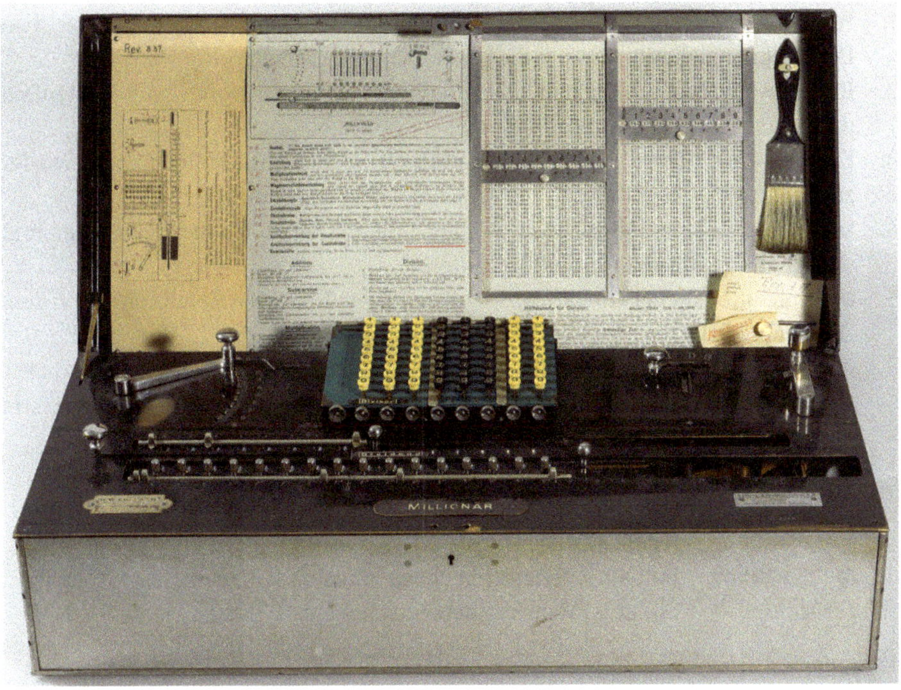

Abb. 19.14: Direktmultiplizierer Millionär. Diese Maschine mit einem Einmaleinskörper gilt als der erfolgreichste Direktmultiplizierer. Dank dieses Verfahrens waren viel weniger Kurbelumdrehungen erforderlich als bei den herkömmlichen mechanischen Rechenmaschinen. Das Gerät beherrschte alle vier Grundrechenarten (© Historisches Museum Thurgau, Schloss Frauenfeld).

Gebrauchsanweisung für die Millionär

Vorbemerkungen
Diese Gebrauchsanweisung bezieht sich auf die Handrechenmaschine (ohne Elektromotor). Je nach Modell treten Abweichungen treten auf. Die Metallstifte (im Gehäusedeckel) dienen für die Transportsicherung.

Elektromechanische Modelle mit *Multiplikationstastatur:* Damit sich die Kurbel drehen lässt, müssen Sie auf die Multiplikationstaste 1 bzw. auf die Taste A in der Multiplikationstastatur (links) drücken. Die Maschinen laufen sowohl im Handbetrieb als auch mit Elektromotor. Wird die Maschine mit Strom verwendet, muss der Griff der Handkurbel entfernt werden (sonst wird die Kurbel ggf. blockiert).

Je nach Modell müssen Sie die Knöpfe bzw. Hebel ggf. nach unten drücken oder nach oben ziehen, damit sie sich bewegen lassen.

Hinweis
Sperren: siehe auch den Kasten am Anfang dieses Kapitels.

Grundstellung

1. Handkurbel (rechts) in der Ausgangsstellung *einrasten* (Metallknopf vor dem Drehen hochziehen);
2. Einstellwerk (oben) löschen (Metallknopf *ganz links* vorn beim Tastenfeld drücken: Gesamtlöschung);
3. Ergebniswerk (unten) löschen (Metallknopf nach rechts schieben und wieder zurückführen: Gesamtlöschung) bzw. alle Schieber auf null stellen;
4. Umdrehungszähler (Mitte, links) löschen (Metallknopf nach rechts schieben und wieder zurückführen: Gesamtlöschung);
5. Multiplikationshebel (links oben) auf den Wert 1 setzen (Metallknopf vor dem Drehen hochziehen);
6. *Addition:* Einfach-/Mehrfachhebel (links oben) für eine einzelne Addition nach links („1x"), für fortgesetzte Additionen des *gleichen* Werts nach rechts („Rep.") schieben;
7. *Subtraktion:* Einfach-/Mehrfachhebel für eine einzelne Subtraktion nach links, für fortgesetzte Subtraktionen des *gleichen* Werts nach rechts schieben;
8. *Multiplikation:* Einfach-/Mehrfachhebel nach rechts schieben;
9. *Division:* Einfach-/Mehrfachhebel nach rechts schieben.

Variante

Hebel für Rechenart (rechts oben) auf A (Addition), M (Multiplikation), D (Division) oder S (Subtraktion) setzen.

Anmerkungen

- Die Volltastatur umfasst für jede Dezimalstelle eine Kolonne mit den Ziffern 1 bis 9, die *Null* fehlt. Um z.B. die Zahl 70 einzugeben, muss man bei den Zehnern die Ziffer 7 drücken, die Erfassung der 0 erübrigt sich. Neben der Gesamtlöschung gibt es auch eine Einzellöschung (Metallknöpfe vor den einzelnen Ziffernkolonnen). Ältere Modelle haben Schieber (Ziffern 0–9, anstelle von Tasten, keine Gesamtlöschung).
- Mit den Metallschiebern auf der Metallstange lassen sich Komma und Tausenderzeichen eintragen.
- Die Handkurbel wird stets im *Uhrzeigersinn* gedreht.
- Der Hebel für die Wahl der Rechenart lässt sich nur verschieben, wenn die Handkurbel in der Ausgangsstellung eingerastet ist.
- Man muss die Knöpfe und Hebel vor dem Bewegen entweder niederdrücken (Wagenverschiebung) oder hochziehen (Handkurbel, Multiplikationshebel, Hebel für die Wahl der Rechenart) oder einfach nach rechts schieben (Löschung von Ergebniswerk und Umdrehungszähler).
- Schiebt man den Einfach-/Mehrfachhebel für die Addition oder die Subtraktion nach links, wird die eingegebene Zahl bei der Kurbeldrehung jeweils gelöscht, in der Stellung rechts bleibt sie (für weitere Rechenvorgänge) erhalten.

– Das Einstellwerk befindet sich oben, das Ergebniswerk unten.

Hinweis
Je nach Modell *fehlt* der Einfach-/Mehrfachhebel.

Addition

Beispiel: 123 + 456 + 789 = 1368

1. Rechenart festlegen: Hebel auf Addition setzen;
2. Multiplikationshebel auf den Wert 1 setzen;
3. Einfach-/Mehrfachhebel (sofern vorhanden) nach links schieben (da keine fortgesetzte Addition desselben Zahlenwerts);
4. Schlitten (Wagen) ganz nach *links* schieben;
5. im Einstellwerk (bei den entsprechenden Dezimalstellen) den Wert 123 eingeben;
6. Wert 123 in den Schaulöchern überprüfen;
7. Handkurbel einmal drehen;
8. im Einstellwerk (bei den entsprechenden Dezimalstellen) den Wert 456 eingeben;
9. Wert 456 in den Schaulöchern überprüfen;
10. Handkurbel einmal drehen;
11. im Einstellwerk (bei den entsprechenden Dezimalstellen) den Wert 789 eingeben;
12. Wert 789 in den Schaulöchern überprüfen;
13. Handkurbel einmal drehen;
14. Ergebnis (1368) im Ergebniswerk ablesen.

Subtraktion

Beispiel: 12 345 – 6 789 = 5 556

1. Rechenart festlegen: Hebel auf Subtraktion setzen;
2. Multiplikationshebel auf den Wert 1 setzen;
3. Einfach-/Mehrfachhebel (sofern vorhanden) nach links schieben (da keine fortgesetzte Subtraktion desselben Zahlenwerts);
4. Schlitten (Wagen) ganz nach links schieben;
5. im *Ergebniswerk* (bei den entsprechenden Dezimalstellen, d.h. rechts) den Wert 12345 eindrehen (im Gegenuhrzeigersinn);
6. im Einstellwerk (bei den entsprechenden Dezimalstellen, d.h. rechts) den Wert 6789 eingeben;
7. Wert 6789 in den Schaulöchern überprüfen;
8. Handkurbel einmal drehen;
9. Ergebnis (5 556) im Ergebniswerk ablesen.

Zu beachten
Der Minuend wird nicht über das Tastenfeld ins Einstellwerk eingegeben, sondern über die metallenen Drehknöpfe unmittelbar ins *Ergebniswerk* eingetragen. Daher erübrigt sich eine Kurbeldrehung für die Erfassung des Minuenden.

Multiplikation

Beispiel: 123 x 456 x 789 = 44 253 432

1. Rechenart festlegen: Hebel auf Multiplikation setzen;
2. Schlitten (Wagen) ganz nach *rechts* schieben;
3. Einfach-/Mehrfachhebel (sofern vorhanden) nach *rechts* schieben;
4. im Einstellwerk (bei den entsprechenden Dezimalstellen) den Wert 123 eingeben;
5. Wert 123 in den Schaulöchern überprüfen;
6. Multiplikationshebel auf den Wert 4 setzen (höchste Dezimalstelle);
7. die Handkurbel einmal drehen;
8. Multiplikationshebel auf den Wert 5 setzen (zweithöchste Dezimalstelle);
9. die Handkurbel einmal drehen;
10. Multiplikationshebel auf den Wert 6 setzen (dritthöchste Dezimalstelle);
11. die Handkurbel einmal drehen;
12. im Ergebniswerk steht nun die Zahl 56 088;
13. Einstellwerk löschen;
14. Löschung des Einstellwerks überprüfen;
15. im Einstellwerk das Zwischenergebnis (56 088) eingeben;
16. Eingabe des Zwischenergebnisses überprüfen;
17. Ergebniswerk löschen;
18. Löschung des Einstellwerks überprüfen;
19. Umdrehungszähler löschen;
20. Löschung des Umdrehungszählers überprüfen;
21. Schlitten (Wagen) ganz nach *rechts* schieben;
22. Multiplikationshebel auf den Wert 7 setzen (höchste Dezimalstelle);
23. die Handkurbel einmal drehen;
24. Multiplikationshebel auf den Wert 8 setzen (zweithöchste Dezimalstelle);
25. die Handkurbel einmal drehen;
26. Multiplikationshebel auf den Wert 9 setzen (dritthöchste Dezimalstelle);
27. die Handkurbel einmal drehen;
28. Ergebnis (44 253 432) im Ergebniswerk ablesen.

Hinweise

Nach der Vervielfachung mit 456 muss man das Zwischenergebnis (56 088) ins Einstellwerk eingeben. In diesem Beispiel sind bloß sechs Kurbeldrehungen nötig. Wird die Multiplikation als wiederholte Addition durchgeführt, sind je nach Vorgehen (z.B. Wahl von 789 als Multiplikanden) 1 + 2 + 3 + 4 + 5 + 6 = 21 Umdrehungen erforderlich. Nutzt man 789 als Multiplikator, könnte man zunächst mit 800 vervielfachen und den 11-fachen Wert abziehen.

Die Multiplikation 789 x 3 = 2367 lässt sich auch als wiederholte Addition durchführen: Eingabe der Zahl 789, Einfach-/Mehrfachhebel auf „Rep.", dreimal Handkurbel drehen.

Division

Beispiel 1: 99 567 : 13 = 7 659

1. Rechenart festlegen: Hebel auf Division setzen;
2. Schlitten (Wagen) ganz nach *rechts* schieben;
3. Einfach-/Mehrfachhebel (sofern vorhanden) nach rechts schieben;
4. im *Ergebniswerk* den Wert 99 567 (höchste Dezimalstelle im *zweiten* Schauloch links) eindrehen (im Gegenuhrzeigersinn);
5. Wert 99 567 im Ergebniswerk überprüfen;
6. im Einstellwerk den Wert 13 (höchste Dezimalstelle *ganz links)* eintragen;
7. Wert 13 in den Schaulöchern überprüfen;
8. die (ersten) beiden Stellen des Divisors (13, bei Bedarf abrunden) mit den ersten zwei (oder drei) Stellen des Dividenden (99, im Ergebniswerk) vergleichen und so den Quotienten abschätzen, d.h. 99 durch 13 teilen: 7 (geht siebenmal);
9. Multiplikationshebel auf 7 setzen;
10. Handkurbel einmal drehen;
11. die beiden Stellen des Divisors mit den ersten beiden Ziffern der jeweils im Ergebniswerk stehenden Zahl (8567) vergleichen (den Quotienten abschätzen), d.h. 85 durch 13 teilen: 6;
12. Multiplikationshebel auf 6 setzen;
13. Handkurbel einmal drehen;
14. die beiden Stellen des Divisors mit den ersten beiden Ziffern der jeweils im Ergebniswerk stehenden Zahl (767) vergleichen, d.h. 76 durch 13 teilen: 5;
15. Multiplikationshebel auf 5 setzen;
16. Handkurbel einmal drehen;
17. die beiden Stellen des Divisors mit den ersten drei Ziffern der jeweils im Ergebniswerk stehenden Zahl (117) vergleichen, d.h. 117 durch 13 teilen: 9;
18. Multiplikationshebel auf 9 setzen;
19. Handkurbel einmal drehen;
20. im Ergebniswerk steht nun die Zahl 0000 (oder je nach Aufgabe der Rest).
21. Ergebnis (7569) im *Umdrehungszähler* ablesen.

Beispiel 2: 1 963 025 363 : 56 789 = 34 567

1. Rechenart festlegen: Hebel auf Division setzen;
2. Schlitten (Wagen) ganz nach *rechts* schieben;
3. Einfach-/Mehrfachhebel (sofern vorhanden) nach rechts schieben;
4. im *Ergebniswerk* den Wert 1 963 025 363 (höchste Dezimalstelle im *zweiten* Schauloch links) eindrehen (im Gegenuhrzeigersinn);
5. Wert 1 963 025 363 im Ergebniswerk überprüfen;
6. im Einstellwerk den Wert 56 789 eintragen, dabei muss die *erste* Ziffer des Divisors (5) über der *ersten* Stelle des Dividenden (1) stehen;
7. Wert 56 789 in den Schaulöchern (oder im Einstellwerk) überprüfen;

8. die (ersten) beiden Stellen des Divisors (56, bei Bedarf abrunden) mit den ersten zwei (oder drei) Stellen des Dividenden (196, im Ergebniswerk) vergleichen und so den Quotienten abschätzen, d.h. 196 durch 56 teilen: 3;
9. Multiplikationshebel auf 3 setzen;
10. Handkurbel einmal drehen;
11. die beiden Stellen des Divisors mit den ersten drei Ziffern der jeweils im Ergebniswerk stehenden Zahl (259 355 363) vergleichen (den Quotienten abschätzen), d.h. 259 durch 56 teilen: 4;
12. Multiplikationshebel auf 4 setzen;
13. Handkurbel einmal drehen;
14. die beiden Stellen des Divisors mit den ersten drei Ziffern der jeweils im Ergebniswerk stehenden Zahl (32 199 363) vergleichen, d.h. 321 durch 56 teilen: 5;
15. Multiplikationshebel auf 5 setzen;
16. Handkurbel einmal drehen;
17. die beiden Stellen des Divisors mit den ersten drei Ziffern der jeweils im Ergebniswerk stehenden Zahl (3 804 863) vergleichen, d.h. 380 durch 56 teilen: 6;
18. Multiplikationshebel auf 6 setzen;
19. Handkurbel einmal drehen;
20. die beiden Stellen des Divisors mit den ersten drei Ziffern der jeweils im Ergebniswerk stehenden Zahl (397 523) vergleichen, d.h. 397 durch 56 teilen: 7;
21. Multiplikationshebel auf 7 setzen;
22. Handkurbel einmal drehen;
23. im Ergebniswerk steht nun die Zahl 0000 (oder je nach Aufgabe der Rest).
24. Ergebnis (34 567) im *Umdrehungszähler* ablesen.

Hinweise

Für die Bestimmung des Quotienten steht im Gehäuse eine Hilfstabelle mit Schieber zur Verfügung. In diesem Beispiel wird der Schieber auf die Zeile 56 (Anfangszahl) gesetzt.

Wichtig: Im vorliegenden Beispiel darf die höchste (erste) Dezimalstelle des Divisors (56 789, d.h. 5) *nicht ganz links* im Einstellwerk stehen, sondern muss über der höchsten (ersten) Stelle des Dividenden (1 963 025 363, d.h. 1) eingegeben werden. Die Zahlen 5 und 1 stehen also senkrecht untereinander.

Das Klingelzeichen ist ein Warnsignal. Es ertönt z.B. nach Abschluss einer Division. Vor dem Ergebnis stehen in diesem Fall lauter Neunen.

Was ist bei der Eingabe des Divisors zu beachten (vgl. Kasten)?

Regeln für die Eingabe des Divisors

- Ist die *erste* Ziffer des Dividenden *größer* als die *erste* Ziffer des Divisors, wird der Divisor *ganz links* ins Einstellwerk eingegeben, d.h. ab der ersten Stelle links.
- Ist die *erste* Ziffer des Dividenden *kleiner* als die *erste* Ziffer des Divisors, wird der Divisor ab der *zweiten* Stelle links ins Einstellwerk eingegeben.

Beispiele
Eingabe des Divisors *ganz links im Einstellwerk (ab der 1. Stelle links)*
9 : 3 erste Ziffer des Dividenden (9) > erste Ziffer des Divisors (3),
Ziffer 3 unter der Ziffer 9 eingeben,
78 : 13 erste Ziffer des Dividenden (7) > erste Ziffer des Divisors (1),
Ziffer 1 unter der Ziffer 7 eingeben.

Eingabe des Divisors *ab der 2. Stelle links im Einstellwerk*
12 : 3 erste Ziffer des Dividenden (1) < erste Ziffer des Divisors (3),
Ziffer 3 unter der Ziffer 2 eingeben,
32 : 4 erste Ziffer des Dividenden (3) < erste Ziffer des Divisors (4),
Ziffer 4 unter der Ziffer 2 eingeben.

Hinweis
Herbert Bruderer, Herbert: Gebrauchsanweisung für die Rechenmaschine „Millionär", https://doi.org/10.3929/ethz-b-000282574 (Originalanleitung der Herstellerfirma)

19.9 Neperstäbchen: Multiplizier- und Dividierstäbchen

Abb. 19.15: Nepersche Rechenstäbchen. Mit diesem 1617 vom Schotten John Napier eingeführten digitalen Rechenhilfsmittel lassen sich die Multiplikation und die Division vereinfachen. Auf den vier Seiten der Holzstäbchen ist jeweils das kleine Einmaleins aufgetragen. J steht hier für die Ziffer 1. Für Berechnungen werden die Stäbchen nebeneinander gelegt. Das Verfahren baut auf der Gitternetzmethode („Gelosia") auf (© ETH-Bibliothek Zürich, Sammlung Sternwarte).

Gebrauchsanweisung für die Neperstäbchen

Die Multiplizier- und Dividierstäbchen von Neper, die auf dem kleinen Einmaleins beruhen, vereinfachen das Rechnen spürbar. Sie wurden auch als drehbare Walzen in mehrere mechanische Rechenhilfsmittel eingebaut. Die Zwischenergebnisse werden im Schräggitter abgelesen und von Hand zusammengezählt. Dabei ist der Zehnerübertrag zu beachten. Je nach Ausführung verläuft die Diagonale von links unten nach rechts oben oder von links oben nach rechts unten. Die *Zehner* stehen links oben bzw. unten, die *Einer* rechts unten bzw. oben.

Multiplikation

Beispiel 1: 7 x 694 387 = 4 860 709

Beispiel 2: 7152 x 694 387 = 4 966 255 824

1. Die Stäbchen mit den Ziffern des Multiplikanden werden nebeneinander gelegt. Links davon befindet sich das Stäbchen mit dem (einstelligen) Multiplikator (Zahlen 1 bis 9).
2. Das Ergebnis der Multiplikation lässt sich unmittelbar auf der Reihe 7 (Multiplikator) ablesen:
   4, 2 + 6, 3 + 2, 8 + 2, 1 + 5, 6 + 4, 9.
   Mit Einbezug des Zehnerübertrags (von rechts nach links) lauten die einzelnen Ziffern:
   4, 8, 6, 0, 7,0, 9.
   Das Produkt hat demnach den Wert
   4 860 709.

Ist der Multiplikator *mehrstellig*, werden die Teilprodukte für die einzelnen Ziffern nach dem gleichen Verfahren abgelesen. Anschließend sind sie, jeweils um eine Stelle versetzt, zusammenzuzählen.

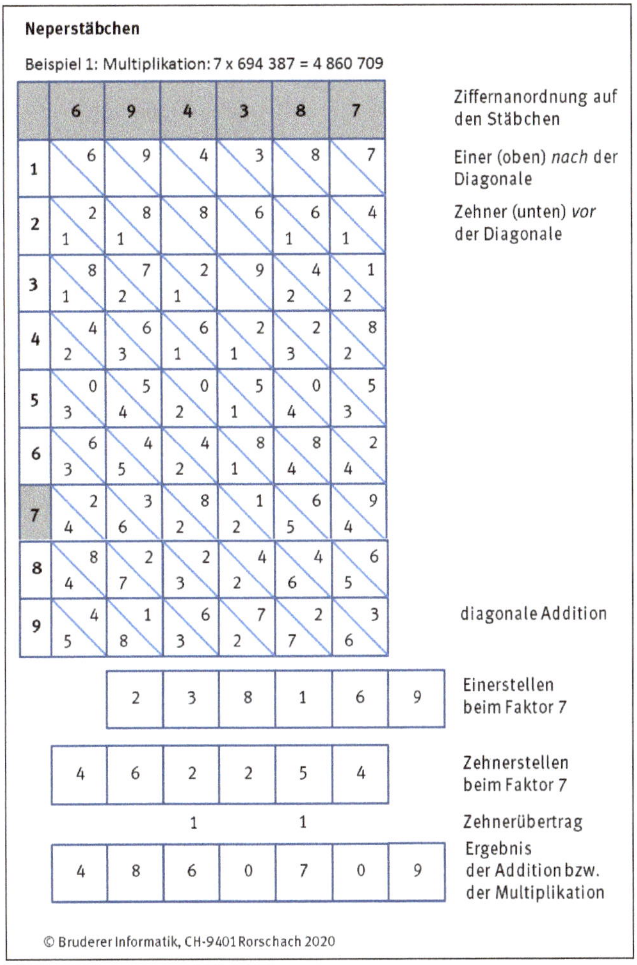

Abb. 19.16: Neperstäbchen, Multiplikation 1. Der Rechenvorgang wird anhand einer Zeichnung vorgestellt. Der Multiplikator ist in diesem Beispiel einstellig (© Bruderer Informatik, CH-9401 Rorschach).

Neperstäbchen

Beispiel 2: Multiplikation: 7152 x 694 387 = 4 966 255 824

	6	**9**	**4**	**3**	**8**	**7**
1	6	9	4	3	8	7
2	1/2	1/8	8	6	1/6	1/4
3	1/8	2/7	1/2	9	2/4	2/1
4	2/4	3/6	1/6	1/2	3/2	2/8
5	3/0	4/5	2/0	1/5	4/0	3/5
6	3/6	5/4	2/4	1/8	4/8	4/2
7	4/2	6/3	2/8	2/1	5/6	4/9
8	4/8	7/2	3/2	2/4	6/4	5/6
9	5/4	8/1	3/6	2/7	7/2	6/3

Ziffernanordnung auf den Stäbchen

Einer (oben) *nach* der Diagonale

Zehner (unten) *vor* der Diagonale

Multiplikation mit 2

2	8	8	6	6	4	Einerstellen
11	0	0	1	1		Zehnerstellen
13	**8**	**8**	**7**	**7**	**4**	Addition

Multiplikation mit 5

0	5	0	5	0	5	Einerstellen
34	2	1	4	3		Zehnerstellen
34	**7**	**1**	**9**	**3**	**5**	Addition

Multiplikation mit 1

6	9	4	3	8	7	Einerstellen
0	0	0	0	0	0	Zehnerstellen
6	**9**	**4**	**3**	**8**	**7**	Addition

Multiplikation mit 7

2	3	8	1	6	9	Einerstellen
46	2	2	5	4		Zehnerstellen
48	6	0	7	0	9	Addition

Addition der Teilprodukte
(jeweils um eine Stelle versetzt)

		1	3	8	8	7	7 4	Multiplikation mit 2
	3	4	7	1	9	3	5	Multiplikation mit 5
	6	9	4	3	8	7		Multiplikation mit 1
48	6	0	7	0	9			Multiplikation mit 7
49	**6**	**6**	**2**	**5**	**5**	**8**	**2 4**	**Gesamtprodukt**

Abb. 19.17: Neperstäbchen, Multiplikation 2. In diesem Beispiel sind beide Faktoren, Multiplikand und Multiplikator, mehrstellig (© Bruderer Informatik, CH-9401 Rorschach).

Division

Beispiel 3: 204 383 : 347 = 589

1. Die Stäbchen mit den Ziffern des Divisors werden nebeneinander gelegt. Links davon befindet sich das Grundstäbchen mit der Zahlenkolonne 1 bis 9.
2. Man liest ab, wie oft 347 in den Anfangsziffern 2043 des Dividenden enthalten ist (5x). Der nächste tiefere Wert von 2043 ist 1735, 2082 ist zu hoch.
3. Nun zieht man 1735 (5 x 347) von 2043 ab. Zum Rest (308) fügt man die nächste Ziffer (8) des Dividenden hinzu.
4. Man prüft, wie oft 347 in 3088 vorkommt (8x). Der nächste tiefere Wert ist 2776.
5. Jetzt wird 2776 (8 x 347) von 3088 abgezogen. Zum Rest (312) ergänzt man die letzte Ziffer (3) des Dividenden.
6. Man stellt fest, dass 3123 geteilt durch 347 den Wert 9 ergibt.
7. Das Schlussergebnis lautet 589.

Neperstäbchen

Beispiel 3: Division: 204 383 / 347 = 589

	3	4	7	Produkte					
1	3	4	7	347					
2	6	8	1 \ 4	694					
3	9	1 \ 2	2 \ 1	1041					
4	1 \ 2	1 \ 6	2 \ 8	1388	Division = wiederholte Subtraktion			Rest	nächste Stelle
5	1 \ 5	2 \ 0	3 \ 5	1735	1735/347=5	5x347=1735	2043-1735=	308	3088
6	1 \ 8	2 \ 4	4 \ 2	2082					
7	2 \ 1	2 \ 8	4 \ 9	2429					
8	2 \ 4	3 \ 2	5 \ 6	2776	2776/347=8	8x347=2776	3088-2776=	312	3123
9	2 \ 7	3 \ 6	6 \ 3	3123	3123/347=9	9x347=3123	3123-3123=	0	

Ergebnis: 589

Abb. 19.18: Neperstäbchen, Division. Aus dem Schräggitter wird entnommen, wie oft der Divisor im Dividenden enthalten ist (© Bruderer Informatik, CH-9401 Rorschach).

19.10 Odhner: Sprossenradmaschine

Die weit verbreitete Odhner-Sprossenradmaschine kam ursprünglich aus Schweden. Sie wurde u.a. in Russland hergestellt.

Hinweis
Sperren: siehe auch den Kasten am Anfang dieses Kapitels.

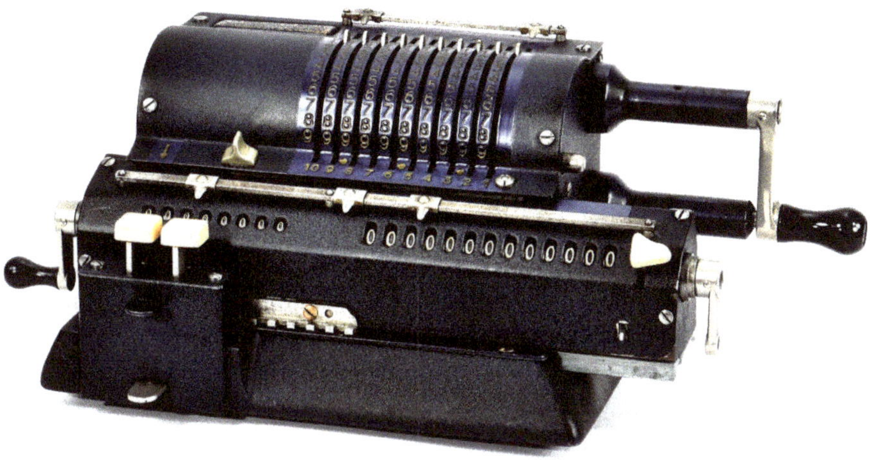

Abb. 19.19: Original-Odhner (1). Die Sprossenradmaschine des Schweden Willgodt Theophil Odhner wurde anfänglich in Russland gefertigt (© Michel Viredaz, Epalinges VD).

Abb. 19.20: Original-Odhner (2). Brunsviga stellte in Braunschweig unzählige Rechenmaschinen in Lizenz her (© Michel Viredaz, Epalinges VD).

Gebrauchsanweisung für die Original-Odhner
Sprossenradmaschine
Modell 37
Dieses Modell hat ein Einstellwerk mit Schaufenstern (Einstellkontrollwerk), einen Umdrehungszähler ohne Zehnerübertrag sowie ein Ergebniswerk mit Zehnerübertrag und mit Rückübertragung. Neben der großen Antriebskurbel (rechts hinten) weist die Maschine zwei Löschkurbeln auf (links für den Umdrehungszähler, rechts vorn für

das Ergebniswerk). Der Metallknopf beim Einstellwerk erleichtert das Löschen, der Kunststoffknopf rechts vorn dient für die Rückübertragung.

Ein Klingelzeichen ertönt z.B., wenn das Fassungsvermögen (Stellenzahl, Kapazität) des Ergebniswerks überschritten wird, bei negativen Zahlen und beim Abschluss der Division.

Nullstellung
- Einstellwerk:
  alle Einstellschieber bis zum Anschlag nach oben drücken oder den Metallknopf auf der rechten Seite des Einstellwerks bis zum Anschlag hineindrücken und einrasten; den Griff der großen Antriebskurbel nach außen ziehen und die Kurbel um eine *Vierteldrehung* im Uhrzeigersinn drehen und wieder um eine Vierteldrehung im Gegenuhrzeigersinn in die Grundstellung zurückführen und einrasten;
- Ergebniswerk:
  die Löschkurbel (auf der rechten Seite des Schlittens) nach außen ziehen und einmal im Uhrzeigersinn drehen und einrasten;
- Umdrehungszähler:
  die Löschkurbel (auf der linken Seite des Schlittens) nach außen ziehen und einmal im Gegenuhrzeigersinn drehen und einrasten.

Schlittenverschiebung
- Verschiebung nach rechts: den *rechten* Metallknopf (auf der Stirnseite der Maschine) einmal oder mehrfach nach unten drücken;
- Verschiebung nach links: den *linken* Metallknopf (auf der Stirnseite der Maschine) einmal oder mehrfach nach unten drücken.

Der Schlitten lässt sich auch mit der Drucktaste (unterhalb der beiden Metallknöpfe) verschieben: die Taste nach unten drücken, festhalten und dabei den Wagen bewegen.

Rückübertragung

Beispiel: Zwischenergebnis 6540
1. Mit den Schiebern im Einstellwerk den Zahlenwert 6540 eingeben;
2. die Zahl (6540) in den Sichtlöchern (oben) überprüfen;
3. die Antriebskurbel einmal im Uhrzeigersinn drehen (den Kunststoffgriff nach außen ziehen und nach der Drehung wieder einrasten);
4. das Ergebnis im Ergebniswerk (unten) überprüfen;
5. das Einstellwerk auf null stellen (alle Einstellschieber bis zum Anschlag nach oben drücken oder den Metallknopf beim Einstellwerk bis zum Anschlag hineindrücken, mit der Antriebskurbel im Uhrzeigersinn eine Vierteldrehung ausführen, anschließend mit der Antriebskurbel im Gegenuhrzeigersinn eine Vierteldrehung ausführen und die zurückgeführte Kurbel einrasten);
6. die Nullstellung des Einstellwerks überprüfen;
7. den Rückübertragungsknopf (auf dem Schlitten rechts) nach unten drücken;

8. das Ergebniswerk mit der Löschkurbel (rechts) auf null stellen (Löschkurbel nach außen ziehen und einmal im Uhrzeigersinn drehen);
9. das Ergebniswerk zeigt lauter Nullen;
10. die Zahl 6540 steht im Einstellwerk.

Addition

Beispiel: 123 456 + 7890 = 131 346

1. Das Einstellwerk mit den einzelnen Schiebern oder der Antriebskurbel löschen;
2. das Ergebniswerk mit der rechten Löschkurbel auf null setzen;
3. den Umdrehungszähler mit der linken Löschkurbel auf null setzen;
4. die Nullstellung der drei Zählwerke überprüfen;
5. den Schlitten bis zum Anschlag *ganz nach links* schieben;
6. die Zahl 123 456 mit den Schiebern rechts im Einstellwerk eingeben;
7. den Wert 123 456 in den Schaulöchern des Einstellwerks (Einstellkontrolle) überprüfen;
8. die Antriebskurbel einmal im *Uhrzeigersinn* drehen (den Griff nach rechts außen ziehen und festhalten und am Schluss wieder einrasten);
9. das Einstellwerk löschen;
10. die Nullstellung des Einstellwerks überprüfen;
11. die Zahl 7890 mit den Schiebern rechts im Einstellwerk eingeben;
12. den Wert 7890 in den Schaulöchern des Einstellwerks überprüfen;
13. die Antriebskurbel einmal im *Uhrzeigersinn* drehen;
14. den Wert 131 346 im Ergebniswerk (unten) ablesen.

Anmerkung

Wenn zu einem festen, gleich bleibenden Zahlenwert (erster Summand, z.B. 998 877) unterschiedliche Zahlen hinzugefügt werden sollen, muss der erste Summand nur einmal eingegeben werden. Die wechselnden (zweiten) Summanden (z.B. 3344, 2211, 5006) werden nach der Addition jeweils wieder durch eine *negative* Drehung der Handkurbel abgezogen.

Subtraktion

Beispiel: 123 456 – 7890 = 115 566

1. Das Einstellwerk mit den einzelnen Schiebern oder der Antriebskurbel löschen;
2. das Ergebniswerk mit der rechten Löschkurbel auf null setzen;
3. den Umdrehungszähler mit der linken Löschkurbel auf null setzen;
4. die Nullstellung der drei Zählwerke überprüfen;
5. den Schlitten bis zum Anschlag *ganz nach links* schieben;
6. die Zahl 123 456 mit den Schiebern rechts im Einstellwerk eingeben;
7. den Wert 123 456 in den Schaulöchern des Einstellwerks (Einstellkontrolle) überprüfen;

8. die Antriebskurbel einmal im *Uhrzeigersinn* drehen (den Griff nach rechts außen ziehen und festhalten und am Schluss wieder einrasten);
9. das Einstellwerk löschen;
10. die Nullstellung des Einstellwerks überprüfen;
11. die Zahl 7890 mit den Schiebern rechts im Einstellwerk eingeben;
12. den Wert 7890 in den Schaulöchern des Einstellwerks überprüfen;
13. die Antriebskurbel einmal im *Gegenuhrzeigersinn* drehen;
14. den Wert 115 566 im Ergebniswerk (unten) ablesen.

Anmerkungen
Wenn von einem festen, gleich bleibenden Zahlenwert (Minuend, z.B. 998 877) unterschiedliche Zahlen abgezogen werden sollen, muss der Minuend nur einmal eingegeben werden. Die wechselnden Subtrahenden (z.B. 3344, 2211, 5006) werden nach der Subtraktion jeweils wieder durch eine *positive* Kurbelumdrehung hinzugefügt.

Zieht man von der Zahl 67 den Wert 89 ab, entsteht ein *negativer Wert* (-22). Er wird im Ergebniswerk mit der Komplementärzahl 9999999999978 dargestellt (Klingelzeichen).

Multiplikation

Beispiel: 4567 x 890 = 4 064 630

1. Das Einstellwerk mit den einzelnen Schiebern oder der Antriebskurbel löschen;
2. das Ergebniswerk mit der rechten Löschkurbel auf null setzen;
3. den Umdrehungszähler mit der linken Löschkurbel auf null setzen;
4. die Nullstellung der drei Zählwerke überprüfen;
5. den Schlitten bis zum Anschlag *ganz nach links* schieben;
6. die Zahl 4567 mit den Schiebern rechts im Einstellwerk eingeben;
7. den Wert 4567 in den Schaulöchern des Einstellwerks (Einstellkontrolle) überprüfen;
8. den Schlitten um eine Zehnerstelle *nach rechts* schieben;
9. den Stellenwert 2 (Zehner) im Umdrehungszähler (links unten) überprüfen;
10. die Antriebskurbel neunmal im *Uhrzeigersinn* drehen;
11. der Umdrehungszähler zeigt den Wert 90 an;
12. im Ergebniswerk (rechts unten) steht der Wert 411 030;
13. den Schlitten um eine Zehnerstelle *nach rechts* schieben;
14. den Stellenwert 3 (Hunderter) im Umdrehungszähler überprüfen;
15. die Antriebskurbel achtmal im *Uhrzeigersinn* drehen;
16. der Umdrehungszähler zeigt den Wert 890 an;
17. im Ergebniswerk steht der Wert 4 064 630.

Anmerkungen
Mit der *verkürzten Multiplikation* lassen sich viele Kurbelumdrehungen einsparen (z.B. Multiplikation mit 900 abzüglich Vervielfachung mit 10, dabei muss man den Schlitten verschieben).

Bei mehrfachen Multiplikationen werden die Zwischenergebnisse in das Einstellwerk rückübertragen. Somit erübrigt sich eine erneute Eingabe.

Division

Beispiel: 516 006 : 789 = 654

1. Das Einstellwerk mit den einzelnen Schiebern oder der Antriebskurbel löschen;
2. das Ergebniswerk mit der rechten Löschkurbel auf null setzen;
3. den Umdrehungszähler mit der linken Löschkurbel auf null setzen;
4. die Nullstellung der drei Zählwerke überprüfen;
5. den Schlitten bis zum Anschlag *ganz nach rechts* schieben;
6. den Stellenwert 8 im Umdrehungszähler (links, unten) überprüfen;
7. die Zahl 516 006 (Dividend) mit den Schiebern *rechts* im Einstellwerk eingeben;
8. den Wert 516 006 in den Schaulöchern des Einstellwerks (Einstellkontrolle) überprüfen;
9. die Antriebskurbel einmal im *Uhrzeigersinn* drehen;
10. den Wert 516 006 in den Schaulöchern des Ergebniswerks (rechts unten) überprüfen;
11. das Einstellwerk löschen;
12. die Nullstellung des Einstellwerks überprüfen;
13. den Umdrehungszähler löschen;
14. die Nullstellung des Umdrehungszählers überprüfen;
15. die Zahl 789 (Divisor) mit den Schiebern im Einstellwerk eingeben (die erste Ziffer (7) des Divisors (789) muss in diesem Fall über der *zweiten* Ziffer (1) des Dividenden (516 006) stehen (damit 789 von 5160 abgezogen werden kann; 789 lässt sich *nicht* von 516 abziehen, da 789>516);
16. den Wert 789 und seine *Stellung* in den Schaulöchern des Einstellwerks überprüfen;
17. die Antriebskurbel im *Gegenuhrzeigersinn* (siebenmal) drehen, bis ein Klingelzeichen ertönt;
18. die Antriebskurbel einmal im *Uhrzeigersinn* drehen;
19. den Schlitten um eine Zehnerstelle *nach links* schieben;
20. den Stellenwert 7 im Umdrehungszähler überprüfen;
21. die Antriebskurbel im *Gegenuhrzeigersinn* (sechsmal) drehen, bis ein Klingelzeichen ertönt;
22. die Antriebskurbel einmal im *Uhrzeigersinn* drehen;
23. den Schlitten um eine Zehnerstelle *nach links* schieben;
24. den Stellenwert 6 im Umdrehungszähler überprüfen;
25. die Antriebskurbel im *Gegenuhrzeigersinn* (fünfmal) drehen, bis ein Klingelzeichen ertönt;
26. die Kurbel einmal im *Uhrzeigersinn* drehen;
27. den Schlitten um eine Zehnerstelle *nach links* schieben;
28. den Stellenwert 5 im Umdrehungszähler überprüfen;

29. die Antriebskurbel im *Gegenuhrzeigersinn* (einmal) drehen, bis ein Klingelzeichen ertönt;
30. die Antriebskurbel einmal im *Uhrzeigersinn* drehen;
31. das Ergebniswerk (unten) zeigt nun den *Rest* 0 an;
32. der *Umdrehungszähler* enthält das Ergebnis (Quotient) 654 (mit roten Ziffern).

Anmerkung
Der Divisor muss so eingegeben werden, dass er sich von den ersten Stellen des Dividenden abziehen lässt. Beispiel: Der dreistellige Divisor 456 ist kleiner als die *ersten drei Stellen* des Dividenden 9870, aber größer als die ersten drei Stellen des Dividenden 3210. Im ersten Fall steht die Ziffer 4 des Divisors über der Ziffer 9 des Dividenden, im zweiten Fall über der Ziffer 2 des Dividenden. 456 lässt sich von 987 und 3210 abziehen, nicht aber von 321.

19.11 Proportionalwinkel: Analogrechner

Abb. 19.21: Proportionalwinkel (Gerät). Auf den beiden Schenkeln des im 16. Jahrhundert u.a. in Italien erfundenen analogen Werkzeugs waren beispielsweise lineare, trigonometrische und logarithmische Skalen aufgetragen. Es gab Skalen für Kreise, Flächen (Quadratzahlen) und Rauminhalt (Kubikzahlen). Sie tragen lateinische, englische oder französische Bezeichnungen, z.B. linea arithmetica (lineare Skala), linea geometrica (Quadratwurzelskala), linea stereometrica (Kubikwurzelskala), linea astronomica oder linea chordarum (Gradskala, trigonometrische Skala). Proportionalwinkel haben ein *festes* Scharnier (© ETH-Bibliothek Zürich, Sammlung Sternwarte).

Gebrauchsanweisung für den Proportionalwinkel

Für die folgenden Beispiele werden jeweils die *linearen* Skalen der beiden Schenkel verwendet. Sie umfassen 200 gleiche Teile (französisch „parties égales“, englisch „lines“). Andere Skalen sind etwa mit „plans“ (ebene Figuren), „poligones“ (Vielecke), „cordes“ (Sehnen: Winkel), „solides“ (geometrische Körper, z.B. Würfel, Kugel) beschriftet. Mit Proportionalwinkeln werden ähnliche Dreiecke gebildet.

Mit dem Stechzirkel greift man eine *gegebene Strecke* auf einer der beiden linearen Skalen (ab dem Nullpunkt) ab. Mit diesem „Maß“ legt man die Entfernung zwischen zwei *gleichen* Zahlenwerten auf beiden linearen Skalen fest. Mit dem Steckzirkel misst man den *Abstand* zwischen zwei *gleichen* Markierungen (z.B. jeweils Zahl 80) der beiden linearen Skalen. Man überträgt diese Strecke auf einen der beiden Schenkel und liest dort das Ergebnis ab.

Die *Addition* und die *Subtraktion* laufen wie auf einem gewöhnlichen (linearen) Maßstab ab. Dazu benötigt man eine oder ggf. beide linearen Skalen, d.h. die *Strahlenabschnitte*. Für die *Multiplikation* und die *Division* werden sowohl die linearen Skalen wie auch die *Abstände* zwischen den Schenkeln benutzt, also die *Strahlen-* und die *Parallelenabschnitte* (Strahlensätze).

Addition

Beispiel: 87 + 65 = 152

1. Greifen Sie mit dem Stechzirkel auf einer der beiden linearen Skalen den Wert 65 ab.
2. Setzen Sie den Stechzirkel bei der Zahl 87 ein und übertragen Sie die Strecke 65 (in Richtung Skalenende).
3. Lesen Sie das Ergebnis (152) auf der linearen Skala ab.

Subtraktion

Beispiel: 943 – 278 = 665

1. Greifen Sie mit dem Stechzirkel auf einer der beiden linearen Skalen den Wert 27,8 ab.
2. Setzen Sie den Stechzirkel bei der Zahl 94,3 ein und übertragen Sie die den Betrag 27,8 (in Richtung Skalenanfang).
3. Lesen Sie das Ergebnis (66,5 bzw. 665) auf der linearen Skala ab.

Multiplikation

Beispiel: 7 x 3 = 21

1. Greifen Sie auf einer der beiden linearen Skalen mit dem *Stechzirkel* den Wert 7 (Multiplikand) ab.
2. Öffnen Sie die beiden Schenkel des Proportionalwinkels so weit, dass der Stechzirkel genau zwischen die Werte 10 der beiden linearen Skalen passt (Wert 10 = geeignete, frei wählbare Zahl): Strecke AB (7).
3. Messen Sie mit dem Steckzirkel die Entfernung zwischen den beiden Werten 30 der linearen Skalen (Wert 30 = 3 x 10; 3 = Multiplikator): Strecke CD (21).
4. Übertragen Sie diesen Abstand mit dem Stechzirkel (ab dem Nullpunkt) auf eine der beiden linearen Skalen.
5. Lesen Sie das Ergebnis (21) ab.

SA : SC = AB : CD
10 : 30 = 7 : x
x = (7 x 30)/10 = 21
10 : 30 = 7 : 21
Ergebnis: 21
SA : SC = AB : x
x = (AB x SC) / SA

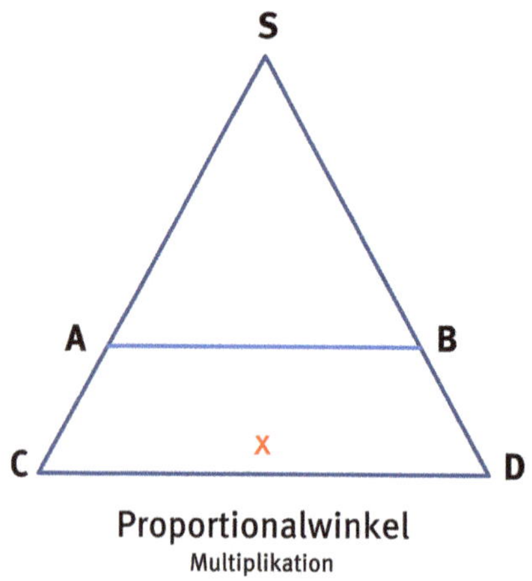

Abb. 19.22: Proportionalwinkel (Multiplikation). Dank der Strahlensätze kann man auf dem Proportionalzirkel multiplizieren. Die gesuchte Größe x (Produkt) entspricht der Strecke CD (© Bruderer Informatik, CH-9401 Rorschach).

Division

Beispiel: 21 : 3 =7

1. Greifen Sie auf einer der beiden linearen Skalen mit dem *Stechzirkel* den Wert 21 (Dividend) ab.
2. Öffnen Sie die beiden Schenkel des Proportionalwinkels so weit, dass der Stechzirkel genau zwischen die Werte 30 der beiden linearen Skalen passt (Wert 30 = geeignete, frei wählbare Zahl): Strecke CD (21).
3. Messen Sie mit dem Steckzirkel die Entfernung zwischen den beiden Werten 10 der linearen Skalen (Wert 10 = 30/3; 3 = Divisor): Strecke AB (7).
4. Übertragen Sie diesen Abstand mit dem Stechzirkel (ab dem Nullpunkt) auf eine der beiden linearen Skalen.
5. Lesen Sie das Ergebnis (7) ab.

SC : SA = CD : AB
30 : 10 = 21 : x
x = (21 x 10)/30 = 7
30 : 10 = 21 : 7
Ergebnis: 7
SC : SA = CD : x
x = (CD x SA) / SC

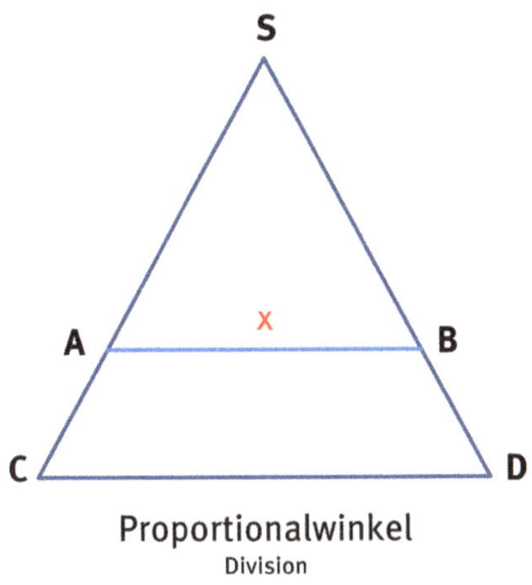

Abb. 19.23 Proportionalwinkel (Division). Dank der Strahlensätze kann man auf dem Proportionalzirkel dividieren. Die gesuchte Größe x (Quotient) entspricht der Strecke AB (© Bruderer Informatik, CH-9401 Rorschach).

19.12 Schwilgué: Tastenaddiermaschine/Kolonnenaddierer

Abb. 19.24: Schwilgué-Tastenaddiermaschine (Zürich), Vorderseite. Das äußerst seltene Addiergerät aus dem Jahr 1851 ist ein Werk von Jean-Baptiste Schwilgué, dem berühmten Schöpfer der astronomischen Uhr des Straßburger Münsters. Es beherrscht den automatischen Zehnerübertrag. (© Herbert Spühler, Stallikon).

Gebrauchsanweisung für die Schwilgué-Tastenaddiermaschine

Addition

Beispiel: 5 + 8 + 7 + 4 +9 + 6 = 39

1. Mit den beiden Drehknöpfen (beidseits des Sichtfensters) das Ergebniswerk auf null zurücksetzen,
2. Eingabe der Zahl 5 mit der Taste 5 (Ergebniswerk zeigt den Wert 5),
3. Eingabe der Zahl 8 mit der Taste 8 (Ergebniswerk zeigt den Wert 13),

4. Eingabe der Zahl 7 mit der Taste 7 (Ergebniswerk zeigt den Wert 20),
5. Eingabe der Zahl 4 mit der Taste 4 (Ergebniswerk zeigt den Wert 24),
6. Eingabe der Zahl 9 mit der Taste 9 (Ergebniswerk zeigt den Wert 33),
7. Eingabe der Zahl 6 mit der Taste 6 (Ergebniswerk zeigt den Wert 39),
8. Ablesen des Ergebnisses (39) im Ergebniswerk (Sichtfenster in der Mitte).

Hinweise

- Es können nur einstellige Zahlen eingegeben werden.
- Die Tastenaddiermaschine zählt bis 299 und springt dann auf null zurück.
- Es gibt keine Taste für die Ziffer Null. Sie ist überflüssig, weil nur einstellige Zahlenwerte zusammengezählt werden. Eine Addition um 0 verändert das Ergebnis nicht.

19.13 Simex: Direktaddiermaschine

Abb. 19.25: Addiermaschine Simex. Die Einstellräder lassen sich direkt mit den Fingern bedienen, ein Rechenstift erübrigt sich. Solche Maschinen waren noch in der zweiten Hälfte des 20. Jahrhunderts im Gebrauch (© Museum für Kommunikation, Bern).

Gebrauchsanweisung für die Simex Caroline

Die fünfstellige Simex Caroline aus der französischen Schweiz ist ein *Direktaddierer* mit automatischem Zehnerübertrag. Sie eignet sich nur fürs Zusammenzählen. Die Handhabung ist einfach. Bei der Eingabe werden die Zahlenwerte sogleich addiert, Kurbeldrehungen erübrigen sich. Die Maschine erlaubt deshalb schnelle Additionen.

Hinweise

Rote Ziffern stehen für Zehntel und Hundertstel sowie für Tausender und Zehntausender, weiße Ziffern für Einer, Zehner und Hunderter.

Addition

Beispiel: 543,21 + 9876,50 = 10 419,71

1. Für die Nullstellung Löschtaste (Knopf rechts) bis zum Anschlag nach hinten drücken;
2. überprüfen, ob in allen Sichtfenstern Nullen stehen;
3. Fingerspitze bei den *Hundertsteln* (zweiten Nachkommastelle) in die Lücke neben der (roten) Zahl 1 einführen und das Einstellrad (Zahnrad) *bis zum Anschlag* nach unten drehen;
4. im zugehörigen Sichtfenster (auf der linken Seite des Einstellrads) überprüfen, ob die Zahl 1 eingestellt ist;
5. Finger bei den *Zehnteln* (erste Nachkommastelle) in die Lücke neben der (roten) Zahl 2 setzen und das Einstellrad *bis zum Anschlag* nach unten drehen;
6. im zugehörigen Sichtfenster überprüfen, ob die Zahl 2 eingestellt ist;
7. Finger bei den *Einern* (erste Vorkommastelle) in die Lücke neben der (weißen) Zahl 3 setzen und das Einstellrad *bis zum Anschlag* nach unten drehen;
8. im zugehörigen Sichtfenster überprüfen, ob die Zahl 3 eingestellt ist;
9. Finger bei den *Zehnern* (zweite Vorkommastelle) in die Lücke neben der (weißen) Zahl 4 setzen und das Einstellrad *bis zum Anschlag* nach unten drehen;
10. im zugehörigen Sichtfenster überprüfen, ob die Zahl 4 eingestellt ist;
11. Finger bei den *Hundertern* (dritte Vorkommastelle) in die Lücke neben der (weißen) Zahl 5 setzen und das Einstellrad *bis zum Anschlag* nach unten drehen;
12. im zugehörigen Sichtfenster überprüfen, ob die Zahl 5 eingestellt ist;
13. nun steht im Sichtfenster die Zahl 543,21;
14. Finger bei den *Zehnteln* (erste Nachkommastelle) in die Lücke neben der (roten) Zahl 5 setzen und das Einstellrad *bis zum Anschlag* nach unten drehen;
15. Finger bei den *Einern* (erste Vorkommastelle) in die Lücke neben der (weißen) Zahl 6 setzen und das Einstellrad *bis zum Anschlag* nach unten drehen;
16. Finger bei den *Zehnern* (zweite Vorkommastelle) in die Lücke neben der (weißen) Zahl 7 setzen und das Einstellrad *bis zum Anschlag* nach unten drehen;
17. Finger bei den *Hundertern* (dritte Vorkommastelle) in die Lücke neben der (weißen) Zahl 8 setzen und das Einstellrad *bis zum Anschlag* nach unten drehen;
18. Finger bei den *Tausendern* (vierte Vorkommastelle) in die Lücke neben der (roten) Zahl 9 setzen und das Einstellrad *bis zum Anschlag* nach unten drehen;
19. Ergebnis (10 419,71) ablesen;
20. Löschtaste (Knopf rechts) bis zum Anschlag nach hinten drücken;
21. überprüfen, ob in allen Sichtfenstern Nullen stehen.

Anmerkungen

- Die Zahlenwerte können *in beliebiger Reihenfolge* eingestellt werden, sowohl *von rechts nach links* (Hundertstel, Zehntel, Einer, Zehner, Hunderter, Tausender, Zehntausender) als auch *von links nach rechts* (Zehntausender, Tausender, Hunderter, Zehner, Einer, Zehntel, Hundertstel).

- Die Eingabe des *Werts 0* erübrigt sich, weil sich das Ergebnis bei der Addition mit 0 nicht verändert.
- Bei der Erfassung des zweiten Summanden lässt sich die Eingabe nicht mehr überprüfen, da bei diesem Vorgang bereits zusammengezählt und somit das Zwischenergebnis angezeigt wird.
- Fehleingaben lassen sich nur bedingt verbessern, denn die Räder lassen sich nicht nach oben drehen.
- Weitere Zahlen (Summanden) lassen sich in gleicher Weise hinzufügen.

19.14 Stima: Dreispeziesmaschine/Stiftrechner

Diese eigenwillige Rechenmaschine aus dem Neuenburger Jura kam in vielen Modellen auf den Markt. Sie beherrscht drei Grundrechenarten und den automatischen Zehnerübertrag, ist aber umständlich in der Handhabung.

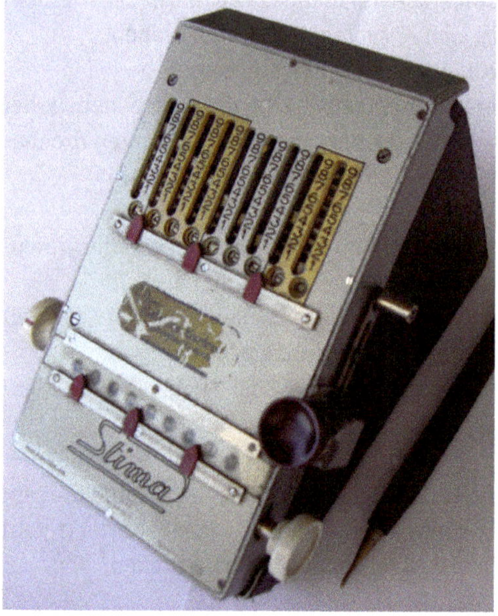

Abb. 19.26: Dreispeziesmaschine Stima. Dieser Griffelrechner der Uhrenfabrik Albert Steinmann erlaubt die Rechenarten Addition, Subtraktion und Multiplikation. Der Zehnerübertrag geschieht automatisch. Der ziemlich schwere, flache Stiftrechner kann auf ein Kartonpult aufgesetzt werden. Der weiße Druckknopf links mit dem Minuszeichen dient für die Subtraktion. Mit dem Metallhebel rechts wird die Sichtkontrolle (Einstellwerk) ein- und ausgeschaltet. Zudem wechselt man damit zwischen Subtraktion und Multiplikation. Der dunkle Druckknopf löscht das Einstellwerk, der weiße Zugknopf (rechts) stellt das Ergebniswerk auf null (© Bruderer Informatik, CH-9401 Rorschach).

Gebrauchsanweisung für die Stima

Hinweise
Zahlenschieber sind üblicherweise Zweispeziesgeräte mit halbautomatischem Hakenzehnerübertrag. Im Unterschied dazu schafft der Griffelrechner *Stima MS III* drei Grundrechenarten mit *automatischem* Zehnerübertrag. M steht für Multiplikation, die als mehrfache Addition ausgeführt wird, S für Subtraktion, III bedeutet (je) 9 Stellen im Einstell- und Ergebniswerk (kein Umdrehungszähler). Die ab den 1930er Jahren hergestellte Zahnstangenmaschine hat eine direkte Subtraktion. Die Bedienung der Maschine ist ziemlich anspruchsvoll.

Die Dreispeziesmaschine benötigt *keine Ziffer 0*. Eine Addition oder eine Subtraktion um 0 verändert das Ergebnis nicht, eine Multiplikation mit 0 gibt 0. Zahlenwerte wie 10, 20, 300 usw. werden durch den entsprechenden Stellenwert dargestellt. Christina Wild von Berneck SG hat diese Stima am 15. Juli 2015 dem Verfasser übergeben.

Bedeutung der Bedienungselemente

- Druckknopf rechts (rotviolett):
  Zur Löschung des Einstellwerks wird dieser Knopf nach unten gedrückt.
- Ziehknopf rechts (weiß):
  Nachdem das Einstellwerk gelöscht ist, wird dieser Knopf für die Löschung des Ergebniswerks vorsichtig nach außen gezogen.
- Druckknopf links (weiß):
  Während der Eingabe des Subtrahenden wird dieser Knopf nach innen gedrückt.
- Metallhebel rechts:
  Für die Addition *mit* Sichtkontrolle (fürs Einstellwerk) und die Subtraktion befindet sich dieser Hebel *oben*. Bei der Addition *ohne* Sichtkontrolle (Schnelladdition) und der Multiplikation bleibt dieser Umschalter *unten*. Bei der Addition kann der Hebel oben oder unten stehen, bei der Subtraktion nur oben, für die Multiplikation nur unten.
- Fürs Rechnen wird die *gekrümmte* Spitze des Stifts verwendet. Sie wird in das Loch links neben der jeweiligen Ziffer gesetzt.

Addition

Beispiel: 234 + 567 = 801
1. Einstellwerk durch Drücken des dunklen Knopfs auf null stellen;
2. Nullstellung des Einstellwerks überprüfen;
3. Ergebniswerk durch vorsichtiges Ziehen des rechten weißen Knopfs auf null stellen;
4. Nullstellung des Ergebniswerks überprüfen;
5. Metallhebel (rechts) nach *oben* drücken;
6. Ziffern 4, 3, 2 mit dem Stift von rechts nach links (Einer, Zehner, Hunderter) eingeben, dabei Stift bis zum Anschlag nach unten ziehen;
7. Zahleneingabe im Einstellwerk überprüfen;

8. Einstellwerk durch Drücken des dunklen Knopfs auf null setzen;
9. Zahlenwert im Ergebniswerk überprüfen;
10. Ziffern 7, 6, 5 mit dem Stift von rechts nach links (Einer, Zehner, Hunderter) eingeben, dabei Stift bis zum Anschlag nach unten ziehen;
11. Zahleneingabe im Einstellwerk überprüfen;
12. Einstellwerk durch Drücken des dunklen Knopfs auf null setzen;
13. Ergebnis (801) im Ergebniswerk ablesen;
14. Ergebniswerk durch vorsichtiges Ziehen des rechten weißen Knopfs auf null stellen;
15. Nullstellung des Ergebniswerks überprüfen.

Subtraktion

Beispiel: 12 389 – 4567 = 7822

1. Einstellwerk durch Drücken des dunklen Knopfs auf null stellen;
2. Nullstellung des Einstellwerks überprüfen;
3. Ergebniswerk durch vorsichtiges Ziehen des rechten weißen Knopfs auf null stellen;
4. Nullstellung des Ergebniswerks überprüfen;
5. Metallhebel (rechts) nach *oben* drücken;
6. Ziffern 9, 8, 3, 2, 1 mit dem Stift von rechts nach links (Einer, Zehner, Hunderter usw.) eingeben, dabei Stift bis zum Anschlag nach unten ziehen;
7. Zahleneingabe im Einstellwerk überprüfen;
8. Einstellwerk durch Drücken des dunklen Knopfs auf null setzen;
9. linken weißen Knopf nach innen drücken und *festhalten*;
10. Ziffern 7, 6, 5, 4 mit dem Stift von rechts nach links (Einer, Zehner, Hunderter usw.) eingeben, dabei Stift bis zum Anschlag nach unten ziehen;
11. Zahleneingabe im Einstellwerk überprüfen;
12. linken weißen Knopf *loslassen;*
13. Stift in der Einerspalte *oberhalb* des Schiebers einsetzen und den Schieber nach unten ziehen (im rechten Schauloch erscheint ein weißer Kreis);
14. Stift jeweils im obersten Loch des Zehner-, Hunderter-, Tausenderschiebers usw. einsetzen und alle Schieber nach unten ziehen (in allen übrigen Schaulöchern erscheint eine Neun);
15. Einstellwerk durch Drücken des dunklen Knopfs auf null setzen;
16. Ergebnis (7822) im Ergebniswerk ablesen;
17. Ergebniswerk durch vorsichtiges Ziehen des rechten weißen Knopfs auf null stellen.

Multiplikation

Beispiel 1: 24 x 79 = 1896

Vorbemerkung: Um die Anzahl der Schiebebewegungen zu vermindern, empfiehlt es sich, die Zahl mit den tieferen Ziffernwerten (in unserem Beispiel 24) als zweiten Faktor (Multiplikator) zu wählen.

1. Einstellwerk durch Drücken des dunklen Knopfs auf null stellen;
2. Nullstellung des Einstellwerks überprüfen;

3. Ergebniswerk durch vorsichtiges Ziehen des rechten weißen Knopfs auf null stellen;
4. Nullstellung des Ergebniswerks überprüfen;
5. Metallhebel (rechts) nach *unten* drücken;
6. den Stift in der *Einer*spalte bei der Ziffer 9 einsetzen und den Schieber 4 mal nacheinander bis zum Anschlag nach unten ziehen (im Ergebniswerk erscheint der Wert 36 = 9 x 4);
7. den Stift in der *Zehner*spalte bei der Ziffer 7 einsetzen und den Schieber 4 mal nacheinander bis zum Anschlag nach unten ziehen (im Ergebniswerk erscheint der Wert 316 = 36 + (70 x 4));
8. den Stift in der *Zehner*spalte bei der Ziffer 9 einsetzen und den Schieber 2 mal nacheinander bis zum Anschlag nach unten ziehen (im Ergebniswerk erscheint der Wert 496 = 316 + (90 x 2));
9. den Stift in der *Hunderter*spalte bei der Ziffer 7 einsetzen und den Schieber 2 mal nacheinander bis zum Anschlag nach unten ziehen (im Ergebniswerk erscheint der Wert 1896 = 496 + (700 x 2));
10. Ergebnis (1896) im Ergebniswerk ablesen;
11. Ergebniswerk durch vorsichtiges Ziehen des rechten weißen Knopfs auf null stellen.

Beispiel 2: 234 x 67 = 15 678
1. Einstellwerk durch Drücken des dunklen Knopfs auf null stellen;
2. Nullstellung des Einstellwerks überprüfen;
3. Ergebniswerk durch vorsichtiges Ziehen des rechten weißen Knopfs auf null stellen;
4. Nullstellung des Ergebniswerks überprüfen;
5. Metallhebel (rechts) nach *unten* drücken;
6. den Stift in der *Einer*spalte bei der Ziffer 7 einsetzen und den Schieber 4 mal nacheinander bis zum Anschlag nach unten ziehen (im Ergebniswerk erscheint der Wert 28 = 7 x 4);
7. den Stift in der *Zehner*spalte bei der Ziffer 6 einsetzen und den Schieber 4 mal nacheinander bis zum Anschlag nach unten ziehen (im Ergebniswerk erscheint der Wert 268 = 28 + (60 x 4));
8. den Stift in der *Zehner*spalte bei der Ziffer 7 einsetzen und den Schieber 3 mal nacheinander bis zum Anschlag nach unten ziehen (im Ergebniswerk erscheint der Wert 478 = 268 + (70 x 3));
9. den Stift in der *Hunderter*spalte bei der Ziffer 6 einsetzen und den Schieber 3 mal nacheinander bis zum Anschlag nach unten ziehen (im Ergebniswerk erscheint der Wert 2278 = 478 + (600 x 3));
10. den Stift in der *Hunderter*spalte bei der Ziffer 7 einsetzen und den Schieber 2 mal nacheinander bis zum Anschlag nach unten ziehen (im Ergebniswerk erscheint der Wert 3678 = 2278 + (700 x 2));
11. den Stift in der *Tausender*spalte bei der Ziffer 6 einsetzen und den Schieber 2 mal nacheinander bis zum Anschlag nach unten ziehen (im Ergebniswerk erscheint der Wert 15 678 = 3678 + (6000 x 2));

12. Ergebnis (15 678) im Ergebniswerk ablesen;
13. Ergebniswerk durch vorsichtiges Ziehen des rechten weißen Knopfs auf null stellen.

19.15 Summus: Scheibenaddierer

Der analoge Scheibenaddierer, der vor kurzer Zeit in die Sammlung des Schreibmaschinenmuseums Beck in Pfäffikon ZH gelangte, gleicht dem britischen Kreisrechner Brical (British calculators Ltd., London). Es liegt keinerlei Begleitdokumentation vor.

Abb. 19.27: Scheibenrechner Summus (1906). Die vier Zahlenscheiben der von Max Eckelmann aus Dresden entwickelten Addiermaschine sind konzentrisch. Sie beherrscht nur eine einzige Grundrechenart und arbeitet mit Schaltklinken (© Schreibmaschinenmuseum, Pfäffikon ZH).

Gebrauchsanweisung für den Summus-Scheibenaddierer

Vorbemerkungen
Die 1906 patentierte Rechenmaschine von Max Eckelmann (Dresden) besteht aus vier Zahlenscheiben mit einem gemeinsamen Mittelpunkt. Die äußerste Zahnscheibe hat rote Zahlen (zweimal die Werte 00-99). Die nächsten beiden Scheiben enthalten jeweils zweimal die Werte 00–99. Die innerste Scheibe zählt einmal von 00 bis 199. Der feste äußere Halbkreis enthält die Werte 00 bis 100. Auf dem Schwenkarm gibt es vier

schwarze Einstelltasten (Einstellknöpfe) sowie einen Löschknopf. Die Maschine hat einen Schaltklinkenantrieb, sie kann nur addieren. Sie hat eine automatische Hunderterübertragung. Die Zahlen stehen im Ergebnisfenster auf dem Kopf. Man muss sie also von rechts nach links lesen. Dadurch stehen die roten Zahlen, die vermutlich für Nachkommastellen bestimmt sind, rechts. Die Teilung 0 bis 199 liegt somit ganz links. Es lassen sich 9-stellige Zahlen darstellen. Der Höchstwert ist wohl 1 999 999,99.

Addition

Beispiel 1: 123 456 + 987 = 124 443

a) Nullstellung der vier Zahlenscheiben

1. Den metallenen Stellhebel (auf der linken Seite des Geräts) *nach links (außen)* schieben;
2. den schwarzen Löschknopf (Löschtaste) auf dem Schwenkarm nach unten drücken;
3. den Schwenkarm im Uhrzeigersinn bis zum Anschlag (Wert 100) drehen;
4. die erste (äußerste) der vier schwarzen Einstelltasten auf dem Schwenkarm nach unten drücken, bis sie einrastet;
5. den Schwenkarm im Gegenuhrzeigersinn bis zum Anschlag drehen;
6. die Löschtaste drücken;
7. den Schwenkarm im Uhrzeigersinn bis zum Anschlag (Wert 100) drehen;
8. die zweite der vier Einstelltasten auf dem Schwenkarm nach unten drücken, bis sie einrastet;
9. den Schwenkarm im Gegenuhrzeigersinn bis zum Anschlag drehen;
10. die Löschtaste drücken;
11. den Schwenkarm im Uhrzeigersinn bis zum Anschlag drehen;
12. die dritte der vier Einstelltasten auf dem Schwenkarm nach unten drücken, bis sie einrastet;
13. den Schwenkarm im Gegenuhrzeigersinn bis zum Anschlag drehen;
14. die Löschtaste drücken;
15. den Schwenkarm im Uhrzeigersinn bis zum Anschlag drehen;
16. die vierte (innerste) der vier Einstelltasten auf dem Schwenkarm nach unten drücken, bis sie einrastet;
17. den Schwenkarm im Gegenuhrzeigersinn bis zum Anschlag drehen;
18. den Wert 00 00 00 00 der vier Zahlenscheiben im Ergebniswerk (Fenster) überprüfen.

b) Eingabe des ersten Summanden

1. Den metallenen Stellhebel (auf der linken Seite des Geräts) *nach rechts (innen)* schieben;
2. die Löschtaste drücken;
3. den Schwenkarm im Uhrzeigersinn bis zur Zahl 56 auf der festen Skala (weißer Halbkreis außen) drehen;

4. die erste (äußerste) Einstelltaste auf dem Schwenkarm nach unten drücken, bis sie einrastet;
5. den Schwenkarm im Gegenuhrzeigersinn bis zum Anschlag (Wert 00) drehen;
6. den Wert 56 im Ergebniswerk (Fenster) überprüfen;
7. die Löschtaste drücken;
8. den Schwenkarm im Uhrzeigersinn bis zur Zahl 34 auf der festen Skala drehen;
9. die zweite Einstelltaste auf dem Schwenkarm drücken, bis sie einrastet;
10. den Schwenkarm im Gegenuhrzeigersinn bis zum Anschlag (Wert 00) drehen;
11. den Wert 3456 im Ergebniswerk (Fenster) überprüfen;
12. die Löschtaste drücken;
13. den Schwenkarm im Uhrzeigersinn bis zur Zahl 12 auf der festen Skala drehen;
14. die dritte Einstelltaste auf dem Schwenkarm drücken, bis sie einrastet;
15. den Schwenkarm im Gegenuhrzeigersinn bis zum Anschlag drehen;
16. den Wert 123 456 im Ergebniswerk (Fenster) überprüfen.

c) Eingabe des zweiten Summanden

1. Die Löschtaste drücken;
2. den Schwenkarm im Uhrzeigersinn bis zur Zahl 87 auf der festen Skala drehen;
3. die erste (äußerste) Einstelltaste auf dem Schwenkarm drücken, bis sie einrastet;
4. den Schwenkarm im Gegenuhrzeigersinn bis zum Anschlag drehen;
5. die Löschtaste drücken;
6. den Schwenkarm im Uhrzeigersinn bis zur Zahl 9 auf der festen Skala drehen;
7. die zweite Einstelltaste auf dem Schwenkarm drücken, bis sie einrastet;
8. den Schwenkarm im Gegenuhrzeigersinn bis zum Anschlag drehen;
9. das Ergebnis (124 443) im Ergebniswerk (Fenster) ablesen.

Hinweis

Falls die Zahlenscheibe bereits auf 00 eingestellt ist, wird das Löschen gesperrt.

Beispiel 2: 55 + 77 + 666 +999 = 1797

Für die Nullstellung der vier Zahlenscheiben vgl. Beispiel 1.

1. Den metallenen Stellhebel (auf der linken Seite des Geräts) *nach rechts (innen)* schieben;
2. die Löschtaste drücken;
3. den Schwenkarm im Uhrzeigersinn bis zur Zahl 55 auf der festen weißen Skala drehen;
4. die erste (äußerste) Einstelltaste auf dem Schwenkarm drücken, bis sie einrastet;
5. den Schwenkarm im Gegenuhrzeigersinn bis zum Anschlag (Wert 00) drehen;
6. den Wert 55 im Ergebniswerk (Fenster) überprüfen;
7. die Löschtaste drücken;
8. den Schwenkarm im Uhrzeigersinn bis zur Zahl 77 auf der festen Skala drehen;
9. die *erste* Einstelltaste auf dem Schwenkarm drücken, bis sie einrastet;
10. den Schwenkarm im Gegenuhrzeigersinn bis zum Anschlag drehen;

11. das Ergebnis (132) im Ergebniswerk (Fenster) überprüfen;
12. die Löschtaste drücken;
13. den Schwenkarm im Uhrzeigersinn bis zur Zahl 66 auf der festen Skala drehen;
14. die *erste* Einstelltaste auf dem Schwenkarm drücken, bis sie einrastet;
15. den Schwenkarm im Gegenuhrzeigersinn bis zum Anschlag drehen;
16. den Wert 198 im Ergebniswerk (Fenster) überprüfen;
17. die Löschtaste drücken;
18. den Schwenkarm im Uhrzeigersinn bis zur Zahl 6 auf der festen Skala drehen;
19. die *zweite* Einstelltaste auf dem Schwenkarm drücken, bis sie einrastet;
20. den Schwenkarm im Gegenuhrzeigersinn bis zum Anschlag drehen;
21. den Wert 798 im Ergebniswerk (Fenster) überprüfen;
22. die Löschtaste drücken;
23. den Schwenkarm im Uhrzeigersinn bis zur Zahl 99 auf der festen Skala drehen;
24. die *erste* Einstelltaste auf dem Schwenkarm drücken, bis sie einrastet;
25. den Schwenkarm im Gegenuhrzeigersinn bis zum Anschlag drehen;
26. den Wert 897 im Ergebniswerk (Fenster) überprüfen;
27. die Löschtaste drücken;
28. den Schwenkarm im Uhrzeigersinn bis zur Zahl 99 auf der festen Skala drehen;
29. die *erste* Einstelltaste auf dem Schwenkarm drücken, bis sie einrastet;
30. den Schwenkarm im Gegenuhrzeigersinn bis zum Anschlag drehen;
31. den Wert 996 im Ergebniswerk (Fenster) überprüfen;
32. die Löschtaste drücken;
33. den Schwenkarm im Uhrzeigersinn bis zur Zahl 9 auf der festen Skala drehen;
34. die *zweite* Einstelltaste auf dem Schwenkarm drücken, bis sie einrastet;
35. den Schwenkarm im Gegenuhrzeigersinn bis zum Anschlag drehen;
36. das Ergebnis (1797) im Ergebniswerk (Fenster) ablesen.

19.16 Thomas-Arithmometer: Staffelwalzenmaschine

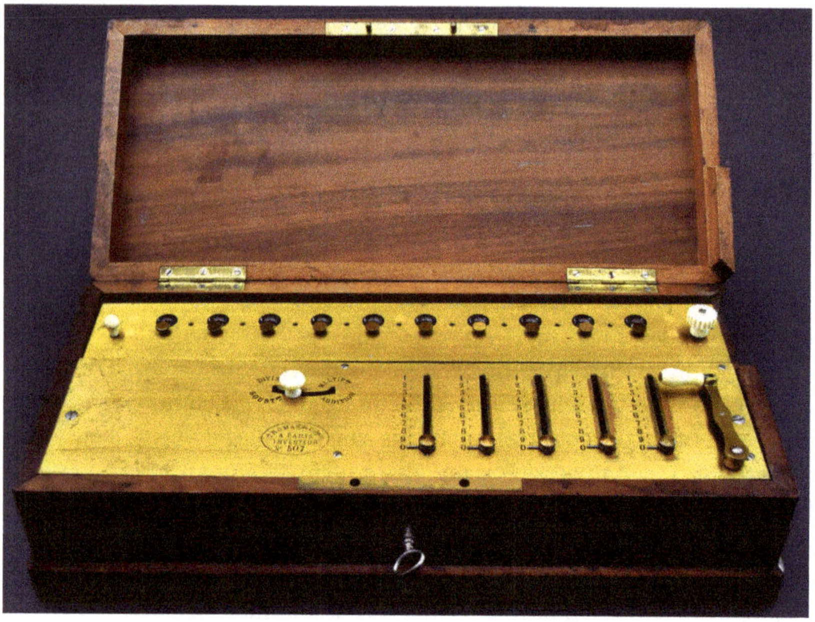

Abb. 19.28: Thomas-Arithmometer. Die über 150-jährige Vierspezies-Staffelwalzenmaschine aus Messing und Holz ist die erste in hohen Stückzahlen gefertigte mechanische Rechenmaschine. Die Zahlen werden über Einstellschieber eingegeben und mit der Kurbel ins Ergebniswerk übertragen. Die von Charles-Xavier Thomas aus Colmar entwickelte Maschine beherrscht alle vier Grundrechenarten und den automatischen Zehnerübertrag (© Herbert Spühler, Stallikon).

Gebrauchsanweisung für das Thomas-Arithmometer

Addition

Beispiel: 132 + 64 = 196

1. Mit dem Löschknopf (oben rechts) das Ergebniswerk auf null zurücksetzen;
2. Umschalter (Mitte links) auf Stellung Addition/Multiplikation setzen;
3. Eingabe der Zahl 132 mit drei Schiebern (rechts außen);
4. Antriebskurbel 1x drehen;
5. Eingabe der Zahl 64 mit zwei Schiebern (rechts außen);
6. Antriebskurbel 1x drehen;
7. Ablesen des Ergebnisses (196) im Ergebniswerk (Schaulöcher oben).

Subtraktion

Beispiel: 153 – 89 = 64

1. Mit dem Löschknopf (oben rechts) das Ergebniswerk auf null zurücksetzen;
2. Umschalter (Mitte links) auf Stellung Subtraktion/Division setzen;
3. Eingabe der Zahl 153 mit drei Schiebern (rechts außen);

4. Antriebskurbel 1x drehen;
5. Eingabe der Zahl 89 mit zwei Schiebern (rechts außen);
6. Antriebskurbel 1x drehen;
7. Ablesen des Ergebnisses (64) im Ergebniswerk (Schaulöcher oben).

Multiplikation

Beispiel: 654 x 32 = 20 928

1. Mit dem Löschknopf (oben rechts) das Ergebniswerk auf null zurücksetzen;
2. Umschalter (Mitte links) auf Stellung Addition/Multiplikation setzen;
3. Eingabe der Zahl 654 mit drei Schiebern (rechts außen);
4. Antriebskurbel 2x drehen (2 = Anzahl der Einer des zweiten Faktors);
5. Schlitten des Ergebniswerks um eine Stelle nach rechts verschieben;
6. Antriebskurbel 3x drehen (3 = Anzahl der Zehner des zweiten Faktors);
7. Ablesen des Ergebnisses (20 928) im Ergebniswerk (Schaulöcher oben).

Division

Beispiel: 870 : 174 = 5

1. Mit dem Löschknopf (oben rechts) das Ergebniswerk auf null zurücksetzen;
2. Umschalter (Mitte links) auf Stellung Subtraktion/Division setzen;
3. Die Zahl 870 mit den Drehknöpfen rechts im *Ergebniswerk* (Schaulöcher oben) eindrehen.
4. Eingabe der Zahl 174 im Einstellwerk mit drei Schiebern (rechts außen);
5. Antriebskurbel (5x) drehen, bis im Ergebniswerk (Schaulöcher oben) der Rest bzw. die Zahl 0 erscheint.
6. Ablesen des Ergebnisses (Quotient) (5) im Umdrehungszähler. Falls kein Umdrehungszähler vorhanden ist, muss man die Anzahl der Umdrehungen selber zählen.

Hinweise

- Schieber für Einer: 1. Schieber von rechts
- Schieber für Zehner: 2. Schieber von rechts
- Schieber für Hunderter: 3. Schieber von rechts
- Schieber für Tausender: 4. Schieber von rechts

Mit den Drehknöpfen bei den Schaulöchern des Ergebniswerks (Reihe oben) lassen sich einzelne Zahlenwerte verändern. Ggf. muss man die Antriebskurbel nach unten drücken (Sperre).

Im Unterschied zu jüngeren Modellen gibt es keine Schaulöcher fürs Ablesen

- der eingegebenen Zahlen (Einstellwerk),
- der Anzahl Umdrehungen (Umdrehungszählwerk).

19.17 Trebla: Zahlenschieber/Stiftrechner

Das Gerät namens *Trebla* wurde ab den 1930er Jahren von der Uhrenfabrik Albert Steinmann in La Chaux-de-Fonds im Neuenburger Jura gefertigt.

Abb. 19.29: Zahlenschieber Trebla. Dieser mit einem Stift bedienbare „Blechrechner" erlaubt die Addition und die Subtraktion. Für den Wechsel zwischen den beiden Rechenarten muss man die Schablone umdrehen (© Museum für Kommunikation, Bern).

Gebrauchsanweisung für die Trebla

Hinweise
Dieser Zahlenschieber ist ein flacher mechanischer Stift- oder Griffelrechner mit einem halbautomatischen Zehnerübertrag, aufgrund der Form als *Hakenzehnerübertrag* bekannt. Für jede Dezimalstelle (Einer, Zehner, Hunderter, Tausender usw.) hat das Gerät einen beweglichen Metallschieber mit den Ziffern 0 bis 9. Man kann nur mit positiven, nicht aber mit negativen Zahlen rechnen. Weil der Zehnerübertrag nicht (voll)automatisch erfolgt, gelten Zahlenschieber *nicht* als Rechen*maschinen*. Leistungsmerkmale der Trebla: 8 x 0 x 9 (8 Stellen im Einstellwerk, kein Umdrehungszählwerk, 9 Stellen im Ergebniswerk). Die Handhabung des Instruments ist einfach, sofern man einige Grundregeln kennt. Ist der Schieber gelb, wird er nach *unten* bewegt, ist er schwarz, wird er nach *oben* geführt. Man muss mit dem Stift stets bis zum Anschlag bzw. zum Ende des Hakens fahren.

Umschaltung zwischen Addition und Subtraktion
Für die Umschaltung zwischen Addition und Subtraktion wird das Messingplättchen hochgeklappt, und das Einstellfeld mit den Ziffern wird auf die entsprechende Seite (+ = Addition, – = Subtraktion) gedreht.

Löschung des Ergebniswerks
Für die Nullstellung des Ergebniswerks wird der Metallbügel herausgezogen und wieder zurückgesetzt. Es ist empfehlenswert, die Anzeige im Ergebniswerk zu überprüfen.

Halbautomatischer Zehnerübertrag
Das Gerät hat einen Hakenzehnerübertrag. Ist ein Übertrag nötig, zeigt Trebla dies durch die Farbe des Metallbands (schwarz bei der Addition, gelb bei der Subtraktion) an, bei einem Mehrfachübertrag durch die Farbe im Schauloch, d.h. eine Leeranzeige. In diesem Fall (Übertrag) endet die Bewegung des Stifts in einem Bogen (Haken), der einem Handstock gleicht.

Addition
- Ist der Schieber neben der entsprechenden Ziffer *gelb*, wird er mit dem Metallstift bis zum Anschlag nach *unten* geführt.
- Ist der Schieber neben der entsprechenden Ziffer *schwarz*, wird er mit dem Metallstift bis zum Ende des *Hakens* nach *oben* geführt.
- Erscheint in einem Schauloch des Ergebniswerks ein *schwarzer Kreis* (= Leeranzeige), wird der entsprechende Schieber mit dem Metallstift bis zum Ende des *Hakens* nach *oben* bewegt (Stift neben der Ziffer 0 einstecken).

Subtraktion
- Ist der Schieber neben der entsprechenden Ziffer *schwarz*, wird er mit dem Metallstift bis zum Anschlag nach *oben* geführt.
- Ist der Schieber neben der entsprechenden Ziffer *gelb*, wird er mit dem Metallstift bis zum Ende des *Hakens* nach *unten* geführt.
- Erscheint in einem Schauloch des Ergebniswerks ein *gelber Kreis* (= Leer-anzeige), wird der entsprechende Schieber mit dem Metallstift bis zum Ende des *Hakens* nach *unten* bewegt (Stift neben der Ziffer 0 einstecken).

Addition
Beispiel: 234 + 567 = 801
1. Umstellung des Ziffernfeldes auf die Additionsseite;
2. Nullstellung des Ergebniswerks durch Herausziehen und Zurücksetzen des Messingbügels;
3. Eingabe der Zahl 234 mit Metallstift. Dazu wird die Griffelspitze jeweils in das viereckige Loch links neben der entsprechenden Ziffer gesteckt und bis zum Anschlag nach unten gezogen. Kontrolle im Ergebniswerk (Schaulöcher);

4. Eingabe der Zahl 567 mit Metallstift (Reihenfolge: Einer – Zehner – Hunderter). 7 (schwarz): nach oben schieben mit Hakenzehnerübertrag, 6 (schwarz) nach oben schieben mit Hakenzehnerübertrag, 5 (gelb) bis zum Anschlag nach unten ziehen;
5. Ablesen des Ergebnisses (801) in den Schaulöchern oben.

Subtraktion

Beispiel: 12389 – 4567 = 7822

1. Umstellung des Ziffernfeldes auf die *Additions*seite;
2. Nullstellung des Ergebniswerks durch Herausziehen und Zurücksetzen des Messingbügels;
3. Eingabe der Zahl 12389 mit Metallstift. Dazu wird die Griffelspitze jeweils in das viereckige Loch links neben der entsprechenden Ziffer gesteckt und bis zum Anschlag nach unten gezogen. Kontrolle im Ergebniswerk (Schaulöcher);
4. Umstellung des Ziffernfeldes auf die *Subtraktions*seite;
5. Eingabe der Zahl 4567 mit Metallstift (Reihenfolge: Einer – Zehner – Hunderter – Tausender). 7 (schwarz): bis zum Anschlag nach oben schieben, 6 (schwarz) bis zum Anschlag nach oben schieben, 5 (gelb) nach unten ziehen mit Hakenzehnerübertrag, 4 (gelb) nach unten ziehen mit Hakenzehnerübertrag;
6. Ablesen des Ergebnisses (7822) in den Schaulöchern oben.

Variante

1. Umstellung des Ziffernfeldes auf die *Subtraktions*seite;
2. Nullstellung des Ergebniswerks durch Herausziehen und Zurücksetzen des Messingbügels;
3. Eingabe der Zahl 98 721 (*Zehnerkomplement* zu 12 389) mit Metallstift. Dazu wird die Griffelspitze jeweils in das viereckige Loch links neben der entsprechenden Ziffer gesteckt und bis zum Anschlag *nach unten* gezogen. Kontrolle im Ergebniswerk (Schaulöcher);
4. Eingabe der Zahl 4567 mit Metallstift (Reihenfolge: Einer – Zehner – Hunderter – Tausender). 7 (schwarz): bis zum Anschlag nach oben schieben, 6 (schwarz) bis zum Anschlag nach oben schieben, 5 (gelb) nach unten ziehen mit Hakenzehnerübertrag, 4 (gelb) nach unten ziehen mit Hakenzehnerübertrag;
5. Ablesen des Ergebnisses (7822) in den Schaulöchern oben.

Anmerkungen

Bildung des Zehnerkomplements: 1+*9*=10, 2+*8*=10, 3+*7*=10, 8+*2*=10, 9+*1*=10, das ergibt den Wert 98 721. Bei fortgesetzter Addition oder Subtraktion entfällt die Eingabe des Zehnerkomplements, da von einem Zwischenergebnis ausgegangen wird.

Beispiele für mehrfache Zehnerübertragung

Addition: 9 999 + 1 = 10 000

1. Umschaltung des Ziffernfeldes auf die Additionsseite;

2. Nullstellung des Ergebniswerks und Kontrolle der Anzeige in den Schaulöchern;
3. Eingabe der Zahl 9 999;
4. Eingabe der Zahl 1 beim *Einer*schieber (nach oben führen mit Hakenzehnerübertrag);
5. beim Zehnerschieber erscheint eine Leeranzeige (Schauloch schwarz);
6. Metallstift neben der *Ziffer 0* des *Zehner*schiebers einstecken und nach oben führen mit Hakenzehnerübertrag;
7. beim Hunderterschieber erscheint eine Leeranzeige (Schauloch schwarz);
8. Metallstift neben der *Ziffer 0* des *Hunderter*schiebers einstecken und nach oben führen mit Hakenzehnerübertrag;
9. beim Tausenderschieber erscheint eine Leeranzeige (Schauloch schwarz);
10. Metallstift neben der *Ziffer 0* des *Tausender*schiebers einstecken und nach oben führen mit Hakenzehnerübertrag;
11. Ablesen des Ergebnisses (10 000) in den Schaulöchern.

Der Vorgang wird wiederholt, bis bei allen Stellen die schwarzen Leeranzeigen verschwinden.

Subtraktion: 10 000 – 1 = 9 999
1. Umschaltung des Ziffernfeldes auf die *Additions*seite;
2. Nullstellung des Ergebniswerks und Kontrolle der Anzeige in den Schaulöchern;
3. Eingabe der Zahl 10 000;
4. Umschaltung des Ziffernfeldes auf die *Subtraktions*seite;
5. Eingabe der Zahl 1 beim *Einer*schieber (nach unten führen mit Hakenzehnerübertrag);
6. beim Zehnerschieber erscheint eine Leeranzeige (Schauloch gelb);
7. Metallstift neben der *Ziffer 0* des *Zehner*schiebers einstecken und nach unten führen mit Hakenzehnerübertrag;
8. beim Hunderterschieber erscheint eine Leeranzeige (Schauloch gelb);
9. Metallstift neben der *Ziffer 0* des *Hunderter*schiebers einstecken und nach unten führen mit Hakenzehnerübertrag;
10. beim Tausenderschieber erscheint eine Leeranzeige (Schauloch gelb);
11. Metallstift neben der *Ziffer 0* des *Tausender*schiebers einstecken und nach unten führen mit Hakenzehnerübertrag;
12. Ablesen des Ergebnisses (9 999) in den Schaulöchern.

Der Vorgang wird wiederholt, bis bei allen Stellen die gelben Leeranzeigen verschwinden.

19.18 Volksrechner: Stellradrechenmaschine/Stiftrechner

Abb. 19.30: Volksrechner, Vorderseite. Stellradgriffelmaschine mit automatischem Zehnerübertrag. Die großen Ziffern sind für die Addition bestimmt, die kleinen (Neunerkomplement, Ergänzung zu 9) für die Subtraktion (© Bruderer Informatik, CH-9401 Rorschach).

Gebrauchsanweisung für den Volksrechner

Addition

Beispiel: 87 + 56 = 143

1. Nullstellung des Ergebniswerks mit der Löschkurbel;
2. Metallstift bei den Einern bei der großen Ziffer 7 einsetzen und nach unten ziehen;
3. Metallstift bei den Zehnern bei der großen Ziffer 8 einsetzen und nach unten ziehen;
4. im Ergebniswerk erscheint der Wert 87;
5. Metallstift bei den Einern bei der großen Ziffer 6 einsetzen und nach unten ziehen;
6. Metallstift bei den Zehnern bei der großen Ziffer 5 einsetzen und nach unten ziehen;
7. im Ergebniswerk erscheint der Wert 143, der als Zwischenergebnis für weitere Rechenvorgänge verwendet werden kann. Der Zehnerübertrag erfolgt automatisch.

Subtraktion

Beispiel: 612 – 345 = 267

1. Nullstellung des Ergebniswerks mit der Löschkurbel;
2. Metallstift bei den Einern bei der großen Ziffer 2 einsetzen und nach unten ziehen;
3. Metallstift bei den Zehnern bei der großen Ziffer 1 einsetzen und nach unten ziehen;
4. Metallstift bei den Hunderten bei der großen Ziffer 6 einsetzen und nach unten ziehen;
5. im Ergebniswerk erscheint der Wert 612;
6. Metallstift bei den Einern bei der *kleinen* Ziffer 5 einsetzen und nach *oben* schieben;
7. Metallstift bei den Zehnern bei der *kleinen* Ziffer 4 einsetzen und nach *oben* schieben;
8. Metallstift bei den Hunderten bei der *kleinen* Ziffer 3 einsetzen und nach *oben* schieben;
9. im Ergebniswerk erscheint der Wert 267, der als Zwischenergebnis für weitere Rechenvorgänge verwendet werden kann. Der Zehnerübertrag erfolgt automatisch.

Anmerkung
Man muss die Einstellräder jeweils bis zum Anschlag nach unten oder oben drehen.

Subtraktion = Addition mit Komplementzahlen
Die Subtraktion wird durch eine Addition von Komplementzahlen ersetzt. Mehr zur Komplementaddition im Abschnitt 2.14. Das Gerät lässt keine negativen Zahlen zu. Im Einstellwerk steht neben der großen Ziffer 9 die kleine Ziffer 0 (9 + *0* = 0), neben der großen 8 die kleine 1 (8 + *1* = 9), neben der großen 7 die kleine 2 (7 + *2* = 9). Das sind die *Neunerkomplemente*. Ein geschickter Mechanismus von Zahnrädern, Hebeln und Federn ermöglicht die einfache Bedienung.

Personen-, Orts- und Sachverzeichnis

Wichtig!
Dieses Stich- und Schlagwortverzeichnis vereint ein Namenverzeichnis und ein Sachverzeichnis. Somit muss man je Band nur an einer einzigen Stelle nachschlagen. Das Namenverzeichnis schließt sowohl Personennamen als auch Ortsnamen ein, ebenso Namen von Institutionen.

Eigennamen und Begriffe, die in den zahlreichen Listen, Tabellen und Zeittafeln sowie in den Bildzeilen und Gebrauchsanweisungen vorkommen, wurden nur teilweise aufgenommen. Es wird insbesondere auf die tabellarischen Übersichten (Kapitel 8 sowie Abschnitt 16.7) sowie auf die umfangreiche Zeittafel (Kapitel 5) hingewiesen.

Bitte beachten Sie auch Sammeleinträge wie
- Abkürzungen
- Fachbegriffe
- Funde
- Gebrauchsanweisung
- Listen.

Vornamen von Erfinderinnen und Erfindern, Pionierinnen und Pionieren finden Sie in der Bibliografie.

https://doi.org/10.1515/9783110669664-020

G

N

O

Y

Printed in the USA
CPSIA information can be obtained
at www.ICGtesting.com
LVHW082152201023
761596LV00009B/1434

9 783110 669336